普通高等院校物理学本研贯通系列教材

SOLID STATE PHYSICS

固 体 物 理

■ 袁松柳 / 编著

华中科技大学出版社
http://www.hustp.com
中国·武汉

内 容 提 要

本书是基于物理类本科和研究生课程的贯通而编写的教材。本书从固体原子论、固体电子论和固体物理专题三方面阐述固体物理的理论框架和内容。首先从固体中原子的角度,介绍固体中的原子凝聚、晶体结构,以及晶格振动等固体原子论内容;然后从固体中(价)电子的角度,介绍金属电子论、固体能带论、固体能带计算等固体电子论方面的内容;最后介绍固体的介电性、半导体性、磁性和超导电性等。本教材力求将传统的固体物理内容讲解得通俗易懂,同时适当介绍前沿性的研究进展和从事相关研究所需的理论基础,以达到"夯实基础、拔高培养和引领前沿"的目的。

本书可作为高等院校物理及相关专业本科生和研究生课程贯通的固体物理教材,可适当选用书中内容可单独作为本科生和研究生的固体物理教材。同时,本书可作为相关领域的研究人员和工程技术人员的参考书。

图书在版编目(CIP)数据

固体物理/袁松柳编著.—武汉:华中科技大学出版社,2022.8
ISBN 978-7-5680-8579-3

Ⅰ.①固… Ⅱ.①袁… Ⅲ.①固体物理学 Ⅳ.①O48

中国版本图书馆 CIP 数据核字(2022)第 134814 号

固体物理　　　　　　　　　　　　　　　　　　　　　　　袁松柳　编著
Guti Wuli

策划编辑:徐晓琦
责任编辑:刘艳花　李　露
封面设计:廖亚萍
责任校对:李　琴
责任监印:周治超
出版发行:华中科技大学出版社(中国·武汉)　　电话:(027)81321913
　　　　　武汉市东湖新技术开发区华工科技园　　邮编:430223
录　　排:武汉正风天下文化发展有限公司
印　　刷:武汉市洪林印务有限公司
开　　本:787mm×1092mm　1/16
印　　张:36.5
字　　数:842 千字
版　　次:2022 年 8 月第 1 版第 1 次印刷
定　　价:88.00 元

本书若有印装质量问题,请向出版社营销中心调换
全国免费服务热线:400-6679-118　竭诚为您服务
版权所有　侵权必究

前　言

对由大量原子按适当结合方式凝聚到一起而形成的固态物质,根据其中的原子排列分布是否具有周期性,通常分为晶体和非晶体两大类。晶体中的原子按一定规则周期有序排列,而非晶体中原子的排列不具有周期性。尽管目前对非晶的研究日趋活跃且成果丰富,但迄今为止,人们对固体的了解及很多概念的提出大多来自对晶体的研究,由于这一原因,如无特别交代,本书所提到的固体均是指由大量原子周期性排布而形成的固体,即晶体。

固体物理是研究固体的结构及其组成粒子(原子、离子、电子等)间的相互作用与运动规律以从微观上解释或预测固体宏观性质的学科。除了研究因原子间不同的相互作用而导致固体具有不同的结构(因此具有不同的物理性质)外,固体物理重要的内容涉及的是对各种波在周期性结构的固体中的传播问题的研究,如格波、电磁波、德布罗意波、布洛赫波、自旋波等在周期性结构的固体中的传播。

20 世纪初,晶体衍射技术的发展及晶体衍射理论的提出,使得人们可以从微观层次上研究晶体中的原子的周期性排布;随后,将量子力学、统计物理等应用于对周期性结构固体的分析,由此发展了一系列理论,如晶格动力学理论、金属自由电子气量子理论、固体能带理论等。在此基础上,于 20 世纪 20 到 50 年代正式形成了一门独立的学科——固体物理学。到 20 世纪 50 到 70 年代,固体物理学逐渐进入到大发展时期,其重要标志体现在,一是为各种功能材料的预测和研制提供了理论基础,另一是导致以固体物理学为基础的各分支学科的相继建立,如金属物理、半导体物理、超导物理、电介质物理、磁性物理等。当代的固体物理学,其发展的特点是,研究对象的多样化和复杂化,多种现代和极端条件应用于材料制备和性能研究,重正化群、自相似、自组织、混沌、密度泛函等方法的引入使得理论研究更加深入,与其他学科相互交叉、渗透、互相促进并共同发展,等等。自 20 世纪 80 年代以来,固体物理学科日新月异,新效应、新概念、新理论不断涌现,使得固体物理进入崭新的研究阶段,准晶、整数量子霍尔效应、高温超导、富勒烯、分数量子霍尔效应、巨磁电阻效应、石墨烯、白光 LED、拓扑相变等的发现先后获得诺贝尔奖,足见固体物理学科在现今基础学科中的重要地位。

本书出于将华中科技大学物理学院本硕课程贯通的目的,基于多年的本科生和研究生课程的讲稿整理而成。作者有二十多年本科生量子力学和固体物理的教学经历,先后给研究生上过高等固体物理、低温物理、材料物理等课程,同时,基于超导、磁电子、量子态调控、稀磁半导体、负磁化效应、多铁效应等研究,培养了近 50 名博士和上百名硕士。虽然如此,但真的准备写教材,特别是有特色的教材时,作者深深感觉到非常不易,这一是因为作者的知识浅薄和水平有限,另一是因为国内已出版了很多版本的固体物理类的教材。

本书从固体原子论、固体电子论和固体物理专题三方面阐述固体物理的理论框架和内容。本书首先从固体中原子的角度,介绍固体原子论内容,由原子的凝聚、晶体结构及其周期性描述、倒易点阵及其周期性、晶体衍射,以及原子振动及晶格动力学 5 章构成。相对于已出版的固体物理教材,在第 1 章中除了介绍五种基本结合类型外,比较详细地介绍了轨道杂化内容,这是因为轨道杂化是导致复杂晶体结构的主要原因,同时介绍了富勒烯、碳纳米管和石墨烯等这些当前热点的研究内容。由于倒格子空间的描述在固体理论中非常重要,因此,把相关内容单独作为一章而给以较详细的描述。在第 4 章中,除了一般教科书中介绍的晶体衍射内容外,作者基于自身在培养研究生过程中的体会,有意添加了如何基于 X 射线衍射获得晶体结构信息的内容。然后,本书从固体中(价)电子的角度,介绍固体电子论内容,由金属电子论、固体能带论、固体能带计算和固体电子输运理论 4 章构成。考虑到在实际研究中的能带计算很少是基于布洛赫理论的,在第 8 章中比较详细地介绍了基于密度泛函理论的能带计算的基本思路。最后,在第 10～13 章中,以专题形式分别介绍了固体的介电性、半导体性、磁性和超导电性。由于固体物理更多强调的是固体中的物理问题,因此,在每章的最后附有思考与习题,从思考与练习的角度,加深读者对每章内容的理解。本教材力求将传统的固体物理内容讲解得通俗易懂,同时适当介绍前沿性的研究进展和从事相关研究所需的理论基础,以达到“夯实基础、拔高培养和引领前沿”的目的。

作者曾有幸邀请到北京大学阎守胜教授来华中科技大学作为期两周的固体物理讲座,多年来经常同武汉大学石兢教授、武汉理工大学赵修建教授和李建青教授等就固体物理问题在一起讨论。华中科技大学田召明教授对本书部分内容进行了认真的审阅并提出了修改意见,华中科技大学刘鑫教授、付英双教授、陆成亮教授、钱立华教授和田召明教授在教学中采用了本教材的前期讲义并提出了宝贵的修改意见,华中科技大学物理学院领导张凯研究员、陈相松教授、吕京涛教授等对编写本教材一直给以鼓励和支持。作者名下有 48 名毕业博士,书中很多内容是在指导他们的博士论文过程中形成的,在此作者向他们表示由衷的感谢。由于作者学识浅薄,水平有限,书中难免存在错误和不妥之处,敬请各位专家学者及广大读者给以批评指正。

袁松柳

2022 年夏

目　录

第1章 原子的凝聚

分子或固体是由原子按适当结合方式凝聚到一起而形成的。本章要回答的问题是，原子是如何凝聚在一起形成分子或固体的。组成分子或固体的原子能够保持稳定的结构且原子间距基本保持不变，说明原子之间有着强烈的相互作用，这种强相互作用表现为吸引和排斥两种形式。对于大量原子凝聚而成的固体中的原子相互作用的研究，实际上是量子力学的多体问题。由于问题的复杂性，只能采取多种近似的方法进行处理。本章首先从原子的电子构型角度，分析和讨论各个原子的特点，然后就原子间的结合力起因和类型进行分析和讨论。

1.1 原子结构

自然界中所有固体都是由原子凝聚而成的，这些原子离不开表 1.1 所示的元素周期表中所列的一百多种原子。原子可自身形成单质固体，例如，Cu、Ag、Fe 等金属，多种原子可结合形成化合物固体，例如，$NaCl$、MnO、$BaTiO_3$、$La_{2-x}Sr_xCuO_4$ 等。为了了解为什么大量原子能凝聚在一起形成固体，人们首先需要了解单个原子的结构。

一直到十九世纪末，人们都认为原子是物质的最小结构单元，是不可分割的。直到 1897 年汤姆孙（Thomson）在阴极射线中发现电子，人们才意识到原子也是可分的，原子可分为带正电荷和带负电荷的两部分。在早期汤姆孙提出的原子结构模型中，原子被认为是一个半径在 $\sim 10^{-8}$ cm 量级的球，球内均匀分布着正电荷，而带负电荷的电子镶嵌在正电荷背景上，但汤姆孙提出的原子结构模型很快被 α 粒子散射实验否定。在对 α 粒子散射实验理论分析的基础上，卢瑟福（Rutherford）提出涉及原子结构的行星模型，即认为原子是由位于原子中心、尺寸很小（半径 $\sim 10^{-13}$ cm）的带正电荷的原子核和核外带负电荷的电子组成的，带负电荷的电子由于受到带正电荷的原子核的库仑吸引作用而绕原子核作旋转运动。卢瑟福模型预言的结果和 α 粒子散射实验结果一致，并很快被人们广泛接受，直到今天，对原子的内部结构的认识仍然是以卢瑟福的原子结构模型为基础的，可以说卢瑟福模型中对原子内部结构的认识是二十世纪最伟大的发现之一。

尽管卢瑟福的原子结构模型被人们普遍认可，但其遇到了和经典理论严重相冲突的问题。这种冲突体现在两方面，一方面是，按卢瑟福模型，带负电荷的电子由于受到带正电荷的原子核的库仑吸引作用而绕原子核作旋转运动，这种旋转运动属于加速运动，按照经典的电动力学，作加速运动的电子会向外发射电磁波，伴随电磁波的发射，电子能量必然会降低，导致电子运动轨道不断缩小，直至最后被吸引到原子核上去，意味着原子的尺寸会伴随电子绕原子核的旋转运动而减小，但实际上，原子的半径基本上维持在 $\sim 10^{-8}$ cm 的量级而没有发生改变。另一方面是原子光谱，按照经典的电动力学，原子所发光的频率等于原子中电子绕核作旋转运动时的频率，随着因电子加速运动而向外发射电磁

表 1.1　元素周期表

图例说明：s区　p区　d区　ds区　f区

示例（注*的是人造元素）：
原子序数 — 79
元素符号 — Au　金 — 中文元素名
英文元素名 — Gold
电子排布 — $[Xe]4f^{14}5d^{10}6s^1$

IA	IIA	IIIB	IVB	VB	VIB	VIIB	VIII	VIII	VIII	IB	IIB	IIIA	IVA	VA	VIA	VIIA	0
1 H 氢 $1s^1$																	2 He 氦 $1s^2$
3 Li 锂 $[He]2s^1$	4 Be 铍 $[He]2s^2$											5 B 硼 $[He]2s^22p^1$	6 C 碳 $[He]2s^22p^2$	7 N 氮 $[He]2s^22p^3$	8 O 氧 $[He]2s^22p^4$	9 F 氟 $[He]2s^22p^5$	10 Ne 氖 $[He]2s^22p^6$
11 Na 钠 $[Ne]3s^1$	12 Mg 镁 $[Ne]3s^2$											13 Al 铝 $[Ne]3s^23p^1$	14 Si 硅 $[Ne]3s^23p^2$	15 P 磷 $[Ne]3s^23p^3$	16 S 硫 $[Ne]3s^23p^4$	17 Cl 氯 $[Ne]3s^23p^5$	18 Ar 氩 $[Ne]3s^23p^6$
19 K 钾 $[Ar]4s^1$	20 Ca 钙 $[Ar]4s^2$	21 Sc 钪 $[Ar]3d^14s^2$	22 Ti 钛 $[Ar]3d^24s^2$	23 V 钒 $[Ar]3d^34s^2$	24 Cr 铬 $[Ar]3d^54s^1$	25 Mn 锰 $[Ar]3d^54s^2$	26 Fe 铁 $[Ar]3d^64s^2$	27 Co 钴 $[Ar]3d^74s^2$	28 Ni 镍 $[Ar]3d^84s^2$	29 Cu 铜 $[Ar]3d^{10}4s^1$	30 Zn 锌 $[Ar]3d^{10}4s^2$	31 Ga 镓 $[Ar]3d^{10}4s^24p^1$	32 Ge 锗 $[Ar]3d^{10}4s^24p^2$	33 As 砷 $[Ar]3d^{10}4s^24p^3$	34 Se 硒 $[Ar]3d^{10}4s^24p^4$	35 Br 溴 $[Ar]3d^{10}4s^24p^5$	36 Kr 氪 $[Ar]3d^{10}4s^24p^6$
37 Rb 铷 $[Kr]5s^1$	38 Sr 锶 $[Kr]5s^2$	39 Y 钇 $[Kr]4d^15s^2$	40 Zr 锆 $[Kr]4d^25s^2$	41 Nb 铌 $[Kr]4d^45s^1$	42 Mo 钼 $[Kr]4d^55s^1$	43 Tc 锝 $[Kr]4d^55s^2$	44 Ru 钌 $[Kr]4d^75s^1$	45 Rh 铑 $[Kr]4d^85s^1$	46 Pd 钯 $[Kr]4d^{10}$	47 Ag 银 $[Kr]4d^{10}5s^1$	48 Cd 镉 $[Kr]4d^{10}5s^2$	49 In 铟 $[Kr]4d^{10}5s^25p^1$	50 Sn 锡 $[Kr]4d^{10}5s^25p^2$	51 Sb 锑 $[Kr]4d^{10}5s^25p^3$	52 Te 碲 $[Kr]4d^{10}5s^25p^4$	53 I 碘 $[Kr]4d^{10}5s^25p^5$	54 Xe 氙 $[Kr]4d^{10}5s^25p^6$
55 Cs 铯 $[Xe]6s^1$	56 Ba 钡 $[Xe]6s^2$	57-71 La系 Lu系	72 Hf 铪 $[Xe]4f^{14}5d^26s^2$	73 Ta 钽 $[Xe]4f^{14}5d^36s^2$	74 W 钨 $[Xe]4f^{14}5d^46s^2$	75 Re 铼 $[Xe]4f^{14}5d^56s^2$	76 Os 锇 $[Xe]4f^{14}5d^66s^2$	77 Ir 铱 $[Xe]4f^{14}5d^76s^2$	78 Pt 铂 $[Xe]4f^{14}5d^96s^1$	79 Au 金 $[Xe]4f^{14}5d^{10}6s^1$	80 Hg 汞 $[Xe]4f^{14}5d^{10}6s^2$	81 Tl 铊 $[Xe]4f^{14}5d^{10}6s^26p^1$	82 Pb 铅 $[Xe]4f^{14}5d^{10}6s^26p^2$	83 Bi 铋 $[Xe]4f^{14}5d^{10}6s^26p^3$	84 Po 钋 $[Xe]4f^{14}5d^{10}6s^26p^4$	85 At 砹 $[Xe]4f^{14}5d^{10}6s^26p^5$	86 Rn 氡 $[Xe]4f^{14}5d^{10}6s^26p^6$
87 Fr 钫 $[Rn]7s^1$	88 Ra 镭 $[Rn]7s^2$	89-103 Ac系 Lr系	104 Rf* 𬬻 $[Rn]5f^{14}6d^27s^2$	105 Db* 𬭊 $[Rn]5f^{14}6d^37s^2$	106 Sg* 𬭳 $[Rn]5f^{14}6d^47s^2$	107 Bh* 𬭛 $[Rn]5f^{14}6d^57s^2$	108 Hs* 𬭶 $[Rn]5f^{14}6d^67s^2$	109 Mt* 鿏 $[Rn]5f^{14}6d^77s^2$	110 Ds* 𫟼 $[Rn]5f^{14}6d^87s^2$	111 Rg* 𬬭 $[Rn]5f^{14}6d^97s^2$	112 Cn* 鿔 $[Rn]5f^{14}6d^{10}7s^2$	113 Uut*	114 Uuq*	115 Uup*	116 Uuh*	117 Uus*	118 Uuo*

镧系：

57 La 镧 $[Xe]5d^16s^2$	58 Ce 铈 $[Xe]4f^15d^16s^2$	59 Pr 镨 $[Xe]4f^36s^2$	60 Nd 钕 $[Xe]4f^46s^2$	61 Pm* 钷 $[Xe]4f^56s^2$	62 Sm* 钐 $[Xe]4f^66s^2$	63 Eu 铕 $[Xe]4f^76s^2$	64 Gd 钆 $[Xe]4f^75d^16s^2$	65 Tb 铽 $[Xe]4f^96s^2$	66 Dy 镝 $[Xe]4f^{10}6s^2$	67 Ho 钬 $[Xe]4f^{11}6s^2$	68 Er 铒 $[Xe]4f^{12}6s^2$	69 Tm 铥 $[Xe]4f^{13}6s^2$	70 Yb 镱 $[Xe]4f^{14}6s^2$	71 Lu 镥 $[Xe]4f^{14}5d^16s^2$

锕系：

89 Ac 锕 $[Rn]6d^17s^2$	90 Th 钍 $[Rn]6d^27s^2$	91 Pa 镤 $[Rn]5f^26d^17s^2$	92 U 铀 $[Rn]5f^36d^17s^2$	93 Np 镎 $[Rn]5f^46d^17s^2$	94 Pu 钚 $[Rn]5f^67s^2$	95 Am 镅 $[Rn]5f^77s^2$	96 Cm 锔 $[Rn]5f^76d^17s^2$	97 Bk* 锫 $[Rn]5f^97s^2$	98 Cf* 锎 $[Rn]5f^{10}7s^2$	99 Es* 锿 $[Rn]5f^{11}7s^2$	100 Fm* 镄 $[Rn]5f^{12}7s^2$	101 Md* 钔 $[Rn]5f^{13}7s^2$	102 No* 锘 $[Rn]5f^{14}7s^2$	103 Lr* 铹 $[Rn]5f^{14}6d^17s^2$

波,电子运动轨道会连续缩小,相应的轨道运动的频率就会连续增加,意味着所发光的频率是连续变化的,或者说原子光谱是连续光谱,而实验上观察到的原子光谱是分立的谱线。

为了解决卢瑟福模型和经典理论相冲突的问题,1913 年玻尔(Bohr)通过将卢瑟福模型和普朗克(Planck)- 爱因斯坦(Einstein) 光量子理论相结合提出了原子的半经典量子论,称为玻尔原子理论,简称玻尔理论。玻尔理论中涉及两个重要的假设,一是量子化轨道,原子只能稳定地处在一系列能量取分立值的定态,在定态中,电子沿稳定的轨道运动,既不辐射能量也不吸收能量;另一是量子跃迁,电子可以通过吸收或发射能量为 $h\nu$ 的光子而从一个定态能级 E_n 跃迁到另一个定态能级 $E_{n'}$。玻尔理论很好地解释了在 H 原子中观察到的分立光谱,但对稍稍复杂的原子,观察到的原子光谱和玻尔理论的预言并不一致。究其原因在于,玻尔理论中除了量子化轨道假设外,没有涉及量子力学最本质的核心内容,即电子作为微观粒子具有波粒二象性。

受光具有波粒二象性的启示,1924 年德布罗意(Broglie) 提出,任何微观粒子均具有波粒二象性。既然如此,电子作为微观粒子,也应当具有波粒二象性,这意味着电子除了人们熟悉的粒子性外还具有波动性。由于电子具有波动性,其运动状态不再用牛顿方程来描述,而应当用薛定谔(Schrőinger) 方程描述:

$$i\hbar\frac{\partial\psi(\vec{r},t)}{\partial t}=\Big[-\frac{\hbar^2}{2\mu}\mathbf{\nabla}^2+V(\vec{r},t)\Big]\psi(\vec{r},t) \tag{1.1}$$

其中,$\psi(\vec{r},t)$ 是描述电子状态的函数,其模的平方正比于 t 时刻,$\vec{r}$ 处找到电子的概率,$V(\vec{r},t)$ 是电子所受到的势场。对于绕原子核运动的电子,受带正电荷的原子核吸引的势能为

$$V(\vec{r})=-\frac{Ze^2}{4\pi\varepsilon_0 r} \tag{1.2}$$

其中,Z 为原子序数。由于势场与时间无关,方程(1.1) 有一个特解 $\psi(\vec{r},t)=\psi(\vec{r})e^{-\frac{iE}{\hbar}t}$,由这个函数所描述的电子状态与时间的关系是正弦式的,其角频率为 $\omega=\frac{E}{\hbar}$,按德布罗意关系,E 正是电子处于这个函数所描写的状态时的能量。可见,电子处在 $\psi(\vec{r},t)=\psi(\vec{r})e^{-\frac{iE}{\hbar}t}$ 所描述的状态时,能量有确定的值,相应的态称为定态,定态波函数满足定态薛定谔方程:

$$\Big[-\frac{\hbar^2}{2\mu}\mathbf{\nabla}^2+V(\vec{r})\Big]\psi(\vec{r})=E\psi(\vec{r}) \tag{1.3}$$

从式(1.2) 可以看到,对于库仑场中运动的电子,电子受原子核吸引的势能是球对称的中心场,即 $V(\vec{r})=V(r)$。在这种情况下,利用分离变量法可在球坐标系中对方程(1.3) 进行求解,其求解过程在许多量子力学教科书中均有介绍,这里只给出求解得到的结果,即对于如式(1.2) 所示的球对称的库仑场中运动的电子,电子的能量是量子化的,量子化的电子能量由下式给出:

$$E_n=-\frac{\mu Z^2 e^4}{2\hbar^2(4\pi\varepsilon_0)^2}\frac{1}{n^2} \tag{1.4}$$

和 E_n 相对应的电子波函数为

$$\psi_{nlm}(r,\theta,\phi)=R_{nl}(r)Y_{lm}(\theta,\phi) \tag{1.5}$$

其中，$R_{nl}(r)$ 为径向函数，$Y_{lm}(\theta,\phi)$ 为球函数，n、l 和 m 分别称为主量子数、角量子数和磁量子数。主量子数的取值可以为任意正整数，即 $n=1,2,3,\cdots$ 而 l 的取值为0与比 n 小1的任意正整数，即对给定的 n,l 的取值只能是 $l=0,1,2,\cdots,n-1$，m 的取值要求满足 $|m|\leqslant l$，因此对给定的 l,m 的取值只能是 $m=0,\pm1,\cdots,\pm l$。例如，对于 $n=1,l=0$，$m=0$；对于 $n=2,l=0$ 和 1，m 可取 $0,\pm1$。

从求解薛定谔方程的过程可以看到，原子中的电子能量仅与主量子数 n 有关，而相应的波函数不仅与主量子数 n 有关，还与角量子数 l 和磁量子数 m 有关，说明库仑场中运动的电子态是简并的，电子能级对磁量子数 m 的简并源于势场为球对称的中心场，而电子能级对角量子数 l 的简并源于电子受到的势场为库仑场这一特殊的球对称的中心场。若计及电子的自旋，则对每一个给定 n，总的简并度为 $2n^2$，意味着能量为 E_n 的能级上可占据 $2n^2$ 个状态不同的电子。

除 H 原子只有一个电子外，其他原子均含有两个或两个以上电子，这些电子按能量从低到高依次占据在 $n=1,2,3,\cdots$ 的不同能级上，其中，$n=1$ 能级上可占据2个电子，$n=2$ 能级上可占据8个电子，$n=3$ 能级上可占据18个电子…… 按照这样的规律，我们可以给出 Na 原子的原子结构示意图，如图1.1所示，其中，中心部分为带正电荷的 Na 原子核，核外有11个电子，这11个电子中，2个电子占据在 $n=1$ 能级上，8个电子占据在 $n=2$ 能级上，剩下1个电子占据在 $n=3$ 能级上。

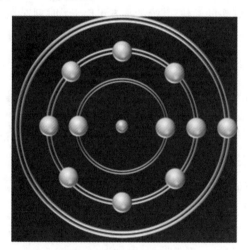

图1.1　Na 原子结构示意图

在能量为 E_n 的定态中，电子在 r 到 $r+dr$ 球壳内出现的几率为

$$\int_0^{2\pi}d\varphi\int_0^\pi|\psi_{nlm}(r,\theta,\varphi)|^2\sin\theta r^2 d\theta dr=R_{nl}^2(r)r^2 dr$$

其中，$R_{nl}^2(r)r^2=w_{nl}$ 称为电子径向概率分布函数。量子力学对原子中电子运动的处理和玻尔原子理论最本质的不同在于，玻尔理论中的电子运动轨道是经典意义下电子走过的轨迹，而在量子力学理论中，电子运动轨道是指电子出现的几率达到极大值时所对应的轨道。对于给定的 n，$w_{nl}=R_{nl}^2(r)r^2$ 共有 $n-l$ 个极大值，因此有 $n-l$ 个电子轨道，通常称为原子轨道。对于 $l=0,1,2,3,\cdots$ 相应的原子轨道依次称为 s 轨道、p 轨道、d 轨道和

f 轨道等,在这些轨道上运动的电子分别被称为 s 电子、p 电子、d 电子和 f 电子等。这里的 s,p,d,f 分别是英文单词 strong(强的)、principal(主要的)、dispersive(弥散的) 和 fundamental(基本的) 的第一个字母,沿用了早期光谱学对某一谱线状况的称呼。

如果电子仅仅受到来自原子核的球对称的库仑中心场的作用,则在第 $n-l$ 个轨道上运动的电子,尽管状态不同,但有相同的能量,因此是简并的。但对实际含有多个电子的原子,每一个电子除了受到原子核势场作用外,还受到其他电子的作用,使得主量子数为 n 的能级分裂成 $l=0,1,2,3\cdots$ 一系列能量不同的次能级。对于给定的 l,简并度为 $2(2l+1)$,意味着每一个给定 l 的轨道上可允许 $2(2l+1)$ 个状态不同的电子占据。据此可知,每个 s、p、d 轨道上分别可允许有 2、6、10 个电子占据。对于 $n=1,l=0$,只有一个能级,用 1s 表示,可允许 2 个电子占据,表示为 $1s^2$;对于 $n=2,l=0$ 和 1,有 2 个轨道,分别以 2s 和 2p 表示,$n=2$ 能级上的 8 个电子中,2 个占据在 2s 轨道上,剩下的 6 个电子占据在 2p 轨道上,表示为 $2s^2 2p^6$;对于 $n=3,l=0$、1 和 2,有 3 个轨道,分别以 3s、3p 和 3d 表示,$n=3$ 能级上的 18 个电子按 3s 轨道上 2 个、3p 轨道上 6 个和 3d 轨道上 10 个依次占据,表示为 $3s^2 3p^6 3d^{10}$;等等。

对于含有多个电子的原子,这些电子按能量从低到高依次占据构成了不同的电子构型。例如,Na 原子共有 11 个电子,按能量从低到高占据依次为 1s 上 2 个、2s 上 2 个、2p 上 6 个和 3s 上 1 个,因此,Na 原子的电子构型为 $1s^2 2s^2 2p^6 3s^1$。又如,Cu 原子共有 29 个电子,按能量从低到高占据依次为 1s 上 2 个、2s 上 2 个、2p 上 6 个、3s 上 2 个、3p 上 6 个、3d 上 10 个和 4s 上 1 个,因此,Cu 原子的电子构型为 $1s^2 2s^2 2p^6 3s^2 3p^6 3d^{10} 4s^1$。

元素周期表中原子的周期性实际上反映了原子核外电子分布的周期性规律,这种周期性规律可概括为如下几点。

(1) 原子在周期表中的位置是按原子核外电子数从少到多的顺序来排序的。例如,H 原子只有 1 个电子,排在周期表中第一的位置,而 Na 原子有 11 个电子,则排在周期表中第十一的位置;等等。

(2) 原子在周期表中的周期数为该原子中电子占据的能级数。例如,Li、Be、B、C、N、O、F 和 Ne,电子分布依次为 $1s^2 2s^1$、$1s^2 2s^2$、$1s^2 2s^2 2p^1$、$1s^2 2s^2 2p^2$、$1s^2 2s^2 2p^3$、$1s^2 2s^2 2p^4$、$1s^2 2s^2 2p^5$ 和 $1s^2 2s^2 2p^6$,这些原子中的电子按能量从低到高依次占据在 $n=1$ 和 2 的能级上,因此,这些原子均属于第二周期;又如,K、Ca、Sc、Ti、V、Cr、Mn、Fe、Co、Ni、Cu、Zn、Ga、Ge、As、Se、Br 和 Kr,这些原子中电子的分布依次为 $[Ar]4s^1$、$[Ar]4s^2$、$[Ar]3d^1 4s^2$、$[Ar]3d^2 4s^2$、$[Ar]3d^3 4s^2$、$[Ar]3d^4 4s^2$、$[Ar]3d^5 4s^2$、$[Ar]3d^6 4s^2$、$[Ar]3d^7 4s^2$、$[Ar]3d^8 4s^2$、$[Ar]3d^9 4s^2$、$[Ar]3d^{10} 4s^2$、$[Ar]3d^{10} 4s^2 4p^1$、$[Ar]3d^{10} 4s^2 4p^2$、$[Ar]3d^{10} 4s^2 4p^3$、$[Ar]3d^{10} 4s^2 4p^4$、$[Ar]3d^{10} 4s^2 4p^5$、$[Ar]3d^{10} 4s^2 4p^6$,其中,$[Ar]=1s^2 2s^2 2p^6 3s^2 3p^6$。这些原子中的电子按能量从低到高依次占据在 $n=1$、2、3 和 4 的能级上,因此,这些原子均属于第四周期;等等。

(3) 每一周期所含有的原子数目为高能级轨道中所有轨道所能容纳的电子总数。例如,第二周期的高能级轨道为 2s 和 2p,这些轨道所能容纳的电子总数为 8,因此,第二周期总共有 8 个原子;又如,第四周期的高能级轨道为 3d、4s 和 4p,这些轨道所能容纳的电子总数为 18,因此,第四周期总共有 18 个原子;等等。

(4) 同一族原子高能级电子数相同,但高能级主量子数从上到下依次增加。例如,第一族(主族)原子 H、Li、Na、K、Rb、Cs 和 Fr,高能级上均只有一个 s 电子,但高能级主量子数从 H 原子的 $n=1$ 依次增加到 Fr 原子的 $n=7$;又如,第 ⅧB 族(副族)原子 Cr、Mo 和 W,高能级上电子占据分别为 $3d^54s^1$、$4d^55s^1$ 和 $5d^46s^2$,均有 6 个电子占据在高能级上,但高能级主量子数从 Cr 到 W 依次增加。

在后面会提到,固体中原子与原子之间的相互作用一般只涉及原子的外层电子,因此,了解外层电子结构尤为重要。除了上面所提到的原子周期性变化规律外,元素周期表还可以按照原子中电子在哪一个高能级上增加电子而分为 s、p、d、ds 和 f 五大区域,这五大区域在表 1.1 所示的元素周期表中分别用五种不同底色进行了区分:

(1)s 区:ⅠA 和 ⅡA,原子外层电子结构分别为 ns^1 和 ns^2 型,电子只在 s 层增加。

(2)p 区:从 ⅢA 到 ⅧA(惰性元素),除 He($1s^2$)外,原子外层电子结构按 ns^2np^x 形式从 $x=1$ 依次增加到 $x=6$,电子只在 p 层增加。

(3)d 区:从 ⅢB 到 ⅧB,原子外层电子结构按 $(n-1)d^xns^2$ 形式从 $x=1$ 依次增加到 $x=8$(Pd、Pt 等例外),电子增加只在 d 层。虽然这些原子的最外层是 s 电子,但在固体中这些最外层 s 电子容易脱离原子核的束缚,因此,暴露在外的电子实际上是来自 d 壳层的电子。

(4)ds 区:ⅠB 和 ⅡB,原子外层电子结构分别为 $(n-1)d^{10}ns^1$ 和 $(n-1)d^{10}ns^2$ 型,电子只在 s 层增加,但和 s 区不同,这是因为当最外层 s 电子脱离原子核束缚时,暴露在外的电子实际上是来自 d 壳层的电子。

(5)f 区:镧系和锕系稀土原子,这些原子的电子结构的最显著特点是电子只在 f 层增加,而 f 层外面还有其他电子层。

1.2　原子电负性

元素周期表中原子变化规律的周期性,很大程度上反映的是原子的电子结构,特别是外层电子结构的周期性。对同一周期的主族原子,电子占据最高能级对应的主量子数 n 相同,因此,它们的原子半径基本差不多,但左边原子最外层的 s 电子很容易摆脱原子核束缚而丢失,而右边除 ⅧA 原子外的其他原子最外层的 p 壳层均为不满壳层结构,倾向于从外界获得电子以使不满壳层结构变成满壳层结构。对元素周期表中同一主族原子,从上而下,电子占据最高能级对应的主量子数 n 逐渐增加,因此,最外层电子轨道半径逐渐增加,随着外层电子轨道半径的增加,原子核对外层电子的束缚能力越来越弱。因此,元素周期表从某种意义上也是原子对外层电子束缚能力的周期性反映。

为了科学地比较各种原子得失电子的难易程度,人们引入原子电负性(electronegativity)这样一个物理量,用 χ 表示,这个量通常被作为标志原子对电子亲和能力的量度。原子束缚电子的能力越强,其电负性越高,在这种情况下,原子趋向于从外界获得电子;反之,电负性越低,原子束缚电子的能力越弱,在这种情况下,原子容易丢失外层电子。原子电负性有不同的定义方式,典型的有密立根(Millikan)、鲍林(Pauling)和菲利普(Phillips)等的定义,不同的定义所得到的电负性数值不同,但具有基本相同的变化趋势,这里仅介绍鲍林定义。

原子束缚电子的能力包含两个方面的内容,即原子的电离能和原子的亲和能。原子的电离能用 W_i 表示,描述的是原子失去电子形成正离子倾向的物理量,这个过程可表述为

$$A + W_i \Rightarrow A^+ + (-e)$$

电离能 W_i 的意义是使中性原子 A 失去一个电子而变成一个带正电荷离子 A^+ 所必须给予的能量。一个原子的电离能越低,电子(特别是最外层电子,即价电子)越容易脱离原子的束缚,反之,最外层电子越不容易脱离原子的束缚。影响电离能大小的因素有原子半径、核电荷性质和电子层结构。一般来说,具有较小原子半径和较多有效核电荷的原子,其原子核对外层电子的吸引力较强,电离能较大。而在电子层结构方面,原子最外层电子数越少,越容易失去电子,电离能就越小。原子的亲和能用 W_a 表示,描述的是中性原子获得电子形成负离子倾向的物理量,这个过程可表述为

$$A + (-e) \Rightarrow A^- + W_a$$

亲和能 W_a 的意义是使中性原子 A 获得一个电子而变成负离子 A^- 所释放出的能量。一个原子的亲和能越高,原子越容易从外界获得电子而成为带负电荷的离子。根据鲍林的定义,原子束缚电子的能力,或者说电负性 χ,应当综合考虑原子的电离能和原子的亲和能两者的贡献,用数学式可表示为

$$\chi = \frac{1}{6.3}(W_i + W_a) \tag{1.6}$$

式中的电负性、电离能和亲和能均以 eV 为单位,系数的选择仅仅是为了使 Li 的电负性为 1,并没有实际意义。原子的电负性越大,表示其吸引电子的能力越强,反之则越弱。各原子的电离能和亲和能均可由实验确定,由此得到的原子电负性数据汇总在表 1.2 中。

表 1.2　原子电负性

H 2.1																	He ...
Li 1.0	Be 1.5											B 2.0	C 2.5	N 3.0	O 3.5	F 4.0	Ne ...
Na 0.9	Mg 1.2											Al 1.5	Si 1.8	P 2.1	S 2.5	Cl 3.0	Ar ...
K 0.8	Ca 1.0	Sc 1.3	Ti 1.5	V 1.6	Cr 1.6	Mn 1.5	Fe 1.8	Co 1.8	Ni 1.8	Cu 1.9	Zn 1.6	Ga 1.6	Ge 1.8	As 2.0	Se 2.4	Br 2.8	Kr ...
Rb 0.8	Sr 1.0	Y 1.2	Zr 1.4	Nb 1.6	Mo 1.8	Tc 1.9	Ru 2.2	Rh 2.2	Pd 2.2	Ag 1.9	Cd 1.7	In 1.7	Sn 1.8	Sb 1.9	Te 2.1	I 2.5	Xe ...
Cs 0.7	Ba 0.9	La~Lu 1.1~1.2	Hf 1.3	Ta 1.5	W 1.7	Re 1.9	Os 2.2	Ir 2.2	Pt 2.2	Au 2.4	Hg 1.9	Tl 1.8	Pb 1.8	Bi 1.9	Po 2.0	At 2.2	Rn ...
Fr 0.7	Ra 0.9	Ac~Lr 1.1															

数据来自 L.Pauling and P.Pauling.Chemistry[M].Freeman,W.H.Company,1975.

　　为更清楚地看清原子电负性的变化规律性,图 1.2 显示了各原子的电负性随原子序数的变化,其变化规律可总结如下。

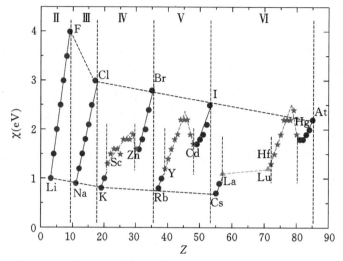

注:●、★和▲分别对应主族、过渡族和稀土元素,Ⅱ、Ⅲ、Ⅳ、Ⅴ、Ⅵ分别表示第二、三、四、六周期。

图 1.2　原子电负性与原子序数间的关系

　　(1) 对同一周期的主族元素,例如,第二周期从 Li 到 F,第三周期从 Na 到 Cl,等等,原子电负性随原子序数 Z 增加而快速增大。

　　(2) 对同一主族元素,例如,ⅠA 从 Li 到 Cs,ⅦA 从 F 到 At,等等,原子电负性随 Z 增加而逐渐减小。

　　(3) 对过渡族元素,如上节所指出的,可分为 d 区和 ds 区,对同一周期的过渡族元素,d 区原子的电负性随 Z 的增加而增加,而 ds 区原子的电负性随 Z 的增加而减小。

　　(4) 对稀土元素,原子电负性基本不随 Z 增加而改变。

　　主族原子的电负性的变化趋势是可以理解的。在具有 Z 个电子的原子中,每个最外层电子(价电子)不仅受到带正电的原子核的库仑吸引作用,还受到其他 $(Z-1)$ 个芯电子(失去最外层电子后剩下的电子)对原子核电荷的屏蔽作用。由于这种屏蔽不完全,作用在最外层电子上的有效电荷在 $+e$ 到 $+Ze$ 之间。随着 Z 增大,有效电荷会加强,因而在同一周期,自左至右,元素的电负性增大。对于同一族元素,自上而下,最外层电子离原子核越来越远,库仑作用减弱,电负性逐渐减小。

　　过渡族原子电负性的变化规律反映了其外层电子结构的变化规律。对于 d 区的原子,同一周期的原子的外层电子结构按 $(n-1)d^x ns^2$ 的形式从 $x=1$ 依次增加到 $x=8$,由于 d 层是不满壳层,倾向于从外界获得电子,d 层电子占据数越多,从外界获得电子的能力越强,因此,同一周期 d 区原子的电负性随 Z 增加而增加。对于 ds 区的原子,外层电子结构分别为 $(n-1)d^{10} ns^1$ 和 $(n-1)d^{10} ns^2$,由于 d 层是满壳层,原子电负性只反映了 s 层电子的得失能力。

　　对于稀土原子,随原子序数增加,增加的电子发生在 f 层,而 f 层外面还有其他电子层,因此,稀土原子的电负性基本不随原子序数的增加而改变。

原子电负性可以作为判断元素的金属性和非金属性强弱的依据。一般来说,除 H 原子和 ⅧA 惰性原子(He、Ne、Ar、Kr) 外,元素周期表中带"金"字边的元素(周期表中左边元素),原子电负性较小,易于失去最外层电子,因此是金属元素,而元素周期表中不带"金"字边的元素(周期表中右边元素),原子电负性较大,易于获得电子而使得最外壳层成为满电子壳层,因此是非金属元素,介于金属元素和非金属元素之间的元素,原子电负性介于两者之间,这类元素既有金属性又有非金属性。

如后面所提到的,当大量具有不同原子电负性的原子相遇在一起时,有些原子因电负性低易于失去最外层电子,而另一些原子因原子电负性高易于获得电子,这样一来,原子与原子之间可以通过不同的结合方式凝聚在一起形成分子或固体。

1.3　原子间相互作用及结合力的一般性质

固体是由大量的原子凝聚而成的。固体中的原子间距基本不变,且固体能保持基本不变的体积和外形,说明固体中的原子间存在着强的相互作用,且这种相互作用表现为吸引和排斥两种形式。只有当吸引和排斥两种相互作用力平衡时,大量原子才能凝聚到一起形成具有稳定结构的固体。引起原子凝聚的前提条件是原子之间要存在相互吸引的力。问题是什么是产生原子间相互吸引力的物理根源?

众所周知,自然界中有四种基本相互作用力,分别为(万有) 引力、电磁力、强核力和弱核力。弱相互作用和强相互作用均是短程相互作用,其作用范围约为 $10^{-15} \sim 10^{-13}$ cm,这比原子自身的尺寸($\sim 10^{-8}$ cm)还小得多,因此,应当排除弱相互作用和强相互作用是引起原子凝聚的吸引力的来源。引力和电磁力属长程相互作用,毫无疑问,原子之间存在引力,但引力太弱,若以强相互作用为标准,则电磁力、弱相互作用力和引力依次在 10^{-2}、10^{-12} 和 10^{-40} 的量级。综合考虑这些因素,可以认为,电磁力应是引起原子凝聚的吸引力的来源。

根据原子结构模型,原子由带正电荷的原子核和核外带负电荷的电子组成,如果把原子看成是球,则球的半径在 $\sim 10^{-8}$ cm 的量级。当大量原子凝聚在一起形成固体时,根据当时已测定的阿伏伽德罗常数可以估计出相邻原子间的间隔在 $\sim 10^{-8}$ cm 量级,这样一来,带正电荷的原子核和其带负电荷的核外电子必然要同周围其他原子中的原子核和电子发生库仑相互作用,因此,相当自然地认为,带电粒子间的库仑作用应是产生原子间相互作用力的物理根源。

当原子相互靠近时,最先感受到库仑作用的是原子外层电子,意味着在带电粒子间的库仑作用中起主要作用的是各原子外层电子。一般认为,吸引作用来源于异性电荷之间的库仑吸引或电偶极矩之间的相互作用,而排斥作用则主要来自两个方面,一是同性电荷之间的库仑排斥,另一是泡利(Pauli) 不相容原理所引起的排斥。原子凝聚成固体时,一般来说,原子的外层电子会重新分布,要么外层失去外层电子,要么外层得到电子,或者两两原子的外层共享电子,外层电子的重新分布会产生原子间不同的结合方式。通常称引起原子结合在一起的力为"键",典型的有金属键结合、离子键结合、共价键结合、氢键结合和范德瓦斯键结合五种最基本的类型。

对不同的固体,原子间结合力的类型和大小不同。虽然如此,但任何固体中两个原子之间的相互作用力或相互作用势(或称"相互作用势能")与原子间距离的变化关系是定性相同的。这里从两个原子之间的相互作用出发,给出固体的内能及结合能的一般表述。图 1.3(a) 所示的是原子间相互作用势 U 随原子间距离 r 变化的示意图,可分解为吸引作用势和排斥作用势两部分。一旦知道 $U(r)$,利用势和力间的关系

$$f(r) = -\frac{\mathrm{d}U(r)}{\mathrm{d}r} \tag{1.7}$$

就可得到原子间相互作用力 $f(r)$ 随原子间距 r 的变化,如图 1.3(b) 所示。

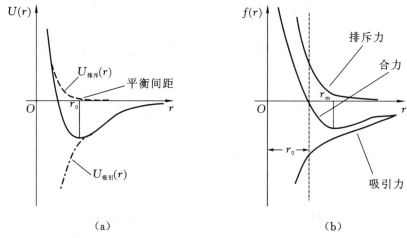

图 1.3　原子对间的(a) 相互作用势和(b) 相互作用力示意图

同样,原子间相互作用力可分解为吸引作用力和排斥作用力两部分,如图 1.3(b) 所示。可以看到,两种相互作用力的大小均随原子间距 r 的变大而衰减,为了形成稳定的结构,要求吸引力比排斥力衰减得慢。排斥力仅是当 r 较小时才出现的短程力,排斥力随 r 增大而快速衰减,因此,在原子间距较大时,吸引力的大小超过排斥力的大小,表现为净的吸引,借助这种净的吸引,原子可以凝聚。当 r 很小时,排斥力就会显著地表现出来,并随 r 的减小呈现比吸引力更快的增大,表现为净的排斥,以阻止原子彼此间无限靠近。当距离为 r_0 时,原子间相互作用势达到极小,即

$$\frac{\mathrm{d}U(r)}{\mathrm{d}r}\Big|_{r=r_0} = 0 \tag{1.8}$$

由此可求出原子间的平衡间距 r_0。此时,吸引作用和排斥作用相抵消,原子间净的相互作用力为零,即 $f(r_0)=0$,以至于固体处在稳定的结构状态。

经验上,两原子间的相互作用势能可用幂函数来表达,即

$$u(r) = -\frac{A}{r^m} + \frac{B}{r^n} \tag{1.9}$$

其中,第一项表示吸引能,第二项表示排斥能,A、B、m 和 n 均为大于 0 的常数,且将能量的零点取在 $r \to \infty$ 处,即将原子处在自由状态(孤立原子)时的能量取为能量零点。为了保证随 r 增大吸引作用总比排斥作用衰减得慢,要求式中的 m 小于 n。

　　上面只考虑了两个原子间的相互作用,对于由 N 个原子组成的固体,问题的处理变得很复杂。为简单起见,这里采用处理能量问题的经典方法,即将 N 个原子分成若干个两两原子对,则固体中总的相互作用势能可视为原子对之间的相互作用势能之和。因此,可以通过计算两个原子之间的相互作用势能,同时考虑结构因素,来得到固体的总势能。

　　设固体中 i、j 两原子间的间距为 r_{ij},它们间的相互作用势能为 $u(r_{ij})$,则在由 N 个原子组成的固体中,原子 i 与固体中所有原子的相互作用势能为

$$u_i = \sum_{i \neq j} u(r_{ij}) \tag{1.10}$$

再求和,就得到了由 N 个原子组成的固体的总的相互作用势能,即

$$U = \frac{1}{2} \sum_{i=1}^{N} u_i = \frac{1}{2} \sum_{i=1}^{N} \sum_{j=1}^{N} u(r_{ij}) \tag{1.11}$$

式中出现 $\frac{1}{2}$ 是因为 $u(r_{ij})$ 和 $u(r_{ji})$ 本是同一对原子间的相互作用势能,以第 i 个原子与第 j 个原子分别作参考点各自计算相互作用势能时,势能计及了两次。

　　固体表面层的任一原子与所有原子的总相互作用势能,同固体内部任一原子与所有原子的总相互作用势能有差别,但是,由于固体表面层的原子数目比固体内部的原子数目要少得多,所以,这种差别可以忽略,而不会对讨论结果的精度产生明显的影响。为简单起见,我们取固体表面层的第 1 个原子为参考原子,则上式可简化为

$$U = \frac{N}{2} \sum_{j} u(r_{ij}) \quad (j = 2, 3, \cdots, N) \tag{1.12}$$

式(1.11) 或式(1.12) 所示的总相互作用势能实际上就是固体的内能。

　　从能量的角度看,N 个原子能够凝聚成固体的原因是,它们结合起来以后,能够使整个系统的总能量比 N 个原子处于自由状态时的总能量更低。用 E_N 表示 N 个原子处在自由状态时的总能量,这 N 个原子凝聚在一起形成稳定结构的固体时的内能为 $U_0 = U(r_0)$,两者之差则为固体的结合能,记为 W,即

$$W = E_N - U(r_0) \tag{1.13}$$

若将 N 个原子处在自由状态时的能量取为能量零点,则有

$$W = -U(r_0) \tag{1.14}$$

结合能的物理意义是将 N 个原子组成的固体分解为 N 个自由原子所需的能量。通过结合能,可以计算出固体中相邻原子间距、体弹性模量等,而这些量可以通过实验直接测定,因此,将理论计算同实验比较可检验理论的正确性,另一方面,研究结合能有助于了解组成固体的原子间的相互作用的本质,为探索新材料的合成提供理论指导。

　　一旦知道原子间相互作用势的具体形式,则由 $\frac{\mathrm{d}u(r)}{\mathrm{d}r}\big|_{r=r_0} = 0$ 可求出相邻原子间的平衡间距为 r_0。假设原子间相互作用势具有式(1.9) 所示的形式,则由 $\frac{\mathrm{d}u(r)}{\mathrm{d}r}\big|_{r=r_0} = 0$ 可得到平衡时相邻原子间间距

$$r_0 = \sqrt[n-m]{\frac{Bn}{Am}} \tag{1.15}$$

假设固体有 N 个原胞,原胞的体积为 Ω,则固体的体积 $V=N\Omega$,这里的原胞是指结构中最小的重复单元,其解释将在第 2 章中给出。原胞的体积应当正比于 r^3,即 $\Omega=\beta r^3$,β 是与固体的几何结构有关的常数,由此得到固体的体积为

$$V=N\beta r^3 \tag{1.16}$$

平衡时,$r=r_0$,因此固体的平衡体积为

$$V_0=N\beta r_0^3 \tag{1.17}$$

根据热力学,一个系统的体弹性模量(K)定义为

$$K=-V\left(\frac{\partial P}{\partial V}\right)_T \tag{1.18}$$

式中,P 为压力。由热力学的基本关系式可知

$$P=-\frac{\partial U}{\partial V}=-\frac{\partial U}{\partial r}\frac{\partial r}{\partial V} \tag{1.19}$$

式中,$\frac{\partial r}{\partial V}=\frac{1}{3N\beta r^2}$,可得到压力、内能与原子间距的关系为

$$P=-\frac{1}{3N\beta r^2}\frac{\partial U}{\partial r} \tag{1.20}$$

由这些式子,可得到平衡时固体体弹性模量为

$$K=\frac{1}{9N\beta r_0}\left(\frac{\partial^2 U}{\partial r^2}\right)_{r=r_0} \tag{1.21}$$

1.4　金属键结合

元素周期表中左边的原子,除 H 以外,均是一些电负性很低的原子,特别是 ⅠA 和 ⅡA 原子。由于低的电负性,原子的最外层电子很容易摆脱原子核的束缚而离开,对单个原子,那些能脱离原子核束缚的最外层电子称为价电子,失去价电子后剩下的内层电子称为芯电子,通常所讲的金属离子包含原子核和芯电子两部分。例如,Na 原子,其电子构型为 $1s^2 2s^2 2p^6 3s^1$(见图 1.1),价电子是最外层 $3s^1$ 电子,它很容易摆脱原子核对它的束缚,而金属钠离子是由 Na 原子核和内层结合牢固的芯电子($1s^2 2s^2 2p^6$)构成的。

当大量电负性低的原子凝聚成固体时,脱离原子核束缚的价电子不再属于哪一个原子,而是为所有原子所共有,成为共有化电子。失去价电子后的离子,由于其质量远大于电子,因此,相对于价电子的快速运动,离子基本上在各自平衡位置上保持不动,习惯上称固体中失去价电子后的离子为离子实。大量共有化电子形成了所谓的"电子海"或"电子云",而失去价电子后的离子实则分布在各自平衡位置上,形成带正电荷的背景。有时也形象地认为,失去价电子的离子实"沉浸"在由大量共有化电子形成的"电子海"或"电子云"中,示意图如图 1.4 所示。

带正电荷的离子实和带负电荷的共有化电子之间的静电库仑力是一种吸引作用,这种作用能使系统能量降低,因此,借助这种作用可以使金属原子倾向于相互接近而形成固体。这种共有化运动的电子与离子实之间的库仑吸引作用称为金属键。之所以称之

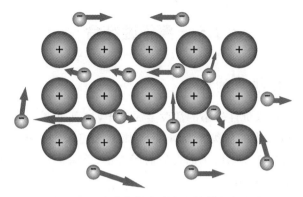

图 1.4　正电荷背景上价电子的共有化运动

为金属键,是因为对由金属键结合的固体,大量的价电子可以在由离子实提供的正电荷背景上作"自由"的共有化运动,因此,金属键结合的固体具有金属导电性,习惯上将金属键结合的固体称为金属或导体。

依靠金属键的作用,原子倾向于聚合在一起。当原子接近时,相邻原子的离子实的电子云重叠程度显著增加,由此产生强烈的排斥作用。当吸引作用与排斥作用达到平衡时,形成稳定结构的固体。

由于金属中原子的结合主要依靠离子实和价电子之间的静电库仑力,另一方面,失去价电子后的离子实具有球对称的闭合电子壳层,因此,这种结合对原子排列没有特殊要求,只要求原子排列尽可能紧密,出于这一原因,多数金属都能形成高配位数的密堆积结构,这里的配位数是指一个原子周围最近邻的原子数,详见第 2 章的解释。例如,Cu、Ag、Au、Al 等金属具有如图 1.5 左图所示的面心立方密堆积结构的原子排列,而 Be、Mg、Zn、Cd 等金属具有如图 1.5 右图所示的六角密堆积结构的原子排列。两种情况下每个原子周围均有 12 个最近邻原子,即原子配位数为 12,其中,6 个最近邻来自同一原子层上的 6 个最近邻原子,另外 6 个最近邻则来自上、下两原子层的 3 个最近邻原子。不同金属的结合能差别较大,碱金属的结合能一般较小,如金属 Na 的结合能为 1.1 eV。而某些过渡金属的结合能却很大,如金属 W 的结合能为 8.7 eV,一般认为这是由于过渡金属原子的内层电子参与成键造成的。

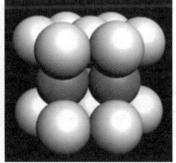

图 1.5　原子密堆积排列示意图

1.5　离子键结合

1.5.1　离子键结合的特点

对两类原子,一类是电负性较小的活泼金属原子,如 ⅠA 碱金属原子 Li、Na、K、Rb、Cs 等,另一类是电负性较大的活泼非金属原子,如 ⅦA 卤素原子 F、Cl、Br、I 等,当这两类原子相遇时,它们之间容易发生电子的得失而产生正、负离子。正、负离子由于静电库仑吸引力而结合成离子型化合物。

这里以 NaCl 为例来说明 Na 原子和 Cl 原子是如何通过离子键结合而形成 NaCl 的。Na 原子位于第一主族,其电子构型为 $1s^2 2s^2 2p^6 3s^1$,具有低的电负性,因此,最外层 3s 电子因原子对其束缚能力弱而容易失去。Cl 原子位于第七主族,其电子构型为 $1s^2 2s^2 2p^6 3s^2 3p^5$,具有高的电负性,因此,Cl 原子对外层电子的束缚能力很强,以至于这些电子紧紧束缚在 Cl 原子核周围,同时注意到,Cl 原子的最外 3p 壳层是一个尚缺一个电子的未满壳层。由于 Na 原子和 Cl 原子两者之间电负性相差很大,Na 原子对外层电子的束缚能力很弱,而 Cl 原子对外层电子有很强的束缚能力,因此,当这两个原子相遇时,Na 原子中的最外层 3s 电子就会转移到 Cl 原子 3p 壳层上,转移的结果使得 Na 原子变成了带正电荷的 Na^+ 离子($1s^2 2s^2 2p^6$),而 Cl 原子变成了带负电荷的 Cl^- 离子($1s^2 2s^2 2p^6 3s^2 3p^6$),两者均具有闭合的满电子壳层结构。正、负离子间存在库仑吸引力,这种吸引力使两离子相互靠近。这种正、负离子因离子间库仑吸引力而结合的键称为离子键,以离子键结合形成的固体称为离子固体。

离子固体以正、负离子对为结合单元,正、负离子的电子分布高度局域在离子实附近,形成闭合的满电子壳层结构。正、负离子实间由于库仑吸引力而相互靠近,当靠近到一定程度时,两个离子实的闭合壳层的电子云的重叠会产生强大的排斥力。当排斥和吸引相平衡时便形成稳定结构的离子固体。

由于满电子壳层具有球型对称性,离子键在各个方向上成键能力相同,因此离子键没有方向性。依离子键结合形成的固体,对离子实排列没有特殊要求,只要求排列尽可能紧密,常见的离子固体有 NaCl 型和 CsCl 型两类典型结构,如图 1.6 所示。对于 NaCl 型结构,每种离子最近邻有 6 个异类离子。对于 CsCl 型结构,每种离子最近邻有 8 个异类离子。

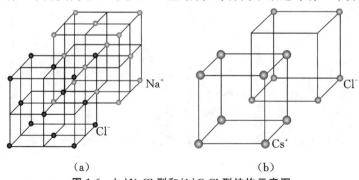

（a）　　　　　　　　　　　　（b）

图 1.6　(a)NaCl 型和(b)CsCl 型结构示意图

对离子固体,离子键是相当强的,其结合能的量级约为 800 kJ/mol,若以 eV 为单位,则近似为 8 eV,离子间的吸引能的量级约为几 eV,因此一般离子固体具有熔点高、硬度大的特点。同时,由于正、负离子实具有球对称的满电子壳层结构,电子难以脱离离子实,离子实也不容易离开自身的平衡位置,因此,离子固体的导电性差,一般来说,离子固体是绝缘体。只有在高温下离子才有可能离开自身位置而在固体中迁移,从而有一定的导电性。

1.5.2　离子固体的相互作用能

由于正、负离子的电子分布高度局域在离子实附近,形成球对称的满电子壳层结构,因此,当离子实之间相距较远时,可把正、负离子实作为点电荷作近似处理。这样一来,离子实之间的库仑作用能可表示为 $\pm \dfrac{e^2}{4\pi\varepsilon_0 r}$,其中,$\varepsilon_0$ 为真空介电常数,e 为电子电荷,r 为离子间的间距,正号对应两离子同为正离子或同为负离子,负号则对应两离子一个为正离子而另一个为负离子。当两个离子实相距很近时,电子云有交叠,此时会出现很强的排斥作用。通常以 $\dfrac{b}{r^n}$ 形式的势函数来近似表述这种排斥作用,其中,b 和 n 是待定参数,可由实验来确定。这样一来,可以得到离子固体中 i、j 两离子实间的相互作用势为

$$u(r_{ij}) = \pm \frac{e^2}{4\pi\varepsilon_0 r_{ij}} + \frac{b}{r_{ij}^n} \tag{1.22}$$

将该式代入式(1.12),即可得到离子固体总的相互作用能:

$$U = N \sum_{j\neq 1}^{N} \left(\pm \frac{e^2}{4\pi\varepsilon_0 r_{1j}} + \frac{b}{r_{1j}^n} \right) \tag{1.23}$$

这里的 N 是正离子或负离子的总数目,它们的和才是式(1.12)中总的原子数目。设相邻离子间距离为 r,则第 j 个离子和第 1 个离子间的距离可表示为 $r_{1j} = a_j r$,a_j 的值取决于具体的结构,则式(1.23)可以写为

$$U = -N \left[\frac{e^2}{4\pi\varepsilon_0 r} \sum_{j\neq 1}^{N} \left(\pm \frac{1}{a_j} \right) - \frac{1}{r^n} \sum_{j\neq 1}^{N} \frac{b}{a_j^n} \right] \tag{1.24}$$

式中的正号对应异性离子,而负号对应同性离子。若令

$$M = \sum_{j,j\neq 1}^{N} \pm \frac{1}{a_j} \tag{1.25}$$

和

$$B = \sum_{j,j\neq 1}^{N} \frac{b}{a_j^n} \tag{1.26}$$

则可将离子固体的总相互作用能写成如下简单的形式,即

$$U = -N \left[\frac{Me^2}{4\pi\varepsilon_0 r} - \frac{B}{r^n} \right] \tag{1.27}$$

式中的 B 和 n 为常数,可由实验确定。由式(1.25)定义的常数 M 的值取决于离子固体的具体结构,其最先由马德隆算出,故称为马德隆常数。由式(1.27)可以看出,为了得到一

个稳定的固体,式中的 M,即马德隆常数,必须为正值。

【例1】 如图 1.7 所示,计算由正、负离子周期性交替分布形成的一维无限长离子链的马德隆常数。

图 1.7 正、负离子交替分布的一维离子链示意图

假设正、负离子周期性交替分布构成如图 1.7 所示的一维无限长离子链,则可将式(1.25) 改写为如下形式:

$$\frac{M}{r} = \sum_j \frac{(\pm)}{r_j} \tag{1.28}$$

式中,$r_j = a_j r$,r 为相邻离子间的距离,若以其中某一个负离子为参考离子,则对于正离子,式(1.28) 中的"$\pm$" 号取"$+$",而对于负离子,式(1.28) 中的"$\pm$" 号取"$-$",这样一来,式(1.28) 变成

$$\frac{M}{r} = 2\left[\frac{1}{r} - \frac{1}{2r} + \frac{1}{3r} - \frac{1}{4r} + \cdots\right]$$

式中,前置因子 2 源于参考离子左右各有对称的离子分布,于是有

$$M = 2\left[1 - \frac{1}{2} + \frac{1}{3} + \frac{1}{4} + \cdots\right]$$

利用 $\ln(1 + x) = x - \frac{x^2}{2} + \frac{x^3}{3} - \frac{x^4}{4} + \cdots$ 可得到一维离子链的马德隆常数 $M = 2\ln 2$。

【例2】 计算正、负离子周期性分布形成的三维离子固体的马德隆常数。

为计算正、负离子周期性分布形成的三维离子固体的马德隆常数,可设想把固体分为若干个重复单元,每个重复单元中所含正、负离子数相同,以保证重复单元的电中性。若选取重复单元中心的离子为参考离子,则参考离子与其他离子的库仑作用可以分解为两部分,一部分源于重复单元内其他离子对参考离子的作用,另一部分是其他重复单元中的离子对参考离子的作用。如果重复单元取得足够大,第二部分作用可忽略,这样一来,只需考虑重复单元内各离子对参考离子的作用。这种简单又直观的马德隆常数计算方法,称为埃夫琴法。

这里以 NaCl 为例,正、负离子周期性分布和重复单元如图 1.6(a) 所示。若选择重复单元中心 Na$^+$ 离子为参考离子 1,则参考离子和其他离子间的距离可表示为

$$r_{1j} = r\sqrt{n_1^2 + n_2^2 + n_3^2} = ra_j \tag{1.29}$$

式中,$a_j = \sqrt{n_1^2 + n_2^2 + n_3^2}$,$n_1, n_2, n_3$ 为正负整数,r 为最近邻离子间的距离。由图 1.6(a) 不难看出,离参考离子最近的离子为 6 个负离子,其 a_j 都等于 1,但这 6 个离子每个只有 1/2 属于该重复单元;离参考离子次近的离子为 12 个正离子,但每个只有 1/4 属于该重复单元,其 a_j 都等于 $\sqrt{2}$;离参考离子再远点的离子为 8 个正离子,每个只有 1/8 属于该重复单元,其 a_j 都等于 $\sqrt{3}$,于是得到

$$M \approx \frac{6}{2} - \frac{12}{4\sqrt{2}} + \frac{8}{8\sqrt{3}} \approx 1.47$$

若将重复单元取得足够大,则得到的值更接近准确的值,对 NaCl 固体,准确值为 1.748。类似的方法可用于对其他离子固体马德隆常数的计算。例如,CsCl 离子固体的马德隆常数为 1.763,ZnS 离子固体的马德隆常数为 1.638,等等。

1.5.3　平衡时相邻离子间距、体弹性模量和结合能

离子固体总的相互作用势由式(1.27)给出,平衡时,$\frac{\mathrm{d}U}{\mathrm{d}r}\big|_{r=r_0}=0$,则由式(1.27)可得到平衡时相邻正、负离子间的间距 r_0 为

$$r_0=\left(\frac{4\pi\varepsilon_0 nB}{Me^2}\right)^{\frac{1}{n-1}} \tag{1.30}$$

由式(1.27)得到 $\frac{\mathrm{d}^2U}{\mathrm{d}r^2}\big|_{r=r_0}=\frac{NMe^2}{4\pi\varepsilon_0 r_0^3}(n-1)$,代入式(1.21),得到平衡时体弹性模量为

$$K=\frac{1}{9N\beta r_0}\frac{\mathrm{d}^2U}{\mathrm{d}r^2}\big|_{r=r_0}=\frac{Me^2}{36\pi\varepsilon_0\beta r_0^4}(n-1) \tag{1.31}$$

式中,β 是与具体结构有关的常数,对于 NaCl 型结构,$\beta=2$。若将式(1.30)和式(1.31)分别改写成

$$B=\frac{Me^2}{4\pi\varepsilon_0 n}r_0^{n-1} \tag{1.32}$$

和

$$n=1+\frac{36\pi\varepsilon_0\beta r_0^4}{Me^2}K \tag{1.33}$$

则可以将反映排斥作用的两个参数 B 和 n 同实验数据联系起来,其中,B 根据 X 衍射分析确定的平衡时相邻正、负离子间的间距 r_0 来确定,而 n 可根据 K 的实验值和 r_0 来确定。对 NaCl 离子固体,由实验定出的 n 为 7.7。实际上,多数离子固体的 n 值均为 $6\sim9$,说明离子间的排斥作用随距离减小而快速增加。

在式(1.27)中,令 $r=r_0$,并将式(1.30)所给出的 r_0 代入,可得到平衡时离子固体总的相互作用能 $U(r_0)$,而离子固体的结合能 $W=-U(r_0)$,因此有

$$W=-U(r_0)=\frac{NMe^2}{4\pi\varepsilon_0 r_0}\left[1-\frac{1}{n}\right] \tag{1.34}$$

其物理意义是将离子固体分解为自由原子所需要的能量,由于 n 值在 8 附近,可见第二项只占 1/8 左右,对离子固体平衡时的能量贡献主要来自库仑吸引能。如表 1.3 所表明的,该式计算的结果同实验值相当符合。

表 1.3　典型离子固体的结合能的计算值和实验值

晶体	r_0/nm	$K/(10^6\ \mathrm{N/cm^2})$	n	W/eV	
				计算值	实验值
LiF	0.201	6.71	5.88	10.42	10.48
LiCl	0.256	2.98	6.73	8.36	8.61

续表

晶体	r_0/nm	K/(10^6 N/cm^2)	n	W/eV	
				计算值	实验值
LiBr	0.275	2.38	7.06	7.86	8.24
NaF	0.231	4.65	6.90	9.36	9.30
NaCl	0.282	2.40	7.77	7.80	7.93
NaBr	0.299	1.99	8.90	7.36	7.55
KF	0.267	3.05	7.92	8.23	8.24
KCl	0.315	1.75	8.69	7.05	7.18
KBr	0.330	1.48	8.85	7.62	6.87

数据来自 M.P.Tosi.Cohesion of ionic solids in the Bornmodel[J]. Solid State Physics,1964(16)。

1.6　共价键结合

1.6.1　共价键

离子键结合能很好地说明了离子化合物和离子固体的形成,但形成离子键的前提是要求形成离子键的两个原子的电负性有较大的差别,只有当电负性相差较大的不同原子相遇时,才可能通过电子的失与得形成正、负离子并以离子键形式结合,形成离子键的两个原子的电负性差别一般应在 1.7 以上。相同原子不可能形成正、负离子并以离子键形式结合。对不同原子,如果它们的电负性相差不大,也不可能形成正、负离子并以离子键形式结合,元素周期表中 Ⅳ 至 Ⅶ 的元素就属于这种情况。

Ⅳ 至 Ⅶ 元素的价电子壳层是未满的 p 电子壳层,由于具有未满的电子壳层,当这类原子同其他原子相遇时,倾向于从其他原子中获得电子以使其外电子壳层变成满电子壳层,或者说,这类原子有较强的获取电子的能力。另外一方面,Ⅳ 至 Ⅶ 的元素原子有较强的电负性,因此,这类元素原子对价电子束缚得比较牢固,或者说这类原子的价电子不容易脱离原子核的束缚。尽管每一个原子外层都有未配对电子,但当这类原子相遇时,哪一个原子都不愿意失去外层未配对电子,同时又希望从对方获得电子,以使得外层未配对电子配对,妥协的结果是,两个原子各贡献一个电子形成共用电子对,这一观点最早于 1916 年由路易斯(Lewis)提出。按照他的观点,相同原子或电负性相差不大的两种原子可以通过两原子共用电子对的形式结合在一起,由于共用电子对不能违背泡利不相容原理,这就要求两个原子所提供的电子必须按自旋相反的形式进行配对。这样一对共有电子按自旋相反配对而使得两个原子的结合称为共价结合,相应的键称为共价键(covalent bond),共价键是一种化学键。共价键结合最典型的例子是氢分子,每个 H 原子有一个未配对的 s 电子,当两个 H 原子相遇时,各贡献一个 s 电子,按自旋相反配对形成共价键,通过共价键将两个 H 原子结合在一起形成 H_2 分子。

　　以共价键结合形成的固体称为共价固体。形成共价键的每个原子并没有失去电子，成键的电子为两个原子所共有，由于这一原因，共价固体又称为原子固体。Si、Ge 等元素半导体及很多重要的化合物半导体（如 AsGa）等均属于共价固体。图 1.8 所示的是由四价原子共价结合形成的共价固体的平面结构示意图，其中，每个原子的外层四个未配对电子同周围四个原子形成四个共价键。

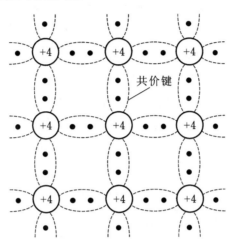

图 1.8　四价原子共价结合平面结构示意图

*1.6.2　共价键理论基础

　　相同原子或电负性相差不大的不同原子可以通过各自提供的未配对电子按自旋相反配对而使得原子结合在一起。至于共用电子对形成的机理，以及为什么通过两原子共用电子对可以把两个原子吸引到一起的问题直到 1927 年海特勒（Heitler）和伦敦（London）通过把量子力学理论用于对氢分子基态的处理时才从理论上给以解释。把海特勒 — 伦敦对氢分子进行处理的方法和结论推广到其他分子，在此基础上便形成了共价键的现代理论。

　　这里以两原子为例，从现代量子力学角度简单介绍共价键理论。假设有两个原子 a 和 b，在固体中可以认为它们是互为近邻的一对原子，每个原子各有一个未成对电子（价电子），当它们相距很远时，各个原子为自由原子。在这种情况下，来自原子 a 的电子 1 只受到 a 原子的势场 V_a 的作用；同样，来自原子 b 的电子 2 只受到 b 原子的势场 V_b 的作用，对每个电子可以写出其本征值方程：

$$\begin{cases} \hat{H}_0(\vec{r}_1)\varphi_a(\vec{r}_1) = \varepsilon_a\varphi_a(\vec{r}_1) \\ \hat{H}_0(\vec{r}_2)\varphi_b(\vec{r}_2) = \varepsilon_b\varphi_b(\vec{r}_2) \end{cases} \tag{1.35}$$

式中，$\hat{H}_0(\vec{r}_i) = -\dfrac{\hbar^2}{2m}\boldsymbol{\nabla}_i^2 + V_i$，对 $i = 1, 2$，V_i 分别为 V_a 和 V_b。$\varphi_a(\vec{r}_1)$ 是电子 1 的哈密顿

　　本书中标上"＊"的章节内容为延伸学习内容或为附加阅读材料。

算符属于本征值为 ε_a 的本征函数，$\varphi_b(\vec{r}_2)$ 是电子 2 的哈密顿算符属于本征值为 ε_b 的本征函数。总的哈密顿算符为两个单电子哈密顿算符之和，即

$$\hat{H}_0 = \hat{H}_0(\vec{r}_1) + \hat{H}_0(\vec{r}_2) \tag{1.36}$$

由于两个原子彼此间没有相互作用，系统的波函数为两个单电子波函数之积，即：$\psi_1 = \varphi_a(\vec{r}_1)\varphi_b(\vec{r}_2)$，易验证这个函数是 $\hat{H}_0$ 属于本征值为 $\varepsilon_0 = \varepsilon_a + \varepsilon_b$ 的本征函数。由于两个电子属全同粒子，在同一体系中这两电子的哈密顿算符的形式是相同的。因此，交换电子 1 和 2，可以得到另外一个波函数 $\psi_2 = \varphi_a(\vec{r}_2)\varphi_b(\vec{r}_1)$，同样可以验证，这个函数也是 $\hat{H}_0$ 属于本征值为 $\varepsilon_0 = \varepsilon_a + \varepsilon_b$ 的本征函数。按照量子力学理论，全同粒子系统的波函数必须是对称或反对称的函数，为满足这一条件，可以将 $\psi_1 = \varphi_a(\vec{r}_1)\varphi_b(\vec{r}_2)$ 和 $\psi_2 = \varphi_a(\vec{r}_2)\varphi_b(\vec{r}_1)$ 这两个函数的和或差构造的两个函数作为系统的波函数，即

$$\begin{cases} \psi_S(1,2) = \dfrac{1}{\sqrt{2}} [\varphi_a(\vec{r}_1)\varphi_b(\vec{r}_2) + \varphi_a(\vec{r}_2)\varphi_b(\vec{r}_1)] \\[2mm] \psi_A(1,2) = \dfrac{1}{\sqrt{2}} [\varphi_a(\vec{r}_1)\varphi_b(\vec{r}_2) - \varphi_a(\vec{r}_2)\varphi_b(\vec{r}_1)] \end{cases} \tag{1.37}$$

式中的 $\dfrac{1}{\sqrt{2}}$ 来源于归一化的结果，因为 $\iint |\psi_A(1,2)|^2 \,\mathrm{d}\vec{r}_1 \mathrm{d}\vec{r}_2 = \iint |\psi_S(1,2)|^2 \,\mathrm{d}\vec{r}_1 \mathrm{d}\vec{r}_2 = 2$。

易验证这两个函数均是 $\hat{H}_0$ 属于本征值为 $\varepsilon_0 = \varepsilon_a + \varepsilon_b$ 的本征函数。同时注意到，交换电子 1 和 2 后有 $\psi_A(1,2) = -\psi_A(2,1)$ 和 $\psi_S(1,2) = \psi_S(2,1)$，因此，$\psi_A(1,2)$ 是反对称函数，而 $\psi_S(1,2)$ 是对称函数。

上面只考虑到电子的轨道运动，而没有考虑电子的自旋。对每个电子，有自旋向上和自旋向下的两种自旋态，分别用 α 和 β 表示，在 $\hat{S}_z$ 表象中，它们的矩阵表示分别为 $\alpha = \begin{pmatrix} 1 \\ 0 \end{pmatrix}$ 和 $\beta = \begin{pmatrix} 0 \\ 1 \end{pmatrix}$。两个电子共有四个可能的自旋态，分别为 $\alpha(1)$、$\alpha(2)$、$\beta(1)$ 和 $\beta(2)$，这四个自旋态函数的线性组合可作为系统的自旋函数，即

$$\begin{cases} \chi_{s1}(1,2) = \dfrac{1}{\sqrt{2}} [\alpha(1)\beta(2) - \alpha(2)\beta(1)] \\[2mm] \chi_{s2}(1,2) = \alpha(1)\alpha(2) \\[2mm] \chi_{s3}(1,2) = \dfrac{1}{\sqrt{2}} [\alpha(1)\beta(2) + \alpha(2)\beta(1)] \\[2mm] \chi_{s4}(1,2) = \beta(1)\beta(2) \end{cases} \tag{1.38}$$

由于 $\hat{S}^2 = (\hat{S}_1 + \hat{S}_2)^2 = \hat{S}_1^2 + \hat{S}_2^2 + 2\hat{S}_1 \cdot \hat{S}_2$，利用自旋算符的运算规则及自旋算符和自旋函数之间的关系，可以验证

$$\hat{S}^2 \chi_{s1}(1,2) = 0$$

和

$$\hat{S}^2 \chi_{sk}(1,2) = 2\hbar^2 \chi_{sk}(1,2) \quad (k = 2,3,4)$$

根据 $\hat{S}^2\chi_s=S(S+1)\hbar^2\chi_s$ 可知,自旋函数 $\chi_{s1}(1,2)$ 描述的是 $S=0$ 的自旋单态,而其他三个自旋函数 $\chi_{sk}(1,2)(k=2,3,4)$ 描述的则是 $S=1$ 时,$M_S=0,\pm1$ 的自旋三态。同时注意到,由于 $\chi_{s1}(1,2)=-\chi_{s1}(2,1)$,因此,与自旋单态相对应的自旋态函数 $\chi_{s1}(1,2)$ 是反对称函数;而对其他三个自旋态函数,由于 $\chi_{sk}(1,2)=\chi_{sk}(2,1)(k=2,3,4)$,故是对称函数。

　　泡利不相容原理要求电子系统的波函数是反对称的,由于电子的置换对应于空间和自旋变量的置换,因此,通过将电子系统对称的轨道波函数和反对称的自旋态函数相乘或者将电子系统反对称的轨道波函数和对称的自旋态函数相乘,可保证电子系统总的波函数满足反对称性的要求。由此,可以将系统总的波函数写成如下四个函数的形式:

$$
\begin{cases}
\psi^A(1,2)=\dfrac{1}{\sqrt{2}}[\varphi_a(\vec{r}_1)\varphi_b(\vec{r}_2)+\varphi_a(\vec{r}_2)\varphi_b(\vec{r}_1)]\chi_{s1}(1,2)\\[2mm]
\psi_1^S(1,2)=\dfrac{1}{\sqrt{2}}[\varphi_a(\vec{r}_1)\varphi_b(\vec{r}_2)-\varphi_a(\vec{r}_2)\varphi_b(\vec{r}_1)]\chi_{s2}(1,2)\\[2mm]
\psi_2^S(1,2)=\dfrac{1}{\sqrt{2}}[\varphi_a(\vec{r}_1)\varphi_b(\vec{r}_2)-\varphi_a(\vec{r}_2)\varphi_b(\vec{r}_1)]\chi_{s3}(1,2)\\[2mm]
\psi_3^S(1,2)=\dfrac{1}{\sqrt{2}}[\varphi_a(\vec{r}_1)\varphi_b(\vec{r}_2)-\varphi_a(\vec{r}_2)\varphi_b(\vec{r}_1)]\chi_{s4}(1,2)
\end{cases}
\tag{1.39}
$$

式中,$\psi^A(1,2)$ 描述的是 $S=0$ 自旋单态系统的波函数,而其余三个函数描述的则是 $S=1$ 自旋三态系统的波函数。

　　上面的分析是在假设两个原子相距很远以至于每个原子都为自由原子的前提下进行的。当两个原子相互靠近,以至于两原子的波函数发生交叠时,两个电子之间存在相互作用,系统的哈密顿算符则变成

$$\hat{H}=\hat{H}_0(\vec{r}_1)+\hat{H}_0(\vec{r}_2)+\hat{H}'(1,2)\tag{1.40}$$

式中,$\hat{H}'(1,2)$ 表示与两个电子间相互作用有关的能量算符。原则上,可以通过求解本征值方程得到系统的电子能量,但事实上这是很困难的。然而,值得注意的是,相对于电子受到各自原子核的库仑场作用,两电子间的相互作用是很小的,以至于我们可以把式 (1.40) 中的 $\hat{H}'(1,2)$ 视为微扰作用。对 $S=0$ 自旋单态,波函数为 $\psi^A(1,2)=\dfrac{1}{\sqrt{2}}[\varphi_a(\vec{r}_1)\varphi_b(\vec{r}_2)+\varphi_a(\vec{r}_2)\varphi_b(\vec{r}_1)]\chi_{s1}(1,2)$,借助量子力学的微扰论,可以得到自旋单态系统的电子能量为

$$
\begin{aligned}
\varepsilon_A&=\iint\psi^{A^*}(1,2)\hat{H}\psi^A(1,2)\mathrm{d}\vec{q}_1\mathrm{d}\vec{q}_2\\
&=\iint\psi^{A^*}(1,2)[\hat{H}_0(\vec{r}_1)+\hat{H}_0(\vec{r}_2)+\hat{H}'(1,2)]\psi^A(1,2)\mathrm{d}\vec{q}_1\mathrm{d}\vec{q}_2\\
&=\iint\psi^{A^*}(1,2)[\hat{H}_0(\vec{r}_1)+\hat{H}_0(\vec{r}_2)]\psi^A(1,2)\mathrm{d}\vec{q}_1\mathrm{d}\vec{q}_2+\iint\psi^{A^*}(1,2)\hat{H}'(1,2)\psi^A(1,2)\mathrm{d}\vec{q}_1\mathrm{d}\vec{q}_2
\end{aligned}
$$

式中的 q 涉及空间和自旋变量,将 $\psi^A(1,2)$ 代入并利用自旋函数归一性,可以分别计算出上式右边第一和第二项。其中,右边第一项为

$$\iint \psi^{A^*}(1,2)[\hat{H}_0(\vec{r}_1) + \hat{H}_0(\vec{r}_2)]\psi^A(1,2)\mathrm{d}\vec{r}_1\mathrm{d}\vec{r}_2 = \varepsilon_a + \varepsilon_b$$

这正是原子间没有相互作用时系统的电子能量。

右边第二项为
$$\iint \psi^{A^*}(1,2)\hat{H}'(1,2)\psi^A(1,2)\mathrm{d}\vec{q}_1\mathrm{d}\vec{q}_2$$

$$= \frac{1}{2}\Big[\iint [\varphi_a(\vec{r}_1)\varphi_b(\vec{r}_2) + \varphi_a(\vec{r}_2)\varphi_b(\vec{r}_1)]^* \hat{H}'(1,2)[\varphi_a(\vec{r}_1)$$

$$\varphi_b(\vec{r}_2) + \varphi_a(\vec{r}_2)\varphi_b(\vec{r}_1)]\mathrm{d}\vec{r}_1\mathrm{d}\vec{r}_2\Big]$$

$$= K + J$$

式中，

$$K = \iint \varphi_a^*(\vec{r}_1)\varphi_b^*(\vec{r}_2)\hat{H}'(1,2)\varphi_a(\vec{r}_1)\varphi_b(\vec{r}_2)\mathrm{d}\vec{r}_1\mathrm{d}\vec{r}_2$$

为两个原子间的库仑作用能

$$J = \iint \varphi_a^*(\vec{r}_1)\varphi_b^*(\vec{r}_2)\hat{H}'(1,2)\varphi_a(\vec{r}_2)\varphi_b(\vec{r}_1)\mathrm{d}\vec{r}_1\mathrm{d}\vec{r}_2$$

为两个原子间的交换能。由此得到自旋单态系统的电子能量为

$$\varepsilon_A = \varepsilon_a + \varepsilon_b + K + J \tag{1.41}$$

同理，可得到 $S = 1$ 自旋三态系统的电子能量为

$$\varepsilon_S = \varepsilon_a + \varepsilon_b + K - J \tag{1.42}$$

如果交换能 $J < 0$，则自旋单态能量最低，氢分子基态正是采用这个状态。在共价键理论中，将与 $S = 0$ 自旋单态对应的态称为成键态，而将与 $S = 1$ 自旋三态对应的态称为反键态。相对于没有成键时的电子能量，成键态电子能量降低，而反键态电子能量提高。从式(1.39)可以看到，与成键态空间位置有关的波函数是由 $\psi_1 = \varphi_a(\vec{r}_1)\varphi_b(\vec{r}_2)$ 和 $\psi_2 = \varphi_a(\vec{r}_2)\varphi_b(\vec{r}_1)$ 这两个函数相加得到的，由于波函数模的平方正比于电子出现的概率，因此，成键态中的电子高几率地出现在两个原子核之间，与此相反的是，反键态中的电子则低几率地出现在两个原子核之间。成键态电子有最低的能量的物理原因为：成键态中高几率出现在两个原子核之间的电子与两个原子核之间的库仑吸引作用使得两原子相互吸引。由于成键态上可以填充自旋相反的两个电子，对于每个原子各提供一个电子的情况，所提供的两个电子正好可以同时按自旋相反的形式填充在成键态上，使体系能量降低。

更一般情况下，多个原子可以按自旋相反配对的成键方式共同使用它们的外层电子，以形成能量更为有利的稳定的分子结构，与此分子结构相对应的分子波函数可以通过各个参与成键的电子的波函数线性组合而得到。按照量子力学，电子云的空间分布取决于与角向分布有关的波函数 $Y_{lm}(\theta,\phi)$ 模的平方，而习惯上又将电子云的空间分布图称为原子轨道，因此，与分子波函数对应的分子轨道是通过与电子波函数相对应的原子轨道线性组合得到的，这一方法称为原子轨道线性组合(linear combination of atomic orbitals)法，简称 LCAO 法，且有几个原子轨道就可以组合成几个分子轨道。

对单个原子，由电子云空间分布确定的原子轨道可简单地根据立体角 (θ,ϕ) 方向的几率分布函数 $W_{lm}(\theta,\phi) \propto |Y_{lm}(\theta,\phi)|^2$ 得到。对 s 电子，$l = 0$，相应的波函数 $\varphi_s \propto Y_{00}$ 与角向无关，故与 s 电子相对应的原子轨道呈现球对称性，其平面结构如图 1.9(a) 所示。

对 p 电子，$l=1$ 和 $m=0,\pm1$，相应的波函数 $\varphi_{\mathrm{p}}\propto Y_{1,m}(\theta,\phi)$，对于 $m=1$、-1 和 0，三个波函数可分别表示为 $\varphi_{\mathrm{p}_x}\propto Y_{11}(\theta,\phi)\propto\sin\theta\,\mathrm{e}^{i\phi}$、$\varphi_{\mathrm{p}_y}\propto Y_{1,-1}(\theta,\phi)\propto\sin\theta\,\mathrm{e}^{-i\phi}$ 和 $\varphi_{\mathrm{p}_z}\propto Y_{10}(\theta,\phi)\propto\cos\theta$，由此可得到与 p 电子对应的三个原子轨道，其平面结构如图 1.9(b) 所示。对 d 电子，$l=2$ 和 $m=0,\pm1,\pm2$，相应的波函数 $\varphi_{\mathrm{d}}\propto Y_{2,m}(\theta,\phi)$，由于与 $m=0,\pm1$，±2 对应的态能量相同，故通常将与 $m=0,\pm1,\pm2$ 对应的五个态通过线性组合得到的五个实函数作为描述 d 电子的状态函数 φ_{d}，分别为

$$\begin{cases}\varphi_{\mathrm{d}_{z^2}}\propto Y_{20}\propto 3\cos^2\theta-1\\[4pt]\varphi_{\mathrm{d}_{x^2-y^2}}\propto Y_{22}+iY_{2-2}\propto\sin^2\theta\cos^2\phi\\[4pt]\varphi_{\mathrm{d}_{xy}}\propto Y_{22}-iY_{2-2}\propto\sin^2\theta\sin2\phi\\[4pt]\varphi_{\mathrm{d}_{yz}}\propto Y_{21}-iY_{2-1}\propto\cos\theta\sin\theta\sin\phi\\[4pt]\varphi_{\mathrm{d}_{zx}}\propto Y_{21}+iY_{2-1}\propto\cos\theta\sin\theta\cos\phi\end{cases}$$

由此可得到与 d 电子相对应的五个原子轨道，其平面结构如图 1.9(c) 所示。

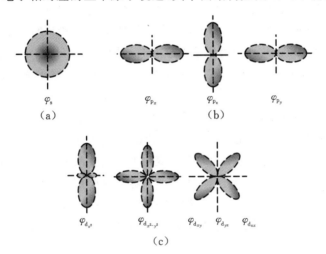

φ_{s}　　　（a）　　　　φ_{p_z}　　φ_{p_x}　　（b）　　φ_{p_y}

$\varphi_{\mathrm{d}_{z^2}}$　　　$\varphi_{\mathrm{d}_{z^2-y^2}}$　　$\varphi_{\mathrm{d}_{xy}}$　$\varphi_{\mathrm{d}_{yz}}$　$\varphi_{\mathrm{d}_{zx}}$

（c）

图 1.9　与 (a) φ_{s}、(b) φ_{p} 和 (c) φ_{d} 对应的原子轨道平面示意图

分子轨道波函数可以通过对原子轨道"适当"组合得到。这里的"适当"是指原子轨道组合成分子轨道需要满足对称性匹配、能量相近和轨道最大重叠的三原则。不同类型的电子有不同的原子轨道对称性。例如，s 电子的原子轨道具有如图 1.9(a) 所示的球对称性，其在各个方向上组成分子轨道的能力相同；而对 p 电子，其原子轨道具有如图 1.9(b) 所示的哑铃状的几何图形，明显地，只有沿哑铃状的对称轴方向才有可能组成分子轨道。所谓对称性匹配原则就是指，只有对称性匹配的原子轨道才有可能组合成分子轨道。在满足对称性匹配原则的前提下，只有能量相近的原子轨道才能组合成有效的分子轨道，而且能量越相近越好，这便是所谓的能量相近原则。在满足对称性匹配和能量相近两个原则的前提下，原子轨道重叠程度越大，则组合成的分子轨道的能量越低，所形成的化学键越牢固，这便是轨道最大重叠原则。三原则中，最重要的是对称性匹配原则，它决定了原子轨道有无组合成分子轨道的可能，而另外两个原则只是决定了分子轨道组合的效率。

1.6.3　共价键的饱和性和方向性

在共价键的形成过程中，每个原子所能提供的未成对电子数是一定的，一个原子的一个未成对电子与另外一个原子的未成对电子配对后，就不能再与其他电子配对，因此，每个原子能形成的共价键总数是一定的，这便是共价键的饱和性。由于共价键只能由未配对的价电子形成，因此，如果价电子壳层不到半满，则所有的价电子都是未配对的，在这种情况下，能够形成的共价键数目与价电子的数目相等。当价电子壳层超过半满时，由于泡利不相容原理，部分电子必须按自旋相反两两配对，意味着未配对电子数目将少于价电子数目，或者说能够形成的共价键数目会少于价电子的数目。

s电子原子轨道具有球对称性，因此，在各个方向上都可以通过共价键同其他原子结合。但对其他原子，原子轨道有其固定的延展方向，例如 p 电子原子轨道具有哑铃状形状，其延展方向沿哑铃状的对称轴方向。根据对称性匹配和最大重叠原则，只有在沿原子轨道延展方向上才可能形成原子轨道最大程度的重叠，意味着共价键有它的方向性，例如，如果利用未配对的 p 电子同其他原子形成共价结合，则共价键沿哑铃状的对称轴方向。

共价键的方向性和饱和性使得原子形成的共价固体具有特定的结构，方向性决定了共价固体的具体结构形式，而饱和性决定了共价固体中每个原子周围的最近邻原子数（配位数）。

对于 VA 至 ⅦA 元素，价电子壳层由一个 ns 电子壳层和三个 np 电子壳层组成，例如，对第二周期的 VA 至 ⅦA 元素 P($3s^2 3p^3$)、S($3s^2 3p^4$)、Cl($3s^2 3p^5$)，价电子壳层是由一个 3s 电子和三个 3p 电子组成的。考虑到自旋向上和向下两种自旋态，由 ns 壳层和 np 壳层组成的价电子壳层共有 8 个量子态，其中，2 个来自 s 壳层，6 个来自 p 壳层，而 VA 至 ⅦA 元素的价电子数均多于 4，属于超过半满的情况。对于超过半满的情况，未配对电子数为 $8-Z$，Z 为价电子数，因此，能够形成的共价键数目为 $8-Z$，这便是所谓的"$8-Z$"规则。

对 VA 元素，例如 As($4s^2 4p^3$)，价电子数为 5，按照"$8-Z$"规则，只能形成三个共价键，即一个原子的外层三个未配对电子同周围三个原子形成共价键结合。如果完全依靠一个原子和三个近邻原子共价结合，则不可能形成一个三维结构。由于这个原因，VA原子，如 As、Sb 和 Bi，形成的结构往往为层状结构。注意到这种层状并不是严格意义下的二维平面结构，实际的层状结构包含上、下两层，每层的原子通过共价键与另一层的三个原子结合。这种层状结构再通过后面提到的范德瓦斯键的结合沿垂直于层面方向叠加起来形成三维固体。

对 ⅥA 元素，例如 Se($4s^2 4p^4$)，价电子数为 6，按照"$8-Z$"规则，只能形成两个共价键，即一个原子的外层两个未配对电子同周围两个原子形成共价键结合。如果完全依靠共价键结合，则一个原子只能和近邻两个原子共价结合，因此，依靠共价键只能将原子连接为一个链状结构，这些链状结构再通过范德瓦斯键结合成三维固体。

对 ⅦA 元素，例如 Cl($3s^2 3p^5$)，价电子数为 7，按照"$8-Z$"规则，只能形成一个共价键。如果完全依靠共价键结合，则一个原子只能和近邻一个原子共价结合，形成双原子分子。氯分子就是两个氯原子通过共价键结合形成的,这些分子在低温下可通过范德瓦斯键结合成三维固体。

1.7　氢 键 结 合

氢原子因其特殊性而被置于元素周期表中最显眼的位置。这种特殊性主要体现在两方面,一方面是,在所有原子中,氢原子是具有最小原子核半径的原子,另一方面是,氢原子只有一个在1s轨道上运动的电子。由于氢原子核对核外唯一的一个电子束缚很强,以至于这个电子难以脱离原子核的束缚,因此,当大量氢原子相遇时,一般情况下,不能像同族的其他原子一样自身就能形成金属固体,而只能按自旋相反配对形成共价键,结合成大量的H_2分子。由于氢原子只有一个1s电子,当氢原子和其他原子相遇时,难以通过转移1s电子到其他原子而形成离子键结合,这是因为氢原子核对核外唯一的一个电子束缚很强,且一旦唯一的电子被转移出去,氢原子将处在半径很小、无电子的带正电荷的质子状态。氢原子可以和电负性相差不大的其他原子共价结合,但氢原子只有一个未配对电子,按共价键理论,共价结合时只能形成一个共价键,意味着每个氢原子不可能通过共价键同两个或两个以上的其他原子结合。

虽然氢原子自身不能通过金属键结合,也难以同其他原子通过离子键或共价键结合,但日常生活中随处可看到氢原子同其他原子结合的情况,例如,蛋白质中的H与N、O结合,水分子中的H与两个O结合,等等。在这些结合中,人们会发现,和氢原子结合的是两个电负性很大而原子半径较小的原子,或者说,一个氢原子受到两个电负性很大而原子半径较小的原子的吸引。

假设有两个电负性较大而原子半径较小的原子,分别用X和Y表示,则氢原子与X原子结合得较强,而与Y原子结合得较弱,形象地用"X—H···Y"表示,其中,实线和虚线分别表示氢与两原子结合的强与弱,这种特殊的结合称为氢键。当氢原子与电负性较大的X原子相遇时,两者之间强的作用使得氢原子外层电子云向X原子一边偏移,而H原子核外只有一个电子,其电子云向X原子偏移,这使得它几乎处在质子状态。这个半径很小、无内层电子的带正电荷的质子会吸引附近另一个带负电荷的Y原子靠近它,从而产生静电吸引作用。可见,在氢键结合中,一个氢原子受到两个电负性很大而原子半径较小的原子的库仑静电吸引。

氢键有两种典型的定义,一种是把"X—H···Y"整个结构定义为氢键,在这种定义下,氢键的键长为X与Y之间的距离,例如"F—H···F"的键长为255 pm;另一种是把"X—H···Y"结构中的H···Y定义为氢键,在这种定义下,氢键的键长为H与Y之间的距离,例如"F—H···F"中的氢键键长为163 pm。尽管氢键定义不同,但对氢键键能的理解是一致的,即将氢键键能理解为把X—H···Y—H分解为H—X和H···Y所需的能量。

氢键具有如下特点。

(1)氢键具有方向性,氢键的方向性是指Y原子与X—H形成氢键时,X—H···Y要尽可能在同一直线上。这一方面是因为当X—H···Y在同一条直线上时,电偶极矩X—H

与原子 Y 的相互作用最强;另一方面是因为原子 Y 一般含有未共用电子对,在可能范围内氢键的方向和未共用电子对的对称轴方向一致,这样可使原子 Y 中负电荷分布最多的部分最接近氢原子,这样形成的氢键最稳定。

(2)氢键具有饱和性。由于氢原子特别小而原子 X 和 Y 比较大,所以 X—H 中的氢原子只能和一个 Y 原子结合形成氢键,同时由于负离子之间的相互排斥,其他电负性大的原子就难以再接近氢原子,意味着每一个 X—H 只能与一个 Y 原子形成氢键,这就是氢键的饱和性。

(3)氢键的强弱与原子电负性和原子半径有关,原子电负性越大、半径越小,氢键越强,如 F—H…F>O—H…O>N—H…N 等。典型的氢键中,X 和 Y 是电负性很强的 F、

图 1.10　冰结构中氢和两个氧原子结合的示意图,其中,深色球表示氧原子

O 和 N 原子,虽然 C、S、Cl、P 等原子在某些情况下也能形成氢键,但通常键能很低。

(4)相对于离子键和共价键,氢键有较低的键能,例如,在 O—H…O 中,O—H 键和 H…O 键的键能分别为 4.8 eV 和 0.19 eV。

(5)在氢键结合中,X 和 Y 既可以是同种原子也可以是异种原子。冰是氢键结合最典型的代表,其结构示意图如图 1.10 所示,一个氢原子在与两个氧原子的结合中,和一个氧原子结合得较强,而和另一个氧原子结合得较弱。

1.8　范德瓦斯键结合

1.8.1　范德瓦斯键结合的特点

元素周期表中惰性原子(He、Ne、Ar、Kr)具有球对称的稳定闭合的电子壳层,常温下它们是气态的物质,但在低温下也可以凝聚成固体。由于具有球对称的稳定闭合的电子壳层,这些原子既不会失去电子,也不能从其他原子中获得电子或者与其他原子共享电子,因此,前面提到的各种原子间的结合力不适合被用来解释惰性原子之间的结合。引起惰性原子凝聚的力是一种与电偶极矩间的相互作用有关的力,通过电偶极矩间的相互作用而结合的键称为范德瓦斯(Van der Waals)键,相应的固体称为范德瓦斯固体。这类原子具有球对称的闭合电子壳层,故又可看作是单原子分子,因此,范德瓦斯固体又称为分子固体。

一些气态物质,如 Cl_2、SO_2、HCl、NH_3 等,具有和惰性气体分子相类似的闭合电子壳层,这些分子也可以依靠电偶极矩间的相互作用在低温下凝聚成分子固体,大部分有机化合物固体均属于分子固体。分子固体的特点是导致分子凝聚到一起的力是和电偶极矩间相互作用有关的范德瓦斯力,但不同的分子固体,依据是否具有固有的电偶极矩而将范德瓦斯力分为伦敦(London)力、葛生(Keesen)力和德拜(Debye)力三种力的形式。

　　对于惰性原子,如 He 原子,原子核周围的电子组成闭合的电子壳层,如图 1.11(a) 所示,平均来说,每个原子的电偶极矩为零,或者说这类原子或分子没有固有的电偶极矩,因此,分子间不存在固有电偶极矩的相互作用,但由于电子在核外不停地绕核运动及原子核的振动,在某个瞬间,会出现"瞬间"的正、负电荷中心不重合,如图 1.11(b) 所示,导致某种"瞬间"电偶极矩的产生,这种"瞬间"电偶极矩会诱导邻近的分子产生"瞬间"电偶极矩,于是两个原子或分子通过"瞬间"电偶极矩的相互作用而关联,"瞬间"电偶极矩的方向趋于一致时,系统的能量最低。由"瞬间"电偶极矩产生的吸引力,称为伦敦力。借助伦敦力,可以把惰性气体原子凝聚在一起形成分子固体。这类固体的特点是具有球对称的稳定闭合的电子壳层,因此,其是没有极性的,由非极性分子形成的固体称为非极性分子固体。还有一些气体分子是非极性分子,例如,同核双原子组成的分子,其正、负电荷中心重合,故其一定是非极性分子。又如,空间构型对称的多原子分子,如 CO_2、CCl_4 等,其正、负电荷中心重合,故也是非极性分子。

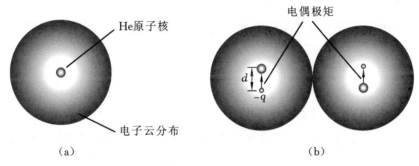

图 1.11　(a)He 原子和(b) 瞬时电偶极矩相互作用示意图

　　对于由两种电负性不等的原子组成的分子,如 NH_3,由于 N 原子的电负性比 H 原子的大,它们间形成的化学键上的电子倾向于靠近 N 原子,因此,N 原子因周围有较多的电子而带负电,而 H 原子因周围缺少电子而带正电。很明显,这样的分子总存在一定大小的固有电偶极矩。通常把具有固有电偶极矩的分子称为极性分子,而将由极性分子凝聚而成的分子固体称为极性分子固体。一般来说,异核双原子构成的分子,正、负电荷中心不重合,故是极性分子,空间构型不对称的多原子分子,如 H_2O、NH_3 等,也是极性分子。对于极性分子固体,分子间的相互作用包含两部分,一是"瞬间"电偶极矩间的相互作用,另一是固有电偶极矩间的相互作用,与固有电偶极矩间相互作用有关的力称为葛生力。

　　对于某些分子固体,其中可能含有极性分子和非极性分子。非极性分子因正、负电荷中心的重合而不具有固有的电偶极矩,但非极性分子可以被极性分子的电场极化而产生诱导电偶极矩,故极性分子和非极性分子之间也存在相互作用,与这种相互作用有关的力称为德拜力。

　　伦敦力、葛生力和德拜力统称为范德瓦斯力。在非极性分子固体中只存在伦敦力,而在极性分子固体中,伦敦力、葛生力和德拜力都存在。可见,伦敦力是所有分子固体中都存在的一种力,而且一般是引起分子凝聚的主要作用力,或者说在范德瓦斯力中起主要作用的是伦敦力。只有当分子的极性较大时,才以葛生力作为引起分子凝聚的主要作用力。

1.8.2　分子固体的相互作用能

考虑标号为 1 和 2 的两个分子,两者间的距离为 r。假设分子 1 具有电偶极矩 $\vec{p}_1$,由静电学知道,该电偶极矩在任意 $\vec{r}$ 处产生的电场 $\vec{E}_1$ 正比于 $\dfrac{\vec{p}_1}{r^3}$,即

$$\vec{E}_1 \propto \frac{\vec{p}_1}{r^3} \tag{1.43}$$

分子 2 受这个电场的作用将感应形成电偶极矩 $\vec{p}_2$,感应形成的电偶极矩应当正比于 $\vec{r}$ 处的电场,即

$$\vec{p}_2 \propto \vec{E} \propto \frac{\vec{p}_1}{r^3} \tag{1.44}$$

而两个电偶极矩之间的相互作用能则为

$$\Delta E \propto -\frac{\vec{p}_1 \cdot \vec{p}_2}{r^3} \propto -\frac{\alpha p_1^2}{r^6} \tag{1.45}$$

负号表示两电偶极矩的方向趋向于一致时有利于能量的降低。极性分子本身具有固有电偶极矩,因此,p_1 和 p_1^2 对时间的平均均不为零,即 $\langle \vec{p}_1 \rangle_t \neq 0$ 和 $\langle \vec{p}_1^2 \rangle_t \neq 0$。对非极性分子,如惰性原子,由于正、负电荷中心重合,原子本身不具有固有电偶极矩,因此,p_1 对时间的平均为零,即 $\langle \vec{p}_1 \rangle_t = 0$,但由于电子在核外不停地绕核运动及原子核的振动,"瞬间"的正、负电荷中心的不重合使得 p_1^2 对时间的平均不为零,即 $\langle \vec{p}_1^2 \rangle_t \neq 0$。由此可见,无论是极性分子还是非极性分子,两分子之间存在电偶极矩间的相互作用,相互作用能具有形式:

$$u_a(r) = -\frac{A}{r^6} \tag{1.46}$$

其中,$A \propto \alpha \langle \vec{p}_1^2 \rangle_t$ 为常数。通过这种电偶极矩间的相互作用,即范德瓦斯键,将两个分子吸引到一起。从式(1.46)可以看到,电偶极矩之间的吸引作用能与它们间的距离的 6 次方成反比,因此,随分子间间隔距离的增加,电偶极矩间的相互作用快速减小,说明相对于其他的键结合,范德瓦斯键结合是相当弱的。

借助范德瓦斯力,两个分子被吸引到一起。当两个分子很近时,同样也会产生排斥。根据惰性气体实验,经验上人们将排斥能 u_p 写成如下形式,即

$$u_p(r) = \frac{B}{r^{12}} \tag{1.47}$$

式中的 B 为常数。由式(1.46)和式(1.47)可以得到一对分子间总的相互作用能可以表示为

$$u(r) = -\frac{A}{r^6} + \frac{B}{r^{12}} \tag{1.48}$$

若令 $\sigma = \left(\dfrac{B}{A}\right)^{1/6}$ 和 $\varepsilon = \dfrac{A^2}{4B}$，则上式可写成

$$u(r) = 4\varepsilon\left[-\left(\frac{\sigma}{r}\right)^6 + \left(\frac{\sigma}{r}\right)^{12}\right] \tag{1.49}$$

式(1.49)正是著名的伦纳德—琼斯(Lennard-Jones)势。一旦知道一对分子间总的相互作用能，则由式(1.12)可得到由 N 个分子组成的分子固体的总的相互作用能 U，即

$$U(r) = \frac{N}{2}\sum_{j,j\neq 1}\left\{4\varepsilon\left[-\left(\frac{\sigma}{r_{1j}}\right)^6 + \left(\frac{\sigma}{r_{1j}}\right)^{12}\right]\right\} \tag{1.50}$$

设相邻分子间的距离为 r，则有 $r_{1j} = a_j r$，式(1.50)可写成

$$U(r) = 2N\varepsilon\left[A_{12}\left(\frac{\sigma}{r}\right)^{12} - A_6\left(\frac{\sigma}{r}\right)^6\right] \tag{1.51}$$

式中，$A_{12} = \sum_{j,j\neq 1}\dfrac{1}{a_j^{12}}$，$A_6 = \sum_{j,j\neq 1}\dfrac{1}{a_j^6}$ 均为与具体结构有关的常数。对于几种典型的立方晶系结构，计算结果如表 1.4 所示。

表 1.4　立方晶系结构的 A_6 和 A_{12}

结　　构	简 单 立 方	体 心 立 方	面 心 立 方
A_6	8.40	12.25	14.45
A_{12}	6.20	9.11	12.13

式(1.49)或式(1.51)中的参数 σ 和 ε 称为伦纳德—琼斯参数，表1.5列出了几种惰性元素的伦纳德—琼斯参数。

表 1.5　惰性元素的伦纳德—琼斯参数

元　　素	Ne	Ar	Kr	Xe
ε/eV	0.0031	0.0104	0.0140	0.0200
$\sigma/\text{Å}$	2.74	3.40	3.56	3.98

数据来自 Bernardes, Newton. Theory of solid Ne, Ar, Kr, and Xe at 0° K[J].Physical Review, 1958.

1.8.3　平衡时相邻分子间的间距、体弹性模量和结合能

平衡时，$\dfrac{\mathrm{d}U}{\mathrm{d}r}\Big|_{r=r_0} = 0$，则由式(1.51)可得平衡时相邻分子间的间距 r_0 为

$$r_0 = \left(\frac{2A_{12}}{A_6}\right)^{1/6}\sigma \tag{1.52}$$

平衡时固体总的相互作用能 $U(r_0)$ 为

$$U(r_0) = -\frac{N\varepsilon A_6^2}{2A_{12}} \tag{1.53}$$

固体的结合能 W 为

$$W = -U(r_0) = \frac{N\varepsilon A_6^2}{2A_{12}} \tag{1.54}$$

结合能的物理意义是将分子固体分解为 N 个自由分子时所需的能量。除以 N 后则得到单个分子的结合能为

$$w = W/N = \frac{\varepsilon A_6^2}{2A_{12}} \tag{1.55}$$

由式(1.51)得到 $\frac{\mathrm{d}^2 U}{\mathrm{d}r^2}\Big|_{r=r_0} = \frac{36N\varepsilon}{r_0^2} \frac{A_6^6}{A_{12}}$，代入式(1.21)中，则可得到平衡时体弹性模量为

$$K = \frac{1}{9N\beta r_0} \frac{\mathrm{d}^2 U}{\mathrm{d}r^2}\Big|_{r=r_0} = \frac{4\varepsilon}{\sqrt{2}\beta\sigma^3} A_{12} \left(\frac{A_6}{A_{12}}\right)^{5/2} \tag{1.56}$$

式中，β 是与具体结构有关的常数。

对面心立方结构，$\beta = 1/\sqrt{2}$，$A_6 = 14.45$，$A_{12} = 12.13$，因此，平衡时相邻分子间的间距 r_0、单个分子的结合能 w 和体弹性模量 K 可分别表示为 $r_0 = 1.09\sigma$、$w = 8.6\varepsilon$、$K = 75\varepsilon/\sigma^3$。针对由惰性气体分子形成的具有面心立方结构的固体，利用表 1.5 中所给出的伦纳德—琼斯参数，可以计算出相应的 r_0、w 和 K，计算结果同实验结果一起显示在表 1.6 中。可以看到，计算结果和实验数据较吻合，说明基于式(1.49)或式(1.51)所假设的相互作用能是合理的。

表 1.6　惰性分子固体的相邻分子间的间距、单个分子的结合能及体弹性模量

惰性分子固体		Ne	Ar	Kr	Xe
相邻分子间的间距 /nm	计算值	0.299	0.371	0.398	0.434
	实验值	0.313	0.375	0.399	0.433
单个分子的结合能 /eV	计算值	0.027	0.089	0.12	0.172
	实验值	0.02	0.08	0.11	0.17
体弹性模量 /(10^{10} dyne/cm^2)	计算值	1.81	3.18	3.46	3.81
	实验值	1.1	2.7	3.5	3.6

数据来源：M. L. Klein, et al. Thermodynamic properties of solid Ar, Kr, and Xe based upon a short-range central force and the conventional perturbation expansion of the partition function[J]. Physical Review, 1969.

D. N. Batchelder, et al. Measurements of lattice constant, thermal expansion, and isothermal compressibility of Neon single crystals[J]. Physical Review, 1967.

E. R. Dobbs, et al. Theory and properties of solid argon [J]. Reports on Progress in Physics, 1957.

1.9　轨道杂化

1.9.1　轨道杂化概念

共价键理论阐明了共价键的形成过程和物理本质，并成功地解释了共价键的方向

性、饱和性等特点,但在解释某些分子或固体的空间结构方面却遇到了困难。对共价键理论最先的质疑源于甲烷 CH_4 分子结构的理论预言和实际观察到的空间结构的不一致性。下面以 CH_4 为例,通过对其成键方式及其空间构型进行分析,引入杂化轨道的概念。

　　C 原子共有 6 个电子,其电子构型为 $1s^2 2s^2 2p^2$,其中两个电子以自旋相反的形式配对,占据在 $1s$ 轨道,形成闭合的 $1s^2$ 壳层,其余四个电子占据在 $2s^2 2p^2$ 壳层上。在 $2s^2 2p^2$ 的四个电子中,只有 $2p$ 轨道上的两个电子是未配对的。由于共价键是由未配对电子形成的,如果没有其他原因,当 C 参与共价键结合时,似乎每个 C 原子只能以两个未配对电子和其他原子形成两个共价键。但在甲烷 CH_4 中,每个 C 原子可以和 4 个 H 原子形成 4 个共价键,说明 C 原子有 4 个未配对电子,而不是 2 个未配对电子。

　　一个自然的想法是,类似 VA 至 VIIA 元素,能否将 $2s$ 和 $2p$ 壳层视为价电子壳层?倘若如此,则 C 原子有 4 个价电子,而 $2s$ 和 $2p$ 壳层的量子态共有 8 个,正好对应半满的情况。按"$8 - Z$ 规则",可形成四个共价键,即一个 C 原子以其外层四个未配对电子同周围四个其他原子形成四个共价键结合。如果没有其他原因,则这样的共价键结合应形成图 1.8 所示的二维或准二维结构。但在甲烷 CH_4 分子结构研究中,人们发现,CH_4 结构具有三维结构形

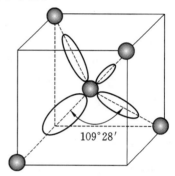

图 1.12　C 原子四个杂化轨道示意图

式,其基本结构单元具有图 1.12 所示的形式,其中,立方体顶角上的四个原子为 H 原子,立方体中心原子为 C 原子。如果将顶角四个 H 原子连起来,则构成正四面体结构,其中,C 位于正四面体的中心,四个 H 位于正四面体的四个顶角,且四个 C—H 共价键完全等同,键角为 $109°28'$。

　　单个 C 原子的电子构型为 $1s^2 2s^2 2p^2$,其中,$2s$ 和 $2p$ 能级的能量差很小,在形成分子的过程中,受原子间相互作用及原子热运动的影响,能量较低的 $2s$ 能级上的电子跃迁到能量较高的 $2p$ 能级上,使得分子中 C 原子的价电子壳层的构型变成 $2s^1 2p_x^1 2p_y^1 2p_z^1$,这样一来,C 原子就有 4 个未配对电子,其中一个处在 $2s$ 轨道,另 3 个分别处在 $2p_x$、$2p_y$ 和 $2p_z$ 轨道,从而可形成四个共价键。尽管这样的考虑同在 CH_4 分子中观察到的四个共价键的事实相一致,但并不能解释由此产生的正四面体结构。

　　s 电子具有球对称的原子轨道,因此,在各个方向上有相同的成键能力,而 p 电子具有如图 1.9(b) 所示的"哑铃状"的原子轨道,按共价键理论,在沿 p 轨道对称轴方向成键时,能够形成更大程度的重叠,因此有更强的成键能力,意味着由 C 原子的三个 p 电子形成的三个共价键和 s 电子形成的共价键是不等同的,这与 CH_4 分子中观察到的四个完全等同的共价键相矛盾。解决这一问题的唯一方法就是在共价键结合之前先消除 s 轨道和 p 轨道之间的差别,为此,鲍林(Pauling)于 1928 年提出了杂化轨道(hybrid orbital)概念,即在同 H 原子共价结合之前,先将 C 原子的 s 轨道和 p 轨道进行杂化处理以形成新的原子轨道,新的原子轨道由 s 轨道和 p 轨道"混合"而成,由 s 轨道和 p 轨道"混合"而成的轨道称为杂化轨道。杂化后的轨道,其电子云分布发生了改变,表现为如图 1.13 所示的一头

大一头小的形状。当杂化轨道大头的一端与 H 原子成键时,电子云可以得到更大程度的重叠,因此,相对于原有的原子轨道,杂化轨道在大头的一端成键能力更强。C 原子的一个 s 轨道和三个 p 轨道的杂化可以形成四个杂化轨道,这四个杂化轨道在各个成键方向上有相同的成键能力,因此,当杂化轨道的未配对电子与四个 H 原子的电子共价结合时,就可形成如图 1.12 所示的正四面体结构。

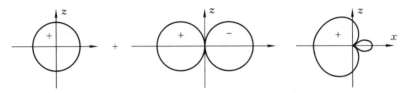

图 1.13 sp_x 杂化过程示意图

最初原子轨道的杂化概念纯粹是为了解释 CH_4 分子中的四面体结构而人为提出来的,后来的研究表明,这种轨道杂化普遍存在于很多分子或固体中。例如,Be 的电子结构为 $1s^2 2s^2$,其中没有不成对电子,仅仅从电子配对角度,Be 不能成键,但事实上 Be 可以同 Cl 原子结合形成呈直线型结构的 $BeCl_2$ 分子;又如 B,其电子结构为 $1s^2 2s^2 2p^1$,仅仅从电子配对角度,B 只能形成一个电子对键,但事实上,B 和 Cl 原子结合时可形成呈平面三角形结构的 BCl_3 分子;再如,在 Si 半导体中,每个 Si 原子可以外层四个价电子同另外四个 Si 原子形成如图 1.12 所示的四面体结构。作为更一般的情况,所谓原子轨道的杂化,就是把能量相近的不同类型的原子轨道"混合"成新的轨道,这种新的轨道就称为杂化轨道。一个 s 轨道和一个 p 轨道混合,可以形成两个 s-p 杂化轨道,相应的杂化称为 sp 杂化;一个 s 轨道和两个 p 轨道混合,可以形成三个 s-p 杂化轨道,相应的杂化称为 sp^2 杂化;一个 s 轨道和三个 p 轨道混合,可以形成四个 s-p 杂化轨道,相应的杂化称为 sp^3 杂化。尽管最初的杂化概念是针对 s-p 杂化提出的,但杂化并不限于 s-p 杂化。原则上讲,只要是能量相近的不同类型的原子轨道都有可能通过"混合"组成新的轨道。例如,一个 s 轨道和三个 d 轨道混合,可以形成四个 s-d 杂化轨道,相应的杂化称为 sd^3 杂化;又如,一个 s 轨道、三个 p 轨道和一个 d 轨道混合,可以形成五个 s-p-d 杂化轨道,相应的杂化称为 sp^3d 杂化;等等。

*1.9.2　杂化轨道的理论基础

现以 s-p 杂化为例,从量子力学角度简单介绍杂化轨道的理论基础,并简单提及其他类型的杂化。

如第 1.6 节所提到的,对 p 电子,$l=1$,$m=1$、-1 和 0,描述 p 电子状态的三个与角向分布有关的波函数可分别表示为 $\varphi_{p_x} \propto Y_{11}(\theta,\phi) \propto \sin\theta \, e^{i\phi}$、$\varphi_{p_y} \propto Y_{1,-1}(\theta,\phi) \propto \sin\theta \, e^{-i\phi}$ 和 $\varphi_{p_z} \propto Y_{10}(\theta,\phi) \propto \cos\theta$,处在这三个波函数所描述的状态中的电子能量相同,因此,不考虑自旋,p 电子的状态是三重简并的。按量子力学态叠加原理,将这三个函数线性组合后得到的函数

$$\varphi_p = c_1 \varphi_{p_x} + c_2 \varphi_{p_y} + c_3 \varphi_{p_z} \tag{1.57}$$

也是描述具有相同能量的 p 电子状态的波函数，c_1^2、c_2^2 和 c_3^2 分别是由 φ_{p_x}、φ_{p_y} 和 φ_{p_z} 波函数所描述的 p 电子在 φ_p 态中出现的几率，且几率之和为 1，即

$$c_1^2 + c_2^2 + c_3^2 = 1 \tag{1.58}$$

如果把波函数看成是三维空间的态矢量，则 φ_{p_x}、φ_{p_y}、φ_{p_z} 和 φ_p 四个态矢量的长度是相同的，只是方向不同而已。

假设由 φ_s 描述的 s 电子和由 φ_p 描述的 p 电子的能量相近，则通过将 s 电子的波函数和 p 电子的波函数线性组合可得到新的函数 ψ：

$$\psi = a_s \varphi_s + a_p \varphi_p \tag{1.59}$$

由 ψ 描述的态称为 s-p 杂化态，相应的轨道称为 s-p 杂化轨道。在杂化态中，虽然不能区分 s 电子和 p 电子，但可以知道杂化态中含有的 s 电子和 p 电子的成分。在杂化轨道理论中，展开式系数取实数形式，则在由 ψ 描述的 s-p 杂化态中含有的 s 电子和 p 电子的成分分别为 a_s^2 和 a_p^2。由归一化条件 $\int \psi^* \psi \mathrm{d}\tau = 1$ 得到

$$a_s^2 + a_p^2 = 1 \tag{1.60}$$

假设有两个 s-p 杂化轨道 1 和 2，相应的态由 ψ_1 和 ψ_2 描述：

$$\psi_1 = a_{s_1} \varphi_s + a_{p_1} \varphi_{p_1} \tag{1.61}$$

$$\psi_2 = a_{s_2} \varphi_s + a_{p_2} \varphi_{p_2} \tag{1.62}$$

式中，φ_{p_1} 和 φ_{p_2} 是 φ_{p_x}、φ_{p_y} 和 φ_{p_z} 三个波函数按式(1.57)线性组合后得到的两个函数。如果把由 ψ_1 和 ψ_2 描述的杂化态波函数看成是三维空间的态矢量，则由正交条件 $\int \psi_1^* \psi_2 \mathrm{d}\tau = 0$ 可以得到 ψ_1 和 ψ_2 两个态矢量之间的夹角 θ_{12}，这个夹角就是所谓的杂化轨道间的夹角，通常称为键角。将式(1.61)和式(1.62)代入 $\int \psi_1^* \psi_2 \mathrm{d}\tau$ 中并利用 $\int \varphi_s^* \varphi_s \mathrm{d}\tau = 1$ 和 $\int \varphi_s^* \varphi_{p_i} \mathrm{d}\tau = 0 (i = 1, 2)$ 运算后有

$$\int \psi_1^* \psi_2 \mathrm{d}\tau = \int (a_{s_1} \varphi_s^* + a_{p_1} \varphi_{p_1}^*)(a_{s_2} \varphi_s + a_{p_2} \varphi_{p_2}) \mathrm{d}\tau = a_{s_1} a_{s_2} + a_{p_1} a_{p_2} \int \varphi_{p_1}^* \varphi_{p_2} \mathrm{d}\tau$$

由 $\int \psi_1^* \psi_2 \mathrm{d}\tau = 0$ 得到

$$a_{s_1} a_{s_2} + a_{p_1} a_{p_2} \int \varphi_{p_1}^* \varphi_{p_2} \mathrm{d}\tau = 0 \tag{1.63}$$

由于 s 态的电子云分布具有球对称性，因此，态矢量 ψ_1 的方向和态矢量 φ_{p_1} 的方向相同，态矢量 ψ_2 的方向和态矢量 φ_{p_2} 的方向相同，意味着 ψ_1 和 ψ_2 两个态矢量间的夹角 θ_{12} 就是 φ_{p_1} 和 φ_{p_2} 两个态矢量之间的夹角。由于 φ_{p_1} 和 φ_{p_2} 两个态矢量之间的夹角为 θ_{12}，故态矢量 φ_{p_1} 在态矢量 φ_{p_2} 方向上的投影分量为 $|\varphi_{p_1}| \cos\theta_{12}$，这里的 $|\varphi_{p_1}|$ 表示态矢量 φ_{p_1} 的长度，因为两个态矢量 φ_{p_1} 和 φ_{p_2} 的长度是相等的，因此，态矢量 φ_{p_1} 在态矢量 φ_{p_2} 方向上的投影分量也可表示为 $|\varphi_{p_2}| \cos\theta_{12}$，因而有

$$\int \varphi_{p_1}^* \varphi_{p_2} \mathrm{d}\tau = \int \varphi_{p_2}^2 \cos\theta_{12} \mathrm{d}\tau = \cos\theta_{12}$$

代入式(1.63)后有

$$\cos\theta_{12} = -\frac{a_{s_1}a_{s_2}}{a_{p_1}a_{p_2}} \tag{1.64}$$

杂化有等性杂化和非等性杂化之分,对等性杂化,两个杂化态中 s 电子的成分相同,p 电子的成分也相同;而对非等性杂化,两个杂化态中 s 电子和 p 电子的成分均不同。对等性杂化,由于每个杂化态中 s 电子成分相同,因此有 $a_{s_1} = a_{s_2} = a_s$,再由式(1.60)有 $a_{p_1} = a_{p_2} = \pm\sqrt{1-a_s^2}$。在计算杂化轨道间的夹角时,$a_{p_1}$ 和 a_{p_2} 均取正值,而将可能的负值取值归结到 φ_{p_1} 或 φ_{p_2} 函数表达式中。将 $a_{s_1} = a_{s_2} = a_s$ 和 $a_{p_1} = a_{p_2} = \sqrt{1-a_s^2}$ 代入式(1.64)后,可得到 s-p 等性杂化的两个杂化轨道之间的夹角表达式为

$$\cos\theta_{12} = -\frac{a_s^2}{1-a_s^2} \tag{1.65}$$

上面的分析是针对 s-p 杂化的,对其他杂化也可以仿照 s-p 杂化进行分析。例如,对 d-s-p 杂化,其杂化态波函数的一般形式为

$$\psi = a_s\varphi_s + a_p\varphi_p + a_d\varphi_d \tag{1.66}$$

式中,$\varphi_i(i=s,p,d)$ 分别为参与杂化的 s、p 和 d 电子与角向分布有关的波函数,在杂化态中,各个电子所含有的成分由展开式中相应系数绝对值的平方确定。对于等性的 d-s-p 杂化,杂化轨道之间的夹角可由下式给出:

$$a_s^2 + a_p^2\cos\theta + a_d^2\left(\frac{3}{2}\cos^2\theta - \frac{1}{2}\right) = 0 \tag{1.67}$$

又如,对 f-s-p-d 杂化,其杂化态波函数的一般形式为

$$\psi = a_s\varphi_s + a_p\varphi_p + a_d\varphi_d + a_f\varphi_f \tag{1.68}$$

式中,$\varphi_i(i=s,p,d,f)$ 分别为参与杂化的 s、p、d 和 f 电子与角向分布有关的波函数,在杂化态中,各个电子所含有的成分由展开式中相应系数绝对值的平方确定。对于等性的 f-s-p-d 杂化,杂化轨道之间的夹角可由下式给出:

$$a_s^2 + a_p^2\cos\theta + a_d^2\left(\frac{3}{2}\cos^2\theta - \frac{1}{2}\right) + a_f^2\left(\frac{5}{2}\cos^3\theta - \frac{3}{2}\cos\theta\right) = 0 \tag{1.69}$$

*1.9.3　典型等性杂化的杂化态波函数及其杂化轨道构型

1. sp 杂化

sp 杂化是指能量相近的一个 s 态和一个 p 态的杂化。通过一个 s 态和一个 p 态波函数的线性组合可以得到两个杂化态波函数:

$$\psi_1 = a_{s_1}\varphi_s + a_{p_1}\varphi_{p_1} \tag{1.70}$$

$$\psi_2 = a_{s_2}\varphi_s + a_{p_2}\varphi_{p_2} \tag{1.71}$$

对等性杂化,$a_{s_1} = a_{s_2} = a_s = \sqrt{\frac{1}{2}}$,$a_{p_1} = a_{p_2} = \sqrt{\frac{1}{2}}$。将 $a_s = \sqrt{\frac{1}{2}}$ 代入式(1.65)中可得到 $\cos\theta_{12} = -1$,由此可知,由 ψ_1 和 ψ_2 两个态所描述的两个杂化轨道间的夹角为180°。若选择 $\varphi_{p_1} = \varphi_{p_z}$,则由 $\int\varphi_{p_1}^*\varphi_{p_2}\,\mathrm{d}\tau = \cos\theta_{12} = -1$ 可知,$\varphi_{p_2} = -\varphi_{p_z}$。由此得到与两个杂化轨道

对应的杂化态波函数为

$$\psi_1 = \sqrt{\frac{1}{2}}\varphi_s + \sqrt{\frac{1}{2}}\varphi_{p_z} \tag{1.72}$$

$$\psi_2 = \sqrt{\frac{1}{2}}\varphi_s - \sqrt{\frac{1}{2}}\varphi_{p_z} \tag{1.73}$$

其中,由 ψ_1 描述的杂化轨道指向 z 轴方向,而由 ψ_2 描述的杂化轨道指向 $-z$ 轴方向,说明能量相近的一个 s 态和一个 p 态等性杂化后形成的 sp 杂化轨道呈直线型结构。

sp 杂化的一个典型例子是 $BeCl_2$ 分子,其中,Be 原子的电子构型为 $1s^2 2s^2$,但在分子中,原子间的相互影响使得能量较低的 2s 能级上的电子跃迁到能量较高的 2p 能级上,因此,分子中的 Be 原子的价电子壳层构型为 $2s^1 2p^1$,这样一个 2s 态和一个 2p 态通过等性杂化后,可以形成两个呈直线型结构的 sp 杂化轨道,这两个杂化轨道分别同两个 Cl 原子共价结合,形成直线型的 $BeCl_2$ 分子,其中,Be 原子位于两个 Cl 原子的中间,键角为 $180°$,且两个 Be—Cl 键的键长和键能都相等。

2. sp^2 杂化

sp^2 杂化是指能量相近的一个 s 态和两个 p 态的杂化。通过一个 s 态和两个 p 态波函数的线性组合可以得到三个杂化态波函数:

$$\psi_1 = a_{s_1}\varphi_s + a_{p_1}\varphi_{p_1} \tag{1.74}$$

$$\psi_2 = a_{s_2}\varphi_s + a_{p_2}\varphi_{p_2} \tag{1.75}$$

$$\psi_3 = a_{s_3}\varphi_s + a_{p_3}\varphi_{p_3} \tag{1.76}$$

对等性杂化,$a_{s_1} = a_{s_2} = a_{s_3} = a_s = \sqrt{\frac{1}{3}}$,$a_{p_1} = a_{p_2} = a_{p_3} = \sqrt{\frac{2}{3}}$。将 $a_s = \sqrt{\frac{1}{3}}$ 代入式(1.65)

得到 $\cos\theta_{12} = -\frac{1}{2}$,由此可知,由 ψ_1、ψ_2 和 ψ_3 描述的三个态矢量彼此间的夹角为 $120°$,或者说由 ψ_1、ψ_2 和 ψ_3 三个杂化态所描述的三个杂化轨道彼此间的夹角为 $120°$,因此,这三个杂化轨道正好指向平面正三角形的顶点,故 sp^2 等性杂化又称为平面正三角形杂化。

为简单起见,假设 φ_{p_1} 沿 $+x$ 轴,则有

$$\varphi_{p_1} = \varphi_{p_x} \tag{1.77}$$

对于另外两个 p 态波函数,若设为 $\varphi_{p_i} = c_{1i}\varphi_{p_x} + c_{2i}\varphi_{p_y}$,则由

$$\int \varphi_{p_1}^* \varphi_{p_i} \, d\tau = \int \varphi_{p_x}^* (c_{1i}\varphi_{p_x} + c_{2i}\varphi_{p_y}) d\tau = c_{1i}$$

和

$$\int \varphi_{p_1}^* \varphi_{p_i} \, d\tau = \cos\theta_{1i} = -\frac{1}{2}$$

可得 $c_{1i} = -\frac{1}{2}$。再由归一化条件得到 $c_{1i}^2 + c_{2i}^2 = 1$,由此解得 $c_{2i} = \pm\frac{\sqrt{3}}{2}$。将与"$\pm$"号对应的 c_{2i} 值分别作为 φ_{p_2} 和 φ_{p_3} 展开式中的系数 c_{2i},可得到 φ_{p_2} 和 φ_{p_3} 的表达式分别为

$$\varphi_{p_2} = -\frac{1}{2}\varphi_{p_x} + \frac{\sqrt{3}}{2}\varphi_{p_y} \tag{1.78}$$

$$\varphi_{\mathrm{p}_3} = -\frac{1}{2}\varphi_{\mathrm{p}_x} - \frac{\sqrt{3}}{2}\varphi_{\mathrm{p}_y} \qquad\qquad (1.79)$$

将式(1.77)～式(1.79)分别代入式(1.74)～式(1.76),最后得到与 sp^2 等性杂化相对应的三个杂化态波函数为

$$\begin{cases} \psi_1 = \sqrt{\dfrac{1}{3}}\varphi_{\mathrm{s}} + \sqrt{\dfrac{2}{3}}\varphi_{\mathrm{p}_x} \\[2mm] \psi_2 = \sqrt{\dfrac{1}{3}}\varphi_{\mathrm{s}} - \sqrt{\dfrac{1}{6}}\varphi_{\mathrm{p}_x} + \sqrt{\dfrac{1}{2}}\varphi_{\mathrm{p}_y} \\[2mm] \psi_3 = \sqrt{\dfrac{1}{3}}\varphi_{\mathrm{s}} - \sqrt{\dfrac{1}{6}}\varphi_{\mathrm{p}_x} - \sqrt{\dfrac{1}{2}}\varphi_{\mathrm{p}_y} \end{cases}$$

sp^2 等性杂化的一个典型例子是 BF_3 分子。B 原子的电子结构为 $1\mathrm{s}^2 2\mathrm{s}^2 2\mathrm{p}^1$,但在分子中,受原子间的相互影响及原子的热运动效应影响,能量较低的 2s 能级上的电子跃迁到能量较高的 2p 能级上,因此,分子中的 B 原子的价电子壳层构型为 $2\mathrm{s}^1 2\mathrm{p}_x^1 2\mathrm{p}_y^1$,这样一个 2s 轨道和两个 2p 轨道通过线性组合后,可以形成三个 sp^2 等性杂化,具有平面正三角形结构,B 原子位于正三角形的中心,三个 F 原子位于正三角形的三个顶点上,三个 B-F 键是等同的,键角为 $120°$。

3. sp^3 杂化

sp^3 杂化是指能量相近的一个 s 态和三个 p 态的杂化。通过一个 s 态和三个 p 态波函数的线性组合可以得到四个杂化态波函数:

$$\psi_1 = a_{\mathrm{s}_1}\varphi_{\mathrm{s}} + a_{\mathrm{p}_1}\varphi_{\mathrm{p}_1} \qquad\qquad (1.80)$$

$$\psi_2 = a_{\mathrm{s}_2}\varphi_{\mathrm{s}} + a_{\mathrm{p}_2}\varphi_{\mathrm{p}_2} \qquad\qquad (1.81)$$

$$\psi_3 = a_{\mathrm{s}_3}\varphi_{\mathrm{s}} + a_{\mathrm{p}_3}\varphi_{\mathrm{p}_3} \qquad\qquad (1.82)$$

$$\psi_4 = a_{\mathrm{s}_4}\varphi_{\mathrm{s}} + a_{\mathrm{p}_4}\varphi_{\mathrm{p}_4} \qquad\qquad (1.83)$$

式中, $\varphi_{\mathrm{p}_i}(i=1,2,3,4)$ 为 φ_{p_x}、φ_{p_y} 和 φ_{p_z} 线性组合得到的函数,即

$$\varphi_{\mathrm{p}_i} = c_{1i}\varphi_{\mathrm{p}_x} + c_{2i}\varphi_{\mathrm{p}_y} + c_{3i}\varphi_{\mathrm{p}_z} \qquad\qquad (1.84)$$

对等性杂化, $a_{\mathrm{s}_1} = a_{\mathrm{s}_2} = a_{\mathrm{s}_3} = a_{\mathrm{s}_4} = a_{\mathrm{s}} = \sqrt{\dfrac{1}{4}}$, $a_{\mathrm{p}_1} = a_{\mathrm{p}_2} = a_{\mathrm{p}_3} = a_{\mathrm{p}_4} = \sqrt{\dfrac{3}{4}}$ 。将 $a_{\mathrm{s}} = \sqrt{\dfrac{1}{4}}$ 代入式(1.65)得到 $\cos\theta = -\dfrac{1}{3}$, θ 为相邻态矢量间的夹角。由此可知,由 ψ_1、ψ_2、ψ_3 和 ψ_4 描述的四个态矢量彼此间的夹角为 $109°28'$,或者说由 ψ_1、ψ_2、ψ_3 和 ψ_4 四个态所描述的四个杂化轨道彼此间的夹角为 $109°28'$,这四个杂化轨道正好指向正四面体的四个顶点,故 sp^3 等性杂化又称为正四面体型杂化。

为了得到各杂化态波函数,需要确定式(1.84)中各展开式的系数。由 $\displaystyle\int \varphi_{\mathrm{p}_i}^* \varphi_{\mathrm{p}_i}\mathrm{d}\tau = 1$ 可得到

$$c_{1i}^2 + c_{2i}^2 + c_{3i}^2 = 1 \qquad\qquad (1.85)$$

同时注意到,在每个 φ_{p_i} 态中,p_x、p_y 和 p_z 电子出现的几率相同,因此有

$$c_{1i}^2 = c_{2i}^2 = c_{3i}^2 \tag{1.86}$$

由式(1.85)和式(1.86)解得 $c_{1i} = \pm \dfrac{1}{\sqrt{3}}$、$c_{2i} = \pm \dfrac{1}{\sqrt{3}}$ 和 $c_{3i} = \pm \dfrac{1}{\sqrt{3}}$。再利用相邻态矢量间的夹角关系,可确定式(1.84)中各展开式的系数。

　　这里采用另一种更直观的图示法来确定式(1.84)中的各展开式系数。选择图 1.14 所示的直角坐标系,且坐标系的原点位于立方体的中心。如果把每个 φ_{p_i} ($i = 1,2,3,4$) 看成是三维空间的一个态矢量,由于各个态矢量长度相等且相邻态矢量间的夹角为 109°28′,因此,四个态矢量均始于立方体中心(即坐标系的原点),而分别止于图 1.14 所示的立方体的四个顶点位置。在如图所示的直角坐标系中,显然有

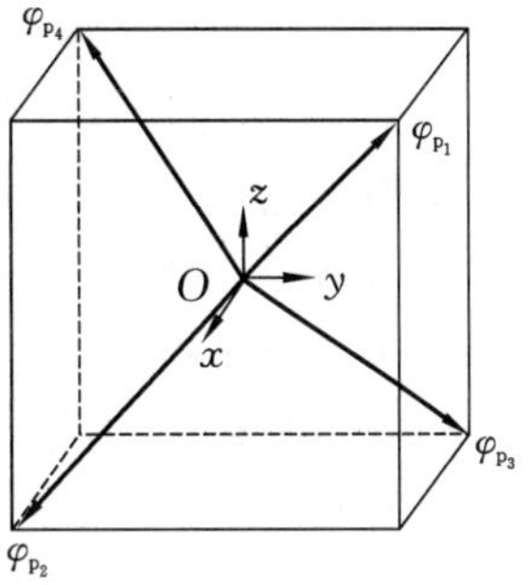

图 1.14　态矢量 φ_{p_i} ($i = 1,2,3,4$) 在三维空间的取向分布示意图

$$\varphi_{p_1} = \frac{1}{\sqrt{3}} \varphi_{p_x} + \frac{1}{\sqrt{3}} \varphi_{p_y} + \frac{1}{\sqrt{3}} \varphi_{p_z} \tag{1.87}$$

将 φ_{p_1} 绕 x 轴旋转 180° 可得到 φ_{p_2},因此有

$$\varphi_{p_2} = \frac{1}{\sqrt{3}} \varphi_{p_x} - \frac{1}{\sqrt{3}} \varphi_{p_y} - \frac{1}{\sqrt{3}} \varphi_{p_z} \tag{1.88}$$

同样,将 φ_{p_1} 绕 y 轴旋转 180° 可得到 φ_{p_3},即

$$\varphi_{p_3} = -\frac{1}{\sqrt{3}} \varphi_{p_x} + \frac{1}{\sqrt{3}} \varphi_{p_y} - \frac{1}{\sqrt{3}} \varphi_{p_z} \tag{1.89}$$

将 φ_{p_1} 绕 z 轴旋转 180° 可得到 φ_{p_4},即

$$\varphi_{p_4} = -\frac{1}{\sqrt{3}} \varphi_{p_x} - \frac{1}{\sqrt{3}} \varphi_{p_y} + \frac{1}{\sqrt{3}} \varphi_{p_z} \tag{1.90}$$

将式(1.87)～式(1.90)分别代入式(1.80)～式(1.83),并利用 $a_{s_1} = a_{s_2} = a_{s_3} = a_{s_4} = \dfrac{1}{2}$ 和 $a_{p_1} = a_{p_2} = a_{p_3} = a_{p_4} = \dfrac{\sqrt{3}}{2}$,整理后得到 sp³ 等性杂化后形成的四个杂化态波函数分别为

$$\begin{cases} \psi_1 = \dfrac{1}{2}(\varphi_s + \varphi_{p_x} + \varphi_{p_y} + \varphi_{p_z}) \\[2mm] \psi_2 = \dfrac{1}{2}(\varphi_s + \varphi_{p_x} - \varphi_{p_y} - \varphi_{p_z}) \\[2mm] \psi_3 = \dfrac{1}{2}(\varphi_s - \varphi_{p_x} + \varphi_{p_y} - \varphi_{p_z}) \\[2mm] \psi_4 = \dfrac{1}{2}(\varphi_s - \varphi_{p_x} - \varphi_{p_y} + \varphi_{p_z}) \end{cases} \tag{1.91}$$

　　sp³ 等性杂化最典型的例子是 CH_4 分子,其中的 C 原子的一个 s 电子态和三个 p 电子态杂化后形成如式(1.91)所示的四个杂化态,由这四个杂化态所描述的四个杂化轨道指向正四面体的四个顶角方向,当杂化态中的未配对电子与四个 H 原子的电子共价结合时,就可形成如图 1.12 所示的正四面体结构,其中,C 位于正四面体的中心,而四个 H 位

于正四面体的四个顶点位置。除 CH_4 分子外,金刚石和 Si 半导体等均先 sp^3 等性杂化再共价结合,形成正四面体的基本结构单元。

4. 其他类型的等性杂化简介

除了上面介绍的各种类型的 s-p 等性杂化外,常见的还有 sp^2d、sd^3、sp^3d、sp^3d^4 等类型的等性杂化,对不同的杂化类型,杂化轨道的空间指向不同,可形成各种不同结构形式的基本结构单元,这些不同的结构单元互相连接,则可形成不同结构的固体。

1)sp^2d 等性杂化

sp^2d 等性杂化指的是能量相近的一个 s 态、两个 p 态和一个 d 态的电子波函数通过线性组合构成四个杂化态,每个杂化态中各个电子含有的成分相同。如果 sp^2d 等性杂化中参与杂化的两个 p 态电子波函数分别为 φ_{p_x} 和 φ_{p_y},而 d 态电子波函数为 $\varphi_{d_{x^2-y^2}}$,则与四个杂化态对应的四个杂化轨道在同一平面,杂化轨道彼此间的夹角为 $90°$,四个杂化轨道正好指向平面正方形的四个顶点,因此,sp^2d 等性杂化又称为平面正方形杂化。

2)sd^3 等性杂化

sd^3 等性杂化指的是能量相近的一个 s 态和三个 d 态的电子波函数通过线性组合构成四个杂化态,每个杂化态中各个电子含有的成分相同。如果 sd^3 等性杂化中参与杂化的三个 d 态电子波函数分别为 $\varphi_{d_{xy}}$、$\varphi_{d_{yz}}$ 和 $\varphi_{d_{zx}}$,则与四个杂化态对应的四个杂化轨道指向正四面体的四个顶点,杂化轨道彼此间的夹角为 $109°28'$,因此,sd^3 等性杂化属于正四面体型杂化。

3)sp^3d 等性杂化

sp^3d 等性杂化指的是能量相近的一个 s 态、三个 p 态和一个 d 态的电子波函数通过线性组合构成五个杂化态,每个杂化态中各个电子含有的成分相同。sp^3d 等性杂化中参与杂化的三个 p 态电子波函数分别为 φ_{p_x}、φ_{p_y} 和 φ_{p_z},根据对称性匹配原则,d 态电子波函数既可以是 $\varphi_{d_{z^2}}$ 也可以是 $\varphi_{d_{x^2-y^2}}$。若 d 态电子波函数为 $\varphi_{d_{z^2}}$,则与五个杂化态对应的五个杂化轨道指向三角双锥体的五个顶点,因此,这种杂化属于三角双锥体型杂化。若 d 态电子波函数是 $\varphi_{d_{x^2-y^2}}$,则与五个杂化态对应的五个杂化轨道指向正方角锥体的五个顶点,这种杂化属于正方角锥体型杂化。

4)sp^3d^2 等性杂化

sp^3d^2 等性杂化指的是能量相近的一个 s 态、三个 p 态和两个 d 态的电子波函数通过线性组合构成六个杂化态,每个杂化态中各个电子含有的成分相同。根据对称性匹配原则,两个 d 态电子波函数分别为 $\varphi_{d_{z^2}}$ 和 $\varphi_{d_{x^2-y^2}}$。与六个杂化态对应的六个杂化轨道指向正八面体的六个顶点,因此,sp^3d^2 等性杂化属于正八面体型杂化。

5)sp^3d^3 等性杂化

sp^3d^3 等性杂化指的是能量相近的一个 s 态、三个 p 态和三个 d 态的电子波函数通过线性组合构成七个杂化态,每个杂化态中各个电子含有的成分相同,其中,三个 d 态电子波函数分别为 $\varphi_{d_{z^2}}$、$\varphi_{d_{x^2-y^2}}$ 和 $\varphi_{d_{xy}}$。sp^3d^3 等性杂化有两种常见的杂化轨道构型,一种是与七个杂化态对应的七个杂化轨道指向五角双锥体的七个顶点,这种杂化属于五角双锥体型杂化;另一种是与七个杂化态对应的七个杂化轨道指向三角棱柱体的七个顶点,这种杂化属于三角棱柱体型杂化。

6)sp^3d^4 等性杂化

sp^3d^4 等性杂化指的是能量相近的一个 s 态、三个 p 态和四个 d 态的电子波函数通过线性组合构成八个杂化态,每个杂化态中各个电子含有的成分相同,其中,四个 d 态电子波函数分别为 $\varphi_{d_{z^2}}$、$\varphi_{d_{x^2-y^2}}$、$\varphi_{d_{xy}}$ 和 $\varphi_{d_{yx}}$。sp^3d^4 等性杂化有两种常见的杂化轨道构型,一种是与八个杂化态对应的八个杂化轨道指向三角十二面体的八个顶点,这种杂化属于十二面体型杂化;另一种是与八个杂化态对应的八个杂化轨道指向四方反棱柱体的八个顶点,这种杂化属于四方反棱柱体型杂化。

*1.10　典型碳同素异构体中碳原子间的结合及其性能

碳同素异构体是由纯碳原子按不同结合方式形成的分子或固体。碳同素异构体种类繁多,最为典型的是金刚石、石墨、富勒烯、碳纳米管和石墨烯。由于 C 原子间的成键方式不同,这些碳同素异构体具有不同的空间结构形式并表现出不同的力学性能、物理性质等。由于独特的结构和物理性能等,碳同素异构体在现代高科技领域中已经显示或正在显示它们的巨大应用和潜在应用前景。科尔(Curl)、克罗托(Kroto)和斯莫利(Smalley)因 C_{60} 的研究而获得 1996 年的诺贝尔化学奖,在此之后,海姆(Geim)和诺沃肖洛夫(Novoselov)凭借他们在石墨烯研究方面的卓越成就而获得 2010 年的诺贝尔物理学奖,两次诺贝尔奖的授予,足见碳同素异构体相关研究的重要性。本节作为本章的附加阅读材料,就金刚石、石墨、富勒烯、碳纳米管和石墨烯五种典型的碳同素异构体中碳原子间的成键方式及可能带来的不寻常的物理性能等进行简单解读。

1.10.1　金刚石(diamond)

金刚石因是自然界中已知的最硬物质而被俗称为"金刚钻",也称钻石,于 19 世纪 70 年代在一种由远古时代的岩浆冷却以后所形成的火山岩中首次被发现。天然金刚石是在地球深部高压、高温条件下形成的一种由碳元素组成的单质物质。目前有两种方法可以合成出人造金刚石,一种是高温高压法,另一种是化学气相沉积法。基于高温高压法的人造金刚石的合成技术已经成熟并已产业化,而化学气相沉积法主要限于实验室。

金刚石是第一个被发现的具有稳定结构的碳同素异构体,之所以称之为金刚石,是因为其具有独特的结构。如上节所提到的,C 原子有四个未成对电子,一个处在 2s 态,另三个处在 $2p_x$、$2p_y$ 和 $2p_z$ 态,这四个电子态通过等性杂化后形成四个 sp^3 杂化态,与此相对应的四个杂化轨道中共有四个未配对电子。每一个 C 原子先通过 sp^3 等性杂化形成四个 sp^3 等性杂化轨道,再以其杂化轨道中的四个未配对电子同其周围相邻的四个 C 原子的杂化轨道中的四个未配对电子共价结合,形成四个方向上彼此成 $109°28'$ 夹角的等同共价键。依杂化轨道或共价键取向的不同,金刚石中的 C 原子有 A 和 B 两种类型,如图 1.15 所示。在图 1.15(a) 中,B 型 C 原子位于立方体四个顶角位置,而 A 型 C 原子位于立方体中心位置。如果把四个 B 型 C 原子相连接,这四个 B 型 C 原子正好构成一个正四面体,而 A 型 C 原子则位于正四面体的中心。同样,四个 A 型 C 原子也构成一个正四面体,如图 1.15(b)所示,B 型 C 原子则位于由四个 A 型 C 原子组成的正四面体的中心位置。整个金刚石按正四面体成键方式互相连接,组成如图 1.15(c)所示的无限的三维骨架。

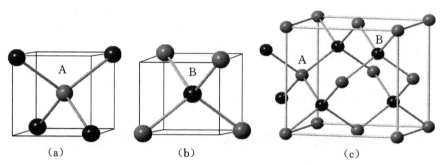

（a）　　　　　　　　　　（b）　　　　　　　　　　（c）

图 1.15　金刚石结构中 C 原子共价结合示意图:(a)A 型 C 原子共价结合、(b)B 型 C 原子共价结合和(c)两种类型正四面体的相互连接

由于仅靠杂化轨道间的共价结合而成键,碳原子彼此间结合得非常牢固,正因为如此,金刚石成为具有高强度力学性能的物质。金刚石是目前自然界中已知的最坚硬的物质,其绝对硬度是刚玉的 4 倍、石英的 8 倍。同时,金刚石化学性质稳定,具有耐酸性和耐碱性。由于具有硬度高、抗压强度高、耐磨性能好等优良力学性能及耐酸性和耐碱性等稳定的化学性质,金刚石被普遍应用于工业中的切割工具、地质钻头和石油钻头等。

金刚石结构中,每个 C 原子仅有四个价电子,而这四个价电子均参与了杂化成键,同时因为 C—C 共价键对价电子束缚很强,价电子难以通过从外部吸收能量(例如升温或光照)来脱离共价键的束缚,因此,金刚石中没有可自由迁移的电子,因此,金刚石是不导电的。从能带结构角度,金刚石的能带结构特征是,价带被价电子占满,导带中没有电子占据,由于导带与价带之间的禁带宽度高达 10 eV,一般条件下价带中的电子不可能通过从外界获得能量而跃迁到导带中,因此,金刚石是绝缘体。

具有理想晶体结构的金刚石是非磁的和无色的。实际中金刚石有各种颜色的,从无色的到黑色的都有,这主要是因为金刚石中含有少量杂质。金刚石的折射率非常高,色散性也很强,这是金刚石会反射出五彩缤纷闪光的原因。

1.10.2　石 墨(graphite)

继金刚石之后,人们又发现了另一种由 C 原子组成的具有稳定结构的碳同素异构体 —— 石墨。石墨有天然的和人造的两类,天然石墨来自石墨矿藏,但其含杂质较多,一般只用于生产耐火材料、电刷、柔性石墨制品、润滑剂、锂离子电池负极材料等。人造石墨一般以易石墨化的石油焦、沥青焦为原料,其经过配料、混捏、成型、焙烧、石墨化(高温热处理)和机械加工等一系列工序制成。石墨深加工产业的前提是提纯,石墨提纯是一个复杂的物化过程,其提纯方法主要有浮选法、碱酸法、氢氟酸法、氯化焙烧法、高温法等。

和金刚石一样,石墨也由纯碳原子组成,但石墨中碳原子的成键方式与金刚石的不同。石墨中的每个 C 原子先以一个 s 轨道和两个 p 轨道进行等性杂化后形成三个 sp² 杂化轨道，再以其杂化轨道中的三个未配对电子同相邻的三个 C 原子的杂化轨道中的三个未配对电子共价键结合。如上节提到的，sp² 等性杂化属于平面正三角形杂化，在平面正三角形结构中，一个 C 原子位于正三角形的中心，另外三个 C 原子位于正三角形的三个顶点，三个 C—C 键是等同的，键长为 0.142 nm，键角为 120°，按正三角形成键方式互相连接，组成如图 1.16 所示的六角平面网状层结构。六角平面网状层再通过范德瓦斯键结合，沿垂直于层面方向叠加起来形成如图 1.16 所示的三维石墨结构，相邻网层间的距离为 0.34 nm。

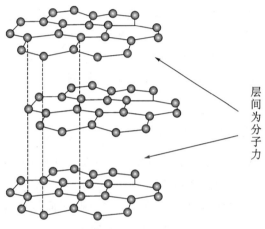

层间为分子力

图 1.16　石墨结构示意图

C 原子有四个未成对电子，一个处在 2s 态，另外三个处在 $2p_x$、$2p_y$ 和 $2p_z$ 态，但在 sp² 等性杂化中，只有两个 2p 电子参与了杂化成键，还有一个 2p 电子未参与杂化，它不属于共价键。同一平面中各个碳原子未参与杂化的 2p 电子波函数互相重叠，形成离域的 π 键电子，这些离域的 π 键电子可以在平面内作自由运动，因此具有金属键的性质。可见，六角平面网状层是共价键和金属键共存的结构，而层与层之间又是通过范德瓦斯键结合的，因此，尽管石墨是由纯 C 原子组成的，但由于石墨中存在共价键、金属键和范德瓦斯键三种成键方式，现在普遍认为，石墨不是单原子晶体，而是一种混合晶体。

石墨结构独特的成键方式，决定了石墨有其独特的性质。第一，石墨结构中同一平面上的每个碳原子中的四个价电子中，只有三个价电子参与了杂化成键，还有一个 2p 电子未参与杂化，这些没有参与杂化的 2p 电子波函数互相重叠，形成离域的 π 键电子，这些 π 键电子可在网层上自由移动，也可以通过吸收热能或光子能量而被激发，使得石墨表现出与金属相类似的行为，如具有金属光泽、导电性和传热性等。石墨的导电性比一般的非金属材料高一百倍之多，其导热性优于钢、铁、铅等金属材料。石墨的导热性不同于一般的金属材料，金属材料的导热系数随温度升高而增加，而石墨的导热系数随温度升高而降低，甚至在极高的温度下，石墨会成为绝热体。第二，由于同一平面层上 C—C 键键长仅为 0.142 nm，C—C 原子间结合很强，一般条件下，难以破坏 C—C 键，这使得石墨具有高熔点、低热膨胀系数和稳定的化学性质等，石墨的熔点高达 3850 ± 50 ℃。第三，由于石墨中网层之间是通过范德瓦斯键结合的,层间间隔为 0.34 nm,因此,层与层之间的结合很弱,使得石墨中各层之间可以相互滑动,也可以进行一层一层的剥离,后者正是基于石墨制成的铅笔能在纸上写字的原因,这也为后面提到的石墨烯的制备提供了原始思路。

石墨因其独特的成键方式而被广泛应用于冶金、化工、机械设备、新能源汽车、核电、电子信息、航空航天和国防等行业。例如,利用石墨的高熔点特性,将石墨作为耐火材料广泛用于电弧高炉和氧气转炉的耐火炉衬、钢水包耐火衬等;利用石墨的导电性,将石墨广泛应用于电气工业中的电极、电刷、电视机显像管的涂层等的制作;由于石墨具有层间相互滑动的特性,石墨在机械工业中常作为润滑剂,特别是应用在高速、高温、高压条件下不能使用润滑油的地方,石墨作为耐磨润滑材料显示了独特的优势;在原子能工业中,作为动力用的原子能反应堆中的减速材料要求具有熔点高、稳定、耐腐蚀的性能,而石墨完全可以满足这些要求;石墨在国防和航天工业中有着广泛而又重要的应用,石墨用于固体燃料火箭的喷嘴、导弹的鼻锥、宇宙航行设备的零件及隔热材料和防射线材料等的制作。

1.10.3　富勒烯(fullerene)

以 C_{60} 为代表的富勒烯是继金刚石和石墨之后人们所发现的由纯 C 元素组成的另一种典型碳同素异构体。富勒烯的通用化学式为 $C_{2n}(n \geqslant 10)$,它是一种由 $2n$ 个碳原子按正五边形碳环和正六边形碳环组合形成的具有中空凸多面体结构的分子。富勒烯的英文名称为 fullerene,它由 fuller 加上词尾 -ene 演变而来。之所以称 C_{2n} 分子为 fullerene 有两个原因,一是,fuller 借用了美国建筑师巴克明斯特·富勒(Buckminster Fuller)的名字,他于 1967 年基于正五边形和正六边形而设计了图 1.17 所示的美国万国博览馆球形圆顶的薄壳建筑,当初对 C_{60} 分子结构的猜想及后来对 C_{60} 分子的构造,在一定程度上受到了他的设计启发;另一是,C_{2n} 分子具有不饱和性,在英文中对具有不饱和性的化合物的命名常常带有词尾 -ene,于是便产生了 Fullerene 这个名称。

图 1.17　美国万国博览馆球形圆顶的薄壳建筑的照片

数学上，C_{2n} 分子的中空凸多面体结构可由 12 个正五边形碳环和 $n-10$ 个正六边形碳环来构造。最小的富勒烯为 C_{20}，其结构为由 12 个正五边形碳环围成的正十二面体的中空凸多面体结构。在 12 个正五边形碳环的基础上再加上若干个正六边形碳环，则可以构造各种可能的具有中空凸多面体结构特征的 C_{2n} 分子。在较小的富勒烯中，普遍有五边形碳环相邻的情况，但在 $n \geqslant 30$ 的富勒烯中，不会出现五边形碳环相邻的情况。

在各种富勒烯中，C_{60} 分子因没有相邻五边形碳环而特别引人关注。C_{60} 分子的结构示意图如图 1.18(a) 所示，它是由 20 个正六边形碳环和 12 个正五边形碳环构成的具有中空 32 面体结构特征的分子，其中，60 个碳原子分布在 32 面体的 60 个顶点上，每个顶点上的碳原子同三个其他的碳原子相邻。C_{60} 分子的 32 面体表面结构特征宛如图 1.18(b) 所示的英式足球（soccer）表面格的排列，因此，C_{60} 分子又有足球烯（soccerene）或巴基球（buckyball）之称，这里的"巴基"是富勒名字的词头。由足球照片，显而易见的是，五边形孤立地分布在球面上，没有出现五边形相邻的情况。C_{60} 分子结构中有两种形式的键，一种是 [6,6] 键，对应的是正六边形碳环与正六边形碳环交界的键，另一种是 [5,6] 键，对应的是正五边形碳环与正六边形碳环交界的键。

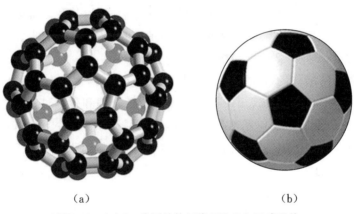

（a）　　　　　　　　　　　　（b）

图 1.18　（a）C_{60} 分子结构示意图和（b）足球照片

C_{60} 分子的发现最初始于天文学领域的研究，科学家们在研究星体之间广泛分布的碳尘时发现，星际间碳尘的黑色云状物中包含有由短链结合的碳原子构成的分子。基于紫外可见光谱的测量，克罗脱等对星际间碳尘的黑色云状物和蒸发石墨棒产生的碳灰进行了比较分析，结果发现，星际间碳尘和蒸发石墨棒产生的碳灰在紫外可见光谱中均出现 215 nm 和 265 nm 的两个吸收峰，称之为"驼峰光谱"，这第一次从实验上证实了星际间碳尘和蒸发石墨棒产生的碳灰有共同的短链结合的碳原子分子，这一"驼峰光谱"现象由柯尔等人基于 C_{60} 分子的特殊碳键结合方式而给以合理解释。随后，克罗托等人在氦气流中以激光汽化蒸发石墨实验首次制得由 12 个正五边形碳环和 20 个正六边形碳环构成的如图 1.18(a) 所示的空心球形 32 面体结构的 C_{60} 分子。质谱和 X 射线分析表明，C_{60} 分子的球形直径约为 0.71 nm，[6,6] 键和 [5,6] 键的键长分别约为 0.1355 nm 和 0.1467 nm。柯尔、克罗托和斯莫利三人因对观察到的"驼峰光谱"进行了合理解释，以及

首次成功制备 C_{60} 分子而获得 1996 年的诺贝尔化学奖。

C_{60} 分子独特的结构源于其中的碳原子间特殊的成键方式。石墨中的每个 C 原子以一个 s 轨道和两个 p 轨道进行等性杂化后形成同一平面互成 120° 的三个等同的 sp^2 杂化轨道,金刚石中的每个 C 原子以一个 s 轨道和三个 p 轨道进行等性杂化后形成三维空间上互成 109°28′ 的四个等同的 sp^3 杂化轨道。由平面几何可知,正五边形和正六边形的内角分别为 108° 和 120°,因此,在图 1.18(a) 所示的结构中,C_{60} 分子结构中,相邻的 [5,6] 键之间的键角为 108°,而相邻的 [5,6] 键与 [6,6] 键之间的键角为 120°,说明 C_{60} 分子中每个 C 原子的三个杂化轨道既不像在 sp^2 杂化轨道中所见到的共平面的三个等同杂化轨道,也不像在 sp^3 杂化轨道中所见到的指向正四面体四个顶角的四个等同杂化轨道,而是介于两者之间,这是 C_{60} 分子呈现球形形状的原因。假设 C_{60} 分子中每一个 C 原子通过一个 s 轨道和 $(2+x)$ 个 p 轨道等性杂化后形成三个 sp^{2+x} 杂化轨道,则每个 sp^{2+x} 杂化轨道中 s 电子出现的几率为 $a_s^2 = \dfrac{1}{3+x}$,三个杂化轨道间的平均夹角为 $\theta = \dfrac{2 \times 120° + 1 \times 108°}{3} = 116°$,代入式 (1.65) 中可求得 $x = 0.286$,说明 C_{60} 分子中每个 C 原子所采用的杂化方式近似属于 $sp^{2.286}$ 型杂化。每个 C 原子通过 $sp^{2.286}$ 型杂化后,再以其杂化轨道中的三个未配对电子分别同相邻的三个 C 原子的杂化轨道中的三个未配对电子共价键结合,形成图 1.18(a) 所示的空心球形 32 面体结构的 C_{60} 分子。

C_{60} 分子独特的结构、稳定的性能及独特的成键方式等,使其在应用上显示出其他材料无法相比的优势。C_{60} 所表现出或有望表现出的新物理和化学性质,使其在当今高科技领域中展现出巨大的潜在应用前景。例如,利用 C_{60} 分子的小尺寸和高活性特征,用 C_{60} 分子替代通常所用的碳颗粒,将其分散到金属中,可起到明显增强金属强度的作用;利用 C_{60} 的球形结构特征,可将其作为“分子滚珠”和“分子润滑剂”;利用 C_{60} 所具有的较大非线性光学系数和高稳定性等特点,可将其作为新型非线性光学材料,这在光计算、光记忆、光信号处理及控制等方面有着重要的研究价值;金属掺杂的 C_{60} 不仅具有金属导电行为,甚至在低温下具有超导行为,代表性的有超导转变温度为 ~ 18 K 的 $K_3 C_{60}$、超导转变温度为 ~ 29 K 的 $Rb_3 C_{60}$,以及超导转变温度为 ~ 33 K 的 $Cs_2 RbC_{60}$,这使人们看到基于 C_{60} 分子在有机导体中实现高温超导的可能;在 C_{60} 中加入强供电子有机物,可得到不含金属的软铁磁性材料,目前所得到的最高居里温度可达 16 K,高于迄今报道的其他有机分子铁磁体的居里温度,研究和开发 C_{60} 基有机铁磁体,特别是以廉价的碳材料制成磁铁代替价格昂贵的金属磁铁具有非常重要的意义;C_{60} 具有烯烃的电子结构,可以与过渡金属(如铂系金属和镍)形成一系列络合物,使其有可能成为高效的催化剂;C_{60} 分子中存在 30 个碳碳双键,通过把 C_{60} 分子中的双键打开便能吸收氢气,形成较稳定的 C_{60} 氢化物,如 $C_{60}H_{24}$、$C_{60}H_{36}$ 和 $C_{60}H_{48}$ 等,达到有效储氢的目的,而 C_{60} 氢化物在 $80 \sim 215$ ℃ 时又可释放出氢气而留下纯的 C_{60},具有循环使用的优点;由于 C_{60} 的特殊笼形结构及功能,将 C_{60} 作为新型功能基团引入高分子体系,可以得到具有优异导电性、光学性质的新型功能高分子材料;等等。

1.10.4　碳纳米管(carbon nanotubes)

在以 C_{60} 为代表的富勒烯的研究驱动下,人们又发现了另一种具有特殊结构的由纯元素构成的碳同素异构体,即由长径比远大于 1 的管状同轴纳米管组成的碳分子,它是饭岛纯雄(Lijima)在利用高分辨透射电子显微镜检测石墨电弧设备中产生的富勒烯分子结构时意外发现的,并于 1991 年正式被命名为碳纳米管。事实上,在碳纳米管正式命名之前,类似碳纳米管的纤维结构早已被观察到,只是当时人们没有意识到它是一种新的重要的碳的形态。最早的类似碳纳米管的纤维结构是 1890 年在含碳气体的热表面上观察到的。1953 年,在 CO 与 Fe_3O_4 高温反应时也曾观察到类似碳纳米管的丝状结构。20世纪 50 年代开始,石油化工厂和冷核反应堆中普遍产生碳丝堆积的问题,当时只是围绕如何抑制其生长开展研究。更值得一提的是,20 世纪 70 年代末,人们在两个石墨电极间通电产生电火花时发现电极表面生成小纤维簇,电子衍射分析证实其壁是由类石墨排列的碳组成的。这些早期利用有机物催化热解的办法得到的碳纤维实际上就是后来普遍认为的碳纳米管。

研究表明,碳纳米管是由一些柱形碳管同轴套构而成的,柱形碳管的截面在多数情况下是正五边形的,相邻碳管壁间的距离约为 0.34 nm,整个碳纳米管的外径为几到几十纳米,内径很小,有的甚至只有 1 nm 左右,纳米管的长度可达到微米量级。由于管的长度与管的直径之比(即长径比)非常大,可达 $10^3 \sim 10^6$,因此,碳纳米管被认为是一种典型的一维纳米材料。进一步的研究表明,管壁上的碳原子按六边形排列分布,这些六边形相互连接,构成与石墨单个网层相类似的六角网状结构。管壁上除六边形碳环外,还有可能存在五边形和七边形碳环,伴随五边形和七边形碳环的出现,碳管会出现局部凸起和凹进的现象,当五边形碳环正好出现在碳管端口时,碳管的端口呈现向外凸的封口形式,而当七边形碳环正好出现在碳管端口时,碳管的端口呈现向里凹的封口形式。

由于碳纳米管是由呈六边形排列的碳原子构成的数层到数十层的同轴圆管,且相邻碳管之间的距离和石墨网层间的距离(~ 0.34 nm)相近并基本保持不变,因此,人们有理由相信,碳纳米管是由石墨网层卷曲而成的。按照石墨网层的层数,碳纳米管可分为单壁碳纳米管和多壁碳纳米管。图 1.19(a) 所示的是单个石墨网层平面碳原子结合在一起形成的六角网状结构示意图,如选取图中的 O 点碳原子作为原点,以 $\vec{a}_1$ 和 $\vec{a}_2$ 作为基矢,则网层平面任意一个碳原子 A 的位置矢量可表示为 $\vec{R}_A = n\vec{a}_1 + m\vec{a}_2$,其中,$n$ 和 m 为整数。将石墨网层平面卷曲成圆柱状并使得 A 原子和 O 原子重合便形成了如图 1.19(b) 所示的单壁碳纳米管结构。这样形成的碳纳米管可用(n,m) 这对整数来描写,因为这对整数一经确定,碳纳米管的结构就完全确定。所以,把这对整数称为碳纳米管的指数或手性指数,手性指数与手性角(又称螺旋角)θ 有关。根据手性指数的不同,碳纳米管可分成三种类型:① 当 $n = m$ 时,$\theta = 30°$,对应的是扶手椅(armchair)型碳纳米管;② 当 $n = 0$ 或 $m = 0$ 时,$\theta = 0°$,对应的是锯齿(zigzag)型碳纳米管;③ 当 $n > m \neq 0$ 时,$0° < \theta < 30°$,对应的是手性(螺旋)型碳纳米管。

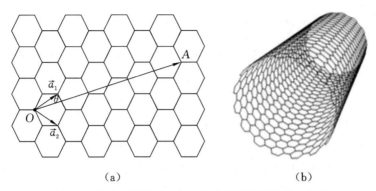

图 1.19　(a)石墨网层和(b)单壁碳纳米管结构示意图

　　碳纳米管是继金刚石、石墨和富勒烯之后,人们所发现的另一种典型的由纯 C 元素组成的碳同素异构体。由于碳纳米管具有准一维特征,是难得的准一维量子材料,一经发现它就引起了人们的高度关注。同时,碳纳米管作为准一维材料,重量轻、六边形结构连接完美,具有许多异常的力学、电学和化学性能。近些年,随着碳纳米管及纳米材料研究的深入,其广阔的应用前景也不断地展现出来。

　　在力学性能上,由于碳纳米管中的 C 原子采取的是和石墨网层 C 原子相类似的 sp^2 杂化,相比于 sp^3 杂化,这种杂化中 s 轨道的成分较多,使碳纳米管具有高模量和高强度。碳纳米管的抗拉强度是钢的 100 倍,弹性模量是钢的 5 倍,但密度却只有钢的 1/6。碳纳米管的硬度与金刚石相当,但有更好的柔韧性,可以拉伸。工业上常用的增强型纤维中,为了使其强度达到工业需要的水平,要求其长径比在 20 以上,而碳纳米管的长径比一般高于 1000,因此,碳纳米管是理想的高强度纤维材料。碳纳米管独特的一维管状分子结构及优良的弹性,使它成为一种极佳的纤维材料,被认为是一种"超级纤维",其在建筑、汽车和航空航天等领域中有着广泛的应用。

　　在导电性能上,碳纳米管中 C 原子的成键方式和石墨网层中 C 原子的成键方式基本相同,未参与杂化成键的 p 轨道彼此交叠在碳纳米管壁外,形成高度离域化的大 π 键,使得碳纳米管具有良好的导电性能,但这种良好的导电性能并不是在各个方向都有,而是与手性指数 (n,m) 确定的方向(管壁的螺旋角)密切相关。对于一个给定 (n,m) 的纳米管,在满足 $2n+m=3l(l$ 为整数)的方向上,碳纳米管表现为金属性行为,特别是在 $n=m$ 方向上,碳纳米管的导电性远远好于金属铜的,其电导率可达铜的 1 万倍;但在不满足 $2n+m=3l(l$ 为整数)的方向上,碳纳米管却表现为半导体性行为。碳纳米管在不同方向上所表现出的金属性和半导体性,使其有望应用于大规模集成电路并显示出其他材料无法相比的优越性。碳纳米管的导电性不仅与管壁的螺旋角密切相关,而且还与管径有关,当管径超过 6 nm 时,其导电性能下降,而当管径小于 6 nm 时,其导电性能增强,因此,基于小管径的碳纳米管可设计出一维量子导线,甚至有理论预言,当管径接近 0.7 nm 时,碳纳米管会变成超导体。碳纳米管独特的导电性能及独特的结构,使得碳纳米管计算机、碳纳米管半导体、碳纳米管光电子器件等高科技成为可能并显示出巨大的价值。

　　在导热性能上,碳纳米管具有良好的热传导性能,但由于碳纳米管具有非常大的长径比,因此,碳纳米管沿轴向的传热要远好于沿垂直于轴向的传热,利用这一传热特性,可以设计出高度各向异性的热传导材料。另外,利用碳纳米管的高热导率特性,可在复合材料中引入少量碳纳米管,这可以使得该复合材料的热导率大大改善。

1.10.5　石墨烯(graphene)

继金刚石、石墨、C_{60} 和碳纳米管之后,人们又发现了另一种由纯 C 原子组成的碳同素异构体——石墨烯,它是由碳原子按六边形排布并相互连接构成的二维碳晶体,如图 1.20 所示。石墨烯的英文为 graphene,由石墨(graphite)再加上烯类结尾(-ene)演变而得到。

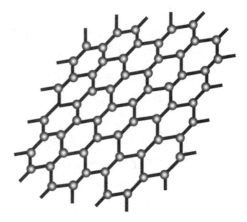

图 1.20　石墨烯结构示意图

早在 20 世纪 60 年代初,人们就已意识到石墨烯的存在,但热力学涨落不允许任何二维晶体在有限温度下存在,再加上长久以来试图制备石墨烯的工作均以失败而告终,以至于人们怀疑能否人为制造出石墨烯。虽然如此,仍然还是有人没有放弃为制备石墨烯付出努力。

从孩童时代,人们就有过用铅笔在纸上写字的经历,但不一定每个人都知道铅笔能在纸上写字的原因。然而,如果知道铅笔芯是由石墨构成的,那么,铅笔能在纸上写字的原因就再清楚不过了。这是因为,石墨是层状材料,其由一层又一层的二维平面碳原子网络有序堆叠而成,由于层间的结合靠的是范德瓦斯键,结合力很弱,因此石墨层间很容易互相剥离,形成薄的石墨片,用铅笔写字在纸上留下的痕迹正是这些薄的石墨片。受此启发,海姆和诺沃肖洛夫有了一个看似十分简单的想法,即能否对石墨进行不断地剥离使最后只剩下只有一个碳原子厚的单层石墨?

凭借极大的耐心并采取与铅笔写字有异曲同工之妙的手段,海姆和诺沃肖洛夫终于在 2004 年成功制备出石墨烯。他们从高定向热解石墨中剥离出石墨片,然后将薄片的两面粘在一种特殊的胶带上,撕开胶带,就能把石墨片一分为二。不断地这样操作,薄片越来越薄,最终通过显微镜在大量的薄片中寻找到了理论厚度只有 0.34 nm 的石墨烯。在成功制备出石墨烯的基础上,他们于 2009 年又在单层和双层石墨烯体系中分别发现了整数量子霍尔效应及常温条件下的量子霍尔效应。由于在石墨烯研究方面的突出成绩,海姆和诺沃肖洛夫获得 2010 年的诺贝尔物理学奖。人们对石墨烯的研究有如此浓厚的兴趣,一方面是因为,石墨烯可以作为其他石墨类材料的基本结构单元,例如,它可以翘曲成零维的富勒烯、卷成一维的碳纳米管或堆垛成三维的石墨;另一方面,也是最重要的一方面,石墨烯因独特的结构和特殊的键结合方式而具有优良的力学、电学和光学性能,其有着重要的应用前景。石墨烯独特的电子结构为基础物理研究提供了新的平台,具有重要的科学研究意义,甚至有可能带来物理概念上的突破。

　　石墨烯中的 C 原子和石墨单个网层中的 C 原子的结合方式相同，即：每个 C 原子先以其一个 s 轨道和两个 p 轨道进行 sp^2 等性杂化，如前面提到的，sp^2 等性杂化属于平面正三角形杂化，sp^2 等性杂化后形成的三个杂化轨道指向平面正三角形的三个顶点，彼此间互成 120° 夹角，再以其杂化轨道中的三个未配对电子同相邻的三个 C 原子的杂化轨道中的三个未配对电子共价键结合，形成三个方向上等同的 C—C 键（σ 键）。研究证实，石墨烯中 C 原子的配位数为 3，每两个相邻碳原子间的键长为 0.142 nm，键与键之间的夹角为 120°。按这样的成键方式，C 原子互相连接，组成图 1.20 所示的平面正六角形网状结构。当外力施加于石墨烯时，连接碳原子的键弯曲变形以适应外力的变化，而其中的碳原子的分布排列并未发生变化，这样可保证六角网状结构的稳定性，因此，实际的石墨烯具有图 1.21 所示的由碳六元环构成的蜂窝结构，这种稳定的碳六元环结构单元，使得石墨烯成为理想的二维纳米材料。每个 C 原子有 4 个价电子，但只有 3 个电子参与了 sp^2 杂化成键，剩下的一个来自 p_z 轨道的电子未参与杂化成键。相邻原子未参与杂化成键的 p_z 轨道电子可形成与平面成垂直方向的 π 键，新形成的 π 键呈半填满状态。除了 σ 键与其他碳原子链接成呈六角环的蜂窝式层状结构外，每个碳原子的垂直于层平面的 p_z 轨道可以形成贯穿全层的多原子的大 π 键。

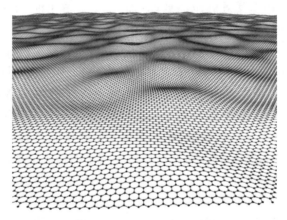

图 1.21　石墨烯中由碳六元环构成的蜂窝结构示意图

　　在力学性能方面，尽管石墨烯是一种超薄的二维材料，但由于石墨烯的形成依靠的是 sp^2 杂化成键，C—C 结合非常牢固，其已成为目前已知的力学强度最高的材料，其强度比钢还高 100 倍。同时，石墨烯还具有很好的弹性，拉伸幅度能达到自身尺寸的 20%。石墨烯所具有的这些优良的力学性能，可使其应用于航天器、超轻型飞机等的研制，其将具有巨大的潜在应用价值。石墨烯作为一种高强度超薄材料，还可以作为添加剂，将其添加到复合材料中，可使复合材料的强度大大提高。

　　在电学性能方面，大 π 键的形成使得石墨烯具有良好的导电性能，常温下石墨烯的电阻率比铜或银的还低。同时，石墨烯中碳原子间的作用力很强，六角网状结构非常稳定，这保证了 π 键电子能在石墨烯平面上畅通无阻地迁移，其迁移速率为传统半导体硅材料的数十至上百倍。这些优势使得石墨烯很有可能取代硅成为下一代超高频率晶体管的基础材料,并广泛应用于高性能集成电路和新型纳米电子器件中。目前科学家们已经研制出了石墨烯晶体管的原型,并且乐观地预计不久就会出现完全由石墨烯构成的全碳电路并广泛应用于人们的日常生活中,甚至有可能用石墨烯作为硅的替代品来制造未来的超级计算机。

石墨烯具有非常良好的光学特性,在较宽波长范围内吸收率约为 2.3%,因此,石墨烯是几乎透明的二维材料。基于石墨烯制造的电板比其他材料具有更优良的透光性。石墨烯良好的导电性及其对光的高透过性,使得其在透明导电薄膜的应用中独具优势,而这类薄膜在液晶显示及太阳能电池等领域至关重要。

毫无疑问,石墨烯特殊的二维结构、良好的导电性能、独特的光学性能、高强度的力学性能和良好的弹性,使其在微电子领域及与力学性能有关的领域将显示巨大的应用前景。其在能量储存、液晶器件、电子器件、生物材料、传感材料和催化剂载体等领域均有着广阔的应用前景,并拥有其他材料无法相比的独特优势。可以说,石墨烯的出现,让人们对其应用充满了期待,也许在不久的将来,石墨烯就能为我们搭建起更加便捷与美好的生活。

在基础研究方面,石墨烯独特的能带结构,将为物理研究提供一个充满魅力与无限可能的研究平台。石墨烯中每一个 C 原子有一个未参与杂化成键的 p_z 电子,相邻原子未参与杂化成键的 p_z 电子可形成石墨烯平面垂直方向的 π 键,π 电子占满了能量最高的价带,价带之上的能带是没有电子占据的空带(导带)。和通常的半导体能带结构不同的是,石墨烯的能带呈现"锥"型结构,导带底部向下的锥型头和价带顶部向上的锥型头正好相交于一点,因此,费米面刚好处于导带和价带的相交点(Dirac 点),意味着石墨烯是一种零带隙的材料,使得准粒子(π 电子)表现为无质量的 Dirac 费米子,这种独特的能带结构有望使石墨烯表现出奇异的物理效应。到目前为止,在石墨烯中已观察到极具挑战性的异常半整数量子霍尔效应和超导电性,观察到的异常半整数量子霍尔效应被认为与无质量的 Dirac 费米子有关,对其机理的了解有望带来概念上的突破,而石墨烯中超导现象的发现被认为为寻找室温超导体和了解高温超导机理而奠定了基础。

思考与习题

1.1 为什么说电磁力应是引起原子凝聚的吸引力的来源?

1.2 如果说带电粒子间的库仑作用是产生原子间相互作用力的物理根源,那不带电粒子靠什么力能吸引到一起?

1.3 在五种基本结合力中,在自然界中哪种结合力最普遍?

1.4 为什么金属键和离子键没有方向性而共价键和氢键有方向性?

1.5 KBr、CCl_4 和 H_2S 分别属于何种类型的化合物?

1.6 BeH_2、BBr_3 和 SiH_4 三种化合物中的原子有哪种可能的杂化类型? 能预测出它们的几何构型吗?

1.7 考虑由正、负两种离子沿 x 轴和 y 轴方向周期性排布构成如题 1.7 图所示的二维离子固体,假设两个方向上的周期(相邻正、负离子间的间隔)均为 a,若只考虑边长为 $2a$ 的正方格子中的正、负离子,试计算其马德隆常数的近似值。

$$
\begin{array}{cccccc}
+ & - & + & - & + & - \\
- & + & - & + & - & + \\
+ & - & + & - & + & - \\
- & + & - & + & - & + \\
+ & - & + & - & + & - \\
- & + & - & + & - & +
\end{array}
$$

题 1.7 图

1.8　假设一固体中原子间的相互作用能可表示为 $u(r) = -\dfrac{\alpha}{r^m} + \dfrac{\beta}{r^n}$,试计算:

(1) 平衡间距 r_0;

(2) 单个原子的结合能;

(3) 体弹性模量;

(4) 若取 $m=2, n=10, r_0 = 0.3 \text{ nm}, W = 4 \text{ eV}$,则 α 和 β 的值是多少?

1.9　设一固体平衡时的体积为 V_0,原子间总的相互作用能为 U_0,如果原子间相互作用能由式 $U(r) = -\dfrac{\alpha}{r^n} + \dfrac{\beta}{r^m}$ 表述,试证明体弹性模量为 $\dfrac{nm \, |U_0|}{9V_0}$。

1.10　对由 N 个正、负离子构成的离子固体,假设其结合能 $U(r) = \dfrac{N}{2}\left(-\dfrac{\alpha \, e^2}{4\pi\varepsilon_0 r} + \dfrac{\beta}{r^n}\right)$,若以 $ce^{-\frac{r}{\rho}}$ 来代替排斥项 $\dfrac{\beta}{r^n}$,当固体处于平衡时,如果这两者对互作用势能的贡献相同,试求 n 和 ρ 之间的关系。

* **1.11**　金刚石、石墨、富勒烯、碳纳米管和石墨烯五种碳同素异构体均是由纯碳原子构成的,试分析为什么它们的性能有非常大的差别?

第2章 晶体结构及其周期性描述

固体是大量原子按适当的结合方式凝聚到一起而形成的。根据固体中原子排列分布是否具有周期性,固体通常分为晶体和非晶体两大类。晶体中的原子按一定规则周期有序排列,而非晶体中原子的排列不具有周期性。尽管目前对非晶体的研究日趋活跃,但迄今为止,人们对固体的了解及很多概念的提出大多来自对晶体的研究。本章着重介绍晶体的几何结构特征及晶格的周期性描述。

2.1 晶体特征

2.1.1 晶体的宏观特征

早在古代,人类在采集石器时就已发现,一些天然矿石不仅光彩夺目,而且外形规则,人类将其广泛用于玩物和饰品等的制作。天然石英是地球深部硅酸盐热水溶液经过漫长的地质演变而形成的一种矿石。纯净的石英无色、透明,以至于人们误将其认为是由过冷的冰形成的,希腊人称其为"Krystallos",意思是"洁白的冰",晶体的现代名称"Crystal"正是源于该词。到了中世纪,人们发现许多天然矿石都有着特殊的几何外形,它们大都棱角分明,具有玻璃光泽,并呈现多种多样的形状。在经过对各种矿石进行观察后,人们逐渐形成了关于晶体的一个初步概念,即晶体是具有规则多面体几何外形的固体。

由于晶体具有规则的几何外形,早在两个世纪前,人们就提出了晶体生长的理想模型,即认为晶体生长过程如同建筑物的构建,将完全相同的砖块(building blocks)按照一定规则一块块堆砌,形成具有特定规则外形的建筑物。模型虽然简单,但抓住了晶体最本质的特征,即晶体由完全相同的"砖块"(基本结构单元)按一定规则(周期性)排列而成。

常见晶体的一个例子如图 2.1 所示,显露在外的形状往往是由多个不同形状的平面围成的凸多面体。对于发育良好的单晶体,围成这个凸多面体的面是光滑的平面(晶面)。晶态物质在适当的结晶条件下,都能自发地发展成拥有规则封闭几何多面体外形的单晶体,这一性质称为晶体的自限性或自范性。

单晶体外形上最显著的特征是晶面有规则的对称配置,晶面规则的对称配置是晶体的宏观特征之一。一个理想完整的单晶体,对称配置的晶面具有相同的面积。由于外界条件和偶然情况不同,同一类型的晶

图 2.1 晶体实物的照片

体,晶面的面积和形状并不一定相同。图 2.2 所示的是天然石英和人造石英单晶体暴露在外的晶面示意图,可以看到,尽管两者均为石英晶体,但两者的晶面面积和晶体外形显示出明显的不同,说明晶面的大小和形状不是表征晶体类型的固有特征。

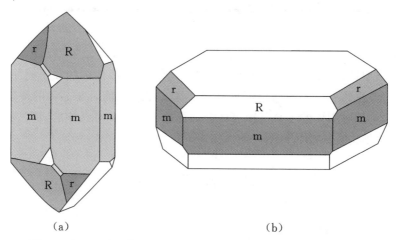

（a）　　　　　　　　　　　　　　　　　（b）

图 2.2　（a）天然石英和(b) 人造石英单晶体规则配置的晶面示意图

研究表明,对于同一种类型的晶体,不论其外形如何,总有一套恒定不变的特征夹角,如石英晶体中相邻两个 m 晶面之间的夹角总是 $120°00'$,相邻的 r 晶面和 m 晶面之间的夹角总是 $141°47'$,相邻的 R 晶面和 m 晶面之间的夹角总是 $113°08'$。对于另一品种的晶体,则有另一套恒定不变的特征夹角。这一普遍规律称为晶面角守恒定律,即对同一种晶体,其对应晶面之间的夹角恒定不变。恒定不变的晶面间夹角是晶体的另一重要的宏观特征。

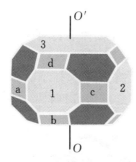

图 2.3　单晶体晶带和带轴示意图

晶体的第三个宏观特征是存在由若干个晶面组成的晶带,如图 2.3 所示,由 a、1、c 和 2 所表示的晶面组成一个晶带。同一个晶带中相邻晶面的交线称为晶棱。晶带的特点是同一晶带中所有的晶棱相互平行,其共同的方向称为该晶带的带轴。在图 2.3 中,OO' 轴就是由 a、1、c 和 2 所表示的晶面组成的晶带的带轴。通常所说的晶轴都是一些重要的带轴,在不同的带轴方向上晶体往往表现出明显不同的物理性质,或者说,晶体的物理性质,如晶体的压电性质、光学性质、磁学性质等,在不同的带轴方向上往往会表现出不同的行为,这一性质称为晶体的各向异性。

晶体的第四个宏观特征是,晶体具有沿某些特定方位的晶面劈裂的性质,这种性质称为晶体的解理性,这些劈裂面则称为解理面。当晶体受到敲打、剪切、撞击等外界作用时,晶体很容易沿解理面平行的方向劈裂。自然界中的晶体显露于外表的晶面往往就是一些解理面。解理面的特点是,解理面上的单位面积原子数明显多于其他晶面上的单位面积原子数,且相邻解理面之间的间隔较大。由于相邻解理面之间的间隔较大,相邻解理面原子之间的结合力弱,这是晶体容易沿解理面劈裂的原因。晶体解理性最典型的例子是石墨,它是由一层又一层的二维平面碳原子网络沿垂直于网层方向堆叠而成的,由于层间的结合力弱,石墨晶体很容易剥离,这正是铅笔能在纸上留下痕迹的原因。基于石墨的解理性,对石墨片进行不断剥离,最终可获得石墨烯。

此外,晶体还具有确定的熔点,这里的熔点在通俗意义上是指晶体开始熔化时所对应的温度,例如,冰的熔点是 0 ℃,NaCl 的熔点是 800 ℃,等等。

在上面所提到的晶体宏观特征中,只有恒定不变的晶面间夹角才是晶体的固有特征。通过测定特征夹角,可以判断晶体属于何种类型,而由其他宏观特征则不能进行判断。

2.1.2　晶体的微观特征

上面所提到的晶体宏观特征,事实上很早以前就为人们所熟悉。很明显,仅仅根据这些宏观特征来判断一个固体是否为晶体是不严谨的。以固体外形为例,晶体在结晶过程中,会受到外界条件的限制和干扰,因此,往往并不是所有晶体都能表现出规则的外形,而一些非晶体在某些情况下也有可能呈现规则的多面体外形。

区别于其他固体,晶体的最本质特征是,构成晶体的“粒子”是按一定规则在三维空间周期有序排列分布的,这里所讲的“粒子”在更一般意义上应当理解为基本结构单元,它既可以是原子、离子或分子,也可以是由若干个原子通过某种结合而形成的原子群。固体内部相邻原子的间隔约为零点几纳米,因此,固体内部原子的排列分布方式反映的是固体的微观结构特征。晶体中的粒子周期性排列分布,说明晶体具有微观结构的周期性。不同的晶体,构成的粒子不同,不同方向上的周期不同,因此,如同建筑物的构建,晶体有不同的粒子排列方式,体现在外表上,不同的晶体则有不同的表面外形。可以说,具有规则的几何外形、具有对称配置的晶面、满足晶面角守恒、具有解理性等宏观性质正是晶体内部粒子规则有序排列的反映。

通常定义晶体为至少在微米级范围的粒子在空间不同方向上按一定规则周期有序排列而形成的固体。固体中相邻原子的间距约为零点几纳米,简单估计可知,微米级范围所含有的原子有上万个,因此,晶体中微米级范围内粒子的有序排列,意味着晶体中的粒子在跨越上万个原子的尺度范围内都是有序排列的,因此,晶体中粒子的排列具有长程有序性。

作为例子,图 2.4(a) 给出了 Be_2O_3 晶体内部原子平面排列的示意图,可以看到,由 Be 和 O 原子构成一系列六边形环,每个六边形环的边长和内角完全相同,即键长和键角完全相同,因此,六边形环为正六边形环,整个 Be_2O_3 晶体则可以看成是由正六边形环相互连接而成的。对这样的结构可以这样来理解,即选择任意一个正六边形环作为基本结构单元,将其按周期性不断重复的对称方式排列,则可得到和 Be_2O_3 晶体完全相同的原子排列,晶体所具有的这一性质称为晶体的平移对称性。同时看到,若绕垂直通过任意一个正六边形环中心的轴旋转 60°,晶体内部的原子排列没有发生变化,这一性质称为晶体的旋转对称性。

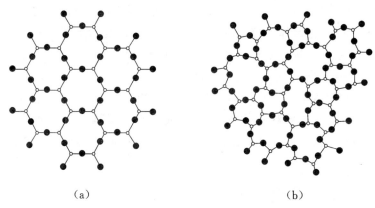

（a）　　　　　　　　　　　　　　（b）

图 2.4　(a)Be_2O_3 晶体和(b)Be_2O_3 玻璃中的原子排列

　　为了说明平移对称性和旋转对称性，图2.5给出几个平面几何图形，其中，图(a)由平行四边形拼接而成，图(b)由长方形拼接而成，图(c)由正三角形拼接而成，图(d)由正方形拼接而成，图(e)～(h)分别由正五边形、正六边形、正七边形和正八边形拼接而成。如果几何图形具有平移对称性，则将基本结构单元按周期性不断重复的对称方式排列，能够拼接成既没有重叠又没有空隙的图形，相应的基本结构单元的周期性重复操作称为平移对称操作。对图2.5给出的几个平面几何图形，显而易见的是，对于平行四边形、长方形、正三角形、正方形和正六边形，若将它们作为基本结构单元，则基于基本结构单元的周期性不断重复的对称排列方式，能够拼接成既没有重叠又没有空隙的图形，说明图(a)、(b)、(c)、(d)和(f)具有平移对称性。但对于正五边形、正七边形和正八边形，若将它们作为基本结构单元，则基于基本结构单元的重复排列不可能拼接出既没有重叠又没有空隙的图形，说明以正五边形、正七边形和正八边形作为基本单元的图形(e)、(g)和(h)不具有平移对称性。同时注意到，图2.5所示的几个平面几何图形有一个共同的特点，即存在一个通过基本结构单元中心垂直于图形面的对称轴，绕该轴旋转 $\dfrac{2\pi}{n}$ 角度后图形没有发生变化，对平行四边形、长方形、正三角形、正方形、正五边形、正六边形、正七边形和正八边形，n 分别为1、2、3、4、5、6、7和8，这一性质称为旋转对称性，相应的对称轴称为 n 度旋转对称轴。由此可以得到这样一个重要的结论，即：具有平移对称性的图形，如平行四边形、长方形、正三角形、正方形和正六边形，一定具有旋转对称性；反过来，具有旋转对称性的图形不一定具有平移对称性，例如，正五边形具有5度旋转对称性，正七边形具有7度旋转对称性，正八边形具有8度旋转对称性，但以正五边形、正七边形和正八边形作为基本单元而拼接成的图形不具有平移对称性。

　　将上面关于几何图形的分析应用于固体，则每一个基本结构单元可以看成是由原子连接而成的原子环。以平行四边形、长方形、正三角形、正方形和正六边形原子环作为基本结构单元的固体具有平移对称性，而以正五边形、正七边形和正八边形原子环作为基本结构单元的固体不具有平移对称性。由于具有平移对称性的图形或物体必具有旋转对称性，因此，以平行四边形、长方形、正三角形、正方形和正六边形原子环作为基本结构

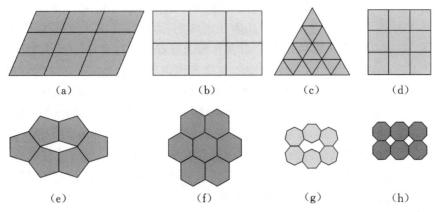

图 2.5 以 (a) 平行四边形、(b) 长方形、(c) 正三角形、(d) 正方形、(e) 正五边形、
(f) 正六边形、(g) 正七边形和 (h) 正八边形为基本单元拼接出图形

单元的固体一定具有旋转对称性。而以正五边形、正七边形和正八边形原子环作为基本结构单元的固体虽然具有旋转对称性,但不具有平移对称性。平移对称性是构成固体的粒子周期性排列的自然结果,因此,从对称性的角度,可以认为,晶体是既具有平移对称性又具有旋转对称性的固体。这里虽然是针对二维晶体讨论的,但对三维晶体可以得到同样的结论,只是在三维情况下,基本结构单元分别为由原子构成的平行四边体、长方体、正三角体、正方体和正六边体。

实际的晶体通常又分为单晶和多晶两类。单晶指的是整个固体中的粒子均是规则周期有序排列的,而多晶则可看成是由大量小单晶组成的,每个小单晶内部的粒子是规则周期有序排列的,但各个小单晶之间粒子排列取向不同。本书如无特别交代,所讲的晶体均是指尺寸无限大的单晶体。

2.1.3 晶体、非晶体和准晶体

固体的构成由其原子排列特点而定。若粒子有规则地在三维空间呈周期性重复排列,则形成的固体为晶体。由于晶体中的粒子周期性有序排列,晶体既具有平移对称性又具有旋转对称性。这些特征将晶体明显区别于其他固体。

非晶体中的原子在凝结过程中不经过结晶(即有序化)的阶段,因此,非晶体又叫作过冷液体或玻璃,其中,原子间的结合(键长和键角)是无规则分布的。通常定义非晶体为在微米级范围内由在三维空间呈无序排列的原子而形成的固体。在覆盖几个原子的尺度上非晶体中的原子看上去是有序排列的,但在覆盖上万个原子的微米级尺度上原子是无序排列的,因此,非晶体具有短程有序而长程无序的特点。Be_2O_3 玻璃内部原子平面排列示意图如图 2.4(b) 所示,与 Be_2O_3 晶体相比,两者组分相同,虽然它们都是由 Be 和 O 原子按六边形排布并相互连接而形成的网络,但 Be_2O_3 玻璃中的六边形并不是正六边形,其键角、键长均呈现无规则变化。键角和键长的畸变破坏了长程有序,形成了无规则网络,这是非晶体显著而重要的特征。由于键角、键长均呈现无规则变化,非晶体既不具有平移对称性又不具有旋转对称性。

晶体和非晶体的微观结构特征决定了它们有不同的性质和用途。例如,晶体具有固定的熔点,当加热晶体到熔点温度时,晶体开始熔化,即长程有序开始解体,石英的熔点是 1470 ℃,硅单晶的熔点是 1420 ℃。非晶体因为没有长程有序,因此没有固定的熔点,从固态到软化再到熔化发生在一个较宽的温度范围内。最重要的半导体的性质依赖于基体材料的晶体结构,这主要是因为电子具有较短的波长,使之对样品中的原子的周期性规则排列非常敏感。而对非晶体材料,如玻璃,光波有比电子更长的波长,其周期一般都大于原子规则排列的周期,使得光波不受这种周期原子排列的影响。

原子呈周期性排列的固体为晶体,晶体既具有平移对称性又具有旋转对称性,而原子呈无序排列的固体为非晶体,非晶体既不具有平移对称性又不具有旋转对称性,一个自然的问题是是否存在介于两者之间的固体? 1984 年底,谢赫特曼(Shechtman)等人在对急冷凝固的 Al-Mn 合金进行电子显微镜分析时发现了一种"反常"现象,即急冷凝固的 Al-Mn 合金中的原子采用一种不重复、无周期性但对称有序的方式排列,形成一种具有 5 度旋转对称性的凸多面体规则外形结构。这一发现在晶体学及相关的学术界曾经引起了很大的震动,因为按照当时人们普遍认同的观点,晶体既具有平移对称性又具有旋转对称性,而不可能存在具有谢赫特曼发现的那种原子排列方式的晶体。另外一方面,相对于非晶体中的原子无序排列方式,谢赫特曼发现的那种原子排列方式是按对称有序的方式排列的,虽然不具有平移对称性,但具有 5 度旋转对称性。随后在其他一些固体中也陆续发现具有 5 度旋转对称轴,甚至观察到 6 度以上,如 7 度、8 度等的旋转对称性。由于缺少平移对称性,那些具有旋转对称性的固体,其对称性低于既有平移对称性又有旋转对称性的晶体,但高于既无平移对称性又无旋转对称性的非晶体。为了区别起见,人们将这种无平移对称性但有旋转对称性的固体称为准晶体。准晶体的发现,是 20 世纪 80 年代晶体学研究中的一次重大突破。谢赫特曼也因发现准晶体而一人独享了 2011 年诺贝尔化学奖。

从对称性角度,我们可以将晶体、准晶体和非晶体明显加以区别。晶体既具有平移对称性又具有旋转对称性,准晶体只具有旋转对称性而不具有平移对称性,非晶体既不具有平移对称性又不具有旋转对称性。

2.1.4　原子球堆积模型

早在 19 世纪前,人们根据晶体具有规则几何外形的事实就已提出了晶体生长的理想模型,即认为晶体生长过程如同建筑物的构建,将完全相同的砖块按照一定规则一块块堆砌,不同形状的砖块按不同的方式堆砌,可形成具有不同规则外形的建筑物。模型虽然简单,但抓住了晶体最本质的特征,即晶体由完全相同的砖块(基本结构单元)按一定规则(周期性)排列而成。由于受当时条件的限制,将这种基本结构单元理解为建筑物中所用的砖块,明显同实际的物质结构相抵触。

众所周知,物质是由大量原子凝聚在一起而构成的,而每个原子是一个直径为 $\sim 10^{-8}$ cm 量级的球,因此,一个合理且被普遍接受的模型,姑且将其称为原子球堆积模型,更适合用来描述晶体的形成。在原子球堆积模型中,原子被看作是一个个刚性小球,而每个基本结构单元则是由若干个原子球按照一定的规则堆积而成的,整个晶体则可看成是由这样的基本结构单元在三维空间方向上按一定规则周期有序排列而成的。很明显,不同的堆积方式会得到不同结构形式的基本结构单元,不同的基本结构单元沿不同方向按不同周期而周期性重复排列则会形成具有不同结构形式的晶体,图 2.6 给出了几种基于原子球排列形成的几种典型晶体结构示意图。

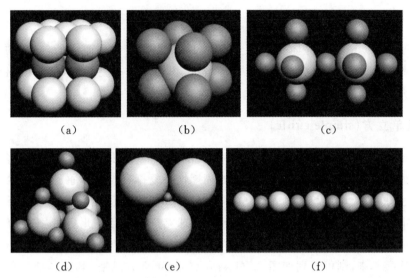

图 2.6　基于原子球排列形成的几种典型晶体结构示意图:(a) 六角密积型;(b)CsCl 型;(c)NaCl 型;(d) 正四面体型;(e) 层状型;(f) 链状型

　　根据原子球堆积模型,晶体是原子球按不同规则排列而成的。从能量最低原理角度,要求构成晶体的原子球尽可能紧密地排列在一起。为了反映原子球排列的紧密程度,通常引入一个量,即配位数,它表示的是一个原子球周围与之相切的最近邻原子球数,配位数越高,则晶体中原子球排列越紧密。如果晶体由完全相同的原子球构成,则一个原子周围最多有 12 个最近邻原子,即最高配位数为 12,对应的结构有面心立方结构和六角密堆积(或称六角密积)两种,余下的配位数依次为 8、6、4、3 和 2,分别对应体心立方结构、简单立方结构、正四面体结构、平面正三角形结构和一维链状结构。

　　如果晶体由两种或两种以上不同的原子组成,由于不同原子的原子球大小不同,不可能形成配位数为 12 的密堆积结构,在这种情况下,配位数小于 12。例如,CsCl 型结构的离子晶体,每一个正离子周围最近邻的是 8 个负离子,又如,NaCl 型结构的离子晶体,每一个正离子周围最近邻的是 6 个负离子。

2.2　典型的晶体结构

　　从微观来看,组成晶体的原子在空间呈周期重复排列。不同晶体具有不同的原子排列形式,因此有不同的晶体结构。为了描述晶体结构的几何特征,通过假想的连线(实际上就是第 1 章所讲的原子间结合的键),可以把构成晶体的各相邻原子的中心位置连接起来,由此可构成格架式空间结构,这种用来描述原子在晶体中排列的几何空间格架称为晶体格子,简称晶格。由于晶体中原子周期重复排列,因此,在和每种晶体结构相对应的晶格中,都能找到一个完全能够描述晶格结构特征的基本格子,这个基本格子代表的就是构成晶体结构的基本结构单元,整个晶格可看成是基本格子沿空间三个非共面的方向周期重复排列形成的。

2.2.1　单原子晶体

单原子(monatomic)晶体是由完全相同的原子周期性排列而成的,典型的单原子晶体结构有简单立方、体心立方、面心立方、六角密积和金刚石型结构,这些结构构造及其基本格子介绍如下。

1. 简单立方(simple cubic)

对简单立方结构(简称"简立方结构")的晶体,其构建可以看成是,首先将原子球在一个平面内按图 2.7(a) 所示的正方形方式周期性重复排列成一个原子层,每个正方形边的相邻原子球相切,再用相同的排列方式形成一系列原子层,然后将这些原子层沿垂直于层面方向叠起来,相邻原子层的上、下各原子球完全对应且彼此相切,按这样的原子排列方式形成的晶体就是所谓的具有简单立方结构的晶体。如果用连线把各相邻原子的中心位置连接起来,则可得到如图 2.7(b) 所示的简单立方晶格,其基本结构单元是一个立方体,原子仅位于立方体的顶角,且每个立方体边上的相邻原子球相切。具有简单立方结构的晶体可以看成是简单立方体在沿立方体相邻三个边方向上周期性重复排列而成的。通常用如图 2.7(c) 所示的简立方格子来描述简单立方晶格的结构特征,之所以称其为简立方格子,是因为除立方体顶角位置有原子外,立方体其他位置没有原子。从图 2.7(b) 很明显可以看到,具有简单立方晶格的晶体的配位数是 6,即每个原子周围有 6 个最近邻的原子。

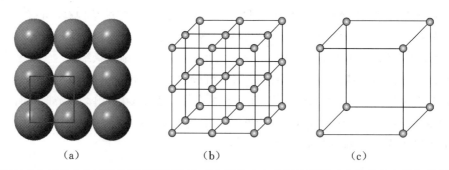

(a)　　　　　　　　(b)　　　　　　　　(c)

图 2.7　(a) 简单立方晶体的平面原子排列,(b) 简单立方晶格示意图,(c) 简单立方格子示意图

在由同种原子构成的晶体中,只有 Po 原子在低温下可形成简单立方结构。除此之外,没有实际晶体具有简单立方晶格的结构。虽然如此,一些更复杂的晶体结构往往是由简单立方结构演变而来的,例如,若在立方体体心处放上原子,则形成体心立方结构的晶体,又如在立方体六个面的面心处放上原子,则形成面心立方结构的晶体。

2. 体心立方(body-centered cubic, bcc)

对具有体心立方结构的晶体,其构建可以看成是,首先将原子球在一个平面内按类似于图 2.7(a) 所示的正方形方式周期性重复排列成一个原子层,与简单立方晶体不同的是,原子层平面内正方形边上相邻原子球不是相切的,而是有一个间隙 Δ,这样形成的原子层记为 A 原子层。用相同的排列方式形成另一原子层,记为 B 原子层。然后将 B 原子层放置在 A 原子层上面,在放置过程中,B 原子层的每个原子球并不在 A 原子层的相应原子的正上方,而是位于 A 层正方形四个原子球上方的间隙里,且 B 层的每个原子球和下面的 A 层的四个原子球相切,形成如图 2.8(a) 所示的 A、B 双原子层。再将这些原子层按 ABABAB… 次序沿垂直于原子层方向叠起来,即形成所谓的具有体心立方结构的晶体。如果用连线把各相邻原子的中心位置连接起来,则可得到与体心立方结构晶体相对应的体心立方晶格。通常用图 2.8(b) 所示的体心立方格子来描述体心立方晶格的结构特征,之所以称其为体心立方格子,是因为除了立方体顶角位置有原子外,还有一个原子位于立方体的体心位置,整个体心立方晶格是由体心立方格子在空间三个方向上周期重复排列构成的。从图 2.8(b) 可以很明显看到,具有体心立方晶格的晶体的配位数是 8,即每个原子周围有 8 个最近邻的原子。

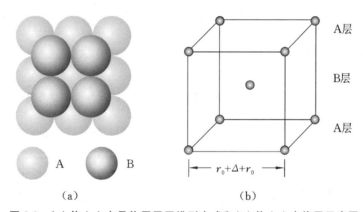

图 2.8 (a) 体心立方晶体原子层排列方式和(b) 体心立方格子示意图

体心立方结构可以看成是在简立方结构的基础上演变而来的。如图 2.7(c) 所示,简立方格子中原子位于立方体的顶角位置,在此基础上,若在立方体体心位置再放一个原子,就变成了如图 2.8(b) 所示的体心立方格子。在体心立方结构中,立方边上的原子球不相切,彼此间有一个小的间隙 Δ,但体对角线上的原子球彼此相切,以保证原子尽可能紧密地结合在一起。假设原子球半径为 r_0,由于体对角线上的原子球彼此相切,因此,立方体的体对角线长度应当为 $4r_0$,而立方体边长为 $(2r_0 + \Delta)$,利用立方体体对角线长度的平方等于立方体三个立方边边长平方之和,由此得到,立方边上两个原子球间的间隙 $\Delta = 0.31r_0$。

由于立方对称性,体心立方结构的晶体在沿立方格子三个边方向上的周期同为 a,a 为立方格子的边长,是表征体心立方结构的晶格常数(也称"晶格参数")。

3. 面心立方(face-centered cubic,fcc)

对具有面心立方结构的晶体,其构建可以看成是,首先将原子球按图 2.9(a) 所示的排列方式平铺在一个平面上以形成一密排面,其中任意一个球与最近邻的六个球相切,每三个相切的球的中心构成一个等边三角形,且每个球的周围有六个空隙,这样排列构成的原子层记为 A 原子层。采用相同排列构成另外两原子层,分别记为 B 和 C 原子层。然后将 B 层的球放在 A 层上相间的 3 个间隙里,将 C 层的球放在 B 层上相间的 3 个间隙里,但 C 层的球不是位于 A 层的球的顶上,而是位于 B 层的其他三个没有被 A 层原子占据的三个间隙上面,如图 2.9(b) 所示,形成一组 ABC 结构。最后将一系列 A、B、C 原子层按ABCABCABC… 次序沿垂直于原子层方向叠起来,就形成了具有面心立方结构的晶体。面心立方属于一种密堆积结构,每一个原子球在同一层内和六个最近邻原子球相切,又和相邻上下层三个最近邻原子球相切,因此,每个球周围最近邻原子数是 12,即配位数为 12。

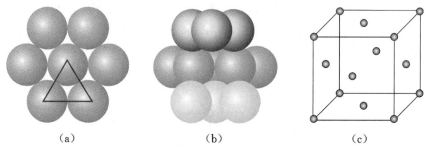

(a)　　　　　　　　　(b)　　　　　　　　　(c)

图 2.9 (a) 面心立方晶体的密排原子层、(b) 结构单元和(c) 面心立方格子示意图

如果用连线把各相邻原子的中心位置连接起来,则可得到与面心立方结构的晶体相对应的面心立方晶格。通常用图 2.9(c) 所示的面心立方格子来描述面心立方晶格的结构特征,之所以称其为面心立方格子,是因为除了立方体顶角位置有原子外,立方体的面心位置还有原子占据,整个面心立方晶格则是由面心立方格子在空间三个方向上周期重复排列而构成的。

为便于记住面心立方结构中原子的分布特征,我们可以将面心立方结构看成是在简单立方结构的基础上演变而来的。简单立方结构中,仅仅立方体的顶角位置上有原子,而对于面心立方结构,除立方体顶角位置上有原子外,立方体六个面的面心位置均有原子,且立方体面对角线上的原子球是彼此相切的。

由于立方对称性,面心立方结构的晶体在沿立方格子三个边方向上的周期同为 a,a 为立方格子的边长,是表征面心立方结构的晶格常数。在面心立方结构中,立方边上的原子球不相切,彼此间有一个小的间隙 Δ,但面对角线上的原子球彼此相切,以保证原子紧密地结合在一起。假设原子球半径为 r_0,由于面对角线上的原子球彼此相切,因此,立方体的面对角线长度应当为 $4r_0$,而立方体边长为$(2r_0+\Delta)$,利用立方体面对角线长度的平方等于立方体两个立方边边长平方之和可得,立方边上两个原子球间的间隙 $\Delta = 0.828r_0$。

4. 六角密积（hexagonal closed-packed，hcp）

对具有六角密积（或称"六角密堆积"）结构的晶体，其构建可以看成是，首先将原子球按图 2.9(a) 所示的排列方式平铺在平面上形成一个密排面，记为 A 原子层。在图 2.9(a) 中，将中心原子周围六个最近邻原子的中心连接可构成边长为 a 的正六边形，a 为任意两个相切的原子球的中心间的距离。若通过中心原子向其周围相间的两个最近邻原子引两个矢量 $\vec{a}$ 和 $\vec{b}$，这两个矢量长度同为 a，彼此成 $120°$ 夹角，则原子球密排形成的 A 原子层也可以看成是以中心原子为中心、以其周围六个最近邻原子为顶点的正六边形沿 $\vec{a}$ 和 $\vec{b}$ 两个方向周期重复排列而成的。采用相同的排列方式可形成另一原子层，记为 B 原子层，由此可得到一系列 A、B 原子层。然后将第二层（即 B 层）的球放在第一层（即 A 层）上相间的 3 个空隙里，将第三层（即 A 层）的球放在第二层上相间的 3 个空隙里，与面心立方晶格不同的是，第三层的球正好位于第一层的球的顶上，与第一层平行吻合，如图 2.10(a) 所示，每两层为一组，按 ABABAB… 次序沿垂直于原子层方向叠起来，就形成了具有六角密积结构的晶体。如果用连线把各相邻原子的中心位置连接起来，则可得到与六角密积结构的晶体相对应的六角密积晶格。通常用图 2.10(b) 所示的六角密积格子来描述六角密积晶格的结构特征，整个六角密积晶格则是由六角密积格子在沿密排面两个互成 $120°$ 夹角方向（即 $\vec{a}$ 和 $\vec{b}$ 方向）和沿垂直于密排面方向（通常标记为 $\vec{c}$ 方向）周期重复排列构成的。$\vec{c}$ 方向的周期 c 为两个相间的密排面间的距离，$\vec{a}$ 和 $\vec{b}$ 方向的周期同为 a，因此，六角密积结构的晶体可由两个晶格常数 a 和 c 确定。

在六角密积结构中，位于六角密积格子内部的每个原子和上、下密排面的三个最近邻原子彼此相切，根据这一事实，可以证明，表征六角密积结构晶体的两个晶格常数彼此间满足 $\dfrac{c}{a} = \sqrt{\dfrac{8}{3}} \approx 1.633$ 的关系。如果 $\dfrac{c}{a} > 1.633$，则相应的晶体为六角结构，但不是六角密积结构，在这种情况下，沿垂直于密排面方向，密排面之间呈现松散结合的特征。

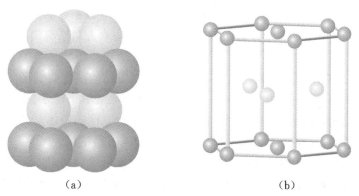

（a）　　　　　　　　　　　　　　（b）

图 2.10　(a) 六角密积结构晶体的原子排列方式和 (b) 六角密积格子示意图

5. 金刚石型结构

金刚石型结构（简称"金刚石结构"）原本指的是由碳原子先通过 sp^3 等性杂化再通过共价结合形成的一种特殊结构,其形成过程在第 1.10 节中已作过描述,后来发现,Si、Ge 等重要的半导体材料具有和金刚石相同的结构,因此,由同种原子组成的金刚石型结构是一类重要的晶体结构。

金刚石型结构具有立方对称性,其周期性重复单元为如图 2.11(a) 所示的立方体,立方体内共有 8 个原子,其中 4 个原子分别位于立方体顶角和立方体面心处,另外 4 个原子分别位于立方体内四条体对角线离立方体顶点 1/4 距离的位置处。金刚石型结构可以从两个角度来描述,一是从成键角度,另一是从对称性角度。

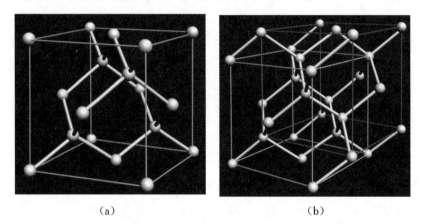

(a)　　　　　　　　　　　　　　(b)

图 2.11　(a) 金刚石型结构的重复结构单元和 (b) 两套面心立方格子的套构示意图

从成键角度,如在第 1.10 节所讨论的,如果把立方体顶点原子的中心和与其相邻的三个面心原子的中心用连线连接,则这四个原子正好构成一个正四面体,而空间对角线离顶点 1/4 位置处的原子正好位于正四面体的中心,这样一个正四面体结构的形成是每个原子先通过 sp^3 等性杂化再通过共价结合的结果。金刚石型结构的立方格子是由四个正四面体格子按图 1.14(a) 所示的形式互相连接构成的。

从对称性角度,金刚石型结构具有立方对称性,立方体顶点和面心的原子组成一套面心立方格子,位于体对角线的原子组成另外一套面心立方格子,整个金刚石型结构的晶格由沿体对角线相互位移 1/4 对角线长度的两个面心立方晶格套构而成,如图 2.11(b) 所示。

为便于记忆,金刚石型结构也可以看成是由简立方结构演变得到的。简单立方结构仅仅在立方体顶角有原子,在此基础上,若在立方体面心处放上原子,则简单立方结构演变成面心立方结构,若再在面心立方结构的基础上在立方体四条体对角线离顶点 1/4 位置处放上四个原子,就演变成了图 2.11(a) 所示的金刚石型结构。

从正四面体构型可以看到,位于正四面体中心的原子球只与正四面体四个顶点处的原子球相切,意味着金刚石型结构的晶体中,每个原子周围只有 4 个最近邻原子,即配位数为 4,这个配位数远小于面心立方和六角密积结构的配位数 12,甚至比体心立方结构的配位数 8 也要小得多,说明金刚石型结构的晶体中,原子排列的紧密程度远小于其他结构的晶体的,但金刚石型结构中对角线 1/4 处的原子同顶点或面心原子间的键长只有空间对角线长度的 1/4,说明原子间的结合非常牢固,因此,金刚石型结构是一个非常稳定的结构。

　　表 2.1 给出了低温下单原子晶体的晶体结构,可以看到,在实际的由同种原子构成的晶体中,多数晶体是按最紧密方式堆积的,其中,低温下能形成具有面心立方密堆积结构的晶体有 29 个,具有六角密积结构的晶体有 29 个,两者的配位数均为 12,低温下能形成具有体心立方结构的晶体有 16 个,体心立方结构中每个原子周围有 8 个近邻原子,该结构仍然有较高的配位数。

表 2.1　低温下单原子晶体的晶体结构

元　素	结 构 类 型	晶格参数 /nm
Po	简单立方	—
Ba	体心立方	$a = 0.502$
Cr		$a = 0.288$
Cs		$a = 0.605$
Eu		$a = 0.461$
Fe		$a = 0.287$
K		$a = 0.523$
Li		$a = 0.350$
Mo		$a = 0.315$
Na		$a = 0.429$
Nb		$a = 0.330$
Rb		$a = 0.559$
Tl		$a = 0.388$
U		$a = 0.347$
V		$a = 0.302$
W		$a = 0.316$
Xe		$a = 0.620$
Ac	面心立方	$a = 0.531$
Ag		$a = 0.409$
Al		$a = 0.405$
Am		$a = 0.489$
Ar		$a = 0.526$
Ce		$a = 0.516$

元　　素	结 构 类 型	晶格参数 /nm
Au		$a = 0.408$
Co		$a = 0.355$
Ca		$a = 0.558$
Cr		$a = 0.368$
Cu		$a = 0.361$
Fe		$a = 0.359$
Ir		$a = 0.384$
Kr		$a = 0.572$
La		$a = 0.530$
Mo		$a = 0.416$
Ne		$a = 0.443$
Ni	面心立方	$a = 0.352$
Pb		$a = 0.495$
Pd		$a = 0.389$
Pr		$a = 0.516$
Pt		$a = 0.392$
Rh		$a = 0.380$
Sc		$a = 0.454$
Sr		$a = 0.608$
Th		$a = 0.508$
Tl		$a = 0.484$
Xe		$a = 0.620$
Yb		$a = 0.549$
Be		$a = 0.229, c = 0.358$
Cd		$a = 0.298, c = 0.562$
Ce		$a = 0.365, c = 0.596$
Co	六角密积	$a = 0.251, c = 0.407$
Cr		$a = 0.272, c = 0.443$
Dy		$a = 0.359, c = 0.565$
Er		$a = 0.355, c = 0.559$
Gd		$a = 0.356, c = 0.580$

元　　素	结 构 类 型	晶格参数 /nm
He		$a = 0.357, c = 0.583$
Hf		$a = 0.320, c = 0.506$
Ho		$a = 0.358, c = 0.562$
La		$a = 0.375, c = 0.607$
Lu		$a = 0.350, c = 0.555$
Mg		$a = 0.321, c = 0.521$
Nd		$a = 0.366, c = 0.590$
Ni		$a = 0.265, c = 0.433$
Os		$a = 0.274, c = 0.432$
Pr		$a = 0.367, c = 0.592$
Re	六角密积	$a = 0.276, c = 0.446$
Ru		$a = 0.270, c = 0.428$
Sc		$a = 0.331, c = 0.527$
Se		$a = 0.436, c = 0.493$
Tb		$a = 0.360, c = 0.569$
Ti		$a = 0.295, c = 0.469$
Tl		$a = 0.346, c = 0.553$
Tm		$a = 0.354, c = 0.555$
Y		$a = 0.365, c = 0.573$
Zn		$a = 0.266, c = 0.495$
Zr		$a = 0.323, c = 0.515$
C		$a = 0.357$
Ge	金刚石型结构	$a = 0.566$
Si		$a = 0.543$
Sn		$a = 0.649$

数据来源：R.W.G. Wyckoff. Structure of crystals[M]. New York：Interscience Publishers.

2.2.2　化合物晶体

化合物晶体指的是由两种或两种以上不同原子按一定规则周期性重复排列而成的晶体。化合物晶体的典型结构有 NaCl 型、CsCl 型、氟化钙型、闪锌矿型、钙钛矿型结构等，在实际的由多原子构成的晶体中，晶体结构更为复杂，但这些复杂的结构往往是由以上几种典型结构演变而来的，现就以上五种典型结构的基本结构单元作简单介绍。

1. NaCl 型结构

NaCl 型结构晶体是两种电负性相差较大的原子按图 2.6(c) 所示的形式结合而成的一种离子晶体,每个原子周围的最近邻是 6 个异性原子,次近邻为 12 个同性原子。两种原子各自形成如图 2.12 所示的面心立方晶格,整个 NaCl 型结构的晶格可看成是两套面心立方晶格相互位移套构形成的。表 2.2 列出了一些典型的具有 NaCl 型结构的晶体及其晶格参数 a。

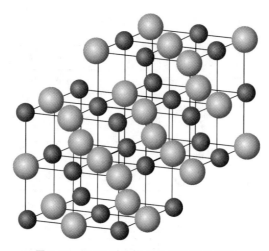

图 2.12　NaCl 型结构中原子排列示意图

表 2.2　NaCl 型结构晶体及其晶格常数

晶　　体	a/nm	晶　　体	a/nm	晶　　体	a/nm
AgBr	0.577	KI	0.707	RbCl	0.658
AgCl	0.555	LiBr	0.550	RbF	0.564
AgF	0.492	LiCl	0.513	RbI	0.734
BaO	0.552	LiF	0.402	SnAs	0.568
BaS	0.639	LiH	0.409	SnTe	0.631
BaSe	0.660	LiI	0.600	SrO	0.516
BaTe	0.699	MgO	0.421	SrS	0.602
CaS	0.569	MgS	0.520	SrTe	0.647
CaSe	0.591	NaBr	0.597	TiC	0.432
CaTe	0.635	NaCl	0.564	TiN	0.424
CdO	0.470	NaF	0.462	TiO	0.424
CrN	0.414	NaI	0.647	VC	0.418
CsF	0.601	NiO	0.417	VN	0.413

续表

晶　　体	a/nm	晶　　体	a/nm	晶　　体	a/nm
FeO	0.431	PbS	0.593	ZrC	0.468
KBr	0.660	PbSe	0.612	ZrN	0.461
KCl	0.630	PbTe	0.645		
KF	0.535	RbBr	0.685		

数据来源：R.W.G. Wyckoff. Structure of crystals[M]. New York：Interscience Publishers.

2. CsCl 型结构

　　CsCl 型结构晶体是两种电负性相差较大的原子按图 2.6(b) 所示的形式结合而形成的另一种类型的离子晶体，每个原子周围的最近邻是 8 个异性原子，次近邻为 6 个同性原子。两种原子各自形成如图 2.13 所示的简单立方晶格，整个 CsCl 型结构的晶格可看成是两套简单立方晶格相互位移套构而成的。表 2.3 列出了一些典型的具有 CsCl 型结构的晶体及其晶格参数 a。

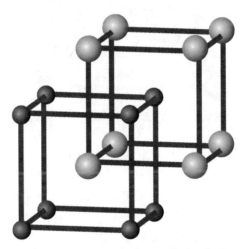

图 2.13　CsCl 型结构中原子排列示意图

表 2.3　CsCl 型结构晶体及其晶格常数

晶　　体	a/nm	晶　　体	a/nm	晶　　体	a/nm
AgCd	0.333	CsCl	0.412	TiCl	0.383
AgMg	0.328	CuPd	0.299	TlI	0.420
AgZn	0.316	CuZn	0.295	TlSb	0.384
CsBr	0.429	NiAl	0.288		

数据来源：R.W.G. Wyckoff. Structure of crystals[M]. New York：Interscience Publishers.

3.氟化钙型结构

氟化钙型结构也称萤石型结构,是指以 CaF_2 为代表的一类 AB_2 型化合物的晶体结构,具有立方对称性,其立方格子如图 2.14 所示。四个 A 原子分别占据立方体顶角和立方体面心,形成一套面心立方格子。由于立方体内空间很大,以至于允许 8 个 B 原子占据在立方体内,这 8 个 B 原子位于立方体内四条体对角线上,每条体对角线上有 2 个 B 原子,分别位于体对角线离两端顶点原子 1/4 距离的位置处,形成一套简单立方格子。因此,氟化钙型结构的格子是一个内嵌有简单立方格子的面心立方格子的复式格子。

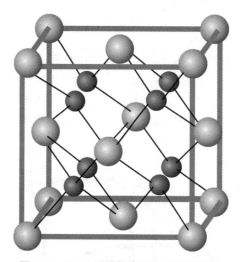

图 2.14　CaF_2 型结构中原子排列示意图

如果把立方体的每个顶点和相邻三个立方面上的四个 A 原子的中心用线段连接,则形成一个正四面体,B 原子正好位于正四面体的中心,整个立方体内总共有八个这样的正四面体,因此,氟化钙型结构的立方格子也可以看成是八个正四面体格子相互连接构成的。每个 B 原子周围有四个 A 原子,而每个 A 原子周围有八个 B 原子。表 2.4 列出了一些典型的具有氟化钙型结构的晶体及其晶格参数 a。

表 2.4　CaF_2 型结构晶体及其晶格常数

晶　　体	a/nm	晶　　体	a/nm	晶　　体	a/nm
BaF_2	0.62	$CoSi_2$	0.536	Mg_2Si	0.639
CaF_2	0.546	HfO_2	0.512	Mg_2Sn	0.677
CdF_2	0.539	Li_2O	0.462	Na_2S	0.653
CeO_2	0.541	Li_2S	0.571	$SrCl_2$	0.698
CmO_2	0.537	Mg_2Pb	0.684	UO_2	0.547

数据来源:R.W.G. Wyckoff. Structure of crystals[M]. New York:Interscience Publishers.

4. 闪锌矿型结构

闪锌矿(zinc blende)型结构也称立方硫化锌结构,是指以 ZnS 为代表的一类 AB 型化合物的晶体结构。闪锌矿型结构具有立方对称性,其立方格子如图 2.15(a) 所示。四个 A 原子分别占据在立方体顶角和立方体面心处,形成一套面心立方格子。由 A 原子组成的面心立方格子,其内部空间很大,以至于在其内部可以放四个 B 原子,这四个 B 原子分别位于立方体内四条体对角线离顶点 1/4 距离处。这种结构和金刚石结构类似,不同的是,在立方体顶角和面心处的原子与体内原子分别属于 A 和 B 两种不同的原子。同样的,和 A 原子一样,B 原子也可以形成一套由 B 原子组成的面心立方格子。整个闪锌矿型结构的晶格可看成是由沿体对角线相互位移 1/4 对角线长度的两个面心立方晶格套构而成的,如图 2.15(b) 所示。

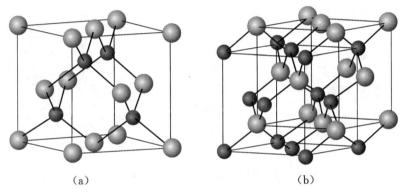

（a）　　　　　　　　　　　（b）

图 2.15　(a) 闪锌矿型结构的立方格子和(b) 两面心立方的套构示意图

如果把顶点和相邻三个立方面的面心原子的中心用线段连接,则构成一个以 A 原子为顶点原子的正四面体,B 原子正好位于正四面体的中心。立方体内有 4 个这样的正四面体,因此,闪锌矿型结构的立方格子也可以看成是由四个正四面体格子相互连接构成的。每个原子周围有 4 个最近邻的异类原子,12 个次近邻的同类原子。表 2.5 列出了一些典型的具有闪锌矿型结构的晶体及其晶格参数 a。

表 2.5　闪锌矿型结构晶体及其晶格常数

晶　　体	a/nm	晶　　体	a/nm	晶　　体	a/nm
AgI	0.647	CdTe	0.648	HgSe	0.608
AlAs	0.562	CuBr	0.569	HgTe	0.643
AlP	0.545	CuCl	0.541	InAs	0.604
AlSb	0.613	CuI	0.604	InP	0.587
BeS	0.485	GaAs	0.563	InSb	0.648
BeSe	0.507	GaP	0.545	SiC	0.435
BeTe	0.554	GaSb	0.612	ZnS	0.541

晶　　　体	a/nm	晶　　　体	a/nm	晶　　　体	a/nm
CdS	0.582	HgS	0.585	ZnTe	0.609

数据来源：R.W.G. Wyckoff. Structure of crystals[M]. New York：Interscience Publishers.

5. 钙钛矿型结构

钙钛矿原本指的是分子式为 $CaTiO_3$ 的钛酸钙化合物，作为一类陶瓷氧化物，它最早发现存在于矿石中，并根据地质学家的名字 Perovskite 命名为钙钛矿（perovskite）。现在所讲的钙钛矿型结构，是指以 $CaTiO_3$ 为代表的一类 ABO_3 型钙钛矿型晶体结构。最早发现的 $CaTiO_3$ 的晶体结构具有立方对称性，其立方格子如图 2.16(a) 所示，Ca 原子位于立方体顶角上，Ti 原子位于立方体体心处，三个氧原子位于立方体六个面的面心处。

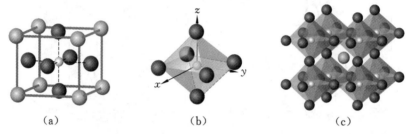

图 2.16　(a) 钙钛矿型结构的立方格子、(b) 氧八面体和(c) 氧八面体周期性排列示意图

随着众多具有钙钛矿型结构的材料被发现，人们更喜欢从另一角度来理解钙钛矿型结构的特征，即：如果将图 2.16(a) 所示的三个相邻立方面的面心氧原子的中心用线段连起来，则形成一个等边三角形面，立方格子中共有八个这样的三角形面，围成一个如图 2.16(b) 所示的八面体，通常称之为氧八面体，整个结构又可看成是氧八面体的周期性重复排列，如图 2.16(c) 所示，其中，Ti 位于氧八面体的中心，而 Ca 则在八个氧八面体的间隙里。表 2.6 列出了一些典型的具有钙钛矿型结构的晶体及其晶格参数 a。

表 2.6　钙钛矿型结构晶体及其晶格常数

晶　　　体	a/nm	晶　　　体	a/nm	晶　　　体	a/nm
$BaTiO_3$	0.401	$CsHgCl_3$	0.544	$LaAlO_3$	0.378
$CaSnO_3$	0.392	$CsIO_3$	0.466	$LaGaO_3$	0.388
$CaTiO_3$	0.384	KIO_3	0.441	$RbIO_3$	0.452
$CaZnO_3$	0.402	$KMgF_3$	0.397	$SrZrO_3$	0.410
$CsCdBr_3$	0.533	$KNiF_3$	0.401	$SrTiO_3$	0.391
$CsHgBr_3$	0.577	$KZnF_3$	0.405	$YAlO_3$	0.368

数据来源：R.W.G. Wyckoff. Structure of crystals[M]. New York：Interscience Publishers.

对 ABO_3 型钙钛矿,欲形成稳定的钙钛矿型结构,要求不同原子的离子尺寸满足下列关系:

$$\frac{1}{\sqrt{2}} \frac{\langle r_A \rangle + \langle r_O \rangle}{\langle r_B \rangle + \langle r_O \rangle} = 1 \qquad (2.1)$$

式中,$\langle r_A \rangle$、$\langle r_B \rangle$ 和 $\langle r_O \rangle$ 分别为 A、B 和 O 原子的平均离子半径。然而事实上,从大量已知的具有钙钛矿型结构的化合物中可以看到,式(2.1)不需要严格满足,允许不同原子的离子半径稍有变化,但要求这些变化不超过一个系数 t,称为容忍系数。容忍系数和离子平均尺寸之间的关系可表示为

$$\frac{1}{\sqrt{2}} \frac{\langle r_A \rangle + \langle r_O \rangle}{\langle r_B \rangle + \langle r_O \rangle} = t \qquad (2.2)$$

经验表明,只要 t 在 0.8 到 1 之间,均可形成稳定的钙钛矿型结构。

2.3　空 间 点 阵

晶体的微观结构包括两方面内容:一是,晶体由什么原子组成?另一是,这些原子在空间的排列方式如何?结晶学着重研究第二个问题。理论和实验表明:组成晶体的原子在空间内是周期性规则排列的,或称为长程有序。为描述晶体内部结构的长程有序,19世纪人们引入"空间点阵"概念,在此基础上发展了布喇菲(Bravais)空间点阵学说。空间点阵学说反映了晶体内在结构长程有序的特征,其正确性为后来的 X 射线衍射实验所证实。在此之后,空间群理论又充实了空间点阵学说,空间点阵学说和空间群理论的结合形成了关于晶体几何结构的完备理论。本节仅就空间点阵学说中的一些基本概念和含义加以阐述和说明。

1. 基元

基元,顾名思义,是构成晶体的基本结构单元。整个晶体结构可以看成是基元沿空间三个非共面方向各按一定的周期重复排布而成的,不同方向上的周期一般不同。晶体可以由一种原子组成,也可以由多种原子组成。对同一种原子组成的单原子晶体,其基元中只含有一个原子,而对多种原子组成的多原子晶体,其基元为数种原子通过特定结合方式结合成的原子群。例如,对图 2.17 所示的多原子晶体,其基元为数种原子组成的原子群;又如,图2.4(a)所示的 Be_2O_3 晶体,其基元为由 Be 和 O 原子组成的正六边形环。空间点阵学说概括

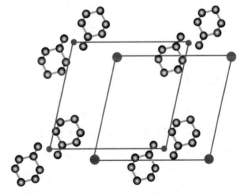

图 2.17　多原子晶体原子平面排布示意图及基元(多原子组成的原子群)、格点和结点周期性排布示意图

了晶体结构的周期性,意味着晶体中所有的基元是等同的,任意两个基元中相应原子几何位置等价且周围环境相同。

2. 格点

格点(lattice point)原本是一个数学名词,指的是直角坐标系中各个坐标轴上投影分量均为整数的点。对由同一种原子组成的晶体而言,由于构成晶体的各个原子在空间三个非共面方向上呈周期性分布,因此,若选择这三个方向作为坐标轴,则每个原子平衡位置所在的几何点在三个坐标轴上的投影分量必为整数,由于这个原因,故将晶体中与原子平衡位置对应的几何点称为格点。对由两种或两种以上原子组成的晶体,每个基元为两种或两种以上原子构成的原子群,由于基元在空间三个非共面方向上周期性分布,与每个基元重心对应的几何点在三个坐标轴上的投影分量也必为整数,因此,多原子晶体的格点可以认为是基元重心平衡位置的几何点。将格点在空间不同方向作周期性排列分布,则可得到和晶体几何结构特征完全相同的几何图形。

3. 结点

格点在空间不同方向作周期性排列分布形成和晶体几何结构特征完全相同的几何图形。同样,如果在晶体中选择任意一个点子,则它在空间作和格点相同的周期性重复排布,也可以得到和晶体几何结构特征完全相同但无任何物理实质的几何图形。例如,对图 2.17 所示的多原子晶体,基元重心所在的几何点在平面内作周期性排布,可形成具有平行四边形几何结构特征的几何图形,如果在一基元旁边选择任意一个点子,如图中的最大点子,将它作和基元重心相同周期的周期性排布,则同样也可以得到反映平行四边形几何结构特征的几何图形。这里所说的点子,在空间点阵学说中称为结点,是一种数学上的抽象,描述的是空间点阵中任意一个几何点。如果晶体是由完全相同的一种原子组成的,则结点既可以是原子平衡位置的几何点(格点),也可以是原子周围任意位置的一个点子,不过习惯上将原子平衡位置的几何点选择为结点,即将格点选择为结点。若晶体由数种原子组成,这数种原子构成基元,在这种情况下,结点既可以是基元重心的几何点,也可以是基元附近的任意一个点子,不过习惯上将基元重心几何点选择为结点。

4. 点阵与晶格

结点在空间周期性排布的总体称为空间点阵,或者说,空间点阵是由结点在空间周期性重复排布构成的。如果用假想的线将点阵中的结点连接起来,如图 2.18(a) 所示,则形成具有明显规律性的空间格架,这样,点阵就成为网格。如果网格中的结点代表的是原子平衡位置的几何点,即格点,则形成的网格,如图 2.18(b) 所示,反映的是晶体中的原子周期性排布的特征,这种反映晶体中原子周期性排布的网格称为晶体格子,简称晶格。对多原子晶体可作同样的讨论,只是在多原子的情况下,放置于格点上的粒子不是单个原子,而是由若干个原子组成的原子群(基元)。

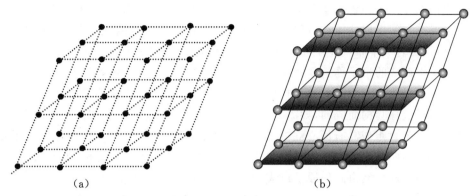

图 2.18 （a）基于结点的周期性排布形成的网格和（b）基于格点的周期性排布形成的晶格

空间点阵是一种数学上的抽象,反映的是构成点阵的阵点在空间周期性排布的几何特征,不具有任何实质性的物理内容。只有把基元放置于点阵的阵点位置上,才能形成具有特定晶体结构的晶体。可见,空间点阵和晶体结构之间有密切的联系,但它们又是两个不同的概念,不能混淆。两者间的关系可概括为

点阵 ＋ 基元 ＝ 晶体结构

例如,假设一个二维晶体是两种原子按二维斜方特征周期性排布构成的,其格子为二维斜方格子,基元为 2 个原子,如图 2.19（a）所示,则将两原子结合就可以得到如图 2.19（b）所示的具有二维斜方结构的二原子晶体。

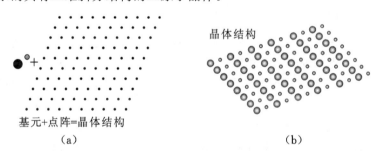

图 2.19　二维斜方晶体的（a）点阵和基元,以及（b）晶体结构示意图

5. 布喇菲格子和复式格子

对由完全相同的一种原子周期性排布形成的单原子晶体,格点为原子平衡位置所在的几何点,这些格点在空间作周期性排布形成的格子称为布喇菲格子,也称简单格子。布喇菲格子是晶格的一种抽象描述,反映的是晶格中的格点周期性排布的几何特征,其中,布喇菲格子中的所有格点都是几何位置等价、周围环境相同的几何点。

由多种原子组成的晶体是由基元周期性重复排布构成的,其中,每个基元是由若干个原子通过特定的结合方式结合成的原子群。由于基元中含有若干个原子且基元周期性排布,对一个基元中的某一种原子,在其他基元中都有一个与该原子几何位置等价、周围环境相同的原子,与这种几何位置等价、周围环境相同的原子对应的格点,在空间周期性排布成一套属于这种原子的布喇菲格子,称为子晶格。对基元中的另一种原子,在其

他基元中也都有一个与该原子几何位置等价、周围环境相同的原子,同样,和这种原子相对应的格点在空间周期性排布,可构成另一套布喇菲子晶格。因此,由多原子组成的晶体,其晶格是由若干个布喇菲子晶格相互位移套构而成的,这种由若干个布喇菲子晶格相互位移套构而成的格子称为复式布喇菲格子,简称复式格子。例如 NaCl 晶体,Na 和 Cl 两种原子各自组成具有面心立方结构的布喇菲格子,整个 NaCl 晶格可看成是两套面心立方格子相互位移套构而成的,如图 2.12 所示。又如具有闪锌矿型结构的 ZnS 晶体,Zn 和 S 两种原子各自组成具有面心立方结构的布喇菲格子,整个 ZnS 晶体可以看成是由沿对角线相互位移四分之一对角线长度的两个面心立方结构套构而成的,如图 2.15(b) 所示。金刚石型结构虽然由同种原子组成,但立方体顶角和面心原子同立方体体内原子的共价键取向不同,因此,金刚石型结构的晶格属于复式格子而不是简单格子。

2.4　晶体的平移对称性及其描述

晶体是原子周期性排布而成的。不同的晶体有不同的原子周期性排布方式,因此会形成具有不同结构特征的晶体。为了描述晶体结构的几何特征,将构成晶体的原子抽象成格点,格点是原子平衡位置在空间上的几何点,格点在空间周期性排布形成晶格。晶体的特点是其晶格具有周期性,而这种晶格周期性可以通过格点或原胞的平移对称操作得以描述。

2.4.1　晶格周期性与平移对称性

考虑空间任意一方向,由于晶格具有周期性,该方向上的格点必呈周期性排列,周期为该方向上相邻格点间的间隔。这种周期性可以通过格点的平移对称操作进行描述,即从所考虑的方向上任意一个格点开始,通过周期性平移,必能在该方向上找到和该格点几何位置等价、周围环境相同的格点,或者说,若将格点在该方向上进行周期性重复排布,则在该方向上必能形成和晶体在该方向上相同的晶格。这里所讲的周期性平移或周期性重复排布的操作称为平移对称操作,相应的对称性称为平移对称性。在三个非共面方向上分别通过不同周期的平移对称操作,可以得到整个晶格,意味着格点在空间周期性排布形成的晶格完全反映了晶体的平移对称性,我们既可以说,晶体的特点是晶体具有晶格周期性,也可以说,晶体的特点是晶体具有平移对称性,两种说法是完全等价的。

上面所讲的晶格平移对称性和通常讲的空间平移对称性不同。通常所讲的空间平移对称性是指,若一个量具有空间平移对称性,则这个量不依赖于空间坐标原点的选择,将整个空间平移任意一个位置矢量,这个量的大小和性质保持不变。但对晶格来说,晶格并不对任意的空间平移保持不变,而只在从一个格点位置平移到另一格点位置的情况下才能保证晶格的不变性,因此,晶格的平移对称性是一种破缺的平移对称性。如后面所看到的,正是因为晶格的破缺平移对称性,晶体才只有 1、2、3、4 和 6 度旋转对称性,而不具有 5 度或 6 度以上的旋转对称性,更为重要的是,固体能带理论正是基于晶格的破缺平移对称性而建立的。

若选取晶格中任意一个格点作为顶点,则在通过顶点三个非共面方向上总能找到三个离顶点相隔一个或几个周期的格点,基于这三个非共面的格点和顶点处的格点,可以构建一个平行六面体。若以这样的平行六面体作为重复单元,将其沿平行六面体的三个边矢量方向以三个边矢量长度为周期进行周期性平移对称操作,则能不重叠地填满整个晶格且不留下任何空隙,意味着周期性分布的格点构成的晶格可以通过重复单元的平移对称操作得到,这样的重复单元称为原胞(cell)。很明显,对一个晶体,只要确定了原胞,原胞的边矢量也就随之确定,则通过原胞沿三个边矢量方向的平移对称操作,就可以得到与该晶体相对应的晶格,意味着晶格周期性可以通过原胞的选取及原胞的平移对称操作得以描述。

2.4.2　固体物理学原胞

如上所述,晶格是格点按不同的周期在三个非共面方向上周期性排布而成的,因此,可以取晶格中任意一格点为顶点,将顶点处的格点和顶点之外的三个非共面格点所形成的平行六面体作为重复单元,可以概括晶体所具有的晶格周期性。如果仅仅是为了反映晶格周期性,则选择晶格中体积最小的平行六面体作为重复单元。既然是体积最小的重复单元,则一个重复单元中只有一个格点,这种反映晶格周期性的最小重复单元称为固体物理学原胞,也叫初级原胞(primitive cell),简称原胞。

固体物理学原胞的选取原则是,以晶格中任意一个格点作为顶点,然后基于顶点处的格点和顶点之外的三个非共面方向上三个离顶点最近的格点形成平行六面体,如图 2.20 所示。这样形成的平行六面体看上去有 8 个格点,分别位于平行六面体的 8 个顶角位置,但每个顶角处的格点只有 1/8 属于这个平行六面体,因此,所选择的平行六面体实际上只有一个格点。由于所选择的平行六面体只有一个格点,因此,它是晶格中体积最小的重复单元,故可作为反映晶格周期性的固体物理学原胞。

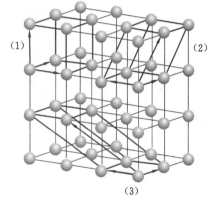

图 2.20　三维布喇菲格子及相应原胞和基矢的选取

固体物理学原胞有两大特点,一是原胞内没有格点,唯一的一个格点位于原胞的顶角位置;另一是,由于原胞是由顶点处格点和三个非共面方向上离顶点最近的三个格点构成的,而三个非共面方向有多种选择,因此,固体物理学原胞的选择不是唯一的。例如,在图 2.20 所示的三维布喇菲格子中,(1)、(2) 和(3)所代表的平行六面体均可作为三维布喇菲格子的原胞,每个原胞看上去不同,但每个原胞都只含有一个格点,因此这些原胞体积相等且均为体积最小的平行六面体。原则上只要是最小的重复单元都可以作为固体物理学原胞,但实际上,如后面所看到的,每种晶体结构都已有习惯的固体物理学原胞选取方式。

一旦原胞确定,则原胞的边矢量 $\vec{a}_1$、$\vec{a}_2$ 和 $\vec{a}_3$ 也随之确定。$\vec{a}_1$、$\vec{a}_2$ 和 $\vec{a}_3$ 这三个边矢量

就是基于固体物理学原胞而选择为基矢的三个矢量,三个矢量的长度 a_1、a_2 和 a_3 分别表示三个基矢方向上的周期。固体物理学原胞(即体积最小的平行六面体)的体积可表示为

$$\Omega = \vec{a}_1 \cdot (\vec{a}_2 \times \vec{a}_3) \tag{2.3}$$

由于每一原胞中只含有一个原子,因此,式(2.3)所表示的原胞体积实际上就是晶体中一个原子所占的体积。当原胞确定后,通过将原胞沿 $\vec{a}_1$、$\vec{a}_2$ 和 $\vec{a}_3$ 三个基矢方向分别按周期 a_1、a_2 和 a_3 进行连续周期性排布,就能不重叠地填满整个晶格且不留下任何空隙,意味着周期性分布的格点构成的晶格可以通过具有最小体积的平行六面体作为原胞进行平移对称操作得到。

对格点周期性排布形成如图 2.21 所示的二维布喇菲点阵,固体物理学原胞的选取原则是,以任意一个格点作为顶点,自顶点开始沿两个非共线方向找到离顶点处格点最近的两个格点,这两个离顶点最近的格点同顶点处的格点一起可构成一个平行四边形,这样形成的平行四边形虽然在四个顶角位置上有格点,但每个顶角上的格点只有 1/4 属于这个平行四边形,因此,所选择的平行四边形实际上只有一个格点,这种只含有一个格点且格点只位于顶角的平行四边形就是二维布喇菲格子的固体物理学原胞。按照这一原则,在图 2.21 所示的二维布喇菲点阵中,(1) 和 (2) 均可以作为二维布喇菲格子的固体物理学原胞,同样可以看到,原胞的选取并不是唯一的。虽然 (1) 和 (2) 所示的原胞形状不同,但两个原胞均只含有一个格点,因此具有相等的最小面积。一旦确定了原胞,则原胞的两个边矢量 $\vec{a}_1$ 和 $\vec{a}_2$ 也随之确定。$\vec{a}_1$ 和 $\vec{a}_2$ 这两个边矢量就是二维布喇菲格子基于固体物理学原胞的选择而作为基矢的两个矢量,两个矢量的长度 a_1 和 a_2 分别表示两个基矢方向上的周期。二维布喇菲格子的固体物理学原胞(即面积最小的平行四边形)的面积可表示为 $|\vec{a}_1 \times \vec{a}_2|$。将原胞按周期 a_1 和 a_2 分别沿基矢 $\vec{a}_1$ 和 $\vec{a}_2$ 方向作连续周期性排布,则必能不重叠地填满整个二维晶格而不留任何空隙,意味着周期性分布的格点构成的二维晶格可以通过由四个顶角格点构成的面积最小的平行四边形作为原胞进行平移对称操作得到。

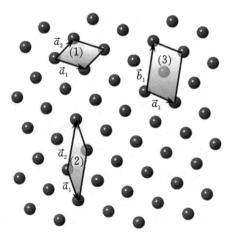

图 2.21　二维布喇菲点阵的原胞和基矢的选取

在图 2.21 中,若选择(3) 所代表的平行四边形作为重复单元,虽然沿(3) 所示的平行四边形两个边矢量方向作周期性重复排列也能填满整个二维晶格而无空隙,但它不是固体物理学原胞,因为这个四边形中包含两个格点,故其不是最小的重复单元。

一维布喇菲点阵是格点沿一个方向周期性排布而成的,如图 2.22(a) 所示,周期为相邻格点间的距离 a。其固体物理学原胞的习惯选取方法是,以任意一个格点为端点,以矢量 $\vec{a}$ 连接离端点处格点最近的一个格点,形成如图2.22(b) 所示的重复单元,此即为一维布喇菲格点阵的原胞,而基矢可表示为 $\vec{a}=a\vec{e}_1$,其中,$\vec{e}_1$ 是格点周期性排布方向上的单位矢量。看上去原胞中似乎有两个格点,但事实上基矢两端的格点每个只有 1/2 属于这个原胞。

(a)　　　　　　　　　　　　　　　(b)

图 2.22　(a) 一维布喇菲格子及(b) 相应原胞和基矢的选取

2.4.3　结晶学原胞

除了具有晶格周期性特点外,每种晶体还有其自身特殊的对称性。例如,对具有简单立方、体心立方和面心立方结构的晶体,除了具有晶格周期性特点外,这三种结构的晶体都具有立方对称性。如果选择仅含有一个格点的平行六面体作为重复单元,即选择原胞作为固体物理学原胞,则往往只反映了晶格的周期性,而没有顾及每种晶体自身特殊的对称性。为了既能反映晶格周期性又能顾及晶体自身特殊的对称性,结晶学中常常将固体物理学原胞进行扩大,以得到更大体积的重复单元。很明显,对于扩大了的重复单元,格点不仅仅只位于重复单元的顶角,还位于重复单元的其他位置,如体心、面心等位置处也可能有格点。对这样选择的重复单元,同样地,若将其沿空间三个非共面方向作连续周期性排布,也可不重叠地填满整个晶格而不留任何空隙,从而也可以反映晶格的周期性。这种既能反映晶格周期性又能反映晶体自身特殊对称性的原胞称为结晶学原胞,简称晶胞。更为准确的说法是,固体物理学原胞是只反映晶格周期性的最小体积的重复单元,而晶胞是既能反映晶格周期性又能反映晶体自身特殊对称性的最小体积的重复单元。

同一空间点阵可因选取方式不同而得到不同的晶胞,意味着晶胞的选取不是唯一的,但一般来说,晶胞要求选取最能反映空间点阵对称性的最小体积单元,为了满足最能反映空间点阵对称性的要求,晶胞的选取应遵从三个原则,一是,选取的平行六面体应反映出点阵的最高对称性;二是,平行六面体内的棱和角相等的数目应最多;三是,当平行六面体的棱边夹角存在直角时,直角数目应最多。一般情况下,晶胞都是平行六面体,整块晶体可以看成是无数晶胞无隙并置而成的,这里的无隙指的是相邻晶胞之间没有任何间隙,而并置指的是所有晶胞都是取向相同的平行排列。晶胞的边在晶轴方向,晶胞的边长等于该方向上的一个周期,代表晶胞三个边的矢量称为晶胞的基矢,通常用 $\vec{a}$、$\vec{b}$ 和 $\vec{c}$ 表示,以区别于固体物理学原胞中的三个基矢 $\vec{a}_1$、$\vec{a}_2$ 和 $\vec{a}_3$,晶胞的体积可表示为

$$\Omega_c = \vec{a} \cdot (\vec{b} \times \vec{c}) \tag{2.4}$$

原则上,只要是反映晶格周期性的最小体积的重复单元均可以作为固体物理学原胞,而只要是既能反映晶格周期性又能反映晶体自身特殊对称性的最小体积的重复单元均可以作为晶胞。但实际上,每种晶体结构都已有习惯的固体物理学原胞和晶胞的选取方式。这里以具有立方对称性的晶体为例来介绍晶胞和基矢的选取方法,并阐述其和固体物理学原胞和基矢的选取方法的不同。

对简单立方结构的晶体,其基本结构单元是如图 2.23(a) 所示的立方体,立方体中只有顶角上有原子而其他位置没有原子。在这种情况下,边长为 a 的简单立方格子本身就是体积最小的重复单元,同时,它又反映了立方对称性,因此,对简单立方结构的晶体,无论是固体物理学原胞还是结晶学原胞,均将边长为 a 的简单立方格子作为它们的原胞。原胞的体积均为 a^3,由于一个原胞中只有一个原子,故原胞的体积就是晶体中一个原子所占的体积,因此,在晶格常数为 a 的简单立方结构晶体中,一个原子所占的体积为 a^3。

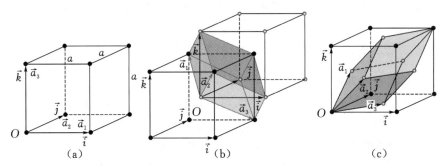

图 2.23　立方晶体的原胞和晶胞:(a) 简单立方、(b) 体心立方和(c) 面心立方

对体心立方结构的晶体,其基本结构单元也是一个边长为 a 的立方体,但在该立方体中,除了立方体顶角上有原子外,立方体体心处还有一个原子,如图 2.23(b) 所示。对体心立方晶体,固体物理学原胞的习惯选取方法是,以立方体体心原子为顶点,向立方体最近的三个顶点原子引三个矢量,由此得到如图 2.23(b) 所示的平行六面体,这就是针对体心立方晶体而习惯选取的固体物理学原胞,其中,只有一个位于平行六面体顶角的格点。在如图 2.23(b) 所示的直角坐标系中,和体心立方晶体固体物理学原胞相对应的三个基矢为

$$\begin{cases} \vec{a}_1 = \dfrac{a}{2}(-\vec{i} + \vec{j} + \vec{k}) \\[2mm] \vec{a}_2 = \dfrac{a}{2}(\vec{i} - \vec{j} + \vec{k}) \\[2mm] \vec{a}_3 = \dfrac{a}{2}(\vec{i} + \vec{j} - \vec{k}) \end{cases}$$

式中,$\vec{i}$、$\vec{j}$ 和 $\vec{k}$ 是直角坐标系中三个坐标轴方向的单位矢量。

相应原胞的体积为

$$\Omega = \vec{a}_1 \cdot (\vec{a}_2 \times \vec{a}_3) = \frac{1}{2}a^3$$

由于固体物理学原胞中只有一个原子,由原胞的体积可知,在晶格常数为 a 的体心立方结构晶体中,一个原子所占的体积为 $\frac{1}{2}a^3$。为了既能反映体心立方晶体的晶格周期性,又能反映体心立方晶体的立方对称性,根据晶胞选取的三原则,可以选取边长为 a 的立方体作为体心立方晶格的晶胞,其中含有两个格点,一个在立方体顶角处,另一个在立方体体心处。在如图 2.23(b) 所示的直角坐标系中,和体心立方晶体晶胞相对应的三个基矢为

$$\begin{cases} \vec{a} = a\vec{i} \\ \vec{b} = a\vec{j} \\ \vec{c} = a\vec{k} \end{cases}$$

相应晶胞的体积为

$$\Omega_c = \vec{a} \cdot (\vec{b} \times \vec{c}) = a^3$$

可见,晶胞体积正好是固体物理学原胞体积的两倍,这是因为晶胞中含有两个原子,其中一个原子在原点处,另一个原子在体心处,根据原点格点和体心格点在以晶胞基矢为坐标轴的直角坐标系中三个基矢方向上的投影分量,原点和体心原子的位置可分别表示为 $(0,0,0)$ 和 $\left(\frac{1}{2},\frac{1}{2},\frac{1}{2}\right)$。

对面心立方结构的晶体,其基本结构单元也是一个边长为 a 的立方体,但在该立方体中,除了立方体顶角上有原子外,立方体六个面的面心处还有六个原子,如图 2.23(c) 所示。注意到六个面面心处的六个原子每个只有 1/2 属于这个立方体,因此,实际只有三个面心原子。对面心立方结构的晶体,其固体物理学原胞的习惯选取方法是,以立方体顶角原子为顶点,向最靠近顶点的三个面心原子引三个矢量,由此得到的如图2.23(c) 所示的平行六面体,就是面心立方晶体习惯选取的固体物理学原胞,其中,只有一个位于平行六面体顶角的格点。在如图 2.23(c) 所示的直角坐标系中,和面心立方结构晶体固体物理学原胞相对应的三个基矢为

$$\begin{cases} \vec{a}_1 = \dfrac{a}{2}(\vec{j} + \vec{k}) \\ \vec{a}_2 = \dfrac{a}{2}(\vec{i} + \vec{k}) \\ \vec{a}_3 = \dfrac{a}{2}(\vec{i} + \vec{j}) \end{cases}$$

相应原胞的体积为

$$\Omega = \vec{a}_1 \cdot (\vec{a}_2 \times \vec{a}_3) = \frac{1}{4}a^3$$

由于一个原胞中只有一个原子,因此,在晶格常数为 a 的面心立方结构晶体中一个原子所占的体积为 $\frac{1}{4}a^3$。为了既能反映晶格的周期性又能反映面心立方晶体的立方对称性,根据晶胞选取的三原则,同样可以选取立方体作为面心立方晶体的晶胞,在如图2.23(c) 所示的直角坐标系中,和面心立方晶体晶胞相对应的三个基矢为

$$\begin{cases} \vec{a} = a\vec{i} \\ \vec{b} = a\vec{j} \\ \vec{c} = a\vec{k} \end{cases}$$

相应晶胞的体积为

$$\Omega_c = \vec{a} \cdot (\vec{b} \times \vec{c}) = a^3$$

可见,面心立方结构晶体的晶胞体积正好是其固体物理学原胞体积的 4 倍,这是因为晶胞中含有四个原子,其中一个原子在顶点处,另三个原子分别在立方体三个面心的位置,它们的位置由相应格点在以晶胞基矢为坐标轴的直角坐标系中三个基矢方向上的投影分量确定,可分别表示为 $(0,0,0)$、$\left(0,\frac{1}{2},\frac{1}{2}\right)$、$\left(\frac{1}{2},0,\frac{1}{2}\right)$ 和 $\left(\frac{1}{2},\frac{1}{2},0\right)$。

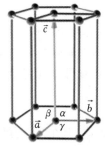

晶胞一般都是基于平行四边形和平行六面体选取的,但有些晶体由于具有特殊对称性,有时也会不按平行四边形和平行六面体来选取晶胞。最为典型的是如图 2.24 所示的六角结构的晶体,其晶胞为正六面柱体,基矢 $\vec{a}$ 和 $\vec{b}$ 分别为密排面上由中心格点指向正六边形边的两个相间格点,彼此互成 120° 夹角,且长度(周期)相等,即 $|\vec{a}| = |\vec{b}| = a$,而第三个基矢 $\vec{c}$ 垂直于密排面。对六角结构晶体,固体物理学原胞基矢习惯的选取方法和晶胞的相同,即 $\vec{a}_1 = \vec{a}$、$\vec{a}_2 = \vec{b}$ 和 $\vec{a}_3 = \vec{c}$,但原胞是由 $\vec{a}_1$、$\vec{a}_2$ 和 $\vec{a}_3$ 三个基础构成的正四面柱体。

图 2.24　六角结构晶体的晶胞示意图

2.4.4　W-S 原胞

固体物理学和结晶学原胞有共同的特点,即原胞是基于平行六面体构建的且顶角上有格点。威格纳(Wigner)- 赛茨(Seitz)原胞,简称 W-S 原胞,是反映晶格周期性的另一种类型的原胞。同固体物理学原胞和晶胞不同的是,对三维晶体,W-S 原胞一般情况下不是一个平行六面体而是一个多面体,且格点占据在原胞的中心而不是在多面体的顶角位置。下面简单介绍一些典型晶体的 W-S 原胞的构造。

对如图 2.25 所示的二维正方点阵,以其中任意一个格点为原点,原点周围共有 4 个近邻格点,作原点与这 4 个近邻格点连接的中垂线,这四条中垂线围成一个以原点原子为中心的正方形,如图 2.25 中阴影部分所示,这样一个正方形就是二维正方晶体关于一个格点的 W-S 原胞。对任意的二维晶体,由于两个方向上的周期不同,原点与周围两个不同方向上近邻格点连接的中垂线围成一个以原点为中心的平行四边形,再考虑原点与两个不同方向上次近邻格点连接的中垂线,这些次近邻中垂线将被近邻中垂线形成的平行四边形的角截掉,由此得到一个以原点原子为中心的截角平行四边形,这样一

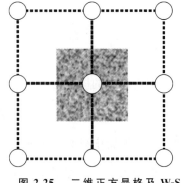

图 2.25　二维正方晶格及 W-S 原胞示意图

个截角平行四边形就是一般情况下的二维晶体关于一个格点的 W-S 原胞。

　　对于三维晶格,仅以体心立方晶格和面心立方晶格为例,就 W-S 原胞的构建进行介绍。对于具有体心立方结构的晶体,其体心立方格子如图 2.26 所示,若以体心格点为原点,则原点周围有 8 个近邻格点和 6 个次近邻格点。先作原点与 8 个近邻格点连接的中垂面,这些中垂面围成一个以原点原子为中心的正八面体,再作体心格点与 6 个次近邻格点连接的中垂面,这 6 个次近邻中垂面正好把正八面体的六个顶角截掉,形成一个以体心格点为中心的截角八面体,如图 2.26 所示,这样一个截角八面体就是体心立方晶格关于体心格点的 W-S 原胞。

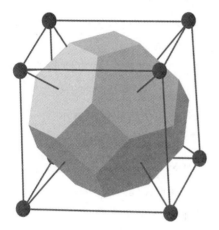 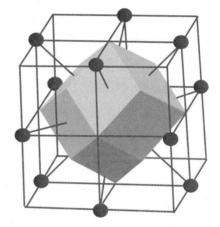

图 2.26　体心立方晶格及其 W-S 原胞示意图　　图 2.27　面心立方晶格及其 W-S 原胞的示意图

　　对于面心立方点阵,以任意一个格点为原点,则原点周围有 12 个近邻格点,作原点与这 12 个近邻格点连接的中垂面,这 12 个中垂面围成一个以原点原子为中心的正十二面体,由于原点与次近邻格点的中垂面在正十二面体之外,不会出现正十二面体被截角的情况,因此,近邻格点的中垂面围成的以原点格点为中心的正十二面体,如图 2.27 所示,就是面心立方晶格关于一个格点的 W-S 原胞。

　　将 W-S 原胞沿原胞中心格点到各个格点连线方向作周期性平移对称操作,同样可以不重叠地填满整个晶格而不留任何空隙,因此,W-S 原胞如同固体物理学原胞和晶胞一样,可以反映晶格周期性,同时,由于每个 W-S 原胞只含有一个格点,因此,W-S 原胞和固体物理学原胞一样,也是面积或体积最小的重复单元。W-S 原胞中唯一的一个原子位于原胞的中心,这在固体物理学理论研究中非常重要,例如,基于原胞法和缀加平面波法的固体能带计算均是以 W-S 原胞为基础的,又如,格波理论和固体能带理论中涉及的简约布里渊区正是倒格子空间的 W-S 原胞,等等。

2.4.5　格矢

　　晶格是由格点周期性排布构成的,因此,如果能确定所有格点在晶格空间中的位置,则相应的晶格也就能随之确定。在几何空间中,空间中任意一几何点既可以用坐标系原点至该点间的矢量表示,也可以用该点在三个坐标轴上的投影分量表示。同样的描述也适合于对晶格中的格点位置的描述,不同的是,由于晶格的破缺平移对称性,格点在所选定的坐标系中各坐标轴上的投影分量是一些离散的值。

原胞是反映晶格周期性的重复单元。对于一个给定的晶体,一旦确定了其原胞,则该原胞的三个边矢量也随之确定,以这三个边矢量作为基矢,可以构建适于描述这种晶体的晶格周期性特征的晶格空间坐标系。在晶格空间中,任意两个格点间的位移矢量称为格矢量,简称格矢。对于选定的坐标系,若取某一个格点为坐标系的原点,则晶格中的其他格点可以通过原点处的格点和该格点间的格矢表示。在前面提到的三种原胞中,不同的原胞有不同的特点,其中,固体物理学原胞中格点在顶角,晶胞中除了顶角有格点外,在其他位置处可能还有格点,W-S原胞中,格点在原胞的中心,从原胞的特点角度,通常基于固体物理学原胞的选取来描述格点在晶格中的位置。

在固体物理学原胞的框架上,三个基矢分别为 $\vec{a}_1$、$\vec{a}_2$ 和 $\vec{a}_3$,对应原胞的三个边矢量。如果选取晶格中任一格点作为原点,则在以 $\vec{a}_1$、$\vec{a}_2$ 和 $\vec{a}_3$ 为基矢的坐标系中,任意格点 A 的位置矢量可由原点至格点 A 的格矢 $\overrightarrow{OA}$ 表示,而这个格矢可以表示为

$$\overrightarrow{OA} = \vec{R}_l = l_1\vec{a}_1 + l_2\vec{a}_2 + l_3\vec{a}_3 \tag{2.5}$$

式中,l_1、l_2 和 l_3 分别是格矢 $\overrightarrow{OA}$ 在以 $\vec{a}_1$、$\vec{a}_2$ 和 $\vec{a}_3$ 为基矢的坐标系中三个坐标轴上的投影分量。由于固体物理学原胞的格点只在原胞的顶点上,故式(2.5)中的 $l_i(i=1,2,3)$ 必为 0 或任意正、负整数。例如,对图 2.28 所示的二维和三维布喇菲格子,格点 A 的位置可由格矢分别表示为 $\vec{R}_A = 2\vec{a}_1 + 3\vec{a}_2$ 和 $\vec{R}_A = 3\vec{a}_1 + \vec{a}_2 + \vec{a}_3$。

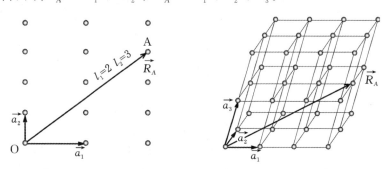

图 2.28 二维和三维布喇菲格子中格点位置的表示示意图

上面讨论的是布喇菲格子的情况,对复式格子可作同样的讨论,只不过在复式格子的情况下,任一格点 A 的位置用格矢可表示为

$$\overrightarrow{OA} = \vec{\tau}_\alpha + l_1\vec{a}_1 + l_2\vec{a}_2 + l_3\vec{a}_3 \quad (\alpha = 1,2,3) \tag{2.6}$$

式中,$\vec{\tau}_\alpha$ 是原胞中各等价原子之间的相对位移矢量。例如,在图 2.15(a)所示的闪锌矿型结构中,立方体顶点和面心处原子的位置矢量可表示为 $\vec{R}_l = l_1\vec{a}_1 + l_2\vec{a}_2 + l_3\vec{a}_3$,而对角线上的原子的位置矢量可表示为 $\vec{R}_l = \vec{\tau} + l_1\vec{a}_1 + l_2\vec{a}_2 + l_3\vec{a}_3$,其中,$\vec{\tau}$ 为沿空间对角线方向离顶点 1/4 对角线长度的位移矢量,$l_i(i=1,2,3)$ 为 0 或任意正、负整数。

根据上面的分析和讨论,可以看到,格矢 $l_1\vec{a}_1+l_2\vec{a}_2+l_3\vec{a}_3$ 可被用来表示任何一个格点的位置,由于 $l_i(i=1,2,3)$ 可以取 0 或任意正、负整数,一组 (l_1,l_2,l_3) 的取值可以囊括所有的格点而无遗漏。由于这一原因,布喇菲格子又可认为是由格矢 $l_1\vec{a}_1+l_2\vec{a}_2+l_3\vec{a}_3$ 确定的空间格子。

上面是基于固体物理学原胞的选取来描述晶格中格点的周期性分布的,同样,也可以基于晶胞的选取来描述晶格中格点的周期性分布,在后一情况下,晶格中的任一格点 A 相对于原点的格矢可表示为 $\vec{R}_A=m'\vec{a}+n'\vec{b}+p'\vec{c}$,其中,$m'$、$n'$ 和 p' 分别为矢量 $\overrightarrow{OA}$ 在 $\vec{a}$、$\vec{b}$ 和 $\vec{c}$ 三个基矢方向上的投影分量,其取值必为 0 或任意正、负数,但不一定是正、负整数,这是因为晶胞中在顶角外的其他位置处可能还有格点。

2.4.6　晶体物理性质的平移对称性

一旦确定了所有格点在晶格空间中的位置,则相应的晶格也就随之确定。由于晶格中的格点是按 $\vec{R}_l=l_1\vec{a}_1+l_2\vec{a}_2+l_3\vec{a}_3$ 的形式在空间作周期性排布的,因此,选取不同形式的 $\vec{a}_1$、$\vec{a}_2$ 和 $\vec{a}_3$,就会有不同的晶格结构形式,而将原子或基元置于格点位置上,就会有不同结构的晶体。例如,若选取 $\vec{a}_1=\dfrac{a}{2}(\vec{j}+\vec{k})$、$\vec{a}_2=\dfrac{a}{2}(\vec{k}+\vec{i})$ 和 $\vec{a}_3=\dfrac{a}{2}(\vec{i}+\vec{k})$ 作为基矢,将原子在空间按 $\vec{R}_l=l_1\vec{a}_1+l_2\vec{a}_2+l_3\vec{a}_3$ 形式进行周期性排布,就可形成晶格常数为 a 的面心立方结构的单原子晶体。

晶体中原子或基元的周期性排布,使得晶体的物理性质具有周期性。如果用 Γ 表示晶体的某一物理量,如电荷密度、电子势、介电常数等,则晶体物理量的周期性用数学表述形式可表示为

$$\Gamma(\vec{r})=\Gamma(\vec{r}+\vec{R}_l) \tag{2.7}$$

上式表明,晶体中任一点 $\vec{r}$ 处的物理量和与 $\vec{r}$ 相差一个格矢 $\vec{R}_l$ 处的物理量相同。式(2.7)也表明,进行 $\vec{R}_l$ 的平移对称操作,即从 $\vec{r}$ 平移操作到 $\vec{r}+\vec{R}_l$,不会改变晶体的物理量,说明晶体具有和晶格相同的平移对称性。

上述晶体所具有的平移对称性不同于通常所讲的空间平移对称性。通常地,如果一个与位置有关的物理量 $f(\vec{r})$ 具有空间平移对称性,则有

$$f(\vec{r})=f(\vec{r}+\vec{R}) \tag{2.8}$$

式中,$\vec{R}$ 为空间任意的平移矢量,而对晶体来说,晶体物理性质并不对任意的空间平移保持不变,而只对 $\vec{R}_l=l_1\vec{a}_1+l_2\vec{a}_2+l_3\vec{a}_3$ 的平移才能保证晶体物理性质的不变性。因此,相对于通常所讲的物理量的空间平移对称性,晶体物理性质的平移对称性是破缺的,晶体物理性质的这一破缺平移对称性源于晶体的晶格周期性。

2.5　晶列、晶面及其表示

晶体的宏观性质常常与晶体的方向和暴露在外的多面体外形有关，其反映了晶体内部不同方向（晶列取向）及不同方位的晶面上的原子排列规律的不同，因此，对不同取向的晶列和不同方位的晶面的标识尤为重要。

2.5.1　晶列及其表示

布喇菲格子的特点是每个格点的周围环境相同。在布喇菲格子中，将任意两格点连成一条直线，则该直线上包含无数个周期性分布的相同格点，周期为该直线上相邻格点间的距离，这种由格点周期性分布形成的直线称为晶列。在该晶列之外，通过任何其他格点都有和原来晶列平行的相同晶列，如图 2.29 所示。由于晶格中格点的周期性排布，晶格中存在一系列相互平行、等间隔排布的晶列，这样的相互平行、等间隔排布的一系列晶列称为一晶列族。若将晶列族中任何一条晶列沿垂直于晶列方向按等间隔周期性平移，必能包含所有格点而无遗漏，说明晶体的平移对称性也可以通过晶列的平移操作得以描述。在图 2.29 所示的二维点阵中，示意地画出了四个晶列族。事实上，通过一格点可以有无限多个晶列，其中，每一个晶列都有一族平行的晶列与之对应，所以晶格中存在无限多族相互平行、等间隔排布的晶列。

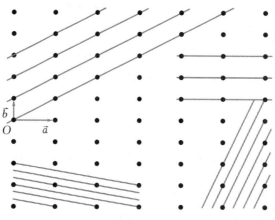

图 2.29　二维布喇菲格子中不同晶列族的示意图

如何来区分不同族的晶列呢？由于每一族中的晶列相互平行且完全等同，一族晶列的共同特点是所有晶列具有相同的取向。晶列的取向简称为晶向，不同的晶列族有不同的晶向，我们因此可以用晶向来表示不同的晶列族。

在直角坐标系中，若知道一个连接坐标系原点与几何点 A 的矢量 $\overrightarrow{OA}$ 在三个基矢方向上的投影，即

$$\overrightarrow{OA} = A_x \vec{i} + A_y \vec{j} + A_z \vec{k}$$

则这个矢量既可以直接用 $\overrightarrow{OA} = A_x \vec{i} + A_y \vec{j} + A_z \vec{k}$ 表示，也可以用这个矢量的末端点在三

个基矢方向上的投影分量 (A_x, A_y, A_z) 表示。同样,对晶格中任一格点 A,它既可以用坐标系原点至该格点的格矢表示,也可以用该格矢末端格点在三个坐标轴方向上的投影分量表示。前面讲过,选取固体物理学原胞的优点在于,它是仅含有一个格点的最小重复单元且格点在原胞的顶角上,因此我们以原胞边矢量 $\vec{a}_1$、$\vec{a}_2$ 和 $\vec{a}_3$ 为基矢来构建晶格空间坐标系。在这个坐标系中,晶格中原点至任一格点 A 的格矢 $\vec{R}_l$ 可表示为

$$\vec{R}_l = l_1 \vec{a}_1 + l_2 \vec{a}_2 + l_3 \vec{a}_3 \tag{2.9}$$

式中,$l_\alpha (\alpha = 1,2,3)$ 为 0 或任意正、负整数。很明显,穿过原点处格点和格点 A 的直线,即晶列 OA,其取向被 $l_\alpha (\alpha = 1,2,3)$ 三个数完全确定。若 $l_\alpha (\alpha = 1,2,3)$ 为互质整数,则可直接用这三个互质整数来表示晶列的方向。这三个互质整数称为晶向指数,习惯上记为 $[l_1, l_2, l_3]$,用晶向指数来表示晶列的取向。若 $l_\alpha (\alpha = 1,2,3)$ 不是互质的,则先要将它们简约为互质整数。若某一指数为负的,则在这一指数上方加一负号表示之。

晶列的取向同样可以基于晶胞而得以描述。在晶胞中,除顶角处有格点外,晶胞的其他地方可能也有格点,因此,在以晶胞边矢量 $\vec{a}$、$\vec{b}$ 和 $\vec{c}$ 为基矢的坐标系中,虽然晶格中原点至任一格点 A 的格矢 $\vec{R}$ 可表示为

$$\vec{R} = m' \vec{a} + n' \vec{b} + p' \vec{c} \tag{2.10}$$

但在各个坐标轴上,投影分量 m'、n'、p' 不一定是正、负整数。为了使这三个数成为一组正、负整数,需要乘上一个公倍数并满足 $m' : n' : p' = m : n : p$,由此得到一组互质整数,记为 $[m, n, p]$,称为晶列指数,同样可以被用来表示晶列的取向。

这里介绍一种求晶向指数的最简单方法。取某一格点 O 为原点,原胞的边矢量 $\vec{a}_1$、$\vec{a}_2$ 和 $\vec{a}_3$ 为基矢,由于每一族晶列中所有的晶列都是相互平行的且包括所有格点,因此,原点上的格点也必然在这族晶列上,在这族晶列中首先找到包含原点的晶列,然后在该晶列上找出离原点最近的格点,该格点的位矢 $\vec{R}_l$ 为 $\vec{R}_l = l_1 \vec{a}_1 + l_2 \vec{a}_2 + l_3 \vec{a}_3$,由此得到的三个整数必为互质整数,这三个互质整数可直接用于表示该晶列的晶向指数。下面给出求解晶向指数的一些实例。

【例 1】 对图 2.30 所示的二维布喇菲格子,求 (1) 和 (2) 所代表的两晶列的晶向指数。

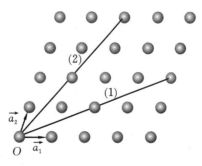

解: 取格点 O 为原点,$\vec{a}_1$ 和 $\vec{a}_2$ 为原胞的基矢,则

(1) 所代表的晶列上离原点最近的格点位矢为 $\vec{R}_l = 2\vec{a}_1 + \vec{a}_2$,故该晶列的晶向指数为 $[2,1]$;

(2) 所代表的晶列上离原点最近的格点位矢为 $\vec{R}_l = \vec{a}_1 + 2\vec{a}_2$,故该晶列的晶向指数为 $[1,2]$。

图 2.30   例 1 图

【例 2】　对图 2.31 所示的三维布喇菲格子,求 OA 晶列的晶向指数。

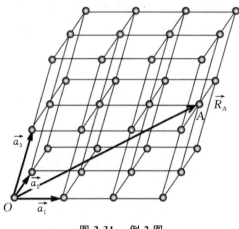

图 2.31　例 2 图

解: 取格点 O 为原点, $\vec{a}_1$、$\vec{a}_2$ 和 $\vec{a}_3$ 为原胞的基矢,则 OA 晶列上离原点最近的格点的位矢为 $\vec{R}_l = 3\vec{a}_1 + \vec{a}_2 + \vec{a}_3$,故该晶列的晶向指数为 $[3,1,1]$。

【例 3】　对图 2.32(a) 所示的简单立方格子,求(1) 立方边 OA、(2) 面对角线 OB 和(3) 体对角线 OC 的晶向指数。

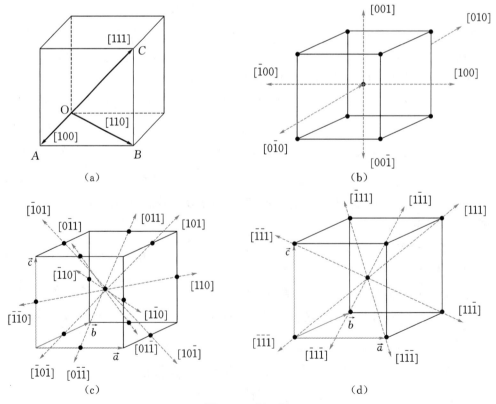

图 2.32　例 3 图

解:对图 2.32(a) 所示的简单立方格子,以顶角格点 O 为原点,三个基矢 $\vec{a}_1$、$\vec{a}_2$ 和 $\vec{a}_3$ 分别为立方体最靠近原点的三个边矢量。

(1) 很明显,格点 A 是 OA 晶列上离原点最近的格点,格矢为 $\vec{R}_l = \vec{a}_1$,因此,立方边 OA 的晶向指数为 $[1,0,0]$。立方边共有 6 个不同的晶向,如图 2.32(b) 所示,分别为 $[1,0,0]$、$[\bar{1},0,0]$、$[0,1,0]$、$[0,\bar{1},0]$、$[0,0,1]$ 和 $[0,0,\bar{1}]$,在这里,为了表示方便,把负号放在数字的上面,即数字上的短画线表示负值。例如,$[1,0,0]$ 在直角坐标系中表示晶向沿 $+x$ 轴方向,而 $[\bar{1},0,0]$ 则表示沿相反方向,即晶向沿 $-x$ 轴方向。由于立方对称性,这六个晶向实际上是等价的,通常用 $\langle 100 \rangle$ 来表示这 6 个等价的立方边的晶向。

(2) 面对角线上的格点 B 明显是 OB 晶列上离原点最近的格点,格矢为 $\vec{R}_l = \vec{a}_1 + \vec{a}_2$,因此,面对角线 OB 的晶向指数为 $[1,1,0]$。立方体面对角线共有 12 个不同的晶向,如图 2.32(c) 所示,分别为 $[1,1,0]$、$[1,\bar{1},0]$、$[\bar{1},1,0]$、$[\bar{1},\bar{1},0]$、$[1,0,1]$、$[\bar{1},0,1]$、$[1,0,\bar{1}]$、$[\bar{1},0,\bar{1}]$、$[0,1,1]$、$[0,1,\bar{1}]$、$[0,\bar{1},1]$ 和 $[0,\bar{1},\bar{1}]$。由于立方对称性,这 12 个晶向实际上是等价的,通常用 $\langle 110 \rangle$ 来表示这 12 个等价的面对角线的晶向。

(3) 体对角线上的格点 C 是 OC 晶列上离原点最近的格点,格矢为 $\vec{R}_l = \vec{a}_1 + \vec{a}_2 + \vec{a}_3$,因此,体对角线 OC 的晶向指数为 $[1,1,1]$。立方体体对角线共有 8 个不同的晶向,如图 2.32(d) 所示,分别为 $[1,1,1]$、$[1,\bar{1},1]$、$[1,1,\bar{1}]$、$[\bar{1},1,1]$、$[1,\bar{1},\bar{1}]$、$[\bar{1},\bar{1},1]$、$[\bar{1},1,\bar{1}]$ 和 $[\bar{1},\bar{1},\bar{1}]$。由于立方对称性,这 8 个晶向实际上是等价的,通常用 $\langle 111 \rangle$ 来表示这 8 个等价的体对角线的晶向。

2.5.2　晶面及其表示

通过晶格中任意三个非共线格点作一平面,会形成一个包含无限多个周期性排布的格点的二维平面网格,通常称为晶面。在一晶面外通过其他格点可以作一系列与该晶面平行且等距离排布的晶面,各晶面上格点的分布情况相同。这些相互平行按等间隔周期性排布形成的一系列晶面称为一族晶面,如图 2.33 左图所示,将这族晶面中任何一个晶面沿垂直于晶面的方向按等间隔的周期平移,必能包括所有格点而无遗漏,说明晶体的平移对称性也可以通过晶面的平移对称操作得以描述。同样,通过布喇菲点阵中另外三个非共线格点可以得到另一个晶面,在该晶面之外通过任意格点可以作相同的晶面与该晶面平行且等间隔,得到另一等间隔平行排布的晶面族,如图 2.33 右图所示。依此类推,晶格中事实上存在无限多族的平行且等间隔排布的晶面。

如何来区分不同族的晶面呢?由于每一族中的晶面互相平行且完全等同,一族晶面的共同特点是所有晶面具有相同的方位,而不同族的晶面方位则不同。因此,可以用晶面的方位来标识不同的晶面。

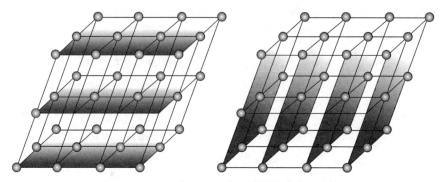

图 2.33　同一格子中两组不同的晶面族示意图

　　在几何空间中,要描写一个平面的方位,常用的方法就是选择一个合适的坐标系,例如直角坐标系,然后在该坐标系中由该平面在三个坐标轴上的截距就可表示该平面的方位。类似地,我们也可以用这种方法来标识一个晶面的方位,只是所选择的坐标系是以原胞的边矢量为基矢的坐标系。

　　对于以固体物理学原胞的三个边矢量 $\vec{a}_1$、$\vec{a}_2$ 和 $\vec{a}_3$ 为基矢的坐标系,考虑某一族晶面,由于同族晶面中晶面相互平行且等间距,假设间距为 d,则一族晶面必包含了所有格点而无遗漏,既然如此,位于三个基矢末端的三个格点必分别落在该族晶面的不同晶面上(特殊情况下可以落在该族晶面的相同晶面上)。假设位于 $\vec{a}_1$ 末端的格点落在该族晶面的某一晶面上,该晶面和原点所在晶面之间的距离必然是该族晶面面间距 d 的整数倍,记为 h_1d,h_1 为整数。同理,位于 $\vec{a}_2$ 和 $\vec{a}_3$ 末端的格点所在的晶面和原点所在晶面之间的距离也必然是该族晶面面间距 d 的整数倍,分别记为 h_2d 和 h_3d,这里的 h_2 和 h_3 均为整数。很明显,最靠近原点的晶面在三个基矢上的截距应分别为 $\dfrac{a_1}{h_1}$、$\dfrac{a_2}{h_2}$ 和 $\dfrac{a_3}{h_3}$。同族其他晶面在三个基矢方向上的截距应当为这组最小截距的整数倍。若用三个基矢方向的周期作为长度单位(自然单位),则 h_1、h_2 和 h_3 三个数的倒数为这组晶面中最靠近原点的晶面在三个基矢方向上的截距。可以证明,h_1、h_2 和 h_3 这三个数是互质的整数,且可用来表示晶面的方位,因此,这三个互质整数称为该晶面族的晶面指数,记为 $(h_1h_2h_3)$。

　　具体求某族晶面的晶面指数的方法是,首先找到该族晶面中任一晶面在以 $\vec{a}_1$、$\vec{a}_2$ 和 $\vec{a}_3$ 为基矢的坐标系中的三个坐标轴上的截距,然后以三个基矢方向的周期作为长度单位来表示三个坐标轴上的截距,再将这三个截距的倒数简约为三个互质的整数,所得到的三个互质整数 h_1、h_2 和 h_3 就是该族晶面的晶面指数。

　　对于以晶胞三个边矢量 $\vec{a}$、$\vec{b}$ 和 $\vec{c}$ 为基矢的坐标系,分析思路和过程同上面类似。首先找到属于某族晶面的任一晶面在以 $\vec{a}$、$\vec{b}$ 和 $\vec{c}$ 为基矢的坐标系中的三个坐标轴上的截距,然后以三个基矢方向的周期作为长度单位来表示这三个截距,再将这三个截距的倒数简约为三个互质的整数,所得到的三个互质整数就是表征该族晶面取向的晶面指数。为区别以固体物理学原胞基矢所确定的晶面指数,习惯上,将以晶胞基矢为坐标轴的坐标系确定的晶面指数称为密勒指数,并记为 (hkl)。在晶体衍射分析中,采用的是以晶胞边矢量 $\vec{a}$、$\vec{b}$ 和 $\vec{c}$ 为基矢的坐标系,因此,表征衍射峰的面指数均为密勒指数,而晶体结构的确定不仅与三个基矢方向的周期 a、b 和 c 有关,还与三个基矢彼此间的夹角 α、β 和 γ 有关。

下面通过一些例题来介绍求解晶面指数或密勒指数的方法。

【例 4】 对如图 2.34 所示的布喇菲点阵,求:

(1) ABC 晶面的晶面指数;

(2) $DEFG$ 晶面的晶面指数。

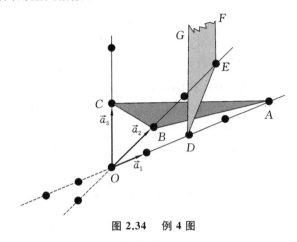

图 2.34   例 4 图

解:图 2.34 所示的坐标系是以 $\vec{a}_1$、$\vec{a}_2$ 和 $\vec{a}_3$ 为基矢的坐标系。

(1) ABC 晶面在三个基矢方向上的截距分别为 $4a_1$、a_2 和 a_3,若以三个基矢方向的周期为长度单位,则这三个截距分别为 4、1 和 1,相应的倒数分别为 $\frac{1}{4}$、1 和 1,将这三个倒数简约为三个互质的整数 1、4 和 4,由此得到 ABC 晶面的晶面指数为(144)。

(2) 晶面 $DEFG$ 在三个基矢方向上的截距分别为 $2a_1$、$3a_2$ 和 ∞,若用三个基矢方向的周期作为长度单位,则这三个截距分别为 2、3 和 ∞,相应的倒数分别为 $\frac{1}{2}$、$\frac{1}{3}$ 和 0,将这三个倒数简约为三个互质的整数 3、2 和 0,由此得到 $DEFG$ 晶面的晶面指数为(320)。

【例 5】 对简单立方格子,求如图 2.35 所示的三个典型晶面的密勒指数。

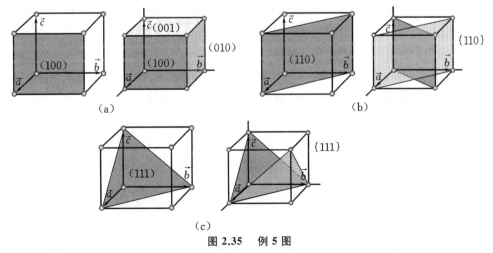

图 2.35   例 5 图

解:对简单立方格子,三个基矢 $\vec{a}$、$\vec{b}$ 和 $\vec{c}$ 在直角坐标系中可表示为 $\vec{a}=a\vec{i}$、$\vec{b}=a\vec{j}$ 和 $\vec{c}=a\vec{k}$。

(1)(100) 晶面。图 2.35(a) 中,左图阴影部分就是所谓的(100) 晶面,它是立方体的一个面,可以看到,该晶面在三个基矢方向上的截距分别为 a、∞ 和 ∞,若用三个基矢方向的周期作为长度单位,则这三个截距的倒数分别为 1、0 和 0,由此得到表示该晶面取向的密勒指数为(100)。类似的晶面有(010)、(001)、($\bar{1}$00)、(0$\bar{1}$0) 和(00$\bar{1}$)。注意到($\bar{1}$00)、(0$\bar{1}$0)、(00$\bar{1}$) 三个晶面分别和(100)、(010)、(001) 三个晶面属于同族晶面,正、负号相对应的晶面在晶体内部没有区别,只有在区别晶体外表面时才有意义。图 2.35(a) 中,右图标出了(100)、(010) 和(001) 三个晶面。由于立方体的立方对称性,这三个晶面是等价的,因此,常常用{100} 来表示这三个等价的晶面。

(2)(110) 晶面。图 2.35(b) 中,左图阴影部分就是所谓的(110) 晶面,该晶面在三个基矢方向上的截距分别为 a、a 和 ∞,若用三个基矢方向的周期作为长度单位,则这三个截距的倒数分别为 1、1 和 0,由此得到表示该晶面取向的密勒指数为(110)。类似的晶面还有(011)、(101)、(1$\bar{1}$0)、(01$\bar{1}$)、(10$\bar{1}$),其中两个显示在图 2.35(b) 的右图中。由于立方体的立方对称性,这六个晶面是等价的,因此,常常用{110} 来表示这六个等价的晶面。

(3)(111) 晶面。图 2.35(c) 中,左图阴影部分就是所谓的(111) 晶面,该晶面在三个基矢方向上的截距分别为 a、a 和 a,若用三个基矢方向的周期作为长度单位,则这三个截距的倒数分别为 1、1 和 1,由此得到表示该晶面取向的密勒指数为(111)。类似的晶面还有(1$\bar{1}$$\bar{1}$)、(11$\bar{1}$)、(1$\bar{1}$1),其中两个显示在图 2.35(c) 的右图中,由于立方体的立方对称性,这四个晶面是等价的,因此,常常用{111} 来表示这四个等价的晶面。

不同晶面的标识对晶体宏观性质的了解至关重要,这里举几个例子来说明晶面与晶体宏观性质的关系。一是,晶体可以看成是由一层层由原子周期性排布形成的晶面沿垂直于晶面方向堆砌而成的,密勒指数越简单的晶面族,每个晶面上单位面积所含的原子数越多,相邻晶面间的面间距越大,这种晶面族适合作为 X 射线的衍射光栅,在 X 射线衍射分析中观察到的衍射峰均来自那些密勒指数简单的晶面族,如立方晶系晶体中的(100)、(110)、(111) 等,而难以观察到像(147)、(237) 等晶面族的衍射峰;二是,暴露在外的晶面是由不同密勒指数标识的晶面族的最外层晶面,不同族的晶面,其最外层晶面的方位不同,这是晶体显露在外的形状往往是由多个不同形状的平面围成的凸多面体的原因;三是,假设暴露在外的相邻两个晶面是密勒指数为 $(h_1 k_1 l_1)$ 和 $(h_2 k_2 l_2)$ 所标识的两个晶面族的最外层晶面,则两个晶面间的夹角由 $\cos\varphi = \dfrac{h_1 h_2 + k_1 k_2 + l_1 l_2}{(h_1^2 + k_1^2 + l_1^2)^{1/2}\ (h_2^2 + k_2^2 + l_2^2)^{1/2}}$ 确定,对同种类型的晶体,它是恒定不变的,即满足所谓的晶面角守恒定律;四是,密勒指数越简单的晶面,越容易成为解理面,这是因为,密勒指数越简单的晶面族,晶面上单位面积所含的原子数越多,使得相邻晶面间的面间距越大,而面间距越大的相邻原子层之间的原子结合力越弱,因此越容易解理。不仅如此,对于面间距大的晶面,由于晶面上的原子密度大,这些晶面在晶体塑性形变、相变、晶体外延等过程中均起着主要作用。

2.6　晶体宏观对称性及其对称操作

在第 2.1 节中提到,晶体外形上的规律性突出地表现在晶面的对称排列。这一外形上的对称性,很早就使人推测它是晶体内在结构规律性的反映。事实上,人类对晶体内在结构的几何规律性认识,正是从研究晶体外形对称性入手的。随着对晶体研究的不断深入,人们逐渐意识到,晶体的宏观对称性源于晶体内部原子的周期性规则排列。不同的晶体具有不同的周期性排列方式,因此具有不同的宏观对称性。本节通过介绍一些基本的对称操作,来对晶体的宏观对称性进行讲解。

2.6.1　正交变换

对称性,特别是几何图形的对称性,是很直观的性质。我们先从几何图形开始,从宏观的角度来了解如何描述一个物体的对称性。

对图 2.36 所示的圆形、正方形、等腰梯形和任意形状的四种几何图形,凭直观感觉就知道这几种几何图形具有不同程度的对称。然而,我们需要的是用一种系统的方法科学而又具体地去分析它们的对称性。对几何图形的对称性的描述,一般采用几何变换的方法。为比较图形的对称性,规定在作几何变换时图形中至少有一个点固定不动,在对称操作过程中保持空间至少有一个不动点的操作称为点对称操作,然后考查一定几何变换之下几何形状是否保持不变,形状保持不变的几何变换数越多,对称性则越高。基于这一原则,我们来考查一下图 2.36 中显示的几个几何形状的对称性。

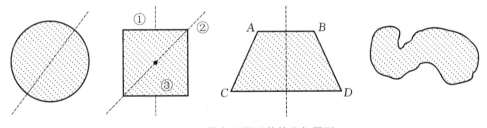

图 2.36　具有不同形状的几何图形

(1) 圆形,绕通过圆心垂直于圆形面的轴旋转任意角度,图形没变,另外,绕任意一个圆的直径旋转 $180°$,图形也没变,意味着圆形有无穷多种几何变换。

(2) 正方形,以 ① 为转轴旋转 $180°$,以 ② 为转轴旋转 $180°$,以及以通过正方形中心垂直于正方形面的轴旋转 $90°$、$180°$ 和 $270°$,在这五种旋转下正方形都没有发生变化,意味着有五种几何变换。

(3) 等腰梯形,只有一种几何变换,即绕对称轴旋转 $180°$ 几何图形不变。

(4) 任意形状图形,除 $360°$ 以外的任何旋转都不能保证其形状不变。

根据这些分析,我们可以说,图 2.36 所示的四种几何图形按对称性高低依次为圆形、正方形、等腰梯形和任意形状图形。

在几何变换中,若任意两点间的距离保持不变,则这种变换称为正交变换,很明显,上面提到的几种几何图形的变换都是正交变换。如果用数学表示,这种正交变换正是熟悉的线性变换。对于三维空间中任意一个几何点 A,若选择以 $\vec{i}$、$\vec{j}$ 和 $\vec{k}$ 三个单位矢量为基矢的直角坐标系,该几何点可以通过由坐标系原点到该几何点间的位置矢量 $\vec{R}$ 而表示为

$$\vec{R} = x\vec{i} + y\vec{j} + z\vec{k} \tag{2.11}$$

其中,x、y 和 z 分别为几何点 A 在三个坐标轴上的投影分量。现在考虑通过对矢量 $\vec{R}$ 实施转动、中心反演和镜像三种典型操作,来了解几何变换的特征。

转动操作就是将矢量 $\vec{R}$ 绕任意一转轴(假设是 z 轴)旋转一角度 θ 后,变成一新的矢量 $\vec{R}'$,新的矢量在三个坐标轴方向的投影分量分别为 x'、y' 和 z',变换前后的关系分别为

$$\begin{cases} x' = x\cos\theta - y\sin\theta \\ y' = x\sin\theta + y\cos\theta \\ z' = z \end{cases}$$

若写成矩阵形式则为

$$\begin{bmatrix} x' \\ y' \\ z' \end{bmatrix} = \begin{bmatrix} \cos\theta & -\sin\theta & 0 \\ \sin\theta & \cos\theta & 0 \\ 0 & 0 & 1 \end{bmatrix} = \begin{bmatrix} x \\ y \\ z \end{bmatrix} \tag{2.12}$$

该式可简写为

$$\vec{R}' = T_r\vec{R} \tag{2.13}$$

其中,$T_r = \begin{bmatrix} \cos\theta & -\sin\theta & 0 \\ \sin\theta & \cos\theta & 0 \\ 0 & 0 & 1 \end{bmatrix}$ 为旋转矩阵,式(2.13)意味着通过一旋转(矩阵)操作可实现矢量 $\vec{R}$ 到 $\vec{R}'$ 的变换。

中心反演操作就是将矢量 $\vec{R}$ 以坐标系原点为中心,经中心反演后变成新的矢量 $\vec{R}''$,新的矢量可表示为 $\vec{R}'' = -x\vec{i} - y\vec{j} - z\vec{k}$,变换关系写成矩阵形式为

$$\begin{bmatrix} x'' \\ y'' \\ z'' \end{bmatrix} = \begin{bmatrix} -1 & 0 & 0 \\ 0 & -1 & 0 \\ 0 & 0 & -1 \end{bmatrix} \begin{bmatrix} x \\ y \\ z \end{bmatrix} \tag{2.14}$$

或可简写为

$$\vec{R}'' = T_i\vec{R} \tag{2.15}$$

其中,$T_i = \begin{bmatrix} -1 & 0 & 0 \\ 0 & -1 & 0 \\ 0 & 0 & -1 \end{bmatrix}$ 为中心反演矩阵,式(2.15)表明,通过中心反演(矩阵)操作可实现矢量 $\vec{R}$ 到 $\vec{R}''$ 的变换。

　　镜像操作就是以一平面(如 $z=0$)作为镜面,将矢量 $\vec{R}$ 经镜像操作变成新的矢量 $\vec{R}'''$,新的矢量可表示成 $\vec{R}'''=x\vec{i}+y\vec{j}-z\vec{k}$,变换关系写成矩阵形式为

$$\begin{bmatrix} x''' \\ y''' \\ z''' \end{bmatrix} = \begin{bmatrix} 1 & 0 & 0 \\ 0 & 1 & 0 \\ 0 & 0 & -1 \end{bmatrix} \begin{bmatrix} x \\ y \\ z \end{bmatrix} \tag{2.16}$$

或可简写为

$$\vec{R}'' = T_m \vec{R} \tag{2.17}$$

其中,$T_m = \begin{bmatrix} 1 & 0 & 0 \\ 0 & 1 & 0 \\ 0 & 0 & -1 \end{bmatrix}$ 为镜像变换矩阵,式(2.17)表明,通过镜像(矩阵)操作可实现矢量 $\vec{R}$ 到 $\vec{R}'''$ 的变换。

　　对于一个矩阵 T,如果满足 $\widetilde{T}T=T\widetilde{T}=I$,这里的 $\widetilde{T}$ 是 T 的转置矩阵,I 是单位矩阵,即 $I = \begin{bmatrix} 1 & 0 & 0 \\ 0 & 1 & 0 \\ 0 & 0 & 1 \end{bmatrix}$,且矩阵行列式 $|T|$ 的值为 1 或 -1,则这样的矩阵为正交矩阵。不难验证,上述三种变换矩阵均为正交矩阵,相应的变换为正交变换。在正交变换下,很容易验证,矢量的长度始终保持不变,即

$$x^2 + y^2 + z^2 = x'^2 + y'^2 + z'^2 = x''^2 + y''^2 + z''^2 = x'''^2 + y'''^2 + z'''^2$$

2.6.2　晶体的旋转对称性

　　一个物体若在一个正交变换下保持不变,则称该变换为该物体的一个对称操作。物体的对称操作数越多,则其对称性越高。

　　对晶体而言,对其实施某种操作,如果操作后晶格点阵和操作前的晶格点阵相同,即操作前后晶格点阵没有发生改变,或者说,经操作后晶体能自身重合,则称这种操作为晶体的对称操作。前几节所讲的对称操作仅仅涉及平移对称操作,即通过平移矢量 $\vec{R}_l$ 的对称操作,晶格并没有发生变化,说明晶体具有平移对称性。晶体除平移对称性外,还具有旋转对称性。晶体的旋转对称性指的是,对晶体绕其某一轴实施适当的旋转操作后,操作前后晶格点阵没有发生改变,或者说,经适当的旋转操作后晶体能自身重合,例如,具有立方结构的岩盐晶体,若绕其中心轴每转 $90°$,则晶体会自身重合;又如六面柱体的石英晶体,若绕其柱轴每转 $120°$,则晶体也会自身重合。

　　称晶体的旋转对称性为晶体的宏观对称性的主要原因有三个,一是,包括中心反演和镜像操作在内的晶体旋转操作是一种宏观上的操作,操作过程中至少有一点不动,意味着旋转操作过程中晶体并未作平移;二是,晶体的旋转对称性不仅仅反映在晶体宏观的规则几何外形上,而且也反映在晶体宏观的物理性质上;三是,晶体按对称性分类主要基于晶体的旋转对称性而不是基于平移对称性。尽管晶体的旋转操作是一种宏观操作,但要使得晶体在旋转操作后能与自身重合,要求操作前后晶格点阵相同,而晶格是由格

点周期性排布而成的,具有破缺的平移对称性,如下面的论证所看到的,这种破缺的平移对称性使得晶体不能在旋转任意角度时都能保证晶格点阵的不变,而只有在旋转为数不多的特定角度后晶格点阵才能保持不变,这和几何图形的正交变换大为不同。例如,对图 2.36 所示的圆形几何图形,绕通过圆心垂直于圆形面的轴旋转任意角度或绕任意圆的直径旋转 $180°$,图形没变,说明圆形的几何图形有无限多个旋转对称操作,但对晶体而言,晶体只有为数不多的几种特定的旋转对称操作,说明晶体的宏观对称性是破缺的。

考虑晶格中任意一个格点 A,将其沿某一个方向(不妨假设沿 $\vec{a}_1$ 方向)作平移操作,由于晶格的破缺平移对称性,它只能沿 $\vec{a}_1$ 方向基于平移矢量 $\vec{R}_l = l_1 \vec{a}_1$ 进行平移操作,由此得到如图 2.37 所示的由 A、B、C、D 等一系列周期性排布的格点所形成的晶列。假设有一个通过格点 B 垂直于纸面的旋转轴,首先考虑绕该轴逆时针转动 $\theta\left(\theta \geqslant \dfrac{\pi}{2}\right)$ 角的操作,经过这样的旋转操作后,C 点转到 C' 点,为保持操作前后晶格点阵保持不变,则要求 C' 点上必有一格点。由于晶格的平移对称性,C 格点和 B 格点是等价的,因此,若绕通过 C 格点并垂直于纸面的轴顺时针转动 θ 角后,则 B 点转到 B' 点,同理,B' 点上也必有一格点。由于 $BC' = CB' = BC$,由 B、C、B' 和 C' 四个格点围成的四边形是一个等腰四边形,说明 $B'C'$ 平行于 BC,因此,B 和 C 格点所在的晶列同 C' 和 B' 格点所在的晶列必属于同一族晶列。若要同一族晶列满足周期性,要求每个晶列上任意两格点之间的间隔为周期的整数倍,意味着下列关系总是成立的,即

$$\overline{B'C'} = m\,\overline{BC} \tag{2.18}$$

其中,m 为整数,$\overline{BC}$ 为周期,它等于晶列上相邻格点之间的间隔。由图可知:$\overline{B'C'} = \overline{BC}(1 - 2\cos\theta)$,代入式(2.18)并比较,必有

$$1 - 2\cos\theta = m \tag{2.19}$$

由于 m 只能取整数,则 θ 不可能有任意的值而只能取 $\dfrac{\pi}{2}$,$\dfrac{2\pi}{3}$,π。然后考虑绕通过 B 格点并垂直于纸面的轴顺时针转动 $\alpha\left(0 \leqslant \alpha \leqslant \dfrac{\pi}{2}\right)$ 角的旋转操作,经过这样的操作后,A 点转到 C' 点。由于 C 格点和 B 格点是等价的,因此,也可进行绕通过 C 格点并垂直于纸面的轴逆时针转动 α 角的操作,操作后 D 点转到 B' 点。经过这些操作后,要保持操作前后晶格点阵不变,则要求 C' 和 B' 点上必有格点。因为 $B'C' \parallel BC$,故有

$$\overline{B'C'} = \overline{BC}(1 + 2\cos\alpha)$$

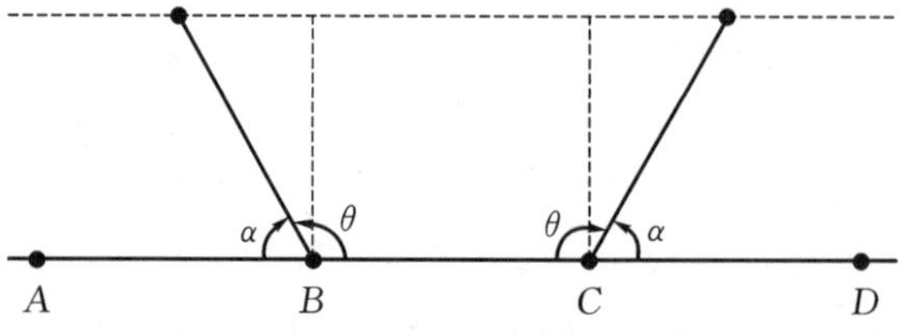

图 2.37 晶体中旋转操作示意图

由于 $\overline{B'C'}$ 必须等于 $\overline{BC}$ 的整数倍,即

$$1 + 2\cos\alpha = m$$

其中,m 是整数,则 α 只能取 $\dfrac{\pi}{2}$、$\dfrac{\pi}{3}$。综合这些论证,旋转角 θ 或 α 可统一写成 $\dfrac{2\pi}{n}$,并且 n 只能取 2、3、4 和 6。

如果晶体绕旋转轴经 $\dfrac{2\pi}{n}$ 角度旋转操作后能与自身重合,或者说操作前后晶格点阵没有变化,则称该晶体具有 n 度旋转对称性,相应的旋转轴称为 n 度转轴。注意到,如果 $n = 1$,则晶体被旋转 $360°$,相当于晶体没动,这种操作也可认为是一种对称操作,称其为不变操作。综上所述,晶体中只存在 1、2、3、4 和 6 度转轴,而不可能存在 5 度或 6 度以上的转轴,意味着晶体只具有 1、2、3、4 和 6 度旋转对称性,而不可能具有 5 度或 6 度以上的旋转对称性。晶体之所以只有 $n = 1$、2、3、4 和 6 度这些为数不多的旋转对称性,是因为晶体的旋转对称性受到了晶体的平移对称性的限制。由于晶体微观上的平移对称性是破缺的,相应的晶体旋转对称性也是破缺的,因此,晶体的宏观对称性也是破缺的。

2.6.3　晶体的基本对称操作

物体的对称性,可以基于物体所具有的特殊点、线、面及其组合等几何要素,通过对称操作得以描述,在对称操作过程中所涉及的这些特殊的点、线、面及其组合的几何要素称为对称要素,简称对称素(symmetry element)。根据物体所具有的对称素,物体有如下几种可能的基本对称操作。

(1) 中心反演对称操作,指的是物体对某点进行反演时而保持不变的操作,这样的点称为对称心,标记为 i。

(2) 镜像对称操作,指的是物体对某平面作镜像操作时而保持不变的操作,这样的面称为镜面,标记为 m,它将物体平分为互为镜像的两个部分。

(3) 旋转对称操作,指的是物体以某条直线为轴作旋转时而保持不变的操作,这样的直线称为旋转轴,如果物体绕某一旋转轴旋转 $\theta = \dfrac{2\pi}{n}$ 角度而保持不变,则称该轴为 n 度旋转对称轴,标记为 n,相应的对称性称为 n 度旋转对称性。

(4) 旋转-反演对称操作,指的是物体绕某条直线旋转一定角度再中心反演后而保持不变的操作,这样的直线称为旋转-反演轴,如果物体绕某旋转-反演轴旋转 $\dfrac{2\pi}{n}$ 角度再中心反演后而保持不变,则称该轴为 n 度旋转-反演对称轴,标记为 $\bar{n}$,相应的对称性称为 n 度旋转-反演对称性。

对晶体来说,基本对称操作指的是,以对称心、镜面和旋转轴及其组合为对称素经操作后而使晶体能自身重合的操作,或者说,操作前后晶格点阵没有发生变化的操作。如同刚性物体,晶体中对称心 i 和镜面 m 的存在是可能的,因此,与这两种对称素相对应的中心反演对称操作和镜像对称操作也存在于晶体中,它们是晶体的两种基本对称操作。同样,旋转对称操作和旋转-反演对称操作理应也存在于晶体中,但和刚性物体不同,由

于晶格平移对称性的限制,晶体只有为数不多的旋转对称操作和旋转-反演对称操作。

上面已经论证过,假若晶体虽有某旋转轴,但由于平移对称性的限制,晶体绕该旋转轴并非对任意旋转角度都能保持点阵的不变,而只有当旋转 $\theta = \dfrac{2\pi}{n}$ 角度且 $n = 1$、2、3、4 和 6 时,经旋转操作后才能保证晶体与自身重合,或者说,旋转操作前后才能有相同的晶格点阵,意味着晶体只有 $n = 1$、2、3、4 和 6 的五个可能的旋转对称操作,而不可能存在 $n = 5$ 及 $n > 6$ 的旋转对称操作。或者说,晶体只有 1、2、3、4 和 6 度旋转对称轴,而不可能存在 5 度或 6 度以上的旋转对称轴。$n = 2$、3、4 和 6 的旋转对称轴常通过符号形象地表示出,代表它们的符号分别为●、▼、◼ 和⬢。

n 度旋转-反演轴同样也可能存在于晶体中,但由于晶体只有 1、2、3、4 和 6 度转轴而不可能存在 5 度或 6 度以上的转轴,因此,晶体当然也只有 1、2、3、4 和 6 度旋转-反演轴而不可能存在 5 度或 6 度以上的旋转-反演轴,分别记为 $\bar{1}$、$\bar{2}$、$\bar{3}$、$\bar{4}$ 和 $\bar{6}$,图 2.38 示意性地显示了这 5 个旋转-反演对称操作的操作过程。

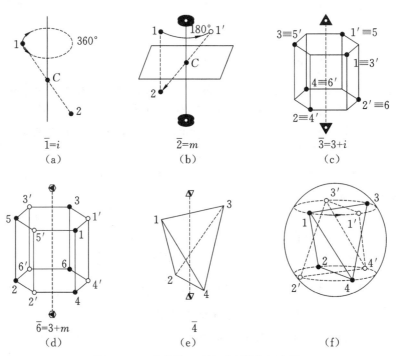

图 2.38　n 度旋转 - 反演对称操作示意图

对旋转-反演对称操作,有两点需要指出,一是,这种对称操作实际上是一种"旋转 + 反演"的复合操作,组成这种复合操作的每一个操作本身可以是对称操作(即操作后晶体能与自身重合),也可以不是对称操作(即操作后并未使晶体重合),但两者的复合操作一定是对称操作,即经过这样的复合操作后能使晶体与自身重合;另一是,如果将中心反演、镜像,以及 $n = 1$、2、3、4 和 6 的五个旋转对称操作视为基本对称操作,则 $\bar{n} = \bar{1}$、$\bar{2}$、$\bar{3}$、$\bar{4}$ 和 $\bar{6}$ 的五个旋转-反演对称操作并不都是独立的,因为有些操作可以通过组合其他操作而得到,现就这五个旋转-反演对称操作解释如下。

(1)$\bar{1}$ 是一种"360°旋转＋反演"的复合操作,如图 2.38(a) 所示。由于旋转 360° 相当于晶体没动,意味着 $\bar{1}$ 操作和中心反演操作是等价的,因此,如果将中心反演操作视为一个基本对称操作,则有

$$\bar{1} = i$$

(2)$\bar{2}$ 是一种"180°旋转＋反演"的复合操作。假如存在如图 2.38(b) 所示的 2 度旋转轴,可以看到,从格点 1 出发,转动 180° 后 $1 \rightarrow 1'$,再经过中心点 C 反演后得到 2。这样的两步复合操作的效果和沿垂直于 2 度转轴的面作镜像操作的一步操作是等价的。因此,2 度旋转反演操作可用镜像操作来代替,即

$$\bar{2} = m$$

(3)$\bar{3}$ 是一种"120°旋转＋反演"的复合操作。假如存在如图 2.38(c) 所示的 3 度旋转轴,则从格点 1 出发,转动 120° 后 $1 \rightarrow 1'$,经中心反演后得到 2;再转动 120° 后 $2 \rightarrow 2'$,中心反演后得到 3;再转动 120° 后 $3 \rightarrow 3'$,中心反演后得到 4;再转动 120° 后 $4 \rightarrow 4'$,中心反演后得到 5;再转动 120° 后 $5 \rightarrow 5'$,中心反演后得到 6;再转动 120° 后 $6 \rightarrow 6'$,中心反演后回到格点 1。由此看到,从格点 1 出发,经过"120°旋转＋中心反演"的连续复合操作得到格点 2、3、4、5 和 6,这些格点的分布具有 3 度旋转对称轴和对称心,意味着 $\bar{3}$ 操作和 3 度旋转轴加上对称心的总效果是一样的,因此有

$$\bar{3} = 3 + i$$

(4)$\bar{6}$ 是一种"60°旋转＋反演"的复合操作。假如存在如图 2.38(d) 所示的 6 度旋转轴,则从由实圆圈表示的格点 1 出发,转动 60° 后 $1 \rightarrow 1'$,经中心反演后得到由实圆圈表示的格点 2;再转动 60° 后 $2 \rightarrow 2'$,经中心反演后得到由实圆圈表示的格点 3;再转动 60° 后 $3 \rightarrow 3'$,经中心反演后得到由实圆圈表示的格点 4;再转动 60° 后 $4 \rightarrow 4'$,经中心反演后得到由实圆圈表示的格点 5;再转动 60° 后 $5 \rightarrow 5'$,经中心反演后得到由实圆圈表示的格点 6;再转动 60° 后 $6 \rightarrow 6'$,经中心反演后回到格点 1。由此看到,若从格点 1 出发,经过"60°旋转＋中心反演"的连续复合操作,可以得到如图中实圆圈所表示的 2、3、4、5 和 6 的格点分布。假如晶体存在 3 度转轴和与之垂直的镜面,则从格点 1 出发,经过 120° 旋转和镜像操作的连续组合操作,同样可以得到如图中实圆圈所表示的 2、3、4、5 和 6 的格点分布,意味着 $\bar{6}$ 操作不是一个独立的掺杂,因为它与由 3 度旋转轴加上垂直于该轴的对称面的总效果一样,因此有

$$\bar{6} = 3 + m$$

(5)$\bar{4}$ 是一种"90°旋转＋反演"的复合操作,这种对称操作存在于如图 2.38(e) 所示的正四面体结构的晶体中,例如,闪锌矿型结构或金刚石型结构的晶体中就有这样的正四面体结构。在图 2.38(f) 中,若从 1 出发,转动 90° 后 $1 \rightarrow 1'$,经中心反演后得到 2;再转动 90° 后 $2 \rightarrow 2'$,经中心反演后得到 3;再转动 90° 后 $3 \rightarrow 3'$,经中心反演后得到 4;再转动 90°

后 $4 \to 4'$，经中心反演后回到 1，由此得到以 1、2、3 和 4 为顶点的如图中实线所示的正四面体。对这样的正四面体，若实施对其旋转 90° 的操作并不能与自身重合，说明正四面体中 4 度旋转操作不是对称操作；同时，正四面体的任何一个顶点经中心反演操作后得到的点并不是正四面体的顶点，说明中心反演不是正四面体的对称操作，或者说正四面体中没有对称心。对正四面体而言，尽管既没有 4 度轴也没有对称心，但"90° 旋转 ＋ 反演"的复合操作是一种对称操作，意味着 $\bar{4}$ 是一种不能用其他对称操作组合替代的独立操作。同时注意到，将以 1、2、3 和 4 为顶点的正四面体绕 $\bar{4}$ 度轴旋转 180° 后，得到的正四面体和如图虚线所示的以 $1'$、$2'$、$3'$ 和 $4'$ 为顶点的正四面体重合，说明正四面体中有一个与 $\bar{4}$ 度轴重合的 2 度轴。

综上所述，晶体的宏观对称性中只具有八种基本的对称操作，分别为 $n=1$、2、3、4 和 6 的五种旋转对称操作，以及中心反演、镜像和 4 度旋转-反演三种对称操作，与这八种基本的对称操作相对应的对称素分别为 1、2、3、4、6、i、m 和 $\bar{4}$。

*2.6.4　晶体的点对称操作群

数学上的群是指一组具有特殊运算规则的数学"元素"（如 A、B、C、D、E 等）的集合，通常表示成 $G=\{A,B,C,D,E\cdots\}$。例如，所有除 0 以外的正实数的集合以普通乘法为运算法则组成正实数群，又如所有整数的集合以普通加法为运算法则组成整数群。群具有如下性质。

（1）存在单位元素 E，使得它和任意元素相乘后得到的结果是元素本身。

（2）群中任何两个元素的"乘积"仍为集合内的元素，即若 $A,B \in G$，则 $AB=C \in G$，称为群的封闭性。

（3）对任意元素 A，存在逆元素 A^{-1}，且 $AA^{-1}=E$。

（4）元素间的乘法运算满足结合律，即 $A(BC)=(AB)C$。

如上所述，晶体共有八种基本的对称操作，但就某一具体的晶体而言，并不具有所有的这些对称操作，往往只在这八种基本的对称操作中的部分对称操作下才与自身重合。虽然如此，一个晶体的所有对称操作必满足如下共同性质。

（1）任何晶体具有不变操作性（单位元素 E）。

（2）如果存在两个对称操作 A 与 B，则这两个操作相继连续操作的组合仍为一对称操作（群的封闭性）。

（3）如果 A 为对称操作，则逆操作（逆元素）也是对称操作，例如，绕转轴旋转 θ，其逆操作就是绕转轴旋转 $-\theta$。

（4）如果 A、B、C 为对称操作，则先操作 C 后操作 A 与 B 同先操作 B 与 C 的组合再操作 A 的效果相同（结合律）。

可见，一个晶体所有对称操作所具有的共同性质和数学中一组具有特殊运算规则的数学"元素"的集合（即群）的性质相同，因此，以对称操作作为群的元素，以连续操作为运算法则，这类特殊的元素集合具有群的性质，称之为对称操作群，常用对称操作群来描述晶体的宏观对称性。由 8 种基本对称操作为基础组成的对称操作群,称为点群。之所以称之为点群,是因为晶体所有的宏观对称操作均不改变某一特殊点的位置。理论证明,由 8 种基本对称操作只能组成 32 种不同的点群,每一种点群对应于晶体的一种宏观对称性,意味着晶体的宏观对称性只有 32 种不同的类型,见第 2.7 节所列的表 2.7。这 32 种点群对应的对称操作及其熊夫利符号标记分别介绍如下。

(1)C_1 群,最简单的点群,只含一个元素,即不动操作,也可理解为晶体绕某一轴经 360°旋转后不变的一种对称操作点群,标记为 C_1。很明显,任何晶体均具有 C_1 点群,如果晶体只有 C_1 点群,则该晶体是没有任何对称的晶体。

(2)C_i 群,标记为 C_i,为 C_1 群加上中心反演组成的对称操作点群。

(3)C_s 群,标记为 C_s,为 C_1 群加上镜像操作组成的对称操作点群。

(4)C_n 群,又称回转群,标记为 C_n,为包含一个 n 度旋转轴的点群,共有 4 个,分别为 C_2、C_3、C_4 和 C_6。C_n 表示晶体有一个 n 度旋转轴,绕该轴旋转 $\frac{2\pi}{n}$ 角度后晶体能与自身重合。

(5)D_n 群,又称双面群,标记为 D_n,为包含一个 n 度旋转轴和 n 个与之垂直的二度旋转轴的点群,共有 4 个,分别为 D_2、D_3、D_4 和 D_6。

(6)C_{nh} 群,由 C_n 群加上与 n 度旋转轴垂直的反映面组成的点群,共有 4 个,分别标记为 C_{2h}、C_{3h}、C_{4h} 和 C_{6h}。

(7)C_{nv} 群,由 C_n 群加上 n 个含 n 度旋转轴的反映面组成的点群,共有 4 个,分别标记为 C_{2v}、C_{3v}、C_{4v} 和 C_{6v}。

(8)D_{nh} 群,由 D_n 群加上与 n 度旋转轴垂直的反映面组成的点群,共有 4 个,分别标记为 D_{2h}、D_{3h}、D_{4h} 和 D_{6h}。

(9)D_{nd} 群,由 D_n 群加上 n 度旋转轴及两根二重轴角平分线的反映面组成的点群,共有 2 个,分别标记为 D_{2d} 和 D_{3d}。

(10)S_n 群,为只含旋转反演轴的点群,共有 2 个,分别标记为 S_4 和 S_6。

(11)立方对称晶体中存在两个点群,分别标记为 O_h 和 O。其中,立方体中的 48 个对称操作称为 O_h 群,称之为立方点群,O_h 群中的 24 个纯转动操作构成 O 群,为立方体中纯转动操作构成的点群。

(12)正四面体晶体中存在三个点群,分别标记为 T_d、T 和 T_h。其中,正四面体的 24 个对称操作构成 T_d 群,称之为正四面点群,T_d 群中的 12 个纯转动操作组成 T 群,T 群加上中心反演组成 T_h 群。

*2.6.5　晶体的空间对称操作群(简称空间群)

除点对称操作外,晶体还具有平移对称操作,即通过平移矢量 $\vec{t}$ 后晶体能与自身重合。所有平移对称操作的集合称为平移操作群,简记为 $\{\vec{t}\}$。包括点对称操作和平移对称操作及它们的组合操作在内的所有对称操作的集合,构成空间群。如果以 A 表示点对称操作,则空间群可简单标记为

$$\{A\,|\,\vec{t}\} \tag{2.20}$$

而晶体的一般对称操作则可通过晶体中任意一个原子的位矢操作表示为

$$\vec{r}' = \{A \mid \vec{t}\}\vec{r} = A\vec{r} + \vec{t} \tag{2.21}$$

式(2.20)所示的空间群 $\{A \mid \vec{t}\}$ 是晶体的完全对称群,它包含了平移对称操作和点群对称操作及它们的组合。如果 $\vec{t} = 0$,则空间群 $\{A \mid \vec{t}\}$ 回到前面所讲的纯点对称操作群

$$\{A \mid 0\} \tag{2.22a}$$

说明纯点对称操作群仅仅是空间群的一个子群。如果 $A = E$,则空间群 $\{A \mid \vec{t}\}$ 回到纯平移对称操作群

$$\{E \mid \vec{t}\} = \{\vec{t}\} \tag{2.22b}$$

说明纯平移对称操作群也仅仅是空间群的一个子群。

根据平移矢量 $\vec{t}$ 是否为格矢的整数倍,空间群又分为简单空间群(或称点空间群)和复杂空间群(或称非点空间群)两类。如果

$$\vec{t} = m\vec{R}_l$$

其中,m 为整数,$\vec{R}_l = l_1\vec{a}_1 + l_2\vec{a}_2 + l_3\vec{a}_3$ 为格矢,则由平移格矢整数倍的平移对称操作和点对称操作的组合构成所谓的点空间群,这类组合可构成 73 种点空间群。如果平移矢量 $\vec{t}$ 不是格矢的整数倍,则由平移对称操作和点对称操作的组合构成所谓的非点空间群。在非点空间群中,非格矢整数倍的平移与旋转和镜像组合产生两种新的操作,即 n 度螺旋轴和滑移反映面的对称操作。所谓的 n 度螺旋轴对称操作是指,绕 n 度旋转轴旋转 $\frac{2\pi}{n}$ 角度与沿轴向平移 $t = j\dfrac{T}{n}$ 的复合操作,其中,T 为轴向上的周期,j 是小于 n 的整数;而滑移反映面(简称滑移面)的对称操作是指,对某一平面作镜像反映后再沿平行于镜面的某方向平移该方向一半周期的复合操作。将 n 度螺旋轴和滑移反映面两种操作与点对称操作组合可得到 157 种非点空间群。因此,平移操作和点对称操作的组合总共给出 230 种空间群,每种空间群唯一地对应一种晶体结构。自然界的晶体结构只能有 230 种。测定空间群,推断原子的具体排列方式是晶体结构分析的主要内容。

2.7　七大晶系和 14 种布喇菲点阵

从前面讨论中可看到,基于晶格周期性可以导出晶体宏观对称可能具有的类型——32 种点群。现在反过来考虑,如果晶体具有一定的宏观对称性,则相应的布喇菲格子具有何种特征? 或者说,能否根据宏观对称性的不同对晶体的空间点阵进行分类?

2.7.1　七大晶系

在式(2.22)所示的点对称操作中,点阵的宏观对称操作数和对称素的组合受到平移对称性的严格限制,1848 年布喇菲证明,前面所讲的 32 种点群可分为七大类点群,每一类点群对应一个晶系,因此有七大晶系。按对称性从低到高,这七大晶系依次为三斜晶

系、单斜晶系、正交晶系、三角晶系、四方晶系、六角晶系和立方晶系。对任何一种晶体，其晶体结构分属七大晶系之一，它取决于这种结构所对应点阵的点群。

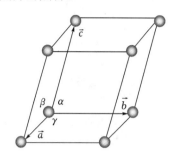

图 2.39　以晶胞边矢量为基矢的晶格空间坐标系

在空间点阵分类中，通常选择既反映晶格周期性又反映晶体对称性的晶胞，并以晶胞的三个边矢量 $\vec{a}$、$\vec{b}$ 和 $\vec{c}$ 为基矢构建如图 2.39 所示的坐标系，其中，三个基矢方向的周期分别为 a、b 和 c，$\vec{a}$ 与 $\vec{b}$、$\vec{a}$ 与 $\vec{c}$ 及 $\vec{b}$ 与 $\vec{c}$ 三个基矢彼此间的夹角分别为 γ、β 和 α。由于不同晶体有不同的晶胞，因此，七大晶系中的每一种点群对称性必可以通过三个基矢方向的周期及三个基矢彼此间的夹角而得以反映。下面按对称性从低到高，依次介绍七大晶系的晶胞特征及与此对应的点群。

1. 三斜晶系

如果三个基矢均是相互倾斜的且三个基矢方向的周期不同，则这样的晶系称为三斜晶系，如图 2.39 所示。三斜晶系的基矢特征是：

$$a \neq b \neq c, \quad \alpha \neq \beta \neq \gamma \neq 90°$$

其中，除了不动操作（对称素为 1）和中心反演操作（对称素为 i）两个对称操作外，不存在任何其他的对称操作。与三斜晶系对应的点群属于 C_i 群，其中只存在 $n=1$ 和 i 两个对称素（对称心），因此，三斜晶系是对称性最低的晶系。

2. 单斜晶系

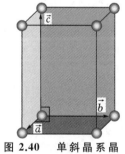

图 2.40　单斜晶系晶胞示意图，其中，$a \neq b \neq c$，$\alpha = \beta = 90° \neq \gamma$

相对于三斜晶系，如果存在额外的一个 2 度轴，则对称性增加。若假设 c 轴为 2 度轴，则基于绕 c 轴旋转 $180°$ 和中心反演的操作后晶格点阵不变的事实，可以证明，在这种情况下，基矢 $\vec{a}$ 和 $\vec{b}$ 均垂直于 $\vec{c}$，于是有

$$a \neq b \neq c, \quad \alpha = \beta = 90° \neq \gamma$$

对应的晶系称为单斜晶系。之所以称之为单斜晶系，是因为 $\vec{a}$、$\vec{b}$ 和 $\vec{c}$ 三个基矢中只有 $\vec{a}$ 和 $\vec{b}$ 之间是相互倾斜的，而 $\vec{a}$ 和 $\vec{c}$ 之间及 $\vec{b}$ 和 $\vec{c}$ 之间均相互垂直，如图 2.40 所示。与单斜晶系对应的点群属于 C_{2h} 群，其中存在一个 2 度轴和对称心 i，包含 4 个群元素。

3. 正交晶系

相对于单斜晶系，若再增加一个沿 $\vec{b}$ 方向的 2 度轴，则对称性又有所增加。基于绕 b 和 c 两个轴旋转 $180°$ 和进行中心反演操作后晶格点阵不变的事实，可以证明，在这种情况下，三个基矢彼此间是相互垂直的，于是有

$$a \neq b \neq c, \quad \alpha = \beta = \gamma = 90°$$

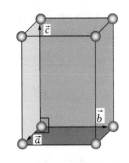

图 2.41　正交晶系晶胞示意图，其中，$a \neq b \neq c, \alpha = \beta = \gamma = 90°$

对应的晶系称为正交晶系。之所以称之为正交晶系，是因为 $\vec{a}$、$\vec{b}$ 和 $\vec{c}$ 三个基矢彼此相互垂直，如图 2.41 所示。与正交晶系对应的点群属于 D_{2h} 群，其中存在三个 2 度轴和对称心 i，包含 8 个群元素。

4. 三角晶系

上面考虑的对称性逐渐增加是基于三个基矢彼此间夹角的变化而实现的，同样可以基于三个基矢方向的周期改变而实现对称性增加。

假设三个基矢方向的周期相同，三个基矢方向彼此间夹角相等但不等于90°，即

$$a = b = c, \quad \alpha = \beta = \gamma \neq 90°$$

则由 $\vec{a}$、$\vec{b}$ 和 $\vec{c}$ 三个矢量构成的平行六面体（即晶胞）为一个沿体对角线拉长了的畸变立方体（菱形六面体），如图 2.42 所示。与这样的晶胞相对应的晶系称为三角晶系，之所以称其为三角晶系，是因为其中存在一个 3 度轴，这个 3 度轴与 $\vec{a}$、$\vec{b}$ 和 $\vec{c}$ 的夹角相等。与三角晶系对应的点群属于 D_{3d} 群，其中存在一个 3 度轴、三个与 3 度轴垂直的 2 度轴和对称心 i，包含 12 个群元素。

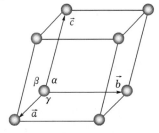

图 2.42　三角晶系晶胞示意图，其中，$a = b = c, \alpha = \beta = \gamma \neq 90°$

5. 四方晶系

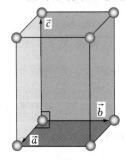

图 2.43　四方晶系晶胞示意图，其中，$a = b \neq c, \alpha = \beta = \gamma = 90°$

相对于存在 3 度轴的三角晶系，如果沿晶轴 $\vec{c}$ 方向存在一个 4 度轴，则对称性又有所增加。如前面关于 $\bar{4}$ 的论证中所提到的，如果 c 轴为 4 度轴，则它一定也是 2 度轴。由于 c 轴为 2 度轴，如在单斜晶系中所看到的，则必有 $\alpha = \beta = 90°$。另一方面，c 轴又为 4 度轴，基于绕 c 轴旋转 90° 和进行中心反演操作后晶格点阵不变的事实，可以证明，必有 $a = b$ 和 $\gamma = 90°$。于是有

$$a = b \neq c, \quad \alpha = \beta = \gamma = 90°$$

相应的晶系称为四方晶系，也称正方晶系，之所以有此称呼，是因为该晶系的三个基矢彼此相互垂直且其中两个基矢长度相等，由 $\vec{a}$、$\vec{b}$ 和 $\vec{c}$ 三个矢量构成的平行六面体（即晶胞）为一个底面为正方形的长方体，如图 2.43 所示。与四方晶系对应的点群属于 D_{4h} 群，其中存在一个 4 度轴、四个 2 度轴和对称心 i，包含 16 个群元素。

6. 六角晶系

相对于存在 4 度轴的四方晶系，如果沿晶轴 $\vec{c}$ 方向存在一个 6 度轴，则对称性又有所增加。如果 c 轴为 6 度轴，则它一定也是 2 度轴。由于 c 轴为 2 度轴，则必有 $\alpha = \beta = 90°$。

另一方面,由于 c 轴为 6 度轴,则基于绕 c 轴旋转 $60°$ 和进行中心反演操作后晶格点阵不变的事实,可以证明,必有 $a=b$ 和 $\gamma=120°$。于是有

$$a=b\neq c,\quad \alpha=\beta=90°,\quad \gamma=120°$$

如图 2.44 所示。与六角晶系对应的点群属于 D_{6h} 群,其中存在一个 6 度轴、六个与 6 度轴相垂直的 2 度轴和对称心 i,包含 24 个群元素。

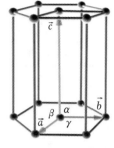

图 2.44　六角晶系晶胞示意图,其中,$a = b \neq c$,$\alpha = \beta = 90°$,$\gamma = 120°$

7. 立方晶系

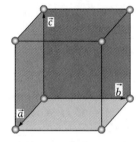

图 2.45　立方晶系晶胞示意图,其中,$a = b = c$,$\alpha = \beta = \gamma = 90°$

立方晶系的特征是,三个基矢方向的周期相同、彼此相互垂直,于是有

$$a=b=c,\quad \alpha=\beta=\gamma=90°$$

如图 2.45 所示。与立方晶系对应的点群属于 O_h 群,其中存在三个 4 度轴、四个 3 度轴、六个 2 度轴和对称心 i,包含 48 个群元素。立方晶系是晶体的最高对称性点群。

上述的七大晶系的晶胞特征及可能的对称操作数等汇总在表 2.7 中。

表 2.7　七大晶系的特征

晶系	对称性点群		对称操作数	晶 胞 特 征
	国际符号	熊夫利符号		
三斜晶系	1	C_1	1	$a \neq b \neq c, \alpha \neq \beta \neq \gamma$
	$\bar{1}$	C_i	2	
单斜晶系	2	C_2	2	$a \neq b \neq c, \alpha = \beta = 90° \neq \gamma$
	m	C_s	2	
	2/m	C_{2h}	4	
正交晶系	222	D_2	4	$a \neq b \neq c, \alpha = \beta = \gamma = 90°$
	mm2	C_{2v}	4	
	mmm	D_{2h}	8	
三角晶系	3	C_3	3	$a = b = c, \alpha = \beta = \gamma \neq 90°$
	$\bar{3}$	C_{3i}	6	
	32	D_3	6	
	3m	C_{3v}	6	
	$\bar{3}2/m$	D_{3d}	12	

| 晶系 | 对称性点群 | | 对称操作数 | 晶胞特征 |
	国际符号	熊夫利符号		
四方晶系	4	C_4	4	$a=b\neq c,\alpha=\beta=\gamma=90°$
	$\bar{4}$	S_4	4	
	4/m	C_{4h}	8	
	422	D_4	8	
	4mm	C_{4v}	8	
	$\bar{4}2m$	D_{2d}	8	
	4/mmm	D_{4h}	16	
六角晶系	6	C_6	6	$a=b\neq c,\alpha=\beta=90°,\gamma=120°$
	$\bar{6}$	C_{3h}	6	
	6/m	C_{6h}	12	
	622	D_6	12	
	6mm	C_{6v}	12	
	$\bar{6}m2$	D_{3h}	12	
	6/mmm	D_{6h}	24	
立方晶系	23	T	12	$a=b=c,\alpha=\beta=\gamma=90°$
	m3	T_h	24	
	432	O	24	
	$\bar{4}32$	T_d	24	
	m3m	O_h	48	

2.7.2　14 种布喇菲点阵

上面仅仅从点群的对称操作上给出了七大晶系。前面一再强调,晶体除了旋转对称性外还具有平移对称性。因此,为了反映晶格点阵的完整对称性,除了考虑点群对称操作外,还应该考虑平移对称操作。1848 年,布喇菲证明,所有操作 $\{A\,|\,\vec{R}_l\}$ 可构成 14 种不同的空间群,因此,从完整对称性角度,晶体中存在 14 种不同的布喇菲点阵。其证明过程不在此介绍,下面仅介绍七大晶系演绎为 14 种布喇菲点阵的思路。

晶体的平移对称性通常基于固体物理学原胞而得以描述,它是反映晶格周期性的最小重复单元,除顶角位置外,原胞中任何其他位置均没有格点,晶格中的任何一个格点可以由格矢 $\vec{R}_l=l_1\vec{a}_1+l_2\vec{a}_2+l_3\vec{a}_3$ 表示。对于不同的晶体,因为 $\vec{a}_1$、$\vec{a}_2$ 和 $\vec{a}_3$ 不同,故有不同的平移对称性。同时,由于 $l_i(i=1,2,3)$ 可以取 0 或任意正、负整数,$\{\vec{R}_l\}$ 可以囊括所有的格点而无遗漏,因此,布喇菲点阵可认为是由 $\{\vec{R}_l\}$ 描述的格点构成的点阵。点阵的特征及晶体的平移对称性等虽然也可以基于晶胞而得以描述,但晶胞的选取原则重点在于要反映晶体的宏观对称性,因此,相对于固体物理学原胞,晶胞往往是扩大了的重复单元,不仅晶胞顶角位置上有格点,其他位置也可能有格点。

前面所讲的七大晶系均是从反映晶体宏观对称性的晶胞入手的,但所涉及的晶胞均为简单晶胞,晶胞中除了顶点外,其他位置没有格点。在简单晶胞基础上,若在其他"适当"位置放置格点,则七大晶系可演绎出不同的布喇菲点阵。这里所讲的"适当"位置指的是,若在该"适当"位置上放置格点,要求放置的格点既不能破坏晶系的宏观对称性又不能违背布喇菲点阵的基本要求,即放置的格点应由 $\vec{R_l} = l_1\vec{a}_1 + l_2\vec{a}_2 + l_3\vec{a}_3$ 表征。基于后一种要求,额外放置的格点只可能出现在晶胞的底心、面心和体心的"心"的位置上,但对前面所讲的七大晶系,也不是每种简单晶胞都能在"心"的位置上放置格点,现分别介绍如下。

1. 三斜晶系

对三斜晶系,除了 $n=1$ 和 i 外,无任何其他旋转轴的存在,对平移矢量无任何限制,因此,若在"心"的位置上放置格点,仍然满足布喇菲点阵的基本要求,且放置格点后没有改变晶系中没有任何旋转轴存在的事实,唯一带来的结果是将原来较大的简单晶胞变成较小的简单晶胞,意味着三斜晶系只有一种简单晶胞,如图 2.39 所示,格点只占据晶胞的顶角位置,或者说三斜晶系中只有一种布喇菲点阵。

2. 单斜晶系

对单斜晶系,其简单晶胞如图 2.40 所示,其中,$\vec{a}$ 和 $\vec{b}$ 均垂直于 $\vec{c}$,该晶系宏观对称性的特点是存在一个沿 $\vec{c}$ 的 2 度轴。若在底心位置放置格点,则不会改变 2 度旋转对称性,同时满足布喇菲点阵的基本要求,但若在其他"心"的位置放置格点,要么不满足布喇菲点阵的基本要求,要么破坏了该晶系的 2 度旋转对称性。因此,单斜晶系有 2 种布喇菲点阵,其晶胞分别为简单单斜和底心单斜,如图 2.46 所示。

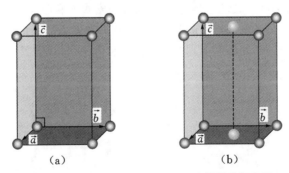

图 2.46　(a) 简单单斜和 (b) 底心单斜晶胞示意图

3. 正交晶系

对正交晶系,其简单晶胞如图 2.41 所示,其中,$\vec{a}$、$\vec{b}$ 和 $\vec{c}$ 三个基矢彼此相互垂直。在简单晶胞基础上,若在其底心、体心和面心的"心"的位置分别放置格点,则既满足布喇菲点阵的基本要求又不破坏该晶系的宏观对称性,因此,由正交晶系可以演绎出 4 种布喇菲点阵,其晶胞分别为简单正交、底心正交、体心正交和面心正交,如图 2.47 所示。

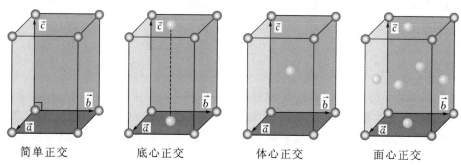

简单正交　　　　底心正交　　　　体心正交　　　　面心正交

图 2.47　反映正交晶系 4 种布喇菲点阵特征的晶胞示意图

4. 三角晶系

对三角晶系,其简单晶胞是一个沿体对角线拉长了的畸变立方体(菱形六面体),如图 2.42 所示,基矢间的关系满足 $a=b=c$ 和 $\alpha=\beta=\gamma\neq90°$,宏观对称性的特点是存在一个 3 度旋转对称轴。如果在菱形六面体的体心或面心放置格点,则得到的晶胞仍然是一个菱形六面体,只不过是体积变小了而已,意味着在三角晶系的简单晶胞中通过在体心或面心放置格点并不能演绎出新的点阵。如果在三角晶系的简单晶胞底心放置格点,虽然可以产生新的点阵,但破坏了原有的 3 度轴。因此,三角晶系只有 1 种布喇菲点阵。

5. 四方晶系

对四方晶系,其简单晶胞是一个底面为正方形的长方体,具有 4 度宏观旋转对称性。如果在底心放置格点,则得到的晶胞仍然为底面为正方形的长方体,只不过是晶胞体积变小了而已。如果在面心放置格点,则晶胞由原先的底面为正方形的长方体演变成了底面为正方形、体心有格点的长方体,破坏了四方晶系原有的宏观对称性。但若在简单晶胞的体心位置放置格点,则既满足布喇菲点阵的基本要求,又不破坏该晶系的宏观对称性。因此,四方晶系有 2 种布喇菲点阵,其晶胞分别为简单四方和体心四方,如图 2.48 所示。

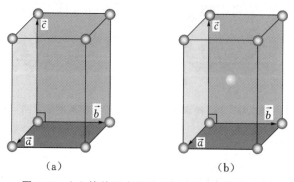

（a）　　　　　　　　　（b）

图 2.48　(a) 简单四方和(b) 体心四方晶胞示意图

6. 六角晶系

对六角晶系,在如图 2.44 所示的简单晶胞中任何"心"的位置放置格点,都将破坏 6 度旋转对称性,因此,该晶系只有 1 种布喇菲点阵。

7. 立方晶系

对立方晶系,其简单晶胞为一个立方体,因此,在立方体的体心或面心位置放置格点,既能满足布喇菲点阵的基本要求,又不会破坏立方晶系的宏观对称性,但若在立方体底心位置放置格点,则将失去四个 3 度轴,从而破坏了立方晶系的宏观对称性。因此,立方晶系有 3 种布喇菲点阵,相应的晶胞分别为简单立方、体心立方和面心立方,如图 2.49 所示。

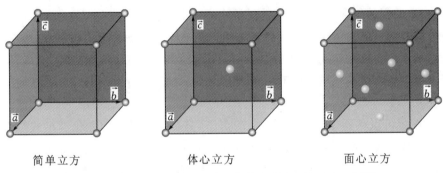

简单立方　　　　　　　　体心立方　　　　　　　　面心立方

图 2.49　反映立方晶系 3 种布喇菲点阵特征的晶胞示意图

综上所述,七大晶系的宏观对称性可以通过与之相对应的 7 个简单晶胞反映,基于既不破坏晶系原本的宏观对称性又能满足布喇菲点阵基本要求的原则,有些简单晶胞可以在其底心、体心或面心位置放置格点,由此演绎出额外的 7 种布喇菲点阵,加上与七大晶系简单晶胞相对应的 7 种布喇菲点阵,总共有 14 种布喇菲点阵,与这 14 种布喇菲点阵相对应的晶胞分别为简单三斜、简单单斜、底心单斜、简单正交、底心正交、体心正交、面心正交、简单三角、简单四方、体心四方、简单六角、简单立方、体心立方和面心立方。

*2.8　钙钛矿结构及相关的物理性质

固体物理学是研究固体的基本结构、基本相互作用和基本运动规律的科学,在结构、相互作用和运动规律三要素中,结构决定了相互作用的形式,而相互作用的形式决定了运动规律。本节作为拓展性学习附加材料,以钙钛矿为例,简单介绍其基本结构与衍生结构,以及相关的物理性质。

2.8.1　钙钛矿及其衍生结构

钙钛矿结构,如前面所介绍的,原本指的是钛酸钙($CaTiO_3$)的结构,其晶胞为如图

2.16(a) 所示的立方体，Ca 位于立方体顶角，Ti 位于立方体体心，三个 O 位于立方体六个面的面心。如果把立方体六个面的面心处的氧原子用假想的线段连接起来，则围成一个如图 2.16(b) 所示的氧八面体，Ti 位于氧八面体的中心，Ca 位于 8 个氧八面体的间隙，整个 CaTiO$_3$ 晶体结构可看成是氧八面体的周期性重复排列，如图 2.16(c) 所示，也可看成是 TiO$_6$ 八面体通过共用顶点氧离子相互连接而形成三维网络结构。CaTiO$_3$ 晶体结构属于立方晶系，其中的氧八面体为正八面体。在钙钛矿结构的基础上，通过在 Ca、Ti 和 O 位上布置其他各种元素，可以演变出各种可能的钙钛矿衍生结构，下面列举一些典型的例子。

1. ABO$_3$ 型钙钛矿

在 CaTiO$_3$ 结构中，如果 Ca 位为其他金属 A，如一价碱金属、二价碱土金属、三价稀土金属等，或者它们的组合，Ti 位为其他过渡金属，如 Fe、Co、Ni、Mn、Cu 等，则 CaTiO$_3$ 结构可衍生为各种可能的 ABO$_3$ 型钙钛矿结构。在 ABO$_3$ 型钙钛矿结构中，BO$_6$ 八面体通过共用顶点氧离子相互连接形成三维网络结构，整个结构可看成是由 BO$_6$ 八面体周期性排布而成的，其中，过渡金属 B 位于氧八面体的中心，而金属 A 位于上、下两层 8 个氧八面体的间隙。

由于 A 位可以是具有不同离子半径的离子，只要离子尺寸的变化满足式(2.2)所定义的容忍系数的要求，都可以形成稳定的氧八面体结构，但离子尺寸的改变可以使得 BO$_6$ 八面体发生从正氧八面体到其他类型的氧八面体的畸变，相应的晶体结构也从立方晶系变成对称性更低的其他晶系，如正交晶系、四方晶系、三角晶系、单斜晶系等，氧八面体的畸变会直接影响 ABO$_3$ 型钙钛矿结构的物理性质。

除了离子尺寸效应外，A 位不同价态离子的组合，还会使得 B 位过渡金属以混合价的形式存在于结构中。例如，钙钛矿型结构的 LaMnO$_3$ 是反铁磁性绝缘体，若以二价碱土金属部分替代三价稀土金属，则使得 Mn 离子变成 Mn^{3+}/Mn^{4+} 混合价，伴随混合价的引入，Mn 基钙钛矿氧化物表现出丰富的物理效应，如低温下铁磁金属性的共存，以及居里温度附近的庞磁阻效应等。

2. ABX$_3$ 型钙钛矿

和通常的 ABO$_3$ 型过渡金属基氧化物相似，名义组分为 ABX$_3$ 的有机金属卤化物也具有钙钛矿结构，其中，A 为有机离子如 CH$_3$NH$_3^+$ 等，B 为金属离子如 Pb^{2+} 等，X 为卤族阴离子如 I$^-$、Br$^-$ 等。在 ABX$_3$ 中，BX$_6$ 八面体通过共用顶点阴离子相互连接形成三维网络结构，整个结构可看成是由 BX$_6$ 八面体周期性排布而成的，其中，B 位于八面体的中心，而有机离子位于上、下两层 8 个八面体的间隙里。在此基础上形成的有机金属卤化物半导体由于具有较低载流子复合几率和较高载流子迁移率，而成为第三代太阳能电池的吸光材料。以 ABX$_3$ 型钙钛矿为吸光材料的太阳能电池，相对于以单晶硅或多晶硅为吸光材料的第一或第二代太阳能电池而言，光电转换效率大大提高。

3. 双钙钛矿

对 ABO_3 型钙钛矿结构,若将其晶胞扩大一倍,则变成 $(ABO_3)_2$,在扩大了的晶胞中,如果一半的 B 位被一种过渡金属 B 占据,而另一半被另一种过渡金属 B′ 占据,则衍生成双钙钛矿结构。双钙钛矿结构的通式为 $A_2BB'O_6$,它可看成是由 BO_6 和 $B'O_6$ 两种八面体通过共用顶点相互连接形成的如图 2.50 所示的三维网络结构,其中,A 位阳离子位于相互连接的上、下两层八面体的间隙里。

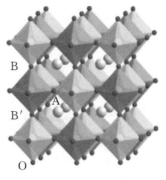

图 2.50　双钙钛矿结构示意图

根据 BO_6 和 $B'O_6$ 两种八面体的排列方式,双钙钛矿有三种典型的结构:一是随机排列结构,BO_6 和 $B'O_6$ 两种八面体随机无序排列;二是层状排列结构,BO_6 和 $B'O_6$ 两种八面体在一个维度上交替排列;三是盐岩型排列结构,BO_6 和 $B'O_6$ 两种八面体在三维空间交替排列。类似于 ABO_3 型钙钛矿结构,A 位不同半径和不同化合价的离子的组合,会造成八面体的畸变和使得过渡金属变成混合价,从而大大影响双钙钛矿结构的过渡金属氧化物的物理性质。

4. K_2NiF_4 型结构

在 ABO_3 型钙钛矿结构中,BO_6 八面体呈周期性排布,八面体通过共用顶点氧离子相互连接。如果将相邻的氧八面体层分开,且使中间层的氧八面体处在上、下四个氧八面体的间隙位置,则氧八面体就不再是共用顶点氧离子而相互连接了,相应的结构变成图 2.51 所示的 K_2NiF_4 型结构。

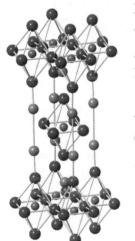

图 2.51　K_2NiF_4 型结构示意图

K_2NiF_4 型结构的最典型代表是 La_2CuO_4,它是一个反铁磁性绝缘体,但通过 La 位二价金属离子的掺杂,其中的 Cu^{2+} 变成 $Cu^{2+/3+}$ 混合价,$Cu^{2+/3+}$ 混合价的存在是 $La_{2-x}Ba_xCuO_4$ 成为高温超导体的关键。

2.8.2　晶体场效应

过渡金属离子外层是 d 电子,由量子力学可知,如果不考虑自旋,d 壳层是五重简并的,这种简并源于 d 电子受原子核球对称的库仑场作用。如果将过渡金属 B 置于氧八面体中,则过渡金属离子被 6 个带负电荷的氧离子包围,形成六配位结构。在这种情况下,过渡金属 d 电子不仅受到原子自身的库仑场作用,而且还受到周围 6 个氧离子的库仑场作用,后者即为所谓的氧八面体晶体场。八面体晶体场的存在破坏了原先球对称的库仑场,从而可以部分解除 d 能级的简并。

如果氧八面体为正八面体,则过渡金属 d 电子受到正氧八面体晶体场的作用,其结果使得五重简并的 d 能级分裂成三重简并的 t_{2g} 能级和二重简并的 e_g 能级,如图 2.52 所示。如果氧八面体发生畸变,则还应该考虑畸变氧八面体晶体场的影响,在畸变场的作用下,二重简并的 e_g 能级还可进一步分裂成 d_{z^2} 和 $d_{x^2-y^2}$ 两个能量不等的能级。

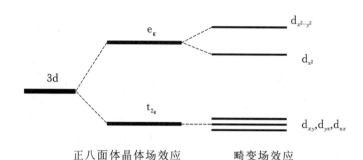

正八面体晶体场效应　　　　畸变场效应

图 2.52　氧八面体晶体场效应示意图,图中为显示 t_{2g} 能级含三个能级,有意将三个能级分开显示,同时假定 $d_{x^2-y^2}$ 能级的能量高于 d_{z^2} 能级的能量

现在以过渡金属 Mn 为例来说明晶体场效应的意义。Mn 常见的离子有 $Mn^{2+}(d^5)$、$Mn^{3+}(d^4)$ 和 $Mn^{4+}(d^3)$ 三种价态形式。如果将这些不同价态的 Mn 离子放在氧八面体中,由于晶体场的作用,五重简并的 d 能级分裂成能量较低的三重简并的 t_{2g} 能级和二重简并的 e_g 能级,这样就可以确定 d 电子在各个能级上的占据,对 $Mn^{2+}(d^5)$、$Mn^{3+}(d^4)$ 和 $Mn^{4+}(d^3)$ 三种价态的离子,d 电子在 t_{2g} 能级和 e_g 能级上的占据分别为 $t_{2g}^3 e_g^2$、$t_{2g}^3 e_g^1$ 和 $t_{2g}^3 e_g^0$。在 ABO_3 型钙钛矿 Mn 基氧化物中,氧八面体相互连接,使得 Mn 离子被非磁性 O^{2-} 离子隔开,形成"Mn 离子—O^{2-}-Mn 离子"共价键结合的基本单元。如果 Mn 离子以单一价态存在其中,例如"$Mn^{3+} — O^{2-}$-Mn^{3+}",则由于超交换作用(见第 12 章解释),O^{2-} 离子两边的 Mn^{3+} 离子的自旋反平行取向,如果 e_g 电子从一个 Mn^{3+} 离子的位置转移到另一个 Mn^{3+} 离子的位置上,则涉及自旋翻转,这在一般情况下是不允许的,因此,以"$Mn^{3+} — O^{2-}$-Mn^{3+}"为基本结构单元的 Mn 基钙钛矿氧化物为反铁磁性绝缘体。如果在 A 位上将三价稀土金属和二价碱土金属组合,则可以将 Mn^{4+} 离子引入其中,形成"$Mn^{3+} — O^{2-}$-Mn^{4+}"的基本结构单元,借助双交换作用(见第 12 章解释),O^{2-} 离子两边的 Mn^{3+} 离子和 Mn^{4+} 离子的自旋平行取向,表现出铁磁性有序,同时可使得 e_g 电子从一个 Mn^{3+} 离子的位置转移到另一个 Mn^{4+} 离子的位置上,表现出金属导电行为,因此,在含有 $Mn^{3+/4+}$ 的混合价的 Mn 基钙钛矿氧化物中,如 $La_{2-x}Ca_x MnO_3$,居里温度以下可以观察到铁磁金属共存的现象。

2.8.3　杨 — 特勒(Jahn-Teller)效应

如上面所指出的,当过渡金属 B 处在氧八面体中时,氧八面体晶体场的作用会使得五重简并的 d 能级被分裂成能量较低的三重简并的 t_{2g} 能级和能量较高的二重简并的 e_g 能级。如果某种原因能使得八面体畸变,则畸变场效应可进一步将二重简并的 e_g 能级分裂为 d_{z^2} 和 $d_{x^2-y^2}$ 两个能量不等的能级,但问题是 d_{z^2} 和 $d_{x^2-y^2}$ 两个能级中哪一个能级的能量更低? 这个问题可以基于杨 — 特勒效应(简称 J-T 效应)来回答。

处在氧八面体中的过渡金属离子,属于具有六配位的过渡金属离子。如果过渡金属离子的外层 d 电子云分布的对称性和配位体(氧离子)的电子云分布的对称性在几何构型上不相协调,则会导致配位体几何构型(即氧八面体)发生畸变,并使过渡金属离子的 d 轨道的简并度降低。这种因配位体几何构型的畸变而引起的效应称为 J-T 效应。具有 J-T 效应的离子称为 J-T 离子,Cu^{2+} 离子($3d^9$)和 Mn^{3+} 离子($3d^4$)等属于典型的 J-T 离子。

以 d^9 离子为例,相对于满壳层的 d^{10},d^9 离子的 d 壳层上缺少一个电子,这个缺少的 d 电子既可能是 $d_{x^2-y^2}$ 轨道上的电子,也可能是 d_{z^2} 轨道上的电子,取决于氧八面体的畸变形式。如果所缺的电子是 $d_{x^2-y^2}$ 轨道上的电子,即 $d_{z^2}^2 d_{x^2-y^2}^1$,则与 d^{10} 壳层的电子云密度相比,d^9 离子在 xy 平面内的电子云密度就显得小些,在这种情况下,有效核电荷对位于 xy 平面内四个带负电荷配体的吸引力要大于对 z 轴上两个配体的吸引力,从而形成 xy 平面内的四个短键和 z 轴方向上的两个长键,造成氧正八面体畸变成沿 z 轴方向拉长的氧八面体,畸变的结果使得二重简并的 e_g 能级分裂为能量较低的 d_{z^2} 和能量较高的 $d_{x^2-y^2}$ 两个能级。类似地,如果所缺的电子是 d_{z^2} 轨道上的电子,即 $d_{x^2-y^2}^2 d_{z^2}^1$,则 d^9 离子在 z 轴方向上的电子云密度就显得小些,有效核电荷对 z 轴方向两个带负电荷配体的吸引力要大于对 xy 平面内四个配体的吸引力,从而形成 xy 平面内的四个长键和 z 轴方向上的两个短键,造成氧正八面体畸变成在 z 轴方向压扁的氧八面体。畸变的结果使得二重简并的 e_g 能级分裂为能量较高的 d_{z^2} 和能量较低的 $d_{x^2-y^2}$ 两个能级。

伴随 J-T 效应引起的氧八面体的畸变,物理性质也随之发生变化,甚至是质的变化。例如,$La_{2-x}Ba_xCuO_4$ 系统之所以表现出高温超导,除了因为掺杂使得其中的 Cu^{2+} 变成 $Cu^{2+/3+}$ 的混合价外,另一重要的因素是 J-T 效应引起的 CuO_6 八面体的畸变;又如,$La_{2-x}Ca_xMnO_3$ 系统之所以表现出低温铁磁金属行为及居里温度附近的庞磁电阻效应,除了因为掺杂使得其中的 Mn^{3+} 变成 $Mn^{3+/4+}$ 的混合价外,另一重要的因素是 J-T 效应引起的 MnO_6 八面体的畸变。除此之外,J-T 效应的发生还可以使得过渡金属离子显得更"软",与配体结合时更倾向于共价结合而不是离子键结合,所得的配合物在水溶液中的溶解度降低,而在弱极性有机溶剂中的溶解度增加。

2.8.4　自旋 — 轨道耦合效应

对过渡金属基氧化物,如上所分析的,晶体场效应可以使得五重简并的 d 能级分裂成三重简并的 t_{2g} 能级和二重简并的 e_g 能级,且如果考虑畸变场效应,二重简并的 e_g 能级还可以进一步分裂成两个能量不等的能级,但这些效应仍然不能使三重简并的 t_{2g} 能级分开。

对 4d 或 5d 过渡金属,除了需要考虑晶体场效应外,还需要考虑电子 — 电子间的关联效应(U)和自旋 — 轨道间的耦合效应(λ)。对 3d 过渡金属,U 为 $5 \sim 7$ eV 而 λ 为 $0.01 \sim 0.1$ eV,因此,电子 — 电子间的关联效应占主导,而对于 4d 或 5d 过渡金属,则电子 — 轨道耦合效应占主导,例如对 5d 过渡金属,U 为 $0.4 \sim 2$ eV 而 λ 为 $0.3 \sim 1$ eV。对于 4d 或 5d 过渡金属,利用强的自旋 — 轨道耦合效应,或许可以将三重简并的 t_{2g} 能级分开。例如,对 $Ir^{4+}(5d^5)$ 离子,利用强的自旋 — 轨道耦合效应,可以将三重简并的 t_{2g} 能级分裂成能量较低的二重简并的 t_{2g} 能级和非简并的能量较高的 t_{2g} 能级,这样一来,Ir^{4+} 离子的 5 个 d 电子中,4 个占据在能量较低的二重简并的 t_{2g} 能级上,合成的总自旋为零,另一个占据在非简并的能量较高的 t_{2g} 能级上,形成的有效自旋为 1/2,由此可能会产生新的量子现象,甚至出现一个新的物理概念,叫作"$J_{eff} = \dfrac{1}{2}$ Physics!",这是目前国际上的热点研究问题。

对过渡金属,若以 λ/t 为横坐标,以 U/t 为纵坐标,其中,t 为交换积分因子,则可得到如图 2.53 所示的相图。以前普遍研究的 3d 过渡金属位于相图的左下角的小片区域,近年来国际上的研究重点转移到相图中的其他大片区域。通过对库仑关联能和自旋 — 轨道耦合的联合操控,有望实现具有全新量子化效应的新材料,如外尔半金属、拓扑绝缘体、自旋液体、高温超导体等。

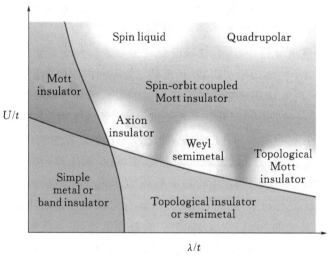

图 2.53 过渡金属 $U/t - \lambda/t$ 相图

思考与习题

2.1 最早的晶体是因其具有的鲜明宏观特征而被发现的,但为什么说只有恒定不变的晶面间夹角才是晶体的固有特征? 恒定不变的晶面间夹角和晶体的微观结构特征有何关系?

2.2 如何理解晶体、非晶体和准晶体?

2.3 根据晶格几何结构特征,能否将金刚石结构和闪锌矿型结构划归为同一类结构?

2.4 何谓布喇菲格子? 如何表征布喇菲点阵中的格点?

2.5　对同种原子形成的金刚石结构的晶体,如金刚石、硅等,如何理解它们的晶格是复式格子而不是简单布喇菲格子?

2.6　如何理解空间点阵反映了晶体结构的几何特征?

2.7　如何理解晶体的破缺平移对称性?

2.8　如何理解晶体只有 $n=1$、2、3、4 和 6 的五个可能的旋转对称操作,而没有 $n=5$ 及 $n>6$ 的旋转对称操作?

2.9　对六角密堆积结构,试证明:$\dfrac{c}{a}=\left(\dfrac{8}{3}\right)^{1/2}=1.633$。如果 $\dfrac{c}{a}$ 明显大于此值,则可能发生何种现象?

2.10　假定某种金属发生由体心立方结构到六角密堆积结构的结构相变,若相变时金属的密度维持不变且相变后六角密堆积结构相的 c/a 维持理想值,试求相变后的晶格常数与相变前的晶格常数之间的关系。

2.11　将等体积的钢球分别排成简单立方、体心立方、面心立方、六角密积和金刚石型的结构,若以钢球体积与总体积之比表示晶体的致密度,试针对不同的结构求晶体的致密度。

2.12　对体心立方和面心立方结构的晶体,其固体物理学原胞的习惯选取如图 2.23 所示,试证明:对体心立方晶体,其原胞三基矢间的夹角为 $109°27'$,对面心立方晶体,其原胞三基矢间的夹角为 $60°$。

2.13　若某晶体的基矢为 $\vec{a}_1=a\vec{i}$,$\vec{a}_2=a\vec{j}$,$\vec{a}_3=\dfrac{a}{2}(\vec{i}+\vec{j}+\vec{k})$,试根据给定的基矢判断该晶体具有何种晶体结构。

2.14　试画出具有体心立方和面心立方晶格结构的晶体在(100)、(110) 和(111) 晶面上的原子排列。

2.15　对如题 2.15 图所示的三维布喇菲格子,原胞的基矢方向如图所示,试求:

(1)OA 晶列和 CA 晶列的晶向指数;

(2)BCD 晶面和 ABC 晶面的面指数。

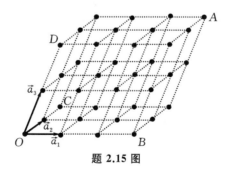

题 **2.15** 图

2.16　考虑一个面心立方结构的晶体,其晶胞及基矢如题 2.16 图所示,A 位于顶角,B、C 位于面心,求:

(1)AC 晶列的晶向指数;

（2）ABC 晶面的密勒指数。

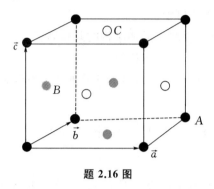

题 2.16 图

2.17　已知三斜晶系的晶体中，三个基矢分别为 $\vec{a}_1$、$\vec{a}_2$ 和 $\vec{a}_3$。现测知该晶体的某一晶面法线与基矢的夹角依次为 α、β 和 γ，试求该晶面的面指数。

2.18　对二维晶体，试论证二维平面点阵不可能有 5 度旋转对称轴。

2.19　已知石墨烯具有如题 2.19 图所示的正六角网状的结构，试问石墨烯的这种平面网状格子是简单布喇菲格子还是复式格子？ 为什么？ 试画出固体物理学原胞和晶胞。

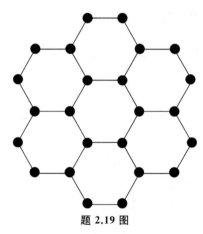

题 2.19 图

第3章　　倒易点阵及其周期性

在物理学中,对一个物理问题的分析通常基于坐标空间进行,但为了使得问题分析简单化,常常变换到其他空间(如状态空间)中进行。从坐标空间变换到其他空间,采用的是傅里叶变换。最典型的例子是,量子力学中对一个量子态的描述,既可以采用坐标表象,也可以采用动量表象,从坐标表象到动量表象的变换,就是通过傅里叶变换来实现的。

第2章关于晶体几何结构特征的描述均基于以原子平衡位置为基础的真实空间的描述,原则上也可以通过傅里叶变换,实现从真实空间(即正格子空间)到与之对应的傅里叶空间(即倒格子空间)的变换,以至于晶体几何结构特征可以在倒格子空间进行描述。但晶体具有破缺的平移对称性,因此,对晶体而言,当从真实空间变换到与之对应的傅里叶空间时,其变换应不同于通常的傅里叶变换,或者说,在对晶体进行傅里叶变换时,需要考虑晶体平移对称性破缺的事实。

倒格子空间及相应的倒易点阵的概念最初是针对晶体结构分析提出的,随着固体物理研究的深入,越来越多的研究表明,固体中的很多物理现象难以在正格子空间中得以理解,而更多的是需要在倒格子空间进行研究。为强调倒格子空间及相应的倒易点阵概念的重要性,本章将相关内容作为专门一章予以介绍。首先介绍以原子平衡位置为基础的正格子空间到与之对应的倒格子空间的变换,然后介绍倒易点阵和正点阵之间的关系及倒易点阵的周期性描述,最后介绍在固体物理学中有着十分重要的意义的一个概念 —— 布里渊区。

3.1　　正点阵及其数学表述

由第2章可知,晶体的特点是构成晶体的原子(或基元)在实空间呈现周期性排布。如果把原子平衡位置(或基元中心)对应的几何点看成是格点,则这些格点在坐标空间中周期性排布可形成布喇菲点阵。布喇菲点阵中任意一个格点可以通过格矢 $\vec{R}_l$ 表示。在以固体物理学原胞边矢量 $\vec{a}_1$、$\vec{a}_2$ 和 $\vec{a}_3$ 为基矢的坐标系中,格矢 $\vec{R}_l$ 可表示为

$$\vec{R}_l = l_1\vec{a}_1 + l_2\vec{a}_2 + l_3\vec{a}_3$$

其中,$l_i(i=1,2,3)$ 为0或任意正、负整数。l_i 取0或任意正、负整数值时,所有格矢的集合 $\{\vec{R}_l\}$ 必能囊括点阵中所有的格点而无遗漏,基于这一原因,布喇菲点阵可以认为是由 $\{\vec{R}_l\}$ 确定的空间点阵。

如果用假想的线将由 $\{\vec{R}_l\}$ 确定的空间点阵中的格点连接起来,则形成了能反映晶体几何结构特征的空间格子,这样的空间格子是基于与原子平衡位置对应的几何点在坐标

空间中的排布而构建的,故称其为实空间格子。为了区别后面提到的倒格子,人们将这样的实空间格子称为正格子,相应的空间称为正格子空间。

正格子空间的点阵,简称正点阵,是由一系列格点在正格子空间中周期性排布而成的。在以 $\vec{a}_1$、$\vec{a}_2$ 和 $\vec{a}_3$ 为基矢的正格子空间中,格点仅出现在由格矢 $\vec{R}_l = l_1\vec{a}_1 + l_2\vec{a}_2 + l_3\vec{a}_3$ 所表示的位置上,其中,$l_i(i=1,2,3)$ 为 0 或任意正、负整数,而在 $\vec{r} \neq \vec{R}_l$ 的任何位置上不会出现格点。或者说,格点出现在 $\vec{R}_l$ 位置上的几率为 100%,而在 $\vec{r} \neq \vec{R}_l$ 位置上,格点出现的几率为 0。利用 $\delta(x)$ 函数所具有的性质,我们可以将出现在正点阵中的第 l 个格点的几率密度用数学形式表示为

$$w_l(\vec{r}) = \delta(\vec{r} - \vec{R}_l) \tag{3.1}$$

它表示的是第 l 个格点仅出现在正点阵中由格矢 $\vec{R}_l$ 所表示的位置,而不会出现在其他位置上。因此,式(3.1)可以认为是关于由格矢 $\vec{R}_l$ 所表示的格点的数学表述,所有格点的集合 $\{w_l(\vec{r})\}$ 构成整个正点阵,因此,有

$$W(\vec{r}) = \{w_l(\vec{r})\} = \sum_l \delta(\vec{r} - \vec{R}_l) \tag{3.2}$$

式(3.2)可以认为是正点阵的数学表述形式,它描述的是在正格子空间中,所有格点仅出现在各个 $\vec{R}_l$ 所表示的位置上,而不会出现在 $\vec{r} \neq \vec{R}_l$ 的任何位置上。由于 $l_i(i=1,2,3)$ 取 0 或任意正、负数值,因此,$W(\vec{r})$ 必囊括了正点阵中所有的格点而无遗漏。

当平移任意格矢 $\vec{R}_{l'} = l'_1\vec{a}_1 + l'_2\vec{a}_2 + l'_3\vec{a}_3$ 时,由于

$$W(\vec{r} + \vec{R}_{l'}) = \sum_l \delta(\vec{r} + \vec{R}_{l'} - \vec{R}_l) = \sum_{l''} \delta(\vec{r} - \vec{R}_{l''}) \tag{3.3}$$

其中,$\vec{R}_{l''} = \vec{R}_l - \vec{R}_{l'}$,式(3.3)仍然是一系列峰值位于格点所在位置的 δ 函数之和,也就是说,平移任意格矢的操作没有引起点阵的变化,即正点阵具有平移对称性,这一平移对称性可用如下数学形式表示,即

$$W(\vec{r}) = W(\vec{r} + \vec{R}_l) \tag{3.4}$$

当然,这种平移对称性是破缺的,因为点阵保持不变只是针对平移格矢 $\vec{R}_l$ 的平移操作而不是对任意的位移操作。

3.2　　倒易点阵及其数学表述

物理学中,对一个坐标空间中的物理问题,为使问题的分析简单化,常常会通过傅里叶变换将其转换到其他空间(如状态空间)中进行分析。上面关于正点阵的描述是基于以原子平衡位置为基础的真实空间进行的,原则上也可以通过傅里叶变换,实现从真实空间到与之对应的傅里叶空间的变换,以至于与晶体周期性相关问题均可以在新的空间进行分析和讨论。

3.2.1　倒格子空间的基矢

为了构建和正格子空间相对应的傅里叶空间,我们需要有一套与该傅里叶空间相对应的独立且完备的基矢,不妨假设它们分别为 $\vec{b}_1$、$\vec{b}_2$ 和 $\vec{b}_3$。由于正格子空间的平移对称性的破缺,当从正格子空间变换到与之对应的傅里叶空间时,其变换应采取不同于通常的坐标系变换(如量子力学中的表象变换)的方式,这一不同的变换方式具体体现在由正格子空间基矢 $\vec{a}_1$、$\vec{a}_2$ 和 $\vec{a}_3$ 到与之对应的傅里叶空间基矢 $\vec{b}_1$、$\vec{b}_2$ 和 $\vec{b}_3$ 的变换上。

尽管由正格子空间基矢 $\vec{a}_1$、$\vec{a}_2$ 和 $\vec{a}_3$ 到与之对应的傅里叶空间基矢 $\vec{b}_1$、$\vec{b}_2$ 和 $\vec{b}_3$ 的变换不同于一般的表象变换,但这种变换仍应当遵循傅里叶变换的一般规律,即当从一个空间变换到与之对应的傅里叶空间时,变换前、后不同基矢方向上单位矢量之间应当是正交归一的。对于正格子空间,其第 i 个基矢方向的单位矢量为 $\dfrac{\vec{a}_i}{a_i}$,假如与该正格子空间相对应的傅里叶空间的第 j 个基矢方向的单位矢量为 $\dfrac{\vec{b}_j}{b_j}$,则它们之间的正交归一关系可表示为

$$\frac{\vec{a}_i}{a_i} \cdot \frac{\vec{b}_j}{b_j} = \delta_{ij} = \begin{cases} 1 & (i=j) \\ 0 & (i \neq j) \end{cases} \tag{3.5}$$

为了满足式(3.5)的正交条件,可以将 $\vec{b}_1$、$\vec{b}_2$ 和 $\vec{b}_3$ 写成如下形式:

$$\begin{cases} \vec{b}_1 = c\vec{a}_2 \times \vec{a}_3 \\ \vec{b}_2 = c\vec{a}_3 \times \vec{a}_1 \\ \vec{b}_3 = c\vec{a}_1 \times \vec{a}_2 \end{cases} \tag{3.6}$$

其中,c 是待定系数。为了确定待定系数 c,将方程组(3.6)中第一个方程两边点乘 $\vec{a}_1$ 后得到

$$\vec{a}_1 \cdot \vec{b}_1 = c\vec{a}_1 \cdot (\vec{a}_2 \times \vec{a}_3)$$

由于 $\vec{a}_1 \cdot (\vec{a}_2 \times \vec{a}_3)$ 正好是正格子空间原胞的体积 Ω,即

$$\Omega = \vec{a}_1 \cdot (\vec{a}_2 \times \vec{a}_3)$$

因此有

$$c = \vec{a}_1 \cdot \vec{b}_1 / \Omega$$

同理,将方程组(3.6)中第二个方程两边点乘 $\vec{a}_2$ 后得到 $c = \vec{a}_2 \cdot \vec{b}_2 / \Omega$,第三个方程两边点乘 $\vec{a}_3$ 后得到 $c = \vec{a}_3 \cdot \vec{b}_3 / \Omega$。固体物理学中,习惯上把两个互为倒易的基矢表示为如下形式:

$$\vec{a}_i \cdot \vec{b}_i = 2\pi \quad (i=1,2,3) \tag{3.7}$$

这样一来,式(3.6)中的常数可表示为 $c = 2\pi/\Omega$,由此得到

$$\begin{cases} \vec{b}_1 = \dfrac{2\pi}{\Omega}(\vec{a}_2 \times \vec{a}_3) \\[2mm] \vec{b}_2 = \dfrac{2\pi}{\Omega}(\vec{a}_3 \times \vec{a}_1) \\[2mm] \vec{b}_3 = \dfrac{2\pi}{\Omega}(\vec{a}_1 \times \vec{a}_2) \end{cases} \tag{3.8}$$

由式(3.8)定义的一组矢量为基矢构成的格子,称为对应于以 $\vec{a}_1$、$\vec{a}_2$ 和 $\vec{a}_3$ 为基矢的正格子的倒易格子,简称倒格子(reciprocal lattice),而 $\vec{b}_1$、$\vec{b}_2$ 和 $\vec{b}_3$ 则是与以 $\vec{a}_1$、$\vec{a}_2$ 和 $\vec{a}_3$ 为基矢的正格子相对应的倒格子空间基矢。由式(3.5)或根据式(3.8),可以将正、倒格子空间基矢间的正交关系表示为

$$\vec{a}_i \cdot \vec{b}_j = 2\pi\delta_{ij} = \begin{cases} 2\pi & (i = j) \\ 0 & (i \neq j) \end{cases} \tag{3.9}$$

正格子空间中的正格子结构特征可以通过基矢 $\vec{a}_1$、$\vec{a}_2$ 和 $\vec{a}_3$ 的特征得以反映,同样,倒格子空间的倒格子结构特征也可以通过倒格子空间的基矢 $\vec{b}_1$、$\vec{b}_2$ 和 $\vec{b}_3$ 得以反映。

例如,对晶格常数为 a 的体心立方格子,根据固体物理学原胞的习惯选取方法,见图2.23(b),正格子空间的三个基矢在直角坐标系中分别表示为

$$\begin{cases} \vec{a}_1 = \dfrac{a}{2}(-\vec{i} + \vec{j} + \vec{k}) \\[2mm] \vec{a}_2 = \dfrac{a}{2}(\vec{i} - \vec{j} + \vec{k}) \\[2mm] \vec{a}_3 = \dfrac{a}{2}(\vec{i} + \vec{j} - \vec{k}) \end{cases} \tag{3.10}$$

原胞的体积 $\Omega = \vec{a}_1 \cdot (\vec{a}_2 \times \vec{a}_3) = \dfrac{1}{2}a^3$,代入式(3.8)可得到与体心立方正格子相对应的倒格子空间的基矢为

$$\begin{cases} \vec{b}_1 = \dfrac{2\pi}{a}(\vec{j} + \vec{k}) \\[2mm] \vec{b}_2 = \dfrac{2\pi}{a}(\vec{i} + \vec{k}) \\[2mm] \vec{b}_3 = \dfrac{2\pi}{a}(\vec{i} + \vec{j}) \end{cases} \tag{3.11}$$

根据倒格子空间基矢的特征,可以看到,与体心立方正格子相对应的倒格子在倒格子空间中具有面心立方结构的格子特征。

又如,对晶格常数为 a 的面心立方格子,根据固体物理学原胞的习惯选取方法,见图2.23(c),正格子空间的三个基矢在直角坐标系中分别表示为

$$\begin{cases} \vec{a}_1 = \dfrac{a}{2}(\vec{j} + \vec{k}) \\[2mm] \vec{a}_2 = \dfrac{a}{2}(\vec{i} + \vec{k}) \\[2mm] \vec{a}_3 = \dfrac{a}{2}(\vec{i} + \vec{j}) \end{cases} \tag{3.12}$$

原胞的体积 $\Omega = \vec{a}_1 \cdot (\vec{a}_2 \times \vec{a}_3) = \dfrac{1}{4}a^3$。代入式(3.8)可得到与面心立方正格子相对应的倒格子空间基矢,即

$$\begin{cases} \vec{b}_1 = \dfrac{2\pi}{a}(-\vec{i}+\vec{j}+\vec{k}) \\[2mm] \vec{b}_2 = \dfrac{2\pi}{a}(\vec{i}-\vec{j}+\vec{k}) \\[2mm] \vec{b}_3 = \dfrac{2\pi}{a}(\vec{i}+\vec{j}-\vec{k}) \end{cases} \tag{3.13}$$

根据倒格子空间基矢的特征,可以看到,与面心立方正格子相对应的倒格子在倒格子空间中具有体心立方结构的格子特征。

　　上面的分析是针对三维晶体的。对二维晶体,其正格子空间的基矢为 $\vec{a}_1$ 和 $\vec{a}_2$,原胞的面积为 $\Omega = |\vec{a}_1 \times \vec{a}_2|$。我们既可以采用和三维一样的分析,得到与之对应的倒格子空间的基矢 $\vec{b}_1$ 和 $\vec{b}_2$,也可以直接利用式(3.8),得到与之对应的倒格子空间的基矢 $\vec{b}_1$ 和 $\vec{b}_2$,只是在这种情况下,需要假设第三个基矢 $\vec{a}_3$ 是一个既垂直于 $\vec{a}_1$ 又垂直于 $\vec{a}_2$ 的单位矢量 $\vec{e}_3$,且原胞的体积也相应地缩为原胞的面积。基于后一种方法,可以得到与基矢为 $\vec{a}_1$ 和 $\vec{a}_2$ 的二维正格子相对应的倒格子空间的基矢 $\vec{b}_1$ 和 $\vec{b}_2$,即

$$\begin{cases} \vec{b}_1 = \dfrac{2\pi}{|\vec{a}_1 \times \vec{a}_2|}(\vec{a}_2 \times \vec{e}_3) \\[3mm] \vec{b}_2 = \dfrac{2\pi}{|\vec{a}_1 \times \vec{a}_2|}(\vec{e}_3 \times \vec{a}_1) \end{cases} \tag{3.14}$$

例如,对晶格常数为 a 和 b 的二维长方晶体,其正格子空间的基矢在直角坐标系中可分别表示为 $\vec{a}_1 = a\vec{i}$ 和 $\vec{a}_2 = b\vec{j}$,而 $\vec{e}_3 = \vec{k}$,基于式(3.14)可得到与边长为 a 和 b 的二维格子相对应的倒格子在倒格子空间的基矢分别为 $\vec{b}_1 = \dfrac{2\pi}{a}\vec{i}$ 和 $\vec{b}_2 = \dfrac{2\pi}{b}\vec{j}$。事实上,与二维长方格子相对应的倒格子空间的基矢可以直接根据由式(3.9)给出的正交关系而得到,为此可以假设

$$\vec{b}_1 = b_{11}\vec{i} + b_{12}\vec{j}, \quad \vec{b}_2 = b_{21}\vec{i} + b_{22}\vec{j}$$

则由 $\vec{a}_1 \cdot \vec{b}_1 = 2\pi$ 和 $\vec{a}_2 \cdot \vec{b}_2 = 2\pi$ 得到 $b_{11} = \dfrac{2\pi}{a}$ 和 $b_{22} = \dfrac{2\pi}{b}$,而由 $\vec{a}_1 \cdot \vec{b}_2 = 0$ 和 $\vec{a}_2 \cdot \vec{b}_1 = 0$ 得到 $b_{21} = 0$ 和 $b_{12} = 0$,故有 $\vec{b}_1 = \dfrac{2\pi}{a}\vec{i}$ 和 $\vec{b}_2 = \dfrac{2\pi}{b}\vec{j}$。根据基矢特征,可以看到,与边长为 a 和 b 的二维格子相对应的倒格子在倒格子空间是一个边长为 $\dfrac{2\pi}{a}$ 和 $\dfrac{2\pi}{b}$ 的二维格子。

　　对一维晶体,如果基于式(3.9)得到与正格子相对应的倒格子空间的基矢,则更为方便。例如,对于沿 $\vec{i}$ 方向周期为 a 的一维晶体,其正格子空间的基矢为 $\vec{a}_1 = a\vec{i}$,利用式(3.9),直接得到 $\vec{b}_1 = \dfrac{2\pi}{a}\vec{i}$,可见,与周期为 a 的一维格子相对应的倒格子在倒格子空间是

一个周期为$\dfrac{2\pi}{a}$的一维格子。

3.2.2　倒易点阵的数学表述

数学上,一个量f在坐标空间中表示为$f(\vec{r})$,通过傅里叶变换(F)可以将其转换到其他空间进行描述。常见的是状态$\vec{k}$空间,在$\vec{k}$空间中该量表示为$f(\vec{k})$。从坐标空间的表示$f(\vec{r})$到$\vec{k}$空间的表示$f(\vec{k})$是通过如下傅里叶变换实现的:

$$f(\vec{k}) = F[f(\vec{r})] = \int f(\vec{r}) e^{-i\vec{k}\cdot\vec{r}} \, d\vec{r} \tag{3.15}$$

同样,正点阵在正格子空间的表示为$W(\vec{r})$,若对其进行傅里叶变换,则可以在状态空间将其表示为$W(\vec{k})$,从正格子空间的点阵表示$W(\vec{r})$到状态空间的点阵表示$W(\vec{k})$是通过如下傅里叶变换实现的:

$$W(\vec{k}) = \int W(\vec{r}) e^{-i\vec{k}\cdot\vec{r}} \, d\vec{r} \tag{3.16}$$

将式(3.2)所示的$W(\vec{r})$代入式(3.16),并利用$\delta(x)$函数的性质进行运算,有

$$W(\vec{k}) = \sum_l \int \delta(\vec{r} - \vec{R}_l) e^{-i\vec{k}\cdot\vec{r}} \, d\vec{r} = \sum_l e^{-i\vec{k}\cdot\vec{R}_l} \tag{3.17}$$

在以$\vec{b}_1$、$\vec{b}_2$和$\vec{b}_3$为基矢的倒格子空间中,矢量$\vec{k}$可以表示为

$$\vec{k} = k_1\vec{b}_1 + k_2\vec{b}_2 + k_3\vec{b}_3 \tag{3.18}$$

其中,$k_i(i=1,2,3)$为0或任意实常数。利用正、倒格子基矢间的正交关系$\vec{a}_i \cdot \vec{b}_j = 2\pi\delta_{ij}$及$\vec{R}_l = l_1\vec{a}_1 + l_2\vec{a}_2 + l_3\vec{a}_3$,有

$$\vec{k} \cdot \vec{R}_l = 2\pi(k_1 l_1 + k_2 l_2 + k_3 l_3) \tag{3.19}$$

代入式(3.17)后得到

$$W(\vec{k}) = \sum_l e^{-2\pi i(k_1 l_1 + k_2 l_2 + k_3 l_3)} \tag{3.20}$$

再利用泊松求和公式,可以将式(3.20)表示成

$$W(\vec{k}) = \sum_{h_1,h_2,h_3} \delta(k_1 - h_1)\delta(k_2 - h_2)\delta(k_3 - h_3) \tag{3.21}$$

其中,$h_i(i=1,2,3)$为0或任意正、负整数。若令

$$\vec{K}_h = h_1\vec{b}_1 + h_2\vec{b}_2 + h_3\vec{b}_3 \tag{3.22}$$

则式(3.21)可简洁地表示为

$$W(\vec{k}) = \sum_h \delta(\vec{k} - \vec{K}_h) \tag{3.23}$$

从式(3.2)可以看到,正点阵为一系列峰值位于$\vec{R}_l$的δ函数之和,同样从式(3.23)可以看到,正点阵的傅里叶变换在k空间中也是一系列δ函数之和,只是峰值位于$\vec{k} = \vec{K}_h$。因此,很自然地将正点阵经傅里叶变换得到的点阵称为与正点阵相对应的倒易点阵,而式(3.23)则是倒易点阵的数学表述形式。在正格子空间中,矢量$\vec{R}_l = l_1\vec{a}_1 + l_2\vec{a}_2 + l_3\vec{a}_3$称

为格矢,由格矢 $\vec{R}_l$ 表示的点称为格点,同样,在倒格子空间中,由式(3.22)定义的矢量称为倒格子空间的格矢量,简称倒格矢,由倒格矢 $\vec{K}_h$ 表示的点称为倒格点。从倒易点阵的数学表述形式可以看到,在倒格子空间中,所有倒格点仅出现在 $\vec{k} = \vec{K}_h$ 所表示的位置上,而不会出现在 $\vec{k} \neq \vec{K}_h$ 的任何位置上,因此,倒易点阵是一系列倒格点在 k 空间按 $\vec{K}_h = h_1\vec{b}_1 + h_2\vec{b}_2 + h_3\vec{b}_3$ 形式周期性排布形成的点阵。由于 $h_i(i=1,2,3)$ 为 0 或任意正、负整数,$W(\vec{k})$ 必囊括了倒易点阵中所有的倒格点而无遗漏。

3.3 倒易点阵的性质

3.3.1 倒格子与正格子间的关系

1. 正、倒格子基矢间的关系

正格子空间的基矢为 $\vec{a}_1$、$\vec{a}_2$ 和 $\vec{a}_3$,而与之对应的倒格子空间的基矢为 $\vec{b}_1$、$\vec{b}_2$ 和 $\vec{b}_3$。正、倒格子空间基矢之间具有如式(3.9)所示的正交关系,即

$$\vec{a}_i \cdot \vec{b}_j = 2\pi\delta_{ij} = \begin{cases} 2\pi & (i=j) \\ 0 & (i \neq j) \end{cases}$$

2. 正、倒格子原胞体积间的关系

以 $\vec{a}_1$、$\vec{a}_2$ 和 $\vec{a}_3$ 为基矢的正格子,原胞的体积为 $\Omega = \vec{a}_1 \cdot (\vec{a}_2 \times \vec{a}_3)$,与该正格子相对应的倒格子空间的原胞体积为 $\Omega^* = \vec{b}_1 \cdot (\vec{b}_2 \times \vec{b}_3)$,将式(3.8)定义的倒格子基矢代入,得

$$\Omega^* = \frac{(2\pi)^3}{\Omega^3}(\vec{a}_2 \times \vec{a}_3) \cdot [(\vec{a}_3 \times \vec{a}_1) \times (\vec{a}_1 \times \vec{a}_2)] = \frac{(2\pi)^3}{\Omega} \tag{3.24}$$

上式计算中利用到矢量计算公式 $\vec{a} \times (\vec{b} \times \vec{c}) = (\vec{c} \cdot \vec{a})\vec{b} - (\vec{b} \cdot \vec{a})\vec{c}$,由此得到正、倒格子原胞体积之间的关系为

$$\Omega^* = \frac{(2\pi)^3}{\Omega} \tag{3.25}$$

即倒格子原胞体积反比于正格子原胞体积,比例系数为 $(2\pi)^3$。

正格子空间中,一个原胞中只含有一个格点,因此,正格子空间中一个原胞的体积实际上就是一个正格点的体积。倒格子空间中,一个原胞中只含有一个倒格点,因此,倒格子空间中一个原胞的体积实际上就是一个倒格点的体积。可见,式(3.25)反映的是正、倒格点在各自空间中所占体积之间的关系,即一个倒格点在倒格子空间所占的体积反比于一个正格点在正格子空间所占的体积,比例系数为 $(2\pi)^3$。

推广到二维晶体,则式(3.25)中的正、倒格子原胞体积应当理解为相应的原胞面积,比例系数为 $(2\pi)^2$,即

$$\Omega^* = \frac{(2\pi)^2}{\Omega} \tag{3.26}$$

对一维晶体,则式(3.25)中的正、倒格子原胞体积应当理解为相应的原胞长度,比例系数为 2π,即

$$\Omega^* = \frac{2\pi}{\Omega} \tag{3.27}$$

3. 正、倒格矢间的关系

以 $\vec{a}_1$、$\vec{a}_2$ 和 $\vec{a}_3$ 为基矢的正格子空间中的格矢 $\vec{R}_l$ 和与之相对应的倒格子空间中的倒格矢 $\vec{K}_h$ 分别为

$$\vec{R}_l = l_1 \vec{a}_1 + l_2 \vec{a}_2 + l_3 \vec{a}_3$$

和

$$\vec{K}_h = h_1 \vec{b}_1 + h_2 \vec{b}_2 + h_3 \vec{b}_3$$

利用

$$\vec{a}_i \cdot \vec{b}_j = 2\pi\delta_{ij} = \begin{cases} 2\pi & (i=j) \\ 0 & (i \neq j) \end{cases}$$

有

$$\begin{aligned}\vec{R}_l \cdot \vec{K}_h &= (l_1 \vec{a}_1 + l_2 \vec{a}_2 + l_3 \vec{a}_3) \cdot (h_1 \vec{b}_1 + h_2 \vec{b}_2 + h_3 \vec{b}_3) \\ &= l_1 \vec{a}_1 \cdot h_1 \vec{b}_1 + l_2 \vec{a}_2 \cdot h_2 \vec{b}_2 + l_3 \vec{a}_3 \cdot h_3 \vec{b}_3 \\ &= 2\pi(l_1 h_1 + l_2 h_2 + l_3 h_3)\end{aligned}$$

令 $n = \sum_{i=1}^{3} l_i h_i$,由于 $l_i = 0, \pm1, \pm2, \cdots, h_i = 0, \pm1, \pm2, \cdots (i=1,2,3)$,因此,$n = 0, \pm1, \pm2, \cdots$,由此得到正格矢和倒格矢间的关系为

$$\vec{R}_l \cdot \vec{K}_h = 2\pi n \quad (n = 0, \pm1, \pm2, \cdots) \tag{3.28}$$

式(3.28)有一个重要的推论,即如果两个矢量的点乘得到的是一个无量纲的数 $2\pi n$,若其中一个为正格矢,则另一个必为倒格矢。

4. 正、倒点阵间的关系

前面提到,原子(或基元)周期性排布形成的晶体,其几何结构特征可以通过格点周期性排布形成的布喇菲点阵得以描述。布喇菲点阵中任意一个格点可以通过格矢 $\vec{R}_l = l_1 \vec{a}_1 + l_2 \vec{a}_2 + l_3 \vec{a}_3$ 表示。由于 $l_i (i=1,2,3)$ 为0或任意正、负整数,$\{\vec{R}_l\}$ 必能囊括点阵中所有的格点而无遗漏,因此,可以认为,正格子空间的布喇菲点阵,即正点阵,是由 $\{\vec{R}_l\}$ 确定的空间点阵。

与正点阵类似,倒易点阵也是由一系列倒格点周期分布构成的。在倒格子空间,任意一个倒格点可以通过倒格矢 $\vec{K}_h = h_1 \vec{b}_1 + h_2 \vec{b}_2 + h_3 \vec{b}_3$ 表示。由于 $h_i (i=1,2,3)$ 为0或

任意正、负整数,$\{\vec{K}_h\}$ 必能囊括倒易点阵中所有的倒格点而无遗漏,因此,也可以认为倒易点阵是 k 空间中由 $\{\vec{K}_h\}$ 确定的空间点阵。

每个晶体都有一套与其对应的正点阵,而正点阵可以通过傅里叶变换转变成倒易点阵,意味着每个晶体都有两套点阵与之联系,一套为正格子空间的布喇菲点阵,另一套为倒格子空间的倒易点阵。这两套点阵由式(3.8)联系起来。正格子空间中的矢量具有长度的量纲,而倒格子空间中的矢量具有长度倒数的量纲,从数学上讲,这两套点阵是互相对应的傅里叶空间点阵,意味着倒易点阵是与真实空间(正格子空间)联系的傅里叶空间中的点阵。由于倒格子是由式(3.8)确定的,倒格点在倒格子空间完全呈周期排列,每个倒格点周围的情况都是相同的,因此,倒易点阵也可以认为是倒格子空间的布喇菲点阵。

3.3.2　晶面与倒易点阵

由第 2 章可知,在正格子空间中,三个非共线的格点组成一个晶面,在一个晶面之外有无限多个相互平行且等间距分布的晶面,这些相互平行等间距分布的晶面组成一个晶面族。在晶面指数为 $(h_1 h_2 h_3)$ 的晶面族中,最靠近原点的晶面,如图 3.1 中的 ABC 晶面,在 $\vec{a}_1$、$\vec{a}_2$ 和 $\vec{a}_3$ 三个基矢方向的截距分别为 $\dfrac{\vec{a}_1}{h_1}$、$\dfrac{\vec{a}_2}{h_2}$ 和 $\dfrac{\vec{a}_3}{h_3}$。

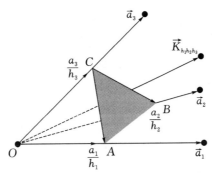

图 3.1　晶面族 $(h_1 h_2 h_3)$ 和倒格矢 $\vec{K}_{h_1 h_2 h_3}$ 间关系示意图

倒易点阵是由倒格点在倒格子空间中周期性排布形成的,通过任意两个倒格点可以连成一条直线,该直线上包含一系列周期性排布的倒格点,周期为该直线上相邻两个倒格点间的间隔,这样的包含一系列周期性排布的倒格点的直线称为倒格子空间的晶列。类似于正格子空间,倒格子空间的晶列取向也可以通过倒格子空间的晶向指数 $[h_1 h_2 h_3]$ 表示。在以 $\vec{b}_1$、$\vec{b}_2$ 和 $\vec{b}_3$ 为基矢的倒格子空间中,在晶向指数为 $[h_1 h_2 h_3]$ 的晶列上,若选择其中任意一个倒格点为原点,则离原点最近的一个倒格点可由倒格矢 $\vec{K}_{h_1 h_2 h_3} = h_1 \vec{b}_1 + h_2 \vec{b}_2 + h_3 \vec{b}_3$ 表示,其中,$h_i\,(i=1,2,3)$ 必是三个互质的整数。由于原点选择的任意性,倒格矢 $\vec{K}_{h_1 h_2 h_3} = h_1 \vec{b}_1 + h_2 \vec{b}_2 + h_3 \vec{b}_3$ 实际上表示的是倒格子空间中晶向指数为 $[h_1 h_2 h_3]$ 的晶列上的最短倒格矢。

三个互质整数 $h_i (i=1,2,3)$ 在正点阵中表示的是晶面指数为 $(h_1 h_2 h_3)$ 的晶面,而在倒易点阵中表示的是倒格子空间中晶向指数为 $[h_1 h_2 h_3]$ 的晶列上的最短倒格矢。那么,人们自然会问,正格子空间中的面(即晶面指数为 $(h_1 h_2 h_3)$ 的晶面)和倒格子空间中的线(即晶向指数为 $[h_1 h_2 h_3]$ 的晶列)之间有何种对应关系?

前面从正点阵出发,通过傅里叶变换,得到与正点阵相对应的倒易点阵,正、倒点阵互为傅里叶变换。同样,我们可以从正格子空间的某一晶面出发,得到与该晶面相对应的倒格子空间的晶列,这种晶列在倒格子空间沿不同方向作周期性排布或平移对称操作,也可以得到整个的倒易点阵,因此,这种面(正点阵中的晶面)与线(倒格子空间中的晶列)的变换同样也互为傅里叶变换。由于倒格子空间中的晶列取向可以用该晶列上的最短倒格矢表示,而倒格矢又可被用来表示倒格子空间中一个倒格点的位置,因此,可以用倒格子空间中的一个倒格点来代表正点阵中的晶面,这一认识在后面的晶体衍射理论中极为重要。

我们再来考查一下由相同互质整数 $h_i (i=1,2,3)$ 所表示的正格子空间的晶面取向和倒格子空间的晶列取向之间的关系。为此,假设图 3.1 中所示的 ABC 晶面是晶面指数为 $(h_1 h_2 h_3)$ 的晶面族中最靠近原点的一个晶面,该晶面上的两个矢量 $\overrightarrow{CA}$ 和 $\overrightarrow{CB}$ 可分别为

$$\overrightarrow{CA} = \overrightarrow{OA} - \overrightarrow{OC} = \frac{\vec{a}_1}{h_1} - \frac{\vec{a}_3}{h_3}$$

和

$$\overrightarrow{CB} = \overrightarrow{OB} - \overrightarrow{OC} = \frac{\vec{a}_2}{h_2} - \frac{\vec{a}_3}{h_3}$$

用倒格子空间中晶向指数为 $[h_1 h_2 h_3]$ 的晶列上的最短倒格矢 $\vec{K}_{h_1 h_2 h_3}$ 点乘上面的两个矢量,利用正、倒格子基矢间的正交关系可以得到

$$\vec{K}_{h_1 h_2 h_3} \cdot \overrightarrow{CA} = (h_1 \vec{b}_1 + h_2 \vec{b}_2 + h_3 \vec{b}_3) \cdot \left(\frac{\vec{a}_1}{h_1} - \frac{\vec{a}_3}{h_3} \right) = 0$$

和

$$\vec{K}_{h_1 h_2 h_3} \cdot \overrightarrow{CB} = (h_1 \vec{b}_1 + h_2 \vec{b}_2 + h_3 \vec{b}_3) \cdot \left(\frac{\vec{a}_2}{h_2} - \frac{\vec{a}_3}{h_3} \right) = 0$$

说明倒格矢 $\vec{K}_{h_1 h_2 h_3}$ 与 ABC 晶面上的两个非平行的格矢 $\overrightarrow{CA}$ 和 $\overrightarrow{CB}$ 正交。由于倒格矢 $\vec{K}_{h_1 h_2 h_3}$ 垂直于同一晶面上两个非平行的格矢,则它必然垂直于该晶面,因此,倒格子空间中晶向指数为 $[h_1 h_2 h_3]$ 的晶列上的最短倒格矢 $\vec{K}_{h_1 h_2 h_3}$ 的方向和晶面指数为 $(h_1 h_2 h_3)$ 的晶面族的法线方向相同。

由于倒格矢 $\vec{K}_{h_1 h_2 h_3}$ 的方向和晶面指数为 $(h_1 h_2 h_3)$ 的晶面族的法线方向相同,故晶面指数为 $(h_1 h_2 h_3)$ 的晶面族的法线方向的单位矢量 $\vec{e}_{h_1 h_2 h_3}$ 可表示为

$$\vec{e}_{h_1 h_2 h_3} = \frac{\vec{K}_{h_1 h_2 h_3}}{|\vec{K}_{h_1 h_2 h_3}|}$$

由图 3.1 可以看到,既然 ABC 是晶面指数为 $(h_1h_2h_3)$ 的晶面族中最靠近原点的晶面,则该族晶面相邻晶面之间的面间距 $(d_{h_1h_2h_3})$ 就等于原点到 ABC 晶面的距离,因此有

$$d_{h_1h_2h_3}=\frac{\vec{a}_1}{h_1}\cdot\vec{e}_{h_1h_2h_3}=\frac{\vec{a}_1}{h_1}\cdot\frac{\vec{K}_{h_1h_2h_3}}{|\vec{K}_{h_1h_2h_3}|}=\frac{\vec{a}_1}{h_1}\cdot\frac{h_1\vec{b}_1+h_2\vec{b}_2+h_3\vec{b}_3}{|\vec{K}_{h_1h_2h_3}|}$$

利用正、倒格子基矢间的正交关系,可以得到

$$d_{h_1h_2h_3}=\frac{2\pi}{|\vec{K}_{h_1h_2h_3}|} \tag{3.29}$$

说明晶面指数为 $(h_1h_2h_3)$ 的晶面族中,相邻晶面间的面间距反比于该族晶面法线方向最短倒格矢的长度,比例系数为 2π。

综合以上,倒易点阵与晶面之间的关系可概括为如下三点。

(1) 倒易点阵中由最短倒格矢 $\vec{K}_{h_1h_2h_3}$ 表示的倒格点对应正点阵中由晶面指数 $(h_1h_2h_3)$ 所表征的晶面,以至于可以用一个倒格点来代表正点阵中的晶面,这种点与面互为傅里叶变换。

(2) 正点阵中晶面指数为 $(h_1h_2h_3)$ 的晶面垂直于倒易点阵中晶向指数为 $[h_1h_2h_3]$ 的晶列。

(3) 正点阵中晶面指数为 $(h_1h_2h_3)$ 的晶面族的面间距反比于倒易点阵中晶向指数为 $[h_1h_2h_3]$ 的晶列上最短倒格矢的长度。

3.3.3　倒易点阵的对称性

晶体结构的几何特征是具有平移对称性和点群对称操作的宏观对称性,正点阵可以反映晶体的这种结构几何特征,那么,倒易点阵是否也可以反映晶体的这种结构几何特征?

前面指出,正点阵具有平移对称性,其平移对称性的数学表述形式如式 (3.4) 所示,当进行平移格矢 $\vec{R}_l$ 的操作时,正点阵并没有改变。对倒易点阵,由式 (3.23) 可以看到,当平移任意倒格矢 $\vec{K}_{h'}=h_1'\vec{b}_1+h_2'\vec{b}_2+h_3'\vec{b}_3$ 时,由于

$$W(\vec{k}+\vec{K}_{h'})=\sum_h\delta(\vec{k}+\vec{K}_{h'}-\vec{K}_h)=\sum_{h''}\delta(\vec{k}-\vec{K}_{h''})$$

其中,$\vec{K}_{h''}=\vec{K}_h-\vec{K}_{h'}$,则 $W(\vec{k}+\vec{K}_{h'})$ 仍然是一系列峰值位于倒格点所在位置的 δ 函数之和,倒易点阵没有变化,意味着倒易点阵也具有平移对称性,其数学表述形式为

$$W(\vec{k})=W(\vec{k}+\vec{K}_h) \tag{3.30}$$

两点阵不仅具有平移对称性,而且正点阵的所有宏观对称性也存在于倒易点阵中,这可以从下面的论证中得到证实。

第 2 章曾提到过,点阵的宏观对称性可以通过点群对称操作得以反映。假设 A 是正点阵中的一个点群对称操作,相应的逆操作为 A^{-1},对于正格矢 $\vec{R}_l$,对其进行点群对称操

作和相应的逆操作后分别得到两个矢量, $A\vec{R}_l$ 和 $A^{-1}\vec{R}_l$, 明显地, 这两个矢量仍然为正格矢。既然 $A\vec{R}_l$ 和 $A^{-1}\vec{R}_l$ 均是正格矢, 则对任意倒格矢 $\vec{K}_h$ 必有

$$\vec{K}_h \cdot A\vec{R}_l = 2\pi n \tag{3.31}$$

和

$$\vec{K}_h \cdot A^{-1}\vec{R}_l = 2\pi n \tag{3.32}$$

点群对称操作属于正交变换, 而正交变换中, 空间任意两点间的距离保持不变, 因此, 点群对称操作前、后, 空间两点之间的距离不变。既然如此, 则对正、倒格矢的点乘进行点群对称操作, 结果应维持不变。由此我们得到

$$A^{-1}(\vec{K}_h \cdot A\vec{R}_l) = A^{-1}\vec{K}_h \cdot A^{-1}A\vec{R}_l = A^{-1}\vec{K}_h \cdot \vec{R}_l = 2\pi n \tag{3.33}$$

和

$$A(\vec{K}_h \cdot A^{-1}\vec{R}_l) = A\vec{K}_h \cdot AA^{-1}\vec{R}_l = A\vec{K}_h \cdot \vec{R}_l = 2\pi n \tag{3.34}$$

由于 $\vec{R}_l$ 是正格矢, 由 $A\vec{K}_h \cdot \vec{R}_l = 2\pi n$ 可知, $A\vec{K}_h$ 必为倒格矢; 同样, 由 $A^{-1}\vec{K}_h \cdot \vec{R}_l = 2\pi n$ 可知, $A^{-1}\vec{K}_h$ 也必为倒格矢, 说明正、倒格子有相同的点群对称性。而点群对称性反映了晶体的宏观对称性, 因此, 可以说, 倒易点阵保留了正点阵的所有宏观对称性。

可见, 正、倒点阵是完全等价的两点阵, 正、倒格子两个不同空间反映了晶体结构几何特征的平移对称性和宏观对称性。

3.3.4 晶体物理性质的傅里叶级数展开

对晶体中任意一个物理量, 不妨用 f 表示之, 假如其在正格子空间中的表示为 $f(\vec{r})$, 则通过傅里叶变换, 可以将其转换到倒格子空间中的表示 $f(\vec{k})$, 两者间的关系为

$$f(\vec{r}) = \int f(\vec{k}) e^{i\vec{k} \cdot \vec{r}} d\vec{k} \tag{3.35}$$

考虑到晶体平移对称性破缺的事实, 上式的积分可写成按傅里叶级数展开的形式, 即

$$f(\vec{r}) = \sum_h f(\vec{k}_h) e^{i\vec{k}_h \cdot \vec{r}} \tag{3.36}$$

当平移格矢 $\vec{R}_l$ 时, 有

$$f(\vec{r} + \vec{R}_l) = \sum_h f(\vec{k}_h) e^{i\vec{k}_h \cdot (\vec{r} + \vec{R}_l)} \tag{3.37}$$

由于正格子空间中的物理量具有和晶格相同的平移对称性, 即

$$f(\vec{r}) = f(\vec{r} + \vec{R}_l) \tag{3.38}$$

比较式 (3.36) 和式 (3.37), 则必有 $e^{i\vec{k}_h \cdot \vec{R}_l} = 1$ 和 $\vec{k}_h \cdot \vec{R}_l = 2\pi n$。根据前面的讨论, 由于 $\vec{R}_l$ 为正格矢, 则 $\vec{k}_h$ 必为倒格矢, 若将倒格矢 $\vec{k}_h$ 写成统一的表示形式 $\vec{K}_h$, 则式 (3.36) 变成

$$f(\vec{r}) = \sum_h f(\vec{K}_h) e^{i\vec{K}_h \cdot \vec{r}} \tag{3.39}$$

求和遍及所有倒格点。式(3.39)表明,晶体的物理性质可以按倒格矢 $\vec{K}_h$ 展开为傅里叶级数。

为了确定展开式系数 $f(\vec{K}_h)$,将方程(3.39)两边同时乘上 $\mathrm{e}^{-i\vec{K}_{h'}\cdot\vec{r}}$ 并对整个晶体积分,有

$$\int_V f(\vec{r})\mathrm{e}^{-i\vec{K}_{h'}\cdot\vec{r}}\,\mathrm{d}\vec{r} = \sum_h f(\vec{K}_h)\int_V \mathrm{e}^{i(\vec{K}_h-\vec{K}_{h'})\cdot\vec{r}}\,\mathrm{d}\vec{r}$$

利用 $\int_V \mathrm{e}^{i(\vec{K}_h-\vec{K}_{h'})\cdot\vec{r}}\,\mathrm{d}\vec{r} = V\delta_{K_h,K_{h'}}$,其中,$V$ 为晶体体积,可以得到展开式系数:

$$f(\vec{K}_h) = \frac{1}{V}\int_V f(\vec{r})\mathrm{e}^{-i\vec{K}_h\cdot\vec{r}}\,\mathrm{d}\vec{r} \tag{3.40}$$

在正格子空间中,由于各个原胞是等价的,上式对晶体体积的积分可写成对原胞体积的积分。假设晶体有 N 个原胞,每个原胞的体积为 Ω,则有 $V = N\Omega$ 和 $\int_V f(\vec{r})\mathrm{e}^{-i\vec{K}_h\cdot\vec{r}}\,\mathrm{d}\vec{r} = N\int_\Omega f(\vec{r})\mathrm{e}^{-i\vec{K}_h\cdot\vec{r}}\,\mathrm{d}\vec{r}$,因此,式(3.39)中的展开式系数也可表示为

$$f(\vec{K}_h) = \frac{1}{\Omega}\int_\Omega f(\vec{r})\mathrm{e}^{-i\vec{K}_h\cdot\vec{r}}\,\mathrm{d}\vec{r} \tag{3.41}$$

式(3.40)或式(3.41)可以认为是晶体的物理性质在倒格子空间的表示。

3.4　布里渊区

和正点阵一样,倒易点阵也同样能够反映晶体结构几何特征的平移对称性和宏观对称性,这些对称性源于构成倒易点阵的倒格点的周期性排布。可用不同的方法来描述这种倒易空间的周期性,其中,布里渊区划分法尤为重要。布里渊区的概念在晶格动力学、固体能带理论,以及晶体中其他类型的元激发的描述中被广泛使用,是近代固体理论重要的研究内容。

3.4.1　倒易点阵周期性描述

晶体中物理问题的分析常常需要在倒格子空间进行。和通常所讲的状态空间不同,晶体中的倒格子空间是由一系列倒格点按照 $\vec{K}_h = h_1\vec{b}_1 + h_2\vec{b}_2 + h_3\vec{b}_3$ 形式作周期性排布构成的。和正点阵一样,周期性排布的倒格点形成的倒易点阵,不仅具有(破缺)平移对称性,而且具有点群对称操作的宏观对称性。

倒易点阵之所以具有平移对称性和点群对称操作的宏观对称性,源于存在于其中的倒格点在倒格子空间的周期性排布。和正点阵一样,如果仅仅为了反映倒易点阵的周期性,我们可以选择只含有一个倒格点的最小结构单元,即所谓的倒格子空间的原胞,作为描述倒易点阵的重复单元。在正点阵中,固体物理学原胞和 W-S 原胞均是只含有一个格点的最小重复单元,类似的原胞选取方法同样适合倒易点阵的原胞选取。

类似于正点阵中的固体物理学原胞的选取,在倒格子空间中,以任意一个倒格点作

为顶点,然后基于顶点处的倒格点和沿 $\vec{b}_1$、$\vec{b}_2$ 和 $\vec{b}_3$ 三个方向的三个离顶点最近的倒格点形成平行六面体,这样选择的平行六面体只有一个位于顶角的倒格点,因此,它能反映倒格子空间倒格点的周期性排布,是体积最小的倒格子空间中的固体物理学原胞。将这样的原胞沿 $\vec{b}_1$、$\vec{b}_2$ 和 $\vec{b}_3$ 三个方向分别按周期 b_1、b_2 和 b_3 进行连续周期性排布,就能不重叠地填满整个倒格子空间且不留下任何空隙,意味着周期性排布的倒格点构成的倒格子空间可以通过倒格子空间的固体物理学原胞按 $\vec{K}_h = h_1\vec{b}_1 + h_2\vec{b}_2 + h_3\vec{b}_3$ 形式作平移对称操作得到。

虽然基于倒格子空间的固体物理学原胞可以描述倒易点阵的周期性,但这种原胞并不能充分反映倒易点阵的宏观对称性,因此,这种原胞在实际物理分析中很少采用。相比于倒格子空间的固体物理学原胞,倒格子空间的 W-S 原胞不仅是一个仅含有一个倒格点、能反映倒易点阵的周期性的最小重复单元,而且能充分反映倒易点阵的宏观对称性。倒格子空间的 W-S 原胞的选取方法和正点阵中的 W-S 原胞的选取方法相同,即在倒格子空间中,以任意一个倒格点为中心,作该倒格点和周围各近邻(甚至次近邻)倒格点连线的垂直平分面,这些垂直平分面围成一个以该倒格点为中心、体积正好等于一个倒格点所占的体积的闭合凸多面体,这样一个凸多面体就是关于该倒格点的倒格子空间的 W-S 原胞。将这一 W-S 原胞沿原胞中心倒格点到各个倒格点连线方向按 $\vec{K}_h = h_1\vec{b}_1 + h_2\vec{b}_2 + h_3\vec{b}_3$ 形式作周期性平移对称操作,同样可以不重叠地填满整个倒格子空间而不留任何空隙,因而也可以反映倒易点阵的周期性。同时,正点阵中的 W-S 原胞所具有的凸多面体形状往往和晶体暴露在外的形状相一致,因此,能更好地反映晶体的宏观对称性,同样的道理,倒格子空间的 W-S 原胞所具有的凸多面体形状能更好地反映倒易点阵的宏观对称性。

除了上面两种反映倒易点阵周期性的最小原胞的选取方法外,还有一种独特的原胞选取方法,即下面要重点介绍的布里渊区划分法,这种方法基于倒易点阵的平移对称性将整个倒格子空间分成第一、第二等一系列布里渊区,每个布里渊区的体积相同且和一个倒格点所占体积相等,因此,布里渊区也是反映倒易点阵周期性的最小结构单元。如后面所述,第一布里渊区的选取和倒格子空间的 W-S 原胞的选取完全相同,而对第二、第三等布里渊区进行适当的平移对称操作,可以得到和第一布里渊区完全相同的凸多面体形状。因此,布里渊区作为最小结构单元不仅能反映倒易点阵的周期性,而且还能充分反映倒易点阵的宏观对称性和平移对称性。由于倒易点阵的平移对称性,因此,在固体物理学中对物理问题在倒格子空间的分析常常限于在第一布里渊区里进行,而对其他布里渊区的问题只需要通过平移对称操作就可得到。

3.4.2　布里渊区划分的理论依据及方法

前面提到,倒易点阵是倒格点在倒格子空间按 $\vec{K}_h = h_1\vec{b}_1 + h_2\vec{b}_2 + h_3\vec{b}_3$ 形式周期性排布而成的,具有如式(3.30)所示的平移对称性。由于倒易点阵的平移对称性,晶体中的物理性质在状态空间具有和倒易点阵相同的平移对称性,即

$$f(\vec{k}) = f(\vec{k} + \vec{K}_h) \qquad (3.42)$$

上式表明,在状态空间中,由 $\vec{k}$ 表示的状态点和由 $\vec{k} + \vec{K}_h$ 表示的状态点是完全等价的,既然如此,则必有

$$\vec{k}^2 = (\vec{k} + \vec{K}_h)^2 \qquad (3.43)$$

上述方程在晶体物理性质分析方面尤为重要,因为常常发现,晶体的物理性质在由该方程确定的 $\vec{k}$ 的地方会出现奇异或发散现象。为了描述其意义,将方程(3.43)写成

$$2\vec{k} \cdot \vec{K}_h + \vec{K}_h^2 = 0 \qquad (3.44)$$

如果 $\vec{K}_h$ 表示的是某一个倒格矢,则 $-\vec{K}_h$ 表示的肯定也是同一个倒格矢,两者只是方向相反而已。因此,式(3.44)中可用 $-\vec{K}_h$ 代替 $\vec{K}_h$,整理后有

$$\vec{K}_h \cdot \left(-\vec{k} + \frac{\vec{K}_h}{2}\right) = 0 \qquad (3.45)$$

采用图 3.2 所示的图解法来说明式(3.45)的意义。假设有两个倒格点 O 和 A,如果选择倒格点 O 作为原点,则倒格点 A 可以用倒格矢 $\vec{K}_h$ 表示,该倒格矢的垂直平分面(三维)或垂直平分线(二维)DE 与该倒格矢垂直相交于点 C,因此有 $\overrightarrow{OC} = \dfrac{\overrightarrow{OA}}{2} = \dfrac{\vec{K}_h}{2}$。假设有一个矢量 $\vec{k}$ 始于原点 O 而终止于点 F,则有 $\overrightarrow{OF} = \vec{k}$。由于矢量 $\overrightarrow{OC}$、$\overrightarrow{CF}$ 和 $\overrightarrow{FO}$ 围成一个矢量三角形,故有 $\overrightarrow{FC} = -\vec{k} + \dfrac{\vec{K}_h}{2}$。根据

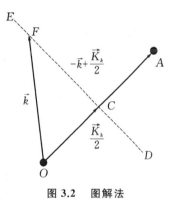

图 3.2　图解法

方程(3.45),$\vec{K}_h \cdot \left(-\vec{k} + \dfrac{\vec{K}_h}{2}\right) = 0$,因此有 $\overrightarrow{OA} \cdot \overrightarrow{FC} = 0$,即 FC 和 OA 垂直,说明矢量 $\vec{k}$ 末端所在的点 F 必落在倒格矢 $\vec{K}_h$ 的垂直平分面或线上。满足式(3.45)的任意始于原点的矢量 $\vec{k}$ 最终均都会止于倒格矢 $\vec{K}_h$ 的垂直平分面上,说明倒格矢 $\vec{K}_h$ 的垂直平分面是始于原点的矢量 $\vec{k}$ 的边界。对原点周围其他近邻倒格点所对应的倒格矢进行分析可得到同样的结论,这些近邻倒格矢的垂直平分面围成一个以原点倒格点为中心、体积为一个倒格点所占的体积的闭合凸多面体,就是所谓的第一布里渊区,凸多面体边界就是所谓的布里渊区边界。若对倒易点阵中所有倒格点进行同样的分析,则可以得到一系列的布里渊区。

上面的论证是布里渊区划分的理论依据。布里渊区的具体划分方法是,在 $\vec{k}$ 空间,以任意一个倒格点为原点,一般称倒格子空间中的原点为 Γ 点,将一系列倒格矢连接原点处的倒格点和原点之外的所有倒格点,然后作所有这些倒格矢的垂直平分面,这些垂直平分面将 $\vec{k}$ 空间分割成体积相等的若干区域,其中,包含原点处倒格点的最小闭合空间为

第一布里渊区,完全包围第一布里渊区的若干个小区域的全体为第二布里渊区 …… 依此类推,可以得到第三、第四等一系列布里渊区。由于每个布里渊区只包含一个倒格点,因此每个布里渊区的体积正好等于一个倒格点在倒格子空间所占的体积,即为 $\Omega^* = \vec{b}_1 \cdot (\vec{b}_2 \times \vec{b}_3)$。同时注意到,从第一布里渊区的划分过程可以看出,第一布里渊区完全等同于倒格子空间的 W-S 原胞,因此,第一布里渊区也被认为是倒格子空间中的 W-S 原胞。至于其他布里渊区,由于倒格子空间的平移对称性,通过对分布在各个布里渊区的若干个小区域进行适当的平移对称操作,将其平移到第一布里渊区,会得到和第一布里渊区完全相同的形状,由于这个原因,第一布里渊区又称为简约布里渊区,而 Γ 点则为简约布里渊区的中心点。

3.4.3　一维、二维和三维晶格的布里渊区

下面通过一些实例来介绍一维、二维和三维晶格的布里渊区。

1. 一维晶格

对于周期为 a 的一维布喇菲格子,基矢为 $\vec{a}_1 = a\vec{i}$,由 $\vec{a}_i \cdot \vec{b}_j = 2\pi\delta_{ij}$,得到相应的倒格子基矢为 $\vec{b}_1 = \frac{2\pi}{a}\vec{i}$,可见,与周期为 a 的一维布喇菲格子相对应的倒格子仍为一维格子,周期为 $b_1\left(=\frac{2\pi}{a}\right)$,如图 3.3 所示。

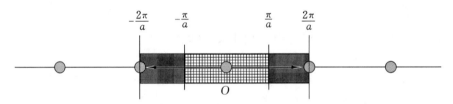

图 3.3　与周期为 a 的一维布喇菲格子相对应的倒格子及其布里渊区示意图

取任一倒格点为原点 O,如图 3.3 所示,离原点最近的倒格点有两个,相应的倒格矢为

$$\frac{2\pi}{a}\vec{i} \text{ 和} -\frac{2\pi}{a}\vec{i}$$

这两个倒格矢的垂直平分线构成第一布里渊区,即

$$-\frac{\pi}{a} < k_x \leqslant \frac{\pi}{a}$$

为第一布里渊区。离原点次近的倒格点有两个,相应的倒格矢为

$$\frac{4\pi}{a}\vec{i} \text{ 和} -\frac{4\pi}{a}\vec{i}$$

这两个倒格矢的垂直平分线所包围的区域扣除掉第一布里渊区后会剩下两个小区域:

$$-\frac{2\pi}{a} < k_x \leqslant -\frac{\pi}{a} \text{ 和} \frac{\pi}{a} < k_x \leqslant \frac{2\pi}{a}$$

这两个小区域完全包围了第一布里渊区,因此,这两个小区域作为整体即为第二布里渊区。依此类推,可得到第三、第四等各布里渊区。

2. 二维正方晶格

考虑边长为 a 的二维正方格子,正格子空间的基矢为 $\vec{a}_1 = a\vec{i}$ 和 $\vec{a}_2 = a\vec{j}$。假设与之对应的倒格子空间的基矢为 $\vec{b}_1 = b_{11}\vec{i} + b_{12}\vec{j}$ 和 $\vec{b}_2 = b_{21}\vec{i} + b_{22}\vec{j}$,利用正、倒格子基矢间的正交关系 $\vec{a}_i \cdot \vec{b}_j = 2\pi\delta_{ij}$ 可得到 $b_{11} = b_{22} = \dfrac{2\pi}{a}$ 和 $b_{12} = b_{21} = 0$,因此,与边长为 a 的二维正方格子相对应的倒格子的基矢为

$$\vec{b}_1 = \frac{2\pi}{a}\vec{i} \text{ 和 } \vec{b}_2 = \frac{2\pi}{a}\vec{j}$$

可见,与边长为 a 的二维正方格子相对应的倒格子仍为正方格子,沿 $\vec{b}_i(i=1,2)$ 方向的周期为 $\dfrac{2\pi}{a}$,其倒格点分布如图 3.4 所示,一个倒格点所占的面积为 $\Omega^* = |\vec{b}_1 \times \vec{b}_2| = \left(\dfrac{2\pi}{a}\right)^2$。取其中某一倒格点为原点,则(1)、(2)、(3) 和(4) 是离原点最近的四个倒格点,相应的倒格矢分别为

$$\vec{b}_1 、 \vec{b}_2 、 -\vec{b}_1 \text{ 和 } -\vec{b}_2$$

这四个倒格矢的四个垂直平分线的方程为

$$k_x = \pm\frac{\pi}{a}, \quad k_y = \pm\frac{\pi}{a}$$

这些垂直平分线围成的区域就是所谓的第一布里渊区,这个区为正方形,面积为 $\left(\dfrac{2\pi}{a}\right)^2$,正好等于一个倒格点所占的面积,意味着一个布里渊里仅有一个倒格点。

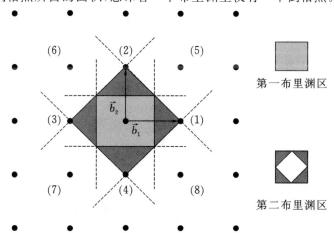

图 3.4　与二维正方格子相对应的倒易点阵及其第一和第二布里渊区

离原点次近的四个倒格点如图中的(5)、(6)、(7)和(8)所示,相应的倒格矢分别为

$$(\vec{b}_1 + \vec{b}_2)、\vec{b}_2 - \vec{b}_1、-(\vec{b}_1 + \vec{b}_2) \text{ 和 } \vec{b}_1 - \vec{b}_2$$

这四个倒格矢的四个垂直平分线所包围的区域扣除掉第一布里渊区后剩下四小块区域,这四小块区域完全包围了第一布里渊区,因此,这四小块区域作为整体即为第二布里渊区,如图 3.4 所示。将分布在第二布里渊区中的四小块经适当平移对称操作后平移到第一布里渊区,则得到和第一布里渊完全相同的正方形形状,面积为 $\left(\dfrac{2\pi}{a}\right)^2$。依此类推,可得到第三、第四等各布里渊区,如图 3.5 所示。

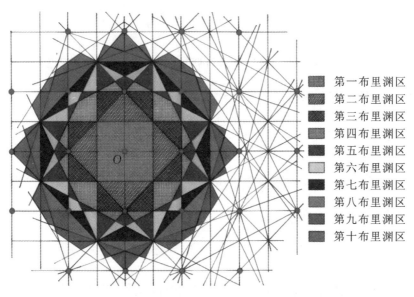

图中图例:
第一布里渊区
第二布里渊区
第三布里渊区
第四布里渊区
第五布里渊区
第六布里渊区
第七布里渊区
第八布里渊区
第九布里渊区
第十布里渊区

图 3.5   二维正方格子的前 10 个布里渊区示意图

从图 3.5 可以看到,第三布里渊区由八小块区域构成,这八小块区域完全包围了第二布里渊区,将第三布里渊区中的八小块经适当平移对称操作后平移到第一布里渊区,则得到和第一布里渊区完全相同的正方形形状,面积为 $\left(\dfrac{2\pi}{a}\right)^2$。第四布里渊区由四个面积较大的四边形和八个面积较小的三角形构成,这十二块区域完全包围了第三布里渊区,将第四布里渊区中的四个四边形和八个三角形经适当平移对称操作后平移到第一布里渊区,同样得到和第一布里渊区完全相同的正方形形状,面积为 $\left(\dfrac{2\pi}{a}\right)^2$,等等。

从上面的分析中可以看到,尽管各个布里渊区看上去形状各异,但经过适当的平移对称操作后都能得到和第一布里渊完全相同的形状,如图 3.6 所示。出于这一原因,下面对其他晶格的讨论仅限于第一布里渊区。

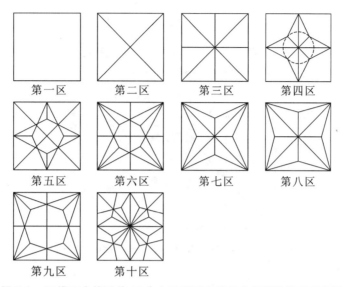

图 3.6　二维正方格子前 10 个布里渊区在简约布里渊的情况示意图

3. 体心立方晶格

对晶格常数为 a 的体心立方格子,固体物理学原胞的习惯选取如图 2.23(b) 所示,在直角坐标系中三个基矢分别表示为

$$\begin{cases} \vec{a}_1 = \dfrac{a}{2}(-\vec{i} + \vec{j} + \vec{k}) \\[2mm] \vec{a}_2 = \dfrac{a}{2}(\vec{i} - \vec{j} + \vec{k}) \\[2mm] \vec{a}_3 = \dfrac{a}{2}(\vec{i} + \vec{j} - \vec{k}) \end{cases}$$

原胞体积 $\Omega = \vec{a}_1 \cdot (\vec{a}_2 \times \vec{a}_3) = \dfrac{1}{2}a^3$。代入式(3.8)中,可得到与体心立方正格子相对应的倒格子空间的基矢为

$$\begin{cases} \vec{b}_1 = \dfrac{2\pi}{a}(\vec{j} + \vec{k}) \\[2mm] \vec{b}_2 = \dfrac{2\pi}{a}(\vec{i} + \vec{k}) \\[2mm] \vec{b}_3 = \dfrac{2\pi}{a}(\vec{i} + \vec{j}) \end{cases}$$

可见,与体心立方格子相对应的倒格子为面心立方格子。

对面心立方结构的倒格子,每个倒格点周围有 12 个最近邻倒格点。若选择其中一个倒格点作为原点 Γ,则在如图 3.7 所示的直角坐标系中,这 12 个最近邻倒格点的倒格矢分别为

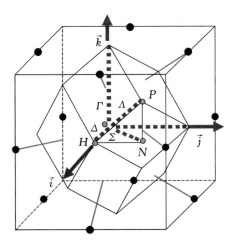

图 3.7 体心立方晶格的第一布里渊区示意图

$$\frac{2\pi}{a}(1,1,0), \quad \frac{2\pi}{a}(1,\bar{1},0), \quad \frac{2\pi}{a}(\bar{1},1,0), \quad \frac{2\pi}{a}(\bar{1},\bar{1},0),$$

$$\frac{2\pi}{a}(1,0,1), \quad \frac{2\pi}{a}(1,0,\bar{1}), \quad \frac{2\pi}{a}(\bar{1},0,1), \quad \frac{2\pi}{a}(\bar{1},0,\bar{1}),$$

$$\frac{2\pi}{a}(0,1,1), \quad \frac{2\pi}{a}(0,1,\bar{1}), \quad \frac{2\pi}{a}(0,\bar{1},1), \quad \frac{2\pi}{a}(0,\bar{1},\bar{1})$$

这 12 个倒格矢的垂直平分面围成如图 3.7 所示的一个正十二面体,这样的正十二面体就是体心立方晶格的第一布里渊区。图中还标注了在能带计算中特别关注的几个典型对称点 Γ、H、N 和 P,这些点在直角坐标系中的坐标分别为

$$\Gamma:\frac{2\pi}{a}(0,0,0), \quad H:\frac{2\pi}{a}(1,0,0), \quad N:\frac{2\pi}{a}\left(\frac{1}{2},\frac{1}{2},0\right), \quad P:\frac{2\pi}{a}\left(\frac{1}{2},\frac{1}{2},\frac{1}{2}\right)$$

三个典型方向为

$$\Delta:[100]、\Sigma:[110] \text{ 和 } \Lambda:[111]$$

4. 面心立方晶格

对晶格常数为 a 的面心立方格子,固体物理学原胞的习惯选取如图 2.23(c) 所示,三个基矢在直角坐标系中分别表示为

$$\begin{cases} \vec{a}_1 = \dfrac{a}{2}(\vec{j}+\vec{k}) \\[2mm] \vec{a}_2 = \dfrac{a}{2}(\vec{i}+\vec{k}) \\[2mm] \vec{a}_3 = \dfrac{a}{2}(\vec{i}+\vec{j}) \end{cases}$$

原胞体积 $\Omega = \vec{a}_1 \cdot (\vec{a}_2 \times \vec{a}_3) = \dfrac{1}{4}a^3$。代入式(3.8)中,可得到与面心立方正格子相对应的倒格子空间的基矢为

$$\begin{cases} \vec{b}_1 = \dfrac{2\pi}{a}(-\vec{i} + \vec{j} + \vec{k}) \\[2mm] \vec{b}_2 = \dfrac{2\pi}{a}(\vec{i} - \vec{j} + \vec{k}) \\[2mm] \vec{b}_3 = \dfrac{2\pi}{a}(\vec{i} + \vec{j} - \vec{k}) \end{cases}$$

可见,与面心立方格子相对应的倒格子为体心立方格子,如图 3.8 所示。

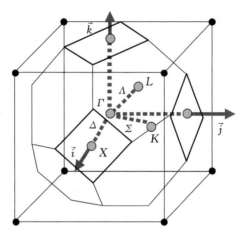

图 3.8　面心立方晶格的第一布里渊区示意图

对具有体心立方结构的倒格子,每个倒格点周围有 8 个近邻倒格点。若选取立方体中心的倒格点作为原点 Γ,则在如图 3.8 所示的直角坐标系中,这 8 个近邻倒格点的倒格矢分别为

$$\frac{2\pi}{a}(1,1,1), \quad \frac{2\pi}{a}(1,1,\bar{1}), \quad \frac{2\pi}{a}(1,\bar{1},1), \quad \frac{2\pi}{a}(\bar{1},1,1),$$
$$\frac{2\pi}{a}(\bar{1},\bar{1},1), \quad \frac{2\pi}{a}(\bar{1},1,\bar{1}), \quad \frac{2\pi}{a}(1,\bar{1},\bar{1}), \quad \frac{2\pi}{a}(\bar{1},\bar{1},\bar{1})$$

这 8 个倒格矢的中垂面围成一个正八面体。稍加计算会发现,这样一个正八面体的体积会大于相应倒格子空间原胞的体积,说明这样的正八面体不是面心立方晶格的第一布里渊区。

究其原因是,原点 Γ 周围有六个次近邻倒格点,这 6 个次近邻倒格点的倒格矢分别为

$$\frac{2\pi}{a}(\pm 2,0,0), \quad \frac{2\pi}{a}(0,\pm 2,0), \quad \frac{2\pi}{a}(0,0,\pm 2)$$

这六个倒格矢的中垂面截掉了正八面体的六个顶角,形成如图 3.8 所示的截角八面体,变成了十四面体,这样一个截角八面体(或者说十四面体)就是面心立方晶格的第一布里渊区。

图 3.8 中也标注了在能带计算中特别关注的几个典型对称点 Γ、X、K 和 L,这些点在直角坐标系中的坐标分别为

$$\Gamma: \frac{2\pi}{a}(0,0,0), \quad X: \frac{2\pi}{a}(1,0,0), \quad K: \frac{2\pi}{a}\left(\frac{3}{4}, \frac{3}{4}, 0\right), \quad L: \frac{2\pi}{a}\left(\frac{1}{2}, \frac{1}{2}, \frac{1}{2}\right)$$

三个典型方向为

$$\Delta:[100]、\Sigma:[110] \text{ 和 } \Lambda:[111]$$

思考与习题

3.1　从正格子空间到与之对应的傅里叶空间的变换,为什么不能采取通常的坐标系变换方式?

3.2　为什么说晶体中物理性质的平移对称性是破缺的?

3.3　如何从正、倒格子不同角度来理解晶体结构的几何特征?

3.4　如果 $K_{h_1 h_2 h_3} = h_1 \vec{b}_1 + h_2 \vec{b}_2 + h_3 \vec{b}_3$ 是任意的倒格矢,则该倒格矢的长度与晶面指数为 $(h_1 h_2 h_3)$ 的晶面族面间距间的关系如何?

3.5　试证明:简单六角布喇菲格子的倒格子仍为简单六角布喇菲格子,并给出其倒格子空间的晶格常数。

3.6　试证明:体心立方晶格的倒格子是具有面心立方结构的格子,而面心立方晶格的倒格子是具有体心立方结构的格子。

3.7　试论证二维晶体的倒格子原胞面积和正格子原胞面积间的关系。

3.8　试证明正格子空间中一族晶面 $(h_1 h_2 h_3)$ 和倒格矢 $\vec{K}_h$ 正交。

3.9　如果基矢 $\vec{a}, \vec{b}, \vec{c}$ 构成简单正交系,试证明晶面族 (hkl) 的面间距为

$$d_{hkl} = \frac{1}{\sqrt{(h/a)^2 + (k/b)^2 + (l/c)^2}}$$

并说明面指数简单的晶面的面密度比较大,容易解理。

3.10　对晶格常数为 a 的二维正方格子,试证明相应的倒格子仍然为正方格子并给出倒格子空间的周期,试画出第一、第二和第三布里渊区。

3.11　对晶格常数为 a 和 b 的二维矩形格子,试证明相应的倒格子仍然为二维矩形格子并给出倒格子空间的周期,试画出第一布里渊区。

3.12　为什么面心立方晶体的第一布里渊区不是一个正八面体而是一个截角八面体?

第 4 章　晶 体 衍 射

根据晶体规则的几何外形,早期人们认为构成晶体的原子或基元是规则有序排列的,但这在当时只是一种猜测,直到晶体的 X 射线衍射现象被发现之后,人们才从实验上证实了这种猜测。基于晶体的 X 射线衍射分析,人们能从实验上研究固体因为微观层次上原子排布的不同而显示出的不同结构,而不同的结构直接决定了固体所表现出的不同物理性质,从而可以在微观层次上研究固体宏观性质的本质,继而实现从当初的晶体学到现代固体物理学的质的跨越,因此可以说,晶体衍射是固体物理学发展史上一个重要的里程碑,与晶体衍射相关的研究获得的诺贝尔奖有五次之多。晶体衍射是确定晶体结构的重要手段,随着人们对晶体结构及晶体对称性认识的深入,众多重要的概念被提出,例如平移对称性破缺、倒易点阵、布里渊区等,这些概念一直在固体物理学中起着重要的作用,是固体物理学重要的研究内容。量子力学中一个重要的假设是,微观粒子具有波粒二象性,而微观粒子的波动性正是基于晶体的电子衍射而从实验上得到证实的,因此,晶体衍射对量子力学的发展也起着重要的推动作用。本章中,我们首先介绍晶体衍射的基本原理、衍射加强的条件及其不同的表述形式,最后就基于晶体衍射如何获得晶体微观结构的信息做一些简单介绍和讨论。

4.1　晶体衍射的几个标志性工作

根据早期对晶体微观结构的推测,晶体是一系列原子周期性排布形成的。基于周期性排布的原子及周期性排布的原子面,人们猜测,晶体或许可以作为波的天然衍射光栅,倘若如此,则选择合适波长的波入射到晶体上就有可能观察到晶体衍射现象,这里所讲的晶体衍射实际上是一种基于波叠加原理的干涉现象。由光学理论可知,若将周期性排布的原子或原子面视为波的衍射光栅,要想观察到衍射现象,基本的判据是,所选择波的波长应同晶体中原子间的间距或原子面之间的面间距相当,否则不可能观察到衍射现象,而只能观察到通常的光的折射现象。

1895 年,伦琴(Röntgen)在将经高电压 V 加速的电子打击"靶级"物质的实验中,意外地发现了一种新的射线,称之为 X 射线,其波长依赖于加速电压,如果电压以伏为单位,则 X 射线的波长(单位为纳米)可近似表示为

$$\lambda_{min} = \frac{ch}{eV} \approx \frac{1240}{V} \tag{4.1}$$

可见,用 10^4 V 的电压就可产生波长为 ~ 0.1 nm 的 X 射线。

X 射线所具有的如此短的波长引起了劳厄(Laue)的注意。当时索末菲(Sommerfeld)指导的一位博士生名叫埃瓦尔德(Ewald),他的博士论文是关于晶体双折射现象的机理研究,他试图基于电磁波作用下偶极子振动发射的次级电磁波来解释双折射现象,并就

此请教在同一大学(慕尼黑大学)工作的劳厄,劳厄反问埃瓦尔德偶极子之间的距离大概有多大,埃瓦尔德在经过计算后认为,偶极子之间的距离大概为 0.1 nm 量级,劳厄立马意识到,这正好是 X 射线波长的量级。由于晶体中的原子间隔和 X 射线波长相当,劳厄认为,晶体有可能成为 X 射线的天然衍射光栅。在助手的协助下,劳厄于 1912 年成功地在 X 射线入射的硫酸铜晶体中观察到衍射斑点,并提出衍射方程,对观察到的衍射斑点给予了合理解释。

在劳厄等人的研究之后,布拉格(Bragg)父子,即 W.布拉格和 F.布拉格,基于晶体衍射从实验上证实了 NaCl 晶体具有面心立方结构,并在晶体结构的实验和理论方面做了许多重要的改进工作,发展了 X 射线结构分析的许多方法,从此揭开了晶体结构分析的序幕。布拉格父子提出的布拉格反射公式直到今天仍在广泛使用。

晶体衍射现象及晶体衍射理论源于伦琴、劳厄,及 W.布拉格和 F.布拉格等科学家的早期研究。以他们为代表的三个阶段性研究也因此分别获得了 1901 年、1914 年和 1915 年的诺贝尔物理学奖。直到今天,X 射线衍射(X-ray diffraction,XRD)仍为确定晶体结构的重要工具。

由于 X 射线穿透能力太强,在某些方面,例如在研究晶体表面结构中,XRD 难以发挥作用。幸运的是,量子力学预言,任何微观粒子均具有波动性,其波长由德布罗意(De Broglie)关系给出,这使得用其他具有波行为的粒子束替代 X 射线成为可能,给人们探测晶体结构提供了新的手段。其中广泛采用的是电子束和中子束,相应的衍射分别称为电子衍射和中子衍射。

电子衍射是电子束直接打在晶体上形成的,电子束的德布罗意波的波长为 $\lambda = \dfrac{h}{p}$,利用 $\dfrac{p^2}{2m} = eV$,V 是电子的加速电压,则有

$$\lambda = \frac{h}{p} = \frac{h}{\sqrt{2meV}} \approx \sqrt{\frac{1.5}{V}} \text{ (nm)} \tag{4.2}$$

式中,V 的单位为伏。可见,150 V 的电压就可产生波长为 0.1 nm 的电子波。1927 年,戴维森(Davisson)等和汤姆逊(Thomson)分别用电子束替代 X 射线,在晶体中观察到和晶体的 X 射线衍射图案类似的衍射图案,从而从实验上证实了电子具有波动性的假说,并揭开了基于电子衍射分析晶体结构的序幕。因电子在晶体中的衍射现象的发现,戴维森和汤姆逊获得了 1937 年的诺贝尔物理学奖。

由于电子的能量可方便地通过加速电压调整,因此,电子的波长可随意调节,增加了探测的自由度,在许多用 X 射线探测无能的方面恰恰是电子衍射的用武之地,最典型的例子就是 1984 年由谢赫特曼(Shechtman)等人在急冷凝固的 Al-Mn 合金中发现的准晶体。准晶体的发现,是 20 世纪 80 年代晶体学研究中的一次重大突破。谢赫特曼也因准晶体的发现而一人独享了 2011 年的诺贝尔化学奖。

和 X 射线相比,电子波不仅受到晶体中的电子散射,还受到原子核的散射,所以散射很强。由于透射力很弱,电子只能透入晶体内一个较短距离,正因为如此,电子衍射,特别是低能电子衍射,只适于研究晶体的表面结构,是研究晶体表面结构的首选。

相对于电子,中子的质量要大得多。由德布罗意关系

$$\lambda = \frac{h}{\sqrt{2mE}} \tag{4.3}$$

可知,对于质量为 1.67×10^{-27} kg 的中子,只需
0.1 eV 的能量就可产生波长为 0.1 nm 的中子
波,因此,中子衍射同样可以用于探测晶体的结
构。相对于 X 射线衍射和电子衍射,中子衍射
还有其独特之处。由于中子携有磁矩,利用磁
矩与晶体中电子自旋的相互作用,可获得其中
的磁性离子的磁矩的排列信息,使得中子衍射
成为探测晶体磁有序结构的独特手段。最典型
的实例是 MnO 晶体,它在低于奈尔温度
$T_{\rm N}(\sim 120$ K) 时变成反铁磁体。图 4.1 所示的
是根据中子衍射推测出的 MnO 晶体的晶体结

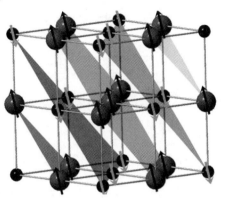

图 4.1　MnO 晶体结构和磁结构示意图

构和其中 Mn^{2+} 离子的磁矩的有序排列。从结构上来看,MnO 晶体具有 NaCl 型结构,其
中,Mn^{2+} 可看成是由(111)密排面叠成的面心立方结构,同一(111)面内各离子的磁矩是
平行的,而相邻(111)面上的离子的磁矩是反平行的。

4.2　劳厄衍射方程

假定一波长为 λ、沿单位矢量 $\vec{S}_0$ 方向传播的波,称之为入射波,当其遇到晶体后,由
于晶体对入射波的散射,波的传播方向发生了改变,形成沿单位矢量 $\vec{S}$ 方向传播的散射
波。在实际的晶体衍射实验中,入射波的波源与晶体的距离以及观测点与晶体的距离均
远大于晶体的线度,因此,入射波以及经晶体散射后形成的散射波均可看成是平面波。
晶体是由大量原子凝聚而成的,因此,晶体对入射波的散射实际上是晶体中的各个原子
对入射波的散射。经不同原子散射后形成的散射波的叠加,如满足一定条件,则会因为
散射波之间的相长干涉而出现衍射加强的现象,基于这一思路,劳厄提出了以劳厄衍射
方程为代表的晶体衍射理论。

4.2.1　正格子空间的劳厄衍射方程

如第 2 章所指出的,晶体中的原子是周期性排布的,因此,可以用格点(即原子平衡位
置所在的几何点)来表示相应的原子,而格点又可以通过格矢 $\vec{R}_l$ 来表示。假设选择晶体
中任意一个原子作为原点处的原子 O,则在以固体物理学原胞边矢量 $\vec{a}_1$、$\vec{a}_2$ 和 $\vec{a}_3$ 为基矢
的正格子空间中,任意一个原子 A 可用格矢表示为

$$\vec{R}_l = l_1\vec{a}_1 + l_2\vec{a}_2 + l_3\vec{a}_3$$

其中,$l_i(i=1,2,3)$ 为 0 或任意正、负整数。

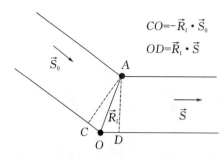

图 4.2 入射波经晶体中的原子散射后的传播示意图

考虑如图 4.2 所示的晶体中的任意两个原子，假设一个为原点 O 处的原子 O，另一个为由格矢 $\vec{R}_l$ 表示的晶体中的任意点 A 处的一个原子 A。明显地，沿 $\vec{S}_0$ 方向传播的入射波经原子 A 和原子 O 散射后沿 $\vec{S}$ 方向传播的路程是不一样的，即两者之间存在一个波程差。从图 4.2 中可明显看出，该波程差为 $\overline{CO}+\overline{OD}$，而 $\overline{CO}=-\vec{R}_l\cdot\vec{S}_0$，$\overline{OD}=\vec{R}_l\cdot\vec{S}$，因此，经两原子散射后的散射波之间的波程差可表示为

$$\overline{CO}+\overline{OD}=\vec{R}_l\cdot(\vec{S}-\vec{S}_0) \tag{4.4}$$

如果以波函数 ψ_O 和 ψ_A 分别表示经原子 O 和 A 散射后产生的散射波的状态，由于两者之间存在波程差，因此，ψ_O 与经原子 A 散射后的散射波的状态函数 ψ_A 有一个位相的差别，该位相差可表示为

$$\Delta\varphi=\frac{2\pi}{\lambda}\times\vec{R}_l\cdot(\vec{S}-\vec{S}_0) \tag{4.5}$$

则经原子 A 所产生的散射波的状态波函数可表示为

$$\psi_A=\psi_O e^{i\Delta\varphi}=\psi_O e^{i\frac{2\pi}{\lambda}\vec{R}_l\cdot(\vec{S}-\vec{S}_0)}$$

$\vec{S}$ 方向上描述散射波状态的总波函数应当为来自两个原子散射波的波函数的线性叠加，即

$$\psi=\alpha_O\psi_O+\alpha_A\psi_A=\alpha_O\psi_O+\alpha_A\psi_O e^{i\frac{2\pi}{\lambda}\vec{R}_l\cdot(\vec{S}-\vec{S}_0)} \tag{4.6}$$

其中，α_O 和 α_A 分别是反映原子 O 和原子 A 散射波幅度的量，而总的散射波强度正比于总反射波波函数模的平方，即

$$I\propto|\psi|^2=(\alpha_O^2+\alpha_A^2)|\psi_O|^2+2\alpha_O\alpha_A|\psi_O|^2\cos\left(\frac{2\pi}{\lambda}\vec{R}_l\cdot(\vec{S}-\vec{S}_0)\right) \tag{4.7}$$

式(4.7) 右边第二项为两个散射波相互干涉引起的干涉项。可见，当

$$\vec{R}_l\cdot(\vec{S}-\vec{S}_0)=\left(n+\frac{1}{2}\right)\lambda \tag{4.8}$$

时，其中 n 为整数，出现相消干涉，强度达到最小，$I=I_{min}\propto(\alpha_O-\alpha_A)^2$。对单原子晶体，晶体中各个原子是全同的，两原子对入射波的散射幅度相同，即 $\alpha_O=\alpha_A$，因此，$I=I_{min}=0$，在这种情况下，如果用感光胶片观察则得到一些暗的区域。而当

$$\vec{R}_l\cdot(\vec{S}-\vec{S}_0)=n\lambda \tag{4.9}$$

时，出现相长干涉，强度达到最大，$I=I_{max}\propto(\alpha_O+\alpha_A)^2$，在这种情况下，如果用感光胶片观察则能观察到一些明锐的衍射斑点。

上面的分析表明，如果方程(4.9)得到满足，则在 $\vec{S}$ 方向会因来自不同原子的散射波间的相长干涉而出现衍射加强，这是劳厄于 1912 年针对在 X 射线入射的硫酸铜晶体中

观察到的衍射斑点进行解释时提出的,故称其为劳厄衍射方程,该方程决定了在 $\vec{S}$ 方向出现衍射加强的条件。从劳厄衍射方程的推导过程可以看出,晶体衍射实际上是一种基于波叠加原理的干涉现象。

忽略掉康普顿(Compton)效应,即假设原子对入射波的散射是弹性散射,则散射前后的波长保持不变,因此,入射波和散射波的波矢可分别表示为 $\vec{k}_0 = \frac{2\pi}{\lambda}\vec{S}_0$ 和 $\vec{k} = \frac{2\pi}{\lambda}\vec{S}$。

将式(4.9)中波传播方向的单位矢量用相应的波矢表示,则决定 $\vec{k}$ 方向出现衍射加强的条件的劳厄衍射方程可表示为

$$\vec{R}_l \cdot (\vec{k} - \vec{k}_0) = 2\pi n \tag{4.10}$$

从推导过程可以看出,该方程是基于原子在实空间的周期性排布而导出的,因此,上述劳厄衍射方程实际上是正格子空间中决定出现衍射加强方向的条件所满足的方程,或者说,方程(4.10)是劳厄衍射方程在正格子空间的表述。

上面的方程是针对晶体中任意两个原子导出的。实际晶体含有大量原子,因此,应当计及所有原子对 $\vec{k}$ 方向散射波的贡献。在这种情况下,$\vec{k}$ 方向上总散射波的波函数应当为所有原子散射波的波函数的线性叠加,即

$$\psi = \psi_0 \sum_l \alpha_l e^{i\vec{R}_l \cdot (\vec{k} - \vec{k}_0)} \tag{4.11}$$

其中,α_l 是反映经第 l 个原子散射后形成的散射波幅度的量。总的散射波强度有

$$I \propto |\psi|^2 = |\psi_0|^2 \sum_{l,l' \neq l} \alpha_l \alpha_{l'} e^{i(\vec{k} - \vec{k}_0) \cdot (\vec{R}_l - \vec{R}_{l'})} \tag{4.12}$$

基于式(4.11)或式(4.12),同样可导出和方程(4.10)相同的劳厄衍射方程。

4.2.2 劳厄衍射方程倒格子空间的表述

第 3 章提到,正格子空间可以通过傅里叶变换转换到倒格子空间。在倒格子空间中,周期性排布的倒格点可以通过倒格矢

$$\vec{G}_h = h_1 \vec{b}_1 + h_2 \vec{b}_2 + h_3 \vec{b}_3 \tag{4.13}$$

表示,其中,$h_i (i = 1,2,3)$ 为 0 或任意正、负整数。根据倒易点阵的性质,若正格矢 $\vec{R}_l$ 和另一矢量的点乘为 2π 的整数倍,则另一矢量必为倒格矢,而方程(4.10)正是正格矢 $\vec{R}_l$ 和矢量 $(\vec{k} - \vec{k}_0)$ 的点乘为 2π 整数倍的情况,意味着方程(4.10)中的矢量 $(\vec{k} - \vec{k}_0)$ 表示的是倒格子空间的倒格矢。

既然 $(\vec{k} - \vec{k}_0)$ 为倒格矢,则可令

$$\vec{k} - \vec{k}_0 = n\vec{K}_h \tag{4.14}$$

其中,n 为正整数,$\vec{K}_h$ 为

$$\vec{K}_h = h_1 \vec{b}_1 + h_2 \vec{b}_2 + h_3 \vec{b}_3 \tag{4.15}$$

其中,$h_i (i = 1,2,3)$ 是三个互质的整数,由式(4.15)确定的倒格矢描述的是晶面指数为

$(h_1h_2h_3)$ 的晶面族法线方向上最短的倒格矢。这样一来，$\vec{k}$ 方向晶体衍射加强的条件既可以按式（4.10）所示的劳厄衍射方程表示，也可以由式（4.14）所示的方程表示。方程（4.14）就是劳厄衍射方程在倒格子空间的表述。

前面提到，当满足式（4.10）所示的劳厄衍射方程时，可在感光胶片上看到一些明锐的衍射斑点。而方程（4.14）则表明，在沿晶面指数为 $(h_1h_2h_3)$ 的晶面族的法线方向上，当散射波矢与入射波矢相差一个或几个最短倒格矢时，会出现衍射加强现象。这样一来，就可以将实验上观察到的明锐斑点同入射波经不同晶面散射后形成的散射波的相长干涉关联起来。当 $n=1$ 时，散射波波矢与入射波波矢正好相差一个最短倒格矢，而最短倒格矢应是法线方向上相邻晶面上的两个倒格点间的倒格矢，说明 $n=1$ 的衍射加强源于相邻晶面散射波的相长干涉，而 $n>1$ 的衍射加强则是源于其他晶面的相长干涉，因此，n 自然被称为衍射级数，而 $(h_1h_2h_3)$ 则是与发生相长干涉有关的晶面的面指数。

4.3　布拉格衍射方程

晶体是由大量原子在空间周期性排布而成的，如果用格点代表原子，则格点周期性排布形成正格子空间中的空间点阵。通过空间点阵中任意三个非共线的格点可以作一个晶面，在该晶面之外有一系列与之平行且等距离排布的晶面，这些相互平行且等距离排布的晶面构成一晶面族。布拉格父子基于晶面对入射波的反射及反射波间的相长干涉提出以布拉格反射公式为代表的晶体衍射理论。

4.3.1　布拉格衍射方程正格子空间中的表述

众所周知，对可见光来说，当一束平行的光入射到晶体上，如果把晶体表面光滑的平面（晶面）看成是镜面，则在反射角等于入射角的方向上能观察到足够强的反射光束。但对 X 射线来说，由于强的透射率，入射到晶体上的 X 射线几乎全透射进晶体内部，因此，即使在满足反射定律的情况下，也只有相当少的部分能经过晶面反射出来，意味着经单个晶面反射出来的反射波是相当弱的。布拉格认为，在同一个方位上，有一系列相互平行且等距离排布的晶面，尽管每个晶面对入射的 X 光反射很弱，但如果来自不同晶面的反射波相长干涉，则在满足反射定律的前提下会观察到足够强的反射光束，基于这一思想，布拉格对晶体衍射提出了一个简单而又而令人信服的解释。

考虑晶面指数为 $(h_1h_2h_3)$、相邻晶面之间的面间距为 $d_{h_1h_2h_3}$ 的晶面族，如图 4.3 所示，若将晶面视为镜面，则入射波经镜面反射后，反射波和镜面间的夹角应当等于入射波和镜面间的夹角 θ。明显地，经两个相继晶面反射后的反射波之间存在一个波程差，由平面几何知识很容易求出该波程差为 $2d_{h_1h_2h_3}\sin\theta$，这样一来，就将晶体衍射问题变成了几何光学中的衍射问题。按照几何光学，当波程差为波长 λ 的整数（n）倍时，即当

$$2d_{h_1h_2h_3}\sin\theta = n\lambda \tag{4.16}$$

时，则来自相继晶面的反射波会发生相长干涉，导致在反射角等于入射角的方向上出现衍射加强的现象。方程（4.16）就是著名的布拉格反射公式，它描述了同族晶面中只有满足式（4.16）的那些反射角才能呈现衍射加强的现象，其中，n 是衍射级数，而 $(h_1h_2h_3)$ 则

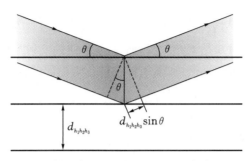

图 4.3　晶面反射示意图,图中只显示了相应的晶列(粗直线)

是与发生相长干涉有关的晶面的面指数。

布拉格反射公式是基于晶面对入射波的反射而导出的,而晶面是一系列原子在实空间平面上周期性排布而成的,因此,式(4.16)所表明的反射公式是布拉格衍射方程在正格子空间中的表述。

由正格子空间中布拉格衍射方程的表述形式,可以得到如下结论。

(1)对同族晶面,面间距相同,只有在满足 $\sin\theta = \dfrac{n\lambda}{2d_{h_1h_2h_3}}$ 的反射角方向上才能观察到衍射加强现象。

(2)由于 $|\sin\theta| \leqslant 1$,故有 $\lambda \leqslant \dfrac{2d_{h_1h_2h_3}}{n}$。可见,实现晶体衍射加强并不是对任何波都是允许的,只有对那些波长和晶面间距相当的波才可能观察到晶体衍射加强现象。晶体中原子间的间隔或晶面间的面间距在 0.1 nm 量级,而 X 射线、电子束和中子束的波长在这个量级,因此,这些波可作为实现晶体衍射的波。

(3)不同晶面指数 $(h_1h_2h_3)$ 的晶面族有不同的面间距,则满足衍射极大的 θ 将会不同,意味着在晶体衍射谱上不同角度 θ 处观察到的衍射极大源于不同族晶面的衍射。

4.3.2　布拉格衍射方程倒格子空间中的表述

下面将证明,从方程(4.14)所示的劳厄衍射方程在倒格子空间的表述形式出发,可以导出如方程(4.16)所示的布拉格反射公式。为此,将方程(4.14)改写为如下形式:

$$\vec{k} = \vec{k}_0 + n\vec{K}_h \tag{4.17}$$

入射波和反射波的波矢矢量图如图 4.4 所示,若将入射波波矢沿波的传播方向平移,则得

到由 $\vec{k}_0$、$\vec{k}$ 和 $n\vec{K}_h$ 三个矢量围成的一个矢量三角形。另外一方面,因为 $|\vec{k}_0| = |\vec{k}| = \dfrac{2\pi}{\lambda}$,三矢量围成的三角形实际上是一个等腰三角形,因此,$n\vec{K}_h$ 的垂直平分线(见图 4.4 中的虚线)必平分 $\vec{k}_0$ 与 $\vec{k}$ 之间的夹角。图中的虚线垂直于

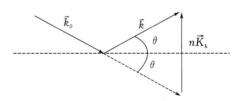

图 4.4　入射波、反射波和倒格矢间的关系

$n\vec{K}_h$，且 $n\vec{K}_h$ 代表着晶面族的法线方向，所以该垂直平分线一定在晶面指数为 $(h_1h_2h_3)$ 的晶面内。因此，可以认为 $\vec{k}$ 是 $\vec{k}_0$ 经过晶面 $(h_1h_2h_3)$ 的反射形成的，衍射极大的方向恰好是晶面族的反射方向，这样，衍射加强条件就转化为晶面的反射条件。

由图 4.4 可知，$\frac{1}{2}|n\vec{K}_h|=|\vec{k}|\sin\theta$，利用 $|\vec{k}|=\frac{2\pi}{\lambda}$，则得到 $|n\vec{K}_h|=\frac{4\pi\sin\theta}{\lambda}$。再利用倒格矢长度与相应晶面族间隔间的关系，即 $|\vec{K}_h|=\frac{2\pi}{d_{h_1h_2h_3}}$，可得到

$$2d_{h_1h_2h_3}\sin\theta=n\lambda$$

这正是式（4.16）所示的布拉格反射公式，说明晶体衍射加强的条件由正格子空间布拉格衍射方程进行的描述和倒格子空间由劳厄衍射方程进行的描述是等价的。基于这一原因，我们可以将方程（4.14），即

$$\vec{k}-\vec{k}_0=n\vec{K}_h$$

理解为布拉格衍射方程在倒格子空间中的表述。

综合以上分析，可以看出，晶体衍射加强的条件可以有三种不同的表述形式，即

$$\begin{cases}\vec{R}_l\cdot(\vec{k}-\vec{k}_0)=2\pi n\\ 2d_{h_1h_3h_3}\sin\theta=n\lambda\\ \vec{k}-\vec{k}_0=n\vec{K}_h\end{cases}\tag{4.18}$$

第一个方程，即劳厄衍射方程，是基于入射波经晶体中周期性排布的各原子散射后形成的散射波间的相长干涉导出的；第二个方程，即布拉格衍射方程，是基于入射波经晶面族中相继晶面作镜面反射后的反射波间的相长干涉导出的；第三个方程是劳厄衍射方程和布拉格衍射方程在倒格子空间的表述。从推导过程可以看出，三个方程完全是等价的，是晶体衍射加强条件的三种不同的表述形式。

劳厄衍射方程的导出以清晰的物理机理为基础，即衍射加强源于晶体中各周期性排布的原子的散射波相长干涉；布拉格衍射方程是基于晶面的镜面反射导出的，而镜面反射的物理机理并不够清晰。由于布拉格衍射方程和劳厄衍射方程等价，说明布拉格衍射方程的物理机理仍然是基于晶体中各周期性排布的原子的散射波的相长干涉，与入射波在晶体表面的镜面反射并无关系，事实上，在实际的晶体衍射实验中，由方程（4.16）确定的晶面往往都不是晶体实际显露在外的表面。

4.4　衍射加强条件的布里渊表述

原子由原子核和核外电子组成，因此，晶体中原子对入射波的散射实质上是原子核外电子对入射波的散射。假设波矢为 $\vec{k}_0$ 的入射波由平面波波函数 $\psi_{\vec{k}_0}=e^{i\vec{k}_0\cdot\vec{r}}$ 描述，由于原子核外电子对入射波的散射，波矢从 $\vec{k}_0$ 变为 $\vec{k}$，相应的散射波波函数变成 $\psi_{\vec{k}}=e^{i\vec{k}\cdot\vec{r}}$。根据量子力学，从 $\vec{k}_0$ 态到 $\vec{k}$ 态的跃迁矩阵元为

$$a_{\vec{k}_0 \to \vec{k}} = \int \psi_{\vec{k}}^{*}(\vec{r}) V(\vec{r}) \psi_{\vec{k}_0}(\vec{r}) \mathrm{d}\vec{r} \tag{4.19}$$

其中，$V(\vec{r})$ 是原子核外电子对入射波散射的散射势，它应当正比于电子密度 $\rho(\vec{r})$，即

$$V(\vec{r}) = c\rho(\vec{r}) \tag{4.20}$$

其中，c 为常数。将 $\psi_{\vec{k}_0} = \mathrm{e}^{\mathrm{i}\vec{k}_0 \cdot \vec{r}}$、$\psi_{\vec{k}} = \mathrm{e}^{\mathrm{i}\vec{k} \cdot \vec{r}}$ 和 $V(\vec{r}) = c\rho(\vec{r})$ 代入式 (4.19) 可得到从 $\vec{k}_0$ 态到 $\vec{k}$ 态的跃迁矩阵元，即

$$a_{\vec{k}_0 \to \vec{k}} = c \int \rho(\vec{r}) \mathrm{e}^{\mathrm{i}(\vec{k}_0 - \vec{k}) \cdot \vec{r}} \mathrm{d}\vec{r} \tag{4.21}$$

第 3 章曾提及，晶体中的任何物理量具有和晶格相同的平移对称性，因此其可以按倒格矢 $\vec{G}_h$ 展开为傅里叶级数，其中，$\vec{G}_h = h_1\vec{b}_1 + h_2\vec{b}_2 + h_3\vec{b}_3$，$h_i (i = 1, 2, 3)$ 为 0 或任意正、负整数。既然如此，电子密度作为一个物理量也可以按倒格矢 $\vec{G}_h$ 展开成傅里叶级数，即

$$\rho(\vec{r}) = \frac{1}{V} \sum_h \rho(\vec{G}_h) \mathrm{e}^{\mathrm{i}\vec{G}_h \cdot \vec{r}} \tag{4.22}$$

其中，V 是晶体体积，$\rho(\vec{G}_h) = \int_V f(\vec{r}) \mathrm{e}^{-\mathrm{i}\vec{G}_h \cdot \vec{r}} \mathrm{d}\vec{r}$ 是展开式系数。将式 (4.22) 代入式 (4.21)，并利用关系式

$$\frac{1}{V} \int \mathrm{e}^{\mathrm{i}(\vec{k}_0 - \vec{k} + \vec{G}_h) \cdot \vec{r}} \mathrm{d}\vec{r} = \delta_{\vec{k} - \vec{k}_0, \vec{G}_h} = \begin{cases} 1 & (\vec{k} - \vec{k}_0 = \vec{G}_h) \\ 0 & (\vec{k} - \vec{k}_0 \neq \vec{G}_h) \end{cases} \tag{4.23}$$

可得到从 $\vec{k}_0$ 态到 $\vec{k}$ 态的跃迁矩阵元，即

$$a_{\vec{k}_0 \to \vec{k}} = c \sum_h \rho(\vec{G}_h) \frac{1}{V} \int \mathrm{e}^{\mathrm{i}(\vec{k}_0 - \vec{k} + \vec{G}_h) \cdot \vec{r}} \mathrm{d}\vec{r} = c \sum_h \rho(\vec{G}_h) \delta_{\vec{k} - \vec{k}_0, \vec{G}_h} \tag{4.24}$$

散射波的强度，即衍射强度，应当正比于从 $\vec{k}_0$ 态到 $\vec{k}$ 态的跃迁几率 $w_{\vec{k}_0 \to \vec{k}}$，而跃迁几率正比于跃迁矩阵元绝对值的平方，即 $w_{\vec{k}_0 \to \vec{k}} = |a_{\vec{k}_0 \to \vec{k}}|^2$。由此可以看到，仅当

$$\vec{k} - \vec{k}_0 = \vec{G}_h \tag{4.25}$$

时，衍射强度才不为 0，而在其他任何情况下，衍射强度均为 0。

在方程 (4.25) 中，$\vec{G}_h = h_1\vec{b}_1 + h_2\vec{b}_2 + h_3\vec{b}_3$，$h_i (i = 1, 2, 3)$ 为 0 或任意正、负整数。如果用三个互质整数的 $h_i (i = 1, 2, 3)$ 来表示同一方向上的最短倒格矢 $\vec{K}_h$，则有 $\vec{G}_h = n\vec{K}_h$，其中，$\vec{K}_h = h_1\vec{b}_1 + h_2\vec{b}_2 + h_3\vec{b}_3$，$n$ 为整数，这样一来，方程 (4.25) 正是晶体衍射的劳厄方程或布拉格反射公式在倒格子空间的表述形式。然而，波的衍射问题并不仅限于对入射到晶体上的入射波的分析和讨论，事实上如后面的固体能带理论中所看到的，晶体中的布洛赫波也会出现类似的衍射加强问题，为此，人们提出了衍射加强条件的另一种表述形式，即下面所讲的布里渊表述形式。

将方程(4.25)改写为如下形式：

$$\vec{k}_0 = \vec{k} - \vec{G}_h \tag{4.26}$$

将方程两边平方，并利用 $\vec{k}^2 = \vec{k}_0^2$，有

$$2\vec{k} \cdot \vec{G}_h = \vec{G}_h^2 \tag{4.27}$$

方程(4.27)正是布里渊给出的衍射加强条件的表述。下面将证明，从方程(4.27)出发同样可以导出如式(4.16)所示的布拉格反射条件。

将方程(4.27)改写为如下形式：

$$\vec{G}_h \cdot \left(\vec{k} - \frac{1}{2}\vec{G}_h\right) = 0 \tag{4.28}$$

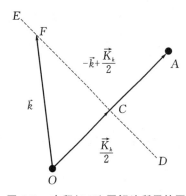

然后采用与第 3.4 节类似的图解方式(见图 4.5)来说明上述方程所代表的含义。假设有两个倒格点 O 和 A，如果选择倒格点 O 作为原点，则倒格点 A 可以用倒格矢 $\vec{G}_h$ 表示，该倒格矢的垂直平分线 DE 与该倒格矢垂直相交于点 C，因此有 $\overrightarrow{OC} = \frac{\overrightarrow{OA}}{2} = \frac{\vec{G}_h}{2}$ 和 $\overrightarrow{CO} = -\overrightarrow{OC} = -\frac{\vec{G}_h}{2}$。假设有一个矢量 $\vec{k}$ 始于原点 O 而终止于点 F，则有 $\overrightarrow{OF} = \vec{k}$。由于矢量 $\overrightarrow{CO}$、$\overrightarrow{OF}$ 和

图 4.5 方程(4.28)图解法所用的图

$\overrightarrow{FC}$ 围成一个如图 4.5 所示的矢量三角形，故有 $\overrightarrow{CF} = -\overrightarrow{FC} = -(\overrightarrow{CO} + \overrightarrow{OF}) = -\vec{k} + \frac{\vec{G}_h}{2}$。

由于 $\vec{G}_h \cdot \left(\vec{k} - \frac{\vec{G}_h}{2}\right) = 0$，因此有 $\overrightarrow{OA} \cdot \overrightarrow{CF} = 0$，说明 CF 与 OA 垂直，因此，矢量 $\vec{k}$ 末端所在的点 F 必落在倒格矢 $\vec{G}_h$ 的垂直平分线 DE 上。

上面的图解法说明三角形 OCF 是一个直角三角形，故有

$$\overrightarrow{CO} = \overrightarrow{OF}\sin\theta \tag{4.29}$$

其中，θ 是边 OF 和 FC 间的夹角。由于 $\overrightarrow{CO} = \frac{1}{2}\overrightarrow{OA} = \frac{1}{2}|\vec{G}_h| = \frac{1}{2}n|\vec{K}_h|$，另外一方面，根据第 3 章所介绍的，晶面指数为 $(h_1 h_2 h_3)$ 的晶面族法线方向最短倒格矢长度 $|\vec{K}_h|$ 和相邻晶面间的面间距 $d_{h_1 h_2 h_3}$ 之间的关系为 $|\vec{K}_h| = \frac{2\pi}{d_{h_1 h_2 h_3}}$，因此有 $\overrightarrow{CO} = \frac{n\pi}{d_{h_1 h_2 h_3}}$。将 $\overrightarrow{CO} = \frac{n\pi}{d_{h_1 h_2 h_3}}$ 和 $\overrightarrow{OF} = k = \frac{2\pi}{\lambda}$ 代入式(4.29)并整理后有

$$2d_{h_1 h_2 h_3}\sin\theta = n\lambda$$

这正是前面提到的布拉格反射公式，说明从方程(4.27)出发同样可以得到前面所提到的衍射加强的布拉格反射条件。

从历史上看,布里渊给出的关于衍射加强条件的表述远在布拉格反射公式提出之后,然而,布里渊提出的方程(4.27)却给出了一个生动而又清晰的几何解释。将方程(4.27)两边同时除以 4 有

$$\vec{k} \cdot \left(\frac{\vec{G_h}}{2}\right) = \left(\frac{\vec{G_h}}{2}\right)^2 \tag{4.30}$$

若以 $\vec{G_h}$ 表示由原点到某一倒格点的矢量,则上述方程中的 $\frac{\vec{G_h}}{2}$ 正好是倒格矢 $\vec{G_h}$ 的一半,如第 3 章提到的,这些垂直平分 $\vec{G_h}$ 的平面正好构成所谓的布里渊区的边界。由此得到一个重要的结论,即在倒格子空间,当入射波到达布里渊区边界时会产生反射,反射波和入射波相长干涉,导致衍射加强。

4.5　原子散射因子和几何结构因子

前面提到,散射波方向的波函数应为所有原子散射波的线性叠加,如式(4.11)所示,而散射波的强度正比于散射波波函数模的平方,由此得到如式(4.12)所示的散射波方向上的散射波强度。由此可见,衍射图样主要取决于衍射极大所对应的角度的分布及每个原子对波的散射幅度。通过对波的衍射图样进行分析,可推测出晶体中原子排列的相关信息。

4.5.1　原子散射因子

从式(4.12)可以看出,在满足劳厄衍射加强条件或布拉格反射条件的条件下,衍射强度取决于原子对入射波的散射幅度,而原子的散射又是原子核外各个电子对波的散射。由于原子的线度和散射波波长具有相同的量级,因此,原子核外各电子散射波之间有着位相差,如以原子核为原点,则位于原子中任意一点 $\vec{r}$ 处的电子与一个假想的位于原子中心的电子对波矢为 $\vec{k}$ 的散射波的位相差为

$$\varphi = (\vec{k} - \vec{k_0}) \cdot \vec{r} \tag{4.31}$$

在求原子的散射振幅时,应当考虑原子内部各电子的散射波之间的相互干涉,通常引入原子散射因子 f 来描述原子中各电子对波的散射效应。

原子散射因子定义为整个原子对入射波的散射振幅与一个假设位于原子中心的电子对入射波的散射振幅之比,用数学公式表示为

$$f(\vec{k}) = \sum_j e^{i(\vec{k} - \vec{k_0}) \cdot \vec{r}_j} \tag{4.32}$$

求和遍及原子中所有的电子。由于原子中的电子的位置并不确定,因此,上式应采用积分形式,即

$$f(\vec{k}) = \iiint \rho(\vec{r}) e^{i(\vec{k} - \vec{k_0}) \cdot \vec{r}} d\tau \tag{4.33}$$

其中,$\rho(\vec{r}) d\tau$ 是电子在 $\vec{r}$ 点附近 $d\tau$ 体积元内出现的几率。可见,原子散射因子不仅与散

射波的方向有关,而且与具体的原子结构有关。考虑一种特殊情况,即假设原子中的电子分布具有球对称性,则有 $\rho(\vec{r})=\rho(r)$,在这种情况下,上述方程可简化为

$$f(\vec{k})=\int_0^\infty U(r)\frac{\sin\vec{k}'\cdot\vec{r}}{\vec{k}'\cdot\vec{r}}\mathrm{d}r \tag{4.33}'$$

其中,$\vec{k}'=\vec{k}-\vec{k}_0$,$U(r)=4\pi r^2\rho(r)$ 为电子径向分布函数,$U(r)\mathrm{d}r$ 表示电子在半径为 r 和 $r+\mathrm{d}r$ 的球壳内出现的几率。

在电子具有球对称分布的前提下,如式(4.33)′所见,原子散射因子仅与散射波的方向有关。当散射方向近似沿入射方向时,即 $\vec{k}\rightarrow\vec{k}_0$,在这种情况下,$\frac{\sin\vec{k}'\cdot\vec{r}}{\vec{k}'\cdot\vec{r}}\rightarrow 1$,式(4.33)′变为

$$f(\vec{k}\rightarrow\vec{k}_0)=\int_0^\infty U(r)\mathrm{d}r=Z \tag{4.34}$$

其中,Z 为散射中心处的电子数,如散射中心为中性原子,则这个数正好是原子序数,可见,原子散射波的振幅等于各电子散射波的振幅之和。

在更一般情况下,原子中电子的分布函数可由量子力学中的哈特里自洽场方法计算给出,将得到的结果代入式(4.33)可计算出原子散射因子 f。另外,原子散射因子 f 可由实验直接确定。比较两者可验证量子力学中哈特里自洽场理论的正确性。

4.5.2　几何结构因子

从结构分析角度,对布喇菲格子,如果只要求反映周期性,则原胞中只包含一个原子,因此,确定了基矢,也就决定了原胞的几何结构。但对复式格子,其中包含两个或两个以上原子,在这种情况下,不仅要确定原胞的基矢,而且还要确定原胞中原子的相对位置,才能确定原胞的几何结构。

复式格子是由两个或两个以上的布喇菲格子套构而成的,这些布喇菲格子具有相同的周期性,如果其中一个布喇菲格子在某方向上满足布喇格反射条件,即出现衍射极大,则其他布喇菲格子也在同一方向上出现衍射极大。不同布喇菲格子同一方向上的衍射极大,又将产生相互干涉,总的衍射强度取决于所考虑的晶面族中分属于各布喇菲格子的晶面间的相对位移,以及这些晶面反射线的相对强弱,因此,总的衍射强度取决于原胞中原子的相对位置和原子的散射因子,为此,引入几何结构因子的概念。

几何结构因子的定义是,原胞内所有原子的散射波在所考虑方向上的振幅与一个电子的散射波的振幅之比。根据这一定义,很明显,几何结构因子不仅同原胞内原子的散射因子有关,而且依赖于原胞内原子的排列情况,同时其数值也与所考虑的方向有关。

设原胞内含有 m 个原子,每个原子的位矢用 $\vec{R}_j(j=1,2,3,\cdots,m)$ 表示,则位于位矢 $\vec{R}_j$ 处的原子与原点处原子的散射波的位相差为

$$\phi_j=(\vec{k}-\vec{k}_0)\cdot\vec{R}_j \tag{4.35}$$

其中,$\vec{k}-\vec{k}_0$ 是散射波与入射波的波矢的矢量差,根据上述定义,在所考虑的方向上,几何

结构因子可表示为

$$F(\vec{k}) = \sum_{j=1}^{m} f_j \mathrm{e}^{\mathrm{i}(\vec{k}-\vec{k}_0)\cdot\vec{R}_j} \tag{4.36}$$

其中，f_j 表示原胞中第 j 个原子的原子散射因子。

在讨论几何结构因子时，一般总是采用结晶学原胞，目的是使得所选取的原胞不仅反映出周期性，而且反映出特殊的对称性。在这种情况下，式（4.36）中，$\vec{k}-\vec{k}_0$ 仍是散射波与入射波的波矢的矢量差，而 $\vec{R}_j$ 则为晶胞中的原子的位矢。通常选取晶胞的某一顶角为原点，而将原子位矢用晶胞基矢 $\vec{a}$、$\vec{b}$、$\vec{c}$ 表示为

$$\vec{R}_j = u_j\vec{a} + v_j\vec{b} + w_j\vec{c} \tag{4.37}$$

其中，u_j、v_j 和 w_j 为一组有理分数。与以 $\vec{a}$、$\vec{b}$、$\vec{c}$ 为基矢的正格子相对应的倒格子的基矢分别用 $\vec{a}^*$、$\vec{b}^*$、$\vec{c}^*$ 表示，正、倒格子基矢间是相互倒易的，即 $\vec{a}\cdot\vec{a}^* = \vec{b}\cdot\vec{b}^* = \vec{c}\cdot\vec{c}^* = 2\pi$，而在其他情况下，正、倒格子基矢间的点乘均为零。在结晶学原胞下，倒格子空间中的倒格矢则可表示为

$$\vec{K}_{hkl} = h\vec{a}^* + k\vec{b}^* + l\vec{c}^* \tag{4.38}$$

其中，(h, k, l) 为一组整数。

对结晶学原胞，即使对布喇菲格子，一个原胞内也会包含两个以上，甚至更多的原子，例如金刚石型结构的晶体，每个晶胞中有 8 个原子，一个在立方体顶角上，三个在立方体的面心位置，另外四个在立方体对角线的 1/4 位置处。在整个晶体中，各原胞中的相应原子都各自组成一个格子，这些格子具有相同的周期性。对于密勒指数为 (hkl) 的晶面族，这些格子的衍射加强条件均满足同一条件，在倒格子空间，这一条件可表示为

$$\vec{k} - \vec{k}_0 = n\vec{K}_{hkl} \tag{4.39}$$

代入式（4.36），则几何结构因子可表示为

$$F_{hkl} = \sum_{j=1}^{m} f_j \mathrm{e}^{\mathrm{i}n\vec{K}_{hkl}\cdot\vec{R}_j} \tag{4.40}$$

将式（4.37）所示的正格矢代入式（4.40），并利用正、倒格子基矢间相互倒易的关系，可得几何结构因子又可表示为

$$F_{hkl} = \sum_{j=1}^{n} f_j \mathrm{e}^{2\pi n\mathrm{i}(hu_j + kv_j + lw_j)} \tag{4.41}$$

衍射强度用 I_{hkl} 表示，其应当正比于几何结构因子模的平方，因此有

$$\begin{aligned}
I_{hkl} &\propto |F_{hkl}|^2 = F_{hkl} \times F_{hkl}^* \\
&= \left[\sum_{j=1}^{m} f_j \cos 2\pi n(hu_j + kv_j + lw_j)\right]^2 + \left[\sum_{j=1}^{m} f_j \sin 2\pi n(hu_j + kv_j + lw_j)\right]^2
\end{aligned} \tag{4.42}$$

明显地，如果已知原子散射因子 f，就可由实验确定的衍射强度 I_{hkl} 推测出晶胞中的原子排列。反之，如果已知晶胞中的原子排列，也可推测出衍射实验中衍射线加强和消失的规律。

4.5.3　典型晶体结构衍射峰消失的条件

现在基于式(4.42)来具体分析几种典型晶体结构的衍射(峰)消失的条件。

1. 体心立方结构

对体心立方结构的晶体,晶胞中共包含 2 个原子,其中一个在立方体顶角,另一个在立方体体心,它们的坐标分别为$(0,0,0)$ 和$\left(\dfrac{1}{2},\dfrac{1}{2},\dfrac{1}{2}\right)$。代入式(4.42)得到衍射强度为

$$I_{hkl} \propto [f_0 + f_1\cos\pi n(h + k + l)]^2 + [f_1\sin\pi n(h + k + l)]^2$$

其中,f_0 和 f_1 分别表示原点和体心处原子的散射因子。可见,当衍射指数之和$(h + k + l)$ 为奇数时,$I_{hkl} \propto [f_0 - f_1]^2$,此时衍射强度最小。对于由同种原子组成的单原子晶体,因为$f_0 = f_1$,故 $I_{hkl} = 0$,意味着对于由同种原子组成的体心立方晶体,衍射指数之和为奇数的反射消失。而当衍射指数之和$(h + k + l)$ 为偶数时,$I_{hkl} \propto [f_0 + f_1]^2$,此时衍射强度最强。

例如,金属钠具有体心立方结构,在其衍射谱图中,不可能出现诸如(100)、(300)、(111) 或(221) 的衍射峰,但可出现诸如(110)、(200)、(220) 或(222) 的衍射峰。

2. 面心立方结构

对面心立方结构的晶体,晶胞中共包含 4 个原子,其中一个在立方体顶角,另三个在立方体面心,它们的坐标分别为$(0,0,0)$、$\left(\dfrac{1}{2},\dfrac{1}{2},0\right)$、$\left(\dfrac{1}{2},0,\dfrac{1}{2}\right)$ 和$\left(0,\dfrac{1}{2},\dfrac{1}{2}\right)$。代入式(4.42)得到衍射强度为

$$I_{hll} \propto \{f_0 + f_1[\cos\pi n(h + k) + \cos\pi n(h + l) + \cos\pi n(k + l)]\}^2$$
$$+ \{f_1[\sin\pi n(h + k) + \sin\pi n(h + l) + \sin\pi n(k + l)]\}^2$$

可见,衍射指数部分为奇数或部分为偶数时,$I_{hkl} \propto [f_0 - f_1]^2$,此时衍射强度最小;而衍射指数全为偶数或全为奇数时,$I_{hkl} \propto [f_0 + f_1]^2$,此时衍射强度最强。若晶体由同种原子组成,则有$f_0 = f_1$,因此,衍射指数部分为奇数或部分为偶数时,$I_{hkl} = 0$,意味着对由同种原子组成的面心立方晶体,衍射指数部分为奇数或部分为偶数的反射消失。

例如,对 KBr 晶体,实验上能观察到衍射指数全为偶数或全为奇数的衍射峰,而没有观察到衍射指数部分为偶数或部分为奇数的衍射峰,说明 KBr 具有面心结构,其中,K 离子和 Br 离子各自组成一套面心格子。对于和 KBr 非常相似的 KCl 晶体,实验上观察到的衍射峰对应的面指数全为偶数,既未出现面指数部分为偶数或部分为奇数的衍射峰,也未出现面指数全为奇数的衍射峰,说明 KCl 晶体具有和 KBr 相似的面心结构,它们相似但又不完全相同。这是因为 KCl 中两种离子的电子数目相等,散射振幅几乎相同,因此,对 X 射线来说,就好似一个晶格常数为 $a/2$ 的单原子简单立方晶格,对简单立方晶格,只出现偶数指数的衍射峰。

3. 金刚石结构

金刚石由同种原子(碳)构成,因此,原子散射因子相同,令其为 f。对于金刚石晶

体,选择立方体作为晶胞,则每个晶胞中共有 8 个原子,一个在立方体顶角上,坐标为 $(0,0,0)$,三个在立方体的面心位置,坐标分别为 $\left(\frac{1}{2},\frac{1}{2},0\right)$、$\left(\frac{1}{2},0,\frac{1}{2}\right)$ 和 $\left(0,\frac{1}{2},\frac{1}{2}\right)$,另外四个在立方体对角线的 1/4 位置处,坐标分别为 $\left(\frac{1}{4},\frac{1}{4},\frac{1}{4}\right)$、$\left(\frac{1}{4},\frac{3}{4},\frac{3}{4}\right)$、$\left(\frac{3}{4},\frac{3}{4},\frac{1}{4}\right)$ 和 $\left(\frac{3}{4},\frac{1}{4},\frac{3}{4}\right)$。将这些原子坐标代入式(4.42)中得到衍射强度为

$$
\begin{aligned}
I_{hkl} \propto\ & f^2\big[1+\cos\pi n(h+k)+\cos\pi n(k+l)+\cos\pi n(h+l) \\
& +\cos\frac{1}{2}\pi n(h+k+l)+\cos\frac{1}{2}\pi n(h+3k+3l)+\cos\frac{1}{2}\pi n(3h+3k+l) \\
& +\cos\frac{1}{2}\pi n(3h+k+3l)\big]^2 f^2\big[\sin\pi n(h+k)+\sin\pi n(k+l)+\sin\pi n(h+l) \\
& +\sin\frac{1}{2}\pi n(h+k+l)+\sin\frac{1}{2}\pi n(h+3k+3l)+\sin\frac{1}{2}\pi n(3h+3k+l) \\
& +\sin\frac{1}{2}\pi n(3h+k+3l)\big]^2
\end{aligned}
$$

由上式很容易求出衍射强度不为零的条件是:

(1) 衍射面指数 nh、nk 和 nl 均为奇数;

(2) 衍射面指数 nh、nk 和 nl 均为偶数且 $\frac{1}{2}n(h+k+l)$ 也为偶数。

如果衍射面指数不满足上述两条件,则衍射消失。

例如,对金红石晶体,实验中观察到的表征金刚石结构特征的几个主要衍射峰对应的面指数分别为(111)、(220)、(311) 和(400),而不可能观察到诸如(321)、(221) 等之类的衍射峰,因为这些衍射面指数只是部分为奇数,故不满足条件(1),也不可能观察到诸如(442) 等之类的衍射峰,因为衍射面指数虽然为偶数,但不满足 $\frac{1}{2}n(h+k+l)$ 也为偶数的条件。

*4.6　固体 X 射线衍射分析简介

晶体的 X 射线衍射(X-ray diffraction,XRD) 自发现至今已过去了一百多年,直到今天,XRD 仍为确定固体微观结构的重要工具。基于 XRD 分析,人们能从实验上研究固体因为微观层次上原子排布的不同而显示出的不同结构,而不同的结构直接决定了固体所表现出的不同物理性质,从而可以从微观层次上研究固体宏观性质的本质。由于固体微观结构决定了固体的物理性质,了解固体的微观结构信息对揭示固体物理性质的本质至关重要,因此,本节作为拓展性学习附加材料,简单介绍如何基于 XRD 分析来获得固体微观结构的信息。

4.6.1　XRD 实验原理

晶体的 XRD 原理是劳厄最先提出的,按劳厄的衍射理论,晶体中的 XRD 现象源于大

量原子散射波的相长干涉。随后,布拉格父子基于晶面的镜面反射提出了著名的布拉格反射公式,其物理本质仍然是基于晶体中各周期性排布的原子的散射波的相长干涉。基于布拉格反射公式可以推测实验中观察到的XRD峰源于何种晶面的衍射,通过对各种衍射峰进行综合分析,最后可以确定晶体的结构,但布拉格衍射理论并不能给出衍射峰强度的任何信息,而衍射峰强度信息恰恰可以基于劳厄的衍射理论而得以分析。按照劳厄的衍射理论,晶体对入射波的散射源于晶体中的原子对入射波的散射,而原子对入射波的散射又是各个原子核外电子对入射波的散射,因此,衍射极大的方向及强度与晶体内部原子排布的周期性及原子的电子结构有关。劳厄的衍射理论和布拉格衍射理论的结合,成为分析实验观察到的衍射谱的理论基础。

根据布拉格反射公式(4.16),由于同族晶面中相邻晶面的面间距相同,因此来自同族晶面的衍射峰由唯一的入射角 θ 决定。在晶体结构分析中,通常采用的是晶胞而不是原胞,目的是反映晶体自身特殊的对称性。在以晶胞边矢量 $\vec{a}$、$\vec{b}$ 和 $\vec{c}$ 为基矢的正格子空间中,晶面族的方位通过密勒指数 (hkl) 来表示,密勒指数为 (hkl) 的晶面族中相邻晶面间的面间距为 d_{hkl},相应的布拉格反射公式变成

$$2d_{hkl}\sin\theta = n\lambda \tag{4.43}$$

对于密勒指数为 (hkl) 的晶面族,其衍射角与衍射级数 n 直接对应,因此,不同 n 值可视为等效面间距离为 $d_{(hkl)} = d_{hkl}/n$ 的晶面衍射,式(4.43)可简化为

$$2d_{(hkl)}\sin\theta = \lambda \tag{4.44}$$

这样一来,由于

$$\sin\theta = \frac{\lambda}{2} \cdot \frac{1}{d_{(hkl)}} \tag{4.45}$$

则每个衍射斑点可以唯一地用一个 (hkl) 来标记。

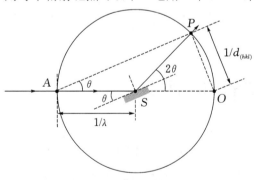

图 4.6　XRD 仪测量原理图

实验室普遍用的 XRD 仪是转靶 XRD 仪。测量过程中,X 射线源固定,因此,入射波传播方向固定不变,而样品相对入射波传播方向以 2θ 角旋转,其基本测量原理可用图 4.6 所示的几何图形来说明。待测量样品通常尺寸很小,故可将样品近似为点 S,然后以点 S 为圆心、$1/\lambda$ 为半径作如图 4.6 所示的反射圆。若 X 射线以入射角 θ 入射到样品上,经样品的密勒指数为 (hkl) 的晶面的镜面反射后与反射圆相交于点 P,如果点 P 和点 O 之间的距离 $\overline{OP}$ 正好为 $1/d_{(hkl)}$,则有

$$\sin\theta = \frac{\overline{OP}}{\overline{AO}} = \frac{1/d_{(hkl)}}{2/\lambda} = \frac{\lambda}{2} \cdot \frac{1}{d_{(hkl)}} \tag{4.46}$$

这正是式(4.45)所示的布拉格反射公式,说明通过旋转样品,一旦反射线与反射圆的交点到达点 P,则系统会因满足衍射加强条件而在点 P 处显示衍射斑点。同样的讨论适用

于三维情况,只是在三维情况下是以 S 为球心、$1/\lambda$ 为球的半径作反射球。各种衍射数据的收集方法以基本原理都是依据上述关系设计的。

XRD 测量系统一般由 X 射线发生器、X 射线测角仪及信号测量系统(包括辐射探测器和辐射探测电路等)3 个基本部分组成,现代 X 射线衍射仪还包括用于控制操作和运行软件的计算机系统,如图 4.7 所示。其中,测量系统一般使用正比计数器,当电压一定时,正比计数器所产生的脉冲大小与被吸收的 X 射线光子的能量成正比。一般,我们采用连续扫描测量法测量样品的衍射信号。在选定的 2θ 角范围内,计数器以一定的扫描速率与样品台联动扫描测量与各衍射角度对应的衍射强度 I,以获取 $I—2\theta$ 曲线。

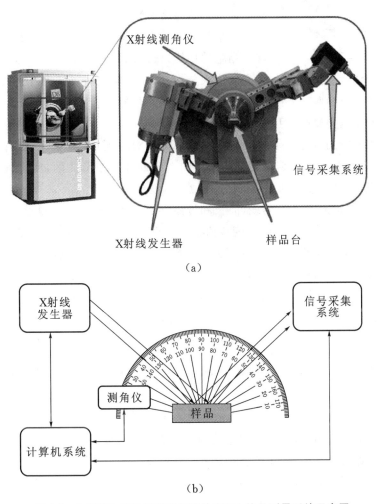

（a）

（b）

图 4.7　(a)XRD 测量系统实物照片和(b) 信号测量系统示意图

多晶材料一般以研磨后所得粉体进行 X 射线衍射实验测量。粉体样品的颗粒度对 X 射线的衍射强度及重现性有很大影响,一般要求样品粉体颗粒度大小在 $0.1 \sim 10 \ \mu m$ 范围。

4.6.2　XRD 分析

1. 结构分析的基本思路

在晶体结构分析中,采用的是既反映晶格周期性又反映晶体特殊对称性的晶胞,选

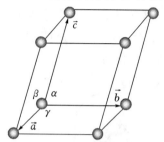

图 4.8　以晶胞边矢量为基矢的
晶格空间坐标系

择晶胞的三个边矢量 $\vec{a}$、$\vec{b}$ 和 $\vec{c}$ 作为基矢,如图 4.8 所示,三个基矢方向的周期分别为 a、b 和 c,三个基矢彼此间的夹角分别为 γ、β 和 α,晶胞的体积 $\Omega_c = \vec{a} \cdot (\vec{b} \times \vec{c})$,这些量就是通常所讲的晶格参数。

三个基矢方向上的周期及三个基矢彼此间的夹角决定了晶胞的特征,依据晶胞特征的不同,晶体按对称性从高到低依次分为立方、六角、四方、三角、正交、单斜和三斜七大晶系。这七大晶系的晶胞特征概况在表 2.7 中,尽管自然界中物质结构很复杂,但对晶态物质来说,任何一种晶体的结构一定分属这七大晶系。晶体结构分析的核心就是,基于宏观的实验,如 XRD 测量,来推测由三个基矢构成的晶胞的特征,因为晶格是晶胞在三个基矢方向上周期性排布形成的,所以确定了晶胞也就确定了晶格,而将基元放到晶格的各个格点上,就可得到相应晶体的晶体结构。

实验上,通常将给定的 X 射线(波长和传播方向不变)入射到所测量的样品上,基于图 4.6 所示的原理图,将样品以 2θ 旋转角相对入射光线方向进行旋转,在旋转过程中测量每一个旋转角下的衍射强度,由此得到一条完整的 $I—2\theta$ 曲线,即通常所讲的 XRD 谱。根据布拉格反射公式 $2d_{hkl}\sin\theta = n\lambda$,对于密勒指数为 (hkl) 的同族晶面,由于相邻晶面的面间距 d_{hkl} 相同,且实验用的 X 射线波长 λ 给定,因此来自该族晶面的衍射峰由唯一的入射角 θ 决定,意味着实验测量得到的 XRD 谱上显示的各衍射峰中,每一个衍射峰都有一个晶面族与之对应。因此,如果能准确地判断观察到的各衍射峰源于由哪些密勒指数 (hkl) 所表征的晶面族的衍射,则由 $d_{hkl} = \dfrac{2\pi}{|\vec{K}_{hkl}|}$ 和 $\vec{K}_{hkl} = h\vec{a}^* + k\vec{b}^* + l\vec{c}^*$,其中,$\vec{a}^*$、$\vec{b}^*$ 和 $\vec{c}^*$ 是和以 $\vec{a}$、$\vec{b}$ 和 $\vec{c}$ 为基矢的正格子空间相对应的倒格子空间的基矢,可得到反映晶胞特征的 $\vec{a}$、$\vec{b}$ 和 $\vec{c}$,晶体结构也就随之确定了。因此,基于 XRD 测量来确定晶体结构的核心任务就是基于对 XRD 谱的分析来确定反映晶胞特征的三个基矢,包括三个基矢的长度及彼此间的夹角。

2. 指标化

在 XRD 谱上,每一个观测到的衍射峰都有一个晶面族与之对应,而每个晶面族都有属于自身的密勒指数,给各个衍射峰标上与相应衍射晶面相对应的密勒指数称为指标化。指标化是确定物质相结构(简称物相)的第一步,每一种物相都有一套特征性的密勒指数与其对应。

指标化的前提是,已经知道或者通过推断可知所研究的物质的晶体结构所属的晶系。如果知道了晶体结构所属的晶系,就可以写出描述其晶胞特征的三个基矢及密勒指数为 (hkl) 的晶面族法线方向上的最短倒格矢 $\vec{K}_{hkl} = h\vec{a}^* + k\vec{b}^* + l\vec{c}^*$ 的一般表示形式,再利用正、倒基矢之间的关系,可得到相应晶面族的面间距 $d_{hkl} = \dfrac{2\pi}{|\vec{K}_{hkl}|}$,然后根据实验得到的各衍射峰对应的衍射角所确定的 d_{hkl} 值可得到反映晶胞特征的三个基矢,包括三个基矢的长度及彼此间的夹角。例如,对正交晶系,其晶胞的特征是三个基矢相互正交,但三个基矢的长度各不相同,因此,在直角坐标系中,其基矢可分别表示为 $\vec{a} = a\vec{i}$、$\vec{b} = b\vec{j}$ 和 $\vec{c} = c\vec{k}$,利用正、倒基矢之间的关系可得到与其对应的倒格子基矢分别为 $\vec{a}^* = \dfrac{2\pi}{a}\vec{i}$、$\vec{b}^* = \dfrac{2\pi}{b}\vec{j}$ 和 $\vec{c}^* = \dfrac{2\pi}{c}\vec{k}$,由此可得到

$$\vec{K}_{hkl} = h\vec{a}^* + k\vec{b}^* + l\vec{c}^* = 2\pi\left(\frac{h}{a}\vec{i} + \frac{k}{b}\vec{j} + \frac{l}{c}\vec{k}\right)$$

和

$$d_{hkl} = \frac{2\pi}{|\vec{K}_{hkl}|} = \frac{1}{\sqrt{\left(\dfrac{h}{a}\right)^2 + \left(\dfrac{k}{b}\right)^2 + \left(\dfrac{l}{c}\right)^2}}$$

基于 XRD 谱测量确定晶体结构的基本步骤如下。

(1) 预判所研究物质的晶体结构所属的晶系。

(2) 对观察到的衍射峰进行初步指标化。

(3) 先基于几个主衍射峰对应的衍射角初步计算与其对应的面间距 d_{hkl},并由此初步确定晶格参数,即三个基矢的长度和彼此间的夹角。

(4) 基于初步得到的晶格参数,对观察到的所有衍射峰重新进行指标化,如果所有观察到的衍射峰都能按预判的晶系进行指标化,则预判的晶系就是所研究物质的晶体结构所属的晶系。

(5) 对观察到的所有衍射峰,对利用各衍射峰对应的旋转角确定的 d_{hkl} 同由公式计算的 d_{hkl} 进行比较,如果两者不一致,则需要调整初步得到的晶格参数,利用最小二乘法反复迭代计算,直至最后计算得到的和实验得到的 d_{hkl} 值控制在合理的误差范围内,由此得到最终的晶格参数。

3. 相分析

对已知的物质,与其晶体结构有关的数据,包括所属晶系、晶格参数等,均可以从国际衍射数据中心发布的标准衍射卡片上查到。通过对实验观测到的衍射峰和国际衍射数据中心发布的相应粉末样品的标准衍射卡片进行比较,可快捷、准确地对观测到的衍射峰进行指标化。

对所研制的样品,如果实验观测到的衍射峰和相应粉末样品的标准卡片上所标的衍

射峰相同,则认为所研制的样品具有单一相的晶体结构,即其为通常所说的单相样品,进而通过上面所讲的步骤可得到单相样品的晶格参数。但在样品的实际研制过程中,由于样品组分和制备工艺不同,有时会出现这样一种情况,即大部分观察到的衍射峰能够按照相应粉末样品标准卡片上标明的密勒指数进行指标化,但仍然有少量的其他峰不能指标化,这种情况则有可能说明,样品不是单相样品,而是含有少量第二相的多相样品。因此,XRD 谱的测量和分析是验证所研制的样品是否为单相及确定其晶体结构的重要手段。

样品组分和制备工艺的不同所引起的样品内部应力的改变,以及外界条件的改变,如温度、压力等,有可能会使得样品从一种晶系结构转变到另一种晶系结构,即发生所谓的结构相变,这可以通过进行相变前后的 XRD 谱比较和指标化分析得到,因此,XRD 谱的测量和分析也是研究晶体结构相变的重要手段。

对于未见过文献报道的样品,与其晶体结构有关的数据,包括所属晶系、晶格参数等,均不可能从国际衍射数据中心发布的标准衍射卡片上查到。在这种情况下,基于 XRD 分析确定其结构,需要进行综合性分析和合理的猜测推断。基本原则是,先假设该样品属于某一对称性高的晶系,例如立方晶系,由实验观测到的几个主要衍射峰对应的旋转角来分别计算面间距,再根据这几个主要衍射峰确定的面间距得到晶格参数,然后根据猜测的晶系和初步得到的晶格参数,计算各个可能的衍射峰对应的旋转角是否和实验观察相一致,如果一致,则说明所研制的样品具有和猜测相一致的晶体结构,如果不一致,则需要考虑其他晶系的可能性。对究竟属于何种晶系的猜测,其基本原则是按照对称性从高到低,即按立方晶系、六角晶系、四方晶系、三角晶系、正交晶系、单斜晶系和三斜晶系的次序分别依次考虑。

4. 晶粒尺寸的估算

实际的晶体有单晶和多晶之分。单晶指的是整个固体中的原子均是规则周期有序排列的,而多晶则可看成是由大量晶粒(又称小单晶)组成的,每个晶粒内部的原子是规则周期有序排列的,但各个晶粒之间原子排列的取向不同。如果晶粒尺寸在微米级以上,如在第 2 章曾作过的估算,晶体中的原子在跨越上万个原子的尺度范围内都是有序排列的,则这样的晶粒尺寸效应对晶体物理性质的影响基本可忽略,但如果晶粒尺寸达到纳米级,如在纳米材料中所看到的,则晶粒尺寸效应常常引起材料物理性质的实质性改变。因此,对由尺寸在 $1 \sim 100$ nm 范围的小晶粒构成的多晶样品,从实验上确定晶粒尺寸就显得尤为重要。晶粒尺寸可以基于高分辨扫描显微镜直接进行测量,但往往基于扫描显微镜测量得到的不是晶粒尺寸,而是颗粒尺寸,由于每个颗粒由若干个晶粒构成,因此,利用扫描显微镜测得的晶粒尺寸往往比实际的晶粒尺寸要大得多。下面简单介绍如何基于 XRD 谱来估算晶粒的尺寸。

利用 XRD 谱来估算晶粒尺寸,其理论依据是由德拜(Debye)的研究生谢乐(Scherrer)首先提出的。按照他的理论,密勒指数为 (hkl) 的晶面族法线方向上的平均晶粒尺寸可由下面公式估算:

$$D_{hkl} = \frac{K\lambda}{(\beta_{hkl} - \beta_s)\cos\theta_{hkl}} \tag{4.47}$$

其中,$K = 0.89$ 为谢乐常数,λ 是实验用的 X 射线波长,β_{hkl} 是由 (hkl) 表示的衍射峰的半高宽(以弧度为单位),θ_{hkl} 为 (hkl) 衍射峰对应的旋转角的一半(以度为单位),β_s 是因仪器的宽化效应而带来的修正,在实际的估算中,通常近似认为 $\beta - \beta_s \approx \beta$。如果晶粒呈球形,则可以通过一个衍射峰,基于实验得到的半高宽和衍射峰对应的衍射角,由式(4.47)估算晶粒的平均尺寸。如果晶粒不呈球形,则需要多选择几个衍射峰,对每个衍射峰,根据半高宽和衍射峰对应的衍射角,可由式(4.47)分别估算不同方向上的平均尺寸,将不同方向上的平均尺寸再平均后就可得到晶粒的平均尺寸。

4.6.3　XRD 的 Rietveld 法精修和实例

X射线多晶衍射技术用于分析材料的物相结构、相组成、晶粒大小、晶粒取向等,是研究多晶材料结构与性能间关系的重要手段,但 X 射线多晶衍射往往会由于多个衍射峰的重叠而丢失大量结构信息。二十世纪六七十年代,荷兰晶体学家 H. M. Rietveld 提出了利用计算机对多晶材料的 X 射线衍射图谱进行全谱拟合的方法,克服了过去多晶样品衍射数据仅利用积分强度的不足,以充分利用衍射数据来获得多晶材料的结构信息。

具体而言,在给定初始晶体结构模型和参数的基础上,Rietveld 法利用一定的峰型函数来计算多晶样品衍射图谱,并使用计算机程序逐点比较计算值和实验值,采用最小二乘法,通过不断调整晶体结构参数和峰形参数使计算谱和实验谱相符合,从而获得修正的结构参数。Rietveld 法在一定的间隔内选取多个衍射数据,在多晶衍射中的一个衍射峰上可以选取若干个强度数据点,从而具有足够多的衍射强度点,克服了以往多晶材料的 X 射线衍射数据中只能使用衍射峰的总积分强度却损失了峰形信息的缺点。

Rietveld 法在全谱范围内以一定的 2θ 间隔(间隔一般取小,如 $0.005°$)对实验所测得样品的 X 射线衍射强度(I_o)进行离散化,并获得 $2\theta_i - I_{oi}$ 数据列,其中,I_{oi} 是第 i 点衍射角度为 $2\theta_i$ 时实验所测得的衍射强度。先假定晶体结构已知,选择一定的结构参数和峰形参数,计算每个 $2\theta_i$ 时的强度值 I_{ci},通过最小二乘法不断调整参数以使计算的强度值和实验值的偏差 M 最小,从而获得修正后的晶体结构参数和其他峰形信息。离散条件下,差值 M 的计算公式为

$$M = \sum_i W_i (I_{oi} - I_{ci})^2 \tag{4.48}$$

其中,W_i 为基于统计的权重因子,若以 I_{lim} 表示图谱中最低强度值的四倍,则当 $I_{oi} > I_{lim}$ 时,$W_i = 1/I_{oi}$;而当 $I_{oi} < I_{lim}$ 时,$W_i = 1/I_{lim}$。

计算衍射强度值 I_{ci} 之前,需要知道不同晶面 (hkl) 衍射峰的位置 $2\theta_{hkl}$、相应的衍射谱积分强度 Y_{hkl} 及强度分布。其中,衍射峰的位置和积分强度可以通过晶体的结构参数和原子组成计算出来,而强度分布与实验条件有关,无法通过计算得到,Rietveld 法采用

经验上设定的特定峰形函数 G_{hkl} 表示。然后基于公式

$$I_{ci} = S \sum_j \left[L_j F_j^2 G_{ij} (2\theta_i - 2\theta_j) P_j A^*(\theta) \right] + I_{bi} \tag{4.49}$$

计算在 $2\theta_i$ 处的强度值 I_{ci}。其中,j 指密勒指数(hkl),代表来自密勒指数为(hkl)的晶面族的衍射峰;S 为标度因子(或称比例因子);L_j 为洛伦兹因子、偏振因子和多重性因子的乘积;P_j 为择优取向函数;$A^*(\theta)$ 为样品吸收系数的倒数;F_j 为(hkl)衍射的结构因子(包括温度因子在内);I_{bi} 为背底强度。借助布拉格反射公式

$$2d_j \sin\theta_j = n\lambda \tag{4.50}$$

由 d_j 值计算 $2\theta_j$,基于式(4.49)和式(4.50),就可以计算得到精修后的 XRD 谱。

为了说明 Rietveld 法精修的意义,这里以反尖晶石型氧化物 Co_2MnO_4 为例,来看看通过 XRD 的 Rietveld 法精修所能得到的与晶体微观结构相关的一些信息。

反尖晶石型氧化物的通式可写成 X_2YO_4,其中,X 与 Y 均为过渡金属。为了反映这种材料特有的对称性,通常选取较大体积的平行六面体作为晶胞,每个晶胞中含有氧四面体和氧八面体两种类型的氧多面体,且氧八面体的数目是氧四面体的2倍,而过渡金属则位于氧多面体的中心位置。为了叙述方便,通常称氧四面体中心为 A 位、氧八面体中心为 B 位,由于 A 位和 B 位上过渡金属占据的随机性,即使名义组分相同的体系也可能表现出不同的物理性质,更为独特的是,通过选择 A 位和 B 位不同过渡金属的占据,可实现电子结构和磁结构的变化,从而有可能表现出新的物理效应,因此,对这类氧化物材料进行详细的结构信息的解析尤为重要。

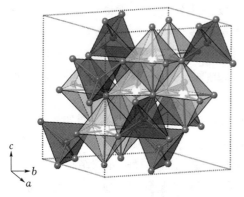

图 4.9　Co_2MnO_4 晶胞示意图

图 4.9 所示的是反尖晶石型氧化物 Co_2MnO_4 的晶胞示意图。基于磁性及中子散射等实验,一般认为其电子构型为 $(Co^{2+})_A[Co^{3+}Mn^{3+}]_BO_4$,即 Mn^{3+} 离子由于具有更强的八面体占据倾向而全部占据在一半的八面体中心 B 位上,而对于 Co 元素,则一半以 Co^{2+} 的形式占据四面体中心 A 位;另一半以 Co^{3+} 的形式占据剩下一半的八面体中心 B 位,与 Mn^{3+} 离子混合,随机分布于样品内由八面体中心构成的网格中。

图 4.10 所示的是室温下在反尖晶石型氧化物 Co_2MnO_4 中测得的 XRD 谱。基于上面介绍的 Rietveld 法并利用专门的软件对实验测得的 XRD 谱进行精修处理,精修后所得的拟合曲线如图所示。可以看到,用 Rietveld 法精修后所得的拟合曲线同实验曲线有良好的吻合。通过精修得到晶格参数分别为 $a = b = c = 8.25(4)$ Å 和 $\alpha = \beta = \gamma = 90°$,且所观察到的衍射峰均可以按立方结构进行指标化,意味着所研制的 Co_2MnO_4 反尖晶石样品具有单相立方结构,其空间群为 $Fd\bar{3}m$,晶胞体积 $V = 562.3(3)$ Å。

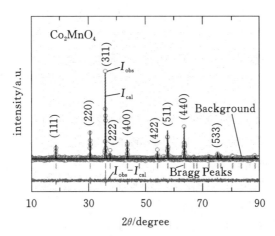

图 4.10　常温下 Co_2MnO_4 的 XRD 谱，其中，I_{obs} 为实验值，I_{cal} 为拟合值

通过精修不仅可以得到和实际测量一致的 XRD 谱，还可以得到样品中离子间所成键的键长与键角，其结果总结在图 4.11 中。这一例子说明，通过 X 射线衍射实验可以精确地了解样品的空间群、结构、晶面指数、晶格参数、晶胞体积、键长和键角等关键的结构信息。

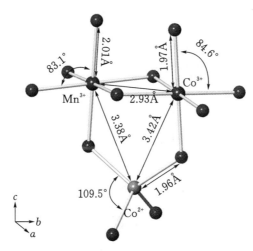

图 4.11　通过精修 Co_2MnO_4 样品得到的各离子间的键长与键角

思考与习题

4.1　为什么晶体衍射实验中要选择波长和晶体中相邻原子的间距相当的波作为入射波？

4.2　X 射线衍射、电子衍射和中子衍射的共性和不同之处有哪些？

4.3　劳厄衍射方程的物理基础是什么？

4.4　当入射波入射到布里渊区边界时会发生什么？

4.5　晶体衍射加强的条件有几种典型的不同表述方式,为什么说这些不同的表述是等价的?

4.6　从形式上看,KCl与KBr非常相似,但对KCl进行衍射分析时,实验上观察到和KBr相似的面指数全为偶数的衍射峰,并没有观察到面指数全为奇数的衍射峰,为什么?

4.7　对正交简单晶格,假设沿三个基矢方向的周期分别为a、b和c,当入射X射线方向沿[100]方向(其重复周期为a)时,试确定在哪些方向上会出现衍射极大? 选择什么样的X射线波长才能观察到极大?

4.8　基于布拉格所给出的晶体衍射加强的条件,试论证只有波长和晶格常数相当的入射波才有可能发生晶体衍射现象。

4.9　对具有立方对称结构、由同种原子构成的某种晶体,在对其进行X射线分析时,在衍射谱图中只观察到(110)、(200)、(220)或(222)等衍射峰,但没有观察到(100)、(300)、(111)或(221)等衍射峰,试分析说明该晶体具有何种类型的晶体结构。

4.10　对面心立方结构的KBr晶体,其中,K离子和Br离子各自组成一套面心格子,试通过分析论证该晶体的衍射谱图的特征。

4.11　对由同种原子(碳)构成的金刚石晶体,试求出衍射强度不为零的条件。

第 5 章　　原子振动及晶格动力学

由前面几章可知,组成固体的大量原子,彼此间存在吸引和排斥两种相互作用,当两种相互作用相等时,各原子处在自身的平衡位置。大量原子因吸引和排斥相互作用的平衡而以彼此保持适当距离的形式凝聚到一起,形成稳定的固体。从能量最低原理角度,要求固体中的大量原子在其中呈周期性排布,这些周期性排布的原子形成了具有周期性结构特征的固体,即通常所讲的晶体,晶体衍射实验证实了这种稳定的周期性结构的存在。因此,可以说,前 4 章实际上涉及的是结晶学研究的内容。

结晶学中没有涉及晶体中原子的热运动效应,认为各原子均处在自身平衡位置(格点)上不动。但事实上,晶体中的原子因为热效应而在其平衡位置附近作小范围的来回运动,即所谓的原子振动,否则晶体不可能维持其稳定的晶体结构。另一方面,晶体中的原子彼此间是相互关联的,因此,原子振动不是单个原子的振动,而是所有原子作集体振动。如何研究晶体中原子的这种集体振动以及原子集体振动对晶体物理性质的影响,便形成了继结晶学之后的另一门学科,即晶格动力学(lattice dynamics)。

晶格动力学始于对以固体原子比热为代表的固体热学性质的研究,随着研究的深入,到 20 世纪 50 年代,已逐渐发展成为一门成熟的学科,其间爱因斯坦(Einstein)、德拜(Debye)、玻恩(Born)、卡门(Karman)等对这门学科的发展均作出过重要的贡献。1954年,玻恩和黄昆在他们合著的《晶格动力学理论》中全面总结了这一领域的基本理论和实验研究成果,以及晶格振动对固体物理性质的影响,这本书被国际学术界誉为经典著作。对晶格动力学的研究远不限于热学性质,实际上,固体物理学的各个分支学科均涉及晶格动力学,如电学性质、光学性质、超导电性等一系列物理问题,均与晶格振动(或声子)有关。晶格动力学是研究晶体宏观性质和微观过程的重要基础,是固体物理学重要的基础内容之一,本章基于牛顿力学和量子力学对晶体中原子的振动进行分析和讨论,在此基础上引出格波、声子等概念,讨论和分析与晶格振动有关的性质,包括固体比热、热膨胀、热传导等。

5.1　原子振动

晶体是大量原子周期性排布而成的。如果用原子平衡位置所在的点,即格点,代表相应的原子,则大量的格点形成周期性排布的晶格点阵。在第 2 章谈到晶体结构时,实际上作了一个假设,即认为构成晶体的大量原子处在各自平衡位置上保持不动。这一假设明显是不合理的,因为,即使忽略原子的波动性而将原子视为经典粒子,经典粒子在任何有限温度下都会呈现热运动行为。

对晶体中原子的热运动研究最先是从晶体的热学性质研究开始的,其中,热容量或比热容(简称比热)是热运动在宏观性质上最直接的表现。考虑由 N 个原子组成的晶体,

假定在温度 T 时系统处在热平衡状态,每个原子有 3 个自由度,整个晶体有 $3N$ 个自由度,按经典的能量均分原理,每个自由度平均热能为 $k_B T$,因此,系统中总的平均热能为 $\overline{E} = 3N k_B T$,由比热定义,得到晶体中与原子热运动有关的比热为

$$C_V \equiv \left(\frac{\partial \overline{E}}{\partial T} \right)_V = 3N k_B \tag{5.1}$$

这正是著名的杜隆 — 珀替定律,是 19 世纪初由杜隆(Dulong)和珀替(Petit)基于大量高温下固体的比热容测量结果而总结出的经验规律。由于式(5.1)是基于原子的热运动导出的,因此,高温下固体比热测量结果满足式(5.1),说明晶体中的原子是运动的。

　　然而,低温下的比热测量却显示出和经典理论预言完全不一样的结果。图 5.1 所示的是在宽温度范围内测量得到的金刚石晶体比热随温度变化的曲线,可以看到,仅仅在高温极限下,实验结果才趋向于由杜隆 — 珀替定律所预言的结论,这一事实说明,原子比热容确实与原子的热运动有关,但低温下观察到的温度有关的比热以及低温比热随温度降低而快速地趋向于 0,和杜隆 — 珀替定律所预言的结果完全不同,说明原子的热运动并非如经典理论所考虑的那样如此简单。

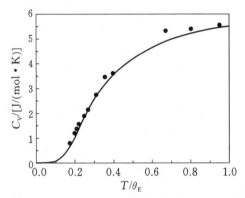

图 5.1　金刚石比热实验结果(实点)和爱因斯坦模型预言的结果(实线),爱因斯坦模型及爱因斯坦温度 θ_E 见后面的解释

　　既然实验表明有限温度下原子会运动,那么晶体中各个原子的运动特点又如何呢?晶体衍射实验表明,只要温度不是很高,格点周期性排布形成的晶格点阵并未因为原子的热运动而被破坏,这一事实说明晶体中的原子只可能在各自平衡位置附近作小范围的来回运动,否则,周期性排布的晶格点阵会因为原子的热运动而被破坏,这种在平衡点附近的来回运动,在力学上称为振动。同时,尽管晶体中的原子在各自平衡位置附近振动,但晶体仍保持周期性晶格点阵的特征,说明晶体中的原子振动并非是单个原子各自振动,而是所有原子在作集体振动,晶体中所有原子的这种集体振动称为晶格振动。

　　晶体中原子之所以表现为集体振动,是因为晶体中原子间存在如第 1 章所提到的相互作用而彼此关联。绝对零度时,各个原子严格地处在由格矢 $\vec{R}_l$ 所表示的位置上,标号为 n 和 n' 的一对原子间的相互作用能为

$$\phi_{n,n'}^{(0)} = \phi(\vec{R}_n - \vec{R}_{n'}) \tag{5.2}$$

其中，$\vec{R}_n$ 和 $\vec{R}_{n'}$ 分别是相应原子平衡位置点（即格点）对应的格矢。但在有限温度下，由于原子的热运动，标号为 n 和 n' 的两个原子则分别处在由

$$\vec{R}'_n = \vec{R}_n + \vec{\delta}(\vec{R}_n) \text{ 和 } \vec{R}'_{n'} = \vec{R}_{n'} + \vec{\delta}(\vec{R}_{n'})$$

所表示的位置上，其中，$\vec{\delta}(\vec{R}_n)$ 和 $\vec{\delta}(\vec{R}_{n'})$ 分别为标号为 n 和 n' 的两个原子因热运动而引起的相对平衡位置的位移矢量，则 n 和 n' 的两个原子间的相互作用能变成

$$\phi_{n,n'} = \phi(\vec{R}_n - \vec{R}_{n'} + \vec{u}_{n,n'}) \tag{5.3}$$

其中，

$$\vec{u}_{n,n'} = \vec{\delta}(\vec{R}_n) - \vec{\delta}(\vec{R}_{n'}) \tag{5.4}$$

表示两原子之间的相对位移。很明显，如果温度足够高，则原子振动幅度很大，从而使得原子间相对位移的大小和相应的原子间的间隔相当，即 $|\vec{u}_{n,n'}| \sim |\vec{R}_n - \vec{R}_{n'}|$，在这种情况下，晶体会被熔化，使得晶格周期性不再保持。因此，对于具有晶格周期性的晶体中的原子振动，我们只需考虑原子间相对位移的大小远小于原子间间隔的情况，即

$$|\vec{u}_{n,n'}| \ll |\vec{R}_n - \vec{R}_{n'}| \tag{5.5}$$

由于 $|\vec{u}_{n,n'}| \ll |\vec{R}_n - \vec{R}_{n'}|$，故可以对式（5.3）所示的相互作用能在平衡位置处进行泰勒级数展开，即

$$\phi_{n,n'} = \phi_{n,n'}^{(0)} + \vec{u} \cdot \mathbf{\nabla}\phi \big|_0 + \frac{1}{2}\beta u^2 + \cdots \tag{5.6}$$

其中，β 是势函数 $\phi_{n,n'}$ 的二次微商在平衡位置处的值。上式右边第一项是两个原子严格处在各自平衡位置（即不考虑原子的热运动效应）时的相互作用能，它是一个常数项；第二项为 0，因为原子处于平衡位置对应相互作用能极小；第三项涉及原子间相对位移的 2 次项；省略号代表的是原子间相对位移的 3 次及 3 次以上的高次项。

由于力和势函数之间的关系为 $\vec{f}(\vec{r}) = -\mathbf{\nabla}\phi(\vec{r})$，在式（5.6）所示的展开式中，如果只考虑原子间相对位移的 2 次项修正，则有 $\vec{f}_{n,n'}(\vec{r}) = -\beta\vec{u}_{n,n'}$，相应的近似称为简谐近似，在这种情况下，原子振动可近似按简谐振动处理。如果原子的振动幅度较大，以至于需要考虑原子间相对位移的 3 次及 3 次以上项的修正，由此带来的效应称为非谐效应，相应的振动称为非简谐振动。非谐效应是了解晶体热传导、热膨胀等现象的物理基础，将在本章最后部分进行分析和讨论。

为更清楚起见，这里以一维晶体为例，来说明晶体中原子振动的简谐近似。绝对零度时，所有原子均处在各自的平衡位置，原子间相互作用能只取决于相邻原子间距（即周期）a，即 $\phi = \phi(a)$。但在有限温度时，原子的热运动使得原子相对于其自身平衡位置发生偏移，假如相邻原子之间的相对位移为 u，则相对位移后相邻原子间相互作用能变为 $\phi(r) = \phi(a+u)$。只要温度不是很高，一般来说，相对于相邻原子间间隔，原子间相对偏移量不大，即 $|u| \ll a$，则可将 $\phi(r) = \phi(a+u)$ 在平衡位置附近进行泰勒级数展开，即

$$\phi(r) \approx \phi(a) + \left(\frac{\mathrm{d}\phi}{\mathrm{d}r}\right)_{r=a}(r-a) + \frac{1}{2}\left(\frac{\mathrm{d}^2\phi}{\mathrm{d}r^2}\right)_{r=a}(r-a)^2 + \frac{1}{6}\left(\frac{\mathrm{d}^3\phi}{\mathrm{d}r^3}\right)_{r=a}(r-a)^3 + \cdots$$

方程中右边第一项为常数,表示平衡时相邻原子间的相互作用能,第二项为零,这是因为在平衡位置时势能极小。因此有

$$\phi(r) \approx \phi(a) + \frac{1}{2}\left(\frac{\mathrm{d}^2\phi}{\mathrm{d}r^2}\right)_{r=a}(r-a)^2 + \frac{1}{6}\left(\frac{\mathrm{d}^3\phi}{\mathrm{d}r^3}\right)_{r=a}(r-a)^3 + \cdots \quad (5.7)$$

由力和相互作用能之间的关系 $f(r) = -\dfrac{\mathrm{d}\phi(r)}{\mathrm{d}r}$,可得到相邻原子间的作用力为

$$f(r) = -\left(\frac{\mathrm{d}^2\phi}{\mathrm{d}r^2}\right)_{r=a}(r-a) - \frac{1}{2}\left(\frac{\mathrm{d}^3\phi}{\mathrm{d}r^3}\right)_{r=a}(r-a)^2 + \cdots \quad (5.8)$$

如果忽略掉上式右边的非线性小量并令 $\beta = \left(\dfrac{\mathrm{d}^2\phi}{\mathrm{d}r^2}\right)_{r=a}$ 及 $u = r - a$,则有

$$f(r) = -\beta u \quad (5.9)$$

由经典的牛顿力学知道,式(5.9)所表示的力称为恢复力,$\beta = \left(\dfrac{\mathrm{d}^2\phi}{\mathrm{d}r^2}\right)_{r=a}$ 称为恢复力系数,在恢复力的作用下,原子在平衡位置附近作简谐运动,相应的近似称为简谐近似。

　　晶体中的原子振动涉及的原子数目巨大,原子与原子之间的相互作用复杂,任一原子的位移与其他原子的位移有关,因此,严格求解晶格振动是个很复杂的问题。为了探讨晶格振动的基本特点,下面将基于简谐近似并只考虑最近邻原子作用,从最简单的一维晶格出发分析和讨论晶格振动,然后把所得到的结论和方法加以推广,应用到三维晶格振动。

5.2　一维单原子晶体的晶格振动

5.2.1　运动方程及其尝试解

　　考虑如图 5.2 所示的由质量同为 m 的全同原子组成的一维无限长的单原子链。在绝对零度(没有热效应)时,第 n 个原子处在由 $R_n = na$ 表示的平衡位置上,其中,n 为 0 或任意正、负整数,a 为相邻原子间的间距(即周期)。在有限温度下,由于热运动效应,第 n 个原子处在由 $R_n' = na + x_n$ 所表示的位置上,其中,x_n 为第 n 个原子相对其平衡位置的位移。第 n 个原子和左、右两相邻原子的相对位移分别为

$$u_{n,n-1} = x_n - x_{n-1}$$
$$u_{n+1,n} = x_{n+1} - x_n$$

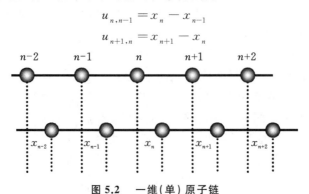

图 5.2　一维(单)原子链

在简谐近似下,如果只考虑最近邻原子间的相互作用,则 n 原子受到右边 $n+1$ 原子的力 $f(x_{n+1})$ 为

$$f(x_{n+1}) = \beta(x_{n+1} - x_n)$$

若 $x_{n+1} - x_n > 0$,则该力是向右的拉伸力,反之则是向左的排斥力;n 原子受到左边 $n-1$ 原子的力 $f(x_{n-1})$ 为

$$f(x_{n-1}) = \beta(x_n - x_{n-1})$$

若 $x_n - x_{n-1} > 0$,则该力是向左的拉伸力,反之则是向右的排斥力。因此,标号为 n 的原子所受到的合作用力为

$$f(x_{n+1}) - f(x_{n-1}) = \beta(x_{n+1} + x_{n-1} - 2x_n)$$

由牛顿第二定律可写出标号为 n 的原子的运动方程为

$$m\frac{\mathrm{d}^2 x_n}{\mathrm{d}t^2} = \beta(x_{n+1} + x_{n-1} - 2x_n) \tag{5.10}$$

或

$$\frac{\mathrm{d}^2 x_n}{\mathrm{d}t^2} + \frac{2\beta}{m}\left(x_n - \frac{x_{n+1} + x_{n-1}}{2}\right) = 0 \tag{5.11}$$

在力学中,我们知道,描述谐振子的运动方程为

$$\frac{\mathrm{d}^2 x}{\mathrm{d}t^2} + \omega^2 x = 0 \tag{5.12}$$

方程(5.12)的解可写成

$$x = A\mathrm{e}^{-\mathrm{i}(\omega t - \varphi)}$$

其中,φ 为初相位,A 是振子的振幅。由于方程(5.11)具有和方程(5.12)相类似的形式,因此,我们可以把方程(5.11)的解表示为

$$x_n = A\mathrm{e}^{-\mathrm{i}(\omega t - qna)} \tag{5.13}$$

其中,$\varphi_n = qna$ 是 n 原子的初相位。

5.2.2　格波

式(5.13)表示的是标号为 n 的原子因振动而产生的位移,为看清其物理意义,我们把每个原子的位移在垂直于原子链的方向表示出来,则可得到如图 5.3 所示的原子振动示意图,可以看到,原子振动图看上去像一种波。

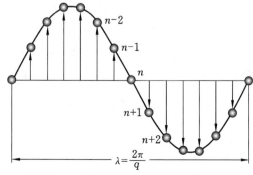

图 5.3　一维单原子链的原子振动示意图

下面从不同的角度,来说明式(5.13)所代表的原子位移反映的就是晶体中因原子集体振动而产生的晶格振动波。首先比较一下原子链和连续介质的情况,对一维连续介质,其介质波可表示成平面波的形式,即

$$f(x,t) = f_0 e^{-i(\omega t - kx)}$$

其中,x 是介质中任意一质点的位置;而式(5.13)中的 na 代表的是原子链中标号为 n 的原子的平衡位置,将连续介质的平面波函数和式(5.13)相比,两者具有相同的形式,说明式(5.13)所代表的原子位移的解可理解为是一种波。所不同的是,连续介质中的质点是连续的,而对于原子链,相邻的两个原子之间存在位相差(或称"相位差")

$$\Delta\varphi = q(n+1)a - qna = qa$$

不为零的位相差反映了原子链中原子之间的不连续性,只有当 $q \to 0$ 时,相邻原子间的位相差才可忽略,在这种情况下,原子链可看成连续介质波,相应的波也可看成是连续介质波。

再来考虑标号为 n' 和 n 的任意两个原子,由

$$x_{n'} = A e^{-i(\omega t - qn'a)} = A e^{-i[\omega t - qna + (qna - qn'a)]} = x_n e^{iqa(n'-n)} \tag{5.14}$$

可知,如果它们的位相差 $\Delta\varphi = q(n'-n)a$ 正好为 2π 的整数倍,即当

$$\Delta\varphi = q(n'-n)a = 2\pi l$$

时,其中,l 为整数,则有 $x_{n'} = x_n$,意味着相差 2π 整数倍位相差的两个原子有相同的位移;而当

$$\Delta\varphi = q(n'-n)a = (2l+1)\pi$$

时,则有 $x_{n'} = -x_n$,意味着位相差为 $(2l+1)\pi$ 的两个原子有相反的位移。可见,任意时刻,原子的位移呈周期性分布,这种周期性分布的原子位移构成了晶格振动波。

晶格振动波的形成,其起因是晶体中的原子振动间是关联的。为进一步说明这种关联,在简谐近似和只考虑最近邻原子作用的前提下,按照经典力学,可将一维单原子链的势能表示为

$$U = \frac{1}{2}\beta \sum_n (x_{n+1} - x_n)^2 = \frac{1}{2}\beta \sum_n (x_{n+1}^2 + x_n^2 - x_{n+1}^* x_n - x_{n+1} x_n^*)$$

可见,势函数中含有两两原子位移的交叉项,交叉项的出现是原子振动相互耦合的反映。原子振动彼此相互耦合,使得原子振动不是单个原子的振动,而是一种集体振动,表现为晶格振动。

综合以上分析,可以认为,式(5.13)所代表的原子位移的解反映的是晶格振动波,这种波以角频率为 ω 的平面波的形式在晶体中传播,是晶体中原子的一种集体运动形式。这种描述晶格中原子集体运动、角频率为 ω 的平面波称为晶格振动波,简称格波(lattice wave)。同时,由于这里讨论的是简谐近似,因此,格波又被认为是一种简谐平面波,简称简谐波,是一种简正模式的格波。若以 $\vec{e}_n$ 表示沿格波传播方向的单位矢量,则格波的波矢为 $\vec{q} = \frac{2\pi}{\lambda}\vec{e}_n$,其中,$\lambda = \frac{2\pi}{q}$ 为格波的波长,格波的相速度为 $v_p = \frac{\omega}{q}$。

5.2.3 色散关系

将式(5.13)所示的尝试解代入方程(5.10)后有

$$-m\omega^2 A e^{-i(\omega t - qna)} = \beta(e^{iqa} + e^{-iqa} - 2)A e^{-i(\omega t - qna)}$$

由此得到

$$\omega^2 = \frac{2\beta}{m}\Big(1 - \frac{e^{iqa} + e^{-iqa}}{2}\Big)$$

利用公式 $e^{ix} = \cos x + i\sin x$，频率 ω 和波数 q 之间的关系可表示为

$$\omega^2 = \frac{2\beta}{m}(1 - \cos qa) = \frac{4\beta}{m}\sin^2\frac{qa}{2} \tag{5.15}$$

仅仅从满足方程(5.10)解的角度，ω^2 既可为正，也可为负。当 $\omega^2 < 0$ 时，ω 为虚数，由式 (5.13) 可以看到，这时晶体中各原子相对平衡位置的位移将随时间增加而无限增大，晶格就不能保持稳定了。因此，晶体具有稳定性要求 $\omega^2 > 0$，而根据式(5.9)，要求 $\beta > 0$，只有这样，原子因振动而发生位移后才能够借助恢复力的作用恢复到原来的位置。对于 $\omega^2 > 0$，习惯上取 $\omega > 0$，利用 $1 - \cos qa = 2\sin^2(qa/2)$，则有

$$\omega = 2\sqrt{\frac{\beta}{m}}\left|\sin\frac{qa}{2}\right| \tag{5.16}$$

由 $v_p = \dfrac{\omega}{q}$ 可得到格波的传播速度(相速)为

$$v_p = \frac{2}{q}\sqrt{\frac{\beta}{m}}\left|\sin\frac{qa}{2}\right| \tag{5.17}$$

可见，格波的传播速度是与波矢或波长有关的函数，波长不同的格波在晶体中传播的速度不同，这和可见光通过三棱镜的情况相似。当不同波长的可见光通过三棱镜时，由于传播速度不同，折射角不同，会出现所谓的色散现象。我们称由式(5.16)所给出的频率与波矢的关系为一维原子链或一维布喇菲格子中格波的色散关系，也称这一关系为振动频谱(简称振动谱)。

注意到，上述色散关系是针对标号为 n 的原子的运动方程导出的，但式(5.16)中却没有出现 n，说明所有原子具有相同的色散关系，或者说，具有相同 q 的原子都以相同的频率振动，这正是晶格中原子集体振动行为的体现。

一种频率或一种色散关系对应着一支格波。从上面的分析中可以看到，一维单原子链只有一种如式(5.16)所示的色散关系，说明一维单原子链中只存在一支格波。由式 (5.16) 可以看到，格波的最大频率为 $\omega_{max} = 2\sqrt{\dfrac{\beta}{m}}$，利用典型的原子质量和恢复力系数：$m \sim 10^{-26}(\text{kg})$ 和 $\beta \sim 1(\text{N/m})$，可以估计这支格波的频率变化范围为 $0 \leqslant \omega < 10^{13}(\text{Hz})$，而超声波频率为 $10^4 \sim 10^{12}(\text{Hz})$，因此，可以用超声波来激发这支格波。由于这一原因，由式(5.16)给出的色散关系所代表的格波称为声频支(acoustic branch)格波，简称声学波。

由第 3 章知道，周期为 a 的一维布喇菲格子，其倒格子是一个周期为 $b = \dfrac{2\pi}{a}$ 的一维格子。对周期为 $b = \dfrac{2\pi}{a}$ 的一维倒格子，任意一个倒格点可用倒格矢 K_h 表示，即 $K_h = h\dfrac{2\pi}{a}$，其中，h 为 0 或任意正、负整数。现考虑两个波矢，一个为 q，另一个为 q'，两者相差任意一

个倒格矢 K_h，即 $q' = q + K_h$，由式（5.16）有

$$\omega(q') = 2\sqrt{\frac{\beta}{m}}\left|\sin\frac{q'a}{2}\right| = 2\sqrt{\frac{\beta}{m}}\left|\sin\frac{(q+K_h)a}{2}\right| = 2\sqrt{\frac{\beta}{m}}\left|\sin\frac{qa}{2}\right| = \omega(q)$$

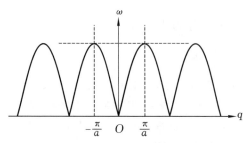

图 5.4　　一维原子链的色散关系

可见，两个相差任意倒格矢的波矢对应的频率是相同的，说明格波的频率在波矢空间是以倒格矢 $\frac{2\pi}{a}$ 为周期的周期函数，或者说格波的色散关系的周期和倒格子空间的周期相同。为了保证 ω 与 q 之间有一一对应的关系，通常把 q 限制在 $-\frac{\pi}{a} < q \leqslant \frac{\pi}{a}$ 的范围内，这恰好是第一布里渊区（或简约布里渊区）的范围，其他区域的情况只需把 q 平移某个倒格矢 $K_h = h\frac{2\pi}{a}(h = 0, \pm 1, \pm 2, \cdots)$ 即可得到，如图 5.4 所示。同时也注意到，在式（5.16）中，如果将 q 换成 $-q$，频率 ω 没有任何变化，说明格波的频率在波矢空间中具有反演对称性。

5.2.4　长波和短波极限

1. 长波极限

所谓长波极限是指波长 λ 趋向于无限长的极限情况。由于 $q = \frac{2\pi}{\lambda}$，当 $\lambda \to \infty$ 时，$q \to 0$，因此，在长波极限下，$\sin\left(\frac{qa}{2}\right) \approx \frac{qa}{2}$，则由式（5.16）和式（5.17）可以得到格波的频率和相速分别为

$$\omega \approx qa\sqrt{\frac{\beta}{m}} \tag{5.18}$$

和

$$v_p = a\sqrt{\frac{\beta}{m}} \tag{5.19}$$

可以看到，长波极限下格波的频率 ω 和波矢 q 呈线性关系，而格波的相速为常数。

一般情况下，由于原子的不连续性，格波的相速度不是常数，是波矢或波长的函数，如式（5.17）所表明的。但在长波极限下，格波的相速度为常数，这是因为当波长很大时，一个波长范围含很多个原子，如图 5.5 所示，相邻原子的位差很小，以至于可以忽略原子间的不连续性，在这种情况下，原子链可近似看成连续介质，相应的格波接近于连续介质中的弹性波。

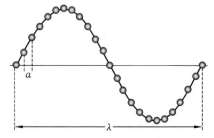

图 5.5　　长波极限下原子链等效于连续
介质的示意图

对弹性波,波速为

$$v_E = \sqrt{\frac{K}{\rho}} \tag{5.20}$$

其中,K 为弹性模量,ρ 为介质密度。如果将一维原子链看作连续介质,则有

$$K = \beta a \ \text{和} \ \rho = \frac{m}{a}$$

代入式(5.20),得到的 v_E 和由式(5.19)给出的格波相速相同,即 $v_E = v_p$,由此表明,一维原子链在长波极限下确实可看成是连续介质,而相应的格波可看成是弹性波。

长波极限下一维原子链等效于连续介质也可以通过分析相应波的相速和群速而得以证实。波的群速定义为

$$v_g = \frac{\mathrm{d}\omega}{\mathrm{d}q} \tag{5.21}$$

由式(5.16)可得到格波的群速为

$$v_g = a \sqrt{\frac{\beta}{m}} \cos \frac{qa}{2} \tag{5.22}$$

可见,一般情况下,格波的群速不等于相速,这是由原子的不连续性所致的,但在长波极限下,即当 $q \to 0$ 时,格波的群速 $v_g = a\sqrt{\dfrac{\beta}{m}}$ 等于格波的相速 v_p,这是弹性波的典型特征。

综合以上分析,可以认为,单原子链在长波极限下可等效为连续介质,相应的格波可看成是弹性波,其原因是,在长波极限下,一个波长范围内含有很多个原子,以至于相邻原子间的不连续性可以忽略。

2. 短波极限

所谓短波极限是指当波矢接近布里渊区边界,即当 $q \to \pm \pi/a$ 时的情况,由式(5.22)可知,此时格波的群速为零,而相速 $v_p = \dfrac{2}{q}\sqrt{\dfrac{\beta}{m}}$ 不为零,意味着在短波极限下,相速不等于群速,而相速不等于群速是驻波的典型特征,说明当波矢接近布里渊区边界时,格波是一种驻波,不能在晶体中传播。

当 $q \to \pm \pi/a$ 时,由式(5.13)有

$$\frac{x_{n+1}}{x_n} = \mathrm{e}^{iqa} = \mathrm{e}^{i\pi} = -1$$

表明相邻原子的振动方向相反。由 $\lambda = \dfrac{2\pi}{q}$ 可知,在布里渊区边界 q 值为 $\dfrac{\pi}{a}$,此时的波长为 $\lambda = 2a$,正好为原子间间距的 2 倍,意味着一个波长内包含两个原子,而这两个原子的振动方向相反,如图 5.6 所示。之所以形成驻波,如上一章所讨论的,当前进的格波到达布里渊区边界时产生全反射,形成具有

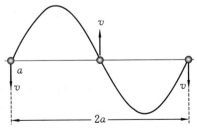

图 5.6 短波极限下驻波的形成机理示意图

波长相同但传播方向相反的反射波,前进的格波和反射回来的反射波相互干涉导致驻波的形成。

5.2.5　玻恩 — 卡门周期性边界条件及波矢 q 的取值

从式(5.13)所示的原子位移表达式和式(5.16)所示的色散关系可以看到,当波矢 q 按 $\frac{2\pi}{a}$ 的整数倍增加时,原子位移 x_n 和格波频率 ω 均没有改变,说明可以将波矢限制在如下范围:

$$-\frac{\pi}{a} < q \leqslant \frac{\pi}{a} \tag{5.23}$$

即将 q 限制在简约布里渊区,这样的限制能保证原子位移 x_n 与波矢 q 之间,以及格波频率 ω 与波矢 q 之间均有一一对应的关系。除此之外,让我们来看看,如果把 q 限制在一个布里渊区里,则振动谱是连续谱还是分立谱,如果是分立谱,一个布里渊区会有多少个分立谱。

方程(5.10)实际上是针对无限长原子链(即理想一维晶体)提出的,其中假设了所有原子均具有相同的运动方程。对于实际晶体,边界总是存在的,边界上的原子必然和内部原子所遵从的方程有所不同。例如,对一个由 N 个原子构成的有限长原子链,如图 5.7(a) 所示,链端的原子不同于内部原子,这是因为,当只考虑近邻作用时,内部原子受到左右两个近邻原子的作用,而链端原子只受到一个近邻原子的作用。虽然链端原子数很少,但由于所有原子的方程都是关联的,具体解方程的过程就会显得非常复杂。

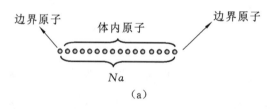

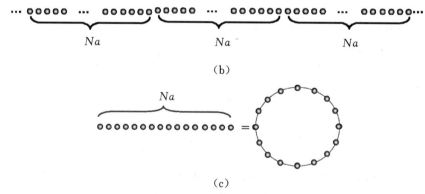

图 5.7　一维晶格的玻恩 — 卡门周期性边界条件:(a) 有限尺寸的实际晶体,
(b) 无限尺寸的假想晶体和(c) 原子链环

为了消除少量边界原子的影响,玻恩与卡门作了一个假设,即认为在一个长度为 Na

的有限晶体外仍然有无限多个相同的晶体,且各晶体内相对应的原子的运动情况相同,如图 5.7(b) 所示,这就是所谓的玻恩—卡门周期性边界条件。这样设想的无限长晶体和具有有限尺寸的实际晶体,虽然两者原子势有差别,但由于原子间相互作用是短程的,且链端原子数相对于原子链总原子数很少,这种差别可忽略不考虑。玻恩—卡门周期性边界条件也可以理解为,将一个长度 $L = Na$ 的原子链首尾相接成闭合环,如图 5.7(c) 所示,这样既顾及了晶体有限尺寸的事实又消除了边界的影响。

若采用玻恩—卡门周期性边界条件的第二种描述方式,则对由 N 个原子组成的环,标号为 1 的原子和标号为 $N+1$ 的原子属于同一个原子。既然它们属于同一个原子,则用 x_1 表示的原子 1 的位移和用 x_{N+1} 表示的原子 $N+1$ 的位移必然相等,即

$$x_1 = x_{N+1}$$

而 x_1 和 x_{N+1} 分别为

$$x_1 = A e^{i(qa - \omega t)}$$
$$x_{N+1} = A e^{i[q(N+1)a - \omega t]}$$

于是有

$$e^{iqNa} = 1$$

因此有

$$qNa = 2\pi l \Rightarrow q = \frac{2\pi l}{Na}$$

l 为 0 或任意正、负整数,说明采用玻恩—卡门周期性边界条件后,表征原子振动状态的波矢具有分立的取值,意味着振动谱是分立谱而不是连续谱。q 的分立取值或者说分立的振动谱,是周期性边界条件的自然结果,因为周期性边界条件相当于将原子运动限制在长度 $L = Na$ 的有限尺寸范围内。

既然表征原子振动状态的波矢 q 具有分立的取值,则更值得关心的问题是,在一个布里渊区里 q 能有多少个分立的值? 或者说在一个布里渊区里有多少个分立的振动谱? 以简约布里渊区为例,其 q 的取值范围为 $-\frac{\pi}{a} < q \leqslant \frac{\pi}{a}$,由于 $q = \frac{2\pi l}{Na}$,将 q 的取值范围限制在简约布里渊区里,相当于 l 只能在

$$-\frac{N}{2} < l \leqslant \frac{N}{2}$$

范围内按

$$l = -\frac{N}{2} + 1, -\frac{N}{2} + 2, \cdots, \frac{N}{2} - 1, \frac{N}{2}$$

取 N 个不同的值。在波矢空间,每一个波矢 q 的取值代表着一个状态点,状态点坐标由 $q = \frac{2\pi l}{Na}$ 确定,相邻两个状态点间的波矢间隔为 $\Delta q = \frac{2\pi}{Na}$,而一个布里渊区的宽度为 $\frac{2\pi}{a}$,因此,在一个布里渊区里,波矢 q 的取值数目为

$$\frac{2\pi}{a} / \Delta q = N$$

正好为原子的数目,意味着对由 N 个原子构成的单原子链,在一个布里渊区里,表征原子

振动状态的波矢 q 总共有 N 个分立的取值,或者说在一个布里渊区里总共有 N 个分立的振动谱。由于一个振动谱对应一个格波,因此,在一个布里渊区里总共有 N 个格波。

5.3 一维多原子晶体的晶格振动

一维多原子晶体是由两个或两个以上原子构成的原胞沿一个方向周期性排布而成的。原胞可以由质量不同、结合力不同或性质不同的两种或两种以上原子构成,由此可构成多种形式的一维多原子晶体。为了探讨一维多原子晶体的晶格振动特点,这里仅考虑一种最简单的情况,即由两种不同质量的原子构成的原胞周期性排布成一维双原子链,对其晶格振动进行分析。所采用的方法、分析思路及得到的结论同样适用于更复杂的一维多原子晶体的情况。

5.3.1 运动方程及其尝试解

现在考虑一维多原子晶体中最简单的一种情况,即以质量较大(M)和质量较小(m)的两种原子为原胞沿一个方向周期性排布成如图 5.8 所示的一维双原子链,每个原子同左、右最相邻原子之间的恢复力系数同为 β。在绝对零度时,所有原子均处在各自平衡的位置,原胞的尺寸(即周期)为相邻同种原子间的间距 $2a$。

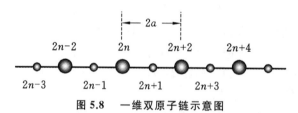

图 5.8　一维双原子链示意图

为分析方便,我们首先需要对各个原子进行编号,为此,将质量为 m 的小原子分别按 $\cdots,2n-3,2n-1,2n+1,2n+3,\cdots$ 奇数次序依次进行编号,而将质量为 M 的大原子分别按 $\cdots,2n-2,2n,2n+2,2n+4,\cdots$ 偶数次序依次进行编号。在温度不为零时,由于热运动,各原子离开自身平衡位置,标号为 $2n$ 的大原子相对于其自身平衡位置的位移用 x_{2n} 表示,标号为 $2n+1$ 的小原子相对于其自身平衡位置的位移用 x_{2n+1} 表示,然后基于简谐近似并只考虑最近邻原子间相互作用,来分析各个原子的受力情况。

对标号为 $2n+1$ 的小原子,如果只考虑最近邻原子间的相互作用,则它受到左、右两个大原子的作用。在简谐近似下,来自右边标号为 $2n+2$ 的大原子的力 $f(x_{2n+2})$ 为

$$f(x_{2n+2})=\beta(x_{2n+2}-x_{2n+1})$$

若 $x_{2n+2}-x_{2n+1}>0$,则该力是向右的拉伸力,反之则是向左的排斥力;来自左边标号为 $2n$ 的大原子的力 $f(x_{2n})$ 为

$$f(x_{2n})=\beta(x_{2n+1}-x_{2n})$$

若 $x_{2n+1}-x_{2n}>0$,则该力是向左的拉伸力,反之则是向右的排斥力。因此,在简谐近似和只考虑最近邻原子间相互作用的条件下,标号为 $2n+1$ 的小原子所受到的合作用力为

$$f(x_{2n+2})-f(x_{2n})=\beta(x_{2n+2}+x_{2n}-2x_{2n+1})$$

类似地,可以得到标号为 $2n+2$ 的大原子受到右边标号为 $2n+3$ 小原子的力 $f(x_{2n+3})$ 和左边标号为 $2n+1$ 小原子的力 $f(x_{2n+1})$,在简谐近似和只考虑最近邻原子间相互作用的条件下,标号为 $2n+2$ 的大原子受到的合作用力为

$$f(x_{2n+3}) - f(x_{2n+1}) = \beta(x_{2n+3} + x_{2n+1} - 2x_{2n+2})$$

一旦知道原子所受到的作用力,则由牛顿第二定律可写出标号为 $2n+1$ 的小原子和标号为 $2n+2$ 的大原子的两种原子的运动方程,即

$$\begin{cases} m\dfrac{\mathrm{d}^2 x_{2n+1}}{\mathrm{d}t^2} = \beta(x_{2n+2} + x_{2n} - 2x_{2n+1}) \\ M\dfrac{\mathrm{d}^2 x_{2n+2}}{\mathrm{d}t^2} = \beta(x_{2n+3} + x_{2n+1} - 2x_{2n+2}) \end{cases} \tag{5.24}$$

类似于单原子链的分析,可以将上述方程的尝试解写成角频率为 ω 的格波解的形式,即

$$\begin{cases} x_{2n+1} = A\,\mathrm{e}^{\mathrm{i}[q(2n+1)a - \omega t]} \\ x_{2n+2} = B\,\mathrm{e}^{\mathrm{i}[q(2n+2)a - \omega t]} \end{cases} \tag{5.25}$$

其中,$q(2n+1)a$ 和 $q(2n+2)a$ 分别是标号为 $2n+1$ 的小原子和标号为 $2n+2$ 的大原子振动的初相位,A 和 B 分别为两种原子的振幅,一般来说 $A \neq B$ 且不为零。

5.3.2 色散关系

将式(5.25)所示的尝试解代入方程(5.24),可得到一组关于 A、B 的线性齐次方程组,即

$$\begin{cases} (2\beta - m\omega^2)A - 2\beta\cos qa\,B = 0 \\ -2\beta\cos qa\,A + (2\beta - M\omega^2)B = 0 \end{cases} \tag{5.26}$$

A 和 B 有非零解的条件是上述方程组中的系数行列式为零,即

$$\begin{vmatrix} 2\beta - m\omega^2 & -2\beta\cos qa \\ -2\beta\cos qa & 2\beta - M\omega^2 \end{vmatrix} = 0 \tag{5.27}$$

由此得到 ω^2 的两个解,分别以 ω_+ 和 ω_- 区别之,即

$$\omega_\pm^2 = \frac{\beta}{mM}\{(m+M) \pm [m^2 + M^2 + 2mM\cos 2qa]^2\} \tag{5.28}$$

若将两个解 ω_+ 和 ω_- 分开写,则有

$$\omega_+^2 = \frac{\beta}{mM}\{(m+M) + [m^2 + M^2 + 2mM\cos 2qa]^2\} \tag{5.29}$$

$$\omega_-^2 = \frac{\beta}{mM}\{(m+M) - [m^2 + M^2 + 2mM\cos 2qa]^2\} \tag{5.30}$$

一种频率或者说一种色散关系对应一支独立的格波,上面的两个解表明,一维双原子链中有两支独立格波存在,这和一维单原子链不同,后者只存在一支独立格波。

由第3章知道,周期为 $2a$ 的一维格子,其倒格子是一个周期为 $b = \dfrac{\pi}{a}$ 的一维格子。对周期为 $b = \dfrac{\pi}{a}$ 的一维倒格子,任意一个倒格点可用倒格矢 K_h 表示,即 $K_h = h\dfrac{\pi}{a}$,其中,h 为 0 或任意正、负整数。现考虑两个波矢,一个为 q,另一个为 q',两者相差任意一个倒格

矢 K_h，即 $q' = q + K_h$，由于

$$\cos(2q'a) = \cos[2(q + K_h)a] = \cos 2qa$$

因此，可以验证

$$\omega_\pm^2(q') = \omega_\pm^2(q + K_h) = \omega_\pm^2(q)$$

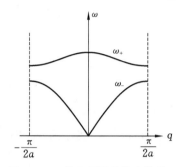

图 5.9   一维双原子晶格中格波的色散关系

说明两个相差任意倒格矢的波矢对应的两支格波的频率是相同的，意味着两支格波的频率在波矢空间是以 $\dfrac{\pi}{a}$ 为周期的周期函数，或者说两支格波的色散关系的周期和倒格子空间的相同。为了保证两支格波的频率与波矢之间有一一对应的关系，可以把波矢 q 限制在 $-\dfrac{\pi}{2a} < q \leqslant \dfrac{\pi}{2a}$ 范围内，这恰好是一维复式晶格的简约布里渊区的范围，其他区域的情况只需把 q 平移某个倒格矢即可得到。图 5.9 所示的是两支格波所对应的色散关系在简约布里渊区中的表示。同样可以注意到，在式(5.28)中，如果将 q 换成 $-q$，无论是 ω_+ 还是 ω_- 均没有任何变化，说明两支格波的频率在波矢空间中具有反演对称性。

5.3.3   声学波与光学波

显而易见，由式(5.29)和式(5.30)所代表的两支格波的频率变化范围明显不同。对 ω_+ - 支格波，由式(5.29)或图 5.9 可以看到，在简约布里渊区中心，即当 $q = 0$ 时，频率达到最大，最高频率为

$$(\omega_+)_{\max} = \sqrt{\frac{2\beta}{\mu}}$$

其中，$\mu = \dfrac{mM}{m + M}$ 是两种原子的折合质量，在布里渊区边界，即当 $q = \pm\dfrac{\pi}{2a}$ 时，频率达到最小，最低频率为

$$(\omega_+)_{\min} = \sqrt{\frac{2\beta}{m}}$$

因此，ω_+ - 支格波的频率变化范围为

$$\sqrt{\frac{2\beta}{m}} \leqslant \omega_+ \leqslant \sqrt{\frac{2\beta}{\mu}}$$

而对 ω_- - 支格波，最高频率出现在第一布里渊区边界，即当 $q = \pm\dfrac{\pi}{2a}$ 时，最高频率为

$$(\omega_-)_{\max} = \sqrt{\frac{2\beta}{M}}$$

最低频率出现在布里渊区中心，即当 $q = 0$ 时，最低频率为

$$(\omega_-)_{\min} = 0$$

因此，ω_- - 支格波的频率变化范围为

$$0 \leqslant \omega_- \leqslant \sqrt{\frac{2\beta}{M}}$$

由于 $M > m$，所以 $(\omega_+)_{\min} > (\omega_-)_{\max}$，意味着 ω_+ - 支格波最低频率比 ω_- - 支格波最高频率还要高，因此，两支格波之间出现了没有格波的频率范围，称为"频率的禁带"，在布里渊区边界，频率禁带宽度为

$$\Delta\omega = (\omega_+)_{\min} - (\omega_-)_{\max} = \sqrt{2\beta}\left(\sqrt{\frac{1}{m}} - \sqrt{\frac{1}{M}}\right)$$

由于这一原因，有时也把一维双原子晶格视为"带通滤波器"，这与一维单原子晶格振动明显不同。

　　根据上述两支格波的频率变化范围，通常将 ω_+ - 支格波称为光频支格波（optical branch），简称光学波，利用 μ 和 β 的典型值，可以估计 $\omega_+ \sim 10^{13}\ \mathrm{s}^{-1}$，这个频率处在光谱的红外区，可以与光波发生共振耦合，这是将 ω_+ - 支格波称为光学波的缘由。而对 ω_- - 支格波，可以用超声波来激发，因此，将 ω_- - 支格波称为声频支格波，简称声学波。

　　下面通过对频率和振幅的分析，来讨论光学波和声学波的意义。

1. 声学波

　　先来看看声学波的频率特征，由式(5.30)可得到

$$\begin{aligned}
\omega_-^2 &= \frac{\beta}{mM}\left\{(m+M) - [m^2 + M^2 + 2mM\cos 2qa]^{1/2}\right\} \\
&= \frac{\beta(m+M)}{mM}\left\{1 - \left[1 - \frac{4mM}{(m+M)^2}\sin^2 qa\right]^{1/2}\right\}
\end{aligned} \tag{5.31}$$

对于实际的复式格子，

$$\frac{4mM}{(m+M)^2}\sin^2 qa \ll 1$$

总是成立的，因此有

$$\left[1 - \frac{4mM}{(m+M)^2}\sin^2 qa\right]^{1/2} \approx 1 - \frac{2mM}{(m+M)^2}\sin^2 qa$$

这样一来，由式(5.31)可将声学波的频率近似表示为

$$\omega_- = \sqrt{\frac{2\beta}{m+M}}\ |\sin qa| \tag{5.32}$$

形式上和式(5.16)所示的单原子链的色散关系相同，说明复式格子中存在和一维单原子晶格相类似的格波。由于 ω_- 代表的是声学波，因此，由一维原子构成的格子中只存在声学波，这种声学波也存在于复式格子中。

　　在长波极限情况下，即当 $q \to 0$ 时，$\sin qa \approx qa$，式(5.32)近似为

$$\omega_- \approx \sqrt{\frac{2\beta}{m+M}}\,a\,|q|$$

可见，长声学波的频率与波矢存在线性关系，它的相速和群速相等且等于常数 $\sqrt{\dfrac{2\beta}{m+M}}\,a$，因此，可以将 ω_- - 支格波视为弹性波来处理，这是将 ω_- - 支格波称为声学波

的另外一个原因。

再来看看声学波的振幅特征。对 ω_- - 支格波,根据方程(5.26)有

$$\begin{cases} (2\beta - m\omega_-^2)A_- - (2\beta\cos qa)B_- = 0 \\ -(2\beta\cos qa)A_- + (2\beta - M\omega_-^2)B_- = 0 \end{cases}$$

下标"$-$"表示相应的量是针对 ω_- - 支格波而言的。由上面方程组的第一个方程可以得到质量为 m 的原子的振幅 A_- 和质量为 M 的原子的振幅 B_- 之比为

$$\frac{A_-}{B_-} = \frac{2\beta\cos qa}{2\beta - m\omega_-^2}$$

由于 $\omega_- \leqslant \omega_{-,\max} = \sqrt{\dfrac{2\beta}{M}}$,上式的分母项 $2\beta - m\omega_-^2 > 2\beta - m\omega_{-,\max}^2 = 2\beta - m\dfrac{2\beta}{M} > 0$,在简约布里渊区里,$\cos qa > 0$,因此,上式总是大于 0 的,意味着相邻两种不同原子的振幅都有相同的正号或负号,即对声学波,相邻原子都是沿同一方向振动的,如图 5.10 所示。特别是对于长声学波,$q \to 0$,$\dfrac{A_-}{B_-} \to 1$,由式(5.25)有

$$x_{2n+1} \approx x_{2n+2}$$

说明在长波极限下相邻原子的振幅和位相均几乎相同。对于长声学波,由于其波长很长,一个周期内的原子很多,相邻两个原子正好构成一个原胞,说明原胞内不同原子以相同振幅和位相作整体运动,因此,可以说,长声学波描述的是原胞的刚性运动,或者说,长声学波代表的是原胞质心的振动。

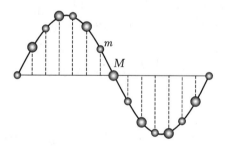

图 5.10　声学波和相应的原子振动示意图

2. 光学波

先看看频率特征,将式(5.29)改写为如下形式:

$$\begin{aligned} \omega_+^2 &= \frac{\beta}{mM}\left\{(m+M) + [m^2 + M^2 + 2mM\cos 2qa]^{1/2}\right\} \\ &= \frac{\beta}{mM}(m+M)\left\{1 + \left[1 - \frac{4mM}{(m+M)^2}\sin^2 qa\right]^{1/2}\right\} \end{aligned} \quad (5.33)$$

对实际的复式格子,

$$\frac{4mM}{(m+M)^2}\sin^2 qa \ll 1$$

总是成立的,故上式可近似为

$$\omega_+^2 \approx \frac{2\beta}{mM}(m+M)\left\{1-\frac{mM}{(m+M)^2}\sin^2 qa\right\} \tag{5.34}$$

在长波极限情况下,即当 $q \to 0$ 时,容易验证,光学波的相速不是常数,而群速趋于 0,因此,从频率角度分析,光学波的突出特点是长波极限下不是弹性波。

再来看看光学波的振幅特征。对 ω_+ - 支格波,根据方程(5.26)有

$$\begin{cases} (2\beta-m\omega_+^2)A_+-(2\beta\cos qa)B_+=0 \\ -(2\beta\cos qa)A_++(2\beta-M\omega_+^2)B_+=0 \end{cases}$$

下标"+"表示相应的量是针对 ω_+ - 支格波而言的。由上面方程组的第二个方程可以得到质量为 m 的原子的振幅 A_+ 和质量为 M 的原子的振幅 B_+ 之比为

$$\frac{A_+}{B_+}=\frac{2\beta-M\omega_+^2}{2\beta\cos qa} \tag{5.35}$$

由于 $\omega_+ \geqslant \omega_{+,\min} = \sqrt{\dfrac{2\beta}{m}}$,上式的分子项 $2\beta-M\omega_+^2 < 2\beta-m\omega_{+,\min}^2 = 2\beta-M\dfrac{2\beta}{m} < 0$,在简约布里渊区里,$\cos qa > 0$,因此,上式总是小于 0 的,说明相邻两种不同原子的振动方向总是相反的,如图 5.11 所示。

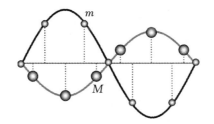

图 5.11　光学波和相应的原子振动示意图

当波长相当长(长光学波)时,即当 $q \to 0$ 时,由式(5.34)可知,$\omega_+^2 \to 2\beta\left(\dfrac{1}{m}+\dfrac{1}{M}\right)$,同时 $\cos qa \to 1$,根据式(5.35)可得到

$$\frac{A_+}{B_+}=-\frac{M}{m} \tag{5.36}$$

或者写成形式

$$mA_+ + MB_+ = 0$$

这说明,对于长光学波,相邻两原子虽然因振动而发生了位移,但质量大的原子振幅小,质量小的原子振幅大,从而相邻两个原子的质心保持不动。对双原子链,相邻两个原子正好构成一个原胞,由上面的分析可知,同一原胞中的两个原子的振动方向相反,而原胞的质心保持不动。因此可以说,长光学波反映的是原胞中不同原子间的相对振动。

5.3.4　双原子链玻恩 — 卡门周期性边界条件及波矢 q 的取值

上面的分析和讨论均是针对无限长双原子链而言的,对实际的双原子链,长度是有限的,这样就不可避免地存在链端原子的影响。为了消除链端原子的影响,类似于单原子链中所提到的,采用玻恩 — 卡门周期性边界条件。

　　对一维双原子链,玻恩 — 卡门周期性边界条件可以表述为:在一个由 N 个原胞(每个原胞中有两个原子)构成的长度为 $L=2Na$ 的有限长的原子链外,仍然有无限多个相同的原子链。或者可表述为:将由 N 个原胞(每个原胞中有两个原子)构成的长度为 $L=2Na$ 的有限长的原子链首尾相接成闭合环。无论是哪一种表述,若采用玻恩 — 卡门周期性边界条件,则既顾及了有限长度的事实,又消除了链端原子的影响。

　　对如图5.8所示的一维双原子链,质量为 m 的原子位于 $1,3,5,\cdots,2N-3,2N-1$ 奇数格点上,质量为 M 的原子位于 $2,4,6,\cdots,2N-2,2N$ 偶数格点上。现以质量为 m 的原子为例,来讨论表征原子振动状态的 q 的取值。按玻恩 — 卡门周期性边界条件的第一种表述,则第一个原胞中位于格点1、质量为 m 的原子和第 $(N+1)$ 个原胞中位于格点 $(2N+1)$、质量为 m 的原子等同,而按玻恩 — 卡门周期性边界条件的第二种表述,则第一个原胞中位于格点1、质量为 m 的原子和第 $(N+1)$ 个原胞中位于格点 $(2N+1)$、质量为 m 的原子是同一个原子。

　　按式(5.25)所给出的原子位移的解,第一个原胞中位于格点1、质量为 m 的原子的位移为 $x_1=A\mathrm{e}^{-\mathrm{i}(\omega t-qa)}$,第 $(N+1)$ 个原胞中位于格点 $(2N+1)$、质量为 m 的原子的位移为 $x_{2N+1}=A\mathrm{e}^{-\mathrm{i}[\omega t-q(2N+1)a]}$,按玻恩 — 卡门周期性边界条件,这两个原子等同或者属于同一个原子,既然如此,必有 $x_1=x_{2N+1}$,因此,有

$$A\mathrm{e}^{-\mathrm{i}(\omega t-qa)}=A\mathrm{e}^{-\mathrm{i}[\omega t-q(2N+1)a]}$$

由此得到

$$\mathrm{e}^{\mathrm{i}2qNa}=1$$

因此,有

$$2qNa=2\pi l$$

或者

$$q=\frac{\pi l}{Na}$$

其中,l 为0或任意正、负整数,说明采用玻恩 — 卡门周期性边界条件后,表征原子振动状态的 q 的取值是分立的,这是因为,周期性边界条件相当于将原子运动限制在长度为 $L=2Na$ 的有限尺寸范围内。

　　既然表征原子振动状态的波矢 q 具有分立的取值,则更值得关心的问题是,在一个布里渊区里 q 能有多少个分立的值。在简约布里渊区,相当于将 q 限制在

$$-\frac{\pi}{2a}<q\leqslant\frac{\pi}{2a}$$

范围,由于 $q=\dfrac{\pi l}{Na}$,因此,l 只能在

$$-\frac{N}{2}<l\leqslant\frac{N}{2}$$

范围内取 N 个不同的正、负整数值,即

$$l=-\frac{N}{2}+1,-\frac{N}{2}+2,\cdots\frac{N}{2}-1,\frac{N}{2}$$

在波矢空间,每一个波矢 q 的取值代表着一个状态点,状态点坐标由 $q = \dfrac{\pi l}{Na}$ 确定,相邻两个状态点间的波矢间隔为 $\Delta q = \dfrac{\pi}{Na}$,而一个布里渊区的宽度为 $\dfrac{\pi}{a}$,因此,在布里渊区里波矢数目为

$$\frac{\pi}{a\,\Delta q} = N$$

正好为原胞的数目。对由 N 个原胞构成的双原子链,在一个布里渊区里表征原子振动状态的波矢 q 总共有 N 个分立的取值,或者说有 N 个不同的振动状态,因此,一个布里渊区里的波矢数目等于晶体原胞数。同时注意到,对由 N 个原胞(每个原胞含两个原子)构成的双原子链,由于一个 q 对应两个频率 ω_+ 和 ω_-,因此,在一个布里渊区里总共有 $2N$ 个格波,其中,N 支为声学波,是与原胞质心振动相联系的格波,另 N 支为光学波,是与原胞内不同原子之间相对振动相联系的格波。

5.3.5　推论

一维晶体是由原胞周期性排布而成的,依原胞不同的构成方式,一维晶体有多种可能的结构形式。前文涉及的一维单原子晶体也可以看成是由原胞周期性排布而成的,只是一个原胞中只有一个原子。对本节涉及的一维双原子晶体,其一个原胞中含有质量不同但恢复力系数相同的两个原子。如果原胞是由原子质量相同但恢复力系数不同或者原子质量不同且恢复力系数也不同的原子组成的,同样可以进行分析,读者可以此为习题进行练习。通过对各种不同形式的一维晶体的晶格振动进行分析,会发现不同形式的一维晶体在格波特性方面有一些共同的结论。现对单、双原子一维晶体进行分析,得出结论,并将这些结论推广到更一般情况。

对一个由 N 个原胞(每个原胞只有一个原子)构成的单原子链,在一个布里渊区里 q 只能取 N 个不同的分立值,取值的数目正好等于一维单原子晶体的原胞数。同样,对一个由 N 个原胞(每个原胞中有两个原子)构成的双原子链,在一个布里渊区里 q 只取 N 个不同的分立值,取值数目正好等于原胞数目。从对单原子和双原子晶体的分析过程可以看到,一个布里渊区里之所以有 N 个不同的 q 值,是因为利用了玻恩—卡门周期性边界条件,而玻恩—卡门周期性边界条件适用于任何晶体。因此,不管晶体的具体结构如何,只要选择了玻恩—卡门周期性边界条件,则一个布里渊区里波矢 q 的取值数目必等于晶体的原胞数,由此可以得到一个重要的推论,即

$$（一个布里渊区里）波矢取值数 = 晶体原胞数 \tag{5.37}$$

对由 N 个原胞(每个原胞只有一个原子)构成的一维单原子晶体,一个布里渊区里 q 有 N 个不同的取值,每一个 q 对应一个振动频率 ω,因此,一个布里渊区里共有 N 个(声学支)振动频率;另外一方面,在由 N 个原子构成的一维单原子晶体中,每个原子有一个自由度,总共有 N 个自由度数;可以看到,单原子晶体在一个布里渊区里所拥有的振动频率数正好等于单原子链的总自由度数。对由 N 个原胞(每个原胞中有两个原子)构成的一维双原子晶体,一个布里渊区里 q 有 N 个不同的取值,每一个 q 对应两个(一个声学支和一个光学支)振动频率,因此,一个布里渊区里共有 $2N$ 个振动频率;另外一方面,在由

N 个原胞(每个原胞中有两个原子)构成的一维双原子晶体中,总共有 $2N$ 个原子,每个原子有一个自由度,故总共有 $2N$ 个自由度数;同样可以看到,一个布里渊区里所拥有的振动频率数正好等于晶体的总自由度数。将由一维单原子晶体和一维双原子晶体所得到的结论进行推广,于是有如下的另一个重要推论,即

$$\text{(一个布里渊区里)振动频率数} = \text{晶体总自由度数} \qquad (5.38)$$

5.4   三维多原子晶体的晶格振动

三维多原子晶体中晶格振动的数学处理比较烦琐,但其物理思想和分析思路与一维情况的相类似,在这里不进行严格的数学推导,本节先将由一维晶体所得到的一些结论推广到三维情况,给出三维多原子晶体中涉及晶格振动的一些普遍规律和结论,然后简单介绍三维晶格振动的理论处理思路和方法。

5.4.1   三维晶体晶格振动的规律和结论

从对一维晶体晶格振动的分析中可以看到,由于晶体中的原子彼此间相互关联,原子在各自平衡位置附近的振动并不是单个原子的振动,而是所有原子的集体振动,表现为晶格的集体振动,这种晶格振动以格波的形式在晶体中传播。依表征原子振动状态的波矢 $\vec{q}$ 和振动频率 ω 之间关系(色散关系)的不同,有两种格波之分,分别为反映原胞整体振动的声学波和反映原胞内不同原子相对振动的光学波。实际晶体的尺寸是有限的,为了既顾及实际晶体有限尺寸的事实又消除边界效应的影响,采用玻恩—卡门周期性边界条件,其结果为 $\vec{q}$ 呈分立的取值。$\vec{q}$ 取值分立的原因是,格波被限制在有限尺寸范围内传播。在一个布里渊区里波矢 $\vec{q}$ 的取值数目正好等于原胞数,即有如式(5.37)所示的推论。每一个 $\vec{q}$ 取值对应声学支和光学支的两种振动频率,一个布里渊区里总的振动频率数取决于原胞中的原子数,通过对一维单原子和一维双原子晶体进行分析,得到如式(5.38)所示的另一个推论,即一个布里渊区里总的振动频率数等于晶体总自由度数。晶格振动是晶体的共性,因此,这些针对一维晶体得到的关于晶格振动的规律和结论同样也存在于三维晶体中,或者说,三维晶体具有和一维晶体相同的上述涉及晶格振动的规律和结论。

对三维多原子晶体,更一般情况下,可以认为其由 N 个原胞构成,每个原胞含有 n 个原子。既然三维晶体晶格振动具有和一维晶体相同的规律和结论,则由式(5.37)所示的推论可知,由 N 个原胞构成的三维多原子晶体在一个布里渊区里总共有 N 个不同的 $\vec{q}$ 取值,每一个 $\vec{q}$ 取值对应声学支和光学支的两种振动频率,振动频率总数由晶体的总自由度决定。对三维晶体,每个原胞有 n 个原子,每个原子有 3 个自由度,因此,由 N 个原胞构成的三维晶体,总自由度数为 $3nN$,按照推论(5.38)可知,三维多原子晶体在一个布里渊区里总共有 $3nN$ 个晶格振动频率。

每一个频率对应一个格波,因此,三维多原子晶体格波总数为 $3nN$。这 $3nN$ 个格波分成 $3n$ 支,每支含有 N 个独立的振动状态,其中声学波有 3 支,反映原胞的整体振动,包含 1 个纵波和 2 个横波,剩下的 $3(n-1)$ 支是光学波,反映的是原胞内原子之间的相对振

动。表 5.1 对这些结论进行了总结,表中的纵和横指的是纵波和横波。对纵波,原子振动方向与波的传播方向一致,而对横波,原子振动方向与波的传播方向垂直。

表 5.1　三维多原子晶体的波矢、频率和格波

波矢	频率 ω 的个数	格波的个数		
		总数	声学波	光学波
每个 q	$3n$	$3n$	3	$3(n-1)$
		n 纵	1 纵	$(n-1)$ 纵
		$2n$ 横	2 横	$2(n-1)$ 横
每个布里渊区里共有 N 个 q	$3nN$	$3nN$	$3N$	$3(n-1)N$
		nN 纵	N 纵	$(n-1)N$ 纵
		$2nN$ 横	$2N$ 横	$2(n-1)N$ 横

*5.4.2　三维晶体晶格振动的理论处理简介

上面关于三维多原子晶体中涉及晶格振动的规律和结论是基于一维晶体的推论得到的。事实上,可以采用和一维多原子晶体相类似的方法,通过求解晶格振动方程得到三维晶格振动的格波解,进而得到三维晶格振动的普遍规律,只是数学处理过于烦琐。对其理论处理的思路、过程和结论,作为附加材料,在这里作一些简单介绍,供有兴趣者参考。

对三维晶体,考虑更一般的情况,即假设三维晶体由 N 个原胞构成,每个原胞有 n 个原子,原胞中第 s 个原子的原子质量为 m_s,其中,$s=1,2,\cdots,n$。在以原胞边矢量 $\vec{a}_1$、$\vec{a}_2$ 和 $\vec{a}_3$ 为基矢的空间中,第 l 个原胞的顶点的位矢为

$$\vec{R}_l = l_1\vec{a}_1 + l_2\vec{a}_2 + l_3\vec{a}_3$$

而第 l 个原胞中的第 s 个原子的位矢可以表示为

$$\vec{R}_{l,s} = \vec{R}_l + \vec{r}_s$$

其中,$\vec{r}_s$ 表示第 l 个原胞内的第 s 个原子相对于该原胞顶点的位矢。

为叙述方便起见,用 $\binom{l}{s}$ 来标识来自第 l 个原胞中的第 s 个原子,并用 $\vec{u}\binom{l}{s}$ 表示原子 $\binom{l}{s}$ 相对于其平衡位置的位移。由于三维晶体中各个原子可以在三个方向独立振动,如直角坐标系中的 x、y 和 z 三个方向,因此,原子 $\binom{l}{s}$ 位移在 x、y 和 z 三个方向的分量可表示为 $\vec{u}_\alpha\binom{l}{s}$,其中,$\alpha=x,y,z$。在简谐近似下,如第 5.1 节提到的,在势函数的泰勒级数展开式中只需考虑原子间相对位移的 2 次项修正,这样一来,就可以写出原子 $\binom{l}{s}$ 的运动方程为

$$m_s \frac{\mathrm{d}^2}{\mathrm{d}t^2} u_a \begin{pmatrix} l \\ s \end{pmatrix} = -\sum_{l's'} \beta_{aa'} \begin{pmatrix} l, l' \\ s, s' \end{pmatrix} \left[u_a \begin{pmatrix} l \\ s \end{pmatrix} - u_{a'} \begin{pmatrix} l' \\ s' \end{pmatrix} \right] \tag{5.39}$$

其中，$\beta_{aa'} \begin{pmatrix} l, l' \\ s, s' \end{pmatrix}$ 是原子 $\begin{pmatrix} l \\ s \end{pmatrix}$ 与原子 $\begin{pmatrix} l' \\ s' \end{pmatrix}$ 之间的恢复力系数，$u_a \begin{pmatrix} l \\ s \end{pmatrix} - u_{a'} \begin{pmatrix} l' \\ s' \end{pmatrix}$ 是原子 $\begin{pmatrix} l \\ s \end{pmatrix}$

与原子 $\begin{pmatrix} l' \\ s' \end{pmatrix}$ 之间的相对位移。对每个原子按 x、y 和 z 三个方向可以写出三个形式和方程 (5.39) 相同的方程，而三维多原子晶体总共有 nN 个原子，因此，有 $3nN$ 个形式上和式 (5.39) 相同的方程，同时注意到，方程 (5.39) 的右边涉及两两原子之间的耦合项，因此，式 (5.39) 实际上是 $3nN$ 个相互耦合的原子的运动方程组。

仿照一维多原子晶体，可以将方程 (5.39) 的尝试解写成如下形式的格波解，即

$$\vec{u} \begin{pmatrix} l \\ s \end{pmatrix} = \vec{A}'_s \mathrm{e}^{\mathrm{i}(\vec{q} \cdot \vec{R}_{l,s} - \omega t)} = \vec{A}'_s \mathrm{e}^{\mathrm{i}[\vec{q} \cdot (\vec{R}_l + \vec{r}_s) - \omega t]} \tag{5.40}$$

由于对给定的 $\vec{q}$，相位 $\vec{q} \cdot \vec{r}_s$ 是个定值，故可以把相位因子 $\mathrm{e}^{\mathrm{i}\vec{q} \cdot \vec{r}_s}$ 归到 $\vec{A}'_s$ 中，因此有

$$\vec{u} \begin{pmatrix} l \\ s \end{pmatrix} = \vec{A}_s \mathrm{e}^{\mathrm{i}(\vec{q} \cdot \vec{R}_l - \omega t)} \tag{5.41}$$

其中，$\vec{A}_s = \vec{A}'_s \mathrm{e}^{\mathrm{i}\vec{q} \cdot \vec{r}_s}$ 为振幅。格波解在 $\alpha (=x, y, z)$ 方向的分量为

$$\vec{u}_a \begin{pmatrix} l \\ s \end{pmatrix} = \vec{A}_{s,a} \mathrm{e}^{\mathrm{i}(\vec{q} \cdot \vec{R}_l - \omega t)} \tag{5.42}$$

将式 (5.42) 所示的格波解代入方程 (5.39) 中，并注意到振幅一共有 $3n$ 个，因此，可得到 $3n$ 个关于 $\vec{A}_{s,a}$ 的线性方程组：

$$\sum_{a, a'} \left[\lambda_{sas'a'}(\vec{q}) - m_s \omega^2 \delta_{aa'} \delta_{ss'} \right] A_{s',a'} = 0 \tag{5.43}$$

其中，

$$\lambda_{sas'a'}(\vec{q}) = \sum_{l'} \beta_{aa'} \begin{pmatrix} l, l' \\ s, s' \end{pmatrix} \mathrm{e}^{\mathrm{i}\vec{q} \cdot (\vec{R}_l - \vec{R}_{l'})} \tag{5.44}$$

以 $\lambda_{sas'a'}(\vec{q})$ 为矩阵元构成的 $3n$ 阶矩阵 $\lambda(\vec{q})$ 称为动力学矩阵。式 (5.43) 所示的方程组有解的条件是其系数行列式为 0，即

$$\left| \lambda_{sas'a'}(\vec{q}) - m_s \omega^2 \delta_{aa'} \delta_{ss'} \right|_{3n \times 3n} = 0 \tag{5.45}$$

由此可解得 $3n$ 个色散关系 $\omega_s(\vec{q})$，$s = 1, 2, \cdots, 3n$，其中，有 3 支是反映原胞整体振动的声学波，剩下的 $3(n-1)$ 支是反映原胞内不同原子之间相对振动的光学波。

上面的分析是针对无限大晶体的，对实际晶体，尺寸是有限的。假设晶体沿 $\vec{a}_1$ 方向有 N_1 个重复单元，沿 $\vec{a}_2$ 方向有 N_2 个重复单元，沿 $\vec{a}_3$ 方向有 N_3 个重复单元，则晶体的原胞数为 $N = N_1 N_2 N_3$。为了既顾及实际晶体尺寸有限的事实又消除少量边界原子的影响，可采用玻恩—卡门周期性边界条件。将玻恩—卡门周期性边界条件用于对实际晶体的处理，则有

$$\begin{cases} \vec{u} \begin{pmatrix} l \\ s \end{pmatrix} = \vec{u} \begin{pmatrix} l_1, l_2, l_3 \\ s \end{pmatrix} = \vec{u} \begin{pmatrix} l_1 + N_1, l_2, l_3 \\ s \end{pmatrix} \\ \vec{u} \begin{pmatrix} l \\ s \end{pmatrix} = \vec{u} \begin{pmatrix} l_1, l_2, l_3 \\ s \end{pmatrix} = \vec{u} \begin{pmatrix} l_1, l_2 + N_2, l_3 \\ s \end{pmatrix} \\ \vec{u} \begin{pmatrix} l \\ s \end{pmatrix} = \vec{u} \begin{pmatrix} l_1, l_2, l_3 \\ s \end{pmatrix} = \vec{u} \begin{pmatrix} l_1, l_2, l_3 + N_3 \\ s \end{pmatrix} \end{cases} \tag{5.46}$$

由于 $\vec{u}\begin{pmatrix} l \\ s \end{pmatrix} = \vec{A}_s \mathrm{e}^{\mathrm{i}(\vec{q}\cdot\vec{R}_l - \omega t)}$,由上面的周期性条件可得到

$$
\begin{cases}
\mathrm{e}^{\mathrm{i}\vec{q}\cdot\vec{R}_l} = \mathrm{e}^{\mathrm{i}\vec{q}\cdot(\vec{R}_l + N_1 \vec{a}_1)} \\
\mathrm{e}^{\mathrm{i}\vec{q}\cdot\vec{R}_l} = \mathrm{e}^{\mathrm{i}\vec{q}\cdot(\vec{R}_l + N_2 \vec{a}_2)} \\
\mathrm{e}^{\mathrm{i}\vec{q}\cdot\vec{R}_l} = \mathrm{e}^{\mathrm{i}\vec{q}\cdot(\vec{R}_l + N_3 \vec{a}_3)}
\end{cases}
\tag{5.47}
$$

因此必有

$$
\begin{cases}
\vec{q}\cdot N_1 \vec{a}_1 = 2\pi h_1 \\
\vec{q}\cdot N_2 \vec{a}_2 = 2\pi h_2 \\
\vec{q}\cdot N_3 \vec{a}_3 = 2\pi h_3
\end{cases}
\tag{5.48}
$$

其中,$h_i (i = 1, 2, 3)$ 为 0 或任意正、负整数。若令

$$
\vec{q} = q_1 \vec{b}_1 + q_2 \vec{b}_2 + q_3 \vec{b}_3
$$

其中,$\vec{b}_i (i = 1, 2, 3)$ 是与以 $\vec{a}_i (i = 1, 2, 3)$ 为基矢的正格子空间相对应的倒格子空间的基矢。利用 $\vec{a}_i \cdot \vec{b}_j = 2\pi \delta_{ij}$,可得到

$$
\vec{q} = \frac{h_1}{N_1}\vec{b}_1 + \frac{h_2}{N_2}\vec{b}_2 + \frac{h_3}{N_3}\vec{b}_3
\tag{5.49}
$$

可见,在倒格子空间,波矢不是连续的而是分立的,每一个分立的 $\vec{q}$ 取值对应着倒格子空间中的一个点,每个点在倒格子空间中所占的体积为

$$
\Delta\vec{q} = \frac{\vec{b}_1}{N_1}\cdot\left(\frac{\vec{b}_2}{N_2}\times\frac{\vec{b}_3}{N_3}\right) = \frac{\vec{b}_1\cdot(\vec{b}_2\times\vec{b}_3)}{N_1 N_2 N_3} = \frac{\vec{b}_1\cdot(\vec{b}_2\times\vec{b}_3)}{N}
\tag{5.50}
$$

从式(5.41)可以看到,当波矢从 $\vec{q}$ 改变到 $\vec{q} + \vec{K}_h$ 时,$\vec{K}_h$ 为倒格矢,格波解 $\vec{u}\begin{pmatrix} l \\ s \end{pmatrix}$ 保持不变,同样,基于方程(5.45)得到的色散关系 $\omega_s(\vec{q}), s = 1, 2, \cdots, 3n$ 也保持不变。为了使得格波解和色散关系中的频率与波矢之间有一一对应的关系,将波矢 $\vec{q}$ 限制在简约布里渊区。由于一个布里渊区的体积为 $\Omega^* = \vec{b}_1\cdot(\vec{b}_2\times\vec{b}_3)$,而代表波矢 $\vec{q}$ 的点在倒格子空间中所占的体积为 $\Delta\vec{q} = \dfrac{\vec{b}_1\cdot(\vec{b}_2\times\vec{b}_3)}{N}$,因此,一个布里渊区的代表波矢 $\vec{q}$ 的点数为

$$
\Omega^*/\Delta\vec{q} = N
\tag{5.51}
$$

意味着,在一个布里渊区里,波矢 $\vec{q}$ 的取值数等于晶体的原胞数,这正是式(5.37)所给出的推论。每一个 $\vec{q}$ 对应着 $3n$ 个频率,一个布里渊区里有 N 个 $\vec{q}$ 的取值,因此,在一个布里渊区里总共有 $3nN$ 个振动频率,这个数正好是多原子晶体的自由度数,这正是式(5.38)所给出的推论。一个振动频率对应着一个格波,因此,三维多原子晶体总的格波数为 $3nN$。

5.5　晶格振动的量子理论

前面几节中,基于经典的牛顿力学,对晶体中的原子振动进行了分析和讨论。在简

谐近似和只考虑近邻原子相互作用的前提下,理论分析表明,晶体中的原子并不是单个原子的振动,而是一种集体振动,表现为行进的格波。本节介绍简谐振动的量子理论,为此,我们首先构建和简谐振动相对应的哈密顿算符,然后通过从坐标表象到状态表象的表象变换,将原本相互耦合的原子振动转变为相互独立的谐振子的运动,由此得到格波的能量量子化及晶格振动能。为简单起见,仅以一维单原子晶格振动为例加以分析和讨论,所采用的方法和得到的结论可直接推广到三维情况。

5.5.1 描述简谐振动的哈密顿算符

对一维单原子晶格,在简谐近似和只考虑最近邻相互作用下,晶体的势能和动能分别为

$$U = \frac{1}{2}\beta \sum_n (x_{n-1} - x_n)^2 \tag{5.52}$$

$$T = \frac{1}{2}m \sum_n \left(\frac{\mathrm{d}x_n}{\mathrm{d}t}\right)^2 = \sum_n \frac{p_n^2}{2m} \tag{5.53}$$

其中,$p_n = m\dfrac{\mathrm{d}x_n}{\mathrm{d}t}$ 是第 n 个原子的运动动量。按经典力学,系统的哈密顿量为动能和势能之和,即

$$H = T + U = \sum_n \frac{p_n^2}{2m} + \frac{1}{2}\beta \sum_n (x_{n-1} - x_n)^2 \tag{5.54}$$

将上式中的动量用动量算符表示,则可得到描述一维单原子晶格简谐振动的哈密顿算符:

$$\hat{H} = \hat{T} + \hat{U} = \sum_n \frac{\hat{p}_n^2}{2m} + \frac{1}{2}\beta \sum_n (x_{n-1} - x_n)^2 \tag{5.55}$$

上述的哈密顿算符是以原子位移坐标为基础的,以此为基础的简谐振动的描述实际上是坐标表象中的描述。但在坐标表象中,对问题的讨论显得很复杂,这是因为哈密顿算符中涉及两两原子位移坐标的交叉项:

$$\sum_n (x_{n11} - x_n)^2 = \sum_n (x_{n-1}^2 + x_n^2 - x_{n-1}^* x_n - x_{n-1} x_n^*)$$

交叉项的出现是原子振动相互耦合的反映,或者说,正是因为原子振动相互耦合,使得晶体中的原子振动不是单个原子的振动,而是一种集体振动。按照量子力学表象变换理论,通过从坐标表象到状态(q)表象的变换,可以消除哈密顿算符中两两原子位移坐标的交叉项,从而使得原本 N 个相互耦合的原子振动变成 N 个独立谐振子的振动。

5.5.2 表象变换

晶体中的第 n 个原子因振动而引起的位移为 x_n,现在讨论这样的原子位移在状态表象中如何进行描述。

前面的分析表明,对实际有限尺寸的晶体,原子运动限制在有限尺寸的范围内,这一限制使得表征原子振动状态的波矢 q 具有分立的取值。对由 N 个原子构成的一维单原

子晶格,在一个布里渊区里,q 只能有 N 个不同的分立值,每一个 q 代表一种独立的振动模式,而每一个原子因振动而引起的位移应是 N 个独立振动模式引起的原子位移之和。考虑第 n 个原子第 q 个振动模式引起的原子位移为 $x_{n,q}$,由第 5.2 节知道,$x_{n,q}$ 可表示为

$$x_{n,q} = A_q \mathrm{e}^{-\mathrm{i}(\omega t - qna)}$$

若令

$$w_q(t) = \sqrt{N} A_q \mathrm{e}^{-\mathrm{i}\omega t}$$

则第 n 个原子第 q 个振动模式引起的原子位移 $x_{n,q}$ 可表示为

$$x_{n,q} = w_q \frac{1}{\sqrt{N}} \mathrm{e}^{\mathrm{i}qna}$$

第 n 个原子的总位移 x_n 应当是所有独立振动模式引起的原子位移之和,即

$$x_n = \sum_q x_{n,q} = \sum_q w_q \frac{1}{\sqrt{N}} \mathrm{e}^{\mathrm{i}qna} \tag{5.56}$$

如果能证明 $\left\{ \dfrac{1}{\sqrt{N}} \mathrm{e}^{\mathrm{i}qna} \right\}$ 是一组完备且正交归一的态矢量,则可以用 $\left\{ \dfrac{1}{\sqrt{N}} \mathrm{e}^{\mathrm{i}qna} \right\}$ 作为基矢来构建新的空间,然后就可以在新的空间中对原子的振动进行分析和讨论了。

首先注意到,由于 q 和 n 遍及所有的状态和原子,因此,$\left\{ \dfrac{1}{\sqrt{N}} \mathrm{e}^{\mathrm{i}qna} \right\}$ 的完备性是显而易见的。然后让我们来看看 $\left\{ \dfrac{1}{\sqrt{N}} \mathrm{e}^{\mathrm{i}qna} \right\}$ 是否满足正交归一的条件。如果是正交归一的,则要求满足下列两个关系:

$$\begin{cases} \displaystyle\sum_q \frac{1}{\sqrt{N}} \mathrm{e}^{\mathrm{i}qna} \times \frac{1}{\sqrt{N}} \mathrm{e}^{-\mathrm{i}qn'a} = \delta_{nn'} \\ \displaystyle\sum_n \frac{1}{\sqrt{N}} \mathrm{e}^{\mathrm{i}qna} \times \frac{1}{\sqrt{N}} \mathrm{e}^{-\mathrm{i}q'na} = \delta_{qq'} \end{cases} \tag{5.57}$$

先来证明第一个关系式,即

$$\sum_q \frac{1}{\sqrt{N}} \mathrm{e}^{\mathrm{i}qna} \times \frac{1}{\sqrt{N}} \mathrm{e}^{-\mathrm{i}qn'a} = \delta_{nn'} \tag{5.58}$$

(1)当 $n = n'$ 时,明显地有

$$\sum_q \frac{1}{\sqrt{N}} \mathrm{e}^{\mathrm{i}qna} \times \frac{1}{\sqrt{N}} \mathrm{e}^{-\mathrm{i}qna} = \frac{1}{N} \sum_q \mathrm{e}^0 = \frac{1}{N} \times N = 1 \tag{5.59}$$

(2)当 $n \neq n'$ 时,不妨令 $n - n' = s$(s 为整数),则有

$$\sum_q \frac{1}{\sqrt{N}} \mathrm{e}^{\mathrm{i}qna} \times \frac{1}{\sqrt{N}} \mathrm{e}^{-\mathrm{i}qn'a} = \frac{1}{N} \sum_q \mathrm{e}^{\mathrm{i}qsa} \tag{5.60}$$

利用 $q = \dfrac{2\pi l}{Na}\left(l = -\dfrac{N}{2}+1, -\dfrac{N}{2}+2, \cdots, \dfrac{N}{2}\right)$,$\displaystyle\sum_q \mathrm{e}^{\mathrm{i}qsa}$ 可表示成

$$\sum_q \mathrm{e}^{\mathrm{i}qsa} = \sum_{l=-\frac{N}{2}+1}^{\frac{N}{2}} \mathrm{e}^{\mathrm{i}2\pi ls/N} = \sum_{l=-\frac{N}{2}+1}^{-1} \mathrm{e}^{\mathrm{i}2\pi ls/N} + \sum_{l=0}^{\frac{N}{2}} \mathrm{e}^{\mathrm{i}2\pi ls/N} \tag{5.61}$$

在上式右边第一项求和中,令 $l' = l + N$,则

$$\sum_{l=-\frac{N}{2}+1}^{-1} e^{i2\pi ls/N} = \sum_{l'=\frac{N}{2}+1}^{N-1} e^{i2\pi(l'-N)s/N} = \sum_{l'=\frac{N}{2}+1}^{N-1} e^{i2\pi l's/N}$$

把 l' 再改写成 l 并代入式(5.61)中则有

$$\sum_q e^{iqsa} = \sum_{l=0}^{N-1} e^{i2\pi ls/N} = \frac{e^{i2\pi s}-1}{e^{i2\pi s/N}-1} = 0$$

因此,当 $n \neq n'$ 时,有

$$\sum_q \frac{1}{\sqrt{N}} e^{iqna} \times \frac{1}{\sqrt{N}} e^{-iqn'a} = 0 \tag{5.62}$$

由式(5.59)和式(5.62)可知,式(5.58)所示的关系式是成立的。

再来证明第二个关系式,即

$$\sum_n \frac{1}{\sqrt{N}} e^{iqna} \times \frac{1}{\sqrt{N}} e^{-iq'na} = \delta_{qq'} \tag{5.63}$$

(1)当 $q = q'$ 时,明显地有

$$\sum_n \frac{1}{\sqrt{N}} e^{iqna} \times \frac{1}{\sqrt{N}} e^{-iqna} = \frac{1}{N} \sum_n e^0 = \frac{1}{N} \times N = 1 \tag{5.64}$$

(2)当 $q \neq q'$ 时,有

$$\sum_n \frac{1}{\sqrt{N}} e^{iqna} \times \frac{1}{\sqrt{N}} e^{-iq'na} = \frac{1}{N} \sum_n e^{i(q-q')na}$$

利用 $q = \frac{2\pi l}{Na}$ 和 $q' = \frac{2\pi l'}{Na}$,上式右边变成 $\frac{1}{N} \sum_n e^{i2\pi(l-l')n/N}$。由于 l、l' 和 n 均为整数,因此 $(l-l')n$ 必为整数,利用求和公式有

$$\sum_n e^{i2\pi hn/N} = \frac{e^{i2\pi n}-1}{e^{i2\pi n/N}-1} = 0$$

因此,当 $q \neq q'$ 时,有

$$\sum_n \frac{1}{\sqrt{N}} e^{iqna} \times \frac{1}{\sqrt{N}} e^{-iq'na} = 0 \tag{5.65}$$

由式(5.64)和式(5.65)可知,式(5.63)所示的关系式是成立的。

既然 $\left\{ \frac{1}{\sqrt{N}} e^{iqna} \right\}$ 是一组完备且正交归一的态矢量,故可以将它们作为基矢来构成一个新的空间。由于新空间中的基矢涉及表征原子振动状态的波矢 q,因此称新构建的空间为状态空间,或者 q 空间。由式(5.56),第 n 个原子因振动而引起的位移为

$$x_n = \sum_q w_q \frac{1}{\sqrt{N}} e^{inqa} \tag{5.66}$$

因此,很自然地,如果将 x_n 理解为状态空间中的矢量,则 w_q 可理解为 x_n 在以 $\left\{ \frac{1}{\sqrt{N}} e^{iqna} \right\}$ 为基矢的状态空间中沿各个基矢方向的投影分量。

将方程(5.66)两边同乘 $\frac{1}{\sqrt{N}} e^{-inq'a}$,再对 n 求和,则得到

$$\sum_n x_n \frac{1}{\sqrt{N}} \mathrm{e}^{-inq'a} = \sum_n \frac{1}{\sqrt{N}} \mathrm{e}^{-inq'a} \sum_q w_q \frac{1}{\sqrt{N}} \mathrm{e}^{inqa}$$

$$= \sum_q w_q \sum_n \frac{1}{\sqrt{N}} \mathrm{e}^{-inq'a} \frac{1}{\sqrt{N}} \mathrm{e}^{inqa} = w_{q'}$$

上面的推导过程中用到了正交归一关系式(5.57),由此得到

$$w_q = \sum_n x_n \frac{1}{\sqrt{N}} \mathrm{e}^{-inqa} \tag{5.67}$$

可见,状态空间(q 表象)和实空间(坐标表象)实际上是通过傅里叶变换相联系的。因此,如果把 x_n 理解为坐标表象中的原子位移,则式(5.67) 所给出的 w_q 可理解为与坐标表象相联系的傅里叶空间(即 q 表象)中的原子位移。两者描述的是同一件事,只不过是在不同的表象中表述而已。q 表象中的原子位移 w_q 不再只和个别原子相联系,而是代表 N 个原子的集体振动,是一种集体原子位移。

5.5.3　状态表象中的哈密顿算符表示

现在论证,经过由坐标表象到 q 表象的变换后,哈密顿算符在 q 表象中如何表示。先来看看哈密顿算符中的势能部分

$$U = \frac{1}{2}\beta \sum_n (x_{n-1} - x_n)^2 = \frac{1}{2}\beta \sum_n (x_{n-1}^2 + x_n^2 - x_{n-1}^* x_n - x_n^* x_{n-1}) \tag{5.68}$$

经过表象变换后的形式。

先计算 $\sum_n x_n^2$ 和 $\sum_n x_{n-1}^2$。对 $\sum_n x_n^2$,有

$$\sum_n x_n^2 = \sum_n x_n^* x_n = \frac{1}{N} \sum_n \sum_{q,q'} w_q^* w_{q'} \mathrm{e}^{-in(q-q')a}$$

$$= \sum_{q,q'} w_q^* w_{q'} \frac{1}{N} \sum_n \mathrm{e}^{-in(q-q')a} = \sum_{q,q'} w_q^* w_{q'} \delta_{qq'} = \sum_q w_q^2$$

上面的计算中用到了正交归一条件 $\sum_n \frac{1}{\sqrt{N}} \mathrm{e}^{inqa} \times \frac{1}{\sqrt{N}} \mathrm{e}^{-inq'a} = \delta_{qq'}$。类似地,可得到

$$\sum_n x_{n-1}^2 = \sum_q w_q^2$$

再来计算 $\sum_n x_n^* x_{n-1}$ 和 $\sum_n x_{n-1}^* x_n$,对于 $\sum_n x_n^* x_{n-1}$,有

$$\sum_n x_n^* x_{n-1} = \sum_n \left(\sum_q w_q^* \frac{1}{\sqrt{N}} \mathrm{e}^{-inqa} \right) \left(\sum_{q'} w_{q'} \frac{1}{\sqrt{N}} \mathrm{e}^{i(n-1)q'a} \right)$$

$$= \sum_{q,q'} w_q^* w_{q'} \mathrm{e}^{-iaq'} \sum_n \frac{1}{N} \mathrm{e}^{in(q'-q)a} = \sum_{q,q'} w_q^* w_{q'} \mathrm{e}^{-iaq'} \delta_{qq'} = \sum_q w_q^2 \mathrm{e}^{-iqa}$$

类似地,可得到

$$\sum_n x_{n-1}^* x_n = \sum_q w_q^2 \mathrm{e}^{iqa}$$

将 $\sum_n x_n^2 = \sum_q w_q^2$、$\sum_n x_{n-1}^2 = \sum_q w_q^2$、$\sum_n x_{n-1}^* x_n = \sum_q w_q^2 \mathrm{e}^{iqa}$ 及 $\sum_n x_n^* x_{n-1} = \sum_q w_q^2 \mathrm{e}^{-iqa}$ 代入式(5.68)中可得到

$$U = \frac{1}{2}\beta \sum_q w_q^2 (2 - e^{iqa} - e^{-iqa}) = \frac{1}{2}\beta \sum_q w_q^2 2(1 - \cos qa)$$

其中用到了公式 $e^{iqa} + e^{-iqa} = 2\cos qa$。若令

$$m\omega_q^2 = 2\beta(1 - \cos qa)$$

则得到在 q 表象中势能的表达式为

$$U = \sum_q \frac{1}{2} m\omega_q^2 w_q^2 \tag{5.69}$$

再来看看哈密顿算符中的动能在 q 表象中的表示。在坐标表象中,动能算符为

$$\hat{T} = \sum_n \frac{\hat{p}_n^2}{2m} \tag{5.70}$$

其中,$\hat{p}_n = m\dfrac{\mathrm{d}x_n}{\mathrm{d}t}$。注意到式(5.66)中,仅仅 w_q 与时间有关,因此,有

$$\frac{\mathrm{d}x_n}{\mathrm{d}t} = \sum_q \frac{\mathrm{d}w_q}{\mathrm{d}t} \frac{1}{\sqrt{N}} e^{inqa} \tag{5.71}$$

然后对 $\sum_n \left(\dfrac{\mathrm{d}x_n}{\mathrm{d}t}\right)^2$ 进行如下计算:

$$\sum_n \left(\frac{\mathrm{d}x_n}{\mathrm{d}t}\right)^2 = \sum_n \frac{\mathrm{d}x_n^*}{\mathrm{d}t} \times \frac{\mathrm{d}x_n}{\mathrm{d}t} = \sum_n \left(\sum_q \frac{\mathrm{d}w_q^*}{\mathrm{d}t} \frac{1}{\sqrt{N}} e^{-inqa} \right) \times \left(\sum_{q'} \frac{\mathrm{d}w_{q'}}{\mathrm{d}t} \frac{1}{\sqrt{N}} e^{inq'a} \right)$$

$$= \sum_{q,q'} \frac{\mathrm{d}w_q^*}{\mathrm{d}t} \frac{\mathrm{d}w_{q'}}{\mathrm{d}t} \sum_n \frac{1}{N} e^{in(q'-q)a} = \sum_{q,q'} \frac{\mathrm{d}w_q^*}{\mathrm{d}t} \frac{\mathrm{d}w_{q'}}{\mathrm{d}t} \delta_{q',q} = \sum_q \left(\frac{\mathrm{d}w_q}{\mathrm{d}t}\right)^2$$

上面的计算中用到了正交归一条件 $\sum_n \dfrac{1}{\sqrt{N}} e^{inqa} \times \dfrac{1}{\sqrt{N}} e^{-inq'a} = \delta_{qq'}$。将计算结果代入式

(5.70)中,并令 $\hat{p}_q = m\dfrac{\mathrm{d}w_q}{\mathrm{d}t}$,则得到动能算符在 q 表象中的表达式为

$$\hat{T} = \frac{1}{2} \sum_q m \left(\frac{\mathrm{d}w_q}{\mathrm{d}t}\right)^2 = \sum_q \frac{\hat{p}_q^2}{2m} \tag{5.72}$$

其中,$\hat{p}_q = m\dfrac{\mathrm{d}w_q}{\mathrm{d}t}$ 是与 q 表象中原子位移 w_q 相联系的动量算符。将式(5.69)和式(5.72)

代入式(5.55),则得到描述一维单原子晶格简谐振动的哈密顿算符在 q 表象中的表示:

$$\hat{H} = \sum_q \left(\frac{\hat{p}_q^2}{2m} + \frac{1}{2} m\omega_q^2 w_q^2 \right) \tag{5.73}$$

需要指出的是,在表象理论提出之前,用理论力学处理晶格振动时,将第 n 个原子因振动而引起的位移写成如下形式:

$$x_n = \frac{1}{\sqrt{Nm}} \sum_q Q_q e^{inqa} \tag{5.74}$$

若令

$$a_{nq} = \frac{1}{\sqrt{N}} e^{inqa} \tag{5.75}$$

则式(5.74)变成

$$x_n = \frac{1}{\sqrt{m}} \sum_q a_{nq} Q_q \tag{5.76}$$

其中,Q_q 称为正则坐标,表示的是格波的振幅,与正则坐标相联系的动量 $P_q = \dfrac{\mathrm{d}Q_q}{\mathrm{d}t}$ 称为正则动量。利用关系式

$$\begin{cases} \sum_q a_{nq}^* a_{n'q} = \delta_{nn'} \\ \sum_n a_{nq}^* a_{nq'} = \delta_{qq'} \end{cases} \tag{5.77}$$

可以证明,从原子位移坐标 x_n 到正则坐标 Q_q 的变换是线性变换,这一变换称为正则变换,通过正则变换,描述晶格振动的总哈密顿量变成

$$H = T + U = \frac{1}{2} \sum_q \left[P_q^2 + \omega_q^2 Q_q^2 \right] \tag{5.78}$$

式中的每一项是基于正则坐标所描述的简谐振动,由于这一原因,正则坐标也称简正坐标。

5.5.4　格波的能量

对式(5.73),若令

$$\hat{H}_q = \frac{\hat{p}_q^2}{2m} + \frac{1}{2} m \omega_q^2 w_q^2 \tag{5.79}$$

这是描述频率为 ω_q 的谐振子运动的哈密顿算符,则和整个系统的晶格振动对应的哈密顿算符变成 N 独立的哈密顿算符之和,这意味着,对一维单原子晶格,其原本是由 N 个相互耦合关联的原子组成的晶格振动,经过由坐标表象到状态表象的变换,而转变为 N 个独立谐振子的简谐振动。

由前面的分析知道,一种频率 ω_q 对应于一种模式的格波,另一方面,从上面的分析看到,和频率为 ω_q 的格波相联系的是一个谐振子,或者说,频率为 ω_q 的格波等价于一个角频率为 ω_q 的谐振子。既然如此,格波的能量也就是谐振子的能量。对式(5.79)所描述的谐振子,由量子力学知道,它的能量是量子化的,其能量为零点能 $\dfrac{1}{2} \hbar \omega_q$ 加上 $\hbar \omega_q$ 的整数倍,即

$$\varepsilon_q = \left(n_q + \frac{1}{2} \right) \hbar \omega_q \quad (n_q = 0, 1, 2, \cdots) \tag{5.80}$$

由此可知,频率为 ω_q 的格波的能量是量子化的,格波量子化的能量由式(5.80)给出。格波的总能量或者说晶格振动的总能量应为 N 个格波(或者说 N 个谐振子)的能量之和,即

$$E = \sum_q \varepsilon_q = \sum_q \left(n_q + \frac{1}{2} \right) \hbar \omega_q \tag{5.81}$$

格波能量量子化是可以理解的。如前面指出,晶格振动是晶体中所有原子集体在作

振动,其结果表现为晶格中的格波。实际晶体的尺寸是有限的,意味着格波只能在有限尺寸范围内传播,相当于给格波一定的边界条件限制。由于格波被限制在有限尺寸范围,这相当于量子力学中所提到的束缚态情况,因此,能量必然是量子化的,即格波的能量是量子化的。

5.5.5　推广到更一般情况

上面的分析和讨论是针对一维单原子晶格进行的,所用的方法和所得到的结论可以推广到更一般的情况。

对于三维多原子晶体,假设晶体由 N 个原胞组成,每个原胞中有 n 个原子,因此,三维多原子晶体共有 nN 个相互耦合关联的原子振动。通过和一维晶体相类似的表象变换,可以将这些相互耦合关联的原子组成的晶格振动转换成独立谐振子简谐振动的叠加。对于由 N 个原胞组成的三维多原子晶体,总共有 N 个独立的状态 $\vec{q}$,而一个独立的状态 $\vec{q}$ 对应 $3n$ 个不同的频率 $\omega_s(\vec{q})$,这里的 $s=1,2,\cdots,3n$,因此,总共有 $3nN$ 个不同的频率 $\omega_s(\vec{q})$,每一个频率对应一个谐振子,故共有 $3nN$ 个独立的谐振子。每一个谐振子等价于一个格波,因此,三维多原子晶体中总共有 $3nN$ 个格波。

一个角频率为 $\omega_s(\vec{q})$ 的谐振子等价于一种频率为 $\omega_s(\vec{q})$ 的格波,意味着频率为 $\omega_s(\vec{q})$ 的格波的能量也就是角频率为 $\omega_s(\vec{q})$ 的谐振子的能量,因此,频率为 $\omega_s(\vec{q})$ 的格波的能量可表示为

$$\varepsilon_{qs}=\left(n_{qs}+\frac{1}{2}\right)\hbar\omega_s(\vec{q})\quad(n_{qs}=0,1,2,\cdots)\tag{5.82}$$

三维多原子晶体总的晶格振动能是所有谐振子或格波的能量之和,即

$$E=\sum_{q,s}^{3nN}\left(n_{qs}+\frac{1}{2}\right)\hbar\omega_s(\vec{q})\quad(n_{qs}=0,1,2,\cdots)\tag{5.83}$$

其中,q 取值的总数目为原胞数,$s=1,2,\cdots,3n$,n 为原胞中的原子数。

5.6　声　　子

在上节中,通过从坐标表象到状态表象的表象变换,将晶体中原本相互耦合的原子振动转变为相互独立的谐振子的运动,由此得到格波的能量量子化及晶格振动能。本节从格波能量量子化出发,引入固体物理学中一个非常重要的概念——声子。声子的概念之所以重要,是因为固体物理学中很多的物理问题,如固体的电学性质、光学性质、超导电性等,均与声子同其他粒子间的相互作用有关,如声子—声子、电子—声子、光子—声子等。本节将介绍声子的概念、声子的性质,以及声子谱等内容。

5.6.1　声子的概念

对于光波,为了解释光电效应,爱因斯坦引入了光子的概念,他认为无论是吸收、发射,还是在空间中传播,光波均是以能量为 $\hbar\omega$ 的微粒形式出现的,这种微粒称为光子,因此,光子为光波的最小能量单元,即能量量子,光子概念的引入使人们对与光现象有关的

微观过程的认识发生了革命性的改变。

对于晶体中的格波,上一节关于晶格振动的量子理论分析表明,格波的能量是量子化的,如式(5.82)所示。若不考虑零点能 $\frac{1}{2}\hbar\omega_s(\vec{q})$,则格波的能量可以表示为 $\hbar\omega_s(\vec{q})$ 的整数倍,即

$$\varepsilon_{qs} = n_{qs}\hbar\omega_s(\vec{q}) \quad (n_{qs}=1,2,\cdots) \tag{5.84}$$

格波最小的能量单元(即能量量子)是 $\hbar\omega_s(\vec{q})$,格波能量的增减必须是 $\hbar\omega_s(\vec{q})$ 的整数倍。因此,格波的激发单元可看是"粒子",这个粒子化了的格波元激发(格波量子),或者说晶格振动的能量量子,称为声子(phonon)。频率为 $\omega_s(\vec{q})$ 的声子的能量为 $\hbar\omega_s(\vec{q})$,或者说,频率为 $\omega_s(\vec{q})$ 的格波的能量量子为 $\hbar\omega_s(\vec{q})$。

事实上,早在格波量子化理论提出之前,即 1907 年,为了解释晶体比热,爱因斯坦就提出,晶体中每个原子都以同一频率 ω_E 振动,借用普朗克能量量子的假说,提出原子振动的能量量子为 $\hbar\omega_E$,以此为基础提出的模型称为爱因斯坦模型。在爱因斯坦模型中,虽然没有明确提出声子的概念,但他的模型中有两点涉及晶格振动的最核心内容,一是,晶体中所有原子以同一频率振动,说明晶体中原子的振动不是单个原子的振动而是集体振动,另一是,原子振动的能量量子,这正是后来被"粒子"化了的声子。

5.6.2　声子的性质

1. 声子非真实粒子

声子概念的引入,反映了晶体中原子集体运动的量子化性质。声子只是晶体中原子集体运动的激发单元,是一种假想粒子,通常称为元激发或准粒子,而不是真实的粒子。之所以认为声子不是真实粒子,可以从如下三个方面来看。一是,真实粒子的物理量与粒子坐标有关,而声子物理量涉及的是原子相对位移坐标;二是,光子是光波的能量量子,声子是格波的能量量子,但光波无论是吸收、发射,还是在空间中传播,均是以光子这一微粒形式出现的,而格波只在晶体中传播,意味着声子不能脱离固体而单独存在;三是,真实粒子不仅具有能量,而且具有动量,但对声子来说,声子只具有能量而不具有真实的物理动量。以一维单原子链为例,当原子链载有波矢为 q 的声子时,波矢为 q 的格波引起的原子位移为 $x_{n,q}=w_q(t)\frac{1}{\sqrt{N}}\mathrm{e}^{\mathrm{i}qna}$,整个原子链的物理动量为

$$p_q = m\sum_n \frac{\mathrm{d}x_n}{\mathrm{d}t} = m\frac{\mathrm{d}w_q(t)}{\mathrm{d}t}\sum_n \frac{1}{\sqrt{N}}\mathrm{e}^{\mathrm{i}nqa} = m\sqrt{N}\frac{\mathrm{d}w_q(t)}{\mathrm{d}t}\delta_{q,0}$$

可见,原子链的全部物理动量来源于 $q=0$ 模式,而当 $q=0$ 时,$\omega(q)=0$,对应于均匀模式,反映的是整个原子链的均匀平移,不是严格意义下的声子模式。值得一提的是,声子虽不具有真实的物理动量,但在和其他粒子相互作用时,波矢为 $\vec{q}$ 的声子仿佛具有动量 $\hbar\vec{q}$,这一动量称为声子的准动量。

2. 声子属玻色子

在简谐近似下,所有格波彼此是相互独立的,在给定温度下,每一个格波的能量仅仅

依赖于它的频率和平均声子数,而和其他格波无关。根据式(5.84),由于频率为 $\omega_s(\vec{q})$ 的声子的能量为 $\hbar\omega_s(\vec{q})$,而频率为 $\omega_s(\vec{q})$ 的格波的能量正好是该声子能量的 n_{qs} 倍。因此,很自然地将量子数 n_{qs} 理解为能量为 $\hbar\omega_s(\vec{q})$ 的声子能级上的声子数。在温度 T 达到热平衡时,根据统计物理学,声子能级 $\hbar\omega_s(\vec{q})$ 上有 n_{qs} 个频率为 $\omega_s(\vec{q})$ 的声子数的几率为

$$P_{n_{qs}} = \frac{\mathrm{e}^{-n_{qs}\hbar\omega_s(\vec{q})/k_BT}}{\sum\limits_{n_{qs}} \mathrm{e}^{-n_{qs}\hbar\omega_s(\vec{q})/k_BT}} \tag{5.85}$$

因此,在温度 T 达到热平衡时,能量为 $\hbar\omega_s(\vec{q})$ 的声子能级上的平均声子占据数为

$$\langle n_{qs}(T) \rangle = \sum_{n_{qs}} P_{n_{qs}} n_{qs} = \frac{\sum\limits_{n_{qs}} n_{qs} \mathrm{e}^{-n_{qs}\hbar\omega_s(\vec{q})/k_BT}}{\sum\limits_{n_{qs}} \mathrm{e}^{-n_{qs}\hbar\omega_s(\vec{q})/k_BT}} = \frac{1}{\mathrm{e}^{\hbar\omega_s(\vec{q})/k_BT} - 1} \tag{5.86}$$

为简单起见,在以后的叙述中,均将平均声子数 $\langle n_{qs}(T) \rangle$ 简写为 $n_{qs}(T)$,即

$$n_{qs}(T) = \frac{1}{\mathrm{e}^{\hbar\omega_s(\vec{q})/k_BT} - 1} \tag{5.87}$$

可以看到,有限温度下声子的统计分布服从的既不是经典的玻尔兹曼统计,也不是费米 — 狄拉克统计,而是玻色 — 爱因斯坦统计,说明声子是玻色子。同时从式(5.87)所示的分布函数可以看出,声子的化学势为 0。

从式(5.87)可以看到,当 $T \to 0$ 时,$n_{qs} \to 0$,说明仅仅当 $T > 0$ 时才有声子;当温度很高时,由于 $\mathrm{e}^{\hbar\omega_s(\vec{q})/k_BT} \approx 1 + \hbar\omega_s(\vec{q})/k_BT$,$n_{qs}(T) \to \dfrac{k_BT}{\hbar\omega_s(\vec{q})}$,可见,对于给定的频率,温度越高,相应的声子能级上占据的平均声子数越多,而对于给定的温度,频率越高的声子能级上占据的平均声子数越少。

3. 声子系统的能量

对由 N 个原胞(每个原胞有 n 个原子)组成的三维多原子晶体,共有 $3nN$ 个独立的格波,每一个格波有一种频率的声子与之对应,意味着三维多原子晶体中总共有 $3nN$ 个声子,或者说,三维多原子晶体可以看成是由 $3nN$ 个声子构成的声子系统。

在温度 T 达到热平衡时,能量为 $\hbar\omega_s(\vec{q})$ 的声子能级上的平均声子占据数 $n_{qs}(T)$ 由式(5.87)给出,因此,频率为 $\omega_s(\vec{q})$ 的声子的平均能量应当为

$$\overline{\varepsilon_{qs}(T)} = n_{qs}(T)\,\hbar\omega_s(\vec{q}) = \frac{\hbar\omega_s(\vec{q})}{\mathrm{e}^{\hbar\omega_s(\vec{q})/k_BT} - 1} \tag{5.88}$$

这个能量实际上就是频率为 $\omega_s(\vec{q})$ 的格波的平均能量。对由 $3nN$ 个声子构成的声子系统,将各个频率的声子的平均能量相加后即可得到声子系统总的平均能量,由此得到由 $3nN$ 个声子构成的声子系统的总能量为

$$\langle E(T) \rangle = E(T) = \sum_{q,s} n_{qs}(T)\,\hbar\omega_s(\vec{q}) = \sum^{3nN} \frac{\hbar\omega_s(\vec{q})}{\mathrm{e}^{\hbar\omega_s(\vec{q})/k_BT} - 1} \tag{5.89}$$

在以后的叙述中,为简单起见,均将平均能量 $\langle E(T) \rangle$ 简写为 $E(T)$。注意,式(5.89)所示的声子系统的总能量实际上就是三维多原子晶体在未计及零点能时的晶格振动能。

4. 声子的产生与湮灭

由于声子是玻色子,对每个声子能级,声子的占据数没有限制,且声子数可以不守恒,声子既可以产生,也可以湮灭。

声子的产生与湮灭源于声子与其他粒子的能量交换。当其他粒子,如光子、电子等受到声子散射时,将会交换以 $\hbar\omega_s(\vec{q})$ 为单位的能量,通过交换能量,格波从一个状态跃迁到另一状态。由 $\varepsilon_{n_{qs}} = n_{qs}(T)\hbar\omega_s(\vec{q})$ 可知,当格波从 $\varepsilon_{n_{qs}}$ 态跃迁到 $\varepsilon_{n_{qs}+1}$ 态时,能量增加一个能量量子 $\hbar\omega_s(\vec{q})$,这是产生一个声子的过程;而当格波从 $\varepsilon_{n_{qs}}$ 态跃迁到 $\varepsilon_{n_{qs}-1}$ 态时,能量减少一个能量量子 $\hbar\omega_s(\vec{q})$,这是湮灭一个声子的过程。

5.6.3　声子谱

对由 N 个原胞(每个原胞中有 n 个原子)组成的三维多原子晶体,$3nN$ 个声子的具体频率取决于诸多因素,如原子质量、原子间结合力、边界或界面、晶体结构等,这些因素基本上与温度无关,温度的高低只影响每一种频率的声子能级上的平均声子数。在实际的研究中,特别是理论研究,人们习惯通过声子频率的分布函数(亦称为晶格振动模式密度函数)的引入对晶格振动及其相关问题进行研究。

由于周期性边界条件,表征原子振动状态的波矢 $\vec{q}$ 分立取值,允许的取值在 $\vec{q}$ 空间形成均匀分布的点,如图 5.12 所示。沿 q_x、q_y 和 q_z 三个方向,相邻两个点的间隔为 $\frac{2\pi}{L}$,因此,每一个代表状态的点在 $\vec{q}$ 空间所占的体积为

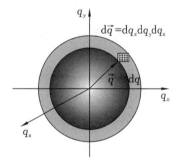

$$\Delta\vec{q} = \frac{2\pi}{L} \times \frac{2\pi}{L} \times \frac{2\pi}{L} = \frac{(2\pi)^3}{V} \tag{5.90}$$

其中,$V=L^3$ 是晶体的体积。其倒数

$$\frac{1}{\Delta\vec{q}} = \frac{V}{(2\pi)^3} \tag{5.91}$$

图 5.12　振动状态在波矢空间的分布

代表的是 $\vec{q}$ 空间单位体积内代表振动状态的点数,称其为状态密度。

按照晶格振动的量子理论,对由 N 个原胞(每个原胞中有 n 个原子)组成的三维多原子晶体,总的晶格振动能由式(5.89)所示的求和形式给出。若将其改写为如下形式:

$$E(T) = \frac{1}{\Delta\vec{q}} \sum_{q,s}^{3nN} \frac{\hbar\omega_s(\vec{q})}{e^{\hbar\omega_s(\vec{q})/k_BT}-1} \Delta\vec{q} \tag{5.92}$$

当 $V \to \infty$ 时,$\Delta\vec{q} \to 0$,在这种情况下,上面的求和可写成积分形式,即

$$E(T) = \frac{V}{(2\pi)^3} \sum_s \int_{\Omega^*} \varepsilon_{qs}(T)\mathrm{d}\vec{q} \tag{5.93}$$

其中,$\varepsilon_{qs}(T) = \frac{\hbar\omega_s(\vec{q})}{e^{\hbar\omega_s(\vec{q})/k_BT}-1}$,$\Omega^* = \frac{(2\pi)^3}{\Omega}$,$\Omega$ 为正格子空间原胞的体积。由于给定温度时 ε_{qs} 仅仅是频率的函数,因此,式(5.93)在形式上可写为对频率的积分,即

$$E(T) = \int_0^\infty \varepsilon(\omega, T) g(\omega) \mathrm{d}\omega \tag{5.94}$$

其中, $\varepsilon(\omega, T) = \dfrac{\hbar\omega}{\mathrm{e}^{\hbar\omega/k_\mathrm{B}T} - 1}$。式(5.94) 中的 $g(\omega)$ 就是所谓的声子频率的分布函数, 简称声子谱, 或者称其为晶格振动模式密度函数。

利用 δ 函数的性质, 声子频率的分布函数可表示为

$$g(\omega) = \frac{V}{(2\pi)^3} \sum_s \int_{\Omega^*} \delta[\omega - \omega_s(\vec{q})] \mathrm{d}\vec{q} \tag{5.95}$$

它表示从所有 $\omega_s(\vec{q})$ 模式中筛选出频率为 ω 的模式。将式(5.95) 所定义的 $g(\omega)$ 代入式(5.94) 有

$$E(T) = \int_0^\infty \varepsilon(\omega, T) g(\omega) \mathrm{d}\omega = \int_0^\infty \mathrm{d}\omega \varepsilon(\omega, T) \left[\frac{V}{(2\pi)^3} \sum_s \int_{\Omega^*} \delta[\omega - \omega_s(\vec{q})] \mathrm{d}\vec{q} \right]$$

$$= \frac{V}{(2\pi)^3} \sum_s \int_{\Omega^*} \mathrm{d}\vec{q} \int_0^\infty \varepsilon(\omega, T) \delta[\omega - \omega_s(\vec{q})] \mathrm{d}\omega = \frac{V}{(2\pi)^3} \sum_s \int_{\Omega^*} \varepsilon_{qs}(T) \mathrm{d}\vec{q}$$

其中, $\varepsilon_{qs}(T) = \varepsilon(\omega, T) \big|_{\omega = \omega_s(\vec{q})} = \dfrac{\hbar\omega_s(\vec{q})}{\mathrm{e}^{\hbar\omega_s(\vec{q})/k_\mathrm{B}T} - 1}$。可见, 利用式(5.95) 所定义的 $g(\omega)$, 可以得到如式(5.93) 所给出的晶格振动能。

对由 N 个原胞(每个原胞中有 n 个原子) 组成的三维多原子晶体, 总的声子数(或者总的模式数) 为 $3nN$, 因此要求

$$\int_0^\infty g(\omega) \mathrm{d}\omega = 3nN \tag{5.96}$$

利用式(5.95) 及 $\sum_s \Omega^* = 3n \dfrac{(2\pi)^3}{\Omega}$ 和 $V = N\Omega$, 很容易验证:

$$\int_0^\infty g(\omega) \mathrm{d}\omega = \frac{V}{(2\pi)^3} \sum_s \int_{\Omega^*} \mathrm{d}\vec{q} \int_0^\infty \mathrm{d}\omega \delta[\omega - \omega_s(\vec{q})]$$

$$= \frac{V}{(2\pi)^3} \sum_s \int_{\Omega^*} \mathrm{d}\vec{q} = \frac{V}{(2\pi)^3} \sum_s \Omega^* = 3nN \tag{5.97}$$

在 $\vec{q}$ 空间, 根据

$$\omega_s(\vec{q}) = \mathrm{const}$$

可以作出频率相等的曲面 S_ω, 称为等频率面。一般情况下, 等频率面不是如图 5.12 所示的球面, 而是如图 5.13 所示的曲面。

图 5.13 示意地画出了频率为 $\omega_s(\vec{q})$ 和频率为 $\omega_s(\vec{q} + \mathrm{d}\vec{q})$ 的两个等频率面, 式(5.95) 中的 $\mathrm{d}\vec{q}$ 是这两个等频率面间的体积, 它可表示成对体积元 $\mathrm{d}s\mathrm{d}q$ 在等频率面 S_ω 上的积分, 即 $\mathrm{d}\vec{q} = \int_{S_\omega} \mathrm{d}s\mathrm{d}q$, 其中, $\mathrm{d}s$ 为面积元, $\mathrm{d}q$ 为两个等频率面间的垂直距离, 则式(5.95) 可表示为沿等频率面的积分, 即

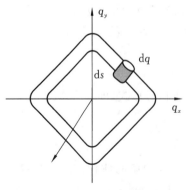

图 5.13　$\vec{q}$ 空间等频率面示意图

$$g(\omega) = \frac{V}{(2\pi)^3} \sum_s \int_{S_\omega} \delta[\omega - \omega_s(\vec{q})] \mathrm{d}s \mathrm{d}q \tag{5.98}$$

利用关系 $\mathrm{d}\omega = |\mathbf{V}_{\vec{q}} \omega_s(\vec{q})| \mathrm{d}q$，其中，$|\mathbf{V}_{\vec{q}} \omega_s(\vec{q})|$ 是沿等频率面法线方向的频率改变率，声子谱函数可表示为

$$g_{3\mathrm{D}}(\omega) = \frac{V}{(2\pi)^3} \sum_s \int_{S_\omega} \frac{\mathrm{d}s}{|\mathbf{V}_{\vec{q}} \omega_s(\vec{q})|} \tag{5.99}$$

下标"3D"表示所给出的声子谱函数是针对三维晶体而言的。对面积为 S 的二维晶体，状态密度变成 $\dfrac{S}{(2\pi)^2}$，等频率面 S_ω 退化为等频率线 l_ω，因此，二维晶体的声子谱函数可表示为

$$g_{2\mathrm{D}}(\omega) = \frac{S}{(2\pi)^2} \sum_s \int_{l_\omega} \frac{\mathrm{d}l}{|\mathbf{V}_{\vec{q}} \omega_s(\vec{q})|} \tag{5.100}$$

对长度为 L 的一维晶体，状态密度变成 $\dfrac{L}{2\pi}$，等频率面 S_ω 退化为两个等频率点，因此，一维晶体的声子谱函数可表示为

$$g_{1\mathrm{D}}(\omega) = \frac{L}{2\pi} \sum_s \frac{2}{|\mathbf{V}_{\vec{q}} \omega_s(\vec{q})|} \tag{5.101}$$

原则上讲，只要知道了晶体的色散关系，则由式(5.99) ~ 式(5.101)就可以给出声子谱函数，但对实际晶体，色散关系复杂，除非是在特殊情况下，否则得不到声子谱函数的解析表达式，因而往往要借助数值计算。为了看看声子谱的变化特征，下面介绍几种简单的情况。

先看看一维单原子链的情况，其色散关系可写为 $\omega(q) = \omega_m \left| \sin \dfrac{aq}{2} \right|$，其中，$\omega_m = \sqrt{\dfrac{4\beta}{m}}$ 为最大频率，由式(5.101)可得到一维单原子链声子谱函数的解析表达式为

$$g_{1\mathrm{D}}(\omega) = \frac{2L}{\pi a} (\omega_m^2 - \omega^2)^{-1/2}$$

若色散关系相同，维度不同，则声子谱又将如何变化呢？为简单起见，考虑一维、二维和三维单原子晶体，假设其色散关系均为 $\omega = cq^2$，c 为常数。对三维单原子晶体，等频率面是一个半径为 $q = \sqrt{\omega/c}$ 的球面，沿等频率面各法线方向的频率改变率相同，故 $|\mathbf{V}_{\vec{q}} \omega_s(\vec{q})| = 2cq$，在式(5.99)中其可从积分号里移出，因此有

$$g_{3\mathrm{D}}(\omega) = \frac{V}{(2\pi)^3} \frac{1}{2cq} \int_{S_\omega} \mathrm{d}s = \frac{V}{(2\pi)^3} \frac{1}{2cq} \times 4\pi q^2 \propto q \propto \omega^{1/2}$$

对二维单原子晶体，等频率线是一个半径为 $q = \sqrt{\omega/c}$ 的圆，沿等频率线各法线方向的频率改变率相同，因此，在式(5.100)中，$|\mathbf{V}_{\vec{q}} \omega_s(\vec{q})| = 2cq$ 可以从积分号里移出，故有

$$g_{2\mathrm{D}}(\omega) = \frac{S}{(2\pi)^2} \frac{1}{2cq} \int_{l_\omega} \mathrm{d}l = \frac{S}{(2\pi)^2} \frac{1}{2cq} \times 2\pi q \propto q^0 \propto \omega^0$$

对一维单原子晶体，由式(5.101)可得到

$$g_{1\mathrm{D}}(\omega) = \frac{L}{2\pi} \frac{2}{2cq} \propto q^{-1} \propto \omega^{-1/2}$$

可见,尽管色散关系相同,但不同维度有不同形式的声子谱函数。

*5.6.4　声子谱的测量原理和方法

声子谱反映了晶格动力学的主要特性,决定了晶体中与晶格振动相关的物理过程及晶体的宏观物理性质,因此,在实验中测定声子谱,对晶体物理性质微观本质的了解至关重要。理论上,声子谱 $g(\omega)$ 通过关系

$$\begin{cases} g_{3D}(\omega) = \dfrac{V}{(2\pi)^3} \sum_s \int_{S_\omega} \dfrac{\mathrm{d}s}{|\mathbf{V}_{\vec{q}}\,\omega_s(\vec{q})|} \\[3mm] g_{2D}(\omega) = \dfrac{S}{(2\pi)^2} \sum_s \int_{l_\omega} \dfrac{\mathrm{d}l}{|\mathbf{V}_{\vec{q}}\,\omega_s(\vec{q})|} \\[3mm] g_{1D}(\omega) = \dfrac{L}{2\pi} \sum \dfrac{2}{|\mathbf{V}_{\vec{q}}\,\omega_s(\vec{q})|} \end{cases}$$

与晶格振动谱(或色散关系) $\omega_s(\vec{q})$ 相联系,因此,只要能测定晶格振动谱,就可以由晶格振动谱得到声子谱,这样一来,对声子谱的测量就可以转为对晶格振动谱的测量。20 世纪 50 年代以来,晶格动力学研究最重要的实验进展之一是发展了可直接测量晶格振动谱的实验技术,主要有光子散射法和中子散射法,两种方法的原理相同,只是各有优势和不足之处。

光子散射法基于光波与格波之间的能量交换,其过程可理解为是光子与声子的碰撞过程,碰撞的结果是光子发生了散射。假设入射光子的频率和波矢分别为 $\omega_\circ$ 和 $\vec{k}$,与频率为 ω 和波矢为 $\vec{q}$ 的声子碰撞后,光子的频率和波矢分别变成为 $\omega'_\circ$ 和 $\vec{k}'$,碰撞过程中,由于能量守恒和准动量守恒,故有

$$\begin{cases} \hbar\omega_\circ \pm \hbar\omega = \hbar\omega'_\circ \\ \hbar\vec{k} \pm \hbar\vec{q} = \hbar\vec{k}' \end{cases} \tag{5.102}$$

式中的 ± 号分别对应吸收和发射声子的过程。由此得到

$$\begin{cases} \omega = |\omega_\circ - \omega'_\circ| \\ |\vec{q}| = |\vec{k} - \vec{k}'| \end{cases} \tag{5.103}$$

当入射光子的频率 $\omega_\circ$ 和波矢 $\vec{k}$ 已知时,通过在各个不同方向上分别测出散射光的频率 $\omega'_\circ$ 和散射光的波矢 $\vec{k}'$,就可由散射光与入射光频率之差确定声子的频率,由散射光和入射光波矢的方向和大小可确定声子波矢的方向和大小,这样就可以从实验上确定晶格振动谱 $\omega(\vec{q})$。光子散射法的测量设备简单,很容易在实验室中实现,但声子频率是基于光子散射前后的频率差确定的,而要精确测量这个频率差在实验上是极其困难的。

中子散射法基于中子波和格波之间的能量交换,其原理和光子散射法的类似,其过程可理解为是中子与声子的碰撞过程,碰撞的结果是中子发生了散射。假设中子散射前的动量为 $\vec{P}$,与频率为 ω 和波矢为 $\vec{q}$ 的声子碰撞后,中子的动量变成 $\vec{P}'$,碰撞过程中的能量守恒和准动量守恒可表示为

$$\begin{cases} \dfrac{P^2}{2m} \pm \hbar\omega = \dfrac{P'^2}{2m} \\ \vec{P} \pm \hbar\vec{q} = \vec{P}' \end{cases} \tag{5.104}$$

式中的 ± 号分别对应吸收和发射声子的过程，m 是中子的质量，$\dfrac{P^2}{2m}$ 和 $\dfrac{P'^2}{2m}$ 分别是中子散射前后的动能。由此得到

$$\begin{cases} \omega = \dfrac{1}{2m\,\hbar} \left| P^2 - P'^2 \right| \\ |\vec{q}| = \dfrac{1}{\hbar} \left| \vec{P} - \vec{P}' \right| \end{cases} \tag{5.105}$$

当入射中子的动能和动量方向已知时，通过测定各个不同方向上散射中子的动能，则由式(5.105)可得到晶格振动谱 $\omega(\vec{q})$。相对于光子散射法难以精确测定散射前后光子的频率差的问题，在中子散射法中，测量的是散射前后的中子的动能差，这在实验上并没有困难，因此，中子散射法成为晶格振动谱最重要的测量手段。但中子散射法也有其不足之处，一是原子对中子的散射概率非常低，因此，要求中子源能提供高通量的中子束；另一是中子源是一个很昂贵的大型设备，世界上只有为数不多的实验室具备开展类似实验研究的条件。

5.7　晶格振动比热理论

固体比热，看似一个简单的物理问题，然而对其起因的认识，却经历了从(19 世纪初)原子热运动对固体比热的贡献到(1907—1935 年)晶格振动对固体比热的贡献的认识过程，其间跨越了漫长的一个多世纪。其中最富代表性的开创性工作是 1907 年提出的爱因斯坦模型、1912 年提出的德拜模型、1913 年由玻恩和卡门提出的周期性边界条件及在此基础上提出的晶格比热量子理论。这些开创性的研究，大大推动了固体原子(集体)振动的研究，并逐渐发展成现在的晶格动力学理论。本节就晶格比热的模型及理论进行简单介绍。

5.7.1　比热研究的意义

我们知道，系统的定容比热容 C_V，简称定容比热或比热，是在体积不变的条件下系统因温度改变而引起其能量改变的一个宏观的物理性质。如果用 $E(T)$ 表示系统在温度 T 热平衡时的平均内能，则比热可以用数学形式表示为

$$C_\mathrm{V} = \left(\frac{\partial E(T)}{\partial T} \right)_\mathrm{V} \tag{5.106}$$

为了反映比热研究的意义，也常常将比热写成如下形式：

$$C_\mathrm{V} = \frac{T\,\mathrm{d}S}{\mathrm{d}T} \tag{5.107}$$

其中，$\mathrm{d}S$ 是温度改变 $\mathrm{d}T$ 所引起的系统的熵的改变。著名的玻尔兹曼关系

$$S = k_\mathrm{B} \ln\bar{\omega}$$

将系统的宏观量熵 S 与系统的微观状态数 $\bar{\omega}$ 用一个非常简洁的公式联系起来。该式表

明，$\bar{\omega}$ 越大则系统越混乱，反之，$\bar{\omega}$ 越小则系统越有序。系统微观状态的任何改变必引起熵的变化，这种变化可以通过比热测量得以反映，因此，通过比热测量可获得固体内部微观状态变化的信息。

系统微观状态的改变引起系统宏观性质的变化，一个典型的例子是由 N 个自旋组成的磁系统，其中自旋的每一种可能取向都代表着系统的一个微观状态。居里温度以上，所有自旋取向无序，系统的微观状态数为 2^N，相应的熵为

$$S = k_B \ln 2^N = N k_B \ln 2$$

此时系统处在顺磁态，但在居里温度以下，由于自旋间铁磁性相互作用，N 个自旋趋向于相同方向取向，特别是在远低于居里温度的低温区，所有自旋取向相同，此时系统只有一个微观状态，因此熵为 0，此时系统表现为铁磁性，这一简单的例子清楚地反映了系统微观态与熵（因此宏观性质）之间的关系。

系统的熵是各个子系统的熵之和，子系统既可以是晶格系统、电子系统、磁子系统等，也可以是指某一自由度。由式(5.107)可知，固体的比热是各个子系统对比热贡献之和。例如，对非磁性绝缘体晶体，系统的比热仅来自晶格系统的比热贡献；对非磁性金属晶体，系统的比热包含晶格和电子两个子系统的比热贡献；对铁磁性金属晶体，除晶格和电子两个子系统对比热的贡献外，还有磁子系统对比热的贡献。不同子系统贡献的比热随温度变化而变化，因此，与比热相关的实验研究可为了解存在于晶体中各种可能的子系统提供信息。

对非磁性绝缘体晶体，如金刚石，由于电子束缚在各原子周围而不能在晶体中运动，因此，可以忽略电子子系统对比热的贡献，而只需要考虑原子（晶格）对比热的贡献。19世纪初，基于式(5.1)所示的杜隆—珀替定律，人们意识到固体比热是其中的原子热运动的结果。但后来的实验表明，观察到的固体比热并非如杜隆—珀替定律所给出的那样是温度无关的常数，而是如图 5.1 所示的那样随温度降低而快速减小。直到 1907 年，爱因斯坦用普朗克能量子假说解释了固体比热随温度降低而快速下降的现象，从而推动了固体比热的量子理论研究。1913 年，玻恩和卡门以"关于比热的理论"为题发表了他们的研究成果，在他们的研究中首次提出周期性边界条件，即后来在固体物理学和量子力学中普遍使用的玻恩—卡门周期性边界条件，但这一研究在当时并没引起人们的足够重视，究其原因是德拜在 1912 年已经以相同的题目发表了和低温比热实验基本一致的理论研究。基于弹性波近似而提出的德拜理论，现普遍称之为德拜模型，虽能较好解释低温比热的实验现象，但后来更为精确的测量表明德拜模型仍有不足之处，由此才引起人们对玻恩和卡门之前发表的文章的重视。直到 1935 年，布拉克曼（Blakman）基于玻恩—卡门周期性边界条件重新分析和讨论了晶格振动，因此，才有了现在的晶格动力学理论。可见，晶格比热的实验和理论研究在晶格动力学理论的建立过程中一直发挥着至关重要的作用。

5.7.2　爱因斯坦模型

实验表明，固体比热表现出如图 5.1 所示的随温度降低而快速减小的现象，这在爱因斯坦模型提出之前，没有模型或理论能给以解释。为了解释固体比热随温度降低而减小

的实验现象,1907 年,爱因斯坦提出,晶体中的原子以相同频率 ω_E 振动,基于普朗克能量量子假说,进一步提出,每一个原子在每一个独立方向上的振动可看成是一个具有能量为 $\hbar\omega_E$ 的振子,以这两点假设为基础提出的模型便是所谓的爱因斯坦模型。

值得一提的是,爱因斯坦模型是在当时还没有格波概念的情况下提出的,但爱因斯坦模型中的两个基本假设却是晶格动力学理论或格波理论中两个最核心的内容,一是,晶体中的原子振动不是单个原子的振动,而是一种集体振动(即后来的晶格振动),另一是晶格振动的能量是量子化的。可以说,晶格动力学理论或格波理论正是从爱因斯坦模型开始的。

对于由 N 个原胞(每个原胞有 n 个原子)构成的三维晶体,现基于爱因斯坦模型来导出其晶格比热的表达式。按照爱因斯坦模型,每一个原子沿三个方向的振动可以看成是三个独立的振子,整个系统则有 $3nN$ 个振子。假设第 j 个振子的能量为 ε_j,由统计物理可求得系统的平均热振动能为

$$E(T) = \frac{\sum_{j=1}^{3nN} \varepsilon_j \, e^{-\varepsilon_j/k_B T}}{\sum_{j=1}^{3N} e^{-\varepsilon_j/k_B T}} = \sum_{j=1}^{3nN} \frac{\varepsilon_j}{e^{\varepsilon_j/k_B T} - 1} \qquad (5.108)$$

按照爱因斯坦模型,所有振子都以相同的频率 ω_E 振动并具有相同的能量,即

$$\varepsilon_j = \hbar\omega_E \quad (j = 1, 2, \cdots, 3nN)$$

由此得到晶体因原子振动而具有的平均热振动能为

$$E(T) = \frac{3nN \, \hbar\omega_E}{e^{\hbar\omega_E/k_B T} - 1} \qquad (5.109)$$

根据式(5.106)的定义,可得到晶体的定容比热为

$$C_V = 3nN k_B \left(\frac{\hbar\omega_E}{k_B T}\right)^2 \frac{e^{\hbar\omega_E/k_B T}}{(e^{\hbar\omega_E/k_B T} - 1)^2} \qquad (5.110)$$

式(5.110)正是基于爱因斯坦模型所得到的晶格比热的表达式。若令 $\theta_E = \hbar\omega_E/k_B$ 及

$$f_E\left(\frac{\theta_E}{T}\right) = \left(\frac{\theta_E}{T}\right)^2 \frac{e^{\frac{\theta_E}{T}}}{\left(e^{\frac{\theta_E}{T}} - 1\right)^2} \qquad (5.111)$$

则爱因斯坦模型预言的晶格比热可以更简洁地表示为

$$C_V = 3nN k_B f_E\left(\frac{\theta_E}{T}\right) \qquad (5.112)$$

函数 f_E 称为爱因斯坦比热函数,θ_E 称为爱因斯坦温度。式(5.112)中只有一个可调参数,即爱因斯坦温度 θ_E,因此,可以通过以 θ_E 作为拟合参数,在较宽的温度变化范围内,使得理论计算的结果和实验结果尽可能符合,从而可以验证模型的正确性。如图 5.1 所示,对金刚石,若选择 $\theta_E = 1320$ K,则可得到和实验基本一致的结果。

在高温极限下,即当温度 $T \gg \theta_E$ 时,由于

$$f_E = \left(\frac{\theta_E}{T}\right)^2 \frac{1 + \frac{\theta_E}{T} + \left(\frac{\theta_E}{T}\right)^2 + \cdots}{\left[1 + \frac{\theta_E}{T} + \left(\frac{\theta_E}{T}\right)^2 + \cdots - 1\right]^2} \approx 1$$

则由式(5.112)得到

$$C_V = 3nNk_B$$

这正是杜隆—珀替定律,说明高温下爱因斯坦模型能够预言出和经典理论相一致的结果。之所以如此,是因为在高温区,振子的能量近似为$k_B T$,而当$k_B T$远大于能量量子($\hbar\omega_E$)时,量子化效应可以忽略,故爱因斯坦模型可以给出和经典理论相一致的结果。

在低温极限下,即当$T \ll \theta_E$时,由于$e^{\theta_E/T} \gg 1$,爱因斯坦比热函数可近似为

$$f_E\left(\frac{\theta_E}{T}\right) \approx \left(\frac{\theta_E}{T}\right)^2 e^{-\frac{\theta_E}{T}}$$

代入式(5.112)有

$$C_V = 3nNk_B\left(\frac{\theta_E}{T}\right)^2 e^{-\theta_E/T} \tag{5.113}$$

可见,爱因斯坦模型预言的低温下晶格比热,随温度降低按温度的指数形式趋于0,这是经典理论所不能得到的结果,解决了长期以来困扰物理学学者的一个疑难问题。

尽管爱因斯坦模型成功地预言了低温下晶格比热随温度降低而快速减小的实验现象,但如果仔细比较低温下晶格比热的实验结果和理论预言,可以发现两者并不一致。实验上测量得到的晶格比热在低温下是按照$C_V \propto T^3$规律趋于0的,而爱因斯坦模型预言的晶格比热是按温度的指数形式趋于0的。究其原因在于爱因斯坦模型过于简单,它忽略了各个振子振动频率的差别及对比热贡献的差异,或者说,爱因斯坦模型只考虑了一种频率的振子对晶格比热的贡献。

对大多数晶体,如果用式(5.112)拟合实验数据,所得到的爱因斯坦温度θ_E在100~300 K范围,对金刚石,$\theta_E \sim 10^3$ K,简单估算可知,爱因斯坦频率$\omega_E = k_B\theta_E/\hbar$在$10^{13}$~$10^{14}$ Hz量级,这个量级的频率落在光学支格波的频率范围内。从对一维双原子晶体的分析中可以看到,对光学波,如式(5.34)所示,与波矢无关的光学波频率仅仅出现在长波极限下。因此,爱因斯坦模型实际上只考虑了长光学波对晶格比热的贡献,而没有考虑声学波及短光学波对晶格比热的贡献。若考虑声学支格波对晶格比热的贡献,则就有了下面提到的德拜模型。

5.7.3　德拜模型

对爱因斯坦模型稍加改进,将每个原子的振动仍看成是三个方向独立振动的振子,但所有振子并不以相同的频率振动,而是第j个振子以频率ω_j振动,相应的振子能量为$\hbar\omega_j$,则由式(5.108)可得到晶体因原子振动而具有的平均热振动能为

$$E(T) = \sum_{j=1}^{3nN} \frac{\hbar\omega_j}{e^{\hbar\omega_j/k_B T} - 1} \tag{5.114}$$

求和中的每一项代表一个振子的平均能量,第j个振子的平均能量为

$$\varepsilon_j(T) = \frac{\hbar\omega_j}{e^{\hbar\omega_j/k_B T} - 1} \tag{5.115}$$

由于爱因斯坦模型预言的晶格比热和实验数据的差别发生在低温区,因此,可以将研究主要集中在低温区的情况。对低温区,由于$\hbar\omega_j \gg k_B T$,因此$\varepsilon_j(T) \approx \hbar\omega_j e^{-\hbar\omega_j/k_B T}$,可以

看到,低温区给定温度下的振子平均振动能随振动频率增加而指数性减小,意味着低温下晶格比热主要来源于振动频率低的振子的贡献,而振动频率高的振子对晶格比热的贡献基本可以忽略。德拜正是基于这样的思路,对晶格比热进行了理论研究,并于 1912 年以"关于比热的理论"为题发表了他的研究成果,由于德拜理论简单并成功预言了低温比热的 T^3 规律,德拜理论很快被人们广泛接受。

德拜理论是针对低频振动来研究的,而低频振动对应的是声学支格波,意味着德拜理论中没有考虑光学支格波对晶格比热的贡献。在很低温度下,甚至频率较高(短波长)的声学波对晶格比热的贡献也可以忽略。基于这些考虑,德拜作出以下假设:

(1) 低温下晶格振动主要源于 $\omega < \omega_m$ 的低频振动的贡献,而 $\omega > \omega_m$ 的高频振动基本可忽略,这里的 ω_m 称为德拜频率;

(2) 由于低的振动频率对应的是长声学波,因此,三维晶格可视为连续介质,相应的格波可看成是弹性波,由于这一原因,德拜近似又称为弹性波近似。

以上面两个假设为基础提出的模型,称为德拜模型。下面将基于这一模型来导出晶格比热的表达式,为简单起见,假设晶体是三维单原子晶体且是各向同性的。

引入频率分布函数 $g(\omega)$,利用德拜模型中的第一个假设,式(5.114)所示的平均热振动能可由求和变成如下的积分形式,即

$$E(T) = \int_0^{\omega_m} \frac{\hbar\omega}{e^{\hbar\omega/k_B T} - 1} g(\omega) \mathrm{d}\omega \tag{5.116}$$

按照德拜模型,三维晶格可看成是连续介质,相应的格波可看成是弹性波。对弹性波,其色散关系为

$$\omega = vq \tag{5.117}$$

可见,在三维波矢空间,等频面是一个球面,沿球面法线方向的频率改变率为

$$|\mathbf{\nabla}_q \omega(\vec{q})| = v|\mathbf{\nabla}_q \sqrt{q_x^2 + q_y^2 + q_z^2}| = v \tag{5.118}$$

考虑到弹性波有三支格波,一支为纵波,另两支为横波,假设其波速分别为 v_l 和 v_t,则对纵波有 $\omega = v_l q$ 和 $|\mathbf{\nabla}_q \omega(\vec{q})| = v_l$;对横波有 $\omega = v_t q$ 和 $|\mathbf{\nabla}_q \omega(\vec{q})| = v_t$,由此可得到频率分布函数

$$g(\omega) = \frac{V}{(2\pi)^3} \int_{S_\omega} \frac{\mathrm{d}s}{|\mathbf{\nabla}_q \omega(\vec{q})|} = \frac{V}{(2\pi)^3} \left(\frac{1}{v_l} \times \int_{S_{\omega_l}} \mathrm{d}s + 2 \times \frac{1}{v_t} \times \int_{S_{\omega_t}} \mathrm{d}s \right)$$

$$= \frac{V}{(2\pi)^3} \left(\frac{1}{v_l} \times 4\pi q^2 + 2 \times \frac{1}{v_t} \times 4\pi q^2 \right) = \frac{V}{(2\pi)^3} \left(\frac{4\pi\omega^2}{v_l^3} + 2 \times \frac{4\pi\omega^2}{v_t^3} \right)$$

式中,$\int_{S_\omega} \mathrm{d}s = 4\pi q^2$ 为等频球面的面积。若按下式定义格波的平均波速 $\bar{v}$:

$$\frac{3}{\bar{v}^3} = \left(\frac{1}{v_l^3} + \frac{2}{v_t^3} \right) \tag{5.119}$$

则按德拜模型,三维晶体的频率分布函数可表示为

$$g(\omega) = \frac{3V}{2\pi^3 \bar{v}^3} \omega^2 \tag{5.120}$$

对其在 $0 \sim \omega_m$ 范围内积分,得到的结果应近似为总的频率数 $3N$,即

$$\int_0^{\omega_m} g(\omega)\mathrm{d}\omega \approx 3N \tag{5.121}$$

由此得到德拜频率 ω_m 为

$$\omega_m = \bar{v}\left[6\pi^2\left(\frac{N}{V}\right)\right]^{1/2} = \bar{v}\,(6\pi^2 n)^{1/2} \tag{5.122}$$

其中，$n = N/V$ 为晶体的原子浓度。将式(5.120)所示的频率分布函数代入式(5.116)，则由德拜模型可得到三维晶体平均振动能为

$$E(T) = \frac{3V}{2\pi^3 \bar{v}^3}\int_0^{\omega_m}\frac{\hbar\omega^3}{e^{\hbar\omega/k_B T}-1}\mathrm{d}\omega \tag{5.123}$$

一旦知道了平均振动能，由比热的定义就可以得到晶格比热

$$C_V = \frac{3V}{2\pi^2 \bar{v}^3}\int_0^{\omega_m} k_B\left(\frac{\hbar\omega}{k_B T}\right)^2\frac{e^{\hbar\omega/k_B T}}{(e^{\hbar\omega/k_B T}-1)^2}\omega^2\,\mathrm{d}\omega \tag{5.124}$$

式(5.124)就是按德拜模型得到的晶格比热的积分表达式。若令 $\xi = \dfrac{\hbar\omega}{k_B T}$ 及

$$\theta_D = \frac{\hbar\omega_m}{k_B} \tag{5.125}$$

θ_D 称为德拜温度，则式(5.124)可以更加简洁地表示为

$$C_V = 3Nk_B f_D(T/\theta_D) \tag{5.126}$$

其中，

$$f_D(T/\theta_D) = 3\left(\frac{T}{\theta_D}\right)^3\int_0^{\theta_D/T}\frac{\xi^4 e^\xi}{(e^\xi-1)^2}\mathrm{d}\xi \tag{5.127}$$

称为德拜比热函数。

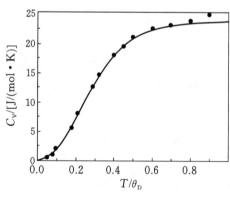

图 5.14 镓比热实验结果（圆点）与德拜模型曲线（实线）的比较

从式(5.126)和式(5.127)可以看到，由德拜模型给出的晶格比热表达式中只有一个可调参数，即德拜温度 θ_D。以 θ_D 作为拟合参数，基于式(5.126)拟合实验数据，特别是低温实验数据，可以验证德拜模型的正确性。图 5.14 显示了在镓样品中测量得到的晶格比热和按德拜模型计算的曲线，可以看到，实验数据，特别是低温实验数据，能够和由德拜模型计算的曲线有相当好的符合，这证实了德拜模型的合理性。

提出德拜模型的初衷是解释为什么晶格比热在低温下是按照 $C_V \propto T^3$ 规律变化的，现在来看看德拜模型能否预言出这样一个 T^3 规律。在低温极限下，即当 $T \ll \theta_D$ 时，$\theta_D/T \to \infty$，因此，式(5.127)中的积分上限可取为 ∞，在这种情况下，式(5.127)中的积分部分为

$$\int_0^{\theta_D/T}\frac{\xi^4 e^\xi}{(e^\xi-1)^2}\mathrm{d}\xi \approx \int_0^\infty\frac{\xi^4 e^\xi}{(e^\xi-1)^2}\mathrm{d}\xi = \frac{4}{15}\pi^4$$

将其代入式(5.127)可得到德拜比热函数为

$$f_D(T/\theta_D) = \frac{4\pi^4}{5}\left(\frac{T}{\theta_D}\right)^3 \tag{5.128}$$

再由式(5.126)得到由德拜模型所给出的低温晶格比热为

$$C_V = \frac{12\pi^4 N k_B}{5}\left(\frac{T}{\theta_D}\right)^3 \tag{5.129}$$

可见,低温下晶格比热和温度 T^3 成比例,说明德拜模型能解释晶格比热低温下按 $C_V \propto T^3$ 规律变化的实验观察。低温下晶格比热与 T^3 成正比的规律称为德拜 T^3 定律。

在高温极限下,即当温度 $T \gg \theta_D$ 时,由于 $\xi = \dfrac{\hbar\omega}{k_B T} \ll 1$,$e^\xi \approx 1+\xi$,因此有 $f_D(T/\theta_D) \approx 3\left(\dfrac{T}{\theta_D}\right)^3 \displaystyle\int_0^{\theta_D/T}(1+\xi)\xi^2 d\xi = 1$,由此得到晶格比热为 $C_V \approx 3Nk_B$,这正是杜隆 — 珀替定律,说明在高温极限下德拜模型也能给出和经典理论相同的结果。

在式(5.126)中、晶格比热、德拜温度和温度三个量中只有两个量是独立的。若已知某一固体的德拜温度,则很容易由式(5.126)计算出给定温度下的晶格比热,反过来,若测出某一温度下的比热,则可推测出该温度下的德拜温度。德拜温度反映固体中原子振动的平均频率的大小,它和原子质量及原子间结合力有关。在物理学中固体的很多性质与原子振动、原子质量及原子间的结合力有关,因而它们在很大程度上可用德拜温度来表示,这样,德拜温度已经脱离了原来的意义,而成为一个重要的具有广泛意义的物理量。表 5.2 列出了一些典型晶体的德拜温度。

表 5.2　一些典型晶体的德拜温度(K)

元　素	θ_D	元　素	θ_D	元　素	θ_D
Ag	225	Ga	320	Pb	274
Al	428	Ge	374	Pt	240
As	282	Gd	200	Sb	211
Au	165	Hg	71.9	Si	645
B	1250	In	108	Sn(灰)	360
Be	1440	K	91	Sn(白)	200
Bi	119	L	344	Ta	240
金刚石	2230	La	142	Th	163
Ca	230	Mg	400	Ti	420
Cd	209	Mn	410	Tl	78.5
Co	445	Mo	450	V	380
Cr	630	Na	158	W	400
Cu	343	Ni	450	Zn	327
Fe	470	Pb	105	Zr	291

由式(5.122)和式(5.125)可知,在德拜模型的基础上,德拜温度是一个与温度无关的常数。但事实上,如果按照式(5.126)来拟合不同温度下的晶格比热,需要假设德拜温度是与温度有关的函数。究其原因在于德拜模型过于简单,特别是德拜模型实际上只考虑了长声学波对比热的贡献,这在很低温度下或许是一个合理的假设,但在中间温度或高温情况下,其他波长的声学波激发也是可能存在的,如果考虑长声学波以外的其他声学波对比热的贡献,则声子频率分布函数 $g(\omega) \propto \omega^2$ 的假设就显得过于简单和粗糙。

5.7.4　晶格比热量子理论

前面关于对固体比热的解释可分为三个不同的认识阶段。一是 19 世纪初总结出的杜隆 — 珀替定律,它使人们意识到固体比热源于原子的热运动。二是 1907 年提出的爱因斯坦模型,它第一次使人们意识到晶体中原子的集体振动和振动能量的量子化。三是1912 年提出的德拜模型,它第一次从理论上预言了和实验相一致的低温晶格比热的 T^3规律。但在爱因斯坦模型中只考虑了同一种频率的集体振动,且由对实验数据进行拟合所得到的爱因斯坦频率可知,爱因斯坦模型预言的比热源于光学波的贡献;而在德拜模型中,低温晶格比热源于长声学波的贡献,而未考虑光学波及短声学波对晶格比热的贡献。实际晶体中既存在反映原胞内不同原子间相对振动的光学波,又存在反映原胞整体振动的声学波,因此,在一般温度下,人们有理由相信,各种可能频率的格波都应当对晶格比热产生贡献。

1913 年,玻恩和卡门以"关于比热的理论"为题报道了他们关于晶格比热的理论研究成果,在他们的论文中首次提出了周期性边界条件,即后来在固体物理学和量子力学中普遍采用的玻恩 — 卡门周期性边界条件,但这一研究在当时并未引起人们的足够重视,原因是,德拜在 1912 年以相同的题目已经发表了和低温比热实验基本一致的理论研究。直到 1935 年,布拉克曼基于玻恩 — 卡门周期性边界条件重新分析和讨论了晶体中的晶格振动,自此才开始引起人们对玻恩和卡门理论研究的重视。可以说,玻恩和卡门提出的周期性边界条件对晶格动力学理论的建立起着至关重要的作用。

晶格振动的分析和讨论表明,晶格振动是晶体中所有原子集体在作振动,这种集体的晶格振动以格波的形式在晶体中传播。依表征原子振动状态的波矢 $\vec{q}$ 和振动频率 ω 之间关系(色散关系)的不同,格波有反映原胞整体振动的声学波和反映原胞内不同原子相对振动的光学波之分。对具有有限尺寸的实际晶体,采用玻恩 — 卡门周期性边界条件后,分析表明,表征振动状态的波矢 $\vec{q}$ 呈分立的取值。这些分立取值的 $\vec{q}$ 在波矢空间形成周期性排布的点,每一个点所占的体积为

$$\Delta \vec{q} = \frac{(2\pi)^3}{V}$$

其中,V 是晶体体积,每一个 $\vec{q}$ 的取值代表一个振动状态,每一个振动状态对应声学支和光学支的两种振动频率。对由 N 个原胞(每个原胞中有 n 个原子)组成的三维多原子晶体,总共有 $3nN$ 个独立的格波,其中,$3N$ 个为声学波,剩下的 $3(n-1)N$ 个为光学波。进一步地,对晶格振动采用量子力学理论处理后,分析表明,三维多原子晶体中原本有 nN

个相互耦合关联的原子振动,通过从坐标表象到状态表象的变换后,转换成 $3nN$ 个不同频率 $\omega_s(\vec{q})$ 的谐振子,每一个频率为 $\omega_s(\vec{q})$ 的谐振子等价于一个频率为 $\omega_s(\vec{q})$ 的格波,因此,频率为 $\omega_s(\vec{q})$ 的格波的能量实际上就是角频率为 $\omega_s(\vec{q})$ 的谐振子的能量,由此得到格波能量量子化的结论。格波的最小能量量子称为声子,每一个格波都有一个声子与之对应,因此,整个晶体有 $3nN$ 个声子。忽略掉零点能后,频率为 $\omega_s(\vec{q})$ 的格波的能量为频率为 $\omega_s(\vec{q})$ 的声子的能量的整数倍,即

$$\varepsilon_{qs}(T) = n_{qs}(T)\,\hbar\omega_s(\vec{q}) \tag{5.130}$$

其中,$n_{qs}(T) = \dfrac{1}{\mathrm{e}^{\hbar\omega_s(\vec{q}k)/k_{\mathrm{B}}T} - 1}$ 是在温度 T 时能量为 $\hbar\omega_s(\vec{q})$ 的能级上平均的声子占据数。将给定温度 T 下所有格波能量相加后即得到整个系统的平均晶格振动能:

$$E(T) = \sum_{\vec{q},s}^{3nN} \frac{\hbar\omega_s(\vec{q})}{\mathrm{e}^{\hbar\omega_s(\vec{q})/k_{\mathrm{B}}T} - 1} \tag{5.131}$$

一旦知道了平均晶格振动能,则由比热的定义可得到与晶格振动有关的比热为

$$C_{\mathrm{V}} \equiv \frac{\partial E(T)}{\partial T} = \sum_{\vec{q},s} C_{\mathrm{V}}^{\vec{q},s} \tag{5.132}$$

其中,

$$C_{\mathrm{V}}^{\vec{q},s} \equiv \frac{\partial \varepsilon_{qs}(T)}{\partial T} = k_{\mathrm{B}}\left[\frac{\hbar\omega_s(\vec{q})}{k_{\mathrm{B}}T}\right]^2 \frac{\mathrm{e}^{\hbar\omega_s(\vec{q})/k_{\mathrm{B}}T}}{\left[\mathrm{e}^{\hbar\omega_s(\vec{q})/k_{\mathrm{B}}T} - 1\right]^2} \tag{5.133}$$

是模式为 $\vec{q}s$ 的声子对晶体比热的贡献。当晶体体积 V 很大时,$\Delta\vec{q} \to 0$,则式(5.132)的求和可写成积分形式,即

$$C_{\mathrm{V}} = \sum_{\vec{q},s} C_{\mathrm{V}}^{\vec{q},s} = \frac{1}{\Delta\vec{q}} \sum_{\vec{q},s} C_{\mathrm{V}}^{\vec{q},s} \Delta\vec{q} \Rightarrow \frac{V}{(2\pi)^3} \sum_s \int_{\Omega^*} C_{\mathrm{V}}^{\vec{q},s} \mathrm{d}\vec{q} \tag{5.134}$$

若采用如式(5.95)所定义的频率分布函数,即

$$g(\omega) = \frac{V}{(2\pi)^3} \sum_s \int_{\Omega^*} \delta[\omega - \omega_s(\vec{q})]\mathrm{d}\vec{q}$$

且令

$$C_{\mathrm{V}}(\omega) = k_{\mathrm{B}}\left[\frac{\hbar\omega}{k_{\mathrm{B}}T}\right]^2 \frac{\mathrm{e}^{\hbar\omega/k_{\mathrm{B}}T}}{\left[\mathrm{e}^{\hbar\omega/k_{\mathrm{B}}T} - 1\right]^2}$$

则式(5.134)右边对波矢的积分可写成对频率积分的形式,即

$$C_{\mathrm{V}} = \int_0^\infty C_{\mathrm{V}}(\omega)\rho(\omega)\mathrm{d}\omega \tag{5.135}$$

这可以很容易通过下面的运算得到验证:

$$C_{\mathrm{V}} = \int_0^\infty C_{\mathrm{V}}(\omega)\rho(\omega)\mathrm{d}\omega = \int_0^\infty C_{\mathrm{V}}(\omega)\left[\frac{V}{(2\pi)^3} \sum_s \int_{\Omega^*} \delta[\omega - \omega_s(\vec{q})]\mathrm{d}\vec{q}\right]\mathrm{d}\omega$$

$$= \frac{V}{(2\pi)^3} \sum_s \int_{\Omega^*} \mathrm{d}\vec{q} \int_0^\infty C_{\mathrm{V}}(\omega)\delta[\omega - \omega_s(\vec{q})]\mathrm{d}\omega = \frac{V}{(2\pi)^3} \sum_s \int_{\Omega^*} \mathrm{d}\vec{q}\, C_{\mathrm{V}}^{\vec{q},s}$$

由于上面所有的推导均是基于晶格振动的量子理论的,因此,为区别其他理论或模型给出的晶格比热,称式(5.132)、式(5.134)和式(5.135)所给出的不同表达形式的晶格比热

为晶格振动的量子比热。

在高温极限下,即当 $k_B T \gg \hbar\omega_s(\vec{q})$ 时,有

$$e^{\hbar\omega_s(\vec{q})/k_B T} = 1 + \frac{\hbar\omega_s(\vec{q})}{k_B T} + \frac{1}{2}\left(\frac{\hbar\omega_s(\vec{q})}{k_B T}\right)^2 + \cdots$$

将其代入式(5.133)中有

$$C_V^{\vec{q},s} = k_B \left[\frac{\hbar\omega_s(\vec{q})}{k_B T}\right]^2 \frac{1 + \frac{\hbar\omega_s(\vec{q})}{k_B T} + \frac{1}{2}\left(\frac{\hbar\omega_s(\vec{q})}{k_B T}\right)^2 + \cdots}{\left[\frac{\hbar\omega_s(\vec{q})}{k_B T} + \frac{1}{2}\left(\frac{\hbar\omega_s(\vec{q})}{k_B T}\right)^2 + \cdots\right]^2}$$

$$\approx k_B \left[\frac{\hbar\omega_s(\vec{q})}{k_B T}\right]^2 \times \frac{1}{\left[\frac{\hbar\omega_s(\vec{q})}{k_B T}\right]^2} = k_B$$

可见,在高温极限下,每一个模式为 $\vec{q}s$ 的声子对晶体比热的贡献约为 1 个 k_B,整个晶体有 $3nN$ 个声子,故总的晶格比热为

$$C_V = \sum_{q,s} C_V^{\vec{q},s} = 3nN k_B$$

这正是杜隆 — 珀替定律,说明在高温极限下,基于量子理论给出的晶格比热公式可以得到和经典理论相一致的结果。

如果假设所有声子都具有相同的频率 ω_E,即

$$\omega_s(\vec{q}) = \omega_E \tag{5.136}$$

将其代入式(5.95)中有

$$g(\omega) = \frac{V}{(2\pi)^3}\sum_s \int_{\Omega^*} \delta(\omega - \omega_E)\mathrm{d}\vec{q} = 3nN\delta(\omega - \omega_E)$$

代入式(5.135),则得到和式(5.110)所示的爱因斯坦模型所预言的晶格比热相同的结果,说明爱因斯坦比热只是晶格振动的量子比热的一种特殊情况。

如果假设

$$\rho(\omega) = \begin{cases} c\omega^2 & (\omega \leqslant \omega_D) \\ 0 & (\omega > \omega_D) \end{cases}$$

其中,c 是常数,代入式(5.135)中有

$$C_V = \int_0^\infty C_V(\omega)\rho(\omega)\mathrm{d}\omega = c\int_0^{\omega_D} C_V(\omega)\omega^2\mathrm{d}\omega \tag{5.137}$$

由此可得到和式(5.124)所示的德拜比热相同的结果,说明基于晶格振动的量子比热可以得到德拜模型所预言的晶格比热。

从以上分析可以看到,无论是经典理论,还是爱因斯坦模型或德拜模型,所预言的晶格比热均可以从晶格振动的量子比热表达式中得到。同时,由式(5.132)或式(5.134)可以看出,各种可能频率的格波都对晶格比热产生了贡献,这和爱因斯坦模型中只考虑一种频率的光学波和德拜模型中只考虑长声学波明显不同。因此,可以说基于晶格振动量子理论得到的晶格比热更具有普适性和合理性。

5.8　非 谐 效 应

5.8.1　非谐效应及其理论处理思路

为简单起见,以一维单原子晶体为例,来说明非谐效应及其理论处理思路。

在前面的分析中我们均作了简谐近似,即认为当原子离开其平衡位置发生位移时,会借助相邻原子间的作用力(恢复力),在各自平衡位置附近来回运动(振动),恢复力的大小与相邻原子间的相对位移 δ 成正比,即

$$f(\delta) = -\beta\delta$$

这相当于在原子的相互作用势能表达式中只保留了 δ^2 项,而忽略了 δ 的三次方及三次方以上的高次项。在简谐近似下,晶体中的原子振动可以描述成一系列独立的谐振子,由于振动是线性独立的,相应的振子之间不发生相互作用,因此,不能交换能量,意味着晶体中某种声子一旦被激发出来,其数目就一直保持不变,它既不能把能量传递给其他频率的声子,也不能使自身处于热平衡分布。

简谐振动理论的数学处理简单,且可以成功地解释晶格比热等物理问题,但不能解释晶体热膨胀、热传导、热扩散等问题。例如,按简谐近似,原子间相互作用能 $U(\delta) \propto \delta^2$,由

$$\bar{\delta} = \frac{\int_{-\infty}^{\infty} \delta e^{-U(\delta)/k_BT} d\delta}{\int_{-\infty}^{\infty} e^{-U(\delta)/k_BT} d\delta} = 0 \tag{5.138}$$

可知,随着温度升高,晶格系统的总能量增高,但原子间距离的平均值不会增大,因此,简谐近似不能解释热膨胀现象。如前面所讨论的,晶格振动是晶体中所有原子集体在作振动,其结果表现为,对晶格中的格波,在简谐近似下,格波间无相互作用,彼此间是相互独立的,因此,能量无法传播,也就不能解释热传导、热扩散等现象了。实际情况是,晶体普遍具有热膨胀、热传导等现象,导致理论和实际情况不一致,其根源在于简谐近似的假设。

如果不考虑热效应,晶体中的各个原子严格地处在各自平衡位置,平衡时晶体的相互作用能 $U^{(0)}$ 仅仅取决于相邻原子间的平衡间距(周期)a,即

$$U^{(0)} = U(a) \tag{5.139}$$

但在有限温度下,原子总会运动的。由于存在热运动,各原子离开自身平衡位置,相邻原子间的相对位移为 δ,相对位移后相邻原子间相互作用能变成 $U(a+\delta)$。将 $U(a+\delta)$ 在平衡位置附近展开,有

$$U(a+\delta) = U(a) + \left(\frac{\partial U}{\partial r}\right)_a \delta + \frac{1}{2}\left(\frac{\partial^2 U}{\partial r^2}\right)_a \delta^2 + \frac{1}{3!}\left(\frac{\partial^3 U}{\partial r^3}\right)_a \delta^3 + \cdots \tag{5.140}$$

方程(5.140)中右边第一项为常数,表示平衡时相邻原子间相互作用能,第二项为零,这是因为在平衡位置时势能极小。若令 $\beta = \left(\frac{\partial^2 U}{\partial r^2}\right)_a$ 和 $2\gamma = \left(\frac{\partial^3 U}{\partial r^3}\right)_a$,则第三项和第四项可

分别写为 $\frac{1}{2}\beta\delta^2$ 和 $\frac{1}{3}\gamma\delta^3$。因此,若忽略掉 δ^3 以上的项,则式(5.140)可近似为

$$U(a+\delta) \approx U(a) + \frac{1}{2}\beta\delta^2 + \frac{1}{3}\gamma\delta^3 \tag{5.141}$$

由 $f = -\dfrac{\partial U(\delta)}{\partial\delta}$,近似得到力和相对位移间的关系为

$$f(\delta) = -\beta\delta - \gamma\delta^2 \tag{5.142}$$

令

$$\beta^* = \beta + \gamma\delta \tag{5.143}$$

则相邻原子间的相互作用力仍可形式上写成

$$f(\delta) = -\beta^*\delta \tag{5.144}$$

但此时系数 β^* 不再为常数,而是与相对位移 δ(因此温度)有关的量,意味着晶体中的原子振动不能再描述成一系列严格独立的简谐振动。式(5.141)中的 $\frac{1}{3}\gamma\delta^3$ 项称为非谐项,由非谐项引起的效应称为非谐效应。

　　一般情况下,原子的位移很小,因此,只要温度不是非常高,$\frac{1}{3}\gamma\delta^3 \ll \frac{1}{2}\gamma\delta^2$ 都能满足,既然如此,可以将 $\frac{1}{3}\gamma\delta^3$ 看成是微扰项来处理。如上所述,如果没有 $\frac{1}{3}\gamma\delta^3$ 这样一个微扰项的存在,即简谐近似下,晶体中的原子振动可以描述成彼此独立的谐振子,整个晶体中所有原子的集体振动则表现为晶格中的格波。但在现在的情况下,由于非谐微扰项的存在,谐振子之间不再是相互独立的,彼此间会发生相互作用。在非谐项微扰作用下,格波可以从一个态跃迁到另一个态,或者说,声子与声子之间通过能量交换而发生相互作用。图 5.15 所示的是波矢为 $\vec{q}_1$ 和 $\vec{q}_2$ 的两声子间相互作用示意图。在非谐微扰作用下,

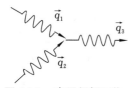

两声子因相互作用而变成波矢为 $\vec{q}_3$ 的声子,其过程相当于两声子相互碰撞,最后变成第三个声子。这样,如果开始时只存在某些频率的声子,由于声子间的相互作用,这些声子转换成另一些频率的声子,即某些频率的声子要湮灭,而另一些频率的声子会产生,经过一定的弛豫时间后,各种声子的分布就能达到热平衡,意味着非谐项是使晶格振动达到热平衡的最主要原因。

图 5.15　声子间相互作用示意图

　　对如图 5.2 所示的一维单原子链,在绝对零度(没有热效应)时,n 原子处在由 $R_n = na$ 表示的平衡位置,在有限温度时,由于热效应,n 原子处在由 $R'_n = na + x_n$ 所表示的位置上,其中,x_n 为标号为 n 的原子(简称"n 原子")相对其平衡位置的位移。n 原子和左、右两相邻原子的相对位移分别为

$$\delta_{n,n-1} = x_n - x_{n-1} \quad \text{和} \quad \delta_{n+1,n} = x_{n+1} - x_n$$

考虑非谐效应后,如果将相邻原子间的相互作用力仍写成正比于相对原子位移的形式,则恢复力系数不再是常数,而是与相对位移(因此温度)有关的量。类似于第 5.2 节的分析,如果只考虑最近邻原子间的相互作用,则 n 原子受到右边 $n+1$ 原子的力 $f(x_{n+1})$ 为

$$f(x_{n+1}) = [\beta + \gamma(x_{n+1} - x_n)](x_{n+1} - x_n)$$

n 原子受到左边 $n-1$ 原子的力 $f(x_{n-1})$ 为

$$f(x_{n-1}) = [\beta + \gamma(x_n - x_{n-1})](x_n - x_{n-1})$$

因此,n 原子所受到的合作用力为

$$f(x_{n+1}) - f(x_{n-1}) = [\beta + \gamma(x_{n+1} - x_n)](x_{n+1} - x_n) - [\beta + \gamma(x_n - x_{n-1})](x_n - x_{n-1})$$

$$= \beta(x_{n+1} + x_{n-1} - 2x_n) + \gamma(x_{n+1} - x_{n-1})(x_{n+1} + x_{n-1} - 2x_n)$$

若令

$$\beta^* = \beta + \gamma(x_{n+1} - x_{n-1}) \tag{5.145}$$

β^* 为考虑非谐效应后的恢复力系数,则 n 原子所受到的合作用力可以表示为

$$f(x_{n+1}) - f(x_{n-1}) = \beta^*(x_{n+1} + x_{n-1} - 2x_n)$$

假设考虑非谐效应后晶格仍然保持周期性结构,则近似有

$$x_{n+1} - x_{n-1} = [R'_{n+1} - (n+1)a] - [R'_{n-1} - (n-1)a] = R'_{n+1} - R'_{n-1} - 2a$$

$$= (R'_{n+1} - R'_n) + (R'_n - R'_{n-1}) - 2a \approx 2(a' - a)$$

其中,a' 为热平衡时相邻原子间的间隔,则式(5.145)所示的恢复力系数可近似表示为

$$\beta^* = \beta + 2\gamma(a' - a) \tag{5.146}$$

一旦知道了 n 原子所受到的力,则由牛顿第二定律可写出其运动方程为

$$m \frac{\mathrm{d}^2 x_n}{\mathrm{d}t^2} = \beta^*(x_{n+1} + x_{n-1} - 2x_n) \tag{5.147}$$

假设该方程的尝试解为

$$x_n = A \mathrm{e}^{\mathrm{i}(qna' - \omega t)}$$

将这一尝试解代入方程(5.147),得到色散关系为

$$\omega^2 = \frac{4\beta^*}{m} \sin^2 \frac{a'q}{2} \tag{5.148}$$

形式上和第 5.2 节介绍的简谐近似下得到的色散关系

$$\omega^2 = \frac{4\beta}{m} \sin^2 \frac{qa}{2} \tag{5.149}$$

是一样的,所不同的是 β^* 是一个与相对位移有关的量。

简谐近似下,β 是一个与相邻原子间隔(周期)a 无关的常数,另一方面,由第 5.2 节知道,采用玻恩—卡门周期性边界条件后有 $q = \frac{2\pi}{Na}l$,因此,$\sin^2 \frac{aq}{2} = \sin^2 \frac{\pi l}{N}$,与 a 无关。由此可知,简谐近似下,晶格振动的频率 ω 与 a 无关,既然如此,则必有 $\frac{\mathrm{d}\omega}{\mathrm{d}a} = 0$,意味着简谐近似不可能发生晶体热膨胀现象。

对非谐近似,若采用玻恩—卡门周期性边界条件,则有 $q = \frac{2\pi l}{Na'}$。易验证 $\sin^2 \frac{qa'}{2} = \sin^2 \left(\frac{a'}{2} \times \frac{2\pi l}{Na'}\right) = \sin^2 \frac{\pi l}{N}$ 与 a' 无关,但由式(5.146)可知,β^* 是与 a' 有关的,对式(5.148)两边取对数,有

$$2\ln\omega = \ln\beta^* + c \tag{5.150}$$

其中，c 是吸收了所有与 a' 无关量的常数项，对上式相对于 a' 求导数后有

$$\frac{\mathrm{d}\ln\omega}{\mathrm{d}a'} = \frac{1}{2\beta^*}\frac{\mathrm{d}\beta^*}{\mathrm{d}a'} \neq 0 \tag{5.151}$$

可见，由于存在非谐效应，当温度改变时，a' 的改变会引起晶体膨胀或收缩，而这将会影响到晶格振动频率的改变，按照声子的语言，这个过程是声子间相互作用的过程。反过来，正是因为有晶格振动频率的改变，或者说由于声子间的相互作用存在，才可能有晶体热膨胀（或收缩）现象。

　　晶格振动频率的改变，用声子语言可描述为声子间通过非谐项（即微扰项）的作用产生其他声子的过程。以 1 和 2 两个声子为例，相应的频率和波矢分别为 ω_1、$\vec{q}_1$ 和 ω_2、$\vec{q}_2$，这两个声子通过非谐项作用发生相互碰撞，如图 5.15 所示，最后变成第三个声子，其频率和波矢为 ω_3、$\vec{q}_3$。如前面所提到的，声子是一种准粒子，不具有真实的物理动量，但由于现在考虑的是不同声子之间的相互作用，因此，此时的声子仿佛具有 $\hbar\vec{q}$ 的动量。如同其他粒子，声子间的相互作用也遵守能量和动量守恒定律，即

$$\text{能量守恒}\qquad \hbar\omega_1 + \hbar\omega_2 = \hbar\omega_3 \tag{5.152}$$

$$\text{动量守恒}\qquad \hbar\vec{q}_1 + \hbar\vec{q}_2 = \hbar\vec{q}_3 \tag{5.153}$$

上述两个守恒方程也可简单写成

$$\omega_1 + \omega_2 = \omega_3 \tag{5.154}$$

$$\vec{q}_1 + \vec{q}_2 = \vec{q}_3 \tag{5.155}$$

由于晶格振动的色散关系具有周期性，即

$$\omega(\vec{q}) = \omega(\vec{q} + \vec{K}_h) \tag{5.156}$$

意味着两个相差任意倒格矢（$\vec{K}_h$）的波矢对应的振动频率（振动状态）相同，因此，更一般意义上，可以将式（5.155）写成如下形式：

$$\vec{q}_1 + \vec{q}_2 = \vec{q}_3 + \vec{K}_h \tag{5.157}$$

对于 $\vec{K}_h = 0$，由式（5.155）可以看到，碰撞前两声子波矢的合方向和碰撞后产生的第三个声子的波矢方向相同，意味着碰撞过程中声子动量的方向没有改变，这一过程称为正常过程（normal process），简称 N 过程。N 过程只是改变了声子动量的分布，但未改变声子动量的方向。在以声子作为热的主要载体的情况下，热流方向和声子动量方向相同，N 过程未改变声子动量的方向，意味着热流方向并没有因为声子间的碰撞而发生改变，因此，在讨论热阻时不需要考虑 N 过程的贡献。而对于 $\vec{K}_h \neq 0$，称之为翻转过程（umklapp process），简称 U 过程，翻转过程中动量有很大的改变，以致会破坏波矢之和的本来方向，产生热阻力，因此，U 过程对热导现象有贡献。

5.8.2　状态方程

　　对热力学系统，一旦知道系统的自由能函数 $F(T,V)$，则由

$$p = -\left(\frac{\partial F}{\partial V}\right)_T \tag{5.158}$$

可在系统的压力 p、体积 V 和温度 T 之间建立一个函数关系式,这样一个关系式就是描述该系统的状态方程。按照热力学,系统的自由能函数一般表示为

$$F = -k_B T \ln Z \tag{5.159}$$

其中,$Z = \sum e^{-E_i/k_B T}$ 为系统的配分函数,E_i 是系统的能量。

对晶体来说,与晶格有关的能量 E_i 来自两部分,一是原子处在平衡位置时系统的平均晶格能 $U(V)$,另一是各格波的振动能 $\sum_j \left(n_j + \frac{1}{2} \right) \hbar \omega_j$,$j$ 标志各不同的格波,n_j 为相应的量子数。将这两部分能量代入式(5.159),可得到晶格系统的自由能表达式为

$$F = U + k_B T \sum_j \left[\frac{1}{2} \frac{\hbar \omega_j}{k_B T} + \ln(1 - e^{-\frac{\hbar \omega_j}{k_B T}}) \right] \tag{5.160}$$

由式(5.158),可得到晶格系统的状态方程为

$$p = -\frac{dU}{dV} - \sum_j \left[\frac{1}{2} \hbar \omega_j + \frac{\hbar \omega_j}{e^{\hbar \omega_j/k_B T} - 1} \right] \frac{d\ln\omega_j}{d\ln V} \times \frac{1}{V} \tag{5.161}$$

在简谐近似下,由前面的分析知道,晶格振动的频率 ω 与相邻原子间间隔 a 无关,即 $\frac{d\omega}{da} = 0$,而晶体体积 $V \propto a^3$,因此有 $\frac{d\ln\omega}{d\ln V} = 0$,代入上式,则得到简谐近似下晶格系统的状态方程为

$$p = -\frac{dU}{dV} \tag{5.162}$$

可见,简谐近似下晶体的状态方程与温度无关。

在非谐近似下,由前面对一维晶体的分析可知,晶格振动的频率 ω 与相邻原子间间隔 a' 有关,因此,$\frac{d\ln\omega}{d\ln V} \neq 0$,这样一来,状态方程中包含了各振动频率对体积的依赖关系,显示出复杂的行为。作为近似,格临爱森(Gruneisen)假定 $\frac{d\ln\omega_j}{d\ln V}$ 对所有振动相同并为一个常数,即

$$\gamma_G = \frac{d\ln\omega_j}{d\ln V}$$

称之为格临爱森常数,这样一来,方程(5.161)可表示为

$$p = -\frac{dU}{dV} + \gamma_G \frac{\overline{E}}{V} \tag{5.163}$$

方程(5.163)称为格临爱森的近似状态方程,其中

$$\overline{E} = \sum_j \left[\frac{1}{2} \hbar \omega_j + \frac{\hbar \omega_j}{e^{\hbar \omega_j/k_B T} - 1} \right]$$

是包含零点能的晶格系统平均热振动能。如果把式(5.163)写成如下形式:

$$\left(p + \frac{dU}{dV} \right) V = \gamma_G \overline{E} \tag{5.163}'$$

可以看到,格临爱森的近似状态方程形式上和分子气体系统中的范德瓦斯方程相同,暗示着晶格系统可看成是由大量"粒子"构成的气体系统,所不同的是,在现在的情况下,

"粒子"为声子。

5.8.3　非谐效应对非平衡态性质的影响

现在以热膨胀和热传导为例,来分析和讨论非谐效应对晶体非平衡态性质的影响。

1. 热膨胀

晶体热膨胀是指在没有压力的条件下晶体体积随温度的变化,通常由热膨胀系数 α 来表征晶体热膨胀效应的程度,α 定义为

$$\alpha = \frac{\mathrm{d}}{\mathrm{d}T}\left(\frac{\Delta V}{V_0}\right) \tag{5.164}$$

其中,V_0 是没有晶格振动时的晶体体积,$\Delta V = V - V_0$ 是没有压力时温度引起的晶体体积的变化。

在式(5.163)所表示的格临爱森近似状态方程中,令 $p = 0$,则有

$$\frac{\mathrm{d}U}{\mathrm{d}V} = \gamma_G \frac{\overline{E}}{V} \tag{5.165}$$

当体积变化不大时,$\dfrac{\mathrm{d}U}{\mathrm{d}V}$ 可近似为

$$\frac{\mathrm{d}U}{\mathrm{d}V} \approx \left(\frac{\mathrm{d}U}{\mathrm{d}V}\right)_{V_0} + \left(\frac{\mathrm{d}^2 U}{\mathrm{d}V^2}\right)_{V_0} \Delta V = \left(\frac{\mathrm{d}^2 U}{\mathrm{d}V^2}\right)_{V_0} \Delta V \tag{5.166}$$

代入式(5.165),则有 $\left(\dfrac{\mathrm{d}^2 U}{\mathrm{d}V^2}\right)_{V_0} \Delta V = \gamma_G \dfrac{\overline{E}}{V}$,由此得到

$$\frac{\Delta V}{V_0} = \gamma_G \times \frac{\overline{E}}{V} \times \frac{1}{V_0} \times \frac{1}{\left(\dfrac{\mathrm{d}^2 U}{\mathrm{d}V^2}\right)_{V_0}} \tag{5.167}$$

将式(5.167)代入式(5.165)并令 $\kappa = V_0 \left(\dfrac{\mathrm{d}^2 U}{\mathrm{d}V^2}\right)_{V_0}$,$\kappa$ 为体弹性模量,则得到热膨胀系数为

$$\alpha = \frac{\gamma_G}{\kappa} \times \frac{\mathrm{d}\overline{E}}{\mathrm{d}T} \times \frac{1}{V} \tag{5.168}$$

利用晶格比热 $C_V = \dfrac{\mathrm{d}\overline{E}}{\mathrm{d}T}$,可以将热膨胀系数表示为

$$\alpha = \frac{\gamma_G}{\kappa} \times C_V \times \frac{1}{V} \tag{5.169}$$

可见,晶体热膨胀基本上和晶格比热有相同的温度变化规律。在高温时,晶格比热趋向于与温度无关的常数,因此,热膨胀系数基本与温度无关,但在低温下,按德拜模型,$C_V \propto T^3$,意味着低温下的热膨胀系数按 T^3 规律随温度降低而减小,这一结果不同于经典理论所给出的结果。

例如,对一维单原子晶体,按经典理论,考虑非谐项后,可以把原子间相互作用能近似表示为

$$U(a + \delta) \approx \beta\delta^2 - \gamma\delta^3 \tag{5.170}$$

则原子的平均位移 $\bar{\delta}$ 为

$$\bar{\delta} = \frac{\displaystyle\int_{-\infty}^{\infty} \delta\, \mathrm{e}^{-(\beta\delta^2 - \gamma\delta^3)/k_{\mathrm{B}}T}\, \mathrm{d}\delta}{\displaystyle\int_{-\infty}^{\infty} \mathrm{e}^{-(\beta\delta^2 - \gamma\delta^3)/k_{\mathrm{B}}T}\, \mathrm{d}\delta} = \frac{3}{4}\frac{\gamma}{\beta^2} k_{\mathrm{B}}T \tag{5.171}$$

由此得到热膨胀系数为

$$\alpha = \frac{1}{a}\frac{\mathrm{d}\bar{\delta}}{\mathrm{d}T} = \frac{3}{4}\frac{\gamma k_{\mathrm{B}}}{a\beta^2}$$

可见,尽管按经典理论可以有热膨胀效应,但热膨胀系数是一个与温度无关的常数,而格临爱森近似理论预言的热膨胀系数仅仅在高温下才是与温度无关的常数,在低温下,热膨胀系数按 T^3 规律随温度降低而减小。

大量的实验表明,在较高温度下观察到的热膨胀现象和格临爱森近似理论预言的结果基本一致,但在低温下实验和理论有较大的差别,这主要是因为格临爱森近似理论中假设了格临爱森系数和振动频率无关的缘故。

2. 热传导

现实生活中,人们普遍感觉到,加热固体的一端时,人会在另一端感觉到有热量传过来,这一现象称为固体的热传导现象。习惯上,人们引入热流概念,而将热传导形象地理解为热量从高温端流向低温端。经验上发现,单位时间内通过单位面积的热能 Q(即热流密度) 正比于温度梯度 $\boldsymbol{\nabla}T$,即

$$Q = -\lambda\, \boldsymbol{\nabla}T \tag{5.172}$$

其中,λ 称为热导系数,"—"表示热量总是从高温端传向低温端。

要实现热量从一端流向另一端,需要两个条件,一是要有热的载体,另一是要存在温度梯度。晶体中的电子和声子均可作为热的载体,若以电子作为热的载体,则相应的热传导称为电子热传导,而以声子作为热的载体的热传导称为晶格热传导。金属中含有大量的"自由"电子,电子热传导是主要的,晶格热传导可忽略。绝缘体中没有"自由"电子,电子热传导的贡献可忽略,因此只有晶格热传导的贡献,其热传导是通过格波的传播或者声子作为热的载体来实现的。半导体晶体在低温下的行为和绝缘体的相似,只有晶格热传导,但高温下除晶格热传导外还有电子热传导的贡献。电子热传导将在与电子输运性质相关的章节中讨论,这里仅讨论晶格热传导。

设晶体的单位体积热容量为 C_{V},晶体一端温度为 T_1(高温端),另一端温度为 T_2(低温端),则温度高的一端的晶格振动将具有较多的振动模式和较大的振动幅度,即有较多的声子被激发,当这些格波传至晶体的另一端,使那里的晶格的振动趋于具有同样多的振动模式和幅度时,这样就将热量从晶体的一端传到另一端。

在简谐近似下,晶格的振动被描述成一系列独立的谐振子,由于振动是线性独立的,相应的振子或声子之间不存在相互作用,因此,热导系数为无穷大,即在晶体中不可能建立起温度梯度。而实际情况是,由于非谐项(微扰项)的存在,声子之间存在相互作用,因此,当它们从一端移向另一端时,相互间会发生碰撞,另外一方面,晶体中的缺陷是难免的,声子也会与晶体中的缺陷发生碰撞,因此,声子在晶体中移动时有一个自由程 l,该自

由程定义为两次碰撞之间声子所走过的路程。

为简单起见,假设晶体沿 x 方向有温度梯度 $\dfrac{\mathrm{d}T}{\mathrm{d}x}$,在 yz 平面温度分布是均匀的,则在晶体内沿 x 方向距离相差 l 的两个区域间的温度差可写成

$$\Delta T = -\frac{\mathrm{d}T}{\mathrm{d}x} \times l \tag{5.173}$$

声子移动 l 后,把热量 $c_{\mathrm{V}} \Delta T$ 从距离 l 的一端携带到另一端,若声子在晶体中沿 x 方向的移动速率为 v_x,则单位时间内通过单位面积的热量,即热流密度 Q,可表示为

$$Q = (c_{\mathrm{V}} \Delta T) v_x \tag{5.174}$$

将式(5.173)代入并利用 $l = \tau v_x$,τ 为弛豫时间,则热流密度可表示为

$$Q = -c_{\mathrm{V}} v_x^2 \tau \frac{\mathrm{d}T}{\mathrm{d}x} \tag{5.175}$$

声子的 v_x^2 应取其平均值 $\bar{v}_x^2$,而 $\bar{v}_x^2 = \bar{v}_y^2 = \bar{v}_z^2 = \dfrac{1}{3} \bar{v}^2$,于是有

$$Q = -\frac{1}{3} c_{\mathrm{V}} \bar{v}^2 \tau \frac{\mathrm{d}T}{\mathrm{d}x} \tag{5.176}$$

利用平均自由程 $l = \tau \bar{v}$,上式可表示为

$$Q = -\frac{1}{3} c_{\mathrm{V}} \bar{v} l \frac{\mathrm{d}T}{\mathrm{d}x} \tag{5.177}$$

将该式同式(5.172)进行比较,则得到的晶格热导系数为

$$\lambda = \frac{1}{3} c_{\mathrm{V}} \bar{v} l \tag{5.178}$$

这和气体的热导系数在形式上是相同的。事实上,由方程(5.163)′,格临爱森近似状态方程在形式上和分子气体系统中的范德瓦斯方程相同,因此,如果把晶格系统看成是由大量"声子"构成的气体系统,则由热力学理论可直接得到如式(5.178)所示的热导系数。

从式(5.178)可以看到,晶格热导系数对温度的依赖主要由晶格比热和声子平均自由程与温度的依赖关系决定。声子的平均自由程 l 反比于声子间碰撞几率,而声子碰撞几率正比于总的声子数 $n(T)$,因此有

$$l \propto 1/n(T) \tag{5.179}$$

按照晶格振动量子理论,在温度 T 下,能量为 $\hbar \omega_s(\vec{q})$ 的声子能级上的平均声子占据数 $n_{qs}(T)$ 由式(5.87)给出,在温度 T 下,系统达到热平衡时,总的声子数应是所有声子能级占据的声子数之和,即

$$n(T) = \sum_{q,s}^{3nN} n_{qs}(T) = \sum_{q,s}^{3nN} \frac{1}{\mathrm{e}^{\hbar \omega_s(\vec{q})/k_{\mathrm{B}}T} - 1} \tag{5.180}$$

高温时,即当 $k_{\mathrm{B}} T \gg \hbar \omega_s(\vec{q})$ 时

$$n(T) = \sum_{q,s}^{3nN} \frac{1}{\mathrm{e}^{\hbar \omega_s(\vec{q})/k_{\mathrm{B}}T} - 1} \approx \sum_{q,s}^{3nN} \frac{1}{[1 + \hbar \omega_s(\vec{q})/k_{\mathrm{B}}T] - 1} = \sum_{q,s}^{3nN} \frac{k_{\mathrm{B}} T}{\hbar \omega_s(\vec{q})} \propto T$$

$$\tag{5.181}$$

说明高温时总声子数随温度升高而线性增加,相应的声子平均自由程反比于温度,即 $l \propto$

$1/T$,另外一方面,晶格比热高温时趋向于温度无关的常数,因此,高温时晶格热导系数反比于温度,即

$$\lambda \propto \frac{1}{T} \tag{5.182}$$

说明高温区的热导系数基本上按 $\frac{1}{T}$ 规律随温度降低而增大,这和在高温下,在很多晶体中观察到的温度有关的行为基本一致。低温时,即当 $k_{\mathrm{B}}T \ll \hbar\omega_s(\vec{q})$ 时,由式(5.180)可近似有

$$n(T) = \sum_{q,s}^{3nN} \frac{1}{\mathrm{e}^{\hbar\omega_s(\vec{q})/k_{\mathrm{B}}T} - 1} \approx \sum_{q,s}^{3nN} \mathrm{e}^{-\frac{\hbar\omega_s(\vec{q})}{k_{\mathrm{B}}T}} \propto \mathrm{e}^{-T_0/T} \tag{5.183}$$

其中,T_0 为常数。因此,低温下声子平均自由程随温度降低而指数性增大,即 $l \propto \mathrm{e}^{T_0/T}$,代入式(5.178)中,可以看到,随温度降低,热导系数越来越大,以至于当 $T \to 0$ 时,$\lambda \to \infty$。在物理上,随温度降低,声子数越来越少,声子间碰撞的几率越来越小,因此,声子平均自由程越来越大,以至于在 $T \to 0$ 时,$l \to \infty$,因而热导系数趋向于无限大。但实际上,晶体中观察到的热导系数随温度降低而增加,在达到一个最大值后,随温度进一步降低而减小,且在低温区基本上按 T^3 规律减小。究其原因在于,一是实际晶体中不可避免地有杂质、缺陷等存在,这些杂质、缺陷等会对声子有散射,因此,在实际晶体中不可能有无限大的平均自由程。另一个重要的原因是,实际晶体尺寸是有限的,随温度降低,声子平均自由程增加,当增加到接近晶体尺寸 L 时,声子平均自由程不再随温度降低而增加,而是限制于晶体尺寸,即 $l = L$,在这种情况下,低温下热导系数对温度的依赖仅仅由晶格比热与温度的关系决定,按德拜模型,低温下 $c_{\mathrm{V}} \propto T^3$,因此,低温下的热导系数随温度降低而按 T^3 规律减小,这和实验观察是一致的。

思考与习题

5.1   为什么说晶体中的原子振动是一种集体振动?

5.2   长光学支格波与长声学支格波在本质上有何区别?

5.3   温度一定时,对于光学波和声学波,哪种波的声子数目多?

5.4   频率相同时,对于高温和低温情况,哪种情况的声子数目多?

5.5   引入玻恩 — 卡门周期性条件的理由是什么?

5.6   为什么说声子不是真实的粒子?

5.7   在很低的温度下不考虑光学波对比热的贡献合理吗?

5.8   高温极限下爱因斯坦模型和德拜模型给出的结论相同的物理原因是什么?

5.9   对一维双原子分子链,原子质量均为 m,原子编号如题 5.9 图所示,任一原子与两最近邻原子的间距不同,相互作用力常数分别为 β_1 和 β_2,晶格常数为 a,在简谐近似和只考虑近邻相互作用前提下:

(1)试写出原子的运动方程及尝试解;

(2)试求色散关系。

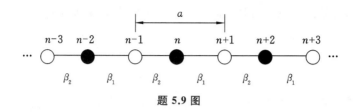

题 5.9 图

5.10 对质量为 m（空圆圈）和 M（实圆圈）的两种原子，按题 5.10 图中的标号构成一维双原子链，相邻原子间的相互作用力常数分别为 β_1 和 β_2，且以如图所示的形式交替分布，晶格常数为 a，在简谐近似和只考虑近邻相互作用的前提下：

（1）试写出原子的运动方程及尝试解；

（2）试求色散关系。

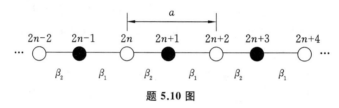

题 5.10 图

5.11 对于由一价正、负离子周期性排布形成的长度为 L 的一维离子链，相邻正、负离子间间隔为 a，正、负离子的质量分别为 m_+ 和 m_-，假设相邻正、负离子间的相互作用势为 $u(r) = -\dfrac{e^2}{r} + \dfrac{b}{r^p}$，其中，$e$ 为电子电荷，b 和 p 为常数。

（1）试求恢复力系数 β；

（2）不考虑热效应时，正、负离子分别处在由 $\cdots, 2n-2, 2n, 2n+2, \cdots$ 偶数点和由 $\cdots, 2n-1, 2n+1, 2n+3, \cdots$ 奇数点所表示的位置上，试在简谐近似和只考虑近邻离子相互作用的前提下写出正、负离子的运动方程及尝试解；

（3）试求色散关系。

5.12 试基于晶格振动量子理论计算温度 T 下三维单原子晶体中总的声子数 $n(T)$，并讨论很高和很低两种极限温度情况下晶体中总声子数随温度变化的趋势。

5.13 试基于德拜模型计算温度 T 下三维单原子晶体中总的声子数 $n(T)$，并讨论很高和很低两种极限温度情况下晶体中总声子数随温度的变化趋势。

5.14 对于一维单原子晶体：

（1）试基于爱因斯坦模型计算晶格比热并讨论高、低温极限；

（2）试基于德拜模型计算晶格比热并讨论高、低温极限；

（3）试基于晶格振动量子理论计算晶格比热并讨论高、低温极限。

5.15 设有一长度为 L 的一维简单晶格，原子质量为 m，原子间距为 a，原子间的相互作用势可表示成 $U(a+\delta) = -A\cos\left(\dfrac{\delta}{a}\right)$，试由简谐近似求：

（1）色散关系；

（2）声子频率分布函数 $g(\omega)$；

（3）晶格比热。

5.16　设晶体中每个振子的零点振动能为 $\frac{1}{2}\hbar\omega$，试用德拜模型求晶体的零点振动能。

5.17　如果原子离开平衡位置位移 δ 后的势能为 $U(\delta)=c\delta^2-g\delta^3-f\delta^4$，试基于经典理论证明比热为 $C_V\approx k_B\left[1+\left(\frac{3f}{2c^2}+\frac{15g^2}{8c^3}\right)k_BT\right]$。

5.18　假设晶体总的自由能可表示为 $F=U_0(V)+F_v(T,V)$，其中，F_v 表示晶格振动对系统自由能的贡献，$U_0(V)$ 是平衡时系统的晶格能，若 F_v 可表示为 $F_v=Tf\left(\frac{\theta_D}{T}\right)$，其中，$\theta_D$ 是德拜温度，试证明该晶体的状态方程可表示为

$$P=-\frac{\partial U_0}{\partial V}+\frac{\gamma}{V}\frac{\partial f(\theta_D/T)}{\partial(1/T)}$$

其中，$\gamma=-\frac{\mathrm{dln}\theta_D}{\mathrm{dln}V}$ 为格临爱森常数。

第6章 金属电子论

前面几章从原子角度着重介绍了固体的形成、周期性结构固体特征及其描述，以及晶格动力学等内容。在前几章中，除了在分析原子凝聚成固体的力的来源时提到了电子之外，基本未涉及与电子有关的内容，因此，前面几章基本上属于固体原子论的范畴。从本章开始，着重从电子角度，按照电子所处的环境从简单到复杂的原则，依次介绍金属电子论、固体能带论等固体电子论内容。

金属电子论的研究始于特鲁特(Drude)提出的自由电子气经典理论。经典理论虽能解释金属的很多共同性质，但在解释金属电子比热时遇到了严重的理论和实验不一致的问题。量子力学问世后，索末菲(Sommerfeld)将量子力学理论和费米—狄拉克(Fermi-Dirac)统计应用于对金属自由电子气的处理，在此基础上形成了金属自由电子气量子理论。量子理论成功地预言了金属中费米面的存在，它把状态空间分成电子占据和没有电子占据两个明显可区分的区域。费米面是固体物理学迄今为止最为重要的概念之一，其重要性在于，金属乃至更一般的固体虽有大量的(价)电子，但只有费米面附近的少量电子对固体物理性质有所贡献。金属自由电子气量子理论不仅破解了金属的电子比热之谜，而且能很好地解释在金属中观察到的一些现象，如电子输运性质、磁性、电子发射等。

6.1 金属自由电子气

6.1.1 特鲁特模型

大量研究表明，金属具有一些共同的物理性质，例如，金属不仅是电的良导体，而且也是热的良导体，且所有金属的热导率与电导率的比值正比于温度，比例系数为一个普适常数，金属具有延展性和特有的金属光泽等，那么，人们自然会问，是什么原因使得金属具有这些共同的性质呢？

一直到 19 世纪中，人们都认为，原子是不可分割的，是物质的最小结构单元。直到 1887 年，汤姆逊在阴极射线中发现了电子，才第一次让人们意识到原子是可分的，它可分为带正电荷的部分(后来确认是带正电荷的原子核)和带负电荷的电子两部分。在此之后的第三年，即 1900 年，特鲁特认为，金属之所以有某些共同的物理性质，是因为其中存在大量自由运动的电子，在此基础上，特鲁特提出金属自由电子气的经典模型，常称为特鲁特模型。

特鲁特模型把金属视为由大量电子构成的气体，且组成气体的电子彼此间没有相互作用，类似于理想气体分子，故把金属看成是由大量自由电子构成的理想气体。和理想分子气体相比，两者的共同之处是组成气体的粒子均是没有相互作用的粒子，只有一个参数，即粒子密度 n(单位体积的粒子数)。不同之处在于，第一，理想分子气体中的分子是电中性的,而自由电子气中的电子是携带电荷的;第二,理想分子气体中分子的运动是无规则的热运动,而自由电子气中电子的运动仅仅在没有外场时才是无规则的热运动,由于电子是携带电荷的粒子,在外场(如电场、温度梯度等)作用下,电子会作定向的漂移运动,因此,一般情况下电子运动是无规则热运动和漂移运动的叠加;第三,金属自由电子气中的粒子浓度远高于理想气体的浓度,对金属,n 的量级在 $10^{22} \sim 10^{23}/\mathrm{cm}^3$,而对理想分子气体,$n \sim 10^{19}/\mathrm{cm}^3$,两者相差近四个量级。

如果将每个电子平均占据的体积等效成半径为 r_s 的球,由 $V = N \dfrac{4}{3}\pi r_s^3$ 及 $n = \dfrac{N}{V}$,N 为金属中所含的电子数,V 为金属的体积,则电子球的半径和电子密度间的关系为

$$r_s = \left(\frac{3}{4\pi n}\right)^{1/3} \tag{6.1}$$

一些简单金属的电子浓度和电子等效球半径 r_s 如表 6.1 所示。

表 6.1　一些简单金属的电子浓度及电子等效球半径

金　　属	价 电 子 数	$n/(10^{22}/\mathrm{cm}^3)$	r_s/nm
Li	1	4.70	0.172
Na	1	2.65	0.208
K	1	1.40	0.257
Rb	1	1.15	0.275
Cs	1	0.91	0.298
Cu	1	8.47	0.141
Ag	1	5.86	0.160
Au	1	5.90	0.159
Be	2	24.7	0.099
Mg	2	8.61	0.141
Ca	2	4.61	0.173
Sr	2	3.55	0.189
Ba	2	3.15	0.196
Zn	2	13.2	0.122

数据源于 R.W.G. Wyckoff. Structure of crystals[M]. New York:Interscience Publishers.

特鲁特模型中的电子为经典粒子,其分布服从经典的玻尔兹曼统计。无外场作用时,电子的运动是无规则的热运动,借助当时已很成功的气体分子运动论,特鲁特认为电子气系统中电子会经受碰撞,碰撞的结果使得电子速度(包括大小和方向)发生改变,并使电子气系统达到与环境的热平衡,相继两次碰撞间电子沿直线运动,遵从牛顿定律,达到平衡时电子平均热运动速度 v_{th} 简单地由 $\dfrac{1}{2}mv_{th}^2 = \dfrac{1}{2}k_B T$ 关系给出,由此得到电子的热运动速率为

$$v_{\text{th}} = \sqrt{\frac{k_B T}{m}} \tag{6.2}$$

特鲁特提出的自由电子气经典模型的成功之处在于两方面,一是模型本身的物理图像直观明了,且结论简单,另一是模型能对金属的一些共同物理性质给以合理解释。按照特鲁特模型,金属中含有大量自由电子,这些电子好比气体分子一样形成电子气体,但由于电子本身携带电荷,作为电荷的载体,在电场作用下,电子会发生定向漂移运动,形成电流,因此,金属是电的良导体。同样,金属受热或存在温度梯度时,作为热的载体,在温度梯度驱动下,电子也会发生定向漂移运动,从而将热量从高温端传向低温端,形成导热现象。由于导电和导热均源于外场驱动电子的定向漂移运动,另一方面,金属中含有大量电子,因此,金属既是电的良导体,又是热的良导体。对于金属,自由电子间只有胶合作用,当金属晶体受到外力作用时,金属阳离子及原子间易产生滑动而不易断裂,因此金属可机械加工成薄片或拉成金属丝,表现出良好的延展性,金属可以吸收波长范围极广的光并将光重新反射出来,因此,金属晶体不透明,呈现出特有的金属光泽。

特鲁特模型是最早被用来解释金属性质的模型,但模型中有两个基本问题并没有给以清楚的交代。一是,对每个金属原子而言,其核外有多个电子,由于当时对原子结构的了解并不清晰,模型中未明确指出哪些电子参与了自由电子气的形成;另一是,金属中的大量电子处在正电荷背景中,按理说正、负电荷之间及电子与电子之间均应当存在库仑相互作用,但模型却认为金属中的大量电子处在自由运动状态。

6.1.2　索末菲模型

特鲁特模型除了未能交代清楚上述两个基本问题外,还面临来自金属电子比热实验的严重挑战。为此,索末菲于 1928 年提出金属自由电子气的另外一个模型,即所谓的金属自由电子气索末菲模型。在索末菲模型中,金属被看成是由大量在均匀分布的正电荷背景上"自由"运动的价电子构成的自由电子气。该模型不仅明确地指出了构成自由电子气的电子是价电子而不是所有电子,同时也回答了为什么金属自由电子气中的电子运动是"自由的"的原因。

事实上,在索末菲提出他的模型之前,量子力学已经问世,原子已有了广为接受的原子结构模型。按照原子结构模型,原子是由位于原子中心、尺寸很小(半径 $\sim 10^{-13}$ cm)的带正电荷的原子核和核外带负电荷的电子组成的。原子核外的电子按能量从低到高依次占据在不同能量的电子壳层上,例如,Na 原子核外共有 11 个电子,其中 2 个电子占据在 $n=1$ 轨道上,8 个电子占据在 $n=2$ 轨道上,剩下的一个 $3s^1$ 电子占据在 $n=3$ 轨道上,如图 6.1(a) 所示。能量较低的内层电子紧紧束缚在原子核周围,这些紧紧束缚在原子核周围的电子称为芯电子(core electron),而原子核对最外层电子的束缚弱,这些电子容易摆脱原子核的束缚,这些容易脱离原子核束缚的电子称为价电子(valence electron),失去价电子后剩下的部分,即原子核和芯电子,对单个原子来说,称为离子,而在固体中称为离子实(ion core)。当大量金属原子结合形成金属晶体时,脱离原子核束缚的价电子不再属于哪一个原子,而是在整个晶体中运动,失去价电子后的离子实则周期性分布在各自平衡位置上,形成均匀分布的正电荷背景,如图 6.1(b) 所示。由于带正电荷的离子实均匀分布,施加于各个价电子上的合电场力为零,对价电子来说,好像没有感受到来自周围正电荷的作用,这是索末菲将金属看成是"自由"运动的价电子构成的自由电子气的原因。

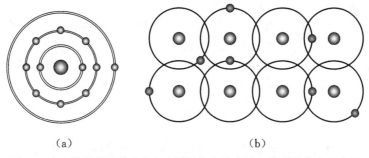

图 6.1　(a) 钠原子结构和(b) 金属晶体中的离子和价电子分布示意图

索末菲把金属简单地看成是由价电子组成的自由电子气体,事实上这其中作了两个最基本的假定,或者说"自由"暗含着两层含意,一是忽略带负电荷的价电子和带电荷的离子实间的作用,离子实仅仅起着保持体系电中性的均匀正电荷背景的作用,均匀分布的正电荷背景成为价电子可在其中"自由"移动的"凝胶",由于这一原因,金属自由电子气模型有时也称为凝胶模型(jellium model)。另一是忽略了电子和电子之间的作用,由于这一原因,自由电子气模型有时也称为"独立电子近似"模型。值得一提的是,随后基于对这个基本假定的质疑,推进了固体能带理论的建立。

特鲁特和索末菲的两个模型相比,共同点均是将金属视为由大量电子构成的自由电子气,但两模型存在明显的区别:一是,索末菲模型中的电子指的是在均匀分布的正电荷背景上"自由"运动的价电子,而在特鲁特模型中并未明确说明构成自由电子气的电子的来源及为什么电子是自由的;二是,特鲁特模型中的电子是经典粒子,遵从经典的牛顿定律,不受泡利不相容原理的限制,而索末菲模型中的电子作为微观粒子,具有波粒二象性,因此,描述其状态的波函数应遵从薛定谔方程,且受泡利不相容原理的限制;三是,特鲁特模型中的电子服从的是经典的玻尔兹曼统计,而索末菲模型中的电子服从的是费米 — 狄拉克统计。

6.1.3　自由电子气量子理论

以特鲁特模型为基础提出的自由电子气经典理论,虽然能对金属的一些共同的物理性质给以合理解释,但在解释金属电子比热时却遇到了严重的挑战。按特鲁特模型,自由电子气如同理想气体分子,服从经典的玻尔兹曼统计,因此,伴随电子的热运动,金属应当表现出电子比热。由能量均分定理,对由 N 个电子组成的自由电子气,总共有 $3N$ 个自由度,每个自由度平均热能为 $\frac{1}{2}k_{B}T$,总的平均热能为 $\overline{E}=\frac{3}{2}Nk_{B}T$,由比热定义,可得到自由电子气系统的定容比热为 $\frac{3}{2}Nk_{B}$,而晶格比热在高温时为 $3Nk_{B}$,两者对固体比热的贡献相当,但由实验导出的电子比热仅约为理论值的 $1/200$。

为了破解电子比热之谜,索末菲认为,自由电子气中的电子,作为微观粒子,其状态由薛定谔方程描述,服从泡利不相容原理和费米 — 狄拉克统计,将这些量子力学理论用于对金属自由电子气的处理,形成了金属自由电子气理论,称为索末菲金属自由电子气理论。由于理论是以量子力学为基础的,因此,普遍称其为金属自由电子气量子理论。

金属自由电子气量子理论包含两个方面的主要内容,一是,通过求解薛定谔方程,得到描述金属中电子状态的波函数及相应的电子能量,并以泡利不相容原理为基础,确定绝对零度时金属自由电子气系统中的电子在波矢空间的占据,在此基础上形成了金属自由电子气基态时的量子理论;另一是,以费米 — 狄拉克统计和泡利不相容原理为基础,确定有限温度时金属自由电子气系统中的电子在各个量子态上的占据,在此基础上形成金属自由电子气激发态时的量子理论。

6.2 金属自由电子气基态的量子理论

一个系统的基态,指的是该系统能量最低、最稳定的状态。对由 N 个电子构成的自由电子气系统,如果温度不为零,由于电子的热运动,系统不可能处在能量最低的状态,因此,对自由电子气系统而言,其基态指的是温度 $T = 0$ 时系统所处的最低能量的状态。金属自由电子气基态的量子理论,是指借助量子力学理论对绝对零度时自由电子气系统中各个电子在量子态占据的处理以使系统处在能量最低状态的一种量子理论。

6.2.1 单电子本征态和本征能量

金属中虽有大量电子,但一般情况下,这些电子并不能逸出体外,说明金属表面存在表面势垒。光电效应、热电子发射效应等实验均表明,金属中的电子欲从晶体内逸出体外需要外界提供一个非常高的能量,从而证明了金属表面有非常高的表面势垒存在的事实。正是这种高表面势垒,使得电子被囚禁在金属内部。基于这种考虑,索末菲认为,金属中电子可以看成是在势阱中运动的粒子,然后通过求解薛定谔方程,就可以得到描述金属中电子状态的波函数及相应的电子能量。

为简单起见,假设金属是一个边长为 L 的立方体,其中含有 N 个价电子,在后面的叙述中,如无特别说明,均将价电子简称为电子。按照索末菲模型,这 N 个电子在均匀分布的正电荷背景上"自由"运动,如图 6.2(a) 所示,意味着金属体内部电子所受到的势场为常数 U_0。由于金属表面存在非常高的势垒层,这些电子只能在金属内部"自由"运动而不能逸出体外。若选取 $U_0 = 0$ 并假设势垒层为无限高,就可以把金属中的电子当作无限深势阱中的粒子来进行处理,在如图 6.2(b) 所示的坐标系中,每个电子所受到的势场可表示为

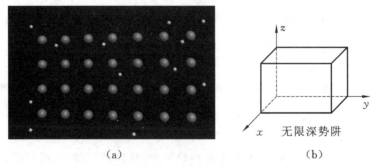

(a)   (b)

图 6.2 (a) 金属电子气和(b) 三维无限深势阱示意图

$$U(x,y,z)=\begin{cases}0 & (0<x,y,z<L)\\ \infty & (x,y,z\leqslant 0;x,y\geqslant L)\end{cases} \tag{6.3}$$

由于金属内部有 N 个电子,对金属中电子态的处理,原本是一个 N 的量级为 10^{23} 的多电子问题,但按索末菲模型,金属内部电子彼此间是没有相互作用的(独立电子近似),因此,多电子问题可以变成单电子问题。若用波函数 $\psi(x,y,z)$ 描述单电子的状态,则描述单电子状态的波函数 $\psi(x,y,z)$ 可以通过求解薛定谔方程

$$\left[-\frac{\hbar^2}{2m}\mathbf{\nabla}^2+U(x,y,z)\right]\psi(x,y,z)=\varepsilon\psi(x,y,z) \tag{6.4}$$

而得到,其中,ε 为电子的本征能量,$U(x,y,z)$ 为电子所感受到的势场。在如式(6.3)所示的势场下,势阱外,由于 $U=\infty$,则有 $\psi(x,y,z)=0$;势阱内,由于 $U=U_0=0$,方程(6.4)变成

$$-\frac{\hbar^2}{2m}\mathbf{\nabla}^2\psi(x,y,z)=\varepsilon\psi(x,y,z) \tag{6.5}$$

该方程具有平面波形式的解

$$\psi_{\vec{k}}(x,y,z)=Ce^{i(k_xx+k_yy+k_zz)}=Ce^{i\vec{k}\cdot\vec{r}} \tag{6.6}$$

其中,C 为归一化常数,由归一化条件

$$\int_V\left|\psi(r)\right|^2\mathrm{d}r=1 \tag{6.7}$$

得到 $C=\frac{1}{\sqrt{V}}=\frac{1}{L^{3/2}}$,这样,波函数(6.6)可写成

$$\psi_{\vec{k}}(\vec{r})=\frac{1}{\sqrt{V}}e^{i\vec{k}\cdot\vec{r}}=\frac{1}{L^{3/2}}e^{i\vec{k}\cdot\vec{r}} \tag{6.6$'$}$$

为看看矢量 $\vec{k}$ 的物理意义,将动量算符 $\hat{p}=-i\hbar\mathbf{\nabla}$ 作用于上述函数,得到

$$\hat{p}\psi_{\vec{k}}(\vec{r})=-i\hbar\mathbf{\nabla}\psi_{\vec{k}}(\vec{r})=\hbar\vec{k}\psi_{\vec{k}}(\vec{r}) \tag{6.8}$$

可见,$\psi_{\vec{k}}(\vec{r})=\frac{1}{\sqrt{V}}e^{i\vec{k}\cdot\vec{r}}$ 是动量算符 $\hat{p}=-i\hbar\mathbf{\nabla}$ 属于本征值为 $\hbar\vec{k}$ 的本征函数,因此,$\vec{k}$ 具有波矢的含义,是描述电子状态的量子数,而式(6.6)$'$ 描述的则是波矢为 $\vec{k}$ 的行进平面波。在波矢为 $\vec{k}$ 的行进波状态,电子有确定的动量

$$\vec{p}=\hbar\vec{k} \tag{6.9}$$

和确定的速度

$$\vec{v}=\hbar\vec{k}/m \tag{6.10}$$

将式(6.6)$'$ 代入方程(6.5),则可得到电子的本征能量为

$$\varepsilon(\vec{k})=\frac{\hbar^2k^2}{2m}=\frac{\hbar^2(k_x^2+k_y^2+k_z^2)}{2m} \tag{6.11}$$

波矢 k_x,k_y,k_z 的取值可由边界条件确定,一旦确定了 k_x,k_y,k_z,则式(6.11)可确定电子的本征能量。

　　边界条件的选取,一方面要反映出电子被局限在一有限大小的体积中的事实;另一方面,由此应得到金属的体性质。对于足够大的晶体,由于其表面层在总体积中所占比例甚小,晶体表现出的是其体性质。同时,在数学上,边界条件要易于操作。综合这些要求,人们普遍采用的是玻恩 — 卡门周期性边条件,即

$$\begin{cases} \psi(x+L,y,z)=\psi(x,y,z) \\ \psi(x,y+L,z)=\psi(x,y,z) \\ \psi(x,y,z+L)=\psi(x,y,z) \end{cases} \quad (6.12)$$

对一维金属线,上述周期性边界条件相当于把长度为 L 的金属线首尾相接成闭合的金属环。而对三维情况,可想象成边长为 L 的立方体沿空间三个方向平移并填满整个空间,从而使电子到达表面时并不会反射而是进入相对表面的相应点,因此,这样的周期性边界条件的选择既考虑到了晶体有限的尺寸,又消除了边界的影响。

　　利用式(6.12)的周期性边界条件,由式(6.6),有

$$e^{ik_x x}=e^{ik_y y}=e^{ik_z z}=1 \quad (6.13)$$

由此得到

$$\begin{cases} k_x=\dfrac{2\pi}{L}n_x & (n_x=0,\pm1,\pm2,\cdots) \\[2mm] k_y=\dfrac{2\pi}{L}n_y & (n_y=0,\pm1,\pm2,\cdots) \\[2mm] k_z=\dfrac{2\pi}{L}n_z & (n_z=0,\pm1,\pm2,\cdots) \end{cases} \quad (6.14)$$

代入式(6.11),得到电子的本征能量为

$$\varepsilon_n=\frac{\hbar^2}{2mL^2}(n_x^2+n_y^2+n_z^2) \quad (6.15)$$

可以看到,电子本征能量是量子化的。量子化的电子能量是电子束缚在有限尺寸范围内的自然结果。

6.2.2　状态密度和能态密度

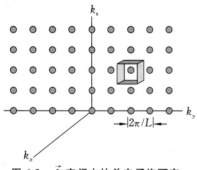

图 6.3　$\vec{k}$ 空间中的单电子许可态,图中仅画出 k_y-k_z 平面上的一部分

　　根据式(6.14)和式(6.6),每一组量子数(n_x,n_y,n_z)的取值确定了电子的一个波矢 $\vec{k}$,从而确定了电子的一个状态 $\psi_{\vec{k}}(x,y,z)$。假如以 k_x,k_y,k_z 为坐标轴来构建一个波矢(状态)空间,简称 $\vec{k}$ 空间,则每一个电子的本征态 $\psi_{\vec{k}}$ 在 $\vec{k}$ 空间可以用一个代表状态的点表示,状态点的坐标由式(6.14)确定。由于 n_x,n_y,n_z 可以取 0 或任意正、负整数,因此,这些点周期性分布可填满整个 $\vec{k}$ 空间,如图 6.3 所示。

$\vec{k}$ 空间中,沿 k_y 方向,任意两个相邻状态点的间隔为 $2\pi/L$,同样,沿另外两个方向,任意两个相邻状态点的间隔也为 $2\pi/L$,因此,在 $\vec{k}$ 空间每个状态点所占的体积为

$$\Delta \vec{k} = \frac{2\pi}{L} \times \frac{2\pi}{L} \times \frac{2\pi}{L} = \frac{(2\pi)^3}{V} \tag{6.16}$$

其倒数表示 $\vec{k}$ 空间中单位体积内所含状态点的数目,即 $\vec{k}$ 空间中单位体积所含的状态数,称为状态密度,由此得到 $\vec{k}$ 空间中的状态密度为

$$\frac{1}{\Delta \vec{k}} = \frac{V}{(2\pi)^3} \tag{6.17}$$

若将式(6.11)改写成如下形式:

$$k_x^2 + k_y^2 + k_z^2 = \frac{2m\varepsilon}{\hbar^2} \tag{6.18}$$

则可知,上述方程表示的是 $\vec{k}$ 空间中半径为 $k = \frac{\sqrt{2m\varepsilon}}{\hbar}$ 的球面方程。对于每一个给定的电子能量 ε,都有一个由半径 $k = \frac{\sqrt{2m\varepsilon}}{\hbar}$ 确定的球面,或者说,半径为 $k = \frac{\sqrt{2m\varepsilon}}{\hbar}$ 的球面上的电子具有相同的能量 ε,$\vec{k}$ 空间中能量相同的面称为等能面,如图 6.4 所示。

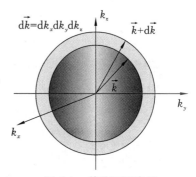

图 6.4　等能面示意图

考虑 $\vec{k}$ 空间中半径为 k 和 $k + \mathrm{d}k$ 的两个等能面,如图 6.4 所示,当 $\mathrm{d}k \to 0$ 时,两个等能面之间的体积,即球壳体积,可表示为 $4\pi k^2 \mathrm{d}k$。将球壳体积乘上状态密度后可得到球壳内的状态数。由于电子属费米子,电子在 $\vec{k}$ 空间中的占据要求不能违背泡利不相容原理,这样每个状态点上只能占据自旋向上和自旋向下的两个电子。因此,球壳内可允许占据的电子数 $\mathrm{d}N$ 为

$$\mathrm{d}N = 2 \times \frac{V}{8\pi^3} 4\pi k^2 \mathrm{d}k \tag{6.19}$$

利用 $\varepsilon = \frac{\hbar^2 k^2}{2m}$ 和 $\mathrm{d}k = \frac{\sqrt{2m}}{\hbar} \frac{\mathrm{d}\varepsilon}{2\sqrt{\varepsilon}}$,则上式可表示为

$$\mathrm{d}N = 4\pi V \left(\frac{2m}{h^2} \right)^{3/2} \varepsilon^{1/2} \mathrm{d}\varepsilon \tag{6.20}$$

它表示的是在 $\varepsilon \sim \varepsilon + \mathrm{d}\varepsilon$ 能量间隔范围内可能含有的电子数 $\mathrm{d}N$。若定义

$$g(\varepsilon) \equiv \frac{\mathrm{d}N}{\mathrm{d}\varepsilon} \tag{6.21}$$

为能态密度函数,简称能态密度,则由式(6.20)可得到金属自由电子气系统的能态密度为

$$g(\varepsilon) \equiv \frac{\mathrm{d}N}{\mathrm{d}\varepsilon} = 4\pi V \left(\frac{2m}{h^2} \right)^{3/2} \varepsilon^{1/2} \tag{6.22}$$

若令常数 C 为

$$C = 4\pi V \left(\frac{2m}{h}\right)^{3/2}$$

则金属自由电子气系统的能态密度可简单表示为

$$g(\varepsilon) = C\varepsilon^{1/2} \tag{6.22}'$$

6.2.3　自由电子气的基态及费米面

所谓基态指的是系统处于能量最低时的状态。对自由电子气系统，由于 $\varepsilon(\vec{k}) = \dfrac{\hbar^2 k^2}{2m}$，能量最低的态理应对应 $k = 0$ 的情况。但由于电子属于费米子，服从泡利不相容原理，泡利不相容原理不允许每一个许可态由完全相同的电子占据，这样一来，每个许可态上只能占据自旋向上和自旋向下的两个电子，意味着自由电子气系统中 N 个电子不可能都占据在 $k = 0$ 这样一个能量最低的态。

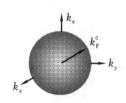

图6.5　$\vec{k}$ 空间中电子气系统基态时的电子占据示意图

然后我们考虑既不违背泡利不相容原理又能使得系统处于尽可能低的能量状态的情况。由于每个许可态上可以有自旋向上和自旋向下的两个电子占据，这样一来，为了使得系统尽可能有低的能量，这 N 个电子在如图 6.5 所示的 $\vec{k}$ 空间中，只能从能量最低的 $k = 0$ 态开始占据，每个态上占据两个电子，按能量从低到高，依次占据。

对于自由电子气系统，如方程（6.18）所看到的，$\vec{k}$ 空间中能量相同的面是一个球面，因此，N 个电子从 $k = 0$ 态开始占据，按能量从低到高依次占满各个等能面上的所有 $\vec{k}$ 态，电子占据区随球面半径 $k = \dfrac{\sqrt{2m\varepsilon}}{\hbar}$ 的增加逐渐向外扩大，最后成为一个球，如图 6.5 所示。球内所有态占满了电子，而球外所有态没有电子占据，这样一个 $\vec{k}$ 空间中所有态被电子占据形成的球称为费米球（Fermi sphere），费米球的表面称为费米面（Fermi surface），它是 $\vec{k}$ 空间中将电子占据态和没有被电子占据的态分开的界面，因此，自由电子气系统的基态可以认为是绝对零度时费米面以下所有态均被电子占据而费米面以上所有态均没有被电子占据所对应的态。

需要指出的是，对自由电子气系统，费米面是一个球面，这是因为，自由电子气系统中电子的能量和波矢之间遵从式（6.18）所示的球面方程。对任意的晶体，电子的能量和波矢之间并不满足式（6.18）所示的球面方程，在这种情况下费米面不是球面而是曲面，但费米面的意义是一样的，即它是 $\vec{k}$ 空间中绝对零度时将电子占据态和没有被电子占据的态分开的界面。在固体物理的近代理论中，费米面是一个重要的基本概念，这是因为，尽管固体中有很多电子，但实际上只有费米面附近很少一部分电子才参与对其物理性质的贡献，意味着费米面（包括其形状和大小）决定了固体的物理性质。

6.2.4　与自由电子气基态相关的物理量

1. 费米波矢

费米面上电子所具有的波矢称为费米波矢,用 $\vec{k}_F^0$ 表示,这里及后面提到的物理量加了个上标"0"表示相应的物理量均为基态时的物理量。对自由电子气来说,在基态时,费米面为球面,费米面上各电子的波矢方向不同但大小相同,其大小等于费米球的半径,因此,常常直接用 k_F^0 来表示费米波矢。由于费米球内所有态都被电子占据且每个状态上只能占据自旋向上和向下的两个电子,因此,自由电子气系统总电子数 N 应等于费米球内所含有的电子数,即

$$N = 2 \times \frac{V}{8\pi^3} \times \frac{4}{3}\pi (k_F^0)^3$$

其中, $\frac{V}{8\pi^3}$ 为状态密度, $\frac{4}{3}\pi(k_F^0)^3$ 为费米球体积,由此可得到费米波矢的大小 k_F^0 为

$$k_F^0 = (3\pi^2 n)^{1/3} \tag{6.23}$$

其中, $n = N/V$ 为电子密度。可见,电子密度越高,费米球的半径越大。

2. 费米能

费米面上的一个电子所具有的能量称为电子的费米能量,简称费米能,用 ε_F^0 表示。对自由电子气来说,在基态时,费米面是一个球面,因此,费米面上的所有电子具有相同的能量。在式(6.11)中,令 $k = k_F^0$,则得到自由电子气的费米能为

$$\varepsilon_F^0 = \frac{\hbar^2 (k_F^0)^2}{2m} = \frac{\hbar^2 (3\pi^2 n)^{2/3}}{2m} \tag{6.24}$$

3. 基态能量

自由电子气系统基态能量用 E^0 表示,是费米球内所有单电子能量相加后的总能量,即

$$E^0 = 2 \times \sum_{k<k_F^0} \frac{\hbar^2 k^2}{2m} \tag{6.25}$$

其中,因子 2 来源于每个态有两个电子占据。利用式(6.17)所示的状态密度函数,可以将求和改写成积分形式,即

$$\begin{aligned} E^0 &= \frac{V}{4\pi^3} \int_{k<k_F^0} \frac{\hbar^2 k^2}{2m} d\vec{k} \\ &= \frac{V}{4\pi^3} \int_0^{k_F^0} \frac{\hbar^2 k^2}{2m} \times 4\pi k^2 dk \\ &= \frac{V}{\pi^2} \frac{\hbar^2 (k_F^0)^5}{10m} \end{aligned} \tag{6.26}$$

利用式(6.23)和式(6.24),可以将自由电子气系统基态能量 E^0 表示为

$$E^0 = \frac{3}{5} N \varepsilon_F^0 \tag{6.27}$$

用自由电子气系统基态能量 E^0 除以总电子数 N,则得到自由电子气系统处在基态时每个电子的平均能量:

$$\bar{\varepsilon}^0 = \frac{E^0}{N} = \frac{3}{5} \varepsilon_F^0 \tag{6.28}$$

可见,在 $T=0$ 的基态,每个电子的平均能量和费米能 ε_F^0 量级相同,这和特鲁特的经典理论完全不同。按经典理论,每个电子的平均能量为 $\frac{3}{2} k_B T$,因此,在 $T \to 0$ 时,每个电子的能量趋于零,而按自由电子气量子理论,$T \to 0$ 时每个电子仍具有不为零的能量。具有非零的基态能是因为,电子遵从泡利不相容原理,所有电子不可能都占据在能量为 0 的量子态上。

4. 费米动量

费米动量指的是费米面上电子的动量,通常用 $\vec{p}_F^0$ 表示。对自由电子气来说,在基态时,费米面为球面,费米面上各电子的动量方向不同但大小相同。由式(6.9)得到费米动量的大小为

$$p_F^0 = \hbar k_F^0 = \hbar (3\pi^2 n)^{1/3} \tag{6.29}$$

5. 费米速度

费米速度指的是费米面上电子的速度,通常用 $\vec{v}_F^0$ 表示。对自由电子气来说,在基态时,费米面为球面,费米面上各电子的速度方向不同但大小相同。由式(6.10)得到费米速度的大小为

$$v_F^0 = \frac{\hbar k_F^0}{m} = \frac{\hbar (3\pi^2 n)^{1/3}}{m} \tag{6.30}$$

6. 费米温度

将费米能折算成的温度称为费米温度,通常用 T_F^0 表示。利用关系式 $\varepsilon_F^0 = k_B T_F^0$,可将费米温度表示为

$$T_F^0 = \frac{\hbar^2 (3\pi^2 n)^{2/3}}{2 m k_B} \tag{6.31}$$

从式(6.23)～式(6.31)可以看到,基态时自由电子气系统的物理量都仅仅取决于一个量,即电子密度 n。因此,知道了电子密度,就可以对这些量进行估计,表 6.2 给出了一价简单金属的费米波矢、费米能、费米温度和费米速度。

表 6.2　一价金属与费米面有关的物理量

元素	$n/(10^{22}/\text{cm}^3)$	$k_F^0/(10^8\ \text{cm}^{-1})$	$\varepsilon_F^0/\text{eV}$	$T_F^0/(10^4\ \text{K})$	$v_F^0/(10^8\ \text{cm/s})$
Li	4.70	1.12	4.74	5.51	1.29
Na	2.65	0.92	3.24	3.77	1.07
K	1.40	0.75	2.12	2.46	0.86
Rb	1.15	0.70	1.85	2.15	0.81
Cs	0.91	0.65	1.59	1.84	0.75
Cu	8.47	1.36	7.00	8.16	1.57
Ag	5.86	1.20	5.49	6.38	1.39
Au	5.90	1.21	5.53	6.42	1.40

n 数据源于 R.W.G. Wyckoff. Structure of crystals[M]. New York：Interscience Publishers. k_F^0、ε_F^0、v_F^0 和 T_F^0 分别基于式(6.23)、式(6.24)、式(6.30) 和式(6.31) 计算得到，计算中用到了电子质量 $m = 9.11 \times 10^{-31}$ kg。

6.3　金属自由电子气激发态的量子理论

$T=0$ 时金属自由电子气的基态简单地由泡利不相容原理确定，即从 $\vec{k}=0$ 开始，按能量从低到高、每个量子态上只占据自旋向上和向下两个电子依次占据，直到占满费米面以下所有量子态。当 $T \neq 0$ 时，费米面以下的电子会热激发到费米面以上那些未有电子占据的量子态上，形成金属自由电子气的激发态。索末菲采用费米 — 狄拉克统计来处理在 $T \neq 0$ 时金属自由电子气的电子在各个量子态的占据，这成为金属自由电子气量子理论的另一主要内容。

6.3.1　费米 — 狄拉克统计

1926 年初，费米根据泡利不相容原理提出电子不应当服从经典的玻尔兹曼统计，而应当服从如下统计规律：

$$f(\varepsilon) = \frac{1}{e^{(\varepsilon-\mu)/k_B T} + 1} \tag{6.32}$$

它表示的是在温度 T 时电子处在能量为 ε 的状态上的几率，其中，μ 为系统的化学势，其意义是在体积不变的条件下系统增加一个电子所需要的能量。

几个月以后，狄拉克独立地提出了相同的统计规律，并且指出，这个统计规律不仅仅适用于电子，而且适用于所有服从不相容原理、自旋量子数为半整数的其他粒子，如质子、中子等。因此后来称由费米和狄拉克独立提出的处理服从不相容原理的全同粒子的统计方法为"费米 — 狄拉克统计"。由式(6.32) 定义的函数称为费米 — 狄拉克分布函数，有时也称其为费米分布函数。

在式(6.32) 中，当 $T \to 0$ 时，如果 $\varepsilon < \mu$，则 $f \to 1$，意味着在 $T \to 0$ 情况下所有能量低于 μ 的态均被电子占据；而如果 $\varepsilon > \mu$，则 $f \to 0$，意味着在 $T \to 0$ 情况下所有能量高于 μ

的态均没有电子占据。由此可见,对金属自由电子气系统,$T \to 0$ 时的化学势 μ 实际上就是前面所讲的基态费米能 ε_F^0。基于这一原因,可以将 $T \neq 0$ 时的化学势 $\mu(T)$ 理解为 $T \neq 0$ 时的费米能,用 ε_F 表示,以区别基态费米能 ε_F^0。这样一来,对金属自由电子气系统,式(6.32)所示的费米 — 狄拉克分布函数可写成如下形式:

$$f(\varepsilon) = \frac{1}{e^{(\varepsilon - \varepsilon_F)/k_B T} + 1} \tag{6.33}$$

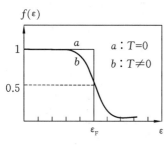

图 6.6　费米 — 狄拉克分布
函数曲线

图 6.6 中给出了 $T = 0$ 和 $T \neq 0$ 下的分布函数曲线。可以看到,在 $T = 0$ 时,对于 $\varepsilon > \varepsilon_F^0$,$f(\varepsilon > \varepsilon_F^0) = 0$,说明费米能以上所有态上没有电子占据,而对于 $\varepsilon \leqslant \varepsilon_F^0$,$f(\varepsilon \leqslant \varepsilon_F^0) = 1$,说明费米能以下所有态上都占满了电子。在 $T \neq 0$ 时,由式(6.33)或由图 6.6 可知,仅仅当 $\varepsilon \ll \varepsilon_F$ 时,$f(\varepsilon) \to 1$,以及仅仅当 $\varepsilon \gg \varepsilon_F$ 时,$f(\varepsilon) \to 0$,意味着 $T \neq 0$ 时费米能 ε_F 以下所有的量子态并非都被电子占据,而是部分是空的,同样,费米能 ε_F 以上所有的量子态并非都是空的,而是部分被电子占据。这是因为,当 $T \neq 0$ 时,由于热激发,费米能以下一些电子被热激发到 $\varepsilon > \varepsilon_F$ 的量子态上,使得费米能以下留下一些没有被电子占据的量子态,而在费米能以上出现一些热激发电子。

6.3.2　激发态时量子态上的电子占据

按照上面的费米—狄拉克统计分析,当 $T \neq 0$ 时,在 $0 \sim \infty$ 的能量范围内,所有状态都有被电子占据的可能,在这种情况下,若要确定电子在各个状态的占据,不仅要考虑每个态只能占据自旋向上和向下的两个电子以不违背泡利不相容原理,而且还要考虑电子在各个态上的占据几率。

按照费米—狄拉克统计,式(6.33)所示的 $T \neq 0$ 时的分布函数表示的是在温度 T 时在能量为 ε 的状态上电子的占据几率,而按照泡利不相容原理,每一个能量为 ε 的状态上最多只能有自旋向上和自旋向下的两个电子。因此,在 $\vec{k}$ 空间中,在 $d\vec{k}$ 体积元内可允许电子占据的数目 dN 为

$dN = 2 \times$ 状态密度 $\times$ 能量为 ε 的状态上电子占据的几率 $\times \vec{k}$ 空间体积元 $d\vec{k}$

对金属自由电子气,按前面所介绍的量子理论,$\vec{k}$ 空间的状态密度为 $\dfrac{V}{8\pi^3}$,能量为 ε 的等能面是半径为 $k = \dfrac{\sqrt{2m\varepsilon}}{\hbar}$ 的球面,半径为 k 和 $k + dk$ 的两个等能面之间的体积为 $4\pi k^2 dk$。因此,在 $T \neq 0$ 时,$\vec{k}$ 空间中半径为 k 和 $k + dk$ 的两个等能面之间可允许电子占据的数目 dN 为

$$dN = 2 \times \frac{V}{8\pi^3} \times f(\varepsilon) \times 4\pi k^2 dk \tag{6.34}$$

利用 $\varepsilon = \dfrac{\hbar^2 k^2}{2m}$ 和 $dk = \dfrac{\sqrt{2m}}{\hbar} \dfrac{d\varepsilon}{2\sqrt{\varepsilon}}$,将上式中出现的 k 换成相应的 ε,则可得到在 $\varepsilon \sim \varepsilon + d\varepsilon$

能量间隔内可允许电子占据的数目 dN 为

$$dN = g(\varepsilon)f(\varepsilon)d\varepsilon \tag{6.35}$$

其中，$g(\varepsilon) = 4\pi V\left(\dfrac{2m}{h^2}\right)^{3/2}\varepsilon^{1/2} = C\varepsilon^{1/2}$ 是前面所讲的自由电子气的能态密度函数。对上式积分后，可得到整个系统的总电子数，即

$$N = \int_0^\infty g(\varepsilon)f(\varepsilon)d\varepsilon \tag{6.36}$$

积分上限取 ∞ 是考虑到这样一个事实，即：由于热激发，理论上讲，即使在能量为 ∞ 的状态上仍然有电子占据的可能，因此，系统的总电子数应当为从 $\varepsilon = 0$ 到 $\varepsilon = \infty$ 能量范围内各个态上可能占据的电子数之和。

式(6.36)也可以从另外一角度导出，即：按费米 — 狄拉克统计，能量为 ε 的量子态上电子的占据几率为 $f(\varepsilon)$，若对所有量子态上电子占据几率求和，则可得到总的电子数，即

$$\sum_\varepsilon f(\varepsilon) = N \tag{6.37}$$

引入能态密度函数 $g(\varepsilon)$ 后，上式的求和可写成积分形式，则同样可得到式(6.36)。由此说明，费米 — 狄拉克分布函数实际上表示的是能量为 ε 的量子态上的平均电子占据数。

6.3.3 激发态时的费米能

现在以费米 — 狄拉克统计为基础，来分析和讨论费米能或化学势随温度的变化规律。上面的分析表明，当 $T \neq 0$ 时，系统的总电子数为从 $\varepsilon = 0$ 到 $\varepsilon = \infty$ 能量范围内各个量子态上占据的电子数之和，由此得到如式(6.36)所示的总电子数的积分表达式。若将式(6.36)右边进行分步积分，则有

$$N = \frac{2}{3}Cf(\varepsilon)\varepsilon^{3/2}\Big|_0^\infty - \frac{2}{3}C\int_0^\infty \varepsilon^{3/2}\frac{\partial f(\varepsilon)}{\partial \varepsilon}d\varepsilon \tag{6.38}$$

注意到当 $\varepsilon \to \infty$ 时 $f(\varepsilon) \to 0$，因此，上式第一项为 0，于是有

$$N = \frac{2}{3}C\int_0^\infty \varepsilon^{3/2}\left(-\frac{\partial f}{\partial \varepsilon}\right)d\varepsilon \tag{6.39}$$

它可写成费米统计中常见的积分形式，即

$$I = \int_0^\infty G(\varepsilon)\left(-\frac{\partial f}{\partial \varepsilon}\right)d\varepsilon \tag{6.40}$$

一般来说，上式中的被积函数是一个复杂函数，积分的精确解难以得到，因此，在费米统计中采用如下近似求解法得到近似值。

在介绍费米统计近似求解法之前，我们先来看看分布函数的偏微分 $\left(-\dfrac{\partial f}{\partial \varepsilon}\right)$ 所具有的特征。对于给定的温度，如果以 $\left(-\dfrac{\partial f}{\partial \varepsilon}\right)$ 作为能量的函数曲线，则会发现，$\left(-\dfrac{\partial f}{\partial \varepsilon}\right)$ 在 $\varepsilon = \varepsilon_F$ 处出现峰值，峰的两边呈对称性分布，峰的宽度约为 $k_B T$，当能量稍稍偏离 ε_F 时，$\left(-\dfrac{\partial f}{\partial \varepsilon}\right)$ 的值快速减小，$\left(-\dfrac{\partial f}{\partial \varepsilon}\right)$ 的这些特征非常类似于 $\delta(\varepsilon - \varepsilon_F)$ 函数的特征。由于 $\left(-\dfrac{\partial f}{\partial \varepsilon}\right)$ 具有和 $\delta(\varepsilon - \varepsilon_F)$ 函数相类似的变化特征，因此，式(6.40)所示的积分结果主要取

决于 $\varepsilon = \varepsilon_F$ 附近的积分,在费米统计中正是基于这一思路进行近似处理的。

然后我们采用费米统计中的近似求解法来得到式(6.40)的近似表达式。为此,将函数 $G(\varepsilon)$ 在 $\varepsilon = \varepsilon_F$ 处进行泰勒级数展开:

$$G(\varepsilon) = G(\varepsilon_F) + G'(\varepsilon_F)(\varepsilon - \varepsilon_F) + \frac{1}{2}G''(\varepsilon_F)(\varepsilon - \varepsilon_F)^2 + \cdots$$

代入式(6.40)中有

$$I = I_0 + I_1 + I_2 + \cdots \tag{6.41}$$

其中,

$$I_0 = G(\varepsilon_F)\int_0^\infty \left(-\frac{\partial f}{\partial \varepsilon}\right)\mathrm{d}\varepsilon$$

$$I_1 = G'(\varepsilon_F)\int_0^\infty (\varepsilon - \varepsilon_F)\left(-\frac{\partial f}{\partial \varepsilon}\right)\mathrm{d}\varepsilon$$

$$I_2 = \frac{1}{2}G''(\varepsilon_F)\int_0^\infty (\varepsilon - \varepsilon_F)^2\left(-\frac{\partial f}{\partial \varepsilon}\right)\mathrm{d}\varepsilon$$

$$\cdots$$

I_0 的值可以通过直接积分得到,即

$$I_0 = G(\varepsilon_F)\int_0^\infty \left(-\frac{\partial f}{\partial \varepsilon}\right)\mathrm{d}\varepsilon = G(\varepsilon_F)\left[-\frac{1}{e^{(\varepsilon - \varepsilon_F)/k_B T} + 1}\right]\Big|_0^\infty = G(\varepsilon_F)$$

为计算 I_1 和 I_2,做一下变量替换,即令 $\eta = \dfrac{\varepsilon - \varepsilon_F}{k_B T}$,变量替换后,积分的上限仍然为 ∞,积分的下限从原来的 0 变为 $-\dfrac{\varepsilon_F}{k_B T}$。注意到 ε_F 的量级在 $10^4 \sim 10^5$ K,而 $k_B T$ 的量级在 10^2 K,故 $k_B T \ll \varepsilon_F$ 在一般情况下都能满足。由于 $k_B T \ll \varepsilon_F$,积分下限可以由 $-\dfrac{\varepsilon_F}{k_B T}$ 改为 $-\infty$,这样一来,I_1 和 I_2 可分别近似表示为

$$I_1 \approx k_B T G'(\varepsilon_F)\int_{-\infty}^\infty \eta\left(-\frac{\partial f}{\partial \eta}\right)\mathrm{d}\eta \tag{6.42}$$

$$I_2 = \frac{1}{2}(k_B T)^2 G''(\varepsilon_F)\int_{-\infty}^\infty \eta^2\left(-\frac{\partial f}{\partial \eta}\right)\mathrm{d}\eta \tag{6.43}$$

其中,$-\dfrac{\partial f}{\partial \eta} = \dfrac{e^\eta}{(e^\eta + 1)^2}$。对于 I_1,易验证 $\eta\left(-\dfrac{\partial f}{\partial \eta}\right)$ 为奇函数,故 $\int_{-\infty}^\infty \eta\left(-\dfrac{\partial f}{\partial \eta}\right)\mathrm{d}\eta = 0$,于是有

$$I_1 = 0$$

对于 I_2,由于 $\int_{-\infty}^\infty \left(-\dfrac{\partial f}{\partial \eta}\right)\eta^2 \mathrm{d}\eta = \int_{-\infty}^\infty \dfrac{e^{-\eta}}{(e^{-\eta} + 1)^2}\eta^2 \mathrm{d}\eta = \dfrac{\pi^2}{3}$,于是有

$$I_2 = \frac{\pi^2}{6}(k_B T)^2 G''(\varepsilon_F)$$

将 $I_0 = G(\varepsilon_F)$、$I_1 = 0$ 和 $I_2 = \dfrac{\pi^2}{6}(k_B T)^2 G''(\varepsilon_F)$ 代入式(6.41)中得到 I 的近似表达式为

$$I \approx G(\varepsilon_F) + \frac{\pi^2}{6}(k_B T)^2 G''(\varepsilon_F) \tag{6.44}$$

在式(6.39)中,若令

$$G(\varepsilon) = \frac{2}{3}C\varepsilon^{3/2}$$

则式(6.39)具有和式(6.40)相同的形式,故由式(6.44)可近似得到金属自由电子气系统的总电子数:

$$N = \frac{2}{3}C\varepsilon_F^{3/2}\left[1 + \frac{\pi^2}{8}(k_B T/\varepsilon_F)^2\right] \tag{6.45}$$

另外一方面,绝对零度时,由于

$$f(\varepsilon) = \begin{cases} 1 & (\varepsilon \leqslant \varepsilon_F^0) \\ 0 & (\varepsilon > \varepsilon_F^0) \end{cases}$$

则由式(6.39)可求得金属自由电子气系统的总电子数:

$$N = \int_0^{\varepsilon_F^0} g(\varepsilon)\mathrm{d}\varepsilon = \frac{2}{3}C(\varepsilon_F^0)^{3/2} \tag{6.46}$$

比较式(6.45)和式(6.46),有

$$(\varepsilon_F^0)^{3/2} = \varepsilon_F^{3/2}\left[1 + \frac{\pi^2}{8}(k_B T/\varepsilon_F)^2\right] \tag{6.47}$$

由此得到

$$\varepsilon_F = \varepsilon_F^0\left[1 + \frac{\pi^2}{8}\left(\frac{k_B T}{\varepsilon_F}\right)^2\right]^{-2/3} \approx \varepsilon_F^0\left[1 - \frac{\pi^2}{12}\left(\frac{k_B T}{\varepsilon_F}\right)^2\right] \tag{6.48}$$

若上式右边分母上的 ε_F 近似为 ε_F^0,利用关系式 $\varepsilon_F^0 = k_B T_F^0$,则金属自由电子气系统的费米能随温度的变化关系可近似表示为

$$\varepsilon_F \approx \varepsilon_F^0\left[1 - \frac{\pi^2}{12}\left(\frac{T}{T_F^0}\right)^2\right] \tag{6.49}$$

可见,随温度升高,费米能降低,这是因为,费米面以下能量较低量子态上的电子因热激发而跃迁到费米面以上能量较高量子态上,使得费米能降低。如表 6.2 所看到的,金属费米温度 T_F^0 的量级为 10^4,而室温的温度量级为 10^2,两者有两个量级的差别,因此式(6.39)中与温度有关的部分基本可忽略,以至于人们常常不特意去区分 ε_F 与 ε_F^0。

6.3.4　激发态时的总能量

对于由 N 个电子组成的自由电子气体系统,在有限温度下,由于热激发,理论上在各个量子态上都有电子占据的可能,因此,系统的总能量应为占据在各个量子态上的电子的能量之和,即

$$E = \sum_\varepsilon \varepsilon f(\varepsilon) \tag{6.50}$$

引入能态密度分布函数 $g(\varepsilon)$ 后,上式中的求和可写成积分形式:

$$E = \int_0^\infty \varepsilon f(\varepsilon) g(\varepsilon)\mathrm{d}\varepsilon \tag{6.51}$$

其中, $g(\varepsilon)=C\varepsilon^{1/2}$,对上式进行分部积分有

$$E=\int_0^\infty C\varepsilon^{3/2}f(\varepsilon)\mathrm{d}\varepsilon=\frac{2}{5}Cf(\varepsilon)\varepsilon^{5/2}\Big|_0^\infty-\frac{2}{5}C\int_0^\infty\varepsilon^{5/2}\frac{\partial f(\varepsilon)}{\partial\varepsilon}\mathrm{d}\varepsilon$$

右边第一项为 0,若令 $G(\varepsilon)=\frac{2}{5}C\varepsilon^{5/2}$,则总能量可表示为如式(6.40)所示的费米统计中常见的积分形式:

$$E=\int_0^\infty G(\varepsilon)\Big(-\frac{\partial f}{\partial\varepsilon}\Big)\mathrm{d}\varepsilon$$

由费米统计近似方法给出的式(6.44),可得到总能量近似为

$$E\approx G(\varepsilon_\mathrm{F})+\frac{\pi^2}{6}(k_\mathrm{B}T)^2G''(\varepsilon_\mathrm{F}) \tag{6.52}$$

将 $G(\varepsilon_\mathrm{F})=\frac{2}{5}C\varepsilon_\mathrm{F}^{5/2}$ 和 $G''(\varepsilon_\mathrm{F})=\frac{3}{2}C\varepsilon_\mathrm{F}^{1/2}$ 代入上式并进行如下的近似计算:

$$
\begin{aligned}
E&\approx\frac{2}{5}C\varepsilon_\mathrm{F}^{5/2}+\frac{\pi^2}{6}(k_\mathrm{B}T)^2\times\frac{3}{2}C\varepsilon_\mathrm{F}^{1/2}\\
&=\frac{2}{5}C\,(\varepsilon_\mathrm{F}^0)^{5/2}\Big[(\varepsilon_\mathrm{F}/\varepsilon_\mathrm{F}^0)^{5/2}+\frac{5\pi^2}{8}(k_\mathrm{B}T/\varepsilon_\mathrm{F}^0)^2\times(\varepsilon_\mathrm{F}/\varepsilon_\mathrm{F}^0)^{1/2}\Big]\\
&\approx\frac{2}{5}C\,(\varepsilon_\mathrm{F}^0)^{5/2}\Big[(\varepsilon_\mathrm{F}/\varepsilon_\mathrm{F}^0)^{5/2}+\frac{5\pi^2}{8}(k_\mathrm{B}T/\varepsilon_\mathrm{F}^0)^2\Big]
\end{aligned}
\tag{6.53}
$$

由式(6.49)得到

$$(\varepsilon_\mathrm{F}/\varepsilon_\mathrm{F}^0)^{5/2}=\Big[1-\frac{\pi^2}{12}(k_\mathrm{B}T/\varepsilon_\mathrm{F}^0)^2\Big]^{5/2}\approx1-\frac{5\pi^2}{24}(k_\mathrm{B}T/\varepsilon_\mathrm{F}^0)^2 \tag{6.54}$$

同时注意到

$$\frac{2}{5}C\,(\varepsilon_\mathrm{F}^0)^{5/2}=\frac{2}{3}C\,(\varepsilon_\mathrm{F}^0)^{3/2}\times\frac{3}{5}\varepsilon_\mathrm{F}^0=\frac{3}{5}N\varepsilon_\mathrm{F}^0 \tag{6.55}$$

代入式(6.53)后可得到自由电子气系统在激发态时的总能量为

$$E\approx\frac{3}{5}N\varepsilon_\mathrm{F}^0\Big[1+\frac{5\pi^2}{12}(k_\mathrm{B}T/\varepsilon_\mathrm{F}^0)^2\Big] \tag{6.56}$$

6.4　电子比热

对经典理论最先提出质疑的实验是金属的电子比热实验。如前面所指出的,按照经典理论,对由 N 个电子构成的自由电子气系统,由于电子的热运动,自由电子气系统具有 $E=\frac{3}{2}Nk_\mathrm{B}T$ 的热能,由此得到的电子比热为

$$C_{\mathrm{V},经典}^\mathrm{e}=\frac{3}{2}Nk_\mathrm{B} \tag{6.57}$$

经典理论所预言的电子比热同实验中观察到的明显不同。一是,电子比热是温度无关的常数,而实验表明低温下电子比热随温度降低而线性减小;另一是,经典理论预言的电子比热在数值上同室温附近的晶格比热相当,而实验得到的电子比热比经典理论值小两个

量级。理论和实验结果不一致的原因是,经典理论中的电子是经典粒子,当 $T \neq 0$ 时,电子在各个能量上的分布几率服从经典的玻尔兹曼统计规律。

按照金属自由电子气量子理论,电子作为微观粒子具有波动性,其状态由薛定谔方程描述,在有限温度下,电子在具有不同能量的状态上的占据几率不由经典的玻尔兹曼统计确定,而是由费米 — 狄拉克分布函数确定,由此得到如式(6.56)所示的金属自由电子气系统在温度不为零时的总能量。式(6.56)可改写为

$$E \approx \frac{3}{5}N\varepsilon_F^0 + \frac{\pi^2}{4}Nk_BT \times (k_BT/\varepsilon_F^0) \tag{6.58}$$

可见,第一项正是式(6.27)所示的金属自由电子气系统在基态时的能量,因此,第二项很自然地理解为是基态中部分电子因热激发跃迁到较高能量态而产生的对平均电子能量的贡献。

根据量子理论可得到如式(6.56)或式(6.58)所示的金属自由电子气系统的能量,由比热的定义,则可得到金属自由电子气系统的电子比热为

$$C_{V,量子}^e \equiv \frac{\partial E}{\partial T} = \frac{\pi^2}{2}Nk_B(k_BT/\varepsilon_F^0) \tag{6.59}$$

可见,量子理论预言的电子比热随温度降低而线性减少,而经典理论给出的电子比热是温度无关的常数。量子理论和经典理论预言的电子比热的比为

$$C_{V,量子}^e/C_{V,经典}^e = \frac{\pi^2}{3}(k_BT/\varepsilon_F^0) = \frac{\pi^2}{3}(T/T_F^0) \tag{6.60}$$

由于 T_F^0 为 $10^4 \sim 10^5$ K,而室温 T 约为 10^2 K,可见,由量子理论预言的室温附近的电子比热比经典理论预言的比热小两个量级,从而破解了在此之前困扰物理学家的电子比热之谜。量子理论给出的电子比热比经典理论值小两个量级的原因是,在经典理论中,所有电子都处在热运动状态,因此,经典理论预言的电子比热来自所有电子的贡献;而在量子理论中,只有费米面附近的少量电子,才可能获得足够的能量而热激发到费米面附近或以上能量较高的未被电子占据的状态上,因此,量子理论预言的电子比热仅来自费米面附近少量电子的贡献。

假如只有费米面以下厚度为 αk_BT 的壳层内电子才有可能通过热激发而跃迁到费米面附近或以上能量较高的空状态上,则这部分的热激发电子数 N' 可按下列近似估计得到:

$$N' = \int_{\varepsilon_F^0-\alpha k_BT}^{\varepsilon_F^0} g(\varepsilon)\mathrm{d}\varepsilon = C\int_{\varepsilon_F^0-\alpha k_BT}^{\varepsilon_F^0} \varepsilon^{1/2}\mathrm{d}\varepsilon$$

$$= \frac{2}{3}C[(\varepsilon_F^0)^{3/2} - (\varepsilon_F^0 - \alpha k_BT)^{3/2}]$$

$$= \frac{2}{3}C(\varepsilon_F^0)^{3/2}\left[1 - \left(1 - \frac{\alpha k_BT}{\varepsilon_F^0}\right)^{3/2}\right]$$

$$\approx \frac{2}{3}C(\varepsilon_F^0)^{3/2} \times \frac{3}{2}\frac{\alpha k_BT}{\varepsilon_F^0} = N \times \frac{3}{2}\frac{\alpha k_BT}{\varepsilon_F^0}$$

其中用到 $N = \frac{2}{3}C(\varepsilon_F^0)^{3/2}$,积分上、下限的设定基于以下事实,即只有费米面以下厚度为

$\alpha k_B T$ 的壳层内电子才可能会热激发至费米面附近或以上能量较高的空状态上。由此得到热激发电子数与总电子数之比为

$$N'/N = \frac{3}{2} \frac{\alpha k_B T}{\varepsilon_F^0} = \frac{3}{2} \frac{\alpha T}{T_F^0} \tag{6.61}$$

说明尽管金属自由电子气系统中有大量电子,但只有费米面以下厚度为 $\alpha k_B T$ 的壳层内电子才参与了热激活过程,而费米球内部离费米面较远的绝大部分电子则因获得的能量不足而不可能跃迁到费米面附近或以外的空状态上。每个热激发电子具有热能 $\frac{3}{2} k_B T$,因此,这 N' 个电子因为热激发而引起的额外能量为

$$\Delta E = N' \times \frac{3}{2} k_B T = \frac{9}{4} N \frac{(k_B T)^2}{\varepsilon_F^0} \tag{6.62}$$

相应的,因电子热激发而对电子比热的贡献为

$$C_V^e \equiv \frac{\partial \Delta E}{\partial T} = \frac{9}{2} \alpha N k_B (k_B T/\varepsilon_F^0) \tag{6.63}$$

如果令 $\alpha = \left(\frac{\pi}{3}\right)^2$,则按此思路得到的电子比热和由量子理论得到的如式(6.59)所示的电子比热完全相同。这一事实说明,尽管金属中有大量电子,但只有费米面以下厚度为 $\alpha k_B T$ 的壳层内电子才参与了对电子比热的贡献。由于 $\alpha = \left(\frac{\pi}{3}\right)^2$,$T_F^0$ 为 $10^4 \sim 10^5$ K,T 约为 10^2 K,故 $N'/N = \frac{3}{2} \frac{\alpha T}{T_F^0} \sim 10^{-2}$,说明相对于总电子数,只有费米面附近百分之几的电子参与了对电子比热的贡献,而费米球内部离费米面较远的绝大部分电子无法获得足够能量跃迁到费米面附近或以外的空状态上,这些电子对金属的电子比热没有贡献。

用式(6.59)所示的电子比热除以金属体积 V 后,由量子理论可得到金属自由电子气系统单位体积的电子比热为

$$c_V^e = \frac{C_V^e}{V} = \frac{\pi^2}{2} n k_B (k_B T/\varepsilon_F^0) \tag{6.64}$$

其中,$n = N/V$ 为电子密度。习惯上引入一个系数

$$\gamma = \frac{\pi^2}{2} \frac{n k_B^2}{\varepsilon_F^0}$$

称为电子比热系数,有时也称之为索末菲电子比热系数,则式(6.64)所示的单位体积电子气比热可简单表示为

$$c_V^e = \gamma T \tag{6.65}$$

利用

$$g(\varepsilon_F^0) = 4\pi V \left(\frac{2m}{h^2}\right)^{3/2} \sqrt{\varepsilon_F^0}$$

及

$$\varepsilon_F^0 = \frac{\hbar^2 (3\pi^2 n)^{2/3}}{2m}$$

电子比热系数又可表示为

$$\gamma = \frac{\pi^2 k_B^2}{3} \frac{1}{V} g(\varepsilon_F^0) \tag{6.66}$$

可见电子比热系数正比于费米面上的能态密度。因此,通过测量电子比热可获得有关金属费米面的信息,这是研究费米面性质的一个重要手段。

如第 5 章所提到的,固体的比热是若干个子系统对比热的贡献之和。对非磁性金属,共有晶格和电子两个子系统,因此,金属总的比热应为晶格比热和电子比热之和。按照德拜理论,低温下晶格比热 $\propto T^3$,因此,低温下金属的单位体积比热可表示成

$$c_V = \gamma T + \beta T^3 \tag{6.67}$$

若将上式改写为

$$c_V / T = \gamma + \beta T^2 \tag{6.68}$$

通过实验上对各个不同温度进行比热测量,并以 T^2 为横坐标、以 $\dfrac{c_V}{T}$ 为纵坐标显示实验数据,则实验数据应当落在一条直线上,由直线的斜率可以确定反映晶格比热的系数 β,而将直线外推到 $T=0$,则由直线在纵轴上的截距可确定反映电子比热的系数 γ。

表 6.3 给出了一些典型金属电子比热系数的实验值 γ^{exp} 及由金属自由电子气量子理论计算的理论值 γ^{theo}。对一些金属,例如 Cu、Ag 等,实验值和理论值比较接近,但对有些金属,实验值和理论值相差较大,说明金属电子气模型相对于经典模型虽有所改进但仍然过于简单化。这种简单化体现在金属自由电子气模型中假设了所有电子均处在自由粒子状态,而实际情况是,离子实 — 电子和电子 — 电子间的库仑作用及晶格振动对电子的影响等,使得金属中的电子并不是处在真正的自由粒子状态。

表 6.3　金属的电子比热系数 $\gamma [\mathrm{mJ}/(\mathrm{K}^2 \cdot \mathrm{mol})]$

金属	Li	Na	K	Cu	Ag	Au	Be	Mg	Ca
γ^{exp}	1.65	1.38	2.08	0.69	0.64	0.69	0.17	1.60	2.73
γ^{theo}	0.74	1.09	1.67	0.50	0.64	0.64	0.50	0.99	1.51
金属	Ba	Zn	Cd	Al	In	Sn	Fe	Sr	Mn
γ^{exp}	2.70	0.64	0.69	1.35	1.66	1.78	4.90	3.64	12.80
γ^{theo}	1.92	0.75	0.95	0.91	1.23	1.41	1.06	1.79	1.10

尽管金属电子气模型对稍微复杂点的金属明显是不适合的,但人们习惯上还是喜欢用这一模型去作分析实验,从中获得一些新的发现。重电子金属的发现是这方面最典型的例子。通常定义电子的有效质量为

$$m^* = m_0 \times \frac{\gamma^{\mathrm{exp}}}{\gamma^{\mathrm{theo}}} \tag{6.69}$$

并用其来描述实际的电子气系统和自由电子气系统的差别程度,式中,m_0 是自由电子的质量。1975 年,人们在金属间化合物 CeAl_3 中观察到电子有效质量是自由电子质量的 600 倍,"重电子"的名称由此而来,相应的金属称为重电子金属,有时也称其为重费子金

属。继 $CeAl_3$ 之后，又有若干重电子金属被发现，见表 6.4。习惯上，将电子有效质量是自由电子质量的 100 倍以上的金属称为重电子金属。从本质上讲，重费米子系统的特殊性质来源于系统中电子之间很强的关联。按理说，如此重的电子理应表现出绝缘体行为，但事实是，这些化合物表现出良好的金属导电行为，有些在低温下甚至表现出超导行为。对重电子金属，自被发现至今，其一直属于凝聚态物理前沿的研究，对其复杂现象的起因，至今仍悬而未决。

表 6.4　典型的重电子金属

类　型		$\gamma/(mJ/(K^2 \cdot mol))$	m^*/m_0
超导体	$CeCu_2Si_2$	1100	460
	UBe_{13}	1100	300
	UPt_3	450	178
反铁磁体	U_2Zn_{17}	535	>100
	UCd_{11}	840	>100
	$NpBe_{12}$	900	230
费米液体	$CeAl_3$	1600	600
	$CeCu_6$	1600	740

6.5　泡利顺磁性

电子因自旋 $\vec{s}$ 而具有固有的磁矩，磁矩的大小正好为一个玻尔磁子 $\mu_B\left(=\dfrac{e\hbar}{2m}\right)$。对自由电子气系统，由于不同电子磁矩间没有相互作用，理应表现出顺磁性。按经典的朗之万顺磁理论(见第 12 章专题)，对由 N 个大小为 $1\mu_B$ 的磁矩构成的顺磁系统，其磁化率 χ 随温度的变化具有居里定律的形式，即

$$\chi_C = \frac{N\mu_B^2}{3k_B}\frac{1}{T} \tag{6.70}$$

但实际上，在简单金属中观测到的顺磁性大大偏离居里定律的形式，这种偏离体现在两方面，一是，简单金属中观测到的顺磁磁化率值远小于经典理论值，室温附近观测到的磁化率比经典理论值约小两个量级；另一是，简单金属中观测到的磁化率在低温下基本上与温度无关，而经典理论预言顺磁磁化率比例于 $\dfrac{1}{T}$ 变化。直到金属自由电子气量子理论提出后才由泡利从理论上破解了金属顺磁性之谜。由泡利提出的金属顺磁性理论称为泡利顺磁性理论，相应的顺磁性称为泡利顺磁性(Pauli paramagnetism)。

　　按照金属自由电子气量子理论,描述电子状态的波函数为 $\psi_{\vec{k}}(\vec{r}) = \dfrac{1}{L^{3/2}} e^{i\vec{k}\cdot\vec{r}}$,相应的

电子能量为 $\varepsilon(\vec{k}) = \dfrac{\hbar^2 k^2}{2m}$,波矢 $\vec{k}$ 分立取值,每一个 $\vec{k}$ 的取值对应一个状态。由泡利不相

容原理,每个状态上最多只能占据自旋向上和自旋向下两个电子。对于由 N 个电子构成的电子气,在绝对零度时,每个量子态上占据自旋向上和自旋向下两个电子,按能量从 $E_0 = 0$ 开始从低到高依次占据,一直占至能量为费米能 $\varepsilon_{\mathrm{F}}^0$ 的费米面,形成自由电子气系统的基态。意味着在基态时,$\varepsilon = \varepsilon_{\mathrm{F}}^0$ 的费米面以下,按每个状态上占据自旋向上和自旋向下两个电子,所有状态均被电子占据,而费米面以上所有状态都没有电子占据。

　　如前面所表明的,在 $\varepsilon \sim \varepsilon + \mathrm{d}\varepsilon$ 能量间隔内可允许占据的电子数目为 $\mathrm{d}N = g(\varepsilon)\mathrm{d}\varepsilon$,

其中,$g(\varepsilon) = C\varepsilon^{1/2}$ 为能态密度。由于每一个能量为 ε 的状态上可以有自旋向上 $\left(m_{\mathrm{s}} = \dfrac{1}{2}\right)$ 和自旋向下 $\left(m_{\mathrm{s}} = -\dfrac{1}{2}\right)$ 的两个电子占据,因此,按电子自旋向上和向下,可以把能态密度曲线分成左、右两半,左半部分对应自旋向上电子的能态密度曲线,在 $\varepsilon \sim \varepsilon + \mathrm{d}\varepsilon$ 能量间隔内可允许占据的自旋向上的电子数目为

$$\mathrm{d}N_+ = g_+(\varepsilon)\mathrm{d}\varepsilon$$

其中,$g_+(\varepsilon)$ 为自旋向上电子的能态密度,而右半部分对应自旋向下电子的能态密度曲线,在 $\varepsilon \sim \varepsilon + \mathrm{d}\varepsilon$ 能量间隔内可允许占据的自旋向下的电子数目为

$$\mathrm{d}N_- = g_-(\varepsilon)\mathrm{d}\varepsilon$$

其中,$g_-(\varepsilon)$ 为自旋向下电子的能态密度。在 $\varepsilon \sim \varepsilon + \mathrm{d}\varepsilon$ 能量间隔内可允许占据的总电子数为

$$g(\varepsilon)\mathrm{d}\varepsilon = g_+(\varepsilon)\mathrm{d}\varepsilon + g_-(\varepsilon)\mathrm{d}\varepsilon$$

因此有

$$g_+(\varepsilon) + g_-(\varepsilon) = g(\varepsilon) \qquad\qquad (6.71)$$

未加磁场时,如图 6.7 中左图中阴影部分所示,左边部分 $\varepsilon_{\mathrm{F}}^0$ 以下所有量子态上被自旋向上电子占据,而右边部分 $\varepsilon_{\mathrm{F}}^0$ 以下所有量子态被自旋向下的电子占据,明显有 $g_+(\varepsilon) = g_-(\varepsilon)$,于是有

$$g_+(\varepsilon) = g_-(\varepsilon) = \frac{1}{2} g(\varepsilon) \qquad\qquad (6.72)$$

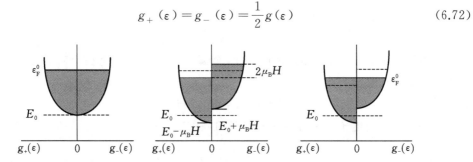

图 6.7　未加磁场和外加磁场时电子在不同能量的量子态上占据示意图

由于未加磁场时左半部分自旋向上的电子占据数和右半部分自旋向下的电子占据数相等，两者贡献的磁化强度大小相等但取向相反，故没有宏观磁性。

假设沿 z 轴方向外加强度为 H 的磁场，磁场引起的额外能量为

$$\Delta E = -\frac{e}{m}\vec{s} \cdot \vec{H}$$

如图 6.7 中的中间图所示，对自旋向下的电子（右半部分），由于其自旋取向和磁场方向相反，故每个电子的能量从不加磁场时的 ε 提高到外加磁场时的 $\varepsilon + \mu_B H$，相应的能态密度函数变成

$$g_-(\varepsilon) = \frac{1}{2}g(\varepsilon - \mu_B H) \tag{6.73}$$

而对自旋向上的电子（左半部分），由于其自旋取向和磁场方向相同，故每个电子的能量从未加磁场时的 ε 降低到外加磁场时的 $\varepsilon - \mu_B H$，相应的能态密度函数变成

$$g_+(\varepsilon) = \frac{1}{2}g(\varepsilon + \mu_B H)$$

右边能量较高的自旋向下的电子可通过自旋或磁矩的翻转而转移到左边未被自旋向上电子占据的空态上，直到体系平衡时，如图 6.7 中右图所示，两种自旋取向的电子占据的最高能量（即费米能 ε_F^0）相同。平衡时，自旋向上的电子数为

$$N_+ = \int_{E_0 - \mu_B H}^{\varepsilon_F^0} g_+(\varepsilon)\mathrm{d}\varepsilon \approx \int_0^{\varepsilon_F^0} \frac{1}{2}g(\varepsilon + \mu_B H)\mathrm{d}\varepsilon \tag{6.74}$$

积分的下限近似取为 0，一方面是因为仅仅在费米面附近的电子才可能发生翻转，另一方面是因为磁场引起的额外能量 $\mu_B H$ 相对于费米能 ε_F 很小，一般磁场下，$\mu_B H \sim 10^{-4}\varepsilon_F$。

由于 $\mu_B H$ 相对于费米能 ε_F 很小，函数 $g(\varepsilon + \mu_B H)$ 可近似为

$$g(\varepsilon + \mu_B H) \approx g(\varepsilon) + \mu_B H g'(\varepsilon)$$

代入式 (6.74) 可得到自旋向上的电子数为

$$N_+ = \int_0^{\varepsilon_F^0} \frac{1}{2}g(\varepsilon)\mathrm{d}\varepsilon + \mu_B H \int_0^{\varepsilon_F^0} \frac{1}{2}g'(\varepsilon)\mathrm{d}\varepsilon = \frac{1}{2}\int_0^{\varepsilon_F^0} g(\varepsilon)\mathrm{d}\varepsilon + \frac{1}{2}\mu_B H g(\varepsilon_F^0)$$

同理，可得到自旋向下的电子数为

$$N_- = \frac{1}{2}\int_0^{\varepsilon_F^0} g(\varepsilon)\mathrm{d}\varepsilon - \frac{1}{2}\mu_B H g(\varepsilon_F^0)$$

由此可得到净自旋向上的电子数为

$$\Delta N = N_+ - N_- \approx \mu_B H g(\varepsilon_F^0) \tag{6.75}$$

每一个电子携带大小为 $1\mu_B$ 的磁矩，因此，金属自由电子气系统在绝对零度时因外加磁场而引起的磁化强度大小为

$$M = \mu_B \Delta N \approx \mu_B^2 H g(\varepsilon_F^0) \tag{6.76}$$

由此得到金属自由电子气系统绝对零度时的顺磁磁化率为

$$\chi_P^{(0)} = \frac{M}{H} = \mu_B^2 g(\varepsilon_F^0) \tag{6.77}$$

这样的顺磁磁化率称为泡利顺磁磁化率，加了下标"P"以区别居里顺磁磁化率。之所以

将其称为泡利顺磁磁化率,是因为金属自由电子气系统的基态是根据泡利不相容原理确定的。

在有限温度下,电子在能量为 ε 的状态上的占据除了要考虑泡利不相容原理外,还要考虑由费米—狄拉克分布函数 $f(\varepsilon)$ 确定的电子在各个能量上的占据几率。在这种情况下,自旋向上的电子数和自旋向下的电子数分别为

$$N_+ = \int_0^\infty g_+(\varepsilon) f(\varepsilon) \mathrm{d}\varepsilon = \frac{1}{2}\int_0^\infty g(\varepsilon + \mu_\mathrm{B} H) f(\varepsilon) \mathrm{d}\varepsilon$$

$$= \frac{1}{2}\int_0^\infty g(\varepsilon) f(\varepsilon) \mathrm{d}\varepsilon + \frac{1}{2}\mu_\mathrm{B} H \int_0^\infty g'(\varepsilon) f(\varepsilon) \mathrm{d}\varepsilon \quad (6.78)$$

$$N_- = \int_0^\infty g_-(\varepsilon) f(\varepsilon) \mathrm{d}\varepsilon = \frac{1}{2}\int_0^\infty g(\varepsilon - \mu_\mathrm{B} H) f(\varepsilon) \mathrm{d}\varepsilon$$

$$= \frac{1}{2}\int_0^\infty g(\varepsilon) f(\varepsilon) \mathrm{d}\varepsilon - \frac{1}{2}\mu_\mathrm{B} H \int_0^\infty g'(\varepsilon) f(\varepsilon) \mathrm{d}\varepsilon \quad (6.79)$$

两者之差即为净自旋向上的电子数:

$$\Delta N = N_+ - N_- = \mu_\mathrm{B} H \int_0^\infty g'(\varepsilon) f(\varepsilon) \mathrm{d}\varepsilon = \mu_\mathrm{B} H \int_0^\infty g(\varepsilon)\left(-\frac{\partial f}{\partial \varepsilon}\right) \mathrm{d}\varepsilon \quad (6.80)$$

上面的推导过程采用了分部积分方法,目的是将积分变成费米统计中常见的积分形式。

按式(6.44)给出的近似解及 $g(\varepsilon) = C\varepsilon^{1/2}$ 和 $g''(\varepsilon) = -\frac{1}{4}C\varepsilon^{-3/2}$,式(6.80)中的积分部分可近似为

$$\int_0^\infty g(\varepsilon)\left(-\frac{\partial f}{\partial \varepsilon}\right)\mathrm{d}\varepsilon \approx g(\varepsilon_\mathrm{F}) + \frac{\pi^2}{6}(k_\mathrm{B} T)^2 g''(\varepsilon_\mathrm{F}) = C\varepsilon_\mathrm{F}^{1/2} - \frac{\pi^2}{24}(k_\mathrm{B} T)^2 C\varepsilon_\mathrm{F}^{-3/2}$$

$$= g(\varepsilon_\mathrm{F}^0)\left[(\varepsilon_\mathrm{F}/\varepsilon_\mathrm{F}^0)^{1/2} - \frac{\pi^2}{24}(k_\mathrm{B} T/\varepsilon_\mathrm{F}^0)^2 (\varepsilon_\mathrm{F}^0/\varepsilon_\mathrm{F})^{3/2}\right]$$

其中, $g(\varepsilon_\mathrm{F}^0) = C(\varepsilon_\mathrm{F}^0)^{1/2}$, ε_F^0 是 $T=0$ 时的费米能, ε_F 是 $T \neq 0$ 时的费米能。由式(6.48)得到

$$(\varepsilon_\mathrm{F}/\varepsilon_\mathrm{F}^0)^{1/2} = \left[1 - \frac{\pi^2}{12}(k_\mathrm{B} T/\varepsilon_\mathrm{F}^0)^2\right]^{1/2} \approx 1 - \frac{\pi^2}{24}(k_\mathrm{B} T/\varepsilon_\mathrm{F}^0)^2$$

于是有

$$\int_0^\infty g(\varepsilon)\left(-\frac{\partial f}{\partial \varepsilon}\right)\mathrm{d}\varepsilon \approx g(\varepsilon_\mathrm{F}^0)\left[(\varepsilon_\mathrm{F}/\varepsilon_\mathrm{F}^0)^{1/2} - \frac{\pi^2}{24}(k_\mathrm{B} T/\varepsilon_\mathrm{F}^0)^2 (\varepsilon_\mathrm{F}^0/\varepsilon_\mathrm{F})^{3/2}\right]$$

$$\approx g(\varepsilon_\mathrm{F}^0)\left[1 - \frac{\pi^2}{24}(k_\mathrm{B} T/\varepsilon_\mathrm{F}^0)^2 - \frac{\pi^2}{24}(k_\mathrm{B} T/\varepsilon_\mathrm{F}^0)^2\right]$$

$$= g(\varepsilon_\mathrm{F}^0)\left[1 - \frac{\pi^2}{12}(k_\mathrm{B} T/\varepsilon_\mathrm{F}^0)^2\right]$$

代入式(6.80)中可得到有限温度时外加磁场下金属自由电子气系统净自旋向上的电子数为

$$\Delta N = N_+ - N_- = g(\varepsilon_\mathrm{F}^0)\mu_\mathrm{B} H\left[1 - \frac{\pi^2}{12}(k_\mathrm{B} T/\varepsilon_\mathrm{F}^0)^2\right] \quad (6.81)$$

由此得到金属自由电子气系统在有限温度时因外加磁场而引起的磁化强度为

$$M = \mu_B \Delta N \approx \mu_B^2 H g(\varepsilon_F^0) \left[1 - \frac{\pi^2}{12} (k_B T / \varepsilon_F^0)^2 \right] \tag{6.82}$$

相应的泡利顺磁磁化率为

$$\chi_P = \frac{M}{H} = \mu_B^2 g(\varepsilon_F^0) \left[1 - \frac{\pi^2}{12} (k_B T / \varepsilon_F^0)^2 \right] = \chi_P^{(0)} \left[1 - \frac{\pi^2}{12} (k_B T / \varepsilon_F^0)^2 \right] \tag{6.83}$$

由于 ε_F^0 为 $10^4 \sim 10^5$ K,而室温附近的热能 $k_B T$ 约为 10^2 K,因此,$k_B T \ll \varepsilon_F^0$,意味着泡利顺磁性理论预言的金属自由电子气系统的顺磁化率基本上是一个温度无关的常数,而经典理论给出的居里定律形式的顺磁化率随温度降低按 $\propto 1/T$ 规律增加。同时注意到,$T \to 0$ 时的泡利顺磁磁化率 $\chi_P^0 = \mu_B^2 g(\varepsilon_F^0)$ 仅仅与费米面附近的能态密度 $g(\varepsilon_F^0)$ 相关,利用简单金属费米面附近的能态密度,可以估计由此得到的顺磁磁化率值远小于经典理论值。从而解释了为什么金属中顺磁性的实验观察和经典理论预言的结果不一致的问题。

6.6　电子发射

6.6.1　电子发射效应

由前面的分析和讨论可知,由于金属具有高的表面势垒,金属中的电子被限制在金

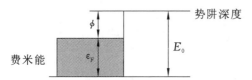

图 6.8　有限深势阱中运动的自由电子气的模型示意图

属内部运动。为分析方便,曾假设表面势垒是无限高的,或者说,金属中的电子是处在无限深势阱中运动的。但对实际的金属,合理的情况应是,表面势垒的高度是有限的,意味着金属中的电子处在有限深势阱中运动,如图 6.8 所示。

对于有限深势阱中运动的自由电子,采用和索末菲相同的量子力学理论处理方式,可以得到和前面基于自由电子气量子理论所给出的结论相同的结论,例如,电子的能量是量子化的,表征电子状态 $\vec{k}$ 的密度为 $\frac{V}{(2\pi)^3}$,每个状态点上至多只能占据自旋向上和向下两个电子,存在由费米能 ε_F 所表征的费米面,在有限温度下绝大多数电子占据在能量小于 ε_F 的状态点上等。

假设势阱深度为 E_0,则 E_0 与电子占据态的最高能量即费米能 ε_F 之差为

$$\phi = E_0 - \varepsilon_F \tag{6.84}$$

其中,ϕ 称为脱出功,也可称之为功函数,它表示的是电子欲离开金属至少需要的能量。表 6.5 列出了基于不同实验确定的一些金属脱出功 ϕ 的实验值的汇总。因此,如果外界能给电子提供高于 ϕ 的能量,则金属内电子可以逸出体外形成所谓的电子发射现象。依据提供给电子能量的方式的不同,典型的电子发射效应有光电效应、场致发射效应及热电子发射效应等。

表 6.5　一些典型金属的脱出功 ϕ 的实验值

金　　属	ϕ/eV	金　　属	ϕ/eV	金　　属	ϕ/eV
Li	2.38	Ca	2.80	Al	4.25
Na	2.35	Sr	2.35	In	3.80
K	2.22	Ba	2.49	Ga	3.96
Rb	2.16	Nb	3.99	Tl	3.70
Cs	1.81	Fe	4.31	Sn	4.38
Cu	4.40	Mn	3.83	Pb	4.00
Ag	4.30	Zn	4.24	Bi	4.40
Au	4.30	Cd	4.10	Sb	4.08
Be	3.92	Hg	4.52	W	4.50
Mg	3.64				

数据来源:V.S. Fomenko,et al.Handbook of Thermionic Properties[M]. New York:Plenum Press Data Division,1966.

　　金属的光电效应指的是适当频率的光照射到金属上产生电子发射的一种现象。按照爱因斯坦光量子假说,光由一份一份不连续的光子组成,对于频率为 ν 的光,每一个光子具有 $h\nu$ 的能量。当频率为 ν 的光照射到金属上时,电子可以完全吸收光子的能量 $h\nu$,引起电子动能的增加。当吸收光子的能量 $h\nu$ 超过 ϕ 时,电子获得足够高的动能以至于可以逸出体外形成所谓的电子发射现象,用数学形式可表示成

$$\frac{1}{2}mv_e^2 = h\nu - \phi \tag{6.85}$$

其中,v_e 是电子离开金属后的速度,$\frac{1}{2}mv_e^2$ 是电子离开金属后的动能。可见,在金属中要实现光照引起的电子发射,照射金属的光的频率必须满足

$$\nu > \nu_0 \tag{6.86}$$

其中,$\nu_0 = \phi/h$ 称为红限,是金属的特性参数。

　　场致发射效应可以形象地认为是利用外界强电场把电子拉出固体表面形成电子发射的一种现象,但在实际的场致发射效应的实验中多利用的是电子隧穿效应。按照量子力学,尽管金属表面有较高的势垒,由于电子的隧穿效应,电子可以穿过比它的动能更高的势垒。当外加足够强的电场时,金属表面的势垒可以被有效降低,因此,伴随外加电场引起势垒高度的有效降低,电子隧穿几率大大增加,从而引起电子发射现象。

　　金属中电子热发射效应指的是,当金属丝加热到足够高的温度时,有一部分电子因获得高于 ϕ 的能量而逸出金属体外所产生的一种热电子发射现象。里查孙(Richardson)和杜师曼(Dushman)对各种金属进行热电流密度(j)随温度变化关系的测量,并以 $\ln(j/T^2) - 1/T$ 形式显示实验数据,结果发现,对每种金属在各种温度下测量得到的热

电流密度的数据均落在一条直线上,由此提出热电流密度随温度变化关系的一个经验表达式,即

$$j = AT^2 e^{-\phi/k_B T} \qquad (6.87)$$

式(6.87)称为里查孙 — 杜师曼公式,其中的 A 和 ϕ 是常数,这里的 ϕ 实际上就是上面讲到的脱出功。

1928 年,索末菲和诺德海姆(Nordheim)基于自由电子气量子理论各自独立地导出了如式(6.87)所示的热电流密度与温度变化关系的表达式。下面以电子热发射为例,介绍其理论分析的基础、过程及结论,对其他形式的电子发射可进行类似的理论分析。

6.6.2　电子热发射效应的理论分析

按照自由电子气量子理论,处在 $\vec{k}$ 态的电子的能量和速度分别为 $\varepsilon(\vec{k}) = \dfrac{\hbar^2 k^2}{2m}$ 和

$\vec{v}(\vec{k}) = \dfrac{\hbar \vec{k}}{m}$。$\vec{k}$ 空间中,$\vec{k} \sim \vec{k} + \mathrm{d}\vec{k}$ 间隔内的电子数为

$$\mathrm{d}N = 2 \times \frac{V}{(2\pi)^3} \times f \times \mathrm{d}\vec{k} \qquad (6.88)$$

式中的 $\dfrac{V}{(2\pi)^3}$ 是 $\vec{k}$ 空间中的状态密度,$f = \dfrac{1}{e^{(\varepsilon - \varepsilon_F^0)/k_B T} + 1}$ 是费米 — 狄拉克分布函数,乘以因子"2"是因为每个态上可允许两个电子占据。上式两边同时除以样品的体积 V,利用 $\mathrm{d}\vec{v} = \dfrac{\hbar}{m} \mathrm{d}\vec{k}$ 和 $\varepsilon = \dfrac{1}{2}mv^2$,可得到在 $\vec{v} \sim \vec{v} + \mathrm{d}\vec{v}$ 速度间隔内,单位体积内的电子数为

$$\mathrm{d}n = \frac{\mathrm{d}N}{V} = 2\left(\frac{m}{h}\right)^3 f(v) \mathrm{d}\vec{v} \qquad (6.89)$$

其中,

$$f(v) = \frac{1}{e^{\left(\frac{1}{2}mv^2 - \varepsilon_F\right)/k_B T} + 1} \qquad (6.90)$$

由图 6.8 可以看出,电子欲离开金属,要求电子的动能满足

$$\frac{1}{2}mv^2 - \varepsilon_F \geqslant \phi \qquad (6.91)$$

从表6.5可以看到,金属的 $\phi \gg k_B T$,因此,$\dfrac{1}{2}mv^2 - \varepsilon_F \gg k_B T$,在这种情况下,费米分布函数近似为

$$f(v) = \frac{1}{e^{\left(\frac{1}{2}mv^2 - \varepsilon_F\right)/k_B T} + 1} \approx e^{\varepsilon_F/k_B T} e^{-mv^2/2k_B T} \qquad (6.92)$$

式(6.89)变为

$$\mathrm{d}n = 2\left(\frac{m}{h}\right)^3 e^{\varepsilon_F/k_B T} e^{-mv^2/2k_B T} \mathrm{d}\vec{v}$$

假设 x 轴垂直于金属表面,电子沿 x 方向离开金属,如图 6.9 所示,则沿 x 方向的动能必须大于 ϕ,即 $\frac{1}{2}mv_x^2 > \phi$,而对其他方向,速度是任意的。因此,讨论沿 x 方向发射的电流必须对另外两个方向进行积分,即

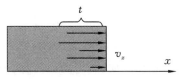

图 6.9　电子沿 x 方向离开金属的示意图

$$\mathrm{d}n(v_x) = 2\left(\frac{m}{2\pi\hbar}\right)^3 \mathrm{e}^{\varepsilon_F/k_BT} \mathrm{e}^{-mv_x^2/2k_BT} \mathrm{d}v_x \int_{-\infty}^{\infty} \mathrm{e}^{-mv_y^2/2k_BT} \mathrm{d}v_y \int_{-\infty}^{\infty} \mathrm{e}^{-mv_z^2/2k_BT} \mathrm{d}v_z \quad (6.93)$$

上式中的两个积分分别为

$$\int_{-\infty}^{\infty} \mathrm{e}^{-mv_y^2/2k_BT} \mathrm{d}v_y = \left(\frac{2\pi k_BT}{m}\right)^{1/2}$$

$$\int_{-\infty}^{\infty} \mathrm{e}^{-mv_z^2/2k_BT} \mathrm{d}v_z = \left(\frac{2\pi k_BT}{m}\right)^{1/2}$$

代入式(6.93) 后有

$$\mathrm{d}n(v_x) = 4\pi \frac{m^2 k_BT}{\hbar^3} \mathrm{e}^{\varepsilon_F/k_BT} \mathrm{e}^{-mv_x^2/2k_BT} \mathrm{d}v_x \quad (6.94)$$

如图 6.9 所示,具有速度 v_x 的电子沿 x 方向在时间 t 秒内可行进 $v_x t$ 的距离,可见,在 t 秒内与表面的距离小于 $v_x t$ 且速度为 v_x 的电子都能够到达表面,因此,t 秒内能到达表面的电子总数为

$$\mathrm{d}N = av_x t \mathrm{d}n(v_x)$$

其中,a 为金属表面面积,每个电子携带电荷 e,单位时间内到达表面的电子数乘上电子电荷就是我们要求的热电流,再除以金属表面面积,即得到热电流密度为

$$j = \int_{\sqrt{2E_0/m}}^{\infty} ev_x \mathrm{d}n(v_x) \quad (6.95)$$

上式积分的下限取为 $v_x = \sqrt{2E_0/m}$ 是因为,满足 $\frac{1}{2}mv_x^2 > E_0$ 条件的电子原则上都可能离开金属。将式(6.94) 代入式(6.95),并利用

$$\int_{\sqrt{2E_0/m}}^{\infty} v_x \mathrm{e}^{-mv_x^2/2k_BT} v_x \mathrm{d}v_x = \frac{k_BT}{m} \mathrm{e}^{-E_0/k_BT}$$

可得到热电流密度为

$$j = 4\pi e \frac{m^2 k_BT}{\hbar^3} \mathrm{e}^{\varepsilon_F/k_BT} \int_{\sqrt{2E_0/m}}^{\infty} v_x \mathrm{e}^{-mv_x^2/2k_BT} v_x \mathrm{d}v_x \quad (6.96)$$

$$= AT^2 \mathrm{e}^{-\phi/k_BT}$$

其中,$A = 4\pi e \dfrac{m k_B^2}{h^3}$,$\phi = E_0 - \varepsilon_F$。这正是里查孙—杜师曼基于实验给出的热电流密度随温度变化的经验公式,说明实验观察到的金属电子热发射现象可以基于金属自由电子气量子理论得到很好的解释。

6.7　电 子 输 运

　　金属之所以有很多共同的性质,是因为其中含有大量的电子,当有电场、磁场、温度梯度等外场存在时,外场会驱动电子的定向漂移运动,从而引起电荷、能量等的"流动",这些"流动"就是所谓的电子输运现象。金属自由电子气输运理论就是从理论上研究外场作用下金属中的电子输运现象。

6.7.1　自由电子气的电子输运理论

1. 经典理论

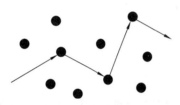

　　为了解释外场下自由电子气的输运行为,特鲁特采用和分子运动论中相类似的理论处理方法,即假定自由电子气中的电子会经受碰撞,相继两次碰撞间电子沿直线运动,遵从牛顿定律,如图 6.10 所示。碰撞的结果,一是使得电子的运动速度(大小和方向)发生改变,另一是使得电子达到和周围环境的热平衡。热平衡时,电子平均热运动速率 v_{th} 和环境温度间

图 6.10　自由电子气系统中电子碰撞过程示意图

的关系为

$$\frac{1}{2}mv_{th}^2 = \frac{3}{2}k_B T \tag{6.97}$$

由此得到热平衡时的电子热运动的平均速率 v_{th} 为

$$v_{th} = \sqrt{\frac{3k_B T}{m}} \tag{6.98}$$

　　为定量描述电子经受的碰撞,特鲁特引入了弛豫时间 τ 的概念,表示的是相继两次碰撞间的平均时间。假定 t 时刻电子的平均动量为 $\vec{p}(t)$,经过 dt 时间后,电子受到碰撞的几率为 $\frac{dt}{\tau}$,而没有受到碰撞的几率则为 $\left(1-\frac{dt}{\tau}\right)$,没有受到碰撞的这部分电子对平均动量的贡献为

$$\vec{p}(t+dt) = \left(1-\frac{dt}{\tau}\right)\left[\vec{p}(t)+\vec{F}(t)dt\right]$$

其中,$\vec{F}(t)$ 为外场作用下电子所受到的作用力。在一级近似下该方程可近似为

$$\vec{p}(t+dt) - \vec{p}(t) = \vec{F}(t)dt - \vec{p}(t)\frac{dt}{\tau}$$

若写成通常形式,则有

$$\frac{d\vec{p}(t)}{dt} = \vec{F}(t) - \frac{\vec{p}(t)}{\tau} \tag{6.99}$$

如果把电子的平均动量表示为 $\vec{p}=m\vec{v}_d$,$\vec{v}_d$ 为外场引起电子定向漂移时的平均速度,则上述方程可表示为

$$m \frac{\mathrm{d}\vec{v}_{\mathrm{d}}(t)}{\mathrm{d}t} = \vec{F}(t) - m \frac{\vec{v}_{\mathrm{d}}(t)}{\tau} \tag{6.100}$$

很明显,如果没有碰撞,相当于 $\tau \to \infty$,上述方程右边第二项为零,则方程变成通常的外力作用下粒子的运动方程,在这种情况下,外场作用下的电子会因为漂移速度的不断增加而一直漂移下去,但事实上存在碰撞,碰撞破坏了这一过程,使得电子不会一直漂移下去而是稳定在偏离平衡的新位置上。由此可见,碰撞的作用相当于在通常的运动方程中引入一个依赖于漂移速度的阻尼项。

方程(6.99)或方程(6.100)就是特鲁特提出的关于自由电子气中的电子在外场作用下的动力学方程,以此为基础形成的电子输运理论称为金属自由电子气的电子输运经典理论。

2. 准经典理论

上述的经典理论是在特鲁特自由电子气模型基础上提出的,其中的电子为经典粒子,服从的是经典的玻尔兹曼统计,且经典理论中考虑了自由电子气中所有电子对输运性质的贡献。而在索末菲自由电子气模型中,电子作为自旋为1/2的微观粒子,其状态由薛定谔方程描述,电子在各个状态上的占据不能违背泡利不相容原理,且还要考虑由费米 — 狄拉克统计确定的电子在各个能量上的占据几率。自由电子气的量子理论分析表明,金属中虽有大量电子,但只有费米面附近的少量电子才可能发生状态改变,而费米球内部离费米面较远的绝大部分电子状态保持不变,意味着外场作用下电子的运动仅仅涉及费米面附近的少量电子。既然如此,经典理论中所有涉及电子运动的物理量应为费米面附近与电子运动有关的物理量,以此为基础形成的理论就是所谓的自由电子气的电子输运准经典理论。

准经典理论包含两层含义。

一是经典的含义,指的是外场作用下的电子运动采用和经典理论相同的处理方式,即认为电子会经受碰撞,相继两次碰撞间,电子的运动遵从牛顿定律,并通过弛豫时间 τ 的引入来描述电子经受的碰撞,由此得到和方程(6.100)相同形式的电子在外场作用下的动力学方程。

二是融入量子理论的内容。按量子理论,外场作用下的电子运动仅仅涉及费米面附近的电子,因此,尽管外场作用下电子运动的动力学方程具有和经典理论相同的形式,但其中涉及的电子仅仅是费米面附近的电子。既然如此,经典理论中所有涉及电子运动的物理量都应当为与费米面附近的电子运动有关的物理量。例如,经典理论中,电子热运动涉及所有电子,而准经典理论中电子的热运动仅仅涉及费米面附近的电子,而费米面附近的电子具有相同的运动速度,即费米速度 v_{F},因此,经典理论中电子热运动速度 $v_{\mathrm{th}} = \sqrt{\frac{3k_{\mathrm{B}}T}{m}}$ 应由费米速度 v_{F} 来替代,费米速度由下式确定:

$$\frac{1}{2}mv_{\mathrm{F}}^2 = \varepsilon_{\mathrm{F}} \tag{6.101}$$

又如,经典理论中的漂移速度 $\vec{v}_{\mathrm{d}}$ 指的是外场引起电子定向漂移的平均速度,而在准经典理论中,费米面附近的电子是作为整体而运动的,因此,漂移速度 $\vec{v}_{\mathrm{d}}$ 应当理解为外场引起费米球的定向漂移时的平均速度,在状态空间,外场引起的漂移速度对应的是波矢 $\vec{k}$ 的改变 $\Delta\vec{k}$,即

$$m\vec{v}_\mathrm{d} = \hbar\Delta\vec{k} \tag{6.102}$$

表示的是费米球内所有电子作为整体在波矢空间中的刚性平移;还有,经典理论中的弛豫时间 τ 应为费米面附近电子的弛豫时间 $\tau(\varepsilon_\mathrm{F})$。如果以电子平均自由程 l 来描述电子的碰撞,它表示电子在碰撞前所走过的平均距离,则 l 和弛豫时间 τ 的关系为

$$l = v_\mathrm{F}\tau(\varepsilon_\mathrm{F}) \tag{6.103}$$

下面将以式(6.100)所示的动力学方程为基础,来分析和讨论外场作用下金属自由电子气的电子输运行为。

6.7.2 电场作用下金属的输运性质

考虑一个电场 $\vec{E}$ 作用于金属自由电子气,由于每个电子携带电荷 e,在电场 $\vec{E}$ 作用下,电子会受到电场力

$$\vec{F} = -e\vec{E}$$

的作用,在电场力的作用下,电子会以速度 $\vec{v}_\mathrm{d}$ 沿电场逆方向作定向漂移运动。

如果电场是稳态场,即 $\vec{E}$ 与时间无关,则有 $\dfrac{\mathrm{d}\vec{v}_\mathrm{d}(t)}{\mathrm{d}t}=0$,将 $\vec{F}=-e\vec{E}$ 和 $\dfrac{\mathrm{d}\vec{v}_\mathrm{d}(t)}{\mathrm{d}t}=0$ 代入动力学方程(6.100) 有

$$\vec{v}_\mathrm{d} = -\frac{e\tau}{m}\vec{E} \tag{6.104}$$

相应的电流密度 $\vec{J}$ 为

$$\vec{J} \equiv -ne\vec{v}_\mathrm{d} = \frac{ne^2\tau}{m}\vec{E} \tag{6.105}$$

可见,电流密度正比于电场强度,这正是众所周知的欧姆定律,其比例系数称为电导率,用 σ 表示。由于现在考虑的是稳态电场作用,相应的电导率为直流电导率,用 σ_0 表示。由式(6.105)则得到金属自由电子气的直流电导率 σ_0 为

$$\sigma_0 = \frac{ne^2\tau}{m} \tag{6.106}$$

其倒数称为直流电阻率,用 ρ_0 表示为

$$\rho_0 \equiv \frac{1}{\sigma_0} = \frac{m}{ne^2\tau} \tag{6.107}$$

按经典理论和准经典理论,均可以得到式(6.105)所示的欧姆定律及式(6.107)所示的电阻率,但在经典理论中,n 和 τ 反映的电子密度和电子的弛豫时间涉及所有电子,而在准经典理论中,n 和 τ 则分别反映的是价电子密度和费米面附近电子的弛豫时间。

利用式(6.103)所示的平均自由程 l 和弛豫时间 τ 的关系,准经典理论给出的直流电阻率又可表示为

$$\rho_0 = \frac{mv_\mathrm{F}}{ne^2l} \tag{6.108}$$

表 6.6 给出了一些典型的一价金属 273 K 温度下测量得到的电阻率值。利用电阻率的实验值及表 6.2 中所给出的 n 和 v_F 可计算出相应的弛豫时间和平均自由程,计算的结果也在表 6.6 中给出。可见,273 K 温度下简单金属的平均自由程的量级在 ~ 10 nm。注意到金属中原子间距约为 0.1 nm,意味着金属中虽有大量电子,但每个电子要跨越上百个电子后才可能和其他电子发生碰撞,说明金属中电子碰撞的几率是很小的,这也是为什么我们可以把金属中的电子视为自由电子的原因。

表 6.6　典型简单金属 273 K 时的电阻率、弛豫时间和平均自由程

元　　素	$\rho/(\mu\Omega \cdot cm)$	$\tau/(10^{-14} \cdot s)$	$l/(10^{-6} \cdot cm)$
Li	8.55	0.88	1.135
Na	4.2	3.2	3.42
K	6.1	4.1	3.53
Rb	11.0	2.8	2.27
Cs	18.8	2.1	1.57
Cu	1.56	2.7	4.24
Ag	1.51	4.0	5.56
Au	2.04	3.0	4.2

数据来源:G. W. C. Kaye ,T. H. Laby.Table of Physical and Chemical Constants[M]. London: Longmans Green, 1966.

如果电场是交变电场,不妨假设具有如下形式:

$$\vec{E} = \vec{E}_0 e^{-i\omega t} \tag{6.109}$$

其中,ω 是交变电场的频率,$\vec{E}_0$ 是交变电场的强度,与时间无关,相应的漂移速度可表示为

$$\vec{v}_d = \vec{v}_{d0} e^{-i\omega t}$$

代入动力学方程(6.100)中,则有

$$-i\omega m \vec{v}_d = -e\vec{E} - \frac{m\vec{v}_d}{\tau} \tag{6.110}$$

由此解得 $\vec{v}_d$ 为

$$\vec{v}_d = -\frac{e\tau}{m(1-i\omega\tau)}\vec{E} \tag{6.111}$$

如果把电流密度形式上写成

$$\vec{J} = \sigma(\omega)\vec{E}(t)$$

的形式,则由 $\vec{J} = -ne\vec{v}_d$ 可得到交变电场下的电导率为

$$\sigma(\omega) = \frac{\sigma_0}{1-i\omega\tau} = \frac{\sigma_0}{1+(\omega\tau)^2} + i\frac{\omega\tau\sigma_0}{1+(\omega\tau)^2} \tag{6.112}$$

其中，$\sigma_0 = \dfrac{ne^2\tau}{m}$ 是直流电导率，相应的电阻率为

$$\rho(\omega) \equiv 1/\sigma(\omega) = \rho_0 - \mathrm{i}\omega\tau\rho_0 \tag{6.113}$$

其中，$\rho_0 = \dfrac{m}{ne^2\tau}$ 是直流电阻率。可见，交变电场下金属具有复数形式的电阻率，其中，实部反映了金属的电阻特性，而虚部反映了金属的电感特性。

6.7.3　霍尔效应和磁电阻效应

在同时外加电场 $\vec{E}$ 和磁场 $\vec{B}$ 的情况下，金属自由电子气系统中的电子受到的力为电场力和洛伦兹力之和，即

$$\vec{F} = -e(\vec{E} + \vec{v} \times \vec{B})$$

为简单起见，这里将漂移速度写为 $\vec{v}$，在这种情况下，动力学方程（6.100）可写成

$$m\,\frac{\mathrm{d}\vec{v}}{\mathrm{d}t} = -e(\vec{E} + \vec{v} \times \vec{B}) - m\,\frac{\vec{v}}{\tau} \tag{6.114}$$

现在考虑稳态场情况，即外加电场和磁场均与时间无关，在这种情况下，$\dfrac{\mathrm{d}\vec{v}}{\mathrm{d}t} = 0$，于是有

$$e\vec{E} = -e\vec{v} \times \vec{B} - m\,\frac{\vec{v}}{\tau} \tag{6.115}$$

假设测量样品为如图 6.11 所示的金属片，磁场沿 z 轴方向，电场与之垂直并在 xy 平面上，则相应的电子运动被限制在 xy 平面上，因此，磁场、电场和速度在如图 6.11 所示的直角坐标系中可分别表示为 $\vec{B} = (0, 0, B)$，$\vec{E} = (E_x, E_y, 0)$ 和 $\vec{v} = (v_x, v_y, 0)$，将这些代入方程（6.115）并利用 $\vec{J} = -ne\vec{v}$，可将电子运动方程写成分量形式：

$$\begin{cases} \sigma_0 E_x = J_x + \omega_c\tau J_y \\ \sigma_0 E_y = -\omega_c\tau J_x + J_y \end{cases} \tag{6.116}$$

其中，$\sigma_0 = \dfrac{ne^2\tau}{m}$ 为磁场为零时的直流电导率，$\omega_c = \dfrac{eB}{m}$ 为电子回旋频率。

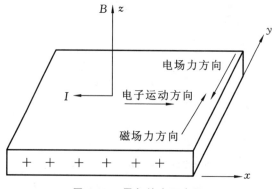

图 6.11　霍尔效应示意图

如图 6.11 所示,z 方向的磁场使沿 x 方向运动的电子受到沿 y 方向的磁场力(即洛伦兹力)作用而发生偏转,使得沿 y 方向金属的两侧有正、负电荷的积累,建立起横向电场 E_y,这样的电场反过来又作用于电子,以阻止因磁场引起的偏转,当磁场力和电场力相等时,电子实际上没有发生偏转,其运动方向仍然沿 x 方向,意味着此时沿 y 方向没有净电流,即 $J_y = 0$,这一现象称为霍尔效应,$J_y = 0$ 时的横向电场 E_y 称为霍尔电场。根据这个定义,在式(6.116)中令 $J_y = 0$ 则得到霍尔电场为

$$E_y = -\frac{\omega_c \tau}{\sigma_0} J_x = -\frac{B}{ne} J_x \tag{6.117}$$

霍尔电场因此可理解为与电子所受洛伦兹力相平衡的电场。

通常定义比例系数

$$R_{\mathrm{H}} \equiv \frac{E_y}{J_x B} \tag{6.118}$$

为霍尔系数。将式(6.117)给出的霍尔电场 E_y 代入,则得到霍尔系数为

$$R_{\mathrm{H}} = -\frac{1}{ne} \tag{6.119}$$

可见霍尔系数仅依赖于价电子密度 n,而与金属的其他参数无关,这样一个非常简单的结果,给出了对金属电子气体模型正确性最直接的检验方法。

依平行和垂直于电流方向测量,电阻分为欧姆电阻和霍尔电阻。由式(6.117)可知,霍尔电阻

$$\frac{|E_y|}{J_x} \propto \frac{B}{ne} \tag{6.120}$$

与磁场成正比。而欧姆电阻,习惯上用 R 表示,为

$$R \propto \frac{E_x}{J_x} \tag{6.121}$$

在式(6.116)第一个方程中令 $J_y = 0$ 有

$$J_x = \sigma_0 E_x \tag{6.122}$$

由此得到欧姆电阻

$$R \propto 1/\sigma_0 \tag{6.123}$$

可见,由金属自由电子气模型得到的欧姆电阻与磁场无关。

磁场引起(欧姆)电阻的变化称为磁致电阻效应,简称磁电阻效应,通常用

$$\mathrm{MR}(\%) = \frac{R(H) - R(0)}{R(0)} \times 100\% \tag{6.124}$$

来表征磁电阻效应的大小,其中,$R(0)$ 和 $R(H)$ 分别为未加磁场和外加磁场下测量得到的电阻。由于欧姆电阻与磁场无关,即 $R(H) = R(H = 0)$,因此,$\mathrm{MR} = 0$,意味着金属自由电子气模型预言的磁电阻为 0,而实际上,在所有的金属中均观察到不为 0 的磁电阻效应。导致实验结果和理论不一致的一个主要原因是,按自由电子气量子理论,费米面是球面,费米面上所有电子具有相同的行为,当满足洛伦兹力和霍尔电场力相互抵消的条件时,磁场的存在实际上并没有使得电子的运动轨迹发生偏转,但如果费米面不是严格的球面,费米面上不同方向的电子行为不同,使得费米面上只有部分电子满足洛伦兹力

和霍尔电场力相抵消的条件,而其余部分电子则不满足这一条件,对于不满足洛伦兹力和霍尔电场力相互抵消条件的那些电子,磁场的存在会使得它们的运动轨迹发生偏转,从而出现磁电阻效应。

6.7.4　热输运性质

上面分析和讨论了在电场和磁场作用下金属的电子输运性质。其理论的出发点是,电子作为电荷的载体,在电场和磁场作用下,因受到电场力和磁场力的驱动而作定向的漂移运动,从而产生电子的输运现象。同样。电子作为热的载体,如果存在温度梯度 $\mathbf{\nabla}T$,相当于存在温度场,则在温度场驱动下,通过电子的定向漂移运动,可以实现热的传递,从而引起热输运现象。这里以热传导为例,来分析和讨论在存在温度梯度时金属自由电子气系统的热输运性质。

假设晶体中存在由温度梯度 $\mathbf{\nabla}T$ 所表征的温度场,则在温度场作用下,热的载体会从高温端到低温端作定向漂移运动,从而实现将热量从高温端传输到低温端,产生热流。当 $\mathbf{\nabla}T$ 不大时,实验表明,热流密度 $\vec{J}_Q$ 正比于 $\mathbf{\nabla}T$,即

$$\vec{J}_Q = -\lambda\, \mathbf{\nabla}T \tag{6.125}$$

系数 λ 称为材料的热导率,负号表示热流方向与温度梯度方向相反,热流总是从高温流向低温。依热传输的载体是声子还是电子,晶体的热传导有晶格热导和电子热导之分。由于金属的热传输性能远高于绝缘体的,因此,有理由相信,金属中的热量主要是通过电子作为热的载体来实现传输的。原则上我们可以基于式(6.100)所示的动力学方程来导出金属自由电子系统中的电子热导率的一般表达式,但这里我们将基于更简单的思路,即按气体分子运动论的思路,来导出金属中的电子热导率的表达式。

按照金属自由电子气模型,金属可看成是由大量自由电子构成的理想气体,因此,可简单地直接借用气体分子运动论的结论。按照气体分子运动论,理想气体的热导率为

$$\lambda = \frac{1}{3}c_V v^2 \tau \tag{6.126}$$

其中,c_V 是理想气体单位体积的气体分子比热,v 是气体分子的平均热运动速度,τ 是反映分子碰撞几率的弛豫时间。应用于自由电子气,则金属自由电子气系统的电子热导率可表示为

$$\lambda^{(e)} = \frac{1}{3}c_V^e v_e^2 \tau \tag{6.127}$$

其中,c_V^e 是金属自由电子气系统单位体积的电子比热,v_e 是电子的平均热运动速度,τ 是反映电子碰撞几率的弛豫时间。下面将基于自由电子气经典输运理论和准经典输运理论来分别求得金属的电子热导率。

按自由电子气经典理论,单位体积的电子比热为

$$c_V^e = \frac{3}{2}nk_B$$

其中,$n = \dfrac{N}{V}$ 为电子密度,电子平均热运动速度为

$$v_e = \sqrt{\frac{3k_B T}{m}}$$

代入式(6.127)中,则由经典理论预言的电子热导率为

$$\lambda^{(e)} = \frac{3nk_B^2 \tau T}{2m} \tag{6.128}$$

正比于温度。如果假设电导和热导过程有相同的弛豫时间,则由

$$\begin{cases} \lambda^{(e)} = \dfrac{3nk_B^2 \tau T}{2m} \\ \sigma_0 = \dfrac{ne^2 \tau}{m} \end{cases}$$

可得到

$$\frac{\lambda^{(e)}}{\sigma_0 T} = \frac{3}{2}\left(\frac{k_B}{e}\right)^2 \tag{6.129}$$

可见,$\lambda^{(e)}$ 与 $\sigma_0 T$ 之比是一个温度无关的常数。

对不同的金属,$\lambda^{(e)}$ 与 $\sigma_0 T$ 之比保持为常数,这一关系最早是维德曼(Wiedeman)和弗兰兹(Franz)于1853年基于对不同金属不同温度下测量得到的电导率和热导率的总结而得到的,称为维德曼 — 弗兰兹定律。这一定律理论上最早由洛伦兹(Lorentz)基于自由电子气经典模型而得到,由于这一原因,特鲁特提出的自由电子气经典模型有时也称为洛伦兹模型。令式(6.129)右边的常数为 L,即

$$L = \frac{3}{2}\left(\frac{k_B}{e}\right)^2$$

称其为洛伦兹常数,它是一个仅由基本物理量 k_B 和 e 确定的普适常数。利用 $k_B = 1.38 \times 10^{-23}$ J/K 和 $e = 1.6 \times 10^{-19}$ C,可计算得到 $L = 1.12 \times 10^{-8}$ (W·Ω/K^2)。表 6.7 列出了一些典型金属在 273 K 温度下测量得到的电导率、热导率及相应的 $\lambda^{(e)}/\sigma_0 T$ 值,可以看到,对各种不同的金属,由实验得到的 $\lambda^{(e)}/\sigma_0 T$ 值基本相同,但数值上并不等于洛伦兹常数,而是为洛伦兹常数的两倍左右,究其原因是经典理论中考虑金属中所有电子参与了对金属电导和热导的贡献。

表 6.7　一些金属 273 K 时的电导率和热导率的实验值及相应的 $\lambda^{(e)}/\sigma_0 T$ 值

金　属	电导率 σ_0 /(1/$\mu\Omega$·cm)	热导率 $\lambda^{(e)}$ /(W/cm·K)	$\lambda^{(e)}/\sigma_0 T$ /(10^{-8} W·Ω/K^2)
Li	0.117	0.71	2.22
Na	0.238	1.38	2.12
K	0.164	1.00	2.23
Rb	0.091	0.60	2.42
Cu	0.641	3.85	2.20
Ag	0.662	4.18	2.31

金　　属	电导率 σ_0 /$(1/\mu\Omega \cdot cm)$	热导率 $\lambda^{(e)}$ /$(W/cm \cdot K)$	$\lambda^{(e)}/\sigma_0 T$ /$(10^{-8} W \cdot \Omega/K^2)$
Au	0.490	3.10	2.32
Be	0.357	2.30	2.36
Mg	0.256	1.50	2.14
Nb	0.066	0.52	2.90
Fe	0.112	0.80	2.61
Zn	0.182	1.13	2.28
Cd	0.147	1.00	2.49
Al	0.408	2.38	2.14
In	0.125	0.88	2.58
Sn	0.094	0.64	2.48
Pb	0.0526	0.38	2.64

数据来源:G. W. C. Kaye ,T. H. Laby.Table of Physical and Chemical Constants[M]. London：Longmans Green，1966.

　　按照金属自由电子气量子理论,有限温度下,仅仅费米面附近少量电子才可能因热激发发生状态的改变,而在费米面以下绝大多数电子则保持状态不变,因此,与物理性质有关的电子仅仅涉及费米面附近的少量电子。既然如此,经典理论中所有涉及电子运动的物理量都应当为费米面附近与电子运动有关的物理量。在这种情况下,电子平均速度应为费米速度 v_F,即

$$v = v_F = \sqrt{\frac{2\varepsilon_F^0}{m}}$$

由自由电子气量子理论得到的自由电子气中单位体积的电子比热为

$$c_V^e = \frac{\pi^2}{2} n k_B (k_B T / \varepsilon_F^0)$$

代入式(6.127),则可得到由金属自由电子气准经典理论预言的电子热导率为

$$\lambda^{(e)} = \frac{\pi^2 n k_B^2 \tau T}{3m} \tag{6.130}$$

可见,自由电子气的电子输运准经典理论也预言了电子热导率与温度成正比的关系,但比例系数不同。如果假设电导和热导过程有相同的弛豫时间,则由

$$\begin{cases} \lambda^{(e)} = \dfrac{\pi^2 n k_B^2 \tau}{3m} T \\ \sigma = \dfrac{ne^2 \tau}{m} \end{cases}$$

可得到

$$\frac{\lambda^{(e)}}{\sigma T} = \frac{\pi^2}{3}\left(\frac{k_B}{e}\right)^2 = \text{const} \tag{6.131}$$

可见,准经典理论同样预言了 $\lambda^{(e)}$ 与 $\sigma_0 T$ 之比为一个普适常数,但该普适常数不是洛伦兹常数 $\frac{3}{2}\left(\frac{k_B}{e}\right)^2$,而是 $\frac{\pi^2}{3}\left(\frac{k_B}{e}\right)^2$。利用 k_B 和 e 的值,常数 $\frac{\pi^2}{3}\left(\frac{k_B}{e}\right)^2$ 为 $2.45 \times 10^{-8}(\text{W} \cdot \Omega/\text{K}^2)$,这和表 6.7 中的实验值非常接近,从而验证了准经典理论的正确性。

6.8　金属自由电子气模型或理论的局限性

金属自由电子气索末菲模型是有关金属的最简单模型,以此为基础而建立的金属自由电子气量子理论能够很好地解释金属特别是简单金属的许多物理性质。理论给出的一些公式,至今仍被广泛应用。

金属自由电子气量子理论成功预言了费米面的存在,其意义在于,金属中虽然有大量的电子,但只有费米面附近的少量电子才参与了对金属物理性质的贡献,在此基础上,成功地破解了金属的电子比热之谜。金属自由电子气模型或理论,不仅可以解释为什么金属既是电的良导体又是热的良导体,而且从理论上预言了欧姆定律和维德曼 — 弗兰兹定律等。金属自由电子气模型或理论可以解释为什么金属不透明且呈现出特有的金属光泽等。

尽管金属自由电子气模型或理论能给金属的一些共同物理性质以合理解释,但与此同时也遇到一些根本性的矛盾问题。例如:① 按照金属电子气模型,金属的电导率正比于电子密度,即 $\sigma_0 = \frac{ne^2\tau}{m}$,但事实上,二价金属甚至三价金属的电子密度尽管很大,但电导性却比一价金属差;② 由金属电子气模型给出的霍尔系数为 $R_H = -\frac{1}{ne}$,对一价碱金属,实验测得的霍尔系数和理论符合较好,但对一价贵金属,实验和理论并不能很好地符合,对有些二、三价金属,不仅数值相差甚远,甚至符号也不对;③ 在金属自由电子气模型的基础上得到的金属电阻与磁场无关,意味着金属中没有磁电阻效应,而实验上对所有的金属均观察到不为 0 的磁电阻效应;④ 一些基本的问题无法解释,例如:为什么有些元素是金属,而有些是半导体? 同一种元素,如碳,为什么取石墨结构时是导体,而取金刚石结构时为绝缘体?

究其原因在于模型过于简单。这种简单性可以从模型的三个基本假定看出,一是自由电子近似,即忽略电子和离子实之间的相互作用;二是独立电子近似,即忽略电子 — 电子之间的相互作用;三是弛豫时间近似。严格地讲,这三条假定均过于简单,对这三个基本假定中的任何一个进行改进都可以使人们对金属乃至任意固体的了解大大前进一步。

思考与习题

6.1 简述特鲁特模型和索末菲模型的相同之处和不同之处。

6.2 如何理解金属中虽有大量电子但只有费米面附近的电子才参与了对金属物理性质的贡献?

6.3 索末菲把金属视为由大量价电子构成的自由电子气,原因是什么?

6.4 金属自由电子气中的电子即使在温度趋于零时仍然有不为零的能量,为什么?

6.5 金属自由电子气在激发态时,如何确定电子在各个态上的占据?

6.6 如何理解"电子分布函数 $f(\varepsilon)$ 的物理意义是,能量为 ε 的量子态被电子所占据的平均几率"?

6.7 绝对零度时价电子与晶格是否交换能量? 晶体膨胀时费米能级如何变化? 为什么价电子的浓度越高电导率越高?

6.8 试求一维金属中自由电子的能态密度函数、$T=0$ 和 $T \neq 0$ 时的费米能、电子平均动能及一个电子对比热的贡献。

6.9 假设由 N 个电子构成面积为 S 的二维自由电子气,试求:

(1) 状态密度和能态密度;

(2) 基态时的费米波矢;

(3) 基态时每个电子的平均能量。

6.10 对由 N 个电子构成的面积为 S 的二维自由电子气,试证明有限温度时的费米能为 $\varepsilon_F = k_B T \ln[e^{n\pi\hbar^2/mk_B T} - 1]$,其中,$n = N/S$ 为单位面积内的电子数。

6.11 试求二维金属 $T=0$ 和 $T \neq 0$ 时的电子平均动能及一个电子对比热的贡献。

6.12 当 $k_B T \ll \varepsilon_F^0$ 时,试证明系统中每增加一个电子引起费米能的变化为 $\Delta\varepsilon_F^0 = \dfrac{1}{g(\varepsilon_F^0)}$,其中,$g(\varepsilon_F^0)$ 为费米能级处的能态密度。

6.13 假设每个原子占据的体积为 a^3,若绝对零度时价电子的费米半径为 $k_F^0 = (6\pi^2)^{1/3}/a$,试计算每个原子的价电子数目。

6.14 按照经典理论,所有价电子都参与导电,且电流密度与电子漂移速度之间的关系为 $j = nev_d$。如果实验测得金属铜的电子浓度为 $10^{29}/m^3$,电流密度为 5×10^4 A/m^2,试基于经典理论计算电子的漂移速度并与由量子理论计算的费米速度进行比较。

6.15 已知银的相对原子质量为 107.87,质量密度 $\rho_m = 10.5$ g/cm^3,室温和低温下的电阻率分别为 1.61×10^{-6} Ω·cm 和 0.038×10^{-6} Ω·cm,若将银看成是具有球形费米面的单价金属,试计算:

(1) 费米能量和费米温度;

(2) 费米球半径;

(3) 费米速度;

(4) 在室温及低温下电子的平均自由程。

第7章　固体能带论

第 6 章基于将金属视为是由大量价电子构成的自由电子气的假设,并将量子力学和费米 — 狄拉克统计用于对金属中电子运动状态的处理,形成了金属自由电子气量子理论。理论的基本出发点有四,一是,金属中的电子是在周期性分布的带正电荷的离子实背景上自由运动的,其中既没有考虑电子同离子实之间的作用,也没有考虑电子 — 电子之间的作用;二是,电子作为微观粒子,其状态由量子力学中的薛定谔方程描述;三是,电子作为费米子,在有限温度下处在能量为 ε 的态的几率服从费米 — 狄拉克统计;四是,引入平均弛豫时间来唯象描述大量电子因各种各样的原因引起碰撞而产生的阻力。基于金属自由电子气量子理论,人们可以很好地解释金属特别是简单金属的许多共同的物理性质,如比热、电导率、热导率等。但与此同时,理论所暴露的问题也显得非常突出。

对金属自由电子气量子理论最先提出的质疑,源于固体导电行为的实验观察。同样是金属,相对于一价金属,二价或三价金属的价电子浓度高,但导电性差;对于四价元素 Si、Ge、C 等构成具有金刚石结构的晶体,尽管每个原子可以提供四个价电子,但 Si、Ge 晶体在绝对零度时不导电,在室温下虽导电但导电性能很差,而金刚石结构的 C 晶体,即使在室温下也不导电。固体导电性的巨大差异引起了当时还是研究生的布洛赫(Bloch)的注意。1927 年,在德拜和薛定谔的推荐下,布洛赫成为海森堡的博士研究生,他选择了金属电导这一富有挑战性的课题作为博士论文的主攻方向。在经过大量理论推导和适当近似后,布洛赫认为,金属中的电子并不是在常势场中自由运动,而是在具有和晶格相同周期的周期性势场中运动,相应的描述电子状态的波函数不是严格的平面波,而是受空间位置周期性调幅的平面波,在此基础上,逐渐形成了固体能带理论。

固体能带理论始于布洛赫的创造性研究,他所讲的一段话:"When I started to think about it, I felt that the main problem was to explain how the electrons could sneak by all the ions in a metal ….By straight Fourier analysis I found to my delight that the wave different from the plane wave of free electrons only by a periodic modulation." 对他当初的研究动机、研究方法及得到的结果等给出了非常精辟的总结。

7.1　原子的能级和固体的能带

固体由大量周期性排列的原子构成,相邻原子间的间距只有零点几纳米。因此,固体中的电子状态肯定和单个原子中的电子状态不同,特别是原子外层电子会有显著的变化,另一方面,固体是由大量原本孤立的原子凝聚而成的,固体中的电子状态和单个原子中的电子状态之间又必定存在着某种联系。本节就 N 个原子结合成晶体后如何从原子的能级过渡到固体的能带试图作以定性分析和讨论。

就单个孤立原子而言,如第 1 章所提到的,原子包含原子核和核外电子两部分。核外电子在原子核的势场和其他电子的作用下,依能量从低到高分别占据在不同的能级上,形成一系列电子壳层,习惯上用1s、2s、2p、3s、3p、3d、4s等符号表示,每个s、p、d等支壳层上最多分别可有 2、6、10 等个电子占据。例如,对 Na 原子,其核外共有 11 电子,如图 6.1(a) 所示,这些电子按能量从低到高依次占据在 $1s^2 2s^2 2p^6 3s^1$ 不同支壳层上。

对原子最外层电子,由于原子核对其束缚很弱,当大量原子结合成晶体时,这些电子易摆脱原子核的束缚而成为共有化电子,这部分电子称为价电子,而原子内层电子(芯电子)有较高的结合能,一般脱离不了原子核对其的束缚,这些芯电子同原子核一起构成离子实,因此,固体又可分为带正电的离子实和带负电的价电子两部分。例如,每个 Na 原子位于最外层 3s 能级上的一个电子易摆脱原子核对其束缚而成为价电子,而其余占据在 $1s^2 2s^2 2p^6$ 内层能级上的 10 个电子同原子核一起构成离子实(Na^+)。

对由 N 个原子组成的晶体,当 N 个原子相互靠近形成晶体时,如图 6.1(b) 所示,不同原子的内外各电子壳层之间就有了一定程度的交叠。由于电子壳层的交叠,电子不再局限在某一个原子上,可以由一个原子转移到相邻的原子上去,因而,电子将可以在整个晶体中运动,这种运动称为电子的公有化运动。值得注意的是,只有相似壳层上的电子才有相同的能量,因此,电子只能在相同壳层间转移,例如,与 2p 支壳层交叠对应的是 2p 电子的公有化运动,与 3s 支壳层交叠对应的是 3s 电子的公有化运动等。公有化运动的产生源于不同原子的相同壳层间的交叠,相邻原子最外壳层交叠最多,内壳层交叠较少,因此,最外层电子(即价电子)的公有化运动最明显,而内壳层电子公有化运动很弱。

晶体中电子作公有化运动时的能量是怎样的呢? 先以一对原子为例来说明,当两个原子相距很远时,明显地,每个原子如同孤立的原子,表现出原子的能级特征,每个能级都有两个态与之对应,例如,对于一对 Na 原子,两个 Na 原子的 3s 能级电子能量相同,但状态不同,因此,一对 Na 原子的 3s 态是二重简并的。然而,随着两个原子相互接近,两个原子势发生重叠,在这种情况下,每个原子中的电子除受到自身原子的势场外,还要受到另一个原子势场的作用,使得二重简并的能级都分裂为两个彼此靠近的能级。同样,对由 N 个原子组成的晶体,当 N 个原子相距很远以至于未形成晶体时,每个原子的能级都和孤立原子的一样,每个能级都有 N 个态与之对应,因此,若不考虑原子本身的简并则是 N 重简并的。当 N 个原子相互靠近结合成晶体后,每个原子中的电子除受到自身原子的势场外,还要受到周围其他原子的原子势场的作用,其结果是每一个 N 重简并的能级都分裂成彼此相距很近的能级,这 N 个彼此相距很近的能级组成一个能带,如图 7.1 所示。

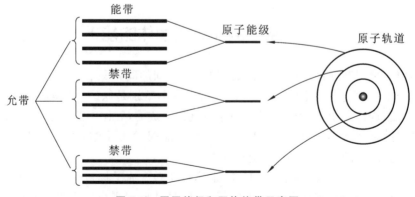

图 7.1　原子能级和固体能带示意图

从上面的分析可以看到,N 个原子结合成晶体后,原子的能级过渡到固体的能带。如果不考虑轨道杂化,则固体的能带和原子的能级有简单的对应关系,例如,N 个原子结合成晶体后,s 能级过渡到 s 能带,p 能级过渡到 p 能带,等等,相邻的两个能带之间被没有电子能级的能量范围隔开,称为禁带。若计及原子本身的简并,则每一个能带包含的能级数是不同的。对于 s 能带,因 s 能级是非简并的(不计自旋),故 s 能带包含 N 个能级数;而对于 p 能带,它是由原子的 p 能级过渡而来的,p 能级是三重简并的,因此,p 能带包含 $3N$ 个能级数。对实际晶体,单位体积内原子个数的量级为 $10^{22} \sim 10^{23}$,N 是一个非常大的数值,因此,每一个能带中的能级彼此非常靠近,以至于基本上可认为是连续的。需要指出的是,对实际晶体,往往需要考虑轨道杂化,在这种情况下,固体的能带往往和孤立原子的某个能级不一定有上述的简单对应关系。

7.2　固体能带的理论基础

固体由大量原子周期性排列而成,而原子又可分为带正电的离子实和带负电的价电子两部分,因此,固体中带负电荷的价电子在大量带正电荷、周期性排列的离子实背景中作共有化运动。固体能带理论的任务就是用量子力学方法研究在大量带正电荷、周期性排列的离子实背景中价电子的运动状态,包括电子的本征能量和本征函数等。显然,这是一个复杂的多体问题,但如下面所看到的,在经过适当的近似处理后,可以将这样一个复杂的多体问题转化为一个在周期势场中运动的单电子问题。

7.2.1　哈密顿算符

假定体积为 $V = L^3$ 的固体由 N 个原子周期性排列而成,每个原子有 Z 个价电子,因此,固体中共有 NZ 个带负电荷的价电子和 N 个带正电荷 Ze 的离子实。若用 $\vec{r}_i$ 和 $\vec{R}_n$ 分别表示第 i 个价电子和第 n 个离子实的位置矢量,以 m 和 M 表示价电子和离子实的质量,则整个系统的哈密顿算符可表示为

$$
\begin{aligned}
\hat{H} = & -\sum_i^{NZ} \frac{\hbar^2}{2m} \boldsymbol{\nabla}_i^2 + \frac{1}{2} \sum_{i,j}' \frac{1}{4\pi\varepsilon_0} \frac{e^2}{|\vec{r}_i - \vec{r}_j|} \\
& - \sum_n^{N} \frac{\hbar^2}{2M} \boldsymbol{\nabla}_n^2 + \frac{1}{2} \sum_{n,m}' \frac{1}{4\pi\varepsilon_0} \frac{(Ze)^2}{|\vec{R}_n - \vec{R}_m|} \\
& - \sum_i^{NZ} \sum_n^{N} \frac{1}{4\pi\varepsilon_0} \frac{Ze^2}{|\vec{r}_i - \vec{R}_n|}
\end{aligned}
\tag{7.1}
$$

其中,$-\sum_i^{NZ} \dfrac{\hbar^2}{2m} \boldsymbol{\nabla}_i^2$ 和 $\dfrac{1}{2} \sum_{i,j}' \dfrac{1}{4\pi\varepsilon_0} \dfrac{e^2}{|\vec{r}_i - \vec{r}_j|}$ 分别为 NZ 个价电子的动能和相互间库仑作用能,$-\sum_n^{N} \dfrac{\hbar^2}{2M} \boldsymbol{\nabla}_n^2$ 和 $\dfrac{1}{2} \sum_{n,m}' \dfrac{1}{4\pi\varepsilon_0} \dfrac{(Ze)^2}{|\vec{R}_n - \vec{R}_m|}$ 分别为 N 个离子实的动能和相互间库仑作用能,$-\sum_i^{NZ} \sum_n^{N} \dfrac{1}{4\pi\varepsilon_0} \dfrac{Ze^2}{|\vec{r}_i - \vec{R}_n|}$ 为 N 个离子实和 NZ 个价电子间的库仑作用能。原则上,

只要知道系统的哈密顿算符,由薛定谔方程

$$\hat{H}\psi(\vec{r},\vec{R}) = \varepsilon\psi(\vec{r},\vec{R}) \tag{7.2}$$

就可得到系统的本征能量和本征态,其中,$\vec{r}$ 代表 $\vec{r}_1, \vec{r}_2, \cdots, \vec{r}_{NZ}$,$\vec{R}$ 代表 $\vec{R}_1, \vec{R}_2, \cdots, \vec{R}_N$。但事实上对方程(7.2)直接求解是不可能的,除了因为这是一个 N 的量级为 $10^{23}/\text{cm}^3$ 的 $(N+NZ)$ 多体问题外,更重要的是因为系统哈密顿算符涉及两两电子之间的库仑关联能

$$\frac{1}{2}\sum_{i\neq j}\frac{1}{4\pi\varepsilon_0}\frac{(Ze)^2}{|\vec{r}_i - \vec{r}_j|}$$

正是这种关联,使得每个电子的运动都要受到其他电子运动的牵连。由于这些原因,通常需要作各种各样的假设和近似,固体能带理论正是在一些基本近似和假定的基础上发展起来的一种近似理论。

7.2.2　绝热近似

绝热近似原本是指一个热力学系统和外界无热交换的一种近似,玻恩(Born)和奥本海默(Oppenheimer)最先将这一近似用于对分子中电子状态的讨论。固体由周期性排列的离子实和在离子实背景中运动的电子构成,若将大量电子构成的系统视为一个热力学系统,则当这样的热力学系统与离子实之间的热交换可忽略时,可近似认为电子能绝热于离子实的运动,这便是所谓的玻恩 — 奥本海默绝热近似,简称绝热近似。

玻恩 — 奥本海默绝热近似基于两个事实,一是,离子实的质量远大于电子的质量,二是,固体中电子的运动速率(取费米速率)的量级为 10^6 m/s,而离子实的运动速率一般为 10^3 m/s,两者之间存在几个量级的差别。因此,相对于离子实,电子处于高速运动,而离子实只在平衡位置附近作小的振动(晶格振动)。当离子实位置发生微小变化时,电子能够迅速调整其状态以适应新的离子实势场,而离子实对电子在其轨道上的迅速变化并不敏感,因此,电子可近似认为能绝热于离子实的运动。

按照玻恩 — 奥本海默绝热近似,电子可近似认为能绝热于离子实的运动,因此,可将电子和离子实的运动分开处理。当我们只关注电子体系的运动时,离子实基本固定在其瞬时位置 $\vec{R}_n$ 上,由 NZ 个电子构成的电子系统的哈密顿算符可近似表示为

$$\hat{H}_e = -\sum_i^{NZ}\frac{\hbar^2}{2m}\mathbf{\nabla}_i^2 + \frac{1}{2}\sum_{i,j}{}'\frac{1}{4\pi\varepsilon_0}\frac{e^2}{|\vec{r}_i - \vec{r}_j|} - \sum_i^{NZ}\sum_n^N\frac{1}{4\pi\varepsilon_0}\frac{Ze^2}{|\vec{r}_i - \vec{R}_n|} \tag{7.3}$$

其中,$\vec{R}_n$ 是第 n 个离子实的瞬时位置。在绝对零度时,离子实处在平衡位置 $\vec{R}_n^0$,但在有限温度时,离子实总是围绕其平衡位置作小的振动(晶格振动)。作为零级近似,可以忽略掉晶格振动的影响,而将所有的 $\vec{R}_n$ 用相应的平衡位置 $\vec{R}_n^0$ 代替,相当于只讨论离子实固定在平衡位置情形下 NZ 个电子体系的问题。为简单起见,在本章后面的书写中,略去上标"0",将 $\vec{R}_n$ 理解为 $\vec{R}_n^0$。

7.2.3   平均场近似

如上所讨论的,原本是一个 N 的量级为 $10^{23}/cm^3$ 的 $(N+NZ)$ 多体问题,在经过玻恩 — 奥本海默绝热近似后,变成 NZ 多体问题,但问题仍很复杂,原因是式(7.3)中存在库仑关联项:

$$V_{ee}(\vec{r}_i,\vec{r}_j)=\frac{1}{2}\sum_{j\neq i}\frac{1}{4\pi\varepsilon_0}\frac{e^2}{|\vec{r}_i-\vec{r}_j|} \tag{7.4}$$

由于涉及不同电子坐标的交叉项,因此,每个电子的运动都要受到其他电子运动的牵连,或者说,由于库仑关联项的存在,电子的运动彼此是相互关联的。作为一种近似,将所有其他电子对位于 $\vec{r}_i$ 处第 i 个电子的影响用一个平均场 $v_e(\vec{r}_i)$ 来描述,即用平均场 $v_e(\vec{r}_i)$ 近似替代式(7.4)中的库仑关联项:

$$v_e(\vec{r}_i)\rightarrow V_{ee}(\vec{r}_i,\vec{r}_j)=\frac{1}{2}\sum_{j\neq i}\frac{1}{4\pi\varepsilon_0}\frac{e^2}{|\vec{r}_i-\vec{r}_j|} \tag{7.5}$$

这一近似称为平均场近似。在绝热近似和平均场近似的基础上,描述 NZ 个电子体系的哈密顿算符便成为

$$\hat{H}_e=\sum_{i=1}^{NZ}\left[-\frac{\hbar^2}{2m}\mathbf{\nabla}_i^2+v_e(\vec{r}_i)-\sum_{R_n}\frac{1}{4\pi\varepsilon_0}\frac{e^2}{|\vec{r}_i-\vec{R}_n|}\right] \tag{7.6}$$

若令

$$\hat{H}_{ei}=-\frac{\hbar^2}{2m}\mathbf{\nabla}_i^2+v_e(\vec{r}_i)-\sum_{R_n}\frac{1}{4\pi\varepsilon_0}\frac{e^2}{|\vec{r}_i-\vec{R}_n|} \tag{7.7}$$

则有

$$\hat{H}_e=\sum_{i=1}^{NZ}\hat{H}_{ei} \tag{7.8}$$

注意到式(7.7)所示的 $\hat{H}_{ei}$ 实际上就是第 i 个电子的哈密顿算符,意味着总的哈密顿算符为 NZ 个单电子哈密顿算符之和。对第 i 个电子,其本征能量 ε_i 和本征态 $\psi_i(\vec{r}_i)$ 可由薛定谔方程

$$\hat{H}_{ei}\psi_i(\vec{r}_i)=\varepsilon_i\psi_i(\vec{r}_i) \tag{7.9}$$

确定,而 NZ 个电子体系的薛定谔方程则为

$$\sum_{i=1}^{NZ}\hat{H}_{ei}\psi(\vec{r}_1,\vec{r}_2,\cdots,\vec{r}_{NZ})=\varepsilon\psi(\vec{r}_1,\vec{r}_2,\cdots,\vec{r}_{NZ}) \tag{7.10}$$

其中,$\psi(\vec{r}_1,\vec{r}_2,\cdots,\vec{r}_{NZ})$ 是描述 NZ 个电子体系的波函数,可表示为 NZ 个单电子波函数 $\psi_i(\vec{r}_i)$ 之积,即

$$\psi(\vec{r}_1,\vec{r}_2,\cdots,\vec{r}_{NZ})=\psi_1(\vec{r}_1)\psi_2(\vec{r}_2)\cdots\psi_{NZ}(\vec{r}_{NZ}) \tag{7.11}$$

而总的能量则为 NZ 个单电子能量之和,即

$$\varepsilon=\sum_{i=1}^{NZ}\varepsilon_i \tag{7.12}$$

这样一来,NZ 体问题则简化成单电子问题,由于这一原因,平均场近似又常常称为单电子近似。在很多情况下,单电子近似是一个很好的近似。同时,将单电子近似的结果与实验结果比较,可揭示所忽略的多体效应的相对大小及是否重要。

泡利不相容原理要求电子系统的波函数是反对称的,但式(7.11)所示的波函数并不满足反对称要求。由于电子的置换对应于空间和自旋变量的置换,因此,为了考虑反对称要求,通常将 NZ 个电子系统的波函数写成如量子力学中所见的具有交换反对称性的 Slater 行列式形式,在这种情况下,NZ 个电子系统的总能量仍然为各个单电子能量之和。

7.2.4　周期性势场

从上面的分析和讨论看到,通过绝热近似和单电子近似,可以将一个复杂的多粒子体系问题转变成对单电子问题的求解。换言之,如果能够对单电子薛定谔方程(7.9)求解,则由式(7.11)和式(7.12)就可得到 NZ 个电子体系的本征能量和本征态。由于所有电子都有和式(7.7)相同形式的的哈密顿算符,因此,可以不需要特别强调哪一个电子而不显示出下标 i,在这种情况下,单电子薛定谔方程可简单表示为

$$\hat{H}\psi = \left[-\frac{\hbar^2}{2m} \mathbf{\nabla}^2 + V(\vec{r}) \right]\psi = \varepsilon \psi \tag{7.13}$$

其中,

$$V(\vec{r}) = v_e(\vec{r}) - \sum_{R_n} \frac{1}{4\pi\varepsilon_0} \frac{e^2}{|\vec{r} - \vec{R}_n|} \tag{7.14}$$

为单电子势,其源于两部分,一是所有其他电子对所考虑的电子的平均库仑作用 $v_e(\vec{r})$,另一是带正电荷的离子实对所考虑的电子的库仑作用 $-\sum_n \frac{1}{4\pi\varepsilon_0} \frac{e^2}{|\vec{r} - \vec{R}_n|}$。

晶体具有晶格周期性。由于晶格周期性,晶体的任何物理量具有和晶格相同的周期性。既然如此,单电子势 $V(\vec{r})$ 作为一个物理量,应具有和晶格相同的周期性,即

$$V(\vec{r}) = V(\vec{r} + \vec{R}_l) \tag{7.15}$$

其中,$\vec{R}_l = l_1\vec{a}_1 + l_2\vec{a}_2 + l_3\vec{a}_3$,$l_i(i=1,2,3)$ 为 0 或任意正、负整数,$\vec{a}_i(i=1,2,3)$ 为在固体物理学原胞基础上的正格子空间的基矢,意味着晶体中的电子处在与晶格具有相同周期的周期性势场中运动。

对上述的周期性,可以用平移操作来进行描述,即对任意点 $\vec{r}$ 处的电子势 $V(\vec{r})$,在经过 $\vec{r} \rightarrow \vec{r} + \vec{R}_l$ 的平移操作后,得到的电子势 $V(\vec{r} + \vec{R}_l)$ 和平移操作前的电子势 $V(\vec{r})$ 相同,说明晶体中单电子势具有和晶格相同的平移对称性。但这种平移对称性不同于通常所讲的物理规律的空间平移对称性。通常所讲的空间平移对称性是指,若一个物理规律具有空间平移对称性,则在空间中作任意平移位置矢量 $\vec{R}$,该物理规律保持不变。而对晶体来说,晶体中的电子势并不对任意的空间平移保持不变,而只对 $\vec{R}_l = l_1\vec{a}_1 + l_2\vec{a}_2 + l_3\vec{a}_3$ 的平移才能保证晶体物理性质的不变性。因此,相对于通常所讲的空间平移对称

性，晶体中电子势的平移对称性是破缺的，这一破缺平移对称性是晶体所具有的晶格周期性的自然结果。

7.3　布洛赫定理

本节我们从晶格平移对称性出发，来分析和讨论周期性势场中运动的电子所具有的普遍规律，并由此引出布洛赫定理。

7.3.1　平移操作算符及其性质

如第 2 章所指出的，晶体中包括电子势 $V(\vec{r})$ 在内的所有物理量具有和晶格相同的如式（2.7）所示的平移对称性。对这样的平移对称性，可以通过引入平移操作算符 $\hat{T}_{\vec{R}_l}$ 来进行描述。平移操作算符的定义的数学表达式是

$$\hat{T}_{\vec{R}_l}\psi(\vec{r}) = \psi(\vec{r} + \vec{R}_l) \tag{7.16}$$

它表示的是，对任意函数 $\psi(\vec{r})$，经平移操作 $\vec{R}_l$ 后得到的结果为 $\psi(\vec{r} + \vec{R}_l)$。如果平移操作后得到的 $\psi(\vec{r} + \vec{R}_l)$ 和平移操作前的 $\psi(\vec{r})$ 相同，则称 $\psi(\vec{r})$ 具有平移对称性。这里的 $\psi(\vec{r})$ 是描述晶体性质的任意一个量，它既可以是晶格也可以是描述晶体性质的任意物理量，$\vec{R}_l = l_1\vec{a}_1 + l_2\vec{a}_2 + l_3\vec{a}_3$，$l_i(i=1,2,3)$ 为 0 或任意正、负整数，$\vec{a}_i(i=1,2,3)$ 为正格子空间的基矢。

数学中，若一个算符作用于一个函数后，得到的结果是一个常数乘上该函数，则这样的运算方程称为该算符的本征值方程。同样，对平移操作算符 $\hat{T}_{\vec{R}_l}$，若将其作用于任意一个函数 $\psi(\vec{r})$ 后，得到的结果是一个常数 $\lambda_{\vec{R}_l}$ 乘上该函数，即

$$\hat{T}_{\vec{R}_l}\psi(\vec{r}) = \lambda_{\vec{R}_l}\psi(\vec{r}) \tag{7.17}$$

则称方程（7.17）为平移操作算符 $\hat{T}_{\vec{R}_l}$ 的本征值方程，常数 $\lambda_{\vec{R}_l}$ 是算符 $\hat{T}_{\vec{R}_l}$ 的本征值，$\psi(\vec{r})$ 是算符 $\hat{T}_{\vec{R}_l}$ 属于本征值为 $\lambda_{\vec{R}_l}$ 的本征函数。比较方程（7.16）和方程（7.17），有

$$\psi(\vec{r} + \vec{R}_l) = \lambda_{\vec{R}_l}\psi(\vec{r}) \tag{7.18}$$

说明平移操作前后的平移操作算符的本征函数之间只差一个常数，该常数正是平移操作算符 $\hat{T}_{\vec{R}_l}$ 的本征值 $\lambda_{\vec{R}_l}$。

平移操作算符 $\hat{T}_{\vec{R}_l}$ 具有两个重要的性质：

（1）两次相继平移操作 $\hat{T}_{\vec{R}_n}\hat{T}_{\vec{R}_m}$ 和一次平移操作 $\hat{T}_{\vec{R}_n + \vec{R}_m}$ 等价，即

$$\hat{T}_{\vec{R}_n}\hat{T}_{\vec{R}_m}\psi(\vec{r}) = \hat{T}_{\vec{R}_m + \vec{R}_n}\psi(\vec{r}) \tag{7.19}$$

（2）两次相继平移操作算符 $\hat{T}_{\vec{R}_m}$ 和 $\hat{T}_{\vec{R}_n}$ 的本征值之积与一次平移操作算符

$\hat{T}_{\vec{R}_n+\vec{R}_m}$ 的本征值相等,即

$$\lambda_{\vec{R}_n}\lambda_{\vec{R}_m}=\lambda_{\vec{R}_m+\vec{R}_n} \tag{7.20}$$

下面来验证这两个性质。

对任意函数 $\psi(\vec{r})$,若先进行 $\hat{T}_{\vec{R}_m}$ 平移操作,按平移操作算符的定义有

$$\hat{T}_{\vec{R}_m}\psi(\vec{r})=\psi(\vec{r}+\vec{R}_m)$$

在 $\hat{T}_{\vec{R}_m}$ 平移操作的基础上若再进行 $\hat{T}_{\vec{R}_n}$ 的平移操作,则有

$$\hat{T}_{\vec{R}_n}\hat{T}_{\vec{R}_m}\psi(\vec{r})=\hat{T}_{\vec{R}_n}\psi(\vec{r}+\vec{R}_m)=\psi(\vec{r}+\vec{R}_m+\vec{R}_n)$$

即对任意函数 $\psi(\vec{r})$,通过 $\hat{T}_{\vec{R}_n}\hat{T}_{\vec{R}_m}$ 两次相继平移操作后得到的结果为 $\psi(\vec{r}+\vec{R}_m+\vec{R}_n)$。

另一方面,若对 $\psi(\vec{r})$ 直接进行 $\hat{T}_{\vec{R}_n+\vec{R}_m}$ 的平移操作,则得到的结果为

$$\hat{T}_{\vec{R}_n+\vec{R}_m}\psi(\vec{r})=\psi(\vec{r}+\vec{R}_m+\vec{R}_n)$$

可见,对 $\psi(\vec{r})$ 先进行 $\hat{T}_{\vec{R}_m}$ 平移操作再进行 $\hat{T}_{\vec{R}_n}$ 平移操作得到的结果和进行一次 $\hat{T}_{\vec{R}_n+\vec{R}_m}$ 平移操作得到的结果相同,因此,两次相继平移操作 $\hat{T}_{\vec{R}_n}\hat{T}_{\vec{R}_m}$ 和一次平移对称操作 $\hat{T}_{\vec{R}_n+\vec{R}_m}$ 等价。

再来看两次相继平移操作算符 $\hat{T}_{\vec{R}_n}\hat{T}_{\vec{R}_m}$ 和一次平移操作算符 $\hat{T}_{\vec{R}_n+\vec{R}_m}$ 本征值之间的关系。假设 $\lambda_{\vec{R}_m}$、$\lambda_{\vec{R}_n}$ 和 $\lambda_{\vec{R}_m+\vec{R}_n}$ 分别为平移操作算符 $\hat{T}_{\vec{R}_m}$、$\hat{T}_{\vec{R}_n}$ 和 $\hat{T}_{\vec{R}_m+\vec{R}_n}$ 的本征值,根据平移操作算符的本征值方程,有

$$\hat{T}_{\vec{R}_n}\hat{T}_{\vec{R}_m}\psi(\vec{r})=\lambda_{\vec{R}_m}\hat{T}_{\vec{R}_n}\psi(\vec{r})=\lambda_{\vec{R}_m}\lambda_{\vec{R}_n}\psi(\vec{r})$$

及

$$\hat{T}_{\vec{R}_m+\vec{R}_n}\psi(\vec{r})=\lambda_{\vec{R}_m+\vec{R}_n}\psi(\vec{r})$$

由于平移操作算符所具有性质(1),即 $\hat{T}_{\vec{R}_n}\hat{T}_{\vec{R}_m}\psi(\vec{r})=\hat{T}_{\vec{R}_n+\vec{R}_m}\psi(\vec{r})$,且 $\psi(\vec{r})$ 为任意函数,则必有 $\lambda_{\vec{R}_m}\lambda_{\vec{R}_n}=\lambda_{\vec{R}_m+\vec{R}_n}$,意味着两次相继平移操作算符 $\hat{T}_{\vec{R}_m}$ 和 $\hat{T}_{\vec{R}_n}$ 的本征值之积和一次平移操作算符 $\hat{T}_{\vec{R}_n+\vec{R}_m}$ 的本征值相等。

上面的平移操作算符的性质可以推广到多次相继平移操作的情况。例如,对任意函数 $\psi(\vec{r})$,经一次 $\hat{T}_{\vec{R}_l}$ 平移操作后变成

$$\hat{T}_{\vec{R}_l}\psi(\vec{r})=\psi(\vec{r}+\vec{R}_l)=\psi(\vec{r}+l_1\vec{a}_1+l_2\vec{a}_2+l_3\vec{a}_3) \tag{7.21}$$

而经过 $\hat{T}_{l_1\vec{a}_1}$、$\hat{T}_{l_2\vec{a}_2}$ 和 $\hat{T}_{l_3\vec{a}_3}$ 三次相继平移操作后,这里的 $\hat{T}_{l_i\vec{a}_i}$ $(i=1,2,3)$ 表示沿 $\vec{a}_i$ 方向进行 l_i 次平移对称操作,得到的结果为

$$\hat{T}_{l_3\vec{a}_3}\hat{T}_{l_2\vec{a}_2}\hat{T}_{l_1\vec{a}_1}\psi(\vec{r}) = \hat{T}_{l_3\vec{a}_3}\hat{T}_{l_2\vec{a}_2}\psi(\vec{r}+l_1\vec{a}_1)$$

$$= \hat{T}_{l_3\vec{a}_3}\psi(\vec{r}+l_1\vec{a}_1+l_2\vec{a}_2) = \psi(\vec{r}+l_1\vec{a}_1+l_2\vec{a}_2+l_3\vec{a}_3) \tag{7.22}$$

两者结果相同,说明 $\hat{T}_{\vec{R}_l}$ 的一次平移操作和 $\hat{T}_{l_1\vec{a}_1}$、$\hat{T}_{l_2\vec{a}_2}$ 和 $\hat{T}_{l_3\vec{a}_3}$ 三次相继平移操作等价,既然如此,则有

$$\hat{T}_{\vec{R}_l}\psi(\vec{r}) = \psi(\vec{r}+\vec{R}_l) = \hat{T}_{l_3\vec{a}_3}\hat{T}_{l_2\vec{a}_2}\hat{T}_{l_1\vec{a}_1}\psi(\vec{r}) \tag{7.23}$$

假设 $\lambda_{l_i\vec{a}_i}$ $(i=1,2,3)$ 为平移操作算符 $\hat{T}_{l_i\vec{a}_i}$ 的本征值,由平移操作算符的本征值方程可知,方程(7.23)的右边为

$$\hat{T}_{l_3\vec{a}_3}\hat{T}_{l_2\vec{a}_2}\hat{T}_{l_1\vec{a}_1}\psi(\vec{r}) = \lambda_{l_1\vec{a}_1}\hat{T}_{l_3\vec{a}_3}\hat{T}_{l_2\vec{a}_2}\psi(\vec{r}) = \lambda_{l_1\vec{a}_1}\lambda_{l_2\vec{a}_2}\hat{T}_{l_3\vec{a}_3}\psi(\vec{r})$$

$$= \lambda_{l_1\vec{a}_1}\lambda_{l_2\vec{a}_2}\lambda_{l_3\vec{a}_3}\psi(\vec{r})$$

而左边为

$$\hat{T}_{\vec{R}_l}\psi(\vec{r}) = \lambda_{\vec{R}_l}\psi(\vec{r})$$

由于 $\psi(\vec{r})$ 为任意函数,则必有

$$\lambda_{\vec{R}_l} = \lambda_{l_3\vec{a}_3}\lambda_{l_2\vec{a}_2}\lambda_{l_1\vec{a}_1} \tag{7.24}$$

说明一次平移操作算符 $\hat{T}_{\vec{R}_l}$ 的本征值和三次相继平移操作算符 $\hat{T}_{l_1\vec{a}_1}$、$\hat{T}_{l_2\vec{a}_2}$ 和 $\hat{T}_{l_3\vec{a}_3}$ 的本征值之积相等。

假设晶体沿 $\vec{a}_1$ 方向有 N_1 个重复单元、沿 $\vec{a}_2$ 方向有 N_2 个重复单元、沿 $\vec{a}_3$ 方向有 N_3 个重复单元,利用玻恩 — 卡门的周期性边界条件,有

$$\begin{cases} \psi(\vec{r}+N_1\vec{a}_1) = \psi(\vec{r}) \\ \psi(\vec{r}+N_2\vec{a}_2) = \psi(\vec{r}) \\ \psi(\vec{r}+N_3\vec{a}_3) = \psi(\vec{r}) \end{cases} \tag{7.25}$$

另一方面,若对 $\psi(\vec{r})$ 沿 $\vec{a}_1$ 方向进行 $\hat{T}_{\vec{a}_1}$ 的 1 次平移操作,即将 $\psi(\vec{r})$ 沿 $\vec{a}_1$ 方向平移一个周期 a_1,根据平移操作算符定义和本征值方程有

$$\hat{T}_{\vec{a}_1}\psi(\vec{r}) = \psi(\vec{r}+\vec{a}_1) = \lambda_{\vec{a}_1}\psi(\vec{r})$$

其中,$\lambda_{\vec{a}_1}$ 为与沿 $\vec{a}_1$ 方向平移一个周期 a_1 相对应的平移操作算符 $\hat{T}_{\vec{a}_1}$ 的本征值。若对 $\psi(\vec{r})$ 沿 $\vec{a}_1$ 方向进行 $\hat{T}_{2\vec{a}_1}$ 的 2 次平移操作,即将 $\psi(\vec{r})$ 沿 $\vec{a}_1$ 方向平移两个周期,操作后的结果为

$$\hat{T}_{2\vec{a}_1}\psi(\vec{r}) = \psi(\vec{r}+2\vec{a}_1) = \lambda_{\vec{a}_1}\psi(\vec{r}+\vec{a}_1) = \lambda_{\vec{a}_1}^2\psi(\vec{r})$$

$$\cdots$$

依此类推,若对 $\psi(\vec{r})$ 沿 $\vec{a}_1$ 方向进行 $\vec{R}_{N_1\vec{a}_1}$ 平移操作,即将 $\psi(\vec{r})$ 沿 $\vec{a}_1$ 方向平移 N_1 个周期,则有

$$\hat{T}_{N_1\vec{a}_1}\psi(\vec{r}) = \psi(\vec{r}+N_1\vec{a}_1) = \lambda_{\vec{a}_1}^{N_1}\psi(\vec{r}) \tag{7.26}$$

利用式(7.25)所示的周期性边界条件,即 $\psi(\vec{r} + N_1\vec{a}_1) = \psi(\vec{r})$,同式(7.26)比较,则必有 $\lambda_{\vec{a}_1}^{N_1} = 1$,由此得到

$$\lambda_{\vec{a}_1} = e^{i\frac{2\pi}{N_1}t_1} \tag{7.27}$$

其中,$t_1 = 0, \pm 1, \pm 2, \cdots$。同理,对 $\psi(\vec{r})$ 沿 $\vec{a}_2$ 方向进行 N_2 次平移操作,沿 $\vec{a}_3$ 方向进行 N_3 次平移操作,并利用 $\vec{a}_2$ 和 $\vec{a}_3$ 方向的周期性边界条件,则平移操作算符 $\hat{T}_{\vec{a}_2}$ 和 $\hat{T}_{\vec{a}_3}$ 的本征值分别为

$$\lambda_{\vec{a}_2} = e^{i\frac{2\pi}{N_2}t_2} \tag{7.28}$$

$$\lambda_{\vec{a}_3} = e^{i\frac{2\pi}{N_3}t_3} \tag{7.29}$$

其中,$t_2 = 0, \pm 1, \pm 2, \cdots, t_3 = 0, \pm 1, \pm 2, \cdots$,这里的 $\hat{T}_{\vec{a}_2}$ 表示的是沿 $\vec{a}_2$ 方向平移一个周期 a_2 的平移操作算符,$\hat{T}_{\vec{a}_3}$ 表示的是沿 $\vec{a}_3$ 方向平移一个周期 a_3 的平移操作算符。

由

$$\hat{T}_{l_1\vec{a}_1}\psi(\vec{r}) = \psi(\vec{r} + l_1\vec{a}_1) = \lambda_{l_1\vec{a}_1}\psi(\vec{r}) = (\lambda_{\vec{a}_1})^{l_1}\psi(\vec{r}) \tag{7.30}$$

得到

$$\hat{T}_{l_1\vec{a}_1}\psi(\vec{r}) = e^{i\frac{2\pi}{N_1}l_1t_1}\psi(\vec{r}) \tag{7.31}$$

同理有

$$\hat{T}_{l_2\vec{a}_2}\psi(\vec{r}) = e^{i\frac{2\pi}{N_2}l_2t_2}\psi(\vec{r}) \tag{7.32}$$

$$\hat{T}_{l_3\vec{a}_3}\psi(\vec{r}) = e^{i\frac{2\pi}{N_3}l_3t_3}\psi(\vec{r}) \tag{7.33}$$

代入式(7.23)中有

$$\hat{T}_{\vec{R}_l}\psi(\vec{r}) = \psi(\vec{r} + \vec{R}_l) = e^{i\left(\frac{2\pi}{N_1}l_1t_1 + \frac{2\pi}{N_2}l_2t_2 + \frac{2\pi}{N_3}l_3t_3\right)}\psi(\vec{r}) \tag{7.34}$$

若令

$$\vec{k} = \frac{t_1}{N_1}\vec{b}_1 + \frac{t_2}{N_2}\vec{b}_2 + \frac{t_3}{N_3}\vec{b}_3 \tag{7.35}$$

其中,$\vec{b}_i (i = 1, 2, 3)$ 是和以 $\vec{a}_i (i = 1, 2, 3)$ 为基矢的正格子相对应的倒格子空间的基矢,利用正、倒格子基矢间的关系,式(7.34)可简单表示成

$$\hat{T}_{\vec{R}_l}\psi(\vec{r}) = \psi(\vec{r} + \vec{R}_l) = e^{i\vec{k}\cdot\vec{R}_l}\psi(\vec{r}) \tag{7.36}$$

该式表明,$e^{i\vec{k}\cdot\vec{R}_l}$ 实际上就是平移操作算符 $\hat{T}_{\vec{R}_l}$ 的本征值,即

$$\lambda_{\vec{R}_l} = e^{i\vec{k}\cdot\vec{R}_l} \tag{7.37}$$

7.3.2　单电子哈密顿算符及其性质

如第 7.2 节所作的分析,在经过绝热近似和平均场近似后,多电子系统的哈密顿算符可转变成 NZ 个单电子的哈密顿算符之和。每个单电子的哈密顿算符具有如下的形式:

$$\hat{H}(\vec{r}) = -\frac{\hbar^2}{2m}\boldsymbol{\nabla}^2 + V(\vec{r}) \tag{7.38}$$

为了考查单电子哈密顿算符所具有的性质,我们首先对单电子哈密顿算符进行 $\hat{T}_{\vec{R}_l}$ 的平移操作,即

$$\hat{T}_{\vec{R}_l}\hat{H}(\vec{r}) = \hat{H}(\vec{r}+\vec{R}_l) = -\frac{\hbar^2}{2m}\boldsymbol{\nabla}^2_{\vec{r}+\vec{R}_l} + V(\vec{r}+\vec{R}_l)$$

由于微分算符与坐标原点的平移无关,故有

$$\boldsymbol{\nabla}^2_{\vec{r}} = \boldsymbol{\nabla}^2_{\vec{r}+\vec{R}_l}$$

另外一方面,单电子势 $V(\vec{r})$ 具有如式(7.15)所示的平移对称性,于是有

$$\hat{T}_{\vec{R}_l}\hat{H}(\vec{r}) = \hat{H}(\vec{r}+\vec{R}_l) = \hat{H}(\vec{r}) \tag{7.39}$$

可见,单电子的哈密顿算符在经过 $\hat{T}_{\vec{R}_l}$ 的平移操作后保持不变,说明单电子哈密顿算符具有和晶格相同的平移对称性。

然后我们对函数 $\hat{H}(\vec{r})f(\vec{r})$ 进行 $\hat{T}_{\vec{R}_l}$ 的平移操作,即

$$\hat{T}_{\vec{R}_l}\hat{H}(\vec{r})f(\vec{r}) = \hat{H}(\vec{r}+\vec{R}_l)f(\vec{r}+\vec{R}_l)$$

其中,$f(\vec{r})$ 为任意函数,利用 $\hat{H}(\vec{r}+\vec{R}_l) = \hat{H}(\vec{r})$ 及 $\hat{T}_{\vec{R}_l}f(\vec{r}) = f(\vec{r}+\vec{R}_l)$,上式变成

$$\hat{T}_{\vec{R}_l}\hat{H}(\vec{r})f(\vec{r}) = \hat{H}(\vec{r})f(\vec{r}+\vec{R}_l) = \hat{H}(\vec{r})\hat{T}_{\vec{R}_l}f(\vec{r})$$

由于 $f(\vec{r})$ 为任意函数,则必有

$$\hat{T}_{\vec{R}_l}\hat{H}(\vec{r}) = \hat{H}(\vec{r})\hat{T}_{\vec{R}_l} \tag{7.40}$$

说明平移操作算符 $\hat{T}_{\vec{R}_l}$ 和单电子哈密顿算符 $\hat{H}$ 是相互对易的。

由于平移操作算符 $\hat{T}_{\vec{R}_l}$ 和哈密顿算符 $\hat{H}$ 是相互对易的,因此,$\hat{T}_{\vec{R}_l}$ 和 $\hat{H}$ 有共同的本征函数。意味着,如果式(7.17)中的 $\psi(\vec{r})$ 是平移操作算符 $\hat{T}_{\vec{R}_l}$ 属于本征值为 $\lambda_{\vec{R}_l}$ 的本征函数,则 $\psi(\vec{r})$ 必然也是哈密顿算符 $\hat{H}$ 的本征函数,于是有

$$\hat{H}\psi(\vec{r}) = \varepsilon\psi(\vec{r}) \tag{7.41}$$

其中,ε 是算符 $\hat{H}$ 的本征值。由于 $\hat{H}$ 的本征函数实际上就是晶体中电子的波函数,因此,可以选用 $\hat{T}_{\vec{R}_l}$ 的本征函数作为晶体中电子的波函数,而考查 $\hat{T}_{\vec{R}_l}$ 的本征函数应有的性质就可知道晶体中电子波函数所应具有的性质。这样一来,对晶体中电子波函数的讨论,转而变成对 $\hat{T}_{\vec{R}_l}$ 的本征函数的讨论。

7.3.3　布洛赫定理

由式(7.36)可知,$\psi(\vec{r})$ 是平移操作算符 $\hat{T}_{\vec{R}_l}$ 属于本征值为 $\lambda_{\vec{R}_l} = \mathrm{e}^{\mathrm{i}\vec{k}\cdot\vec{R}_l}$ 的本征函数。

为了体现本征函数是属于本征值为 $\lambda_{\vec{R}_l} = \mathrm{e}^{\mathrm{i}\vec{k}\cdot\vec{R}_l}$ 的本征函数,在本征函数上加了个下标
"$\vec{k}$",即认为 $\psi_{\vec{k}}(\vec{r})$ 是平移操作算符 $\hat{T}_{\vec{R}_l}$ 属于本征值为 $\lambda_{\vec{R}_l} = \mathrm{e}^{\mathrm{i}\vec{k}\cdot\vec{R}_l}$ 的本征函数,于是有

$$\hat{T}_{\vec{R}_l}\psi_{\vec{k}}(\vec{r}) = \mathrm{e}^{\mathrm{i}\vec{k}\cdot\vec{R}_l}\psi_{\vec{k}}(\vec{r}) \tag{7.42}$$

其中,$\vec{k} = \dfrac{t_1}{N_1}\vec{b}_1 + \dfrac{t_2}{N_2}\vec{b}_2 + \dfrac{t_3}{N_3}\vec{b}_3$,$\vec{R}_l = l_1\vec{a}_1 + l_2\vec{a}_2 + l_3\vec{a}_3$。

现让我们来构造一个新的函数

$$u_{\vec{k}}(\vec{r}) = \mathrm{e}^{-\mathrm{i}\vec{k}\cdot\vec{r}}\psi_{\vec{k}}(\vec{r}) \tag{7.43}$$

将平移操作算符 $\hat{T}_{\vec{R}_l}$ 作用于该函数后得到

$$\hat{T}_{\vec{R}_l}u_{\vec{k}}(\vec{r}) = u_{\vec{k}}(\vec{r}+\vec{R}_l) = \mathrm{e}^{-\mathrm{i}\vec{k}\cdot(\vec{r}+\vec{R}_l)}\psi_{\vec{k}}(\vec{r}+\vec{R}_l)$$

由于 $\psi_{\vec{k}}(\vec{r}+\vec{R}_l) = \hat{T}_{\vec{R}_l}\psi_{\vec{k}}(\vec{r}) = \mathrm{e}^{\mathrm{i}\vec{k}\cdot\vec{R}_l}\psi_{\vec{k}}(\vec{r})$,代入上式有

$$\hat{T}_{\vec{R}_l}u_{\vec{k}}(\vec{r}) = \mathrm{e}^{-\mathrm{i}\vec{k}\cdot\vec{r}}\psi_{\vec{k}}(\vec{r}) = u_{\vec{k}}(\vec{r})$$

说明所构造的函数具有和晶格相同的平移对称性,即

$$u_{\vec{k}}(\vec{r}+\vec{R}_l) = u_{\vec{k}}(\vec{r}) \tag{7.44}$$

在式(7.43)的两边同时乘上 $\mathrm{e}^{\mathrm{i}\vec{k}\cdot\vec{r}}$,则得到平移操作算符 $\hat{T}_{\vec{R}_l}$ 属于本征值为 $\lambda_{\vec{R}_l} = \mathrm{e}^{\mathrm{i}\vec{k}\cdot\vec{R}_l}$ 的
本征函数为

$$\psi_{\vec{k}}(\vec{r}) = \mathrm{e}^{\mathrm{i}\vec{k}\cdot\vec{r}}u_{\vec{k}}(\vec{r}) \tag{7.45}$$

根据前面的分析,由于平移操作算符 $\hat{T}_{\vec{R}_l}$ 和哈密顿算符 $\hat{H}$ 有共同的本征函数,因此,
由式(7.45)给出的平移操作算符 $\hat{T}_{\vec{R}_l}$ 属于本征值为 $\lambda_{\vec{R}_l} = \mathrm{e}^{\mathrm{i}\vec{k}\cdot\vec{R}_l}$ 的本征函数 $\psi_{\vec{k}}(\vec{r})$ 就是
晶体中处在 $\vec{k}$ 态电子的波函数。晶体中电子具有如式(7.45)形式的波函数是布洛赫首次
提出的,故称为布洛赫波函数,用布洛赫波函数描述的电子称为布洛赫电子,相应的波称
为布洛赫波。

为了说明布洛赫波函数的物理意义,现考虑一种特殊情况,即式(7.45)中的 $u_{\vec{k}}(\vec{r})$
是位置无关的常数 c,则有

$$\psi_{\vec{k}}(\vec{r}) = c\,\mathrm{e}^{\mathrm{i}\vec{k}\cdot\vec{r}}$$

说明在这种特殊情况下,布洛赫波就是德布罗意波,它以平面波的形式在晶体中传播,因
此,可以认为,式(7.45)中的平面波因子 $\mathrm{e}^{\mathrm{i}\vec{k}\cdot\vec{r}}$ 反映的是晶体中电子的共有化运动,即电子
可以在整个晶体中作共有化运动。但在一般情况下,$u_{\vec{k}}(\vec{r})$ 不是位置无关的常数,而是
和晶格具有相同周期的周期性函数。由此可以看到,布洛赫波在晶体中的表现是按晶格
周期函数调幅的平面波,它是晶体中的电子受到和晶格相同平移对称性的势场作用的自
然结果。布洛赫的命题和结论称为布洛赫定理,其完整表述如下。

布洛赫定理:如果电子处在与晶格具有相同周期的周期性势场中,即 $V(\vec{r}+\vec{R}_l) =$

$V(\vec{r})$，则单电子薛定谔方程

$$\hat{H}\psi(\vec{r}) = \left[-\frac{\hbar^2}{2m}\, \mathbf{\nabla}^2 + V(\vec{r}) \right]\psi(\vec{r}) = \varepsilon\psi(\vec{r})$$

的本征函数必取布洛赫波函数的形式，即

$$\psi_{\vec{k}}(\vec{r}) = \mathrm{e}^{i\vec{k}\cdot\vec{r}}\, u_{\vec{k}}(\vec{r})$$

其中，$u_{\vec{k}}(\vec{r})$ 是和晶格具有相同周期的周期性函数，即

$$u_{\vec{k}}(\vec{r}+\vec{R}_l) = u_{\vec{k}}(\vec{r})$$

布洛赫定理有一个重要的推论，即：对在与晶格具有相同周期的周期性势场中运动的电子，其薛定谔方程的每一个本征解存在一组波矢 $\vec{k}$，使得

$$\psi_{\vec{k}}(\vec{r}+\vec{R}_l) = \mathrm{e}^{i\vec{k}\cdot\vec{R}_l}\psi_{\vec{k}}(\vec{r}) \tag{7.46}$$

对属于布喇菲格子的所有格矢 $\{\vec{R}_l\}$ 成立。其证明如下：

按照布洛赫定理，周期性势场中运动的电子，其薛定谔方程的本征解取如式(7.45)所示的布洛赫波函数的形式，将平移操作算符 $\hat{T}_{\vec{R}_l}$ 作用于布洛赫波函数后得到

$$\hat{T}_{\vec{R}_l}\psi_{\vec{k}}(\vec{r}) = \psi_{\vec{k}}(\vec{r}+\vec{R}_l) = \mathrm{e}^{i\vec{k}\cdot(\vec{r}+\vec{R}_l)}u_{\vec{k}}(\vec{r}+\vec{R}_l)$$

由于 $u_{\vec{k}}(\vec{r}+\vec{R}_l) = u_{\vec{k}}(\vec{r})$，$\psi_{\vec{k}}(\vec{r}) = \mathrm{e}^{i\vec{k}\cdot\vec{r}}u_{\vec{k}}(\vec{r})$，因此有

$$\psi_{\vec{k}}(\vec{r}+\vec{R}_l) = \mathrm{e}^{i\vec{k}\cdot\vec{R}_l}\left[\mathrm{e}^{i\vec{k}\cdot\vec{r}}u_{\vec{k}}(\vec{r})\right] = \mathrm{e}^{i\vec{k}\cdot\vec{R}_l}\psi_{\vec{k}}(\vec{r})$$

故得证。

7.3.4　矢量的物理意义及其取值

先来看看由式(7.35)定义的矢量 $\vec{k}$ 的物理意义。如果仅仅从式(7.36)看，矢量 $\vec{k}$ 可以理解为对应于平移操作算符本征值的量子数。考虑一种极端情况，即式(7.45)中的 $u_{\vec{k}}$ 是位置无关的常数，此时的电子波函数为严格意义下的平面波波函数的形式，意味着位置无关的 $u_{\vec{k}}$ 对应的是常势场下电子自由运动的情况。对以平面波波函数 $\psi_{\vec{k}} \sim \mathrm{e}^{i\vec{k}\cdot\vec{r}}$ 描述的状态，电子具有确定的动量 $\hbar\vec{k}$，从这种特殊情况可以看出，矢量 $\vec{k}$ 具有电子波矢的物理意义。然而，一般情况下 $u_{\vec{k}}$ 不是位置无关的常数，将动量算符 $\hat{p} = -i\hbar\mathbf{\nabla}$ 作用于布洛赫波函数

$$-i\hbar\mathbf{\nabla}\psi_{\vec{k}} = -i\hbar\mathbf{\nabla}(\mathrm{e}^{i\vec{k}\cdot\vec{r}}u_{\vec{k}}(\vec{r})) = \hbar k\psi_{\vec{k}} - i\hbar\mathrm{e}^{i\vec{k}\cdot\vec{r}}\mathbf{\nabla}u_{\vec{k}}(\vec{r}) \tag{7.47}$$

得到的结果并不能简单地表示成一常数乘以 $\psi_{\vec{k}}$，表明布洛赫波函数 $\psi_{\vec{k}}$ 不是动量算符的本征函数，或者说，在由布洛赫波函数 $\psi_{\vec{k}}$ 所描写的状态中电子没有确定的动量。虽然如此，但根据后面关于固体电子输运性质的讨论可知，布洛赫电子对外加电磁场的响应好像有动量 $\hbar\vec{k}$，由于这一原因，我们仍然可以将矢量 $\vec{k}$ 理解为电子的波矢，而将 $\hbar\vec{k}$ 理解为处在 $\vec{k}$ 态时的电子动量。另外一方面，若从式(7.46)看，矢量 $\vec{k}$ 反映的是不同原胞之间电子

波函数位相的变化。综合这些考虑,可以认为,矢量 $\vec{k}$ 具有电子波矢的含义,是标志电子在具有平移对称性的周期场中不同状态的量子数。

再来看看波矢 $\vec{k}$ 的取值。从式(7.35)可以看到,由于 $t_i(i=1,2,3)$ 可取0或任意正、负整数,意味着 $\vec{k}$ 取值不是连续的而是分立的,$\vec{k}$ 的分立或者说量子化取值是布洛赫波限制在有限尺寸的晶体内部传播的自然结果。波矢按照

$$\vec{k} = \frac{t_1}{N_1}\vec{b}_1 + \frac{t_2}{N_2}\vec{b}_2 + \frac{t_3}{N_3}\vec{b}_3$$

量子化取值,在 $\vec{k}$ 空间中形成周期性排布的点,每一个点代表一个电子态,每个点的坐标由下式给出:

$$k_j = \frac{t_j}{N_j}b_j \quad (j=1,2,3) \tag{7.48}$$

沿 $\vec{b}_j$ 方向相邻两个点间的间隔为 $\frac{b_j}{N_j}$,因此,$\vec{k}$ 空间中每个代表电子状态的点所占的体积为

$$\frac{\vec{b}_1}{N_1} \cdot \left(\frac{\vec{b}_2}{N_2} \times \frac{\vec{b}_3}{N_3}\right) = \frac{1}{N}\vec{b}_1 \cdot (\vec{b}_2 \times \vec{b}_3) = \frac{1}{N}\frac{(2\pi)^2}{\Omega} \tag{7.49}$$

其中,$N = N_1 N_2 N_3$ 为晶体的原胞数。另一方面,一个布里渊区的体积等于倒格子空间原胞的体积,而倒格子空间的原胞体积为 $\vec{b}_1 \cdot (\vec{b}_2 \times \vec{b}_3)$。因此,在一个布里渊区里波矢 $\vec{k}$ 的取值数目为

布里渊区体积 / 每个代表点体积

$$= \vec{b}_1 \cdot (\vec{b}_2 \times \vec{b}_3)/\frac{1}{N}\vec{b}_1 \cdot (\vec{b}_2 \times \vec{b}_3) = N \tag{7.50}$$

意味着一个布里渊区里波矢 $\vec{k}$ 的取值数目正好和晶体的原胞数目相等。

7.4　固体能带的普遍规律

第7.3节从晶格平移对称性出发,分析和讨论了周期性势场中运动的电子所具有的普遍规律。布洛赫的理论分析表明,对于在与晶格具有相同周期的周期性势场中运动的电子,其波函数一定具有布洛赫波函数的形式。本节通过进一步的理论分析证明,只要电子波函数取布洛赫波函数形式,则固体的电子能谱必呈能带结构。

7.4.1　能带结构

现在我们根据一般性分析,即在不知道电子势具体函数形式的前提下,来看看基于布洛赫理论如何得到固体的能带结构。为此,在单电子薛定谔方程(7.13)中用布洛赫波形式的解 $\psi_{\vec{k}}(\vec{r})$ 替代原方程中的 $\psi(\vec{r})$,并将相应的电子本征能量标记为 $\varepsilon(\vec{k})$,这样一来,单电子薛定谔方程(7.13)变成

$$\left[-\frac{\hbar^2}{2m}\mathbf{\nabla}^2+V(\vec{r})\right]\psi_{\vec{k}}(\vec{r})=\varepsilon(\vec{k})\psi_{\vec{k}}(\vec{r})\qquad(7.51)$$

该方程表明，$\psi_{\vec{k}}(\vec{r})$ 是单电子哈密顿算符属于能量本征值为 $\varepsilon(\vec{k})$ 的本征函数。由于 $\psi_{\vec{k}}(\vec{r})=\mathrm{e}^{\mathrm{i}\vec{k}\cdot\vec{r}}u_{\vec{k}}(\vec{r})$ 及

$$\mathbf{\nabla}\psi_{\vec{k}}=\mathbf{\nabla}(\mathrm{e}^{\mathrm{i}\vec{k}\cdot\vec{r}}u_{\vec{k}})=\mathrm{i}\vec{k}\,\mathrm{e}^{\mathrm{i}\vec{k}\cdot\vec{r}}u_{\vec{k}}+\mathrm{e}^{\mathrm{i}\vec{k}\cdot\vec{r}}\mathbf{\nabla}u_{\vec{k}}$$

和

$$\mathbf{\nabla}^2\psi_{\vec{k}}=\mathbf{\nabla}(\mathrm{i}\vec{k}\,\mathrm{e}^{\mathrm{i}\vec{k}\cdot\vec{r}}u_{\vec{k}}+\mathrm{e}^{\mathrm{i}\vec{k}\cdot\vec{r}}\mathbf{\nabla}u_{\vec{k}})=-\mathrm{e}^{\mathrm{i}\vec{k}\cdot\vec{r}}\left(\frac{\mathbf{\nabla}}{i}+\vec{k}\right)^2u_{\vec{k}}$$

代入方程(7.51)中有

$$\left[\frac{\hbar^2}{2m}\left(\frac{\mathbf{\nabla}}{i}+\vec{k}\right)^2+V(\vec{r})\right]u_{\vec{k}}(\vec{r})=\varepsilon(\vec{k})u_{\vec{k}}(\vec{r})\qquad(7.52)$$

若令

$$\hat{H}_{\vec{k}}=\frac{\hbar^2}{2m}\left(\frac{1}{i}\mathbf{\nabla}+\vec{k}\right)^2+V(\vec{r})\qquad(7.53)$$

则方程(7.52)可简写为

$$\hat{H}_{\vec{k}}u_{\vec{k}}(\vec{r})=\varepsilon(\vec{k})u_{\vec{k}}(\vec{r})\qquad(7.54)$$

很容易验证，$\hat{H}_{\vec{k}}$ 是一个厄米算符，因此，方程(7.54)是厄米算符 $\hat{H}_{\vec{k}}$ 的本征值方程，本征值为 $\varepsilon(\vec{k})$，$u_{\vec{k}}(\vec{r})$ 是厄米算符 $\hat{H}_{\vec{k}}$ 属于本征值为 $\varepsilon(\vec{k})$ 的本征函数。理论上，如果知道电子势 $V(\vec{r})$ 的具体函数形式，则通过求解 $\hat{H}_{\vec{k}}$ 的本征值方程，可得到晶体中的电子处在 $\vec{k}$ 态时的能量 $\varepsilon(\vec{k})$，这正是后面的能带计算重点要考虑的。现在要考虑的是，即使在不知道电子势 $V(\vec{r})$ 的具体函数形式的前提下，从方程(7.54)出发，就可以得到固体能带结构的普遍规律。

按布洛赫定理，方程(7.54)中的 $u_{\vec{k}}(\vec{r})$ 具有和晶格相同的平移对称性，即

$$u_{\vec{k}}(\vec{r})=u_{\vec{k}}(\vec{r}+\vec{R}_l)$$

如果把一个原胞理解为是一个有限尺寸的晶体，则上述方程实际上就是 $u_{\vec{k}}(\vec{r})$ 所应当满足的玻恩—卡门周期性边界条件。这一周期性边界条件意味着，方程(7.54)所描述的问题是限制在晶体一个原胞的有限区域内的厄米本征值问题。

由于 $u_{\vec{k}}(\vec{r})$ 被限制在有限区域内，属于束缚态情况，按照量子力学，$\hat{H}_{\vec{k}}$ 的本征值 $\varepsilon(\vec{k})$，即电子的能量，必然是量子化的。对每一个参数 $\vec{k}$，$\hat{H}_{\vec{k}}$ 应有无限个分立的本征值。按能量从低到高，将这些分立的本征值依次标为

$$\varepsilon_1(\vec{k}),\varepsilon_2(\vec{k}),\cdots,\varepsilon_n(\vec{k})\cdots$$

这样一来，布洛赫电子的状态应由两个量子数 n 和 $\vec{k}$ 来标记，相应的能量和波函数应写为 $\varepsilon_n(\vec{k})$ 和 $\psi_{n,\vec{k}}(\vec{r})$。

现在考虑布洛赫电子分别处在波矢为 $\vec{k}$ 的 $\psi_{n,\vec{k}}(\vec{r})$ 态和波矢为 $\vec{k}+\vec{K}_h$ 的

$\psi_{n,\vec{k}+\vec{K}_h}(\vec{r})$ 态的情况,其中,$\vec{K}_h = h_1\vec{b}_1 + h_2\vec{b}_2 + h_3\vec{b}_3$ 为任意倒格矢,相应的本征能量分别为 $\varepsilon_n(\vec{k})$ 和 $\varepsilon_n(\vec{k}+\vec{K}_h)$。若将平移操作算符 $\hat{T}_{\vec{R}_l}$ 分别作用于这两个函数,由平移操作算符的性质有

$$\hat{T}_{\vec{R}_l}\psi_{n,\vec{k}}(\vec{r}) = \psi_{n,\vec{k}}(\vec{r}+\vec{R}_l) = e^{i\vec{k}\cdot\vec{R}_l}\psi_{n,\vec{k}}(\vec{r}) \tag{7.55}$$

和

$$\hat{T}_{\vec{R}_l}\psi_{n,\vec{k}+\vec{K}_h}(\vec{r}) = \psi_{n,\vec{k}+\vec{K}_h}(\vec{r}+\vec{R}_l) = e^{i(\vec{k}+\vec{K}_h)\cdot\vec{R}_l}\psi_{n,\vec{k}+\vec{K}_h}(\vec{r})$$
$$= e^{i\vec{k}\cdot\vec{R}_l}\psi_{n,\vec{k}+\vec{K}_h}(\vec{r}) \tag{7.56}$$

上面最后一步推导过程中用到了正、倒格矢间的关系 $e^{i\vec{K}_h\cdot\vec{R}_l} = 1$。可见,$\psi_{n,\vec{k}}(\vec{r})$ 和 $\psi_{n,\vec{k}+\vec{K}_h}(\vec{r})$ 两个波函数均是平移算符 $\hat{T}_{\vec{R}_l}$ 属于相同本征值 $e^{i\vec{k}\cdot\vec{R}_l}$ 的本征函数,因此,两个波函数之间至多相差一个常数,不妨将它们间的关系表示为

$$\psi_{n,\vec{k}+\vec{K}_h}(\vec{r}) = c\psi_{n,\vec{k}}(\vec{r}) \tag{7.57}$$

其中,c 是常数。由单电子薛定谔方程(7.51)可知,单电子哈密顿算符属于本征值为 $\varepsilon_n(\vec{k})$ 的本征函数 $\psi_{n,\vec{k}}(\vec{r})$ 满足

$$\hat{H}\psi_{n,\vec{k}}(\vec{r}) = \varepsilon_n(\vec{k})\psi_{n,\vec{k}}(\vec{r}) \tag{7.58}$$

方程两边同时乘上 $\psi_{n,\vec{k}}^*(\vec{r})$ 并在全空间积分,则可得到在 $\psi_{n,\vec{k}}(\vec{r})$ 态时的电子能量 $\varepsilon_n(\vec{k})$ 为

$$\varepsilon_n(\vec{k}) = \frac{\int \psi_{n,\vec{k}}^*(\vec{r})\hat{H}\psi_{n,\vec{k}}(\vec{r})d\vec{r}}{\int \psi_{n,\vec{k}}^*(\vec{r})\psi_{n,\vec{k}}(\vec{r})d\vec{r}} \tag{7.59}$$

同样,单电子哈密顿算符属于本征值为 $\varepsilon_n(\vec{k}+\vec{K}_h)$ 的本征函数 $\psi_{n,\vec{k}+\vec{K}_h}(\vec{r})$ 满足

$$\hat{H}\psi_{n,\vec{k}+\vec{K}_h}(\vec{r}) = \varepsilon_n(\vec{k}+\vec{K}_h)\psi_{n,\vec{k}+\vec{K}_h}(\vec{r}) \tag{7.60}$$

由此可得到在 $\psi_{n,\vec{k}+\vec{K}_h}(\vec{r})$ 态时电子能量 $\varepsilon_n(\vec{k}+\vec{K}_h)$ 为

$$\varepsilon_n(\vec{k}+\vec{K}_h) = \frac{\int \psi_{n,\vec{k}+\vec{K}_h}^*(\vec{r})\hat{H}\psi_{n,\vec{k}+\vec{K}_h}(\vec{r})d\vec{r}}{\int \psi_{n,\vec{k}+\vec{K}_h}^*(\vec{r})\psi_{n,\vec{k}+\vec{K}_h}(\vec{r})d\vec{r}} \tag{7.61}$$

将 $\psi_{n,\vec{k}+\vec{K}_h}(\vec{r}) = c\psi_{n,\vec{k}}(\vec{r})$ 代入式(7.61),则有

$$\varepsilon_n(\vec{k}+\vec{K}_h) = \varepsilon_n(\vec{k}) \tag{7.62}$$

意味着在相差任意倒格矢的两个态中,电子能量相等,或者说,对给定的 n,晶体中的电子能量 $\varepsilon_n(\vec{k})$ 在 $\vec{k}$ 空间中是倒格矢 $\vec{K}_h$ 的周期函数。

既然能量 $\varepsilon_n(\vec{k})$ 是 $\vec{k}$ 的周期函数,则其只能在一定的能量范围内周期性变化,且必有

能量的上、下界。另一方面,由于 $\varepsilon_n(\vec{k})$ 在 $\vec{k}$ 空间中是倒格矢 $\vec{K}_h$ 的周期函数,因此,可以只关注第一布里渊区里的电子能量 $\varepsilon_n(\vec{k})$ 随 $\vec{k}$ 的变化,而其他布里渊区里的 $\varepsilon_n(\vec{k})$ 只需要将其按 $\vec{K}_h = h_1\vec{b}_1 + h_2\vec{b}_2 + h_3\vec{b}_3$ 作周期性平移得到。这样一来,对于给定的 n,将 $\varepsilon_n(\vec{k})$ 在 $\vec{k}$ 空间中作周期性重复平移,可得到 $\varepsilon_n(\vec{k})$ 在 $\vec{k}$ 空间中的完整图像。由式(7.50) 可知,一个布里渊区里共有 N 个不同的 $\vec{k}$ 取值,每一个 $\vec{k}$ 的取值 $\vec{k}_j$ 对应一个能量为 $\varepsilon_n(\vec{k}_j)$ 的能级,因此,在一个布里渊区里总共有 N 个能量不同的能级,这 N 个能量不同的能级构成第 n 个能带。量子数 n 称为带指标,$n = 1, 2, \cdots$ 分别代表第一、第二能带等。由于每一个能带都有能量的上、下界,或者说,每一个能带都有能量顶部和底部,对于相邻的能带来说,只要上一个能带的底部不与下一个能带顶部的能量重叠,则在两个能带之间必存在没有电子能级的能量范围,这样一个没有电子能级的能量范围称为禁带,第 n 个能带和其上的第 $n+1$ 个能带间的禁带宽度,通常以 $E_{g,n}$ 表示,其为第 $n+1$ 个能带底部能量 $\varepsilon_{n+1,\min}$ 和第 n 个能带顶部能量 $\varepsilon_{n,\max}$ 之差,即

$$E_{g,n} = \varepsilon_{n+1,\min} - \varepsilon_{n,\max}$$

包含所有能带和禁带在内的总体 $\{\varepsilon_n(\vec{k})\}$ 称为晶体的能带结构。

图 7.2 所示的是基于近自由电子近似(见第 7.5 节)得到的一维导体的能带结构示意图。可以看到,对每一个给定的 n,$\varepsilon_n(k)$ 是倒格矢 $K_h = h\dfrac{2\pi}{a}$ 的周期性函数,相邻的能带之间是没有电子能级的禁带。

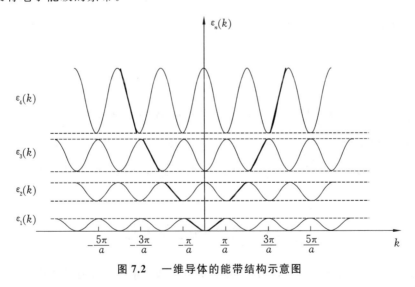

图 7.2　一维导体的能带结构示意图

7.4.2　能带函数的对称性

方程(7.6)表明,对每一个给定的 n,平移任意倒格矢 $\vec{K}_h$ 的操作没有引起晶体中电子能量的变化,即

$$\varepsilon_n(\vec{k}) = \varepsilon_n(\vec{k} + \vec{K}_h)$$

意味着能带函数具有平移对称性。能带函数不仅具有如上式所示的平移对称性,而且还具有如下式所示的反演对称性,即

$$\varepsilon_n(\vec{k}) = \varepsilon_n(-\vec{k}) \tag{7.63}$$

这可以通过如下的推导得以证明。

在式(7.51)所示的薛定谔方程中,假设 $\psi_{n,\vec{k}}(\vec{r})$ 是单电子哈密顿算符属于本征值为 $\varepsilon_n(\vec{k})$ 的本征函数,即

$$\left[-\frac{\hbar^2}{2m}\nabla^2 + V(\vec{r}) \right] \psi_{n,\vec{k}}(\vec{r}) = \varepsilon_n(\vec{k}) \psi_{n,\vec{k}}(\vec{r})$$

由于电子势函数 $V(\vec{r})$ 和电子能量 $\varepsilon_n(\vec{k})$ 均为实数,上述方程两边取复数后有

$$\left[-\frac{\hbar^2}{2m}\nabla^2 + V(\vec{r}) \right] \psi_{n,\vec{k}}^*(\vec{r}) = \varepsilon_n(\vec{k}) \psi_{n,\vec{k}}^*(\vec{r}) \tag{7.64}$$

说明 $\psi_{n,\vec{k}}^*(\vec{r})$ 也是单电子哈密顿算符属于相同本征值 $\varepsilon_n(\vec{k})$ 的本征函数。假设 $\psi_{n,-\vec{k}}(\vec{r})$ 是单电子哈密顿算符属于本征值为 $\varepsilon_n(-\vec{k})$ 的本征函数,则有

$$\left[-\frac{\hbar^2}{2m}\nabla^2 + V(\vec{r}) \right] \psi_{n,-\vec{k}}(\vec{r}) = \varepsilon_n(-\vec{k}) \psi_{n,-\vec{k}}(\vec{r}) \tag{7.65}$$

现在考虑将平移操作算符 $\hat{T}_{\vec{R}_l}$ 分别作用于 $\psi_{n,\vec{k}}^*(\vec{r})$ 和 $\psi_{n,-\vec{k}}(\vec{r})$,利用平移操作算符的性质,则有

$$\hat{T}_{\vec{R}_l}\psi_{n,\vec{k}}^*(\vec{r}) = \psi_{n,\vec{k}}^*(\vec{r}+\vec{R}_l) = \left[e^{i\vec{k}\cdot\vec{R}_l}\psi_{n,\vec{k}}(\vec{r}) \right]^* = e^{-i\vec{k}\cdot\vec{R}_l}\psi_{n,\vec{k}}^*(\vec{r})$$

和

$$\hat{T}_{\vec{R}_l}\psi_{n,-\vec{k}}(\vec{r}) = \psi_{n,-\vec{k}}(\vec{r}+\vec{R}_l) = e^{-i\vec{k}\cdot\vec{R}_l}\psi_{n,-\vec{k}}(\vec{r})$$

可见, $\psi_{n,\vec{k}}^*(\vec{r})$ 和 $\psi_{n,-\vec{k}}(\vec{r})$ 两个函数均是平移操作算符 $\hat{T}_{\vec{R}_l}$ 属于相同本征值的本征函数,两者之间至多相差一个常数。类似于式(7.62)的证明,由方程(7.64)得到的 $\varepsilon_n(\vec{k})$ 和由方程(7.65)得到的 $\varepsilon_n(-\vec{k})$ 是相等的,从而证明了能带函数具有如式(7.63)所示的反演对称性。

7.5　近自由电子近似

第7.4节从晶格周期势所具有的平移对称性出发,得到了有关晶体中电子本征能量和本征波函数的普遍结果,即对于在与晶格具有相同周期的周期性势场中运动的电子,其波函数具有布洛赫波函数的形式并使电子能谱呈能带结构。本节讨论近自由电子情况,这是能带理论中一个最简单的模型,模型的基本出发点是假设电子所感受到的势场随空间位置的变化不大以至于其空间起伏可看作是对自由电子(势场为常数)情形的微扰。为简单起见,我们以由 N 个金属原子构成的一维导体为例,试图说明周期场中运动

的电子的能谱是如何呈现能带结构的。

7.5.1　近自由电子近似及其理论处理思路

对由 N 个金属原子以周期 a（相邻原子间的间隔）周期性排列形成的一维导体，单电子薛定谔方程为

$$\left[-\frac{\hbar^2}{2m}\frac{\mathrm{d}^2}{\mathrm{d}x^2}+V(x)\right]\psi(x)=\varepsilon\psi(x) \tag{7.66}$$

其中，$V(x)$ 是电子所感受到的势场，具有和晶格相同的周期性，即

$$V(x)=V(x+la)$$

l 为 0 或任意正、负整数。由于 $V(x)$ 为周期函数，故可作如下的傅里叶级数展开：

$$V(x)=\sum_{n=0}V_n\mathrm{e}^{\mathrm{i}K_nx}=V_0+\sum{}'V_n\mathrm{e}^{\mathrm{i}K_nx} \tag{7.67}$$

式中撇号表示不包括常数项 V_0，这里的 V_0 实际上就是电子的平均势，$K_n=n\dfrac{2\pi}{a}$ 为倒格子空间的任一倒格矢，n 为任意正、负整数。傅里叶展开式系数为

$$V_n=\frac{1}{L}\int V(x)\mathrm{e}^{-\mathrm{i}K_nx}\mathrm{d}x \tag{7.68}$$

由于电子势场是实数，即 $V(x)=V^*(x)$，不难验证，电子势的傅里叶展开式系数 V_n 满足

$$V_n^*=V_{-n}$$

将式(7.67)代入式(7.66)并令

$$\hat{H}_0=-\frac{\hbar^2}{2m}\frac{\mathrm{d}^2}{\mathrm{d}x^2}+V_0 \tag{7.69}$$

和

$$\hat{H}'=\sum_{n\neq0}V_n\mathrm{e}^{\mathrm{i}n\frac{2\pi}{a}x} \tag{7.70}$$

则一维导体的单电子薛定谔方程(7.66)可写成

$$(\hat{H}_0+\hat{H}')\psi(x)=\varepsilon\psi(x) \tag{7.71}$$

如果不考虑 $\hat{H}'$ 项，即

$$\hat{H}_0\psi(x)=\varepsilon\psi(x) \tag{7.72}$$

该方程所描述的正是处在为常数的势场的自由电子的情况。为简单起见，令 $V_0=0$，则由第 6 章可知，相应的本征函数和本征值分别为

$$\psi_k^{(0)}(x)=\frac{1}{\sqrt{L}}\mathrm{e}^{\mathrm{i}kx} \tag{7.73}$$

和

$$\varepsilon_k^{(0)}=\frac{\hbar^2k^2}{2m} \tag{7.74}$$

式中的上标"0"表示的是自由电子的本征函数和本征值，$\dfrac{1}{\sqrt{L}}$ 为归一化系数，$L=Na$ 为一维金属的长度，N 为原胞数。采用周期性边界条件

$$\psi_k^{(0)}(x) = \psi_k^{(0)}(x+L) \tag{7.75}$$

则 k 是分立取值的,即

$$k = 2\pi \frac{l}{L} \tag{7.76}$$

l 为 0 或任意正、负整数。

从式(7.67)看到,电子势可看成由常势 V_0(自由电子)和 $\hat{H}' = \sum_{n\neq0} V_n \mathrm{e}^{\mathrm{i}n\frac{2\pi}{a}x}$ 两部分组成,后者反映的是电子势随空间位置的变化。在近自由电子近似下,电子势的空间起伏不大,以至于 $\hat{H}' = \sum_{n\neq0} V_n \mathrm{e}^{\mathrm{i}n\frac{2\pi}{a}x}$ 可看作是对自由电子情形的微扰。然后我们就可以基于量子力学的微扰论来处理一维导体中的电子本征态和本征能量。下面就布洛赫波远离和接近布里渊边界两种情况分别进行分析和讨论。

7.5.2　布洛赫波远离布里渊区边界的情况

根据上面所讲的近自由电子近似的理论处理思路,由于电子势空间起伏不大,因此,$\hat{H}' = \sum_{n\neq0} V_n \mathrm{e}^{\mathrm{i}n\frac{2\pi}{a}x}$ 可看作是对自由电子情形的微扰。按照量子力学非简并定态微扰论,电子波函数和本征能量可分别近似为

$$\psi_k = \psi_k^{(0)} + \psi_k^{(1)} + \cdots \tag{7.77}$$

和

$$\varepsilon_k = \varepsilon_k^{(0)} + \varepsilon_k^{(1)} + \varepsilon_k^{(2)} + \cdots \tag{7.78}$$

其中,

$$\psi_k^{(1)} = \sum_{k'}{}' \frac{H'_{kk'}}{\varepsilon_k^{(0)} - \varepsilon_{k'}^{(0)}} \psi_{k'}^{(0)}(x) \tag{7.79}$$

为波函数的一级修正,

$$H'_{kk'} = \int_0^L \psi_k^{(0)*} \hat{H}' \psi_{k'}^{(0)} \mathrm{d}x \tag{7.80}$$

为微扰矩阵元,

$$\varepsilon_k^{(1)} = H'_{kk} = \int_0^L \psi_k^{(0)*} \hat{H}' \psi_k^{(0)} \mathrm{d}x \tag{7.81}$$

为能量的一级修正,

$$\varepsilon_k^{(2)} = \sum_{k'}{}' \frac{|H'_{kk'}|^2}{\varepsilon_k^{(0)} - \varepsilon_{k'}^{(0)}} \tag{7.82}$$

为能量的二级修正。

先来看看近似能量,为此首先要计算式(7.80)所示的微扰矩阵元,将式(7.73)代入式(7.80)中,得到

$$H'_{kk'} = \int_0^L \psi_k^{(0)*} \sum_{n\neq0} V_n \mathrm{e}^{\mathrm{i}n\frac{2\pi}{a}x} \psi_{k'}^{(0)} \mathrm{d}x = \begin{cases} 0 & (k=k') \\ V_n & \left(k'=k-n\frac{2\pi}{a}\right) \end{cases} \tag{7.83}$$

利用式(7.81)和式(7.82),可计算得到能量的一级修正和二级修正,计算的结果分别为

$$\varepsilon_k^{(1)} = H'_{kk} = 0 \tag{7.84}$$

和

$$\varepsilon_k^{(2)} = \sum_{n \neq 0} \frac{|V_n|^2}{\dfrac{\hbar^2}{2m}\left[k^2 - \left(k - 2\pi\dfrac{n}{a}\right)^2\right]} \tag{7.85}$$

因此,近似到二级修正,得到一维导体的电子能量近似为

$$\varepsilon_k \approx \varepsilon_k^{(0)} + \varepsilon_k^{(1)} + \varepsilon_k^{(2)} = \frac{\hbar^2 k^2}{2m} + \sum_{n \neq 0} \frac{|V_n|^2}{\dfrac{\hbar^2}{2m}\left[k^2 - \left(k - 2\pi\dfrac{n}{a}\right)^2\right]} \tag{7.86}$$

再来看看近似波函数。将式(7.83)代入式(7.79),得到波函数的一级修正为

$$\psi_k^{(1)} = \sum_n{}' \frac{V_n}{\dfrac{\hbar^2}{2m}\left[k^2 - \left(k - 2\pi\dfrac{n}{a}\right)^2\right]} \frac{1}{\sqrt{L}} e^{i\left(k - 2\pi\frac{n}{a}\right)x} \tag{7.87}$$

因此,若近似到一级,则得到计及微扰后的近似波函数为

$$\begin{aligned}
\psi_k &\approx \psi_k^{(0)} + \psi_k^{(1)} \\
&= \frac{1}{\sqrt{L}} e^{ikx} + \sum_{n \neq 0} \frac{V_n}{\dfrac{\hbar^2}{2m}\left[k^2 - \left(k - 2\pi\dfrac{n}{a}\right)^2\right]} \frac{1}{\sqrt{L}} e^{i\left(k - 2\pi\frac{n}{a}\right)x} \\
&= \frac{1}{\sqrt{L}} e^{ikx} \left\{ 1 + \sum_{n \neq 0} \frac{V_n}{\dfrac{\hbar^2}{2m}\left[k^2 - \left(k - 2\pi\dfrac{n}{a}\right)^2\right]} e^{-i2\pi\frac{n}{a}x} \right\}
\end{aligned} \tag{7.88}$$

若令

$$u_k(x) = \frac{1}{\sqrt{L}} \left\{ 1 + \sum_{n \neq 0} \frac{V_n}{\dfrac{\hbar^2}{2m}\left[k^2 - \left(k - 2\pi\dfrac{n}{a}\right)^2\right]} e^{-i2\pi\frac{n}{a}x} \right\} \tag{7.89}$$

则计及微扰后的近似波函数可表示为

$$\psi_k(x) = e^{ikx} u_k(x) \tag{7.90}$$

不难验证,$u_k(x)$ 具有和晶格相同的周期性,即

$$u_k(x) = u_k(x + la) \tag{7.91}$$

说明,近似波函数也具有布洛赫波函数的形式,这是期望中的结果。

为了看清楚近似波函数的意义,将式(7.88)写成如下形式:

$$\psi_k = \frac{1}{\sqrt{L}} e^{ikx} + \frac{1}{\sqrt{L}} \sum_{k'}{}' \frac{V_n}{\dfrac{\hbar^2}{2m}\left[k^2 - k'^2\right]} e^{ik'x} \tag{7.92}$$

其中,

$$k' = -\left(\frac{2\pi n}{a} - k\right) \tag{7.93}$$

如果将 e^{ikx} 理解为波矢为 k 的前进平面波,由于 k' 所代表的平面波和波矢为 k 的前进平面波传播方向不同,因此,可以将 $e^{ik'x}$ 理解为前进平面波因受周期场作用而产生的散射波。

意味着式(7.92)所代表的布洛赫波为两种波的迭加,一种波代表的是波矢为 k 的前进平面波,另一种代表的则是前进平面波因受周期场作用而产生的各散射分波之和,其中,每一个散射分波的波矢由式(7.93)表示,相应散射波的幅度为

$$\frac{V_n}{\frac{\hbar^2}{2m}\left[k^2-\left(k-2\pi\,\frac{n}{a}\right)^2\right]} \tag{7.94}$$

一般情况下,即布洛赫波远离布里渊区边界$\left(\frac{n\pi}{a}\right)$时,显然有 $k^2\neq\left(k-\frac{2n\pi}{a}\right)^2$,另一方面,周期势起伏很小,以至于 V_n 很小,因此,各散射分波的幅度很小,即

$$\frac{V_n}{\frac{\hbar^2}{2m}\left[k^2-\left(k-2\pi\,\frac{n}{a}\right)^2\right]} \ll 1 \tag{7.95}$$

这正是非简并定态微扰论适用的前提条件,在这种情况下,周期场对前进的平面波的影响可忽略,以至于布洛赫波近似为自由电子的平面波。

7.5.3　布洛赫波接近布里渊区边界的情况

当布洛赫波接近布里渊区边界时,即当

$$k\rightarrow\frac{n\pi}{a} \tag{7.96}$$

时,则散射波的波矢 $k'\rightarrow-\frac{n\pi}{a}$ 时,式(7.94)中的分母趋于零,在这种情况下,

$$\frac{V_n}{\frac{\hbar^2}{2m}\left[k^2-\left(k-2\pi\,\frac{n}{a}\right)^2\right]}\rightarrow\infty \tag{7.97}$$

以至于非简并定态微扰论不再适用。

注意到,当布洛赫波到达布里渊区边界,其波矢为 $k=\frac{n\pi}{a}$,利用 $\lambda=\frac{2\pi}{k}$,则有 $2a=n\lambda$,这正是第 3 章讲到的布拉格反射条件在正入射($\sin\theta=1$)的情况。因此,我们可以说,当前进的平面波到达布里渊区边界时,由于波长 $\lambda=\frac{2a}{n}$ 满足布拉格反射条件,在布里渊区边界处遭到全反射而产生散射波。在布里渊区边界处,前进的平面波和因反射引起的散射波的波矢分别为 $\frac{n\pi}{a}$ 和 $-\frac{n\pi}{a}$,两种状态对应的能量相等,属于简并态情况,我们因此可采用简并微扰理论来处理这一问题。

按简并微扰理论,零级近似波函数可通过对简并波函数线性组合来构造。对现在的情况,$k=\frac{n\pi}{a}$ 和 $k'=-\frac{n\pi}{a}$ 两个简并波函数分别为 $\psi_k^{(0)}(x)=\frac{1}{\sqrt{L}}\mathrm{e}^{ikx}$ 和 $\psi_{k'}^{(0)}(x)=\frac{1}{\sqrt{L}}\mathrm{e}^{ik'x}$,将它们线性组合后得到的函数作为零级近似波函数 $\psi_k^{(0)}(x)$,即

$$\psi_k^{(0)}(x)=A\psi_k^{(0)}(x)+B\psi_{k'}^{(0)}(x) \tag{7.98}$$

其中,A 和 B 是常数。

注意到,仅当波矢接近布拉格反射条件时,散射波才相当强,为反映波矢接近布拉格反射条件,引入一小量 Δ,使得

$$k = \frac{n\pi}{a}(1+\Delta) \tag{7.99}$$

而

$$k' = k - \frac{2n\pi}{a} = -\frac{n\pi}{a}(1-\Delta) \tag{7.100}$$

将式(7.98)所示的零级近似波函数代入薛定谔方程(7.71),则有

$$(\hat{H}_0 + \hat{H}')(A\psi_k^{(0)} + B\psi_{k'}^{(0)}) = \varepsilon(A\psi_k^{(0)} + B\psi_{k'}^{(0)}) \tag{7.101}$$

利用 $\hat{H}_0\psi_k^{(0)} = \varepsilon_k^{(0)}\psi_k^{(0)}$ 和 $\hat{H}_0\psi_{k'}^{(0)} = \varepsilon_{k'}^{(0)}\psi_{k'}^{(0)}$,上述方程变成

$$A\varepsilon_k^{(0)}\psi_k^{(0)} + B\varepsilon_{k'}^{(0)}\psi_{k'}^{(0)} + A\hat{H}'\psi_k^{(0)} + B\hat{H}'\psi_{k'}^{(0)} = \varepsilon(A\psi_k^{(0)} + B\psi_{k'}^{(0)}) \tag{7.102}$$

方程两边分别左乘 $\psi_k^{(0)*}$ 和 $\psi_{k'}^{(0)*}$ 并积分,利用波函数的正交归一性及

$$\int_0^L \psi_k^{(0)*}\hat{H}'\psi_k^{(0)}\mathrm{d}x = \int_0^L \psi_{k'}^{(0)*}\hat{H}'\psi_{k'}^{(0)}\mathrm{d}x = 0 \text{ 和 } \int_0^L \psi_k^{(0)*}\hat{H}'\psi_{k'}^{(0)}\mathrm{d}x = V_n$$

可得到关于系数 A 和 B 的线性方程组为

$$\begin{cases} (\varepsilon_k^{(0)} - \varepsilon)A + V_n^* B = 0 \\ V_n A + (\varepsilon_{k'}^{(0)} - \varepsilon)B = 0 \end{cases} \tag{7.103}$$

系数 A 和 B 同时不为 0 的条件是系数行列式为 0,即

$$\begin{vmatrix} \varepsilon_k^{(0)} - \varepsilon & V_n^* \\ V_n & \varepsilon_{k'}^{(0)} - \varepsilon \end{vmatrix} = 0 \tag{7.104}$$

由此得到

$$\varepsilon_\pm = \frac{1}{2}\left\{(\varepsilon_k^{(0)} + \varepsilon_{k'}^{(0)}) \pm \left[(\varepsilon_k^{(0)} - \varepsilon_{k'}^{(0)}) + 4\,|V_n|^2\right]^{\frac{1}{2}}\right\} \tag{7.105}$$

利用 $\varepsilon_k^{(0)} = \frac{\hbar^2 k^2}{2m}$、$\varepsilon_{k'}^{(0)} = \frac{\hbar^2 k'^2}{2m}$、$k = \frac{n\pi}{a}(1+\Delta)$ 和 $k' = -\frac{n\pi}{a}(1-\Delta)$,可将式(7.105)写成

$$\varepsilon_\pm = T_n(1+\Delta^2) \pm \sqrt{|V_n|^2 + 4T_n^2\Delta^2} \tag{7.106}$$

其中,$T_n = \frac{\hbar^2}{2m}\left(\frac{n\pi}{a}\right)^2$ 代表的是自由电子在 $k = \frac{n\pi}{a}$ 时的动能。

7.5.4 结果讨论

1. 禁带及其产生的原因

布洛赫波到达布里渊区边界时,相当于 $\Delta = 0$ 的情况,由式(7.106)得到

$$\varepsilon_\pm = T_n \pm |V_n| \tag{7.107}$$

原本能量为 T_n 的两个状态 $k\left(=\frac{n\pi}{a}\right)$ 和 $k'\left(=-\frac{n\pi}{a}\right)$,由于波之间的相互作用,变成能量不同的两个状态:

$$\begin{cases} \varepsilon_+ = T_n + |V_n| \\ \varepsilon_- = T_n - |V_n| \end{cases} \tag{7.108}$$

这两个能量之间的范围称为禁带,两者之间的能量差称为禁带宽度,并以 $E_{g,n}$ 表示,即

$$E_{g,n} = 2|V_n| \tag{7.109}$$

该值正好等于周期性电子势的展开式中波矢为 $K_n = n\dfrac{2\pi}{a}$ 的傅里叶分量 V_n 的绝对值的两倍。

将 $\varepsilon_+ = T_n + |V_n|$ 代入方程组(7.103)中的第一个方程中,得到 $\dfrac{A}{B} = \dfrac{V_n^*}{V_n}$,设 $V_n = |V_n| e^{i2\theta}$,则有 $A = B e^{i2\theta}$,由式(7.98)我们得到对应于本征值 $\varepsilon_+ = T_n + |V_n|$ 的零级近似波函数为

$$\psi_+^{(0)}(x) = \frac{2A e^{i\theta}}{\sqrt{L}} \cos\left(\frac{n\pi}{a}x + \theta\right) \tag{7.110}$$

同理得到对应于 $\varepsilon_- = T_n - |V_n|$ 的零级近似波函数为

$$\psi_-^{(0)}(x) = \frac{2iA e^{i\theta}}{\sqrt{L}} \sin\left(\frac{n\pi}{a}x + \theta\right) \tag{7.111}$$

可见,与 $\varepsilon_\pm = T_n \pm |V_n|$ 对应的两个零级近似波函数代表的是驻波。之所以为驻波,是因为波长 $\lambda = \dfrac{2a}{n}$ 满足布拉格反射条件,在布里渊区边界遭到全反射而产生散射波,前进的平面波和因反射而产生的散射波相互干涉导致驻波的产生,意味着布洛赫波在布里渊区边界时不再是行进的平面波,而是驻波,驻波的形成是禁带产生的根本原因。

2. 能带及其结构

在零级近似下,即忽略掉周期势场的起伏,电子表现为自由电子的行为,相应的波为德布罗意波,其能量本征值为 $\varepsilon_k^{(0)} = \dfrac{\hbar^2 k^2}{2m}$,若以 k 为横坐标,能量为纵坐标,则能谱曲线为开口向上的抛物线形状。

若考虑周期势场起伏对自由电子的微扰,则得到的布洛赫波可看成是两种波的线性迭加,一是波矢为 k 的前进平面波,另一是因受周期场作用而产生的各散射分波之和。注意到上面的分析假设了平面波沿 $+k$ 方向传播,对平面波沿 $-k$ 方向传播,通过类似分析可得到相同的结论。在一般情况下,即当前进平面波远离布里渊区边界 $\left(\dfrac{n\pi}{a}\right)$ 时,各散射分波的振幅很小,此时,因微扰引起的能量修正很小,以至于电子的行为和自由电子的差别很小,甚至可忽略不计,或者说电子的能量作为 k 的函数,如式(7.86)所示,基本上具有抛物线的形状。

当前进的平面波到达布里渊区边界时,由于波长 $\lambda = \dfrac{2a}{n}$ 满足布拉格反射条件,在布里渊区边界遭到全反射而产生散射波,前进的平面波和因反射而产生的散射波相互作用,使得布里渊区边界处的布洛赫波不再是行进的平面波,而是驻波,其结果是使得 $\varepsilon(k)$

曲线在 $k = \pm \dfrac{n\pi}{a}$ 处断开,能量的突变值为 $2|V_n|$,在各能带断开的能量间隔内不允许有电子能级的存在,这个没有电子能级的能量范围称为禁带,禁带宽度为 $2|V_n|$。

综合上面的分析,可以看到,考虑周期场作用后,在远离布里渊区边界时,即当波矢远离 $\pm \dfrac{n\pi}{a}$ 时,电子的能量同自由电子的能量非常接近,但在布里渊区边界时,或者说在电子波矢 $k = \pm \dfrac{n\pi}{a}$ 等处发生能量的不连续,产生宽度为 $2|V_n|$ 的禁带。这样一来,布洛赫电子的本征能量应由两个量子数 n 和 k 来标记,因此,写成 $\varepsilon_n(k)$。对确定的 n 值,$\varepsilon_n(k)$ 只能在一定的范围内变化,有能量的上、下界,从而构成一能带。量子数 n 称为带指标,$n = 1, 2, \cdots$ 分别代表第一、第二能带等,相邻的两个能带之间隔以没有电子能级的能量范围,即所谓的禁带,禁带宽度为上一个能带底部和下一个能带顶部的能量差,包含所有能带和禁带在内的总体 $\{\varepsilon_n(k)\}$ 称为能带结构。

为了探讨在布里渊区边界附近能量随波矢的变化趋势,考虑 $\Delta \neq 0$ 但很小的情况,此时可以对式(7.106)按二项式定理进行展开,若保留到 Δ^2 项,则有

$$\varepsilon_n^+(k) = T_n + |V_n| + T_n \left(1 + \frac{2T_n}{|V_n|}\right)\Delta^2 \tag{7.112}$$

说明在禁带之上的一个能带底部,能量随 Δ 的变化曲线是向上弯的抛物线。而

$$\varepsilon_n^-(k) = T_n - |V_n| - T_n \left(\frac{2T_n}{|V_n|} - 1\right)\Delta^2 \tag{7.113}$$

说明在禁带之下的一个能带顶部,能量随 Δ 的变化曲线是向下弯的抛物线。这样一来,我们可以得到由 N 个金属原子组成的一维导体的能带及其结构的大体形状,如图 7.3 所示。

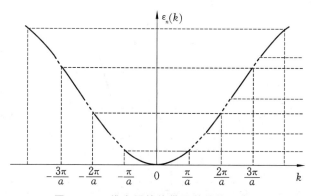

图 7.3　一维金属的能带及其结构示意图

3. 能带的不同表示方式

从能量角度来看,可以将标志电子状态的波矢 k 分割成许多区域,在每个区域内电子能量 $\varepsilon_n(k)$ 随波矢 k 准连续变化并形成一个能带。由于禁带发生在波矢 $k = \pm \dfrac{n\pi}{a}$ 处,而

$k = \pm \dfrac{n\pi}{a}$ 正好是一维布里渊区的边界,因此,对第一能带,即 $n=1$ 时,波矢正好落在第一

布里渊区,对第二能带,即 $n=2$ 时,波矢介于 $-\dfrac{2\pi}{a}$ 到 $-\dfrac{\pi}{a}$ 及 $\dfrac{\pi}{a}$ 到 $\dfrac{2\pi}{a}$,这正好是第二布里

渊区,依此类推,第三能带的波矢落在第三布里渊区,第四能带的波矢落在第四布里渊区

等,如图 7.3 所示,这种表示方法称为扩展能区图示法,其特点是,按能量由低到高的顺

序,分别将能带限制在第一布里渊区、第二布里渊区 ……,一个布里渊区只表示一个能

带,且 $\varepsilon_n(k)$ 是 k 的单值函数。除扩展能区图示法外,还有另外两种典型的表示方法,即

周期能区图示法和简约能区图示法。

对布洛赫电子,前面已论证过波矢为 $\vec{k}$ 的波函数 $\psi_{\vec{k}}(\vec{r})$ 和波矢为 $\vec{k}+\vec{K}_h$ 的波函数

$\psi_{\vec{k}+\vec{K}_h}(\vec{r})$ 均是平移操作算符属于相同本征值的本征函数,因此,平移操作对这两个波函

数有相同的效果。将这一结论应用于一维晶体,很明显,波矢为 k 的状态 $\psi_{nk}(x)$ 和波矢

为 $k+K_l$ 的状态 $\psi_{n,k+K_l}(x)$ 实际上是等价的,其中,$K_l = l\dfrac{2\pi}{a}$ 为一维倒格矢,意味着任何

依赖于波矢 k 的可观察的物理量在 $\psi_{nk}(x)$ 和 $\psi_{n,k+K_l}(x)$ 两个状态均有相同的数值,即这

些物理量必是 k 的周期函数。既然如此,电子的能量作为可观察的物理量也是 k 的周期

函数,即

$$\varepsilon_n(k) = \varepsilon_n(k+K_l) \tag{7.114}$$

由于能量是波矢 k 的周期函数,对任意一条能量曲线,按照 $K_l = l\dfrac{2\pi}{a}$ 可将其从一个布里

渊区移到其他布里渊区,并在 k 空间作周期性重复,可构成 k 空间中能量分布的完整图

像,如图 7.4 所示,这一表示方法称为能带的周期能区图示法。其特点是每个布里渊区都

表示出所有的能带,且 $\varepsilon_n(k)$ 是 k 的周期函数。

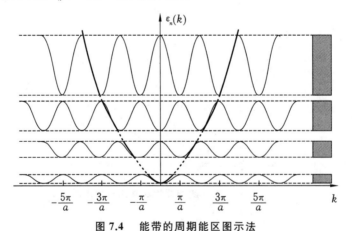

图 7.4　能带的周期能区图示法

既然电子能量是 k 的周期函数,我们也可以将位于不同布里渊区的能量曲线按照

$K_l = l\dfrac{2\pi}{a}$ 适当移动以使其落到第一布里渊区(即简约布里渊区),这样一来,不同的能带

均可在简约布里渊区中表示出来,这一表示方法称为能带的简约能区图示法。在这种表示中,k 为简约波矢,即 k 限制在第一布里渊区内,且 $\varepsilon_n(k)$ 是 k 的多值函数。为方便区分,将电子的能量由低到高分别标记为

$$\varepsilon_1(k),\varepsilon_2(k),\varepsilon_3(k),\cdots$$

如图 7.5 所示。这种图示的特点是,可在简约布里渊区表示出所有能带,可以看到包括各个能带的底部、顶部,以及相邻能带的禁带宽度等在内的能带结构的全貌。

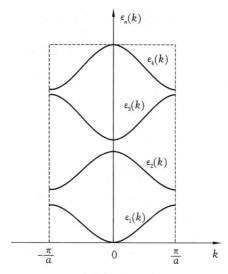

图 7.5　能带的简约能区图示法

7.6　布洛赫电子的平均速度和有效质量

布洛赫从理论上证明,对于在与晶格具有相同周期的周期性势场中运动的电子,描述其状态的波函数具有布洛赫函数的形式,即 $\psi_{\vec{k}}(\vec{r}) = u_{\vec{k}}(\vec{r})\mathrm{e}^{i\vec{k}\cdot\vec{r}}$,其中,$u_{\vec{k}}(\vec{r}) = u_{\vec{k}}(\vec{r}+\vec{R}_l)$。固体的物理性质涉及布洛赫电子的运动,因此,有必要知道固体中布洛赫电子的平均速度和有效质量与能带函数之间的关系。

7.6.1　布洛赫电子的平均速度

量子力学中粒子的速度算符定义为

$$\hat{v} \equiv \frac{\hat{p}}{m} = -\frac{i\hbar}{m}\mathbf{\nabla} \tag{7.115}$$

其中,m 是通常意义下的粒子质量(即惯性质量)。固体中的电子处在由 $\psi_{\vec{k}}(\vec{r}) = u_{\vec{k}}(\vec{r})\mathrm{e}^{i\vec{k}\cdot\vec{r}}$ 所描述的布洛赫态,将速度算符作用于 $\psi_{\vec{k}}(\vec{r})$ 后有

$$\hat{v}\psi_{\vec{k}}(\vec{r}) = -\frac{i\hbar}{m}\mathbf{\nabla}(u_{\vec{k}}\mathrm{e}^{i\vec{k}\cdot\vec{r}}) = -\frac{i\hbar}{m}(i\vec{k}\mathrm{e}^{i\vec{k}\cdot\vec{r}}u_{\vec{k}} + \mathrm{e}^{i\vec{k}\cdot\vec{r}}\mathbf{\nabla}u_{\vec{k}}) = \frac{\hbar\vec{k}}{m}\mathrm{e}^{i\vec{k}\cdot\vec{r}}u_{\vec{k}} - \frac{i\hbar}{m}\mathrm{e}^{i\vec{k}\cdot\vec{r}}\mathbf{\nabla}u_{\vec{k}}$$

$$\tag{7.116}$$

由于 $u_{\vec{k}}(\vec{r})$ 是位置有关的函数,因此,$\nabla u_{\vec{k}} \neq 0$,意味着

$$\hat{v}\psi_{\vec{k}}(\vec{r}) \neq \frac{\hbar\vec{k}}{m}\psi_{\vec{k}}(\vec{r}) \tag{7.117}$$

说明布洛赫态不是速度算符的本征态,因此,处在 $\psi_{\vec{k}}(\vec{r})$ 态的电子没有确定的速度,但其平均速度是确定的。

根据量子力学,处在任意态 ψ 的粒子,其平均速度为

$$\langle\vec{v}\rangle = \int\psi^*\,\hat{v}\psi\,\mathrm{d}\vec{r} = -\frac{\mathrm{i}\hbar}{m}\int\psi^*\,\nabla\psi\,\mathrm{d}\vec{r} \tag{7.118}$$

这里假设波函数 ψ 已归一化。应用于布洛赫电子,则其在 $\psi_{\vec{k}}(\vec{r})$ 态时的平均速度为

$$\langle\vec{v}(\vec{k})\rangle = \int\psi_{\vec{k}}^*\,\hat{v}\psi_{\vec{k}}\,\mathrm{d}\vec{r} = -\frac{\mathrm{i}\hbar}{m}\int\psi_{\vec{k}}^*\,\nabla\psi_{\vec{k}}\,\mathrm{d}\vec{r} \tag{7.119}$$

将 $\psi_{\vec{k}}(\vec{r}) = u_{\vec{k}}(\vec{r})\mathrm{e}^{\mathrm{i}\vec{k}\cdot\vec{r}}$ 和 $\nabla\psi_{\vec{k}}(\vec{r}) = (\mathrm{i}\vec{k}\,\mathrm{e}^{\mathrm{i}\vec{k}\cdot\vec{r}}u_{\vec{k}} + \mathrm{e}^{\mathrm{i}\vec{k}\cdot\vec{r}}\,\nabla u_{\vec{k}})$ 代入上式,则得到布洛赫电子的平均速度为

$$\vec{v}(\vec{k}) = \frac{\hbar}{m}\int u_{\vec{k}}^*(-\mathrm{i}\nabla + \vec{k})u_{\vec{k}}\,\mathrm{d}\vec{r} \tag{7.120}$$

这里将平均速度 $\langle\vec{v}(\vec{k})\rangle$ 简写为 $\vec{v}(\vec{k})$,在以后的叙述中,$\vec{v}(\vec{k})$ 均是指电子的平均速度。下面来推导布洛赫电子的平均速度与能带函数之间的关系。

由方程(7.54)可知,$u_{\vec{k}}(\vec{r})$ 是厄米算符 $\hat{H}_{\vec{k}} = \frac{\hbar^2}{2m}(-\mathrm{i}\nabla + \vec{k})^2 + V(\vec{r})$ 属于本征值为 $\varepsilon(\vec{k})$ 的本征函数,即

$$\hat{H}_{\vec{k}}u_{\vec{k}}(\vec{r}) = \left[\frac{\hbar^2}{2m}\left(\frac{\nabla}{\mathrm{i}} + \vec{k}\right)^2 + V(\vec{r})\right]u_{\vec{k}}(\vec{r}) = \varepsilon(\vec{k})u_{\vec{k}}(\vec{r}) \tag{7.121}$$

如果 $\vec{k}$ 有一个微小的改变 $\delta\vec{k}$,即当 $\vec{k} \to \vec{k} + \delta\vec{k}$ 时,相应的算符 $\hat{H}_{\vec{k}}$ 变为

$$\hat{H}_{\vec{k}+\delta\vec{k}} = \frac{\hbar^2}{2m}(-\mathrm{i}\nabla + \vec{k} + \delta\vec{k})^2 + V(\vec{r})$$

$$\approx \frac{\hbar^2}{2m}(-\mathrm{i}\nabla + \vec{k})^2 + V(\vec{r}) + \frac{\hbar^2}{m}(-\mathrm{i}\nabla + \vec{k}) \cdot \delta\vec{k}$$

$$= \hat{H}_{\vec{k}} + \hat{H}'_{\vec{k}}$$

其中,$\hat{H}'_{\vec{k}} = \frac{\hbar^2}{m}(-\mathrm{i}\nabla + \vec{k}) \cdot \delta\vec{k}$。由于 $\delta\vec{k}$ 是个小量,故 $\hat{H}'_{\vec{k}}$ 可以看成是对 $\hat{H}_{\vec{k}}$ 的微扰。在微扰的作用下,电子的能量从没有微扰时的 $\varepsilon(\vec{k})$ 变成 $\varepsilon(\vec{k}+\delta\vec{k})$。根据量子力学微扰论,近似到一级,则在 $\vec{k}+\delta\vec{k}$ 态时电子的能量近似为

$$\varepsilon(\vec{k} + \delta\vec{k}) \approx \varepsilon(\vec{k}) + \Delta\varepsilon(\vec{k}) \tag{7.122}$$

其中,

$$\Delta\varepsilon(\vec{k}) = \int u_{\vec{k}}^*\hat{H}'_{\vec{k}}u_{\vec{k}}\,\mathrm{d}\vec{r} = \int u_{\vec{k}}^*\left[\frac{\hbar^2}{m}(-\mathrm{i}\nabla + \vec{k}) \cdot \delta\vec{k}\right]u_{\vec{k}}\,\mathrm{d}\vec{r} \tag{7.123}$$

是能量的一级修正。另一方面,由于 $\delta\vec{k}$ 是个小量,可以将 $\varepsilon(\vec{k}+\delta\vec{k})$ 进行泰勒级数展开,

忽略掉 $(\delta \vec{k})^2$ 及其以上的项,则近似有

$$\varepsilon(\vec{k} + \delta \vec{k}) \approx \varepsilon(\vec{k}) + \mathbf{\nabla}_{\vec{k}} \varepsilon(\vec{k}) \cdot \delta \vec{k} \tag{7.124}$$

比较式(7.122)和式(7.124),则有

$$\mathbf{\nabla}_{\vec{k}} \varepsilon(\vec{k}) = \int u_{\vec{k}}^* \left[\frac{\hbar^2}{m} (-\mathrm{i} \mathbf{\nabla} + \vec{k}) \right] u_{\vec{k}} \,\mathrm{d}\vec{r} \tag{7.125}$$

由此得到

$$\int u_{\vec{k}}^* (-\mathrm{i} \mathbf{\nabla} + \vec{k}) u_{\vec{k}} \,\mathrm{d}\vec{r} = \frac{m}{\hbar^2} \mathbf{\nabla}_{\vec{k}} \varepsilon(\vec{k}) \tag{7.126}$$

代入式(7.120)中,则得到布洛赫电子的平均速度为

$$\vec{v}(\vec{k}) = \frac{1}{\hbar} \mathbf{\nabla}_{\vec{k}} \varepsilon(\vec{k}) \tag{7.127}$$

从而将布洛赫电子的平均速度 $\vec{v}(\vec{k})$ 和固体的能带函数 $\varepsilon(\vec{k})$ 联系在一起。

事实上,式(7.127)所示的布洛赫电子的平均速度可以通过严格的理论推导得到。

为此,对式(7.121)所示的 $\hat{H}_{\vec{k}}$ 本征值方程两边对 $\vec{k}$ 进行微分,则有

$$\mathbf{\nabla}_{\vec{k}} \left\{ \left[\frac{\hbar^2}{2m} (-\mathrm{i} \mathbf{\nabla} + \vec{k})^2 + V(\vec{r}) \right] u_{\vec{k}}(\vec{r}) \right\} = \mathbf{\nabla}_{\vec{k}} \left[\varepsilon(\vec{k}) u_{\vec{k}}(\vec{r}) \right]$$

运算后,左边等于

$$\frac{\hbar^2}{m} (-\mathrm{i} \mathbf{\nabla} + \vec{k}) u_{\vec{k}} + \left[\frac{\hbar^2}{2m} (-\mathrm{i} \mathbf{\nabla} + \vec{k})^2 + V(\vec{r}) \right] \mathbf{\nabla}_{\vec{k}} u_{\vec{k}}$$

而右边等于

$$u_{\vec{k}} \mathbf{\nabla}_{\vec{k}} \varepsilon(\vec{k}) + \varepsilon(\vec{k}) \mathbf{\nabla}_{\vec{k}} u_{\vec{k}}$$

于是有

$$\frac{\hbar^2}{m} (-\mathrm{i} \mathbf{\nabla} + \vec{k}) u_{\vec{k}} + \left[\frac{\hbar^2}{2m} (-\mathrm{i} \mathbf{\nabla} + \vec{k})^2 + V(\vec{r}) \right] \mathbf{\nabla}_{\vec{k}} u_{\vec{k}} = u_{\vec{k}} \mathbf{\nabla}_{\vec{k}} \varepsilon(\vec{k}) + \varepsilon(\vec{k}) \mathbf{\nabla}_{\vec{k}} u_{\vec{k}}$$

整理后得到

$$(-\mathrm{i} \mathbf{\nabla} + \vec{k}) u_{\vec{k}} = \frac{m}{\hbar^2} \left[u_{\vec{k}} \mathbf{\nabla}_{\vec{k}} \varepsilon(\vec{k}) + \varepsilon(\vec{k}) \mathbf{\nabla}_{\vec{k}} u_{\vec{k}} - \hat{H}_{\vec{k}} \mathbf{\nabla}_{\vec{k}} u_{\vec{k}} \right]$$

将上式得到的 $(-\mathrm{i} \mathbf{\nabla} + \vec{k}) u_{\vec{k}}$ 代入式(7.120)中有

$$\begin{aligned}
\vec{v}(\vec{k}) &= \frac{1}{\hbar} \int u_{\vec{k}}^* \left[u_{\vec{k}} \mathbf{\nabla}_{\vec{k}} \varepsilon(\vec{k}) + \varepsilon(\vec{k}) \mathbf{\nabla}_{\vec{k}} u_{\vec{k}} - \hat{H}_{\vec{k}} \mathbf{\nabla}_{\vec{k}} u_{\vec{k}} \right] \mathrm{d}\vec{r} \\
&= \frac{1}{\hbar} \mathbf{\nabla}_{\vec{k}} \varepsilon(\vec{k}) \int u_{\vec{k}}^* u_{\vec{k}} \,\mathrm{d}\vec{r} + \frac{1}{\hbar} \varepsilon(\vec{k}) \int u_{\vec{k}}^* \mathbf{\nabla}_{\vec{k}} u_{\vec{k}} \,\mathrm{d}\vec{r} - \frac{1}{\hbar} \int u_{\vec{k}}^* \hat{H}_{\vec{k}} \mathbf{\nabla}_{\vec{k}} u_{\vec{k}} \,\mathrm{d}\vec{r}
\end{aligned} \tag{7.128}$$

注意到, $\hat{H}_{\vec{k}}$ 是厄米算符且满足式(7.52)所示的本征值方程,将

$$\int u_{\vec{k}}^* \hat{H}_{\vec{k}} \mathbf{\nabla}_{\vec{k}} u_{\vec{k}} \,\mathrm{d}\vec{r} = \int (\hat{H}_{\vec{k}} u_{\vec{k}})^* \mathbf{\nabla}_{\vec{k}} u_{\vec{k}} \,\mathrm{d}\vec{r} = \varepsilon(\vec{k}) \int u_{\vec{k}}^* \mathbf{\nabla}_{\vec{k}} u_{\vec{k}} \,\mathrm{d}\vec{r} \tag{7.129}$$

代入式(7.128),则得到和式(7.127)相同形式的布洛赫电子的平均速度。

将能带函数标上能带指标 n 后,则来自第 n 个能带的电子的平均速度为

$$\vec{v}_n(\vec{k}) = \frac{1}{\hbar} \mathbf{\nabla}_{\vec{k}} \varepsilon_n(\vec{k}) \tag{7.130}$$

7.6.2　布洛赫电子的有效质量

按照经典力学,质量为 m 的粒子,如果受到力 $\vec{F}$ 的作用,则会作加速运动,这种加速运动服从牛顿第二定律

$$m\,\frac{\mathrm{d}\vec{v}}{\mathrm{d}t}=\vec{F} \tag{7.131}$$

其中,$\vec{a}=\dfrac{\mathrm{d}\vec{v}}{\mathrm{d}t}$ 为加速度。同样,布洛赫电子如果受到力的作用也会作加速运动,但和经典粒子不同的是,布洛赫电子不仅受到外力 $\vec{F}$ 的作用,而且还要受到晶格周期场的作用,相当于晶体内部存在内力 $\vec{F_\mathrm{l}}$ 的作用,因此,布洛赫电子受到的力是外力 $\vec{F}$ 和内力 $\vec{F_\mathrm{l}}$ 之和,在这种情况下,布洛赫电子的运动所遵循的方程应为

$$m\,\frac{\mathrm{d}\vec{v}}{\mathrm{d}t}=\vec{F}+\vec{F_\mathrm{l}} \tag{7.132}$$

比较方程(7.131)和方程(7.132),可以看到,经典粒子的外力和加速度的关系是通过粒子的真实质量 m 联系的,而布洛赫电子的外力和加速度的关系不是由电子的真实质量 m 所联系的。对布洛赫电子,为了在外力和加速度之间建立起和经典粒子形式相类似的关系,可以引入布洛赫电子的有效质量 m^*,使得

$$m^*\,\frac{\mathrm{d}\vec{v}}{\mathrm{d}t}=\vec{F} \tag{7.133}$$

这样一来,布洛赫电子对外力的响应,就好比具有有效质量为 m^* 的电子对外力的响应。明显地,正是因为晶格周期场的作用,才使得布洛赫电子的质量不同于真实电子的质量。

前面的分析及现在的分析表明,晶格周期场对固体中电子输运性质的影响体现在两方面,一是使得电子的平均速度具有式(7.127)所示的形式,二是使得电子的质量为有效质量 m^*。一旦接受了这两点,经典力学对粒子运动的处理方式,可以直接被用来处理布洛赫电子的运动,在此基础上,可导出布洛赫电子的有效质量的表达式。

处在 $\vec{k}$ 态的布洛赫电子,其平均速度由式(7.127)给出,对时间微分后可得到布洛赫电子的加速度

$$\frac{\mathrm{d}\vec{v}(\vec{k})}{\mathrm{d}t}=\frac{\mathrm{d}}{\mathrm{d}t}\frac{1}{\hbar}\,\mathbf{\nabla}_{\vec{k}}\,\varepsilon(\vec{k})=\frac{1}{\hbar}\,\mathbf{\nabla}_{\vec{k}}\,\frac{\mathrm{d}\varepsilon(\vec{k})}{\mathrm{d}t} \tag{7.134}$$

根据经典力学的功能原理,在外力 $\vec{F}$ 的作用下,单位时间内粒子能量的增加应为

$$\frac{\mathrm{d}\varepsilon}{\mathrm{d}t}=\vec{F}\cdot\vec{v} \tag{7.135}$$

应用于布洛赫电子,则有

$$\frac{\mathrm{d}\varepsilon(\vec{k})}{\mathrm{d}t}=\vec{v}(\vec{k})\cdot\vec{F}=\frac{1}{\hbar}\,\mathbf{\nabla}_{\vec{k}}\,\varepsilon(\vec{k})\cdot\vec{F} \tag{7.136}$$

代入式(7.134)中,可得到布洛赫电子的加速度为

$$\frac{\mathrm{d}\vec{v}(\vec{k})}{\mathrm{d}t} = \frac{1}{\hbar}\,\boldsymbol{\nabla}_{\vec{k}}\,\frac{\mathrm{d}\varepsilon(\vec{k})}{\mathrm{d}t} = \frac{1}{\hbar^2}\,\boldsymbol{\nabla}_{\vec{k}}\,\boldsymbol{\nabla}_{\vec{k}}\,\varepsilon(\vec{k})\cdot\vec{F} \tag{7.137}$$

其分量形式为

$$\frac{\mathrm{d}\vec{v}_\alpha(\vec{k})}{\mathrm{d}t} = \frac{1}{\hbar^2}\sum_\beta \frac{\partial^2\varepsilon(\vec{k})}{\partial k_\alpha \partial k_\beta}F_\beta \tag{7.138}$$

其中，$\alpha,\beta = x,y,z$ 是笛卡儿坐标。

　　一旦知道了布洛赫电子的加速度表达式，就可以由式(7.133)得到布洛赫电子的有效质量 m^*，它和能带函数 $\varepsilon(\vec{k})$ 之间是通过下列关系而联系的，即

$$\frac{1}{m^*} = \frac{1}{\hbar^2}\,\boldsymbol{\nabla}_{\vec{k}}\,\boldsymbol{\nabla}_{\vec{k}}\,\varepsilon(\vec{k}) \tag{7.139}$$

其分量形式为

$$\left(\frac{1}{m^*}\right)_{\alpha\beta} = \frac{1}{\hbar^2}\frac{\partial^2\varepsilon(\vec{k})}{\partial k_\alpha \partial k_\beta} \tag{7.140}$$

可见，由式(7.139)或式(7.140)表示的布洛赫电子的有效质量并不像通常意义上的标量，而是一个二阶张量。由于 $\dfrac{\partial^2\varepsilon(\vec{k})}{\partial k_x \partial k_y} = \dfrac{\partial^2\varepsilon(\vec{k})}{\partial k_y \partial k_x}$、$\dfrac{\partial^2\varepsilon(\vec{k})}{\partial k_x \partial k_z} = \dfrac{\partial^2\varepsilon(\vec{k})}{\partial k_z \partial k_x}$，以及 $\dfrac{\partial^2\varepsilon(\vec{k})}{\partial k_y \partial k_z} = \dfrac{\partial^2\varepsilon(\vec{k})}{\partial k_z \partial k_y}$，因此，表示布洛赫电子有效质量的张量是一个对称张量。通过坐标变换，可以将其转换到有效质量的主轴坐标上，以使得表示布洛赫电子有效质量的张量只含有对角元素

$$\frac{1}{m^*_{\alpha\alpha}} = \frac{1}{\hbar^2}\frac{\partial^2\varepsilon(\vec{k})}{\partial k_\alpha^2} \tag{7.141}$$

而式(7.133)所示的运动方程则变成

$$m^*_{\alpha\alpha}\frac{\mathrm{d}v_\alpha}{\mathrm{d}t} = F_\alpha \tag{7.142}$$

例如，对于简单立方晶体，其 x 轴、y 轴和 z 轴是完全等价的，有效质量的主轴就是 x 轴、y 轴和 z 轴，下一章将介绍，基于紧束缚近似方法，简单立方晶体的 s 带能带函数可表示为

$$\varepsilon_s(\vec{k}) = \varepsilon_0 - 2J(\cos k_x a + \cos k_y a + \cos k_z a) \tag{7.143}$$

其中，ε_0 为常数，J 是反映相邻原子波函数之间相互重叠程度的量。利用式(7.141)可以得到简单立方晶体来自 s 带的电子在 x、y 和 z 三个方向上的有效质量分别为

$$\begin{cases} m^*_{xx} = 1 \Big/ \dfrac{\partial^2\varepsilon(\vec{k})}{\partial k_x^2} = \dfrac{\hbar^2}{2Ja^2\cos k_x a} \\[3mm] m^*_{yy} = 1 \Big/ \dfrac{\partial^2\varepsilon(\vec{k})}{\partial k_y^2} = \dfrac{\hbar^2}{2Ja^2\cos k_y a} \\[3mm] m^*_{zz} = 1 \Big/ \dfrac{\partial^2\varepsilon(\vec{k})}{\partial k_z^2} = \dfrac{\hbar^2}{2Ja^2\cos k_y a} \end{cases} \tag{7.144}$$

从式(7.141)可以看出,布洛赫电子的有效质量取决于能带函数的二次微商,因此,与电子的状态有关。特别是,在能带底部,电子的能量达到极小,能带函数具有正的二次微商,因此,能带底部附近布洛赫电子的有效质量总是正的;而在能带顶部,电子能量达到极大,能带函数具有负的二次微商,因此,能带顶部附近布洛赫电子的有效质量总是负的。布洛赫电子的有效质量有如此的变化行为,源于有效质量本身概括了晶格的作用。在外力作用下,虽然外力可引起电子动量增加,但同时电子的动量也会传递给晶格,当电子从外场中获得的动量大于电子传递给晶格的动量时,电子则表现出正的有效质量,反之则表现为负的有效质量。

一般而言,能带越宽,能带函数 $\varepsilon(\vec{k})$ 随 $\vec{k}$ 变化越大,由式(7.141)可知,则有效质量越小,反之则越大。从式(7.144)可以看到,有效质量反比于相邻原子波函数之间的相互重叠程度,说明重叠程度越大,有效质量越小,反之则越大。

7.7　金属、半金属、半导体及绝缘体的能带论的解释

对不同的固体,其导电性相差非常大,例如,金属的电阻率量级在 10^{-6} Ωcm,半导体的电阻率量级在 $10^{-2} \sim 10^{9}$ Ωcm,而绝缘体的电阻率高达 $10^{14} \sim 10^{22}$ Ωcm。高价金属电子密度大,但导电性却比一价金属差。同为金刚石结构,四价 Si 或者 Ge 晶体室温时有一定的导电性,而 C 晶体是绝缘体。直到固体能带理论提出后,人们才意识到不同的固体有不同的能带结构,不同的能带结构导致了不同的导电性质。

7.7.1　固体导电性的能带理论的解释

由于电子是携带电荷 $(-e)$ 的粒子,因此,当它运动时会产生电流。对第 n 个能带中处在 $\vec{k}$ 态的电子,当它以速度 $\vec{v}_n(\vec{k})$ 运动时,对电流密度的贡献为 $-e\vec{v}_n(\vec{k})$。热平衡时,电子占据能量为 $\varepsilon_n(\vec{k})$ 的能级的几率 $f_n(\vec{k})$ 由费米 — 狄拉克分布函数给出,即

$$f_n(\vec{k}) = \frac{1}{e^{[\varepsilon_n(\vec{k})-\varepsilon_{\mathrm{F}}]/k_{\mathrm{B}}T} + 1} \tag{7.145}$$

对单位体积样品,$\mathrm{d}\vec{k}$ 间隔内的电子数为 $\mathrm{d}N = 2 \times \dfrac{1}{(2\pi)^3} f_n \mathrm{d}\vec{k}$,与 n 能带有关的总电流密度 $\vec{J}_n$ 应是第 n 个能带中所有电子对电流密度的贡献之和,故有

$$\vec{J}_n = -\int e\vec{v}_n(\vec{k})\mathrm{d}N = -\frac{1}{4\pi^3}\int \vec{v}_n(\vec{k})f_n(\vec{k})\mathrm{d}\vec{k} \tag{7.146}$$

在第 7.4 节中,已经证明能带函数 $\varepsilon_n(\vec{k})$ 具有反演对称性,即

$$\varepsilon_n(\vec{k}) = \varepsilon_n(-\vec{k}) \tag{7.147}$$

说明同一能带中处于 $\vec{k}$ 态电子的能量 $\varepsilon_n(\vec{k})$ 和处于 $-\vec{k}$ 态电子的能量 $\varepsilon_n(-\vec{k})$ 是相等的。由于给定温度下费米 — 狄拉克分布函数仅仅与 $\varepsilon_n(\vec{k})$ 有关,因此有

$$f_n(\vec{k}) = f_n(-\vec{k}) \tag{7.148}$$

另一方面,由式(7.130)可知,处在 $-\vec{k}$ 态的电子的速度为

$$\vec{v}_n(-\vec{k}) = \frac{1}{\hbar}\boldsymbol{\nabla}_{-\vec{k}}\varepsilon_n(-\vec{k}) = -\frac{1}{\hbar}\boldsymbol{\nabla}_{\vec{k}}\varepsilon_n(\vec{k}) = -\vec{v}_n(\vec{k}) \tag{7.149}$$

说明,来自同一能带的电子处在 $\vec{k}$ 和 $-\vec{k}$ 态时的速度大小相等但方向相反。

$\vec{k}$ 和 $-\vec{k}$ 态电子因运动而产生的电流密度分别为

$$\vec{J}_n(+\vec{k}) = -\frac{1}{4\pi^3}\int \vec{v}_n(+\vec{k})f_n(+\vec{k})\mathrm{d}\vec{k}$$

和

$$\vec{J}_n(-\vec{k}) = -\frac{1}{4\pi^3}\int \vec{v}_n(-\vec{k})f_n(-\vec{k})\mathrm{d}\vec{k} = -\vec{J}_n(+\vec{k})$$

因此有

$$\vec{J}_n(\vec{k}) = \vec{J}_n(+\vec{k}) + \vec{J}_n(-\vec{k}) = 0$$

意味着 $+\vec{k}$ 态和 $-\vec{k}$ 态两种电子产生的电流相互抵消,以至于晶体中总的电流为零。这一结论适合于没有外场作用的情况。在没有外场作用的情况下,不管能带中充满了电子(即所谓的满带)还是能带中部分被电子占据(即所谓的未满能带),$+\vec{k}$ 态和 $-\vec{k}$ 态两种电子产生的电流总是相互抵消,以至于没有可观察到的宏观电流。

如果有外场作用,例如外加电场 $\vec{E}$,则在外加电场时,电子会受到电场力

$$\vec{F} = -e\vec{E}$$

的作用,在这一外力的作用下,电子波矢随时间的变化可表示为

$$\frac{\mathrm{d}\vec{k}}{\mathrm{d}t} = -\frac{e}{\hbar}\vec{E} \tag{7.150}$$

意味着外场作用会驱动电子沿电场的逆方向运动。由于状态在布里渊区内的分布是均匀的,如果能带中充满了电子,则在外场作用下,所有的电子都以相同的速度沿着电场的反方向运动,并不改变布里渊区中的电子的分布,因此,即使有外场存在,满带中的电子对宏观电流没有贡献。如果能带是不满的,即只有部分态被电子占据,由于电场的作用,电子在布里渊区中的分布不再是对称的,此时,$+\vec{k}$ 态电子数目要多于 $-\vec{k}$ 态电子数目,$+\vec{k}$ 态和 $-\vec{k}$ 态两种电子数目的不等,使得两者产生的电流不能相互抵消,导致晶体中有可观察到的宏观电流。

综合以上分析,可得到如下结论:

(1)满带情况下,不管是否外加电场,均没有可观察到的宏观电流;

(2)未满能带情况下,如果没有外加电场,则没有可观察到的宏观电流,而当外加电场时,则有可观察到的宏观电流。

7.7.2　物质导电性的判断原则

由上面的分析可知,在外加电场下,只有未满的能带才可能导电,而充满了电子的能带不可能导电,因此,对一个物质导电性的判断,可归结到能带中最多可允许的电子占据

数和实际电子数的比较,如果两者相等,则对应于满带,否则是未满带。下面就几种典型情况分别进行分析和讨论。

1. 能带间无重叠

固体能带是由原子的能级过渡而来的。如果不考虑不同能带间的重叠,则固体能带和原子的能级有一一对应的关系,例如 s 能级过渡到 s 能带,p 能级过渡到 p 能带,等等。因此,如果不考虑不同能带间的重叠,则对能带是否为满带的判断简单归结到相应能级是否为满壳层的判断。

对原子而言,原子核外电子依照原子核对电子束缚能力的强弱可分为芯电子和价电子两部分,芯电子所在的能级均是满壳层能级,例如,Na 原子,共 11 个电子,除最外层 3s 能级上的一个价电子外,其余的内层能级 1s、2s 和 2p 均是满壳层。而满壳层能级过渡到能带时,相应的能带也是满的。因此,当我们判断物质的导电性时不需要考虑与芯能级对应的能带,而只需要考虑与价电子所在能级相对应的能带。

作为一般性考虑,假设晶体由 N 个原胞构成,每个原胞有 n 个原子,每个原子有 η 个价电子,则晶体中实际的价电子数 z 为

$$z = N \times n \times \eta \tag{7.151}$$

能带中总的状态数应当是与波矢 $\vec{k}$ 对应的状态数和与轨道角动量量子数为 l 的轨道角动量对应的状态数之积。对于由 N 个原胞构成、每个原胞有 n 个原子的晶体,共有 nN 个不同的 $\vec{k}$ 的取值,或者说与波矢 $\vec{k}$ 对应的状态数为 nN,而与轨道角动量量子数为 l 的轨道角动量对应的状态数为 $(2l+1)$,因此,能带中总的状态数为 $nN(2l+1)$。按照泡利不相容原理,每个状态点上可允许自旋向上和自旋向下的两个电子占据,因此,能带中最多可允许的电子占据数 m 可表示为

$$m = 2nN(2l+1) \tag{7.152}$$

明显地,如果 $z = m$,则实际的价电子数正好等于能带中最多可允许占据的电子数,对应的能带是满带,在这种情况下,不管是否外加电场,均不会有可观察到的宏观电流,因而不导电;而当 $z < m$ 时,实际的价电子数少于能带中最多可允许占据的电子数,对应的能带是未满的能带,对未满带,在电场作用下可产生电流,因而导电。

考虑由 N 个一价碱金属元素(例如钠)构成的单原子晶体,每个原子只有一个来自 s 壳层的价电子,因此,$n=1$ 和 $\eta=1$,代入式(7.151),可求得钠晶体的实际价电子数为 N。再来看看 s 能带最多可允许的电子占据数,与 s 能带对应的轨道角动量量子数 l 为 0,将 $n=1$ 和 $l=0$ 代入式(7.152),可求得 s 能带最多可允许的电子占据数为 $2N$,可见,钠晶体实际的价电子数仅仅为 s 带最多可允许的电子占据数的一半,属于半满的情况,因此,在电场作用下可产生电流,故是导体。

除碱金属(如锂、钠、钾等)外,对一些贵金属,如金、银等,它们的每个原子也只有一个来自 s 壳层的价电子。当 N 个这类原子结合成固体时,N 个价电子只占据能带中 $2N$ 量子态中的 N 个能量低的量子态,而其余 N 个能量高的量子态则没有电子占据,因此,能带是半满的,在电场作用下可产生电流,故所有碱金属及金、银等贵金属晶体都是导体。

同时注意到,对于一价金属,一个布里渊区最多可允许有 $2N$ 个电子占据,但实际晶

体只有 N 个电子,这 N 个电子按每个态上占据自旋向上和向下两个电子,从 $k=0$ 开始按能量从低到高依次占据,最后电子占据区形成一个费米球,费米球内有 N 个电子占据,而费米球外则没有电子占据。明显地,在这种情况下,费米球的面,即所谓的费米面,远离布里渊区边界。按照固体的能带理论,晶格周期场的影响主要发生在布里渊区边界附近,由于费米面远离布里渊区边界,晶格周期场的影响可忽略,这就是为什么一价金属能基于金属自由电子气量子理论而得以很好描述的原因。

2. 能带间重叠

前文指出,如果价电子处在不满的能带,则晶体具有金属的导电性质。那么,如果价电子处在满带情况,晶体是否一定不具有金属的导电性质呢? 在回答这个问题之前,先来看看一个具体的实例,即由 N 个碱土元素(例如镁)组成的具有立方晶体结构的单原子晶体。

镁原子核外共有 12 个电子,在各支壳层上占据情况可表示为:$1s^2 2s^2 2p^6 3s^2$,如果认为最外 3s 层上的电子是价电子,则每个镁原子有两个来自 3s 层的价电子。对由 N 个镁原子组成的单原子晶体,$n=1$ 和 $\eta=2$,代入式(7.151),可求得镁晶体的实际价电子数为 $2N$。再来看看 3s 能带最多可允许的电子占据数,与 3s 能带对应的轨道角动量量子数 l 为 0,将 $n=1$ 和 $l=0$ 代入式(7.152),可求得 3s 能带最多可允许的电子占据数为 $2N$,可见,镁晶体的实际价电子数和 3s 能带最多可允许的电子占据数正好相等,因此,属于满带的情况,按照上面的分析,对满带情况,应该是不导电的,但实验表明,镁晶体是导电性很好的金属。

镁晶体价电子所在的 3s 能带看上去是满带,但镁晶体却是导电性很好的金属,究其原因是,它的 3s 能带和 3s 能带之上的能带有交迭。由于能带交迭,$2N$ 个价电子尚未填满 3s 带,就开始填充 3s 能带之上的能带,其结果使得 3s 能带和 3s 能带之上的能带都是部分电子占据的能带。由于这两个能带都是未满的能带,在电场作用下可产生电流,故镁晶体是导体而不是绝缘体。

实际晶体是三维的,按照能带理论,禁带出现在布里渊区边界,不同方向上的禁带宽度和禁带所在的能量值常常是不同的,在这种情况下有可能会发生能带交迭的现象,就整个晶体而言,若一个方向上的禁带被另一个方向许可的能带覆盖,则晶体的禁带就消失,碱土金属(如钙、锶、钡等)就是这种情况,因此这些元素组成的晶体具有金属的导电性质。

3. 能级与能带非一一对应

硅或锗晶体具有金刚石型结构,每个原胞有 2 个原子,每个原子有 4 个价电子,即 $n=2$ 和 $\eta=4$。对硅来说,4 个价电子来自 $2s^2 2p^2$,对锗来说,4 个价电子来自 $3s^2 3p^2$。下面以硅为例,对四价元素构成的晶体的能带特征进行分析和讨论。

将 $n=2$ 和 $\eta=4$ 代入式(7.151)中,可求得硅晶体中共有 $8N$ 个价电子。如果简单地认为能带和原子能级之间有一一对应的关系,则组成晶体时,原来的 3s 能级过渡到 3s 能带,原来的 3p 能级过渡到 3p 能带,此时,价电子所在的能带最多可允许的电子占据数

应为

$$m = nN\left[2(2l_s+1)+2(2l_p+1)\right] \tag{7.153}$$

对 s 电子，$l_s=0$，对 p 电子，$l_p=1$，将 $n=2$，$l_s=0$ 和 $l_p=1$，代入式(7.153)，可求得价带中最多可允许的电子占据数为 $16N$，但硅晶体只有 $8N$ 个价电子，正好是价带中最多可允许的电子占据数的一半，属于半满的情况，因此，如果没有其他原因，硅晶体理应具有金属的导电性质，但实验证明硅晶体低温下不导电。究其原因是，原子的能级和能带不具有一一对应的关系。

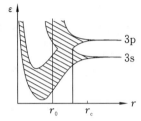

图 7.6　四价硅晶体的能级过渡到能带的演变过程示意图

图 7.6 所示的是四价硅晶体的能级过渡到能带的演变过程示意图。当硅原子相距较远时，原子的能级和固体的能带之间有一一对应的关系，即原来的 3s 能级过渡到 3s 能带，原来的 3p 能级过渡到 3p 能带。对四价硅原子，第 1 章曾提到过，3p 能级和 3s 能级彼此间能量很接近，另一方面，随着原子相互靠近，如后面介绍的紧束缚近似方法中所看到的，能带的宽度会因为原子波函数重叠程度的增加而展宽。当相邻原子彼此间相互靠近到某一个临界值 r_c 时，展宽了的 3s 能带和 3p 能带开始发生交叠。随着相邻原子彼此间进一步靠近，3s 能带和 3p 能带的交叠会越来越显著，以至于整个晶体的能带发生强烈的变化。当相邻原子彼此间间隔达到某一个值 r_0 时，晶体的能带分裂成禁带所隔开的上、下两个子能带，每一个子能带有 $4N$ 个能级，每一个能级可允许两个电子占据，因此，$8N$ 个价电子正好填满禁带下面的那个能带(满带)，而禁带上面的那个能带没有电子占据(空带)。满带是不导电的，而空带因没有电子也不导电，因而，具有金刚石型结构的硅晶体在低温下不导电。

硅晶体低温下不导电，但在室温附近具有一定的导电性，原因是上能带底部和下能带顶部之间的能量间隔(即所谓的禁带宽度或带隙)较小，以至于下能带顶部附近电子可以通过从环境温度中获得能量而跃迁到上能带底部附近空的能级上，其结果使得上、下两个子能带都变成部分电子占据的能带，因此，具有导电性。

由四价碳原子构成的金刚石，其能级过渡到能带的演变过程和硅晶体相似，所不同的是，金刚石的带隙远大于硅晶体的带隙。一般情况下，禁带之下的能带电子无法获得足够高的能量以实现到禁带之上的能带的跃迁，因此，禁带之下的能带基本上是满带，而禁带之上的能带基本上是空带，因此，金刚石一般情况下不具有导电性。

7.7.3　金属、半金属、半导体及绝缘体的能带结构特征

前面曾指出，固体中电子可分为芯电子和价电子两类。芯电子依能量从低到高依次填满一系列能量低的能带，在这之上的能带是价电子所处的能带，称为价带，在价带之上仍然有无限多个能带，但这些能带上均没有电子，这些没有电子占据的能带称为空带。芯电子所在的能带是满带，而空带中没有电子，因此，从导电性角度，固体导电性取决于价电子在价带中的填充情况。依照价带中价电子的填充情况，可以将固体分为金属、半金属、半导体或绝缘体几大类。

对于金属,其突出的特点是,除了能量低的被芯电子填满的一系列能带外,其存在被价电子部分填充的能带(即价带),如图 7.7 所示。由于价带中只有部分电子填充,因此,在外电场作用下可以产生电流,为了区别半导体中的价带,常常将金属中部分被填充的能带称为导带。电子依能量从低到高依次填充,其最高能量称为费米能量 ε_F,很明显,费米能量 ε_F 在导带内,如图 7.7 中虚线所示。在 $T \neq 0$ 时,影响电子输运的主要因素是声子对电子的散射,温度越高,晶格振动越明显,被激发的声子数越多,声子对电子的散射也就越明显,因此,金属的电阻率 $\rho(T)$ 随温度降低而减小,或者说金属具有正的阻温系数,即 $\dfrac{\mathrm{d}\rho}{\mathrm{d}T} > 0$,这是金属导电性的主要特征。

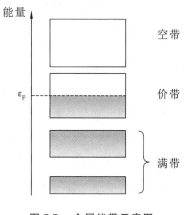

图 7.7　金属能带示意图

对于绝缘体,其能带结构示意图如图 7.8(a) 所示,其特点是价电子正好填满价带,而价带之上所有的能带是空带,在填满价电子的价带与没有电子占据的最低空带之间隔着一个很宽的没有电子能级的能量范围,即禁带或带隙,禁带宽度一般为 $5 \sim 10$ eV 甚至更大。由于禁带很宽,一般情况下,例如室温下,价带中的电子并不能从环境中获得足够高的能量实现从价带到空带的跃迁,结果是,价带总是满的,而空带总是没有电子,因此,绝缘体不具有导电能力。绝缘体的费米能位于价带顶部,如图 7.8(a) 中的虚线所示。

至于半导体,从能带结构上看,和绝缘体没有本质的不同,如图 7.8(b) 所示,只是价带与最低空带之间的禁带较窄,其禁带宽度或带隙 E_g 一般为 1 eV 左右。

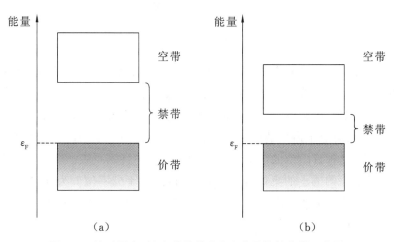

图 7.8　绝对零度时 (a) 绝缘体和 (b) 半导体的能带示意图

由于半导体具有较小的 E_g,在有限温度下,价带顶部附近的电子可以借助热激活机理跃迁到空带底部附近没有电子占据的能级上。一旦价带顶部附近的一个电子被激发

到上面的空带,则在价带顶部附近会留下一个没有电子占据的空态,称之为空穴;而价带
之上的空带原本没有电子占据,但由于价带电子的热激发,使其有一定数量的电子,从而
具有导电性,由于这一原因,半导体物理中常将最靠近价带的上面一个空带称为导带。
理想半导体中导带电子和价带空穴是成对出现的,通常用 n 和 p 分别表示导带中的电子
浓度和价带中的空穴浓度,热平衡时,两者维持一定的值且有 $n = p \propto e^{-E_g/2kT}$。由于价
电子的热激发,原本是满带的价带变成了部分态没有电子占据的不满能带,而原本没有
电子占据的导带变成了有少量电子占据的能带,因此,半导体具有一定的导电能力。由
于半导体不满能带源于电子的热激发,而热激发电子(空穴)的浓度 $n = p \propto e^{-E_g/2k_B T}$,因
此,半导体的电阻率随温度降低按 $\rho \propto \dfrac{1}{n} \propto e^{E_g/2k_B T}$ 的规律指数性增加,这是半导体导电
性的主要特征。在绝对零度时,半导体的费米能量 ε_F 位于价带顶部,但在有限温度下,由
于少量电子的热激发,费米能稍有提高,因此,半导体的费米能一般位于禁带内靠近价带
顶部的位置。

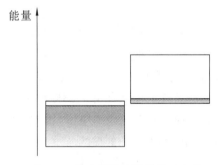

图 7.9　半金属的能带结构示意图

元素周期表中的第 Ⅳ 族元素铋、锑、砷等组成
的晶体,是最早被称为半金属的一类晶体,半金属
具有金属导电的主要特征,即具有正的阻温系数,
但其载流子浓度比正常金属的低几个量级,电阻率
比正常金属的大约 10^5 倍。铋、锑、砷等晶体之所以
具有金属的导电特征,是因为这些晶体的能带有交
叠,但和碱土金属不同,这里仅有很少一部分有交
迭。半金属的能带结构示意图如图 7.9 所示,其特
点是满带之上有两个互相交迭的能带,能量较高的
能带有少量电子填充,而能量较低的能带有少量的态是空的。

7.7.4　空穴

前面提到,如果能带是所有态被电子占据的满带,则不会导电。理论上讲,只要有一
个电子离开了满带,满带就变成了未满能带,而未满能带是导电的。半导体的导带底部
和价带顶部比较靠近,因此,适当的升温或光照等都有可能使半导体价带顶部少量电子
激发到导带底部没有电子占据的能级上,从而使原本占满了电子的价带变成了缺少少量
电子的未满能带,这种近满带的情形在半导体的问题中特别重要。描述近满带中电子的
运动,涉及数目很大的电子的集体运动,因而在表述上十分不便。为此,人们引入了空穴
的概念,将大量电子的集体运动等价地变为描述少数空穴的集体运动,从而大大简化了
有关近满带的问题。

假如第 n 个能带为满带,若其中某一个状态 $\vec{k}$ 上的电子离开该能带,使得该能带变成
不满的能带,应有电流产生,相应的电流以 $\vec{I}_n(\vec{k})$ 表示。如果在这个没有电子占据的 $\vec{k}$
态上重新放上一个速度为 $\vec{v}_n(\vec{k})$ 的电子,与这个电子相应的电流为 $-e\vec{v}_n(\vec{k})$。放上这个

电子后,未满能带又变成了满带,利用满带不导电的事实,有

$$\vec{I}_n(\vec{k}) + [-e\vec{v}_n(\vec{k})] = 0 \qquad (7.154)$$

因此有

$$\vec{I}_n(\vec{k}) = e\vec{v}_n(\vec{k}) \qquad (7.155)$$

上式表明,当 $\vec{k}$ 态是空的时,能带中的电流如同是一个具有正电荷 e 的假想粒子所产生的,这种假想的粒子称为空穴。空穴所携带的电荷为 $+e$,运动速度等于 $\vec{k}$ 态电子的运动速度 $\vec{v}_n(\vec{k})$。

空穴概念的引入,使得满带顶附近缺少一些电子的问题和导带底有少数电子的问题十分相似。然而应该强调指出,空穴并不是客观存在的一种真实粒子,而只是客观物质——电子集体运动的一种等价描述。正如前面所提到的声子概念一样,它也不是一个客观物质粒子,而是晶格中原子集体振动的一种等价描述。声子、空穴等常称为准粒子或元激发。在固体物理学中处理多粒子体系的集体运动时常常引入各种元激发,以使多体问题简化。

7.8　能态密度和费米面

在第 6 章曾讨论过能态密度和费米面,这些概念对金属物理性质的了解起着十分重要的作用。例如,费米面将 k 空间分成电子占据和没有电子占据两个明显可区分的区域,其重要性体现在,尽管金属中有大量电子,但只有费米面附近的电子才参与了对系统物理性质的贡献。在一般的固体中,能态密度和费米面这些概念也同样存在并对固体物理性质的了解起着同样重要的作用,本节将计及晶格周期性势场的影响来讨论固体的能态密度和费米面,这是固体能带理论重要的研究内容之一。

7.8.1　等能面和能态密度

在 $\vec{k}$ 空间中,由

$$\varepsilon_n(\vec{k}) = \mathrm{const}$$

确定的面称为等能面。对金属自由电子气,由于 $\varepsilon(\vec{k}) = \dfrac{\hbar^2 k^2}{2m}$,因此,$\vec{k}$ 空间中的等能面为一个个半径为 $k = \sqrt{\dfrac{2m\varepsilon(\vec{k})}{\hbar^2}}$ 的同心球面。但对一般固体而言,电子能量作为波矢的函数具有复杂的函数关系,且 $\vec{k}$ 空间中不同方向上相同能量对应的波矢大小往往不同,因此,每个等能面一般是曲面而不是球面。

固体的每一个能带是由一些准连续的能级形成的。对于第 n 个能带,若以 $\mathrm{d}Z$ 表示在 $\varepsilon_n \sim \varepsilon_n + \mathrm{d}\varepsilon_n$ 能量间隔内的电子数目,则与第 n 个能带对应的能态密度定义为

$$g_n(\varepsilon) \equiv \frac{\mathrm{d}Z}{\mathrm{d}\varepsilon_n} \qquad (7.156)$$

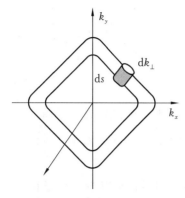

图 7.10　固体等能面示意图

图 7.10 所示的是能量为 $\varepsilon_n(\vec{k})$ 和 $\varepsilon_n(\vec{k}) + \mathrm{d}\varepsilon_n(\vec{k})$ 的两个等能面的示意图,在 $\varepsilon_n \sim \varepsilon_n + \mathrm{d}\varepsilon_n$ 能量间隔内允许的电子数目 $\mathrm{d}Z$ 实际上就是能量为 ε_n 和 $\varepsilon_n + \mathrm{d}\varepsilon_n$ 的两个等能面之间所可能含有的电子数目。两个等能面之间的体积是体积元 $\mathrm{d}s\,\mathrm{d}k_\perp$ 沿等能面的积分 $\oint \mathrm{d}s\,\mathrm{d}k_\perp$,其中,$\mathrm{d}s$ 为面积元,$\mathrm{d}k_\perp$ 为两个等能面间的垂直距离。由于 $\vec{k}$ 空间中状态的分布是均匀的,且密度为 $\dfrac{V}{(2\pi)^3}$,因此,能量为 ε_n 和 $\varepsilon_n + \mathrm{d}\varepsilon_n$ 的两个等能面之间允许的电子数目可表示为

$$\mathrm{d}Z = 2 \times \frac{V}{(2\pi)^3} \times \oint \mathrm{d}s\,\mathrm{d}k_\perp \tag{7.157}$$

利用垂直于等能面方向的能量改变率

$$\left| \boldsymbol{\nabla}_{\vec{k}}\varepsilon_n(\vec{k}) \right| = \frac{\mathrm{d}\varepsilon_n(\vec{k})}{\mathrm{d}k_\perp} \tag{7.158}$$

则式(7.157)可表示为

$$\mathrm{d}Z = 2 \times \frac{V}{(2\pi)^3} \times \oint \frac{\mathrm{d}s}{\left| \boldsymbol{\nabla}_{\vec{k}}\varepsilon_n(\vec{k}) \right|} \mathrm{d}\varepsilon_n(\vec{k}) \tag{7.159}$$

代入式(7.156)中,可得到与第 n 个能带对应的能态密度的一般表达式

$$g_n(\varepsilon) \equiv \frac{\mathrm{d}Z}{\mathrm{d}\varepsilon_n} = \frac{V}{4\pi^3} \times \oint \frac{\mathrm{d}s}{\left| \boldsymbol{\nabla}_{\vec{k}}\varepsilon_n(\vec{k}) \right|} \tag{7.160}$$

原则上,只要知道了第 n 个能带的能带函数 $\varepsilon_n(\vec{k})$,由式(7.160)就可以求出与第 n 个能带对应的能态密度函数。

对金属自由电子气,由于 $\varepsilon(\vec{k}) = \dfrac{\hbar^2 k^2}{2m}$,因此,$\vec{k}$ 空间中的等能面是一个半径为 $k = \sqrt{\dfrac{2m\varepsilon(\vec{k})}{\hbar^2}}$ 的球面,球面上,$\left| \boldsymbol{\nabla}_{\vec{k}}\varepsilon(\vec{k}) \right| = \dfrac{\hbar^2 k}{m}$ 是一个常数,代入式(7.160),得到的金属自由电子气的能态密度函数为

$$g(\varepsilon) = \frac{V}{4\pi^3} \times \frac{1}{\left| \boldsymbol{\nabla}_{\vec{k}}\varepsilon_n(\vec{k}) \right|} \oint \mathrm{d}s = 4\pi V \left(\frac{2m}{h^2} \right)^{3/2} \sqrt{\varepsilon}$$

与第 6 章得到的结果相同。

对任意固体,由于电子在与晶格具有相同周期的周期性势场中运动,周期场不仅影响等能面形状而且影响能态密度。例如,对简单立方晶体,基于紧束缚近似方法得到的 s 带电子的能带函数如式(7.143)所示,即

$$\varepsilon_s(\vec{k}) = \varepsilon_0 - 2J(\cos k_x a + \cos k_y a + \cos k_z a)$$

在布里渊区中心附近,即当 $(k_x, k_y, k_z) \to 0$ 时,利用

$$\cos k_i a \approx 1 - \frac{1}{2}(k_i a)^2 \quad (i = x, y, z)$$

可得 s 带电子的能带函数近似为

$$\varepsilon_s(\vec{k}) \approx \varepsilon_0 - 2J + Ja^2k^2 \tag{7.161}$$

由于布里渊区中心附近 s 带电子能量正比于波矢的平方,相应的等能面是一个半径为 $k =$ $\sqrt{\dfrac{\varepsilon_s - \varepsilon_s^{\Gamma}}{Ja^2}}$ 的球面。可见,只有在布里渊区中心附近,固体才表现出和金属自由电子气类似的球形等能面。球面上,$|\mathbf{V}_{\vec{k}}\varepsilon_s(\vec{k})| = 2Ja^2k$ 是一个常数,代入式(7.160),可得到 s 带布里渊区中心附近的能态密度函数为

$$g_s(\varepsilon) = 4\pi V \left(\frac{2m_s^*}{h^2}\right)^{3/2} \sqrt{\varepsilon_s - \varepsilon_s^{\Gamma}} \tag{7.162}$$

其中,$\varepsilon_s^{\Gamma} = \varepsilon_0 - 2J$ 是 s 带布里渊中心处的能量,$m_s^* = \dfrac{\hbar^2}{2Ja^2}$ 是 s 带布里渊中心附近的电子有效质量。但在一般情况下,简单立方晶体的等能面应由

$$\varepsilon_s(\vec{k}) = \varepsilon_0 - 2J(\cos k_x a + \cos k_y a + \cos k_z a) = \text{const} \tag{7.163}$$

确定。对不同方向,相同能量对应的波矢大小不同,且垂直于等能面方向的能量改变率

$$|\mathbf{V}_{\vec{k}}\varepsilon_s(\vec{k})| = 2aJ\sqrt{\sin^2 k_x a + \sin^2 k_y a + \sin^2 k_z a} \tag{7.164}$$

不同,等能面不再为球面。随着波矢偏离布里渊区中心,相对于球形等能面的畸变越来越显著。特别是在布里渊边界区,伴随能隙的出现,等能面从一个布里渊区越过另一个布里渊区而在边界区发生突变,其结果是使得布里渊区边界处的等能面同布里渊区界面必然会垂直相割。

如果波矢不接近布里渊区边界,则 $\mathbf{V}_{\vec{k}}\varepsilon_s(\vec{k})$ 不会为零,将式(7.164)所示的垂直于等能面方向的能量改变率代入式(7.160)可得到简单立方晶体的 s 带电子的能态密度函数的表达式为

$$g_s(\varepsilon) = \frac{V}{8\pi^3 aJ} \times \oint \frac{\mathrm{d}s}{\sqrt{\sin^2 k_x a + \sin^2 k_y a + \sin^2 k_z a}} \tag{7.165}$$

但在布里渊区边界,由于总有一些 $\vec{k}$ 值处出现 $\mathbf{V}_{\vec{k}}\varepsilon_s(\vec{k})$ 为零的情况,在这种情况下,上式的被积函数发散,然而,由于积分是在三维空间进行的,上式的积分仍然是可积的并能给出有限大小的 $g_s(\varepsilon)$,只是斜率 $\dfrac{\mathrm{d}g_s(\varepsilon)}{\mathrm{d}\varepsilon}$ 发散。

对任意的固体,等能面及能态密度函数虽不同于简单立方晶体,但变化趋势相同。一般而言,对周期性势场中运动的电子,由于 $\varepsilon_n(\vec{k})$ 是倒格子空间的周期函数,因此,在每个布里渊区中总有一些 $\vec{k}$ 值处 $|\mathbf{V}_{\vec{k}}\varepsilon_n(\vec{k})| = 0$,这导致式(7.160)所示的被积函数的发散。三维情况下,式(7.160)虽然可积并可给出有限大小的 $g_n(\varepsilon)$,但斜率 $\dfrac{\mathrm{d}g_n(\varepsilon)}{\mathrm{d}\varepsilon}$ 发散,$g_n(\varepsilon)$ 的这种奇异称为范霍夫(van Hove)奇异,$|\mathbf{V}_{\vec{k}}\varepsilon_n(\vec{k})| = 0$ 的点称为范霍夫奇点,也叫临界点。范霍夫奇异源于晶体所具有的特有对称性。

7.8.2　固体费米面

在第 6 章曾经提到,对于含有 N 个电子的自由电子气,其基态是按泡利原理由低到高填充能量尽可能低的 N 个量子态而形成的,由此引出费米面的概念。绝对零度时,自由电子气的费米面是一个半径为费米波矢的球面。通过费米面,k 空间被分成电子占据和没有电子占据的两个区域,即费米面以下所有态均被电子占据,而费米面以上所有态都是空的。

对一般的固体,其中含有 N 个在周期性势场中运动的价电子,类似于自由电子气,可以将费米面定义为 $\vec{k}$ 空间中电子占据和没有电子占据的分界面。但如在上面等能面中所作的分析和讨论,固体中的电子在与晶格具有相同周期的周期性势场中运动,周期场的影响使得费米面不是球面而是一个曲面。原则上,确定费米面形状的费米波矢 k_F 可以通过求解方程

$$\varepsilon_n(\vec{k}) = \varepsilon_F(\vec{k}) \tag{7.166}$$

得到,其中,$\varepsilon_n(\vec{k})$ 是价电子所在的能带的能带函数。然而,一般情况下,由于 $\varepsilon_n(\vec{k})$ 的复杂性,求解并不容易,因此,费米面难以甚至不可能直接从理论上给出。

7.8.3　近自由电子近似下的金属费米面

对任意固体,由于周期场的影响,费米面形状复杂且难以从理论上给出。然而,对很多金属,尽管电子会受到晶格周期场的影响,但周期场影响很小,以至于金属中的电子行为接近自由电子,或者说,近自由电子近似对很多金属来说是一个好的近似,基于这一考虑,1960 年哈里森(Harrison)提出,可以从自由电子气的费米面过渡到近自由电子气的费米面,由此提出所谓的哈里森关于金属费米面的构图法。

哈里森构图法的基本思路是,首先在自由电子气模型的基础上构造费米面,然后考虑晶格周期场的影响,对所构造的费米面进行适当修正,由此可得到费米面的主要结构特征。

为简单起见,考虑一个晶格常数为 a 的二维正方晶体,假设晶体由 N 个原胞构成,每个原胞含有一个原子,每个原子有 η 个价电子,则晶体中总价电子数为 ηN。在 $\vec{k}$ 空间中,绝对零度时,ηN 个价电子从 $\vec{k}=0$ 开始,每个状态点上占据自旋向上和自旋向下两个电子,由能量从低到高依次占据,最后电子占据区成为一个费米球,费米球的半径,即费米波矢 k_F,可由下列积分给出:

$$\eta N = \int_0^{k_F} 2 \times \frac{S}{(2\pi)^2} \mathrm{d}\vec{k} = \pi k_F^2 \frac{2Na^2}{(2\pi)^2} \tag{7.167}$$

由此得到费米波矢 k_F 为

$$k_F = \left(\frac{2\eta}{\pi}\right)^{1/2} \times \frac{\pi}{a} \tag{7.168}$$

若以 $\frac{\pi}{a}$ 为单位,则针对不同的 η 可计算出相应的费米波矢 k_F,如表 7.1 所示。

表 7.1　不同价电子数对应的费米波矢

η	1	2	3	4	5	6
k_F	0.798	1.128	1.384	1.506	1.784	1.954

对于晶格常数为 a 的二维正方晶体,原胞是一个边长为 a 的正方格子,相应的倒格子空间也是正方格子,周期为 $\dfrac{2\pi}{a}$。按第 3 章所介绍的布里渊区,可画出第 I、第 II 和第 III 布里渊区,如图 7.11 所示。若以 $\dfrac{\pi}{a}$ 为波矢单位,则第 I 布里渊区边界离原点最短距离和最长距离分别为 $k_{\min}^{I}=1$ 和 $k_{\max}^{I}=\sqrt{2}$,第 II 布里渊区边界离原点最短距离和最长距离分别为 $k_{\min}^{II}=\sqrt{2}$ 和 $k_{\max}^{II}=2$,第 III 布里渊区边界离原点最短距离和最长距离分别为 $k_{\min}^{III}=\sqrt{2}$ 和 $k_{\max}^{III}=\sqrt{5}$。下面将基于自由电子模型,分别针对 $\eta=1$、$\eta=2,3$ 和 $\eta=4,5,6$ 三种情况,就费米面构造的基本思路加以介绍。

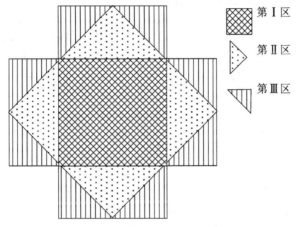

图 7.11　二维正方格子的前三个布里渊区

第一种情况:$\eta=1$,由表 7.1 可知,相应的费米波矢 $k_F=0.798$。由于 $k_F<k_{\min}^{I}$,电子只占据第 I 布里渊区中心区域,离第 I 布里渊区边界较远,如图 7.12 中的阴影部分所示。

第二种情况:$\eta=2,3$,由表 7.1 可知,相应的费米波矢 k_F 分别为 1.128 和 1.384。由于 $k_{\min}^{I}<k_F<k_{\min}^{II}=k_{\max}^{I}=k_{\min}^{III}<k_{\max}^{II}$,电子不仅占据第 I 布里渊区而且还占据了第 II 布里渊区,如图 7.13(a) 所示。如果将落在第 II 布里渊区的片段平移到简约布里渊区中等价部位,如图 7.13(b) 所示,可以看到,第 I 区除正方形四个顶角区没有电子占据外其余区域均被电子

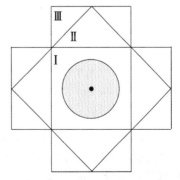

图 7.12　$\eta=1$ 时的费米球(阴影部分)示意图

占据,而第 II 区除接近简约布里渊区边界有部分电子占据外,大部分区域未被电子占据。

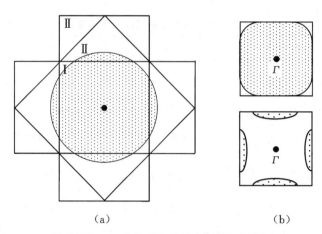

(a)   (b)

图 7.13 $\eta = 2,3$ 时的电子占据区域示意图

第三种情况：$\eta = 4,5,6$，由表 7.1 可知，相应的费米波矢 k_F 分别为 1.506、1.784 和 1.954，其电子在不同布里渊区的占据情况如图 7.14(a) 所示。

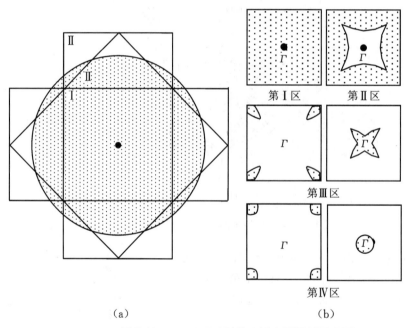

第 I 区   第 II 区

第 III 区

第 IV 区

(a)   (b)

图 7.14 $\eta = 4,5,6$ 时的电子占据区域示意图

对第三种情况，由于 $k_{max}^{I} = k_{min}^{III} < k_F < k_{max}^{II}$，电子占据了整个第 I 布里渊区，同时在第 II、第 III 和第 IV 布里渊区也有部分态被电子占据。如果将落在各个布里渊区的电子占据区域的片段分别平移到简约布里渊区中等价部位，如图 7.14(b) 所示，可以看到，第 I 区完全被电子占据，第 II 区中心部分未被电子占据，第 III 区四个角部分被电子占据，第 IV 区四个角也有部分态被电子占据。

上面是基于自由电子气模型得到的电子在各布里渊区的占据情况得到的，没有考虑周期场的影响。若考虑周期场影响，则布里渊区边界处会出现能隙，能隙的出现使得费米面在布里渊区边界处发生畸变,表现在布里渊区边界处的费米面同布里渊区界面必定垂直相割并使尖角钝化变圆,因此,相对于自由电子气,实际金属(近自由电子气)的费米面的式样稍有变化。图 7.15 是针对第三种情况的基于哈里森构图法思路得到的自由电子气和近自由电子气费米面构造情况的比较。

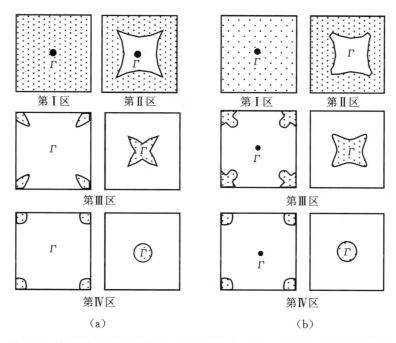

图 7.15　第三种情况下的(a)自由电子气和(b)近自由电子气费米面的比较

图 7.15 所示的是基于哈里森构图法得到的第三种情况下的费米面,其构造的基本步骤可概括如下。

(1) 利用能量是倒格矢的周期函数,画出布里渊区的广延图形;

(2) 基于自由电子模型画出费米球;

(3) 将落在各个布里渊区的费米球片段平移到简约布里渊区中等价部位;

(4) 由自由电子过渡到近自由电子,必须考虑在能带边有禁带出现,费米面同布里渊区边界垂直相割,晶体势使自由电子模型给出的费米面尖角处钝化变圆。

*7.9　费米面实验测定的理论基础

前面已提及,费米面对于固体,特别是对于金属,是一个重要概念,其重要性体现在,尽管固体中有大量电子,但只有费米面附近的电子才参与了对系统物理性质的贡献。因此,如何从实验上确定固体的费米面就显得尤为重要。一般情况下,晶格周期场的作用使得固体表现出复杂的费米面结构,导致对费米面的理论和实验研究变得十分困难。测量固体费米面主要基于两个实验,一是磁场下的电子回旋共振,另一是磁场下的量子振荡效应。这里以金属自由电子气为例,就这两个实验的理论基础作简单介绍,然后通过有效质量近似,将在自由电子气基础上得到的结论直接应用于对晶体中电子的处理。

7.9.1　磁场下电子的回旋运动

按自由电子气量子论,$\vec{k}$ 态电子具有能量

$$E(\vec{k}) = \frac{\hbar^2 k^2}{2m}$$

和动量

$$\vec{p} = \hbar \vec{k}$$

相应的电子速度为

$$\vec{v}(\vec{k}) = \frac{\hbar \vec{k}}{m}$$

同时,电子作为带电粒子,外加磁场 $\vec{B}$ 时,会受到洛伦兹力

$$\vec{F}_{\mathrm{L}} = -e\vec{v}(\vec{k}) \times \vec{B}$$

的作用。由此可得到磁场下 $\vec{k}$ 态电子的位置矢量 $\vec{r}$ 和波矢 $\vec{k}$ 随时间变化的运动方程

$$\frac{\mathrm{d}\vec{r}}{\mathrm{d}t} = \vec{v}(\vec{k}) = \frac{\hbar \vec{k}}{m} \tag{7.169}$$

和

$$\frac{\mathrm{d}\vec{k}}{\mathrm{d}t} = -\frac{e}{\hbar}\vec{v} \times \vec{B} = -\frac{e}{m}\vec{k} \times \vec{B} \tag{7.170}$$

假设磁场沿 z 轴,即 $\vec{B} = (0,0,B)$,则方程(7.170)可写成如下分量形式:

$$\begin{cases} \dfrac{\mathrm{d}k_x}{\mathrm{d}t} = \dfrac{eB}{m}k_y \\ \dfrac{\mathrm{d}k_y}{\mathrm{d}t} = -\dfrac{eB}{m}k_z \\ \dfrac{\mathrm{d}k_z}{\mathrm{d}t} = 0 \end{cases} \tag{7.171}$$

若对上述方程组对时间求导,整理后有

$$\begin{cases} \dfrac{\mathrm{d}^2 k_x}{\mathrm{d}t^2} + \omega_{\mathrm{c}}^2 k_x = 0 \\ \dfrac{\mathrm{d}^2 k_y}{\mathrm{d}t^2} + \omega_{\mathrm{c}}^2 k_y = 0 \end{cases} \tag{7.172}$$

由此可见,电子在 $\vec{k}$ 空间中在垂直于磁场方向的 $k_x - k_y$ 平面上作回旋运动,回旋频率 $\omega_{\mathrm{c}} = \dfrac{eB}{m}$。

若对方程(7.169)对时间求导,并利用方程(7.170),有

$$\begin{cases} \dfrac{\mathrm{d}v_x}{\mathrm{d}t} = -\dfrac{eBv_y}{m} \\[2mm] \dfrac{\mathrm{d}v_y}{\mathrm{d}t} = \dfrac{eBv_x}{m} \\[2mm] \dfrac{\mathrm{d}v_z}{\mathrm{d}t} = 0 \end{cases} \tag{7.173}$$

若对上面的方程组对时间求导,整理后有

$$\begin{cases} \dfrac{\mathrm{d}^2 v_x}{\mathrm{d}t^2} + \left(\dfrac{eB}{m}\right)^2 v_x = 0 \\[3mm] \dfrac{\mathrm{d}^2 v_y}{\mathrm{d}t^2} + \left(\dfrac{eB}{m}\right)^2 v_y = 0 \end{cases} \tag{7.174}$$

利用 $\dfrac{\mathrm{d}x}{\mathrm{d}t} = v_x$, $\dfrac{\mathrm{d}y}{\mathrm{d}t} = v_y$,方程组(7.174) 可写成

$$\begin{cases} \dfrac{\mathrm{d}^2 x}{\mathrm{d}t^2} + \omega_c^2 x = 0 \\[3mm] \dfrac{\mathrm{d}^2 y}{\mathrm{d}t^2} + \omega_c^2 y = 0 \end{cases} \tag{7.175}$$

可见,电子在实空间在垂直于磁场的 $x-y$ 平面上也是作回旋运动,回旋频率 $\omega_c = \dfrac{eB}{m}$。

7.9.2　磁场下电子状态的量子力学处理

未加磁场时,如在第 6 章中曾提到的,描述电子运动状态的哈密顿算符为

$$\hat{H} = \frac{\hat{p}^2}{2m} = -\frac{\hbar^2}{2m}\boldsymbol{\nabla}^2 \tag{7.176}$$

其中, $\hat{p} = -i\hbar\boldsymbol{\nabla}$ 是与电子运动动量相对应的动量算符。通过求解薛定谔方程,得到电子的本征能量为

$$E(\vec{k}) = \frac{\hbar^2(k_x^2 + k_y^2 + k_z^2)}{2m} \tag{7.177}$$

其中, $k_i = \dfrac{2\pi}{L}n_i$ $(i=x,y,z)$ 是表征电子状态的波矢, $n_i = 0, \pm 1, \pm 2, \cdots$。对 N 个电子的基态,从能量最低的 $k=0$ 态开始,每个态上占据两个电子,按能量从低到高依次占据,最后得到一个费米面以下所有态均被电子占据的费米球。

外加磁场时,电子除具有运动动量

$$\vec{P}_{\text{kin}} = m\vec{v} = \hbar\vec{k}$$

外,还具有场动量

$$\vec{P}_{\text{field}} = -e\vec{A}$$

其中, $\vec{A}$ 是矢量势,其与外加磁场的关系为

$$\vec{B} = \mathbf{\nabla} \times \vec{A}$$

将式(7.176) 中的动量表示为运动动量和场动量之和,借助相应的算符进行表示,则得到外加磁场下描述电子运动状态的哈密顿算符为

$$\hat{H} = \frac{1}{2m}(-i\hbar\mathbf{\nabla} - e\vec{A})^2 \tag{7.178}$$

相应的磁场中运动的电子的薛定谔方程为

$$\frac{1}{2m}(-i\hbar\mathbf{\nabla} - e\vec{A})^2 \psi(x,y,z) = E\psi(x,y,z) \tag{7.179}$$

如果磁场沿 z 轴,则可选取矢量势 $\vec{A} = (0, xB, 0)$。经过运算并整理后,上述方程可表示为

$$-\frac{\hbar^2}{2m}\mathbf{\nabla}^2\psi + \frac{i\hbar eBx}{m}\frac{\partial\psi}{\partial y} + \frac{e^2B^2x^2}{2m}\psi = E\psi \tag{7.180}$$

令 $\psi(x,y,z) = e^{i(k_yy+k_zz)}\varphi(x)$,则得到 $\varphi(x)$ 满足的方程为

$$\left[-\frac{\hbar^2}{2m}\frac{\partial^2}{\partial x^2} + \frac{m}{2}\left(\frac{eB}{m}\right)^2\left(x - \frac{\hbar}{eB}k_x\right)^2\right]\varphi(x) = \left(E - \frac{\hbar^2k_z^2}{2m}\right)\varphi(x) \tag{7.181}$$

令 $\omega_c = \dfrac{eB}{m}$,$x_0 = \dfrac{\hbar}{eB}k_y$,$\varepsilon = E - \dfrac{\hbar^2k_z^2}{2m}$,则上述方程变成

$$\left[-\frac{\hbar^2}{2m}\frac{d^2}{dx^2} + \frac{m}{2}\omega_c^2(x-x_0)^2\right]\varphi(x) = \varepsilon\varphi(x) \tag{7.182}$$

显然,方程(7.182)描述的是频率为 ω_c,以 x_0 为中心作简谐振动的谐振子的薛定谔方程。按照量子力学,谐振子的能量为

$$\varepsilon = E - \frac{\hbar^2k_z^2}{2m} = \left(n + \frac{1}{2}\right)\hbar\omega_c \tag{7.183}$$

相应的本征函数近似为

$$\varphi_n(x) = e^{-\frac{\omega_c}{2}(x-x_0)^2}H_n[\omega_c(x-x_0)] \tag{7.184}$$

由此得到磁场下自由电子的能量和描述其状态的波函数分别为

$$E = \left(n + \frac{1}{2}\right)\hbar\omega_c + \frac{\hbar^2k_z^2}{2m} \tag{7.185}$$

和

$$\psi(x,y,z) = e^{i(k_yy+k_zz)}\varphi(x) = e^{i(k_yy+k_zz)}e^{-\frac{\omega_c}{2}(x-x_0)^2}H_n[\omega_c(x-x_0)] \tag{7.186}$$

7.9.3　朗道能级和朗道环

由式(7.177) 和式(7.185) 可知,未加磁场时,电子能量 $\varepsilon(\vec{k}) = \dfrac{\hbar^2(k_x^2 + k_y^2 + k_z^2)}{2m}$,在沿 z 方向磁场的作用下,电子沿磁场方向仍保持自由运动,相应的动能为 $\dfrac{\hbar^2k_z^2}{2m}$,但在垂直于磁场的 $x-y$ 平面上,电子的运动发生了量子化,电子的能量由未加磁场时的准连续能

谱 $\dfrac{\hbar^2(k_x^2+k_y^2)}{2m}$ 变成一系列磁次能级 $\left(n+\dfrac{1}{2}\right)\hbar\omega_c$，如图 7.16 所示。

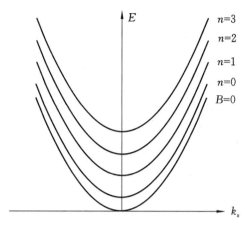

图 7.16　磁场引起能级分裂示意图

　　从上面的分析看到，在磁场作用下，在垂直于磁场的平面内，原来准连续的能谱分成了若干个磁次能带，这种在磁场中由电子运动的量子化形成的磁次能级称为朗道能级，每个朗道能级是一条抛物线，朗道能级的能量极小值为 $\left(n+\dfrac{1}{2}\right)\hbar\omega_c$，量子数 n 是标识朗道能级的序号，相邻的朗道能级间的间隔 $\hbar\omega_c=\dfrac{e\hbar B}{m}$，正比于外加磁场的强度，意味着磁场越高，朗道能级间的间隔越大，因此，磁场中电子运动的量子化越明显。

　　由式（7.185）看到，磁场中运动的电子的能量仅与 (n,k_z) 两个量子数有关，对给定的 (n,k_z)，k_y 可取不同的值，由于 $x_0=\dfrac{\hbar}{eB}k_y$，因此，谐振子会有不同的中心位置 x_0，意味着由于谐振子中心位置的不同而产生简并。$\vec{k}$ 空间中，未加磁场时描写状态的代表点在 k_x-k_y 平面是均匀分布的，如图 7.17(a) 所示，每个代表点所占据的面积为 $\dfrac{2\pi}{L}\times\dfrac{2\pi}{L}=\dfrac{(2\pi)^2}{L^2}$，其倒数 $\dfrac{L^2}{(2\pi)^2}$ 表示的是状态空间单位面积内所含的状态点数，即状态密度。当外加磁场时，由

$$\frac{\hbar^2 k_x^2}{2m}+\frac{\hbar^2 k_y^2}{2m}=\left(n+\frac{1}{2}\right)\hbar\omega_c \tag{7.187}$$

可知，每个给定的 n 对应的是 k_x-k_y 平面的圆，称为朗道环，在三维 $\vec{k}$ 空间中则为朗道管，朗道环（或管）的半径为

$$k_n=\sqrt{\frac{2m}{\hbar^2}\left(n+\frac{1}{2}\right)\hbar\omega_c}=\sqrt{\frac{2m\omega_c}{\hbar}\left(n+\frac{1}{2}\right)}=\sqrt{\frac{2eB}{\hbar}\left(n+\frac{1}{2}\right)}$$

朗道环的面积（或朗道管的截面积）为

$$S_n=\pi k_n^2=\frac{2\pi eB}{\hbar}\left(n+\frac{1}{2}\right)$$

相邻朗道环之间的面积为

$$\Delta S_{n+1,n} = S_{n+1} - S_n = \frac{2\pi eB}{\hbar} \tag{7.188}$$

在 $k_x - k_y$ 二维平面中,不加磁场时,在面积为 $\frac{2\pi eB}{\hbar}$ 的范围内含有的状态点数为

$$\frac{L^2}{(2\pi)^2} \times \frac{2\pi eB}{\hbar} = \frac{eBL^2}{2\pi\hbar}$$

外加磁场后,这些状态点聚合到能量为 $\varepsilon = \left(n + \frac{1}{2}\right)\hbar\omega_c$ 的朗道环上,如图 7.17(b) 所示,意味着每个朗道环上含有 $\frac{eBL^2}{2\pi\hbar}$ 个状态点。由于每个朗道环上所有状态点具有相同的能量,因此,朗道环是简并的,简单度为 $\frac{eBL^2}{2\pi\hbar}$。

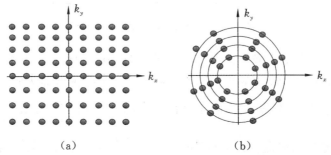

(a)   (b)

图 7.17 $k_x - k_y$ 平面状态点从(a) 未加磁场到(b) 外加磁场的变化

考虑自旋后,每个状态点上可以占据自旋向上和自旋向下的两个电子。对由 N 个电子构成的自由电子气系统,其基态只能从能量最低的 $k = 0$ 态开始,每个态上占据两个电子,按能量从低到高,依次占据,最后在 $\vec{k}$ 空间中占据区成为一个费米球,如图 7.18(a) 所示。外加磁场后,磁场引起垂直于磁场平面的电子的运动量子化而将状态点聚合到朗道管上,如图 7.18(b) 所示。按照每个状态点上填自旋向上和自旋向下的两个电子,从 $n = 0$ 环开始,填满 $n = 0$ 后,再填 $n = 1$,依此类推,一直填到 $n = m$ 的朗道管,$n \leqslant m$ 的所有朗道管的状态点均被电子占据,而 $n > m$ 的所有环上均没有电子占据。

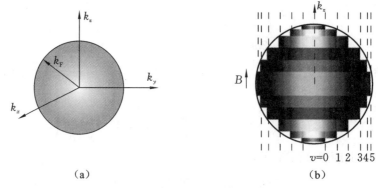

(a)   (b)

图 7.18 (a) 未加磁场时的费米球和(b) 外加磁场时的朗道管示意图

7.9.4　金属中的电子

上面的分析和讨论均是针对自由电子气而言的,对实际的固体,因电子受到晶格周期场的作用,使得电子能谱在布里渊边界附近出现禁带,引起费米面从自由电子气时的球形费米面到非球形费米面的畸变。但对金属来说,费米面在导带内,离导带底部和导带顶部都有一定的距离,说明金属的费米面未触及布里渊边界,故因晶格周期场的影响而引起的球形费米面的畸变效应很小,以至于金属的费米面基本具有球面的形状。晶格周期场对金属中电子的小的影响可通过引入有效质量 m^* 而得以反映。这样一来,上述的分析和讨论可推广到金属近自由电子的情况,只是在所有涉及电子质量的表达式中用电子有效质量 m^* 替代自由电子质量 m。

通过有效质量近似后,磁场下金属中的电子哈密顿算符为

$$\hat{H} = \frac{1}{2m^*} (\vec{p} - e\vec{A})^2 \tag{7.189}$$

在沿 z 方向磁场的作用下,电子的能量为

$$E = \left(n + \frac{1}{2}\right) \hbar\omega_c + \frac{\hbar^2 k_z^2}{2m^*} \tag{7.190}$$

其中,$\omega_c = \frac{eB}{m^*}$ 为回旋频率。$\vec{k}$ 空间中,未加磁场时描写其状态的代表点是均匀分布的,在 $k_x - k_y$ 二维平面中,单位面积所含的状态点数为 $\frac{L^2}{(2\pi)^2}$。外加磁场后,所有状态点聚合到系列的朗道环上,第 n 个朗道环由下列方程描述:

$$\frac{\hbar^2 k_x^2}{2m^*} + \frac{\hbar^2 k_y^2}{2m^*} = \left(n + \frac{1}{2}\right) \hbar\omega_c \tag{7.191}$$

第 n 个朗道环的半径为

$$k_n = \sqrt{\frac{2eB}{\hbar}\left(n + \frac{1}{2}\right)} \tag{7.192}$$

相邻的朗道环间的能量间隔为

$$\hbar\omega_c = \frac{e\hbar B}{m^*} \tag{7.193}$$

朗道环上所有状态点具有相同的能量,因此,朗道环是简并的,简单度

$$D_n = \frac{eBL^2}{2\pi\hbar} \tag{7.194}$$

正比与磁场。

7.9.5　沿朗道环的电子回旋运动及其共振吸收

如前所述,磁场下的电子会在垂直于磁场的平面上作回旋运动,回旋频率 $\omega = \frac{eB}{m}$。此时,若在垂直于磁场的方向上加上频率为 ω 的交变电场,则当

$$\omega = \omega_c = \frac{eB}{m} \tag{7.195}$$

时,交变电场的能量将被电子共振吸收,这一现象称为电子回旋共振,相应的实验称为电子回旋共振实验。在实际的电子回旋共振实验中,保持交变电场的频率不变,在扫描磁场的过程中,测量交变电场吸收功率与磁场的关系,当磁场强度正好满足式(7.195)所给的共振条件时,则在吸收谱上出现共振峰,由共振峰出现的位置可确定共振磁场,并由共振磁场确定电子的回旋频率。

金属中的电子在外加磁场下也会在垂直于磁场的平面作回旋运动,和经典理论不同的是,由于量子化效应,电子回旋运动轨迹仅限于朗道环上,回旋频率由式(7.193)给出,即 $\omega_c = \dfrac{eB}{m^*}$。相邻朗道环之间的能量差为 $\hbar\omega_c$。因此,若沿垂直于磁场方向加上频率为 ω 的交变电场,通过改变磁场强度,当满足

$$\omega = \omega_c = \frac{eB}{m^*} \tag{7.196}$$

条件时,电子可以通过吸收交变电场中的能量而从一个朗道能级跃迁到另一个朗道能级,发生共振吸收现象。

由不同磁场方向下的电子回旋共振实验,可以从实验上确定金属不同方向上的电子有效质量 m^*。前面已经论证过,电子有效质量 m^* 通过

$$\frac{1}{m^*} = \frac{1}{\hbar^2} \mathbf{\nabla}_{\vec{k}} \mathbf{\nabla}_{\vec{k}} \varepsilon(\vec{k})$$

关系式与能带结构直接相关,因此,通过不同方向上的有效质量的测量可以间接得到有关能带结构的信息。

外加磁场时,电子运动的轨道被限制在垂直于磁场方向的 $k_x - k_y$ 平面朗道环上,电子以回旋频率 $\omega_c = \dfrac{eB}{m^*}$ 沿垂直于磁场的平面回旋一周的周期为

$$T = \frac{2\pi}{\omega_c} = \oint \mathrm{d}t = \oint \frac{\mathrm{d}\vec{k}}{|\,\mathrm{d}\vec{k}/\mathrm{d}t\,|} \tag{7.197}$$

利用 $\hbar \dfrac{\mathrm{d}\vec{k}}{\mathrm{d}t} = -e\vec{v}(\vec{k}) \times \vec{B}$,有

$$T = \frac{2\pi}{\omega_c} = \frac{\hbar}{eB} \oint \frac{\mathrm{d}\vec{k}}{|\,\vec{v}_\perp\,|} \tag{7.198}$$

其中,$\vec{v}_\perp$ 是电子速度在垂直于磁场和磁场力方向上的分量。考虑能量为 ε 和 $\varepsilon + \Delta\varepsilon$ 的两个等能面,由 $\vec{v}(\vec{k}) = \dfrac{1}{\hbar} \mathbf{\nabla}_{\vec{k}} \varepsilon(\vec{k})$ 知,垂直于磁场和磁场力方向上的速度分量的值为

$$v_\perp = \frac{1}{\hbar} \frac{\Delta\varepsilon}{\Delta k_\perp} \tag{7.199}$$

$\Delta k_\perp$ 为 $\vec{v}_\perp$ 方向上两个等能面间的波矢差。代入式(7.198)中,则有

$$\frac{2\pi}{\omega_c} = \frac{\hbar^2}{eB} \frac{1}{\Delta\varepsilon} \oint \Delta k_\perp \, \mathrm{d}k \tag{7.200}$$

假设用 (ε, k_z) 标记的轨道在 $\vec{k}$ 空间所包围的面积为 $A(\varepsilon, k_z)$,则 $\oint \Delta k_\perp \mathrm{d}k$ 正是垂直于磁

场的平面上能量差为 $\Delta\varepsilon$ 的两个等能面的面积,有

$$\Delta A(\varepsilon, k_z) = A(\varepsilon + \Delta\varepsilon, k_z) - A(\varepsilon, k_z)$$

当 $\Delta\varepsilon \to 0$ 时,上式可写成

$$\frac{2\pi}{\omega_c} = \frac{\hbar^2}{eB} \frac{\partial A(\varepsilon, k_z)}{\partial\varepsilon} \tag{7.201}$$

注意到 $\omega_c = \dfrac{eB}{m^*}$,由此可将电子有效质量和等能面的形状通过下式联系在一起:

$$m^* = \frac{\hbar^2}{2\pi} \frac{\partial A(\varepsilon, k_z)}{\partial\varepsilon} \tag{7.202}$$

因此,通过测量电子有效质量 m^*,可获得有关费米面的信息。

7.9.6 量子振荡效应

前面已经论证过,外加磁场下,电子在 $\vec{k}$ 空间沿垂直于磁场方向 $k_x - k_y$ 的平面内沿朗道环作回旋运动,运动轨迹由方程(7.191)描述。由式(7.192)所给出的第 n 个朗道环的半径可求得在磁场强度为 B 时第 n 个朗道环的面积为

$$S_n = \pi k_n^2 = \left(n + \frac{1}{2}\right) \frac{2e\pi B}{\hbar} \tag{7.203}$$

对由 N 个电子构成的电子系统,未加磁场时,其基态对应于费米能 E_F 以下所有能级占满了电子。假如外加一个强度为 $B = B_n$ 的磁场,正好使得费米能 E_F 位于第 n 个和第 $n+1$ 个朗道能级之间,则 n 和小于 n 的所有朗道能级都占满了电子,而 $n+1$ 和大于 $n+1$ 的所有朗道能级上均没有电子占据,明显地,总的电子数 N 应为占满朗道能级的能级数 n 和简并度 $D_n = \dfrac{eB_n L^2}{2\pi\hbar}$ 之积,即

$$nD_n = \frac{enB_n L^2}{2\pi\hbar} = N \tag{7.204}$$

同时注意到,由于 n 和小于 n 的所有朗道能级都占满了电子,因此,第 n 个朗道环的面积 S_n 应当等于能量为 E_F 的费米圆的面积 S_F,即

$$S_F = S_n = \pi k_n^2 = \left(n + \frac{1}{2}\right) \frac{2e\pi B_n}{\hbar} \tag{7.205}$$

由于总电子数为电子占据最高朗道能级的能级数和简并度之积,而简并度正比于磁场强度,因此,随磁场增加,电子占据的最高朗道能级数必会逐渐减少。假如当磁场增加到 $B = B_{n-1}$ 时,电子占据的最高朗道能级数正好降为 $n-1$,则费米能 E_F 位于第 $n-1$ 个和第 n 个朗道能级之间,系统再次回到最低的能量状态,在这种情况下,$n-1$ 和小于 $n-1$ 的所有朗道能级都占满了电子,而 n 和大于 n 的所有朗道能级均没有电子占据,因此有

$$(n-1)D_{n-1} = \frac{e(n-1)B_{n-1} L^2}{2\pi\hbar} = N \tag{7.206}$$

在这种情况下,第 $n-1$ 个朗道环的面积等于能量为 E_F 的费米圆的面积 S_F,即

$$S_F = S_{n-1} = \pi k_{n-1}^2 = \left(n - \frac{1}{2}\right) \frac{2e\pi B_{n-1}}{\hbar} \tag{7.207}$$

由式(7.205) 和式(7.207) 得到

$$S_F\left(\frac{1}{B_n} - \frac{1}{B_{n-1}}\right) = \frac{2\pi e}{\hbar} \tag{7.208}$$

由此得到 $1/B$ 的间隔 $\Delta\left(\frac{1}{B}\right)$ 为一个常数,即

$$\Delta\left(\frac{1}{B}\right) = \left(\frac{1}{B_n} - \frac{1}{B_{n-1}}\right) = \frac{2\pi e}{\hbar S_F} \tag{7.209}$$

如式(7.203) 所见,朗道环的面积正比于磁场强度,随磁场增加,朗道环向外扩张。因此,随着磁场强度的增加,朗道环会相继越过能量为 E_F 的费米面,而系统则经历了从一个能量为 E_F 的最低能量态到另一能量为 E_F 的最低能量态的振荡,表现出周期性的量子振荡效应,振荡周期为

$$\Delta\left(\frac{1}{B}\right) = \frac{2\pi e}{\hbar S_F}$$

这种关于 $\frac{1}{B}$ 的周期性会使得金属低温下的性质表现出周期性的量子振荡效应。由于量子振荡的周期 $\Delta\left(\frac{1}{B}\right)$ 和费米面圆的面积 S_F(对应的是费米面在垂直于磁场平面内极值轨道的面积) 相联系,因此,对金属相对于磁场的不同方向进行物理量的测量,可确定在各个不同方向上的费米面极值轨道的面积,由这些极值轨道面积可绘出金属费米面的全貌,成为研究金属费米面的最有效的方法。

1930 年,迪·哈斯和范·阿耳芬在低温强磁场下研究 Bi 单晶的磁化率时首次观察到磁化率随磁场倒数的改变而呈现周期性振荡现象,这一现象称为迪·哈斯—范·阿耳芬效应,随后人们发现金属的电阻率、比热等物理量均呈现类似的振荡现象。以磁化率为例,按照统计物理学,系统的磁化强度为

$$M = -\frac{\partial U}{\partial B} \tag{7.210}$$

由于系统的总能量 U 随磁场的增加以 $\Delta\left(\frac{1}{B}\right) = \frac{2\pi e}{\hbar S_F}$ 为周期呈现量子振荡,则磁化率 $\chi = \frac{\mu_0 M}{B}$ 必然也会随磁场的增加以 $\Delta\left(\frac{1}{B}\right)$ 为周期呈现量子振荡,从而可解释迪·哈斯—范·阿耳芬效应。

在实际利用物理量的量子振荡效应来对费米面进行研究时,要求满足两个条件,一是 $\omega_c \tau \gg 1$,这里的 τ 是弛豫时间,为了满足这一条件,除了要求磁场强度足够高外,还要求样品足够纯,以减少杂质、缺陷等对电子的碰撞;因为这些碰撞会影响量子化轨道的确定;另一是 $\hbar\omega_c \gg k_B T$,为了满足这一条件,除了要求磁场强度足够高外,还要求实验温度尽可能低,因为只有足够低的温度,才可避免电子因热激发而在不同朗道能级之间跃迁。

思考与习题

7.1 原子能级和固体能带形成的物理原因是什么？

7.2 多电子系统问题转变成单电子问题的物理基础是什么？

7.3 能否基于量子力学的变分原理将多电子系统问题转变成单电子问题？

7.4 如何理解德布罗意函数和布洛赫函数的相同和不同之处？

7.5 如何理解只要固体中的电子波函数取布洛赫函数的形式，其电子能谱一定呈能带结构？

7.6 能带函数具有平移对称性和反演对称性，其物理基础是什么？

7.7 固体的电子能谱在布里渊区附近发生断开，即出现禁带，其物理原因是什么？

7.8 从平移对称操作出发，试论证晶体中的能带函数具有平移和反演对称性。

7.9 对一维运动的电子，假如其受到的势场为

$$V(x) = \begin{cases} \dfrac{1}{2}m\omega^2\left[b^2 - (x-na)^2\right] & na - b \leqslant x \leqslant na + b \\ 0 & (n-1)a + b \leqslant x \leqslant na - b \end{cases}$$

其中，$a = 4b$，ω 为常数，试：

（1）论证所给的势函数是周期性函数并给出周期；

（2）画出势能曲线的示意图，并计算势能的平均值；

（3）用近自由电子模型计算晶体的第一个和第二个带隙宽度。

7.10 对于在周期为 a 的一维周期势场中运动的电子，假如电子处在由下列函数所描述的态中：

（1）$\psi_k(x) = \sin\dfrac{x}{a}\pi$；

（2）$\psi_k(x) = \displaystyle\sum_{m=-\infty}^{\infty}(-\mathrm{i})^m f(x - ma)$；

（3）$\psi_k(x) = \mathrm{i}\cos\dfrac{3x}{a}\pi$；

（4）$\psi_k(x) = \displaystyle\sum_{l=-\infty}^{\infty}f(x - la)$。

试分别求电子处在以上各态时的波矢。

7.11 已知一维晶格中电子的能带函数可写成 $E(k) = \dfrac{\hbar^2}{ma^2}\left(\dfrac{7}{8} - \cos ka + \dfrac{1}{8}\cos 2ka\right)$，其中，$a$ 是晶格常数，m 是电子的质量，试求：

（1）能带顶部和底部对应的波矢值、能带顶部电子能量 $E_{\max}$、能带底部电子能量 $E_{\min}$ 及能带宽带；

（2）电子在波矢 k 状态时的平均速度；

（3）电子在波矢 k 状态时的有效质量；

（4）如果把带顶和带底附近电子能量分别写成"自由"电子能谱函数的形式：

$$E_{顶} = E_{\max} + \frac{\hbar^2 k^2}{2m_{顶}^*} \text{ 和 } E_{底} = E_{\min} + \frac{\hbar^2 k^2}{2m_{底}^*}$$

试求带顶和带底附近电子的有效质量 $m_{顶}^*$ 和 $m_{底}^*$。

7.12　试简述金属、半导体和绝缘体能带结构的特征。

7.13　试简述固体导电性判断的基本原则。

第 8 章　　固体能带计算

固体能带是固体理论重要的研究内容,是研究固体物理性质的重要理论基础。早期固体能带计算均是以布洛赫理论为基础的,其核心是基于 N 个具有布洛赫函数形式的完全函数系构建晶体中单电子的波函数,然后通过求解电子薛定谔方程得到单电子能量。20 世纪 60 年代中期开始兴起的自洽迭代方法的能带计算,不是从具有布洛赫函数形式的完全函数系构建晶体中单电子的波函数入手的,而是基于 N 个单电子波函数来构造多电子系统的尝试波函数,然后基于量子力学的变分原理,将多电子系统的基态问题变成单电子的基态问题,并利用自洽迭代方法求基态电子能量。继而,从多电子系统的能量作为电子数密度的泛函入手,发展了密度泛涵理论,基于密度泛函理论的局域密度近似成为近代能带计算的重要方法。本章重点介绍基于布洛赫理论的固体能带的计算模型和计算方法,其他能带计算的理论基础和方法超出大学固体物理教学大纲的范畴,因此,只作为附加阅读材料予以介绍。

8.1　基于布洛赫理论的能带计算

如前所述,固体中的电子不再束缚于个别原子,而是在整个固体内作共有化运动。在绝热近似和平均场近似后,原本复杂的多电子问题变成一个在与晶格具有相同周期的周期性势场中运动的单电子问题。布洛赫从理论上证明,对于周期性势场中运动的电子,描述其状态的波函数一定具有布洛赫波函数的形式。进一步的理论分析表明,只要电子的波函数取布洛赫波函数的形式,则固体的电子能谱一定具有能带结构。因此,布洛赫理论为固体能带计算奠定了理论基础。

8.1.1　基于布洛赫理论的能带计算的基本思路

固体能带理论的核心内容之一是,针对不同的固体,提出不同的能带计算模型和计算方法。基于布洛赫能带理论,能带计算的基本思路大体如下。

(1) 针对不同的固体,选取合适的具有布洛赫函数形式的完全函数系 $\{b_i(\vec{k},\vec{r})\}$,即不仅要求选取的函数系是完备的,而且还要求函数系中的每一个函数具有布洛赫函数的形式,即

$$b_i(\vec{k},\vec{r}+\vec{R}_l) = \mathrm{e}^{i\vec{k}\cdot\vec{R}_l}b_i(\vec{k},\vec{r}) \tag{8.1}$$

(2) 基于所选择的完备函数系 $\{b_i(\vec{k},\vec{r})\}$ 的线性组合构造晶体中单电子的尝试波函数 $\psi_{\vec{k}}(\vec{r})$,即

$$\psi_{\vec{k}}(\vec{r}) = \sum_i C_i b_i(\vec{k},\vec{r}) \tag{8.2}$$

其中，C_i 为待确定的展开式系数。

（3）将构造的电子尝试波函数 $\psi_{\vec{k}}(\vec{r})$ 代入薛定谔方程(7.13)中，即

$$\sum_i C_i \hat{H} b_i(\vec{k},\vec{r}) = \varepsilon(\vec{k}) \sum_i C_i b_i(\vec{k},\vec{r}) \tag{8.3}$$

其中，$\hat{H} = -\dfrac{\hbar^2}{2m} + V(\vec{r})$，方程两边同时乘上 $b_j^*(\vec{k},\vec{r})$ 并积分后得到展开式系数 $\{C_i\}$ 作为未知数的线性方程组：

$$\sum_j \left[H_{ji} - \varepsilon(\vec{k}) \Delta_{ji} \right] C_i = 0 \tag{8.4}$$

其中，

$$H_{ji} = \int b_j^*(\vec{k},\vec{r}) \hat{H} b_i(\vec{k},\vec{r}) \mathrm{d}\tau \tag{8.5}$$

$$\Delta_{ji} = \int b_j^*(\vec{k},\vec{r}) b_i(\vec{k},\vec{r}) \mathrm{d}\tau \tag{8.6}$$

（4）在式(8.4)所示的线性方程组中，系数不同时为零的条件是其行列式为0，即满足所谓的久期方程：

$$\det \left| H_{ji} - \varepsilon(\vec{k}) \Delta_{ji} \right| = 0 \tag{8.7}$$

（5）通过解久期方程(8.7)可求得一系列电子能量，若将这些电子能量按从低到高依次排列，则有

$$\varepsilon_1(\vec{k}), \varepsilon_2(\vec{k}), \cdots, \varepsilon_n(\vec{k}) \cdots$$

（6）将每一个电子能量 $\varepsilon_n(\vec{k})$ 代入方程组(8.4)中，由此求得与该能量相对应的展开式系数，一旦展开式系数确定，则由式(8.2)可得到能量为 $\varepsilon_n(\vec{k})$ 的电子的波函数。

（7）对于给定的 n，在一个布里渊区，共有 N 个不同的 k 取值，因此，有 N 个能量不等的能级，这 N 个能量不等的能级构成一个能带。

*8.1.2　基于布洛赫理论的能带计算的典型方法简介

在布洛赫理论框架上，针对不同的固体，提出了能带计算的不同方法。不同的计算方法的思路和上面介绍的相同，所不同的仅在于如何构造具有布洛赫函数形式的函数作为晶体中电子的尝试波函数。下面从电子尝试波函数构造的角度，就一些典型的计算方法作简单介绍。

1. 平面波方法

顾名思义，平面波方法指基于由平面波的线性组合得到的晶体中电子尝试波函数来求电子能量的一种方法。在平面波方法中，晶体中电子尝试波函数可表示为

$$\psi_{\vec{k}}(\vec{r}) = \sum_l a(\vec{K}_l) \mathrm{e}^{\mathrm{i}(\vec{k}+\vec{K}_l)\cdot\vec{r}} \tag{8.8}$$

平面波方法不仅概念简单，而且能给出有明确物理意义的结果，但由于电子尝试波函数涉及多个平面波的线性叠加，计算过程收敛很慢，因此，该方法只适用于对近自由电子系统的处理。

2. 正交化平面波方法

平面波方法之所以收敛慢,是因为在这个方法中,电子波函数(理论上)是无限多个平面波的线性叠加。晶体中电子有价电子和芯电子之分,价电子在远离原子核区域时,其状态基本上可以用平面波的线性叠加态来描述,而在接近原子核区域时,价电子波函数会表现出急剧振荡的特性,这种振荡等价于价电子感受到一排斥势,其作用是迫使价电子远离离子实。在此基础上提出了所谓的正交化平面波方法。和平面波波函数不同,正交化平面波波函数 $\chi_i(\vec{k},\vec{r})$ 是远离芯区的价电子的平面波波函数

$$\mid \vec{k} + \vec{K}_l \rangle = \frac{1}{\sqrt{V}} e^{i(\vec{k} + \vec{K}_l)\cdot\vec{r}}$$

和接近芯区的电子(芯电子)的波函数

$$\mid \Phi_{jk} \rangle = \frac{1}{\sqrt{N}} \sum_l e^{i\vec{k}\cdot\vec{R}_l} \varphi_j^{\text{at}}(\vec{r} - \vec{R}_l)$$

的组合,即

$$\chi_i(\vec{k},\vec{r}) = \mid \vec{k} + \vec{K}_l \rangle - \sum_{j=1}^M \mu_{ij} \mid \Phi_{jk} \rangle \tag{8.9}$$

其中, $\mid \cdots \rangle$ 表示的是 Dirac 符号, $\varphi_j^{\text{at}}(\vec{r} - \vec{R}_l)$ 是位于格点 $\vec{R}_l$ 处原子的原子波函数,对 j 的求和遍及所有的芯电子。由于价电子不可能出现在芯电子区域,同样,芯电子也不可能离开芯区而跑到价电子出现的区域,这就要求价电子和芯电子的波函数必须相互正交,即有

$$\langle \Phi_{jk} \mid \chi_i \rangle = 0 \tag{8.10}$$

这是将式(8.9)表示的波函数称为正交化平面波波函数的原因。由正交化条件(8.10)可定出式(8.9)中的系数 μ_{ij} 为

$$\mu_{ij} = \langle \Phi_{jk} \mid \vec{k} + \vec{K}_l \rangle$$

所谓正交化平面波方法(orthogonalized plane-wavemethod,OPW 方法),就是基于正交化平面波函数的线性组合所构造的晶体中电子的尝试波函数来求电子能量的一种方法。在 OPW 方法中,晶体中电子的尝试波函数为

$$\psi_{\vec{k}}(\vec{r}) = \sum_i C_i \chi_i(\vec{k},\vec{r}) = \sum_i C_i \left[\mid \vec{k} + \vec{K}_l \rangle - \sum_{j=1}^M \mid \Phi_{jk} \rangle \langle \Phi_{jk} \mid \vec{k} + \vec{K}_l \rangle \right] \tag{8.11}$$

相对于平面波方法中涉及的多个平面波的线性叠加,在正交化平面波方法中只涉及为数不多的平面波的线性叠加,从而可以大大减少计算工作量。

3. 赝势方法

价电子波函数在离子实附近会表现出急剧振荡的特性,振荡的起因源于价电子波函数必须与芯电子波函数正交,这种振荡等价于价电子感受到一排斥势,其作用是迫使价电子远离离子实。这种排斥势对离子实强吸引势的抵消,使价电子感觉到的势场等价于一个弱的平滑势,即赝势(pseudo potential),它反映的是离子实对价电子的影响程度。

通过引入投影算符，可以将价电子波函数与芯电子波函数分离，在此基础上，提出了所谓的求解电子能量的赝势方法。

例如，在上面介绍的正交化平面波方法中，晶体中电子的尝试波函数式(8.11)是由正交化平面波波函数式(8.9)线性组合得到的，如果引入一个算符

$$\hat{P} = \sum_{j=1}^{M} \mid \Phi_{jk} \rangle \langle \Phi_{jk} \mid$$

称其为投影算符，则式(8.11)所表示的晶体中电子的尝试波函数可简单表示为

$$\psi_{\vec{k}}(\vec{r}) = (1 - \hat{P}) \sum_i C_i \mid \vec{k} + \vec{K}_l \rangle = (1 - \hat{P}) \varphi \qquad (8.12)$$

其中，$\varphi = \sum_i C_i \mid \vec{k} + \vec{K}_l \rangle$，称为赝波函数。将 $\psi_{\vec{k}}(\vec{r}) = (1 - \hat{P}) \varphi$ 代入薛定谔方程(7.13)中，则得到赝波函数 φ 所满足的方程

$$-\frac{\hbar^2}{2m} \nabla^2 \varphi + W \varphi = \varepsilon \varphi \qquad (8.13)$$

其中，

$$W = V(\vec{r}) + \sum_{j=1}^{M} (\varepsilon - \varepsilon_j) \hat{P} + \varepsilon \hat{P} \qquad (8.14)$$

就是所谓的赝势，ε 为价电子能量，ε_j 为芯电子能量。一旦知道了赝势，就可以通过对方程(8.13)求解得到电子能量。这样一来，对电子能量的求解，由原来对薛定谔方程的求解而转变成对赝波函数所满足的方程的求解，这一方法称为赝势方法。

4. W—S 原胞法

由于晶格的周期性，对晶体中的电子，人们只需要知道它在一个原胞内所感受到的有效势场。W—S 原胞是反映晶格周期性和对称性的最小重复单元，且其只含有一个位于原胞中心的原子，作为一种近似，可以把 W—S 原胞简化成球，在这样一个球内，电子所受到的有效势场具有球对称性，即 $V(\vec{r}) = V(r)$，由中心力场薛定谔方程可得到其标准解为径向函数 $R_l(r)$ 和球谐函数 $Y_{lm}(\theta, \varphi)$ 的乘积，即 $\psi_{lm}(r, \theta, \varphi) = R_l(r) Y_{lm}(\theta, \varphi)$。

晶体中电子的尝试波函数可以通过中心力场薛定谔方程标准解的线性组合来构造，即

$$\psi_{\vec{k}}(r, \theta, \varphi) = \sum_{l=0}^{\infty} \sum_{m=-l}^{l} b_{lm}(\vec{k}) R_l(r) Y_{lm}(\theta, \varphi) \qquad (8.15)$$

基于式(8.15)所示的晶体中电子的尝试波函数来求晶体中电子能量的方法称为 W—S 原胞法。

5. 缀加平面波方法

在 W—S 原胞法中，为简单起见，将 W—S 原胞简化成球，这实际上忽略了真实晶体的结构影响。真实晶体的 W—S 原胞具有凸多面体结构，如果考虑这一凸多面体，则会带来新的问题，即：为了在表面上能满足边界条件，计算将会十分困难，同时会导致中心力场在原胞边界上导数的不连续。为了避免这一问题，人们提出将每个 W—S 原胞分成两

部分,一部分是半径为 r_s 的球形中心区,r_s 小于原胞中心到最短原胞边界的距离,另一部
分是球形中心区以外的区域。在球形中心区内,和 W—S 原胞法相同,势场为球对称场,
波函数为如式(8.15)所示的径向函数 $R_l(r)$ 和球谐函数 $Y_{lm}(\theta,\varphi)$ 乘积的线性组合,而在
球形中心区域之外,或者说在接近 W—S 原胞边界时,势场趋于平缓,作为一种近似,可取
$V(\vec{r})=0$,则在接近 W—S 原胞边界时波函数为平面波。基于这些考虑,人们提出如下的
波函数:

$$A(\vec{k},\vec{r})=\begin{cases}\sum_{l=0}^{\infty}\sum_{m=-l}^{l}b_{lm}(\vec{k})R_l(r)Y_{lm}(\theta,\varphi) & (r<r_s)\\ e^{i\vec{k}\cdot\vec{r}} & (r>r_s)\end{cases} \tag{8.16}$$

这种函数所描述的波称为缀加平面波。

　　基于缀加平面波函数的线性组合,即

$$\psi_{\vec{k}}(\vec{r})=\sum_j a_j(\vec{k})A(\vec{k}+\vec{K}_j,\vec{r}) \tag{8.17}$$

来构造晶体中电子的尝试波函数,以这样的尝试波函数为基础来求电子能量的一种方法
称为缀加平面波方法(augmented plane-wave method,APW 方法)。

6. 紧束缚方法

　　除了金属外,固体中的价电子基本上束缚在各个原子的周围,描述其状态的波函数
基本上和相应的原子波函数接近。对由 N 个原子组成的晶体总共有 N 个原子波函数,这
N 个原子波函数的组合

$$\psi_{\vec{k}}(\vec{r})=\frac{1}{\sqrt{N}}\sum_{m=1}^{N}e^{i\vec{k}\cdot\vec{R}_m}\varphi^{at}(\vec{r}-\vec{R}_m) \tag{8.18}$$

其中,$\varphi^{at}(\vec{r}-\vec{R}_m)$ 是 $\vec{R}_m$ 格点处原子的原子波函数,将得到的函数作为晶体中电子的尝
试波函数,以此尝试波函数为基础求电子能量的方法称为紧束缚方法。如何利用这种方
法求固体的能带,将在后面作详细介绍。

7. $\vec{k}\cdot\vec{p}$ 微扰法

　　在第 7 章中,理论分析表明,在周期性势场中的电子的波函数取布洛赫函数的形式:
$\psi_{\vec{k}}(\vec{r})=e^{i\vec{k}\cdot\vec{r}}u_{\vec{k}}(\vec{r})$,且 $u_{\vec{k}}(\vec{r})$ 所满足的本征值方程为

$$\left[\frac{\hbar^2}{2m}\left(\frac{\nabla}{i}+\vec{k}\right)^2+V(\vec{r})\right]u_{\vec{k}}(\vec{r})=\varepsilon(\vec{k})u_{\vec{k}}(\vec{r}) \tag{8.19}$$

如果 $\vec{k}=0$,则上述方程变成

$$\hat{H}_0 u_0(\vec{r})=\varepsilon(0)u_0(\vec{r}) \tag{8.20}$$

其中,$\hat{H}_0=-\frac{\hbar^2}{2m}\nabla^2+V(\vec{r})$。而如果 $\vec{k}\neq 0$,则方程(8.19)展开后可写成

$$\left[\hat{H}_0+\frac{\hbar}{m}\vec{k}\cdot\vec{p}+\frac{\hbar^2 k^2}{2m}\right]u_{\vec{k}}(\vec{r})=\varepsilon(\vec{k})u_{\vec{k}}(\vec{r}) \tag{8.21}$$

同 $\vec{k}=0$ 时相比,$\vec{k}\neq 0$ 时的算符中多出了两项,即 $\frac{\hbar}{m}\vec{k}\cdot\vec{p}$ 和 $\frac{\hbar^2 k^2}{2m}$。在 $\vec{k}=0$ 附近,若忽略掉 $\frac{\hbar^2 k^2}{2m}$ 项而只保留 $\frac{\hbar}{m}\vec{k}\cdot\vec{p}$ 项,则方程(8.21)近似为

$$[\hat{H}_0+\hat{H}']u_{\vec{k}}(\vec{r})=\varepsilon(\vec{k})u_{\vec{k}}(\vec{r}) \tag{8.22}$$

其中,$\hat{H}'=\frac{\hbar}{m}\vec{k}\cdot\vec{p}$。由于 $\vec{k}=0$ 附近 $\hat{H}'=\frac{\hbar}{m}\vec{k}\cdot\vec{p}$ 是个小量,故可将其看成是对 $\hat{H}_0$ 的微扰。

所谓 $\vec{k}\cdot\vec{p}$ 微扰法就是,在已知晶体中的电子在 $\vec{k}=0$ 时的状态 $u_0(\vec{r})$ 和能量 $\varepsilon(0)$ 的前提下,如何用微扰法求 $\vec{k}=0$ 附近电子能量 $\varepsilon(\vec{k})$ 的表达式的一种近似方法。

上面介绍了在布洛赫理论框架上能带计算的基本思路和构造晶体中电子的尝试波函数的几种典型方法。不管是哪一种计算方法,能带计算的思路是相同的,所不同的是,不同的能带计算方法采用了不同形式的晶体中电子的尝试波函数。在后面两节中,我们将以平面波方法和紧束缚方法为例,就如何计算固体的能带作进一步详细的介绍。

8.2　能带计算的平面波方法

平面波方法,顾名思义,是选取平面波这一特殊的布洛赫函数系的线性组合作为晶体中电子的尝试波函数。该方法不仅概念简单,而且能给出有明显物理意义的结果。本节首先介绍基于平面波方法的能带计算的基本思路,然后介绍基于平面波方法的近自由电子系统的能带计算,并对得到的结果进行分析和讨论。

8.2.1　平面波方法

1. 尝试波函数

按照布洛赫定理,对周期场中运动的电子,其波函数具有布洛赫波函数的形式:

$$\psi_{\vec{k}}(\vec{r})=e^{i\vec{k}\cdot\vec{r}}u_{\vec{k}}(\vec{r}) \tag{8.23}$$

其中,布洛赫函数因子 $u_{\vec{k}}(\vec{r})$ 具有和晶格相同的周期性,即

$$u_{\vec{k}}(\vec{r})=u_{\vec{k}}(\vec{r}+\vec{R}_m) \tag{8.24}$$

其中,$\vec{R}_m=m_1\vec{a}_1+m_2\vec{a}_2+m_3\vec{a}_3$ 是正格矢。

由于 $u_{\vec{k}}(\vec{r})$ 是晶格的周期性函数,故可对其进行傅里叶级数展开:

$$u_{\vec{k}}(\vec{r})=\sum_l a(\vec{K}_l)e^{i\vec{K}_l\cdot\vec{r}} \tag{8.25}$$

利用 $u_{\vec{k}}(\vec{r}+\vec{R}_m)=u_{\vec{k}}(\vec{r})$,可以验证

$$e^{i\vec{K}_l\cdot\vec{R}_m}=1 \tag{8.26}$$

由第3章知道,因为 $\vec{R}_m$ 是正格矢,所以矢量 $\vec{K}_l$ 必为倒格矢,说明式(8.25)是按倒格矢 $\vec{K}_l$

进行傅里叶级数展开的。将式(8.25)代入式(8.23)，可将布洛赫函数表示成如下形式：

$$\psi_{\vec{k}}(\vec{r}) = \sum_l a(\vec{K}_l) e^{i(\vec{k}+\vec{K}_l)\cdot\vec{r}} \tag{8.27}$$

上式求和中的每一项代表的是一个波矢为 $\vec{k}+\vec{K}_l$ 的平面波，是一种特殊的布洛赫函数，而求和遍及所有倒格点，既然如此，平面波函数系 $\{e^{i(\vec{k}+\vec{K}_l)\cdot\vec{r}}\}$ 必是一组完备的函数系，且函数系中每个函数具有布洛赫函数的形式。基于平面波波函数的线性组合得到的如式(8.27)所示的函数作为晶体中单电子的尝试波函数，这正是平面波方法的基本出发点，意味着在平面波方法中，晶体中电子的尝试波函数 $\psi_{\vec{k}}(\vec{r})$ 是基于平面波的线性组合而构造的。

2. 展开式系数 $\{a(\vec{K}_l)\}$

由于晶体中的电子所感受到的势场 $V(\vec{r})$ 是具有与晶格具有相同周期的周期性函数，故也可对其按倒格矢 $\vec{K}_m$ 进行傅立叶级数展开：

$$V(\vec{r}) = \sum_m V(\vec{K}_m) e^{i\vec{K}_m\cdot\vec{r}} \tag{8.28}$$

展开式系数为

$$V(\vec{K}_m) = \frac{1}{N\Omega}\int V(\vec{r}) e^{-i\vec{K}_m\cdot\vec{r}} d\tau \tag{8.29}$$

其中，$N\Omega$ 是晶体体积，Ω 是原胞体积，N 是原胞数。将式(8.27)和式(8.28)代入单电子薛定谔方程

$$\left[-\frac{\hbar^2}{2m}\boldsymbol{\nabla}^2 + V(\vec{r})\right]\psi_{\vec{k}}(\vec{r}) = \varepsilon(\vec{k})\psi_{\vec{k}}(\vec{r}) \tag{8.30}$$

中，运算后得到

$$\sum_l \left[\frac{\hbar^2}{2m}(\vec{k}+\vec{K}_l)^2 + \sum_m V(\vec{K}_m)e^{i\vec{K}_m\cdot\vec{r}}\right]a(\vec{K}_l)e^{i(\vec{k}+\vec{K}_l)\cdot\vec{r}}$$
$$= \varepsilon(\vec{k})\sum_l a(\vec{K}_l)e^{i(\vec{k}+\vec{K}_l)\cdot\vec{r}} \tag{8.31}$$

方程两边左乘 $e^{-i(\vec{k}+\vec{K}_n)\cdot\vec{r}}$，再对晶体体积积分，并利用关系式

$$\int_{N\Omega} e^{i(\vec{K}_m-\vec{K}_n)\cdot\vec{r}} d\tau = N\Omega\delta_{\vec{K}_m,\vec{K}_n} \tag{8.32}$$

则可得到确定展开式系数的线性方程

$$\left[\frac{\hbar^2}{2m}(\vec{k}+\vec{K}_n)^2 - \varepsilon(\vec{k})\right]a(\vec{K}_n) + \left[\frac{1}{N\Omega}\sum_m\int V(\vec{r})e^{-i(\vec{K}_n-\vec{K}_m)\cdot\vec{r}}d\tau\right]a(\vec{K}_m) = 0 \tag{8.33}$$

利用式(8.29)可将上述方程中的 $\left[\frac{1}{N\Omega}\sum_{m\neq n}\int V(\vec{r})e^{-i(\vec{K}_n-\vec{K}_m)\cdot\vec{r}}d\tau\right]$ 表示为

$$\left[\frac{1}{N\Omega}\sum_{m\neq n}\int V(\vec{r})e^{-i(\vec{K}_n-\vec{K}_m)\cdot\vec{r}}d\tau\right] = V(\vec{K}_n-\vec{K}_m) = \langle\vec{K}_n|V|\vec{K}_m\rangle$$

这里的 $\langle \vec{K}_n \mid V \mid \vec{K}_m \rangle$ 是 $V(\vec{K}_n - \vec{K}_m)$ 的 Dirac 符号表示,这样一来,方程(8.33)可以简洁地表示为

$$[E_{\vec{K}_n} - \varepsilon(\vec{k})]a(\vec{K}_n) + \sum_{m \neq n}\langle \vec{K}_n \mid V \mid \vec{K}_m \rangle a(\vec{K}_m) = 0 \qquad (8.34)$$

其中,

$$E_{\vec{K}_n} = \frac{\hbar^2}{2m}(\vec{k} + \vec{K}_n)^2$$

方程(8.34)的求和中不含 $m = n$ 项,这是因为,当 $m = n$ 时,

$$V(\vec{K}_n - \vec{K}_m) = \langle \vec{K}_n \mid V \mid \vec{K}_n \rangle = V(0)$$

为势能的平均值,为方便起见,将其取作零,即 $V(0) = 0$。

3. 电子能量和电子波函数

由方程(8.34)可知,对每一个 $\vec{K}_n$ 都有一个形式相同的方程,即

$n = 0$: $(E_{\vec{K}_0} - \varepsilon)a(\vec{K}_0) + \langle \vec{K}_0 \mid V \mid \vec{K}_1 \rangle a(\vec{K}_1) + \langle \vec{K}_0 \mid V \mid \vec{K}_2 \rangle a(\vec{K}_2)$
　　　$+ \langle \vec{K}_0 \mid V \mid \vec{K}_3 \rangle a(\vec{K}_3) + \cdots = 0$

$n = 1$: $\langle \vec{K}_1 \mid V \mid \vec{K}_0 \rangle a(\vec{K}_0) + (E_{\vec{K}_1} - \varepsilon)a(\vec{K}_1) + \langle \vec{K}_1 \mid V \mid \vec{K}_2 \rangle a(\vec{K}_2)$
　　　$+ \langle \vec{K}_1 \mid V \mid \vec{K}_3 \rangle a(\vec{K}_3) + \cdots = 0$

$n = 2$: $\langle \vec{K}_2 \mid V \mid \vec{K}_0 \rangle a(\vec{K}_0) + \langle \vec{K}_2 \mid V \mid \vec{K}_1 \rangle a(\vec{K}_1) + (E_{\vec{K}_2} - \varepsilon)a(\vec{K}_2)$
　　　$+ \langle \vec{K}_2 \mid V \mid \vec{K}_3 \rangle a(\vec{K}_3) + \cdots = 0$

$n = 3$: $\langle \vec{K}_3 \mid V \mid \vec{K}_0 \rangle a(\vec{K}_0) + \langle \vec{K}_3 \mid V \mid \vec{K}_1 \rangle a(\vec{K}_1) + \langle \vec{K}_3 \mid V \mid \vec{K}_2 \rangle a(\vec{K}_2)$
　　　$+ (E_{\vec{K}_3} - \varepsilon)a(\vec{K}_3) + \cdots = 0$

　　$\cdots$

因此,共有无限多个形式相同的方程,若写成矩阵形式,则可将这无限多个方程表示成

$$\begin{vmatrix} E_{\vec{K}_0} - \varepsilon & \langle \vec{K}_0 \mid V \mid \vec{K}_1 \rangle & \langle \vec{K}_0 \mid V \mid \vec{K}_2 \rangle & \cdots \\ \langle \vec{K}_1 \mid V \mid \vec{K}_0 \rangle & E_{\vec{K}_1} - \varepsilon & \langle \vec{K}_1 \mid V \mid \vec{K}_2 \rangle & \cdots \\ \langle \vec{K}_2 \mid V \mid \vec{K}_0 \rangle & \langle \vec{K}_2 \mid V \mid \vec{K}_1 \rangle & E_{\vec{K}_2} - \varepsilon & \cdots \\ \vdots & \vdots & \vdots & \vdots \end{vmatrix} \begin{pmatrix} a(\vec{K}_0) \\ a(\vec{K}_1) \\ a(\vec{K}_2) \\ \vdots \end{pmatrix} = 0 \qquad (8.35)$$

$a(\vec{K}_i)(i = 0, 1, 2, \cdots)$ 不同时为零的条件是系数行列式等于零,即满足所谓的久期方程

$$\begin{vmatrix} E_{\vec{K}_0} - \varepsilon & \langle \vec{K}_0 | V | \vec{K}_1 \rangle & \langle \vec{K}_0 | V | \vec{K}_2 \rangle & \cdots \\ \langle \vec{K}_1 | V | \vec{K}_0 \rangle & E_{\vec{K}_1} - \varepsilon & \langle \vec{K}_1 | V | \vec{K}_2 \rangle & \cdots \\ \langle \vec{K}_2 | V | \vec{K}_0 \rangle & \langle \vec{K}_2 | V | \vec{K}_1 \rangle & E_{\vec{K}_2} - \varepsilon & \cdots \\ \vdots & \vdots & \vdots & \vdots \end{vmatrix} = 0 \tag{8.36}$$

由此可求得无限多个能量的本征值,按能量从低到高依次标记为

$$\varepsilon_1(\vec{k}), \varepsilon_2(\vec{k}), \varepsilon_3(\vec{k}) \cdots$$

将第 i 个能量本征值 $\varepsilon_i(\vec{k})$ 代入方程(8.35)中就可确定与该本征值对应的本征函数的展开系数 $a^{(i)}(\vec{K}_0), a^{(i)}(\vec{K}_1), a^{(i)}(\vec{K}_2), \cdots$ 从而可确定与该本征能量对应的电子波函数。

8.2.2　基于平面波方法的金属能带分析

上面介绍的平面波方法,乍看起来,是一种严格求解周期性势场中电子波函数的方法,且物理图像也非常清晰。理论上,电子波函数涉及量级为 10^{23} 的 N 个平面波的线性叠加,因此,在求解电子能量时,涉及如此多阶的行列式的求解,在实际计算中是不可能完成的。但在金属中,电子的行为基本接近自由电子的行为,在这种情况下,如下面所看到的,不需要对如此多阶的行列式进行求解,因此,平面波方法适用于讨论金属的能带结构。

1. 近自由电子近似

金属中的电子,如果在固体中是自由运动的,则其波函数具有平面波的形式,即

$$\psi_{\vec{k}}^0 = \frac{1}{\sqrt{N\Omega}} e^{i\vec{k} \cdot \vec{r}}$$

相应的能量为

$$\varepsilon_{\vec{k}}^{(0)} = \frac{\hbar^2 k^2}{2m}$$

这相当于式(8.27)中仅含有 $l = 0$ 的项。但在实际的金属中,电子的运动并不是完全自由的,只能说金属中的电子行为接近自由电子的行为,或者说金属中的电子是近自由的。

为了体现近自由的内涵,将平面波方法中的电子尝试波函数,即式(8.27),写成如下形式:

$$\psi_{\vec{k}}(\vec{r}) = a'(0) \frac{1}{\sqrt{N\Omega}} e^{i\vec{k} \cdot \vec{r}} + \sum_{l \neq 0} a'(\vec{K}_l) \frac{1}{\sqrt{N\Omega}} e^{i(\vec{k} + \vec{K}_l) \cdot \vec{r}} \tag{8.37}$$

其中,$a'(\vec{K}_l) = a(\vec{K}_l) \sqrt{N\Omega}$。明显地,如果式(8.37)中的 $a'(0) = 1$ 而其他 $l \neq 0$ 的 $a'(\vec{K}_l) = 0$,则电子是严格意义下的自由电子。而当式(8.37)中的 $a'(0) \approx 1$ 而其他 $l \neq 0$ 的 $a'(\vec{K}_l) \ll 1$,则电子的行为接近自由电子的行为。因此,在平面波方法中,近自由电子近似的含义是指,$a'(0) \approx 1$ 而其他 $l \neq 0$ 的 $a'(\vec{K}_l) \ll 1$。

现在来看看方程(8.34)左边的第二项部分

$$\sum_{m \neq n} \langle \vec{K}_n | V | \vec{K}_m \rangle a(\vec{K}_m) = \langle \vec{K}_n | V | \vec{K}_0 \rangle a(0) + \langle \vec{K}_n | V | \vec{K}_1 \rangle a(\vec{K}_1) + \langle \vec{K}_n | V | \vec{K}_2 \rangle a(\vec{K}_2) + \cdots$$

在近自由电子近似下,由于 $a'(0) \approx 1$ 而其他 $l \neq 0$ 的 $a'(\vec{K}_l) \ll 1$,故可忽略掉所有 $m \neq 0$ 项的贡献,在这种情况下,方程(8.34)左边的第二项可近似为

$$\sum_{m \neq n} \langle \vec{K}_n | V | \vec{K}_m \rangle a(\vec{K}_m) \approx \langle \vec{K}_n | V | \vec{K}_0 \rangle a(0) = a(0) V(\vec{K}_n) \tag{8.38}$$

其中,$V(\vec{K}_n)$ 是势函数作傅里叶级数时第 n 项展开式的系数,由式(8.29)给出。在方程 (8.34)中,将 $\sum_{m \neq n} \langle \vec{K}_n | V | \vec{K}_m \rangle a(\vec{K}_m)$ 近似为 $a(0) V(\vec{K}_n)$,则有

$$a(\vec{K}_n) \approx \frac{-V(\vec{K}_n)}{\dfrac{\hbar^2}{2m} [(\vec{k} + \vec{K}_n)^2 - \vec{k}^2]} a(0) \tag{8.39}$$

利用 $a'(\vec{K}_l) = \sqrt{N\Omega} \, a(\vec{K}_l)$,且将上式中的 $\vec{K}_n$ 换成 $\vec{K}_l$,于是有

$$a'(\vec{K}_l) \approx \frac{-V(\vec{K}_l)}{\dfrac{\hbar^2}{2m} [(\vec{k} + \vec{K}_l)^2 - \vec{k}^2]} a'(0) \tag{8.40}$$

在波函数表达式(8.37)中,$a'(\vec{K}_l)$ 近似用式(8.40)所示的 $a'(\vec{K}_l)$ 来替代,则得到在近自由电子近似下电子的波函数为

$$\psi_{\vec{k}}(\vec{r}) = \frac{1}{\sqrt{N\Omega}} e^{i\vec{k} \cdot \vec{r}} + \frac{1}{\sqrt{N\Omega}} \sum_{l \neq 0} \frac{-V(\vec{K}_l)}{\dfrac{\hbar^2}{2m} [(\vec{k} + \vec{K}_l)^2 - \vec{k}^2]} e^{i(\vec{k} + \vec{K}_l) \cdot \vec{r}} \tag{8.41}$$

类似于一维情况下的分析,如果把第一项理解为波矢为 $\vec{k}$ 的行进平面波,则第二项代表的是行进平面波因受周期场作用而产生的各散射分波之和。其中,第 l 个分波的波矢为 $\vec{k}' = \vec{k} + \vec{K}_l$,相应的波函数和幅度分别为

$$\frac{1}{\sqrt{N\Omega}} e^{i(\vec{k} + \vec{K}_l) \cdot \vec{r}}$$

和

$$\frac{-V(\vec{K}_l)}{\dfrac{\hbar^2}{2m} [(\vec{k} + \vec{K}_l)^2 - \vec{k}^2]}$$

一般情况下,$(\vec{k} + \vec{K}_l)^2 \neq \vec{k}^2$,同时由于 $V(\vec{K}_l)$ 很小,因此,各散射分波的幅度很小,即

$$\frac{-V(\vec{K}_n)}{\dfrac{\hbar^2}{2m} [(\vec{k} + \vec{K}_n)^2 - k^2]} \ll 1 \tag{8.42}$$

在这种情况下,周期场对行进平面波的影响可忽略,以至于电子的行为如同自由电子。

2. 布拉格反射

上面的分析表明,当 $(\vec{k}+\vec{K}_l)^2 \neq \vec{k}^2$ 时,周期场对行进平面波的影响很小,以至于电子的行为如同自由电子的行为。而当 $(\vec{k}+\vec{K}_l)^2 \to \vec{k}^2$ 时,由于

$$\frac{-V(\vec{K}_l)}{\dfrac{\hbar^2}{2m}\left[(\vec{k}+\vec{K}_l)^2 - \vec{k}^2\right]} \to \infty$$

所以散射波的贡献将变得不可忽略,下面来分析一下,在这种情况下会发生什么。

为此,考虑一种极端情况,即

$$(\vec{k}+\vec{K}_l)^2 = \vec{k}^2 \tag{8.43}$$

或者写成

$$2\vec{k}\cdot\vec{K}_l + \vec{K}_l^2 = 0 \tag{8.44}$$

如果 $\vec{K}_l$ 是一个倒格矢,则 $-\vec{K}_l$ 必然是同一个倒格矢,只是方向相反而已。既然如此,可以在上述方程中用 $-\vec{K}_l$ 代替 $\vec{K}_l$,这样,方程(8.44)又可写成如下形式:

$$2\vec{k}\cdot\vec{K}_l = \vec{K}_l^2 \tag{8.45}$$

或者写成

$$\vec{K}_l \cdot \left(\vec{k} - \frac{\vec{K}_l}{2}\right) = 0 \tag{8.46}$$

该方程说明倒格矢 $\vec{K}_l$ 和矢量 $\left(\vec{k}-\dfrac{\vec{K}_l}{2}\right)$ 相垂直。

为说明方程(8.46)的意义,采用如图 8.1 所示的图解法,其中,O 代表倒格子空间原点处的倒格点,A 是原点周围的任一个倒格点,其位置由倒格矢 $\vec{K}_l$ 描述。由第 3 章可知,布里渊区的边界位于原点到倒格点之间连线的垂直平分面上,因此,在如图 8.1 所示的二维平面里,经过 OA 的中点 C 的垂直平分线 DE 就是布里渊区的边界。假设行进平面波自原点 O 出发沿图中箭头方向行进并到达布里渊区边界上的 F 点,因此有 $\vec{k}=\overrightarrow{OF}$,而 $\overrightarrow{CO}=-\overrightarrow{OC}=-\dfrac{\vec{K}_l}{2}$,由矢量三角形关系,则有

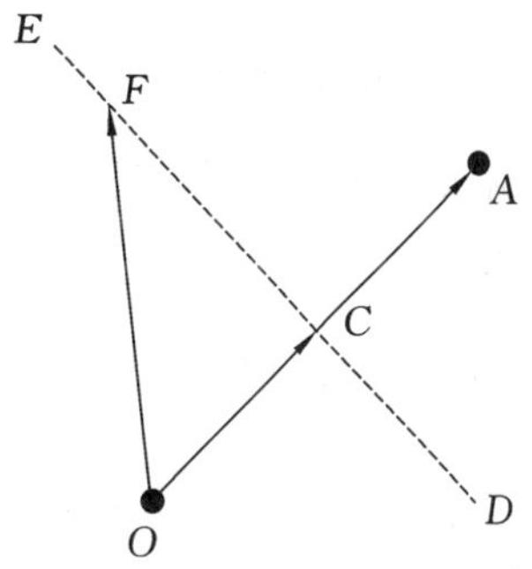

图 8.1　方程(8.45)图解

$$\overrightarrow{FC}=\overrightarrow{CO}+\overrightarrow{OF}=\vec{k}-\frac{\vec{K}_l}{2}$$

由方程(8.46)可知，$\overrightarrow{OC} \cdot \overrightarrow{FC} = \dfrac{\vec{K_l}}{2} \cdot \left(\vec{k} - \dfrac{\vec{K_l}}{2} \right) = 0$，说明图中所示的三角形 OCF 是一个直角三角形。假设行进平面波以 θ 角入射到布里渊区边界上，该角为图中的边 OF 与边 FC 间的夹角，则有

$$|\overrightarrow{OC}| = |\overrightarrow{OF}| \sin\theta$$

将 $|\overrightarrow{OC}| = \dfrac{K_l}{2}$ 和 $|\overrightarrow{OF}| = k$ 代入后有

$$\frac{1}{2} K_l = k \sin\theta$$

如果 A 是原点周围最近的倒格点，则上式中的 $\vec{K_l}$ 为倒格矢方向最短倒格矢。而如果 A 不是原点周围最近的倒格点而是任意一个倒格点，则相应的倒格矢应为 $n\vec{K_l}$，其中，n 为整数，布里渊区边界应由 $\dfrac{1}{2} n\vec{K_l}$ 决定，其中，$n = 1, 2, 3\cdots$ 分别对应第一、二、三······布里渊区边界。这样一来，上式应为

$$\frac{1}{2} nK_l = k \sin\theta$$

利用 $|\vec{K_l}| = \dfrac{2\pi}{d_{l_1 l_2 l_3}}$ 及 $k = \dfrac{2\pi}{\lambda}$，整理后有

$$2d_{l_1 l_2 l_3} \sin\theta = n\lambda \tag{8.47}$$

该方程正是布拉格基于镜面反射导出的布拉格反射公式，说明布里渊区边界对波矢为 $\vec{k}$ 的平面波如同镜面，当波矢为 $\vec{k}$ 的平面波入射到布里渊区边界时，因满足布拉格反射条件而不再沿原来的方向继续向前传播，而是以与布里渊边界成 θ 角的方式反射。

3. 能带及能带结构

上面的分析表明，当波矢为 $\vec{k}$ 的行进平面波行进到布里渊区边界时，由于满足布拉格反射条件而被反射。特别是，当波矢为 $\vec{k}$ 的平面波沿倒格矢 $\vec{K_l}$ 方向垂直入射到布里渊区边界时，即沿图 8.1 中的 $\overrightarrow{OC}$ 方向入射到布里渊区边界上，则反射回来的波的波矢沿 $\overrightarrow{CO}$ 方向，正好与入射波的波矢方向相反，因此，入射波和反射波分别为 $\dfrac{1}{\sqrt{N\Omega}} e^{i\vec{k} \cdot \vec{r}}$ 和 $\dfrac{1}{\sqrt{N\Omega}} e^{-i\vec{k} \cdot \vec{r}}$，两波叠加后形成的波的波函数为 $\sim \cos\vec{k} \cdot \vec{r}$。可见，叠加后的波不再是行进的平面波，而是驻波，驻波的形成源于传播方向相反的入射波和反射波相互干涉的结果。

在布里渊区边界，反射波的波矢和入射波的波矢数值相等但方向相反，因此，两种波对应的能量相近，属于简并态情况，原则上，可采用简并微扰论来处理这一问题，但在这里可采用更简单的处理思路以获得布里渊区边界附近能带及其结构的大体情况。

由式(8.37)可知,$a'(0)$ 反映的是入射波振幅大小的量,而其他 $l \neq 0$ 的 $a'(\vec{K}_l)$ 反映的是各散射分波振幅大小的量。当接近布拉格反射条件时,散射波和入射波的贡献相当,意味着 $a'(0)$ 和其他 $l \neq 0$ 的 $a'(\vec{K}_l)$ 都是不可忽略的,这样一来,在方程(8.34)所代表的无限多个方程组中必须考虑 $\vec{K}_n = 0$ 和 $\vec{K}_n = \vec{K}_l$ 的两个方程。

先看看与 $\vec{K}_n = 0$ 对应的方程

$$\left[E_{\vec{K}_0} - \varepsilon(\vec{k})\right]a(0) + \sum_{m \neq 0}\langle \vec{K}_0 | V | \vec{K}_m \rangle a(\vec{K}_m) = 0 \tag{8.48}$$

由于只有与 $\vec{K}_l$ 对应的散射波才可以和入射波的贡献相当,而其他 $m \neq l$ 的散射波贡献可忽略,因此,上面方程左边第二项

$$\sum_{m \neq 0}\langle \vec{K}_0 | V | \vec{K}_m \rangle a(\vec{K}_m)$$
$$= \langle \vec{K}_0 | V | \vec{K}_1 \rangle a(\vec{K}_1) + \langle \vec{K}_0 | V | \vec{K}_2 \rangle a(\vec{K}_2) \cdots + \langle \vec{K}_0 | V | \vec{K}_l \rangle a(\vec{K}_l) + \cdots \tag{8.49}$$
$$\approx \langle \vec{K}_0 | V | \vec{K}_1 \rangle a(\vec{K}_1)$$

这样一来,与 $\vec{K}_n = 0$ 对应的方程近似为

$$\left[E_{\vec{K}_0} - \varepsilon(\vec{k})\right]a(0) + \langle \vec{K}_0 | V | \vec{K}_l \rangle a(\vec{K}_l) = 0 \tag{8.50}$$

再来看看与 $\vec{K}_n = \vec{K}_l$ 对应的方程,由方程(8.34)有

$$\left[E_{\vec{K}_l} - \varepsilon(\vec{k})\right]a(\vec{K}_l) + \sum_{m \neq l}\langle \vec{K}_l | V | \vec{K}_m \rangle a(\vec{K}_m) = 0 \tag{8.51}$$

基于和 $\vec{K}_n = 0$ 相类似的分析,上面方程左边第二项

$$\sum_{m \neq l}\langle \vec{K}_l | V | \vec{K}_m \rangle a(\vec{K}_m)$$
$$= \langle \vec{K}_l | V | \vec{K}_0 \rangle a(0) + \langle \vec{K}_l | V | \vec{K}_1 \rangle a(\vec{K}_1) + \cdots + \langle \vec{K}_l | V | \vec{K}_m \rangle a(\vec{K}_m) + \cdots$$
$$\approx \langle \vec{K}_l | V | \vec{K}_0 \rangle a(0)$$

这样一来,与 $\vec{K}_n = \vec{K}_l$ 对应的方程近似为

$$\left[E_{\vec{K}_l} - \varepsilon(\vec{k})\right]a(\vec{K}_l) + \langle \vec{K}_l | V | \vec{K}_0 \rangle a(0) = 0 \tag{8.52}$$

方程(8.50)和方程(8.52)一起构成了关于系数 $a(0)$ 和 $a(\vec{K}_l)$ 的方程组

$$\begin{cases} \left[E_{\vec{K}_0} - \varepsilon(\vec{k})\right]a(0) + V^*(\vec{K}_l)a(\vec{K}_l) = 0 \\ V(\vec{K}_l)a(0) + \left[E_{\vec{K}_l} - \varepsilon(\vec{k})\right]a(\vec{K}_l) = 0 \end{cases} \tag{8.53}$$

其中,

$$V(\vec{K}_l) = \langle \vec{K}_l | V | \vec{K}_0 \rangle = \frac{1}{N\Omega}\int V(\vec{r})e^{-i\vec{K}_l \cdot \vec{r}}d\vec{r}$$

$$V^*(\vec{K}_l) = \langle \vec{K}_0 | V | \vec{K}_l \rangle = \frac{1}{N\Omega} \int V(\vec{r}) \mathrm{e}^{i\vec{K}_l \cdot \vec{r}} \, \mathrm{d}\vec{r}$$

明显地,$a(0)$ 和 $a(\vec{K}_l)$ 不同时为零的条件是其系数行列式为零,即

$$\begin{vmatrix} E_{\vec{K}_0} - \varepsilon(\vec{k}) & V^*(\vec{K}_l) \\ V(\vec{K}_l) & E_{\vec{K}_l} - \varepsilon(\vec{k}) \end{vmatrix} = 0 \tag{8.54}$$

由此得到电子的能量为

$$\varepsilon_{\pm}(\vec{k}) = \frac{1}{2}(E_{\vec{K}_0} + E_{\vec{K}_l}) \pm \sqrt{|V(\vec{K}_l)|^2 + \left(\frac{E_{\vec{K}_0} - E_{\vec{K}_l}}{2}\right)^2} \tag{8.55}$$

其中,

$$E_{\vec{K}_l} = \frac{\hbar^2 (\vec{k} + \vec{K}_l)^2}{2m}$$

$$E_{\vec{K}_0} = \frac{\hbar^2 k^2}{2m}$$

当满足布拉格反射条件时,$(\vec{k} + \vec{K}_l)^2 = \vec{k}^2$,因此有 $E_{\vec{K}_0} = E_{\vec{K}_l}$,式(8.55)变成

$$\varepsilon_{\pm}(\vec{k}) = \frac{\hbar^2 k^2}{2m} \pm |V(\vec{K}_l)| \tag{8.56}$$

由此可见,对于波矢为 $\vec{k}$ 的行进平面波,当其到达布里渊区边界时,因满足布拉格反射条件而遭到全反射,由此产生的反射波和行进平面波相互干涉。相互干涉的结果使得能量在布里渊区边界发生突变。通过布里渊区边界区的能量分裂而把能谱分成上、下两部分,这两部分能谱在倒格子空间中分别位于相邻的两个布里渊区中。如第 7 章已论证过的,在一个布里渊区里,波矢 $\vec{k}$ 总共有 N 个不同的取值,每一个取值对应一个能级,因此,一个布里渊区里总共有 N 个能量不等的能级,这 N 个能量不等的能级组成一个能带,式(8.55)中的"$\pm$"则分别是相邻两个能带中的上、下两个能带的能谱,而式(8.56)中的"$\pm$"则分别是上能带底部和下能带顶部的能量,两者之间的差,即能量突变值为

$$E_g = \varepsilon_+ - \varepsilon_- = 2|V(\vec{K}_l)| \tag{8.57}$$

称为禁带宽度或带隙,其大小为势能相应傅里叶分量绝对值的两倍。之所以称其为禁带,是因为在禁带所覆盖的能量范围内没有电子能级的存在。在上面的分析中,如果 $\vec{K}_l$ 表示的是倒格子空间中离原点最近倒格点的倒格矢(即最短倒格矢),则禁带出现在第一布里渊区的边界处,相应的禁带之下由 N 个能量不等的能级组成的能带称为第 1 能带;如果 $\vec{K}_l$ 表示的是倒格子空间中原点周围任意一个倒格点的倒格矢,它应当是最短倒格矢的 n 倍,则禁带出现在第 n 个布里渊区的边界处,相应的禁带之下由 N 个能量不等的能级组成的能带称为第 n 个能带,其能谱表示为 $\varepsilon_n(\vec{k})$。相邻的能带之间被没有电子能级的禁带隔开,包含所有能带和禁带在内的总体 $\{\varepsilon_n(\vec{k})\}$ 即为金属的能带结构。

4. 布里渊区边界附近的能谱变化行为

上面的分析针对的是在布里渊区边界的情况,如果接近布里渊区边界,则 $(\vec{k}+\vec{K_l})^2 \neq \vec{k}^2$。为看看接近布里渊区边界时能谱的变化行为,不妨引入一小的波矢 $\vec{q}\left(q \ll \dfrac{K_l}{2}\right)$,使得 $\vec{k}=\vec{q}-\dfrac{\vec{K_l}}{2}$,则有

$$E_{\vec{K_0}}=\frac{\hbar^2 k^2}{2m}=\frac{\hbar^2\left(\vec{q}-\dfrac{\vec{K_l}}{2}\right)^2}{2m}=\frac{\hbar^2}{2m}\left[q^2-\vec{q}\cdot\vec{K_l}+\left(\frac{\vec{K_l}}{2}\right)^2\right]$$

和

$$E_{\vec{K_l}}=\frac{\hbar^2(\vec{k}+\vec{K_l})^2}{2m}=\frac{\hbar^2\left(\vec{q}+\dfrac{1}{2}\vec{K_l}\right)^2}{2m}=\frac{\hbar^2}{2m}\left[q^2+\vec{q}\cdot\vec{K_l}+\left(\frac{1}{2}\vec{K_l}\right)^2\right]$$

于是有

$$E_{\vec{K_0}}+E_{\vec{K_l}}=2\times\frac{\hbar^2\left[q^2+\left(\dfrac{\vec{K_l}}{2}\right)^2\right]}{2m}$$

和

$$E_{\vec{K_0}}-E_{\vec{K_l}}=-2\times\frac{\hbar^2\vec{q}\cdot\vec{K_l}}{2m}$$

代入式(8.55)中有

$$\begin{aligned}\varepsilon_{\pm}&=E_{\vec{K_l/2}}+E_{\vec{q}}\pm\sqrt{|V(\vec{K_l})|^2+E_{\vec{q}}E_{\vec{K_l}}}\\&\approx E_{\vec{K_l/2}}+E_{\vec{q}}\pm|V(\vec{K_l})|\left[1+E_{\vec{q}}E_{\vec{K_l}}/2|V(\vec{K_l})|^2\right]\end{aligned} \qquad (8.58)$$

其中,$E_{\vec{K/2}}=\dfrac{\hbar^2\left(\dfrac{\vec{K_l}}{2}\right)^2}{2m}$,$E_{\vec{K_l}}=\dfrac{\hbar^2(\vec{K_l})^2}{2m}$,$E_{\vec{q}}=\dfrac{\hbar^2\vec{q}^2}{2m}$。由此得到禁带之上能带底部附近的能量近似为

$$\varepsilon_{+}\approx E_{\vec{K_l/2}}+E_{\vec{q}}+|V(\vec{K_l})|+E_{\vec{q}}E_{\vec{K_l}}/2|V(\vec{K_l})| \qquad (8.59)$$

由于 $E_{\vec{q}} \propto q^2$,可见,禁带之上的能带底部的能量随波矢 q 的增加而增加,故能带底部的能谱曲线呈向上弯的抛物线趋势。而禁带之下能带顶部附近的能量为

$$\varepsilon_{-}\approx E_{\vec{K_l/2}}+E_{\vec{q}}-|V(\vec{K_l})|-E_{\vec{q}}E_{\vec{K_l}}/2|V(\vec{K_l})| \qquad (8.60)$$

可见,禁带之下能带顶部附近的能量随波矢 q 的增加而减小,故能带顶部附近的能谱曲线

呈向下弯的抛物线趋势,禁带附近的能谱曲线示意图如图 8.2 所示。

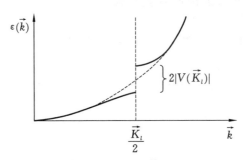

图 8.2　禁带附近的能谱曲线示意图

8.3　能带计算的紧束缚方法

在第 8.2 节介绍的平面波方法中,晶体中电子波函数是基于平面波的线性组合来构造的,这种方法概念简单,且对禁带形成的起因给出了明确的物理图像。但真正用于固体能带的计算,平面波方法只适合于电子是基本自由(即近自由电子)的情况。本节介绍另一种方法 —— 紧束缚方法,这种方法描述的是另一种极端情况,即晶体中来自第 N 个原子的价电子基本上不自由而是束缚在该原子周围。

8.3.1　紧束缚方法中的电子尝试波函数及其性质

1. 尝试波函数的构造

当原子处在孤立或自由状态时,原子表现出原子的能级特征。如果以 α 表示来自原子 α 壳层的价电子,则 α 价电子在原子势场作用下处在能量为 ε_α^{at} 的能级上,相应的状态波函数为 $\varphi_\alpha^{at}(\vec{r})$。在后面的叙述中,为区别起见,所有与 α 价电子有关的量均标以下标"α",而所有与孤立或自由状态的原子有关的量均标以上标"at"。

考虑由 N 个原子组成的单原子晶体,如果原子势(或者说原子波函数)彼此间没有交叠,则原子间相互作用可以忽略,以至于每个原子仍然同孤立原子一样表现出原子的能级特征。对于第 n 格点上的原子,电子受到的原子势为 $V^{at}(\vec{r}-\vec{R}_n)$,在这样的原子势作用下,描述电子状态的薛定谔方程为

$$\left[-\frac{\hbar^2}{2m}\nabla^2+V^{at}(\vec{r}-\vec{R}_n)\right]\varphi_\alpha^{at}(\vec{r}-\vec{R}_n)=\varepsilon_\alpha^{at}\varphi_\alpha^{at}(\vec{r}-\vec{R}_n) \tag{8.61}$$

然而,在实际晶体中,N 个原子之所以能凝聚到一起形成晶体,是因为原子间存在相互作用,意味着实际晶体中的原子势有交叠,在这种情况下,来自每个原子的电子除受到自身原子的势场作用外,还要受到其他原子势场的影响。如果以 $\psi_\alpha(\vec{k},\vec{r})$ 表示晶体中 α 价电子的状态函数,则其遵从的薛定谔方程为

$$\left[-\frac{\hbar^2}{2m}\nabla^2+V(\vec{r})\right]\psi_\alpha(\vec{k},\vec{r})=\varepsilon_\alpha(\vec{k})\psi_\alpha(\vec{k},\vec{r}) \tag{8.62}$$

其中，$V(\vec{r})$ 是晶体总的原子势。对于束缚在 $\vec{R}_n$ 格点原子周围的电子，总的原子势可表示成两部分：

$$V(\vec{r}) = \Delta V(\vec{r}) + V^{\text{at}}(\vec{r} - \vec{R}_n) \tag{8.63}$$

$V^{\text{at}}(\vec{r} - \vec{R}_n)$ 是 $\vec{R}_n$ 格点上的原子在孤立情况下的原子势，$\Delta V(\vec{r})$ 描述的是其他原子对所考虑原子的影响，$V(\vec{r})$、$V^{\text{at}}(\vec{r} - \vec{R}_n)$ 和 $\Delta V(\vec{r})$ 示意图如图 8.3 所示。

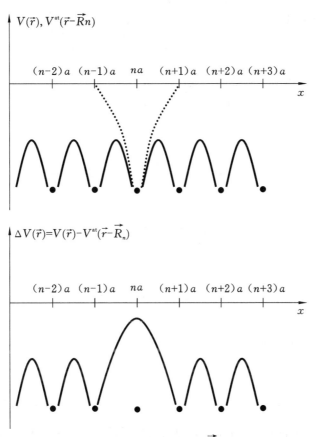

图 8.3　晶体原子势 $V(\vec{r})$、孤立原子势 $V^{\text{at}}(\vec{r} - \vec{R}_n)$ 及微扰势 $\Delta V(\vec{r})$ 的示意图

对位于 $\vec{R}_n$ 格点上的原子，紧束缚近似，顾名思义，指的是，电子被束缚在该原子（格点）周围，主要受该原子势场 $V^{\text{at}}(\vec{r} - \vec{R}_n)$ 的作用，而其他原子势场的影响 $\Delta V(\vec{r})$ 很小以至于可以看作是微扰。因此，$\vec{R}_n$ 格点附近的电子波函数应接近 $\vec{R}_n$ 格点原子的原子波函数 $\varphi_\alpha^{\text{at}}(\vec{r} - \vec{R}_n)$。对由 N 个原子组成的单原子晶体，共有 N 个类似的原子波函数

$$\{\varphi_\alpha^{\text{at}}(\vec{r} - \vec{R}_n)\} \quad (n = 1, 2, \cdots, N)$$

若将这 N 个原子波函数线性组合：

$$\psi_a(\vec{r}) = \sum_n C_n \varphi_a^{\,\mathrm{at}}(\vec{r} - \vec{R}_n) \tag{8.64}$$

那么,所得到的函数 $\psi_a(\vec{r})$ 可否作为晶体中电子的尝试波函数? 首先注意到,由于 n 遍及所有原子,因此,函数系 $\{\varphi_a^{\,\mathrm{at}}(\vec{r} - \vec{R}_n)\}$ 是完备的函数系。然后来考查一下,所选择的尝试波函数是否具有布洛赫函数的形式。为此,将式(8.64)中的展开式系数 C_n 写成形式

$$C_n = \frac{1}{\sqrt{N}} e^{i\vec{k}\cdot\vec{R}_n}$$

则基于原子波函数线性组合构造的尝试波函数可表示为

$$\psi_a(\vec{k},\vec{r}) = \frac{1}{\sqrt{N}} \sum_n e^{i\vec{k}\cdot\vec{R}_n} \varphi_a^{\,\mathrm{at}}(\vec{r} - \vec{R}_n) \tag{8.65}$$

为验证上述函数具有布洛赫函数的形式,将其改写成

$$\psi_a(\vec{k},\vec{r}) = e^{i\vec{k}\cdot\vec{r}} \frac{1}{\sqrt{N}} \sum_n e^{-i\vec{k}\cdot(\vec{r}-\vec{R}_n)} \varphi_a^{\,\mathrm{at}}(\vec{r} - \vec{R}_n) = e^{i\vec{k}\cdot\vec{r}} u_{\vec{k}}(\vec{r})$$

其中,

$$u_{\vec{k}}(\vec{r}) = \frac{1}{\sqrt{N}} \sum_n e^{-i\vec{k}\cdot(\vec{r}-\vec{R}_n)} \varphi_a^{\,\mathrm{at}}(\vec{r} - \vec{R}_n) \tag{8.66}$$

由于

$$u_{\vec{k}}(\vec{r} + \vec{R}_l) = \frac{1}{\sqrt{N}} \sum_n e^{-i\vec{k}\cdot(\vec{r}+\vec{R}_l-\vec{R}_n)} \varphi_a^{\,\mathrm{at}}(\vec{r} + \vec{R}_l - \vec{R}_n)$$

$$= \frac{1}{\sqrt{N}} \sum_{n'} e^{-i\vec{k}\cdot(\vec{r}-\vec{R}_{n'})} \varphi_a^{\,\mathrm{at}}(\vec{r}_l - \vec{R}_{n'}) = u_{\vec{k}}(\vec{r})$$

因此,由式(8.66)定义的函数 $u_{\vec{k}}(\vec{r})$ 具有和晶格相同的周期性,说明由式(8.65)表示的尝试波函数具有布洛赫函数的形式。既然函数系 $\{\varphi_a^{\,\mathrm{at}}(\vec{r} - \vec{R}_n)\}$ 是完备的函数系,其组合得到的函数又具有布洛赫函数的形式,因此,式(8.65)表示的函数可以作为晶体中电子的尝试波函数。

波函数如式(8.64)或式(8.65)所示的取法,相当于在每个格点附近,电子波函数近似为该处的原子波函数,而晶体中共有化的轨道则由原子轨道 $\{\varphi_a^{\,\mathrm{at}}(\vec{r} - \vec{R}_n)\}$ 的线性组合构成,因此,上述波函数近似选取方法又称为原子轨道线性组合法(linear combination of atomic orbitals,LCAO)。

在紧束缚近似方法早期研究中,为了体现紧束缚近似的思想,人们将晶体中电子的尝试波函数表示为

$$\psi_a(\vec{k},\vec{r}) = \frac{1}{\sqrt{N}} \sum_n a_a(\vec{R}_n,\vec{r}) e^{i\vec{k}\cdot\vec{R}_n}$$

由此定义的函数 $a_a(\vec{R}_n,\vec{r})$ 称为万尼尔(Wannier)函数,它可由傅里叶变换的逆变换得到:

$$a_a(\vec{R}_n,\vec{r}) = \frac{1}{\sqrt{N}} \int e^{-i\vec{k}\cdot\vec{R}_n} \psi_a(\vec{k},\vec{r}) \mathrm{d}\vec{k}$$

$\psi_a(\vec{k},\vec{r})$ 具有布洛赫函数的形式,即 $\psi_a(\vec{k},\vec{r})=\mathrm{e}^{i\vec{k}\cdot\vec{r}}u_{\vec{k}}(\vec{r})$,由于 $u_{\vec{k}}(\vec{r})$ 是晶格的周期性函数,满足 $u_{\vec{k}}(\vec{r})=u_{\vec{k}}(\vec{r}-\vec{R}_n)$,因此,$\psi_a(\vec{k},\vec{r})$ 又可表示成

$$\psi_a(\vec{k},\vec{r})=\mathrm{e}^{i\vec{k}\cdot\vec{r}}u_{\vec{k}}(\vec{r}-\vec{R}_n)$$

的形式,代入万尼尔函数表达式中,则可得到

$$a_a(\vec{R}_n,\vec{r})=\frac{1}{\sqrt{N}}\int\mathrm{e}^{i\vec{k}\cdot(\vec{r}-\vec{R}_n)}u_{\vec{k}}(\vec{r}-\vec{R}_n)\mathrm{d}\vec{k}=a_a(\vec{r}-\vec{R}_n)$$

说明万尼尔函数是以格点 $\vec{R}_n$ 为中心的波包,因而具有定域性,这正是紧束缚近似思想的体现。设想晶体中原子间距增大,每个原子的势场对电子有较强的束缚作用,因此当电子距离某一原子比较近的时候,电子的行为同该原子处在孤立状态时的行为相接近,意味着万尼尔函数 $a_a(\vec{R}_n,\vec{r})$ 应当接近孤立原子的波函数 $\varphi_a^{\mathrm{at}}(\vec{r}-\vec{R}_n)$,于是,在 $\psi_a(\vec{k},\vec{r})=\frac{1}{\sqrt{N}}\sum_n a_a(\vec{R}_n,\vec{r})\mathrm{e}^{i\vec{k}\cdot\vec{R}_n}$ 中用 $\varphi_\alpha^{\mathrm{at}}(\vec{r}-\vec{R}_n)$ 近似替代 $a_a(\vec{R}_n,\vec{r})$,则可得到与式(8.65)相同的结果。

2. 尝试波函数的性质

(1) 性质 1:布洛赫和。

按照前面所讲的能带计算思路,晶体中电子的尝试波函数是基于所选定的完全函数系中的各个函数的线性组合所得到的函数。在紧束缚方法中,晶体中电子尝试波函数由式(8.65)表示,若令

$$\psi_{a,n}(\vec{k},\vec{r})=\frac{1}{\sqrt{N}}\mathrm{e}^{i\vec{k}\cdot\vec{R}_n}\varphi_a^{\mathrm{at}}(\vec{r}-\vec{R}_n) \tag{8.67}$$

则尝试波函数可表示成 N 个 $\psi_{a,n}(\vec{k},\vec{r})$ 函数之和,即

$$\psi_a(\vec{k},\vec{r})=\frac{1}{\sqrt{N}}\sum_n\mathrm{e}^{i\vec{k}\cdot\vec{R}_n}\varphi_a^{\mathrm{at}}(\vec{r}-\vec{R}_n)=\sum_n\psi_{a,n}(\vec{k},\vec{r}) \tag{8.68}$$

在 $\psi_{a,n}(\vec{k},\vec{r})$ 函数的表达式中,若令

$$u_{\vec{k}}(\vec{r})=\frac{1}{\sqrt{N}}\mathrm{e}^{-i\vec{k}\cdot(\vec{r}-\vec{R}_n)}\varphi_a^{\mathrm{at}}(\vec{r}-\vec{R}_n)$$

则有

$$\psi_{a,n}(\vec{k},\vec{r})=\frac{1}{\sqrt{N}}\mathrm{e}^{i\vec{k}\cdot\vec{R}_n}\varphi_a^{\mathrm{at}}(\vec{r}-\vec{R}_n)$$
$$=\mathrm{e}^{i\vec{k}\cdot\vec{r}}\frac{1}{\sqrt{N}}\mathrm{e}^{-i\vec{k}\cdot(\vec{r}-\vec{R}_n)}\varphi_a^{\mathrm{at}}(\vec{r}-\vec{R}_n)=\mathrm{e}^{i\vec{k}\cdot\vec{r}}u_{\vec{k}}(\vec{r})$$

易验证 $u_{\vec{k}}(\vec{r})=u_{\vec{k}}(\vec{r}+\vec{R}_l)$,说明 $\psi_{a,n}(\vec{k},\vec{r})$ 具有布洛赫函数的形式。由于式(8.68)是各个 $\psi_{a,n}(\vec{k},\vec{r})(n=1,2\cdots)$ 简单相加得到的,而每一个 $\psi_{a,n}(\vec{k},\vec{r})$ 都是一个布洛赫函数,意味着在紧束缚方法中,晶体中的电子尝试波函数不是由 N 个具有布洛赫函数形式的函

数线性组合得到的,而是由 N 个布洛赫函数的简单相加得到的,这一性质称为布洛赫和。

(2)性质 2:尝试波函数是平移操作算符 $\hat{T}_{\vec{R}_m}$ 属于本征值为 $e^{i\vec{k}\cdot\vec{R}_m}$ 的本征函数。

将平移操作算符 $\hat{T}_{\vec{R}_m}$ 作用于 $\psi_\alpha(\vec{k},\vec{r})$ 后有

$$
\hat{T}_{\vec{R}_m}\psi_\alpha(\vec{k},\vec{r}) = \psi_\alpha(\vec{k},\vec{r}+\vec{R}_m)
$$

$$
= e^{i\vec{k}\cdot\vec{R}_m}\frac{1}{\sqrt{N}}\sum_n e^{i\vec{k}\cdot(\vec{R}_n-\vec{R}_m)}\varphi_\alpha^{at}(\vec{r}-\vec{R}_n+\vec{R}_m)
$$

$$
= e^{i\vec{k}\cdot\vec{R}_m}\psi_\alpha(\vec{k},\vec{r})
$$

可见,基于紧束缚方法构造的电子尝试波函数 $\psi_\alpha(\vec{k},\vec{r})$ 是平移操作算符 $\hat{T}_{\vec{R}_m}$ 属于本征值为 $e^{i\vec{k}\cdot\vec{R}_m}$ 的本征函数,说明所构造的电子尝试波函数具有和晶格相同的平移对称性。

(3)性质 3:构造的波函数因原子间波函数交叠小而归一。

对于一个波函数 $\psi(\vec{r})$,如果它是归一的,则要求满足 $\int|\psi(\vec{r})|^2\mathrm{d}\vec{r}=1$ 的条件。那么,对所构造的电子尝试波函数 $\psi_\alpha(\vec{k},\vec{r})$,是否也满足 $\int\psi_\alpha^*(\vec{k},\vec{r})\psi_\alpha(\vec{k},\vec{r})\mathrm{d}\vec{r}=1$?

由

$$
\int\psi_\alpha^*(\vec{k},\vec{r})\psi_\alpha(\vec{k},\vec{r})\mathrm{d}\vec{r}=\frac{1}{N}\sum_{n,m}e^{i\vec{k}\cdot(\vec{R}_n-\vec{R}_m)}\int\varphi_\alpha^{at*}(\vec{r}-\vec{R}_m)\varphi_\alpha^{at}(\vec{r}-\vec{R}_n)\mathrm{d}\vec{r} \quad (8.69)
$$

可知,在 $\int\psi_\alpha^*(\vec{k},\vec{r})\psi_\alpha(\vec{k},\vec{r})\mathrm{d}\vec{r}$ 积分中涉及原子 n 和原子 m 的原子波函数的积分 $\int\varphi_\alpha^{at*}(\vec{r}-\vec{R}_m)\varphi_\alpha^{at}(\vec{r}-\vec{R}_n)\mathrm{d}\vec{r}$。明显地,如果两个原子为同一个原子,即 $n=m$,则有

$$
\int\varphi_\alpha^{at*}(\vec{r}-\vec{R}_m)\varphi_\alpha^{at}(\vec{r}-\vec{R}_m)\mathrm{d}\vec{r}=\int|\varphi_\alpha^{at}(\vec{r}-\vec{R}_m)|^2\mathrm{d}\vec{r}=1 \quad (8.70)
$$

而如果两个原子是不同原子,即 $n\neq m$,则不同原子之间原子波函数有可能存在交叠,在这种情况下,

$$
\int\varphi_\alpha^{at*}(\vec{r}-\vec{R}_m)\varphi_\alpha^{at}(\vec{r}-\vec{R}_n)\mathrm{d}\vec{r}\neq 0 \quad (8.71)
$$

说明不同原子因原子波函数交叠而不正交,在这种情况下,

$$
\int\psi_\alpha^*(\vec{k},\vec{r})\psi_\alpha(\vec{k},\vec{r})\mathrm{d}\vec{r}\neq 1
$$

意味着所构造的电子尝试波函数不具有归一性,其起因是不同原子的原子波函数之间的交叠。然而,如果不同原子的波函数之间交叠很少以至于可以忽略,在这种情况下,近似有

$$
\int\varphi_\alpha^{at*}(\vec{r}-\vec{R}_m)\varphi_\alpha^{at}(\vec{r}-\vec{R}_n)\mathrm{d}\vec{r}=\delta_{n,m} \quad (8.72)
$$

该式表明,同一格点上的原子波函数归一,不同格点上的原子波函数因交叠较少而正交。将式(8.72)代入式(8.69)中有

$$\int \psi_\alpha^*(\vec{k},\vec{r})\psi_\alpha(\vec{k},\vec{r})\mathrm{d}\vec{r} \approx \frac{1}{N}\sum_{n,m}\mathrm{e}^{\mathrm{i}\vec{k}\cdot(\vec{R}_n-\vec{R}_m)}\delta_{n,m} = \frac{1}{N}\sum_n \mathrm{e}^0 = 1 \qquad (8.73)$$

说明只有在忽略不同格点原子波函数交叠的前提下，所构造的电子尝试波函数才是归一的。

8.3.2　电子能量和能带

如前所提到的，对束缚在 $\vec{R}_m$ 格点原子周围的电子，其波函数 $\psi_\alpha(\vec{k},\vec{r})$ 所遵从的薛定谔方程为

$$\left[-\frac{\hbar^2}{2m}\mathbf{\nabla}^2 + \Delta V(\vec{r}) + V^{\mathrm{at}}(\vec{r}-\vec{R}_m)\right]\psi_\alpha(\vec{k},\vec{r}) = \varepsilon_\alpha(\vec{k})\psi_\alpha(\vec{k},\vec{r}) \qquad (8.74)$$

将式(8.65)所表示的电子尝试波函数 $\psi_\alpha(\vec{k},\vec{r}) = \frac{1}{\sqrt{N}}\sum_m \mathrm{e}^{\mathrm{i}\vec{k}\cdot\vec{R}_m}\varphi_\alpha^{\mathrm{at}}(\vec{r}-\vec{R}_m)$ 代入上面的薛定谔方程中，有

$$\frac{1}{\sqrt{N}}\sum_m \mathrm{e}^{\mathrm{i}\vec{k}\cdot\vec{R}_m}\left[-\frac{\hbar^2}{2m}\mathbf{\nabla}^2 + \Delta V(\vec{r}) + V^{\mathrm{at}}(\vec{r}-\vec{R}_m)\right]\varphi_\alpha^{\mathrm{at}}(\vec{r}-\vec{R}_m)$$

$$= \varepsilon_\alpha(\vec{k})\frac{1}{\sqrt{N}}\sum_m \mathrm{e}^{\mathrm{i}\vec{k}\cdot\vec{R}_m}\varphi_\alpha^{\mathrm{at}}(\vec{r}-\vec{R}_m) \qquad (8.75)$$

方程两边左乘 $\frac{1}{\sqrt{N}}\mathrm{e}^{-\mathrm{i}\vec{k}\cdot\vec{R}_n}\varphi_\alpha^{\mathrm{at}*}(\vec{r}-\vec{R}_n)$ 并对整个晶体积分后得到

$$\frac{1}{N}\sum_m \mathrm{e}^{\mathrm{i}\vec{k}\cdot(\vec{R}_m-\vec{R}_n)}\int\varphi_\alpha^{\mathrm{at}*}(\vec{r}-\vec{R}_n)\left[-\frac{\hbar^2}{2m}\mathbf{\nabla}^2 + \Delta V(\vec{r}) + V^{\mathrm{at}}(\vec{r}-\vec{R}_n)\right]\varphi_\alpha^{\mathrm{at}}(\vec{r}-\vec{R}_m)\mathrm{d}\vec{r}$$

$$= \varepsilon_\alpha(\vec{k})\frac{1}{N}\sum_m \mathrm{e}^{\mathrm{i}\vec{k}\cdot(\vec{R}_m-\vec{R}_n)}\int\varphi_\alpha^{\mathrm{at}*}(\vec{r}-\vec{R}_n)\varphi_\alpha^{\mathrm{at}}(\vec{r}-\vec{R}_m)\mathrm{d}\vec{r} \qquad (8.76)$$

利用 $\int\varphi_\alpha^{\mathrm{at}*}(\vec{r}-\vec{R}_n)\varphi_\alpha^{\mathrm{at}}(\vec{r}-\vec{R}_m)\mathrm{d}\vec{r} \approx \delta_{n,m}$，方程(8.76)的右边为

$$\varepsilon_\alpha(\vec{k})\frac{1}{N}\sum_m \mathrm{e}^{\mathrm{i}\vec{k}\cdot(\vec{R}_m-\vec{R}_n)}\int\varphi_\alpha^{\mathrm{at}*}(\vec{r}-\vec{R}_n)\varphi_\alpha^{\mathrm{at}}(\vec{r}-\vec{R}_m)\mathrm{d}\vec{r}$$

$$= \varepsilon_\alpha(\vec{k})\frac{1}{N}\sum_m \mathrm{e}^{\mathrm{i}\vec{k}\cdot(\vec{R}_m-\vec{R}_n)}\delta_{n,m} = \frac{1}{N}\varepsilon_\alpha(\vec{k}) \qquad (8.77)$$

方程(8.76)的左边可写成两部分，即

$$\frac{1}{N}\sum_m \mathrm{e}^{\mathrm{i}\vec{k}\cdot(\vec{R}_m-\vec{R}_n)}\int\varphi_\alpha^{\mathrm{at}*}(\vec{r}-\vec{R}_n)\left[-\frac{\hbar^2}{2m}\mathbf{\nabla}^2 + \Delta V(\vec{r}) + V^{\mathrm{at}}(\vec{r}-\vec{R}_m)\right]\varphi_\alpha^{\mathrm{at}}(\vec{r}-\vec{R}_m)\mathrm{d}\vec{r}$$

$$= \frac{1}{N}\sum_m \mathrm{e}^{\mathrm{i}\vec{k}\cdot(\vec{R}_m-\vec{R}_n)}\int\varphi_\alpha^{\mathrm{at}*}(\vec{r}-\vec{R}_n)\left[-\frac{\hbar^2}{2m}\mathbf{\nabla}^2 + V^{\mathrm{at}}(\vec{r}-\vec{R}_m)\right]\varphi_\alpha^{\mathrm{at}}(\vec{r}-\vec{R}_m)\mathrm{d}\vec{r}$$

$$+ \frac{1}{N}\sum_m \mathrm{e}^{\mathrm{i}\vec{k}\cdot(\vec{R}_m-\vec{R}_n)}\int\varphi_\alpha^{\mathrm{at}*}(\vec{r}-\vec{R}_n)\Delta V(\vec{r})\varphi_\alpha^{\mathrm{at}}(\vec{r}-\vec{R}_m)\mathrm{d}\vec{r}$$

由于

$$\left[-\frac{\hbar^2}{2m}\mathbf{\nabla}^2 + V^{\mathrm{at}}(\vec{r}-\vec{R}_m)\right]\varphi_\alpha^{\mathrm{at}}(\vec{r}-\vec{R}_m) = \varepsilon_\alpha^{\mathrm{at}}\varphi_\alpha^{\mathrm{at}}(\vec{r}-\vec{R}_m)$$

是孤立原子波函数 $\varphi_\alpha^{at}(\vec{r}-\vec{R}_n)$ 所满足的薛定谔方程,其中,ε_α^{at} 是原子中的电子能级,因此,上面右边第一项为

$$\frac{1}{N}\sum_m \mathrm{e}^{\mathrm{i}\vec{k}\cdot(\vec{R}_m-\vec{R}_n)}\int \varphi_\alpha^{at*}(\vec{r}-\vec{R}_n)\left[-\frac{\hbar^2}{2m}\boldsymbol{\nabla}^2+V^{at}(\vec{r}-\vec{R}_m)\right]\varphi_\alpha^{at}(\vec{r}-\vec{R}_m)\mathrm{d}\vec{r}$$

$$=\frac{1}{N}\sum_m \mathrm{e}^{\mathrm{i}\vec{k}\cdot(\vec{R}_m-\vec{R}_n)}\varepsilon_\alpha^{at}\int \varphi_\alpha^{at*}(\vec{r}-\vec{R}_n)\varphi_\alpha^{at}(\vec{r}-\vec{R}_m)\mathrm{d}\vec{r}$$

$$=\frac{1}{N}\sum_m \mathrm{e}^{\mathrm{i}\vec{k}\cdot(\vec{R}_m-\vec{R}_n)}\varepsilon_\alpha^{at}\delta_{n,m}=\frac{1}{N}\varepsilon_\alpha^{at}$$

这样一来,方程(8.76)的左边为

$$\frac{1}{N}\varepsilon_\alpha^{at}+\frac{1}{N}\sum_m \mathrm{e}^{\mathrm{i}\vec{k}\cdot(\vec{R}_m-\vec{R}_n)}\int \varphi_\alpha^{at*}(\vec{r}-\vec{R}_n)\Delta V(\vec{r})\varphi_\alpha^{at}(\vec{r}-\vec{R}_m)\mathrm{d}\vec{r}$$

基于方程(8.76)的右边和左边相等,有

$$\varepsilon_\alpha(\vec{k})=\varepsilon_\alpha^{at}+\sum_m \mathrm{e}^{\mathrm{i}\vec{k}\cdot(\vec{R}_m-\vec{R}_n)}\int \varphi_\alpha^{at*}(\vec{r}-\vec{R}_n)\Delta V(\vec{r})\varphi_\alpha^{at}(\vec{r}-\vec{R}_m)\mathrm{d}\vec{r} \qquad (8.78)$$

将上式的求和按 $m=n$ 和 $m\neq n$ 分开来写,则有

$$\varepsilon_\alpha(\vec{k})=\varepsilon_\alpha^{at}+\int \Delta V(\vec{r})\left|\varphi_\alpha^{at}(\vec{r}-\vec{R}_n)\right|^2\mathrm{d}\vec{r}$$
$$+\sum_{m\neq n}\mathrm{e}^{\mathrm{i}\vec{k}\cdot(\vec{R}_m-\vec{R}_n)}\int \varphi_\alpha^{at*}(\vec{r}-\vec{R}_n)\Delta V(\vec{r})\varphi_\alpha^{at}(\vec{r}-\vec{R}_m)\mathrm{d}\vec{r} \qquad (8.79)$$

若取第 n 格点为坐标原点,则上述方程变成

$$\varepsilon_\alpha(\vec{k})=\varepsilon_\alpha^{at}+\int \Delta V(\vec{r})\left|\varphi_\alpha^{at}(\vec{r})\right|^2\mathrm{d}\vec{r}+\sum_{m\neq 0}\mathrm{e}^{\mathrm{i}\vec{k}\cdot\vec{R}_m}\int \varphi_\alpha^{at*}(\vec{r})\Delta V(\vec{r})\varphi_\alpha^{at}(\vec{r}-\vec{R}_m)\mathrm{d}\vec{r}$$
$$(8.80)$$

其中,右边第一项 ε_α^{at} 是原子处在自由状态时的电子能量,第二项,即

$$\int \Delta V(\vec{r})\left|\varphi_\alpha^{at}(\vec{r})\right|^2\mathrm{d}\vec{r}$$

是与库仑作用有关的能量项,第三项,即

$$\sum_{m\neq 0}\mathrm{e}^{\mathrm{i}\vec{k}\cdot\vec{R}_m}\int \varphi_\alpha^{at*}(\vec{r})\Delta V(\vec{r})\varphi_\alpha^{at}(\vec{r}-\vec{R}_m)\mathrm{d}\vec{r}$$

是与相邻原子的原子波函数重叠有关的额外能量项。为简单起见,令

$$J(0)=-\int \Delta V(\vec{r})\left|\varphi_\alpha^{at}(\vec{r})\right|^2\mathrm{d}\vec{r} \qquad (8.81)$$

和

$$J(\vec{R}_m)=-\sum_{m\neq 0}\int \varphi_\alpha^{at*}(\vec{r})\Delta V(\vec{r})\varphi_\alpha^{at}(\vec{r}-\vec{R}_m)\mathrm{d}\vec{r} \qquad (8.82)$$

这样一来,方程(8.80)可简单表示为

$$\varepsilon_\alpha(\vec{k})=\varepsilon_\alpha^{at}-J(0)-\sum_{m\neq 0}J(\vec{R}_m)\mathrm{e}^{\mathrm{i}\vec{k}\cdot\vec{R}_m} \qquad (8.83)$$

方程(8.83)就是基于紧束缚方法得到的电子能量作为波矢 $\vec{k}$ 的函数关系表达式。

在紧束缚近似下,只有近邻原子的原子波函数才有可能交叠,因此,在方程(8.83)

中,求和实际上只涉及对原点周围近邻原子的求和,在这种情况下,方程(8.83)变成

$$\varepsilon_\alpha(\vec{k}) = \varepsilon_\alpha^{at} - J(0) - \sum_m^{近邻} J(\vec{R}_m) e^{i\vec{k}\cdot\vec{R}_m}$$

特别地,如果 $J(\vec{R}_m)$ 是与 m 无关的常数 J,则在紧束缚近似下晶体中的电子能量作为波矢 $\vec{k}$ 的函数可表示为

$$\varepsilon_\alpha(\vec{k}) = \varepsilon_\alpha^{at} - J(0) - J \sum_m^{近邻} e^{i\vec{k}\cdot\vec{R}_m} \tag{8.84}$$

基于上面的分析,可以清楚地看到原子的能级是如何过渡到固体的能带的。晶体中的原子如果各自处在自由状态,则不会有第二和第三项,在这种情况下,晶体中的原子表现出能级特征,来自 N 个原子的 N 个电子的状态不同但能量相同,因此是 N 重简并的。但如果原子间存在相互作用,则会出现第二和第三项。注意到,如图 8.3 所示,$\Delta V(\vec{r}) < 0$,而 $|\varphi_\alpha^{at}(\vec{r})|^2 > 0$,因此,由式(8.81)定义的 $J(0)$ 是一个大于 0 的常数,可见,库仑作用只是使得电子的能量从自由原子状态时的 ε_α^{at} 降低至 $\varepsilon_\alpha^{at} - J(0)$,而没有改变晶体中 N 重简并的情况。由式(8.82)定义的 $J(\vec{R}_m)$,由于涉及不同格点的原子波函数的积分,明显地,若不同格点的原子波函数没有交叠,则 $J(\vec{R}_m) = 0$,而当不同格点的原子波函数有交叠时,则 $J(\vec{R}_m) \neq 0$,因此,$J(\vec{R}_m)$ 是反映不同格点原子波函数交叠程度的量,故称为交叠积分或重叠积分,同时因为 $\Delta V(\vec{r}) < 0$,故有 $J(\vec{R}_m) \geqslant 0$。如式(8.83)或式(8.84)所见,原子波函数的交叠导致了依赖于波矢 $\vec{k}$ 的额外能量项的出现。第 7 章中的分析表明,在一个布里渊区里波矢 $\vec{k}$ 总共有 N 个分立的取值,每一个 $\vec{k}$ 的取值对应一个额外的能量,这样一来,总共有 N 个能量不等的额外能量项出现,其结果使得原本是 N 重简并的能级分裂成 N 个能量不等的能级,这 N 个能量不等的能级构成一个能带。

在上面的分析中,为简单起见,没有考虑原子能级的简并情况,因此,所得到的结论对 s 态电子是适合的,但对 p、d 等态的电子,上面的分析要进行适当推广,因为 p 态是三重简并的,d 态是五重简并的,等等。对原子能级有简并的情况,其基本思路同没有简并情况的相同,但构造的电子波函数要计及各简并轨道的线性组合。

8.3.3　实际晶体的能带分析

现以简单立方和体心立方晶体为例,来分析和讨论在紧束缚近似下晶体的能带是如何形成的。

1. 简单立方晶体

考虑晶格常数为 a 的简单立方晶体,原胞及其基矢的选择如图 8.4 所示,在如图 8.4 所示的直角坐标系中,基矢可表示为

$$\vec{a}_1 = a(1,0,0), \quad \vec{a}_2 = a(0,1,0), \quad \vec{a}_3 = a(0,0,1)$$

选取立方体顶角一原子 O 作为原点,很明显,原点周围有 6 个近邻的原子,表示这 6 个近邻原子的格矢分别为

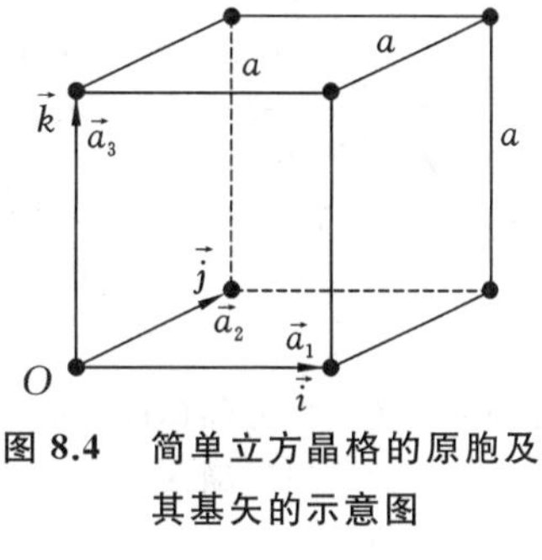

图 8.4　简单立方晶格的原胞及其基矢的示意图

$$\vec{R}_1 = (a,0,0), \quad \vec{R}_2 = (-a,0,0), \quad \vec{R}_3 = (0,a,0)$$

$$\vec{R}_4 = (0,-a,0), \quad \vec{R}_5 = (0,0,a), \quad \vec{R}_6 = (0,0-a)$$

按照紧束缚近似,只有近邻原子的原子波函数才有可能和原点原子的原子波函数交叠。因此,在式(8.84)中只需要考虑对上述 6 个近邻原子的求和。令 $\vec{k} = (k_x, k_y, k_z)$,则由式(8.84)得到简单立方晶体 s 电子的能量为

$$\varepsilon_s(\vec{k}) = \varepsilon_s^{at} - J(0) - J\sum_{m=1}^{6} e^{i\vec{k}\cdot\vec{R}_m}$$

$$= \varepsilon_s^{at} - J(0) - J(e^{ik_x a} + e^{-ik_x a} + e^{ik_y a} + e^{-ik_y a} + e^{ik_z a} + e^{-ik_z a})$$

利用函数关系 $e^{ix} + e^{-ix} = 2\cos x$,可将简单立方晶体 s 电子的能带函数表示为

$$\varepsilon_s(\vec{k}) = \varepsilon_s^{at} - J(0) - 2J(\cos k_x a + \cos k_y a + \cos k_z a) \tag{8.85}$$

第一项是原子的能级,相当于 N 个原子相距很远以至未形成晶体的情况,在这种情况下,每个原子的能级都和孤立原子的一样,表现出原子能级的特征,每个能级都有 N 个态与之对应,是 N 重简并的。第二项,由式(8.81)看出,是与库仑作用有关的能量项,该项的存在相当于能带的中心相对于原子能级 ε_s^{at} 有一个小的平移。第三项则与相邻原子的原子波函数重叠有关。随着 N 个原子相互靠近以至相邻原子的原子波函数发生重叠,在这种情况下,每个原子中的电子除受到自身原子的势场外,还要受到其他原子的原子势场的作用,其结果是使得原本是 N 重简并的能级发生分裂,由于 $\vec{k}$ 有 N 个分立的取值,因此,分裂成 N 个能量不等的能级,N 是个很大的数,故 N 个能级彼此非常接近,这 N 个彼此相距很近的能级组成一个能带,如图 8.5 所示。

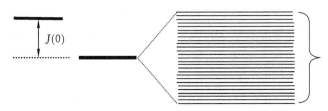

图 8.5　原子能级分裂成能带的示意图

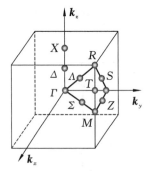

图 8.6　简单立方晶体的第一布里渊区示意图

对简单立方晶格,第一布里渊区是个边长为 $\dfrac{2\pi}{a}$ 的立方体,如图 8.6 所示。由于倒格子的周期性,人们往往只关心第一布里渊区的能带曲线,特别是第一布里渊区几个具有较高对称性的点或轴方向的电子能量,如 Γ 点所代表的布里渊区中心、Δ 所代表的[001]方向、Σ 所代表的[110]方向以及 Λ 所代表的[111]方向等。

对 Γ 点,即第一布里渊区中心,$\vec{k} = (0,0,0)$,代入式(8.85)中,得到 Γ 点处的能量为

$$\varepsilon_s^{\Gamma} = \varepsilon_s^{at} - J(0) - 6J \tag{8.86}$$

从能量表达式(8.85)可以看出,由于$(\cos k_x a + \cos k_y a + \cos k_z a) \leqslant 3$,当其取最大值时,对应的能量达到极小,因此,s 带的能带最小值即能带底部出现在第一布里渊区中心 $\vec{k} = (0,0,0)$ 处。

对 Δ 轴,即沿[001]方向,由于 $k_x = k_y = 0$ 和 $k_z = k$,代入式(8.85)中得到[001]方向的能量函数为

$$\varepsilon_s^{[001]} = \varepsilon_s^{at} - J(0) - 4J - 2J\cos ka \tag{8.87}$$

在[001]方向上,布里渊边界出现在图中所标的 X 点位置,相应的 $k = \dfrac{\pi}{a}$,代入式(8.87)可得到[001]方向上能量最大值为

$$\varepsilon_{s,\max}^{[001]} = \varepsilon_s^{at} - J(0) - 2J \tag{8.88}$$

由此得到[001]方向上的能带宽度为

$$\Delta\varepsilon_s^{[001]} = \varepsilon_{s,\max}^{[001]} - \varepsilon_s^{\Gamma} = 4J \tag{8.89}$$

对 Σ 轴,即沿[110]方向,由于 $k_x = k_y = \dfrac{\sqrt{2}}{2}k$ 和 $k_z = 0$,代入式(8.85)中得到[110]方向的能量函数为

$$\varepsilon_s^{[110]} = \varepsilon_s^{at} - J(0) - 2J - 4J\cos\frac{\sqrt{2}}{2}ka \tag{8.90}$$

在[110]方向上,布里渊边界出现在图中所标的 M 点位置,相应的 $k_x = k_y = \dfrac{\pi}{a}$,因此有 $k = \dfrac{\sqrt{2}\pi}{a}$,可得到[110]方向上能量最大值为

$$\varepsilon_{s,\max}^{[110]} = \varepsilon_s^{at} - J(0) + 2J \tag{8.91}$$

由此得到[110]方向上的能带宽度为

$$\Delta\varepsilon_s^{[110]} = \varepsilon_{s,\max}^{[110]} - \varepsilon_s^{\Gamma} = 8J \tag{8.92}$$

对 Λ 轴,即沿[111]方向,由于 $k_x = k_y = k_z = \dfrac{\sqrt{3}}{3}k$,代入式(8.85)中得到[111]方向的能量函数为

$$\varepsilon_s^{[111]} = \varepsilon_s^{at} - J(0) - 6J\cos\frac{\sqrt{3}}{3}ka \tag{8.93}$$

在[111]方向上,布里渊边界出现在图中所标的 R 点位置,相应的 $k_x = k_y = k_z = \dfrac{\pi}{a}$,因此有 $k = \sqrt{3}\,\dfrac{\pi}{a}$,可得到[111]方向上能量最大值为

$$\varepsilon_{s,\max}^{[111]} = \varepsilon_s^{at} - J(0) + 6J \tag{8.94}$$

由此得到[111]方向上的能带宽度为

$$\Delta E_s^{[111]} = \varepsilon_{s,\max}^{[111]} - \varepsilon_s^{\Gamma} = 12J \tag{8.95}$$

综合以上分析可以看到:固体能带的形成源于相邻原子间的原子波函数的交叠;对

简单立方晶体,s 带的能带底部(对应能量极小)出现在布里渊区中心,而能带顶部(对应能量极大)出现在布里渊区边界;能带的宽度取决于 J,而 J 的大小取决于近邻原子波函数之间的相互重叠,重叠越多,形成的能带也就越宽;不同方向能带宽度不同,最宽的带宽出现在 $[111]$ 方向。

2. 体心立方晶体

对于晶格常数为 a 的体心立方结构的晶体,其原胞及基矢的习惯选取方式如图 8.7

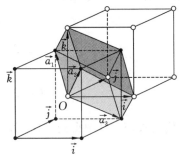

所示,在如图所示的直角坐标系中,原胞的基矢可表示为

$$\vec{a}_1 = \frac{a}{2}(\bar{1},1,1), \quad \vec{a}_2 = \frac{a}{2}(1,\bar{1},1),$$

$$\vec{a}_3 = \frac{a}{2}(1,1,\bar{1})$$

若取立方体体心原子为原点原子,则原点周围有 8 个位于立方体顶角的近邻原子。很明显,只有这 8 个近邻原子的原子波函数才有可能和原点原子的原子波函数交叠,因此,在式(8.84)中只需要考虑对这 8 个近邻原子

图 8.7　体心立方晶格的原胞及其基矢示意图

的求和,表示这 8 个近邻原子位置的格矢分别为

$$\vec{R}_1 = \frac{a}{2}(1,1,1), \quad \vec{R}_2 = \frac{a}{2}(\bar{1},1,1), \quad \vec{R}_3 = \frac{a}{2}(1,\bar{1},1), \quad \vec{R}_4 = \frac{a}{2}(1,1,\bar{1}),$$

$$\vec{R}_5 = \frac{a}{2}(\bar{1},\bar{1},1), \quad \vec{R}_6 = \frac{a}{2}(1,\bar{1},\bar{1}), \quad \vec{R}_7 = \frac{a}{2}(\bar{1},1,\bar{1}), \quad \vec{R}_8 = \frac{a}{2}(\bar{1},\bar{1},\bar{1})$$

$$(1,1,1)$$

将原点周围 8 个近邻原子的格矢代入式(8.84)中并令 $\vec{k} = (k_x, k_y, k_z)$,则得到体心立方晶体 s 带电子的能量为

$$\varepsilon_s(\vec{k}) = \varepsilon_s^{at} - J(0) - J \sum_{m=1}^{8} e^{i\vec{k}\cdot\vec{R}_m}$$

$$= \varepsilon_s^{at} - J(0) - 8J \cos\frac{1}{2}k_x a \cos\frac{1}{2}k_y a \cos\frac{1}{2}k_z a \qquad (8.96)$$

类似于对简单立方晶体所作的讨论,当 N 个原子相距很远以至未形成晶体时,每个原子的能级都和孤立原子的一样,表现出原子能级的特征,每个能级都有 N 个态与之对应,是 N 重简并的。当 N 个原子相互靠近以至相邻原子的原子势发生重叠时,在这种情况下,每个原子中的电子除受到自身原子的势场外,还受到其他原子的原子势场的作用,其结果是使得 N 重简并的能级发生分裂。由于 $\vec{k}$ 有 N 个分立的取值,因此,N 重简并的能级分裂成 N 个能量彼此不等的能级,这 N 个彼此相距很近的能级组成一个能带。

对晶格常数为 a 的体心立方晶体,与之对应的倒格子为面心立方格子,见图 8.8。若

选取 Γ 点处的倒格点作为倒格子空间中的原点,则原点周围有 12 个最近邻的倒格点,由这 12 个倒格矢的中垂面围成的菱形十二面体,即为体心立方晶体的第一布里渊区,如图 8.8 所示。图中显示了第一布里渊区几个具有较高对称性的点或轴方向的电子能量,其中,Γ 点所代表的是布里渊区中心,Δ 所代表的是[100]方向,Σ 所代表的是[110]方向,Λ 所代表的是[111]方向。

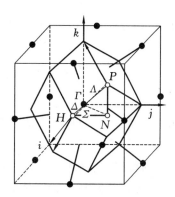

图 8.8　体心立方晶格的倒格子及其第一布里渊区示意图

对布里渊区中心,即 Γ 点,$k_x = k_y = k_z = 0$,代入式(8.86)中得到 Γ 点处的能量为

$$\varepsilon_s^{\Gamma} = \varepsilon_s^{at} - J(0) - 8J \qquad (8.97)$$

可以看出,这实际上对应的是 s 带能量的最低值,意味着 s 带的能带底部出现在第一布里渊区中心处。

对 Δ 轴,即沿[100]方向,$k_x = k, k_y = k_z = 0$,可得到[100]方向的能量函数为

$$\varepsilon_s^{[100]} = \varepsilon_s^{at} - J(0) - 8J \cos \frac{1}{2} ka \qquad (8.98)$$

在[100]方向上,布里渊边界出现在图 8.8 中所标的 H 点位置,相应的 $k = \frac{2\pi}{a}$,代入式(8.98)可得到[100]方向上能量最大值为

$$\varepsilon_{s,max}^{[100]} = \varepsilon_s^{at} - J(0) + 8J \qquad (8.99)$$

由此得到[100]方向上的能带宽度为

$$\Delta\varepsilon_s^{[100]} = \varepsilon_{s,max}^{[100]} - \varepsilon_s^{\Gamma} = 16J \qquad (8.100)$$

对 Σ 轴,即沿[110]方向,$k_x = k_y = \frac{\sqrt{2}}{2}k, k_z = 0$,可得到[110]方向的能量函数为

$$\varepsilon_s^{[110]} = \varepsilon_s^{at} - J(0) - 8J \cos^2 \frac{\sqrt{2}}{4} ka$$

在[110]方向上,布里渊边界出现在图 8.8 中所标的 N 点位置,相应的 $k_x = k_y = \frac{\pi}{a}$,因此有 $k = \frac{\sqrt{2}\pi}{a}$,可得到[110]方向上能量最大值为

$$\varepsilon_{s,max}^{[110]} = \varepsilon_s^{at} - J(0)$$

由此得到[110]方向上的能带宽度为

$$\Delta\varepsilon_s^{[110]} = \varepsilon_{s,max}^{[110]} - \varepsilon_s^{\Gamma} = 8J$$

对 Λ 轴,即沿[111]方向,$k_x = k_y = k_z = \frac{\sqrt{3}}{3}k$,可得到[111]方向的能量函数为

$$\varepsilon_s^{[111]} = \varepsilon_s^{at} - J(0) - 8J \cos^3 \frac{\sqrt{3}}{6} ka \qquad (8.101)$$

在[111]方向上,布里渊边界出现在图8.8中所标的 P 点位置,相应的 $k_x=k_y=k_z=\dfrac{\pi}{a}$,因此有 $k=\dfrac{\sqrt{3}\pi}{a}$,可得到[111]方向上能量最大值为

$$\varepsilon_{s,max}^{[111]}=\varepsilon_s^{at}-J(0)$$

由此得到[111]方向上的能带宽度为

$$\Delta\varepsilon_s^{[111]}=\varepsilon_{s,max}^{[111]}-\varepsilon_s^{\Gamma}=8J$$

对简单立方晶体,一个原子周围有 6 个最近邻原子,最宽的能带出现在[111]方向上,能带宽度为 $12J$;而对体心立方晶体,一个原子周围有 8 个最近邻原子,最宽的能带出现在[100]方向上,能带宽度为 $16J$。通过比较简单立方和体心立方晶体,可以看到,带宽不仅取决于近邻原子波函数之间的重叠程度(J),而且也与原子周围最近邻原子数有关。对同一晶体,如在体心立方晶体中所看到的,不同方向能带宽度不同。综合这些分析可知,能带宽度与原子周围的配位素、相邻原子的原子波函数的交叠程度及方向有关。

8.3.4　电子有效质量

第 7 章曾提到,通过引入有效质量,可以把晶体中的电子看成是如同具有有效质量为 m^* 的"自由"电子,所有晶格周期场的影响均反映在有效质量中。下面以简单立方晶体为例,先基于将电子视为有效质量的"自由"电子的思路,导出能带底部和顶部附近的电子有效质量,然后基于第 7 章给出的有效质量与能带函数关系的表达式,给出一般情况下的电子有效质量。

对简单立方晶体,s 带的能带函数如式(8.85)所示。在能带底部附近,$k\sim0$,因此有 $\cos k_i a\approx 1-\dfrac{1}{2}(k_i a)^2(i=x,y,z)$,这样一来,由式(8.85),能带底部的电子能量可近似为

$$\varepsilon_s(k\sim0)\approx\varepsilon_s^{at}-J(0)-6J+Jk^2a^2=\varepsilon_{s,min}+Jk^2a^2 \tag{8.102}$$

其中,$\varepsilon_{s,min}=\varepsilon_s^{at}-J(0)-6J$ 为能带底部的能量,$k^2=k_x^2+k_y^2+k_z^2$。如果将能带底部附近的电子视为有效质量为 m_-^* 的"自由"电子,则能带底部的电子能量为

$$\varepsilon_s(k\sim0)=\varepsilon_{s,min}+\dfrac{\hbar^2k^2}{2m_-^*} \tag{8.103}$$

由此定义的 m_-^* 称为能带底部附近的电子有效质量。比较式(8.102)和式(8.103),可得到能带底部附近的电子有效质量为

$$m_-^*=\dfrac{\hbar^2}{2Ja^2} \tag{8.104}$$

由于 $J>0$,因此,能带底部的电子有效质量是正的。另外一方面,能带底部附近电子的有效质量反比于 J,而 J 的大小取决于近邻原子波函数之间的相互重叠的程度,重叠越多,J 值越大,电子的有效质量则越小,因此,更接近自由电子的情况,这是期望中的

结果。

如前面的分析,s 带最宽的能带出现在[111]方向,因此,这里以[111]方向为例来分析能带顶部附近的电子有效质量。[111]方向上的能量函数如式(8.93)所示,在能带顶部附近 $k \sim \sqrt{3}\,\frac{\pi}{a}$。为反映接近能带顶部,可以引入一个小量 q,使得 $k = \sqrt{3}\,\frac{\pi}{a} - q$,则式(8.93)中的 $\cos\frac{\sqrt{3}}{3}ka$ 可近似为

$$\cos\frac{\sqrt{3}}{3}ka = \cos\frac{\sqrt{3}}{3}\left(\sqrt{3}\,\frac{\pi}{a} - q\right)a = -\cos\frac{\sqrt{3}}{3}qa \approx -1 + \frac{1}{2}\left(\frac{\sqrt{3}}{3}qa\right)^2 = -1 + \frac{1}{6}q^2a^2$$

代入式(8.93)中,得到能带顶部附近的能量近似为

$$\varepsilon_s^{[111]}\left(k \sim \sqrt{3}\,\frac{\pi}{a}\right) \approx \varepsilon_s^{at} - J(0) + 6J - Jq^2a^2 = \varepsilon_{s,max}^{[111]} - Jq^2a^2 \tag{8.105}$$

其中,$\varepsilon_{s,max}^{[111]} = \varepsilon_s^{at} - J(0) + 6J$ 为[111]方向能带顶部的能量。如果将能带顶部附近的电子视为有效质量为 m_+^* 的"自由"电子,则能带顶部附近的电子能量为

$$\varepsilon_s^{[111]}\left(k \sim \sqrt{3}\,\frac{\pi}{a}\right) = \varepsilon_{s,max}^{[111]} + \frac{\hbar^2 q^2}{2m_+^*} \tag{8.106}$$

由此定义的 m_+^* 就是[111]方向能带顶部附近的电子有效质量。比较式(8.105)和式(8.106)则得到[111]方向能带顶部附近的电子有效质量为

$$m_+^* = -\frac{\hbar^2}{2Ja^2} \tag{8.107}$$

可见,能带顶部附近的电子有效质量是负的。如第 7 章所指出的,电子有效质量是电子从外场中获得的动量和电子传递给晶格的动量的综合反映,在能带顶部附近,电子的有效质量之所以为负值,是因为电子从外场中获得的动量小于电子传递给晶格的动量。

简单立方晶体的 x、y 和 z 轴是完全等价的,有效质量的主轴就是 x、y 和 z 轴。按照第 7 章介绍的固体能带理论,简单立方晶体中电子的有效质量在三个主轴方向上的分量为

$$\frac{1}{m_{ii}^*} = \frac{1}{\hbar^2}\frac{\partial^2\varepsilon(\vec{k})}{\partial k_i^2} \quad (i = x,y,z) \tag{8.108}$$

而非主轴的分量均为 0。基于式(8.85)所表示的简单立方晶体的 s 带的能带函数,可得到简单立方晶体 s 带电子的三个主轴方向的有效质量分量分别为

$$\begin{cases} m_{xx}^* = 1/\dfrac{\partial^2\varepsilon(\vec{k})}{\partial k_x^2} = \dfrac{\hbar^2}{2Ja^2\cos k_xa} \\[2mm] m_{yy}^* = 1/\dfrac{\partial^2\varepsilon(\vec{k})}{\partial k_y^2} = \dfrac{\hbar^2}{2Ja^2\cos k_ya} \\[2mm] m_{zz}^* = 1/\dfrac{\partial^2\varepsilon(\vec{k})}{\partial k_z^2} = \dfrac{\hbar^2}{2Ja^2\cos k_ya} \end{cases} \tag{8.109}$$

在布里渊区中心,对应的是能带底部,即 $k_i = 0(i = x,y,z)$,由式(8.109)可得到

$$m_{xx}^* = m_{yy}^* = m_{zz}^* = \frac{\hbar^2}{2Ja^2}$$

和基于有效质量的"自由"电子近似得到的由式(8.104)所表示的能带底部附近的电子有效质量 m_-^* 相同。能带顶部出现在布里渊区边界附近,但不同方向和能带顶部对应的波矢不同。对于[111]方向,布里渊区边界出现在图 8.6 中的 R 点位置,$k_i = \frac{\pi}{a}(i = x, y, z)$,由式(8.109)可得

$$m_{xx}^* = m_{yy}^* = m_{zz}^* = -\frac{\hbar^2}{2Ja^2}$$

这和基于有效质量的"自由"电子近似得到的由式(8.107)所表示的能带顶部附近电子有效质量 m_+^* 相同。

*8.4   单电子近似的理论基础及密度泛函理论

前面介绍的各种能带计算模型或方法均是基于布洛赫理论提出的,在该理论框架上,能带计算的出发点是针对不同的固体构造具有不同布洛赫函数形式的完备函数系。布洛赫能带理论建立在平均场近似的基础上,即晶体中电子—电子相互作用用平均库仑势替代,这样近似的物理内涵在前面并未阐述,同时,平均场近似过于简单,其中忽略了实际晶体中可能存在的电子—电子间的交换和关联作用。本节介绍能带计算的另一种思路,即并不是从基于具有布洛赫函数形式的角度来构造晶体中的电子波函数,而是基于 N 个单电子波函数来构造多电子系统的基态波函数,然后基于量子力学中的变分原理,将多电子系统的基态问题变成单电子的基态问题,并利用自洽迭代方法求出基态电子能量。首先介绍基于量子力学变分原理的哈特里(Hartree)近似,由此阐述单电子近似的理论基础;然后介绍哈特里—福克(Hartree-Fock)近似,在此基础上引进电子—电子间的交换作用;最后介绍密度泛函理论(density functional theory)及密度泛函理论对复杂多电子系统中电子—电子间库仑作用、交换作用及关联作用等的理论处理思路。由于本节涉及的内容超出了大学固体物理课程教学大纲的范畴,因此,这些内容作为拓展性学习的附加材料而在本节予以介绍。

8.4.1   哈特里近似

第7章指出,在玻恩—奥本海默绝热近似下,由 NZ 个电子构成的多电子系统的哈密顿算符如式(7.3)所示。为简单起见,取 $Z=1$,并令

$$v_{eN}(\vec{r}_i) = -\sum_n^N \frac{1}{4\pi\varepsilon_0} \frac{e^2}{|\vec{r}_i - \vec{R}_n|} \tag{8.110}$$

求和中的第 n 项表示的是第 i 个电子感受到的位于第 n 格点带正电荷的离子实的库仑作用,则多电子系统的哈密顿算符可表示为

$$\hat{H} = \sum_i \left[-\frac{\hbar^2}{2m} \nabla_i^2 + v_{eN}(\vec{r}_i) \right] + \sum_{i,j}' \frac{1}{8\pi\varepsilon_0} \frac{e^2}{|\vec{r}_i - \vec{r}_j|} \tag{8.111}$$

最后一项求和中的每一项代表的是第 i 个电子与其他电子间的库仑作用。在平均场近似下,用其他电子对第 i 个电子的平均库仑作用 $v_e(\vec{r}_i)$ 替代上中的第 i 个电子与其他电子间的库仑作用,即

$$v_{ee}(\vec{r}_i) = \sum_j{}' \frac{1}{8\pi\varepsilon_0} \frac{e^2}{|\vec{r}_i - \vec{r}_j|}$$

则总的哈密顿算符转变为 N 个单电子哈密顿算符之和,其中,第 i 个电子的哈密顿算符为

$$\hat{H}_i = \left[-\frac{\hbar^2}{2m} \mathbf{\nabla}_i^2 + v_{eN}(\vec{r}_i) + v_{ee}(\vec{r}_i) \right] \tag{8.112}$$

从而可以把一个复杂的多电子问题转变成 N 个彼此间没有相互作用的单电子的问题。若略去下标"i",则单电子薛定谔方程为

$$\left[-\frac{\hbar^2}{2m} \mathbf{\nabla}^2 + v_{eN}(\vec{r}) + v_{ee}(\vec{r}) \right] \psi(\vec{r}) = \varepsilon\psi(\vec{r}) \tag{8.113}$$

这种借助平均库仑势将多电子问题转变成单电子问题的处理,实际上是量子力学中熟知的基于变分原理的哈特里近似结果,或者说,基于哈特里近似,可以将复杂的多电子问题转变成单电子问题。

根据量子力学,如果 ψ_0 是体系的基态归一化波函数,则在 ψ_0 所描写的状态中,体系的基态能量 E_0 为

$$E_0 = \int \psi_0^* \hat{H} \psi_0 \mathrm{d}\vec{r}$$

而在任意归一化的波函数 ψ 所描写的状态中,体系能量的期望值为

$$E = \int \psi^* \hat{H} \psi \mathrm{d}\vec{r}$$

由于任意态中体系能量期望值 $\overline{E}$ 总是不小于体系的基态能量 E_0,即

$$E_0 = \int \psi_0^* \hat{H} \psi_0 \mathrm{d}\vec{r} \leqslant \int \psi^* \hat{H} \psi \mathrm{d}\vec{r} = E \tag{8.114}$$

因此,通过选择体系的合适波函数,基于变分原理可以得到体系基态能量的近似值。

在哈特里近似中,系统中 N 个电子被看成是统计独立的,而系统的波函数被近似认为是 N 个单电子波函数的乘积,即

$$\psi(\vec{r}_1, \vec{r}_2, \cdots, \vec{r}_N) = \psi_1(\vec{r}_1)\psi_2(\vec{r}_2)\cdots\psi_N(\vec{r}_N) \tag{8.115}$$

其中单电子波函数满足正交归一条件,即

$$\int \psi_i^*(\vec{r}_i)\psi_j(\vec{r}_j) \mathrm{d}\vec{r} = \delta_{ij} \tag{8.116}$$

在 $\psi(\vec{r}_1, \vec{r}_2, \cdots, \vec{r}_N)$ 所描写的状态中,体系能量的期望值为

$$E = \int \psi^*(\vec{r}_1, \vec{r}_2, \cdots, \vec{r}_N) \hat{H} \psi(\vec{r}_1, \vec{r}_2, \cdots, \vec{r}_N) \mathrm{d}\vec{r}_1 \mathrm{d}\vec{r}_2 \cdots \mathrm{d}\vec{r}_N \tag{8.117}$$

将式(8.111)所示的哈密顿算符和式(8.115)所示的多电子系统的波函数代入,则有

$$E = \sum_i \int \psi_i^*(\vec{r}_i) \left[-\frac{\hbar^2}{2m} \mathbf{\nabla}_i^2 + v_{eN}(\vec{r}_i) \right] \psi_i(\vec{r}_i) \mathrm{d}\vec{r}_i$$
$$+ \frac{1}{8\pi\varepsilon_0} \sum_{i,j}{}' \iint |\psi_i(\vec{r}_i)|^2 \frac{e^2}{|\vec{r}_i - \vec{r}_j|} |\psi_j(\vec{r}_j)|^2 \mathrm{d}\vec{r}_i \mathrm{d}\vec{r}_j \tag{8.118}$$

由于系统的能量随 ψ_i 的形式而改变，为了使得到的 E 尽可能接近基态能量 E_0，要求在如式(8.116)所示的归一化条件下对式(8.118)所示的能量期望值取变分极值，即

$$\delta E - \sum_i \varepsilon_i \delta \int | \psi_i(\vec{r}_i) |^2 \mathrm{d}\vec{r}_i = 0 \tag{8.119}$$

其中，ε_i 是拉格朗日乘子。将式(8.118)所示的 E 代入则有

$$\sum_i \int \left\{ \delta \psi_i^* \left[-\frac{\hbar^2}{2m} \mathbf{\nabla}_i^2 + v_{eN}(\vec{r}_i) \right] \psi_i + \psi_i^* \left[-\frac{\hbar^2}{2m} \mathbf{\nabla}_i^2 + v_{eN}(\vec{r}_i) \right] \delta \psi_i \right\} \mathrm{d}\vec{r}_i$$

$$+ \frac{1}{4\pi\varepsilon_0} \sum_{i,j}' \iint [\delta \psi_i^* \psi_i + \psi_i^* \delta \psi_i] \frac{e^2}{|\vec{r}_i - \vec{r}_j|} | \psi_j |^2 \mathrm{d}\vec{r}_i \mathrm{d}\vec{r}_j \tag{8.120}$$

$$- \sum_i \varepsilon_i \int [\delta \psi_i^* \psi_i + \psi_i^* \delta \psi_i] \mathrm{d}\vec{r}_i = 0$$

由于上述方程对任意的 $\delta \psi_i^*$ 和 $\delta \psi_i$ 成立，故要求其系数为零，由此得到

$$\left[-\frac{\hbar^2}{2m} \mathbf{\nabla}_i^2 + v_{eN}(\vec{r}_i) + \frac{1}{4\pi\varepsilon_0} \sum_{j \neq i} \int \frac{e^2}{|\vec{r}_i - \vec{r}_j|} | \psi_j(\vec{r}_j) |^2 \mathrm{d}\vec{r}_j \right] \psi_i(\vec{r}_i) = \varepsilon_i \psi_i(\vec{r}_i)$$

$$\tag{8.121}$$

及其共轭方程。方程(8.121)就是在哈特里近似下基于量子力学变分原理得到的单电子波函数所遵从的方程，称为哈特里方程。

方程(8.121)表明，电子除感受到各个带正电荷的离子实所产生的库仑势 $v_{eN}(\vec{r}_i)$外，还感受到其他 $N-1$ 个电子所产生的库仑势 $v_{ee}(\vec{r}_i)$：

$$v_{ee}(\vec{r}_i) = \frac{1}{4\pi\varepsilon_0} \sum_{j \neq i} \int \frac{e^2}{|\vec{r}_i - \vec{r}_j|} | \psi_j(\vec{r}_j) |^2 \mathrm{d}\vec{r}_j \tag{8.122}$$

引入电子数密度

$$n(\vec{r}) = \sum_j | \psi_j(\vec{r}) |^2 \tag{8.123}$$

求和对所有可能电子占据态进行。如果忽略掉处于不同占据态的电子感受到的其他电子产生的库仑势的微小差别，则第 i 个电子感受到其他 $N-1$ 个电子所产生的平均库仑作用能 $v_{ee}(\vec{r}_i)$ 可表示为

$$v_{ee}(\vec{r}_i) = \frac{1}{4\pi\varepsilon_0} \int \frac{e^2}{|\vec{r}_i - \vec{r}'|} n(\vec{r}') \mathrm{d}\vec{r}' \tag{8.124}$$

用式(8.124)所表示的平均库仑作用能 $v_{ee}(\vec{r}_i)$ 代替方程(8.121)中其他电子所产生的库仑势并略去下标"i"，则可得到哈特里近似下的单电子薛定谔方程为

$$\left[-\frac{\hbar^2}{2m} \mathbf{\nabla}^2 + V(\vec{r}) \right] \psi(\vec{r}) = \varepsilon \psi(\vec{r}) \tag{8.125}$$

其中，

$$V(\vec{r}) = v_{eN}(\vec{r}) + \frac{1}{4\pi\varepsilon_0} \int \frac{e^2}{|\vec{r} - \vec{r}'|} n(\vec{r}') \mathrm{d}\vec{r}' \tag{8.126}$$

为单电子势。形式上哈特里方程和平均场近似下单电子薛定谔方程(8.113)相同，意味

着平均场近似是量子力学中基于变分原理的哈特里近似的结果。

在哈特里近似中,电子感受到的其他电子所产生的平均库仑势借助于单电子占据态 $\psi(\vec{r})$ 来确定,而 $\psi(\vec{r})$ 遵从方程(8.125),因此,方程(8.125)的求解需要用自洽迭代的方式。现代计算机技术的发展,使得基于方程(8.125)的自洽迭代求解成为可能。图 8.9 所示的是哈特里近似下电子能量自洽迭代求解流程示意图。首先根据晶体的结构及价电子的电荷分布确定初始的电子数密度函数,并根据式(8.126)计算初始的单电子势 $V(\vec{r})$,通过求解单电子薛定谔方程(8.125)得到 ε 和 $\psi(\vec{r})$;基于求得的 $\psi(\vec{r})$,由式(8.123)重新计算电子数密度,将重新计算得到的电子数密度代入式(8.126)中得到改进后的单电子势 $V(\vec{r})$,再按上述步骤开始新的循环计算;反复循环,直至输入和输出的波函数和单电子势达到自洽为止。

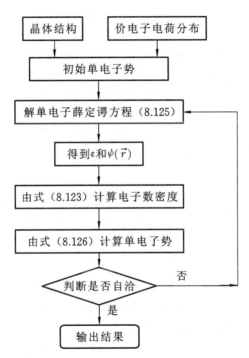

图 8.9　哈特里近似下电子能量自洽迭代求解流程示意图

8.4.2　哈特里 — 福克近似

在哈特里近似中,多电子系统的尝试波函数是基于 N 个单电子波函数的乘积来构造的,如式(8.115)所示,但这样构造的波函数不满足多电子系统因遵从费米统计而应具有的交换反对称性。为了使得多电子系统的尝试波函数具有交换反对称性,福克(Fock)在哈特里近似的基础上进行了改进,即仍从 N 个单电子波函数 $\{\psi_i(\vec{q})\}$ 入手,这里的 $\vec{q}(=\vec{r},\sigma)$ 是坐标变量和自旋变量的缩写,将多电子系统的波函数 $\psi(\vec{q}_1,\vec{q}_2,\cdots,\vec{q}_N)$ 写成斯莱特(Slater) 行列式的形式,即

$$\psi(\vec{q}_1, \vec{q}_2, \cdots, \vec{q}_N) = \frac{1}{\sqrt{N!}} \begin{vmatrix} \psi_1(\vec{q}_1) & \psi_1(\vec{q}_2) & \cdots & \psi_1(\vec{q}_N) \\ \psi_2(\vec{q}_1) & \psi_2(\vec{q}_2) & \cdots & \psi_2(\vec{q}_N) \\ \vdots & \vdots & \vdots & \vdots \\ \psi_N(\vec{q}_1) & \psi_N(\vec{q}_2) & \cdots & \psi_N(\vec{q}_N) \end{vmatrix} \tag{8.127}$$

由于交换行列式的任何两行，行列式变号，因此，将多电子系统波函数 $\psi(\vec{q}_1, \vec{q}_2, \cdots, \vec{q}_N)$ 写成斯莱特行列式的形式满足交换反对称性。单电子波函数的正交归一可表示为

$$\int \psi_i^*(\vec{q}) \psi_j(\vec{q}) \mathrm{d}\vec{q} = \delta_{ij} \tag{8.128}$$

这里的 $\int \mathrm{d}\vec{q}$ 表示的是对空间坐标的积分和对自旋变量的求和，即

$$\int \mathrm{d}\vec{q} = \sum_\sigma \int \mathrm{d}\vec{r} \tag{8.129}$$

将式（8.127）所示的波函数作为多电子系统的尝试波函数的近似，称为哈特里 — 福克近似，简称 HF 近似，相应的由式（8.127）所表示的近似波函数称为 HF 近似波函数。

在 HF 近似波函数所描写的状态中，多电子系统的能量期望值为

$$\begin{aligned} E &= \int \psi^*(\vec{q}_1, \vec{q}_2, \cdots, \vec{q}_N) \hat{H} \psi(\vec{q}_1, \vec{q}_2, \cdots, \vec{q}_N) \mathrm{d}\vec{q}_1 \mathrm{d}\vec{q}_2 \cdots \mathrm{d}\vec{q}_N \\ &= \sum_i \int \psi_i^*(\vec{r}) \left[-\frac{\hbar^2}{2m} \mathbf{\nabla}^2 + v_{eN}(\vec{r}) \right] \psi_i(\vec{r}) \mathrm{d}\vec{r} \\ &\quad + \frac{1}{8\pi\varepsilon_0} \sum_{i,j} \iint |\psi_i(\vec{r})|^2 \frac{e^2}{|\vec{r}_i - \vec{r}'|} |\psi_j(\vec{r}')|^2 \mathrm{d}\vec{r} \mathrm{d}\vec{r}' \\ &\quad - \frac{1}{8\pi\varepsilon_0} \sum_{i,j} \int \psi_i^*(\vec{r}) \psi_j^*(\vec{r}') \frac{e^2}{|\vec{r}_i - \vec{r}'|} \psi_j(\vec{r}) \psi_i(\vec{r}') \delta_{\sigma_i \sigma_j} \mathrm{d}\vec{r} \mathrm{d}\vec{r}' \end{aligned} \tag{8.130}$$

上式中的 $\vec{r}$ 和 $\vec{r}'$ 分别对应的是 $\vec{r}_i$ 和 $\vec{r}_j$。第一和第二项中未出现自旋指标，具有和哈特里近似相同的形式，这是因为由于自旋函数具有正交归一性而使得在对自旋求和时自旋指标不会出现。自旋指标出现在第三项的求和中，但由于自旋函数的正交性，如果 $\vec{r}$ 和 $\vec{r}'$ 的自旋取向相反，则自旋求和后应等于零，因此，第三项的求和中实际上也只涉及 $\vec{r}$ 和 $\vec{r}'$ 的自旋取向相同的求和，式中的 $\delta_{\sigma_i \sigma_j}$ 正是这一事实的反映。此外，在第二和三项的求和中去掉了 $i \neq j$ 的限制，这是因为，当 $i = j$ 时，两求和中的相应项正好相互抵消。式（8.130）所表示的电子能量期望值的表达式称为福克能量式，和哈特里能量式（8.118）相比，福克能量式中多出了最后一项，这一项源于多电子系统的波函数具有交换反对称性。

由于系统的能量随 ψ_i 的形式而改变，在如式（8.128）所示的归一化条件下按方程（8.119）的形式求变分极值，其过程和第 8.4.1 节中的相同，则可得到决定 ψ_i 的变分方程

$$\begin{aligned} &\left[-\frac{\hbar^2}{2m} \mathbf{\nabla}^2 + v_{eN}(\vec{r}) + \frac{1}{4\pi\varepsilon_0} \sum_j \int \frac{e^2}{|\vec{r} - \vec{r}'|} |\psi_j(\vec{r}')| \mathrm{d}\vec{r}' \right] \psi_i(\vec{r}) \\ &\quad - \frac{1}{4\pi\varepsilon_0} \sum_j \int \frac{e^2}{|\vec{r} - \vec{r}'|} \psi_j^*(\vec{r}') \psi_i(\vec{r}') \psi_j(\vec{r}) \delta_{\sigma_i \sigma_j} \mathrm{d}\vec{r}' = \varepsilon_i \psi_i(\vec{r}) \end{aligned} \tag{8.131}$$

该方程是在 HF 近似下得到的单电子波函数所遵从的方程,故称为哈特里 — 福克方程,简称 HF 方程。类似于前面的分析,可以基于电子数密度 $n(\vec{r})$ 将电子 — 电子间的库仑作用能 $v_{ee}(\vec{r})$ 表示为

$$v_{ee}(\vec{r}) = \frac{1}{4\pi\varepsilon_0} \sum_j \int \frac{e^2}{|\vec{r}-\vec{r}'|} |\psi_j(\vec{r}')| \, d\vec{r}' = \frac{1}{4\pi\varepsilon_0} \int \frac{e^2}{|\vec{r}-\vec{r}'|} n(\vec{r}') \, d\vec{r}' \quad (8.132)$$

注意到这里没有 $j \neq i$ 的限制,意味着单电子受到的平均库仑势源于所有电子,而不是哈特里近似中的"其他电子",因此,单电子受到的电子库仑势与电子的状态无关。和哈特里方程(8.121)相比,HF 方程中多出了一项

$$-\frac{1}{4\pi\varepsilon_0} \sum_j \int \frac{e^2}{|\vec{r}-\vec{r}'|} \psi_j^*(\vec{r}')\psi_i(\vec{r}')\psi_j(\vec{r})\delta_{\sigma_i\sigma_j} \, d\vec{r}'$$

由于该项在形式上表现为依赖于两个变量(因此与电子状态有关)的非定域的积分,因此,将其称为交换项。为简单起见,可以形式上令交换能 $v_{ex}(\vec{r})$ 为

$$v_{ex}(\vec{r}) = -\frac{1}{4\pi\varepsilon_0} \sum_j \int \frac{e^2}{|\vec{r}-\vec{r}'|} \psi_j^*(\vec{r}')\psi_j(\vec{r}) \frac{\psi_i(\vec{r}')}{\psi_i(\vec{r})}\delta_{\sigma_i\sigma_j} \, d\vec{r}' \quad (8.133)$$

相应的交换项变成

$$-\frac{1}{4\pi\varepsilon_0} \sum_j \int \frac{e^2}{|\vec{r}-\vec{r}'|}\psi_j^*(\vec{r}')\psi_i(\vec{r}')\psi_j(\vec{r})\delta_{\sigma_i\sigma_j} \, d\vec{r}'$$

$$= \left[-\frac{1}{4\pi\varepsilon_0} \sum_j \int \frac{e^2}{|\vec{r}-\vec{r}'|}\psi_j^*(\vec{r}')\psi_j(\vec{r}) \frac{\psi_i(\vec{r}')}{\psi_i(\vec{r})}\delta_{\sigma_i\sigma_j} \, d\vec{r}' \right]\psi_i(\vec{r}) \quad (8.134)$$

$$= v_{ex}(\vec{r})\psi_i(\vec{r})$$

这样一来,HF 方程可简单表示为

$$\left[-\frac{\hbar^2}{2m}\nabla^2 + v_{eN}(\vec{r}) + v_{ee}(\vec{r}) + v_{ex}(\vec{r}) \right]\psi_i(\vec{r}) = \varepsilon_i\psi_i(\vec{r}) \quad (8.135)$$

式(8.135)所表示的 HF 方程形式上和基于平均场近似的单电子方程相同,只是在现在的情况下,单电子势由三部分构成,分别为离子实与电子间的库仑势、电子 — 电子间的库仑势及电子 — 电子间的交换势,即

$$V(\vec{r}) = v_{eN}(\vec{r}) + v_{ee}(\vec{r}) + v_{ex}(\vec{r}) \quad (8.136)$$

HF 方程(8.135)看似是一个简单方程,但其求解极其困难甚至不可能,这主要有两个原因,一是,交换项涉及两个变量的非定域的积分,使得 HF 方程成为一个复杂的积分 — 微分方程,大大增加了方程求解的难度;另一是,电子感受到的库仑势和交换势均与单电子占据态 $\psi(\vec{r})$ 有关,而 $\psi(\vec{r})$ 又是由方程(8.135)决定的。因此,方程(8.135)的求解只能用自洽迭代的方式,可借助计算机完成,其自洽迭代求解流程示意图如图 8.10 所示。首先根据晶体的结构及价电子的电荷分布确定初始的电子数密度函数,在忽略交换势近似的情况下计算单电子势 $V(\vec{r})$,通过求解 HF 方程(8.135)得到初始的 ε 和 $\psi(\vec{r})$;基于求得的 $\psi(\vec{r})$,由式(8.132)计算 $v_{ee}(\vec{r})$ 和由式(8.133)计算 $v_{ex}(\vec{r})$,由此得到改进后

的单电子势 $V(\vec{r})$，再按上述步骤开始新的循环计算；反复循环，直至输入和输出的波函数和单电子势达到自洽为止。

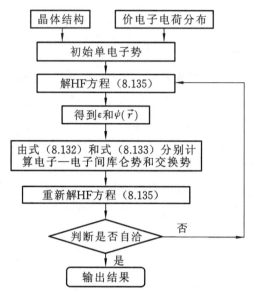

图 8.10　哈特里 — 福克近似下电子能量自洽迭代求解流程示意图

8.4.3　密度泛函理论及局域密度近似

前面介绍的哈特里近似法和 HF 近似法，均从基于单电子波函数构造多电子系统波函数入手，利用量子力学的变分原理，将复杂的多电子问题变成单电子问题。相对于哈特里近似法，HF 近似法显得更为合理，这不仅是因为 HF 近似波函数能满足交换反对称性的要求，而且 HF 方程中包含了电子 — 电子间的交换作用。但基于 HF 近似法计算得到的能量仍然高于实际的基态能量，究其原因是在 HF 近似法中没有考虑电子 — 电子间的关联。因此，基于 N 个单电子波函数来构造复杂多电子系统的基态波函数，不是好的近似方法，这除了因为忽视或难以考虑多电子系统中的交换、关联等效应外，还因为在实际计算中，随着电子数增加，波函数中待定参数会增加，计算量将急剧增加。针对非均匀多电子系统提出的密度泛函理论，改变了解决问题的角度，即用电子数密度取代波函数作为研究的基本量。由于多电子波函数有 $3N$ 个变量（N 为电子数，每个电子包含 3 个空间变量），而电子数密度仅是 3 个空间变量的函数，因此，无论是在概念上还是在实际计算中，密度泛函理论都更方便处理。

1. Hohenberg-Kohn 定理

N 个电子构成的多电子系统的哈密顿算符由式(8.111)给出，它可重新写成如下形式：

$$\hat{H} = \hat{T} + V_{ee} + V_{ext} \tag{8.137}$$

式中的第一项是各个电子的动能之和，即

$$\hat{T} = -\sum_i \frac{\hbar^2}{2m} \mathbf{\nabla}_i^2 \tag{8.138}$$

第二项是 N 个电子彼此间的库仑相互作用能之和,它可表示为

$$V_{ee} = \frac{1}{2} \sum_{i,j}{}' \frac{1}{4\pi\varepsilon_0} \frac{e^2}{|\vec{r}_i - \vec{r}_j|} = \frac{1}{2} \sum_{i,j}{}' v_{ee}(\vec{r}_i, \vec{r}_j) \tag{8.139}$$

其中,

$$v_{ee}(\vec{r}_i, \vec{r}_j) = \frac{1}{4\pi\varepsilon_0} \frac{e^2}{|\vec{r}_i - \vec{r}_j|} \tag{8.140}$$

为两两电子间的库仑相互作用;第三项是 N 个电子与 N 个离子实间的库仑相互作用能。如果把离子实对电子的作用视为外加势场的作用,则晶体中的电子如同处在由离子实提供的外加势场中的电子气,由于这个原因,将电子 — 离子实间的相互作用项加了个下标 "ext" 以区别于电子 — 电子间的相互作用。由 N 个带正电荷的离子实提供的外加势可表示为

$$\phi(\vec{r}_i) = \sum_n^N \frac{1}{4\pi\varepsilon_0} \frac{e}{|\vec{r}_i - \vec{R}_n|} \tag{8.141}$$

因此,电子 — 离子实间总的相互作用能可表示为

$$V_{ext} = -e \sum_i \phi(\vec{r}_i) = \sum_i v_{ext}(\vec{r}_i) \tag{8.142}$$

其中,$v_{ext}(\vec{r}_i) = -e\phi(\vec{r}_i)$。

量子力学中,对于处于缓慢变化的外加势场中的电子气体,根据 Thomas-Fermi 的近似处理,这样的电子气体可近似认为是自由电子气,动量作为好量子数可用来表征各电子的状态,而系统的总能量则只取决于电子数密度 $n(\vec{r})$。由于晶体中由 N 个电子构成的多电子系统可看成是外势场中的电子气,因此,受 Thomas-Fermi 近似的启发,人们提出,多电子系统的能量只取决于电子数密度 $n(\vec{r})$,是电子数密度的泛函,自此有了密度泛函的概念。密度泛函作为一种理论,始于 Hohenberg 和 Kohn(简写为 HK)对非均匀费米子系统的理论研究,他们的研究可概括为如下两个基本定理,这两个基本定理的提出,为密度泛函理论的建立奠定了坚实的理论基础)。

1) 定理一

不计自旋的全同费米子系统的基态能量 E_0 是粒子数密度函数 $n(\vec{r})$ 的唯一泛函,即

$$E_0 = E_0[n(\vec{r})] \tag{8.143}$$

2) 定理二

能量泛函在粒子数不变的条件下对确定的粒子数密度取极小值,并等于基态能量,即

$$E_0 = \min_{n(\vec{r})} E[n(\vec{r})] \tag{8.144}$$

按照量子力学,如果多电子系统处在由归一化的基态波函数 $|\psi_0\rangle$ 所描述的状态,则系统的基态能量 E_0 为

$$E_0 = \langle \psi_0 | \hat{H} | \psi_0 \rangle \tag{8.145}$$

为简便起见,这里及后面有时采用了 Dirac 符号的表述。按 HK 的定理一,系统的基态能

量仅仅是电子数密度的泛函,既然如此,系统的基态波函数也必然是电子数密度的泛函,即

$$\psi_0 = \psi_0 [n(\vec{r})] \tag{8.146}$$

相应的基态能量则表示为

$$E_0 = E_0 [n(\vec{r})] = \langle \psi_0 [n(\vec{r})] \mid \hat{H} \mid \psi_0 [n(\vec{r})] \rangle \tag{8.147}$$

而如果系统处在由归一化的尝试波函数 $\mid \psi \rangle$ 所描述的状态,则系统的能量期望值为

$$E = \langle \psi \mid \hat{H} \mid \psi \rangle \tag{8.148}$$

若将系统的能量写成泛函的形式并利用式(8.137)所表示的哈密顿算符,则在尝试波函数 $\mid \psi \rangle$ 所描述的状态中,系统的能量期望值可表示为

$$E [n(\vec{r})] = \langle \psi [n(\vec{r})] \mid \hat{T} + V_{ee} + V_{ext} \mid \psi [n(\vec{r})] \rangle \tag{8.149}$$

或者写成

$$E [n(\vec{r})] = T [n(\vec{r})] + V_{ee} [n(\vec{r})] + \int v_{ext}(\vec{r}) n(\vec{r}) d\vec{r} \tag{8.150}$$

按 HK 的定理二,若以基态粒子数密度为变量,即 $E = E [n(\vec{r})]$ 和 $\psi = \psi [n(\vec{r})]$,将体系能量取极小值,则得到如式(8.144)所示的系统基态能量。可见,多电子系统的基态能量原本是通过对 $3N$ 个尝试波函数求能量极小而得到的,而按密度泛函理论,基态能量形式上只需要对 3 个尝试电子数密度函数求能量极小而得到,从而可以将计算量大大减小。

2. Kohn-Sham 方程

能量泛函表达式(8.150)中的前两项之和,即

$$F [n(\vec{r})] = T [n(\vec{r})] + V_{ee} [n(\vec{r})] \tag{8.151}$$

其形式是普适的,并不依赖于外势,但在利用式(8.150)所示的变分原理求多电子系统的基态电子数密度和基态能量时,需要知道 $F [n(\vec{r})]$ 的具体形式,特别是对相互作用的系统,难以找到动能项的合适表述,因此,需要做一些恰当的处理。Kohn 和 Sham(简称 KS)提出,能量泛函式(8.150)可在形式上写成

$$E [n(\vec{r})] = T_0 [n(\vec{r})] + \frac{1}{2} \frac{1}{4\pi\varepsilon_0} \int \frac{e^2}{|\vec{r} - \vec{r}'|} n(\vec{r}) n(\vec{r}') d\vec{r} d\vec{r}'$$
$$+ \int v_{ext}(\vec{r}) n(\vec{r}) d\vec{r} + E_{xc} [n(\vec{r})] \tag{8.152}$$

其中,第一项,即 $T_0 [n(\vec{r})]$,是没有相互作用系统的多电子系统的动能,它和有相互作用的多电子系统的动能 $T [n(\vec{r})]$ 之间有小的差别,这一小的差别吸收到最后一项 $E_{xc} [n(\vec{r})]$ 中;第二项是具有和哈特里近似相同形式的电子 — 电子间库仑相互作用能;第三项是外场(离子势)对电子的作用能;最后一项统称为关联能,包含了在相互作用的多电子系统中所有未被考虑的效应,如实际系统和无相互作用多电子系统动能间小的差别 $\Delta T [n(\vec{r})] = T [n(\vec{r})] - T_0 [n(\vec{r})]$、HF 近似中所考虑的交换能,以及其他未包含的能量部分。

在总电子数不变,即在

$$\int n(\vec{r}) \mathrm{d}\vec{r} = N \tag{8.153}$$

的条件下,按

$$\delta \left\{ E\left[n(\vec{r}) \right] - \varepsilon \int n(\vec{r}) \mathrm{d}\vec{r} \right\} = 0 \tag{8.154}$$

方式,其中,ε 是拉格朗日乘子,通过对(8.152)所示的 $E\left[n(\vec{r}) \right]$ 求变分极值,则可得到

$$\frac{\delta T_0\left[n(\vec{r}) \right]}{\delta \left[n(\vec{r}) \right]} + \frac{1}{4\pi\varepsilon_0} \int \frac{e^2}{|\vec{r}-\vec{r}'|} n(\vec{r}') \mathrm{d}\vec{r}' + v_{\text{ext}}(\vec{r}) + v_{\text{xc}}(\vec{r}) = \varepsilon \tag{8.155}$$

其中,

$$v_{\text{xc}}(\vec{r}) = \frac{\delta E_{\text{xc}}\left[n(\vec{r}) \right]}{\delta \left[n(\vec{r}) \right]} \tag{8.156}$$

称为交换关联势。方程(8.155)等价于在 KS 有效势场

$$V_{\text{KS}} = v_{\text{ext}}(\vec{r}) + \frac{1}{4\pi\varepsilon_0} \int \frac{e^2}{|\vec{r}-\vec{r}'|} n(\vec{r}') \mathrm{d}\vec{r}' + v_{\text{xc}}(\vec{r}) \tag{8.157}$$

中求解单电子的薛定谔方程

$$\left[-\frac{\hbar^2}{2m} \mathbf{\nabla}^2 + V_{\text{KS}}(\vec{r}) \right] \psi_i(\vec{r}) = \varepsilon_i \psi_i(\vec{r}) \tag{8.158}$$

且

$$n(\vec{r}) = \sum_j \left| \psi_j(\vec{r}) \right|^2 \tag{8.159}$$

以保证自洽,求和对所有电子占据态进行。式(8.157)所示的有效势场称为 KS 有效势场,方程(8.157)与方程(8.158)作为一组自洽方程组称为 KS 方程。这样一来,相互作用的多电子系统的基态问题就严格转变为在如式(8.157)所示的有效场中运动的单电子的基态问题。

方程(8.158)是基于密度泛函理论严格推导得到的单电子薛定谔方程,和前面所讲的各种近似下得到的单电子薛定谔方程相比,在形式上没有任何区别,或者说,密度泛函理论看上去什么都没有做,因为它把所有困难都留给了未知的交换关联项,但解决问题的角度或观点变了,因为在密度泛函理论中研究的基本量是电子数密度而不是此前的多电子系统的波函数。由于多电子波函数有 $3N$ 个变量,而电子数密度仅是三个空间变量的函数,因此,无论在概念上还是实际上都更方便处理。

3. 局域密度近似

由于泛函 $E_{\text{xc}}\left[n(\vec{r}) \right]$ 对 $n(\vec{r})$ 有非定域的依赖关系,因此,如何找到其合适的近似表示,成为 KS 方程应用中最关键、最困难的研究内容。文献上已提出多种近似方案,其中最典型的有两类近似方案,一类是局域密度近似(local density approximation,LDA),另一类是广义梯度近似(generalized gradient approximation,GGA),前者是基于 $n(\vec{r})$ 空间变化缓慢时提出的一种近似处理方法,而后者则是基于 $n(\vec{r})$ 空间变化显著时提出的一种近似处理方法。由于 LDA 方法简单且在能带计算中获得成功,已成为目前几乎所有能带计算中普遍采用的重要方法,因此,这里仅就 LDA 方法作一些简单介绍。

一般而言,如果能量 G 是电子数密度 $n(\vec{r})$ 的泛函,则可将其写成积分形式

$$G[n(\vec{r})] = \int g_r[n(\vec{r})] \, d\vec{r} \qquad (8.160)$$

其中,$g_r[n(\vec{r})]$ 是 $\vec{r}$ 处的能量密度泛函。当空间某处 $\vec{r}'$ 的电子数密度发生小的改变时,其改变不仅影响 $\vec{r}'$ 处的 $g_{r'}[n(\vec{r}')]$,而且也影响整个体系各处的 $g_r[n(\vec{r})]$,因此,泛函 $G[n(\vec{r})]$ 对 $n(\vec{r})$ 的依赖关系是非定域的。现在考虑将 $g_r[n(\vec{r})]$ 按以下形式展开成级数:

$$g_r[n(\vec{r})] = g_0(n(\vec{r})) + g_1(n(\vec{r})) \, \boldsymbol{\nabla} n(\vec{r}) + \cdots \qquad (8.161)$$

注意这里的 $g_0(n(\vec{r}))$、$g_1(n(\vec{r}))$ 等仅仅是电子数密度 $n(\vec{r})$ 的局域函数,而不是泛函,则当电子数密度的空间变化足够缓慢时,展开式(8.161)中只有第一项是重要的,而其他项可忽略,即 $g_r[n(\vec{r})] \approx g_0(n(\vec{r}))$,这种用局域密度函数近似表示局域密度泛函的近似,称为局域密度近似。

在 LDA 下,交换关联项 $E_{xc}[n(\vec{r})]$ 可表示为

$$E_{xc}[n(\vec{r})] = \int \varepsilon_{xc}(n(\vec{r})) n(\vec{r}) \, d\vec{r} \qquad (8.162)$$

其中,$\varepsilon_{xc}(n(\vec{r}))$ 是密度等于局域密度 $n(\vec{r})$ 时的相互作用均匀电子气系统中单个电子的交换关联能,它可以基于自由电子气的分析而得到,因此由式(8.156)定义的单个电子感受到的交换关联势可表示为

$$v_{xc}(\vec{r}) \equiv \frac{\delta E_{xc}[n(\vec{r})]}{\delta[n(\vec{r})]} \approx \frac{d E_{xc}(n(\vec{r}))}{d n(\vec{r})} = \frac{d\left[\int \varepsilon_{xc}(n(\vec{r})) n(\vec{r}) \, d\vec{r}\right]}{d n(\vec{r})} \qquad (8.163)$$

通常将其表示为有效交换势 $v_{ex}(n(\vec{r}))$ 和关联势 $v_{corr}(n(\vec{r}))$ 之和,即

$$v_{xc}(\vec{r}) = v_{ex}(n(\vec{r})) + v_{corr}(n(\vec{r})) \qquad (8.164)$$

若将外场势重新改写为离子实势,则局域密度近似下的 KS 有效势场式(8.157)变成

$$V_{KS} = -\frac{1}{4\pi\varepsilon_0} \sum_{\vec{R}_n} \frac{e^2}{|\vec{r} - \vec{R}_n|} + \frac{1}{4\pi\varepsilon_0} \int \frac{e^2}{|\vec{r} - \vec{r}'|} n(\vec{r}') \, d\vec{r}' + v_{ex}(n(\vec{r})) + v_{corr}(n(\vec{r}))$$

$$(8.165)$$

而相应的 KS 方程(8.158)变成

$$\left[-\frac{\hbar^2}{2m} \boldsymbol{\nabla}^2 - \frac{1}{4\pi\varepsilon_0} \sum_{\vec{R}_n} \frac{e^2}{|\vec{r} - \vec{R}_n|} + \frac{1}{4\pi\varepsilon_0} \int \frac{e^2}{|\vec{r} - \vec{r}'|} n(\vec{r}') \, d\vec{r}' \right] \psi_i(\vec{r}) \qquad (8.166)$$

$$+ [v_{ex}(n(\vec{r})) + v_{corr}(n(\vec{r}))] \psi_i(\vec{r}) = \varepsilon_i \psi_i(\vec{r})$$

或者简写为

$$\left[-\frac{\hbar^2}{2m} \boldsymbol{\nabla}^2 - \frac{1}{4\pi\varepsilon_0} \sum_{\vec{R}_n} \frac{e^2}{|\vec{r} - \vec{R}_n|} + v_{ee}(\vec{r}) + v_{xc}(\vec{r}) \right] \psi_i(\vec{r}) = \varepsilon_i \psi_i(\vec{r}) \qquad (8.167)$$

其中,

$$v_{ee}(\vec{r}) = \frac{1}{4\pi\varepsilon_0} \int \frac{e^2}{|\vec{r} - \vec{r}'|} n(\vec{r}') \, d\vec{r}' \qquad (8.168)$$

$$v_{xc}(\vec{r}) = \frac{d\left[\int \varepsilon_{xc}(n(\vec{r}))n(\vec{r})d\vec{r}\right]}{dn(\vec{r})} \qquad (8.169)$$

KS 方程(8.167)就是基于密度泛函理论的局域密度近似得到的与晶体中相互作用多电子系统等价的单电子薛定谔方程。很明显,在 KS 方程(8.166)中,如果忽略有效交换势 $v_{ex}(n(\vec{r}))$ 和关联势 $v_{corr}(n(\vec{r}))$,则 KS 方程回到哈特里近似的结果;而如果忽略关联势 v_{corr},并将交换势 $v_{ex}(n)$ 取为如式(8.133)所示的形式,则 KS 方程回到 HF 近似的结果。

原则上,可以通过求解式(8.167)所示的 KS 方程得到相互作用多电子系统的基态能量和基态波函数。但由于电子感受到的如式(8.168)和式(8.169)所示的库仑势和交换关联势均依赖于电子数密度 $n(\vec{r})$,$n(\vec{r})$ 通过式(8.159)与单电子占据态 $\psi(\vec{r})$ 关联,而 $\psi(\vec{r})$ 又是由方程(8.166)决定的,因此,KS 方程(8.167)的求解只能采用自洽迭代的方式,可借助计算机完成,其自洽迭代求解流程如图 8.11 所示。首先根据晶体的结构及价电子的电荷分布确定初始的电子数密度函数,代入式(8.168)和式(8.169)中分别计算 $v_{ee}(\vec{r})$ 和 $v_{xc}(\vec{r})$,并由式(8.165)得到初始的 KS 有效势 $V_{KS}(\vec{r})$,解 KS 方程(8.167),求出初始的单电子的能量 ε 和波函数 $\psi(\vec{r})$;基于求得的 $\psi(\vec{r})$,由式(8.159)重新计算电子数密度,同时计算相应的 $v_{ee}(\vec{r})$ 和 $v_{xc}(\vec{r})$,由此得到改进的 KS 有效势 $V_{KS}(\vec{r})$,再通过解 KS 方程(8.167)得到改进后的单电子的能量 ε 和波函数 $\psi(\vec{r})$;反复循环,直至输入和输出的波函数和单电子势达到自洽为止。

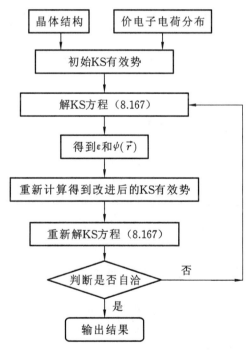

图 8.11　基于密度泛函理论的 KS 方程的自洽迭代求解流程示意图

思考与习题

8.1　基于布洛赫理论的能带计算,为什么要求按具有布洛赫函数形式的完备系的线性组合来构造晶体中电子的尝试波函数?

8.2　为什么平面波方法适用于近自由电子情况下的能带计算?

8.3　基于紧束缚方法构造的晶体中电子的尝试波函数为什么不满足归一条件?

8.4　对基于平面波方法对金属的能带计算,禁带在布里渊区边界附近,是什么原因导致了禁带的出现?

8.5　对基于紧束缚方法的能带计算,如何理解能级到能带的过渡?

8.6　对基于紧束缚方法的能带计算,哪些因素决定了能带宽度?

* **8.7**　如何理解平均场近似、哈特里近似及哈特里 — 福克近似的物理内涵?

* **8.8**　如何理解密度泛函理论的合理性?

8.9　对于晶格常数为 a 的二维正方晶体,若电子所受到的周期性势场为 $V(x,y) = -4U\cos\left(\dfrac{2\pi}{a}x\right)\cos\left(\dfrac{2\pi}{a}y\right)$,试由近自由电子近似计算布里渊区边界 $\left(\dfrac{\pi}{a},\dfrac{\pi}{a}\right)$ 处的能隙。

8.10　假设有一维单原子链,原子间距为 a,总长度 $L = Na$,试:

(1)用紧束缚近似方法求出与原子 s 态能级相对应的能带函数;

(2)求出其能态密度函数 $g(\varepsilon)$ 的表达式;

(3)如每个原子 s 态中只有一个电子,计算 $T = 0$ K 时的费米能级 E_F^0 和 E_F^0 处的能态密度。

8.11　考虑一个晶格常数为 a 和 b 的二维矩形晶体,试基于紧束缚近似法:

(1)求 s 态电子的能带函数;

(2)求能态密度函数 $g(\varepsilon)$;

(3)求带顶和带底电子能量及能带宽度;

(4)求电子的有效质量。

8.12　对晶格常数为 a 的简单立方结构晶体,试:

(1)用紧束缚近似法求 s 态电子的能带函数;

(2)分别画出第一布里渊区[110]方向的能带曲线和有效质量曲线。

8.13　对晶格常数为 a 的体心立方结构晶体,试:

(1)用紧束缚近似法求 s 态电子的能带函数;

(2)画出第一布里渊区[111]方向的能带曲线;

(3)求带顶和带底电子的有效质量。

8.14　对晶格常数为 a 的面心立方结构晶体,试:

(1)用紧束缚近似法求 s 态电子的能带函数;

(2)求带底电子的有效质量。

* **8.15**　假设某一个晶体在芯电子能带之上有两个能带 $\varepsilon_1(k)$ 和 $\varepsilon_2(k)$,在有效质量近似下,这两个能带的能带函数分别表示为

$$\varepsilon_1(k) = \varepsilon_1(0) + \frac{\hbar^2 k^2}{2m_+^*}, \varepsilon_2(k) = \varepsilon_2(k_0) + \frac{\hbar^2 (k-k_0)^2}{2m_-^*}$$

其中，$m_+^* = -0.18m$ 是能量较低的 ε_1 的能带顶部附近电子的有效质量，$m_-^* = 0.06m$ 是能量较高的 ε_2 的能带底部附近电子的有效质量，如果 $\varepsilon_1(0) - \varepsilon_2(k_0) = 0.1$ eV，则会发生能带交叠，由于能带交叠，能带 1 的部分电子会转移到能带 2 上，试计算 $T = 0$ K 时的费米能级位置。

第9章 固体电子输运理论

第 7～8 章分析和讨论了在具有与晶格具有相同周期的周期性势场中运动的电子的状态和能量。理论分析表明,对于在周期性势场中运动的电子,其波函数具有布洛赫波函数的形式,且电子能谱呈能带结构。固体能带理论为了解固体物理性质奠定了理论基础,反过来,固体物理性质的实验研究可验证固体能带理论的正确性。

当有电场、磁场、温度梯度等外场存在时,外场会驱动固体中带电粒子的定向漂移(扩散)运动,从而引起电荷、能量等的"流动",由这些"流动"所产生的现象就是所谓的固体输运现象。本章就固体电子输运理论作一些简单介绍,目的是希望在固体能带结构和固体电子输运性质之间建立联系。对固体电子输运理论,需要处理三个问题,一是如何处理电子所受到的散射或碰撞,二是外场作用如何影响电子的运动规律,三是外场和碰撞同时作用对电子输运性质的影响,在此基础上形成固体电子输运理论。本章首先介绍固体电子输运理论,然后介绍基于这一理论如何处理外加电场、磁场及温度梯度下固体的电子输运行为。

9.1 布洛赫电子运动的半经典模型

按照固体能带理论,对能带中的电子,描述其状态的波函数具有布洛赫波函数的形式,即

$$\psi_{\vec{k}}(\vec{r}) = e^{i\vec{k}\cdot\vec{r}} u_{\vec{k}}(\vec{r}) \tag{9.1}$$

其中,$u_{\vec{k}}(\vec{r})$ 满足

$$u_{\vec{k}}(\vec{r}) = u_{\vec{k}}(\vec{r} + \vec{R}_m) \tag{9.2}$$

$\vec{R}_m = m_1\vec{a}_1 + m_2\vec{a}_2 + m_3\vec{a}_3$ 是正格矢。为区别在金属自由电子气中所提到的电子,常常称由布洛赫波函数(9.1)描述的电子为布洛赫电子。对布洛赫电子,除了需要知道它的位置 $\vec{r}$ 和波矢 $\vec{k}$ 外,还需要知道能带指标 n,以明确标明所考虑的电子是来自第 n 个能带而不是其他能带。一般来说,来自第 n 个能带的布洛赫电子虽有跃迁到其他能带的可能,但跃迁几率很小,因此,除了专门研究电子在不同能带之间的跃迁问题外,多数情况下认为能带指标 n 是一个时间无关的常数。

欲从理论上了解固体电子输运性质,首先需要知道的是,来自第 n 个能带的电子的位置 $\vec{r}$ 和波矢 $\vec{k}$ 随时间的变化规律。本节基于半经典模型,考虑外场作用下布洛赫电子的运动方程,对碰撞,以及碰撞和外场同时作用对电子输运性质的影响将在后面进行分析和讨论。

按照经典模型,电子作为粒子,其运动规律由牛顿定律描述,因此,电子位置随时间

的变化可表示为

$$\frac{\mathrm{d}\vec{r}}{\mathrm{d}t} = \vec{v} \tag{9.3}$$

其中,$\vec{v}$ 是电子运动速度。另外一方面,电子作为携带电荷的粒子,在电场和磁场存在下,会感受到电场力 $-e\vec{E}$ 和洛仑兹力 $-e\vec{v}\times\vec{B}$ 的作用,并引起动量改变,按牛顿定律,动量随时间的变化关系可表示为

$$\frac{\mathrm{d}\vec{p}}{\mathrm{d}t} = -e\vec{E} - e\vec{v}\times\vec{B} \tag{9.4}$$

所谓半经典模型是指,对布洛赫电子位置和动量随时间变化规律的描述,形式上采用和经典模型相同的处理方式,而布洛赫电子的动量和电子速度则采用量子力学的处理方式。对波矢为 $\vec{k}$ 的布洛赫电子,其准动量为 $\hbar\vec{k}$,即

$$\vec{p} = \hbar\vec{k} \tag{9.5}$$

而来自第 n 个能带、波矢为 $\vec{k}$ 的布洛赫电子的平均速度为 $\vec{v}_n(\vec{k})$,它和能带之间的关系通过下式联系,即

$$\vec{v}_n(\vec{k}) = \frac{1}{\hbar}\,\mathbf{\nabla}_{\vec{k}}\,\varepsilon_n(\vec{k}) \tag{9.6}$$

因此,基于半经典模型,可以得到来自第 n 个能带的布洛赫电子的位置 $\vec{r}$ 和波矢 $\vec{k}$ 随时间变化的方程为

$$\frac{\mathrm{d}\vec{r}}{\mathrm{d}t} = \vec{v}_n(\vec{k}) = \frac{1}{\hbar}\,\mathbf{\nabla}_{\vec{k}}\,\varepsilon_n(\vec{k}) \tag{9.7a}$$

$$\hbar\frac{\mathrm{d}\vec{k}}{\mathrm{d}t} = -e\left[\vec{E} + \vec{v}_n\times\vec{B}\right] \tag{9.7b}$$

方程(9.7)即为半经典模型下布洛赫电子的运动方程,它描述了外场作用下来自第 n 个能带的电子的位置 $\vec{r}$ 和波矢 $\vec{k}$ 随时间的变化。半经典模型使能带结构与输运性质,即电子对外场的响应相联系,提供了从能带结构推断出电子输运性质的理论基础。另一方面,基于固体电子输运性质的实验结果,可推测出固体的能带结构,同基于能带理论得到的能带结构进行比较,可验证能带理论的正确与否。

9.2　玻尔兹曼方程

对固体电子输运性质进行研究,除需要了解电子受到的散射或碰撞效应外,还需要知道外场作用下电子的运动规律及外场和碰撞的同时作用对电子运动规律的影响。第 9.1 节中,基于半经典模型,建立了外场下电子的运动方程。现在要解决的问题是如何考虑碰撞及碰撞和外场同时作用对电子运动规律的影响。为此,引入分布函数 $f_n(\vec{r},\vec{k},t)$,将碰撞及碰撞和外场同时作用对电子运动规律的影响归结到对 $f_n(\vec{r},\vec{k},t)$ 的影响。

分布函数 $f_n(\vec{r},\vec{k},t)$ 的定义是,对于单位体积的样品,t 时刻、第 n 个能带中,在

$(\vec{r},\vec{k})$ 处 $\mathrm{d}\vec{r}\,\mathrm{d}\vec{k}$ 相空间体积元内的电子数为

$$\mathrm{d}N = 2 \times \frac{1}{(2\pi)^3} f_n(\vec{r},\vec{k},t)\,\mathrm{d}\vec{r}\,\mathrm{d}\vec{k} \tag{9.8}$$

式中乘以 2 是因为每个态上可以有自旋向上和向下的两个电子，$\dfrac{1}{(2\pi)^3}$ 是单位体积样品 $\vec{k}$

空间中的状态密度。对波矢为 $\vec{k}$ 的布洛赫电子，携带的电荷为 $-e$，当它以平均运动速度 $\vec{v}_n(\vec{k})$ 运动时，对电流密度的贡献为 $-e\vec{v}_n(\vec{k})$。对第 n 个能带中的所有电子对电流密度的贡献求和即可得到来自第 n 能带的总电流密度，即

$$\vec{J}_n = \sum_{\vec{k}} (-e)\vec{v}_n(\vec{k})$$

引入分布函数后，上述求和可表示为积分形式，即

$$\vec{J}_n = \frac{1}{4\pi^3}\int (-e)\vec{v}_n(\vec{k}) f_n(\vec{r},\vec{k},t)\,\mathrm{d}\vec{k} \tag{9.9}$$

由于关注的电子来自同一个能带，因此，为方便起见，可以不显示出能带指标 n，相应的 $\vec{v}_n(\vec{k})$ 改写为 $\vec{v}_{\vec{k}}$，$f_n(\vec{r},\vec{k},t)$ 改写为 $f(\vec{r},\vec{k},t)$，而 $\vec{J}_n$ 则写为

$$\vec{J} = \frac{1}{4\pi^3}\int (-e)\vec{v}_{\vec{k}} f(\vec{r},\vec{k},t)\,\mathrm{d}\vec{k} \tag{9.9$'$}$$

在热平衡情况下，温度均匀且无外场作用，电子系统的分布函数（平衡分布函数）就是所谓的费米 — 狄拉克分布函数，即

$$f_0(\varepsilon_k) = \frac{1}{\mathrm{e}^{(\varepsilon_k - \mu)/k_{\mathrm{B}}T} + 1} \tag{9.10}$$

其中，ε_k 是 $\varepsilon_n(\vec{k})$ 的简写。由于体系均匀，f_0 与 $\vec{r}$ 无关。当存在外加电场、磁场，或存在温度梯度时，系统将偏离平衡状态，分布函数从平衡时的 $f_0(\varepsilon_k)$ 变为非平衡时的 $f(\vec{r},\vec{k},t)$。下面将分析，当碰撞及碰撞和外场同时作用于系统时，分布函数是如何随时间变化的。

如果不存在碰撞，t 时刻 $(\vec{r},\vec{k})$ 处的电子必来自 $t-\mathrm{d}t$ 时刻之前从 $(\vec{r}-\mathrm{d}\vec{r},\vec{k}-\mathrm{d}\vec{k})$ 处漂移过来的电子，因此有

$$f(\vec{r},\vec{k},t) = f(\vec{r}-\mathrm{d}\vec{r},\vec{k}-\mathrm{d}\vec{k},t-\mathrm{d}t)$$

利用 $\mathrm{d}\vec{r} = \dfrac{\mathrm{d}\vec{r}}{\mathrm{d}t}\mathrm{d}t = \vec{v}_{\vec{k}}\mathrm{d}t$ 和 $\mathrm{d}\vec{k} = \dfrac{\mathrm{d}\vec{k}}{\mathrm{d}t}\mathrm{d}t = \dot{\vec{k}}\mathrm{d}t$，上式可写成

$$f(\vec{r},\vec{k},t) = f(\vec{r}-\vec{v}_{\vec{k}}\mathrm{d}t,\vec{k}-\dot{\vec{k}}\mathrm{d}t,t-\mathrm{d}t)$$

然而，实际情况是，碰撞总是存在的。由于碰撞的存在，$\mathrm{d}t$ 时间内从 $(\vec{r}-\vec{v}_{\vec{k}}\mathrm{d}t,\vec{k}-\dot{\vec{k}}\mathrm{d}t)$ 出发的电子并不都能到达 $(\vec{r},\vec{k})$ 处，另一方面，由于碰撞的存在，t 时刻 $(\vec{r},\vec{k})$ 处的电子并非都来自 $t-\mathrm{d}t$ 时刻从 $(\vec{r}-\mathrm{d}\vec{r},\vec{k}-\mathrm{d}\vec{k})$ 处漂移过来的电子。意味着在上式中应有源于碰撞效应的一额外项存在，若将碰撞引起的额外项写成 $(\partial f/\partial t)_{\mathrm{coll}}$，则有

$$f(\vec{r},\vec{k},t) = f(\vec{r} - \vec{v}_{\vec{k}}\,dt, \vec{k} - \dot{\vec{k}}\,dt, t - dt) + (\partial f/\partial t)_{\mathrm{coll}}\,dt \tag{9.11}$$

将上式右边第一项展开,保留到 dt 的线性项,得到

$$f(\vec{r} - \vec{v}_{\vec{k}}\,dt, \vec{k} - \dot{\vec{k}}\,dt, t - dt) \approx f(\vec{r},\vec{k},t) - \frac{\partial f}{\partial t} - \frac{\partial f}{\partial \vec{r}} \cdot \vec{v}_{\vec{k}} - \frac{\partial f}{\partial \vec{k}} \cdot \dot{\vec{k}}$$

代入式(9.11)中,整理后有

$$\frac{\partial f}{\partial t} + \vec{v}_{\vec{k}} \cdot \frac{\partial f}{\partial \vec{r}} + \dot{\vec{k}} \cdot \frac{\partial f}{\partial \vec{k}} = \left(\frac{\partial f}{\partial t}\right)_{\mathrm{coll}} \tag{9.12}$$

对于稳态,$\dfrac{\partial f}{\partial t} = 0$,于是有

$$\vec{v}_{\vec{k}} \cdot \frac{\partial f}{\partial \vec{r}} + \dot{\vec{k}} \cdot \frac{\partial f}{\partial \vec{k}} = \left(\frac{\partial f}{\partial t}\right)_{\mathrm{coll}} \tag{9.13}$$

方程(9.13)即为电子系统的玻尔兹曼方程。方程左边的两项称为漂移项(drift term),右边的项称为碰撞项(collision term)或散射项(scattering term)。按照半经典模型,布洛赫电子的运动速度通过关系

$$\vec{v}_{\vec{k}} = \frac{1}{\hbar} \mathbf{\nabla}_{\vec{k}} \varepsilon_n(\vec{k})$$

与能带结构相关联,而布洛赫电子的状态通过关系

$$\dot{\vec{k}} = -\frac{e}{\hbar} \left[\vec{E}(\vec{r},t) + \vec{v}_{\vec{k}} \times \vec{B}(\vec{r},t) \right]$$

与外场相关联,因此,玻尔兹曼方程通过引入分布函数将能带结构、外场作用及碰撞作用相关联,这成为研究固体电子输运性质的理论基础。

9.3　外场和碰撞作用

对于一个多电子系统,如果没有外场作用,且不存在温度梯度,则系统处在由费米 — 狄拉克分布函数 $f_0(\varepsilon_k)$ 所描述的平衡态。当外加场作用于系统或存在温度梯度时,伴随电子的定向漂移运动,系统的平衡态会被破坏,但这种平衡态的破坏不会无限地发展下去,因为系统中还存在碰撞机制,借助弛豫机理系统可逐渐恢复到平衡态。

本节基于玻尔兹曼方程来具体地分析一下温度梯度、外场和碰撞是如何影响系统分布函数的。前面提到,温度梯度或外场会引起系统的分布函数偏离平衡态时的 $f_0(\varepsilon_k)$,假设这种偏离是很小的,为了反映小的偏离,通常引入一小量 f_1 来表征相对于平衡分布函数的偏离程度,即

$$f = f_0 + f_1 \tag{9.14}$$

这里 $f_1 \ll f_0$。下面分别考虑温度梯度、电场、磁场及碰撞在玻尔兹曼方程中的具体表现形式。

9.3.1　温度梯度效应

如果存在温度梯度 $\mathbf{\nabla}T$,则在温度梯度驱动下,电子会沿从高温到低温的方向作定向

漂移或扩散运动,从而引起分布函数的改变。温度梯度效应具体的体现是,在玻尔兹曼方程(9.13)中,与 $\partial f/\partial \vec{r}$ 有关的项不为 0。由式(9.14),有

$$\frac{\partial f}{\partial \vec{r}} = \frac{\partial f_0}{\partial \vec{r}} + \frac{\partial f_1}{\partial \vec{r}} \approx \frac{\partial f_0}{\partial \vec{r}}$$

上式中考虑到 $f_1 \ll f_0$,因此,忽略了温度梯度对 f_1 的影响。利用

$$\frac{\partial f_0}{\partial \vec{r}} = \frac{\partial f_0}{\partial T}\ \mathbf{\nabla}T + \frac{\partial f_0}{\partial u}\ \mathbf{\nabla}u$$

因此,因温度梯度 $\mathbf{\nabla}T$ 的存在而引起的有关效应可近似表示为

$$\frac{\partial f}{\partial \vec{r}} \approx \frac{\partial f_0}{\partial \vec{r}} = \frac{\partial f_0}{\partial T}\ \mathbf{\nabla}T + \frac{\partial f_0}{\partial u}\ \mathbf{\nabla}u \tag{9.15}$$

9.3.2　外加电场效应

如果存在外加电场 $\vec{E}$,由于电子是携带电荷的粒子,在外加电场的作用下,电子会感受到电场力的作用:

$$\hbar \frac{\mathrm{d}\vec{k}}{\mathrm{d}t} = -e\vec{E} \tag{9.16}$$

在电场力的作用下,电子会作加速运动,从而引起分布函数的改变,意味着在玻尔兹曼方程(9.13)中,与 $\partial f/\partial \vec{k}$ 有关的项不为 0,即

$$\dot{\vec{k}} \cdot \frac{\partial f}{\partial \vec{k}} = \dot{\vec{k}} \cdot \frac{\partial(f_0 + f_1)}{\partial \vec{k}} \neq 0$$

相对于外加电场对 f_0 的影响,外加电场对 f_1 的影响可以忽略。这样一来,在存在外加电场时,玻尔兹曼方程(9.13)左边第二项可近似表示为

$$\dot{\vec{k}} \cdot \frac{\partial f}{\partial \vec{k}} \approx \dot{\vec{k}} \cdot \frac{\partial f_0}{\partial \vec{k}} = -\frac{e\vec{E}}{\hbar} \cdot \frac{\partial f_0}{\partial \vec{k}} \tag{9.17}$$

9.3.3　外加磁场效应

如果存在外加磁场 $\vec{B}$,由于电子是携带电荷的粒子,在外加磁场的作用下,电子会感受到洛伦兹力的作用:

$$\hbar \frac{\mathrm{d}\vec{k}}{\mathrm{d}t} = -e\vec{v}_{\vec{k}} \times \vec{B} \tag{9.18}$$

在洛伦兹力的作用下,电子运动轨迹会发生改变,从而引起分布函数的变化,因此,在玻尔兹曼方程(9.13)中与 $\partial f/\partial \vec{k}$ 有关的项不为 0,即

$$\dot{\vec{k}} \cdot \frac{\partial f}{\partial \vec{k}} = \dot{\vec{k}} \cdot \frac{\partial(f_0 + f_1)}{\partial \vec{k}} = \dot{\vec{k}} \cdot \frac{\partial f_0}{\partial \vec{k}} + \dot{\vec{k}} \cdot \frac{\partial f_1}{\partial \vec{k}} \neq 0 \tag{9.19}$$

由于

$$\frac{\partial f_0}{\partial \vec{k}} = \frac{\partial f_0}{\partial \varepsilon_{\vec{k}}} \frac{\partial \varepsilon_{\vec{k}}}{\partial \vec{k}} = \hbar \frac{\partial f_0}{\partial \varepsilon_{\vec{k}}} \vec{v}_{\vec{k}}$$

则有

$$\dot{\vec{k}} \cdot \frac{\partial f_0}{\partial \vec{k}} = -e(\vec{v}_{\vec{k}} \times \vec{B}) \cdot \frac{\partial f_0}{\partial \vec{k}} = -e(\vec{v}_{\vec{k}} \times \vec{B}) \cdot \vec{v}_{\vec{k}} \frac{\partial f_0}{\partial \varepsilon} = 0$$

说明磁场对平衡态的分布函数没有影响,外加磁场效应通过磁场对 f_1 的影响而得以反映,由此得到

$$\dot{\vec{k}} \cdot \frac{\partial f}{\partial \vec{k}} = \dot{\vec{k}} \cdot \frac{\partial f_1}{\partial \vec{k}} = -\frac{e}{\hbar}(\vec{v}_{\vec{k}} \times \vec{B}) \cdot \frac{\partial f_1}{\partial \vec{k}} \tag{9.20}$$

此即为外加磁场引起的效应。

9.3.4　碰撞效应

对于玻尔兹曼方程中的碰撞效应,采用如下的处理思路,即:如果系统因某种原因(如存在温度梯度、电场、磁场等)进入非平衡态,则借助碰撞机理,系统经过一定时间后恢复到平衡态。如果非平衡态相对于平衡态偏离较小,可以合理地假定恢复的快慢 $\frac{\partial f}{\partial t}$ 正比于系统偏离平衡态的程度$(f - f_0)$ 及碰撞的频度 $\frac{1}{\tau}$,即

$$\frac{\partial f}{\partial t} = -\frac{f - f_0}{\tau} \tag{9.21}$$

负号指相对于平衡态的偏离程度随时间的增加而减小。方程(9.21)说明,若系统偏离平衡态,则通过碰撞作用,可以以时间 τ 弛豫恢复到平衡态。方程(9.21)的解为

$$f - f_0 = f_1 = f_1(t=0)\mathrm{e}^{-t/\tau} \tag{9.22}$$

即恢复平衡的弛豫过程随时间以指数形式变化,弛豫时间 τ 为这一过程的时间常数。在弛豫时间近似下,玻尔兹曼方程中的碰撞项可写为

$$\left(\frac{\partial f}{\partial t}\right)_{\mathrm{coll}} = -\frac{f - f_0}{\tau} = -\frac{f_1}{\tau} \tag{9.23}$$

9.3.5　温度梯度、电场、磁场和碰撞同时存在

上面分别考虑了温度梯度、外加电场和磁场及碰撞所引起的效应,将与这些效应有关的项代入式(9.13)所示的玻尔兹曼方程中并进行整理后,可将温度梯度、电场、磁场及碰撞作用同时存在时的玻尔兹曼方程表示为

$$\dot{\vec{r}} \cdot \frac{\partial f_0}{\partial \vec{r}} - \frac{e\vec{E}}{\hbar} \cdot \frac{\partial f_0}{\partial \vec{k}} - \frac{e\vec{v}_{\vec{k}} \times \vec{B}}{\hbar} \cdot \frac{\partial f_1}{\partial \vec{k}} + \frac{f_1}{\tau} = 0 \tag{9.24}$$

在第 9.2 节中已提到,借助于分布函数,可将固体中总的电流密度表示为式(9.9)的形式。将 $f = f_0 + f_1$ 代入式(9.9)中,并注意到平衡分布对电流密度没有贡献,即

$$\int e\vec{v}_{\vec{k}} f_0 \mathrm{d}\vec{k} = 0$$

因此,固体中总的电流密度又可表示为

$$\vec{J} = -\frac{1}{4\pi^3}\int e\vec{v}_{\vec{k}} f_1 \,\mathrm{d}\vec{k} \tag{9.25}$$

这样一来,核心问题变成如何基于玻尔兹曼方程求得相对于平衡分布的偏离量 f_1,一旦知道了 f_1,就可以由式(9.25)知道固体的电子输运性质。

9.4　电子 — 声子相互作用及弛豫时间

上面提到,如果存在外加电场的作用,则在电场作用下,电子会作加速运动,使得系统从平衡态进入非平衡态。外加电场引起的电子加速和因碰撞(又叫散射)引起的电子减速相平衡时,系统将以时间 τ 弛豫恢复到平衡态,意味着从非平衡态恢复到平衡态是通过电子的碰撞来实现的。

对于温度梯度的存在,可作同样的讨论。如后面所讨论的,温度梯度可导致电荷的流动,其结果是在样品的两端建立起电场,这一因温度梯度的存在而在样品端部建立的电场,起着与外加电场相类似的作用。

固体中的电子碰撞机理是复杂的,如电子 — 电子间的碰撞、电子 — 声子间的碰撞、电子 — 磁子间的碰撞及实际晶体中存在的杂质、缺陷和表面等均可引起对电子的散射等。作为共性,所有固体中都存在电子 — 声子间的碰撞。为说明这种碰撞,本节以金属为例,来分析和讨论金属中的电子 — 声子相互作用及弛豫过程。

9.4.1　电子 — 声子相互作用

考虑具有理想晶体结构的非磁性导体,由于具有理想的晶体结构,晶体中无杂质、无缺陷且尺寸无限大,因此,杂质、缺陷、表面等对电子的散射可忽略;又由于所考虑的金属是非磁性导体,故不存在磁子对电子的散射问题;至于电子 — 电子间的碰撞,如在金属电子论相关章节中对金属所作的估计,电子间的碰撞几率是很小的。因此,对具有理想晶体结构的非磁性导体,声子对电子的散射是造成从非平衡态恢复到平衡态的主要机理。

固体能带理论的建立的基本出发点是假设电子在与晶格具有相同周期的周期性势场中运动。如果没有晶格振动(绝对零度),则单电子的周期性势可表示为

$$V(\vec{r}) = \sum_n V_{\mathrm{L}}(\vec{r} - \vec{R}_n) \tag{9.26}$$

其中,$\vec{R}_n = n_1\vec{a}_1 + n_2\vec{a}_2 + n_3\vec{a}_3$ 是正格矢,表示的是第 n 个离子实所在的位置矢量,$\vec{a}_i(i=1,2,3)$ 是基于固体物理学原胞而选择的基矢,$n_i(i=1,2,3)$ 为 0 或任意正、负整数。对于周期性势场中运动的电子,布洛赫从理论上证明,电子处在由布洛赫函数

$$\psi_{\vec{k}}(\vec{r}) = u_{\vec{k}}(\vec{r})\,\mathrm{e}^{\mathrm{i}\vec{k}\cdot\vec{r}}$$

所描述的稳定态,这种稳定态是不会发生变化的,明显地,这是针对绝对零度而言的。

然而,在有限温度下,各原子或离子实在各自平衡位置附近会来回振动,由于原子间相互关联,原子振动表现为集体振动,即第 5 章所讲到的晶格振动。假设第 n 个原子因振动而引起其对平衡位置 $\vec{R}_n$ 的偏离为 $\delta\vec{R}_n$,则伴随晶格振动,原本是周期性的电子势变

成了

$$V'(\vec{r}) = \sum_n V_L(\vec{r} - \vec{R}_n - \delta\vec{R}_n) \tag{9.27}$$

不再呈现出和晶格相同的周期性,或者说,周期性电子势因晶格振动而被破坏。如果温度不是很高,则各个离子实相对于原来的平衡位置的偏离很小,在这种情况下,式(9.27)可近似为

$$V'(\vec{r}) \approx \sum_n V_L(\vec{r} - \vec{R}_n) - \sum_n \delta\vec{R}_n \cdot \nabla V_L(\vec{r} - \vec{R}_n) \tag{9.28}$$

考虑晶格振动效应后,单电子哈密顿算符变成

$$\hat{H} = -\frac{\hbar^2}{2m} \nabla^2 + V'(\vec{r}) = \hat{H}^{(0)} + H' \tag{9.29}$$

其中,

$$\hat{H}^{(0)} = -\frac{\hbar^2}{2m} \nabla^2 + V(\vec{r}) \tag{9.30}$$

是没有晶格振动($T=0$)时的哈密顿算符,

$$\hat{H}' = -\sum_n \delta\vec{R}_n \cdot \nabla V_L(\vec{r} - \vec{R}_n) \tag{9.31}$$

是因晶格振动而引起的对周期性势场的偏离。由于偏离很小,$\hat{H}'$ 可以看作是对 $\hat{H}^{(0)}$ 的微扰。在这样一个微扰的作用下,电子可以从一个稳定的布洛赫态 $\psi_{\vec{k}}(\vec{r})$ 跃迁到另一个稳定的布洛赫态 $\psi_{\vec{k}'}(\vec{r})$,出现所谓的散射。

为简单起见,考虑由 N 个原子构成的单原子晶体,由第 5 章知道,在这种情况下,晶体中仅有声学支格波,若将 $\vec{q}$ 格波引起的第 n 个原子的位移写成

$$\delta\vec{R}_n = [A\,e^{-i(\vec{q}\cdot\vec{R}_n - \omega t)} + A\,e^{i(\vec{q}\cdot\vec{R}_n - \omega t)}]\vec{e} \tag{9.32}$$

其中,A 是原子振动幅度,$\vec{e}$ 为振动方向上的单位矢量。代入式(9.31)中,则可将微扰算符写成

$$\hat{H}' = \hat{s}_+\,e^{-i\omega t} + \hat{s}_-\,e^{i\omega t} \tag{9.33}$$

其中,

$$\hat{s}_+ = -\sum_n A\,e^{i\vec{q}\cdot\vec{R}_n}\vec{e} \cdot \nabla V_L(\vec{r} - \vec{R}_n)$$

$$\hat{s}_- = -\sum_n A\,e^{-i\vec{q}\cdot\vec{R}_n}\vec{e} \cdot \nabla V_L(\vec{r} - \vec{R}_n)$$

因此,由式(9.33)所表示的微扰算符所描述的问题是量子力学中典型的含时周期性的微扰问题。

按照量子力学中的含时周期性微扰理论,在 $\hat{H}'$ 的微扰作用下,单位时间内电子从 $\psi_{\vec{k}}(\vec{r})$ 跃迁到 $\psi_{\vec{k}'}(\vec{r})$ 的几率为

$$\begin{aligned}
w_{\vec{k}\to\vec{k}'} = \frac{2\pi}{\hbar} \Big[&|\langle \psi_{\vec{k}'} | \hat{s}_+ | \psi_{\vec{k}} \rangle|^2 \delta(\varepsilon_{\vec{k}'} - \varepsilon_{\vec{k}} - \hbar\omega) \\
+ &|\langle \psi_{\vec{k}'} | \hat{s}_- | \psi_{\vec{k}} \rangle|^2 \delta(\varepsilon_{\vec{k}'} - \varepsilon_{\vec{k}} + \hbar\omega) \Big]
\end{aligned} \tag{9.34}$$

由于 δ 函数只有在宗量等于零时才不显著为零,所以上式中的 δ 函数体现了电子在跃迁过程中的能量守恒,即

$$\varepsilon_{\vec{k}'}=\varepsilon_{\vec{k}}\pm\hbar\omega \tag{9.35}$$

如第 5 章所述,原子振动并不是单个原子的振动而是集体振动,其结果表现为以格波的形式在晶体中传播,格波的能量是量子化的,最小的能量量子 $\hbar\omega$ 称为声子。方程 (9.35) 中的 $\hbar\omega$ 正好为一个声子的能量,说明晶格振动对电子的散射实际上就是声子对电子的散射。当电子处在能量较低的 $\psi_{\vec{k}}$ 态,可通过从晶格中吸收能量为 $\hbar\omega$ 的声子而跃迁到能量较高的 $\psi_{\vec{k}'}$ 态,方程(9.35)中的"+"对应的方程便是这一跃迁过程中的能量守恒。反过来,当电子处在能量较高的 $\psi_{\vec{k}}$ 态,可通过传递一个声子的能量 $\hbar\omega$ 给晶格,即发射一个能量为 $\hbar\omega$ 的声子,而跃迁到能量较低的 $\psi_{\vec{k}'}$ 态,方程(9.35)中的"−"对应的方程便是这一跃迁过程中的能量守恒。

从跃迁几率表达式(9.34)中可以看到,跃迁过程除了满足能量守恒外,还要求微扰矩阵元 $\langle\psi_{\vec{k}'}|\hat{s}_{\pm}|\psi_{\vec{k}}\rangle$ 不为零。利用 $\psi_{\vec{k}}(\vec{r}+\vec{R}_n)=e^{i\vec{k}\cdot\vec{R}_n}\psi_{\vec{k}}(\vec{r})$,微扰矩阵元可表示为

$$\langle\psi_{\vec{k}'}|\hat{s}_{\pm}|\psi_{\vec{k}}\rangle=-A\sum_n e^{\pm i\vec{q}\cdot\vec{R}_n}\langle\psi_{\vec{k}'}|\vec{e}\cdot\nabla V_L(\vec{r}-\vec{R}_n)|\psi_{\vec{k}}\rangle$$
$$=-A\sum_n e^{i(\vec{k}-\vec{k}'\pm\vec{q})\cdot\vec{R}_n}\langle\psi_{\vec{k}'}|\vec{e}\cdot\nabla V_L(\vec{r})|\psi_{\vec{k}}\rangle \tag{9.36}$$

由第 3 章可知,式(9.36)中的求和仅当 $\vec{k}-\vec{k}'\pm\vec{q}$ 为倒格矢 $\vec{K}_h$ 时才不为零,由此得到跃迁过程中应当满足的动量守恒定律为

$$\hbar\vec{k}'=\hbar\vec{k}\pm\hbar\vec{q}+\hbar\vec{K}_h \tag{9.37}$$

其中,$\hbar\vec{q}$ 是声子的准动量,$\hbar\vec{k}$ 和 $\hbar\vec{k}'$ 分别是电子跃迁前、跃迁后的动量,"±"分别对应的是吸收和发射声子的过程。依 $\vec{K}_h$ 是否为 0,散射过程分为正常和翻转过程,对正常过程,简称 N 过程,$\vec{K}_h=0$,而对翻转过程,简称 U 过程,$\vec{K}_h\neq0$。对 N 过程,电子跃迁前、后严格遵守动量守恒定律,即

$$\hbar\vec{k}'=\hbar\vec{k}\pm\hbar\vec{q} \tag{9.37}'$$

"+"对应电子从能量较低的 $\psi_{\vec{k}}$ 态跃迁到能量较高的 $\psi_{\vec{k}'}$ 态的过程,说明在这一过程中,电子除从晶格中吸收声子能量 $\hbar\omega$ 外,还从晶格中获得了一个声子的准动量 $\hbar\vec{q}$;反过来,即式中的"−"所对应的过程,当电子从能量较高的 $\psi_{\vec{k}}$ 态跃迁到能量较低的 $\psi_{\vec{k}'}$ 态时,电子除传递声子能量 $\hbar\omega$ 给晶格外,还将一个声子的准动量 $\hbar\vec{q}$ 传递给晶格。

综合以上分析,可以知道,在式(9.33)所示的微扰作用下,处在 $\psi_{\vec{k}}$ 态的电子通过吸收或发射一个能量为 $\hbar\omega$、动量为 $\hbar\vec{q}$ 的声子而跃迁到 $\psi_{\vec{k}'}$ 态上,这便是所谓的电子—声子相互作用。

9.4.2 弛豫时间

当系统处在非平衡态时,通过电子—声子相互作用,或者说通过电子—声子间的碰

撞,以时间常数 τ 弛豫恢复到平衡态,式(9.23)所示的碰撞项是对这一弛豫过程的描述。另外一方面,碰撞项也可以表示为两项之差,即

$$\left(\frac{\partial f}{\partial t}\right)_{\text{coll}} = b - a \tag{9.38}$$

其中,b 是单位时间内因碰撞引起的电子从 $\psi_{\vec{k}}(\vec{r})$ 到 $\psi_{\vec{k}'}(\vec{r})$ 跃迁而导致的分布函数的增加,而 a 是单位时间内因碰撞引起的电子从 $\psi_{\vec{k}'}(\vec{r})$ 到 $\psi_{\vec{k}}(\vec{r})$ 跃迁而导致的分布函数的减少。在电子 — 声子碰撞机理下,单位时间内因碰撞引起的分布函数的增加,与三个因素有关:一是单位时间内电子从 $\psi_{\vec{k}}(\vec{r})$ 到 $\psi_{\vec{k}'}(\vec{r})$ 的跃迁几率 $w_{\vec{k}\to\vec{k}'}$;二是初态 $\psi_{\vec{k}}(\vec{r})$ 中有电子占据的几率 $f(\vec{k})$;三是末态 $\psi_{\vec{k}'}(\vec{r})$ 中没有电子占据的几率 $1-f(\vec{k}')$。综合这些考虑后,得到单位时间内因碰撞引起的分布函数的增加为

$$b = \sum_{\vec{k}'} w_{\vec{k}\to\vec{k}'} f(\vec{k})[1 - f(\vec{k}')] \tag{9.39}$$

进行类似的分析可得到,单位时间内因碰撞引起的分布函数的减少为

$$a = \sum_{\vec{k}'} w_{\vec{k}'\to\vec{k}} f(\vec{k}')[1 - f(\vec{k})] \tag{9.40}$$

式中的 $w_{\vec{k}'\to\vec{k}}$ 表示的是单位时间内电子从 $\psi_{\vec{k}'}(\vec{r})$ 到 $\psi_{\vec{k}}(\vec{r})$ 的跃迁几率。利用算符 $\hat{s}_{\pm}$ 的厄米性,容易证明

$$w_{\vec{k}\to\vec{k}'} = w_{\vec{k}'\to\vec{k}}$$

这样一来,式(9.38)所表示的碰撞项可表示为

$$\left(\frac{\partial f}{\partial t}\right)_{\text{coll}} = \sum_{\vec{k}'} w_{\vec{k}\to\vec{k}'}[f(\vec{k}) - f(\vec{k}')] = \sum_{\vec{k}'} w_{\vec{k}\to\vec{k}'}[f_1(\vec{k}) - f_1(\vec{k}')] \tag{9.41}$$

其中用到了 $f(\vec{k}) = f_0 + f_1(\vec{k})$ 和 $f(\vec{k}') = f_0 + f_1(\vec{k}')$。

将式(9.41)和式(9.23)进行比较,则在电子 — 声子碰撞机理下,得到由下式确定的弛豫时间 τ:

$$\frac{1}{\tau} = \sum_{\vec{k}'} w_{\vec{k}\to\vec{k}'}\left[1 - \frac{f_1(\vec{k}')}{f_1(\vec{k})}\right] \tag{9.42}$$

9.5　外加电场下的输运性质

本节基于玻尔兹曼方程来分析和讨论在外加恒定电场下固体的电子输运性质,并以金属或导体为例,分析和讨论金属的电阻率随温度的变化关系。

9.5.1　电流密度

如果没有温度梯度,也没有外加磁场,仅有恒定外加电场作用于系统,在这种情况下,玻尔兹曼方程(9.24)变成

$$-\frac{e\vec{E}}{\hbar} \cdot \frac{\partial f_0}{\partial \vec{k}} = -\frac{f_1}{\tau} \tag{9.43}$$

由此解得

$$f_1 = \frac{e\tau\vec{E}}{\hbar} \cdot \frac{\partial f_0}{\partial \vec{k}} \tag{9.44}$$

或者可写成

$$f(\vec{k}) = f_0 + \frac{e\tau\vec{E}}{\hbar} \cdot \frac{\partial f_0}{\partial \vec{k}} \tag{9.45}$$

另外一方面,由于外加电场引起的分布函数的偏离是很小的,即

$$\frac{e\tau\vec{E}}{\hbar} \cdot \frac{\partial f_0}{\partial \vec{k}} \ll f_0$$

在这种情况下,可以将 $f_0\left(\vec{k} + \frac{e\tau\vec{E}}{\hbar}\right)$ 在 $\vec{k}$ 附近进行泰勒级数展开:

$$f_0\left(\vec{k} + \frac{e\tau\vec{E}}{\hbar}\right) = f_0(\vec{k}) + \frac{e\tau}{\hbar}\vec{E} \cdot \frac{\partial f_0}{\partial \vec{k}} + \cdots \tag{9.46}$$

可见,式(9.45)相当于函数 $f_0\left(\vec{k} + \frac{e\tau\vec{E}}{\hbar}\right)$ 的泰勒级数展开式的一级近似。因此,式(9.45)可写成

$$f(\vec{k}) = f_0\left(\vec{k} + \frac{e\tau\vec{E}}{\hbar}\right) = f_0\left(\vec{k} - \frac{-e\tau\vec{E}}{\hbar}\right) \tag{9.47}$$

该式说明,在恒定电场 $\vec{E}$ 的作用下,分布函数相对于平衡分布函数沿着外加电场相反的方向刚性移动了 $\frac{e\tau}{\hbar}\vec{E}$。或者说,在 $\vec{k}$ 空间中,外加电场引起电子占据区刚性平移了 $\frac{-e\tau}{\hbar}\vec{E}$。

利用 $\vec{v}_{\vec{k}} = \frac{1}{\hbar} \mathbf{\nabla}_{\vec{k}}\varepsilon_{\vec{k}}$,$\frac{\partial f_0}{\partial \vec{k}}$ 可表示为

$$\frac{\partial f_0}{\partial \vec{k}} = \frac{\partial f_0}{\partial \varepsilon_{\vec{k}}}\frac{\partial \varepsilon_{\vec{k}}}{\partial \vec{k}} = \hbar\frac{\partial f_0}{\partial \varepsilon_{\vec{k}}}\vec{v}_{\vec{k}} \tag{9.48}$$

代入式(9.44)中有

$$f_1 = e\tau\frac{\partial f_0}{\partial \varepsilon_{\vec{k}}}(\vec{v}_{\vec{k}} \cdot \vec{E}) \tag{9.49}$$

则由式(9.25)得到外加电场下固体(总)电流密度的一般表达式为

$$\vec{J} = -\frac{1}{4\pi^3}\int e^2\tau\vec{v}_{\vec{k}}\frac{\partial f_0}{\partial \varepsilon_{\vec{k}}}(\vec{v}_{\vec{k}} \cdot \vec{E})\mathrm{d}\vec{k} \tag{9.50}$$

考虑 $\vec{k}$ 空间中如图 9.1 所示的两个等能面，假设两等能面之间的垂直距离为 $\mathrm{d}k_\perp$，则 $\vec{k}$ 空间中体积元 $\mathrm{d}\vec{k}$ 可表示为

$$\mathrm{d}\vec{k} = \mathrm{d}s\,\mathrm{d}k_\perp$$

其中，$\mathrm{d}s$ 为等能面上的面积元。利用等能面法线方向的能量变化率

$$\left| \nabla_k \varepsilon_{\vec{k}} \right| = \frac{\mathrm{d}\varepsilon_{\vec{k}}}{\mathrm{d}k_\perp}$$

及

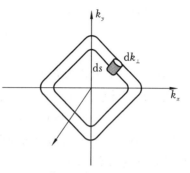

图 9.1 $\vec{k}$ 空间固体等能面示意图

$$\left| \nabla_{\vec{k}} \varepsilon_{\vec{k}} \right| = \left| \hbar \vec{v}_{\vec{k}} \right| = \hbar v_{\vec{k}}$$

其中，$v_{\vec{k}}$ 是波矢为 $\vec{k}$ 的电子的平均速度的大小，则 $\vec{k}$ 空间中体积元 $\mathrm{d}\vec{k}$ 可表示为

$$\mathrm{d}\vec{k} = \frac{\mathrm{d}s\,\mathrm{d}\varepsilon_{\vec{k}}}{\hbar v_{\vec{k}}}$$

这样一来，式(9.50)所示的固体电流密度表达式可写成

$$\vec{J} = \frac{e^2}{4\pi^3 \hbar} \int \tau \vec{v}_{\vec{k}} \left(-\frac{\partial f_0}{\partial \varepsilon_{\vec{k}}} \right) (\vec{v}_{\vec{k}} \cdot \vec{E}) \frac{\mathrm{d}s\,\mathrm{d}\varepsilon_{\vec{k}}}{v_{\vec{k}}} \tag{9.51}$$

由式(9.51)可以得到以下结论。

(1) 固体的电流密度与电子的平均速度 $\vec{v}_{\vec{k}}$ 有关，而 $\vec{v}_{\vec{k}}$ 通过式(9.7)与固体的能带函数相关联，不同的固体有不同的能带函数，因而有不同的导电性。

(2) 由于 $(-\partial f_0/\partial \varepsilon_{\vec{k}})$ 只在费米面附近才明显不为零，具有类 δ 函数的特性，即 $(-\partial f_0/\partial \varepsilon_{\vec{k}}) \approx \delta(\varepsilon_{\vec{k}} - \varepsilon_F)$，说明尽管固体中有大量电子，但实际上只有费米面附近的电子才对固体导电性有贡献。

(3) 由于 $(-\partial f_0/\partial \varepsilon_{\vec{k}}) \approx \delta(\varepsilon_{\vec{k}} - \varepsilon_F)$，式(9.51)在 $\vec{k}$ 空间沿等能面对面积的积分近似为沿费米面对面积的积分，不同的固体有不同形状和大小的费米面，因此有不同的导电性。

(4) 固体的电流密度与电子的弛豫时间有关，在电子 — 声子碰撞机理下，如后面所看到的，弛豫时间是温度有关的，因此，固体的导电性与温度有关。

9.5.2　固体电导率

一般情况下，由于固体的能带函数、费米面形状等的复杂性，式(9.51)给出的固体电流密度是复杂的，因此，这里先以金属自由电子气为例，来推导金属电导率的表达式，然后推广到一般导体和半导体的情况。

对金属来说，首先注意到，费米面在导带内，式(9.10)所示的费米 — 狄拉克分布函数 $f_0(\varepsilon_{\vec{k}})$ 的主要变化发生在 $\varepsilon_{\vec{k}} = \varepsilon_F$ 附近，因此，$-\partial f_0/\partial \varepsilon_{\vec{k}}$ 在费米能处可近似为

$$-\frac{\partial f_0}{\partial \varepsilon_{\vec{k}}} = \delta(\varepsilon_{\vec{k}} - \varepsilon_F)$$

这样一来,式(9.51)中对等能面面积的积分只需要沿费米面进行,于是有

$$\vec{J} = \frac{1}{4\pi^3} \frac{e^2}{\hbar} \int_{S_F} \tau(\varepsilon_F) \vec{v}_{\vec{k}} (\vec{v}_{\vec{k}} \cdot \vec{E}) \frac{\mathrm{d}s}{v_{\vec{k}}} \tag{9.52}$$

其中,$\tau(\varepsilon_F) = \tau$ 为费米面上的电子弛豫时间,$\vec{v}_{\vec{k}} = \vec{v}_{\vec{k}}(\varepsilon_F)$ 为费米面上的电子平均速度。

　　其次,固体中的电子受晶格周期场的影响,因此,电子能谱在布里渊边界附近出现禁带,引起费米面从球面到非球面的畸变。但对金属自由电子气来说,晶格周期场的影响而引起的费米面的畸变效应可忽略,以至于金属的费米面具有球面的形状,在这种情况下,式(9.52)可表示为

$$\vec{J} = \frac{1}{4\pi^3} \frac{e^2}{\hbar} \int_{S_F} \tau(\varepsilon_F) \vec{v}_{\vec{k}} \vec{v}_{\vec{k}} \frac{\mathrm{d}s}{v_{\vec{k}}} \cdot \vec{E} \tag{9.53}$$

若令

$$\sigma = \frac{1}{4\pi^3} \frac{e^2}{\hbar} \int_{S_F} \tau(\varepsilon_F) \vec{v}_{\vec{k}} \vec{v}_{\vec{k}} \frac{\mathrm{d}s}{v_{\vec{k}}} \tag{9.54}$$

则有

$$\vec{J} = \sigma \cdot \vec{E} \tag{9.55}$$

说明电流密度正比于电场强度,这正是众所周知的欧姆定律,比例系数 σ 即为金属的直流电导率。从式(9.54)可以看到,电导率是一个张量,若写成分量的形式,则有

$$\sigma_{\alpha\beta} = \frac{1}{4\pi^3} \frac{e^2}{\hbar} \int_{S_F} \tau(\varepsilon_F) \frac{v_{k\alpha} v_{k\beta}}{v_{\vec{k}}} \mathrm{d}s \tag{9.56}$$

　　对于具有立方对称性结构的金属,若外加电场方向沿 x 轴方向,则沿 x 轴方向的电流密度为

$$J_x = \sigma_{xx} E_x \tag{9.57}$$

其中,

$$\sigma_{xx} = \frac{1}{4\pi^3} \frac{e^2}{\hbar} \int_{S_F} \tau(\varepsilon_F) \frac{v_{kx}^2}{v_{\vec{k}}} \mathrm{d}s$$

由于立方对称性,

$$v_{kx}^2 = v_{ky}^2 = v_{kz}^2 = \frac{1}{3} v_{\vec{k}}^2$$

因此有

$$\sigma = \sigma_{xx} = \sigma_{yy} = \sigma_{zz} = \frac{1}{12\pi^3} \frac{e^2}{\hbar} \int_{S_F} \tau(\varepsilon_F) v_{\vec{k}} \mathrm{d}s \tag{9.58}$$

由于金属自由电子气的费米面为球面的形状,因此,费米面上电子的弛豫时间 $\tau(\varepsilon_F)$ 和电子的平均速度 $\vec{v}_{\vec{k}} = \vec{v}_{\vec{k}}(\varepsilon_F)$ 可以从积分号里面移出,而 $\int_{S_F} \mathrm{d}s = 4\pi k_F^2$,其中,$k_F$ 是费米球的半径。利用

$$v_{\vec{k}}(\varepsilon_F) = \frac{\hbar k_F}{m}$$

和

$$k_F = (3\pi^2 n)^{1/3}$$

式(9.58)所表示的电导率可表示为

$$\sigma = \frac{ne^2 \tau(\varepsilon_F)}{m} \tag{9.59}$$

得到和金属自由电子气理论相同形式的电导率表达式。

　　对一般的导体,由于晶格周期场的影响,费米面并不是严格的球面。对这种情况,可以基于有效质量理论而得以分析。具体的做法是,假设电子是具有有效质量为 m^* 的"自由"电子,将晶格周期场的影响通过电子有效质量来体现。这样一来,一般的导体电导率表达式在形式上同金属自由电子气的相同,只是所有与电子质量有关的量应改为与电子有效质量有关的量,例如,费米面附近电子的平均速度应为

$$v_{\vec{k}}(\varepsilon_F) = \frac{\hbar k_F}{m^*}$$

而电导率的表达式则为

$$\sigma = \frac{ne^2 \tau(\varepsilon_F)}{m^*} \tag{9.60}$$

式(9.60)所示的电导率形式和由自由电子气模型得到的相同,不同之处在于以下两点。

　　(1)电子的质量为有效质量 m^*,这是因为一般导体中的电子或多或少会受到晶格周期场的影响。

　　(2)弛豫时间为费米面上电子的弛豫时间,如在电声子相互作用引起温度有关的导电行为中所看到的,它是温度有关的量。对于半导体,可采用和金属相类似的推导过程得到如式(9.55)或式(9.57)所示的欧姆定律,即电流密度正比于外加电场,比例系数为电导率。但电导率的表达式不能采用和金属一样的推导过程而得到,这是因为半导体的费米能级位于带隙中,因此,不能利用 $(-\partial f/\partial \varepsilon_{\vec{k}})$ 在费米面附近所具有的类 δ 函数的特性。和金属不同,半导体中的载流子服从的是经典的玻尔兹曼统计而不是费米—狄拉克统计,假定弛豫时间是能量的函数,则可以证明,半导体的电导率表达式在形式上和式(9.60)相同,但其中的 τ 应当理解为对能量的平均值。半导体材料的导电性一般与电子和空穴两种载流子有关,相应的电导率表达式为

$$\sigma = ne\mu_e + pe\mu_h \tag{9.61}$$

其中,n 和 p 分别是参与导电的电子和空穴的浓度,μ_e 和 μ_h 分别是电子和空穴的迁移率。载流子(电子和空穴)的表达式为

$$\mu_i = \frac{e\tau}{m_i^*} \quad (i = e, h) \tag{9.62}$$

其中,m_i^* 是电子($i = e$)或空穴($i = h$)的有效质量。

9.5.3　马西森规则

　　固体之所以具有电阻率,是因为传导电子在传输过程中会经历各种各样的散射。例如,即使是晶体结构非常完整的理想导体,只要温度不为零,就会有声子对电子的散射,从而引起电阻。对于实际的导体,除声子对电子的散射外,晶体结构的不完整,如样品中

存在少量缺陷、杂质等,导体中电子间的库仑作用(电子—电子间的相互作用),也会对传导电子产生散射,因此,实际在固体中往往有多种散射机制共存。

在多种散射机制共存的情况下,总散射弛豫时间的倒数为各散射机制下散射弛豫时间倒数之和,即

$$\frac{1}{\tau} = \sum_i \frac{1}{\tau_i} \tag{9.63}$$

其中,τ_i 是第 i 种散射机制下的散射弛豫时间。由于

$$\rho = \frac{m^*}{ne^2} \frac{1}{\tau} \tag{9.64}$$

故在多种散射机制共存的情况下,固体的电阻率为不同散射机制引起的电阻率之和,即

$$\rho = \frac{m^*}{ne^2} \frac{1}{\tau} = \frac{m^*}{ne^2} \sum_i \frac{1}{\tau_i} \tag{9.65}$$

这就是著名的马西森(Matthiessen)规则。

例如,在实际的导体材料中,至少存在缺陷、杂质对电子的散射,声子对电子的散射,电子—电子间的散射等,相应的电阻率分别用 ρ_0、ρ_{ph}、ρ_{ee} 表示。按马西森规则,导体的电阻率可表示为

$$\rho = \rho_0 + \rho_{ph} + \rho_{ee} \tag{9.66}$$

缺陷、杂质对电子散射引起的电阻率,称为剩余电阻率,剩余电阻率仅与样品的质量有关而与温度无关;声子对电子散射引起的电阻率,在低温下按 T^5 规律随温度降低而减小,即 $\rho_{ph} \propto T^5$,电子—电子间的散射引起的电阻率在低温下按 T^2 规律随温度降低而减小,即 $\rho_{ee} \propto T^2$,因此,低温下导体的电阻率随温度的变化关系为

$$\rho = \rho_0 + aT^2 + bT^5 \tag{9.67}$$

可见,导体的电阻率随温度降低而减小,具有正的阻温系数,即

$$\frac{\mathrm{d}\rho}{\mathrm{d}T} > 0$$

这是导体区别于半导体最明显的实验特征。

又如,在含有少量磁性杂质的非磁性导体中,除了上面所讲的散射机制外,还存在磁性杂质对传导电子的散射。早期实验发现,在 Cu、Au 等导体中掺入约 1% 浓度的 Fe,尽管磁性杂质浓度很低,但可大大影响导体的导电行为,其中最引人关注的是低温下观察到的电阻极小值现象,即电阻率先是随温度降低而减小,在 $20 \sim 30$ K 温度附近,电阻率达到最小,然后随温度进一步降低而增加。这一低温下导体电阻率的极小现象,虽早已在实验中发现,但直到 1964 年才由近藤(Kondo)在理论上得以解释。现在普遍把低温下导体电阻极小及与之相关的低温反常现象称为近藤效应。按照近藤理论,因为传导电子携带自旋 $\vec{s}$,而磁性杂质具有局域磁矩 $\vec{\mu}$,两者之间存在由

$$\hat{H}' = -J\vec{s} \cdot \vec{\mu}$$

所描述的相互作用,其中,J 是交换积分,这一作用引起对传导电子的额外散射,导致额外的电阻率 ρ_{mag}。将 $\hat{H}' = -J\vec{s} \cdot \vec{\mu}$ 作为微扰,利用量子力学的微扰论,近藤从理论上证明,这种源于磁性杂质对传导电子散射引起的电阻率具有如下的温度关系:

$$\rho_{\mathrm{mag}} \propto 1 + 4Jg(\varepsilon_{\mathrm{F}})\ln(k_{\mathrm{B}}T/D) \tag{9.68}$$

其中，D 是导带半宽度，$g(\varepsilon_{\mathrm{F}})$ 是费米面附近的能态密度。可见，当 $J < 0$ 时，ρ_{mag} 随温度降低按 $-\ln T$ 规律而增加，而非磁性导体中声子对电子的散射引起的电阻率随温度降低而减小，两种效应的竞争，必然会导致低温电阻极小的现象，从而可以解释低温下在含少量磁性杂质的非磁性导体中观察到的电阻率极小现象。

9.5.4 声子散射引起的电阻率与温度的关系

对金属，费米面可近似为球面，晶格周期场小的影响可通过电子有效质量 m^* 来反映，在这样的近似下，有

$$\vec{v}_{\vec{k}} = \frac{\hbar \vec{k}}{m^*}$$

和

$$\vec{v}_{\vec{k}'} = \frac{\hbar \vec{k}'}{m^*}$$

则由式(9.49)有

$$f_1(\vec{k}) \propto \vec{k} \cdot \vec{E}$$

和

$$f_1(\vec{k}') \propto \vec{k}' \cdot \vec{E}$$

如果外加电场沿 $\vec{k}$ 方向且 $\vec{k}'$ 和 $\vec{k}$ 之间的夹角为 θ，则有

$$\frac{f_1(\vec{k}')}{f_1(\vec{k})} = \cos\theta$$

代入式(9.42)中得到

$$\frac{1}{\tau} = \sum_{\vec{k}'} w_{\vec{k} \to \vec{k}'}(1 - \cos\theta) \tag{9.69}$$

利用单位体积样品的状态密度 $\dfrac{1}{(2\pi)^3}$，可将上式的求和写成如下的积分形式：

$$\frac{1}{\tau} = \frac{1}{(2\pi)^3} \int w_{\vec{k} \to \vec{k}'}(1 - \cos\theta)\,\mathrm{d}\vec{k}' \tag{9.70}$$

由式(9.59)给出的金属电导率及式(9.70)确定的弛豫时间，就可得到金属电阻率的表达式：

$$\rho = 1/\sigma = \frac{m^*}{ne^2}\frac{1}{\tau} = \frac{m^*}{(2\pi)^3 ne^2}\int w_{\vec{k} \to \vec{k}'}(1 - \cos\theta)\,\mathrm{d}\vec{k}' \tag{9.71}$$

可见，金属的电阻率不仅与跃迁几率 $w_{\vec{k} \to \vec{k}'}$ 有关，而且还与散射角 θ 有关。

先看看与散射角 θ 有关的权重因子 $1 - \cos\theta$ 与温度的关系。对 N 过程，式(9.37)所示的动量守恒可表示为

$$\vec{k}' = \vec{k} \pm \vec{q} \tag{9.72}$$

由此可以由 $\vec{k}'$、$\vec{k}$ 和 $\vec{q}$ 三个矢量构成如图 9.2 所示的矢量三角形,由于 $k=k'=k_F$,故三角形是一个等腰三角形。根据这个等腰三角形,可得到声子波矢的大小为

$$q = 2k_F \sin \frac{\theta}{2}$$

因此权重因子 $1-\cos\theta$ 可表示为

$$1-\cos\theta = \sin^2 \frac{\theta}{2} = \left(\frac{q}{2k_F}\right)^2 \tag{9.73}$$

高温下声子有较大的波矢,以至于 $q \approx 2k_F$,在这种情况下,有

$$1-\cos\theta \approx 1 \tag{9.74}$$

低温下声子有较小的波矢,需要考虑权重因子 $1-\cos\theta$ 的影响。由于 $q \approx k_B T/\hbar c$,故低温下,有

$$1-\cos\theta = \left(\frac{q}{2k_F}\right)^2 \propto T^2 \tag{9.75}$$

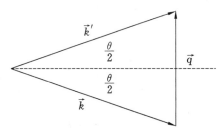

图 9.2　由动量守恒定律画出的矢量三角形示意图

再来看看跃迁几率与温度的关系。在由式(9.33)所示的微扰作用下,微扰矩阵元为

$$\langle \psi_{\vec{k}'} | \hat{s}_\pm | \psi_{\vec{k}} \rangle = -A \sum_n \mathrm{e}^{\pm i\vec{q}\cdot\vec{R}_n} \langle \psi_{\vec{k}'} | \vec{e} \cdot \nabla V_L(\vec{r}-\vec{R}_n) | \psi_{\vec{k}} \rangle$$

因此,跃迁几率

$$w_{\vec{k}\to\vec{k}'} \propto |\langle \psi_{\vec{k}'} | \hat{s}_\pm | \psi_{\vec{k}} \rangle|^2 \propto A^2$$

意味着跃迁几率正比于原子振动幅度的平方。明显地,温度越高,原子振动的幅度越大。另外一方面,温度越高,晶格振动越明显,相当于热激发的声子数越多。因此,可以认为,跃迁几率正比于声子数。按照德拜模型,高温时声子数 $\propto T$,而低温时声子数 $\propto T^3$,因此,高温时

$$w_{\vec{k}\to\vec{k}'} \propto T \tag{9.76}$$

而低温时

$$w_{\vec{k}\to\vec{k}'} \propto T^3 \tag{9.77}$$

高温时,由于 $1-\cos\theta \approx 1$ 和 $w_{\vec{k}\to\vec{k}'} \propto T$,代入式(9.71)中,得到高温下的电阻率正比于温度,即

$$\rho \propto T \tag{9.78}$$

说明高温时金属的电阻率随温度降低而线性减小。低温时,由于 $1-\cos\theta \propto T^2$ 和 $w_{\vec{k}\to\vec{k}'} \propto T^3$,代入式(9.71)中,得到低温下的电阻率正比于温度的五次方,即

$$\rho \propto T^5 \tag{9.79}$$

说明低温下金属的电阻率按 T^5 规律随温度降低而减小。

更一般情况下,声子对电子的散射所引起的电阻率对温度的依赖关系可表示为

$$\rho_{ph}(T) = \frac{BT^5}{M\Theta_D^6}\int_0^{\Theta_D/T}\frac{x^5\mathrm{d}x}{(\mathrm{e}^x-1)(1-\mathrm{e}^{-x})} \tag{9.80}$$

称为布洛赫 — 格林艾森公式,式中的 B 为材料有关的常数,M 为原子质量,Θ_D 为德拜温度。布洛赫 — 格林艾森公式可以用于对金属在整个温区观察到的电阻率随温度的变化进行拟合。按式(9.80)所示的布洛赫 — 格林艾森公式,在 $T>0.5\Theta_D$ 的高温下,有

$$\rho_{ph}(T) \approx \frac{A}{4M\Theta_D^2}T \tag{9.81}$$

而在 $T<0.1\Theta_D$ 的低温下,有

$$\rho_{ph}(T) \approx 124.4\frac{A}{M\Theta_D^6}T^5 \tag{9.82}$$

9.6　磁场下的输运性质

9.6.1　电场和磁场同时存在时的方程及其解

如果没有温度梯度的存在,但同时外加了电场和磁场,在这种情况下,式(9.24)所示的玻尔兹曼方程变成

$$-\frac{e\vec{E}}{\hbar}\cdot\frac{\partial f_0}{\partial\vec{k}} = -\frac{f_1}{\tau}+\frac{e\vec{v}_{\vec{k}}\times\vec{B}}{\hbar}\cdot\frac{\partial f_1}{\partial\vec{k}} \tag{9.83}$$

假设上述方程有一个形式上和式(9.44)相类似的尝试解

$$f_1 = \frac{e\tau\vec{D}}{\hbar}\cdot\frac{\partial f_0}{\partial\vec{k}} \tag{9.84}$$

其中,$\vec{D}$ 为待定矢量,利用

$$\frac{\partial f_0}{\partial\vec{k}} = \frac{\partial f_0}{\partial\varepsilon_{\vec{k}}}\frac{\partial\varepsilon_{\vec{k}}}{\partial\vec{k}} = \hbar\frac{\partial f_0}{\partial\varepsilon_{\vec{k}}}\vec{v}_{\vec{k}}$$

式(9.84)所示的尝试解可写成

$$f_1 = e\tau\frac{\partial f_0}{\partial\varepsilon_{\vec{k}}}\vec{v}_{\vec{k}}\cdot\vec{D} \tag{9.85}$$

代入式(9.25),并采用和上节相类似的分析,得到电场和磁场同时存在时的电流密度为

$$\vec{J} = \frac{1}{4\pi^3}\frac{e^2}{\hbar}\tau\int\frac{\vec{v}_{\vec{k}}\vec{v}_{\vec{k}}}{v_{\vec{k}}}\mathrm{d}S_F\cdot\vec{D} = \sigma\cdot\vec{D} \tag{9.86}$$

其中,σ 是无外加磁场时的电导率张量,如式(9.54)所示。因此,欲知电场和磁场同时存在时的电流密度,关键的问题是求出待定矢量 $\vec{D}$。

采用有效质量近似，即将固体中的电子视为有效质量为 m^* 的"自由"电子，则有 $\vec{v}_{\vec{k}} = \dfrac{\hbar \vec{k}}{m^*}$，式（9.85）因此可写成

$$f_1 = \frac{e\tau\hbar}{m^*}\frac{\partial f_0}{\partial \varepsilon_{\vec{k}}}\vec{k}\cdot\vec{D} \tag{9.87}$$

若上式对 $\vec{k}$ 求偏导，则有

$$\frac{\partial f_1}{\partial \vec{k}} = \frac{e\tau\hbar}{m^*}\frac{\partial f_0}{\partial \varepsilon_{\vec{k}}}\vec{D} \tag{9.88}$$

将 $\dfrac{\partial f_0}{\partial \vec{k}} = \hbar\dfrac{\partial f_0}{\partial \varepsilon_{\vec{k}}}\vec{v}_{\vec{k}}$，$f_1 = e\tau\dfrac{\partial f_0}{\partial \varepsilon_{\vec{k}}}\vec{v}_{\vec{k}}\cdot\vec{D}$ 和 $\dfrac{\partial f_1}{\partial \vec{k}} = \dfrac{e\tau\hbar}{m^*}\dfrac{\partial f_0}{\partial \varepsilon_{\vec{k}}}\vec{D}$ 代入式（9.83）中，于是有

$$\vec{E}\cdot\vec{v}_{\vec{k}} = \vec{D}\cdot\vec{v}_{\vec{k}} - \frac{e\tau}{m^*}(\vec{v}_{\vec{k}}\times\vec{B})\cdot\vec{D}$$

若对任意 $\vec{v}_{\vec{k}}$ 成立，则要求

$$\vec{E} = \vec{D} - \frac{e\tau}{m^*}\vec{B}\times\vec{D} \tag{9.89}$$

假设固体是常见的具有立方对称性的晶体，则电导率张量成为标量 σ_0，相应的由式（9.86）给出的稳态电流密度简化为

$$\vec{J} = \sigma_0\vec{D} \tag{9.90}$$

其中，σ_0 是无外加磁场时的电导率，相应的电阻率 $\rho_0 = 1/\sigma_0$，因此，$\vec{D} = \rho_0\vec{J}$，代入式（9.89）中则有

$$\vec{E} = \rho_0\vec{J} - \frac{e\tau\rho_0}{m^*}\vec{B}\times\vec{J} \tag{9.91}$$

假设有一个如图9.3所示的位于 xy 平面的样品薄片，沿垂直于样品平面方向（即沿 z 轴）外加磁场，则有

$$\vec{B} = (0,0,B),\quad \vec{J} = (J_x, J_y, 0)\ \text{和}\quad \vec{E} = (E_x, E_y, E_z)$$

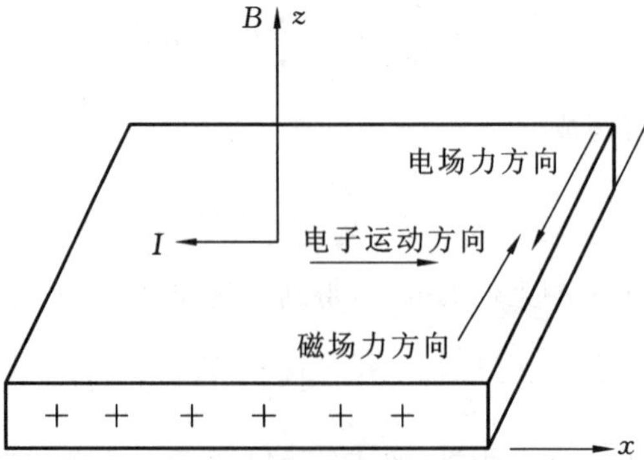

图 9.3　霍尔效应示意图

然后可以将式(9.91) 写成三个分量形式:

$$E_x = \rho_0 J_x + \frac{e\tau\rho_0}{m^*} BJ_y \qquad (9.92\text{a})$$

$$E_y = \rho_0 J_y - \frac{e\tau\rho_0}{m^*} BJ_x \qquad (9.92\text{b})$$

$$E_z = 0 \qquad (9.92\text{c})$$

9.6.2   霍尔效应

如图 9.3 所示,z 方向的磁场使沿 x 方向运动的电子受到沿 y 方向的磁场力(即洛伦兹力) 作用而发生偏转,使得沿 y 方向样品的两侧有正、负电荷的积累,建立起横向电场 E_y,这样的电场反过来又作用于电子,阻止了因磁场引起的偏转,当磁场力和电场力相等时,电子运动轨迹实际上没有发生偏转,其运动方向仍然沿 x 方向,意味着此时沿 y 方向没有净电流,即 $J_y = 0$,这一现象称为霍尔效应,$J_y = 0$ 时的横向电场 E_y 称为霍尔电场。根据这个定义,在式(9.92b) 中令 $J_y = 0$,则得到霍尔电场为

$$E_H = E_y \big|_{J_y = 0} = -\frac{e\tau\rho_0}{m^*} BJ_x \qquad (9.93)$$

霍尔电场可理解为与电子所受洛伦兹力相平衡的电场,相应的霍尔系数为

$$R_H \equiv \frac{E_H}{BJ_x} = -\frac{e\tau\rho_0}{m^*} \qquad (9.94)$$

将式(9.59) 给出的电导率代入有

$$R_H = -\frac{1}{ne} \qquad (9.95)$$

形式上,和在金属自由电子气系统中得到的表达式相同。在实际的霍尔效应研究中还有一个重要的量,即由

$$\tan\theta_H \equiv \frac{E_H}{E_x}$$

确定的霍尔角 θ_H。将霍尔电场 E_H 和沿电流流动方向的电场 E_x 代入,有

$$\tan\theta_H = \frac{e\tau}{m^*} B \qquad (9.96)$$

9.6.3   磁电阻效应

若沿 J_x 方向进行电阻的测量,则得到的电阻就是我们非常熟悉的欧姆电阻,由式(9.92a) 得到样品的电阻率为

$$\rho \equiv \frac{E_x}{J_x} = \rho_0 \qquad (9.97)$$

可见,样品的电阻或电阻率是磁场无关的。

在第 6 章已提到,磁场引起(欧姆)电阻的变化称为磁致电阻效应,简称磁电阻效应,

通常用下列量来表征磁电阻效应的大小,即

$$\mathrm{MR} = \frac{\rho(B) - \rho(B=0)}{\rho(B=0)} \tag{9.98}$$

其中,$\rho(B)$ 和 $\rho(B=0)$ 分别为外加磁场和没有磁场下的电阻率。由式(9.97)可知,电阻率与磁场无关,意味着磁电阻为 0,而实际上,即使在简单金属中均可观察到不为 0 的磁电阻效应。其原因是在第 6 章及现在的考虑中作了两个基本假设,一是假设了费米面为球面,另一是假设了对电流贡献的电子来自于同一能带。只有费米面附近、速度等于费米速度的电子才参与了输运过程,外加磁场下这些电子感受到相同的洛伦兹力,虽然在这种洛伦兹力的作用下电子轨道会发生偏转,但恰好与霍尔场的作用抵消,结果相当于没有磁场存在。

实际情况是,费米面并非是严格的球面,因此,电子速度、有效质量与方向和能量有关,仅部分电子的运动满足洛伦兹力与霍尔场力的平衡,其余电子因不满足洛伦兹力与霍尔场力相抵消的条件而发生了运动轨迹的偏转,导致不为零的磁电阻效应。由于这一原因,磁电阻测量常常成为研究费米面形状的最有效手段之一。另一方面,参与输运过程的电子并非来自单一能带。如果有两个或两个以上能带电子参与输运过程,就会有具有不同有效质量、不同速度的载流子,在这种情况下,不可能出现洛伦兹力与霍尔场力相平衡的情况,因此,出现了不为零的磁电阻效应。

现在以两带模型为例,来看看磁电阻效应是如何产生的。假设参与输运过程的电子来自能带指标为 1 和 2 的两个能带,这两个能带电子贡献的电流密度分别为 $\vec{J}_1 = \sigma_{10}\vec{D}_1$ 和 $\vec{J}_2 = \sigma_{20}\vec{D}_2$,则总电流密度为

$$\vec{J} = \vec{J}_1 + \vec{J}_2 = \sigma_{10}\vec{D}_1 + \sigma_{20}\vec{D}_2 \tag{9.99}$$

从式(9.89)的矢量方程可解得待定矢量 $\vec{D}$ 同磁场、电场的依赖关系,即

$$\vec{D} = \frac{1}{1+(\omega_c\tau)^2}\vec{E} + \frac{e\tau/m^*}{1+(\omega_c\tau)^2}\vec{B}\times\vec{E} \tag{9.100}$$

其中,

$$\omega_c = \frac{eB}{m^*}$$

称为电子回旋频率。利用关系式(9.100),可以将式(9.99)写成

$$\vec{J} = \left(\frac{\sigma_{10}}{1+(\omega_{c1}\tau_1)^2} + \frac{\sigma_{20}}{1+(\omega_{c2}\tau_2)^2}\right)\vec{E} + \left(\frac{\sigma_{10}e\tau_1/m_1^*}{1+(\omega_{c1}\tau_1)^2} + \frac{\sigma_{20}e\tau_2/m_2^*}{1+(\omega_{c2}\tau_2)^2}\right)\vec{B}\times\vec{E}$$

$$\tag{9.101}$$

采用如图 9.3 所示的测量位型,可将上式写成分量形式:

$$J_x = \left(\frac{\sigma_{10}}{1+(\omega_{c1}\tau_1)^2} + \frac{\sigma_{20}}{1+(\omega_{c2}\tau_2)^2}\right)E_x - \left(\frac{\sigma_{10}\omega_{c1}\tau_1}{1+(\omega_{c1}\tau_1)^2} + \frac{\sigma_{20}\omega_{c2}\tau_2}{1+(\omega_{c2}\tau_2)^2}\right)E_y$$

$$\tag{9.102a}$$

$$J_y = \left(\frac{\sigma_{10}\omega_{c1}\tau_1}{1+(\omega_{c1}\tau_1)^2} + \frac{\sigma_{20}\omega_{c2}\tau_2}{1+(\omega_{c2}\tau_2)^2} \right)E_x + \left(\frac{\sigma_{10}}{1+(\omega_{c1}\tau_1)^2} + \frac{\sigma_{20}}{1+(\omega_{c2}\tau_2)^2} \right)E_y$$

$$(9.102\text{b})$$

令

$$a = \frac{\sigma_{10}}{1+(\omega_{c1}\tau_1)^2} + \frac{\sigma_{20}}{1+(\omega_{c2}\tau_2)^2}$$

和

$$b = \frac{\sigma_{10}\omega_{c1}\tau_1}{1+(\omega_{c1}\tau_1)^2} + \frac{\sigma_{20}\omega_{c2}\tau_2}{1+(\omega_{c2}\tau_2)^2}$$

则方程(9.102)可简单表示为

$$J_x = aE_x - bE_y \tag{9.103a}$$
$$J_y = bE_x + aE_y \tag{9.103b}$$

在方程(9.103b)中令 $J_y = 0$，可得到霍尔电场

$$E_y = -\frac{b}{a}E_x \tag{9.104}$$

代入方程(9.103a)中则有

$$J_x = \left(a + \frac{b^2}{a} \right)E_x = \sigma E_x \tag{9.105}$$

由此得到外加磁场下的电导率

$$\sigma(B) = a + \frac{b^2}{a} \tag{9.106}$$

将 a 和 b 代入可得到外加磁场下的电导率的表达式为

$$\sigma(B) = \frac{\left(\dfrac{\sigma_{10}}{1+(\omega_{c1}\tau_1)^2} + \dfrac{\sigma_{20}}{1+(\omega_{c2}\tau_2)^2} \right)^2 + \left(\dfrac{\sigma_{10}\omega_{c1}\tau_1}{1+(\omega_{c1}\tau_1)^2} + \dfrac{\sigma_{20}\omega_{c2}\tau_2}{1+(\omega_{c2}\tau_2)^2} \right)^2}{\left(\dfrac{\sigma_{10}}{1+(\omega_{c1}\tau_1)^2} + \dfrac{\sigma_{20}}{1+(\omega_{c2}\tau_2)^2} \right)}$$

$$(9.107)$$

由于 $\omega_{ci} = \dfrac{eB}{m_i^*}(i=1,2)$ 正比于磁场，因此，由两带模型得到的电导率与磁场有关。作为磁场有关的函数，电导率的表达式(9.107)是很复杂的，但在 $\omega_c\tau \ll 1$ 条件下可作简单化处理。条件 $\omega_c\tau \ll 1$ 在实际的实验中总是满足的，这可以通过如下的估计得以确认。通常实验所用的磁场在 10(T) 量级，利用电子电荷 1.6×10^{-19}(C)、电子质量 9.1×10^{-31}(kg) 和弛豫时间典型值 $\sim 10^{-14}$(s)，有

$$\omega_c\tau = \frac{eB}{m}\tau \sim \frac{1.6 \times 10^{-19} \times 10}{9.1 \times 10^{-31}} \times 10^{-14} \sim 10^{-2} \ll 1 \tag{9.108}$$

在 $\omega_c\tau \ll 1$ 条件下，a 和 b 分别近似为

$$a = \frac{\sigma_{10}}{1+(\omega_{c1}\tau_1)^2} + \frac{\sigma_{20}}{1+(\omega_{c2}\tau_2)^2} \approx \sigma_0 - (\sigma_{10}\omega_{c1}^2\tau_1^2 + \sigma_{20}\omega_{c2}^2\tau_2^2) \tag{9.109}$$

$$b = \frac{\sigma_{10}\omega_{c1}\tau_1}{1+(\omega_{c1}\tau_1)^2} + \frac{\sigma_{20}\omega_{c2}\tau_2}{1+(\omega_{c2}\tau_2)^2} \approx \sigma_{10}\omega_{c1}\tau_1 + \sigma_{20}\omega_{c2}\tau_2 \qquad (9.110)$$

其中，

$$\sigma_0 = \sigma_{10} + \sigma_{20}$$

是未加磁场时的电导率。将 a 和 b 的近似结果代入式(9.106)并经过如下的近似计算：

$$\sigma \approx \sigma_0 - (\sigma_{10}\omega_{c1}^2\tau_1^2 + \sigma_{20}\omega_{c2}^2\tau_2^2) + \frac{(\sigma_{10}\omega_{c1}\tau_1 + \sigma_{20}\omega_{c2}\tau_2)^2}{\sigma_0 - (\sigma_{10}\omega_{c1}^2\tau_1^2 + \sigma_{20}\omega_{c2}^2\tau_2^2)}$$

$$\approx \sigma_0 - (\sigma_{10}\omega_{c1}^2\tau_1^2 + \sigma_{20}\omega_{c2}^2\tau_2^2) + \frac{(\sigma_{10}\omega_{c1}\tau_1 + \sigma_{20}\omega_{c2}\tau_2)^2}{\sigma_0}$$

$$= \sigma_0 - \frac{(\sigma_{10}\omega_{c1}^2\tau_1^2 + \sigma_{20}\omega_{c2}^2\tau_2^2)\sigma_0 - (\sigma_{10}\omega_{c1}\tau_1 + \sigma_{20}\omega_{c2}\tau_2)^2}{\sigma_0}$$

用 $\sigma_{10} + \sigma_{20}$ 替代式中的 σ_0，运算后有

$$\sigma \approx \sigma_{10} + \sigma_{20} - \frac{(\sigma_{10}\omega_{c1}^2\tau_1^2 + \sigma_{20}\omega_{c2}^2\tau_2^2)(\sigma_{10}+\sigma_{20}) - (\sigma_{10}\omega_{c1}\tau_1 + \sigma_{20}\omega_{c2}\tau_2)^2}{\sigma_{10}+\sigma_{20}}$$

$$= \sigma_{10} + \sigma_{20} - \frac{\sigma_{10}\sigma_{20}(\omega_{c1}^2\tau_1^2 - 2\omega_{c1}\tau_1\omega_{c2}\tau_2 + \omega_{c2}^2\tau_2^2)}{\sigma_{10}+\sigma_{20}}$$

因此，在 $\omega_c\tau \ll 1$ 条件下，基于两带模型得到的外加磁场下的电导率的表达式为

$$\sigma(B) \approx \sigma_{10} + \sigma_{20} - \frac{\sigma_{10}\sigma_{20}}{\sigma_{10}+\sigma_{20}}(\omega_{c1}\tau_1 - \omega_{c2}\tau_2)^2 \qquad (9.111)$$

相应的电阻率的表达式为

$$\rho(B) \equiv 1/\sigma(B) = \frac{1}{\sigma_{10}+\sigma_{20}} \frac{1}{1 - \frac{\sigma_{10}\sigma_{20}}{(\sigma_{10}+\sigma_{20})^2}(\omega_{c1}\tau_1 - \omega_{c2}\tau_2)^2}$$

$$\approx \rho(B=0)\left[1 + \frac{\sigma_{10}\sigma_{20}}{(\sigma_{10}+\sigma_{20})^2}(\omega_{c1}\tau_1 - \omega_{c2}\tau_2)^2\right] \quad (9.112)$$

其中，

$$\rho(B=0) = 1/\sigma(B=0) = \frac{1}{\sigma_{10}+\sigma_{20}} \qquad (9.113)$$

是未加磁场时的电阻率。由式(9.98)可以得到两带模型下的磁电阻效应为

$$MR = \frac{\rho(B)-\rho(B=0)}{\rho(B=0)} = \frac{\sigma_{10}\sigma_{20}}{(\sigma_{10}+\sigma_{20})^2}(\omega_{c1}\tau_1 - \omega_{c2}\tau_2)^2 \qquad (9.114)$$

由式(9.114)所给出的磁电阻表达式，可以看到

(1) 如果 $\omega_{c1}\tau_1 \neq \omega_{c2}\tau_2$，则磁电阻总是正的，意味着磁场总是使样品的电阻增加；

(2) 如果 $\omega_{c1}\tau_1 = \omega_{c2}\tau_2$，磁电阻为零，则回到近自由电子单带情形；

(3) 由于 $\omega_c \propto B$，磁场引起的电阻按 B^2 关系随磁场增加而增加；

(4) 由于 ω_c 和 τ 以乘积的形式出现，而 $\omega_c \propto B$，说明磁电阻仅是 $B\tau$ 的函数，另一方面，$\tau \propto 1/\rho_0$，因而有下列标度(scaling)规则：

$$\frac{\Delta\rho}{\rho_0} = F\left(\frac{B}{\rho_0}\right) \tag{9.115}$$

其中,F 是标度函数,与具体所考虑的材料有关,这一标度规律称为科勒定则(Kohler's rule)。

9.7 热输运性质

电子不仅可以作为电的载体,而且也可以作为热的载体。当有外场存在时,外场会驱动固体中电子的定向漂移或扩散运动,从而引起电流、热流等输运现象。本节首先介绍与温度梯度 $\mathbf{V}T$ 有关的热电效应的基本方程,然后利用该基本方程来分析两个重要的热电效应,即热传导和热电势。

9.7.1　描述热电效应的基本方程

现在考虑除电场外还存在温度梯度 $\mathbf{V}T$ 的情况。前面曾提到,当样品中存在温度梯度时,则因温度梯度驱动电荷流动而使得 $\dfrac{\partial f}{\partial \vec{r}} = \dfrac{\partial f_0}{\partial \vec{r}} + \dfrac{\partial f_1}{\partial \vec{r}} \neq 0$,忽略温度梯度对 f_1 的影响,则在电场 $\vec{E}$ 和温度梯度 $\mathbf{V}T$ 同时存在的情况下,玻尔兹曼方程(9.24)变成

$$\dot{\vec{r}} \cdot \frac{\partial f_0}{\partial \vec{r}} - \frac{e\vec{E}}{\hbar} \cdot \frac{\partial f_0}{\partial \vec{k}} + \frac{f_1}{\tau} = 0 \tag{9.116}$$

由 f_0 的表达式

$$f_0(\varepsilon_k) = \frac{1}{e^{(\varepsilon_k - \mu)/k_B T} + 1}$$

易验证有下列关系:

$$\frac{\partial f_0}{\partial \varepsilon_{\vec{k}}} = -\frac{\partial f_0}{\partial \mu} \tag{9.117}$$

$$\frac{\partial f_0}{\partial T} = \frac{\partial f_0}{\partial \varepsilon_{\vec{k}}} \times \frac{\varepsilon_{\vec{k}} - \mu}{k_B T} \tag{9.118}$$

因此,体现温度梯度效应的方程(9.116)左边第一项可表示为

$$\dot{\vec{r}} \cdot \left(\frac{\partial f_0}{\partial T}\mathbf{V}T + \frac{\partial f_0}{\partial \mu}\mathbf{V}\mu\right) = \left(-\frac{\partial f_0}{\partial \varepsilon_{\vec{k}}}\right)\dot{\vec{r}} \cdot \left[\frac{\varepsilon_{\vec{k}} - \mu}{T}\mathbf{V}T + \mathbf{V}\mu\right] \tag{9.119}$$

而电场效应体现在方程(9.116)左边第二项中,采用和前面相同的处理方式,可以得到与电场效应有关的项为

$$-\frac{e\vec{E}}{\hbar} \cdot \frac{\partial f_0}{\partial \vec{k}} = -\frac{e\vec{E}}{\hbar} \cdot \frac{\partial f_0}{\partial \varepsilon_{\vec{k}}}\frac{\partial \varepsilon_{\vec{k}}}{\partial \vec{k}} = \left(-\frac{\partial f_0}{\partial \varepsilon_{\vec{k}}}\right)\vec{v}_{\vec{k}} \cdot \vec{E} \tag{9.120}$$

将式(9.119)和式(9.120)代入方程(9.116)中,得到电场和温度梯度 $\mathbf{V}T$ 存在时的玻尔兹曼方程为

$$\left(-\frac{\partial f_0}{\partial \varepsilon_{\vec{k}}}\right)\vec{v}_{\vec{k}} \cdot \left[\frac{\varepsilon_{\vec{k}}-\mu}{T}\,\mathbf{\nabla}T + e\left(\vec{E}+\frac{\mathbf{\nabla}\mu}{e}\right)\right] = -\frac{f_1}{\tau} \tag{9.121}$$

将由此解得的 f_1 代入式(9.25)中,并采用和第 9.5 节相类似的处理方式,可得到在电场和温度梯度 $\mathbf{\nabla}T$ 存在时的电流密度

$$\vec{J}=\frac{1}{4\pi^3}\frac{e^2\tau}{\hbar}\int\left(-\frac{\partial f_0}{\partial \varepsilon_{\vec{k}}}\right)\vec{v}_{\vec{k}}\vec{v}_{\vec{k}}\frac{\mathrm{d}s\,\mathrm{d}\varepsilon_{\vec{k}}}{v_{\vec{k}}}\cdot\left(\vec{E}+\frac{\mathbf{\nabla}\mu}{e}\right)$$
$$+\frac{1}{4\pi^3}\frac{e\tau}{\hbar}\int\left(-\frac{\partial f_0}{\partial \varepsilon_{\vec{k}}}\right)\left(\frac{\varepsilon_{\vec{k}}-\mu}{T}\right)\vec{v}_{\vec{k}}\vec{v}_{\vec{k}}\frac{\mathrm{d}s\,\mathrm{d}\varepsilon_{\vec{k}}}{v_{\vec{k}}}\cdot\mathbf{\nabla}T \tag{9.122}$$

化学势梯度 $\mathbf{\nabla}\mu$ 的作用与外场等价,实际测量中测得的电场已包括这一效应,因此,当把电场强度理解为观察值时,则式(9.122)中的 $\mathbf{\nabla}\mu$ 项可去掉。这样一来,在电场和温度梯度 $\mathbf{\nabla}T$ 存在时,电流密度可表示为

$$\vec{J}=\frac{1}{4\pi^3}\frac{e^2\tau}{\hbar}\int\left(-\frac{\partial f_0}{\partial \varepsilon_{\vec{k}}}\right)\vec{v}_{\vec{k}}\vec{v}_{\vec{k}}\frac{\mathrm{d}s\,\mathrm{d}\varepsilon_{\vec{k}}}{v_{\vec{k}}}\cdot\vec{E}$$
$$+\frac{1}{4\pi^3}\frac{e\tau}{\hbar}\int\left(-\frac{\partial f_0}{\partial \varepsilon_{\vec{k}}}\right)\left(\frac{\varepsilon_{\vec{k}}-\mu}{T}\right)\vec{v}_{\vec{k}}\vec{v}_{\vec{k}}\frac{\mathrm{d}s\,\mathrm{d}\varepsilon_{\vec{k}}}{v_{\vec{k}}}\cdot\mathbf{\nabla}T \tag{9.123}$$

上式第一项正是第 9.5 节中所讲的外加电场时的电流密度,源于外加电场驱动的电子定向流动;第二项形式上和第一项类似,因此,很自然将其理解为因温度梯度 $\mathbf{\nabla}T$ 的存在而引起的电流密度。特别地,如果没有外加电场而仅有温度梯度 $\mathbf{\nabla}T$ 存在,式(9.123)变成

$$\vec{J}=\frac{1}{4\pi^3}\frac{e\tau}{\hbar}\int\left(-\frac{\partial f_0}{\partial \varepsilon_{\vec{k}}}\right)\left(\frac{\varepsilon_{\vec{k}}-\mu}{T}\right)\vec{v}_{\vec{k}}\vec{v}_{\vec{k}}\frac{\mathrm{d}s\,\mathrm{d}\varepsilon_{\vec{k}}}{v_{\vec{k}}}\cdot\mathbf{\nabla}T \tag{9.124}$$

说明温度梯度 $\mathbf{\nabla}T$ 也可产生电流,这是因为,电子为携带电荷的粒子,在温度梯度的驱动下,带电粒子沿从高温到低温的方向定向漂移运动,从而形成电流。

电子不仅仅是电的载体,而且是热的载体,因此,电场和温度梯度 $\mathbf{\nabla}T$ 驱动电子运动时,除产生如上所述的电流外,还会产生另一重要的效应,即热量的流动,简称热流,通常用热流密度来表征热流的程度。

处在 $\vec{k}$ 态的电子所携带的热量可以用电子能量 $\varepsilon_{\vec{k}}$ 与化学势 μ 之差,即 $\varepsilon_{\vec{k}}-\mu$,来表示,当处在 $\vec{k}$ 态的电子以速度 $\vec{v}_{\vec{k}}$ 运动时,对热流密度的贡献为 $(\varepsilon_{\vec{k}}-\mu)\vec{v}_{\vec{k}}$,对所有电子对热流密度的贡献求和,则得到总的热流密度,即

$$\vec{J}_Q=\sum_{\vec{k}}(\varepsilon_{\vec{k}}-\mu)\vec{v}_{\vec{k}} \tag{9.125}$$

由于所考虑的电子均来自同一能带,因此,这里及后面均未标注能带指标。类似于电流密度的分析,可以通过引入分布函数将上式的求和写成积分形式,即

$$\vec{J}_Q=\frac{1}{4\pi^3}\int(\varepsilon_{\vec{k}}-\mu)\vec{v}_{\vec{k}}f\,\mathrm{d}\vec{k}=\frac{1}{4\pi^3}\int(\varepsilon_{\vec{k}}-\mu)\vec{v}_{\vec{k}}f_1\,\mathrm{d}\vec{k} \tag{9.126}$$

最后一步用到了一个事实,即平衡分布对热流密度没有贡献。将由方程(9.121)解得的 f_1 代入,则得到电场和温度存在时的热流密度为

$$\vec{J}_Q = \frac{1}{4\pi^3}\frac{e\tau}{\hbar}\left[\int(\varepsilon_{\vec{k}}-\mu)\left(-\frac{\partial f_0}{\partial\varepsilon_{\vec{k}}}\right)\vec{v}_{\vec{k}}\vec{v}_{\vec{k}}\frac{\mathrm{d}s\,\mathrm{d}\varepsilon_{\vec{k}}}{v_{\vec{k}}}\right]\cdot\vec{E}$$

$$+\frac{1}{4\pi^3}\frac{e\tau}{\hbar}\int\frac{(\varepsilon_{\vec{k}}-\mu)^2}{T}\left(-\frac{\partial f_0}{\partial\varepsilon_{\vec{k}}}\right)\vec{v}_{\vec{k}}\vec{v}_{\vec{k}}\frac{\mathrm{d}s\,\mathrm{d}\varepsilon_{\vec{k}}}{v_{\vec{k}}}\cdot\nabla T \tag{9.127}$$

第一项是电场驱动电子运动而引起的热流密度,第二项是温度梯度驱动电子运动而引起的热流密度。

方程(9.123)和式(9.127)表明,电场驱动电子运动可引起电流和热流的产生,同样,温度梯度驱动电子运动也可引起电流和热流的产生。在温度梯度的驱动下,受热固体中的电子由高温区往低温区移动,由于电子既是电的载体又是热的载体,伴随温度梯度驱动电子的运动,固体中会产生电流、热流及电荷堆积等现象,这些与温度梯度有关的热输运效应称为热电效应,方程(9.123)和方程(9.127)则是描述热电效应的基本方程。

方程(9.123)和方程(9.127)中 $\vec{E}$ 和 ∇T 前的系数均为张量,为简单起见,假定样品是具有立方对称性的晶体,则有

$$\vec{v}_{\vec{k}}\vec{v}_{\vec{k}}/v_k = v_{\vec{k}}/3 \tag{9.128}$$

这样一来,$\vec{E}$ 和 ∇T 前的系数就由张量就变成标量了,相应的方程变成

$$\vec{J} = \frac{1}{12\pi^3}\frac{e^2\tau}{\hbar}\int\left(-\frac{\partial f_0}{\partial\varepsilon_{\vec{k}}}\right)v_{\vec{k}}\,\mathrm{d}s\,\mathrm{d}\varepsilon_{\vec{k}}\cdot\vec{E}$$

$$+\frac{1}{12\pi^3}\frac{e\tau}{\hbar}\int\left(-\frac{\partial f_0}{\partial\varepsilon_{\vec{k}}}\right)\left(\frac{\varepsilon_k-\mu}{T}\right)v_{\vec{k}}\,\mathrm{d}s\,\mathrm{d}\varepsilon_{\vec{k}}\cdot\nabla T \tag{9.123$'$}$$

$$\vec{J}_Q = \frac{1}{12\pi^3}\frac{e\tau}{\hbar}\left[\int(\varepsilon_{\vec{k}}-\mu)\left(-\frac{\partial f_0}{\partial\varepsilon_{\vec{k}}}\right)v_{\vec{k}}\,\mathrm{d}s\,\mathrm{d}\varepsilon_{\vec{k}}\right]\cdot\vec{E}$$

$$+\frac{1}{12\pi^3}\frac{e\tau}{\hbar}\int\frac{(\varepsilon_{\vec{k}}-\mu)^2}{T}\left(-\frac{\partial f_0}{\partial\varepsilon_{\vec{k}}}\right)v_{\vec{k}}\,\mathrm{d}s\,\mathrm{d}\varepsilon_{\vec{k}}\cdot\nabla T \tag{9.127$'$}$$

进一步地,可以通过定义输运系数 K_n

$$K_n = \frac{1}{12\pi^3}\frac{\tau}{\hbar}\int\left(-\frac{\partial f_0}{\partial\varepsilon_{\vec{k}}}\right)v_{\vec{k}}(\varepsilon_{\vec{k}}-\mu)^n\,\mathrm{d}s\,\mathrm{d}\varepsilon_{\vec{k}} \tag{9.129}$$

而将描述热电效应的基本方程(9.123)$'$ 和(9.127)$'$ 分别表示成如下简单的形式:

$$\vec{J} = e^2 K_0\vec{E} - \frac{e}{T}K_1(-\nabla T) \tag{9.130}$$

$$\vec{J}_Q = eK_1\vec{E} + \frac{1}{T}K_2(-\nabla T) \tag{9.131}$$

对金属,费米能在导带内,离导带底部和顶部较远,晶格周期场引起的球形费米面的畸变效应较小,以至于费米面接近为球面形状。若令

$$Q_n(\varepsilon_{\vec{k}}) = \frac{1}{12\pi^3}\frac{\tau}{\hbar}\int v_{\vec{k}}(\varepsilon_{\vec{k}}-\mu)^n\,\mathrm{d}s \tag{9.132}$$

利用 $(-\partial f/\partial\varepsilon_{\vec{k}})$ 在费米面附近所具有的类 δ 函数的特性,可以将输运系数表示成费

米 — 狄拉克统计中常见的积分形式并由此得到近似表达式,即

$$K_n = \int Q_n(\varepsilon_{\vec{k}}) \left(-\frac{\partial f_0}{\partial \varepsilon_{\vec{k}}} \right) \mathrm{d}\varepsilon_{\vec{k}} = Q_n(\mu) + \frac{\pi^2}{6}(k_B T)^2 Q''_n(\mu) \tag{9.133}$$

由此可以计算在电流密度和热流密度表达式中涉及的 $n=0$、1、2 的三个输运系数,计算结果分别为

$$K_0 = \frac{1}{12\pi^3} \frac{\tau}{\hbar} \int v_{\vec{k}} \mathrm{d}S_F = \frac{1}{e^2}\sigma \tag{9.134}$$

$$K_1 = \frac{\pi^2}{3}(k_B T)^2 \frac{\partial K_0(\varepsilon_{\vec{k}})}{\partial \varepsilon_{\vec{k}}} \Big|_{\varepsilon = \mu} = \frac{\pi^2}{3} \frac{(k_B T)^2}{e^2} \frac{\partial \sigma}{\partial \varepsilon_{\vec{k}}} \Big|_{\varepsilon_{\vec{k}} = \mu} \tag{9.135}$$

$$K_2 = \frac{\pi^2}{3}(k_B T)^2 K_0(\mu) = \frac{\pi^2}{3} \frac{(k_B T)^2}{e^2} \sigma \tag{9.136}$$

其中,$\sigma = \dfrac{1}{12\pi^3} \dfrac{\tau e^2}{\hbar} \int v_{\vec{k}} \mathrm{d}S_F$ 是电导率。可见,三个输运系数通过电导率相联系。

对于半导体,方程(9.130)和(9.131)仍然可以被用来处理与温度梯度有关的热电效应,但上面对金属输运系数的处理并不适用于半导体的情况,这是因为,一方面,半导体的费米能级位于带隙中,因此,不能利用$(-\partial f/\partial \varepsilon_{\vec{k}})$在费米面附近所具有的类 δ 函数的特性,另一方面,半导体的分布函数遵从的是玻尔兹曼统计而不是费米 — 狄拉克统计。

为简单起见,下面以金属的热导率和热电势为例,来阐述热电效应方程的应用。

9.7.2　金属的热导率

现实生活中,人们普遍感觉到,给任何固体的一端加热,则在固体另一端必会感觉到有热量传过来,这一现象称为固体的热传导现象,这一现象的物理起因是温度梯度驱动热量载体从高温端流向低温端。固体中的主要热量载体是电子和声子,以声子作为热量载体的热传导称为晶格或声子热传导,而以电子作为热量载体的热传导称为电子热传导。晶格热传导在第 5 章已作过介绍,电子热传导在第 6 章中虽也提及,但那是在自由电子气模型的基础上分析的。现在基于上面的热电效应方程来分析和讨论金属中的电子热传导现象。

方程(9.131)表明,如果存在温度梯度 $\mathbf{\nabla} T$,则在温度梯度驱动下,携带热量的电子会沿从高温端到低温端的方向“流”动,从而在样品中产生热流。类似于电流密度正比于电场强度,可以认为热流密度正比于温度梯度 $\mathbf{\nabla} T$,即

$$\vec{J}_Q = -\lambda \mathbf{\nabla} T \tag{9.137}$$

比例系数 λ 称为电子热导率,负号表示携带热量的电子总是从高温流向低温。实验上测量热导率时样品处于开路状态,无电流流过,即 $\vec{J}=0$。在式(9.130)中令 $\vec{J}=0$ 则得到

$$\vec{E} = -\frac{1}{eT} \frac{K_1}{K_0} \mathbf{\nabla} T \tag{9.138}$$

这一电场来源于在开路样品中,温度梯度驱动电荷流动而在样品两端部因正、负电荷的

积累而建立的电场。在利用式(9.131)计算热流密度时应计入这一电场。将式(9.138)所示的电场代入式(9.131)中,则得到热流密度

$$\vec{J}_Q = -\frac{1}{T}\left(K_2 - \frac{K_1^2}{K_0}\right) \mathbf{\nabla} T \tag{9.139}$$

比较式(9.137)和式(9.139),可得到电子热导率的表达式为

$$\lambda = \frac{1}{T}\left(K_2 - \frac{K_1^2}{K_0}\right) \tag{9.140}$$

或者写成

$$\lambda = \frac{1}{T}K_2\left(1 - \frac{K_1}{K_0}\frac{K_1}{K_2}\right) \tag{9.140}'$$

可以看到,热导率反比于温度,比例系数与三个输运系数有关,而三个输运系数又是通过电导率相联系的,因此,热导率和电导率之间存在着某种形式的内在联系。

对于金属自由电子气,费米面为半径为 k_F 的球形费米面,利用 $k_F = (3\pi^2 n)^{1/3}$ 和 $\varepsilon_F = \frac{\hbar^2 k_F^2}{2m}$,由式(9.59)表示的电导率可写成

$$\sigma = \frac{ne\tau(\varepsilon_F)}{m} = C\tau(\varepsilon_F)\varepsilon_F^{3/2} \tag{9.141}$$

其中,C 为常数。对一般的固体来说,由于晶格周期场的影响,电子能谱在布里渊边界附近出现禁带,引起费米面从球面到非球面的畸变。但对金属来说,费米面在导带内,离导带底部和导带顶部都有一定的距离,说明金属的费米面未触及布里渊边界,故因晶格周期场的影响而引起的费米面的畸变效应是很小的,以至于金属的费米面基本具有球面的形状。参考球形费米面情况下的电导率表达式,可以把非严格球形费米面情况下的金属电导率表示为费米面附近电子能量 $\varepsilon_{\vec{k}}$ 的函数,即

$$\sigma = C\tau(\varepsilon_{\vec{k}})\varepsilon_{\vec{k}}^{3/2} \tag{9.142}$$

于是有

$$\frac{K_1}{K_0} = \frac{\pi^2}{3}\frac{(k_B T)^2}{\sigma}\frac{\partial\sigma}{\partial\varepsilon_{\vec{k}}}\Big|_{\varepsilon_{\vec{k}}=\varepsilon_F}$$
$$= \frac{\pi^2}{3}(k_B T)^2\frac{\partial\ln\sigma}{\partial\varepsilon_{\vec{k}}}\Big|_{\varepsilon_{\vec{k}}=\varepsilon_F} = \frac{\pi^2}{3}(k_B T)^2\left(\frac{\partial\ln\tau}{\partial\varepsilon_{\vec{k}}}\Big|_{\varepsilon_{\vec{k}}=\varepsilon_F} + \frac{3}{2\varepsilon_F}\right) \tag{9.143}$$

和

$$\frac{K_1}{K_2} = \frac{\partial\sigma}{\partial\varepsilon_{\vec{k}}}\Big|_{\varepsilon_{\vec{k}}=\varepsilon_F} = \left(\frac{\partial\ln\tau}{\partial\varepsilon_{\vec{k}}}\Big|_{\varepsilon_{\vec{k}}=\varepsilon_F} + \frac{3}{2\varepsilon_F}\right) \tag{9.144}$$

以及

$$\frac{K_1}{K_0}\frac{K_2}{K_0} = \frac{\pi^2}{3}(k_B T)^2\left(\frac{\partial\ln\tau}{\partial\varepsilon_{\vec{k}}}\Big|_{\varepsilon_{\vec{k}}=\varepsilon_F} + \frac{3}{2\varepsilon_F}\right)^2 \tag{9.145}$$

如果忽略掉弛豫时间对能量的依赖关系,则有

$$\frac{K_1}{K_0} \frac{K_2}{K_0} \approx \frac{3\pi^2}{4} \left(\frac{k_B T}{\varepsilon_F}\right)^2 \ll 1 \tag{9.146}$$

在这种情况下,由式(9.140)表示的热导率可近似为

$$\lambda \approx \frac{1}{T} K_2 = \frac{\pi^2}{3} \frac{k_B^2 T}{e^2} \sigma \tag{9.147}$$

由此得到

$$\frac{\lambda}{\sigma T} = \frac{1}{3} \left(\frac{\pi k_B}{e}\right)^2 \tag{9.148}$$

这正是在第6章中提到的维德曼—弗兰兹定律,说明维德曼—弗兰兹定律可以基于热电效应方程得到。

对一般性固体,电导率和电子热导率之间的关系会偏离,甚至大大偏离维德曼—弗兰兹定律,主要原因有三:一是,受晶格周期场的影响,球形费米面会产生畸变,如果畸变不可忽略,则上面的论证不再保持正确;二是,上面所有的分析均是针对弹性散射进行的,如果散射是非弹性的,则散射可以通过吸收或发射声子而使电子的能量发生改变,在这种情况下,散射对电流和热流的影响会大大不同;三是,在温度梯度存在的情况下,温度梯度不仅可以驱动电子的运动,而且也可以驱动声子的运动,由于电子—声子间的相互作用,声子的运动反过来又会影响到电子的运动。

9.7.3　热电势

上面提到,当固体中存在温度梯度 $\mathbf{\nabla} T$ 且处于开路($J = 0$)状态时,由于温度梯度引起电荷流动,固体端部因电荷积累而建立起电场,这一效应称为泽贝克效应(Seebeck effect),相应的电场强度正比于温度梯度,即

$$\vec{E} = S\mathbf{\nabla} T \tag{9.149}$$

比例系数 S 称为固体的绝对热电势,简称热电势(thermopower)。将式(9.138)所示的电场代入,则得到固体的热电势为

$$S = -\frac{1}{eT} \frac{K_1}{K_0} \tag{9.150}$$

利用式(9.134)和式(9.135)所示的金属电子输运系数 K_0 和 K_1,上式可表示成

$$S = -\frac{\pi^2}{3} \frac{k_B^2 T}{e} \frac{\partial \ln \sigma}{\partial \varepsilon_{\vec{k}}} \Big|_{\varepsilon_{\vec{k}} = \varepsilon_F} \tag{9.151}$$

可见,决定热电势的因素是电导率在费米面附近随能量的变化。

对多数金属,费米能在导带内,离导带底部和顶部较远,晶格周期场引起的球形费米面的畸变效应较小,以至于费米面接近为球面形状,在这种情况下,电导率作为费米面附近电子能量 $\varepsilon_{\vec{k}}$ 的函数具有如式(9.142)的形式,由此得到

$$S = -\frac{\pi^2}{3} \frac{k_B^2 T}{e} \left[\frac{\partial \ln \tau(\varepsilon_{\vec{k}})}{\partial \varepsilon_{\vec{k}}} \Big|_{\varepsilon_{\vec{k}} = \varepsilon_F} + \frac{3}{2\varepsilon_F} \right] \tag{9.152}$$

如果忽略掉弛豫时间对能量的依赖关系,则近似有

$$S \approx -\frac{\pi^2 k_B}{2e} \frac{k_B T}{\varepsilon_F} \tag{9.153}$$

可见,金属热导率的绝对值正比于温度,随温度降低而线性地趋于零。

图 9.4 所示的是在几个典型金属中观测到的热电势随温度的变化。可以看到,K 和 Na 金属基本具有理论预言的变化趋势,即热电势的绝对值大小随温度降低而减小,但变化关系偏离理论预言的线性变化行为。对 Pt 金属,在高温区热电势随温度的变化虽然不是线性的,但基本具有理论所预言的变化趋势,有趣的是,Pt 金属在中间温度经历了由负向正的转变,随后随温度降低而在某一个较低的温度处达到极大值,再进一步降低温度,正的热电势随温度降低而趋于零。Cu、Ag 和 Li 金属在整个温区均显示出正的热电势值,仔细观察会发现,这些金属在低温区也有出现极大值的迹象。这些实验表明,实际观测的热电势随温度的变化关系并不遵从由理论预言给出的式(9.153)。

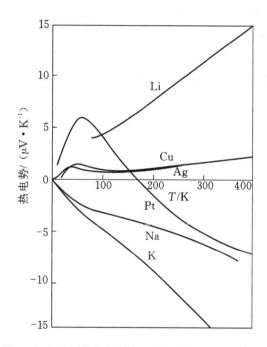

图 9.4　实验测得的典型金属中热电势随温度的变化

数据来源:阎守胜.《固体物理基础》[M].北京:北京大学出版社,2003.

理论预言和实验的不一致性是可以理解的,因为在上面的理论分析中,只考虑了温度梯度驱动的电子漂移或扩散运动,相应的热电势在文献上常称为扩散热电势(diffusion thermopower),用 S_d 表示。然而,温度梯度除驱动电子扩散运动外,如在第 5 章所讨论的,也会驱动声子定向运动。由于电子 — 声子间的相互作用,声子的运动反过来又会影响到电子的运动,从而产生额外的热电势,通常称之为声子曳引热电势(phonon-drag thermopower),用 S_g 表示。总的热电势是两种机理引起的热电势之和,这样一来,观察到的反常或许可以通过假设两种具有不同温度关系的热电势的竞争而得以解释。

思考与习题

9.1　如何理解玻尔兹曼方程是研究固体电子输运性质的理论基础?

9.2　如何理解电子 — 声子相互作用?

9.3　在哪些现象中可能存在电子 — 声子相互作用?

9.4　外加电场引起电子的流动,即电流,电子是真的在流动吗?

9.5　实验上,在导体中总是能观察到不为零的正磁电阻效应,如何理解其物理起因?

9.6　如何理解热电效应? 哪些实验现象是由热电效应引起的?

9.7　对具有立方对称性的金属,试证明欧姆定律并给出电阻率的表达式。

9.8　对实验上测量得到的导体的电阻率随温度的变化关系,试基于不同的散射机制对观察到的实验结果进行分析;如果在导体中掺入少量磁性杂质,试预测导体的电阻率与温度的关系将如何变化?

9.9　试基于热电效应方程论推导出维德曼 — 弗兰兹定律,并讨论为什么在有些金属中观察到的热导率与电导率间的关系偏离维德曼 — 弗兰兹定律。

9.10　图 9.4 中显示的 Pt 金属的热电势随温度的变化关系,如果是你从实验上测量得到的,你会如何解释?

第 10 章　固体的介电性

电介质指的是在对电场作用的响应中对束缚电荷起主要作用的一类材料,电介质材料最显著的特征是具有宏观的电极化行为。电介质材料种类繁多,其具有气态、液态和固态等形式,固态电介质又有晶态和非晶态电介质之分。电介质材料不要求一定是绝缘体,但绝缘体必定是电介质材料。由于电介质材料因电荷的束缚而只能短程移动,以及电介质材料对外加电场的响应采用的是电极化方式,具有传递、存储、记录外加电场影响和作用的功能,因而,电介质材料被广泛应用于机械、光、热、声、电等的转换介质,使其在国防、探测、通信、能源等领域均有着极为广阔的应用。

对于由大量原子周期性排布形成的固体,从能带结构特征角度,主要有金属、半导体和绝缘体三大类。金属主要以传导电流的方式对外加电场响应,即所谓的电传导方式,而绝缘体对外加电场的作用以电极化方式响应,即以场感应产生电偶极矩或者以场引起固有电偶极矩转向的方式响应外场的变化。半导体具有和绝缘体相类似的能带结构特征,但相对于绝缘体,半导体的禁带宽度要窄得多,因此,半导体对外加电场的响应兼有电传导和电极化两者的特性。从固体物理学体系完整的角度,本章主要以晶态绝缘体为例,阐述固体电介质的介电性及其物理基础,更一般情况下的电介质材料及其物理基础可参见方俊鑫、殷之文主编的《电介质物理学》(科学出版社,1989)。

10.1　固体对外加电场响应的理论基础

对包含固体在内的任何介质,基于方程组

$$
\begin{cases}
\mathbf{\nabla} \cdot \vec{D} = \rho \\[2mm]
\mathbf{\nabla} \times \vec{E} = -\dfrac{\partial \vec{B}}{\partial t} \\[2mm]
\mathbf{\nabla} \cdot \vec{B} = 0 \\[2mm]
\mathbf{\nabla} \times \vec{H} = \vec{j} + \dfrac{\partial \vec{D}}{\partial t}
\end{cases}
\tag{10.1}
$$

的宏观电磁运动规律的 Maxwell 理论是普适的,不同介质的性质都具体反映在电场强度 $\vec{E}$、磁场强度 $\vec{H}$、磁感应强度 $\vec{B}$ 和电感应强度 $\vec{D}$ 四个场量,以及电荷密度 ρ 与电流密度 $\vec{j}$ 之间的关系上。

固体由大量原子凝聚而成,而原子又是由带正电荷的原子核和核外带负电荷的电子构成的,因此,固体对外加电场的响应实际上是这些带电的粒子(电荷)对外加电场的响应。按照固体能带理论,导体中的电荷(价电子)在外加电场驱动下作定向漂移运动,形

成宏观的传导电流,电流密度正比于外加电场,即

$$\vec{J} = \sigma \cdot \vec{E} \qquad (10.2)$$

其中,σ 是如式(9.54)所示的直流电导率,这种以传导电流为主的方式对外加电场的响应称为电传导方式。绝缘体中的价电子属于束缚电子,这些束缚价电子处在满能带的状态,由于绝缘体宽的禁带宽度,一般强度的电场作用并不能驱动价电子的定向漂移运动,因此,绝缘体对外加电场的响应不可能采取像导体一样的电传导方式。

绝缘体中的电荷为束缚电荷,所有电荷束缚在各个原子的平衡位置附近。束缚电荷在外加电场的作用下虽不能作定向漂移运动,但如果外加电场足够强,则外加电场作用可以引起束缚电荷在原子尺度层次上发生小的位移,形成不为零的感应电偶极矩。有些绝缘体,如离子晶体、极性分子晶体等,本身含有固有的电偶极矩,在没有外加电场作用时,这些固有电偶极矩因取向无序而不会表现出不为零的宏观电偶极矩,但在外加电场作用下,这些固有电偶极矩沿外加电场方向取向,形成宏观不为零的电偶极矩。这些外加电场引起宏观不为零的电偶极矩的现象称为电极化现象,以电极化方式对外加电场的响应称为电极化响应。绝缘体是电极化响应的典型代表。

半导体有和绝缘体相类似的能带结构,虽然价电子也是处于满能带(价带)的束缚电子,但相对于绝缘体,半导体的禁带宽度要窄得多。由于具有较窄的禁带,价带电子在有限温度下可以跃迁到禁带之上的空带(导带)上,使得半导体具有和导体相类似的电传导能力。同时由于半导体的能带结构和绝缘体类似,因此,半导体在外加电场的作用下可以产生和绝缘体相类似的电极化现象,意味着半导体对外加电场的响应兼有电传导和电极化两种特性。

固体对外加电场的电传导方式的响应,在第 9 章固体电子输运理论中已经作过较为详细的介绍,本节重点阐述绝缘体对外加电场的电极化方式的响应。由于绝缘体中来自各个原子的电荷紧紧束缚在相应原子所在的区域范围,从原子尺度上看,绝缘体的微观电荷密度 $\rho^{\text{micro}}(\vec{r})$ 应随位置改变而快速变化。由于微观静电场 $\vec{E}^{\text{micro}}(\vec{r})$ 与微观静电势 $\phi^{\text{micro}}(\vec{r})$、$\rho^{\text{micro}}(\vec{r})$ 的关系分别为

$$\vec{E}^{\text{micro}}(\vec{r}) = -\nabla \phi^{\text{micro}}(\vec{r}) \qquad (10.3)$$

和

$$\nabla \cdot \vec{E}^{\text{micro}}(\vec{r}) = \frac{1}{\varepsilon_0} \rho^{\text{micro}}(\vec{r}) \qquad (10.4)$$

因此,在原子尺度层次上,$\vec{E}^{\text{micro}}(\vec{r})$ 和 $\phi^{\text{micro}}(\vec{r})$ 也应随位置改变而快速变化。然而,根据绝缘体的宏观电磁理论,电荷密度 $\rho(\vec{r})$、势函数 $\phi(\vec{r})$ 和电场 $\vec{E}(\vec{r})$ 并没有如此快速的变化。这种宏观和微观的不一致,可以基于绝缘体中只有束缚电荷而没有自由电荷而得以解释。事实上,在经典电磁学中,方程组(10.1)中的 ρ 表示的是自由电荷密度,由于绝缘体中没有自由电荷,即 $\rho = 0$,因此,方程组(10.1)的第一个方程变成

$$\nabla \cdot \vec{D} = 0 \qquad (10.5)$$

电位移 $\vec{D}(\vec{r})$,也称电感应强度,和宏观静电场 $\vec{E}(\vec{r})$ 间的关系为

$$\vec{D}(\vec{r}) = \varepsilon \vec{E}(\vec{r}) \tag{10.6}$$

比例系数

$$\varepsilon = \varepsilon_0 \varepsilon_r$$

称为绝对介电常数，其中，$\varepsilon_0 = 8.85 \times 10^{-12}$ F/m 是真空介电常数，ε_r 称为相对介电常数。相对介电常数与束缚电荷有关，广义上讲，$\varepsilon_r > 1$ 的物质都可以认为是电介质。电介质具有以电极化方式对外加电场响应的功能，通常用介电极化强度 $\vec{P}$ 来表征电极化的程度，可见后面的定义。由电磁学中电位移的定义，可以将 $\vec{D}$、$\vec{E}$、$\vec{P}$ 三者之间的关系表示为

$$\vec{D}(\vec{r}) = \varepsilon_0 \vec{E}(\vec{r}) + \vec{P}(\vec{r}) \tag{10.7}$$

利用式(10.4)，则可以把宏观电场 $\vec{E}$ 和绝缘体中的介电极化强度 $\vec{P}$ 之间的关系表述为

$$\mathbf{\nabla} \cdot \vec{E}(\vec{r}) = -\frac{1}{\varepsilon_0} \mathbf{\nabla} \cdot \vec{P}(\vec{r}) \tag{10.8}$$

方程(10.8)是基于经典电磁学理论得到的，下面将证明，对于由大量原子周期性排布形成的绝缘体，通过微观理论推导，可以得到如式(10.8)所示的关系。

上面从宏观的 Maxwell 方程出发得到了宏观电场和电极化间的关系，这给固体电介质研究带来了诸多方便。然而，从微观角度，绝缘体电极化是固体内部微观电场对各单个原子或离子作用的结果，因此，有必要弄清楚宏观和微观量之间的联系，这个联系是洛伦兹第一个提出来的。按照他的想法，宏观电场和微观电场可通过下式关联：

$$\vec{E}(\vec{r}) = \int d\vec{r}' \vec{E}^{\mathrm{micro}}(\vec{r} - \vec{r}') f(\vec{r}') \tag{10.9}$$

其中，$\vec{E}^{\mathrm{micro}}(\vec{r})$ 是与 $\vec{r}$ 处的微观电荷密度为 $\rho^{\mathrm{micro}}(\vec{r})$ 相联系的微观电场，$f(\vec{r})$ 是权重函数。若以所考虑的原子为圆心作一个半径为 r_0 的足够大的球，则 $f(\vec{r})$ 满足如下条件：

$$\begin{cases} f(\vec{r}) \geqslant 0 & (r \leqslant r_0) \\ f(\vec{r}) = 0 & (r > r_0) \end{cases}, \int d\vec{r} f(\vec{r}) = 1, f(-\vec{r}) = f(\vec{r})$$

由于 $f(\vec{r})$ 函数满足上述条件，故宏观电场实际上是通过对微观电场空间平均而得到的。由方程(10.9)和方程(10.4)，可以得到

$$\begin{aligned} \mathbf{\nabla} \cdot \vec{E}(\vec{r}) &= \int d\vec{r}' \ \mathbf{\nabla} \cdot \vec{E}^{\mathrm{micro}}(\vec{r} - \vec{r}') f(\vec{r}') \\ &= \frac{1}{\varepsilon_0} \int d\vec{r}' \rho^{\mathrm{micro}}(\vec{r} - \vec{r}') f(\vec{r}') \end{aligned} \tag{10.10}$$

平衡时，若以 $\rho_h^0(\vec{r} - \vec{R}_h)$ 表示在格点 $\vec{R}_h$ 附近的电荷密度分布函数，则对各个格点附近的电荷密度分布函数求和，就可得到平衡时的微观电荷密度，即

$$\rho_0^{\mathrm{micro}}(\vec{r}) = \sum_h \rho_h^0(\vec{r} - \vec{R}_h) \tag{10.11}$$

其中，$\vec{R}_h = h_1\vec{a}_1 + h_2\vec{a}_2 + h_3\vec{a}_3$ 是晶体中各原子处在平衡时的位置。当外加电场作用时，系统相对于平衡态时稍有偏离，格点 $\vec{R}_h$ 附近的电荷密度分布函数变成 $\rho_h(\vec{r} - \vec{R}_h + \vec{\delta}_h)$，

其中 $\vec{\delta}_h$ 是第 h 个格点原子相对于平衡位置的位移,相应的微观电荷密度变成

$$\rho^{\mathrm{micro}}(\vec{r}) = \sum_h \rho_h(\vec{r} - \vec{R}_h + \vec{\delta}_h) \tag{10.12}$$

代入式(10.10),则有

$$\begin{aligned}
\boldsymbol{\nabla} \cdot \vec{E}(\vec{r}) &= \frac{1}{\varepsilon_0} \sum_h \int \mathrm{d}\vec{r}' \rho_h(\vec{r} - \vec{r}' - \vec{R}_h + \vec{\delta}_h) f(\vec{r}') \\
&= \frac{1}{\varepsilon_0} \sum_h \int \mathrm{d}\vec{r}'' \rho_h(\vec{r}'') f(\vec{r} - \vec{R}_h - \vec{r}'' + \vec{\delta}_h)
\end{aligned} \tag{10.13}$$

将权重函数 f 在平衡位置附近进行泰勒级数展开,即

$$\begin{aligned}
f(\vec{r} - \vec{R}_h - \vec{r}'' + \vec{\delta}_h) &= \sum_{n=0}^{\infty} \frac{1}{n!} \left[-(\vec{r}'' - \vec{\delta}_h) \cdot \boldsymbol{\nabla} \right]^n f(\vec{r} - \vec{R}_h) \\
&\approx f(\vec{r} - \vec{R}_h) - (\vec{r}'' - \vec{\delta}_h) \cdot \boldsymbol{\nabla} f(\vec{r} - \vec{R}_h) + \cdots
\end{aligned} \tag{10.14}$$

忽略掉泰勒展开式中的高次项并代入式(10.13)中,则有

$$\boldsymbol{\nabla} \cdot \vec{E}(\vec{r}) \approx \frac{1}{\varepsilon_0} \sum_h \int \mathrm{d}\vec{r}'' \rho_h(\vec{r}'') \left[f(\vec{r} - \vec{R}_h) - (\vec{r}'' - \vec{\delta}_h) \cdot \boldsymbol{\nabla} f(\vec{r} - \vec{R}_h) \right] \tag{10.15}$$

若令

$$e_h = \int \mathrm{d}\vec{r}'' \rho_h(\vec{r}'') \tag{10.16}$$

和

$$\vec{p}_h = \int \mathrm{d}\vec{r}'' \rho_h(\vec{r}'') \vec{r}'' \tag{10.17}$$

则式(10.15)可简单表示为

$$\boldsymbol{\nabla} \cdot \vec{E}(\vec{r}) = \frac{1}{\varepsilon_0} \left[\sum_h e_h f(\vec{r} - \vec{R}_h) - \sum_h (\vec{p}_h - e_h \vec{\delta}_h) \cdot \boldsymbol{\nabla} f(\vec{r} - \vec{R}_h) \right] \tag{10.18}$$

注意到,由式(10.16)定义的 e_h 实际上就是位于格点 $\vec{R}_h$ 处原子的总电荷。由于原子具有电中性,每个原子总的正、负电荷相等,因此有 $e_h = 0$。而由式(10.17)定义的 $\vec{p}_h$ 实际上是位于格点 $\vec{R}_h$ 处原子的电偶极矩,这样一来,式(10.18)变成了如下简单形式:

$$\boldsymbol{\nabla} \cdot \vec{E}(\vec{r}) = -\frac{1}{\varepsilon_0} \boldsymbol{\nabla} \cdot \sum_h f(\vec{r} - \vec{R}_h) \vec{p}_h \tag{10.19}$$

如果令

$$\vec{P}(\vec{r}) = \sum_h f(\vec{r} - \vec{R}_h) \vec{p}_h \tag{10.20}$$

则方程(10.19)正是由经典电磁学理论给出的方程(10.8),说明式(10.20)所示的 $\vec{P}(\vec{r})$ 是电极化强度。利用前面提到的 $f(\vec{r})$ 函数所应满足的条件,可以将电极化强度表示成单位体积内所含的总电偶极矩,意味着电极化强度反映的是电偶极矩的密度。对晶态绝缘体,由于其具有晶格周期性,各个原子是等价的,如果用 $\vec{p}(\vec{r})$ 表示 $\vec{r}$ 点处原胞的电偶极矩,则极化强度可表示为

$$\vec{P}(\vec{r}) = \frac{1}{\Omega}\vec{p}(\vec{r}) \tag{10.21}$$

其中,Ω 为原胞体积。

10.2　局域场理论

上面的理论分析表明,在外加电场的作用下,绝缘体会发生电极化,由式(10.6)和式(10.7)可得到电极化强度(简称"极化强度")和外加电场之间的关系为

$$\vec{P} = \varepsilon_0(\varepsilon_r - 1)\vec{E} \tag{10.22}$$

即电极化强度正比于电场 $\vec{E}$,无外加电场时,极化强度为零,而外加电场时极化强度不为零,因此,可以将电极化强度理解为是外加电场所引起的一种响应。

晶态绝缘体是由大量粒子(指的是原子或离子)周期性排布构成的,绝缘体的电极化是构成晶体的各个粒子电极化的统计平均结果。在外加电场作用下,绝缘体中每个粒子被极化,并产生一个电偶极矩,从而在其周围建立起来由该粒子因感应极化而产生的电场,这个电场又会迭加在外加电场上对其他粒子的极化产生影响。因此,绝缘体中的每个粒子除受到外加电场的作用外,还受到其他粒子与感应电偶极矩有关的电场作用。通常将外加电场和其他粒子因感应电偶极矩而产生的电场合起来称为局域场或有效场,并用 $\vec{E}^{loc}(\vec{r})$ 表示,为区别起见,将实际的外加电场 $\vec{E}(\vec{r})$ 称为宏观外加电场。对每个单个粒子而言,所受到的真正外加电场是局域场 $\vec{E}^{loc}(\vec{r})$ 而不是宏观外加电场 $\vec{E}(\vec{r})$。

对于晶体中的粒子来说,近邻的与远离的粒子受到的作用并不相同。远离的粒子只有长程作用,而近邻的粒子除了长程作用外还有短程作用,短程作用与粒子的具体电荷结构有关。洛伦兹设想以所考虑的粒子为圆心作一个半径 r_0 足够大的球,从而可以把包含所有粒子的空间分成球内的近程区和球外的远程区,这样一来,球心处的电荷受到的总的局域场可表示为

$$\vec{E}^{loc}(\vec{r}) = \vec{E}^{loc}_{near}(\vec{r}) + \vec{E}_{far}(\vec{r}) \tag{10.23}$$

右边第一项,即 $\vec{E}^{loc}_{near}(\vec{r})$,是近程区的所有电荷对局域场的贡献,第二项是远程区的所有电荷对局域场的贡献,后者可近似为远程区所有电荷在 $\vec{r}$ 点感受到的宏观电场 $\vec{E}_{far}(\vec{r})$。在 $\vec{r}$ 点处,总的宏观电场可表示为近程区宏观电场 $\vec{E}_{near}(\vec{r})$ 和远程区宏观电场 $\vec{E}_{far}(\vec{r})$ 之和,即

$$\vec{E}(\vec{r}) = \vec{E}_{near}(\vec{r}) + \vec{E}_{far}(\vec{r}) \tag{10.24}$$

将 $\vec{E}_{far}(\vec{r}) = \vec{E}(\vec{r}) - \vec{E}_{near}(\vec{r})$ 代入式(10.23)中有

$$\vec{E}^{loc}(\vec{r}) = \vec{E}(\vec{r}) + \vec{E}^{loc}_{near}(\vec{r}) - \vec{E}_{near}(\vec{r}) \tag{10.25}$$

这样一来,就可以把未知的局域场 $\vec{E}^{loc}(\vec{r})$ 同宏观电场 $\vec{E}(\vec{r})$ 联系起来,多出的两项取决于球内(即近程区)的电荷结构。由于晶体具有中心反演对称性,球内其他粒子对中心粒

子的作用相互抵消,因此有

$$\vec{E}_{\text{near}}^{\text{loc}}(\vec{r}) = 0 \tag{10.26}$$

另外一方面,如果把近程区看成是均匀极化的球,则由电磁学知识可以证明,均匀极化的球内的宏观电场为

$$\vec{E}_{\text{near}}(\vec{r}) = -\frac{1}{3\varepsilon_0}\vec{P}(\vec{r}) \tag{10.27}$$

将式(10.26)和式(10.27)代入式(10.25)中,于是有

$$\vec{E}^{\text{loc}}(\vec{r}) = \vec{E}(\vec{r}) + \frac{1}{3\varepsilon_0}\vec{P}(\vec{r}) \tag{10.28}$$

上述关系虽然是针对晶态绝缘体导出的,但事实上,在此之前,针对由分子组成的弥散系统,H. A. Lorentz 和 L. Lorentz 得到了同样的关系式,因此,称关系式(10.28)为洛伦兹关系,文献或教科书上也有称其为 Clausius-Mossotti 公式的,这个关系或公式在电介质理论中被普遍使用。

将式(10.22)所示的电极化强度代入式(10.28),可得到局域场和宏观外加电场之间的关系为

$$\vec{E}^{\text{loc}}(\vec{r}) = \frac{\varepsilon_{\text{r}} + 2}{3} E(\vec{r}) \tag{10.29}$$

可见,在真空或者非极化物质中,由于 $\varepsilon_{\text{r}} = 1$,局域场等于宏观外加电场,但在绝缘体等电介质中,由于 $\varepsilon_{\text{r}} > 1$,局域场总是大于宏观外加电场。

对由 N 个原胞周期性排布形成的晶体,位于格点 $\vec{R}_h$ 处的原胞因受到局域场的作用而感应电偶极矩,感应电偶极矩正比于所受到的局域场,即

$$\vec{p}_h = \alpha_h \vec{E}^{\text{loc}}(\vec{r})\big|_{\vec{r}=\vec{R}_h} \tag{10.30}$$

比例系数 α_h 是第 h 格点原胞的极化率。如果原胞中含有多个原子,则 α_h 应为原胞中各个原子或离子的极化率之和。对各个格点原胞的电偶极矩求和,则得到绝缘体总的电偶极矩。对晶体,由于其具有晶格周期性,各个原胞是等价的,因此,各个原胞的极化率相同,即

$$\alpha_1 = \alpha_2 = \cdots = \alpha_N = \alpha$$

如果以 $\vec{p}(\vec{r})$ 表示某一原胞的电偶极矩,则总的电偶极矩为

$$\sum_h \vec{p}_h = N\vec{p}(\vec{r}) = \alpha N \vec{E}^{\text{loc}}(\vec{r}) \tag{10.31}$$

根据电极化强度的定义,用总电偶极矩除以晶体体积,得到的是电极化强度,即

$$\vec{P}(\vec{r}) = \frac{\sum_h \vec{p}_h}{V} = \frac{\alpha N \vec{E}^{\text{loc}}(\vec{r})}{N\Omega} = \frac{\alpha \vec{E}^{\text{loc}}(\vec{r})}{\Omega} \tag{10.32}$$

其中,Ω 为原胞体积。利用式(10.22)、式(10.29)和式(10.32),可得到相对介电常数和极化率之间存在如下关系:

$$\frac{\varepsilon_{\text{r}} - 1}{\varepsilon_{\text{r}} + 2} = \frac{\alpha}{3\Omega\varepsilon_0} \tag{10.33}$$

这一关系称为Clausius-Mossotti关系。由于极化率α反映了绝缘体中的原子或离子对局域场$\vec{E}^{loc}(\vec{r})$的响应,需要基于微观理论才能计算,而介电常数直接出现在宏观的Maxwell方程中,因此,宏观和微观理论通过Clausius-Mossotti关系而联系。

如果根据相对介电常数来表示反射系数n,即$n = \sqrt{\varepsilon_r}$,则关系(10.33)变成

$$\frac{n^2 - 1}{n^2 + 2} = \frac{\alpha}{3\Omega\varepsilon_0} \tag{10.34}$$

这一关系称为 Lorentz-Lorentz 关系。根据 Lorentz-Lorentz 关系,可以预测固体的光学性质。

10.3　固体电极化的微观机理

固体能表现出电极化行为的必要条件是其含有大量的电偶极子,这些电偶极子既可能是由电场感应形成的电偶极子,也可能是样品本身就具有的固有电偶极子。如果没有外加电场的作用,固体中不会出现感应的电偶极子,对含有固有电偶极子的极性固体,由于固有电偶极子因热扰动而取向无序,因此,不会出现宏观的电极化现象。在外加电场作用下,可以通过感应方式产生沿电场方向取向的电偶极子,也可以使得固有电偶极子沿外加电场方向取向,从而形成宏观不为零的电偶极矩。对晶态绝缘体,根据上节所介绍的局域场理论,宏观的电极化强度为

$$\vec{P}(\vec{r}) = \frac{\vec{p}(\vec{r})}{\Omega}$$

其中,$\vec{p}(\vec{r})$是每个原胞的电偶极矩,正比于原胞所受到的局域场$\vec{E}^{loc}$,而局域场$\vec{E}^{loc}$和宏观外加电场$\vec{E}$的关系由式(10.29)给出。因此,按局域场理论,每个原胞因外加电场极化而形成的电偶极矩$\vec{p}$可表示成

$$\vec{p} = \alpha\vec{E}^{loc} = \frac{(\varepsilon_r + 2)\alpha}{3}\vec{E} \tag{10.35}$$

教科书或文献上普遍将微观层次上的感应电偶极矩表示成

$$\vec{p} = \alpha\vec{E} \tag{10.36}$$

比例系数α称为微观极化率,它和式(10.35)中出现的极化率α相差一个常数因子。

固体中电极化微观机理与固体的具体结构有关。对绝缘体来说,其中的每个原子都可以看成是一个束缚电荷,外加电场引起电子云位移极化是最常见的一种极化方式,相应的微观极化率通常用α_e表示。对离子晶体,除了正、负离子形成固有的电偶极矩外,外加电场还可以引起正、负离子的平衡距离在原来的基础上进一步增大,导致对电偶极矩产生额外贡献,这些额外贡献的极化称为离子位移极化,其微观极化率通常用α_i表示。对极性分子晶体,其本身就具有固有的电偶极矩,外加电场可引起固有电偶极矩的转向极化,相应的微观极化率通常用α_d表示。对共价晶体,由于电子被束缚在两两原子间的共价键上,直接计算共价晶体的极化率变得十分困难。下面仅就晶体中常见的三种基本的微观极化机理作些简单的介绍。

10.3.1　电子云位移极化

为重点考查因外加电场引起电子云位移极化而感应形成的微观电偶极矩,这里考虑单原子晶态绝缘体,即每个原胞只有一个原子且每个原子核外电子紧紧束缚在原子核的周围。假设每个原子的核有 Z 个正电荷,在核的周围束缚着 Z 个带负电荷的电子,这些电子在原子核势场作用下绕原子核旋转运动,形成半径为 a 的电子云区域。由于带正电荷的原子核和带负电荷的电子云中心重合,单个原子本身不具有电偶极矩。在第 1 章中曾提到,核外电子不停地绕核运动,加上原子核的振动,可以在某个瞬间因"瞬间"正、负电荷中心的不重合而导致"瞬间"电偶极矩的产生,但"瞬间"电偶极矩对时间的平均为零,因此,在电极化研究中不需要考虑"瞬间"电偶极矩的贡献。

尽管带负电荷的电子紧紧束缚在原子核周围不能移动,但如果存在足够强的外加电场,由于正、负电荷受到的电场力大小相等但方向相反,则在电场力的驱动下,正、负电荷会沿相反方向发生移动,导致正、负电荷中心分离。但这种分离范围不会很大,因为带正电荷的原子核和带负电荷的电子云之间存在强的库仑吸引作用。电场力作用使得正、负电荷分离,而库仑吸引力阻止正、负电荷的分离,当库仑吸引力和电场力相等时,正、负电荷则稳定地束缚在间隔为 l 的距离上。如果把原子核所带的正电荷(Ze)和电子云所带的负电荷($-Ze$)看成是两个点电荷,则这两种点电荷因电场力和库仑吸引力的平衡而束缚在不等于零的距离上,便形成了一个电偶极子,电偶极子所具有的电偶极矩可表示为

$$\vec{p} = Ze\vec{l} \tag{10.37}$$

其中,$\vec{l}$ 是正、负电荷中心间的位移矢量,大小为平衡时正、负电荷中心间的间隔距离,方向由负点电荷指向正点电荷。这种由电场引起的电子云中心相对于原子中心的偏离所导致的极化,称为电子云位移极化。

平衡时,电场力和库仑吸引力相等,即

$$ZeE = \frac{Ze}{4\pi\varepsilon_0 l^2} \cdot \left(Ze \cdot \frac{l^3}{a^3} \right) \tag{10.38}$$

由此得到平衡时正、负点电荷间的间隔距离为

$$l = \frac{4\pi\varepsilon_0 a^3}{Ze}E \tag{10.39}$$

代入式(10.37)中,可得到与电子云位移极化有关的电偶极矩为

$$\vec{p} = 4\pi\varepsilon_0 a^3 \vec{E} \tag{10.40}$$

比较式(10.36)和式(10.40),可得到与电子云位移极化有关的微观极化率为

$$\alpha_e = 4\pi\varepsilon_0 a^3 \tag{10.41}$$

利用原子半径 $a \sim 10^{-10}$ m 和宏观外加电场 $E \sim 10^5$ V/m,可估计 α_e 和 l 的量级分别为 10^{-40} F·m^2 和 10^{-17} m。可见,尽管电子云位移极化存在于所有固体中,但电子云畸变非常小。

10.3.2　离子位移极化

在第 1 章和第 2 章曾提到,离子晶体以正、负离子对为结合单元,正、负离子核外电子束缚在各自的原子核周围,形成闭合的满电子壳层结构,以至于正、负离子可分别看成是电荷为 Ze 和 $-Ze$ 的点电荷。正、负离子间的库仑吸引势为 $-\dfrac{(Ze)^2}{4\pi\varepsilon_0 r}$,其中,$r$ 是两离子的中心间隔距离,借助库仑吸引作用,两离子相互靠近,当靠近到一定程度时,两个离子的闭合壳层的电子云的重叠会产生强大的排斥力,经验上排斥势通常表示为 $\dfrac{b}{r^n}$,其中,n 和 b 是常数,这样一对正、负离子对总的相互作用能为

$$u(r) = -\frac{(Ze)^2}{4\pi\varepsilon_0 r} + \frac{b}{r^n} \tag{10.42}$$

平衡时正、负离子中心间的距离可由平衡条件

$$\left.\frac{\mathrm{d}u(r)}{\mathrm{d}r}\right|_{r=r_0} = 0 \tag{10.43}$$

得到,结果为

$$r_0 = \left(\frac{4\pi\varepsilon_0 nb}{Z^2 e^2}\right)^{\frac{1}{n-1}} \tag{10.44}$$

将式(10.42)所示的相互作用能沿键轴方向在平衡位置附近作泰勒级数展开,并近似到二级,有

$$u(r) = u(r=r_0) + \left.\frac{\mathrm{d}u(r)}{\mathrm{d}r}\right|_{r=r_0} \cdot (r-r_0) + \frac{1}{2}\left.\frac{\mathrm{d}^2 u(r)}{\mathrm{d}r^2}\right|_{r=r_0} \cdot (r-r_0)^2$$

$$\tag{10.45}$$

令 $k = \left.\dfrac{\mathrm{d}^2 u(r)}{\mathrm{d}r^2}\right|_{r=r_0}$,称为恢复力系数,并利用 $\left.\dfrac{\mathrm{d}u(r)}{\mathrm{d}r}\right|_{r=r_0}=0$,上式变成

$$u(r) = u(r=r_0) + \frac{1}{2}k(r-r_0)^2 \tag{10.46}$$

由 $\vec{f}(\vec{r}) = -\nabla u(\vec{r})$ 可得到在键轴上离子间的恢复力为

$$f(r) = -k(r-r_0) \tag{10.47}$$

可见,正、负离子对在键轴上借助恢复力 $-k(r-r_0)$ 的作用在平衡点 r_0 附近作来回振动。

如果沿离子对键轴方向外加电场 E,由于正离子带正电荷,负离子带负电荷,因此,正、负离子受到的电场力大小相等但方向相反。在电场力驱动下,正、负离子会沿相反方向发生移动,使得正、负离子间的间隔相对于没有电场时的 r_0 增大,而恢复力作用则阻止这种增大。当电场力和恢复力相等时,正、负离子则稳定地束缚在间隔为 $r_0+\delta r_0$ 的距离上,意味着外加电场引起正、负离子间间隔的额外增加为 δr_0。未加电场时,携带正、负电荷的离子被束缚在间隔为 r_0 的距离上,因此,一对正、负离子本身就具有固有的电偶极矩

$$\vec{p} = Ze\vec{r}_0 \tag{10.48}$$

外加电场引起的正、负离子间间隔的额外增加会对电偶极矩产生额外的贡献,该额外贡献部分可表示为

$$\Delta \vec{p} = Ze\delta \vec{r}_0 \tag{10.49}$$

其方向由负离子指向正离子。这一因外加电场引起的离子额外位移称为离子位移极化,相应的对电偶极矩额外贡献部分称为离子位移极化电偶极矩。由电场力和恢复力相等的平衡条件,即

$$ZeE = k\delta r_0 \tag{10.50}$$

可得到

$$\delta r_0 = ZeE/k \tag{10.51}$$

代入式(10.49)中,得到因离子位移极化而诱导产生的电偶极矩增加量为

$$\Delta \vec{p} = \frac{(Ze)^2}{k}\vec{E} \tag{10.52}$$

比较式(10.36)和式(10.52),可得到与离子位移极化有关的微观极化率为

$$\alpha_i = \frac{(Ze)^2}{k} \tag{10.53}$$

如果离子晶体的结构已知,利用第1章所介绍的方法,就可以求得恢复力系数,将其代入式(10.53)就可得到离子晶体的位移极化率的具体表达式。例如,对 NaCl 型结构的离子晶体,离子位移极化率可表示为

$$\alpha_i = \frac{12\pi\varepsilon_0 a^3}{M(n-1)}$$

其中,$M \sim 1.77$ 是马德隆常数,n 约为8,由此可估计 α_i 的量级为 10^{-40} F·m²,与电子云位移极化率相当。与电子云位移极化相比,它们有两点明显不同,一是离子位移极化对外场响应时间极短,为 $10^{-13} \sim 10^{-12}$ s,比电子云位移极化响应时间慢 $2 \sim 3$ 个量级;另一是,离子位移极化的程度随温度升高而增加,这是由温度升高引起恢复力系数减小所致。

10.3.3　固有电偶极矩的转向极化

分子晶体是分子作为基本结构单元周期性排布而成的,分子往往由两种或两种以上的原子组成。当电负性不等的不同原子组成分子时,在所形成的化学键上,电子倾向于靠近电负性较大的原子,由此导致的结果是,电负性较大的原子因周围有较多的电子而带负电,而电负性较小的原子因周围缺少电子而带正电,很明显,这样的分子总是存在一定大小的固有电偶极矩。通常把具有固有电偶极矩的分子称为极性分子,而将由极性分子作为基本结构单元按周期性排布形成的晶体称为极性分子晶体。

对极性分子晶体,尽管每个分子具有固有的电偶极矩,但由于分子的热运动,分子固有电偶极矩的空间取向无序,对所有分子固有电偶极矩求和后得到的结果为0,意味着未加电场时极性分子固体并不具有不为零的宏观电偶极矩。只有在外加电场的情况下,各个固有电偶极矩趋于沿外加电场方向取向,才可能使得极性分子固体具有不为零的宏观电偶极矩。

考虑一个电偶极矩为 $\vec{p}$ 的电偶极子,如果外加电场 $\vec{E}$,则其在外加电场下的势能为

$$u = -\vec{p} \cdot \vec{E} \tag{10.54}$$

可见,当电偶极矩沿外加电场方向取向时能量最低,而当电偶极矩取向和外加电场方向不同时,外加电场的作用是使得电偶极矩趋向于转向外加电场的方向。对极性分子晶体,大量原本取向无序的固有电偶极矩,在外加电场作用下,都倾向于转向外加电场的方向,导致出现不为零的宏观电偶极矩。这种因外加电场引起电偶极矩转向而导致宏观不为零的极化,称为电偶极矩转向极化,相应的微观极化率通常用 α_d 表示。

假设外加电场沿 z 方向,则有

$$u = -p_0 E \cos\theta \tag{10.55}$$

其中,p_0 是电偶极矩 $\vec{p}$ 的大小,θ 是电偶极矩与电场间的夹角,在现在的情况下实际上是电偶极矩与 z 轴间的夹角。在有限温度下,晶体中各个分子按能量的分布遵从经典的玻尔兹曼统计,则由统计物理计算平均值的方法,可计算在外加电场方向上极性分子晶体中平均每个电偶极子所具有的电偶极矩大小为

$$\overline{p}_z = \frac{\displaystyle\int_0^{2\pi} \mathrm{d}\varphi \int_0^{\pi} p_0 \cos\theta\, \mathrm{e}^{p_0 \cos\theta E / k_B T} \sin\theta\, \mathrm{d}\theta}{\displaystyle\int_0^{2\pi} \mathrm{d}\varphi \int_0^{\pi} \mathrm{e}^{p_0 \cos\theta E / k_B T} \sin\theta\, \mathrm{d}\theta}$$

$$= p_0 \times \frac{\displaystyle\int_0^{\pi} \cos\theta\, \mathrm{e}^{\beta\cos\theta} \sin\theta\, \mathrm{d}\theta}{\displaystyle\int_0^{\pi} \mathrm{e}^{\beta\cos\theta} \sin\theta\, \mathrm{d}\theta} = p_0 \left(\frac{\mathrm{e}^{\beta} + \mathrm{e}^{-\beta}}{\mathrm{e}^{\beta} - \mathrm{e}^{-\beta}} - \frac{1}{\beta} \right)$$

其中,$\beta = \dfrac{p_0 E}{k_B T}$。令

$$L(\beta) = \left(\frac{\mathrm{e}^{\beta} + \mathrm{e}^{-\beta}}{\mathrm{e}^{\beta} - \mathrm{e}^{-\beta}} - \frac{1}{\beta} \right) \tag{10.56}$$

称之为郎之万函数,则平均每个电偶极矩在外加电场方向上所具有的大小可简单表示为

$$\overline{p}_z = p_0 L(\beta) \tag{10.57}$$

郎之万函数的级数展开式为

$$L(\beta) = \frac{1}{3}\beta - \frac{1}{45}\beta^3 + \frac{2}{945}\beta^5 + \cdots \tag{10.58}$$

利用典型的实验参数:$E \sim 10^7$ V/m、$p_0 \sim 10^{-30}$ C・m 和 $T \sim 300$ K,可以估计

$$\beta = \frac{p_0 E}{k_B T} = \frac{10^{-30} \times 10^7}{1.38 \times 10^{-23} \times 300} = 0.0024 \ll 1$$

由于 β 远小于 1,因此近似有 $L(\beta) \approx \dfrac{1}{3}\beta$,代入式(10.57)中,于是有

$$\overline{p}_z \approx \frac{1}{3} p_0 \beta = \frac{p_0^2}{3 k_B T} E \tag{10.59}$$

比较式(10.36)和式(10.59),得到电偶极子的转向极化率为

$$\alpha_d = \frac{p_0^2}{3 k_B T} \tag{10.60}$$

10.3.4　极性分子晶体中的电极化机制

极性分子晶体是极性分子作为基本结构单元周期性排布而成的,在上面的推导中,假设了每一个分子结构单元是一个刚性电偶极子,而实际上,在一个由两个或两个以上原子构成的分子结构单元中,除了电偶极矩转向极化外,还应当存在电子云位移极化和离子位移极化。这样一来,在以极性分子作为结构单元周期性排布成的极性分子晶体中,宏观的电极化强度应为

$$\vec{P}(\vec{r}) = \frac{\vec{p}(\vec{r})}{\Omega} = \frac{1}{\Omega} \cdot \left(\alpha_e + \alpha_i + \frac{p_0^2}{3k_B T} \right) \vec{E} \tag{10.61}$$

这里的 Ω 表示的是重复结构单元的体积。如果把宏观电极化强度写成

$$\vec{P} = \varepsilon_0 \chi \vec{E} \tag{10.62}$$

其中,χ 是宏观极化率,则通过比较两式,可得到宏观极化率为

$$\chi = \frac{1}{\varepsilon_0 \Omega} \cdot \left(\alpha_e + \alpha_i + \frac{p_0^2}{3k_B T} \right) \tag{10.63}$$

由 $\vec{D} = \varepsilon_0 \varepsilon_r \vec{E}$ 和 $\vec{D} = \varepsilon_0 \vec{E} + \vec{P}$,以及式(10.62),可得到相对介电常数和宏观极化率之间的关系为

$$\varepsilon_r = 1 + \chi \tag{10.64}$$

将式(10.63)代入,得到极性分子晶体的相对介电常数为

$$\varepsilon_r = 1 + \frac{1}{\varepsilon_0 \Omega} \cdot \left(\alpha_e + \alpha_i + \frac{p_0^2}{3k_B T} \right) \tag{10.65}$$

10.4　交变电场下的介电响应

上面讲到了电极化过程中的三种基本的微观极化机制,即电子云位移极化、离子位移极化及固有电偶极矩的转向极化,相对介电常数 ε_r 是综合反映这三种微观过程的宏观物理量,而介电常数、极化弛豫、介电损耗、阻抗谱等可从不同角度体现固体电极化对交变电场的响应。

10.4.1　介电常数

电子云位移极化、离子位移极化及固有电偶极矩的转向极化,是固体中三种基本的微观极化机理,但只有在静电场或频率很低的交变电场中,三种极化机制才参与作用。随着频率的增加,如图 10.1 所示,与三种基本极化对应的宏观电极化在不同频率范围内对交变电场作出不同的响应,见后面的介电损耗的讨论。通常实验所研究的介电性质主要是针对与电偶极矩的转向极化有关的介电响应来开展的,因为离子位移极化和电子云位移极化的介电响应分别发生在红外和可见光区。

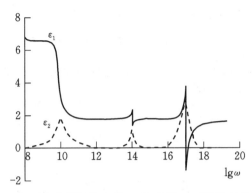

图 10.1　相对介电常数的实部 ε_1 和虚部 ε_2 对频率的依赖关系

先考虑在 $t=0$ 时外加一个静电场 $\vec{E}_0$，则外加电场引起固有电偶极矩的转向极化而使得系统进入宏观电极化强度为 $\vec{P}$ 的非平衡态。如果电偶极矩的转向没有受到任何阻力，则电极化对外加电场的响应同步，并在系统中很快建立起宏观电极化强度为 $\vec{P}_0$ 的新的平衡态，$\vec{P}_0$ 和 $\vec{E}_0$ 的关系为

$$\vec{P}_0 = \varepsilon_0 \chi_s \vec{E}_0 \tag{10.66}$$

其中，χ_s 是静电场作用下的极化率，简称静电极化率。但在实际的晶体中，电偶极子在转向过程中因与周围电偶极子及其他粒子发生碰撞（交换能量）而受阻，因而，电偶极子的转向会滞后于外加电场，使得处在强度为 $\vec{P}$ 的非平衡态并不能马上进入强度为 $\vec{P}_0$ 的平衡态，而是需要经过一定的时间。从强度为 $\vec{P}$ 的非平衡态到强度为 $\vec{P}_0$ 的平衡态过渡的整个过程称为极化弛豫过程。同样，如果系统在静电场作用下处于强度为 $\vec{P}_0$ 的平衡态，当静电场移去后，经过一定时间的弛豫过程后，系统才能进入电极化强度为 0 的新的平衡态。如同固体中各种弛豫过程，极化弛豫过程的本质是构成系统的电偶极子由于相互作用而交换能量，最终达到稳定分布的过程。对弛豫过程的分析，通常采用弛豫时间近似，即通过唯象地引入弛豫时间 τ，而将在 $\mathrm{d}t$ 时间内粒子经受碰撞的几率表示为 $\dfrac{\mathrm{d}t}{\tau}$。在弛豫时间近似下，从强度为 $\vec{P}$ 的非平衡态到强度为 $\vec{P}_0$ 的平衡态的弛豫过程近似由下列方程描述：

$$\frac{\mathrm{d}\vec{P}(t)}{\mathrm{d}t} = -\frac{\vec{P}(t)-\vec{P}_0}{\tau} = -\frac{\vec{P}(t)-\varepsilon_0\chi_s\vec{E}_0}{\tau} \tag{10.67}$$

上述方程的解为

$$\vec{P}(t) = \vec{P}_0(1-e^{-t/\tau}) = \varepsilon_0\chi_s\vec{E}_0(1-e^{-t/\tau}) \tag{10.68}$$

可见，系统的电极化强度从非平衡态时的 $\vec{P}$ 以指数形式逐渐进入平衡态时的 $\vec{P}_0$，弛豫时间 τ 反映了从非平衡态过渡到平衡态的时间长短。

如果在 $t=0$ 时外加一个频率为 ω 的交变电场,即

$$\vec{E}(t)=\vec{E}_0 e^{-i\omega t} \tag{10.69}$$

采用和静电场相类似的近似方法,则可以将描述从强度为 $\vec{P}$ 的非平衡态到强度为 $\vec{P}_0$ 的平衡态的弛豫过程的方程表示成

$$\frac{\mathrm{d}\vec{P}(t)}{\mathrm{d}t}=-\frac{\vec{P}(t)-\varepsilon_0\chi_s\vec{E}(t)}{\tau}=-\frac{\vec{P}(t)-\varepsilon_0\chi_s\vec{E}_0 e^{-i\omega t}}{\tau} \tag{10.70}$$

该方程的解为

$$\vec{P}(t)=\varepsilon_0\chi(\omega)\vec{E}_0 e^{-i\omega t} \tag{10.71}$$

其中,

$$\chi(\omega)=\frac{\chi_s}{1-i\omega\tau} \tag{10.72}$$

为交变电场下的极化率,可见,交变电场下的极化率具有复数形式。如果把复极化率表示成如下形式:

$$\chi(\omega)=\chi_1(\omega)+i\chi_2(\omega) \tag{10.73}$$

则可以得到复极化率的实部 $\chi_1(\omega)$ 和虚部 $\chi_2(\omega)$ 分别为

$$\begin{cases} \chi_1(\omega)=\dfrac{\chi_s}{1+(\omega\tau)^2} \\[3mm] \chi_2(\omega)=\dfrac{\chi_s\omega\tau}{1+(\omega\tau)^2} \end{cases} \tag{10.74}$$

对分子晶体,除外加电场引起固有电偶极矩转向极化外,还存在外加电场感应引起的电子云位移极化。在通常介电性质所研究的频率范围,交变电场引起的电子云位移极化率是频率无关的常数,记为 χ_e。因此,考虑电子云位移极化和固有电偶极矩转向极化后,分子晶体的极化率可表示为

$$\chi(\omega)=\chi_e+\chi_1(\omega)+i\chi_2(\omega) \tag{10.75}$$

由于相对介电常数和极化率之间只差一个常数 1,即 $\varepsilon_r=1+\chi$,由此得到,分子晶体在交变电场作用下的相对介电常数随频率的变化关系为

$$\varepsilon_r(\omega)=1+\chi_e+\chi_1(\omega)+i\chi_2(\omega)=\varepsilon_e+\chi_1(\omega)+i\chi_2(\omega) \tag{10.76}$$

其中,$\varepsilon_e=1+\chi_e$ 是由电子云位移极化引起的相对介电常数,与频率无关。若将相对介电常数写成复介电常数的形式,即

$$\varepsilon_r(\omega)=\varepsilon_1(\omega)+i\varepsilon_2(\omega) \tag{10.77}$$

则可得到复相对介电常数的实部 $\varepsilon_1(\omega)$ 和虚部 $\varepsilon_2(\omega)$ 分别为

$$\begin{cases} \varepsilon_1(\omega)=\varepsilon_e+\dfrac{\chi_s}{1+(\omega\tau)^2} \\[3mm] \varepsilon_2(\omega)=\dfrac{\chi_s\omega\tau}{1+(\omega\tau)^2} \end{cases} \tag{10.78}$$

式(10.78)就是基于弛豫时间近似而得到的复相对介电常数的实部 $\varepsilon_1(\omega)$ 和虚部 $\varepsilon_2(\omega)$ 随频率的变化关系。

相对介电常数更一般形式的表达式可以通过考虑瞬时极化和慢极化对电位移的贡献而得到。在 $t=0$ 时,若外加一个频率为 ω 的交变电场,则因瞬时极化响应而引起的电位移可表示为

$$\vec{D}_{瞬时极化}(t)=\varepsilon_0\varepsilon_r(\infty)\vec{E}(t)$$

其中,$\varepsilon_r(\infty)$ 是 $\omega\to\infty$ 时的相对介电常数,称为光频介电常数。而随后的极化由于粒子间的碰撞(交换能量)而受阻,使得极化过程趋于缓慢,这一随后的缓慢极化过程称为慢极化过程。慢极化过程取决于粒子间的相互作用,唯象上通常可以通过引入一个后效函数(也称衰减因子)$\alpha(t>0)$ 而得以考虑,这样一来,慢极化过程对电位移的贡献可表示为

$$\vec{D}_{慢极化}(t)=\varepsilon_0\int_0^\infty\vec{E}(t')\alpha(t-t')\mathrm{d}t'$$

总的电位移为瞬时极化和慢极化两者贡献之和,即

$$\begin{aligned}\vec{D}(t)&=\vec{D}_{瞬时极化}(t)+\vec{D}_{慢极化}(t)\\&=\varepsilon_0\varepsilon_r(\infty)\vec{E}(t)+\varepsilon_0\int_0^\infty\vec{E}(t')\alpha(t-t')\mathrm{d}t'\end{aligned}\quad(10.79)$$

将式(10.69)所示的交变电场代入式(10.79),并令 $x=t-t'$,整理后有

$$\begin{aligned}\vec{D}(t)&=\varepsilon_0\varepsilon_r(\infty)\vec{E}_0\mathrm{e}^{-\mathrm{i}\omega t}+\varepsilon_0\int_0^\infty\vec{E}_0\mathrm{e}^{-\mathrm{i}\omega t'}\alpha(t-t')\mathrm{d}t'\\&=\varepsilon_0\varepsilon_r(\infty)\vec{E}_0\mathrm{e}^{-\mathrm{i}\omega t}+\varepsilon_0\vec{E}_0\mathrm{e}^{-\mathrm{i}\omega t}\int_0^\infty\mathrm{e}^{\mathrm{i}\omega(t-t')}\alpha(t-t')\mathrm{d}t'\\&=\varepsilon_0\varepsilon_r(\infty)\vec{E}(t)+\varepsilon_0\vec{E}(t)\int_0^\infty\mathrm{e}^{\mathrm{i}\omega x}\alpha(x)\mathrm{d}x\\&=\varepsilon_0\left\{\left[\varepsilon_r(\infty)+\int_0^\infty\alpha(x)\cos\omega x\,\mathrm{d}x\right]+\mathrm{i}\int_0^\infty\alpha(x)\sin\omega x\,\mathrm{d}x\right\}\vec{E}(t)\end{aligned}\quad(10.80)$$

如果把电位移和电场之间的关系写成

$$\vec{D}=\varepsilon_0\varepsilon_r(\omega)\vec{E}(t)\quad(10.81)$$

的形式,比较式(10.80)和式(10.81),则可得到相对介电常数的一般形式的表达式为

$$\begin{aligned}\varepsilon_r(\omega)&=\left[\varepsilon_r(\infty)+\int_0^\infty\alpha(x)\cos\omega x\,\mathrm{d}x\right]+\mathrm{i}\int_0^\infty\alpha(x)\sin\omega x\,\mathrm{d}x\\&=\varepsilon_r(\infty)+\int_0^\infty\alpha(x)\mathrm{e}^{\mathrm{i}\omega x}\mathrm{d}x\end{aligned}\quad(10.82)$$

若将相对介电常数写成复数形式,即

$$\varepsilon_r=\varepsilon_1+\mathrm{i}\varepsilon_2\quad(10.83)$$

则由式(10.82)可得到相对介电常数的实部和虚部分别为

$$\begin{cases}\varepsilon_1(\omega)=\varepsilon_r(\infty)+\int_0^\infty\alpha(x)\cos\omega x\,\mathrm{d}x\\[2mm]\varepsilon_2(\omega)=\int_0^\infty\alpha(x)\sin\omega x\,\mathrm{d}x\end{cases}\quad(10.84)$$

克拉默斯(Kramers)和克勒尼希(Krönig)基于傅里叶变换得到了相对介电常数实部和

虚部相互联系的关系式：

$$\varepsilon_1(\omega) = \varepsilon_r(\infty) + \frac{2}{\pi}\int_0^{\infty}\varepsilon_2(\omega')\frac{\omega'}{\omega'^2-\omega^2}d\omega' \tag{10.85}$$

和

$$\varepsilon_2(\omega) = \frac{2}{\pi}\int_0^{\infty}[\varepsilon_1(\omega')-\varepsilon_r(\infty)]\frac{\omega}{\omega^2-\omega'^2}d\omega' \tag{10.86}$$

称为 K-K 关系式，说明相对介电常数的实部和虚部并不是相互独立的，而是相互关联的。

10.4.2　介电损耗

固体中电偶极子的转向极化过程总会受到方方面面的阻力，包括电偶极子之间的相互作用及电偶极子同其他粒子间的相互作用等，使得电偶极子的转向不可能和外加电场同步，一般来说，这种转向极化总会滞后于外加电场。由于极化过程中遇到阻力，伴随固体的极化，电场能量会损耗，电场能量的这一损耗正是为了克服极化过程中所遇到的阻力。极化过程中的电场能量损耗称为介电损耗，由电动力学可知，电场能量的损耗等于电场所做的功，dt 时间内电场所做的功为

$$dW = \vec{E}(t)\cdot d\vec{P}(t) \tag{10.87}$$

对于频率为 ω 的交变电场，在一个周期 $T=\frac{2\pi}{\omega}$ 内电场所做的功为

$$W = \int_0^T dW = \int_0^T \vec{E}(t)\cdot d\vec{P}(t) \tag{10.88}$$

数学上，对极化滞后于外加电场的变化可以通过假设极化有关的量与外加电场之间存在相位差 δ 而得以描述。以电极化强度为例，如果外加电场是如式（10.69）所示的交变电场，为计算方便，取实数形式，即

$$\vec{E}(t) = \mathrm{Re}\{\vec{E}_0 e^{-i\omega t}\} = \vec{E}_0\cos\omega t \tag{10.89}$$

则由于阻力的存在，电极化强度随时间的变化关系为

$$\vec{P}(t) = \mathrm{Re}\{\vec{P}_0 e^{-i(\omega t-\delta)}\} = \vec{P}_0\cos(\omega t-\delta)$$
$$= \vec{P}_0\cos\omega t\cos\delta + \vec{P}_0\sin\omega t\sin\delta = \vec{P}_1\cos\omega t + \vec{P}_2\sin\omega t \tag{10.90}$$

其中，

$$\vec{P}_1 = \vec{P}_0\cos\delta, \vec{P}_2 = \vec{P}_0\sin\delta \tag{10.91}$$

将式（10.89）和式（10.90）代入式（10.87），则有

$$dW(t) = (-\vec{E}_0\cdot\vec{P}_1\omega\cos\omega t\sin\omega t + \vec{E}_0\cdot\vec{P}_2\omega\cos^2\omega t)dt$$

由此可计算出在一个周期 $T=\frac{2\pi}{\omega}$ 内，电场的能量损耗为

$$W = \int_0^T(-\vec{E}_0\cdot\vec{P}_1\omega\cos\omega t\sin\omega t + \vec{E}_0\cdot\vec{P}_2\omega\cos^2\omega t)dt$$
$$= \vec{E}_0\cdot\vec{P}_2\omega\int_0^T\cos^2\omega t\,dt = \pi\vec{E}_0\cdot\vec{P}_2 \tag{10.92}$$

可见,极化随时间的变化滞后于外加电场,即 $\delta \neq 0$,造成极化过程中电场的能量损耗,而不为零的相位差是由极化过程中遇到的阻力产生的,电场能量损耗正是来克服这种阻力的。

若将极化率写成复数的形式,即

$$\chi = \chi_1 + i\chi_2 \tag{10.93}$$

其中,χ、χ_1 和 χ_2 分别由下式确定:

$$\vec{P} = \varepsilon_0 \chi \vec{E} \tag{10.94a}$$

$$\vec{P}_1 = \varepsilon_0 \chi_1 \vec{E}_0 \tag{10.94b}$$

$$\vec{P}_2 = \varepsilon_0 \chi_2 \vec{E}_0 \tag{10.94c}$$

则极化率虚部和实部的比值

$$\frac{\chi_2}{\chi_1} = \frac{P_2}{P_1} = \frac{\sin\delta}{\cos\delta} = \tan\delta \tag{10.95}$$

称为损耗角正切,而 δ 是复极化率的幅角。将式(10.94c)代入式(10.92),则在一个周期内的电场能量的损耗可表示为

$$W = \pi\vec{E}_0 \cdot \vec{P}_2 = \pi\varepsilon_0 \chi_2 E_0^2 \tag{10.96}$$

可见,介电损耗正比于极化率的虚部 χ_2,而不为零的极化率虚部则源于电场引起的极化滞后于外加电场的变化。由于相对介电常数 ε_r 与极化率 χ 之间只差一个常数1,因此,极化率的虚部 χ_2 就是相对介电常数的虚部,即 $\chi_2 = \varepsilon_2$,意味着相对介电常数虚部随频率的变化反映了介电损耗随频率的变化。

如图 10.1 所示,只有当频率为零或频率很低时,前面所讲的三种基本微观极化机制才都参与作用,但相对介电常数是一个频率无关的实常数,因此,没有介电损耗。随着频率的增加,由于电偶极子转向极化落后于外加电场的变化,相对介电常数实部随频率增加而下降,同时虚部出现峰值,表明此时介电损耗达到极大。在经过介电损耗峰之后,实部随频率增加而降至新的恒定值,而虚部则变成零,这一变化反映了转向极化已经完成而不再响应,通常所讲的介电损耗主要指的是这种与固有电偶极子转向极化相对应的电场能量的损耗。继转向极化之后,起作用的是离子位移极化,对应的是晶格红外吸收,这一吸收发生在红外区,由于离子位移极化的作用,随频率增加,实部先增加后减小,而虚部再次出现峰值,因此介电损耗呈现极大,再次出现的介电损耗峰是由正、负离子位移引起的电偶极矩的振动频率和外加电场频率相接近以致发生了共振吸收所致。在此之后,离子位移极化响应也不再起作用了,剩下起作用的只有电子云位移极化,对应的是固体光吸收,介电常数虚部因此介电损耗再次呈现极大,其起因源于电子跃迁的共振吸收。

10.4.3　德拜弛豫

前面指出,固体介电响应的宏观效果可以由相对介电常数 ε_r 来描述,在频率为 ω 的交变电场的作用下,ε_r 与 ω 之间有如下形式的普遍关系:

$$\varepsilon_r(\omega) = \varepsilon_r(\infty) + \int_0^\infty \alpha(t) e^{i\omega t} dt \tag{10.97}$$

其中，$\alpha(x)$ 是后效函数，取决于固体的介电弛豫类型。德拜对弛豫过程作了深刻的研究，他认为极化弛豫可分解为一些具有

$$\alpha_j(t) = \alpha_{0,j}\, e^{-t/\tau_j} \quad (j=1,2\cdots) \tag{10.98}$$

形式的单元过程，其中，$\alpha_{0,j}$ 是与第 j 单元过程有关的常数，第 j 单元弛豫过程由其特征的弛豫时间 τ_j 来表征。如果存在多个德拜型弛豫的单元过程，则相对介电常数作为频率的函数可以表示为

$$\varepsilon_r(\omega) = \varepsilon_r(\infty) + \sum_j \alpha_{0,j} \int_0^\infty e^{-t/\tau_j}\, e^{i\omega t}\, dt \tag{10.99}$$

对于由大量刚性电偶极子构成的系统，其中只存在单一的与电偶极子转向极化相关的弛豫过程，在这种情况下

$$\alpha(t) = \alpha_0\, e^{-t/\tau} \tag{10.100}$$

具有这种形式的后效函数的弛豫称为德拜型弛豫，将式（10.100）代入式（10.97）中，积分后得到

$$\varepsilon_r(\omega) = \varepsilon_r(\infty) + \int_0^\infty \alpha_0\, e^{-t/\tau}\, e^{i\omega t}\, dt = \varepsilon_r(\infty) + \frac{\alpha_0 \tau}{1 - i\omega\tau} \tag{10.101}$$

如果 $\omega = 0$，则有

$$\varepsilon_r(0) = \varepsilon_r(\infty) + \alpha_0 \tau \tag{10.102}$$

称为静态相对介电常数，由此，可将 $\alpha_0 \tau$ 表示为

$$\alpha_0 \tau = \varepsilon_r(0) - \varepsilon_r(\infty) \tag{10.103}$$

代入式（10.101）中，则有

$$\varepsilon_r(\omega) = \varepsilon_r(\infty) + \frac{\varepsilon_r(0) - \varepsilon_r(\infty)}{1 - i\omega\tau} \tag{10.104}$$

由此得到相对介电常数的实部和虚部分别为

$$\varepsilon_1(\omega) = \varepsilon_r(\infty) + \frac{\varepsilon_r(0) - \varepsilon_r(\infty)}{1 + (\omega\tau)^2} \tag{10.105a}$$

和

$$\varepsilon_2(\omega) = \frac{\varepsilon_r(0) - \varepsilon_r(\infty)}{1 + (\omega\tau)^2}\, \omega\tau \tag{10.105b}$$

方程（10.105）称为德拜方程。

图 10.2 是基于德拜方程（10.105）得到的相对介电常数的实部和虚部随频率的变化关系，其中，当 $\omega\tau \ll 1$ 时，即频率为 0 或很低时，$\varepsilon_1(\omega)$ 趋于频率无关的静态相对介电常数 $\varepsilon_r(0)$，$\varepsilon_2(\omega) \to 0$；当 $\omega\tau \gg 1$ 时，$\varepsilon_1(\omega)$ 趋于光频相对介电常数 $\varepsilon_r(\infty)$，$\varepsilon_2(\omega)$ 再次趋于 0；当 $\omega\tau = 1$ 时，$\varepsilon_1(\omega) = \dfrac{\varepsilon_r(0) + \varepsilon_r(\infty)}{2}$，$\varepsilon_2(\omega)$ 达到极大，此时，$\varepsilon_2(\omega) = \dfrac{\varepsilon_r(0) - \varepsilon_r(\infty)}{2}$。

由德拜方程（10.105a）和（10.105b）可求得

$$\omega\tau = \frac{\varepsilon_2(\omega)}{\varepsilon_1(\omega) - \varepsilon_r(\infty)} \tag{10.106}$$

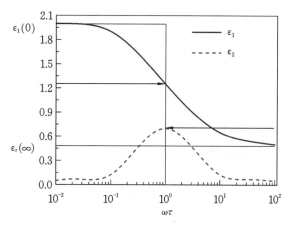

图 10.2　根据德拜方程得到的相对介电常数的实部和虚部与频率的关系

代入德拜方程(10.105a) 和(10.105b) 中,消去 $\omega\tau$ 后可得到

$$\left[\varepsilon_1(\omega) - \frac{\varepsilon_r(0) + \varepsilon_r(\infty)}{2}\right]^2 + \left[\varepsilon_2(\omega)\right]^2 = \left[\frac{\varepsilon_r(0) - \varepsilon_r(\infty)}{2}\right]^2 \tag{10.107}$$

如果以 ε_1 为横轴、以 ε_2 为纵轴作图,则方程(10.107)给出的是一条半圆周曲线,如图 10.3 所示。以这样的方式显示 ε_1 与 ε_2 关系的图称为 Cole-Cole 图,显示的半圆周曲线称为介电频谱的 Cole-Cole 圆。将不同频率下测量得到的相对介电常数的实部和虚部的实验数据点显示在复平面上,如果实验点能组成一条半圆周曲线,则相应的弛豫属于德拜型弛豫,因此,Cole-Cole 图常常被作为判断是否存在德拜型弛豫的有效方法。

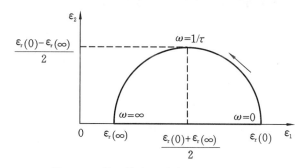

图 10.3　基于德拜型弛豫的 Cole-Cole 图

实验上观察到的弛豫往往偏离由方程(10.104)或方程(10.107)描述的德拜型弛豫,其原因是实际固体中的弛豫往往不是来自单一单元的德拜型弛豫,而是可能存在多个德拜型弛豫的单元过程,或者说,固体的弛豫时间具有一定的分布。在这种情况下,既可以通过假设存在几个不同的弛豫时间,然后基于方程(10.99)来拟合实验数据;也可以像 Cole 和 Cole 所提出的那样,即唯象地假设后效函数具有如下形式:

$$\alpha(t) = \alpha_0 e^{-(t/\tau)^{1-\beta}} \tag{10.108}$$

其中,β 为小于 1 的正数或 0,τ 为平均弛豫时间,将式(10.108)代入式(10.97),积分后可得到复相对介电常数为

$$\varepsilon_r(\omega) = \varepsilon_r(\infty) + \frac{\varepsilon_r(0) - \varepsilon_r(\infty)}{1 - (\mathrm{i}\omega\tau)^{1-\beta}} \tag{10.109}$$

然后将实验数据按 Cole-Cole 图的作图法处理,可得到一段圆弧,圆弧所张的圆心角为 $(1-\beta)\pi$,参数 β 可作为判断观察到的弛豫偏离德拜型弛豫程度的量,β 越大,则偏离程度越明显。

10.4.4　阻抗频谱及其等效电路分析

前面的分析表明,固体介电响应的宏观效果可以由相对介电常数 ε_r 来描述,因此,通过测量介电常数随频率的变化,可以从实验上研究固体的介电特性。由于介电响应同样也反映在阻抗谱上,因此,通过对交变电场下的阻抗谱进行测量,也可以从实验上研究固体的介电特性。

在对阻抗谱的分析中,通常将固体等效为由电阻 R(或电导 G)和电容 C 组成的等效电路,然后通过对等效电路的模拟分析来了解固体内部的物理过程。常见的有 R 和 C 组成的并联和串联两种形式的等效电路,前者适用于对漏电流较大的电介质固体在交变电场下的介电响应的模拟分析,而后者适用于对漏电流较小的电介质固体在交变电场下的介电响应的模拟分析。对于含有阻挡层的电介质固体,例如多晶样品中晶粒表面的晶界就是典型的阻挡层,这类固体的特点是本体部分(如多晶样品中的晶粒)具有高电导、小电容特征,而阻挡层(如晶界)具有低电导、大电容特征,在这种情况下,至少需要考虑 R 和 C 并联和串联两种形式组合得到的混合等效电路,才可以对电介质固体在交变电场下的介电响应进行模拟分析。这里仅以图 10.4(a) 所示的由电阻 R 和电容 C 组成的并联等效电路为例,简单介绍基于等效电路对固体介电响应的模拟分析。

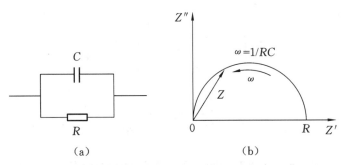

图 10.4　(a) 等效并联电路和(b) 相应的阻抗 $Z' - Z''$ 图谱

对于并联等效电路的情况,在频率为 ω 的交变电压 $U(\omega)$ 的作用下,流过等效电路的电流可表示为

$$I(\omega) = \frac{U(\omega)}{R} + C\,\frac{\partial U(\omega)}{\partial t} = \left(\frac{1}{R} + \mathrm{i}\omega C\right)U(\omega) = y(\omega)U(\omega) \tag{10.110}$$

其中,

$$y(\omega) = \frac{1}{R} + \mathrm{i}\omega C \tag{10.111}$$

称为复导纳。由此可得到并联电路的阻抗为

$$Z(\omega) = \frac{U(\omega)}{I(\omega)} = \frac{1}{y(\omega)} = \frac{R}{1 + i\omega RC} \tag{10.112}$$

可见,交变电压下并联电路的阻抗具有复数的形式,如果将其表示成

$$Z(\omega) = Z'(\omega) - iZ''(\omega) \tag{10.113}$$

则由式(10.112)可得到复阻抗的实部和虚部分别为

$$Z'(\omega) = \frac{R}{1 + (\omega CR)^2} \tag{10.114a}$$

和

$$Z''(\omega) = \frac{\omega CR^2}{1 + (\omega CR)^2} \tag{10.114b}$$

式(10.112)或式(10.114)就是基于对由电阻 R 和电容 C 组成的并联等效电路的分析所得到的阻抗频谱。在方程(10.114a)和(10.114b)中,若消去 ωC,则可以得到描述复阻抗实、虚部之间关系的方程为

$$\left[Z'(\omega) - \frac{R}{2} \right]^2 + [Z''(\omega)]^2 = \left(\frac{R}{2} \right)^2 \tag{10.115}$$

如果以 Z' 为横轴、以 Z'' 为纵轴作图,则方程(10.115)给出的是圆心为 $\left(\frac{R}{2}, 0 \right)$、半径为 $\frac{R}{2}$ 的半圆周曲线,如图 10.4(b) 所示。

根据阻抗谱可以得到电阻 R 和弛豫时间 τ。一般情况下,晶粒、晶界和电极三者对介电弛豫都有贡献。所以在实际样品中,当有两种及以上样品对介电弛豫有贡献时,在阻抗谱上就显示出两段或三段半圆弧。由于晶粒、晶界和电极的作用会有重叠,因此,阻抗谱上不会显现出标准的半圆弧,而是相互连接的圆弧。等效电路依旧可以用两段或三段 RC 电路进行等效,从而可以区分晶粒、晶界和电极三者对介电弛豫的不同贡献。

10.5　固体的铁电性

10.5.1　铁电体

前面谈到的极化,均与外加电场有关,观察到的宏观不为0的电极化源于外加电场引起的正、负电荷中心的不重合而感应形成的电偶极矩或外加电场引起的固有电偶极矩的转向极化。在电介质固体中,有一类固体,即使没有外加电场的作用,也会在某些小区域范围内呈现电偶极矩的有序排列并呈现不为零的极化强度,这种在没有电场作用下呈现电偶极矩有序排列的小区域称为铁电畴(ferroelectric domain),简称电畴,电畴内电偶极矩在没有外加电场作用下所呈现的有序排列的极化现象称为自发极化。由大量电畴组成的晶体,不仅具有自发极化特性而且其自发极化能随外加电场的作用而重新取向,具有这种性质的晶体称为铁电体(ferroelectrics)。 铁电体所具有的特性称为铁电性(ferroelectricity)。

值得一提的是,除了近年来所研究的多铁材料外,早期研究的铁电体,其称呼中虽有"ferro-",但实际上其没有任何"铁"的成分。之所以称其为铁电体,是因为它与后面介绍

的铁磁体在许多物理性质上有一一对应之处,如电滞回线对应磁滞回线、电畴对应磁畴、顺电 — 铁电相变对应顺磁 — 铁磁相变、电矩对应磁矩等。铁电体最重要的实验特征之一是其具有电滞回线,电滞回线的存在是判定晶体是否是铁电体的重要根据。

常见的铁电体有三大类,分别为 ABO_3 钙钛矿型过渡金属氧化物,如 $BaTiO_3$、$SrTiO_3$、$LiNbO_3$ 等;罗谢耳盐型,如 $NaK(C_2H_4O_6)\cdot 4H_2O$、$LiNH_4(C_2H_4O_6)\cdot H_2O$ 等;以及磷酸二氢钾(KDP)型,如 KH_2PO_4、RbH_2PO_4 等。ABO_3 钙钛矿型铁电体及在此基础上衍生的钨青铜型、铌酸锂型、烧绿石型、Bi 基双层状钙钛矿等其他过渡金属氧化物铁电体,是一类重要的铁电体,这些铁电体的共同特点是具有氧八面体结构,其铁电性来源于正、负离子的相对位移,由于这一原因,这类铁电体常称为位移型铁电体。另两类铁电体的共同点是其中存在氢键,若 H^+ 离子无序占据,则不会有自发的极化强度,若 H^+ 离子有序占据,则有自发极化强度的产生,由于这一原因,这类铁电体常称为无序 — 有序型铁电体。

10.5.2   铁电体的一般性质

1. 相变

在从高温到低温的变化过程中,铁电体常常经历从高温较高对称性到低温较低对称性的结构相变。例如,$BaTiO_3$ 晶体在高于 120 ℃ 的高温区具有立方晶系结构,空间群为 O_h 或 Pm3m,而在低于 120 ℃ 时,具有正方晶系结构,空间群为 C_{4v} 或 P4mm,说明晶体在 120 ℃ 时发生了从高温立方晶系到低温正方晶系的结构相变。又如,磷酸二氢钾晶体,在 150 ℃ 附近经历了从高温正方晶系到低温正交晶系的结构相变。

在高温较高对称性结构下,铁电体没有自发极化,因而不具有铁电性。随温度降低到相变温度时,铁电体经历从较高对称性到较低对称性的结构相变,在较低对称性结构中,铁电体中出现自发极化强度,因而显示铁电性。例如,$BaTiO_3$ 晶体,其基本结构单元是氧八面体,Ti^{4+} 离子位于氧八面体的中心,在立方晶系结构时,Ti^{4+} 离子处在正氧八面体的中心,此时,由于对称性而不会出现固有的电偶极矩。当晶体沿 c 轴方向畸变为正方晶系结构时,Ti^{4+} 和 O^{2-} 离子沿 c 轴方向发生了相对位移,从而引起固有的电偶极矩。可见,$BaTiO_3$ 等钙钛矿型铁电体是一种典型的位移型铁电体(displacive class of ferroelectrics)。又如,磷酸二氢钾晶体,其电偶极矩的产生源于 H 键上 H^+ 离子与两个负离子距离的不同。在高温正方晶系结构下,由于 H 核占据位置无序,虽然就单个 H 键而言具有电偶极矩,但平均起来没有净的固有电偶极矩的产生。而在低温正交晶系结构下,H^+ 离子占据有序,使得在 c 轴方向上占据的几率大于在其他方向上占据的几率,从而形成极化方向沿 c 轴的固有的电偶极矩。可见,磷酸二氢钾等含有 H 键的晶体是一种典型的无序 — 有序型铁电体。

不具有铁电性的高温相称为顺电相(paraelectric phase),而具有铁电性的低温相称为铁电相(ferroelectric phase),从高温顺电相到低温铁电相的转变是一个相变过程,相变温度称为居里温度,通常标记为 T_C。相变有一级相变和二级相变之分,一级相变有潜热发生,自发极化强度在相变温度处呈现由零值而突然增加至有限值的不连续变化;二级相变不存在潜热但热容量在相变温度处呈现不连续变化,温度从相变温度开始下降时,自发极化强度从零值连续增加到一定值。位移型铁电体中的顺电 — 铁电转变属于一级相变,而无序 — 有序型铁电体中的顺电 — 铁电转变属于二级相变。在高温顺电相,铁电体的介电常数随温度的变化关系遵从居里 — 外斯定律,即

$$\varepsilon = \varepsilon_\infty + \frac{C}{T - T_0} \tag{10.116}$$

其中,ε_∞ 是高频介电常数,C 是居里常数,T_0 是特征温度,对一级相变,$T_0 < T_C$,而对二级相变,$T_0 \approx T_C$。

2. 电畴

铁电体自发极化时能量会升高,导致状态不稳定,为了降低因自发极化而引起的能量升高,晶体趋向于分成许多小区域,每个小区域里电偶极矩取向相同,而不同小区域的电偶极矩取向不同。这样一个具有相同电偶极矩取向的小区域称为电畴,或者说,电畴是指自发极化方向相同的小区域。电畴之间的边界地区称为畴壁,畴壁的厚度一般为 $0.1 \sim 10$ nm 量级,畴壁厚度取决于各种能量平衡的结果。对于多晶铁电体,由于各晶粒的取向是完全任意的,不同电畴中自发极化的相对取向没有规律性。但对于单轴铁电体,由于铁电体的固有电偶极矩只能沿某些晶轴方向,因此,不同电畴电偶极矩的相对取向存在着简单的关系。正方晶系的单晶铁电体只有相互垂直的两个极化方向,因此,它只有两种畴壁,分别为 $180°$ 和 $90°$ 畴壁,前者是两个电偶极矩反平行取向的电畴之间的畴壁,后者是两个电偶极矩相互垂直取向的电畴之间的畴壁;对斜方晶系结构的铁电体,常见的有 $60°$ 和 $120°$ 两种畴壁;对菱形晶系结构的铁电体,常见的有 $71°$ 和 $109°$ 两种畴壁。整个晶体的总极化强度为各个电畴的极化强度的矢量和,其大小取决于各个电畴的体积和分布。

3. 电滞回线

在外电场的作用下,铁电体电畴趋向于沿外加电场方向取向,称为"畴"转向。畴转向是通过新畴的出现、发展和畴壁移动来实现的。外加电场撤去后,小部分电畴偏离极化方向,恢复原位,大部分停留在新转向的极化方向上,导致产生剩余极化。具体过程可参考图 10.5 解释如下。

(1) 在没有外电场时,铁电体总极化强度为零(图中的原点 O),这是因为铁电体为多畴态,各电畴的自发极化强度矢量和为零(能量最低)。加上外电场后,沿电场方向的电畴扩展、变大,而与电场方向反向的电畴变小,这样一来,极化强度随外电场增加而增加(见图中的初始极化曲线 $O \to A \to B$)。

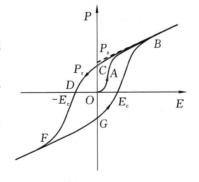

图 10.5　铁电体的电滞回线示意图

(2) 当电场增大到足够强时,如图中的点 B,所有电畴方向趋向于沿相同方向取向,

形成一个单电畴,极化强度达到饱和。

（3）如再继续增加电场,则单电畴趋于沿电场方向取向,相应的极化强度随电场增加而缓慢地线性增加,线性外推（见图中的虚线）至 $E=0$ 得到的极化强度称为饱和极化强度,也就是自发极化强度,用 P_s 表示。

（4）在极化强度达到饱和后,随着场强降低,极化曲线并不是沿 $B \rightarrow A \rightarrow O$ 回到原点,而是沿 $B \rightarrow C$ 曲线变化,当场强降到 0 时,极化强度仍保持着一定的值 P_r,称为剩余极化强度。

（5）要使极化强度降到 0,必须反方向外加电场到一个值 $-E_c$（见图中的点 D）,E_c 称为矫顽场。

（6）随反向电场的强度继续增大,极化强度的绝对值逐渐增加,直到在 F 点达到反向饱和,然后极化强度的绝对值随反向场强增加而趋向于缓慢地线性增加。

（7）从点 F 开始,通过改变电场的大小和方向,极化强度沿 $F \rightarrow G \rightarrow B$ 曲线变化。

这样一来,循环一周,就得到了一条完整的"$B \rightarrow C \rightarrow D \rightarrow F \rightarrow G \rightarrow B$"闭合曲线,这样的曲线称为电滞回线,不为零的回线面积的存在是判定晶体是否是铁电体的重要根据。

10.5.3　与铁电性相关的典型物理效应

1. 热释电效应

热释电效应指的是,当温度改变时,晶体极化强度发生改变,而伴随极化强度的改变,晶体会表现出电荷释放的一种现象,宏观上则表现为,随温度的改变,在晶体的两端出现电压或产生电流。晶体存在热释电效应的前提是其具有自发极化,即在某个方向上存在着固有电矩。

热释电效应是铁电体的一种自然物理效应。铁电体在经过预电极化处理后具有宏观剩余极化,且其剩余极化随温度而变化,从而能释放表面电荷,呈现热释电效应。铁电体中由于存在自发极化强度,沿极化方向上,铁电体两端的表面产生束缚电荷。这些束缚电荷被表面吸附的带电粒子所中和,使其自发极化强度不能显示出来。当温度改变时,晶体结构中的正、负电荷重心产生相对位移,晶体自发极化值就会发生变化,在晶体表面就会产生电荷耗尽。铁电体具有产生表面极化电荷和释放表面极化电荷的能力,因此,铁电体具有热释电效应,由于这一效应,铁电体也称为热释电晶体,简称热电体（pyroelectrics）。

能产生热释电效应的晶体称为热释电体,又称为热电元件。如果在热电元件两端并联上电阻,当元件受热时,则电阻上就有电流流过,在电阻两端也能得到电压。热释电效应近 10 年来已得到广泛应用,如辐射和非接触式温度测量、红外光谱测量、激光参数测量、工业自动控制、空间技术、红外摄像等。另外,由于生物体中热释电效应的存在,热释电效应有望在生物乃至生命过程中有着重要的应用。

2. 压电效应

任何固体当受到外部机械力作用时都会发生形变。对于铁电体,伴随外力引起的形变,会产生一种独特的现象,即铁电体内部因外力引起的形变而在其内部产生极化现象并在沿受力方向的两端表面出现正、负相反的电荷(束缚电荷),这种现象称为压电效应。铁电体所具有的压电效应本质上是铁电体中极化与应力之间的一种耦合效应。

铁电体因外力引起的形变而在受力方向两端表面出现束缚电荷,电荷密度正比于所受外力的大小,当撤销外力后,铁电体又会恢复到不带电状态,这种现象称为正压电效应。相反,若铁电体在其极化方向上受到外加电场的作用,则伴随电场引起的极化而使铁电体发生形变,形变的程度正比于外加电场的强度,当撤销电场后,铁电体的形变也随之消失,这种现象称为逆压电效应,也称电致伸缩效应。

铁电体可以因机械变形而产生电场,也可以因电场作用而产生机械变形,这种固有的机 — 电耦合效应使得铁电体在工程及高科技领域中得到了广泛的应用。

思考与习题

10.1　为什么固体中的电荷实际受到的电场作用要大于外加电场的作用?

10.2　为什么说半导体对外加电场的响应兼有电传导和电极化两种特性?

10.3　为什么说电子云位移极化、离子位移极化和固有电偶极矩的转向极化是分子晶体中三种基本的极化机制?

10.4　为什么介电常数具有复数形式?　复介电常数的实部和虚部代表着何种意义?

10.5　对具有金刚石结构的硅,已知其晶格常数 $a = 0.543$ nm、相对介电常数 $\varepsilon_r = 12$,试基于 Clausius-Mossotti 关系计算硅原子的极化率。

10.6　如果把原子核所带的正电荷(Ze)和电子云所带的负电荷($-Ze$)看成是两个点电荷,外加电场引起正、负电荷的分离,而库仑吸引作用使得正、负电荷靠近,试写出两个点电荷在一维方向上的运动方程并对方程进行求解。

10.7　考虑两个中性原子,两者距离为 a,两个原子的极化率均为 α,试求 a 和 α 之间满足何种条件时,才能使得二原子系统表现出铁电性。提示:偶极场在沿电偶极矩的方向上最强。

第 11 章　半导体电子论基础

相对于导体和绝缘体,半导体(semiconductor)这个名称的提出在时间上要晚得多。半导体除了常温下具有介于导体和绝缘体之间的导电性能之外,还具有负阻温系数、光生伏特效应、光电导效应、整流效应及对掺杂或外界条件极为敏感等特性,这些现象或效应虽然很早就从实验上发现,但直到 1911 年才有了半导体名称的正式提出,而理论上的解释则是在固体能带理论提出之后才出现。固体能带理论为半导体研究奠定了理论基础,对半导体科学及其应用的快速发展起到了理论指导和推动作用,另一方面,半导体科学及其应用的快速发展,不仅丰富了固体物理研究内容,而且大大推动了固体物理向更深层次的发展。半导体及基于半导体制成的各种器件有着广泛的用途,特别是集成电路和大规模集成电路,已成为现代电子和信息产业乃至现代工业的基础。半导体之所以有着极为广泛的用途,主要是因为半导体内部的电子运动的多样化及半导体材料的性质与杂质、光照、温度和压力等因素有着极为密切的关系。半导体物理作为固体物理学分支学科,进一步揭示了半导体内部电子各种形式的运动并阐明了其运动规律。从固体物理学体系完整的角度,本章就晶态半导体的电子论予以阐述。

11.1　半导体的种类

半导体种类繁多,从单质到化合物,从无机物到有机物,从单晶体到非晶体,原则上讲,只要材料具有半导体特性,则都可以认为是半导体。对普遍研究的半导体,大体上可以分为三大类:一是从组成半导体的元素角度,半导体可分为元素半导体和化合物半导体两大类;二是从半导体中是否有杂质能级的角度,半导体可分为本征半导体和非本征半导体两大类;三是从半导体是否长程有序的角度,半导体可分为晶态半导体和非晶态半导体两大类。

11.1.1　元素半导体与化合物半导体

元素半导体指的是由同种元素组成的具有半导体特性的固体材料,最具代表性的有硒、锗和硅等元素半导体。对半导体硒,光照可引起其导电性提高上千倍,其广泛应用于电子照明和光电领域。半导体锗性能稳定,其导电性可以通过掺杂其他少量元素而大幅度提高,在 20 世纪 50 年代研制的半导体器件中普遍采用的是锗半导体单晶。到了 60 年代,由于硅单晶的性能远远好于锗单晶的,在半导体器件研制中,硅逐渐取代锗进入主导地位。直到今天,大规模集成电路的制作仍然以硅单晶为主,硅是最具有影响力的半导体元素之一。

化合物半导体指的是由两种或两种以上不同原子或分子组成的具有半导体性质的化合物半导体。化合物半导体又有无机化合物半导体和有机化合物半导体之分。

无机化合物半导体通常是指由两种或两种以上元素按一定原子配比形成的具有确定禁带宽度和能带结构等的晶态无机化合物半导体,典型的有 Ⅲ—Ⅴ 族、Ⅱ—Ⅵ 族化合物半导体等。晶态无机化合物半导体主要包括的是二元化合物,如:砷化镓、磷化铟、硫化镉、碲化铋、氧化亚铜等,其次是三元或多元化合物,如镓铝砷、铟镓砷磷、磷砷化镓、硒铟化铜等,这些无机化合物半导体普遍应用于光电子器件、超高速微电子器件和微波器件等的研制。特别是 Ⅲ—Ⅴ 族化合物半导体,如磷化铟、砷化镓、磷化镓、锑化铟等尤为人们所重视,其中,基于磷化铟制造的晶体管广泛应用于光电集成电路、抗核辐射器件等;砷化镓不仅有大的禁带宽度和高的电子迁移率,而且还具有硅、锗所不具备的能在高频下工作的优良特性,其被广泛应用于微波体效应器件、高效红外发光二极管和半导体激光器等的研制。

有机化合物半导体指的是具有半导体性质的有机材料,其导电能力介于金属和绝缘体之间,且具有热激活型电导率。典型的有机半导体可分为有机物、聚合物和电荷转移络合物三大类,有机物包括芳烃、染料、金属有机化合物,如紫精、酞菁、孔雀石绿、若丹明 B 等;聚合物包括主链为饱和类聚合物和共轭型聚合物,如聚苯、聚乙炔、聚乙烯咔唑、聚苯硫醚等;电荷转移络合物由电子给予体与电子接受体两部分组成,典型的有四甲基对苯二胺与四氰基醌二甲烷复合物。和无机化合物半导体相比,有机半导体具有成本低、溶解性好、材料轻、易加工等特点,且可以通过控制分子的方式来控制其导电性能,因此,有机半导体有较广泛的应用范围,目前主要应用于有机薄膜、有机照明等方面。

11.1.2 本征半导体与非本征半导体

本征半导体是指不含任何杂质和缺陷、具有理想晶体结构的晶态半导体,例如,没有杂质和缺陷的纯净单晶硅就是典型的本征半导体。绝对零度时,本征半导体能带结构的特点是,价带被价电子占满,导带没有电子占据,导带与价带之间由禁带隔开,在禁带所覆盖的能量范围内没有电子能级的存在。在有限温度下,价带电子通过从环境温度中获得热能,从价带热激发到导带中,从而产生价带中的空穴和导带中的电子。这些成对产生的电子—空穴对是本征半导体的载流子,由于电子—空穴对在产生的同时也在不断复合,当温度一定时,电子—空穴对的产生和复合达到动态平衡,在这种情况下,半导体中能维持一定的载流子密度,这种由于电子—空穴对的产生而形成的电子和空穴作为载流子的导电称为本征导电。在本征半导体中,有限温度下载流子的产生源于价电子从价带到导带的热激发,即使在室温附近,热激发产生的电子—空穴对也是很小的,同时,电子—空穴对在产生的同时也在不断复合,因此,本征半导体有较低的载流子密度和较差的电学性质。

非本征半导体,又称杂质半导体,通常指的是在维持本征半导体基本能带结构不变的前提下通过掺杂少量其他元素或化合物组分而将杂质能级引入带隙的一类半导体。杂质能级有含有电子的杂质能级(施主能级)和没有电子的杂质能级(受主能级)之分,通过将施主或受主能级引入本征半导体的带隙,可以实现从以电子—空穴对作为载流子的本征导电到以电子或空穴作为主要载流子的电子或空穴型导电的转变。杂质能级的引进,不仅可以大大改善半导体的电学性质,而且更为重要的是,以此为基础形成的 N 型和

P 型两种不同导电类型的半导体是基于半导体研制的各种电子器件的重要的基本结构单元,在半导体科学及其应用的发展过程中具有里程碑意义。

11.1.3　晶态半导体与非晶态半导体

晶态半导体是指,构成半导体的原子或分子按照一定规则周期性排布形成的具有确定晶体结构的半导体。多数情况下,晶态半导体中的原子间多采用的是共价键结合的方式,例如,对具有金刚石型结构的单晶硅,每个 Si 原子先以 sp^3 形式等性杂化成四个等性杂化轨道,再以杂化轨道中的未配对电子与四个相邻的杂化轨道中的未配对电子共价结合。晶态半导体中由以共价键方式结合的原子形成的网络是一种规则的网络,在键角和键长的分布上均呈现出长程有序性。以共价键方式结合形成的晶态半导体的特点是,所有价电子均束缚在共价键上而不能在晶体中自由运动,意味着晶态半导体中的价电子处在局域态。从绝对零度时的能带结构上看,晶态半导体的价带是被价电子占满的满能带,而导带是没有电子占据的空带。

非晶态半导体又称玻璃半导体,是一种因键长和键角畸变而形成的具有共价无规网络结构特征的半导体,典型的非晶态半导体有非晶硅半导体、硫系非晶态半导体、玻璃态氧化物半导体等。对于非晶态半导体,尽管构成半导体的原子间也采用和晶态半导体相类似的共价键结合方式,但其中的键长和键角发生了畸变,导致一种无规的共价网络形成,在键长和键角的分布上只呈现短程(两三个原子尺度范围)有序,而长程是无序的。由于无规网络的形成,非晶态半导体能带边能态密度的变化不像晶态半导体的那样陡,而是拖有不同程度的带尾,使得非晶态半导体能带中的电子态有局域态和扩展态之分。处在局域态中的电子和晶态半导体能带中的电子相同,这是非晶态和晶态半导体有相类似的基本能带结构特征的原因,但处于扩展态中的电子可以在整个固体中运动,使得非晶态半导体在性质上不同于晶态半导体,这让人们对非晶态半导体的应用前景寄予了厚望。目前非晶态半导体主要应用于太阳能电池、传感器、薄膜晶体管、摄像元件、光存储器等。

11.2　本征半导体的能带结构及其性质

从固体物理学角度,对半导体性质的研究,如同对其他固体性质的研究,都是先从具有理想晶体结构的固体入手。基于这一原则,本节介绍本征半导体的能带结构特征及其性质。本征半导体是指具有理想的晶体结构且不含任何杂质和缺陷的晶态半导体,有时也将本征半导体理解为没有杂质和缺陷的纯净晶态半导体。

11.2.1　能带结构

对于原子周期性排布形成的固体,即晶态固体(晶体),按照能带理论,其能带结构由一系列能带构成,相邻的能带之间由禁带隔开,在禁带所覆盖的能量内没有电子能级的存在。绝对零度时,固体中的电子按能量从低到高依次占据各个不同的能带,芯电子占满了所有低能量的一系列能带,处于满能带的芯电子紧紧束缚在各自原子核的周围,因此,在一般实验条件下不需要考虑芯电子对晶体物理性质的贡献。在芯电子能带之上的能带是价电子所在的能带,称为价带,价带之上有一系列没有电子占据的能带,称为空带。依价电子在价带中的占据情况,固体有金属和绝缘体之分,在金属的能带结构中,价电子所在的能带是未满的能带,费米能级(E_F)位于这个未满的能带中;而在绝缘体的能带结构中,价电子占满了价带,而价带之上的能带是空带,费米能级位于紧靠价带顶部的带隙中。

绝对零度时,半导体的能带结构和绝缘体的没有本质的不同,即价带是满带,价带之上所有能带均没有电子占据。和绝缘体相比,差别在于,半导体能带结构中,价带和紧邻之上的空带之间有较窄的禁带宽度。由于禁带较窄,价带电子可以通过从外界获得能量穿过禁带而进入紧邻价带之上的空带中,使得原先没有电子占据的空带变成了有部分电子占据的能带,由于这一原因,半导体中通常将能带结构中紧邻价带之上的空带称为导带。图 11.1 所示的是绝对零度时包含价带、禁带和导带在内的半导体能带结构特征示意图,图中阴影部分的能带表示的是占满了价电子的价带,没有阴影部分的能带表示的是紧邻价带之上的空带,即所谓的导带。导带的最低能量点 E_- 称为导带边,价带的最高能量点 E_+ 称为价带边,导带边与价带边的能量差是通常所说的半导体禁带宽度或带隙(energy gap),通常以 E_g 表示,即

$$E_g = E_- - E_+ \tag{11.1}$$

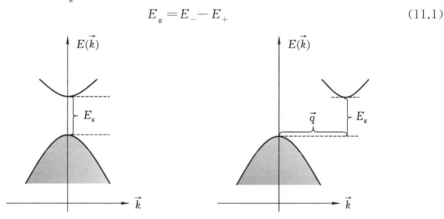

图 11.1　(a) 直接带隙和(b) 间接带隙半导体能带结构示意图

在有限温度 T 时,价带边附近的电子可以通过热激活方式越过禁带进入导带边附近没有电子占据的能级上,如后面分析所表明的,热激活几率近似为 $\propto e^{-E_g/2k_BT}$。在室温附近,$k_BT \approx 0.025$ eV,对于绝缘体,E_g 一般为 $4 \sim 10$ eV,以 $E_g = 4$ eV 为例,可估计从价带到导带的热激活几率近似为

$$e^{-\frac{E_g}{2k_BT}} \sim e^{-80} \approx 10^{-35}$$

这样小的热激活几率可以忽略不计,这是绝缘体在室温附近不具有导电性的原因。相比之下,半导体有窄的禁带宽度,E_g 一般为零点几到 2 eV,以 $E_g = 0.25$ eV 为例,可估计从价带到导带的热激活几率近似为

$$e^{-\frac{E_g}{2k_BT}} \sim e^{-5} \approx 10^{-2}$$

说明,对于具有较窄禁带的半导体,室温附近有不可忽略的来自价带的电子热激发到导带的可能,从而使得半导体在室温附近具有一定的导电能力。室温附近电阻率测量表明,晶态绝缘体的电阻率大于 10^{22} Ω·cm,金属的电阻率约为 10^{-6} Ω·cm,而半导体的电阻率为 $10^{-3} \sim 10^{9}$ Ω·cm,介于金属和绝缘体之间,室温附近实验得到的绝缘体、半导体和金属的电阻率是和它们的能带结构相吻合的。

　　图 11.1 显示了两种不同类型半导体的能带结构特征。第一种,如图 11.1(a) 所示,在 $\vec{k}$ 空间中,导带底部和价带顶对应的 $\vec{k}$ 值几乎相同,具有这种能带结构特征的半导体称为直接带隙半导体;第二种,如图 11.1(b) 所示,在 $\vec{k}$ 空间中,价带顶部和导带底部对应的 $\vec{k}$ 值并不相同,相差一个矢量 $\vec{q}$。具有如图 11.1(b) 所示的能带结构特征的半导体称为间接带隙半导体。直接带隙和间接带隙半导体的含义后面再作进一步的解释。

11.2.2　本征光吸收和光发射

　　半导体具有较窄的禁带,因此,如果价带电子能从外界获得足够高的能量,就可以穿过禁带而进入导带。上面讲到的电子通过热激活方式从价带进入导带,就是电子从环境温度中获得足够高能量而实现的。除热激活外,当半导体受到频率为 ω 的光的照射时,电子也可以通过吸收光子能量 $\hbar\omega$ 而实现从价带到导带的跃迁。伴随电子的跃迁,价带中留下了空穴,而导带中出现了电子,意味着本征半导体中的电子和空穴是成对产生的,即所谓的电子 — 空穴对,这一跃迁过程称为本征光吸收。由图 11.1 可以看到,实现本征光吸收的条件是光子能量必须大于等于禁带宽度,即

$$\hbar\omega \geqslant E_{\mathrm{g}} \tag{11.2}$$

其中,等号对应带边电子的光致跃迁。利用 $\omega = \dfrac{2\pi c}{\lambda}$,其中,$c$ 为真空中的光速,可得到光吸收的阈值波长(对应本征光吸收的最大光波长)为

$$\lambda_{\max} = \frac{2\pi\hbar c}{E_{\mathrm{g}}} \tag{11.3}$$

称为本征光吸收边。

　　在波矢空间中,电子通过吸收光子的能量从价带顶部 $\vec{k}$ 态跃迁到导带底部的 $\vec{k}'$ 态。根据 $\vec{k}$ 和 $\vec{k}'$ 在波矢空间中是否处于相同点,本征边附近光致跃迁有竖直的和非竖直的两种类型的。对于具有如图 11.1(a) 所示能带结构的直接带隙半导体,本征光致跃迁,即从价带顶到导带底的跃迁,发生在同一条竖直线上,即 $\vec{k} = \vec{k}'$,这样的跃迁称为竖直跃迁;而对于具有如图 11.1(b) 所示能带结构的间接带隙半导体,价带顶的 $\vec{k}$ 和导带底的 $\vec{k}'$ 不处在同一条竖直线上,两者之间相差一个矢量 $\vec{q}$,即 $\vec{k}' = \vec{k} + \vec{q}$,这种情况下发生的本征光致跃迁称为非竖直跃迁。

　　当电子吸收光子从价带顶部的 $\vec{k}$ 态跃迁到导带底部的 $\vec{k}'$ 态时,必须满足能量和准动量守恒条件。考虑到在光致跃迁过程中,除了电子与光子相互作用外,还可能伴随着声子的产生(湮没)过程,因此,光致跃迁过程中能量守恒和准动量守恒关系的一般表达式

可分别表示为

$$E_-(\vec{k}') - E_+(\vec{k}) = \hbar\omega \pm \hbar\Omega \tag{11.4}$$

和

$$\hbar\vec{k}' - \hbar\vec{k} = \vec{p}_{photon} \pm \hbar\vec{q} \tag{11.5}$$

其中,$E_-(\vec{k}')$ 和 $E_+(\vec{k})$ 分别为导带底和价带顶附近的电子能量。在方程(11.4)和方程(11.5)中,左边分别为电子跃迁后和跃迁前的能量差和动量差,右边第一部分为光子的能量和动量,第二部分为声子的能量和准动量。由第 5 章所介绍的晶格振动理论可知,声子能量的量级为

$$\hbar\Omega \sim k_B\theta_D \sim 10^{-2}(eV)$$

而根据光的波长 $\sim 10^{-4}$ cm,光子能量由 $\hbar\omega = \dfrac{2\pi c\hbar}{\lambda}$ 可估计为 1 eV,因此,相对于光子能量,声子的能量贡献可忽略不计;另一方面,光子波矢的大小 $\dfrac{2\pi}{\lambda} \sim 10^4$ cm^{-1},而带边电子的波矢大小 $\dfrac{2\pi}{a} \sim 10^8$ cm^{-1},两者相差四个量级,因此,可以忽略跃迁过程中的光子动量的贡献。这样一来,式(11.4)和式(11.5)所示的能量守恒和准动量守恒可分别表示为

$$E_-(\vec{k}') - E_+(\vec{k}) = \hbar\omega \tag{11.6}$$

和

$$\hbar\vec{k}' - \hbar\vec{k} = \pm\hbar\vec{q} \tag{11.7}$$

对于直接带隙半导体,$\vec{k} = \vec{k}'$,由式(11.7)可得 $\vec{q} \approx 0$,因此,本征光致跃迁过程中的能量和动量的守恒关系可表示为

$$\begin{cases} E_-(\vec{k}') - E_+(\vec{k}) = \hbar\omega \\ \hbar\vec{k}' = \hbar\vec{k} \end{cases} \tag{11.8}$$

说明,对于直接带隙半导体,本征光致跃迁是一个直接跃迁的过程,即:仅仅通过吸收光子的能量就可以实现从价带顶到导带顶的跃迁;而对于间接带隙半导体,由于 $\vec{k}' = \vec{k} + \vec{q}$,因此,本征光致跃迁过程中,伴随声子的产生(湮没),其能量和动量的守恒关系可表示为

$$\begin{cases} E_-(\vec{k}') - E_+(\vec{k}) = \hbar\omega \\ \hbar\vec{k}' - \hbar\vec{k} = \pm\hbar\vec{q} \end{cases} \tag{11.9}$$

其中,$\hbar\vec{q}$ 是声子的准动量。方程(11.9)表明,对于间接带隙半导体,单纯吸收光子不能实现从价带顶到导带底的跃迁,而必须借助声子的参与,其中光子提供跃迁所需的能量,而声子则提供跃迁所需的动量。相对于竖直跃迁,非竖直跃迁是一个两步过程,因此,非竖直跃迁发生的几率要小得多。

本征光吸收是价电子通过吸收光子跃迁到导带的过程,伴随这一跃迁,形成电子—空穴对;其逆过程则是导带底部的电子通过释放能量跃迁到价带顶部附近空穴位置上的过程,伴随着这一跃迁,电子—空穴对复合,同时向外发射光子,形成所谓的光发射效应,

称为电子 — 空穴对复合发光。一般情况下,导带电子集中在导带边附近,而价带空穴集中在价带边附近,因此,电子 — 空穴复合发出的光的光子能量基本上等于禁带宽度对应的能量,即 $\hbar \omega = E_g$,意味着发光的颜色取决于半导体的禁带宽度。

由于与光致吸收相同的原因,直接带隙半导体中的电子 — 空穴复合发光的几率要远大于间接带隙半导体中的,因此,在制作基于电子 — 空穴复合发光的器件时,多采用的是直接带隙半导体。

11.2.3 本征半导体的载流子浓度

半导体中的电子和金属中的电子一样,有限温度时在能量为 E 的能级上的占据几率服从费米 — 狄拉克统计规律,即

$$f(E) = \frac{1}{e^{(E-E_F)/k_B T} + 1} \tag{11.10}$$

但和金属不同的是,金属的费米能级 E_F 位于导带内,而半导体的费米能级 E_F 位于带隙中。

对于本征半导体,如后面所证明的,费米能级 E_F 位于带隙中间,即

$$E_F = E_+ + \frac{1}{2} E_g = \frac{1}{2}(E_- + E_+) \tag{11.11}$$

其中,E_- 和 E_+ 分别为导带边和价带边的能量,$E_g = E_- - E_+$ 为禁带宽度。对导带中的电子,由于

$$E - E_F > E_- - E_F = \frac{1}{2} E_F \gg k_B T$$

因此,在能量为 E 的能级上电子的占据几率可近似为

$$f(E) = \frac{1}{e^{(E-E_F)/k_B T} + 1} \approx e^{-(E-E_F)/k_B T} \tag{11.12}$$

说明,本征半导体导带中的电子分布函数退化为经典的玻尔兹曼分布函数,其物理解释为,导带中电子占据几率远小于 1,以至于不必考虑泡利不相容原理的限制。知道了导带中电子的分布几率函数,就可以按下式计算出导带中的电子数:

$$N = \int_{E_-}^{\infty} f(E) g(E) dE \approx \int_{E_-}^{\infty} f(E) g_-(E) dE \tag{11.13}$$

其中,$g(E)$ 是能态密度函数,$g_-(E)$ 是导带边附近的能态密度函数。由于导带中的电子基本上集中在导带边附近,因此,在式(11.13)中作了 $g(E) \approx g_-(E)$ 的近似处理。如在第 7.5 节中所讨论的,或者如图 11.1 所示的,导带底部附近的能带曲线呈现开口向上的抛物线形式,说明导带边附近的电子行为接近自由电子,小的差别可以通过引入电子有效质量 m_-^* 得以反映,这样一来,导带底附近的电子可看成是有效质量为 m_-^* 的"自由"电子,因此,导带边附近的电子能量可表示为

$$E(\vec{k}) = E_- + \frac{\hbar^2 k^2}{2m_-^*} \tag{11.14}$$

在金属电子论中所提到的能态密度表达式中,即在式(6.22)中,以电子有效质量 m_-^* 代替式中的自由电子质量 m 并注意到导带能量最小值为 E_-,则可以得到导带边附近电子的

能态密度为

$$g_-(E) = 4\pi V \left(\frac{2m_-^*}{h^2}\right)^{3/2} (E - E_-)^{1/2} \tag{11.15}$$

将式(11.12)和式(11.15)代入式(11.13),则有

$$N = \frac{4\pi V}{h^3} (2m_-^*)^{3/2} \int_{E_-}^{\infty} e^{-(E-E_F)/k_BT} (E - E_-)^{1/2} \mathrm{d}E$$

$$= \frac{4\pi V}{h^3} (2m_-^*)^{3/2} e^{-(E_- - E_F)/k_BT} \int_{E_-}^{\infty} e^{-(E-E_-)/k_BT} (E - E_-)^{1/2} \mathrm{d}E$$

若令 $\xi = (E - E_-)/k_BT$,则上式变成

$$N = \frac{4\pi V}{h^3} (2m_-^*/k_BT)^{3/2} e^{-(E_- - E_F)/k_BT} \int_0^{\infty} e^{-\xi} \xi^{1/2} \mathrm{d}\xi \tag{11.16}$$

利用积分公式 $\int_0^{\infty} e^{-\xi} \xi^{1/2} \mathrm{d}\xi = \dfrac{\sqrt{\pi}}{2}$ 并令

$$N_- = \frac{1}{4} \left(\frac{2m_-^* k_BT}{\pi \hbar^2}\right)^{3/2} \tag{11.17}$$

代入式(11.16)中,除以体积 V,则可得到导带中单位体积的电子数,即导带中电子浓度 n,为

$$n = N_- e^{-(E_- - E_F)/k_BT} \tag{11.18}$$

从该表达式可以看出,由式(11.17)定义的 N_- 可以看成是能量为 E_- 的导带边能级上的电子有效状态密度。

对于本征半导体价带中的空穴,在能量为 E 的能级上空穴的分布几率应当等于价带中能量为 E 的能级上不被电子占据的几率,因此,如果能量为 E 的能级上电子占据的几率为 $f(E)$,能量为 E 的能级上不被电子占据的几率为 $1 - f(E)$,则价带中空穴在能量为 E 的能级上的分布几率为

$$1 - f(E) = 1 - \frac{1}{e^{(E-E_F)/k_BT}} = \frac{1}{e^{(E_F-E)/k_BT}} \tag{11.19}$$

由于

$$E_F - E > E_F - E_+ = \frac{1}{2} E_F \gg k_BT$$

因此,在能量为 E 的能级上空穴的分布几率近似为

$$1 - f(E) = \frac{1}{e^{(E_F-E)/k_BT}} \approx e^{-(E_F-E)/k_BT} \tag{11.20}$$

说明,价带中的空穴分布函数退化为经典的玻尔兹曼分布函数。知道了价带中空穴的分布几率函数,就可以按下式计算出价带中总的空穴数:

$$P = \int_{-\infty}^{E_+} [1 - f(E)] g(E) \mathrm{d}E \approx \int_{-\infty}^{E_+} [1 - f(E)] g_+(E) \mathrm{d}E \tag{11.21}$$

其中,$g_+(E)$ 是价带顶部附近的能态密度函数,最后一步近似基于价带中的空穴基本上集中在价带顶附近的事实。如在第 7.5 节中所讨论的,或者如图 11.1 所示的,能带顶部附近的能带曲线呈现开口向下的抛物线形式,说明价带边附近的电子行为接近自由电子,

小的差别可以通过引入电子有效质量 m_+^* 得以反映,若引入电子有效质量 m_+^*,相当于价带顶附近空穴的有效质量为 $|m_+^*|$,可以将带顶附近的空穴看成是有效质量为 m_+^* 的"自由"电子,因此,价带顶附近的空穴能量可表示为

$$E(\vec{k}) = E_+ + \frac{\hbar^2 k^2}{2m_+^*} = E_+ - \frac{\hbar^2 k^2}{2|m_+^*|} \qquad (11.22)$$

在式(6.22)所表示的能态密度表达式中,以空穴有效质量 $|m_+^*|$ 代替式中的自由电子质量 m 并注意到价带能量最大值为 E_+,则可以得到价带顶附近空穴的能态密度函数为

$$g_+(E) = 4\pi V \left(\frac{2|m_+^*|}{h^2} \right)^{3/2} (E_+ - E)^{1/2} \qquad (11.23)$$

将式(11.20)和式(11.23)代入式(11.21),采用和上面相类似的推导过程,除以体积 V 后,则可得到价带中单位体积的空穴数,即价带中空穴浓度 p,为

$$p = \frac{P}{V} = N_+ \, \mathrm{e}^{-(E_\mathrm{F} - E_+)/k_\mathrm{B}T} \qquad (11.24)$$

其中,

$$N_+ = \frac{1}{4} \left(\frac{2|m_+^*| k_\mathrm{B} T}{\pi \hbar^2} \right)^{3/2} \qquad (11.25)$$

表示的是在能量为 E_+ 的价带边能级上空穴的有效状态密度。

　　费米能级 E_F 简单地通过式(11.18)和式(11.24)同载流子浓度相联系,对本征半导体,电子和空穴是成对产生的,因此,导带中的电子浓度等于价带中的空穴浓度,即

$$n = p \qquad (11.26)$$

同时,因为导带底电子的有效质量和价带顶空穴的有效质量相等,即 $m_-^* = |m_+^*|$,故由式(11.17)和式(11.25)有 $N_- = N_+$,利用这些关系,显然有

$$\mathrm{e}^{-(E_- - E_\mathrm{F})/k_\mathrm{B}T} = \mathrm{e}^{-(E_\mathrm{F} - E_+)/k_\mathrm{B}T}$$

由此解得 E_F 为

$$E_\mathrm{F} = \frac{1}{2}(E_- + E_+) \qquad (11.27)$$

这正是式(11.11)所给出的 E_F,说明本征半导体的费米能级正好位于带隙的中间。将式(11.27)表示的 E_F 代入式(11.18)和式(11.24),并利用 $N_- = N_+$ 及 $E_- - E_\mathrm{F} = E_\mathrm{F} - E_+ = \frac{1}{2}E_\mathrm{g}$,则本征半导体的电子和空穴的浓度可表示为

$$n = p = N_- \, \mathrm{e}^{-E_\mathrm{g}/2k_\mathrm{B}T} \qquad (11.28)$$

11.2.4　本征半导体的电导率

　　本征半导体因热激活引起价带电子进入导带而产生电子—空穴对,由于电子携带的电荷为 $-e$,而空穴,如第 7.7.4 节所讨论的,是一个相当于携带电荷为 $+e$ 的正电荷粒子,这两种携带电荷的粒子在外加电场作用下会作定向漂移运动。通过有效质量近似,这两种粒子均可以看成是质量为有效质量的"自由"电子,以至于可以将第 6.7 节所介绍的输运理论直接用来对导带中电子和价带中空穴的输运性质进行处理。对导带中的电子,由式(6.104),可以将其平均漂移速度表示为

$$\vec{v}_c = -(e\tau_c/m_-^*)\vec{E} \tag{11.29}$$

相应的电流密度为

$$\vec{J}_c = -ne\vec{v}_c = (ne^2\tau_c/m_-^*)\vec{E} \tag{11.30}$$

其中,τ_c 为导带电子的弛豫时间,n 为导带电子密度;而价带中空穴的平均漂移速度为

$$\vec{v}_v = (e\tau_v/|m_+^*|)\vec{E} \tag{11.31}$$

相应的电流密度为

$$\vec{J}_v = pe\vec{v}_v = (pe^2\tau_v/|m_+^*|)\vec{E} \tag{11.32}$$

其中,τ_v 为价带空穴的弛豫时间,p 为价带空穴密度,由式(11.24)给出. 总的电流密度为导带电子和价带空穴作为载流子对电流密度的贡献之和,即

$$\vec{J} = \vec{J}_c + \vec{J}_v = (ne^2\tau_c/m_-^* + pe^2\tau_v/|m_+^*|)\vec{E} \tag{11.33}$$

可见,本征半导体的电流密度 $\vec{J}$ 正比于外加电场 $\vec{E}$,这正是众所周知的欧姆定律,比例系数

$$\sigma = ne^2\tau_c/m_-^* + pe^2\tau_v/|m_+^*| \tag{11.34}$$

称为电导率. 对本征半导体,$m_-^* = |m_+^*|$,$N_- = N_+ = \dfrac{1}{4}(2m_-^*k_BT/\pi\hbar^2)^{3/2}$,$n = p = N_-e^{-E_g/2k_BT}$,如果假设导带电子和价带空穴有相同的弛豫时间,即

$$\tau_c = \tau_v = \tau$$

则本征半导体的电导率可表示为

$$\sigma = 2ne^2\tau/m_-^* = \frac{e^2\tau}{2m_-^*}\left(\frac{2m_-^*k_BT}{\pi\hbar^2}\right)^{3/2}e^{-E_g/2k_BT} \tag{11.35}$$

若令

$$\sigma_0 = \frac{e^2\tau}{2m_-^*}\left(\frac{2m_-^*k_BT}{\pi\hbar^2}\right)^{3/2} \tag{11.36}$$

则本征半导体的电导率可简单表示为

$$\sigma = \sigma_0 e^{-E_g/2k_BT} \tag{11.37}$$

相对于指数性的温度变化关系,前置因子 σ_0 对温度的依赖关系很弱,以至于通常认为它是一个温度无关的常数. 式(11.35)正是通常所讲的热激活型电导率,它是基于本征热激活机理导出的.

11.2.5　本征半导体的带隙

半导体的带隙不仅是决定半导体性能的重要参数,而且对半导体器件的设计至关重要. 基于半导体制作各种电子器件,除了需要知道半导体的带隙外,有时还需要判断半导体是直接带隙的还是间接带隙的,因为直接带隙半导体的效率大大高于间接带隙半导体的.

如果仅仅为了确定半导体的带隙,通常采用的是基于半导体的电导率随温度变化关系的测量. 由于半导体的电导率与温度的关系是如式(11.37)所示的热激活型的,两边取对数后有

$$\ln\sigma = \ln\sigma_0 - \frac{E_g}{2k_B}\frac{1}{T} \tag{11.38}$$

忽略掉 σ_0 对温度的弱的依赖关系,则 $\ln\sigma$ 与 $1/T$ 的关系是线性的。因此,对实验测得的各个不同温度下的电导率数据,若以 $1/T$ 为横坐标、$\ln\sigma$ 为纵坐标作图,则得到的是一条直线,由直线的斜率可以确定 $\dfrac{E_g}{2k_B}$,从而得到半导体的带隙 E_g。

　　基于电导率测量,可以估计半导体的带隙,但不能判断半导体是直接带隙半导体还是间接带隙半导体,同时,基于式(11.38)来确定半导体带隙有一个前提条件,即假设带隙是温度无关的,而对实际半导体,如表 11.1 所看到的,带隙与温度有关。本征光吸收测量不仅能够确定各个给定温度下的半导体带隙,而且根据光吸收谱的特征还可判断半导体的类型,其被认为是半导体带隙的最佳测量方法。

表 11.1　典型半导体的带隙及其类型

半　导　体	类　　型	300 K 带隙 /eV	0 K 带隙 /eV
Si	间接	1.12	1.17
Ge	间接	0.67	0.75
PbS	直接	0.37	0.29
PbSe	间接	0.26	0.17
PbTe	间接	0.29	0.19
InSb	直接	0.16	0.23
GaSb	直接	0.69	0.79
AlSb	间接	1.5	1.6
InAs	直接	0.35	0.43
InP	直接	1.3	—
GaAs	直接	1.4	—
GaP	间接	2.2	—
灰锡	—	0.1	—
灰铯	—	1.8	—
Te	直接	0.35	—
B	—	1.5	—
金刚石	间接	5.5	—

数据来源:R. A. Smith.Semiconductors[M]. New York:Cambridge University Press, 1964.

　　实验上,光吸收谱是在给定温度下,在连续增加光子能量的过程中测量光吸收系数而得到的。由于仅仅当光子能量增加到 $\hbar\omega = E_g$ 时,才开始出现光吸收,因此,由开始出现不为零的光吸收对应的光子能量,就可直接确定该温度时的半导体带隙。对于直接带隙半导体,一旦光子能量 $\hbar\omega$ 增加到 E_g,不仅会出现不为 0 的光吸收,而且光吸收会随光子能量增加而急剧增加,如图 11.2(a) 所示,这种急剧增加是直接带隙半导体的光吸收谱最显著的特征。对于间接带隙半导体,光吸收谱的最显著特征是呈现如图 11.2(b) 所示的两段式特征,初始段对应的是间接跃迁光吸收,此时光吸收系数很小,半导体带隙近似为初始段光吸收系数开始不为 0 所对应的光子能量。随光子能量的增加,当增加到一定值时,由于直接跃迁光吸收的发生,光吸收系数呈现急剧增加。可见,本征光吸收测量可以用于直接确定各个给定温度下的半导体带隙,同时,可根据光吸收谱的特征判断半导体是直接带隙半导体还是间接带隙半导体。

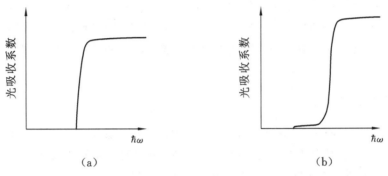

图 11.2　(a) 直接带隙和(b) 间接带隙半导体光吸收曲线示意图

　　表 11.1 所示的是一些典型本征半导体在实验确定的室温下的带隙,对某些半导体,也给出了在温度趋向于 0 K 时的带隙。可以看到,半导体在室温和温度趋向于 0 K 时的带隙的实验值不同,说明半导体的带隙是温度有关的。这种温度有关的带隙主要由两个热效应引起,一是由于热胀冷缩效应,电子受到的周期性势场会随温度变化而改变,另一是晶格振动(因此声子的分布)效应是温度有关的,这两个温度有关的热效应均会对半导体的能带结构和带隙产生影响。

11.3　非本征半导体及其性质

　　本征半导体是一种理想的半导体,其具有理想的晶体结构,不含任何杂质和缺陷。本征半导体最显著的特点是,在有限温度下,载流子是因电子从价带到导带的热激发而产生的电子 — 空穴对,电子 — 空穴对产生的几率随温度降低而指数性减小,同时,电子 — 空穴对在产生的同时也在不断地复合,使得本征半导体有较低的载流子浓度,因而有较差的电学性质。

　　在本征半导体的基础上,通过进行适当的元素掺杂或进行组分的改变,可以将含有电子的杂质能级(施主能级)或没有电子占据的空能级(受主能级)引入到带隙中,形成以从杂质能级热激发到导带的电子作为主要载流子的 N 型半导体,或以因价带电子热激发到带隙中空的能级而形成的价带空穴作为主要载流子的 P 型半导体。杂质能级的引进,不仅可以大大改善半导体的电学性质,更为重要的是,以此为基础形成的 N 型和 P 型两种不同类型的半导体是基于半导体研制的各种电子器件的重要的基本结构单元,在半导体科学及其应用的发展过程中具有里程碑意义。

掺杂可以将杂质能级引入到带隙中,依杂质能级在带隙中的位置,掺杂有浅能级掺杂和深能级掺杂之分。对浅能级掺杂,杂质能级位于靠近带边的带隙中,而对于深能级掺杂,杂质能级位于远离带边的带隙中。实验表明,硅、锗等晶体中 Ⅲ、Ⅳ 元素的掺杂均属于浅能级掺杂,而其他元素的掺杂大多为深能级掺杂。为简单起见,这里仅考虑浅能级掺杂的情况。

11.3.1　非本征半导体能带结构特征及其载流子类型

非本征半导体,也称杂质半导体,通常是指在本征半导体的基础上少量掺杂其他元素而将杂质能级引入本征半导体带隙中的一类半导体。典型的非本征半导体有施主掺杂的电子型半导体、受主掺杂的空穴型半导体及兼有施主和受主两种类型掺杂的混合型半导体。

1. N 型半导体

电子型半导体,简称 N 型半导体,指的是以电子为主要载流子的半导体。这里以元素半导体硅为例,通过少量五价元素(如 As)掺杂,来说明其如何从以电子——空穴对为载流子的本征半导体变成以电子为主要载流子的 N 型半导体。

本征半导体硅具有如图11.3(a)所示的金刚石型结构,其中,每个 Si 原子有四个价电子($3s^1 3p^3$),这四个价电子先以一个 s 电子和三个 p 电子以 sp^3 等性杂化的形式形成指向正四面体四个顶角方向的四个杂化轨道,然后以杂化轨道中的未配对电子与四个相邻的杂化轨道中的未配对电子共价结合,形成正四面体的基本结构单元,反映硅晶体周期性结构的立方格子是由四个正四面体格子按图 11.3(a)所示的形式互相连接而成的。如果从上往下看,则得到如图 11.3(b)所示的四价 Si 共价结合的平面示意图。每个 Si 原子仅有四个价电子,而在金刚石型结构中,这四个价电子均参与了杂化成键,只要价电子不能从外界获得足够的能量,这些价电子就不能脱离共价键的束缚。从能带结构角度,由于参与共价结合的电子束缚在共价键上,因此,处在共价键上的电子就是价带中的电子,绝对零度时本征硅半导体的能带结构示意图如图 11.4(a)所示,其中价带被价电子占满,导带中没有电子占据,在导带与价带之间带隙所覆盖的能量范围内没有电子能级的存在。

在本征硅半导体的基础上,假如某一个 Si 原子被一个五价 As 原子替代,如图11.3(c)所示,As 原子有五个价电子,与近邻四个 Si 原子形成共价结合后还多了一个电子,这个多出的电子在图 11.3(c)中用共价键之外的一个黑色实圆圈表示。共价键上的电子就是价带中的电子,可见,在一个 Si 原子被一个五价 As 原子替代后,价带显然仍处在满带的情况,由于价带是满带,多出的电子只能占据在能量高于价带边的能级上。另一方面,从晶体电中性的角度,多出的电子受 As^+ 离子的静电库仑吸引作用而只能束缚在其周围,说明多出的电子没有进入导带,因为导带电子在晶体中是可以自由运动的。既然如此,从能量角度,这个多出的电子只能出现在价带之上导带之下的带隙中,而对于本征半导体,在带隙所覆盖的能量范围内是没有电子能级存在的,因此,合理的解释是,掺杂将额外的电子能级(杂质能级)引入到带隙中,从而可以让掺杂引起的额外电子待在带隙中。

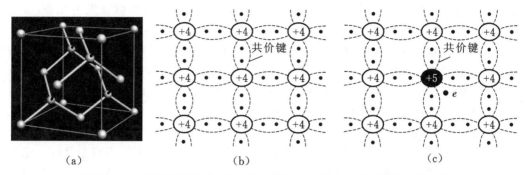

图 11.3　（a）硅半导体结构、（b）平面共价结合及（c）五价元素掺杂示意图

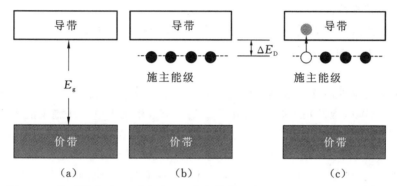

图 11.4　绝对零度时(a) 本征和(b) 施主掺杂硅半导体的能带结构示意图及
(c) 有限温度时施主掺杂半导体中的热激活示意图

　　束缚于 As^+ 离子的电子可以等价于一个类氢原子中的电子，所不同的是，束缚于 As^+ 离子的电子不仅受到 As^+ 离子的静电库仑作用，而且还受到晶体场作用和周围其他离子的影响。这些作用和影响可以通过用电子有效质量 m^* 和介质（即硅晶体）中的介电常数 $\varepsilon_0 \varepsilon_r$ 分别替代类氢原子中的电子质量 m 和真空介电常数 ε_0 而得以反映，这样一来，束缚于 As^+ 离子的电子欲摆脱 As^+ 离子的束缚而进入电离状态所需的能量，即通常所说的电离能，可表示为

$$E_D^{(i)} = \frac{m^* e^4}{2(4\pi\varepsilon_0\varepsilon_r\hbar)^2} = \frac{m^*}{m} \times \frac{1}{\varepsilon_r^2} \times \frac{me^4}{2(4\pi\varepsilon_0\hbar)^2} = \frac{m^*}{m\varepsilon_r^2} \times 13.6(\text{eV})$$

对 Si，若取 $\varepsilon_r = 11.7$ 和 $m^* = 0.2\,m$，则可估计电离能约为 0.02 eV，远小于本征硅半导体室温时的带隙 $E_g = 1.12$ eV，说明只需远小于 E_g 的能量就可以使处于带隙中的束缚电子电离并进入导带中成为导带中的电子。基于这些考虑，可以认为，掺杂引起的杂质电子能级位于接近本征半导体导带边的带隙中。

　　上面考虑的是一个 Si 原子被一个五价 As 原子替代的情况，同样的分析和讨论适合于低掺杂浓度（$<10^{-6}$）下的多个 As 原子替代 Si 原子的情况。这里所强调的低掺杂基于两方面的考虑，一方面，低掺杂不会改变本征硅半导体的晶体结构，因而不会改变本征硅半导体固有的能带结构特征，另一方面，在低掺杂下，掺杂引起的额外电子的波函数彼此间不会发生交叠，以至于每个额外电子的能级均可以用相应的孤立原子能级来表示。如果掺杂浓度过高，则一方面，高掺杂会改变本征半导体的晶体结构，因而会引起本征半导

体的基本能带结构的改变,另一方面,在高掺杂情况下,杂质态波函数会发生交叠,以至于杂质能级会展宽为一个窄带。

根据上面的分析,低掺杂浓度下,每一个原子掺杂引起一个可以用相应孤立原子能级表示的位于接近本征硅半导体导带边的带隙中的杂质能级,由于所有掺杂原子的孤立原子的能级相同,因此,多个原子掺杂将多个能量相同(简并)的杂质能级引进靠近本征半导体导带边的带隙。可见,本征半导体原本在带隙所覆盖的能量范围内没有电子能级存在,但通过掺杂,可以把含有电子的杂质能级引入带隙,这种能提供额外电子的掺杂称为施主(donor)掺杂,相应的在带隙中提供带有电子的杂质能级称为施主能级。绝对零度时,施主掺杂半导体的能带结构如图 11.4(b) 所示,和图 11.4(a) 所示的本征半导体的能带结构相比,除了带隙中引进了施主能级外,低浓度的施主掺杂没有改变本征半导体固有的能带结构特征。

由于施主能级位于靠近本征半导体导带边的带隙中,本征半导体的导带边 E_- 和施主能级电离能 $E_D^{(i)}$ 间的能量差

$$\Delta E_D = E_- - E_D^{(i)}$$

要远远小于本征半导体导带边和价带边的能量差 E_g。在有限温度下,价带中的电子虽有热激发到导带(本征激发)的可能,但由于 $\Delta E_D \ll E_g$,相对于电子从施主能级热激活到导带(杂质激发),本征激发发生的几率要小得多,意味着在含有施主杂质的半导体中,导带中的电子主要来源于杂质激发,即源于从施主能级热激发到导带的电子,如图 11.4(c) 所示。为清楚起见,在图 11.4(c) 中只显示了施主能级上的一个电子热激发到导带中,同时考虑到因价电子从价带热激发到导带而在价带中留下的空穴数很少而没有在图中显示价带中的空穴。这种依靠施主能级上的电子热激发到导带中的电子作为主要载流子的半导体称为电子型半导体,简称 N 型半导体。在 N 型半导体中,从施主能级热激发到导带的电子是主要载流子,即电子是多数载流子,简称多子,而因价带电子热激发而在价带中留下的空穴作为载流子,其相对于电子载流子要少得多,因此,N 型半导体中,空穴是少数载流子,简称少子。

2. P 型半导体

空穴型半导体,简称 P 型半导体,指的是以空穴作为主要载流子的半导体。这里仍以半导体硅为例,其共价结合的平面图重新示意于图 11.5(a) 中,通过掺杂少量三价元素(如 B),来说明电子 — 空穴对作为主要载流子的本征半导体变成以空穴作为主要载流子的 P 型半导体的过程。如前面所提到的,在本征硅半导体中,每个 Si 原子的四个价电子均参与了杂化成键,相应的能带结构特征是,绝对零度时,价带为满带,导带为空带,在带隙所覆盖的能量范围内没有电子能级的存在,如图 11.6(a) 所示。在本征半导体的基础上,假如一个 Si 原子被一个三价 B 原子替代,如图 11.5(b) 所示,B 原子只有三个价电子,与近邻四个 Si 原子形成共价结合时则缺少一个电子,这个缺少的电子在图 11.5(b) 所示的共价键上用一个小白圆圈标出。由于掺杂引起共价键上电子的缺失,则邻近硅原子共价键上的电子(价带电子)就有可能转移到这一电子缺失的位置上,转移的结果使得中性 B 原子变成为一个带负电荷的 B^- 离子,而原本是满带的价带中则少了一个电子,意味着 B 原子可以接受来自价带的电子,这种能接受价带电子的杂质称为受主(acceptor)杂

质。受 B⁻ 离子的静电库仑吸引作用,B 原子所接受的价带电子束缚在 B⁻ 离子周围。这个被 B⁻ 离子束缚的电子,欲要摆脱 B⁻ 离子的束缚,即被电离,则需要给其提供大小为 $E_A^{(i)}$ 的能量,这个能量通常称为受主电离能。

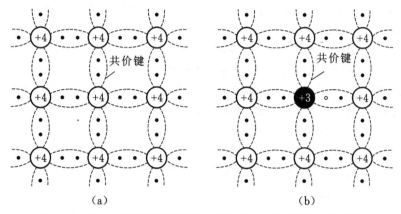

图 11.5　(a) 硅半导体平面共价结合和(b) 三价元素掺杂示意图

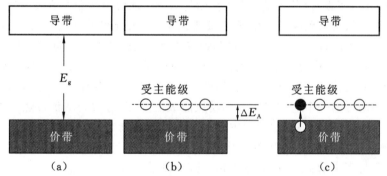

图 11.6　绝对零度时(a) 本征和(b) 受主掺杂硅半导体的能带结构示意图
(c) 及有限温度时受主掺杂半导体中的热激活示意图

　　类似于施主电离能的分析,受主电离能也可以基于类氢模型而得以估计,估计的结果为

$$E_A^{(i)} = \frac{|m_+^*|}{m\varepsilon_r^2} \times 13.6 \sim 0.02 (eV) \tag{11.39}$$

其中,$|m_+^*|$ 是空穴有效质量。注意到,一旦束缚于 B⁻ 离子的价电子摆脱了 B⁻ 离子的束缚,则这个电子又会重新回到共价键上没有电子占据的空位上,因此,受主电离能实际上等于共价键对价电子的束缚能。由于共价键上的电子对应的是价带中的电子,如果共价键上的一个电子受到杂质的束缚,则相当于在价带中产生一个空穴,因此,受主电离能又可理解为空穴束缚能。从所估计的 $E_A^{(i)} \sim 0.02$ eV 看,相对于禁带宽度,受主电离能是个小量,因此,可以认为受主杂质的能量稍高于价带边的能量。

　　上面考虑的是一个 Si 原子被一个三价 B 原子替代的情况,同样的分析和讨论适合于低掺杂浓度($< 10^{-6}$)下的多个 B 原子替代 Si 原子的情况。由于每一个掺杂的原子都能够提供一个可供价带电子转移的空位置,从能带结构上看,这等价于将可允许电子占据

但实际没有电子占据的空能级引入到带隙中。这种因掺杂而在带隙中引进的没有电子占据的空能级,使得价带电子转移到这个空能级上成为可能,称该能级为受主能级。对于低掺杂浓度下的多个原子的受主掺杂,其与所有掺杂原子对应的受主能级具有相同的能量,属于简并情况,由多个掺杂原子的原子能级构成的多重简并的受主能级位于稍高于价带边的带隙内,如图 11.6(b) 所示。

综合以上分析可知,本征半导体原本在禁带所覆盖的能量范围内,不允许有电子占据的能级存在,但掺杂把没有电子占据的空能级引入带隙,为价带电子的转移提供了条件,这种能提供没有电子占据的空能级的掺杂称为受主掺杂,相应的能级称为受主能级。绝对零度时,受主掺杂半导体的能带结构如图 11.6(b) 所示,和图 11.6(a) 所示的本征半导体的能带结构相比,除了带隙中引进了受主能级外,低浓度的受主掺杂没有改变本征半导体固有的能带结构特征。

由于受主能级位于靠近本征半导体价带边的带隙中,受主能级电离能 $E_A^{(i)}$ 和本征半导体价带边 E_+ 的能量差

$$\Delta E_A = E_A^{(i)} - E_+ \qquad (11.40)$$

要远远小于本征半导体导带边和价带边的能量差 E_g。在有限温度下,价带中的电子虽有热激发到导带(本征激发)的可能,但由于 $\Delta E_A \ll E_g$,从价带到受主能级上的电子热激活几率要远远大于从价带到导带的电子热激活几率,意味着在含有受主杂质的半导体中,只要温度不是特别高,电子从价带热激发到受主能级是主要的,一旦价带电子热激发到受主能级上,则在价带中留下空穴,因此,在这种情况下,主要载流子是因价带电子热激发到受主能级而在价带中留下的空穴,如图 11.6(c) 所示。为清楚起见,图 11.6(c) 中只显示了价带边附近的一个电子热激发到受主能级上,同时考虑到从价带热激发到导带的电子数很少,并没有在图中显示导带中的电子。主要依靠空穴导电的半导体称为空穴型半导体,简称 P 型半导体。对 P 型半导体,空穴是多数载流子,而热激发到导带的电子在数目上远小于价带中的空穴数,故电子是少数载流子。

3. 掺杂化合物半导体

对于元素半导体,上面的分析表明,通过施主或受主掺杂,可以实现从以电子—空穴对为载流子的本征半导体到以电子或空穴为主要载流子的 N 型半导体或 P 型半导体的转变。对化合物半导体,同样可以通过掺杂少量的其他元素或少许改变组分,实现从以电子—空穴对为载流子的本征半导体到以电子或空穴为主要载流子的 N 型半导体或 P 型半导体的转变。这里以 GaAs(典型的化合物半导体)为例,来说明化合物半导体因掺杂而引起的导电类型的改变。

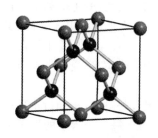

GaAs 属于 Ⅲ－Ⅴ 族化合物半导体,具有如图 11.7 所示的闪锌矿型晶体结构。和图 11.3(a) 所示的单晶硅的晶体结构相比,它们的相同点是反映晶体结构的立方格子均是由正四面体格子互相连接构成的,不同之处在于,单晶硅正四面体中心和顶角原子同为硅原子,而在 GaAs 闪锌矿型结构中,正四面体中心和顶角分属于 Ga 和 As 两种不同的原子。

图 11.7　闪锌矿型晶体结构示意图

对 GaAs,其不同位置上的元素被其他不同元素替代,可以演变成各种不同导电类型的半导体。例如,相对于 V 族元素 As,VI 族元素多一个价电子,因此,假如用 VI 族元素(如 S、Se、Te 等)在 V 族元素 As 的位置上进行掺杂,则这种掺杂属于施主掺杂,相应的掺杂半导体为 N 型半导体;又如,二价元素相对于三价元素 Ga 少一个价电子,因此,如果用二价元素(如 Zn、Be、Mg 等)来替代 Ga,则这种掺杂属于受主掺杂,相应的掺杂半导体为 P 型半导体;再如,IV 族元素 Si 相对于 Ga 原子多了一个价电子,而相对于 As 原子又少了一个价电子,因此,Ga 位 Si 的掺杂属于施主掺杂,而 As 位 Si 的掺杂则属于受主掺杂。

实际化合物半导体中往往既有施主杂质,又有受主杂质。例如,在 Si 掺杂的 GaAs 化合物半导体中,四价 Si 既可能替代三价 Ga,也可能替代五价 As,前者属于施主掺杂,后者属于受主掺杂,因此,在这种情况下,掺杂化合物半导体兼有施主掺杂和受主掺杂两种特性,而最终掺杂半导体是 N 型半导体还是 P 型半导体,则取决于两种掺杂浓度。假设施主和受主掺杂浓度分别为 n_D 和 n_A,则当 $n_D > n_A$ 时,掺杂半导体为 N 型半导体,而当 $n_D < n_A$ 时,掺杂半导体为 P 型半导体,说明掺杂化合物半导体具有杂质补偿作用,这一独特的杂质补偿作用使得基于掺杂化合物半导体制作 PN 结成为可能。

11.3.2　非本征半导体中的载流子浓度

从掺杂类型角度,非本征半导体可分为施主掺杂、受主掺杂及同时存在施主和受主掺杂三种情况。对同时存在施主和受主掺杂的情况,特别是两者浓度相当时,载流子浓度只能通过数值计算得出而无法给出精确的解析表达式,但对纯施主掺杂或纯受主掺杂的情况,如下面所看到的,可以给出载流子浓度的解析表达式。

1. 纯施主掺杂

对于施主掺杂的 N 型半导体,导带中的电子是多数载流子,而价带中的空穴是少数载流子。导带中的电子来自两部分,一部分源于杂质激发,即由施主能级到导带的电子热激发,相应的电子浓度用 n_D 表示,另一部分源于本征激发,即由价带到导带的电子热激发,相应的电子浓度用 n_i 表示。导带中总的电子浓度为两者贡献之和,即

$$n = n_D + n_i \tag{11.41}$$

N 型半导体中的少数载流子是空穴,源于本征激发,即因价带电子热激发到导带而在价带中留下的空穴。在本征激发下,上节已导出价带中空穴浓度 p_i 的表达式为

$$p_i = N_+ \, e^{-E_g/2k_B T} \tag{11.42}$$

其中,$N_+ = N_- = \dfrac{1}{4}\left(\dfrac{2m^*_- k_B T}{\pi \hbar^2}\right)^{3/2}$,$E_g = E_- - E_+$ 为导带边能量 E_- 和价带边能量 E_+ 之差,即带隙。因此,式(11.42)所给出的空穴浓度正是 N 型半导体中少数载流子的浓度。由于本征激发中,电子和空穴是成对产生的,因此,N 型半导体导带中与本征激发有关的电子浓度 n_i 为

$$n_i = p_i = N_- \, e^{-E_g/2k_B T} \tag{11.43}$$

采用和第 11.2.3 节相类似的处理思路和计算方法,可以得到 N 型半导体导带中总的电子浓度为

$$n = N_- \, e^{\frac{E_- - (E_F)_N}{k_B T}} \tag{11.44}$$

其中,$(E_F)_N$ 是 N 型半导体的费米能级。基于关系式(11.44),N 型半导体的费米能级可表示为

$$(E_F)_N = E_- - k_B T \ln \frac{N_-}{n} \tag{11.45}$$

假设施主能级所在位置的能量为 E_D,施主能级所提供的杂质电子浓度为 N_D,则由施主能级热激发到导带中的电子数应等于施主能级上热激发后所剩下的杂质电子数,由此得到由施主能级热激发到导带中的电子浓度 n_D 为

$$n_D = N_D[1 - f(E_D)] \tag{11.46}$$

其中,$f(E_D)$ 是杂质电子在能量为 E_D 的施主能级上的占据率。假如忽略电子—电子间的相互作用,则施主能级上有三种可能的电子占据情况,即没有电子占据、有一个自旋向上或向下的电子占据和有两个自旋相反的电子占据。但事实上局域电子间存在强的库仑排斥作用,意味着每个施主能级上不允许占据两个电子,否则会引起施主能级能量的升高。既然施主能级上禁止两个电子占据,则施主能级上电子的占据率不是由费米分布函数给出的,而是由经典的统计规律给出,由此可得到施主能级上电子占据率为

$$f(E_D) = \frac{2e^{-(E_D-\mu)/k_B T}}{1 + 2e^{-(E_D-\mu)/k_B T}} = \frac{1}{\frac{1}{2}e^{(E_D-\mu)/k_B T} + 1} \tag{11.47}$$

其中,μ 为化学势或费米能。代入式(11.46)中并利用式(11.45)所示的费米能表达式,可得到由施主能级热激发到导带中的电子浓度 n_D 为

$$n_D = \frac{N_D}{1 + \frac{1}{2}(n/N_-)e^{(E_- - E_D)/k_B T}} \tag{11.48}$$

将式(11.48)和式(11.43)代入式(11.41)中得到

$$n = \frac{N_D}{1 + \frac{1}{2}(n/N_-)e^{(E_- - E_D)/k_B T}} + N_- e^{-E_g/2k_B T} \tag{11.49}$$

式中的 $E_- - E_D$ 实际上是前面所讲的施主电离能 $E_D^{(i)}$,即

$$E_D^{(i)} = E_- - E_D \tag{11.50}$$

在一般温度下,例如室温下,$k_B T \approx 0.025$ eV,对半导体,带隙的典型值为 $E_g \sim 1$ eV,则有

$$e^{-E_g/2k_B T} \sim e^{-20} \ll 1 \tag{11.51}$$

意味着,相对于杂质电子的热激发,本征热激发基本上可以忽略。若忽略掉本征热激发,则方程(11.49)变成

$$\frac{1}{2N_-}e^{E_D^{(i)}/k_B T}n^2 + n - N_D = 0 \tag{11.52}$$

由此得到 n 的两个解,合理的 n 值应当为正,故有

$$n = \frac{-1 + [1 + 2(N_D/N_-)e^{E_D^{(i)}/k_B T}]^{1/2}}{e^{E_D^{(i)}/k_B T}/N_-} \tag{11.53}$$

该式确定了导带电子浓度随温度的变化关系。

如果温度足够低,以至于 $e^{E_D^{(i)}/k_B T} \gg 1$,则式(11.53)近似为

$$n = \frac{-1 + [1 + 2(N_D/N_-)e^{E_D^{(i)}/k_BT}]^{1/2}}{e^{E_D^{(i)}/k_BT}/N_-} \approx \sqrt{2N_DN_-}\, e^{-E_D^{(i)}/2k_BT} \tag{11.54}$$

说明,低温下施主能级到导带的热激发电子数随温度降低而指数性减少。如果温度足够高,以至于

$$\frac{N_D}{N_-}e^{E_D^{(i)}/k_BT} \ll 1$$

利用近似公式 $(1+x)^\alpha \approx 1+\alpha x$,则有

$$n = \frac{-1 + [1 + 2(N_D/N_-)e^{E_D^{(i)}/k_BT}]^{1/2}}{e^{E_D^{(i)}/k_BT}/N_-} \approx N_D \tag{11.55}$$

可见,高温时导带电子浓度和施主浓度几乎相等,意味着施主能级上所有电子被电离而进入导带。

2. 纯受主掺杂

对于受主掺杂的 P 型半导体,多子是价带中的空穴,而导带中的电子是少子。价带中的空穴分为两部分,一部分是因价带电子热激发到受主能级(杂质激发)上而在价带中留下的空穴,相应的空穴浓度用 p_A 表示,另一部分是因价带电子热激发到导带(本征激发)而在价带中留下的空穴,相应的空穴浓度用 p_i 表示。因此,价带中总的空穴浓度为两者贡献之和,即

$$p = p_A + p_i \tag{11.56}$$

P 型半导体中导带电子源于本征热激发,在本征热激发下,上节已导出导带中电子浓度 n_i 的表达式为

$$n_i = N_-\, e^{-E_g/2k_BT} \tag{11.57}$$

其中, $N_- = \frac{1}{4}\left(\frac{2m_-^* k_BT}{\pi\hbar^2}\right)^{3/2}$, $E_g = E_- - E_+$ 为导带边能量 E_- 和价带边能量 E_+ 之差。因此,式(11.57)所给出的电子浓度正是 P 型半导体中少数载流子的浓度。由于本征热激发中,电子和空穴是成对产生的,因此,P 型半导体价带中与本征热激发有关的空穴浓度 p_i 为

$$p_i = n_i = N_-\, e^{-E_g/2k_BT} \tag{11.58}$$

采用和第 11.2.3 节相类似的处理思路和计算方法,可以得到 P 型半导体价带中总的空穴浓度为

$$p = N_+\, e^{-[(E_F)_P - E_+]/k_BT} \tag{11.59}$$

其中, $N_+ = N_- = \frac{1}{4}\left(\frac{2m_-^* k_BT}{\pi\hbar^2}\right)^{3/2}$, E_+ 是价带边对应的能量,$(E_F)_P$ 是 P 型半导体的费米能级,它可表示为

$$(E_F)_P = E_+ + k_BT\ln\frac{N_+}{p} \tag{11.60}$$

假设受主能级所在位置的能量为 E_A,受主浓度为 P_A,则因价带电子热激发到受主能级上而在价带中留下的空穴数应等于受主能级上的电子占据数,由此得到因价带电子

热激发到受主能级上而在价带中形成的空穴浓度 p_A 为

$$p_A = P_A f(E_A) \tag{11.61}$$

其中, $f(E_A)$ 是电子在能量为 E_A 的受主能级上的占据率, 类似于上面对施主掺杂的分析, 它可表示为

$$f(E_A) = \cfrac{1}{1 + \cfrac{1}{2} e^{[E_A - (E_F)_P]/k_B T}} \tag{11.62}$$

代入式(11.61)中, 可得到因价带电子热激发到受主能级上而在价带中形成的空穴浓度 p_A 为

$$p_A = \cfrac{P_A}{1 + \cfrac{1}{2} e^{[E_A - (E_F)_P]/k_B T}} = \cfrac{P_A}{1 + \cfrac{1}{2}(p/N_-) e^{E_A^{(i)}/k_B T}} \tag{11.63}$$

上面的推导用到了 $e^{[(E_+ - E_F)_P]/k_B T} = p/N_-$, $E_A^{(i)} = E_A - E_+$ 为受主电离能。将式(11.58)和式(11.63)代入式(11.56)中得到

$$p = \cfrac{P_A}{1 + \cfrac{1}{2}(p/N_-) e^{E_A^{(i)}/k_B T}} + N_- e^{-E_g/2k_B T} \tag{11.64}$$

低温下可忽略掉本征热激发效应, 因此近似有

$$\frac{1}{2N_-} e^{E_A^{(i)}/k_B T} p^2 + p - P_A = 0 \tag{11.65}$$

由此解得价带空穴浓度为

$$p = \frac{-1 + [1 + 2(P_A/N_+) e^{E_A^{(i)}/k_B T}]^{1/2}}{e^{E_A^{(i)}/k_B T}/N_+} \tag{11.66}$$

如果温度足够低, 以至于 $e^{E_A^{(i)}/k_B T} \gg 1$, 则近似有

$$p \approx \sqrt{2 P_A N_+} \, e^{-E_A^{(i)}/2k_B T} \tag{11.67}$$

说明, 低温下因价带电子热激发到受主能级上而在价带中形成的空穴数随温度降低而指数性减少。如果温度足够高, 以至于

$$\frac{P_A}{N_+} e^{E_A^{(i)}/k_B T} \ll 1$$

则近似有

$$p \approx P_A \tag{11.68}$$

可见, 高温时价带空穴浓度和受主浓度几乎相等, 相当于受主能级被完全电离, 以至于受主能级上所有空位被价带电子占据。

11.3.3 掺杂半导体的费米能级

对于本征半导体, 导带中的电子浓度和价带中的空穴浓度分别由式(11.18)和式(11.24)给出, 在本征热激发下, 由于价带中的空穴浓度和导带中的电子浓度相等, 由此得到

$$(E_F)_i = E_+ + \frac{1}{2} E_g = \frac{1}{2}(E_- + E_+) \tag{11.69}$$

下标"i"表示的是本征半导体的费米能级,以区别 N 型和 P 型半导体的,意味着费米能级正好位于带隙的中间,如图 11.8(a) 所示。对于低浓度掺杂的半导体,除了带隙中存在因掺杂而引进的杂质能级外,能带结构和本征半导体的没有差别,费米能级位于带隙中,但在带隙中的具体位置则取决于掺杂的类型和浓度。

对于施主掺杂的 N 型半导体,由于掺杂引进了带有电子的杂质能级到带隙中,有限温度下,主要载流子源于从杂质能级到导带的热激发电子,伴随施主能级电子的热激发,费米能级在带隙中的位置通过下列关系而与导带中的电子浓度相联系:

$$(E_F)_N = E_- - k_B T \ln \frac{N_-}{n} \tag{11.70}$$

其中,导带中的电子浓度由式(11.53)给出。当温度足够高时,由于 $n \approx N_D$,故有

$$(E_F)_N = E_- - k_B T \ln \frac{N_-}{N_D} \tag{11.71}$$

可见,N 型半导体在足够高温度下的费米能级位于靠近导带边的带隙中。在足够低的温度下,由于

$$n \approx \sqrt{2 N_D N_-}\, e^{-E_D^{(i)}/2k_B T} \tag{11.72}$$

代入式(11.70) 中并利用 $E_D^{(i)} = E_- - E_D$,得到

$$
\begin{aligned}
(E_F)_N &= E_- - \frac{1}{2} E_D^{(i)} - \frac{1}{2} k_B T \ln \frac{N_-}{2N_D} \\
&= \frac{1}{2}(E_- + E_D) - \frac{1}{2} k_B T \ln \frac{N_-}{2N_D}
\end{aligned}
\tag{11.73}
$$

特别地,当 $T \to 0$ 时,$(E_F)_N \to \frac{1}{2}(E_- + E_D)$,说明低温下费米能级介于施主能级与导带边之间。综合高、低温的考虑,可以看到,N 型半导体的费米能级位于靠近导带边的带隙中,如图 11.8(b) 所示。

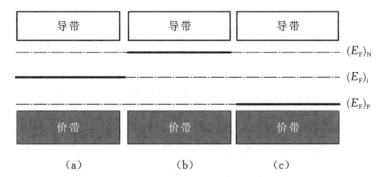

图 11.8　(a) 本征、(b)N 型和(c)P 型半导体的费米能级 E_F 在带隙中的位置示意图

对于受主掺杂的 P 型半导体,由于掺杂引进了不含电子的空能级到带隙中,有限温度下,主要载流子是因价带电子热激发到受主能级上而在价带中留下的空穴,通过计算得到的 P 型半导体的费米能级通过式(11.60) 而与空穴浓度相联系,即

$$(E_F)_P = E_+ + k_B T \ln \frac{N_+}{p} \tag{11.74}$$

其中,空穴浓度作为温度有关的函数由式(11.66)给出。在足够高的温度下,受主能级上所有空位被价带电子占据,以至于 $p = P_A$,代入式(11.74),得到在足够高温度下 P 型半导体的费米能级为

$$(E_F)_P = E_+ + k_B T \ln \frac{N_+}{P_A} \tag{11.75}$$

可见,P 型半导体在足够高温度下的费米能级位于靠近价带边的带隙中。在足够低的温度下,由于 $p \approx \sqrt{2P_A N_+}\, \mathrm{e}^{-E_A^{(i)}/2k_B T}$,代入式(11.74)中得到

$$(E_F)_P = E_+ + \frac{1}{2} E_A^{(i)} + \frac{1}{2} k_B T \ln \frac{N_+}{2P_A} \tag{11.76}$$

利用 $E_A^{(i)} = E_A - E_+$,足够低温度下 P 型半导体的费米能级可写成

$$(E_F)_P = \frac{1}{2}(E_+ + E_A) + \frac{1}{2} k_B T \ln \frac{N_+}{2P_A} \tag{11.77}$$

特别地,当 $T \to 0$ 时,$(E_F)_P \to \frac{1}{2}(E_+ + E_A)$,说明低温下 P 型半导体的费米能级介于受主能级与价带边之间。综合高、低温的考虑,可以看到,P 型半导体的费米能级位于靠近价带边的带隙中,如图 11.8(c) 所示。

11.3.4　载流子浓度和电导率随温度的变化特征

从载流子来源的角度,非本征半导体可以分为三类典型的半导体,即施主掺杂的 N 型半导体、受主掺杂的 P 型半导体及施主和受主同时掺杂的混合型半导体。低温下,施主掺杂的 N 型半导体中,电子作为主要载流子,来源于杂质能级上的电子到导带的热激发;受主掺杂的 P 型半导体中,空穴作为主要载流子,来源于因价带电子到杂质能级的热激发而在价带中留下的空穴;而对施主和受主同时掺杂的混合型半导体,载流子既有源于杂质能级热激发到导带中的电子,又有因价带电子热激发到杂质能级而在价带中留下的空穴。下面以纯施主掺杂的 N 型半导体为例,来分析非本征半导体中的载流子浓度和电导率随温度的变化行为。

对纯施主掺杂的 N 型半导体,其能带结构如图 11.4(b) 所示,由于 $\Delta E_D \ll E_g$,在足够低的低温下,价带电子到导带的热激活几率几乎为 0,因此,导带中的电子源于杂质能级上的电子到导带的热激活,这种以杂质能级电子热激活形式产生导带中电子的方式称为非本征热激发方式。非本征热激发方式可以一直维持到某一较高的温度 T_D,相应的 $T < T_D$ 的低温温度范围称为非本征区,在非本征区,按照前面的分析,导带电子浓度随温度的变化关系呈现如下的热激活形式:

$$n = \sqrt{2N_D N_-}\, \mathrm{e}^{-\Delta E_D/2k_B T} \quad (T < T_D) \tag{11.78}$$

其中,$\Delta E_D = E_- - E_D$ 为导带边能量 E_- 与杂质能级所在位置的能量 E_D 间的差。随温度升高,杂质能级上的电子到导带的热激活几率指数性增加,当温度升高到 T_D 或以上时,杂质能级上所有电子被电离而进入导带,以至于导带中因非本征激发而产生的导带电子的浓度不再随温度增加而变化,而是趋向饱和,这种饱和行为一直可以维持到某一温度 T_i,在 $T_D < T < T_i$ 的温度范围内,导带电子浓度为

$$n = N_D \quad (T_D < T < T_i) \tag{11.79}$$

其中,N_D 为施主浓度。之所以导带电子浓度达到饱和,是因为杂质能级上所有电子全部被激发到导带中,形象地说,杂质能级上所有电子全部被耗尽,因此,通常称 $T_D < T < T_i$ 的温度范围为耗尽区。随着温度升高到 T_i 及以上,足够高的温度使得价带电子热激活到导带成为可能,这是一种本征热激发,相应的 $T > T_i$ 温度范围称为本征区,本征激发过程中,导带中的电子和价带中的空穴成对产生,伴随本征热激发,载流子浓度随温度升高再次指数性增加,即

$$n = p = N_- \, \mathrm{e}^{-E_g/2k_BT} \quad (T > T_i) \tag{11.80}$$

其中,$N_- = \dfrac{1}{4}\left(\dfrac{2m^*_- k_BT}{\pi \hbar^2}\right)^{3/2}$。基于上述分析和讨论,可以画出 N 型半导体导带中的电子浓度 n 随温度的变化关系示意图,如图 11.9(a) 所示。

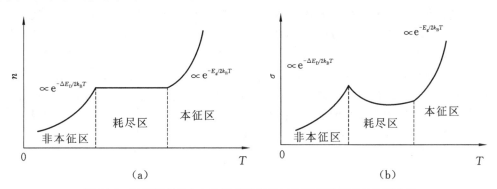

图 11.9　N 型半导体(a) 电子浓度和(b) 电导率随温度变化示意图

采取和第 11.2.4 节相类似的处理思路,可以将 N 型半导体的电导率表示为

$$\sigma(T) = \frac{n(T)e^2\tau}{m^*} \tag{11.81}$$

其中,τ 是载流子的弛豫时间,m^* 是带边载流子的有效质量,$n(T)$ 是温度有关的载流子浓度。对 N 型半导体,在非本征区,载流子是因杂质能级上的电子热激活到导带中产生的电子,其浓度按式(11.78) 所示的规律随温度升高而指数性增加,将式(11.78) 代入式(11.81),得到 N 型半导体在非本征区的电导率表达式为

$$\sigma_D(T) = \sigma_{0,D}\mathrm{e}^{-\Delta E_D/2k_BT} \quad (T < T_D)$$

其中,$\sigma_{0,D} = \sqrt{N_DN_-}\,e^2\tau/m^*_-$,尽管前置因子 $\sigma_{0,D}$ 与温度有关,但指数性的温度变化更显著,因此,非本征区的电导率随温度的变化基本上呈现如图 11.9(b) 所示的热激活形式,热激活能为 $\dfrac{1}{2}\Delta E_D$。在耗尽区,导带中的电子浓度为常数,电导率理应不随温度升高而改变,但事实上很多实验中所看到的是如图 11.9(b) 所示的随温度升高而电导率减小的现象,其原因是导带中的电子会受到声子的散射,声子散射会使电导率随温度升高而降低。在本征区,载流子是因本征激发而引起的电子 — 空穴对,导带中的电子和价带中的空穴这两种带电粒子均参与对电导率的贡献,在这种情况下,如第 11.2.4 节所分析的,电导率是两者贡献之和,即

$$\sigma = \frac{ne^2\tau_c}{m^*_-} + \frac{pe^2\tau_v}{|m^*_+|} = \frac{2ne^2\tau}{m^*_-} = \sigma_0\mathrm{e}^{-E_g/2k_BT} \tag{11.82}$$

其中，$\sigma_0 = \dfrac{e^2\tau}{2m_*^*}\left(\dfrac{2m_*^* k_B T}{\pi \hbar^2}\right)^{3/2}$。可见，本征区的电导率随温度的变化基本上也是呈现热

激活形式，如图 11.9(b) 所示，只是热激活能为 $\dfrac{1}{2}E_g$。

11.4　非平衡载流子

11.4.1　平衡载流子和非平衡载流子

半导体中有两种载流子，即导带中的电子和价带中的空穴。前面所谈到的载流子是借助热激活方式产生的。在热激活机制下，导带中的电子为价带电子或者施主能级上的电子通过吸收热能激发到导带中生成的，而价带中的空穴则为价带电子热激活到导带或受主能级上而在价带中生成的，这种借助热激活方式生成的导带电子和价带空穴称为平衡载流子。在热激活产生载流子的同时，导带中的电子可以通过释放能量回落到价带而与价带中空穴发生复合消失。热平衡时，载流子的产生率和复合率相等，半导体能维持一定值的平衡载流子浓度。前面，无论是对本征半导体还是对掺杂半导体，分析表明，在热激活机制下，导带中电子浓度和价带中空穴浓度可分别表示为

$$n_0 = N_- \, \mathrm{e}^{-(E_- - E_F)/k_B T} \tag{11.83}$$

和

$$p_0 = N_+ \, \mathrm{e}^{-(E_F - E_+)/2k_B T} \tag{11.84}$$

其中，$N_- = N_+ = \dfrac{1}{4}\left(\dfrac{2m_*^* k_B T}{\pi \hbar^2}\right)^{3/2}$ 为带边有效态密度，这里及后面出现的下标"0"对应的

量为热平衡时的值。不同类型的半导体有不同的费米能级 E_F，因而有不同的平衡载流子浓度，但热平衡时的导带电子浓度与价带空穴浓度的乘积

$$n_0 p_0 = n_i^2 = N_- N_+ \, \mathrm{e}^{-E_g/k_B T} \tag{11.85}$$

却与费米能级无关，其中

$$n_i = \sqrt{N_- N_+} \, \mathrm{e}^{-E_g/2k_B T} \tag{11.86}$$

为本征载流子浓度。关系式(11.85)称为热平衡条件，热平衡条件表明，在热平衡时，半导体中两种平衡载流子的乘积只取决于半导体的本征性质，而与掺杂等非本征因素无关。一个半导体如果有较高的电子浓度，则必然有较低的空穴浓度，反之亦然。由于式(11.86)中指数部分总是小于 1 及带边电子有效质量总是小于自由电子质量 m，则由

$$n_i = \sqrt{N_- N_+} \, \mathrm{e}^{-E_g/2k_B T} = \frac{1}{4}\left(\frac{2m_*^* k_B T}{\pi \hbar^2}\right)^{3/2} \mathrm{e}^{-E_g/2k_B T}$$

$$= 2.5\left(\frac{m_*^*}{m}\right)^{3/2}\left(\frac{T}{300}\right)^{3/2} \mathrm{e}^{-E_g/2k_B T} \times 10^{19} \, (/\mathrm{cm}^3)$$

可估计半导体平衡载流子浓度上限的量级为 $10^{19}/\mathrm{cm}^3$。

在半导体中，产生载流子的方式并不仅仅限于热激活的方式，事实上，有很多其他可以产生载流子的方式，例如光照射(又称光注入)、电激发(又称电注入)等。非平衡载流子指的是，处于非平衡状态的半导体，其载流子浓度不是热平衡时的 n_0 和 p_0，而是相对

于 n_0 和 p_0 多出了一部分,比平衡状态多出来的这部分载流子称为非平衡载流子。

以光照射半导体为例,假如照射半导体光的频率满足 $\hbar\omega > E_g$,则当带隙为 E_g 的半导体受到光照射时,如图 11.10 中的过程 1 所示,价带电子吸收光子的能量 $\hbar\omega$ 而跃迁到导带中,形成电子 — 空穴对,使得电子和空穴浓度相对于没有光照射时均得到增加,当然,跃迁到导带的电子也会通过释放能量回到价带而与价带中的空穴发生复合消失。当光照产生载流子与载流子的复合消失达到动态平衡时,半导体中能维持一定浓度 (n, p) 的电子和空穴载流子,光照引起平衡载流子的变化可表示为

$$(n_0, p_0)|_T \Rightarrow [n_0 + (\Delta n)_0, p_0 + (\Delta p)_0]|_T \tag{11.87}$$

多出的部分,即 $(\Delta n)_0$ 和 $(\Delta p)_0$,分别代表的是相对于热平衡时载流子浓度 (n_0 和 p_0) 因光照而产生的电子浓度和空穴浓度的额外增加。这种超出热平衡的额外部分的载流子,就是所谓的非平衡载流子,而 $(\Delta n)_0$ 和 $(\Delta p)_0$ 则分别表示非平衡电子和非平衡空穴的浓度。由于电中性要求,非平衡电子和非平衡空穴的浓度应当相等,即

$$(\Delta n)_0 = (\Delta p)_0 \tag{11.88}$$

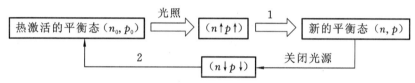

图 11.10　光照和撤去光照过程中非平衡载流子浓度变化示意图

通常温度下,N 型半导体的电子浓度远高于空穴浓度,而 P 型半导体的空穴浓度远高于电子浓度。例如,对 N 型硅半导体,室温下电子浓度 $n_0 \sim 10^{17}/\mathrm{cm}^3$,而空穴浓度 $p_0 \sim 10^5/\mathrm{cm}^3$,两者相差 12 个量级,因此,N 型半导体中电子是多子,而空穴是少子。对于 P 型半导体,空穴是多子,电子则是少子。由于多子数目很大,非平衡载流子对多子的影响可忽略不计,但对少子的影响会十分显著。例如,对 N 型硅半导体,如果光照可以产生浓度为 $\sim 10^{10}/\mathrm{cm}^3$ 的非平衡载流子,则引起电子浓度的变化微不足道,可忽略不计,但可使空穴浓度从 $\sim 10^5/\mathrm{cm}^3$ 增加到 $\sim 10^{10}/\mathrm{cm}^3$,增加了 5 个量级。因此,在讨论非平衡载流子时往往只关心非平衡载流子的产生对少子的影响,甚至把非平衡载流子的产生看成是非平衡少子的产生或注入。

非平衡状态的半导体有两种情况,一种情况是,相对于平衡载流子多出了一部分载流子,称为非平衡载流子的注入;另一种情况是,相对于平衡载流子缺少了一部分载流子,称为非平衡载流子的抽取。

11.4.2　非平衡载流子的复合和寿命

非平衡载流子的产生,源于半导体受到热激活之外的其他方式作用,图 11.10 中过程 1 所示的光照是其中一种方式的外界作用。当开始光照时,载流子的产生率增大,同时复合率也增大,但总体上载流子的产生率高于复合率,以至于有多出热平衡载流子的额外载流子的产生。经过一段时间稳定的光照后,载流子的产生率和复合率相等,半导体进入新的动态平衡。但这种含有非平衡载流子的动态平衡是不稳定的,因为如果去掉那些产生非平衡载流子的作用后,如图 11.10 过程 2 中撤去光照的情况,则由于引起载流子浓度额外增加的因素消失,载流子的产生率将低于载流子的复合率,因此,载流子浓度将逐

渐降低,直至在经过一定的时间后再次回到一开始没有光照时的热平衡状态,这一过程可描述为

$$[n_0 + (\Delta n)_0, p_0 + (\Delta p)_0] |_T \Rightarrow (n_0, p_0) |_T \tag{11.89}$$

意味着,在去掉外加作用以后,半导体中的非平衡载流子将逐渐消亡(即非平衡载流子浓度衰减到 0)。由于非平衡载流子的消亡主要是通过电子与空穴的相遇而成对消失的过程来完成的,所以往往把非平衡载流子消亡的过程简称为非平衡载流子的复合。

载流子的复合过程,本质上是载流子由于相互作用而交换能量,最终达到稳定分布的过程。因此,式(11.89)所示的从非平衡载流子浓度不为 0 的态逐渐过渡到非平衡载流子浓度为 0 的热平衡态,其过程实际上是物理学中常见的一种弛豫过程。对弛豫过程进行分析,通常采用弛豫时间近似,在现在的情况下,即通过唯象地引入弛豫时间 τ,而将在 dt 时间内非平衡载流子的复合率表示为 $\dfrac{dt}{\tau}$。在弛豫时间近似下,从非平衡载流子浓度不为 0 的平衡态到非平衡载流子浓度为 0 的平衡态的弛豫过程可近似由下列两个方程描述:

$$\frac{d(\Delta n)}{dt} = -\frac{\Delta n}{\tau} \tag{11.90}$$

和

$$\frac{d(\Delta p)}{dt} = -\frac{\Delta p}{\tau} \tag{11.91}$$

两方程的解分别为

$$\Delta n = (\Delta n)_0 e^{-t/\tau} \tag{11.92}$$

和

$$\Delta p = (\Delta p)_0 e^{-t/\tau} \tag{11.93}$$

其中,$(\Delta n)_0$ 和 $(\Delta p)_0$ 分别是光照引起的非平衡电子浓度和非平衡空穴浓度,而 $\Delta n \rightarrow 0$ 和 $\Delta p \rightarrow 0$ 则分别对应的是热平衡时的电子浓度和空穴浓度。可见,在 $t = 0$ 时刻,若去掉外加作用,则非平衡载流子随时间按指数关系衰减而趋于 0。之所以非平衡载流子在撤去光照后趋于 0,是因为非平衡电子通过释放能量回落到价带与价带中的非平衡空穴发生复合,τ 是非平衡载流子在复合消失前平均存在的时间,通常称其为非平衡载流子寿命。由于在非平衡状态下,非平衡少子的影响起主导作用,因而 τ 又称为非平衡少子寿命。

非平衡载流子的寿命取决于复合过程,而复合过程和复合机制密切相关。非平衡载流子有多种复合机制,但如果不追究细节,则复合机制可分为两大类,一类是直接复合,即导带中的电子通过释放能量而直接回落到价带与价带中的空穴发生复合;另一类是间接复合,即导带中的电子不是直接回落到价带与空穴复合,而是先回落到杂质能级(通常称其为深能级)上没有电子占据的空位置上,然后再回落到价带与价带中的空穴发生复合。对于直接带隙半导体,导带电子与价带空穴直接发生复合时没有准动量的变化,因此,这类半导体中电子与空穴的复合能较容易地发生,其非平衡载流子的寿命由直接复合过程决定。而对于间接带隙的半导体,电子与空穴发生复合(非竖直跃迁)时将有动量的变化,因此,这类半导体中电子与空穴的复合一般比较难发生。对于间接带隙半导体,为了能有效促进电子与空穴的复合,常常采用的方法是借助非本征因素(如杂质或缺陷等)将具有较深束缚的能级引到半导体带隙(多半处于带隙中央附近),常将这种促进载

流子复合的深能级称为复合中心。借助复合中心的复合虽然属于间接复合,但其复合效率大大高于直接复合的,非平衡载流子的寿命主要取决于复合中心的浓度和性质。

11.4.3　非平衡载流子的扩散

带电粒子在外加电场作用下可作定向漂移运动,从而形成宏观的电流,这种电流称为漂移电流,导体中观察到的宏观电流就是这种漂移电流。半导体中因电子和空穴是携带电荷的粒子,外加电场下这些粒子的定向漂移运动同样可以引起漂移电流,但和导体不同,半导体中除了有与平衡载流子有关的漂移电流外,还存在另一种形式的电流,即所谓的扩散电流,扩散电流的产生源于载流子浓度的不均匀而造成的扩散运动。

如前面提到的,一般情况下,半导体中的载流子有多子和少子之分,对于多子,漂移电流是主要的,而由于少子数量极少,其对漂移电流的贡献相对于多子可以忽略不计。但由于非平衡载流子的存在,作为少数载流子的非平衡载流子能够产生浓度梯度,因此,非平衡载流子的扩散是一种重要的运动形式,尽管非平衡载流子的数量很少,但是却可以形成很大的浓度梯度,从而能够产生出显著的扩散电流。下面以一维光注入 N 型半导体为例,分析非平衡少子的扩散运动的基本规律。

考虑一个如图 11.11 所示的半无限的 N 型半导体,其表面位于 $x=0$ 处。对 N 型半导体,电子是多子,空穴是少子,因此,在讨论非平衡载流子扩散时只需关心非平衡载流子的产生对空穴少子的影响。假设光均匀照射在半导体表面,且在表面很薄的层内被吸收。如前所述,光照可以产生非平衡载流子,这些非平衡载流子通过扩散向体内运动,一边扩散,一边复合。在稳定光照射下,将在半导体中建立起稳定的非平衡载流子分布。

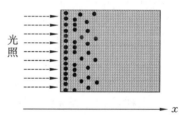

图 11.11　光照半导体及非平衡载流子扩散运动示意图

扩散运动是微观粒子热运动的结果,空穴作为微观粒子,当然也遵从微观粒子扩散运动的普遍规律。因此,单位时间内由于扩散运动通过单位横截面积的空穴数目,即所谓的空穴扩散流密度,可表示成

$$J_{\mathrm{p}} = -D_{\mathrm{p}} \frac{\mathrm{d}p}{\mathrm{d}x} = -D_{\mathrm{p}} \frac{\mathrm{d}(p_0 + \Delta p)}{\mathrm{d}x} = -D_{\mathrm{p}} \frac{\mathrm{d}(\Delta p)}{\mathrm{d}x} \tag{11.94}$$

其中,D_{p} 为空穴的扩散系数,负号表示扩散总是从高浓度向低浓度方向扩散,p_0 为热平衡时的空穴浓度,Δp 为光照引起的非平衡空穴浓度。方程(11.94)的最后一步是考虑到这样一个事实,即热平衡时空穴在样品中的分布是均匀的而与位置无关,因此,$\frac{\mathrm{d}p_0}{\mathrm{d}x}=0$。

非平衡少子一边扩散一边复合,形成稳定的分布,其浓度分布满足连续性方程,即

$$\frac{\mathrm{d}}{\mathrm{d}t}\left[-D_{\mathrm{p}} \frac{\mathrm{d}(\Delta p)}{\mathrm{d}x}\right] - \frac{\Delta p}{\tau} = 0 \tag{11.95}$$

其中,第一项表示的是因扩散而造成的少子的积累,而第二项则表示的是因复合而造成的少子损失。方程(11.95)的通解可写为

$$\Delta p = A\mathrm{e}^{-x/l_{\mathrm{p}}} + B\mathrm{e}^{x/l_{\mathrm{p}}} \tag{11.96}$$

其中,

$$l_p = \sqrt{D_p \tau} \tag{11.97}$$

利用边界条件：

$$\begin{cases} \Delta p = (\Delta p)_0 & (x = 0) \\ \Delta p = 0 & (x \to \infty) \end{cases}$$

可得方程(11.95)的解为

$$\Delta p = (\Delta p)_0 e^{-x/l_p} \tag{11.98}$$

这表明,产生的非平衡少子在边扩散边复合的过程中随离表面距离的增加而指数性衰减,而 $l_p = \sqrt{D_p \tau}$ 则反映了非平衡少子深入样品中的平均距离,因此,称其为扩散长度。将式(11.98)代入式(11.94),得到非平衡空穴的扩散流密度为

$$J_p = (\Delta p)_0 \frac{D_p}{l_p} e^{-x/l_p} \tag{11.99}$$

乘上空穴所带的电荷后,则可得到与非平衡空穴的扩散运动相联系的扩散电流密度为

$$J_{p,e} = (+e) J_p = e (\Delta p)_0 \frac{D_p}{l_p} e^{-x/l_p} \tag{11.100}$$

上面的分析是针对 N 型半导体的,对 P 型半导体,可作同样的分析和讨论,只是 P 型半导体中少子是电子,相应的非平衡电子的扩散流密度为

$$J_e = -(\Delta n)_0 \frac{D_e}{l_e} e^{-x/l_e} \tag{11.101}$$

其中,$(\Delta n)_0$ 为半导体表面附近的非平衡电子(光照引起的)的浓度,$l_e = \sqrt{D_e \tau}$ 是非平衡电子深入样品的平均距离,D_e 为电子扩散系数,负号表示电子扩散方向与空穴方向相反。

11.5　PN 结

半导体之所以受到人们广泛的关注,在很大程度上是因为半导体及基于半导体制成的各种器件有着广泛的用途,特别是集成电路和大规模集成电路,已成为现代电子和信息产业,乃至现代工业的基础。几乎所有的微电子器件的核心部分都是一个半导体芯片,而每一个半导体芯片都离不开一个基本的结构单元,即本节介绍的 PN 结。PN 结有同质结和异质结两种,基于相同禁带宽度的同一种半导体制成的 PN 结称为同质 PN 结,而基于不同禁带宽度的两种半导体制成的 PN 结称为异质 PN 结。本节就同质 PN 结的形成过程、机理及其特性予以简单介绍。

11.5.1　PN 结形成过程与机理

对一个本征半导体,假想将其切开分成左、右两个部分,左半部分通过受主掺杂而成为 P 型半导体(P 区),右半部分通过施主掺杂而成为 N 型半导体(N 区)。由于这两个区是基于同一本征半导体通过掺杂得到的,因此,它们的导带边 E_- 和价带边 E_+ 相同,如图 11.12 所示。不同的是,P 区主要载流子是价带中的空穴,费米能级 $(E_F)_P$ 位于靠近价带边的带隙内,而 N 区主要载流子是导带中的电子,费米能级 $(E_F)_N$ 位于靠近导带边的带隙内。

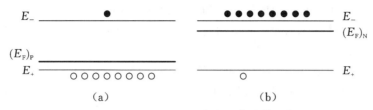

图 11.12　(a)P 区和(b)N 区半导体能带示意图

假如将上述的 P 区和 N 区按图 11.13(a) 所示的形式放在一起,两个区在相互接触前,每个区里载流子的浓度分布是均匀的,在一维 x 方向上,P 区和 N 区的载流子浓度分布分别为

$$p_{\mathrm{P}}^0(x)=\begin{cases}0 & (x>0)\\ N_+\,\mathrm{e}^{-[(E_\mathrm{F})_\mathrm{P}-E_+]/k_\mathrm{B}T} & (x<0)\end{cases},n_{\mathrm{P}}^0(x)=\begin{cases}0 & (x>0)\\ N_-\,\mathrm{e}^{-[E_--(E_\mathrm{F})_\mathrm{P}]/k_\mathrm{B}T} & (x<0)\end{cases}$$

和

$$p_{\mathrm{N}}^0(x)=\begin{cases}N_+\,\mathrm{e}^{-[(E_\mathrm{F})_\mathrm{N}-E_+]/k_\mathrm{B}T} & (x>0)\\ 0 & (x<0)\end{cases},n_{\mathrm{N}}^0(x)=\begin{cases}N_-\,\mathrm{e}^{-[E_--(E_\mathrm{F})_\mathrm{N}]/k_\mathrm{B}T} & (x>0)\\ 0 & (x<0)\end{cases}$$

由于 $x=0$ 处载流子浓度的突变(即存在浓度梯度)及界面两侧的费米能级不等,一旦 P 区和 N 区相互接触,则在浓度梯度驱动下,右边 N 区电子扩散进入左边 P 区,而左边 P 区空穴扩散进入右边 N 区,这样一来,在 P 区和 N 区之间必存在一个过渡区,过渡区内载流子浓度分布是不均匀的,而过渡区之外区域的载流子浓度仍然是像没有接触前一样的均匀分布。这一载流子浓度不均匀分布的过渡区域称为耗尽层(depletion layer),之所以称其为耗尽层,是因为 N 区电子扩散到 P 区会与 P 区的空穴发生复合消失,同样,P 区空穴扩散到 N 区会与 N 区电子发生复合消失,其结果是使得总的载流子浓度比均匀分布区域的要低得多。

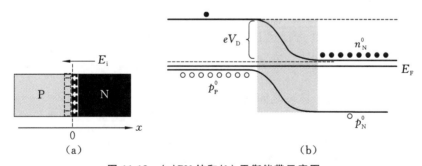

图 11.13　(a)PN 结和(b) 平衡能带示意图

耗尽层的存在是 PN 结的基本属性之一,但耗尽层的厚度是有限的,一般在微米量级,或者说,浓度梯度驱动的载流子扩散不会一直扩散下去。这是因为,伴随 N 区电子扩散到 P 区和 P 区空穴扩散到 N 区,在 PN 结 N 区一侧出现由施主离子和空穴形成的正电荷聚集,而在 PN 结 P 区一侧出现由受主离子和电子形成的负电荷聚集,如图 11.13(a) 所示,由于这一原因,耗尽层也称空间电荷区(space-charge region)。PN 结两边的正、负电荷聚集,在 PN 结内部形成由 N 区指向 P 区的电场 $\vec{E}_\mathrm{i}$,这一电场源于 PN 结内部浓度梯度驱动的载流子扩散,而不是外加电压引起的,故称其为自建场或内建场。自建场对载流

子的库仑力的作用可阻止扩散的进行。当浓度梯度驱动载流子扩散引起的沿 $+x$ 方向的扩散电流和因自建场驱动载流子运动引起的沿 $-x$ 方向的漂移电流相等时,PN 结处于热平衡状态。

从能带变化的角度,没有相互接触前的 P 区和 N 区的能带如图 11.12 所示,其中,N 区费米能级 $(E_F)_N$ 高于 P 区费米能级 $(E_F)_P$;当相互接触后,高费米能的 N 区中的电子会向低费米能的 P 区转移,引起 P 区能带相对于 N 区能带向上整体移动,直到 P 区和 N 区的费米能级同为 E_F,如图 11.13(b) 所示。平衡时,由于 P 区和 N 区的费米能级相同,因此,P 区能带需要向上整体移动 eV_D,eV_D 由下式给出:

$$eV_D = (E_F)_N - (E_F)_P \tag{11.102}$$

以抵消原来 P 区和 N 区费米能级的差别。从左边 P 区能带过渡到右边 N 区能带,必然会经过一个如图 11.13(b) 中阴影区域所示的过渡区,且过渡区的能带是逐渐向下弯曲的,这里所讲的能带过渡区或能带弯曲区正是上面所讲的耗尽层或者空间电荷区,也可以认为是阻止载流子扩散的势垒,势垒的高度为 eV_D,宽度在微米级。

根据图 11.13(b) 所示的 P 区和 N 区的能带,利用前面介绍的热平衡下载流子的浓度公式,可以得到过渡区之外的 P 区和 N 区的电子浓度和空穴浓度的表达式。对 N 区,电子浓度 n_N^0 和空穴浓度 p_N^0 分别为

$$n_N^0 = N_- \ e^{-(E_- - E_F)/k_B T} \tag{11.103}$$

和

$$p_N^0 = N_+ \ e^{-(E_F - E_+)/k_B T} \tag{11.104}$$

对 P 区,考虑到其带边向上移动了 eV_D 的事实,可以将其电子浓度 n_P^0 和空穴浓度 p_P^0 分别表示为

$$n_P^0 = N_- \ e^{-[(E_- + eV_D) - E_F]/k_B T} \tag{11.105}$$

和

$$p_P^0 = N_+ \ e^{-[E_F - (E_+ + eV_D)]/k_B T} \tag{11.106}$$

由式(11.105) 和式(11.103) 可得到 P 区和 N 区电子浓度之比为

$$\frac{n_P^0}{n_N^0} = \frac{N_- \ e^{-(E_- + eV_D - E_F)/k_B T}}{N_- \ e^{-(E_- - E_F)/k_B T}} = e^{-eV_D/k_B T} \tag{11.107}$$

于是,得到 P 区和 N 区电子浓度之间的关系为

$$n_P^0 = n_N^0 e^{-eV_D/k_B T} \tag{11.108}$$

同样,由式(11.104) 和式(11.106) 可得到 N 区和 P 区空穴浓度之比为

$$\frac{p_N^0}{p_P^0} = \frac{N_+ \ e^{-(E_F - E_+)/k_B T}}{N_+ \ e^{-(E_F - E_+ - eV_D)/k_B T}} = e^{-eV_D/k_B T} \tag{11.109}$$

于是,得到 PN 区之外的 P 区和 N 区空穴浓度之间的关系为

$$p_N^0 = p_P^0 e^{-eV_D/k_B T} \tag{11.110}$$

在室温附近,由价带到导带的本征激发可忽略不计,而杂质基本上完全电离,在这种近似下有

$$n_N^0 \approx N_d \ 和 \ p_P^0 \approx N_a$$

其中,N_d 和 N_a 分别为前面所讲的施主和受主浓度。由式(11.108) 则近似有

$$n_P^0 = n_N^0 e^{-eV_D/k_B T} \approx N_d e^{-eV_D/k_B T} \tag{11.111}$$

由于热平衡时 n_P^0 和 p_P^0 之间的关系满足式(11.85),即

$$n_P^0 p_P^0 = n_i^2 \tag{11.112}$$

将式(11.111)所示的 n_P^0 和 $p_P^0 \approx N_a$ 代入式(11.112)并两边取对数后,则得到势垒的高度近似为

$$eV_D = k_B T \ln \frac{N_d N_a}{n_i^2} \tag{11.113}$$

对典型的硅基 PN 结,估计的势垒高度约为 0.75 eV,而对锗基 PN 结,估计的势垒高度约为 0.37 eV。

11.5.2　PN 结的单向导电性及其物理起因

1. PN 结的单向导电性

将图 11.13(a) 所示的 PN 结接上电极后,便构成了所谓的 PN 结二极管,之所以称之为二极管,是因为其具有单向导电性和整流特性。当 PN 结的 P 区和 N 区分别与电源的正、负级相接时,如图 11.14(a) 所示,称其为正向连接;当 PN 结的 P 区和 N 区分别与电源的负、正极相接时,如图 11.14(b) 所示,称其为反向连接。实验表明,当 PN 结处于图 11.14(a) 所示的正向连接状态时,则当正向电压超过一定值(硅基二极管约为 0.7 eV,锗基二极管约为 0.3 eV) 时,PN 结允许较大电流通过,习惯上称其为正向导通,相应的电流随正向电压的增加而指数性增加,如图 11.14(c) 右半部分所示;而当 PN 结处于图 11.14(b) 所示的反向连接状态时,则在 PN 结没有被击穿之前,通过 PN 结的电流很小,习惯上称其为反向截止,如图 11.14(c) 左半部分所示。

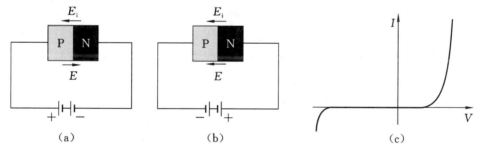

（a）　　　　　　　　　　（b）　　　　　　　　　　（c）

图 11.14　PN 结与电源的(a) 正向连接和(b) 反向连接,以及(c) 相应的电流 — 电压特性示意图

PN 结具有单向导电性,即正向导通,反向截止,可基于正向载流子注入和反向载流子抽取而给以理论解释,见后面的分析。仅仅从物理图像上看,如图 11.14(a) 所示,外加电场方向和 PN 结自建场方向相反,因此,外加电场削弱了自建场的作用,相当于降低了势垒的高度,这是有较大正向电流通过 PN 结的原因;如图 11.14(b) 所示,外加电场方向和 PN 结自建场方向相同,相当于增加了势垒的高度,这是有较小反向电流通过 PN 结的原因。

由于 PN 结二极管具有正向导通和反向截止的特性,因此,如果连接到 PN 结上的电源是交流电源,则 PN 结二极管可以周期性地导通和截止,在电源电压的正半周,二极管导通,而在电源电压的负半周,二极管处于反向截止状态,利用这一性质可以实现将正、

负交变的电流输出变换成只有正的电流输出,即所谓的整流特性。

2. PN 结的正向注入

当 PN 结外加如图 11.14(a) 所示的正向偏压时,外加电场与自建场方向相反,此时,外加电场削弱了 PN 结区的自建场,打破了漂移运动和扩散运动的相对平衡。在这种情况下,将源源不断地有电子从 N 区扩散到 P 区,有空穴从 P 区扩散到 N 区,如图 11.15 所示。由于 P 区空穴是多子,而电子是少子,因此,从 N 区扩散到 P 区的电子增加了 P 区少子(即电子)的浓度;对于 N 区,电子是多子,而空穴是少子,从 P 区扩散到 N 区的空穴,同样增加了 N 区的少子(即空穴)浓度。这种 P 区额外多出的电子和 N 区额外多出的空穴便成为非平衡载流子,由于非平衡载流子的产生源于外加正向偏压,故称其为 PN 结非平衡载流子的正向电场注入,简称正向注入。

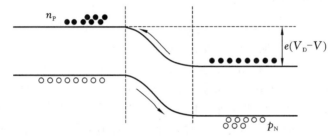

图 11.15　PN 结正向注入示意图

未加偏压时,势垒高度为 eV_D,P 区边界上的电子浓度由式(11.108)给出。当外加如图 11.14(a) 所示的正向偏压 V 时,势垒高度从未加偏压时的 eV_D 降为外加偏压时的 $e(V_D - V)$,相应的 P 区靠近势垒边处的电子浓度成为

$$n_P = n_N^0 e^{-e(V_D-V)/k_B T} = n_N^0 e^{-eV_D/k_B T} e^{eV/k_B T} = n_P^0 e^{eV/k_B T} \tag{11.114}$$

可见,在正向注入下,P 区靠近势垒边处的电子浓度相对于没有外加偏压时提高了 $e^{eV/k_B T}$ 倍,相应的非平衡少子(即电子)浓度为

$$\Delta n = n_P - n_P^0 = n_P^0 (e^{eV/k_B T} - 1) \tag{11.115}$$

同理,在正向注入下,N 区靠近势垒边处的空穴浓度为

$$p_N = p_P^0 e^{-e(V_D-V)/k_B T} = p_P^0 e^{-eV_D/k_B T} e^{eV/k_B T} = p_N^0 e^{eV/k_B T} \tag{11.116}$$

相应的非平衡少子(即空穴)浓度为

$$\Delta p = p_N - p_N^0 = p_N^0 (e^{eV/k_B T} - 1) \tag{11.117}$$

正向注入的电子在 P 区边界积累,同时扩散到 P 区与 P 区空穴发生复合消失,非平衡电子边扩散边复合,形成电流。利用前文给出的非平衡电子的扩散流密度表达式(11.101),乘上电子电荷 $(-e)$ 后,可得到与非平衡电子扩散运动相联系的电流密度为

$$J_N = -\Delta n \frac{D_n}{l_n} \times (-e) = e n_P^0 (e^{eV/k_B T} - 1) \frac{D_n}{l_n} \tag{11.118}$$

其中,D_n 和 l_n 分别为电子的扩散系数和扩散长度。同样,由式(11.99)乘上空穴电荷 $(+e)$ 后,可得到与非平衡空穴扩散运动相联系的电流密度为

$$J_P = \Delta p \frac{D_p}{l_p} \times (+e) = e p_N^0 (e^{eV/k_B T} - 1) \frac{D_p}{l_p} \tag{11.119}$$

其中，D_p 和 l_p 分别为空穴的扩散系数和扩散长度。总电流密度应为两种非平衡少子的贡献之和，由此得到在正向偏压时的 PN 结总的电流密度为

$$J^+ = J_N + J_P = e\left(\frac{D_n}{l_n}n_P^0 + \frac{D_p}{l_p}p_N^0\right)(e^{eV/k_BT} - 1) \tag{11.120}$$

若令

$$j_0 = e\left(\frac{D_n}{l_n}n_P^0 + \frac{D_p}{l_p}p_N^0\right) \tag{11.121}$$

称为肖克莱（Shockley）方程，则 PN 结的正向电流密度可简单表示为

$$J^+ = j_0(e^{eV/k_BT} - 1) \tag{11.122}$$

由于 j_0 正比于 N 区的非平衡空穴浓度 p_N^0 和 P 区非平衡电子浓度 n_P^0，而这两个均为少子浓度，数值很低，故 j_0 很小，因此，在低的外加正向偏压下，正向电流密度很低，随着正向偏压增加到一定值（硅基二极管约为 0.7 eV，锗基二极管约为 0.3 eV），正向电流随正向偏压的增加而指数性增加，这和普遍的实验观察是一致的。另外，从肖克莱方程（11.122）可以看到，如果 N 区施主掺杂浓度远大于 P 区受主掺杂浓度，即 $n_P^0 \gg p_N^0$，则 PN 结电流中将以电子电流为主，反之则以空穴电流为主。

3. PN 结的反向抽取

当 PN 结外加如图 11.14(b) 所示的反向偏压时，则外加电场与自建场方向相同。在这种情况下，N 区空穴一到达空间电荷区边界就会被电场拉到 P 区，由于 P 区空穴是多子，而电子是少子，因此，N 区空穴被电场拉到 P 区后与 P 区电子发生复合消失，从而减少 P 区的少子（电子）浓度；同样，P 区电子一到达边界就会被电场拉到 N 区，由于 N 区电子是多子，而空穴是少子，因此，P 区电子被电场拉到 N 区后与 N 区空穴发生复合消失，从而减少了 N 区的少子（空穴）浓度。这种由反向偏压引起的非平衡少子浓度的减少，称为 PN 结非平衡少子的反向电场抽取，简称反向抽取。

假设外加的反向偏压为 $V = -V_r$，其中，$V_r > 0$，在这样的反向偏压下，势垒高度从没有偏压时的 eV_D 增高到外加反向偏压时的 $e(V_D + V_r)$，相应的 P 区靠近势垒边处的电子浓度成为

$$n_P = n_N^0 e^{-e(V_D + V_r)/k_BT} = n_N^0 e^{-eV_D/k_BT} e^{-eV_r/k_BT} = n_P^0 e^{-eV_r/k_BT} \tag{11.123}$$

一般情况下，$eV_r \gg k_BT$，以至于 $n_P \to 0$，说明在反向偏压下，P 区靠近势垒边处的非平衡电子浓度因反向抽取而趋于 0，从而形成 P 区靠近势垒边处非平衡少子（电子）的欠缺。同理，在反向偏压下，N 区靠近势垒边处的空穴浓度成为

$$p_N = p_P^0 e^{-e(V_D + V_r)/k_BT} = p_P^0 e^{-eV_D/k_BT} e^{-eV_r/k_BT} = p_N^0 e^{-eV_r/k_BT} \tag{11.124}$$

可见，N 区靠近势垒边处非平衡少子（空穴）因反向抽取而欠缺。

采用和上面正向电流相类似的推导过程，可以得到反向电流密度为

$$J^- = e\left(\frac{D_n}{l_n}n_P^0 + \frac{D_p}{l_p}p_N^0\right)(e^{-eV_r/k_BT} - 1) \tag{11.125}$$

由于 $eV_r \gg k_BT$，$e^{-eV_r/k_BT} < 1$，意味着反向电流密度是负的，因此，将其写成

$$J^- = -j_0(1 - e^{-eV_r/k_BT}) \tag{11.126}$$

其中，j_0 由肖克莱方程（11.121）给出。对一般实验中所用的电压，$eV_r \gg k_BT$ 总是满足的，以至于 $e^{-eV_r/k_BT} \approx 0$，这样一来，反向电流密度近似为不变的值，即

$$J^- \approx -j_0 \qquad\qquad\qquad (11.127)$$

称为电流密度的反向饱和,这和普遍的实验观察是一致的。同时注意到,由于 j_0 正比于 N 区非平衡空穴浓度 p_N^0 和 P 区非平衡电子浓度 n_P^0,而这两个均为少子浓度,数值很低,以至于 $j_0 \approx 0$,从而解释了在 PN 结中的反向截止现象。

11.6 "金属／绝缘层／半导体" 型异质结

半导体独特的能带结构、内部载流子运动的多样化,以及半导体性质对掺杂和外界作用极为敏感等,使得当半导体同其他材料接触形成异质结构时,往往表现出不寻常的表面效应,利用这些不寻常的表面效应,可以制作各种不同用途的电子器件,其中最具代表性的是基于金属(M)、绝缘层(I)和半导体(S)的三明治式结构的 MIS 异质结。自 20 世纪 60 年代以来,无论在技术应用方面还是在基础研究方面,MIS 异质结都有着十分特殊的作用,其中,研究最多、应用最普遍的是 MOS 异质结,其中,O 代表的是氧化物绝缘层。基于 MOS 异质结制作的场效应晶体管(field effect transistor,FET),是一种利用控制输入回路的电场效应来控制输出回路电流的半导体器件,具有信息存储和处理、信号转换、信号放大等功能,成为现代电子和信息产业乃至现代工业的基础器件。本节简单介绍 MOS 异质结的性质及其工作原理。

11.6.1 MOS 型异质结的结构

将半导体、绝缘体和金属三种不同的薄膜材料依次沉积在同一基底上,形成如图 11.16 所示的三明治式结构的多层膜,就是通常所讲的 MIS 型异质结。

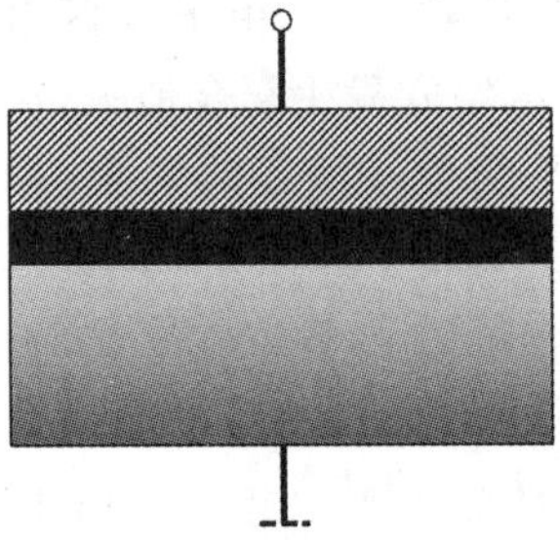

图 11.16 "金属—绝缘体—半导体" 三明治式结构的 MIS 异质结示意图

金属
绝缘体
半导体

如果中间层采用的是氧化物绝缘体材料,则形成的异质结通常称为"金属—氧化物—半导体"型异质结,简称 MOS 型异质结。在半导体硅片上生长一层薄的氧化膜(通常为 SiO_2)后再覆盖一层金属(通常是铝)而形成的异质结是最常见的一种 MOS 型异质结,其中,中间绝缘层厚度至关重要,通常在一至十几微米的范围内,中间层太薄有可能形成金属和半导体的直接接触,而太厚则使得金属和半导体之间被绝缘体完全隔开。

在实际的测量中,半导体一端通常被认为是接地的一端,而金属一端则认为是栅极。依栅极电压 $V > 0$ 还是 $V < 0$,半导体表面层内会表现出不同的表面势和电荷分布行为,从而影响半导体表面能带结构的变化并影响到 MOS 型异质结的行为。

11.6.2 外加电场下 MOS 异质结中的半导体表面效应

这里以 P 型半导体为例,来说明 MOS 异质结在外加电场下的半导体表面效应。由于 MOS 结本身就是一个电容器,因此,当在金属与半导体之间施加 $V > 0$ 的电压,即当栅压为正时,如图 11.17(a) 所示,外加正的栅压相当于给这样一个电容器充电。充电使得金属靠近绝缘层的一侧有正电荷的积累,而半导体靠近绝缘层的一侧有负电荷的积累。金属中的自由电子密度很高,因此,金属表面的正电荷的积累基本上分布在金属表面一个原子层的厚度范围内,而半导体表面负电荷的积累则分布在一定厚度的范围内,其原因后面提及。

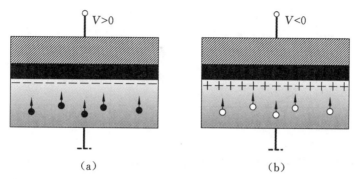

图 11.17　(a) 正、(b) 负栅压下半导体表面空间电荷区形成示意图

　　半导体中有电子和空穴两种载流子,因此,半导体表面负电荷积累源于电场驱动的两种载流子的运动。一是,电场驱动导带电子朝着表面运动而在半导体表面形成电子积累,如图 11.17(a) 中的黑色圆圈所示;另一是,电场驱动价带空穴的运动,由于空穴携带的电荷为正电荷,空穴运动方向和电场方向相同,即沿半导体表面向半导体内部方向运动,其结果必然使得半导体表面因空穴的缺少而带负电。对 P 型半导体,空穴是多子而电子是少子,因此,当正栅压较低时,虽有导带电子因电场驱动而在半导体表面形成负电荷的积累,但其数目甚少,意味着 P 型半导体中表面负电荷的积累主要源于电场驱动空穴的运动,从而在半导体表面形成带负的电荷层(见图中的"—"),这种带电的表面层称为空间电荷区,又称耗尽层。

　　带负电的空间电荷区具有屏蔽外电场的作用,但由于 P 型半导体中受主浓度远低于原子数密度,因此,要完全屏蔽外电场需要一定的厚度,即空间电荷区有一定的厚度,记为 d,其大小在微米级。假设垂直于半导体表面的方向为 x 方向,则由于屏蔽效应,随着从 $x=0$ 的半导体表面深入到半导体内部,其场强逐渐减弱,直至在空间电荷区的另一端,即 $x=d$ 处,场强减小至 0。与场强相对应的电势 $V(x)$ 随 x 的变化行为如图 11.18(a) 所示,$V(x)$ 的最大值出现在半导体表面($x=0$),随从 $x=0$ 的半导体表面深入到半导体内部,$V(x)$ 逐渐减小,直至在半导体内部($x \geqslant d$)变成 0。通常地,将半导体表面($x=0$)与半导体内部($x \geqslant d$)的电势差称为半导体的表面势,并以 V_s 表示之。在 $0 \leqslant x < d$ 的空间电荷区内存在电场,电场会引起不为零的电势,这一不为零的电势使得半导体表面的能带从平带变成向下弯曲的能带,如图 11.18(b) 所示。由此可以看到,离半导体表面越近,电势越大,能带弯曲越明显,价带边离费米能级越远,表明在半导体表面附近空穴被赶走而只留下少量空穴载流子,因此,空间电荷区(耗尽层)是一个缺乏载流子的高阻区,对空穴而言,相当于存在一个阻止空穴运动的势垒。

　　当在金属与 P 型半导体之间施加 $V < 0$ 的电压,即当栅压为负时,如图 11.17(b) 所示,外加电场驱动半导体中的空穴朝着半导体表面方向运动(见图中的空圆圈),并在半导体表面形成带正电荷的空穴积累层(在图中以"+"表示),相应的表面势为负值,表面

处的能带则呈现向上弯曲的现象。

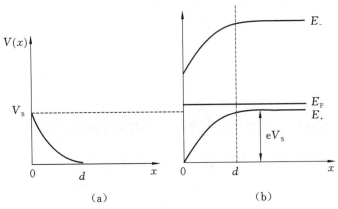

(a)　　　　　　　　　　　　　　(b)

图 11.18　P 型半导体在正栅压下的(a) 空间电荷区的电势分布和(b) 能带弯曲示意图

　　上面的分析是针对由 P 型半导体构成的MOS 异质结的,对由 N 型半导体构成的 MOS 异质结可作类似的分析和讨论。不同的是,对 N 型半导体,电子是多子而空穴是少子,在正的栅压下,半导体靠近绝缘层的一侧表面层内出现电子的积累,而在负的栅压下,半导体表面出现空间电荷区(耗尽层)。在不太高的负的栅压下,空间电荷区(耗尽层)是一个缺乏载流子的高阻区,对电子而言,相当于存在一个阻止电子运动的势垒。

11.6.3　MOS 反型层

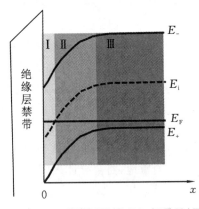

图 11.19　反型层(区域 Ⅰ)、耗尽层(区域 Ⅱ) 和半导体体内(区域 Ⅲ)示意图

　　从上面对 P 型半导体的分析可知,半导体表面势随正的栅压增加而增大,相应的半导体表面附近能带向下弯曲的程度随正的栅压增加而越来越明显。如果进一步增加正的栅压,则表面势进一步增大,半导体表面附近的能带就更加弯曲,以至于在靠近绝缘层一侧半导体表面附近一窄的区域,即图11.19 中所显示的区域 Ⅰ,半导体的费米能级 E_F 高于 E_i(禁带正中央),这一窄的区域即是所谓的反型层,其中,E_i 是前面所讲的本征费米能级 $(E_F)_i$ 的简写。

　　本征费米能级 E_i 相当于是一个分界线,当费米能级 E_F 在该线之上时,电子浓度大于空穴浓度,而在该线之下时,空穴浓度大于电子浓度,当 $E_F = E_i$ 时,电子浓度和空穴浓度相等。在反型层之外的区域,即在区域 Ⅱ 所显示的耗尽层和区域 Ⅲ 所显示的半导体体内,费米能级 E_F 均在本征费米能级 E_i 之下,说明在反型层之外的区域,空穴浓度大于电子浓度,或者说在反型层之外的区域,导电类型是空穴型导电。但在反型层内,费米能级 E_F 在本征费米能级 E_i 之上,说明在半导体表面一个很窄的层内,电子浓度大于空穴浓度。由于电子浓度大于空穴浓度,故反型层是电子导电层,意味着反型层中载流子和体内导电型号相反,这是将半导体表面附近窄的区域称为反型层的原因。

从图 11.19 可以看到,在半导体内部,能带未发生弯曲,表现出平带的特征,为区别起见,将与未发生能带弯曲相对应的本征费米能级标记为 E_i^B,此时,费米能级 E_F 处于 E_i^B 之下。在接近半导体表面时,半导体的能带从平带变成向下弯曲的能带,由于能带弯曲,使得费米能级 E_F 处在本征费米能级 E_i 之上。若以 eV_F 表示体内本征费米能级 E_i^B 和 E_F 之差,即

$$eV_F = E_i^B - E_F \qquad (11.128)$$

则一般认为当满足条件

$$eV_S \geqslant 2eV_F \qquad (11.129)$$

时,可形成反型层。由此得到形成反型层的条件为

$$eV_S \geqslant 2(E_i^B - E_F) \qquad (11.130)$$

当半导体表面势满足上述条件时,表面处电子浓度增加到大于等于体内空穴的浓度,形成电子导电的反型层。

从图 11.19 中看到,对表面反型层中的电子来说,左边是绝缘层,右边是由耗尽层空间电荷区电场形成的势垒。因此,反型层中的电子实际上被限制在表面附近能量最低的一个狭窄区域,由于这一原因,反型层有时也称为沟道,P 型半导体的表面反型层具有电子导电特征,故称为 N 沟道。

对基于 N 型半导体构成的 MOS 异质结可作类似的分析,只是在这种情况下,N 型半导体的表面反型层具有空穴导电特征,故称为 P 沟道。

11.6.4 MOS 晶体管

MOS 异质结常被用来制作成能通过控制输入回路的电场效应来调制输出回路电流的 MOS 晶体管,具有信息存储和处理、信号转换、信号放大等功能,是现代电子和信息产业乃至现代工业的基础器件。这里以基于 P 型半导体构成的 MOS 异质结为例,简单介绍晶体管结构及其工作原理。

图 11.20(a) 所示的是基于 P 型半导体构成的 MOS 异质结的示意图,在此基础上,通过在 P 型半导体衬底上增加两个 N 型区(其中一个 N 型区称为漏区,用 D 表示,另一个 N 型区称为源区,用 S 表示),便构成了如图 11.20(b) 所示的晶体管结构。

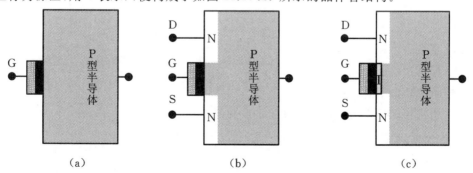

图 11.20 **(a)MOS 异质结、(b) 晶体管结构和(c) 晶体管工作原理示意图**

在图 11.20(b) 所示的晶体管结构中,由于漏极 D 和源极 S 之间被 P 型区隔开,漏极和源极之间相当于由两个背靠背的 PN 结连接,因此,一般情况下,即使在漏极和源极之间加一个电压,也没有明显的电流,这是因为,如果其中一个 PN 结处在导通状态,则另一个必处于截止状态,因此,在漏极和源极之间只能流过很小的电流,即前面所讲的 PN 结的反向饱和电流。

现在考虑在金属(栅极)与 P 型半导体之间施加一个正的偏压,如前面所提到的,当正的栅压超过一定值以至于满足式(11.130)条件时,P 型半导体在靠近绝缘层一侧的一个薄的表面层内转变成反型层,即由 P 型转变为 N 型,这样,在氧化物绝缘层与半导体界面处形成了 N 型导电通道(N 型沟道),如图 11.20(c) 中的区域 I 所示。N 型沟道将漏极 D 和源极 S 连接起来,于是,在漏极 D 与源极 S 之间就有大的电流通过。因此,控制栅极电压的极性和数值,使 MOS 晶体管分别处于导通或截止状态,漏极 D 和源极 S 之间的电流将受到栅极电压的调制,这就是 MOS 晶体管工作原理的基础。

思考与习题

11.1 试思考本征半导体中载流子的来源及如何通过掺杂实现从以电子 — 空穴对为载流子的本征导电到以电子或空穴为主要载流子的非本征导电。

11.2 金属中的价电子和半导体导带中的电子有何相同和不同之处?

11.3 为什么半导体中热激活型电导率具有 $\sigma \sim e^{-\Delta E/2k_B T}$ 的形式而不是 $\sigma \sim e^{-\Delta E/k_B T}$ 的形式?

11.4 试思考本征、N 型和 P 型三类半导体的能带结构特征。

11.5 半导体中载流子在产生的同时也在不断复合,如何抑制载流子的复合?

11.6 为什么 PN 结具有单向导电性?

11.7 为什么 MOS 晶体管具有信息存储和处理、信号转换、信号放大等功能?

11.8 考虑晶格常数 $a = 0.314$ nm 的一维半导体,假设其导带边和价带边的能量分别为 $E_-(k) = \dfrac{\hbar^2 k^2}{2m} + \dfrac{\hbar^2 (k - k_1)^2}{m}$ 和 $E_+(k) = \dfrac{\hbar^2 k_1^2}{6m} - \dfrac{3\hbar^2 k^2}{m}$,其中,$m$ 为自由电子质量,$k_1 = \dfrac{\pi}{a}$,试求:

(1) 禁带宽度;

(2) 导带边电子有效质量;

(3) 价带边电子有效质量;

(4) 价带顶到导带底跃迁时准动量的变化。

11.9 有一本征半导体,室温(300 K)时本征载流子浓度 $n_i = p_i = 1.5 \times 10^{10}$ 1/cm³,则:

(1) 若掺杂使其费米能级 E_F 从本征费米能级 E_i 提高到 $E_i + 0.26$ eV,试计算掺杂半导体的电子和空穴浓度;

（2）若掺杂使其费米能级 E_F 从本征费米能级 E_i 降低到 $E_i - 0.26$ eV，试计算掺杂半导体的电子和空穴浓度。

11.10　磷化镓半导体的带隙 $E_g = 2.26$ eV，相对介电常数 $\varepsilon_r = 17$，空穴的有效质量 $m_p^* = 0.86\ m$，试基于类氢模型：

（1）计算受主杂质的电离能；

（2）计算受主所束缚的空穴的基态轨道半径；

（3）画出受主能级在带隙中的大概位置。

11.11　对于施主掺杂硅半导体，若施主浓度 $N_D = 9 \times 10^{15}$ cm^{-3}，试计算 300 K 时的电子和空穴浓度，以及相应的费米能级位置。

11.12　对于磷掺杂的 N 型硅半导体，若磷的电离能为 0.044 eV，试计算杂质一半电离时的费米能级位置和磷的浓度。

第 12 章　固体磁性

所有物质均具有磁性,物质的磁性是组成物质的基本粒子的集体反映。固体是由大量原子凝聚而成的,而每个原子又是由原子核和核外电子组成的。原子核本身具有磁矩,简称核磁矩,来源于质子磁矩和中子磁矩的共同贡献。质子的磁矩是带电质子在原子核内运动所致的,不带电的中子具有中子磁矩是中子独特的性质,其起因可以基于现代流行的标准模型而得以解释。原子核外的电子参与两种运动,即自旋和绕核的轨道运动,对应有自旋磁矩和轨道磁矩,通常所讲的电子磁矩指的就是这两种运动共同贡献的磁矩。对单个原子而言,原子虽有核磁矩,但相对于电子磁矩,其值要小得多,以至于可以忽略,因此,原子的磁矩主要来自原子中的电子,并可看成由电子轨道磁矩和自旋磁矩构成。固体是由大量原子凝聚而成的,其中的电子轨道磁矩与轨道磁矩之间、电子自旋磁矩与自旋磁矩之间,以及轨道磁矩与自旋磁矩之间等存在着各种可能的交换作用,同时,这些磁矩及它们间相互作用对外加磁场响应的不同,使得固体表现出丰富的磁性特征。本章首先介绍磁性的一般性论述,然后就一些基本磁性的特征、起因、理论描述等予以介绍,最后,针对复杂磁体系的代表 —— 自旋玻璃的形成条件、形成物理过程,以及同顺磁、铁磁的相同和不同之处等作以简单介绍。

12.1　原子(离子)磁性

固体是由大量原子(或离子)凝聚而成的,因此,欲了解固体的磁性,首先要知道单个原子或离子的磁性,在忽略原子核磁矩的情况下,单个原子或离子的磁性取决于原子核外电子的轨道运动、自旋,以及与自旋和轨道的耦合等。

12.1.1　原子磁矩

1. 单个电子轨道磁矩

根据第 1 章介绍的原子结构模型,原子由原子核和绕核作旋转运动的电子构成。电子是带电的粒子,电子绕核作轨道运动,电子具有轨道磁矩,其大小通常用 μ_1 表示。

为简单起见,先考虑一个电子绕原子核旋转的情况,假定质量为 m、电荷为 $-e$ 的电子在半径为 r 的一个圆形轨道上以角速度 ω 绕核旋转,如图 12.1(a) 所示,则与电子轨道运动相关联的轨道角动量

$$l = m\omega r^2 \tag{12.1}$$

另一方面,电子绕核的旋转形成一个

$$i = -e\omega/2\pi \tag{12.2}$$

的闭合环路电流,如图 12.1(b) 所示,乘上轨道运动的面积 πr^2 后,可得到由此产生的轨道

磁矩为

$$\mu_1 = i \times \pi r^2 = -\frac{1}{2}e\omega r^2 \tag{12.3}$$

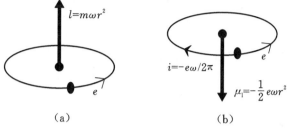

图 12.1　绕原子核旋转的电子(a) 轨道角动量和(b) 轨道磁矩示意图

比较式(12.1) 和式(12.3),得到绕核旋转运动的电子的轨道磁矩和轨道角动量之间的关系为

$$\mu_1 = -\frac{e}{2m}l = -\gamma_1 l \tag{12.4}$$

其中,

$$\gamma_1 = \frac{e}{2m} \tag{12.5}$$

为普适常量,称为旋磁比。式(12.4) 说明,绕核旋转运动的电子的轨道磁矩的绝对值正比于轨道角动量,而方向和轨道角动量相反,因此,绕核旋转运动的电子的轨道磁矩的矢量的表示形式为

$$\vec{\mu}_1 - \left(-\frac{e}{2m}\right)\vec{l} \tag{12.6}$$

按照量子力学,原子内的电子轨道运动是量子化的,相应的轨道角动量也是量子化的,其大小可表示为

$$|\vec{l}| = \sqrt{l(l+1)}\,\hbar \tag{12.7}$$

其中,l 为轨道角动量量子数,$l=0,1,2,\cdots,n-1,n$ 为表征电子运动状态的主量子数,相应的轨道磁矩的绝对值为

$$\mu_1 = |\vec{\mu}_1| = \frac{e}{2m}\sqrt{l(l+1)}\,\hbar = \sqrt{l(l+1)}\,\mu_B \tag{12.8}$$

其中,$\mu_B = \frac{e\hbar}{2m}$ 称为玻尔磁子。

2. 电子自旋磁矩

电子在绕核旋转的同时,也存在自身旋转,简称自旋,在量子力学中,通过引入自旋角动量 $\vec{s}$ 来描述这种自旋特性。和轨道角动量不同的是,自旋角动量在空间任意方向上只能有向上和向下两种可能的取向。根据量子力学,与自旋角动量 $\vec{s}$ 相对应的自旋磁矩可表示为

$$\vec{\mu}_s = \left(-\frac{e}{m}\right)\vec{s} = g_e\left(-\frac{e}{2m}\right)\vec{s} \tag{12.9}$$

其中,$g_e = 2$,称为自由电子的朗德因子。根据自旋角动量的量子化,得到自旋角动量的大小为

$$|\vec{s}| = \sqrt{s(s+1)}\,\hbar \tag{12.10}$$

其中,$s = \dfrac{1}{2}$ 为自旋量子数。由此得到自旋磁矩的绝对值

$$\mu_s = |\vec{\mu}_s| = \sqrt{s(s+1)}\,\mu_B \tag{12.11}$$

3. 角动量耦合及原子总磁矩

除氢原子外,所有原子均含有两个或两个以上的多个电子,这些电子按能量从低到高依次占据在不同的壳层上,其中,占据在能量低的满壳层上的电子,由于总磁矩之和为0,故对原子的磁矩没有贡献,因此,只需考虑那些占据在未满壳层上的电子对原子磁矩的贡献。如果未满壳层仅有一个电子,则原子磁矩可简单地表示为其轨道磁矩和自旋磁矩之和,即

$$\vec{\mu}_j = \vec{\mu}_1 + \vec{\mu}_s = -\frac{e}{2m}(\vec{l} + 2\vec{s}) = -\frac{e}{2m}(\vec{j} + \vec{s}) \tag{12.12}$$

其中,$\vec{j} = \vec{l} + \vec{s}$ 为电子的总角动量。

对于未满壳层上有多个电子占据的情况,由于每个电子的轨道运动和自旋,这些电子在原子中形成一定的轨道角动量和自旋角动量矢量,这些矢量相互作用,产生角动量耦合。原子中角动量有 $J-J$ 和 $L-S$ 两种耦合方式,前者发生在原子中的轨道—自旋耦合起主导作用的情况下,而后者发生在原子中的电子—电子间库仑作用起主导作用的情况下。

对于 $J-J$ 耦合,每个电子的自旋和轨道角动量首先耦合成总角动量 $\vec{j}_i$,然后,各电子的总角动量再耦合成原子的总角动量 $\vec{J}$,即

$$\vec{J} = \sum_i \vec{j}_i \tag{12.13}$$

而对于 $L-S$ 耦合,各个电子的轨道角动量 $\vec{l}_i$ 和自旋角动量 $\vec{s}_i$ 先分别按

$$\vec{L} = \sum_i \vec{l}_i \tag{12.14}$$

和

$$\vec{S} = \sum_i \vec{s}_i \tag{12.15}$$

合成得到原子的总轨道角动量 $\vec{L}$ 和总自旋角动量 $\vec{S}$,然后再通过自旋—轨道耦合得到原子的总角动量 $\vec{J}$,即

$$\vec{J} = \sum_i \vec{l}_i + \sum_i \vec{s}_i = \vec{L} + \vec{S} \tag{12.16}$$

对于原子序数 $Z > 82$ 的原子,由于原子中的轨道 — 自旋耦合起主导作用,这类原子的总角动量 $\vec{J}$ 都以 $J-J$ 耦合方式得到;对于原子序数 $Z \leqslant 32$ 的原子,由于各个电子轨道角动量间的耦合及自旋角动量间的耦合都较强,因此,这类原子的总角动量 $\vec{J}$ 都以 $L-S$ 耦合方式得到;随着原子序数从 $Z=32$ 增加到 $Z=82$,$L-S$ 耦合逐渐减弱,直至 $Z > 82$ 时过渡到 $J-J$ 耦合。磁性物质大都涉及 3d 过渡金属,这些 3d 过渡金属可近似认为采用的是 $L-S$ 耦合方式。

在 $L-S$ 耦合下,原子总磁矩为电子的总轨道磁矩和总自旋磁矩之和,即

$$\vec{\mu}_J = \sum_i \mu_{l_i} + \sum_i \mu_{s_i} = \vec{\mu}_L + \vec{\mu}_S \tag{12.17}$$

利用

$$\vec{\mu}_L = \sum_i \left(-\frac{e}{2m}\right)\vec{l}_i = \left(-\frac{e}{2m}\right)\vec{L} \tag{12.18}$$

和

$$\vec{\mu}_S = \sum_i \left(-\frac{e}{m}\right)\vec{s}_i = \left(-\frac{e}{m}\right)\vec{S} \tag{12.19}$$

可将原子总磁矩表示为

$$\vec{\mu}_J = \left(-\frac{e}{2m}\right)(\vec{L} + 2\vec{S}) = \left(-\frac{e}{2m}\right)(\vec{J} + \vec{S}) \tag{12.20}$$

如果把原子总磁矩写成形式

$$\vec{\mu}_J = g_J\left(-\frac{e}{2m}\right)\vec{J} \tag{12.21}$$

其中,g_J 称为原子的朗德因子,将上式两边点乘 $\vec{J}$ 并利用式(12.20),可得到

$$g_J = \frac{\vec{\mu}_J \cdot \vec{J}}{\left(-\frac{e}{2m}\right)\vec{J}^2} = 1 + \frac{\vec{S} \cdot \vec{J}}{\vec{J}^2} \tag{12.22}$$

由式(12.16)可得

$$\vec{S} \cdot \vec{J} = \frac{1}{2}(\vec{J}^2 + \vec{S}^2 - \vec{L}^2) \tag{12.23}$$

代入式(12.22),得到

$$g_J = 1 + \frac{\vec{J}^2 + \vec{S}^2 - \vec{L}^2}{2\vec{J}^2} \tag{12.24}$$

根据角动量量子化的性质,有

$$\begin{cases} \vec{J}^2 = J(J+1)\hbar^2 \\ \vec{L}^2 = L(L+1)\hbar^2 \\ \vec{S}^2 = S(S+1)\hbar^2 \end{cases} \tag{12.25}$$

其中,J、L 和 S 分别为总角动量、轨道角动量和自旋角动量的量子数,代入式(12.24)中,

可得到原子的朗德因子与各量子数的关系为

$$g_J = 1 + \frac{J(J+1) + S(S+1) - L(L+1)}{2J(J+1)} \tag{12.26}$$

由式(12.21)和式(12.25)可得到原子磁矩的绝对值为

$$\mu_J = |\vec{\mu}_J| = g_J \sqrt{J(J+1)} \mu_B = p_J \mu_B \tag{12.27}$$

其中,

$$p_J = g_J \sqrt{J(J+1)} \tag{12.28}$$

称为原子的有效玻尔磁子数。可见,原子磁矩的大小为玻尔磁子(μ_B)的 p_J 倍。

有两种特殊情况,一是,当 $L=0$ 时,$J=S$,此时的原子磁矩完全来自于自旋磁矩的贡献,由式(12.26)可得到 $g_J = 2$,再由式(12.27)可得到在这种情况下原子磁矩的绝对值为

$$\mu_J = |\vec{\mu}_J| = 2\sqrt{S(S+1)} \mu_B \tag{12.29}$$

另一是,当 $S=0$ 时,$J=L$,此时的原子磁矩完全来自于轨道磁矩的贡献,式(12.26)可得到 $g_J = 1$,再由式(12.27)可得到在这种情况下原子磁矩的绝对值为

$$\mu_J = |\vec{\mu}_J| = \sqrt{L(L+1)} \mu_B \tag{12.30}$$

12.1.2 洪德规则及原子(离子)磁矩

固体是由大量原子或离子凝聚而成的,因此,除抗磁性外,固体的磁性,包括顺磁性、铁磁性、反铁磁性等,均与这些原子或离子是否具有固有磁矩有关,然而,并非所有原子或离子都携带固有磁矩,意味着并非任意原子或离子构成的固体都具有磁性。

在第 1 章曾介绍过,原子核外电子按能量从低到高依次占据不同的电子壳层,各能级和壳层上最多占据的电子数如表 12.1 所示。由于满壳层中的电子总磁矩之和为 0,故对原子的总磁矩没有贡献,因此,在讨论原子或离子的磁性时只需关注那些占据在未满壳层上的电子。例如,碳原子总共有 6 个电子,按能量从低到高依次占满 1s 和 2s 壳层,还有 2 个电子占据在 2p 壳层上,这个 2p 壳层对碳原子来说就是未满的壳层。如果不考虑 L—S 耦合,则 2p 壳层是 6 重简并态,即有 6 个能量相等的态,分别由磁量子数 $m=0,\pm 1$ 和反映自旋取向的量子数 $m_s = \pm \frac{1}{2}$ 来表征。若考虑 L—S 耦合,则它们的能量不再相等,2 个 2p 电子应占据在两个能量最低的态上。那么,哪两个态的能量最低呢?洪德(Hund)规则正是基于对这一问题的回答而提出的。

表 12.1 原子中各壳层和能级及其可容纳的电子数

主量子数 n	1	2		3			4			
轨道角量子数 l	0	0	1	0	1	2	0	1	2	3
壳层标记	s	s	p	s	p	d	s	p	d	f
壳层内容纳电子数	2	2	6	2	6	10	2	6	10	14
能级上电子占据数	2	8		18			32			

洪德在总结原子光谱实验的基础上,提出了在 L—S 耦合下确定基态时的量子数 J、

L 和 S 的一般性原则,称之为洪德规则。洪德规则可概括为如下三条原则。

(1)在不违背泡利不相容原理的前提下,电子自旋角动量量子数之和,即

$$S = \sum_i m_{s_i} \tag{12.31}$$

取最大值;

(2)在 S 取最大值的各状态中,轨道角动量量子数之和,即

$$L = \sum_i m_{l_i} \tag{12.32}$$

取最大值;

(3)如果壳层中的电子数不到半满,则总角动量量子数为

$$J = |L - S| \tag{12.33}$$

如果壳层中的电子数超过半满,则总角动量量子数为

$$J = |L + S| \tag{12.34}$$

下面以非磁性原子、过渡金属原子和稀土原子为例,分别介绍基于洪德规则如何确定这些原子的量子数 J、L 和 S,以及所具有的固有的磁矩。

对非磁性原子,以碳原子为例,其 2p 壳层上的两个电子,依洪德规则中的第(1)、(2)条,应当按图 12.2 所示的形式占据在两个不同的态上,其中,朝上箭头表示自旋向上的态,即 $m_s = \frac{1}{2}$。由此得到,

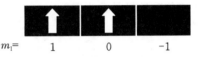

图 12.2 碳原子 2p 壳层上两个电子的占据态示意图

碳原子的自旋角动量量子数为

$$S = \sum_i m_{s_i} = \frac{1}{2} + \frac{1}{2} = 1$$

轨道角动量量子数为

$$L = \sum_i m_{l_i} = 1 + 0 = 1$$

碳原子 2p 壳层上只有两个电子,因此属于不到半满的情况,依洪德规则中的第(3)条,则总角动量量子数为

$$J = |L - S| = 0$$

由于 $J = 0$,由式(12.27)可知,$\mu_J = 0$。因此,碳原子是没有固有磁矩的原子,这是将碳原子归属于非磁性原子的原因。

对于过渡族金属原子,如第 1 章所介绍的,在元素周期表 1.1 中可分为 ds 区过渡族原子和 d 区过渡族原子两类,前者指的是 IB 和 IIB 的过渡族原子,而后者指的是 IIIB 到 VIIIB 的过渡族原子。对于 ds 区过渡族原子,外层电子结构具有 $(n-1)d^{10}ns^x (x=1,2)$ 的形式,因此,未满的壳层是最外层的 s 电子壳层,而对于 s 壳层,$L = 0$,$J = S$,此时的原子磁矩可由式(12.29)直接确定。

对于 d 区过渡族原子,其外壳层电子结构具有 $(n-1)d^x ns^2 (1 \leqslant x \leqslant 8)$ 的形式,虽然这些原子的最外层是 s 电子,但在固体中这些最外层 s 电子常常被电离或与其他原子形成共价键,因此,d 区原子暴露在外的电子实际上是 d 壳层电子。由于 d 壳层可占据 10 个电子,因此,这些过渡族原子的 d 壳层属于未满壳层的情况,这些原子的量子数 J、L 和 S,

以及所具有的固有磁矩可以根据洪德规则直接进行计算,下面以 Ti^{3+} 离子为例说明。

原子状态时 Ti 原子的电子结构为$[Ar]3d^2 4s^2$,当其变成三价离子后,电子结构变成 $[Ar]3d^1$。依洪德规则中的第(1)、(2)条,这个电子应当按图12.3所示的形式占据在 $m_l = 2$ 和 $m_s = \dfrac{1}{2}$ 的态上。

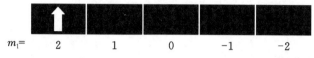

$m_l=$　　2　　　1　　　0　　　-1　　　-2

图 12.3　Ti^{3+} 离子 3d 壳层上一个电子的占据态示意图

由于 Ti^{3+} 离子 3d 壳层上的一个电子占据在 $m_l = 2$ 和 $m_s = \dfrac{1}{2}$ 的态上,故可得到 Ti^{3+} 离子的自旋角动量量子数为

$$S = \sum_i m_{s_i} = \frac{1}{2}$$

轨道角动量量子数为

$$L = \sum_i m_{l_i} = 2$$

Ti^{3+} 离子的 3d 壳层上只有一个电子,属于不到半满的情况,依洪德规则中的第(3)条,则总角动量量子数为

$$J = |L - S| = \left| 2 - \frac{1}{2} \right| = \frac{3}{2}$$

将 $J = \dfrac{3}{2}$、$L = 2$ 和 $S = \dfrac{1}{2}$ 代入式(12.26),计算得到 Ti^{3+} 离子的朗德因子为

$$g_J = 0.8$$

再由式(12.27),计算得到 Ti^{3+} 离子所具有的固有磁矩为

$$\mu_J = g_J \sqrt{J(J+1)} \mu_B = 1.55 \mu_B$$

需要指出的是,对 Ti^{3+} 离子,上面计算的磁矩值($1.55\mu_B$)明显小于固体中由实验得到的磁矩值($1.7\mu_B$),其原因是存在轨道角动量猝灭。事实上,固体中暴露在外的 d 壳层电子直接受到了晶体场的作用,且晶体场作用远大于自旋 — 轨道相互作用(约为 100 倍),在晶体场作用下,电子的轨道运动常常被破坏,使电子的轨道角动量被猝灭,即 $L = 0$,因此,剩下的只有自旋角动量,意味着处在晶体场中的过渡金属离子的总角动量 $\vec{J} = \vec{S}$。相应的磁矩应由式(12.29)计算得到。将 $S = \dfrac{1}{2}$ 代入式(12.29)中,于是有

$$\mu_J = 2\sqrt{S(S+1)} \mu_B = 2\sqrt{\frac{1}{2}\left(\frac{1}{2}+1\right)} \mu_B = 1.73 \mu_B$$

由此得到的 Ti^{3+} 离子的磁矩值非常接近固体中由实验得到的磁矩值($1.7\mu_B$),说明处在晶体场中的 Ti^{3+} 离子的轨道角动量确实被猝灭。轨道角动量猝灭对处在晶体场中的过渡金属离子来说是一种普遍存在的现象。

对镧系稀土金属原子,除 La、Yb 和 Lu 外,其余都有未满的 4f 壳层。4f 壳层外还有 5s、5d、6s 等壳层。在晶体中,最外层的 5d、6s 电子常常被电离或与其他原子形成共价键,而 5s 及 5p 壳层都是满的,对离子磁矩没有贡献,因此,稀土金属离子的磁性只取决于未满的 4f 壳层中的电子。由于 4f 壳层是内壳层,4f 电子受到外面的 5s 和 5p 电子的屏蔽,因此,即使在晶体中,4f 电子也很少受到其他原子的影响,其磁性基本上与孤立的自由离子一样,因此,我们可以根据洪德规则直接计算稀土离子的量子数 J、L 和 S,以及所具有的固有磁矩。以 Nd^{3+} 离子为例,原子状态时,Nd 原子的电子结构为 $[Xe]4f^4 6s^2$,当其变成三价 Nd^{3+} 离子后,电子结构变成 $[Xe]4f^3$。4f 壳层可容纳 14 个电子。但 Nd^{3+} 离子仅有三个电子,依洪德规则中的第(1)、(2)条,这三个电子应当按图 12.4 所示的形式占据在 $m_l = 3、2$ 和 1 三个态上,且它们的自旋均向上,即 $m_s = \dfrac{1}{2}$。由此得到,Nd^{3+} 离子的自旋角动量量子数为

$$S = \sum_i m_{s_i} = \frac{1}{2} + \frac{1}{2} + \frac{1}{2} = \frac{3}{2}$$

轨道角动量量子数为

$$L = \sum_i m_{l_i} = 3 + 2 + 1 = 6$$

由于 Nd^{3+} 离子仅有三个电子,属于不到半满的情况,依洪德规则中的第(3)条,则总角动量量子数为

$$J = |L - S| = \left| 6 - \frac{3}{2} \right| = \frac{9}{2}$$

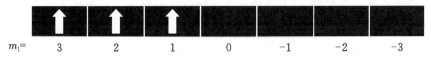

图 12.4　Nd^{3+} 离子 4f 壳层上三个电子的占据态示意图

将 $J = \dfrac{9}{2}$、$L = 6$ 和 $S = \dfrac{3}{2}$ 代入式(12.26),计算得到 Nd^{3+} 离子的朗德因子为

$$g_J = 0.7273$$

再由式(12.27),计算得到 Nd^{3+} 离子所具有的固有磁矩为

$$\mu_J = g_J \sqrt{J(J+1)} \mu_B = 3.62 \mu_B$$

计算得到的值非常接近于实验值 $3.6\mu_B$。

12.2　固体磁性的分类

固体是由大量原子或离子凝聚而成的,每个原子或离子又是由原子核和核外电子组成的。原子核具有核磁矩,源于质子和中子磁矩的共同贡献,电子有轨道磁矩和自旋磁矩,因此,任何固体均具有磁性,只是磁性的强弱和行为不同而已。忽略核磁矩,构成固体的原子或离子所具有的磁矩、彼此间的相互作用,以及对外加磁场的响应,形成了固体

的各种磁性。固体的磁性种类繁多,基于磁化率的正负和大小,固体的磁性大体上可分为抗磁性、顺磁性、铁磁性、反铁磁性和亚铁磁性几大类。

12.2.1　固体的磁化率

固体的宏观磁性通常用磁化强度 $\vec{M}$ 来表征,磁化强度定义为在外加强度为 H 的磁场作用下体积元 Δv 内感应形成的磁偶极矩 $\Delta \vec{p}_m$,即

$$\vec{M} = \frac{\Delta \vec{p}_m}{\Delta v} \tag{12.35}$$

对均匀磁化、体积为 V 的固体,磁化强度 $\vec{M}$ 可表示为

$$\vec{M} = \frac{\vec{P}_m}{V} \tag{12.36}$$

其中,$\vec{P}_m$ 为体积 V 内所有磁偶极矩的矢量和,在国际单位制中,磁偶极矩的单位为 $A \cdot m^2$,磁化强度的单位和磁场 H 的单位相同,即为 A/m。

根据统计物理,一个系统的磁化强度值 M 可表示为

$$M = -k_B T \frac{\partial \ln z}{\partial H} \tag{12.37}$$

其中,z 为系统的配分函数,与系统能量 E 有关,这里的系统指的是由大量粒子(原子、离子等)凝聚而成的固体。因此,只要固体的能量与磁场有关,则当磁场改变时,固体就会表现出 M 不为 0 的宏观磁性。而固体的能量之所以与磁场有关,是因为磁场会引起电子自旋磁矩和轨道磁矩的取向,以及磁场感生的轨道矩的改变。不同的固体对外加磁场的响应不同,因此会表现出不同的磁行为。

众所周知,真空中磁感应强度 $\vec{B}_0$ 正比于外加磁场 $\vec{H}$,即

$$\vec{B}_0 = \mu_0 \vec{H} \tag{12.38}$$

比例系数 $\mu_0 = 4\pi \times 10^{-7}$ H/m 称为真空磁导率。顺便提及,$\vec{B}_0$ 和 $\vec{H}$ 都是描述磁场的两个矢量,如果以 $\vec{B}_0$ 描述磁场,则磁场强度的单位为特斯拉(Tesla,简写为 T),而如果以 $\vec{H}$ 描述磁场,则磁场强度的单位为 A/m,式(12.38)为两者之间的转换关系。

现考虑将固体置于强度为 H 的磁场中,则固体在外加磁场的作用下会被磁化,由此产生的磁感应强度通常表示为 $\vec{B}_1$,而总的磁感应强度则为

$$\vec{B} = \vec{B}_0 + \vec{B}_1 \tag{12.39}$$

实验上可测量的量是磁化强度 $\vec{M}$ 而不是因固体的磁化而产生的磁感应强度 $\vec{B}_1$,两者之间成正比的关系,即

$$\vec{B}_1 = \mu_0 \vec{M} \tag{12.40}$$

另外一方面,固体因磁化而产生的磁感应强度 $\vec{B}_1$ 正比于真空下的磁感应强度 $\vec{B}_0$,即

$$\vec{B}_1 = \chi \vec{B}_0 \tag{12.41}$$

比例系数 χ 是一个无量纲的物理量,称为磁化率。将 $\vec{B}_1 = \mu_0 \vec{M}$ 和 $\vec{B}_0 = \mu_0 \vec{H}$ 代入式(12.41),则可以把磁化率同实验量联系起来,即

$$\vec{M} = \chi \vec{H} \tag{12.42}$$

磁化强度 $\vec{M}$ 是一个矢量,对均匀的固体,$\vec{M}$ 或者与 $\vec{H}$ 平行,或者与 $\vec{H}$ 反平行,因此,磁化率通常表示成

$$\chi = \frac{M}{H} \tag{12.43}$$

由于

$$\vec{B}_1 = \mu_0 \vec{M} = \mu_0 \chi \vec{H} = \chi \vec{B}_0 \tag{12.44}$$

代入式(12.39)中,则有

$$\vec{B} = \vec{B}_0 + \vec{B}_1 = (1+\chi)\vec{B}_0 = \mu_0(1+\chi)\vec{H} \tag{12.45}$$

可见,总的磁感应强度正比于外加磁场,比例系数

$$\mu = \mu_0(1+\chi) = \mu_0 \mu_r \tag{12.46}$$

也是一个无量纲的物理量,其中,

$$\mu_r = 1 + \chi \tag{12.47}$$

称为相对磁导率。

从定义式(12.42)可以看到,磁化率既可以为正($\vec{M}$ 与 $\vec{H}$ 平行),也可以为负($\vec{M}$ 与 $\vec{H}$ 反平行),既可能有较大的值,也可能有较小的值。这种正负或大小的不同,反映了不同的固体被磁场磁化的难易程度的不同,因此,它是表示固体磁性的重要物理量。固体磁性的种类正是基于固体磁化率来划分的,依磁化率的大小和正负,固体可分为抗磁体、顺磁体、铁磁体、反铁磁体和亚铁磁体几大类。

12.2.2　固体磁性的分类

1. 抗磁性

具有负磁化率的固体,即 $\chi < 0$,称为抗磁体,抗磁磁化率的绝对值在 $10^{-6} \sim 10^{-5}$ 量级。抗磁体具有三大特点:一是,磁化率的绝对值很小,磁化强度的方向与外加磁场的方向相反,或者说,抗磁体的磁化率是一个负的很小的数;二是,抗磁体的磁化强度绝对值随磁场强度的增加而线性增加,如图12.5 所示,因此,磁化率与磁场强度无关;三是,抗磁磁化率与温度无关。

抗磁性源于外加磁场感应生成的轨道矩的改变,任何固体都涉及电子的轨道运动,因此,抗磁性是固体的一种普适性质,或者说,任何固体均具有

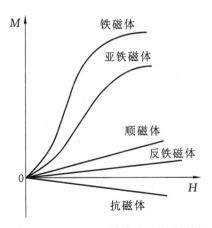

图 12.5　抗磁体、顺磁体、铁磁体、反铁磁体和亚铁磁体的磁化强度随磁场变化示意图

抗磁性。但在一般固体中观察不到抗磁性,原因是抗磁性太弱以至于被其他磁性(如顺磁性)所掩盖。只有在一些特殊的固体中才有可能观察到抗磁性,这些特殊的固体的特点是,构成固体的所有粒子(原子或离子)都是不携带固有磁矩的粒子。

2. 顺磁性

具有正磁化率但数值很小的固体称为顺磁性固体,简称顺磁体,顺磁体的磁化率量级为 $10^{-6} \sim 10^{-3}$。顺磁体中有浓度可观的携带磁矩的粒子,且粒子之间没有磁交换作用,这样的粒子称为顺磁性粒子。未加磁场时,顺磁性粒子的磁矩因热运动而取向无序,各个粒子的磁矩矢量和为零,故不显示宏观的磁性,但在外加磁场时,磁场引起磁矩倾向于转向与磁场方向相同的方向,从而使固体表现出磁化强度不为零的宏观磁性,这种因磁场引起的顺磁性粒子磁矩转向而产生的磁性称为居里顺磁性。

具有居里顺磁性的顺磁体,其磁化强度在方向上和外加磁场的相同,给定温度下的磁化强度值随磁场增加而线性增加,如图 12.5 所示,因此,磁化率与磁场强度无关。顺磁体的磁化率和温度成反比关系,即

$$\chi = \frac{C}{T} \tag{12.48}$$

这一关系称为居里定律,其中,常数 C 称为居里常数。

金属可看成由大量价电子构成的自由电子气,每个电子携带 1 个 μ_B 的自旋磁矩,且自旋磁矩之间没有交换作用,因此,金属也表现出顺磁性。但和居里顺磁性不同,金属自由电子气中的顺磁性称为泡利顺磁性,其起因为磁场引起的自旋向上的态上电子占据的几率不同于自旋向下的态上电子占据的几率。泡利顺磁性磁化率也是很小的正数,但不同于居里顺磁磁化率,泡利顺磁磁化率基本上是温度无关的常数。

3. 铁磁性

具有正的且数值很大的磁化率的固体称为铁磁体,铁磁体的磁化率量级为 $10^{-1} \sim 10^5$,常见的铁磁体有铁、钴、镍及其合金等。铁磁体的磁化曲线如图 12.5 所示,给定温度下磁化强度值随磁场增加而急剧增加,且是非线性的,当磁场增加到一定值时,磁化强度趋于饱和,因此,铁磁体的磁化率不仅有很大的正值且与磁场有关。

铁磁体的铁磁性源于其存在大量因原子壳层不满而具有固有磁矩的粒子,但和顺磁体不同,铁磁体中这些携带固有磁矩的粒子彼此间存在正的交换作用(相互作用常数 $J > 0$),这一正的交换作用趋于使固有磁矩彼此间平行取向,从而表现出不为零的宏观磁化,这种因磁矩间正的交换作用而引起的磁性称为铁磁性。由于铁磁体中磁矩的转向源于磁矩间正的交换作用而不是外加磁场所致,因此,即使没有外加磁场,在一个个小区域里(称之为磁畴),磁矩也会取向于相同方向,如图 12.6 所示,这一现象称为自发磁化。磁场的作用是使得不同取向的磁畴朝着磁场方向转向,通常所讲的磁化过程指的是,外加磁场引起铁磁体由多磁畴状态转变为与外加磁场方向相同的单一磁畴状态的过程。

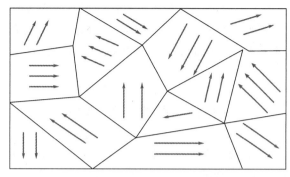

图 12.6　铁磁体中自发磁化示意图

铁磁体仅仅在温度低于铁磁居里温度 T_C 时才表现出铁磁性,而在 T_C 温度以上时,铁磁体表现出顺磁性,但和顺磁体不同,铁磁体在 T_C 以上的高温区的磁化率随温度的变化关系遵从居里 — 外斯定律,即

$$\chi = \frac{C}{T - \theta} \tag{12.49}$$

其中,θ 称为顺磁居里温度。

4. 反铁磁性

反铁磁体和铁磁体一样,存在大量因原子壳层不满而具有固有磁矩的粒子,但和铁磁体不同,反铁磁体中这些携带固有磁矩的粒子彼此间存在负的交换作用(相互作用常数 $J < 0$),这一负的交换作用倾向于使得相邻固有磁矩彼此反平行取向。在反铁磁体中,相邻的磁矩大小相等但方向相反,使得合成的磁化强度为零,因此,反铁磁体不表现出宏观的磁性。但在外加磁场作用下,相邻磁矩会偏离严格的反平行取向,导致弱的顺磁性产生,如图 12.5 所示,因此,反铁磁体具有正的但数值很小的磁化率,反铁磁体的磁化率量级为 $10^{-5} \sim 10^{-3}$。同时,反铁磁体的弱顺磁性与外加磁场的方向有关,因此,反铁磁体的磁化率表现出显著的各向异性。

反铁磁体仅仅在低于奈尔温度 T_N 时才表现出反铁磁性,而在高于 T_N 时则表现出顺磁行为,和顺磁体与铁磁体不同的是,在高于 T_N 的高温区,反铁磁体的磁化率随温度的变化关系遵从另外一种形式的居里 — 外斯定律,即

$$\chi = \frac{C}{T + \Theta} \tag{12.50}$$

其中,Θ 是一个正比于 T_N 的特征温度。

5. 亚铁磁性

亚铁磁体和反铁磁体一样,存在大量因原子壳层不满而具有固有磁矩的粒子,且这些携带固有磁矩的粒子彼此间存在负的交换作用,这种负的交换作用使得相邻的固有磁矩倾向于反平行取向。但和反铁磁体不同,亚铁磁体中相邻的磁矩大小不等,以至于反平行取向的相邻磁矩不会互相抵消,从而表现出净的磁矩并使得亚铁磁体表现出类似于

铁磁体的亚铁磁性,如图 12.5 所示。亚铁磁体也仅仅在亚铁磁转变温度 T_C 以下才表现出类似铁磁体的宏观铁磁性,但磁化率比铁磁体要小得多,其量级为 $10^{-1} \sim 10^4$。亚铁磁体在高温下也表现出顺磁性,但从亚铁磁态到顺磁态的转变发生在一个较宽的温度范围内。

12.3　固体的抗磁性

固体由大量原子凝聚而成,而原子又是由原子核和核外电子构成的。对每一个原子,在原子核的库仑场作用下,核外的每个电子均绕原子核作旋转运动。为简单起见,假设某一个电子的运动轨道在如图 12.7 所示的 $x-y$ 平面上,则该电子绕核的旋转会形成一个闭合环路电流

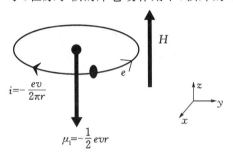

图 12.7　电子绕原子核旋转运动示意图

$$i = -\frac{ev}{2\pi r} \qquad (12.51)$$

其中,v 和 r 分别为电子运动速率和轨道半径,并由此引起一个轨道磁矩

$$\mu_1 = iA = -\frac{1}{2}evr \qquad (12.52)$$

其中,$A = \pi r^2$ 为电子运动轨道的面积。

现考虑在 $t=0$ 时刻沿 z 方向(垂直于电子轨道运动的平面)外加一个强度为 H 的磁场,相应的磁感应强度 $B=\mu_0 H$,则 $t=0$ 时刻之后的任意时间通过面积为 $A = \pi r^2$ 的电子运动轨道的磁通量为

$$\phi = BA = \pi r^2 B \qquad (12.53)$$

可见,穿过电子运动轨道的磁通量从 $t=0$ 时刻之前的 0 变为 $t=0$ 时刻之后的 $\phi = \pi r^2 B$,说明穿过电子运动轨道的磁通量是变化的,而由经典的电磁学理论可知,变化的磁通量会在电流回路中引起由下式给出的感应电动势 V_{in},即

$$V_{in} = -\frac{\mathrm{d}\phi}{\mathrm{d}t} = -\pi r^2 \frac{\mathrm{d}B}{\mathrm{d}t} = -\pi r^2 \mu_0 \frac{\mathrm{d}H}{\mathrm{d}t} \qquad (12.54)$$

相应的感应电场 E_{in} 为

$$E_{in} = \frac{1}{2\pi r}V_{in} = -\frac{1}{2}\mu_0 r \frac{\mathrm{d}H}{\mathrm{d}t} \qquad (12.55)$$

在感应电场作用下,绕核运动的电子受到额外的电场力作用:

$$F_{in} = -eE_{in} = \frac{1}{2}\mu_0 er \frac{\mathrm{d}H}{\mathrm{d}t} \qquad (12.56)$$

电子绕核旋转本身就是加速运动,当外加磁场穿过电子运动轨道时,引起的电磁感应进一步加速了电子的运动,由此产生的额外加速度为

$$\frac{\mathrm{d}\Delta v}{\mathrm{d}t} = \frac{F_{in}}{m} = \frac{1}{2m}\mu_0 er \frac{\mathrm{d}H}{\mathrm{d}t} \qquad (12.57)$$

积分后得到由电磁感应引起的电子运动速率的增加量为

$$\Delta v = \int_{t<0}^{t \geqslant 0} \frac{\mathrm{d}\Delta v}{\mathrm{d}t} \mathrm{d}t = \frac{1}{2m} \mu_0 er \int_{t<0}^{t \geqslant 0} \frac{\mathrm{d}H}{\mathrm{d}t} \mathrm{d}t = \frac{1}{2m} \mu_0 erH \tag{12.58}$$

而由式(12.52)可知,电子运动速率的增加必然会引起轨道磁矩的改变,即在原来轨道磁矩的基础上,感应引起了一个附加磁矩:

$$\Delta\mu_1 = -\frac{1}{2} er \Delta v = -\frac{\mu_0 e^2 r^2}{4m} H \tag{12.59}$$

上式是针对原子核外的一个电子导出的,如果固体单位体积内有 N 个原子,每个原子核外有 Z 个电子,则因电磁感应而引起的单位体积内总的附加磁矩称为附加磁化强度 ΔM,为

$$\Delta M = N \sum_i \Delta\mu_{l_i} = -\frac{N\mu_0 e^2 H}{4m} \sum_i^z r_i^2 \tag{12.60}$$

由于原子核外的电子云分布具有球对称性,故若用 $\langle r_i^2 \rangle$ 表示绕原子核旋转的第 i 个电子的均方半径,则有

$$\sum_i r_i^2 = \frac{2}{3} \sum_i \langle r_i^2 \rangle \tag{12.61}$$

代入式(12.60)中,于是有

$$\Delta M = -\frac{N\mu_0 e^2 H}{6m} \sum_i^z \langle r_i^2 \rangle = -\frac{N\mu_0 Z e^2 H}{6m} \langle r^2 \rangle \tag{12.62}$$

其中,$\langle r^2 \rangle = \sum_i^z \langle r_i^2 \rangle / Z$ 为原子周围电子云的均方半径。由磁化率的定义(12.43),可以得到因外加磁场感应产生的轨道矩改变而导致的磁化率为

$$\chi_{\mathrm{dia}} = \frac{\Delta M}{H} = -\frac{N\mu_0 Z e^2}{6m} \langle r^2 \rangle \tag{12.63}$$

可见,由此产生的磁化率始终为负值,说明感应引起的附加磁矩的方向始终和外加磁场方向相反,这是将其称为抗磁性的原因。这种抗磁性是固体在外加磁场作用下的一种固有属性,或者说,任何固体均具有抗磁性,只是在一般固体中因其他较强磁性的掩盖而无法从实验上得以观察。

　　固体抗磁性是固体的固有属性,其起因完全不同于在其他材料中观察到的抗磁效应(如超导体中的迈斯纳效应、负磁化材料中的负磁化效应等)。从实验角度,也很容易判断固体中固有的抗磁性同其他材料中的抗磁效应的区别。例如,超导体中的抗磁效应仅仅出现在超导转变温度以下,说明超导体中的抗磁效应是温度有关的,又如,负磁化材料中的负磁化强度与磁场强度的比值不仅仅与温度有关,也与磁场有关,而对于固体中的固有抗磁性,如式(12.63)所表明的,抗磁磁化率与温度和磁场均无关。

12.4　固体的顺磁性

　　前面提到,某些粒子(原子、离子等)携带固有磁矩,粒子的这种磁矩既可能来自电子的自旋贡献,也可能来自电子的轨道运动贡献,还可能来自两者的共同贡献,洪德规则是

判断粒子是否携带固有磁矩的基本规则。如果固体中含有携带固有磁矩的粒子且磁矩彼此间没有相互作用,则当外加磁场存在时,磁场可引起宏观不为零的磁性,固体的这种磁性称为固体的顺磁性。本节就固体中一些典型的顺磁性产生的机理及其理论分析予以阐述。

12.4.1　简单金属中的泡利顺磁性

所谓简单金属指的是,构成金属的原子其外层未满壳层的电子为 s 电子,且 s 电子彼此间基本上没有相互作用,以至于简单金属可近似认为是由 s 电子构成的自由电子气。对 s 电子,轨道角动量子数 l 为 0,因此,每个 s 电子仅有自旋磁矩

$$\mu_s = g_e m_s \mu_B \tag{12.64}$$

其中,$g_e = 2$ 为自由电子的朗德因子,$m_s = \frac{1}{2}$ 和 $-\frac{1}{2}$,分别对应自旋向上和向下的态。在自由电子近似下,这些自旋磁矩彼此间没有相互作用,原则上讲,外加磁场可以引起自旋磁矩朝着外加磁场方向取向并引起顺磁性,但在简单金属中观察到的顺磁性并非是由外加磁场引起自旋磁矩取向所致的顺磁性,而是由泡利顺磁性理论所预言的顺磁性。

泡利顺磁性理论在第 6.5 节中已作了较为详细的阐述。理论的基本出发点有三:一是,电子作为费米子在各个能级上的占据不能违背泡利不相容原理,因此,每个能级上最多只能占据 $m_s = \frac{1}{2}$ 和 $-\frac{1}{2}$ 的两个电子,按能量从低到高、每个能级占据两个电子依次占据,直至费米能级以下所有能级都占满了电子,尽管每个电子携带自旋磁矩,但由于 $m_s = \frac{1}{2}$ 和 $-\frac{1}{2}$ 的两种电子数目相等,两种电子贡献的总自旋磁矩相互抵消,以至于未加磁场时金属不显示磁性;二是,当外加磁场存在时,沿磁场方向的电子能量为 $-\mu_0 \mu_B H$,而逆磁场方向的电子能量为 $\mu_0 \mu_B H$,其结果使得自旋沿磁场方向取向的电子数多于逆磁场方向取向的电子,从而形成沿磁场方向的净磁矩;三是,在有限温度下,由于电子在各个能级的占据几率服从费米—狄拉克统计,因此,尽管金属有大量的自由电子,但只有费米面附近的少量电子(占总电子的比约为 $k_B T/\varepsilon_F$)参与了对金属顺磁性的贡献。在这些理论分析的基础上,得到简单金属的顺磁磁化率为

$$\chi_P = \mu_B^2 g(\varepsilon_F^0) \left[1 - \frac{\pi^2}{12} (k_B T/\varepsilon_F^0)^2 \right] \tag{12.65}$$

称为泡利顺磁磁化率。由于泡利顺磁性只涉及费米面少量电子对磁性的贡献,因此,泡利顺磁性是一种弱的顺磁性,且泡利顺磁磁化率基本上与温度无关。

12.4.2　含未满 d 或 f 壳层电子的固体中的居里顺磁性

1895 年,居里在研究氧气顺磁磁化率随温度的变化时发现,顺磁磁化率与磁场无关,但与温度成如式(12.48)所示的反比关系,这一关系称为居里定律。后来的大量实验证实,居里定律对多数顺磁性物质具有普适性,为区别其他的顺磁性,这里将顺磁磁化率与温度的关系遵从居里定律形式的顺磁性称为居里顺磁性。在居里定律提出 10 年后,即 1905 年,朗之万(Langevin)基于经典的统计方法提出了第一个关于顺磁性的经典理论,

并从理论上证明了居里定律。在朗之万经典理论的基础上,若考虑量子力学中角动量空间量子化效应,则形成了顺磁性的半经典理论。

1. 朗之万的顺磁性经典理论

假设固体单位体积中含有 N 个因不满原子壳层而具有固有磁矩的原子或离子,为叙述方便,将这些原子或离子统称为粒子,则固体的总磁矩为各个粒子磁矩的矢量和。如果粒子磁矩间没有磁交换作用,则存在于固体中的这些磁矩为自由磁矩,以至于从磁性的角度可以把固体看成是由 N 个自由磁矩构成的系统。在没有外加磁场时,各粒子的磁矩因热扰动而无序取向,以至于各粒子磁矩的矢量和为 0,因此,固体因总磁矩为 0 而不会表现出宏观的磁性。当一个强度为 H 的磁场施加于固体时,磁场使得取向无序的各粒子磁矩倾向于转向和外加磁场相同的方向,因而引起固体中出现不为 0 的净磁矩,从而使得固体具有磁化强度不为 0 的宏观磁性。针对这种因磁场引起固有磁矩取向而导致的固体的宏观磁性,朗之万基于经典的统计方法提出了顺磁性的经典理论,下面简单介绍这一理论及由此得到的结论。

假设每个粒子磁矩为 $\vec{\mu}_J$,磁场 $\vec{H}$ 沿 z 轴方向加到固体上,则每个粒子在磁场中获得的附加能量为

$$\Delta E(\theta) = -\mu_0 \vec{\mu}_J \cdot \vec{H} = -\mu_0 \mu_J H \cos\theta \tag{12.66}$$

其中,θ 为磁矩和磁场间的夹角。按照经典的统计物理,粒子在各个能量上的分布几率正比于玻尔兹曼因子

$$e^{-\Delta E(\theta)/k_B T} = e^{\mu_0 \mu_J H \cos\theta / k_B T}$$

同时考虑到磁场中粒子磁矩在空间取向上是连续变化的,则由经典统计理论求平均值的法则,可按下式计算沿 z 轴方向每个粒子的平均磁矩:

$$\overline{\mu}_z = \frac{\int_0^\pi \mu_z e^{-\Delta E(\theta)/k_B T} \sin\theta \, d\theta}{\int_0^\pi e^{-\Delta E(\theta)/k_B T} \sin\theta \, d\theta} = \frac{\int_0^\pi \mu_J \cos\theta \, e^{\mu_0 \mu_J H \cos\theta / k_B T} \sin\theta \, d\theta}{\int_0^\pi e^{\mu_0 \mu_J H \cos\theta / k_B T} \sin\theta \, d\theta}$$

其中,$\mu_z = \mu_J \cos\theta$ 为磁矩 $\vec{\mu}_J$ 在 z 轴方向(即磁场方向)的投影分量。令 $\alpha = \dfrac{\mu_0 \mu_J H}{k_B T}$ 并作变量替换 $x = \cos\theta$,则上式可简化为

$$\overline{\mu}_z = \mu_J \frac{\int_{-1}^1 e^{\alpha x} x \, dx}{\int_{-1}^1 e^{\alpha x} \, dx}$$

积分后得到沿 z 轴方向每个粒子的平均磁矩为

$$\overline{\mu}_z = \mu_J L(\alpha) \tag{12.67}$$

其中,

$$L(\alpha) = \coth\alpha - \frac{1}{\alpha} \tag{12.68}$$

称为朗之万函数,其级数展开式为

$$L(\alpha) = \frac{1}{3}\alpha - \frac{1}{45}\alpha^3 + \frac{2}{945}\alpha^5 + \cdots \tag{12.69}$$

假设固体单位体积内磁矩数为 N，则磁化强度值 M 为

$$M = N\overline{\mu_z} = N\mu_J L(\alpha) \tag{12.70}$$

下面将基于式（12.70）来分析和讨论 $\alpha \ll 1$ 和 $\alpha \gg 1$ 的两种极端情况。

对于 $\alpha \ll 1$ 的情况，由于 $\alpha = \dfrac{\mu_0\mu_J H}{k_B T}$，因此，要求满足条件

$$k_B T \gg \mu_0\mu_J H$$

注意到，室温附近的热能可估计为

$$k_B T = 1.38 \times 10^{-23} \times 300 \sim 4 \times 10^{-21}(\text{J})$$

而一般实验用的磁场强度 $B_0 (=\mu_0 H)$ 为 10 T 左右，故磁场引起附加能量的量级为

$$\mu_0\mu_J H \sim \mu_B(\mu_0 H) \sim 0.927 \times 10^{-23} \times 10 \sim 1 \times 10^{-22}(\text{J})$$

可见，室温附近就能满足 $k_B T \gg \mu_0\mu_J H$ 的条件，因此有 $\alpha \ll 1$。对于 $\alpha \ll 1$，根据式（12.69），朗之万函数可近似为

$$L(\alpha) \approx \frac{1}{3}\alpha \tag{12.71}$$

代入式（12.70）中，则得到高温下顺磁系统的磁化强度与温度的关系为

$$M = N\mu_J L(\alpha) = \frac{1}{3}N\mu_J\alpha = \frac{N\mu_0\mu_J^2}{3k_B T}H \tag{12.72}$$

再由磁化率的定义式（12.43），可得到高温下顺磁系统的磁化率随温度的变化关系为

$$\chi_C \equiv \frac{M}{H} = \frac{N\mu_0\mu_J^2}{3k_B T} = \frac{C}{T} \tag{12.73}$$

其中，

$$C = \frac{N\mu_0\mu_J^2}{3k_B} \tag{12.74}$$

称为居里常数，式（12.73）正是居里定律的形式，因此，相应的顺磁性称为居里顺磁性，而由式（12.73）给出的磁化率称为居里顺磁磁化率。

再来看看低温下的情况，如果温度足够低，以至于 $k_B T \ll \mu_0\mu_J H$，因此有 $\alpha \gg 1$。对这种极端情况，$L(\alpha) \approx 1$，则由式（12.70）可得到足够低温度下的磁化强度为

$$M = N\mu_J \tag{12.75}$$

此时系统达到饱和的磁化状态，$N\mu_J$ 称为饱和磁化强度，饱和磁化强度在数值上等于单位体积内所有粒子固有磁矩绝对值的总和，表明在足够低的温度下磁场使所有粒子的固有磁矩均取向于外加磁场的方向。

2. 半经典的顺磁性理论

在朗之万经典理论中，粒子磁矩及在磁场中获得的附加能量等均为经典的力学量，当量子理论应用于对固体磁性分析时，由于角动量的空间量子化，粒子磁矩及磁场中粒子获得的附加能量应为量子化的取值，将这些量子化效应考虑到朗之万经典的理论中，得到的理论就是所谓的半经典的顺磁性理论。

如第 12.1.1 节所分析的,考虑角动量空间量子化效应后,粒子磁矩的绝对值应为

$$\mu_J = g_J \sqrt{J(J+1)}\,\mu_B = p_J \mu_B \tag{12.76}$$

其中,J 为总角动量量子数,$p_J = g_J \sqrt{J(J+1)}$ 为粒子的有效玻尔磁子数。类似于经典的朗之万理论分析,在没有外加磁场时,各粒子的磁矩因热扰动而无序取向,以至于各粒子磁矩的矢量和为 0。当一个强度为 H 的磁场施加于固体时,磁场使得取向无序的各粒子磁矩倾向于转向外加磁场的方向,因而引起固体的宏观磁性。和经典理论不同的是,考虑量子化效应后,外加磁场作用下的粒子磁矩的取向不是连续改变的,而是量子化地改变的。假设磁场 $\vec{H}$ 沿 z 轴方向加到固体上,则粒子磁矩在磁场方向(即 z 轴)的投影分量为

$$\mu_{J_z} = (\vec{\mu}_J)_z = g_J\left(-\frac{e}{2m}\right)J_z \tag{12.77}$$

由量子力学知道

$$J_z = m_{J_z}\hbar \tag{12.78}$$

其中,

$$m_{J_z} = -J, -J+1, -J+2, \cdots, J-1, J \tag{12.79}$$

因此,粒子磁矩在磁场方向的投影分量可表示为

$$\mu_{m_J} = g_J\left(-\frac{e}{2m}\right)J_z = g_J\left(-\frac{e}{2m}\right)m_J\hbar = -m_J g_J \mu_B \tag{12.80}$$

当沿 z 轴方向的磁场 $\vec{H}$ 加到固体上时,则在磁场中每个粒子获得的附加能量为

$$\Delta E_{m_J} = -\mu_0 \vec{\mu}_J \cdot \vec{H} = -\mu_0 \mu_{J_z} H = m_J g_J \mu_0 \mu_B H \tag{12.81}$$

类似于上面的理论处理,可得到沿 z 轴方向每个粒子的平均磁矩,只是在本情况下,由于磁矩空间取向的量子化,积分应改为求和,即

$$\overline{\mu}_z = \frac{\sum_{-J}^{J} \mu_{m_{J_z}} e^{-\Delta E_{m_J}/k_B T}}{\sum_{-J}^{J} e^{-\Delta E_{m_J}/k_B T}} = \frac{\sum_{-J}^{J} (-m_J g_J \mu_B) e^{-m_J g_J \mu_0 \mu_B H/k_B T}}{\sum_{-J}^{J} e^{-m_J g_J \mu_0 \mu_B H/k_B T}} \tag{12.82}$$

令

$$\alpha = \frac{g_J J \mu_0 \mu_B H}{k_B T} \tag{12.83}$$

则式(12.82)变成

$$\overline{\mu}_z = J g_J \mu_B \frac{\sum_{-J}^{J}(-m_J/J)e^{-m_J \alpha/J}}{\sum_{-J}^{J} e^{-m_J \alpha/J}} = J g_J \mu_B \frac{\partial \ln \sum_{-J}^{J} e^{-m_J \alpha/J}}{\partial \alpha} \tag{12.84}$$

由于

$$\sum_{-J}^{J} e^{-m_J \alpha/J} = \sinh\left(\frac{2J+1}{2J}\alpha\right)\Big/\sinh\left(\frac{1}{2J}\alpha\right)$$

代入式(12.84)运算后得到

$$\overline{\mu}_z = J g_J \mu_B B_J(\alpha)$$

其中,

$$B_J(\alpha) = \frac{2J+1}{2J} \coth\left(\frac{2J+1}{2J}\alpha\right) - \frac{1}{2J}\coth\left(\frac{\alpha}{2J}\right) \qquad (12.85)$$

称为布里渊函数。假设固体单位体积内磁矩数为 N,则磁化强度值 M 为

$$M = N\overline{\mu}_z = N J g_J \mu_B B_J(\alpha) \qquad (12.86)$$

式(12.86)就是基于顺磁性半经典理论得到的单位体积含 N 个自由磁矩的顺磁系统的磁化强度表达式,下面基于这一表达式来分析 $\alpha \ll 1$ 和 $\alpha \gg 1$ 两种极端的情况。

对于 $\alpha \ll 1$,这等价于要求 $k_B T \gg \mu_z H$。在室温附近,热能 $k_B T$ 的量级为 10^{-21} J,而在实验室普遍使用的场强下,$\mu_z H$ 的量级为 10^{-23} J,可见,室温及更高温度下,$k_B T \gg \mu_J H$ 或 $\alpha \ll 1$ 总是能满足。利用 $\coth x$ 的级数展开式

$$\coth x = \frac{1}{x}\left(1 + \frac{1}{3}x^2 - \frac{1}{45}x^4 + \cdots\right) \qquad (12.87)$$

则在 $\alpha \ll 1$ 的极端情况下,即在高温下,式(12.85)所示的布里渊函数近似为

$$B_J(\alpha) \approx \frac{J+1}{J}\frac{\alpha}{3} \qquad (12.88)$$

由此得到单位体积含 N 个自由磁矩的顺磁系统在高温下的磁化强度为

$$M \approx N J g_J \mu_B \frac{J+1}{3J}\alpha = \frac{N g_J^2 J(J+1)\mu_0 \mu_B^2}{3 k_B}\frac{H}{T} \qquad (12.89)$$

由磁化率定义式(12.43)并令

$$C = \frac{N g_J^2 J(J+1)\mu_0 \mu_B^2}{3 k_B} = \frac{N \mu_0 \mu_J^2}{3 k_B} \qquad (12.90)$$

称为居里常数,其中,μ_J 为粒子磁矩的绝对值,由式(12.76)给出,则基于半经典顺磁理论得到的单位体积含 N 个自由磁矩的顺磁系统在高温下的磁化率随温度的变化关系为

$$\chi_C \equiv \frac{M}{H} = \frac{N \mu_0 \mu_J^2}{3 k_B T} = \frac{C}{T} \qquad (12.91)$$

可见,除了居里常数不同外,半经典理论得到的居里型磁化率具有和经典理论完全相同的形式。

对于 $\alpha \gg 1$,这等价于要求 $k_B T \ll \mu_z H$,这一条件在足够低的温度下或在足够强的磁场下可以满足。由于 $\alpha \gg 1$,式(12.85)所示的布里渊函数近似为 1,由此可得,在足够低的温度下或在足够强的磁场下,单位体积含 N 个自由磁矩的顺磁系统的磁化强度为

$$M = N g_J J \mu_B = N\mu_z \qquad (12.92)$$

此时顺磁系统达到饱和磁化状态,相应的 $\mu_z = g_J J \mu_B$ 称为粒子的饱和磁矩。由式(12.76)和式(12.84)可以得到

$$\mu_J = g_J \sqrt{J(J+1)}\mu_B > \mu_z = g_J J \mu_B \qquad (12.93)$$

即粒子的饱和磁矩 μ_z 总是小于粒子的固有磁矩 μ_J,说明粒子的磁矩不可能完全取向于外加磁场的方向,其原因是角动量存在空间量子化。从式(12.93)可以看到,J 越小,粒子

的饱和磁矩越小于粒子的固有磁矩,说明量子化效应越明显。只有当 $J \to \infty$ 时,粒子的饱和磁矩才等于粒子的固有磁矩,说明只有对足够大的 J,量子化效应才可忽略。

实验上,可以通过测量顺磁系统的磁化率与温度的关系来确定顺磁系统的居里常数,再由式(12.90)即可确定顺磁粒子的磁矩,表12.2列出了三价过渡金属离子和三价稀土离子磁矩的实验值和理论值。

表 12.2　过渡金属和稀土离子磁矩的理论值和实验值(单位:μ_B)

离　　子	电子组态	μ_J	μ_S	实　验　值
Ti^{3+}	$3d^1$	1.55	1.73	1.7
V^{3+}	$3d^2$	1.63	2.83	2.8
Cr^{3+}	$3d^3$	0.77	3.87	3.8
Mn^{3+}	$3d^4$	0.00	4.90	4.9
Fe^{3+}	$3d^5$	5.92	5.92	5.9
Fe^{2+}	$3d^6$	6.70	4.90	5.4
Co^{2+}	$3d^7$	6.63	3.87	4.8
Ni^{2+}	$3d^8$	5.59	2.83	3.2
Cu^{2+}	$3d^9$	3.55	1.73	1.9
Ce^{3+}	$4f^1 5d^1 6s^2$	2.54	—	2.4
Pr^{3+}	$4f^3 6s^2$	3.58	—	3.5
Nd^{3+}	$4f^4 6s^2$	3.62	—	3.5
Pm^{3+}	$4f^5 6s^2$	2.68	—	—
Gd^{3+}	$4f^7 5d^1 6s^2$	7.94	—	8.0
Tb^{3+}	$4f^9 6s^2$	9.72	—	9.5
Dy^{3+}	$4f^{10} 6s^2$	10.63	—	10.6
Ho^{3+}	$4f^{11} 6s^2$	10.60	—	10.4
Er^{3+}	$4f^{12} 6s^2$	9.59	—	9.5
Tm^{3+}	$4f^{13} 6s^2$	7.57	—	7.3
Yb^{3+}	$4f^{14} 6s^2$	4.54	—	4.5

可以看到(Sm^{3+} 和 Eu^{3+} 未列出,原因将在后面分析),对表中所有三价稀土离子,由实验确定的离子磁矩值和由 $\mu_J = g_J \sqrt{J(J+1)} \mu_B$ 计算得到的理论值有相当好的一致性。如第12.1.2节所指出的,对稀土金属离子,由于4f壳层是内壳层,4f电子受到外面的5s和5p电子的屏蔽,因此,即使在固体中,4f电子也很少受到其他原子的影响,其磁性基本上与孤立的自由离子的一样,因此,这些稀土离子的顺磁性可以基于半经典顺磁性理论得以很好地解释。

对三价过渡金属离子,如表 12.2 中所看到的,由实验确定的离子磁矩值均和由 $\mu_J = g_J \sqrt{J(J+1)} \mu_B$ 计算得到的理论值有较大的差别。表中也给出了过渡金属离子基于 $\mu_S = 2\sqrt{S(S+1)} \mu_B$ 计算得到的理论值,可以看到,实验值虽然和 μ_J 理论值有较大差异,但和 μ_S 理论值相接近。原因如第 12.1.2 节所指出的,固体中暴露在外的 d 壳层电子直接受到了较强晶体场的作用,在晶体场作用下,电子的轨道运动被破坏,使电子的轨道角动量猝灭,即 $L=0$,因此,处在晶体场中的过渡金属离子的总角动量 $\vec{J} = \vec{S}$,表中所列的过渡金属离子的磁矩实验值和由 $\mu_S = 2\sqrt{S(S+1)} \mu_B$ 计算得到的理论值相接近,说明轨道角动量猝灭对处在晶体场中的过渡金属离子来说是一种普遍存在的现象。

12.4.3 磁场下诱导的范弗莱克顺磁性

上面提到,除 Sm^{3+} 和 Eu^{3+} 离子外,所有其他三价稀土离子磁矩的实验值同由 $\mu_J = g_J \sqrt{J(J+1)} \mu_B$ 计算的理论值有相当好的吻合,但对 Sm^{3+} 离子,理论计算值为 $0.84\mu_B$,而实验值为 $1.5\mu_B$;对 Eu^{3+} 离子,理论计算值为 0,而实验值为 $3.4\mu_B$,有如此之大的差别,则必有其他效应在准经典顺磁理论中没有被考虑。

为了解释实验值和理论值间大的差别,范弗莱克(van Vleck)等认为,在半经典顺磁理论中仅仅考虑了各个离子的基态,即只考虑了处于基态时的原子磁矩在外加磁场下的转向,而没有考虑激发态的影响。进一步地,他们认为,如果激发态和基态之间的能量差不大,则在外加磁场作用下,电子可以从基态跃迁到激发态,并由此产生额外的顺磁磁化率。

考虑有一个原子(或离子),其基态和激发态分别由波函数 $|\psi_{nlm}^{(0)}\rangle$ 和 $|\psi_{n'l'm'}^{(0)}\rangle$ 描述,激发态和基态的能量差为 Δ。假设有一个场强为 H 沿 z 轴方向的磁场作用于该原子,则在磁场作用下电子获得的附加能量为

$$\Delta E = -\vec{\mu} \cdot \mu_0 \vec{H} = -\mu_0 \mu_z H \tag{12.94}$$

其中,$\vec{\mu}$ 为原子磁矩,μ_z 为原子磁矩在磁场方向上的投影分量值,因此,在磁场作用下电子可以从基态跃迁到激发态,从而引起基态和激发态波函数分别从没有磁场时的 $|\psi_{nlm}^{(0)}\rangle$ 和 $|\psi_{n'l'm'}^{(0)}\rangle$ 变成加磁场后的 $|\psi_{nlm}\rangle$ 和 $|\psi_{n'l'm'}\rangle$。如果磁场不是很强,则可以把磁场作用作为微扰来处理。按照量子力学微扰论,在一级近似下,受微扰后的基态和激发态波函数可分别表示为

$$|\psi_{nlm}\rangle = |\psi_{nlm}^{(0)}\rangle + \frac{H}{\Delta} \langle \psi_{n'l'm'} | \hat{\mu}_z | \psi_{nlm}^{(0)} \rangle | \psi_{n'l'm'} \rangle \tag{12.95}$$

和

$$|\psi_{n'l'm'}\rangle = |\psi_{n'l'm'}^{(0)}\rangle - \frac{H}{\Delta_{E0}} \langle \psi_{nlm}^{(0)} | \hat{\mu}_z | \psi_{n'l'm'}^{(0)} \rangle | \psi_{nlm}^{(0)} \rangle \tag{12.96}$$

由量子力学求平均值的公式,可得到在微扰作用下原子基态平均磁矩为

$$\overline{\mu}_z = \langle \psi_{nlm} | \hat{\mu}_z | \psi_{nlm} \rangle = \langle \psi_{nlm}^{(0)} | \hat{\mu}_z | \psi_{nlm}^{(0)} \rangle + \frac{2H}{\Delta} | \langle \psi_{n'l'm'}^{(0)} | \hat{\mu}_z | \psi_{nlm}^{(0)} \rangle |^2 \tag{12.97}$$

其中,右边第一项,即

$$\mu_z^{(0)} = \langle \psi_{nlm}^{(0)} | \hat{\mu}_z | \psi_{nlm}^{(0)} \rangle \tag{12.98}$$

为没有微扰作用时的原子基态磁矩,右边第二项,即

$$\Delta \mu_z = \frac{2H}{\Delta} | \langle \psi_{n'l'm'}^{(0)} | \hat{\mu}_z | \psi_{nlm}^{(0)} \rangle |^2 \tag{12.99}$$

为磁场下诱导的原子基态磁矩,其中,

$$w_{nlm,n'l'm'} = \langle \psi_{n'l'm'}^{(0)} | \hat{\mu}_z | \psi_{nlm}^{(0)} \rangle \tag{12.100}$$

可理解为磁偶极矩从基态 $|\psi_{nlm}^{(0)}\rangle$ 到激发态 $|\psi_{n'l'm'}^{(0)}\rangle$ 的跃迁矩阵元。同样可得到磁场下诱导的激发态磁矩为

$$-\frac{2H}{\Delta} | \langle \psi_{n'l'm'}^{(0)} | \hat{\mu}_z | \psi_{nlm}^{(0)} \rangle |^2 \tag{12.101}$$

其方向与磁场诱导的基态磁矩相反。假设固体单位体积的原子数为 N,则由统计物理可求得热平衡时电子在基态和激发态的占据数之比为

$$\frac{1 - \mathrm{e}^{-\Delta/k_\mathrm{B}T}}{1 + \mathrm{e}^{-\Delta/k_\mathrm{B}T}} N \tag{12.102}$$

基于上述考虑,可以得到磁场下诱导的磁化强度为

$$\Delta M = N \Delta \mu_z \times \frac{1 - \mathrm{e}^{-\Delta/k_\mathrm{B}T}}{1 + \mathrm{e}^{-\Delta/k_\mathrm{B}T}} = \frac{2NH}{\Delta} | w_{nlm,n'l'm'} |^2 \times \frac{1 - \mathrm{e}^{-\Delta/k_\mathrm{B}T}}{1 + \mathrm{e}^{-\Delta/k_\mathrm{B}T}} \tag{12.103}$$

再由磁化率定义式(12.76),可以得到磁场下诱导的磁化率随温度的变化关系为

$$\chi_{\mathrm{in}} = \frac{\Delta M}{H} = \frac{2N}{\Delta} | w_{nlm,n'l'm'} |^2 \times \frac{1 - \mathrm{e}^{\Delta/k_\mathrm{B}T}}{1 + \mathrm{e}^{\Delta/k_\mathrm{B}T}} \tag{12.104}$$

下面将基于式(12.104)来分析 $k_\mathrm{B}T \gg \Delta$ 和 $k_\mathrm{B}T \ll \Delta$ 两种特殊情况。

如果 $k_\mathrm{B}T \gg \Delta$,则近似有

$$\frac{1 - \mathrm{e}^{\Delta/k_\mathrm{B}T}}{1 + \mathrm{e}^{-\Delta/k_\mathrm{B}T}} \approx \Delta / 2k_\mathrm{B}T$$

代入式(12.104),得到

$$\chi_{\mathrm{in}} = \frac{2N}{\Delta} | w_{nlm,n'l'm'} |^2 \times \frac{1 - \mathrm{e}^{\Delta/k_\mathrm{B}T}}{1 + \mathrm{e}^{\Delta/k_\mathrm{B}T}} \approx \frac{N | w_{nlm,n'l'm'} |^2}{k_\mathrm{B}T} \tag{12.105}$$

可见,在 $k_\mathrm{B}T \gg \Delta$ 的条件下,磁场下诱导的磁化率具有居里定律的形式。

如果 $k_\mathrm{B}T \ll \Delta$,则近似有

$$\frac{1 - \mathrm{e}^{-\Delta/k_\mathrm{B}T}}{1 + \mathrm{e}^{-\Delta/k_\mathrm{B}T}} \approx 1$$

代入式(12.104),得到

$$\chi_{\mathrm{in}} = \frac{2N}{\Delta} | w_{nlm,n'l'm'} |^2 \times \frac{1 - \mathrm{e}^{\Delta/k_\mathrm{B}T}}{1 + \mathrm{e}^{\Delta/k_\mathrm{B}T}} \approx \frac{2N | w_{nlm,n'l'm'} |^2}{\Delta} \tag{12.106}$$

可见,在 $k_\mathrm{B}T \ll \Delta$ 的条件下,磁场下诱导的磁化率与温度无关,与这种类型的磁化率对应的顺磁性称为范弗莱克顺磁性。由于磁场下诱导的范弗莱克顺磁磁化率反比于激发态与基态间的能量差 Δ,因此,当 Δ 很小时,范弗莱克顺磁性就能明显地显示出来。对于稀土离子 Sm^{3+} 和 Eu^{3+},它们的激发态能量非常接近基态能量,即 Δ 很小,因此,需要考虑范弗莱克顺磁性对它们的磁性的贡献。

12.5   固体的铁磁性

12.5.1   铁磁体实验特征

1. 顺磁 — 铁磁相变

铁磁体只有在温度低于铁磁居里温度 T_C 时才表现出铁磁性,而在高于 T_C 温度时,铁磁体表现为顺磁性,因此,随温度降低,铁磁体会经历从高温顺磁相到低温铁磁相的相变,这种磁相变明显地反映在给定磁场下磁化强度 M 与温度 T 的变化曲线上,习惯上称这种曲线为磁化曲线。作为例子,图 12.8 显示了在给定磁场(0.1 T)下,在 $La_{2/3}Ca_{1/3}MnO_3$ 高质量单相多晶样品中测量得到的磁化曲线(注:数据为原始实验数据,未进行单位换算),由微分磁化曲极小值对应的温度确定的铁磁居里温度 T_C 为 250 K。事实上,包括 Fe、Co、Ni 及其合金等典型铁磁体在内的所有铁磁体,在给定磁场下,磁化曲线均表现如图 12.8 所示的实验特征,所不同的是,不同铁磁体有不同的 T_C 和不同的饱和磁化值,例如,对典型的铁磁体 Fe、Co 和 Ni,其 T_C 分别为 1043 K、1388 K 和 627 K。从图 12.8 中可以看到,伴随从高温顺磁态到低温铁磁态的转变,磁化强度急剧增加,T_C 以下的铁磁相磁化强度比 T_C 以上的高温顺磁相磁化强度要高出几个量级,同时可以看到,一个只有 0.1 T 的较低磁场就可以使得低温磁化趋于饱和。

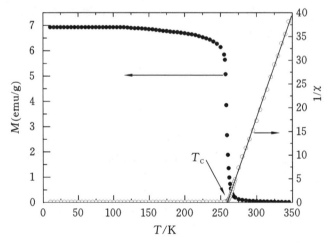

图 12.8 $La_{2/3}Ca_{1/3}MnO_3$ 样品 0.1T 磁场下的 $M-T$ 和 $\chi^{-1}-T$ 曲线

2.高温居里 — 外斯型顺磁性

由于铁磁体在给定磁场下的铁磁态磁化强度比高温顺磁态磁化强度要大几个量级,若换算成磁化率,则意味着低温铁磁相的磁化率比高温顺磁相的磁化率要大几个量级。因此,相对于高温顺磁相,低温铁磁相的磁化率倒数 χ^{-1} 趋于 0。为了更明显地体现铁磁体相变前后的磁化率变化特征,通常以 $\chi^{-1}-T$ 形式显示磁化率随温度的变化关系,如图

12.8 所示。可以看到,在 T_C 以下,$\chi^{-1} \to 0$,而在 T_C 以上,χ^{-1} 随温度降低而线性减少。χ^{-1} 与 T 成线性关系是顺磁体典型的特征,但铁磁体在高温区的顺磁性不同于居里顺磁性,这种区别体现在磁化率与温度的变化关系上。对居里顺磁性,磁化率随温度的变化关系遵从的是如式(12.48)所示的居里定律形式,而铁磁体的高温顺磁磁化率倒数随温度的变化,如图 12.8 所看到的,具有如下形式:

$$\chi^{-1} = a(T - \theta) \tag{12.107}$$

其中,a 和 θ 为常数。如果令 $C = \dfrac{1}{a}$,则铁磁体的高温顺磁磁化率随温度的变化关系可表示为

$$\chi = \frac{C}{T - \theta} \tag{12.108}$$

这里的 θ 称为顺磁居里温度,它可以通过将 $\chi^{-1}(T)$ 高温线性部分外推到 $\chi^{-1}(T) = 0$ 而得以确定,由此得到的顺磁居里温度 θ 稍稍高于由磁转变确定的铁磁居里温度 T_C,例如,对图 12.8 中所用的 $La_{2/3}Ca_{1/3}MnO_3$ 样品,T_C 和 θ 分别约为 250 K 和 255 K,对 Fe、Co 和 Ni,θ 分别为 1093 K、1428 K 和 650 K,而它们的 T_C 分别约为 1043 K、1388 K 和 627 K。由于 θ 和 T_C 之间差别很小,在很多情况下,往往把 θ 近似认为是 T_C。如后面所看到的,式(12.108)可以基于外斯分子场理论导出,因此,称式(12.108)为居里 — 外斯定律,相应的高温顺磁性称为居里 — 外斯型顺磁性,其中,C 称为居里常数,它可以由 $\chi^{-1}(T)$ 高温线性部分的斜率得以确定。

3. 磁滞回线

铁磁体的另一基本实验特征是,当铁磁体处在铁磁态时,外磁场中的磁化过程具有不可逆性,这一现象称为磁滞现象。对磁滞现象,通常在恒定温度下通过测量磁滞回线而对其进行研究。

作为例子,图 12.9 显示了对 $La_{2/3}Ca_{1/3}MnO_3$ 单相样品,在 240 K 温度下测量得到的磁化强度随磁场的变化曲线。其中:

(1)实线 OA 是初始磁化曲线,未磁化样品因磁畴的存在并不显示磁性,随 H 从 0 开始增加时,磁化强度沿 OA 曲线不断增加并在 A 点附近趋于饱和值 M_s(称为饱和磁化强度);

(2)在磁化达到饱和后,随 H 逐渐减小到 0,M 并不是沿初始磁化曲线 OA 返回到 O 点,而是沿 AB 曲线回到 B 点;

(3)在 B 点,尽管 H 为 0,但 M 并不等于 0,而是具有一定的值 M_r(称为剩余磁化);

(4)为使磁化恢复到零磁化状态,必须反方向增加磁场强度到 $-H = H_c$(称为矫顽场或矫顽力);

(5)继续增加反向磁场的强度,直至到达 A' 点,反向磁化强度趋于饱和;

(6)然后通过改变磁场强度和方向,进行磁化曲线的测量,得到沿 $A' \to B' \to A$ 路径的磁化曲线。

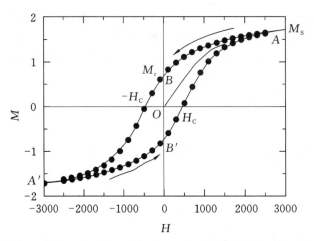

图 12.9　对 $La_{2/3}Ca_{1/3}MnO_3$ 样品，在 240 K 温度下测量得到的磁滞回线，图中磁化
强度和磁场的单位分别为 emu/g 和 Oe

　　通过上述测量过程，得到一条闭合的"$A \to B \to A' \to B' \to A$"回线，这样一条闭合回
线就是通常所讲的磁滞回线。判断铁磁体是否进入铁磁态，其中一个重要的实验依据
是，通过不同给定温度下的磁滞回线的测量，看看是否存在面积不为 0 的磁滞回线，如果
有，则铁磁体进入铁磁态，否则铁磁体处在顺磁态。另外，根据磁滞回线的形状和矫顽场
H_C 的大小，铁磁体常分为硬磁和软磁两类。硬磁的特点是其有较大的 H_C 且磁滞回线形
状接近于长方形，而软磁的特点是其有较小的 H_C 且磁滞回线接近为拉长了的"S"型
形状。

4. 磁畴

　　铁磁体最本质的特征是存在于其中的固有磁矩彼此之间有正的交换作用，这种交换
作用使得相邻的固有磁矩倾向于相同方向的取向，因此，即使没有磁场，铁磁体在 T_C 温
度下也有显示非零的磁化强度，称为自发磁化强度。然而，对一个刚刚制备的新鲜铁磁
体，即使是高质量的单晶铁磁体，在没有经过磁化处理之前，铁磁体不会表现出宏观的磁
性。同时注意到，对经过磁化处理（俗称充磁）后的铁磁体，在经过一段时间后，也会出现
磁性消失（俗称消磁）。

　　为了解释未充磁铁磁体不具有磁性，以及充磁后的铁磁体会出现消磁现象，外斯
（Weiss）于 1907 年提出了磁畴的假设并被后来的实验所证实。按照外斯的假设，铁磁体
在消磁状态下被分割成一个个小的区域，每个小区域里，固有磁矩彼此之间因正的交换
作用而平行取向，以至于每个小区域具有自发磁化强度 M_S，这样的一个个小的区域称为
磁畴，将相邻磁畴分割开的区域称为畴壁。磁畴的大小、形状和分布由铁磁体的总自由
能极小值决定。除晶格振动能 $U(T)$ 外，铁磁体中还存在着五种相互作用的能量，分别为
外磁场能（E_H）、退磁场能（E_d）、交换能（E_{ex}）、磁各向异性能（E_K）及磁弹性能（E_σ），这些
能量之和构成铁磁体的总自由能。根据热力学理论，稳定的磁状态一定对应铁磁体内总
自由能为极小值的状态，因此，铁磁体被分割成一个个的磁畴实际上是自发磁化平衡分

布要满足能量最低原理的必然结果。

　　尽管每个磁畴具有自发饱和磁化强度,但不同磁畴之间磁化方向不同,以至于各磁畴之间的磁化相互抵消,因此,未加磁场下的铁磁体不表现出宏观的磁性。在外加磁场下,铁磁体经历磁化过程,这一过程可理解为铁磁体由多磁畴状态转变为与外加磁场方向相同的单一磁畴的过程。这里以如图 12.10 所示的虚线所包围的一块小区域为例,来说明铁磁体的磁化过程。假设该小区域里有两个磁畴,中间由畴壁分割,如图 12.10(a)所示,未加磁场时,两磁畴的自发磁化方向相反,因此,图 12.10(a)中虚线所围小块区域整体不显磁性,当沿图中所示的水平方向施加磁场时,磁场使得畴壁向下移动,如图 12.10(b)所示,畴壁的移动使得上磁畴增大而下磁畴减小,以至于两个磁畴的自发磁化不会相互抵消,从而出现 $M \neq 0$ 的磁性。当磁场增加到足够大时,畴壁移出了虚线所包围的区域,以至于虚线所围的小区域由有两个磁畴变成了只含一个磁畴(单畴),如图 12.10(c)所示,此时的磁化强度 $M = M_s\cos\theta$,其中,θ 为自发磁化与外加磁场之间的夹角。进一步增加磁场强度,单畴的磁化逐渐转向和外加磁场相同的方向,最终磁化达到饱和状态,如图 12.10(d)所示,此时,$M = M_s$。这里只以最简单的两磁畴为例,对包含大量磁畴的铁磁体的磁化过程也可进行类似的分析。从磁化曲线看,图 12.10 显示的 ① → ② → ③ 的磁化过程对应的是图 12.9 中初始磁化曲线快速增加的那部分,而 ③ → ④ 的磁化过程对应的是图 12.9 中初始磁化曲线逐渐趋向饱和的那部分。同时,由于铁磁体中存在畴壁,这会影响磁畴的增大或减小,因此,磁化过程总是滞后于外磁场,表现出磁化过程的不可逆性,这是铁磁体会表现出磁滞现象的原因。

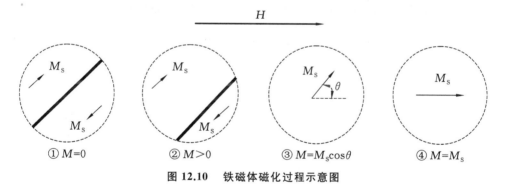

图 12.10　铁磁体磁化过程示意图

12.5.2　外斯分子场理论

1.分子场

　　顺磁体和铁磁体共同的特点是其中都含有因不满原子壳层而具有的固有磁矩,不同的是,存在于顺磁体中的固有磁矩彼此间没有交换作用,因此,只有在外加磁场下,顺磁体中的固有磁矩才趋于沿外加磁场方向取向,而存在于铁磁体中的固有磁矩间存在某种特殊的交换作用,这种特殊的作用使得磁畴内的固有磁矩即使在未加磁场下彼此间也会平行取向,并形成自发磁化。

　　后来的量子力学理论证明,引起磁矩平行取向的作用力源于电子自旋与自旋之间的交换作用,但在外斯所处的年代,还没有电子自旋的概念,量子理论尚未建立,因此,人们并不清楚引起铁磁体中固有磁矩彼此间平行取向的物理原因。通过比较顺磁体和铁磁体中的磁化率随温度变化关系的不同,外斯唯象地提出,铁磁体中固有磁矩彼此间之所以能平行取向,是因为铁磁体内部存在一种内部磁场的作用,外斯将这种内部磁场称为分子场,继而在朗之万顺磁性经典理论的基础上,于1907年提出了解释铁磁体中自发磁化形成的经典理论,称其为外斯分子场理论。

早期的实验及朗之万顺磁性经典理论表明,顺磁体的磁化率随温度的变化关系具有如式(12.48)所示的居里定律的形式,即

$$\chi = \frac{C}{T}$$

与此对应的磁化强度与外加磁场的关系为

$$\vec{M} = \chi\vec{H}$$

由此可将施加于顺磁体的磁场 $\vec{H}$ 和磁场引起的顺磁体磁化强度 $\vec{M}$ 之间的关系表示为

$$\vec{H} = \frac{T}{C}\vec{M} \tag{12.109}$$

对铁磁体,实验表明,在 $T > T_c$ 的高温区,磁化率随温度的变化关系为

$$\chi = \frac{C}{T-\theta} \approx \frac{C}{T-T_c}$$

同样,可将施加于铁磁体的磁场 $\vec{H}$ 和磁化强度 $\vec{M}$ 之间的关系表示为

$$\vec{H} = \frac{T}{C}\vec{M} - \frac{T_c}{C}\vec{M} \tag{12.110}$$

若令

$$\vec{H}_m = \frac{T_c}{C}\vec{M} \tag{12.111}$$

则式(12.110)可改写成

$$\vec{H} + \vec{H}_m = \frac{T}{C}\vec{M} \tag{12.112}$$

比较式(12.109)和式(12.112),可以看到,和顺磁体相比,铁磁体存在一个量纲和磁场相同的矢量项 $\vec{H}_m$,外斯称其为分子场。习惯上,分子场表示为

$$\vec{H}_m = \lambda\vec{M} \tag{12.113}$$

其中,

$$\lambda = \frac{T_c}{C} \tag{12.114}$$

称为分子场系数。若定义有效磁场(简称"有效场")

$$\vec{H}_{eff} = \vec{H} + \vec{H}_m \tag{12.115}$$

为外加磁场和分子场之和,则式(12.112)变成

$$\vec{H}_{\text{eff}} = \frac{T}{C}\vec{M} \tag{12.116}$$

可见,针对顺磁体提出的式(12.109),和作用于铁磁体的磁场和磁化强度 $\vec{M}$ 之间的关系具有相同的形式,所不同的是,对铁磁体,作用于铁磁体的磁场为有效磁场 $\vec{H}_{\text{eff}}$ 而不是外加磁场 $\vec{H}$。

假定铁磁体中每个原子的固有磁矩为 μ_J,则在分子场作用下,相应的磁矩取向能为

$$E_{H_m} = \mu_0 \mu_J H_m \tag{12.117}$$

铁磁体中原子磁矩彼此间平行取向,导致自发磁化的产生。另外一方面,铁磁体中原子的热运动将扰乱原子磁矩的自发磁化,当温度升高到 T_C 时,自发磁化消失,此时,原子的热能与磁矩取向能相当,故有

$$k_B T_C = \mu_0 \mu_J H_m \tag{12.118}$$

若原子磁矩简单地表示为 $\mu_J = g_e S \mu_B$,则可由式(12.118)对分子场 H_m 的量级进行估计。例如,对强磁性 Fe 铁磁体,$T_C = 1043$ K,$g_e = 2$,$S = 1$,利用 $\mu_B = 0.927 \times 10^{-23}$ J/T 和 $k_B = 1.38 \times 10^{-23}$ J/K,可估算出分子场的大小为

$$\mu_0 H_m = \frac{k_B T_C}{g S \mu_B} = \frac{1.38 \times 10^{-23} \times 1043}{2 \times 0.927 \times 10^{-23}} = 776 (\text{T})$$

远远高于实验室通常所用的磁场(典型的在 10 T 的量级),意味着引起自发磁化形成的主要场作用来自于分子场,而外加磁场的影响很小。

2. 自发磁化

按照外斯的假设,作用在原子磁矩上的磁场为有效场 $\vec{H}_{\text{eff}}$,它表示为如式(12.115)所示的外加磁场 $\vec{H}$ 和分子场 $\vec{H}_m$ 的矢量和。

假设铁磁体单位体积内有 N 个原子,每个原子具有磁矩 μ_J,则在有效场 $\vec{H}_{\text{eff}}$ 作用下,原子磁矩趋向于沿有效场方向取向。外斯认为,对他的理论,除了引起原子磁矩取向的场是有效场外,和朗之万顺磁性理论中外加磁场引起原子磁矩取向的机理没有本质的区别,因此,他直接在朗之万顺磁理论预言的磁化强度表达式中用有效场代替外加磁场,由此得到铁磁体的磁化强度的表达式

$$M = N\mu_J L(\alpha) \tag{12.119}$$

其中,

$$\alpha = \frac{\mu_0 \mu_J (H + H_m)}{k_B T} \tag{12.120}$$

如果没有外加磁场,即 $H = 0$,则由式(12.119)给出的磁化强度就是自发磁化强度 $M_S(T)$。利用式(12.113),自发磁化强度 M_S 可表示为

$$M_S = N\mu_J L\left(\frac{\mu_0 \mu_J \lambda M_S}{k_B T}\right) \tag{12.121}$$

上式就是外斯最初基于朗之万顺磁理论得到的铁磁体中自发磁化随温度变化关系的表

达式,相应的理论称为铁磁体自发磁化的外斯分子场经典理论。

量子力学建立后,理论上要求考虑角动量的空间量子化,考虑这一量子化效应后,外斯分子场经典理论给出的磁化强度表达式应修正为

$$M = Ng_J J\mu_B B_J(\alpha) \tag{12.122}$$

其中,

$$\alpha = \frac{g_J J\mu_0\mu_B(H + H_m)}{k_B T} \tag{12.123}$$

如果 $H = 0$,则得到自发磁化强度 M_S 的表达式为

$$M_S = Ng_J J\mu_B B_J\left(\frac{g_J J\mu_0\mu_B \lambda M_S}{k_B T}\right) \tag{12.124}$$

令

$$y = \frac{g_J J\mu_0\mu_B \lambda M_S}{k_B T} \tag{12.125}$$

则有

$$M_S = \frac{k_B T}{g_J J\mu_0\mu_B \lambda} y \tag{12.126}$$

而式(12.124)则变成

$$M_S = Ng_J J\mu_B B_J(y) \tag{12.127}$$

注意到,当 $T \to 0$ 时,$y \to \infty$,因此,$B_J(y) \to 1$,由式(12.127)则可得到在温度趋于 0 时的自发饱和磁化强度为

$$M_S(0) = M_S(T \to 0) = Ng_J J\mu_B \tag{12.128}$$

这样一来,式(12.126)和式(12.127)可分别表示为如下两个方程:

$$\begin{cases} \dfrac{M_S(T)}{M_S(0)} = \dfrac{k_B T}{N\lambda\mu_0(g_J J\mu_B)^2} y \\[3mm] \dfrac{M_S(T)}{M_S(0)} = B_J(y) \end{cases} \tag{12.129}$$

两个方程都以温度 T 为参数描述自发磁化强度的相对值 $\dfrac{M_S(T)}{M_S(0)}$ 随 y 的变化。对于每个

给定的温度 T,同时满足上述两个方程的解可确定在该温度下的 $\dfrac{M_S(T)}{M_S(0)}$。

通常采用作图法求解得到自发磁化强度随温度的变化关系。具体步骤如下。

(1) 选择 y 轴为横轴,$\dfrac{M_S(T)}{M_S(0)}$ 为纵轴,如图 12.11(a) 所示。

(2) 由式(12.129)中的第二个方程及式(12.125)可知,不同的温度 T 对应不同的 y

和不同的 $\dfrac{M_S(T)}{M_S(0)}$,因此,选择各种不同的温度,可以作一条由 $\dfrac{M_S(T)}{M_S(0)} = B_J(y)$ 描述的

曲线。

（3）基于式（12.129）中的第一个方程，可以作各个给定温度下的通过坐标原点、斜率

为 $\dfrac{k_{\mathrm{B}}T}{N\lambda\mu_0\,(g_{\mathrm{J}}J\mu_{\mathrm{B}})^2}$ 的一系列直线，直线的斜率随温度升高而增加。假如对给定的温度

$T=T_1<T_{\mathrm{C}}$，所作的直线与由 $\dfrac{M_{\mathrm{s}}(T)}{M_{\mathrm{s}}(0)}=B_{\mathrm{J}}(y)$ 描述的曲线相交于 P 点，则根据 P 点在纵

轴上的投影分量可以确定在温度 $T=T_1$ 时的自发饱和磁化相对值 $\dfrac{M_{\mathrm{s}}(T=T_1)}{M_{\mathrm{s}}(0)}$。

（4）改变温度并重复上述步骤，可得到各个不同温度下的 $\dfrac{M_{\mathrm{s}}(T)}{M_{\mathrm{s}}(0)}$。

（5）随温度升高，直线的斜率增加，当温度升高到 $T=T_{\mathrm{C}}$ 时，除原点外，直线不再和曲线相交，此时，自发磁化消失。

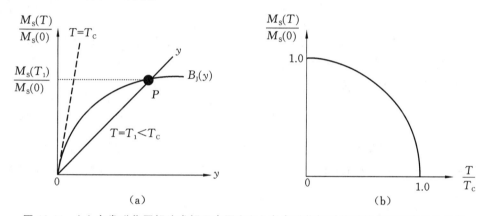

图 12.11　（a）自发磁化图解法求解示意图和（b）自发磁化相对值随约化温度变化的曲线

通过上述作图求解法，可得到各个温度下的 $\dfrac{M_{\mathrm{s}}(T)}{M_{\mathrm{s}}(0)}$。图 12.11（b）所示的是由此得

到的自发磁化相对值 $\dfrac{M_{\mathrm{s}}(T)}{M_{\mathrm{s}}(0)}$ 随约化温度 $\dfrac{T}{T_{\mathrm{C}}}$ 的变化关系的示意图，注意到，这里没有考虑

不同铁磁体自发磁化曲线的差别，而只是给出了变化趋势。事实上，不同的铁磁体有不同的原子角动量量子数 J，而布里渊函数及直线的斜率均与 J 有关，因此，不同铁磁体的自发磁化曲线随温度的变化虽然基本上呈现如图 12.11（b）所示的变化趋势，但在 $0<$ $T<T_{\mathrm{C}}$ 温度范围内，不同铁磁体的自发磁化曲线的形状稍有差别。

3. 铁磁居里温度

当 $T\to T_{\mathrm{C}}$ 时，自发磁化趋于消失，即 $M_{\mathrm{s}}\to 0$，由式（12.125）可知，此时，$y\to 0$。对于 $y\ll 1$，布里渊函数近似为

$$B_{\mathrm{J}}(y)\approx\dfrac{(J+1)}{3J}y$$

代入式（12.129）中有

$$\begin{cases} \dfrac{M_S(T)}{M_S(0)} = \dfrac{k_B T}{N\lambda\mu_0 \, (g_J J\mu_B)^2} y \\[3mm] \dfrac{M_S(T)}{M_S(0)} = \dfrac{J+1}{3J} y \end{cases} \tag{12.130}$$

第二个方程实际上就是由 $\dfrac{M_S(T)}{M_S(0)} = B_J(y)$ 描述的曲线在 $y = 0$ 处的切线方程。在 $T \to T_C$ 的情况下，上面的两个方程描述的都是通过原点的直线，且两条直线的斜率相等，即

$$\frac{k_B T_C}{N\lambda\mu_0 \, (g_J J\mu_B)^2} = \frac{J+1}{3J} \tag{12.131}$$

由此得到铁磁居里温度 T_C 为

$$T_C = N g_J^2 \mu_0 \mu_B^2 \frac{J(J+1)\lambda}{3k_B} \tag{12.132}$$

上式表明，铁磁居里温度 T_C 正比于分子场系数，分子场系数越大，铁磁体内分子场就越强，相应的铁磁居里温度 T_C 也就越高。

若将式(12.132)改写为

$$k_B T_C = N g_J^2 \mu_0 \mu_B^2 \frac{J(J+1)\lambda}{3} \tag{12.133}$$

则左边表示的是温度等于 T_C 时的热能，右边相当于分子场中磁矩的取向能。当 $T > T_C$ 时，热能大于分子场中磁矩的取向能，此时，热扰动破坏了磁矩的自发取向，因而，铁磁性消失而转变为顺磁性。

4.高温顺磁磁化率

根据外斯分子场理论，铁磁体的磁化强度作为外加磁场 H 和温度 T 的函数可表示为

$$M = N g_J J\mu_B B_J \left[\frac{g_J J\mu_0 \mu_B (H + \lambda M)}{k_B T} \right] \tag{12.134}$$

当 $T > T_C$ 时，自发磁化消失，因此，只有在外加磁场下，才有不为 0 的磁化强度。如果 $T \gg T_C$，显然有

$$y = \frac{g_J J\mu_0 \mu_B (H + \lambda M)}{k_B T} \ll 1 \tag{12.135}$$

利用 $B_J(y) \approx \dfrac{J+1}{3J} y$，则近似有

$$B_J \left[\frac{g_J J\mu_0 \mu_B (H + \lambda M)}{k_B T} \right] \approx \frac{g_J J\mu_0 \mu_B (H + \lambda M)}{k_B T} \frac{J+1}{3J} \tag{12.136}$$

这样一来，式(12.134)可表示为

$$M = \frac{N g_J^2 \mu_0 \mu_B^2 J(J+1)}{3k_B T} (H + \lambda M) \tag{12.137}$$

若令

$$C = \frac{N g_J^2 \mu_0 \mu_B^2 J(J+1)}{3 k_B} \tag{12.138}$$

称为居里常数,则表达式(12.137)可简洁地表示为

$$M = \frac{C}{T}(H + \lambda M) \tag{12.139}$$

由此解得

$$M = \frac{C}{T - C\lambda} H \tag{12.140}$$

由式(12.132)和式(12.138),易验证有下列关系:

$$C\lambda = T_C \tag{12.141}$$

代入式(12.140),并根据磁化率的定义,可得到由外斯分子场理论所预言的高温磁化率的表达式为

$$\chi \equiv \frac{M}{H} = \frac{C}{T - T_C} \tag{12.142}$$

称为居里 — 外斯定律。

图 12.12 是基于居里 — 外斯定律给出的铁磁体在 $T > T_C$ 的高温区的顺磁磁化率随温度的变化行为示意图。随温度降低,磁化率按式(12.142)所示的规律而增加,理论上,在温度 $T \to T_C$ 时,磁化率趋于无穷大,但对实际铁磁体,在 T_C 温度附近,尽管磁化率非常大,但仍保持着一个有限大的值。另外,根据对高温顺磁磁化率的实验数据的拟合,磁化率随温度的变化关系并不严格遵从式(12.142)所示的居里 — 外斯定律形式,而是按下列规律变化:

$$\chi = \frac{C}{T - \theta} \tag{12.143}$$

其中,θ 称为顺磁居里温度,稍高于铁磁居里温度 T_C,例如,Fe 的 θ 为 1093 K 而 T_C 为 1043 K。导致实验和理论的不一致的主要原因是,外斯分子场理论本质是一种平均场近似理论,其中忽略了相对于平均场的磁涨落效应。当温度接近磁转变温度点(临界点)时,磁涨落效应变得十分重要,甚至往往主宰了系统临界点附近的行为。

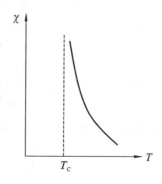

图 12.12　外斯分子场理论预言的铁磁体高温顺磁磁化率随温度变化关系示意图

12.6　固体的反铁磁性

12.6.1　反铁磁体实验特征

1. 磁结构

　　反铁磁性指的是一种磁矩反平行交错有序排列但宏观磁化为零的磁有序态,具有反铁磁性的固体称为反铁磁体。当反铁磁体处在反铁磁态时,未加磁场时,反铁磁体中因磁矩反平行交错有序排列而没有净磁矩,因此不表现出宏观的磁性,但若外加磁场,则反铁磁体表现出弱的顺磁性,且磁化强度与外加磁场方向有关,显示出强的各向异性。随着温度升高,在奈尔温度 T_N 附近,反铁磁体经历从低温反铁磁态到高温顺磁态的转变。在 $T > T_N$ 高温区,反铁磁体的顺磁磁化率随温度的变化关系为

$$\chi = \frac{C}{T + \Theta} \tag{12.144}$$

其中,Θ 为正比于 T_N 的特征温度,其含义见后面的解释。

　　反铁磁体之所以有既不同于顺磁体又不同于铁磁体的性质,是因为反铁磁体有其独特的磁有序结构。顺磁体、铁磁体及反铁磁体的共同特点是其中存在大量因不满原子壳层而具有固有磁矩的原子,不同的是,顺磁体中相邻磁矩之间没有交换作用,铁磁体中存在有利于相邻磁矩平行取向的正交换作用,而反铁磁体中则存在有利于相邻磁矩反平行取向的负的交换作用。反铁磁体中,相邻磁矩彼此间因存在负的交换作用而反平行取向,整个反铁磁体的磁性格子可看成是由磁矩取向相反的两套磁子晶格套构而成的复式磁性格子。例如,在如图 12.13 所示的简单立方点阵中,原子 A 和原子 B 的磁矩反平行交错有序排列,磁矩取向向上的原子 A 构成一套磁子晶格 A,磁矩取向向下的原子 B 构成另一套磁子晶格 B,整个磁晶格可以看成是两套磁子晶格套构而成的复式磁格子。

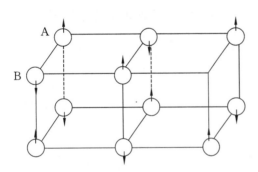

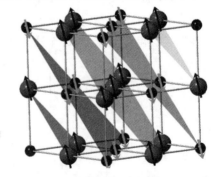

图 12.13　反铁磁体磁有序结构示意图　　　图 12.14　MnO 晶体低温下磁有序结构示意图,为区别起见,图中将取向相反的两种 Mn²⁺ 离子分别以大、小球表示

　　具有反铁磁磁有序结构的最典型例子是 MnO。MnO 在高于奈尔温度($T_N \sim 116$ K)时表现为顺磁性,而在奈尔温度以下表现为反铁磁性。晶体衍射分析证实,室温时 MnO 具

有 NaCl 型晶体结构,其中,Mn^{2+} 离子和 O^{2-} 离子各自构成一套面心立方格子,晶格常数为 4.43 Å。但在奈尔温度以下,慢中子衍射分析表明,相对于室温观察到的衍射峰,在低温中子衍射谱中多出了一些室温下所没有的衍射峰。这些多出的衍射峰虽然能按立方晶系进行指标化,但晶格常数却增加了一倍。由于中子具有自旋,而 Mn^{2+} 离子具有 $\mu_S = 5.92\mu_B$ 的固有磁矩,中子自旋和原子磁矩间的相互作用会体现在中子衍射谱上。室温时 Mn^{2+} 离子磁矩取向无序,中子自旋和 Mn^{2+} 离子磁矩间相互作用的平均效应为零,但如果 Mn^{2+} 离子磁矩在低温下以某种方式有序取向,则中子自旋不仅感受得到来自 Mn^{2+} 离子磁矩的作用,而且 Mn^{2+} 离子磁矩不同的有序取向对中子自旋的影响会不同。基于低温下多出的一些额外衍射峰及晶格常数增加了一倍的事实,人们推测,其中的 Mn^{2+} 离子磁矩在不同格点位置上的有序取向是不同的。在此基础上,通过对低温慢中子衍射谱的仔细分析,并结合磁性实验,得到了如图 12.14 所示的 MnO 低温下反铁磁性磁有序结构,其中,同一(111)面上各 Mn^{2+} 离子磁矩平行取向,而相邻(111)面间的 Mn^{2+} 离子磁矩反平行取向。

除 MnO 外,很多过渡金属化合物具有反铁磁性,例如,MnF_2、FeO、NiO 等,这些过渡金属化合物中,过渡金属离子彼此之间由于被其他阴离子隔开而没有直接交换作用,引起反铁磁有序的作用不是源于直接交换,而是源于超交换作用。另外,铂、钯、锰、铬等单原子晶体也具有反铁磁性,但引起反铁磁有序的作用不同于过渡金属化合物,在单原子晶体中,磁性原子之间的作用属于直接交换作用,量子理论证明,这种直接交换作用既可以为正的交换作用也可以为负的交换作用,取决于原子之间的相对距离 r/r_B,其中,r 为相邻原子间的距离,r_B 为原子壳层中电子的轨道半径,铂、钯、锰、铬等属于相互作用为负的一类单原子晶体,因此,它们在奈尔温度以下表现出反铁磁性。

2. 奈尔温度以下弱的顺磁性

当反铁磁体处在反铁磁态时,由于相邻磁矩反平行取向,合成的磁矩为零,因此,不会表现出宏观的磁性。但在外加磁场下,反铁磁体中的磁矩因磁场引起的转向而使得合成磁矩不为零,从而会表现出弱的顺磁性。但这种弱的顺磁性不同于奈尔温度以上的高温顺磁性,体现在磁场平行于原子磁矩时测量得到的磁化率 $\chi_\parallel$ 不同于磁场垂直于原子磁矩时测量得到的磁化率 $\chi_\perp$,如图 12.15 所示。

对奈尔温度以下弱的顺磁性,可以作如下定性的解释。假设反铁磁体是由 A 和 B 两套磁子晶格构成的复式格子,对 A 和 B 两套磁子晶格,原子磁矩分别用 $\vec{m}_A$ 和 $\vec{m}_B$ 表示,两种磁矩大小相等但取向相反,因此,合成的磁矩为零。如果外加磁场 $\vec{H}$,则磁场中磁矩 $\vec{m}$ 受到的力矩为

$$\vec{\tau} = \vec{m} \times \vec{H} \tag{12.145}$$

可见,相对于原子磁矩,沿不同方向施加磁场,磁矩受到的力矩是不同的。

现在考虑两种情况,一是,如图 12.15 左图所示,沿垂直于原子磁矩方向施加磁场,另一是,如图 12.15 中间图所示,沿平行于原子磁矩方向施加磁场。

对第一种情况,即沿垂直于原子磁矩方向施加磁场,由式(12.145)可知,两种原子磁

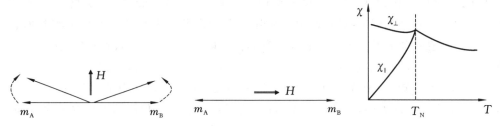

图 12.15　反铁磁体奈尔温度以下特殊顺磁性示意图

矩 $\vec{m}_A$ 和 $\vec{m}_B$ 均受到不为零的力矩作用,在力矩的作用下,两种原子磁矩均朝外加磁场方向发生转向,形成不为零的净磁矩,从而表现出 $M \neq 0$ 的宏观磁性,且磁场强度越大,磁化强度也越大,因而表现出较大的顺磁磁化率 $\chi_\perp$,如图 12.15 右图所示。

对第二种情况,即沿平行于原子磁矩方向施加磁场,如图 12.15 中间图所示,在绝对零度时,两种磁矩严格反平行取向,由于磁场平行或反平行于原子磁矩,由式(12.145)可知,两种原子受到的力矩作用为 0,因此,外加磁场不会使它们转向,从而合成的磁矩仍然为 0,相应的磁化率 $\chi_\parallel$ 为 0。但在有限温度下,由于原子的热运动,两种原子的磁矩 $\vec{m}_A$ 和 $\vec{m}_B$ 会随机地发生对外加磁场的平行或反平行方向的偏离,或者说,在热扰动下两种原子的磁矩不会严格地与外加磁场保持平行或反平行,一旦这种偏离发生,则原子磁矩因受到磁场力矩的作用而转向,引起非零的净磁矩,并使得 $\chi_\parallel$ 不再为 0。显然,温度越高,热扰动效应越强,两种磁矩随机地对外加磁场的平行或反平行的偏离也越大,原子磁矩受到的外磁场的力矩也就越大,因此,相应的净磁矩和磁化率随温度升高而增大,如图 12.15 右图所示。

3. 奈尔温度以上的高温顺磁性

反铁磁体仅仅在低于奈尔温度 T_N 时才表现出反铁磁性,而在高于 T_N 时则表现出顺磁行为,即在奈尔温度 T_N 附近,反铁磁体经历了从低温反铁磁性到高温顺磁性的转变。实验表明,在 $T > T_N$ 的高温区,磁化率随温度升高而降低,如图12.16 所示。

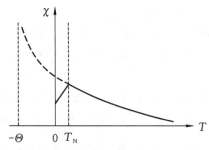

图 12.16　反铁磁体奈尔温度以上顺磁磁化率随温度变化关系的示意图,虚线由高温磁化率变化趋势外推得到,$0 < T < T_N$ 温度范围内的实线表示的是 $\chi_\perp$ 和 $\chi_\parallel$ 平均后得到的反铁磁态时的顺磁磁化率

如果以磁化率倒数 χ^{-1} 形式显示实验数据,则会发现,$T > T_N$ 的高温区的 χ^{-1} 和温度呈现线性关系,意味着在 $T > T_N$ 的高温区,反铁磁体的顺磁磁化率随温度的变化具有式(12.144)所示的形式。其变化趋势示意在图 12.16 中,这和图12.12 所示的铁磁体的高温顺磁磁化率明显不同。对铁磁体,当温度从高温一侧接近铁磁居里温度 T_C 时,磁化率趋于 ∞,而对反铁磁体,当温度从高温一侧接近奈尔温度 T_N 时,磁化率并不是 ∞,而是一个有限的值。如果把反铁磁体的高温顺磁磁化率基于其变化趋势进行外推,如图 12.16 中的虚线所示,则无限大的磁化率值出现在 $T=-\Theta$ 的温度。

12.6.2　反铁磁性的奈尔理论

1. 奈尔理论

针对铁磁体,外斯引入分子场并认为分子场的作用使得相邻磁矩彼此趋于平行取向,因此,分子场方向与磁化强度方向相同,在此基础上形成了铁磁性的外斯分子场理论。对反铁磁体,奈尔认为,也可以像铁磁体一样,引入分子场,但分子场的作用使得相邻原子磁矩倾向于彼此反平行取向,分子场的方向和磁化强度的方向相反,在此基础上形成的反铁磁性唯象理论称为反铁磁性奈尔理论,简称奈尔理论。

假设反铁磁体的晶格是由图 12.13 所示的 A 和 B 两套子晶格构成的复式格子,两套子晶格的磁化强度分别以 M_A 和 M_B 表示,很显然,每一个 A 位原子的最近邻原子是 B 原子,次近邻原子才是 A 原子,因此,如果只考虑近邻和次近邻作用,则作用在 A 位原子上的分子场可表示为

$$H_{mA}=-\lambda_{AB}M_B-\lambda_{AA}M_A \tag{12.146}$$

其中,λ_{AB} 为最近邻 A—B 原子磁矩之间相互作用的分子场系数,λ_{AA} 为次近邻 A—A 原子磁矩之间相互作用的分子场系数,负号表示反铁磁体中相邻原子间的交换作用倾向于使彼此反平行,即分子场的方向和磁化强度的方向相反,这是奈尔理论和外斯理论最本质的区别所在。

同理,每一个 B 位原子的最近邻原子是 A 原子,次近邻原子才是 B 原子,因此,如果只考虑近邻和次近邻作用,则作用在 B 位原子上的分子场可表示为

$$H_{mB}=-\lambda_{BA}M_A-\lambda_{BB}M_B \tag{12.147}$$

其中,λ_{BA} 为最近邻 B—A 原子磁矩之间相互作用的分子场系数,λ_{BB} 为次近邻 B—B 原子磁矩之间相互作用的分子场系数。

对于反铁磁体,A 和 B 是同类原子(注:如果不是同类原子,则相应的磁体为亚铁磁体),因此,分子场系数之间的关系满足

$$\lambda_{AA}=\lambda_{BB}=\alpha \tag{12.148}$$

和

$$\lambda_{AB}=\lambda_{BA}=\beta \tag{12.149}$$

其中,α 描述的是次近邻同性原子磁矩之间相互作用的分子场系数,β 描述的是近邻异性原子磁矩之间相互作用的分子场系数。由于反铁磁体中相邻原子磁矩的交换作用倾向于使彼此反平行取向,故要求近邻异性原子间相互作用的分子场系数大于次近邻同性原子间相互作用的分子场系数,即

$$\beta>\alpha \tag{12.150}$$

在外加磁场 H 下,作用在 A 位原子磁矩上的有效场 $H_{eff,A}$ 应为外加磁场 H 和分子场 H_{mA} 之和,即

$$H_{eff,A}=H+H_{mA}=H-\alpha M_A-\beta M_B \tag{12.151}$$

同样,外加磁场下,作用在 B 位原子磁矩上的有效场为

$$H_{\text{eff,B}} = H + H_{\text{mB}} = H - \beta M_A - \alpha M_B \tag{12.152}$$

采用和铁磁体类似的处理思路,可以得到 A 和 B 两套磁子晶格的磁化强度分别为

$$M_A = N_A g_J J \mu_B B_J (g_J J \mu_0 \mu_B H_{\text{eff,A}} / k_B T) \tag{12.153}$$

和

$$M_B = N_B g_J J \mu_B B_J (g_J J \mu_0 \mu_B H_{\text{eff,B}} / k_B T) \tag{12.154}$$

其中,N_A 和 N_B 分别为两套磁子晶格单位体积内的 A、B 原子数。如果假定反铁磁体单位体积的原子数为 N,则有

$$N_A = N_B = N/2 \tag{12.155}$$

方程(12.153)和(12.154)就是基于反铁磁性奈尔理论得到的两套磁子晶格的磁化强度的表达式。

2. 奈尔温度以上高温顺磁磁化率

在 $T > T_N$ 的高温区,由于

$$g_J J \mu_B H_{\text{eff,A}} / k_B T \ll 1 \text{ 和 } g_J J \mu_B H_{\text{eff,B}} / k_B T \ll 1 \tag{12.156}$$

利用 $y \ll 1$ 时 $B_J(y) \approx \dfrac{J+1}{3J} y$,方程(12.153)和(12.154)可分别近似为

$$M_A = \frac{N_A g_J^2 \mu_0 \mu_B^2 J(J+1)}{3 k_B T} H_{\text{eff,A}} \tag{12.157}$$

和

$$M_B = \frac{N_B g_J^2 \mu_0 \mu_B^2 J(J+1)}{3 k_B T} H_{\text{eff,B}} \tag{12.158}$$

总磁化强度则为两套磁子晶格的磁化强度之和,即

$$M = M_A + M_B = \frac{(N/2) g_J^2 \mu_0 \mu_B^2 J(J+1)}{3 k_B T} (H_{\text{eff,A}} + H_{\text{eff,B}}) \tag{12.159}$$

将式(12.151)和式(12.152)所示的 $H_{\text{eff,A}}$ 和 $H_{\text{eff,B}}$ 代入上式,则得到外加磁场下 $T > T_N$ 高温区的总磁化强度的表达式为

$$\begin{aligned}
M &= \frac{(N/2) g_J^2 \mu_0 \mu_B^2 J(J+1)}{3 k_B T} [2H - (\alpha + \beta)(M_A + M_B)] \\
&= \frac{N g_J^2 \mu_0 \mu_B^2 J(J+1)}{3 k_B T} \left[H - \frac{1}{2}(\alpha + \beta) M \right]
\end{aligned} \tag{12.160}$$

若令

$$C = \frac{N g_J^2 \mu_0 \mu_B^2 J(J+1)}{3 k_B} \tag{12.161}$$

和

$$\Theta = \frac{(\alpha + \beta) C}{2} \tag{12.162}$$

其中,C 正是前面所提到的居里常数,则式(12.160)可简洁地表示为

$$M = \frac{C}{T}H - \frac{\Theta}{T}M \tag{12.163}$$

由此求得 M，再由磁化率定义，得到奈尔温度以上顺磁磁化率随温度的变化关系为

$$\chi \equiv \frac{M}{H} = \frac{C}{T + \Theta} \tag{12.164}$$

称其为奈尔定律。由于奈尔定律在形式上和前面提到的居里 — 外斯定律相同，因此常常称式(12.164)为居里 — 外斯定律。

3. 奈尔温度

根据奈尔理论，反铁磁体中两套子晶格的 M_A 和 M_B 可分别表示为式(12.153)和(12.154)所示的形式。在奈尔点附近，即当 $T \sim T_N$ 时，由于

$$g_J J \mu_B H_{\text{eff,A}} / k_B T \ll 1 \text{ 和 } g_J J \mu_B H_{\text{eff,B}} / k_B T \ll 1$$

利用 $y \ll 1$ 时 $B_J(y) \approx \dfrac{J+1}{3J} y$，两套子晶格的 M_A 和 M_B 可分别近似为

$$\begin{cases} M_A = \dfrac{C}{2T}(H - \alpha M_A - \beta M_B) \\ M_B = \dfrac{C}{2T}(H - \beta M_A - \alpha M_B) \end{cases} \tag{12.165}$$

在奈尔温度以下，体系处在反铁磁态，由于分子场的作用，即使在没有外加磁场的情况下，仍然有不为零的 M_A 和 M_B。因此，在式(12.165)中，令 $H = 0$ 和 $T = T_N$，就可得到奈尔点处的 M_A 和 M_B

$$\begin{cases} M_A = -\dfrac{C}{2T}(\alpha M_A + \beta M_B) \\ M_B = -\dfrac{C}{2T}(\beta M_A + \alpha M_B) \end{cases} \tag{12.166}$$

整理后得到关于 M_A 和 M_B 的线性齐磁方程组

$$\begin{cases} \left(1 + \dfrac{C\alpha}{2T_N}\right) M_A + \dfrac{C\beta}{2T_N} M_B = 0 \\ \dfrac{C\beta}{2T_N} M_A + \left(1 + \dfrac{C\alpha}{2T_N}\right) M_B = 0 \end{cases} \tag{12.167}$$

由于 M_A 和 M_B 有非零解，而得到非零解的条件是令其系数行列式等于零，即

$$\begin{vmatrix} 1 + \dfrac{C\alpha}{2T_N} & \dfrac{C\beta}{2T_N} \\ \dfrac{C\beta}{2T_N} & 1 + \dfrac{C\alpha}{2T_N} \end{vmatrix} = 0 \tag{12.168}$$

由此解得

$$T_N = \frac{1}{2}C(\beta - \alpha) \tag{12.169}$$

前面提到，β 反映的是近邻异性原子磁矩之间相互作用的分子场系数，α 反映的是次近邻

同性原子磁矩之间相互作用的分子场系数,因此,为了形成大于 0 的奈尔温度,要求 $\beta > \alpha$,意味着相邻子晶格原子间交换作用所产生的分子场强度必须大于同一子晶格中原子间交换作用所产生的分子场强度。

4. T_N 和 Θ 之间的关系

奈尔温度 T_N 是由顺磁 — 反铁磁转变确定的磁转变温度,由式(12.169)可以看到,T_N 只取决于居里常数 C、近邻异性原子磁矩之间相互作用的分子场系数 β 和次近邻同性原子磁矩之间相互作用的分子场系数 α。另一方面,基于在 $T > T_N$ 的高温下对顺磁态磁化率随温度变化关系的分析所得到的如式(12.164)所示的居里 — 外斯定律,其中的特征温度 Θ,如式(12.162)所示,也只取决于 C、β 和 α。说明由磁转变确定的奈尔温度 T_N 和由高温顺磁化率确定的特征温度 Θ 之间必存在联系。

由

$$\begin{cases} T_N = \dfrac{1}{2}C(\beta - \alpha) \\ \Theta = \dfrac{(\alpha + \beta)C}{2} \end{cases} \tag{12.170}$$

易见,T_N 和 Θ 之间的关系为

$$\Theta = \frac{\beta + \alpha}{\beta - \alpha} T_N \tag{12.171}$$

可见,对一般的反铁磁体,由高温顺磁化率确定的特征温度 Θ 总是高于由顺磁 — 反铁磁转变确定的奈尔温度 T_N。但如果 $\beta \gg \alpha$,即近邻异性原子磁矩之间相互作用的分子场系数远远大于次近邻同性原子磁矩之间相互作用的分子场系数,则有 $\Theta \approx T_N$,在这种情况下,式(12.164)所示的居里 — 外斯定律可近似表示为

$$\chi \approx \frac{C}{T + T_N} \tag{12.172}$$

12.7 固体中磁矩间的交换作用

外斯分子场理论及在此基础上提出的奈尔理论,分别在解释铁磁性和反铁磁方面取得了成功,但在量子力学出现之前,分子场的本质一直令人困惑不解。本节就固体中原子(离子)磁矩之间典型的交换作用作以简单介绍。

12.7.1 磁偶极相互作用

对于何种作用引起磁矩的取向,人们首先想到的是磁矩之间的磁偶极相互作用。按照电动力学,对于两个分开距离为 r 的磁矩 $\vec{\mu}_1$ 和 $\vec{\mu}_2$,它们间的磁偶极相互作用能为

$$E = \frac{\mu_0}{4\pi r^3}\left[\vec{\mu}_1 \cdot \vec{\mu}_2 - \frac{3}{r^2}(\vec{\mu}_1 \cdot \vec{r})(\vec{\mu}_2 \cdot \vec{r})\right] \tag{12.173}$$

可以看到,这种作用取决于两个磁矩之间的间隔和彼此间的相对取向。假设 $\mu_1 = \mu_2 \sim 1\mu_B$,$r \sim 1$ Å,则估计出的磁偶极相互作用能的量级折算成温度只有 1 K,远小于多数磁

性材料中的磁有序温度,例如,Fe 铁磁体中的磁有序温度高达 10^3 K,说明磁偶极相互作用太弱,不足以引起磁性材料中的磁有序的发生。

值得一提的是,尽管磁偶极相互作用不足以引起一般磁性材料的磁有序的发生,但对在 mK 温度有序的材料,磁偶极相互作用对其性质的影响非常重要。

*12.7.2　自旋交换的量子理论

自旋交换的量子理论是 1928 年由海森堡(Heisenberg)提出的,为简单起见,这里以由两个电子构成的二电子系统为例,对自旋交换的量子理论作以简单介绍。

众所周知,对于电子系统,由于电子属于全同性粒子,全同性要求电子系统的空间位置有关的波函数必须满足对称或反对称的要求;同时,电子是费米子,必须服从泡利不相容原理,而泡利不相容原理要求电子系统的波函数必须是反对称的。由于电子的置换对应于空间和自旋变量的置换,因此,通过将电子系统对称的轨道波函数和反对称的自旋态函数相乘或者通过将电子系统反对称的轨道波函数和对称的自旋态函数相乘,得到的函数必然满足电子系统总的波函数为反对称的要求。

对于由两个电子构成的二电子系统,类似于第 1.6.2 节所介绍的,为了满足上述对电子系统波函数的要求,可以将二电子系统的波函数表示成

$$\begin{cases} \psi_S = \psi_{space,1}(1,2)\chi_S(1,2) = \frac{1}{\sqrt{2}}[\varphi_a(\vec{r}_1)\varphi_b(\vec{r}_2) + \varphi_a(\vec{r}_2)\varphi_b(\vec{r}_1)]\chi_S(1,2) \\ \psi_T = \psi_{space,2}(1,2)\chi_T(1,2) = \frac{1}{\sqrt{2}}[\varphi_a(\vec{r}_1)\varphi_b(\vec{r}_2) - \varphi_a(\vec{r}_2)\varphi_b(\vec{r}_1)]\chi_T(1,2) \end{cases}$$
(12.174)

其中,φ_a 或 φ_b 是单电子轨道波函数,$\vec{r}_1$ 或 $\vec{r}_2$ 是标号为 1 或 2 的电子的空间位置,则

$$\begin{cases} \psi_{space,1}(1,2) = \frac{1}{\sqrt{2}}[\varphi_a(\vec{r}_1)\varphi_b(\vec{r}_2) + \varphi_a(\vec{r}_2)\varphi_b(\vec{r}_1)] \\ \psi_{space,2}(1,2) = \frac{1}{\sqrt{2}}[\varphi_a(\vec{r}_1)\varphi_b(\vec{r}_2) - \varphi_a(\vec{r}_2)\varphi_b(\vec{r}_1)] \end{cases}$$
(12.175)

是与电子空间位置有关的函数。易验证,若交换电子 1 和 2 的空间位置,则有 $\psi_{space,1}(1,2) = \psi_{space,1}(2,1)$ 和 $\psi_{space,2}(1,2) = -\psi_{space,2}(2,1)$,因此,$\psi_{space,1}(1,2)$ 是对称函数,而 $\psi_{space,2}(1,2)$ 是反对称函数。而两个自旋态函数,即 $\chi_S(1,2)$ 和 $\chi_T(1,2)$,可以基于四个自旋态函数的线性组合而表示成

$$\begin{cases} \chi_S(1,2) = \frac{1}{\sqrt{2}}[\alpha(1)\beta(2) - \alpha(2)\beta(1)] \\ \chi_T(1,2) = \begin{cases} \alpha(1)\alpha(2) \\ \frac{1}{\sqrt{2}}[\alpha(1)\beta(2) + \alpha(2)\beta(1)] \\ \beta(1)\beta(2) \end{cases} \end{cases}$$
(12.176)

其中,$\alpha(1)$ 和 $\beta(1)$ 表示标号为 1 的电子自旋向上和向下的自旋态,$\alpha(2)$ 和 $\beta(2)$ 表示标号为 2 的电子自旋向上和向下的自旋态。易验证,$\chi_S(1,2) = -\chi_S(2,1)$ 和 $\chi_T(1,2) =$

$\chi_T(2,1)$，因此，$\chi_S(1,2)$ 和 $\chi_T(1,2)$ 分别为反对称和对称的自旋态函数。

二电子系统总自旋角动量为两个单电子自旋角动量之和，即

$$\hat{S} = \hat{s}_1 + \hat{s}_2 \tag{12.177}$$

相应的总自旋角动量的平方为

$$\hat{S}^2 = \hat{s}_1^2 + \hat{s}_2^2 + 2\hat{s}_1 \cdot \hat{s}_2 \tag{12.178}$$

其中，$\hat{s}_1$ 和 $\hat{s}_2$ 分别为标号为 1 和 2 的两个电子的自旋算符。对于总自旋量子数为 S 的电子系统，决定自旋取向的磁量子数 M_S 共有 $2S+1$ 可能的取值，分别为 $M_S = S, S-1, \cdots, -S+1, -S, S-1, \cdots$ 对于二电子系统，由于只有两个电子，因此，总自旋量子数只可能有 $S=0$（对应两自旋反平行取向）或 $S=1$（对应两自旋平行取向）的两种情况。对于 $S=0, M_S=0$，相应的态称为自旋单态；而对于 $S=1, M_S$ 分别为 1、0 和 -1，相应的态称为自旋三态。易验证，式（12.176）中由自旋函数 χ_S 描述的态属于 $S=0$ 的自旋单态；而式（12.176）中由自旋函数 $\chi_{T,1} = \alpha(1)\alpha(2)$、$\chi_{T,2} = \dfrac{1}{\sqrt{2}}[\alpha(1)\beta(2) + \alpha(2)\beta(1)]$ 和 $\chi_{T,3} = \beta(1)\beta(2)$ 描述的态则属于 $S=1$ 的自旋三态，分别对应的磁量子数 M_S 为 1、0 和 -1，在不加磁场时，这三个自旋态对应的能量相等，故属于自旋三重简并态。因此，式（12.174）中，第一个函数 ψ_S 描述的是二电子系统自旋单态的总波函数；而第二个函数描述的是二电子系统的自旋三态的总波函数。

在自旋单态和自旋三态中，系统的能量分别为

$$E_S = \iint \psi_S^* \hat{H} \psi_S \mathrm{d}\vec{q}_1 \mathrm{d}\vec{q}_2 = \iint \psi_{\mathrm{space},1}^* \hat{H} \psi_{\mathrm{space},1} \mathrm{d}\vec{r}_1 \mathrm{d}\vec{r}_2 \tag{12.179}$$

和

$$E_T = \iint \psi_T^* \hat{H} \psi_T \mathrm{d}\vec{q}_1 \mathrm{d}\vec{q}_2 = \iint \psi_{\mathrm{space},2}^* \hat{H} \psi_{\mathrm{space},2} \mathrm{d}\vec{r}_1 \mathrm{d}\vec{r}_2 \tag{12.180}$$

式中的 q 涉及空间和自旋变量，在两个式子的最后一步计算中使用了电子自旋态函数归一化条件。两个态的能量差为

$$E_S - E_T = \iint \psi_{\mathrm{space},1}^* \hat{H} \psi_{\mathrm{space},1} \mathrm{d}\vec{r}_1 \mathrm{d}\vec{r}_2 - \iint \psi_{\mathrm{space},2}^* \hat{H} \psi_{\mathrm{space},2} \mathrm{d}\vec{r}_1 \mathrm{d}\vec{r}_2 \tag{12.181}$$

将式（12.175）所示的两个空间位置有关的函数代入，运算后得到自旋单态和自旋三态的能量差为

$$E_S - E_T = 2 \iint \varphi_a^*(\vec{r}_1) \varphi_b^*(\vec{r}_2) \hat{H} \varphi_a(\vec{r}_2) \varphi_b(\vec{r}_1) \mathrm{d}\vec{r}_1 \mathrm{d}\vec{r}_2 \tag{12.182}$$

假设二电子系统总哈密顿算符为

$$\hat{H} = \hat{H}(1,2) + A\hat{s}_1 \cdot \hat{s}_2 \tag{12.183}$$

其中，$\hat{H}(1,2)$ 为与自旋无关的二电子系统的哈密顿算符，$A\hat{s}_1 \cdot \hat{s}_2$ 为两个电子间的自旋交换能，则在自旋单态和三态中，能量又可按下式进行计算：

$$\begin{aligned} E_S &= \iint \psi_S^* \hat{H} \psi_S \mathrm{d}\vec{q}_1 \mathrm{d}\vec{q}_2 = \iint \psi_S^* [\hat{H}(1,2) + A\hat{s}_1 \cdot \hat{s}_2] \psi_S \mathrm{d}\vec{q}_1 \mathrm{d}\vec{q}_2 \\ &= \iint \psi_{\mathrm{space},1}^* \hat{H}(1,2) \psi_{\mathrm{space},1} \mathrm{d}\vec{r}_1 \mathrm{d}\vec{r}_2 + \iint \psi_S^* A\hat{s}_1 \cdot \hat{s}_2 \psi_S \mathrm{d}\vec{q}_1 \mathrm{d}\vec{q}_2 \end{aligned} \tag{12.184}$$

$$E_T = \iint \psi_T^* \hat{H} \psi_T \, d\vec{q}_1 d\vec{q}_2 = \iint \psi_T^* \left[\hat{H}(1,2) + A\hat{s}_1 \cdot \hat{s}_2 \right] \psi_T \, d\vec{q}_1 d\vec{q}_2$$

$$= \iint \psi_{\text{space},2}^* \hat{H}(1,2) \psi_{\text{space},2} \, d\vec{r}_1 d\vec{r}_2 + \iint \psi_T^* A\hat{s}_1 \cdot \hat{s}_2 \psi_T \, d\vec{q}_1 d\vec{q}_2 \qquad (12.185)$$

对于单个电子,其自旋量子数 $s = \dfrac{1}{2}$,因此有 $\hat{s}_1^2 = \hat{s}_2^2 = s(s+1) = \dfrac{3}{4}$,利用 $\hat{S}^2 = S(S+1)$,由式(12.178),则可将 $\hat{s}_1 \cdot \hat{s}_2$ 表示为

$$\hat{s}_1 \cdot \hat{s}_2 = \begin{cases} -\dfrac{3}{4} & (S=0) \\[2mm] \dfrac{1}{4} & (S=1) \end{cases} \qquad (12.186)$$

于是,自旋单态和三态的能量分别为

$$E_S = E_0 - \frac{3}{4}A \qquad (12.187)$$

和

$$E_T = E_0 + \frac{1}{4}A \qquad (12.188)$$

其中,

$$E_0 = \iint \psi_{\text{space},1}^* \hat{H}(1,2) \psi_{\text{space},1} \, d\vec{r}_1 d\vec{r}_2 = \iint \psi_{\text{space},2}^* \hat{H}(1,2) \psi_{\text{space},2} \, d\vec{r}_1 d\vec{r}_2$$

为二电子系统在没有自旋交换作用下的能量,由此得到自旋单态和自旋三态的能量差为

$$E_S - E_T = -A \qquad (12.189)$$

比较式(12.189)和式(12.182),则有

$$-A = E_S - E_T = 2\iint \varphi_a^*(\vec{r}_1) \varphi_b^*(\vec{r}_2) \hat{H} \varphi_a(\vec{r}_2) \varphi_b(\vec{r}_1) \, d\vec{r}_1 d\vec{r}_2 \qquad (12.190)$$

若令

$$J = \frac{E_S - E_A}{2} = \iint \varphi_a^*(\vec{r}_1) \varphi_b^*(\vec{r}_2) \hat{H} \varphi_a(\vec{r}_2) \varphi_b(\vec{r}_1) \, d\vec{r}_1 d\vec{r}_2 \qquad (12.191)$$

相应的 $A = -2J$,则由式(12.183),可将二电子系统的哈密顿算符表示成

$$\hat{H} = \hat{H}(1,2) - 2J\hat{s}_1 \cdot \hat{s}_2 \qquad (12.192)$$

由(12.191)可以看到,J 与电子波函数的重叠程度有关。如果电子波函数间没有重叠,则电子间没有自旋交换;如果电子波函数间有重叠,则电子间就有自旋交换,且重叠程度越大,交换越强,因此,交换常数 J 也称为交换积分。从上面的推导过程可以看出,自旋间的交换作用本质上是由泡利不相容原理引起的。

如果把所有其他与自旋无关的能量之和取作能量的零点,则系统与自旋交换有关的有效哈密顿算符可写成

$$\hat{H}^{\text{spin}} = -2J\hat{s}_1 \cdot \hat{s}_2 \qquad (12.193)$$

这是针对二电子系统导出的自旋交换有关的哈密顿算符,对实际的多电子系统,问题变得十分复杂。虽然如此,在量子力学发展早期,海森堡意识到,所有相邻原子之间或许都

存在类似的交换,在此基础上,他提出了著名的以他名字命名的海森堡交换相互作用模型。该模型的核心概括在如下的哈密顿算符中:

$$\hat{H} = -2 \sum_{i>j} J_{ij} \hat{S}_i \cdot \hat{S}_j \tag{12.194}$$

称其为海森堡哈密顿算符,其中,J_{ij} 为 $\vec{S}_i$ 和 $\vec{S}_j$ 两自旋间的交换积分。

12.7.3 直接交换

所谓直接交换(direct exchange)是指,来自相邻磁性原子的电子通过交换作用而发生的交换,不需要借助任何其他的中间过程。对于直接交换,由于交换只发生在相邻原子之间,因此,海森堡哈密顿算符可写为

$$\hat{H} = -2J \sum_{\text{近邻}} \hat{S}_i \cdot \hat{S}_j \tag{12.195}$$

从能量最低角度考虑,如果 $J < 0$,则当原子同周围近邻原子的自旋反平行取向时,能量最低;而如果 $J > 0$,则当原子同周围近邻原子的自旋平行取向时,能量最低。

假设每个磁性原子周围有 z 个相同的近邻磁性原子,则交换能为

$$E_{ex} = -2J \vec{S}_0 \cdot \sum_i^z \vec{S}_i = -2J \left(\frac{\hbar^2}{g_s^2 \mu_B^2}\right) \vec{\mu}_0 \cdot \sum_i^z \vec{\mu}_i \tag{12.196}$$

其中,$\vec{S}_0$ 是所考虑磁性原子的自旋,$\vec{S}_i$ 是所考虑磁性原子的近邻磁性原子的自旋,$\vec{\mu}_0 = g_e\left(-\frac{e}{2m}\right)\vec{S}_0$,$\vec{\mu}_i = g_e\left(-\frac{e}{2m}\right)\vec{S}_i$。如果认为海森堡理论中的自旋交换作用是引起外斯分子场理论中相邻自旋平行取向的原因,则式(12.196)所示的交换能应当等于原子磁矩与分子场的相互作用能。假如原子磁矩仅来自自旋角动量的贡献,则可得到外斯分子场理论中的分子场 $\mu_0 H_m$ 和海森堡交换理论中的交换常数 J 的关系为

$$\mu_0 H_m = \frac{2z\hbar^2 \mu_S}{g_s^2 \mu_B^2} J \tag{12.197}$$

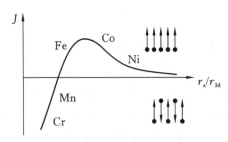

图 12.17 3d 过渡金属的交换积分 J 与相对原子半径 r_a/r_{3d} 间的关系示意图

图 12.17 所示的是斯莱特(Slater)基于量子理论计算得到的一些过渡金属的交换积分随着 r_a/r_{3d} 的变化趋势示意图,其中 r_a 为原子半径,r_{3d} 为 3d 电子壳层半径。可以看到,随 r_a/r_{3d} 由小变大,交换积分由负变正,经过极大值后,逐渐变小。Cr、Mn 等交换积分是负的,相邻自旋反平行取向时,能量最低,因此,Cr、Mn 等过渡金属表现为反铁磁性。Fe、Co、Ni 等交换积分是正的,相邻自旋平行取向时,能量最低,因此,Fe、Co、Ni 等过渡金属表现为铁磁性。对铁磁体,由式(12.197)可见,交换积分正比于分子场,而分子场又正比于铁磁居里温度,因此,铁磁居里温度正比于交换积分。这是因为,交换作用越强,自旋相互平行的能力就越大,要破坏磁体中的这种规则排列,需要的热能就越高,宏观上则表现为有更高的铁磁居里温度。对图 12.17 所示的三种铁磁体,Co 的铁磁居里温度最高,Fe 次

之，Ni 的铁磁居里温度最低。

12.7.4　超交换

反铁磁体（及亚铁磁体）多是由一些磁性离子与非磁性离子相间排列而成的化合物离子晶体，如 MnO、MnF_2、FeO、NiO 等。这些离子晶体共同的特点是，磁性离子彼此之间被其他非磁性阴离子隔开，使得磁性离子彼此之间有较大的间隔距离。由于磁性离子彼此之间分开较远，彼此间的波函数重叠程度很小，以至于海森堡型的直接交换作用很弱，因此，直接交换不能作为引起反铁磁体中反铁磁有序的交换作用。

为了解释反铁磁体中的反铁磁有序现象，人们提出，通过将非磁性中间离子作为媒介可以实现磁性离子彼此间的间接交换，这种通过非磁性中间离子作为媒介而实现的磁性离子彼此间的间接交换，称为超交换（superexchange）。安德森（Anderson）基于量子力学的微扰论，从理论上证明，通过将非磁性中间离子作为媒介，可以实现磁性离子彼此间的反铁磁交换，由此形成的理论称为安德森的反铁磁性超交换作用理论。下面以 MnO 为例，对超交换作用的基本物理过程予以简单介绍。

如前面所介绍的，MnO 在室温下具有 $NaCl$ 型晶体结构，其中，Mn^{2+} 离子和 O^{2-} 离子各自构成一套面心立方格子，每个 Mn^{2+} 离子周围有 6 个 O^{2-} 离子，同样，每个 O^{2-} 离子周围有 6 个 Mn^{2+} 离子，形成“Mn^{2+}—O^{2-}—Mn^{2+}”型的离子键结合，其中存在 180° 和 90° 两种键角的离子键。为简单起见，这里以 180° 键角为例进行分析和讨论。Mn^{2+} 离子外层是 3d 壳层，由于晶体场效应，3d 轨道分裂成能量不等的三重简并的 t_{2g} 轨道和二重简并的 e_g 轨道，Mn^{2+} 离子 3d 壳层共有 5 个电子，按洪德规则，这 5 个 d 电子的自旋彼此平行取向 $\left(S=\dfrac{5}{2}\right)$，其中 3 个电子自旋平行地占据在 t_{2g} 轨道，另 2 个电子自旋平行地占据在 e_g 轨道，因此，Mn^{2+} 离子的电子组态为 $t_{2g}^3 e_g^2$，且每个 Mn^{2+} 离子具有的固有磁矩为 $\mu_S = g_e\sqrt{S(S+1)}\,\mu_B = \sqrt{35}\,\mu_B$。至于 t_{2g} 轨道和 e_g 轨道中哪一个轨道有较高的能量则与晶体场有关，假设 t_{2g} 轨道的能量高于 e_g 轨道的，则得到如图 12.18(a) 所示的 Mn^{2+} 离子电子占据及其自旋取向示意图，这里为清楚起见，将 t_{2g} 轨道的三个能量相等的能级和 e_g 轨道的两个能量相等的能级稍稍分开显示。O^{2-} 离子外壳层是被 6 个电子占满了的 2p 壳层，由于轨道角动量和自旋角动量均是相互抵消的，故 O^{2-} 离子是没有净磁矩的非磁性离子，O^{2-} 离子 2p 电子自旋彼此是反平行取向的，这也显示在图 12.18(a) 中。

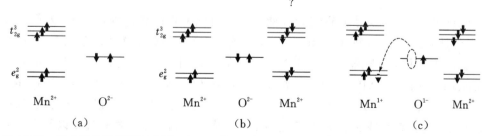

图 12.18　超交换作用原理示意图。(a)Mn^{2+} 和 O^{2-} 离子自旋排布；(b) 基态 Mn^{2+}—O^{2-}—Mn^{2+}；(c) 激发态 Mn^{1+}—O^{1-}—Mn^{2+}

在 $180°$ 键角情况下,如图 12.18(b) 所示,Mn^{2+} 离子和 O^{2-} 离子的轨道波函数在键轴方向上有较大程度的重叠,这种情况下,O^{2-} 离子的 2p 电子有可能会转移到 Mn^{2+} 离子的 3d 轨道上,至于 O^{2-} 离子的 2p 电子是转移到左边 Mn^{2+} 离子的 3d 轨道上还是转移到右边 Mn^{2+} 离子的 3d 轨道上,则取决于两边 Mn^{2+} 离子的自旋取向。假设 O^{2-} 离子左边是自旋取向向上的 Mn^{2+} 离子,由于其 5 个 d 壳层都有一个自旋向上的电子占据,因此,O^{2-} 离子的 2p 电子只有自旋向下的电子才有可能转移到左边 Mn^{2+} 离子的 3d 轨道上,转移使得基态时的"Mn^{2+}—O^{2-}—Mn^{2+}"变成了激发态时的"Mn^{1+}—O^{1-}—Mn^{2+}",如 12.18(c) 所示。O^{2-} 离子自旋向下的 2p 电子转移到左边 Mn^{2+} 离子的 3d 轨道上,则 O^{1-} 离子 2p 轨道上留下了一个可供自旋向下电子占据的空位,这为其右边 Mn^{2+} 离子的电子转移到 O^{1-} 离子的轨道上创造了机会。如果右边 Mn^{2+} 离子的电子自旋都是向上的,则转移到 O^{1-} 离子自旋向下的空位上需要 Mn^{2+} 离子的电子自旋翻转,这需要电子获得更高的能量,而如果 Mn^{2+} 离子的电子自旋都是向下的,则不需要自旋翻转,就可以实现从右边 Mn^{2+} 离子转移到 O^{1-} 离子的轨道上,因此,后一种情况从能量的角度是有利的。意味着,从能量有利的角度,被 O^{2-} 离子隔开的左、右两个 Mn^{2+} 离子的自旋应当反平行取向。注意到,O^{2-} 离子的电子转移只是中间过程,在转移前后 O^{2-} 离子的电子位置并没有改变,因此,O^{2-} 离子的电子转移实际上是一个虚跃迁过程,通过这一虚跃迁过程,左、右两个 Mn^{2+} 离子的自旋反平行取向。一般情况下,中间阴离子同两边磁性离子直接交换的交换积分要么同为正值,要么同为负值,在这种情况下,超交换作用引起的磁性离子自旋彼此间总是反平行取向的,相应的磁性为反铁磁性。但如果中间阴离子同其左右两边磁性离子的交换积分符号不同,则超交换作用会引起磁性离子自旋彼此间的平行取向,表现出弱的铁磁性。

从上述超交换物理过程可看出,超交换作用是一个由中间阴离子参与的虚跃迁并导致两边金属离子自旋动态交换的过程。安德森通过将中间阴离子参与的虚跃迁视为微扰,基于量子力学的二级微扰论,从理论上证明了磁性离子彼此间的交换常数为

$$J_{AF} \propto -\frac{t^2}{U} \tag{12.198}$$

其中,t 为跃迁矩阵元,U 为库仑排斥能,由于交换常数 J_{AF} 为负值,因此,磁性离子彼此间的交换是反铁磁性的。

12.7.5　双交换

20 世纪 50 年代,为了获得绝缘性能好又具有强磁性的磁绝缘体材料,人们在稀土 Mn 基钙钛矿氧化物 $ReMnO_3$(Re 为 La 等稀土元素)反铁磁绝缘体的基础上,通过在稀土位置上掺杂其他元素,制备了大量 Mn 基钙钛矿氧化物样品。随后的实验表明,在二价金属掺杂的 Mn 基钙钛矿氧化物中,如 $La_{1-x}Sr_xMnO_3$、$La_{1-x}Ca_xMnO_3$、$La_{1-x}Ba_xMnO_3$、$(La,Nd)_{1-x}Sr_xMnO_3$ 等,适当掺杂确实引起了系统铁磁性的增强,但在导电性方面,这样做不仅没有改善系统的绝缘性,反而使系统变成了金属。这种居里温度以下同时表现金属导电和铁磁有序的现象,在当时没有理论能给以解释。为此,1951 年齐纳(Zener)提出了双交换(double-exchange)机理,这是继外斯分子场理论或海森堡自旋交换机理外

另一个能产生铁磁交换作用的机理。基于双交换机理。可以很好地解释掺杂 Mn 基钙钛矿氧化物低温下金属导电和铁磁性有序共存的现象。下面以 $La_{1-x}Ca_xMnO_3$ 为例,对双交换的物理图像予以简单介绍。

未掺杂的母体化合物 $LaMnO_3$ 具有如图 2.16 所示的钙钛矿型晶体结构,其结构的特点是,氧八面体周期性重复排列,过渡金属 Mn 位于氧八面体的中心。在 $LaMnO_3$ 中,Mn 以三价 Mn^{3+} 离子的形式存在,Mn^{3+} 离子的外层 3d 壳层有 4 个电子,这 4 个电子在 3d 能级上如何占据,则需要考虑氧八面体晶体场效应及因八面体畸变而引起的 Jahn—Teller(简称 J—T) 效应。不考虑自旋,Mn 离子 3d 能级是五重简并的,但在氧八面体晶体场作用下,五重简并的 3d 能级被分裂成能量较低的三重简并的 t_{2g} 能级和能量较高的二重简并的 e_g 能级,如图 12.19(a) 所示。同时,由于 Mn^{3+} 离子属于J—T离子,J—T效应使得二重简并的 e_g 能级被进一步分裂成能量不等的 d_{z^2} 和 $d_{x^2-y^2}$ 两个能级,见图 12.19(a) 右边部分。注意到,J—T效应实际上对 t_{2g} 能级的影响很小,但在图中为显示其有三个能级,有意将三个能量几乎相等的能级分开显示。Mn^{3+} 离子中的 4 个 3d 电子,依能量从低高,依次占据在三重简并的 t_{2g} 能级和 d_{z^2} 能级上。按照洪德规则,三个占据在 t_{2g} 能级上的电子彼此自旋平行取向,形成 $S_{t_{2g}}=\frac{3}{2}$ 的局域 t_{2g} 自旋,另一个自旋为 $S_{e_g}=\frac{1}{2}$ 的电子占据在 d_{z^2} 能级上,同时,由于强的洪德耦合效应,这个 e_g 电子的自旋必须和局域 t_{2g} 自旋取向保持一致。图 12.19(a) 右边部分示意性地显示了 Mn^{3+} 离子中 4 个 3d 电子的占据及其自旋取向。基于这些分析可知,$LaMnO_3$ 中的 Mn^{3+} 离子的电子自旋和电子组态分别为 $S=2$ 和 $t_{2g}^3 e_g^1$。

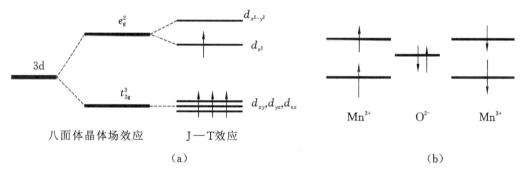

图 12.19　(a)Mn^{3+} 离子 3d 能级分裂及电子占据示意图和(b)"Mn^{3+}—O^{2-}—Mn^{3+}"超交换作用示意图

$LaMnO_3$ 中的氧八面体相互连接,使得 Mn^{3+} 离子被非磁性 O^{2-} 离子隔开,形成如图 12.19(b) 所示的"Mn^{3+}—O^{2-}—Mn^{3+}" 共价键结合的基本单元。如前面所述的超交换作用,O^{2-} 离子两边的 Mn^{3+} 离子的自旋反平行取向,如果 e_g 电子从一个 Mn^{3+} 离子转移到另一个 Mn^{3+} 离子的位置上,则涉及自旋翻转,这在一般情况下是不允许的,因此,$LaMnO_3$ 是反铁磁性绝缘体。

在 $LaMnO_3$ 的基础上,若三价稀土 La^{3+} 离子被二价 Ca^{2+} 离子部分取代,则样品的组分变成 $La_{1-x}Ca_x(Mn^{3+})_{1-x}(Mn^{4+})_xO_3$,可见,二价元素掺杂将电子组态为 $t_{2g}^3 e_g^0$ 的 Mn^{4+} 离子引入样品,样品中出现了 Mn^{3+} 和 Mn^{4+} 的混合价。由于 Mn^{3+} 离子 e_g 轨道上有一个

电子,而 Mn^{4+} 离子 e_g 轨道上没有电子,这使得 Mn^{3+} 离子 e_g 轨道上的电子转移到 Mn^{4+} 离子 e_g 轨道上成为可能,电子转移过程如图 12.20 所示。由于 t_{2g} 态能量较低及 t_{2g} 态电子云分布和 2p 态电子云分布不匹配, t_{2g} 态电子的波函数与 O^{2-} 离子的 2p 态电子波函数重叠甚小,因此, t_{2g} 轨道上的三个电子基本上局限在格点位置,形成 $S_{t_{2g}} = \dfrac{3}{2}$ 的局域自旋,通常称其为芯自旋;但 e_g 态能量较高, d_{z^2} 态电子云分布和 2p 态电子云分布匹配, e_g 电子波函数与 O^{2-} 离子的 2p 电子波函数有较大程度的重叠,波函数重叠使得 2p 电子可以转移到 Mn^{4+} 离子的空 e_g 轨道上,不妨假设自旋向上的 2p 电子转移到其右边的 e_g 轨道,转移之后, O^{2-} 离子的 2p 轨道留下自旋向上的空位置,见图 12.20,其左边的 Mn^{3+} 离子的 e_g 电子可以转移过来占据这一空的位置,形成如图 12.20 右图所示的分布。可以看出,在这一电子转移过程中, O^{2-} 离子的 2p 电子并没有发生变化,它只是起着中间媒介的作用,因此,电子转移实质上是 Mn^{3+} 离子 e_g 电子借助 O^{2-} 离子的中间媒介作用到 Mn^{4+} 离子 e_g 轨道的转移。

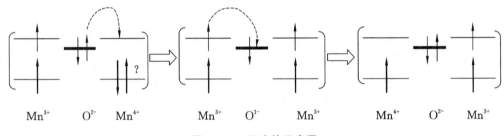

Mn^{3+}　　O^{2-}　　Mn^{4+}　　　　　Mn^{3+}　　O^{1-}　　Mn^{3+}　　　　　Mn^{4+}　　O^{2-}　　Mn^{3+}

图 12.20　双交换示意图

上面提到的 Mn^{3+} 离子 e_g 电子到 Mn^{4+} 离子 e_g 轨道的转移要满足一个条件,即 Mn^{4+} 和 Mn^{3+} 离子的芯自旋彼此平行取向。如果不考虑其他因素,则被 O^{2-} 离子隔开的 Mn^{3+} 和 Mn^{4+} 离子之间因超交换作用而彼此自旋反平行取向。但由于自旋向上的 2p 电子的转移,会迫使 Mn^{4+} 离子的芯自旋向上转向,如果从 Mn^{3+} 离子上转移过来的 e_g 电子数目足够多,大量电子的动能足以使得 Mn^{4+} 离子的芯自旋发生转向,结果导致了 Mn^{3+} 和 Mn^{4+} 离子自旋彼此平行取向。这种借助 O^{2-} 离子的中间媒介作用实现 Mn^{3+} 和 Mn^{4+} 离子自旋彼此间的铁磁性耦合的机理,就是所谓的双交换机理。对 $La_{1-x}B_x MnO_3$ (B 为 Ca、Sr、Ba 等二价金属),最强的双交换作用出现在 $x \sim \dfrac{1}{3}$ 附近,对应的 Mn^{3+}/Mn^{4+} 比为 2:1。

基于双交换机理,可以解释含 Mn^{3+}/Mn^{4+} 混合价的 Mn 基钙钛矿氧化物中铁磁居里温度以下的铁磁性和金属导电共存的现象。当温度高于 T_C 时,由于热运动破坏了铁磁性有序,来自 Mn^{3+} 离子的 e_g 电子会受到自旋无序散射作用,使得体系表现为半导体行为;当温度低于 T_C 时,铁磁性有序形成, e_g 电子不受自旋无序散射作用,从而可以在样品中“自由”转移,因此,体系呈现金属性导电行为。图 12.21 所示的是在高质量的 $La_{2/3}Ca_{1/3}MnO_3$ 样品中测量得到的电阻温度关系及磁化曲线,可以看到,绝缘体 — 金属转变和顺磁 — 铁磁转变几乎是同步发生的。

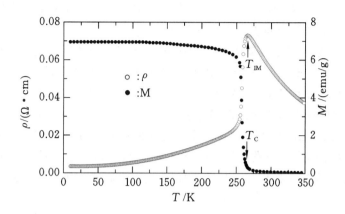

图 12.21　$La_{2/3}Ca_{1/3}MnO_3$ 样品在 T_{IM} 温度附近发生的绝缘体 — 金属转变和在 T_C 温度附近发生的顺磁 — 铁磁转变

　　双交换作用并不仅仅存在于含 Mn^{3+}/Mn^{4+} 混合价的 Mn 基钙钛矿氧化物中,也存在于其他体系中。例如,Fe_3O_4 铁氧体中存在八面体和四面体两种位置。八面体位置中含有 Fe^{2+}/Fe^{3+} 混合价的铁离子,双交换作用使得这两种铁离子铁磁性有序,形成净的磁矩。四面体位置中仅含有 Fe^{3+} 离子,因此,不会出现双交换作用。八面体位置上因双交换作用产生的净磁矩同四面体位置上 Fe^{3+} 离子磁矩之间的相互作用为超交换作用,两者之间因超交换作用抵消了一部分磁矩,由此推得 Fe_3O_4 的磁矩为 $4\mu_B$,非常接近实验测量得到的值。同时,因为在双交换机理下,八面体位置中来自 Fe^{2+} 离子的电子可以转移到 Fe^{3+} 上,因此,Fe_3O_4 具有导电性。

12.7.6　RKKY 交换

　　RKKY 交换是以四位科学家 —— 茹德曼(Ruderman)、基特尔(Kittel)、胜谷(Kasuya)和良田(Yosida)名字的第一个字母组合在一起而命名的一种交换,它是以传导电子作为中间媒介的相距较远的磁性原子间发生的一种交换,因此,RKKY 交换属于另一种类型的间接交换。提出这一交换机制的最初动机是解释稀土金属的长程磁有序现象,后来被用来解释 Mn—Cu 等合金中的长程磁有序现象。

　　在第 12.1 节曾提到,除 La、Yb 和 Lu 外,镧系其他稀土元素都有未满的 4f 壳层,这些具有未满 4f 壳层的稀土元素都具有固有磁矩。当大量具有固有磁矩的稀土元素凝聚在一起形成稀土金属时,实验表明,稀土金属具有长程磁有序。问题是,稀土元素的 4f 电子聚集在半径约为 0.3Å 的内壳层内,而稀土金属中的原子间的间隔距离约为 3Å,意味着相邻的 4f 电子的波函数彼此间重叠甚小,因此,不可能用海森堡理论中的直接交换作用来解释稀土金属中的长程磁有序;稀土金属中的 4f 电子之间也不存在前面所讲的超交换或双交换作用,因为 4f 电子之间缺少像 O^{2-} 离子那样的中间媒介作用的条件。

　　随后在 Mn—Cu 等合金的研究中发现,即使磁性原子有较低的浓度,也能观察到宏观的磁有序现象。由于较低的浓度,磁性原子之间的间隔距离较大,以至于磁性原子的波函数彼此间没有重叠,因此,不可能基于海森堡的直接交换作用来解释合金中观察到的宏观磁有序现象,当然也不可能基于超交换或双交换作用来解释,因为磁性原子之间缺少像 O^{2-} 离子那样的中间媒介作用的条件。

然而,人们注意到稀土金属和 Mn—Cu 等合金有一个共同的特点,即稀土金属和合金中存在大量的导电电子(s 电子),那么,一个自然的想法是,相隔较远的磁矩之间或许可以通过 s 电子作为中间媒介而发生间接交换。事实上,早在 20 世纪 50 年代,由茹德曼和基特尔提出的核自旋间的交换作用模型,正是基于 s 电子的中间媒介作用提出的。受此启示,胜谷和良田在解释 Mn—Cu 合金核磁共振超精细结构时,认为 Mn 的 d 电子之间通过 s 电子作为中间媒介而发生间接交换,这种间接交换在后来被称为 RKKY 作用,理论分析表明,这种间接交换作用可以引起如稀土金属或 Mn—Cu 等合金中所观察到的长程磁有序现象。

现在以 Mn—Cu 合金为例,对 RKKY 作用的过程和物理图像作简单介绍。Mn 原子的外层电子结构为 $3d^5 4s^2$,Cu 原子的外层电子结构为 $3d^{10} 4s^1$,因此,Mn 原子未满的 3d 壳层使其具有固有磁矩,而 Cu,Mn 原子的 4s 电子易摆脱各自原子核的束缚而成为 Mn—Cu 合金中的传导电子。假如合金中磁性 Mn 原子的浓度较低,以至于 Mn 原子磁矩间因有较大间隔而没有直接交换作用,但由于 s 电子具有自旋磁矩,当 s 电子靠近某一个磁性原子 A 时,因 s—d 交换作用而使得 A 原子周围的 s 电子自旋被极化,这些极化了的 s 电子自旋又会影响到其周围其他 s 电子的自旋极化,极化方向随着与 A 原子距离的增加而交替变化。当自旋极化了的 s 电子接近另一个磁性原子 B 时,这些极化了的 s 电子同样和 B 原子之间存在 s—d 交换作用。这样一来,s 电子的自旋极化作为中间媒介,使得 A、B 原子间产生间接的交换作用,借助这种间接交换,A、B 两原子的磁矩趋于平行或反平行取向。至于磁性原子磁矩是平行还是反平行取向,则取决于 A、B 两原子之间的间隔大小。

理论上,可以将因 s—d 交换作用而引起的 s 电子的自旋极化作为微扰,借助这种微扰作用,自旋为 $\vec{S_i}$ 和 $\vec{S_j}$ 的两个磁性原子的磁矩可以平行或反平行取向,在此基础上,得到 i 和 j 两个磁性原子之间的 RKKY 交换的哈密顿量为

$$\vec{H}_{ij} = J_{RKKY}(r) \vec{S_i} \cdot \vec{S_j} \tag{12.199}$$

其中,r 为 i 和 j 两个磁性原子之间的间隔距离,$J_{RKKY}(r)$ 为两原子之间的 RKKY 交换积分,由下式给出:

$$J_{RKKY}(r) \propto \left[\frac{\sin 2k_F r}{(2k_F r)^4} - \frac{\cos 2k_F r}{(2k_F r)^3} \right] \tag{12.200}$$

其中,k_F 为费米球半径。上式表明,$J_{RKKY}(r)$ 是 r 的衰减波动函数,正、负交替变化,它反映了自旋极化的空间变化。由于 $J_{RKKY}(r)$ 的正、负交替变化,磁性原子磁矩既可能是平行取向的,也可能是反平行取向的,这取决于原子之间的间隔。

对合金来说,不同的合金有不同的磁性原子浓度,因此有不同的磁性原子间隔,同时,磁性原子在合金中的位置是随机的,有些磁性原子彼此间有较大的间隔,而另一些有较小的间隔,因此,不同浓度和不同条件下制备的合金会有不同的宏观磁性。对稀土金属来说,原子是等距离周期性分布的,或者说,稀土金属中的原子间的间隔是固定的,只有 $J_{RKKY}(r) > 0$ 和 $J_{RKKY}(r) < 0$ 两种情况,因此,同一种稀土金属的宏观磁性是确定的,

但不同稀土金属因原子间隔不同而表现出不同的宏观磁性,至于是铁磁性还是反铁磁性,则取决于相邻原子之间的间隔。

12.7.7　D—M 交换

反铁磁体中,磁矩之间存在负的交换作用,相邻磁矩因取向相反而相互抵消,因此,反铁磁体理应不会表现出铁磁性现象。但在实际的反铁磁体中,常常观察到弱的铁磁性现象。为了解释这一弱的铁磁性的来源,20 世纪 50 年代,Dzyaloshinsky 唯象地提出,反铁磁体自由能表达式中存在一个与相邻原子自旋叉乘有关的额外能量项 $\vec{D} \cdot (\vec{S}_1 \times \vec{S}_2)$,其中,矢量 $\vec{D}$ 称为 Dzyaloshinsky 矢量。到了 20 世纪 60 年代,Moriya 等人认为,这种额外的能量贡献其实正是双线性自旋 — 自旋相互作用中的一个"反对称"部分。在原有的超交换作用基础上,通过考虑自旋 — 轨道作用,他们提出适于解释反铁磁体弱铁磁性起因的各向异性超交换模型,通常称其为 Dzyaloshinsky—Moriya 交换作用模型,简称 D—M交换模型,相应的交换称为 D—M 交换。该模型的核心概括在如下的哈密顿量中:

$$\hat{H}_{DM} = \vec{D} \cdot (\vec{S}_1 \times \vec{S}_2) \tag{12.201}$$

其中,Dzyaloshinsky 矢量 $\vec{D}$ 与晶体对称性有关。当晶体场相对于两个磁性离子的中心具有反演对称性时,$\vec{D} = 0$,这种情况下没有 D—M 交换作用的存在。但在具有较低对称性的反铁磁体中,$\vec{D}$ 不为零。由式(12.201) 可知,在这种情况下,D—M 交换作用迫使两个原本处于反平行取向的自旋,$\vec{S}_1$ 和 $\vec{S}_2$,在垂直于矢量 $\vec{D}$ 的平面内沿垂直于反铁磁体自旋轴方向发生小角度旋转,该旋转使原本反铁磁取向的两个自旋变成倾斜反铁磁(canted antiferromagnetic) 取向,从而在垂直于反铁磁体自旋轴方向产生一个小的铁磁性分量,因此,反铁磁体显示弱的铁磁性。

如果将 D—M 交换和超交换作以类比,人们会发现,D—M 交换中自旋 — 轨道的作用非常类似于超交换中的氧原子的。在"$Mn^{2+}—O^{2-}—Mn^{2+}$" 中,O^{2-} 离子同其中一个磁性离子作用,使其处于激发态,这个处于激发态的磁性离子以 O^{2-} 离子作为中间媒介,同另一个处在基态的磁性离子发生交换耦合。类似地,在两个处于反平行取向的自旋中,自旋 — 轨道作用使其中一个自旋处于激发态,即因自旋 — 轨道作用而使其取向相对于原来有一个小角度的旋转,这个激发态的磁性离子通过自旋 — 轨道作用作为中间媒介,同另一个处在基态的自旋发生交换耦合。可以看到,超交换和 D—M 交换有相似之处,所不同的是,超交换中的中间媒介是氧原子,而 D—M 交换中的中间媒介是自旋 — 轨道作用。同时,因自旋 — 轨道作用不足以使磁性离子的自旋发生大角度旋转,因此,由D—M 交换产生的磁性只能是弱的铁磁性。在很多反铁磁体中,如 α-Fe_2O_3、$MnCO_3$、$CoCO_3$ 等,常常能观察到因 D—M 交换而产生的倾斜反铁磁有序和弱的铁磁性。

具有铁电性和铁磁性的多铁系统是近年来国际上研究的热点,但铁电性和铁磁性起因不同,难以在同一晶体结构的单相中实现铁电性和铁磁性的共存。为了实现单相中的多铁性共存,人们将精力集中在对低对称性的反铁磁体的研究上,这是因为,低对称性晶体易产生正、负电荷中心的偏离,从而形成宏观的电极化,另一方面,对低对称性的反铁磁体,D—M 交换可以产生弱的铁磁性,从而可以在低对称性的反铁磁体中实现铁电性和铁磁性的共存,$BiFeO_3$ 是这方面研究的最典型例子。

12.8 自 旋 波

外斯分子场理论在解释铁磁体的磁性方面,取得了相当的成功,不仅预言了和实验基本一致的 $T > T_C$ 高温区的居里 — 外斯定律,而且很好地解释了 $T < T_C$ 低温区的自发磁化现象。在外斯提出分子场概念之后,海森堡提出的自旋交换理论则明确了分子场源于自旋间的交换作用。但外斯分子场预言的低温磁化和实验不相一致,为解释理论预言和实验存在差别,布洛赫提出了自旋波理论。

12.8.1   分子场理论预言的低温磁化

为简单起见,考虑 $J = S = \dfrac{1}{2}$ 的铁磁体,按照分子场理论,磁场为零时的(自发)磁化强度为

$$M(T) = N\mu_B B_{1/2}(\alpha) = N\mu_B \tanh\alpha = M(0)\tanh\alpha \qquad (12.202)$$

其中,$M(0) = N\mu_B$ 为饱和磁化强度,

$$\alpha = \frac{\mu_B \mu_0 H_m}{k_B T} = \frac{\lambda\mu_B}{k_B T}M(T) \qquad (12.203)$$

低温下,由于 $\alpha \gg 1$,低温磁化随温度的变化关系近似为

$$M(T) = M(0)\frac{e^\alpha - e^{-\alpha}}{e^\alpha + e^{-\alpha}} = M(0)\frac{1 - e^{-2\alpha}}{1 + e^{-2\alpha}} \approx M(0)(1 - 2e^{-2\alpha}) \qquad (12.204)$$

将 $\alpha \approx \dfrac{\lambda\mu_B}{k_B T}M(0)$ 代入,则得到低温下磁化强度随温度变化的关系近似为

$$M(T) \approx M(0) - 2M(0)e^{-2\lambda\mu_B M(0)/k_B T} \qquad (12.205)$$

令 $b = 2\lambda\mu_B M(0)/k_B$,则有

$$M(T) \approx M(0) - 2M(0)e^{-b/T} \qquad (12.206)$$

可见,按照外斯分子场理论,随着温度趋于 0,磁化强度按指数性规律趋于饱和。

实验结果表明,低温磁化强度随温度降低并不是按式(12.206)所示的指数性规律趋于饱和,而是按如下规律趋于饱和:

$$M(T) = M(0) - aT^{3/2} \qquad (12.207)$$

其中,a 为常数。

12.8.2   自旋波及其色散关系

为了解释低温下磁化实验结果和外斯理论预言的不一致,布洛赫基于海森堡自旋交换模型提出了自旋波理论。为简单起见,考虑由 N 个自旋为 $\hat{s}$ 的磁性粒子以周期 a(相邻粒子间的间隔)周期性排布形成如图 12.22(a) 所示的一维铁磁性阵列。

图 12.22　铁磁性自旋阵列(a) 基态、(b) 激发态及(c) 集体进动示意图

在绝对零度时,对铁磁体的基态,所有自旋沿磁化强度方向平行取向,如图 12.22(a)所示,此时,系统的能量最低且磁化达到饱和状态。在有限温度下,只要有一个自旋发生翻转,则系统就进入第一激发态,如图 12.22(b) 所示。然而,按照海森堡模型,相邻自旋间存在交换作用,意味着不可能只有一个自旋翻转而其他自旋取向保持不变,合理的解释是,激发态时每个自旋相对于基态取向都有少许取向的改变,如果所有自旋取向少许改变的矢量和等价于一个自旋翻转,则由此形成的态才是自旋系统的第一激发态。对每一个自旋,其取向一旦偏离磁化强度方向,就会受到磁化强度的作用,并由此产生绕磁化强度的进动,如图 12.22(c) 所示。由于相邻自旋间存在交换作用,因此,自旋的进动间不是独立的,而是互相关联的,结果会引起图 12.22(c) 所示的集体进动,这种集体进动最后以波的形式在晶体中传播,这种波称为自旋波。

对于如图 12.22(a) 所示的一维自旋阵列,按照海森堡模型,与自旋间交换作用有关的哈密顿算符为

$$\hat{H}_{i,j} = -2J\hat{s}_i \cdot \hat{s}_j \tag{12.208}$$

若只考虑最近邻自旋间的交换,则位于第 n 格点的自旋 $\hat{s}_n$ 只受到左边第 $(n-1)$ 格点的自旋 $\hat{s}_{n-1}$ 和右边第 $(n+1)$ 格点的自旋 $\hat{s}_{n+1}$ 的交换作用,相应的交换哈密顿算符为

$$\hat{H}_n^{ex} = -2J\hat{s}_n \cdot \hat{s}_{n-1} - 2J\hat{s}_n \cdot \hat{s}_{n+1} = -2J\hat{s}_n \cdot (\hat{s}_{n-1} + \hat{s}_{n+1}) \tag{12.209}$$

若将与 $\hat{s}_n$ 对应的自旋磁矩表示为

$$\vec{\mu}_n = (-g\mu_B / \hbar)\hat{s}_n \tag{12.210}$$

则式(12.209) 所示的交换密顿算符可写成

$$\hat{H}_n^{ex} = -\vec{\mu}_n \cdot \vec{B}_n^{eff} \tag{12.211}$$

其中,

$$\vec{B}_n^{eff} = (-2J\hbar / g\mu_B)(\hat{s}_{n-1} + \hat{s}_{n+1}) \tag{12.212}$$

它可理解为作用于 $\hat{s}_n$ 的有效磁场。

将经典力学中的力学量换成相应的力学量算符,则根据经典力学可得到描述自旋进动的方程为

$$\frac{d\hat{s}_n}{dt} = \vec{\mu}_n \times \vec{B}_n^{eff} = 2J(\hat{s}_n \times \hat{s}_{n-1} + \hat{s}_n \times \hat{s}_{n+1}) \tag{12.213}$$

若写成分量形式,则有

$$\begin{cases} \dfrac{\mathrm{d}\hat{s}_n^x}{\mathrm{d}t} = 2J\left[\hat{s}_n^y(\hat{s}_{n-1}^z + \hat{s}_{n+1}^z) - \hat{s}_n^z(\hat{s}_{n-1}^y + \hat{s}_{n+1}^y)\right] \\[3mm] \dfrac{\mathrm{d}\hat{s}_n^y}{\mathrm{d}t} = 2J\left[\hat{s}_n^z(\hat{s}_{n-1}^x + \hat{s}_{n+1}^x) - \hat{s}_n^x(\hat{s}_{n-1}^z + \hat{s}_{n+1}^z)\right] \\[3mm] \dfrac{\mathrm{d}\hat{s}_n^z}{\mathrm{d}t} = 2J\left[\hat{s}_n^x(\hat{s}_{n-1}^y + \hat{s}_{n+1}^y) - \hat{s}_n^y(\hat{s}_{n-1}^x + \hat{s}_{n+1}^x)\right] \end{cases} \tag{12.214}$$

这是一个关于自旋分量算符的非线性方程组。在低能激发（低温）下，激发幅度很小，因此，相对于 $\hat{s}^z$，$\hat{s}^x$ 和 $\hat{s}^y$ 都很小，故可以忽略第三个方程中 $\hat{s}^x$ 和 $\hat{s}^y$ 的相乘项，这样一来，第三个方程近似为

$$\frac{\mathrm{d}\hat{s}_n^z}{\mathrm{d}t} = 0 \tag{12.215}$$

由此可直接求得

$$\hat{s}_n^z = s\hbar \tag{12.216}$$

可见，$\hat{s}_n^z$ 是一个与 n 无关的常数，意味着对任何 n 都有 $\hat{s}_n^z = s\hbar$。代入方程组（12.214）的前两个方程中，得到如下描述自旋进动的两个线性方程组：

$$\begin{cases} \dfrac{\mathrm{d}\hat{s}_n^x}{\mathrm{d}t} = 2Js\hbar\left[2\hat{s}_n^y - \hat{s}_{n-1}^y - \hat{s}_{n+1}^y\right] \\[3mm] \dfrac{\mathrm{d}\hat{s}_n^y}{\mathrm{d}t} = 2Js\hbar\left[\hat{s}_{n-1}^x + \hat{s}_{n+1}^x - 2\hat{s}_n^x\right] \end{cases} \tag{12.217}$$

假如具有如下两个波动型的尝试解：

$$\begin{cases} \hat{s}_n^x = A\,\mathrm{e}^{\mathrm{i}(nka - \omega t)} \\[2mm] \hat{s}_n^y = B\,\mathrm{e}^{\mathrm{i}(nka - \omega t)} \end{cases} \tag{12.218}$$

其中，A 和 B 分别为 x 和 y 两个方向上自旋进动的幅度，a 为相邻自旋间的间隔（晶格常数），k 和 ω 分别为波矢和角频率。将尝试解代入方程组（12.217）中，得到两个以 A 和 B 为变量的线性方程组：

$$\begin{cases} \mathrm{i}\omega A + 4Js\hbar(1 - \cos ka)B = 0 \\ -4Js\hbar(1 - \cos ka)A + \mathrm{i}\omega B = 0 \end{cases} \tag{12.219}$$

A 和 B 不同时为 0 的条件是其系数行列式为 0，于是有

$$\begin{vmatrix} \mathrm{i}\omega & 4Js\hbar(1 - \cos ka) \\ -4Js\hbar(1 - \cos ka) & \mathrm{i}\omega \end{vmatrix} = 0 \tag{12.220}$$

由此得到自旋波的色散关系为

$$\omega = 4Js\hbar(1 - \cos ka) \tag{12.221}$$

代入方程组（12.219）的第一个方程中，可得到

$$A = \mathrm{i}B = B\,\mathrm{e}^{\mathrm{i}\pi/2} \tag{12.222}$$

可见，自旋在 x 和 y 两个方向上的振动幅度相等，即 $|A| = |B|$，但相位相差 $90°$，由此可

知,每个自旋在垂直于 z 轴的 $x-y$ 平面上绕 z 轴(磁化强度)作圆周运动,如图 12.22(c)所示。

12.8.3　自旋波量子化

根据上面的分析,可以看到,自旋的进动是一种集体进动,表现为自旋波在晶体中的传播,从自旋进动方程、尝试解到色散关系,所有这一切与晶格振动中对格波的分析非常类似,因此,通过类比,可得到如下结论。

(1)自旋波的能量是量子化的,能量量子化是因为自旋波被限制在有限尺寸范围内传播,频率为 $\omega(\vec{k})$ 的自旋波的能量为

$$E_{\vec{k}} = \left(n_{\vec{k}} + \frac{1}{2}\right)\hbar\,\omega(\vec{k}) \tag{12.223}$$

其中,$n_{\vec{k}} = 1, 2, 3, \cdots$

(2)自旋波的最小能量量子称为磁振子,频率为 $\omega(\vec{k})$ 的磁振子能量为 $\hbar\,\omega(\vec{k})$。

(3)磁振子为玻色子,当温度为 T 时,在能量为 $\hbar\,\omega(\vec{k})$ 的磁振子能级中平均磁振子占据数为

$$\langle n_{\vec{k}} \rangle = \frac{1}{\mathrm{e}^{\hbar\omega(\vec{k})/k_\mathrm{B}T} - 1} \tag{12.224}$$

(4)若采用玻恩 — 卡门周期性边界条件,则表征自旋波状态的波矢 $\vec{k}$ 为量子化的取值,在波矢空间,对三维,单位体积的状态数为 $\dfrac{1}{(2\pi)^3}$;对二维,单位面积的状态数为 $\dfrac{1}{(2\pi)^2}$;对一维,单位长度的状态数为 $\dfrac{1}{2\pi}$。

(5)对于由 N 个原胞构成的、每个原胞含有一个自旋的晶体,波矢 $\vec{k}$ 的取值数为 N。每一个 $\vec{k}$ 的取值代表一个状态的自旋波,因此,晶体中总共有 N 个自旋波,每个自旋波的能量由式(12.223)给出,晶体中总的自旋波能量为所有自旋波能量之和,即

$$E = \sum_{\vec{k}}^{N} \left(n_{\vec{k}} + \frac{1}{2}\right)\hbar\,\omega(\vec{k}) \tag{12.225}$$

忽略掉零点能,总自旋波能量的平均值可以表示为

$$\langle E \rangle = \sum_{\vec{k}}^{N} \langle n_{\vec{k}} \rangle \times \hbar\,\omega(\vec{k}) \tag{12.226}$$

12.8.4　布洛赫 $T^{3/2}$ 规律

对一维,自旋波的色散关系如式(12.221)所示,在长波极限下,即当 $ka \ll 1$ 时,利用近似公式 $\cos x \approx 1 - \dfrac{1}{2}x^2$,则式(12.221)可近似为

$$\omega(k) \approx 2Js\hbar a^2 k^2 \tag{12.227}$$

推广到三维,则在长波极限下,色散关系近似为

$$\omega(\vec{k}) \approx zJs\hbar a^2 k^2 \tag{12.228}$$

其中,z 为每个格点的近邻数。知道了长波近似下的色散关系,采用和晶格振动谱相类似的分析,可以将自旋波量子的单位体积态密度写成如下形式:

$$\rho(\omega) = \frac{1}{(2\pi)^3} \int \frac{\mathrm{d}S_\omega}{|\boldsymbol{\nabla}_{\vec{k}}\,\omega(\vec{k})|} = \frac{1}{4\pi^2}\left(\frac{1}{zJ\hbar sa^2}\right)^{3/2} \omega^{1/2} \tag{12.229}$$

在温度 T 下,激发起的磁振子总数为

$$\begin{aligned} N(T) &= \sum_{\vec{k}} \langle n_{\vec{k}}(T) \rangle = \int_0^\infty \langle n(\omega,T) \rangle \rho(\omega)\mathrm{d}\omega \\ &= \frac{1}{4\pi^2}\left(\frac{1}{zJ\hbar sa^2}\right)^{3/2} \int_0^\infty \frac{\omega^{1/2}}{\mathrm{e}^{\hbar\omega/k_{\mathrm{B}}T}-1}\mathrm{d}\omega \\ &= \frac{1}{4\pi^2}\left(\frac{k_{\mathrm{B}}T}{zJ\hbar sa^2}\right)^{3/2} \int_0^\infty \frac{x^{1/2}}{\mathrm{e}^x-1}\mathrm{d}x = BT^{3/2} \end{aligned} \tag{12.230}$$

其中,B 为温度无关的常数。

在式(12.210)中,$g=2$,$\hat{s}_n = s\hbar = \frac{1}{2}\hbar$,因此,每个自旋对应的磁矩大小为一个 μ_{B}。每激发一个磁振子,相当于有一个自旋翻转,相应的磁化强度减少一个 μ_{B}。在温度 T 下,若有 $N(T)$ 个磁振子被激发,则总的磁化强度减少值为

$$\Delta M = N(T)\mu_{\mathrm{B}} \tag{12.231}$$

将式(12.230)代入,于是有

$$\Delta M = B\mu_{\mathrm{B}} T^{3/2} \tag{12.232}$$

这就是所谓的布洛赫 $T^{3/2}$ 规律。低温下总的磁化强度为

$$M(T) = M(0) - B\mu_{\mathrm{B}} T^{3/2} \tag{12.233}$$

可见,随着温度趋于 0,磁化强度按布洛赫 $T^{3/2}$ 规律趋于饱和,而不是像外斯分子场理论所预言的按指数性规律趋于饱和。

12.9 自旋玻璃

对由具有固有磁矩的磁性粒子构成的系统,依自旋间的交换常数 J,可分为顺磁系统($J=0$)、铁磁系统($J>0$)和反铁磁系统($J<0$)。实际的磁性固体中的自旋间的交换是复杂的,往往 $J>0$ 和 $J<0$ 两种交换作用共存,且交换程度也不尽相同,导致磁性固体的磁性复杂多样。在复杂的磁性固体中,典型代表之一是自旋玻璃,由于其中的 $J>0$ 和 $J<0$ 两种交换作用相互竞争,系统的自旋取向在温度变化过程中经历着非常复杂的过程。同 $J=0$ 的顺磁体和 $J\neq 0$ 的铁磁体或反铁磁体相比,自旋玻璃和这些磁体既有相似之处,又有本质的不同。由于自旋玻璃是自然界中许许多多复杂体系的代表,了解自旋玻璃的形成过程、变化规律及其机理,对其他复杂体系的认识具有触类旁通之功效。本节就自旋玻璃的形成及其特性等作简单介绍。

12.9.1　自旋受挫

自旋受挫是形成自旋玻璃的必要条件。受挫者不顺也,其反义词即顺利,或者叫顺其自然。现实生活中,人与人相处,常常遇到不顺心的事,这就是受挫。如果只有两个人,相处起来很简单,要么志同道合,要么各奔东西,但如果有三个人,情况就不一样了,假如其中有两个人不和,则第三个人夹在其中必然会感觉到很难受,这种感觉难受的相处就是受到了挫折。为叙述方便,下面将由大量磁矩构成的磁性系统看成是由大量自旋构成的自旋系统,如果自旋之间存在交换作用,则不管是直接交换还是间接交换,自旋系统中的自旋之间的交换只有两种情况,即 $J > 0$ 和 $J < 0$。如果系统中仅存在单一的 $J > 0$ 的交换,则系统中所有自旋相互平行取向时,系统的能量低;如果系统仅存在单一的 $J < 0$ 的交换,则系统中所有自旋彼此相互反平行取向时,系统的能量低。能量低的状态就是系统顺其自然的稳定状态。

如果自旋系统仅含有两个彼此有交换作用的自旋,则不存在受挫情况。这是因为,对两个自旋来说,如果 $J > 0$,则它们相互平行取向;如果 $J < 0$,则它们相互反平行取向,两种情况下,两自旋系统都是能量低的稳定状态。

对于由三个自旋构成的三自旋系统,是否存在受挫,取决于 $J > 0$ 还是 $J < 0$。如果 $J > 0$,则不存在受挫,这是因为,如图 12.23(a) 所示,对于位于三角形三个顶点位置上的三个自旋,它们彼此间的交换都是 $J > 0$ 的,无论对哪个位置上的自旋进行考虑,都要求其彼此平行取向,此时系统处于能量低的稳定状态。但如果三个自旋彼此间的交换都是 $J < 0$ 的,则三自旋系统无论如何都避免不了受挫情况的发生。例如,如图 12.23(b) 所示,对三角形三个顶点位置上的三个自旋,假设 A 位是自旋向上的自旋,由于 A、B 间的交换 $J < 0$,要求 B 位自旋取向向下,同样,因 A、C 间的交换 $J < 0$,要求 C 位自旋取向向下,但是,如果 B 位自旋向下,则因 B、C 间的交换 $J < 0$,要求 C 位自旋取向向上。这样一来,C 位自旋(图中用 ? 表示)就处于受挫状态,因为从 A 位自旋考虑,C 位自旋应取向向下,而从 B 位自旋考虑,C 位自旋应取向向上,在这种情况下,系统处于非稳定的状态。在图 12.23(c) 所示的三角形自旋系统中,虽然只有 B、C 间的交换是 $J < 0$ 的,但其也属于受挫系统,这是因为,如果 A 位自旋取向向上,则因为 A 与 B 间及 A 与 C 间的交换 $J > 0$,要求 B 位自旋和 C 位自旋取向与 A 位自旋取向相同,即向上取向,但如果 B 位自旋取向向上,则因 B 与 C 间的交换 $J < 0$ 而要求 C 位自旋向下取向,这样一来,C 位自旋取向满足了 A 位取向的要求,就不能满足 B 位取向的要求,反之亦然,因此,无论如何,C 位自旋总是处于受挫状态,导致系统处于能量较高的不稳定状态。

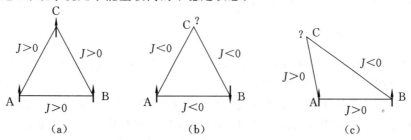

图 12.23　三自旋系统受挫状态分析。(a) 不受挫;(b)、(c) 受挫

　　对于由四个自旋构成的四自旋系统,假如四个自旋位于四边形四个顶点位置,如图 12.24 所示。在图 12.24(a) 中,由于相邻自旋彼此之间的交换均为 $J>0$,因此,四个自旋平行取向,系统处在低能量的稳定态,不存在受挫。在图 12.24(b) 中,尽管 C 与 D 之间及 B 与 D 之间的交换 $J<0$,但也不是受挫系统,这是因为,假设 A 位自旋取向向上,由于 A、B 间的交换 $J>0$,要求 B 位自旋取向向上,同样,因 A、C 间的交换 $J>0$,要求 C 位自旋取向向上。至于 D 位自旋取向,由于 B、D 间的交换 $J<0$,故要求 D 位自旋和 B 位自旋取向相反,即向下取向;同样,因 C、D 间的交换 $J<0$ 而要求 D 位自旋和 C 位自旋取向相反,即向下取向。因此,无论是从 C 位自旋还是从 B 位自旋考虑,均要求 D 位自旋向下取向,因此,图 12.24(b) 所示的四自旋系统没有受挫情况的发生。再来看看图 12.24(c) 所示的四自旋系统,只有 C、D 间的交换 $J<0$,这是一个自旋受挫系统。这是因为,假设 A 位自旋向上,由于 A、B 间及 A、C 间的交换 $J>0$,因此,要求 B 位和 C 位自旋向上。至于 D 位自旋(图中用 ? 代替),由于 B、D 间交换 $J>0$,故要求 D 位自旋和 B 位自旋取向相同,即向上取向;但从 C 位自旋考虑,由于 C、D 间的交换 $J<0$,故要求 D 位自旋和 C 位自旋取向相反,即取向向下。这样一来,如果 D 位自旋取向满足了 B 位自旋取向的要求,就不能满足 C 位自旋取向的要求,反之亦然,因此,无论如何取向,D 位自旋总是处在受挫状态。

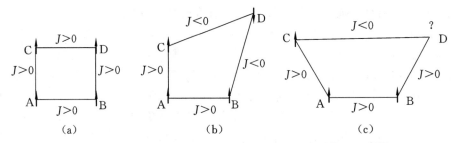

图 12.24　四自旋系统受挫状态分析。(a)、(b) 不受挫;(c) 受挫

　　如果有兴趣,可以分析由更多自旋构成的多边形自旋系统的受挫情况。如果用线把相邻自旋联系起来,则构成多边形自旋环,这样连接相邻自旋的线实际上表示的是相邻自旋间的交换作用,称之为“键”。$J>0$ 的键称为正键,而 $J<0$ 的键称为负键,则通过对三边自旋环、四边自旋环甚至多边自旋环的分析,可以归纳出如下规律,即:如果负键数为偶数,则自旋环没有受挫,而如果负键数为奇数,则自旋环避免不了受挫。图 12.23(a)、图 12.24(a) 和图 12.24(b) 所示的自旋环中,负键数分别为 0、0 和 2,均为偶数,因此,这三种情况下,相应的自旋环不受挫;图 12.23(b)、图 12.23(c) 和图 12.24(c) 所示的自旋环负键数分别为 3、1 和 1,均为奇数,因此相应的自旋环受挫。

12.9.2　自旋无序

　　除了自旋受挫外,自旋无序也是形成自旋玻璃的必要条件。针对不同的自旋系统,自旋无序可以从如下几个方面来理解。

　　一是,自旋位置的无序。在气态或液态顺磁系统中,携带自旋的粒子永不停息地无规则运动(布朗运动),因此,自旋位置肯定是无序的。在非晶态磁性固体中,携带自旋的粒子基本上待在各自格点位置上保持不动,但在非晶态固体形成过程中,粒子位置的排布是随机的,因此,非晶态磁性固体中,自旋位置肯定是无序的。

二是,自旋取向的无序。当自旋系统处在顺磁态时,每一个自旋的方向都在瞬息万变,因此,自旋取向毫无疑问是无序的。由于自旋取向无序,每个自旋对时间的平均为 0。既然每个自旋对时间的平均为 0,则自旋系统的总自旋对时间的平均肯定为 0。

三是,正键和负键分布的无序。非晶态磁性固体中存在大量大小不等的自旋环,自旋环相互连接形成复杂的无规自旋网络。由于各自旋环中键长和键角不同,有些键是 $J > 0$ 的正键,而有些键是 $J < 0$ 的负键,就整个系统来说,非晶态磁性固体中的正键和负键的分布是随机的,故表现出正键和负键分布的无序。

四是,自旋组态在组态相空间中占据态的无序。对由大量自旋构成的自旋系统,自旋系统中各自旋的每一种取向状态都是自旋系统的一种微观状态,通常称其为组态,每一个组态对应系统的一个自由能,如果以相空间坐标为横轴,以组态自由能为纵轴,则系统的各组态能量的分布形成如图 12.25 所示的"地形图","地形图"上有如图 12.25(a) 所示的"平坦地形",即各组态自由能基本相同,有如图 12.25(b) 所示的"大峡谷",对应组态自由能最低的稳定态,也有如图 12.25(c) 所示的有"山"有"谷"的"丘陵",相对于能量最低("大峡谷")的组态自由能,"丘陵"中的"谷"对应的组态自由能要高得多,因此,每一个"谷"对应一个自由能较高的亚稳态。在一定温度下,自旋系统出现在某一组态的几率与该组态的能量有关,简单地由玻尔兹曼因子确定。对顺磁系统,给定温度下,各组态对应的能量基本相同,相应的"地形图"如图 12.25(a) 所示。因此,顺磁系统出现在各个组态的几率基本相同,意味着只要时间足够长,顺磁系统可以历经所有可能的微观状态,在统计物理中称为各态遍历,或者说遍历对称。对铁磁或反铁磁系统,当温度趋于 0 时,只有一个微观状态,即所有自旋平行或反平行取向,此时能量最低,宛如图 12.25(b) 所示的"地形图"上的"大峡谷",因此,铁磁或反铁磁系统具有破缺遍历性。除这两种极端情况外,自旋系统各组态的自由能有高有低,形成如图 12.25(c) 所示的"地形图","地形图"上分布着许多"山峰"和"谷",每一个"谷"对应系统的一个亚稳态,因此,随着温度的降低,某一自旋组态可能随机落到某一个"谷"中,当温度升高到足够高时,再降低温度,该自旋组态又可能随机落到其他"谷"中,表现为自旋组态在组态相空间中占据的无序。

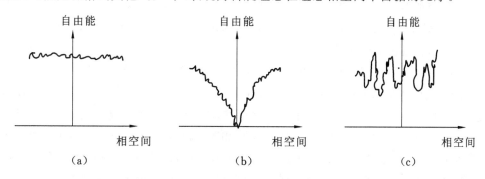

图 **12.25**　组态相空间的自由能"地形图"。(a)"平坦地形";(b)"大峡谷";(c)"丘陵"

12.9.3 自旋玻璃介绍

玻璃是硅酸盐领域中的专用名词,指的是粒子无序排布凝聚形成的固体。玻璃的特点是,构成玻璃的粒子在其中无序排布,融熔玻璃在固化的过程中没有严格的凝固温度。和晶态固体一样,构成玻璃的粒子是通过键结合联系在一起的,如果把连接粒子与粒子的键用线表示,则形成一个个粒子环,粒子环相互连接形成三维网络结构,每一个粒子都属于两个或两个以上的粒子环。但和晶态固体不同,由于键长和键角的畸变,玻璃的网络是一个复杂的无规网络。

"自旋玻璃"的名称最早由英国科学家 B. R. Coles 提出,仅仅从字面上看,自旋玻璃是指由自旋构成的"玻璃",是一种自旋(位置和取向)无序的自旋系统。用"玻璃"来描述自旋玻璃特有的自旋无序特征具有两层含义,一是,"玻璃"二字反映了自旋玻璃中的自旋位置及其取向的无规分布,另一是,自旋冻结形成自旋玻璃的过程类似于融熔玻璃固化的过程,没有严格的凝固温度。

自旋玻璃的特点是,其中存在大量大小不等的自旋环,自旋环相互连接形成复杂的无规自旋网络,每一个自旋都同时属于两个或两个以上的自旋环。众多的自旋环中,由于存在正键和负键的竞争,有些自旋环是不受挫的,而另一些自旋环则是受挫的。在受挫的自旋环中,如果某一个自旋希望通过改变自旋取向来改变其受挫状态,则这一取向的改变必将带来这个自旋所属的所有自旋环受挫。因此,无论如何,在存在正键(铁磁性)和负键(反铁磁性)竞争的自旋系统中,受挫总是避免不了的,因此,自旋玻璃属于典型的自旋受挫系统,自旋受挫系统的特点是,没有能量最低的稳定态,而只有能量较高的亚稳态。

尽管自旋玻璃中自旋与自旋之间存在相互作用,但在高温时,由于自旋间的相互作用不足以抑制热运动,自旋在各自位置上仍然能够"自由"转动,表现出类似顺磁体的顺磁态行为,随着温度的降低,自旋间的相互作用逐渐克服热运动,以至于在某一温度以下,自旋在各自位置上的转动开始变得不自由,最后趋于各自的择优方向,形象地说,此时的自旋取向被"冻结"在各自的择优方向上,自旋开始"冻结"的温度称为自旋冻结温度,通常用 T_f 表示。由于正键和负键的竞争,自旋冻结的方向是无序的。因此,在空间坐标上,自旋玻璃中各自旋冻结方向是无序的。由于自旋取向"冻结"在各自择优的方向上而失去了转动,意味着自旋在其择优方向上的取向并不随时间而发生改变,因此,从时间坐标上看,各自旋的取向是有序的。

自旋冻结形成自旋玻璃的现象最早是在 AuFe 和 CuMn 等稀磁合金中发现的。在这些稀磁合金中,磁性粒子的含量很低,一般在 1% 左右,但其中有大量的传导电子,通过传导电子作为中间媒介的 RKKY 作用,可以将不同的磁性粒子的自旋耦合在一起,形成一个个大小不等的自旋环。前面提到,RKKY 作用既可以为 $J > 0$ 的正交换,也可以为 $J < 0$ 的负交换,取决于携带自旋的磁性粒子之间的间隔,因此,这些自旋环中必存在正键和负键的竞争,竞争的结果是某些自旋受挫,导致其自旋取向处于无序的状态。

除了稀磁合金外,在很多其他存在铁磁和反铁磁竞争的磁性材料中也常常观察到自旋玻璃状态。例如,在 $Eu_x Sr_{1-x} Te$、$Eu_x Sr_{1-x} Se$ 等磁性半导体中,最近邻的磁性离子 Eu^{3+} 之间存在 $J>0$ 的海森堡型直接交换,次近邻的磁性离子 Eu^{3+} 之间存在 $J<0$ 的超交换,正、负交换的竞争,使得自旋在低温下冻结在各自择优方向上并形成自旋玻璃。

12.9.4　自旋玻璃与其他磁体的本质区别

自旋受挫是形成自旋玻璃的必要条件,但有自旋受挫的自旋系统不一定是自旋玻璃。自旋玻璃除了有因正键和负键竞争引起自旋受挫的特征外,还具有自旋无序特征,而自旋无序又包括自旋空间位置的无序和自旋取向的无序。自旋空间位置的无序除了造成正键和负键的竞争而引起受挫外,还有另外一个重要的效应,即把自旋系统的组态空间分成如图 12.25(c) 所示的由“山”和“谷”组成的若干个区域,每一个“谷”对应一个能量较低的亚稳态。随着温度降低,某个自旋会随机落入某个“谷”中,当温度升高到足够高再降温时,该自旋又随机落入另一个“谷”中。自旋一旦落入“谷”里,就很难越过“山”而进入邻近的“谷”中,尽管邻近“谷”具有更低的能量。自旋玻璃所具有的这种由“山”和“谷”组成的特有的“地形图”,使得自旋玻璃在本质上有别于其他磁体,如几何阻挫磁体、顺磁体,以及铁磁或反铁磁体。

几何阻挫磁体因其中可能存在至今尚未被发现的新颖量子态而成为目前国际上的研究热点,其中最受关注的是如图 12.26 所示的三维自旋冰格子、二维三角格子及二维 Kagome 格子。这类格子中存在自旋受挫,这种受挫源于其中的自旋(或磁矩)间的反铁磁交换,但由于自旋空间位置有序,这类格子的各种组态的能量差别很小,在组态相空间中,组态自由能变化平缓,既没有“山”,也没有“谷”,因此,几何阻挫磁体不同于自旋玻璃。由于组态相空间中自由能变化平缓,理论上,几何阻挫磁体在任何有限温度下都不会有通常意义下的相变发生。

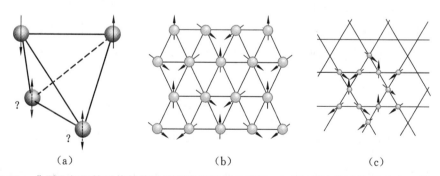

(a)　　　　　　　　　(b)　　　　　　　　　(c)

图 12.26　典型几何阻挫磁体的格子及其自旋受挫示意图。(a) 三维自旋冰格子;(b) 二维三角格子;(c) 二维 Kagome 格子

从自旋无序的角度,自旋玻璃和顺磁体有相似之处,但又有本质的不同。对顺磁体,在整个温区,每个给定温度下的各组态对应的自由能相同,在组态相空间中,自由能只是平缓地变化,既没有“山”也没有“谷”,如图 12.25(a) 所示。由于各个组态具有相同的能量,因此,组态相空间中各个组态出现的几率相同,故顺磁体是各态遍历的。在 $T>T_f$ 的高温区,自旋玻璃具有和顺磁体类似的基本平坦的“地形图”,因此,高温区的自旋玻璃也是各态遍历的,但随着温度降低到 T_f 温度以下,在组态相空间中,自旋玻璃由平坦的"地形图"变成有"山"有"谷"的"地形图",如图 12.25(c) 所示,且随着温度的进一步降低,"谷"越来越深,以至于自旋玻璃的组态一旦落入其中就再也难以出来,因此,自旋玻璃是遍历破缺的。顺磁体中每一个自旋的方向都在瞬息万变,因此,无论是从空间坐标,还是从时间坐标上看,顺磁体都是无序的。但对自旋玻璃来说,尽管从空间坐标看是无序的,但由于 T_f 温度以下自旋取向的冻结,自旋取向不会随时间变化而变化,因此,从时间坐标上看,自旋玻璃是有序的。

铁磁或反铁磁体在低温下只有一种组态,对应所有自旋平行或反平行,体现在组态相空间中是一个很深的"大峡谷",如图 12.25(b) 所示,因此,铁磁或反铁磁体是遍历破缺的。从遍历破缺的角度,铁磁或反铁磁体和自旋玻璃有相似之处。但不同之处有二:一是,无论是从空间坐标还是从时间坐标上看,铁磁或反铁磁体都是有序的,但自旋玻璃仅仅从时间坐标上看是有序的,而从空间坐标上看是无序的;另一是,铁磁或反铁磁体仅有一个能量最低的稳定态("大峡谷"),对应自旋平行或反平行,而自旋玻璃有多个能量稍有差异的亚稳态("谷"),当温度从高温降到 T_f 温度以下时,组态会随机落入某一个"谷"中,但由于各个"谷"之间的"山"不高,组态还是有机会走出"谷"、越过"山"而到其他能量更低的"谷"中的,因此,自旋玻璃会表现出明显的弛豫效应。

从时间坐标上看,自旋玻璃经历了从 T_f 温度以上高温区的无序到 T_f 温度以下低温区的有序的转变,低温下的这种有序是自旋之间相互作用的结果,是某种意义上的对称破缺。类似地,这种时间坐标上的自旋有序的转变也发生在具有相互作用的铁磁或反铁磁体中。铁磁或反铁磁体经历了从高温各态遍历到低温遍历破缺的转变,类似的转变也发生在自旋玻璃中。如果说破缺是一种相变,则铁磁或反铁磁体经历的是顺磁—铁磁或反铁磁的相变,属于二级相变,那自旋玻璃从高温顺磁态到低温自旋玻璃态是不是也是相变? 如果是相变,采用何种序参量来描述这种相变? 在这些方面已提出几种尝试方法,比较能让人接受的是 Edwards 和 Anderson 提出的方法。按照他们的方法,序参量可以定义为

$$q_{EA} = \lim_{t \to \infty, N \to \infty} \overline{\langle \vec{S}_i(t_0) \rangle_t \cdot \langle \vec{S}_i(t_0 + t) \rangle_t} \qquad (12.234)$$

其中,$\langle \cdots \rangle_t$ 表示的是对时间的平均,上面的横线表示的是对空间位置的平均。

定义两个量,即 $\overline{\langle \vec{S}_i(t) \rangle_t}$ 和 $\overline{\langle \vec{S}_i(t) \rangle_t^2} = \overline{\langle \vec{S}_i(t_0) \rangle_t \cdot \langle \vec{S}_i(t_0 + t) \rangle_t}$,第一个量可以用来判断在空间坐标上是否有序,第二个量可以用来判断在时间坐标上是否有序,则可以对顺磁体、自旋玻璃和铁磁体(或反铁磁体)加以区别。对顺磁体,

$$\begin{cases} \overline{\langle \vec{S}_i(t) \rangle_t} = 0 \\ \overline{\langle \vec{S}_i(t) \rangle_t^2} = 0 \end{cases} \qquad (12.235)$$

表明顺磁体无论是从空间坐标上还是时间坐标上看均是无序的。对自旋玻璃,

$$\begin{cases} \overline{\langle \vec{S}_i(t) \rangle_t} = 0 \\ \overline{\langle \vec{S}_i(t) \rangle_t^2} \neq 0 \end{cases} \tag{12.236}$$

表明从空间坐标上看,自旋玻璃是无序的,但从时间坐标上看,自旋玻璃是有序的。对铁磁或反铁磁体,

$$\begin{cases} \overline{\langle \vec{S}_i(t) \rangle_t} \neq 0 \\ \overline{\langle \vec{S}_i(t) \rangle_t^2} \neq 0 \end{cases} \tag{12.237}$$

表明,无论从空间坐标上还是从时间坐标上看,铁磁或反铁磁体均是有序的。

12.9.5　如何从实验上判断自旋玻璃

判断自旋玻璃的实验方法有很多,这里仅介绍实验室常见的三种方法。

1. 直流磁化率

实验表明,磁化率按居里外斯定律形式随温度降低而增大,在某一温度处出现尖峰,随后随温度进一步降低时,磁化率快速减小,和峰值对应的温度通常定义为自旋冻结温度 T_f。峰值的出现是热运动和自旋间相互作用竞争的结果。

值得指出的是,如果所测量的系统为自旋玻璃,则对磁化率与温度的关系,在 T_f 温度处一定会出现尖峰。但若在磁化率与温度的关系曲线中观察到峰,则所研究的体系不一定就是自旋玻璃,因为对任何受挫磁体,如反铁磁体,都会有类似的峰值。

区分自旋玻璃和其他自旋受挫系统的最有效实验方法是,在磁化率测量的基础上,外加一个低的稳态背景磁场。如果所研究的体系是自旋玻璃,则外加一个低的稳态背景磁场,就可以把磁化率与温度关系曲线上的尖峰抹平,而其他受挫系统低的背景磁场对尖峰几乎没有影响。

2. 交流磁化率

测量交流磁化率与温度的关系是从实验上判断所研究的体系是否为自旋玻璃的最有效方法。和直流磁化率一样,在实验上也会观察到尖峰,如果所研究的为自旋玻璃,则随着频率的增加,交流磁化率的峰逐渐向低温端移动,说明自旋冻结温度与频率 T_f 有关,而其他受挫体系与峰对应的温度是频率无关的。

3. 比热

无论是一级相变还是二级相变,在相变温度附近总有比热的反常。但对自旋玻璃,若进行比热测量,会发现在 T_f 温度附近没有任何反常,说明自旋玻璃中的顺磁态到自旋玻璃态的转变不是一般意义下的磁相变。在自旋玻璃的比热测量中也会观察到极大值,但极大值出现在远高于 T_f 的高温区,说明自旋玻璃系统的自旋熵在远高于 T_f 的高温区

就已经开始丢失,而在自旋冻结温度附近,自旋熵仅剩很小的一部分,这和其他磁性材料显示出明显的不同。

思考与习题

12.1　各类磁性对应的磁化率与温度的关系有何区别？根据磁化率的大小和正负就可以对不同磁性进行分类,其物理依据是什么？

12.2　如何判断一个原子或离子是磁性粒子还是非磁性粒子？

12.3　为什么晶体的轨道金属离子实验确定的磁矩和理论计算的磁矩有较大的差别,而稀土离子的却相接近？

12.4　直接交换、超交换、双交换、RKKY 交换及 D—M 交换的物理本质分别是什么？

12.5　顺磁体、铁磁体和自旋玻璃之间有哪些相似之处？有哪些本质的不同？

12.6　反铁磁体、自旋玻璃和自旋冰都是磁受挫系统,为什么它们在物理性质上表现出很大的差异？

12.7　为什么老式的身份证、银行卡等使用一段时间后就要更新？

12.8　试计算自由原子 Fe、Go、Ni、Gd 等的基态原子磁矩。

12.9　已知铁原子的磁矩为 $2.22\mu_B$,原子量为 55.9,铁的金属密度为 $7.86 \times 10^3 \text{ kg/m}^3$,试计算绝对零度时铁金属的饱和磁化强度。

12.10　如果一个壳层的角动量量子数为 l,壳层内有 n 个电子,试证明洪德规则可概括为

$$\begin{cases} S = \dfrac{2l+1-|2l+1-n|}{2} \\ L = S|2l+1-n| \\ J = S|2l-n| \end{cases}$$

12.11　图 12.8 显示的是在 $La_{2/3}Ca_{1/3}MnO_3$ 样品中测量得到的磁化曲线,其中的磁化强度以 emu/g 为单位,试将其换算成为 μ_B 为单位。

第13章　超导体及其超导电性

1911 年,荷兰科学家昂内斯(Onnes)在测量汞的电阻随温度的变化时发现,当温度降到液氦温度附近(4.15 K)时,电阻急剧下降了四个量级,以至于仪器检测不到电阻的存在,昂内斯称金属的这种零电阻性质为超导电性(superconductivity),他也因发现超导电性而获得 1913 年的诺贝尔物理学奖,自此揭开了超导研究的序幕。在随后的几十年里,人们发现,超导电性作为一种物理现象普遍存在于金属及其合金中。在此期间,虽然有很多唯象理论或模型(如二流体模型、伦敦(London)理论、金兹堡 — 朗道(GL)理论等)被提出,用以解释超导现象,但超导的微观机理直到 1957 年才由巴丁(Bardeen)、库珀(Cooper)和施里弗(Schrieffer)从理论上得以澄清,在此基础上建立了涉及超导电性起因的微观理论,简称 BCS 理论。

一直到 20 世纪 50 年代,超导研究仍仅停留在基础研究阶段,人们将研究普遍集中在探索自然界存在的现象、规律性总结及了解超导起因机理等方面上。直到 20 世纪 60 年代,随着基于超导体的高场磁体成功研制及基于"超导体 — 绝缘层 — 超导体"结的约瑟夫森(Josephson)效应被证实,超导研究才从基础研究领域进入崭新的应用研究领域。超导体在电能输送、磁流体发电、磁悬浮列车等强电领域的应用,以及在弱信号检测、电压基准监控、生物磁学等弱电领域的应用,显示了其他材料或器件不可比拟的性能或优越性。

尽管超导体在强电和弱电领域有着重要的应用,但由于超导转变温度 T_C 低,其应用离不开液氦温度环境,从而大大限制了其应用的优越性。从 20 世纪 70 年代开始,人们将研究的精力转向如何提高 T_C 上,但收效甚微,直到 1973 年,才在 Nb_3Ge 中实现了 $T_C=23.2$ K 的当时最高纪录。这一记录直到 1986 年,才被缪勒(Müller)和柏诺兹(Bednorz)打破,他们在 $LaBaCuO_4$ 陶瓷性金属氧化物中发现 T_C 高达 35 K 的高温超导电性。这一发现的意义在于,一是在金属氧化物陶瓷材料中首次观察到超导电性,而在此之前一般认为这类陶瓷材料是绝缘体;另一是,他们得到的 T_C 值接近 BCS 理论预言的理论值。缪勒和柏诺兹在报道他们的结果一年之后获得了诺贝尔物理学奖,足见这一研究的重要性。此后,高温超导的研究在世界范围内迅速发展。1987 年,美国华裔科学家朱经武等和中国科学家赵忠贤等相继研制出 T_C 超过 90 K 的 Y—Ba—Cu—O 氧化物超导体,打破了液氮的"温度壁垒"(77 K),随后,在 Bi—Sr—Ca—Cu—O、Tl—Ba—Ca—Cu—O、Hg—Ba—Ca—Cu—O 等氧化物中均观察到 T_C 超过 90 K 的高温超导现象。通常称这类超导体为 Cu 基高 T_C 氧化物超导体,以区别以前的低温超导体。目前,Cu 基高 T_C 氧化物超导体的最高 T_C 为 135 K,是在 Ti—Ba—Ca—Cu—O 氧化物超导体中实现的。除了 Cu 基高 T_C 氧化物超导体外,人们在铁基氧化物中也观察到不寻常的超导电性,这类超导体发现其重要意义在于其中有磁和超导共存的现象。

Cu 基高 T_C 氧化物超导体和铁基氧化物超导体自被发现以来一直是国际上研究的热点。虽然各种理论或模型已被提出,以试图解释这些非常规超导体中的超导现象,但至今还没有一个涉及微观超导机理的理论或模型为人们所共识。基于这一原因,本章仅针对常规低温超导体,就超导现象和规律、唯象模型或理论、超导微观机理及隧穿效应和约瑟夫森效应等予以简单介绍。

13.1　超 导 现 象

13.1.1　理想导体低温下的电阻

按照固体电子输运理论,固体中的电子作为电荷的载体,在外加电场作用下会作定向漂移运动,从而产生宏观电流。由于电子在传输过程中会受到各种散射,从而使得固体具有电阻的特性。对非磁性导体,如金、银、铜等,至少有三种可能的散射,即:① 杂质、缺陷等非本征因素对传导电子的散射,相应的电阻 R_0 称为剩余电阻,是一个温度无关的常数,其大小与晶体中所含杂质、缺陷等非本征因素的程度有关;② 电子与电子间的库仑散射,相应的电阻 $R_{ee}(T)$ 按 T^2 规律随温度降低而减小;③ 声子对传导电子的散射,相应的电阻 $R_{ph}(T)$ 在低温区按 T^5 规律随温度降低而减小。按照马西森规则,在存在多种散射机制的情况下,导体的电阻为由各散射机制产生的电阻之和。因此,对非磁性导体,低温下有

$$R(T) = R_0 + R_{ee}(T) + R_{ph}(T) = R_0 + aT^2 + bT^5 \tag{13.1}$$

其中,a 和 b 为常数,意味着非磁性导体的电阻随温度降低而逐渐减小,这一变化行为在电阻温度关系(简称阻温关系)的测量中普遍得以证实。

一直到 18 世纪末,受低温技术的限制,当时能达到的最低温度也只有 20 K,20 K 温度以下,特别是当温度趋于绝对零度时,非磁性导体的阻温关系如何变化无法从实验上得以研究,而只能基于当时已有的知识对其进行猜测。典型的有两种观点,一是,非磁性导体的电阻按式(13.1)所示的规律随温度降低而减小,如果导体是具有理想晶体结构的导体,其中不含任何杂质或缺陷等非本征因素,则有 $R_0 = 0$,意味着理想导体在温度趋于绝对零度时电阻消失,即理想导体绝对零度时具有零电阻的特性;另一是,在绝对零度附近,电子有可能被“冻结”在各个金属原子上,使得电子在外加电场作用下的漂移运动随温度降低变得越来越困难,同时,能传导的电子数也越来越少,在这样的观点下,导体的阻温关系似乎应遵从这样的关系,即导体的电阻随温度降低而逐渐减小,在某一温度达到极小值,随后随温度进一步降低而增大,在绝对零度附近电阻趋于无穷大。

理想导体绝对零度时的电阻到底是趋于零还是趋于无穷大,有待于更低温度下的实验检测。早期低温环境的获得是通过液化气体实现的,例如,将氮气液化可以获得 77 K 的低温,即通常所讲的液氮温度。在 18 世纪,由于低温技术的限制,人们认为存在不能被液化的“永久气体”,如氢气、氦气等。直到 1898 年,氢气才被英国物理学家杜瓦成功液化,获得了当时的最低温度 20.39 K。十年后,即 1908 年,荷兰科学家昂内斯成功将最后一种“永久气体”——氦气液化,并通过降低液氦蒸汽压的方法,获得了 1.15 ~ 4.25 K 的新的低温区域。

新的低温环境,为验证导体在温度趋于绝对零度时的电阻到底是趋于零还是趋于无

穷大提供可能。为此,昂内斯选择了金属铂,对其进行阻温关系的测量,结果发现,一直到 4.2 K,金属铂的阻温关系中没有出现极小值现象,而是随温度降低逐渐降低并随温度接近 4.2 K 而趋于一个温度无关常数。昂内斯的实验似乎证明了第一种观点的正确性。

13.1.2　超导体的零电阻

昂内斯关于金属铂的阻温关系的测量表明,金属铂的电阻随温度降低而逐渐减小,在 4.2 K 附近观测到的小的与温度无关的电阻值可能与样品的纯度有关。由此他猜想,如果选择的金属足够纯,则在 4.2 K 温度附近,金属的电阻应趋于 0。为此,他选择了易于纯化的汞作为研究对象,利用他所获得的 1.15 ∼ 4.25 K 的极低温条件,对金属汞的阻温关系进行测量。

众所周知,汞,俗称水银,是为数不多的常温常压下以液态存在的金属。为了能对金属汞进行阻温关系的测量,昂内斯首先将汞冷却到 −40 ℃,使其凝聚成汞线,做上电极后在新的温区进行阻温关系的测量。基于这一实验,昂内斯于 1911 年发现了一个非同寻常的现象,即:随着温度的降低,汞的电阻逐渐降低,当温度降至 4.2 K 附近时,汞的电阻从 0.115 Ω 急剧下降到 0,当时的仪器能检测的最小电阻值为 10^{-5} Ω,如图 13.1 所示,意味着汞的电阻在突变前后经历了超过四个量级的

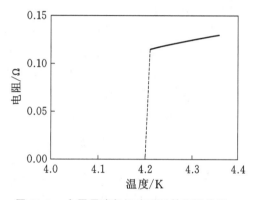

图 13.1　金属汞液氦温度附近的阻温关系

电阻变化。昂内斯称这种失去电阻的状态为超级导电态,即现在普遍所称的超导态(superconducting state),突变前具有电阻的状态为正常态,从正常态到超导态的转变为超导转变,正常态到超导态的转变温度为临界温度,用 T_C 表示,T_C 温度以下呈现零电阻的性质为超导电性,具有超导电性的物质为超导体。由于超导态作为一种新的物态被发现,昂内斯获得了 1913 年的诺贝尔物理学奖。

13.1.3　超导态电阻上限

超导体进入超导态后,其电阻到底是真的为零,还是因测量仪器的灵敏度限制测不到电阻而被认为是零电阻,这个问题有必要从实验上予以澄清。在昂内斯早期进行的实验中,确定的汞在超导态时的电阻上限为 10^{-5} Ω。即使在今天,测量直流电压所用的纳伏表的灵敏度也只有 10^{-9} V,因此,基于直流电压法测量超导体的电阻不可能对超导态时的电阻上限给出精确的测定。

为了能更精确地确定超导态电阻的上限,人们通常采用的是持续电流法。该方法的基本原理是,考虑一个闭合的金属环或其他形式的闭合回路,回路的电阻为 R、电感为 L,假设在 $t=0$ 时刻,回路中存在电流,则 $t=0$ 时刻之后回路中的电流 I 随时间 t 的变化应遵从如下方程:

$$RI + L\frac{\mathrm{d}I}{\mathrm{d}t} = 0 \tag{13.2}$$

方程的解为

$$I(t) = I(t=0)e^{-(R/L)t} \tag{13.3}$$

可见,对于电阻不为零的金属回路,电流随时间的延长而指数性衰减至零,衰减的快慢取决于回路的电阻和电感。如果回路电阻为零,则理论上不会有电流的衰减。

1914 年,昂内斯将金属 Pb 制作成闭合的环,并在回路中激发起电流。由于 Pb 的超导转变温度为 7.2 K,将 Pb 环置于液氦温度环境,则 Pb 环处在超导状态,然后通过长时间对 Pb 环中电流变化的观测,可以得到超导态时电阻的上限。昂内斯采用这种方法确定了 Pb 处在超导态时的电阻率上限为 10^{-16} Ω·cm。

1957 年,Qullins 采用和昂内斯相同的方法制作超导 Pb 环,在环中激发起上百安培的电流,在经过长达两年半时间的观察后,没有发现可观察到的电流变化,据此将超导态电阻率的上限改进为 10^{-21} Ω·cm。

1962 年,Quinn 将 Pb 膜制作成电感很小的圆筒,只用了几个小时的时间来观察超导圆筒中的电流随时间的变化,据此将超导态的电阻率上限改进为 10^{-23} Ω·cm。

金、银等具有最佳导电性的金属在低温下的电阻率的量级为 $10^{-13} \sim 10^{-12}$ Ω·cm,可见,超导态电阻率的上限比最好的金属在低温下的电阻率要低十几个量级,因此,可以认为超导态是名副其实的零电阻态。

13.1.4　迈斯纳效应

零电阻是超导体的一个基本特性,那么,能否将超导体理解为电阻为零的理想导体? 事实上,在昂内斯第一次发现超导态之后的很长一段时间内,人们都是这样认为的。直到 1933 年,迈斯纳(Meissner)和 Ochsenfeld 在超导体上发现了另一个新的效应,即完全抗磁性,现普遍称之为迈斯纳效应,人们才意识到,超导体不能被理解为是电阻为零的理想导体,这可以由理想导体的磁性和超导体的磁性的差别得以论证。

按照电动力学,如果金属处在电阻为零的状态,即 $\rho=0$ 或者 $\sigma=\infty$,由 $\vec{j}=\sigma\vec{E}$ 可知

$$\vec{E}=0 \tag{13.4}$$

代入法拉第(Faraday)定律

$$\mathbf{\nabla}\times\vec{E}=-\partial\vec{B}/\partial t \tag{13.5}$$

中则有

$$\partial\vec{B}/\partial t=0 \tag{13.6}$$

假设 $t=0$ 时刻,导体处在有电阻状态,而 $t=0$ 时刻之后冷却导体使其电阻消失,则通过对上式积分可得

$$B=\mu_0 H_0 \tag{13.7}$$

其中,H_0 为电阻消失前的磁场。

对理想导体,按照如图 13.2 所示的 ① 和 ② 两个过程让其进入零电阻态,在过程 ① 中,先在零磁场下将导体冷却至电阻为零的状态,然后再将磁场施加于导体;而在过程 ② 中,先将磁场施加于导体,再将导体冷却至电阻为零的状态。针对这两个过程,来看看理想导体在进入零电阻状态后其内部的磁性有何变化。对过程 ①,由于电阻消失前,没有

外加磁场,即 $H_0 = 0$,因此,在导体进入零电阻状态后,即使外加磁场,由式(13.7)可知,导体内部的磁感应强度仍为零,即 $B_{内部} = 0$;而对过程②,电阻消失前导体内部有磁场,即 $H = H_0$,因此,当导体进入零电阻状态时,导体内部有非零的磁感应强度,即 $B_{内部} = \mu_0 H_0$。由此可见,理想导体在进入零电阻状态后,其内部的磁状态是不同的,这取决于外加磁场的历史或过程。意味着,在外加磁场下,理想导体的零电阻状态不是唯一的态,在这种情况下,平衡态热力学统计方法不适合于用来分析理想导体的零电阻态。

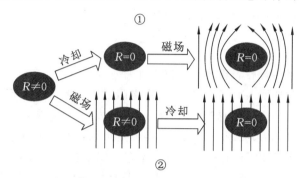

图 13.2　理想导体进入零电阻状态时的磁场分布示意图

对超导体,可按上述两个过程进行类似的分析。如果认为超导体是电阻为零的理想导体,则在经过上述两个过程后,超导体在进入超导态后其内部表现不同的磁状态,即先冷却至 $R = 0$,后加磁场,其内部的磁感应强度为零;而先加磁场,后冷却至 $R = 0$,则其内部有非零的磁感应强度。然而,迈斯纳和 Ochsenfeld 通过测量超导体周围的磁场分布发现,无论是先冷却后加磁场,还是先加磁场后冷却(过程示意图如图 13.3 所示),只要超导体处在 $R = 0$ 的超导态,其内部的磁感应强度一定为零。对过程①,处在 $R = 0$ 超导态时的超导体的内部磁性和处在 $R = 0$ 时的理想导体的内部磁性相同,即均为 $B_{内部} = 0$,但对过程②,由迈斯纳和 Ochsenfeld 的实验可知,处在 $R = 0$ 超导态时的超导体的内部磁感应强度仍然为零,即 $B_{内部} = 0$,而对 $R = 0$ 时的理想导体,由上面的论证可知 $B_{内部} \neq 0$。由此可见,在外加磁场下,理想导体的零电阻状态不是唯一的状态,与外加磁场的历史有关,而超导体的零电阻状态是 $B_{内部} = 0$ 的唯一状态,与外加磁场的历史无关,这一差别使得处在 $R = 0$ 的超导态时的超导体明显区别于电阻为零的理想导体,或者说,处在 $R = 0$ 的超导态时的超导体不能理解为电阻为零的理想导体。

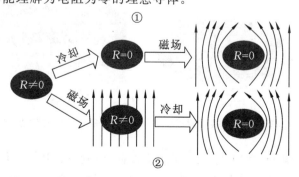

图 13.3　超导体进入 $R = 0$ 超导态时的磁场分布示意图

迈斯纳和 Ochsenfeld 的实验表明,只要超导体处在 $R=0$ 的超导态,不管外加磁场的历史如何,超导体内部的磁感应强度均为零,即 $B_{内部}=0$,说明处在 $R=0$ 的超导态具有排磁效应,这一效应就是所谓的迈斯纳效应。其完整的表述为,不管如何外加磁场,只要超导体进入超导态,超导体内部的磁感应强度总是等于零。由第 12 章可知,磁感应强度、外加磁场和磁化强度之间的关系为

$$B = \mu_0 H + \mu_0 M \tag{13.8}$$

由于超导体在超导态时,$B=0$,故超导态的磁化率

$$\chi = \frac{M}{H} = -1 \tag{13.9}$$

说明超导体在进入超导态后表现出完全抗磁性。

迈斯纳效应的发现使人们意识到,处在零电阻状态的超导体不能理解为电阻为零的理想导体。从上面的分析可以看到,仅仅从 $\rho=0$ 出发,不能推导出 $B=0$ 的迈斯纳效应,而迈斯纳效应的 $B=0$ 必须要求 $\rho=0$,说明 $\rho=0$ 是迈斯纳效应的必要条件。由此可知,$\rho=0$ 和 $B=0$,或者说零电阻和完全抗磁性,是超导体相互独立而又相互联系的两个基本特性,因此,同时具有 $\rho=0$ 和 $B=0$ 两个基本特性才是判断一个物体是否为超导体的判据。

迈斯纳效应最初是基于外加磁场下超导体磁通密度分布测量而得以从实验上研究的。根据迈斯纳效应,超导体在超导态时是排磁通的,因此,人们可以设计磁悬浮实验来直观地验证迈斯纳效应。磁悬浮实验的基本原理如图 13.4(a) 所示,即用超导体制成如图所示的超导体盘,超导体盘正上方悬挂一个小磁体(小磁铁),当温度高于超导体的临界温度时,超导体处在正常态,上方的小磁体由于重力的作用正好落在超导体盘上且悬挂小磁铁的细线处在直线状态,然后降低温度直至超导体盘进入超导态,实验上会发现,一旦超导体盘进入超导态,小磁铁就会离开超导体盘飘然升起,这可以从悬挂小磁铁的细线从直线到松弛状态直接得以观察,当小磁体升到一定高度时便悬浮不动了。这是因为,当超导体盘进入超导态时,由小磁铁产生的磁通线不能进入超导体内部,造成小磁体下方空间的磁通压缩,从而在超导体盘与小磁铁之间产生排斥力,小磁体离超导体盘越远,排斥力就越小,当排斥力减弱到正好和小磁体的重力相等时,小磁铁就悬浮不动了。

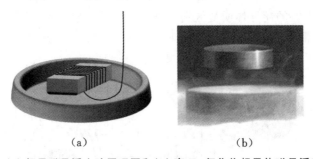

　　　　　　　(a)　　　　　　　　　　　　　　(b)

图 13.4　(a) 超导磁悬浮实验原理图和(b) 高 T_C 氧化物超导体磁悬浮实验照片

图 13.4(b) 所示的是利用 T_C 高于液氮温度的 Cu 基氧化物超导体做磁悬浮实验时拍摄的照片,由于 T_C 高于液氮温度,因此,实验可以直接在液氮环境下进行,可以看到,超

导体上方的磁铁环稳定地悬浮在空中。事实上,超导磁悬浮列车正是基于这一原理研制的。

将一个超导小球置于永久磁铁之上,利用超导磁悬浮效应,还可研制超导重力仪。超导重力仪可以更加准确地测定处在超导态时的电阻上限,目前由超导重力仪测得的超导态时的电阻率上限为 10^{-26} $\Omega \cdot cm$,相对于持续电流法得到的最好结果 10^{-23} $\Omega \cdot cm$ 又改进了三个量级,而且超导重力仪还可以更加精确地测定重力及重力场的微小变化,其意义及重要性不言而喻。

13.1.5　超导体的种类

超导体种类繁多,性质各异,大体上可以基于如下原则对超导体进行分类。

(1) 根据材料类型,超导体可分为元素超导体、金属合金或金属化合物超导体、重费米子超导体、氧化物超导体、有机超导体和铁基超导体。

① 元素超导体。

元素周期表中,有三十多种元素在常压下具有超导电性,其中,s 区有一个,即 Be;d区有 15 个,分别为 Ti、V、Zr、Nb、Mo、Tc、Ru、Rh、Hf、Ta、W、Re、Os、Ir 和 Pt;ds 区有 3个,分别为 Zn、Cd 和 Hg;p 区有 6 个,分别为 Al、Ga、In、Sn、Tl 和 Pb;稀土元素有 7 个,分别为 La、Th、Pa、U、Am、Gd 和 Lu。在元素半导体中,临界温度以 Nb 的最高(9.25 K),Pb的次之(7.2 K),Rh 的最低(0.0002 K)。有些元素常压下不具有超导电性,但在高压下具有超导电性,如 Ba、Si、Ge、As、Sb、P、S、Bi 等。

② 金属合金或金属化合物超导体。

至今已发现上千种金属合金或金属化合物具有超导电性,其中,最典型的有 20 世纪70 年代发现的 $NbTi$(9.5 K)、Nb_3Sn(18.1 K)、Nb_3Ge(23.2 K),以及 2001 年发现的 MgB_2（$\sim$ 40 K）等,这些合金或化合物具有明显高于液氢温度的临界温度、高临界电流密度、高(上)临界磁场及良好的力学性能,广泛应用于超导磁体、超导储能、超导电力传输、超导磁悬浮列车等强电领域。

③ 重费米子超导体。

典型的有 20 世纪 70 年代发现的 $CoCu_6$、UBe_{13} 和 $NpBe_{13}$ 等,这些体系的电子有效质量是自由电子质量的百倍以上,是名副其实的重电子或重费米子,按理说,如此重的电子,理应表现为绝缘体行为,但事实上这些体系表现出良好的金属导电行为且在低温下具有超导电性,自重费米子超导体发现至今,涉及其超导机理的问题一直是个谜。

④ 氧化物超导体。

典型的代表有 20 世纪 70 年代发现的 Ba—Pb—Bi—O、Ba—K—Bi—O,以及 1986 年之后发现的各种 Cu 基高 T_c 氧化物超导体,如 $La_{2-x}Sr_xCuO_4$（$\sim$ 39 K）、$Bi_2Sr_2CaCu_2O_8$（$\sim$ 90 K）、$YBa_2Cu_3O_{7-\delta}$（$\sim$ 90 K）、$Tl_2Ba_2Ca_2Cu_3O_{10}$（$\sim$ 125 K）、$HgBa_2Ca_2Cu_3O_{10}$（$\sim$ 135 K）等。

⑤ 有机超导体。

典型的有 K_3C_{60}（$\sim$ 18 K）、Rb_3C_{60}（$\sim$ 29 K）和 Cs_2RbC_{60}（$\sim$ 33 K）等。

⑥ 铁基超导体。

铁基超导体是指化合物中含有铁,在低温时具有超导现象,且铁在形成超导时扮演主要作用的材料,典型的有 $LaO_{0.9}F_{0.2}FeAs(\sim 28.5\ K)$、$SmFeAsO_{0.9}F_{0.1}(\sim 43\ K)$、$NdFeAsO_{0.89}F_{0.11}(\sim 52\ K)$ 和 $SmFeAsO_{\sim 0.85}(\sim 55\ K)$ 等。

(2) 根据超导体对磁场的响应,超导体可分为第一类超导体和第二类超导体。

第一类超导体仅存在一个临界场 $H_C(T)$,当 $H < H_C(T)$ 时,超导体处在迈斯纳态,没有磁场穿透进超导体内部,具有完全抗磁性,在已发现的元素超导体中,除了钒、铌、锝外,其余的元素超导体都属于第一类超导体。第二类超导体有下临界场 $H_{C1}(T)$ 和上临界场 $H_{C2}(T)$ 两个临界磁场,仅仅在 $H < H_{C1}(T)$ 时,超导体才处在迈斯纳态,没有磁场穿透超导体内部,具有完全抗磁性,而当 $H > H_{C2}(T)$ 时,超导态消失,转变为正常态,在 $H_{C1} < H < H_{C2}$ 的磁场范围内,超导体处在混合态,处在混合态的超导体仍然保持着零电阻的特性,但不具有完全抗磁性,对处在混合态的超导体,外加磁场以量子磁通线的形式穿透,金属合金或化合物超导体大都属于第二类超导体。

(3) 根据超导机理,超导体可分为常规超导体和非常规超导体。

常规超导体指的是,超导现象可以基于 BCS 理论而得以解释的超导体,而观察到的超导现象不能基于 BCS 理论给以解释的那些超导体或者超导机理尚不清楚的超导体,则属于非常规超导体。普遍公认的非常规超导体包括 Cu 基高 T_C 氧化物超导体、铁基超导体、重费米子超导体、石墨烯超导体等。

(4) 根据超导转变温度的高低,超导体可分为低温超导体和高温超导体。

高温超导体通常指临界温度高于液氮温度(大于 77 K)的超导体,对 1986 年发现的 La—Ba—Cu—O 超导体,虽然其 T_C 低于液氮温度,但一般也将其归类到高温超导体之列;而低温超导体通常指临界温度低于液氮温度(小于 77 K)的超导体。

13.2　超导相变及其热力学性质

正常态到超导态的相变是否可以基于热力学规律得以分析,取决于超导相变是否是可逆的,因为热力学规律是建立在可逆相变基础上的。昂内斯实验和迈斯纳效应的实验均表明,超导相变是可逆的,因此,热力学规律可用于对超导相变附近超导体性质的分析。

13.2.1　磁场下的超导转变

在昂内斯发现第一个超导体后不久,人们很快就发现,不仅仅升温可以引起超导态到正常态的转变,增加磁场同样可以引起超导态到正常态的转变。研究磁场下的超导转变,对了解超导态的本质有着非常重要的启示作用。

图 13.5(a) 所示的是在低于 T_C 的某一给定温度下,电阻随磁场变化的示意图。在较低磁场下,超导体处于无阻的超导态,随磁场增加到一定值,超导体中开始出现不为零的电阻,进一步增加磁场,电阻急剧增加,直至趋于达到正常态的电阻值 R_n。说明,磁场可以引起超导体从无阻的超导态到有阻的正常态的转变。通常将破坏超导电性所需要的最小磁场称为临界磁场,并以 H_C 表示。H_C 是温度有关的函数,温度越接近 T_C,H_C 越小,反之,H_C 越大。实际超导体中超导态到正常态的转变往往发生在有限宽度的磁场范

围内,在这种情况下,既可以把和 $R = R_n/2$ 对应的磁场确定为临界磁场,也可以通过将急剧增加的部分采用如图 13.5(a) 所示的外推方法得到的磁场确定为临界磁场。不同的方法确定的临界磁场 H_C 在数值上稍有差别,但不同温度下确定的 $H_C(T)$ 变化趋势相同。

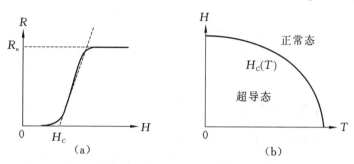

图 13.5　(a) 磁场引起的超导 — 正常态转变和(b) H—T 相图

如图 13.5(b) 所示,可以看到,由 $H_C(T)$ 表征的相变线把 H—T 平面分成两个明显可区分的区域,在相变线之上,即当 $H > H_C(T)$ 时,超导体处在正常态,而在相变线之下,即当 $H < H_C(T)$ 时,超导体处在超导态。经验上,临界磁场 H_C 与温度的函数关系可表示为

$$H_C(T) = H_C(0)\left[1 - \left(\frac{T}{T_C}\right)^2\right] \tag{13.10}$$

其中, $H_C(0)$ 是 0 K 时的临界磁场,是与具体超导体有关的物质常数。对于元素超导体,如 Pb、Hg 等,精确测量得到的 $H_C(T)$ 值和由式(13.10)所示的经验表达式给出的值的偏差不超过 4%,说明式(13.10)所示的经验表达式正确反映了超导体的临界磁场随温度的变化行为。

处在超导态的超导体具有无阻负载电流的能力,如果在不加磁场时使超导体通过电流,实验发现,当电流超过一定大小时,超导体也会从无阻的超导态恢复到有阻的正常态(俗称失超),如图 13.6 所示。将破坏超导态的最小电流称为临界电流 I_C,临界电流通常定义为单位长度上出现 1 μV 电压时对应的电流。

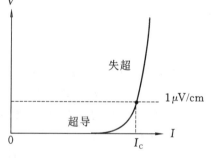

图 13.6　零磁场下超导体的 V-I 曲线

西尔斯比(Silsbee)认为,超导体之所以有临界电流,是因为超导体中存在临界磁场。当超导体上通过电流时,必然会在超导体表面产生磁场,随着超导体上通过的电流增大,相应的表面磁场也增大,当表面磁场达到超导体的临界磁场时,超导电性被破坏,从而引起超导体从无阻的超导态到有阻的正常态的转变。

13.2.2　超导体的热力学性质

对于热力学系统,其吉布斯自由能的一般表达式为

$$G = U - TS + pV - \mu_0 HM \tag{13.11}$$

其中，U、S 和 V 分别为系统的内能、熵和体积。式(13.11)中右边前三项之和为系统在没有磁场时的吉布斯自由能，最后一项则是因为外加磁场引起系统磁化而导致的额外能量项。根据热力学理论，系统条件的任何微小变化都会引起系统的吉布斯自由能的变化，即

$$\delta G = \delta U - T\delta S - S\delta T + p\delta V + V\delta p - \mu_0 H\delta M - \mu_0 M\delta H \tag{13.12}$$

下面基于式(13.12)来分析超导体在正常态和超导态时的自由能、熵和潜热等热力学性质。

1. 超导体的吉布斯自由能

在温度和压力保持不变的情况下，式(13.12)变成

$$\delta G = \delta U - T\delta S + p\delta V - \mu_0 H\delta M - \mu_0 M\delta H \tag{13.13}$$

另一方面，在温度和压力不变的情况下，系统内能的变化为

$$\delta U = T\delta S - p\delta V + \mu_0 H\delta M \tag{13.14}$$

代入式(13.13)中有

$$\delta G = -\mu_0 M\delta H \tag{13.15}$$

它表示的是，在温度和压力不变的情况下，因外加磁场的微小变化而引起的系统吉布斯自由能的变化。积分后则得到，在温度和压力不变的情况下，当系统被强度为 H 的磁场磁化后使其磁化强度为 M 时的吉布斯自由能变化为

$$G(T,H) - G(T,H=0) = -\mu_0 \int_0^H M\mathrm{d}H \tag{13.16}$$

超导体有正常态和超导态之分，相应的吉布斯自由能变化分别为

$$G_{\mathrm{n}}(T,H) - G_{\mathrm{n}}(T) = -\mu_0 \int_0^H M\mathrm{d}H \tag{13.16a}$$

和

$$G_{\mathrm{s}}(T,H) - G_{\mathrm{s}}(T) = -\mu_0 \int_0^H M\mathrm{d}H \tag{13.16b}$$

其中，下标"n"和"s"分别对应的是正常态和超导态，$G_{\mathrm{n}}(T)=G_{\mathrm{n}}(T,H=0)$ 和 $G_{\mathrm{s}}(T)=G_{\mathrm{s}}(T,H=0)$ 分别表示未加磁场时正常态和超导态时的吉布斯自由能。

对处在正常态的超导体，一般来说，其磁性很弱，以至于可近似认为 $M\approx0$，由式(13.16a)有

$$G_{\mathrm{n}}(T,H) = G_{\mathrm{n}}(T) \tag{13.17}$$

说明正常态时超导体的吉布斯自由能仅与温度有关而与磁场无关。在超导态时，由于迈斯纳效应

$$M = -H \tag{13.18}$$

则由式(13.16b)有

$$G_{\mathrm{s}}(T,H) = G_{\mathrm{s}}(T) + \frac{1}{2}\mu_0 H^2 \tag{13.19}$$

可见，超导态时的吉布斯自由能按 H^2 规律随磁场增加而增加。

从热力学角度，系统的吉布斯自由能越低，则其状态越稳定。对超导体来说，未加磁

场时,相对于正常态,超导态更稳定,意味着超导态的自由能肯定小于正常态的自由能,即

$$G_s(T) < G_n(T) \tag{13.20}$$

外加磁场时,正常态吉布斯自由能与磁场无关,而超导态时的吉布斯自由能按 H^2 规律随磁场增加而增加,如图 13.7 所示。因此,随磁场增加到某一值,必然会出现超导态和正常态吉布斯自由能正好相等的情况。两态吉布斯自由能相等对应的磁场就是前面所讲的临界磁场 $H_C(T)$,因此,在 $H = H_C(T)$ 处有

$$G_s(T) + \frac{1}{2}\mu_0 H_C^2 = G_n(T) \tag{13.21}$$

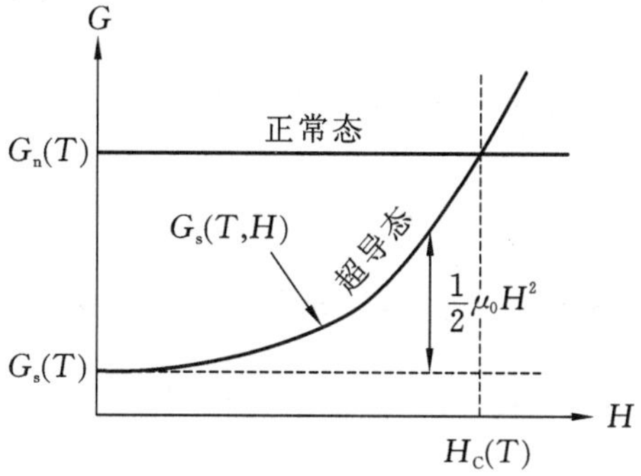

图 13.7　给定温度下超导体在正常态和超导态时的吉布斯自由能随磁场的变化示意图

如果再进一步增加磁场,则超导态的吉布斯自由能将超过正常态的吉布斯自由能,使得超导态不再稳定而转变成正常态。由式(13.21),可以通过未加磁场时的正常态和超导态吉布斯自由能 $G_n(T)$ 和 $G_s(T)$ 而将临界磁场 $H_C(T)$ 表示为

$$H_C(T) = \sqrt{\frac{2}{\mu_0}\left[G_n(T) - G_s(T)\right]} \tag{13.22}$$

2. 超导体的熵

熵是热力学系统有序程度的量度,温度越高,系统的熵越大,系统越无序。当热力学系统经历从一个相到另一相的相变时,相应的熵必然也会随之发生改变。下面将基于式(13.12)来分析超导体在经历由正常态到超导态相变时其熵的改变。

如果只有温度改变而压力和磁场保持不变,则式(13.12)变成

$$\delta G = \delta U - T\delta S - S\delta T + p\delta V - \mu_0 H\delta M \tag{13.23}$$

另一方面,在压力和磁场不变的情况下,系统内能的变化为

$$\delta U = T\delta S - p\delta V + \mu_0 H\delta M \tag{13.24}$$

代入式(13.23)中有

$$\delta G = -S\delta T \tag{13.25}$$

由此得到,在压力和磁场不变的情况下,热力学系统的熵为

$$S = -\left(\frac{\partial G}{\partial T}\right)_{p,H} \tag{13.26}$$

应用于超导体,则正常态和超导态的熵分别为

$$S_n = -\left(\frac{\partial G_n(T,H)}{\partial T}\right)_{p,H} \tag{13.26a}$$

和

$$S_s = -\left(\frac{\partial G_s(T,H)}{\partial T}\right)_{p,H} \tag{13.26b}$$

对于处在正常态的超导体，根据上面的分析，正常态吉布斯自由能与磁场无关，因此有

$$S_n = -\left(\frac{\partial G_n(T,H)}{\partial T}\right)_{p,H} = -\frac{dG_n(T)}{dT} \tag{13.27}$$

而对于超导态，由于 $G_s(T,H) = G_s(T) + \frac{1}{2}\mu_0 H^2$，因此，处在超导态的超导体的熵为

$$S_s = -\left(\frac{\partial G_s(T,H)}{\partial T}\right)_{p,H} = -\frac{dG_s(T)}{dT} \tag{13.28}$$

于是得到正常态与超导态的熵之差为

$$S_n - S_s = \frac{d}{dT}\left[G_s(T) - G_n(T)\right] \tag{13.29}$$

由于

$$G_n(T) - G_s(T) = \frac{1}{2}\mu_0 H_C^2 \tag{13.30}$$

代入式(12.29)，则得到正常态与超导态的熵之差为

$$S_n - S_s = -\mu_0 H_C(T)\frac{dH_C(T)}{dT} \tag{13.31}$$

由图 13.5(b) 可知，$\frac{dH_C(T)}{dT} < 0$，于是有

$$S_n - S_s > 0 \tag{13.32}$$

说明超导态的熵总是小于正常态的熵。相对于正常态，超导态具有更高的有序度，意味着从正常态到超导态的转变实际上是从无序相到有序相的转变，其逆过程，即超导态到正常态的转变，则是从有序相到无序相的转变过程。

3. 超导相变时的潜热和比热变化

对于热力学系统，如果有从 a 相到 b 相的相变发生，则伴随着相变的发生，相变潜热为

$$L_{a \to b} = -T(S_a - S_b) \tag{13.33}$$

其中，S_a 和 S_b 分别为 a 相和 b 相的熵。另一方面，由比热定义

$$C = T\frac{\partial S}{\partial T} \tag{13.34}$$

可知，当热力学系统发生从 a 相到 b 相的相变时，相变处的比热差为

$$\Delta C_{a \to b} = C_a - C_b = T\frac{\partial(S_a - S_b)}{\partial T} \tag{13.35}$$

将上述热力学规律应用于超导体，则当超导体从正常态到超导态相变时，相变潜热和相变处的比热变化分别为

$$L_{n \to s} = -T(S_n - S_s) \tag{13.36}$$

和

$$\Delta C_{n\to s}=C_n-C_s=T\,\frac{\partial(S_n-S_s)}{\partial T}\tag{13.37}$$

利用式(13.31)，则当超导体从正常态到超导态相变时，相变潜热和比热变化可分别表示为

$$L_{n\to s}=-T\mu_0 H_C(T)\,\frac{\mathrm{d}H_C(T)}{\mathrm{d}T}\tag{13.38}$$

和

$$\Delta C_{n\to s}=-T\mu_0\left[H_C\,\frac{\mathrm{d}^2 H_C}{\mathrm{d}T^2}+\left(\frac{\mathrm{d}H_C}{\mathrm{d}T}\right)^2\right]\tag{13.39}$$

对超导体相变过程中的潜热和比热变化进行分析，有助于了解超导相变的属性。

13.2.3　超导相变的特征

由热力学可知，一级相变的特征是相变时有热的释放或吸收，而二级相变的特征则是相变时没有热释放或吸收但有比热的跳跃式变化。基于这两个原则，下面来分析和讨论有外加磁场和没有外加磁场两种情况下超导转变的相变特征。

1. 外加磁场下的超导相变特征

在外加磁场下，正常态到超导态的转变发生在 $T<T_C$ 的温度范围，如图 13.8 中的粗黑箭头所示，在这种情况下，$H_C(T)>0$，而 $\dfrac{\mathrm{d}H_C(T)}{\mathrm{d}T}<0$，由式(13.38)可知

$$L_{n\to s}=-T\mu_0 H_C(T)\,\frac{\mathrm{d}H_C(T)}{\mathrm{d}T}>0\tag{13.40}$$

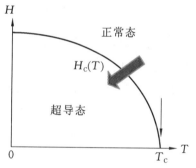

图 13.8　未加磁场(如细箭头所示)和外加磁场(如粗黑箭头所示)下的正常态 — 超导态转变示意图

说明从正常态到超导态的转变是一个放热过程，其逆过程，即由超导态到正常态的转变，转变过程中的潜热为

$$L_{s\to n}=T\mu_0 H_C(T)\,\frac{\mathrm{d}H_C(T)}{\mathrm{d}T}<0\tag{13.41}$$

说明由超导态到正常态的转变是一个吸热过程。综合这些分析，可以看到，外加磁场下的超导相变属于一级相变。

从前面熵的分析中可以看到，超导态中的载流子是有序的，而正常态中的载流子是无序的。从正常态到超导态的转变实际上是其中的载流子从无序到有序的转变，因此，在这个转变过程中，超导体必会向外释放热量；反过来，即从超导态到正常态的转变，超导体经历从载流子的有序到载流子的无序的转变，在这个转变过程中，超导体需要从环境温度中吸收热量，才可使得其中的载流子处于无序的热运动状态。

2. 零场下的超导相变特征

由图 13.8 可见,未加磁场下的正常态到超导态的转变发生在 $T=T_c$ 的温度,如图中的细箭头所示,在这种情况下,$H_c(T)=0$,由式(13.38)可知

$$L_{n\to s}=L_{s\to n}=0 \tag{13.42}$$

说明零磁场下超导相变过程中没有放热或吸热现象,因此,零磁场下的超导相变不是一级相变。

为考查零磁场下超导相变是否属于二级相变,现在来分析一下相变时比热的变化。

注意到,在 $T=T_c$ 温度处,$H_c(T)=0$ 而 $\dfrac{dH_c(T)}{dT}\neq 0$,由式(13.39)有

$$\Delta C_{s\to n}=\left[T\mu_0\left(\frac{dH_c}{dT}\right)^2\right]\Bigg|_{T=T_c}\neq 0 \tag{13.43}$$

可见,零磁场下,伴随超导相变的发生,比热发生不连续变化。说明,零磁场下发生的超导态到正常态的转变是一个二级相变。

由于

$$\Delta C_{s\to n}=C_s-C_n=\mu_0 T_c\left(\frac{dH_c}{dT}\right)^2\Bigg|_{T=T_c}>0 \tag{13.44}$$

说明超导态比热高于正常态比热。对超导相变附近的比热分析,结合前面的熵分析,有助于揭示超导态的本质。由前面对熵的分析可知,超导态的熵低于正常态的熵,说明超导态的电子处在一种更加有序的状态,这一点和超导态电学性质结合起来,人们有理由相信,超导态下,电子以某种方式组织和结合起来而在传输过程中不受散射;而超导态有比正常态更高的比热,说明超导态电子的有组织状态随温度的升高而逐渐被瓦解。

13.3　超导电性的伦敦唯象理论

零电阻和完全抗磁效应,即 $\rho=0$ 和 $B=0$,是超导体相互独立而又相互联系的两个基本特性。仅仅从 $\rho=0$ 出发,不能推导出 $B=0$ 的迈斯纳效应,而迈斯纳效应的 $B=0$ 必须要求 $\rho=0$,说明 $\rho=0$ 是迈斯纳效应的必要条件。在超导电性被发现之后,人们一直在试图提出各种唯象模型或理论,以对超导体所具有的零电阻和完全抗磁效应两个基本属性给以统一解释,其中代表性的理论是基于二流体模型和 Maxwell 电磁理论提出的伦敦(London)唯象理论。该理论不仅对零电阻和完全抗磁效应能给以统一描述,而且对后来发展的 G—L 理论和 BCS 理论具有重要的启示作用。

13.3.1　二流体模型

对任何电磁介质,描述其宏观电磁运动规律的 Maxwell 方程组

$$\mathbf{\nabla} \cdot \vec{D} = \rho \tag{13.45a}$$

$$\mathbf{\nabla} \times \vec{E} = -\frac{\partial \vec{B}}{\partial t} \tag{13.45b}$$

$$\mathbf{\nabla} \cdot \vec{B} = 0 \tag{13.45c}$$

$$\mathbf{\nabla} \times \vec{H} = \vec{j} + \frac{\partial \vec{D}}{\partial t} \tag{13.45d}$$

是普适的,不同介质的性质都具体反映在电场强度 $\vec{E}$、磁场强度 $\vec{H}$、磁感应强度 $\vec{B}$ 和电感应强度 $\vec{D}$ 四个场量上,方程组中的电荷密度 ρ 与电流密度 $\vec{j}$ 之间的关系服从电荷守恒定律:

$$\frac{\partial \rho}{\partial t} + \mathbf{\nabla} \cdot \vec{j} = 0 \tag{13.46}$$

毫无疑问,超导体也是一种电磁介质,因此,上述方程理应对超导体也同样适合。但超导体与导体不同,对导体,电场强度和电流密度之间的关系遵从欧姆定律,即

$$\vec{j} = \sigma \vec{E} \tag{13.47}$$

而对超导体,假设欧姆定律也成立,则当超导体处在超导态时,$\rho = 0$,相应的 $\sigma = 1/\rho \to \infty$,由于电流密度为有限值,因此必有 $\vec{E} = 0$,再根据方程(13.45b)得到 $\frac{\partial \vec{B}}{\partial t} = 0$,说明从超导态的零电阻出发,可以得到 $\frac{\partial \vec{B}}{\partial t} = 0$,但得不到由 $\vec{B} = 0$ 所表征的迈斯纳效应。暗示着有必要提出新的描述方法,以对超导体中同时存在的零电阻效应和 $\vec{B} = 0$ 的迈斯纳效应给以统一描述。1935 年,伦敦二兄弟(F. London 和 H. London)提出的唯象理论正是针对这一问题提出的。

在伦敦唯象理论提出之前,戈特(Gorter)和卡西米尔(Casimir)于 1934 年提出了二流体模型,即认为超导体中存在两种载流子,一种是通常意义下的电子,即正常电子,另一种是超导电子。尽管当时人们对超导电子的组织结构及超导电子是如何形成的并不清楚,但热力学分析为理解超导电子提供了线索。按照热力学分析,超导态的熵为

$$S_s = S_n + \mu_0 H_C(T) \frac{\mathrm{d}H_C(T)}{\mathrm{d}T} \tag{13.48}$$

由于 $H_C(T) \propto 1 - (T/T_C)^2$,故超导态的熵低于正常态的熵,且随温度降低而逐渐减小,据此推测超导态电子,即二流体模型中的超导电子,是以某种特殊的方式组织和结合起来的,这种特殊的组织和结合方式可使它们处在更加有序的状态,并使它们在传输过程中不受声子的散射。

假设正常电子的浓度为 n_n,超导电子的浓度为 n_s,则总的载流子浓度 n 为两者之和,即

$$n = n_n + n_s \tag{13.49}$$

明显地,在 $T > T_c$ 的温度范围,超导体中只有正常电子而没有超导电子,由于正常电子受声子的散射,因此超导体在正常态时的电阻随温度降低而逐渐减小,表现出和正常导体一样的输运行为。随着温度降低到 T_c 温度以下,部分电子开始以某种方式组织和结合起来形成超导电子,当超导电子浓度超过一定值时,可在超导体中形成由超导电子构成的渗流通道。由于超导电子不受声子散射,因此,由超导电子构成的渗流通道是电阻为零的通道,明显地,一旦形成这样的渗流通道,则超导体的电阻急剧减小直至为零,从而可以解释超导体从正常态到超导态的转变,以及超导态时的零电阻现象。

13.3.2 伦敦唯象理论

二流体模型可以解释正常态到超导态的转变及超导态时的零电阻效应,但不能解释超导态时同时存在的零电阻效应和迈斯纳效应。从前面关于迈斯纳效应的分析可知,迈斯纳效应是超导体独立于零电阻的基本特征,但又和零电阻效应有着不可分割的内在联系。基于这一精神,伦敦二兄弟于 1935 年提出超导电性的伦敦唯象理论,从统一的观点对超导态同时存在的零电阻效应和迈斯纳效应予以解释。

假设超导电子的浓度为 n_s,则超导体中超导电子所占的比例为

$$\omega = \frac{n_s}{n} \tag{13.50}$$

其中,$n = n_n + n_s$ 为总载流子浓度,n_n 为正常电子浓度,由式(13.50)所定义的 ω 为描述超导态有序化程度的序参量。明显地,在 T_c 以上的温度,由于没有超导电子的形成,故有 $\omega = 0$;在温度趋于绝对零度时,正常电子消失,载流子全为超导电子,故有 $\omega = 1$;在 $0 < T < T_c$ 的中间温度范围,则 $0 < \omega < 1$,说明在中间温度范围内有正常电子和超导电子两种类型的载流子。

假设超导电子的质量和电荷分别为 m^* 和 e^*,当超导电子以速度 $\vec{v}_s$ 运动时,则伴随超导电子的运动会形成电流密度

$$\vec{j}_s = n_s e^* \vec{v}_s \tag{13.51}$$

为区别与正常电子运动相关的电流密度,这里称与超导电子运动相关的电流密度 $\vec{j}_s$ 为超导电流密度。式(13.51)两边对时间微分后得到

$$\frac{\partial \vec{j}_s}{\partial t} = n_s e^* \frac{\partial \vec{v}_s}{\partial t} \tag{13.52}$$

另外一方面,在外加电场 $\vec{E}$ 的作用下,超导电子会作加速运动,因此有

$$m^* \frac{\partial \vec{v}_s}{\partial t} = e^* \vec{E} \tag{13.53}$$

由此得到外场作用下超导电子运动的加速度为

$$\frac{\partial \vec{v}_s}{\partial t} = \frac{e^*}{m^*} \vec{E} \tag{13.54}$$

代入式(11.52)中并令

$$\Lambda^2 = \frac{m^*}{n_s(e^*)^2} \tag{13.55}$$

可得到外加电场下超导电流密度随时间变化所遵从的方程为

$$\frac{\partial \vec{j}_s}{\partial t} = \frac{1}{\Lambda^2}\vec{E} \tag{13.56}$$

其称为伦敦第一方程。

由伦敦第一方程得到

$$\frac{\partial}{\partial t}\ \mathbf{\nabla}\times\vec{j}_s = \frac{1}{\Lambda^2}\ \mathbf{\nabla}\times\vec{E} \tag{13.57}$$

将由此得到的 $\mathbf{\nabla}\times\vec{E}$ 代入 Maxwell 方程(13.45b)中,则有

$$\frac{\partial}{\partial t}\ \mathbf{\nabla}\times\vec{j}_s = -\frac{1}{\Lambda^2}\ \frac{\partial\vec{B}}{\partial t} \tag{13.58}$$

或者写成

$$\mathbf{\nabla}\times\vec{j}_s = -\frac{1}{\Lambda^2}\vec{B} \tag{13.59}$$

称为伦敦第二方程。如果将磁感应强度 $\vec{B}$ 用矢势 $\vec{A}$ 表示,即 $\vec{B}=\mathbf{\nabla}\times\vec{A}$,则伦敦第二方程也可表示为另外一种形式,即

$$\vec{j}_s = -\frac{1}{\Lambda^2}\vec{A} \tag{13.59}'$$

伦敦第一方程和伦敦第二方程的联合,即

$$\begin{cases} \dfrac{\partial \vec{j}_s}{\partial t} = \dfrac{1}{\Lambda^2}\vec{E} \\[2mm] \mathbf{\nabla}\times\vec{j}_s = -\dfrac{1}{\Lambda^2}\vec{B} \end{cases} \tag{13.60}$$

组成了描述超导电流的电动力学,以此为基础建立的理论称为超导电性的伦敦唯象理论。其中,伦敦第一方程描述了超导体的零电阻性质,而伦敦第二方程,如下文所描述的,则合理地描述了超导体的抗磁性,因此,伦敦的两个基本方程是决定超导态电磁性质的基本方程。同时注意到,伦敦第二方程是在伦敦第一方程的基础上得到的,而伦敦第一方程是描述超导体零电阻性质的,这些说明,迈斯纳效应是超导体独立于零电阻的基本特征,但又和零电阻效应有着不可分割的内在联系。

13.3.3　伦敦唯象理论预言的抗磁性

现在基于上面介绍的伦敦唯象理论,来分析该理论是如何解释超导体中的抗磁效应的。由于超导体中的磁感应强度是由电流引起的,而电流只影响磁感应强度 $\vec{B}$ 而不影响磁场强度 $\vec{H}$,因此,在超导体内部,Maxwell 方程(13.45d)可写为

$$\mathbf{\nabla}\times\vec{B} = \mu_0\vec{j}_s \tag{13.61}$$

式中忽略了位移电流 $\dfrac{\partial \vec{D}}{\partial t}$，这是因为相对于超导电流，位移电流可忽略不计。由方程

(13.61) 得到

$$\mathbf{\nabla} \times \mathbf{\nabla} \times \vec{B} = \mu_0 \, \mathbf{\nabla} \times \vec{j}_s \qquad (13.62)$$

利用伦敦第二方程及

$$\mathbf{\nabla} \times \mathbf{\nabla} \times \vec{B} = \mathbf{\nabla}(\mathbf{\nabla} \cdot \vec{B}) - \mathbf{\nabla}^2 \vec{B} = -\mathbf{\nabla}^2 \vec{B} \qquad (13.63)$$

其中，上式最后一步用到了 Maxwell 方程(13.45c)，即 $\mathbf{\nabla} \cdot \vec{B} = 0$，于是方程(13.62)变成

$$\mathbf{\nabla}^2 \vec{B} = \dfrac{1}{\lambda_L^2} \vec{B} \qquad (13.64)$$

其中，

$$\lambda_L = \dfrac{\Lambda}{\sqrt{\mu_0}} = \sqrt{\dfrac{m^*}{\mu_0 n_s (e^*)^2}} \qquad (13.65)$$

称为伦敦穿透深度。

为简单起见，考虑如图 13.9(a) 所示的半无限大超导体，超导体占据 $x \geqslant 0$ 的空间，而 $x < 0$ 的空间为真空区。如果磁场沿平行于超导体 — 真空界面方向施加于超导体，则 x 方向上的方程(13.64)可写成

$$\dfrac{\mathrm{d}^2 B(x)}{\mathrm{d} x^2} = \dfrac{1}{\lambda_L^2} B(x) \qquad (13.66)$$

该方程的解为

$$B(x) = B_0 \mathrm{e}^{-x/\lambda_L} \qquad (13.67)$$

其中，$B_0 = \mu_0 H$ 为 $x = 0$ 表面处的磁感应强度，H 为外加磁场的强度。图 13.9(b) 显示了磁感应强度随 x 的变化趋势，可以看到，随着从 $x = 0$ 表面处往超导体内部的深入，磁感应强度指数性减少，在 $x \geqslant \lambda_L$ 的区域里，磁感应强度基本为零，这正是迈斯纳效应的合理描述，但在 $0 < x < \lambda_L$ 范围内，磁感应强度不为零，说明在离超导体表面 $x < \lambda_L$ 范围内有磁通进入，这就是将 λ_L 称为伦敦穿透深度的原因。

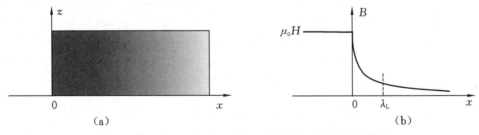

图 13.9　(a) 半无限大超导体和(b) 磁感应强度分布示意图

假设超导电子浓度与温度的关系为

$$n_s(T) = n_s(0) \left[1 - (T/T_C)^4 \right] \qquad (13.68)$$

则由式(13.65)可得到伦敦穿透深度与温度的关系为

$$\lambda_{L}(T) = \frac{\lambda_{L}(0)}{[1 - (T/T_{C})^{4}]^{1/2}} \tag{13.69}$$

其中，

$$\lambda_{L}(0) = \sqrt{\frac{m^{*}}{\mu_{0} n_{s}(0) (e^{*})^{2}}} \tag{13.70}$$

式(13.69)所示的伦敦穿透深度与温度的关系在实验中被普遍证实。作为量级估计，超导电子的质量和电荷分别取金属中电子的质量和电荷，即 $m^{*} \sim 9.1 \times 10^{-31}$ kg 和 $e^{*} \sim 1.6 \times 10^{-19}$ C，在温度趋于绝对零度时，所有载流子为超导电子，因此有 $n_{s}(0) \sim 10^{29}/\mathrm{m}^{3}$，则由式(13.70)可估计出当温度趋于绝对零度时的伦敦穿透深度的量级在 10^{2} Å，可见，磁通穿透仅仅发生在超导体表面一个很薄的表面层内。

13.4　金兹堡—朗道理论

上面介绍的伦敦唯象理论，对超导态同时存在的零电阻效应和迈斯纳效应能给以统一解释，但伦敦唯象理论所预言的结果与实验相比仍存在一定的差别。究其原因在于，伦敦唯象理论中假设了超导电子浓度只依赖于温度。前面提到，除温度影响超导性质外，磁场也同样可以影响超导性质，因此，可以想象，磁场也可以改变超导电子浓度，意味着超导电子浓度不仅仅是温度的函数，而且也是磁场和空间位置的函数。

金兹堡(Ginzburg)和朗道(Landau)将超导电子的有效波函数作为超导态的序参量并将朗道的二级相变应用于对超导体的分析，在此基础上形成了另外一个唯象理论，现普遍称其为金兹堡—朗道理论，简称 G—L 理论。G—L 理论虽然也是一个唯象理论，但由于考虑到了温度、磁场，以及位置对超导序参量的影响，因此，理论更具有普适性，而且更重要的是，基于 G—L 理论，阿布里科索夫(Abrikosov)提出，超导体可以分为 Ⅰ 类和 Ⅱ 类两类性质不同的超导体，从而开创了对 Ⅱ 类超导体研究的先河。

13.4.1　G—L 理论的理论基础

G—L 理论建立在朗道于 1937 年提出的二级相变理论基础之上，而朗道二级相变理论的核心可概括为如下三个假设：

（1）存在一个序参量，该序参量在相变时为零；

（2）吉布斯自由能可以按序参量的幂次展开；

（3）展开式系数是温度的有规律的函数。

如果将朗道的二级相变理论应用于超导体，则核心的问题是引入什么样的序参量来描述超导态。

1950 年，金兹堡和朗道提出，超导电子的有效波函数 ψ 本身就可以作为超导态的序参量，这是一个概念上的突破，体现在如下三个方面，一是，用超导电子的有效波函数 ψ 作为超导态的序参量，它是一个复变量，而在前面介绍的伦敦理论中，超导态的序参量 $\omega = \dfrac{n_{s}}{n}$ 为实变量；二是，在用超导电子有效波函数 ψ 作为超导态序参量的描述中，超导电

子浓度 $n_s = |\psi|^2$，其不仅与温度有关，而且与磁场及空间位置有关，因此更具有普适性；三是，决定超导电子的有效波函数 ψ 的方程不是量子力学中的薛定谔方程，而是基于热力学平衡条件满足系统自由能极小所建立的新的非线性方程。

13.4.2　超导序参量均匀分布下的 G—L 理论

如果超导电子在超导体中是均匀分布的，则以超导电子有效波函数 ψ 表示的超导态序参量只与温度有关，而与空间位置无关，在这种情况下，金兹堡和朗道提出，处在超导态的超导体的吉布斯自由能密度 G_s 可按超导态序参量 ψ 展开为

$$G_s(T) = G_n(T) + \alpha |\psi|^2 + \frac{1}{2}\beta |\psi|^4 + \cdots \tag{13.71}$$

其中，G_n 为超导体处在正常态时的吉布斯自由能密度。由于 $n_s = |\psi|^2$ 表示的是超导电子浓度，在温度 T_C 附近，超导电子浓度很低，以至于在式(13.71)中可以忽略 $|\psi|^4$ 以上的高次项，这样一来，式(13.71)近似为

$$G_s(T) \approx G_n(T) + \alpha |\psi|^2 + \frac{1}{2}\beta |\psi|^4 \tag{13.72}$$

由自由能极小条件 $\dfrac{\partial G_s(T)}{\partial |\psi|^2} = 0$ 可得到确定展开式系数 α 和 β 的两个方程，即

$$\alpha + \beta |\psi_0|^2 = 0 \tag{13.73}$$

和

$$G_s(T) = G_n(T) - \frac{\alpha^2}{2\beta} \tag{13.74}$$

其中，$|\psi_0|^2$ 表示热平衡时的超导电子浓度。由前面的超导体热力学分析可知

$$G_n(T) - G_s(T) = \frac{1}{2}\mu_0 H_C^2 \tag{13.75}$$

因此，方程(13.74)可写成

$$\frac{\alpha^2}{\beta} = \mu_0 H_C^2 \tag{13.76}$$

通过对式(13.73)和式(13.76)两个方程的求解，得到

$$\begin{cases} \alpha = -\mu_0 H_C^2 / |\psi_0|^2 \\ \beta = \mu_0 H_C^2 / |\psi_0|^4 \end{cases} \tag{13.77}$$

将 $\alpha(T)$ 和 $\beta(T)$ 在 T_C 温度附近进行泰勒级数展开，即

$$\begin{cases} \alpha(T) = \alpha(T_C) + (T - T_C)\left(\dfrac{d\alpha}{dT}\right)_{T_C} + \cdots \\ \beta(T) = \beta(T_C) + (T - T_C)\left(\dfrac{d\beta}{dT}\right)_{T_C} + \cdots \end{cases} \tag{13.78}$$

按照朗道二级相变理论，系数 α 应具有以下性质：① 当 $T < T_C$ 时，$\alpha(T)$ 应是负的；② 当 $T = T_C$ 时，$\alpha(T)$ 应为零；③ 斜率 $\dfrac{d\alpha}{dT}$ 在 $T = T_C$ 时应保持有限。基于这些考虑，当温度从 T_C 温度以下接近 T_C 时，$\alpha(T)$ 可以表示为

$$\alpha(T) = (T - T_C)\left(\frac{\mathrm{d}\alpha}{\mathrm{d}T}\right)_{T_C} = -T_C\left(\frac{\mathrm{d}\alpha}{\mathrm{d}T}\right)_{T_C}\left(1 - \frac{T}{T_C}\right) \tag{13.79}$$

而由于系数 β 是 $|\psi|^4$ 项的系数,因此,在展开式(13.78)中只需保留第一项,即

$$\beta(T) \approx \beta(T_C) = \beta_c \tag{13.80}$$

将式(13.79)和式(13.80)代入式(13.76)中得到

$$H_C = \frac{T_C}{\sqrt{\mu_0 \beta_c}}\left(\frac{\mathrm{d}\alpha}{\mathrm{d}T}\right)_{T_C}\left(1 - \frac{T}{T_C}\right) = H_C(0)\left(1 - \frac{T}{T_C}\right) \tag{13.81}$$

其中,$H_C(0) = \frac{T_C}{\sqrt{\mu_0 \beta_c}}\left(\frac{\mathrm{d}\alpha}{\mathrm{d}T}\right)_{T_C}$。再由式(13.77),可以得到热平衡时的超导电子浓度为

$$n_s(T) = |\psi_0|^2 = \frac{T_C}{\beta_c}\left(\frac{\mathrm{d}\alpha}{\mathrm{d}T}\right)_{T_C}\left(1 - \frac{T}{T_C}\right) = n_s(0)\left(1 - \frac{T}{T_C}\right) \tag{13.82}$$

其中,$n_s(0) = \frac{T_C}{\beta_c}\left(\frac{\mathrm{d}\alpha}{\mathrm{d}T}\right)_{T_C}$。

可见,在温度 T_C 附近,超导序参量均匀分布下的 G—L 理论预言的 $H_C(T)$ 和 $n_s(T)$ 均正比于 $(1 - T/T_C)$,这和 T_C 温度附近的实验观察基本一致,说明以超导电子有效波函数作为序参量、以朗道二级相变作为理论基础而提出的 G—L 理论,可以解释超导体在 T_C 温度附近观察到的超导现象。

13.4.3　一般情况下的 G—L 理论

如果仅仅从解释超导体在 T_C 温度附近观察到的超导现象的角度,G—L 理论不足以体现其价值,因为热力学分析或者伦敦唯象理论就可以解释 T_C 温度附近的超导现象。G—L 理论的重要意义或价值体现在对超导序参量非均匀分布下的超导现象的分析。事实上,如果把超导体置于外加磁场中,则磁场必然会导致 ψ 的空间不均匀性,在这种情况下,处在超导态的超导体,其吉布斯自由能应由如下三部分构成。

一是,无外加磁场时的吉布斯自由能密度,由于无磁场下的超导电子在整个超导体中是均匀分布的,因此,它可表示为

$$G_s = G_n + \alpha|\psi|^2 + \frac{1}{2}\beta|\psi|^4 \tag{13.83}$$

二是,超导体内部的磁场能密度的贡献,它可表示为

$$\frac{1}{2}\mu_0 H^2 \text{ 或 } \frac{B^2}{2\mu_0} \tag{13.84}$$

三是,与 ψ 梯度有关的额外能量密度项。根据量子力学,ψ 梯度项将贡献电子的动能密度,为保持规范不变性,GL 假设与 ψ 梯度有关的额外能量密度项可表示为

$$\frac{1}{2m^*}|(-i\hbar\nabla + e^*\vec{A})\psi|^2 \tag{13.85}$$

其中,m^* 和 e^* 分别为超导电子的质量和电荷,$\vec{A}$ 为矢势,它与磁感应强度的关系为 $\vec{B} = \nabla \times \vec{A}$。这样一来,在外加磁场下,处在超导态的超导体的吉布斯自由能密度可表示为

$$G_s(\psi, \vec{A}) = G_n + \alpha \mid \psi \mid^2 + \frac{1}{2}\beta \mid \psi \mid^4 + \frac{(\boldsymbol{\nabla} \times \vec{A})^2}{2\mu_0} + \frac{1}{2m^*} \mid (-i\hbar\boldsymbol{\nabla} + e^*\vec{A})\psi \mid^2$$

$$(13.86)$$

对热力学系统,任何条件的改变都会引起系统的自由能的变化,而系统稳定的热力学态则对应的是自由能极小的态。超导态是热力学平衡态,因此,当其序参量 ψ 或矢势 $\vec{A}$ 发生改变时,可以通过变分求极值的方法得到与之相对应的稳定态。

由

$$\frac{\partial G_s(\psi, \vec{A})}{\partial \psi} = 0$$

得到

$$\frac{1}{2m^*}(-i\hbar\boldsymbol{\nabla} + e^*\vec{A})^2\psi + \alpha\psi + \beta \mid \psi \mid^2 \psi = 0 \qquad (13.87)$$

称之为 GL 第一方程,并标记为 GL I;而由

$$\frac{\partial G_s(\psi, \vec{A})}{\partial \vec{A}} = 0$$

则得到另外一个方程

$$\vec{j}_s = \frac{i\hbar e^*}{2m^*}(\psi^* \boldsymbol{\nabla}\psi - \psi\boldsymbol{\nabla}\psi^*) - \frac{(e^*)^2}{m^*} \mid \psi \mid^2 \vec{A} \qquad (13.88)$$

称之为 GL 第二方程,并标记为 GL II,其中, $\vec{j}_s = \frac{1}{\mu_0}\boldsymbol{\nabla} \times \vec{B}$ 为与超导电子运动有关的电流密度。GL II 方程的推导用到了如下边界条件:

$$\vec{n} \cdot (-i\hbar\boldsymbol{\nabla} + e^*\vec{A})\psi = 0 \qquad (13.89)$$

其中, $\vec{n}$ 为超导体表面法线方向的单位矢量,边界条件(13.89)表示超导体内的超导电子没有流出体外。

以上述两个方程,即 GL I 和 GL II,为基础而建立的理论就是通常所讲的 G—L 理论。虽然形式上方程 GL I 类似于量子力学中的薛定谔方程,但事实不是,它是基于热力学平衡条件满足系统自由能极小所建立的决定超导电子的有效波函数 ψ 的新的非线性方程。

13.4.4　穿透深度和相干长度

现在基于方程 GL I 和 GL II,对两种简单情况进行分析,一是低磁场但 ψ 梯度可忽略,另一是零磁场但 ψ 梯度不可忽略,由此引入两个重要的特征长度:穿透深度和相干长度。

先考虑低磁场但 ψ 梯度可忽略的情况。由于 ψ 梯度可忽略,则方程 GL I 和 GL II 中不会出现与电子动能有关的项,在这种情况下,方程 GL I 和 GL II 分别近似为

$$\begin{cases} \alpha\psi + \beta \mid \psi \mid^2 \psi = 0 \\ \vec{j}_s = -\dfrac{(e^*)^2}{m^*} \mid \psi \mid^2 \vec{A} \end{cases} \tag{13.90}$$

由第一个方程得到

$$\mid \psi \mid^2 = -\frac{\alpha}{\beta} = \mid \psi_0 \mid^2 \tag{13.91}$$

说明,若忽略 ψ 梯度的存在,则超导电子的波函数是均匀分布的,与未加磁场下的有效波函数相同。另一方面,由第二个方程,即由 $\vec{j}_s = -\dfrac{(e^*)^2}{m^*} \mid \psi \mid^2 \vec{A}$,得到

$$\mathbf{\nabla} \times \vec{j}_s = -\frac{(e^*)^2}{m^*} \mid \psi \mid^2 \mathbf{\nabla} \times \vec{A} = -\frac{(e^*)^2}{m^*} \mid \psi \mid^2 \vec{B} = -\frac{(e^*)^2}{m^*} \mid \psi_0 \mid^2 \vec{B} \tag{13.92}$$

具有和伦敦方程(13.59)相同的形式。类似于伦敦理论的分析,得到穿透深度的表达式为

$$\lambda_L = \sqrt{\frac{m^*}{\mu_0 \mid \psi_0 \mid^2 e^{*2}}} \tag{13.93}$$

这些分析表明,伦敦理论包含在 G—L 理论中,或者说,伦敦理论只是 G—L 理论在低磁场但 ψ 梯度可忽略情况下的一种近似。

再来考虑另一种情况,即零磁场但 ψ 梯度不可忽略的情况,在这种情况下,方程 GL I 变成

$$-\frac{\hbar^2 \mathbf{\nabla}^2}{2m^*}\psi + \alpha\psi + \beta \mid \psi \mid^2 \psi = 0 \tag{13.94}$$

为简单起见,考虑一维情况,则上述方程变成

$$-\frac{\hbar^2}{2m^*}\frac{\mathrm{d}^2}{\mathrm{d}x^2}\psi + \alpha\psi + \beta \mid \psi \mid^2 \psi = 0 \tag{13.95}$$

利用 $\beta = -\alpha / \mid \psi_0 \mid^2$,并令 $\psi = \psi_0 + \psi_1$,代入式(13.95)中则得到关于 ψ_1 的方程

$$\frac{\mathrm{d}^2\psi_1}{\mathrm{d}x^2} + \frac{m^* \mid \alpha \mid}{\hbar^2}\psi_1 = 0 \tag{13.96}$$

若令

$$\xi^2 = \frac{\hbar^2}{2m^* \mid \alpha \mid} \tag{13.97}$$

则方程(13.96)的解为

$$\psi_1 \equiv \psi - \psi_0 = C\mathrm{e}^{-x/2\xi} \tag{13.98}$$

其中,C 为常数。由此推知,由式(13.97)定义的 ξ 为超导电子有序化在空间延伸的范围,基于这一原因,称 ξ 为相干长度。由于 $2\mid\alpha\mid$ 和 $k_B T_C$ 的量级相同,因此,由式(13.97)可估计相干长度 ξ 的量级在 10^3 nm。

13.4.5　GL 参数

由上面的分析得到两个特征长度:

$$\begin{cases} \lambda_L = \sqrt{m^*/\mu_0 \, |\psi_0|^2 e^{*2}} \\ \xi = \sqrt{\hbar^2/2m^* \, |\alpha|} \end{cases} \tag{13.99}$$

一个是穿透深度 λ_L，表征的是磁场能穿透超导体表面的深度范围，另一个是相干长度，表征的是超导电子有序化在空间延伸的范围。这两个特征长度均与温度有关，利用

$$\begin{cases} |\psi_0|^2 = -\alpha(T)/\beta(T) \\ \alpha(T) = -T_C(1 - T/T_C)\left(\dfrac{d\alpha}{dT}\right)_{T_C} \\ \beta(T) = \beta_c \end{cases}$$

可以将两个特征长度与温度的关系表示为

$$\begin{cases} \lambda_L(T) = \sqrt{m^*\beta_c/\mu_0 e^{*2} T_C \left(\dfrac{d\alpha}{dT}\right)_{T_C}(1 - T/T_C)} \\ \xi(T) = \sqrt{\hbar^2/2m^* T_C \left(\dfrac{d\alpha}{dT}\right)_{T_C}(1 - T/T_C)} \end{cases} \tag{13.100}$$

易见，尽管两个特征长度与温度有关，但它们的比值

$$\kappa = \frac{\lambda_L(T)}{\xi(T)} \tag{13.101}$$

显然是温度无关的，称其为 GL 参数。

由式(13.99) 得到

$$\lambda_L \times \xi = \sqrt{\frac{\hbar^2}{2\mu_0 e^{*2} \, |\psi_0|^2 \, |\alpha|}} \tag{13.102}$$

再利用关系式 $|\psi_0|^2 = |\alpha|/\beta_c$ 和 $H_C^2 = \alpha^2/\mu_0\beta_c$，于是有

$$\lambda_L \times \xi = \frac{\hbar}{\sqrt{2}\mu_0 e^* H_C} \tag{13.103}$$

这样一来，GL 参数可以表示为

$$\kappa \equiv \frac{\lambda_L}{\xi} = \frac{\lambda_L \times \lambda_L}{\lambda_L \times \xi} = \frac{\sqrt{2}\mu_0 e^*}{\hbar} H_C(T)\lambda_L^2(T) \tag{13.104}$$

由于 $H_C(T)$ 和 $\lambda_L(T)$ 均可以通过实验测量直接得到，因此，GL 参数 κ 可由实验定出，它是一个无量纲的很实在的参数，是与温度无关的物质常数。如后面的分析所看到的，依 $\kappa < \dfrac{1}{\sqrt{2}}$ 和 $\kappa > \dfrac{1}{\sqrt{2}}$，超导体被分为 Ⅰ 类超导体和 Ⅱ 类超导体。

13.5 两类超导体

13.5.1 界面能

假设超导体内存在正常区和超导区，为简单起见，考虑如图 13.10 所示的一维情况。

如果超导电子的有效波函数如伦敦理论所假设的那样是刚性的,则超导电子在整个超导区内均匀分布,即超导电子的波函数处处都为 ψ_0,因此,在未加磁场时,$x=0$ 处的界面将超导体分成 $x<0$ 的正常区和 $x>0$ 的超导区。

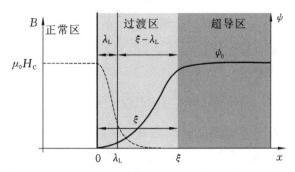

图 13.10　一维方向上正常 — 过渡 — 超导区分布示意图

按照 GL 理论,超导序参量从 $x=0$ 的超导区表面的 $\psi(x=0)=0$ 开始随 x 增加而指数性增加,直至当 x 增加到 $x=\xi$ 时,超导序参量才趋于达到稳定值 ψ_0;另外一方面,在外加磁场时,磁场对超导体存在一个穿透深度 λ_L,即在超导体表面厚度为 λ_L 的薄层有磁场的透入。意味着在正常区和超导区之间不可能存在严格的几何分界面,而是存在一个如图 13.10 所示的过渡区。$x=0$ 左侧的区域属于严格意义上的正常区,而 $x=0$ 右侧依次为磁场穿透区($0<x<\lambda_L$)、无磁场正常区($\lambda_L<x<\xi$)和超导区($x>\xi$),现分别解释如下。

在 $x<0$ 的正常区,当外加磁场时,磁场可以充分透入,因此有
$$B(x)=\mu_0 H_C \quad 和 \quad \psi(x)=0 \quad (x<0) \tag{13.105}$$
在 $x>\xi$ 的超导区,超导体具有完全抗磁性,超导序参量达到热平衡值,因此有
$$B(x)=0 \quad 和 \quad \psi(x)=\psi_0 \quad (x>\xi) \tag{13.106}$$
在 $0<x<\lambda_L$ 区,磁场可以穿透,以至于 $B\neq 0$,相当于磁场的作用将正常 — 超导分界面从 $x=0$ 处推移到 $x=\lambda_L$ 处。磁场的透入使得超导体在 $0<x<\lambda_L$ 薄层内近似处于正常态,因此有
$$B(x)\neq 0 \quad 和 \quad \psi(x)\approx 0 \quad (0<x<\lambda_L) \tag{13.107}$$
在 $\lambda_L<x<\xi$ 区,虽然没有磁场透入,但因为超导序参量随离开超导区表面($x=\xi$)的距离增加而指数性趋于零,因此,$\lambda_L<x<\xi$ 区既不同于左边的磁场穿透区($B\neq 0,\psi\approx 0$),也不同于右边 $x>\xi$ 的超导区($B=0,\psi=\psi_0$),而是相当于属于无磁场的正常区,故近似有
$$B(x)=0 \quad 和 \quad \psi(x)\approx 0 \quad (\lambda_L<x<\xi) \tag{13.108}$$
超导区表面无磁场的正常区的存在是造成正常 — 超导界面能产生的原因。由自由能密度的表达式
$$G_n-G_s=\frac{1}{2}\mu_0 H_C^2 \tag{13.109}$$
这个无磁场的正常区的自由能要高于超导区的自由能,高出的部分为
$$(\xi-\lambda_L)\times s\times \frac{1}{2}\mu_0 H_C^2 \tag{13.110}$$

其中, s 为垂直于 x 方向的超导体截面积。注意到, 上面的分析是基于 $\xi > \lambda_L$ 进行的, 如果 $\xi < \lambda_L$, 可作类似的分析, 得到的无磁场的正常区的自由能要低于超导区的自由能, 低出的部分为

$$(\lambda_L - \xi) \times s \times \frac{1}{2}\mu_0 H_C^2 \tag{13.111}$$

综合 $\xi > \lambda_L$ 和 $\xi < \lambda_L$ 两种情况的分析, 令式(13.110)和式(13.111)除以面积 s, 则得到单位面积正常—超导界面能为

$$\sigma_{NS} = \frac{1}{2}\mu_0 H_C^2 (\xi - \lambda_L) \tag{13.112}$$

利用 GL 参数 κ 的定义, 单位面积正常—超导界面能可表示为

$$\sigma_{NS} = \frac{1}{2}\mu_0 H_C^2 \xi (1 - \kappa) \tag{13.113}$$

可见, 仅仅当 $\kappa = 1$ 时, 界面能才为零; 而当 $\kappa < 1$ 或 $\kappa > 1$ 时, 界面能则分别为正的和负的, 即

$$\sigma_{NS} \begin{cases} > 0 & (\kappa < 1) \\ = 0 & (\kappa = 1) \\ < 0 & (\kappa > 1) \end{cases} \tag{13.114}$$

1957 年, 阿布里科索夫通过详细求解 GL 方程得到的结论是, 当 $\kappa = 1/\sqrt{2}$ 时, 界面能才为零; 而当 $\kappa < 1/\sqrt{2}$ 或 $\kappa > 1/\sqrt{2}$ 时, 界面能则分别为正的和负的, 即

$$\sigma_{NS} \begin{cases} > 0 & (\kappa < 1/\sqrt{2}) \\ = 0 & (\kappa = 1/\sqrt{2}) \\ < 0 & (\kappa > 1/\sqrt{2}) \end{cases} \tag{13.115}$$

13.5.2　Ⅰ 类和 Ⅱ 类超导体

尽管阿布里科索夫的研究看上去仅仅是对 GL 方程的求解, 但他的研究体现了 GL 参数 κ 的物理意义的重要性。依据 $\kappa < 1/\sqrt{2}$ 还是 $\kappa > 1/\sqrt{2}$, 超导体被分为 Ⅰ 类和 Ⅱ 类两类性质不同的超导体, 从而开创了对第 Ⅱ 类超导体研究的先河。

对于 Ⅰ 类超导体, $\kappa < 1/\sqrt{2}$, 因此, 正常—超导界面能为正。由于界面能为正, 从能量上讲, 出现正常—超导界面是不利的, 意味着在处在超导态的 Ⅰ 类超导体中不允许出现正常区和超导区的共存。当外加磁场时, 除了超导体表面厚度为 λ_L 的薄层内有磁场透入外, 磁场不会穿透超导体体内, 超导体体内显示出完全抗磁性, 即迈斯纳效应。

Ⅰ 类超导体的特征是只存在一个临界场 $H_C(T)$, 如图 13.11(a) 所示, 一条 $H_C - T$ 相变线将 $H - T$ 平面分成两个明显可区分的区域, 在相变线之上, 超导体处在正常态, 而在相变线之下, 超导体处在迈斯纳态。在迈斯纳态, 超导体不仅具有零电阻性质, 而且具有完全抗磁性, 即 $M = -H$。给定温度下 Ⅰ 类超导体的磁化曲线如图 13.11(b) 所示, 由 $-M = H$ 表征的迈斯纳态仅仅维持到 $H < H_C$ 的磁场范围, 当磁场超过 H_C 时, 超导体变成正常金属, 此时 $M = 0$。

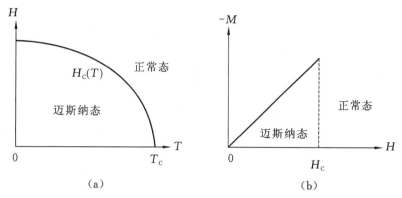

图 13.11　(a) Ⅰ 类超导体的相图和 (b) 给定温度下磁化曲线示意图

对于 Ⅱ 类超导体，$\kappa > 1/\sqrt{2}$，因此，正常 — 超导界面能为负。由于界面能为负，从能量上讲，出现正常 — 超导界面是有利的，意味着在处在超导态的 Ⅱ 类超导体中允许出现正常区和超导区的共存。当外加磁场时，一定条件下，磁场可以透入超导体体内，从而形成如图 13.12 所示的很多磁场穿透的正常区。正常区周围是连通的超导区，这样既保证了超导体的零电阻特性，又由于出现"正常 — 超导"界面而使系统总自由能降低。

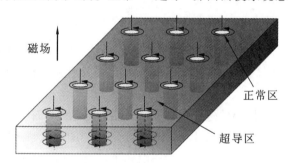

图 13.12　Ⅱ 类超导体中的超导区和因磁场穿透引起的正常区的分布示意图

13.5.3　Ⅱ 类超导体的性质

1. 上、下临界场

Ⅱ 类超导体的特征是其具有两个临界场，分别称为上临界场 $H_{C2}(T)$ 和下临界场 $H_{C1}(T)$。如图 13.13(a) 所示，两条由 $H_{C1}(T)$ 和 $H_{C2}(T)$ 表征的相变线将 $H-T$ 平面分成三个明显可区分的区域。在 $H_{C1}(T)$ 相变线之下，超导体处在迈斯纳态，此时，超导体不仅具有零电阻性质，而且由于没有磁场透入而具有完全抗磁性。随磁场增加到 $H_{C1}(T)$ 以上，超导体进入混合态，磁通线进入超导体内，形成一个个如图 13.12 所示的小的正常区。在混合态，由于正常区周围是连通的超导区域，因此，超导体仍然保持零电阻特性，但不再具有完全抗磁性。随着磁场增大，单位面积正常态区域数目增多，当磁场达到或超过 $H_{C2}(T)$ 时，超导态消失而转变为正常态。

阿布里科索夫的理论研究表明，上、下临界场可分别表示为

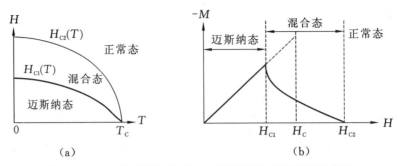

图 13.13　(a) Ⅱ 类超导体 H—T 相图和(b) 磁化曲线示意图

$$\begin{cases} H_{C2}=\kappa\sqrt{2}\,H_C \\ H_{C1}=\dfrac{H_C}{\sqrt{2}\,\kappa}(\ln\kappa+0.08) \end{cases} \qquad (13.116)$$

其中，H_C 为热力学临界场，可基于磁化曲线按下式积分得到：

$$\frac{1}{2}\mu_0 H_C^2=-\int_0^{H_{C2}} MdH \qquad (13.117)$$

2. 磁化曲线

给定温度下，Ⅱ 类超导体的磁化曲线如图 13.13(b) 所示，显示出和 Ⅰ 类超导体的明显不同。当磁场低于 $H_{C1}(T)$，即在迈斯态时，超导体具有完全抗磁性，因此有

$$-M=H \quad (H<H_{C1}) \qquad (13.118)$$

当磁场超过 $H_{C1}(T)$ 时，超导体进入混合态。在混合态，由于磁场的透入，超导体不再具有完全抗磁性，表征抗磁性的磁化，即 $-M$，不是沿图中的虚线轨迹随磁场增加而线性增大，而是沿图中的实线轨迹随磁场增加而逐渐变小，直至在 $H=H_{C2}(T)$ 时变为零。当磁场达到或超过 $H_{C2}(T)$ 时，超导态消失而转变为正常态，在正常态，超导体的磁化强度为零，即 $M=0$。

3. 涡旋线及磁通量子

当外加磁场介于 $H_{C1}<H<H_{C2}$ 范围时，超导体处在混合态。在混合态，磁场以涡旋线（也称"磁通线"）的形式穿入超导体，形成如图 13.12 所示的一个个有磁场穿透的正常态小区域。理论证明，每根涡旋线是一个半径为 ξ 的正常态圆柱体，且每根涡旋线只携带一个磁通量子 $\phi_0=\dfrac{h}{2e}$。假如单位面积上分布有 N 根磁通量子的涡旋线，则磁感应强度为

$$B=N\phi_0 \qquad (13.119)$$

涡旋线可以以三角点阵、正方点阵或其他形式的点阵规则有序排列，但从能量最低原理角度，理论分析表明，三角点阵排布有更低的能量。在三角点阵排布的情况下，相邻涡旋线的间距为

$$d = \left[\frac{2}{\sqrt{3}} \frac{\phi_0}{B} \right]^{1/2} \tag{13.120}$$

有很多实验可以被用来检测涡旋线的结构,如中子衍射、核磁共振、装饰法等。其中,最直观的检测方法是装饰法,即在垂直于外加磁场方向的超导体端部平面上撒上铁磁粒子,由于超导态具有完全抗磁性,这种抗磁性是排铁磁粒子的,因此,在没有涡旋线穿过的地方没有铁磁粒子的聚集,而只在有涡旋线穿过的圆形区域上才有铁磁粒子的聚集,拍出来的照片十分清晰地显示,涡旋线是按三角点阵规则地分布的。

4. 超导转变的展宽和"鱼尾"现象

对于具有理想晶体结构的 II 类超导体,零场下从有阻的正常态到零电阻的超导态的转变发生在一个很窄的温度范围内,如图 13.14 所示。但在外加磁场下,不仅超导转变明显展宽,而且常常观察到在经过一个长长的"尾巴"后才变成电阻为零的超导态,表现出所谓的"鱼尾"现象。磁场下超导转变的展宽和"鱼尾"现象,起源于磁通流动(flux flow)或磁通蠕动(flux creep)。这是因为,磁通穿过的区域为正常态区域,当磁通

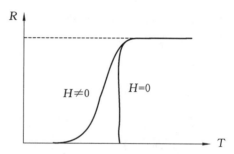

图 13.14　零场和外加磁场下的超导转变示意图

发生运动时,其中的正常电子会作加速运动,导致局部的能量耗散(dissipation)。磁通运动通常表现为两种形式,一是磁通所在的位置对应能量极小的位置,借助热激活机理,磁通可以从一个能量极小的位置热激活到另一个能量极小的位置,表现为"蠕动"形式的磁通运动,"鱼尾"现象通常与这种磁通蠕动的形式有关;另一是洛伦兹力驱动的磁通流动,超导转变的展宽通常与洛伦兹力驱动的磁通流动有关。为了抑制磁通蠕动和磁通流动,在实际应用中,往往人为地引进一些杂质或缺陷来钉扎磁通,以抑制因磁通的流动或蠕动而引起的局部能量耗散。

13.6　超导电性的微观机理及 BCS 理论简介

自第一个超导体被发现之后,人们一直在尝试各种理论分析或提出各种唯象模型或理论,以解释观察到的超导现象。其中,超导体的热力学分析表明,正常 — 超导转变是一种从无序态到有序态的转变,且在转变附近有明显的比热跳跃,这些分析对超导相变的本质认识提供了一定的线索;基于二流体模型和 Maxwell 理论提出的伦敦理论,从统一的观点解释了超导体同时具有的零电阻效应和迈斯纳效应;基于超导电子的有效波函数作为超导态的序参量并将朗道的二级相变理论应用于对超导体的分析,在此基础上提出的 G—L 理论,不仅可以解释超导转变温度附近的超导现象,而且还预言了 I 类和 II 类两类性质不同的超导体的存在。但这些分析或理论均是唯象的,原因是其中没有涉及超导电性的最本质内容,即超导电子是什么,以及超导电子是如何形成的。直到 1956 年库珀对概念提出并在此基础上于 1957 年建立了 BCS 理论,人们对超导电性的起因才有了共

识。本节就超导电性的微观机理及 BCS 理论予以简单介绍。

13.6.1　从早期实验或理论分析中获得的信息

1. 晶体结构分析

超导体被发现之后,一个自然的问题是,正常 — 超导相变是否起因于晶体结构的变化。为此,Keeson 和昂里斯于 1924 年对金属 Pb($T_C \sim 7.2$ K)超导转变前后进行了 X 射线衍射分析,结果表明,超导转变前后晶体的衍射图谱没有可观察到的变化。Wilkinson 于 1955 年基于金属 Pb 和 Nb($T_C \sim 9.25$ K)在超导转变前后对中子的散射来验证超导体转变前后是否有晶格点阵的变化,他们的结果表明,超导体转变前后没有晶格点阵的变化。这些实验表明,超导体在超导转变前后没有明显的结构变化,说明超导转变不是由晶格变化引起的,而可能与电子气状态的改变有关。

2. 熵的分析

熵的分析表明,超导态的熵低于正常态的熵,说明超导态的电子处在一种更加有序的状态,正常态到超导态的转变是一种从无序到有序的转变,这一点和超导态电学性质结合起来,暗示着超导电子是电子以某种方式组织和结合在一起而形成的,这种结合使它们在传输过程中不受散射,从而表现出零电阻效应。

3. 比热分析

超导转变与电子气状态的改变有关,早期最直接的实验验证是比热测量。在覆盖超导转变温度的较宽温度范围内,超导体的比热测量得到了两个重要的结论,一是,如 Keeson 等在 1938 年对 Sn($T_C \sim 3.72$ K)的比热测量所表明的,超导体的比热在超导转变温度处发生跳跃,且超导态比热高于正常态比热;另一是,如 Corak 等在 1938 年对 V($T_C \sim 5.3$ K)的比热测量所表明的,扣除掉晶格比热贡献后,超导态电子比热随温度的变化不是按金属电子论中所提到的 $C_e = \gamma T$ 关系变化,而是按

$$C_e \propto e^{-2\Delta/k_B T} \tag{13.121}$$

规律随温度降低而指数性减小,其中,$2\Delta/k_B \approx 1.5 T_C$。式(13.121)所示的超导电子的比热指数性变化规律,暗示着超导电子是电子以某种方式凝聚在一起结合而成的,而转变温度附近,超导态有比正常态更高的比热,说明超导电子的这种组织状态随温度升高而逐渐被瓦解。

4. 同位素效应

1950 年,Maxwell 在对 Hg 同位素进行超导转变测量时发现,其超导转变温度 T_C 和原子质量 M 之间存在如下关系:

$$M^{1/2} T_C = \text{const} \tag{13.122}$$

随后的实验发现,各种超导元素的同位素的 T_C 与 M 之间普遍存在如式(13.122)所示的关系,这一关系称为同位素效应。

　　晶体结构分析表明,超导体在超导转变前后没有结构变化,说明超导转变不是由晶格变化所引起的,但同位素效应又把超导态性质与晶格振动(声子)联系起来,暗示着超导态中的电子或许通过声子作为媒介而结合成超导电子。

5. 伦敦唯象理论

　　基于伦敦第一方程和第二方程而建立的唯象理论被证明能给超导体中同时存在的零电阻和迈斯纳效应给以统一解释,那么伦敦方程中到底蕴含有什么样的物理内容呢?让我们来看看伦敦第二方程:

$$\vec{j}_s = -\frac{n_s e^{*2}}{m^*}\vec{A} \tag{13.123}$$

按照电流密度的定义,当超导电子以速度 $\vec{v}_s$ 运动时,形成的超导电流密度为

$$\vec{j}_s = n_s e^* \vec{v}_s \tag{13.124}$$

在磁场中,电荷为 e^* 的粒子的正则动量(场动量)为粒子的运动动量($m^*\vec{v}_s$)和电磁动量($e^*\vec{A}$)之和,即

$$\vec{p} = m^*\vec{v}_s + e^*\vec{A} \tag{13.125}$$

将由此得到的超导电子的运动速度 $\vec{v}_s$ 代入式(12.124)中有

$$\vec{j}_s = \frac{n_s e^*}{m^*}\vec{p} - \frac{n_s e^{*2}}{m^*}\vec{A} = -\frac{n_s e^{*2}}{m^*}\left(\vec{A} - \frac{1}{e^*}\vec{p}\right) \tag{13.126}$$

很明显,如果 $\vec{p}=0$,即正则动量等于零,则方程(13.126)和方程(13.123)相同,说明伦敦方程相当于正则动量等于零的情况,暗示着超导态是由正则动量为零的超导电子组成的,而正则动量为零说明电子凝聚结合成超导电子是动量空间中的一种电子凝聚。

13.6.2　电子间吸引力的根源

　　上面的实验和理论分析表明,超导态的形成与电子状态从无序到有序的改变有关,且相对于正常态,超导态的能量降低,能量的这种降低与超导态电子凝聚到一个能隙以下有关。但发生这种电子凝聚的前提是,电子与电子间必存在相互吸引的作用,而一般认为,电子彼此间存在的是库仑排斥作用,这种作用不仅会导致系统能量的升高,而且会阻止电子彼此间凝聚到一起。那么,一个自然的问题是,什么机理是导致电子凝聚的吸引力的根源?同位素效应表明,超导态中的电子运动与晶格振动有关,由此,人们意识到,超导态电子间或许可以以晶格为媒介而相互吸引。

　　基于这一考虑,弗罗里希(Frolich)于1950年提出涉及电子—电子相互吸引作用的一个简单物理模型。假设有标号为"1"和"2"的两个电子,当电子1通过晶格时,由于电子是带负电荷的粒子,带负电荷的电子与带正电荷的离子点阵间的库仑作用,会引起晶格的局部畸变,当电子2经过局部畸变的晶格时,会受到局域畸变场的吸引,如果我们忘记电子1对晶格造成畸变的过程而只看最后结果,就好像是电子1吸引电子2一样。弗罗里希因此认为,借助晶格作为媒介,有可能可以把两个电子耦合在一起,这种耦合就好像

在两个电子之间存在相互吸引作用一样。

我们知道,晶格的振动是一种集体的振动,并以格波的形式在晶体中传播,格波的能量是量子化的,其最小的能量量子称为声子。因此,电子借助晶格作为媒介而发生相互作用,实际上是电子间通过交换声子而产生相互作用。假设相互作用前,电子 1 和电子 2 的动量分别为 $\hbar \vec{k}_1$ 和 $\hbar \vec{k}_2$,电子 1 发射一个波矢为 $\vec{q}$ 的声子后,其动量变为 $\hbar \vec{k}_1'$,即

$$\hbar \vec{k}_1' = \hbar \vec{k}_1 - \hbar \vec{q} \tag{13.127}$$

当这个声子被电子 2 吸收后,电子 2 的动量变为 $\hbar \vec{k}_2'$,即

$$\hbar \vec{k}_2' = \hbar \vec{k}_2 + \hbar \vec{q} \tag{13.128}$$

其结果是电子 1 和 2 通过声子的交换而发生间接相互作用。将式(13.127)和式(13.128)两边相加,有

$$\hbar \vec{k}_1' + \hbar \vec{k}_2' = \hbar \vec{k}_1 + \hbar \vec{k}_2 \tag{13.129}$$

说明两个电子发生相互作用前后,其动量是守恒的。相互作用前(初态)的能量和相互作用后(末态)的能量也是守恒的,但在交换声子的过程中,能量可以不守恒,这是因为,根据测不准关系

$$\Delta E \Delta t \sim h \tag{13.130}$$

如果中间态的寿命(Δt)很短,则电子能量的不确定性(ΔE)就很大,这种能量不守恒的过程称为虚过程,相应的声子发射是虚发射,声子的虚发射只有在第二个电子准备几乎立即吸收该声子时才有可能发生。

借助量子力学的微扰论,可以对电子间通过交换虚声子而产生的相互作用进行计算。计算结果表明,通过交换虚声子而产生的电子间相互作用为

$$\frac{|M_{\vec{k},\vec{k}-\vec{q}}|^2 2\hbar \omega(\vec{q})}{[E(\vec{k}) - E(\vec{k}-\vec{q})]^2 - [\hbar \omega(\vec{q})]^2} \tag{13.131}$$

其中,$M_{\vec{k},\vec{k}-\vec{q}}$ 为电子——声子散射矩阵元,$E(\vec{k})$ 和 $E(\vec{k}-\vec{q})$ 分别为散射前后的电子能量,$\hbar \omega(\vec{q})$ 为波矢为 $\vec{q}$ 的声子的能量。可见,当

$$\frac{1}{\hbar} |E(\vec{k}) - E(\vec{k}-\vec{q})| < \omega_D \tag{13.132}$$

时,其中,ω_D 为晶格简正模式 $\omega(\vec{q})$ 的平均频率,称为德拜频率,交换虚声子可以使电子间存在负的相互作用。

13.6.3　库珀对

超导微观理论发展的关键是 1956 年提出的库珀对,库珀对结合的形式及其微观的形成机理简单介绍如下。

众所周知,电子之间存在长程库仑排斥力 $\left(\propto \frac{1}{r^2}\right)$ 作用,但在金属中,电子是在均匀分布的正电荷背景上运动的,由于均匀分布的正电荷背景的整体屏蔽效应,电子间的库仑作用力随彼此间的间隔距离 r 的增大按

$$r \propto \frac{1}{r} \mathrm{e}^{-r/\lambda_\mathrm{D}} \tag{13.133}$$

规律指数性减弱,其中,λ_D 为德拜屏蔽长度,量级为 1 nm。可见,均匀分布的正电荷背景的整体屏蔽效应使得两电子间的库仑排斥力从长程的库仑力变成以 λ_D 为作用半径的短程屏蔽作用力,对于彼此间隔超过 λ_D 的两个电子,基本上感受不到彼此间的排斥力的存在,这也是为什么能把金属中的电子看成是自由电子气的原因。另一方面,当金属中的电子满足条件(13.132)时,两电子间可以通过交换虚声子而表现出吸引作用。因此,对金属来说,当因交换虚声子而产生的吸引作用超过屏蔽作用的时候,两电子间会表现出净的吸引作用,借助这种净的吸引作用,两电子可以结合成一个复合体。

　　金属中的两个电子有结合为一个复合体的可能,但这并非对任意的电子都是允许的。按照金属电子气的量子理论,尽管金属中有大量的电子,但只有费米面附近少量电子才参与了对金属物理性质的贡献,同样,只有费米面附近的电子才有可能借助净吸引作用结合为一个复合体,因此,条件(13.132)实际上限制了只有费米面附近厚度为 $\hbar \omega_\mathrm{D}$ 的能量壳层内的电子才有可能通过彼此间的净吸引作用而结合。

　　净吸引作用使两个电子结合为一个复合体,相对于没有形成复合体的两个正常电子的能量($2E_\mathrm{F}$),复合体的形成导致了系统能量的降低,从而使系统趋于更加稳定的状态。这种借助交换虚声子而产生的吸引力使两个电子结合形成的束缚态复合体就是所谓的库珀对。库珀对的结合能,即拆散库珀对变成两个独立自由电子所需的能量,为

$$|E| = 2\hbar \omega_\mathrm{D} \mathrm{e}^{-\frac{2}{g(E_\mathrm{F})V}} \tag{13.134}$$

其中,$\hbar \omega_\mathrm{D}$ 为平均声子能量,$g(E_\mathrm{F})$ 为费米面附近的态密度,V 为表征电 — 声子耦合强弱的系数(注:这里沿用了早期原始的符号标记),简称电 — 声子耦合系数。

　　现在来说明两个电子的波矢取何种形式时形成库珀对的可能性最大。假设费米面附近的两个电子分别为电子 1 和电子 2,在交换虚声子之前,它们分别处在波矢为 $\vec{k}_1$ 和 $\vec{k}_2$ 的初态,交换虚声子之后,两个电子分别跃迁(或散射)到波矢为 $\vec{k}_1'$ 和 $\vec{k}_2'$ 的态,两个电子跃迁前后总的动量应保持不变,即满足动量守恒:

$$\hbar \vec{k}_1' + \hbar \vec{k}_2' = \hbar \vec{k}_1 + \hbar \vec{k}_2 = \hbar \vec{K} \tag{13.135}$$

由于跃迁过程中电子能量的改变被限制在费米面附近厚度为 $\hbar \omega_\mathrm{D}$ 的能量壳层内,因此,跃迁前后两电子的波矢均应落在费米面附近厚度为 Δk 的球壳内,如图 13.15 所示。很明显,满足式 (13.135) 所示的动量守恒的电子只能是图 13.15 中绕 K 轴旋转而成的小圆环体积中的那些电子。小圆环体积中的电子均参与了交换虚声子的过程,明显地,小圆环的体积越大,参与交换虚声子的电子数就越多,体系的能量也就越低。而最大的体积对应的是 $K = 0$,此时,两个

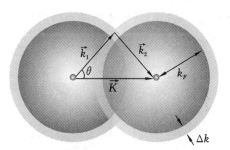

图 **13.15**　满足动量守恒条件的电子组态示意图

球壳重合,圆环变成整个球壳,球壳内所有电子都参与了交换虚声子的过程,体系能量达

到最低。由式(13.135)可知,当 $K=0$ 时,有

$$\vec{k}_1 = -\vec{k}_2 \tag{13.136}$$

说明当两个电子的波矢(或者说动量)大小相等、方向相反时,形成库珀对的可能性最大,或者说,式(13.136)所示的两个电子波矢的组态是库珀对的最佳组态。如果计及自旋,类似于氢分子,两电子自旋相反时有利于能量的降低,因此,构成库珀对的两个电子的最佳配对方式为

$$(\vec{k}\uparrow, -\vec{k}\downarrow) \tag{13.137}$$

即费米面附近两个电子按动量相反、自旋相反的配对方式形成库珀对。

费米面附近两个电子按动量相反的形式结合成库珀对,这正是伦敦唯象理论中的正则动量等于零的情况,说明库珀对的形成是动量空间中的一种电子凝聚。

13.6.4   BCS 理论简介

费米面附近两个电子按 $(\vec{k}\uparrow, -\vec{k}\downarrow)$ 形式结合形成库珀对,有比两个处在自由状态时的电子更低的能量,这是一个极富启发性的结果,巴丁立马意识到,库珀对的形成将是形成超导微观理论的关键。在此基础上,巴丁、库珀和施里弗于 1957 年提出了涉及超导机理的微观理论,简称 BCS 理论。由于 BCS 理论的推导涉及量子场论和二次量子化的知识,超出了本科生教学大纲的范畴,故这里仅简单介绍 BCS 理论的基本物理图像和一些重要结论。

当超导体处在正常态时,如在金属电子论中所提到的,电子占据区基本呈费米球形,如图 13.16(a) 所示,单位能量间隔内的状态数,即态密度为

$$g_n(E) = CE^{1/2} \tag{13.138}$$

其中,$C = \dfrac{1}{4\pi}\left(\dfrac{2m}{\hbar}\right)^{3/2}$,正常态的电子态密度曲线如图 13.16(b) 所示。

当超导体进入超导态后,费米面附近的电子,在交换虚声子所引起的吸引力的作用下,按 $(\vec{k}\uparrow, -\vec{k}\downarrow)$ 的形式两两结合成一个个的库珀对,在绝对零度时,费米面附近的电子,即图 13.16(c) 中外环所示的球壳内的所有电子,都两两结合成库珀对,形成超导体的基态。或者说,超导体的基态指的是费米面附近所有电子都能两两结合成库珀对时所对应的态。

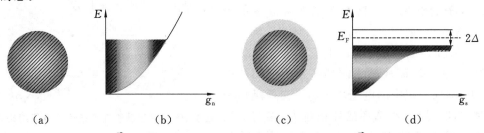

图 13.16   (a) 正常态时 $\vec{k}$ 空间电子占据和(b) 态密度,以及(c) 超导态时 $\vec{k}$ 空间电子占据和(d) 态密度示意图。图(a) 和(c) 中的阴影球形区为正常电子占据区域,图(b) 和(d) 中的阴影区为有电子占据的能级,图(c) 中的外环壳层表示的是库珀对形成的区域

基态中只要有一个库珀对被拆散成两个正常电子,则超导体就进入激发态。把一个库珀对拆散成两个正常电子至少需要 2Δ 的能量,这个 2Δ 就是所谓的超导体能隙,超导体的很多性质都与这个能隙的存在有关,根据 BCS 理论,绝对零度时的能隙可表示为

$$2\Delta(T=0) = 4\hbar\omega_\mathrm{D}\mathrm{e}^{-\frac{2}{g(E_\mathrm{F})V}} \tag{13.139}$$

从正常态到超导态的转变,不仅在能谱上造成一个 2Δ 的能隙,而且态密度也发生了变化,它可表示为

$$g_\mathrm{s}(E) = g_\mathrm{n}(E)\frac{E}{\sqrt{E^2-\Delta^2}} \tag{13.140}$$

绝对零度时超导体态密度曲线如图 13.16(d) 所示。由式(13.140)可以看到,当 $E\to\pm\Delta$ 时,处在超导态的超导体的态密度趋于无穷大。

在有限温度下,处在超导态中的一些库珀对被拆散成单个不成对的正常电子,而其余的库珀对仍保持原形式不变,但相对于绝对零度,这些仍保持库珀对形式的电子间的吸引力减弱,说明因库珀对形成而造成的能隙随温度升高而逐渐变小。根据 BCS 理论,有限温度下的超导体能隙由下列方程确定:

$$\left[g(E_\mathrm{F})V\right]^{-1} = \int_0^{\hbar\omega_\mathrm{D}}\frac{\mathrm{d}E}{\sqrt{E^2(\vec{p})+\Delta^2(T)}}\mathrm{th}\frac{\sqrt{E^2(\vec{p})+\Delta^2(T)}}{2k_\mathrm{B}T} \tag{13.141}$$

当 $T=T_\mathrm{C}$ 时,所有库珀对都被拆散成一个个正常的电子,超导体从超导态转变成正常态,超导能隙消失,即 $2\Delta(T=T_\mathrm{C})=0$,由此得到超导转变温度 T_C 的表达式为

$$k_\mathrm{B}T_\mathrm{C} = 1.13\hbar\omega_\mathrm{D}\mathrm{e}^{-\frac{2}{g(E_\mathrm{F})V}} \tag{13.142}$$

这就是著名的 BCS 关于 T_C 的公式。

由式(13.139)和式(13.142)可得,绝对零度时的超导体能隙 $2\Delta(T=0)$ 和超导转变温度 T_C 之间的关系为

$$2\Delta(T=0) = 3.54k_\mathrm{B}T_\mathrm{C} \tag{13.143}$$

由于超导体能隙 $2\Delta(T=0)$ 和超导转变温度 T_C 都是在实验上可测量的量,因此,方程(13.143)成为了验证 BCS 是否正确的重要依据。除了 Pb 和 Hg 外,多数元素超导体由实验确定的 $2\Delta(T=0)/k_\mathrm{B}T_\mathrm{C}$ 非常接近 BCS 理论预言的 3.54,从而给 BCS 理论以强有力的支持。对 Pb 和 Hg,由实验确定的 $2\Delta(T=0)/k_\mathrm{B}T_\mathrm{C}$ 明显大于 3.54。一般认为,$2\Delta(T=0)/k_\mathrm{B}T_\mathrm{C}$ 接近 3.54 的超导体为弱耦合超导体,而 $2\Delta(T=0)/k_\mathrm{B}T_\mathrm{C}$ 明显大于 3.54 的超导体为强耦合超导体。

从式(13.142)可以看到,$T_\mathrm{C}\propto\omega_\mathrm{D}$,而根据晶格动力学理论,晶格振动的平均频率与原子质量的关系为 $\omega_\mathrm{D}\propto M^{-1/2}$,因此有

$$M^{1/2}T_\mathrm{C} = \mathrm{const}$$

这正是实验上观察到的同位素效应,说明 BCS 理论可以成功预言同位素效应。

在二流体模型及伦敦唯象理论和 GL 唯象理论中均假设了超导体中存在正常电子和超导电子两种载流子,自 BCS 理论提出后,人们清楚地认识到,超导电子正是上面所讲的库珀对,而热效应拆散库珀对而形成的热激发电子正是二流体模型或唯象理论中所提到的正常电子。这样一来,BCS 理论关于超导电性的微观理论和前面介绍的唯象理论结合在一起,就可以解释包括零电阻和迈斯纳效应在内的各种超导现象。

13.7　单电子隧穿效应

BCS 理论预言了超导体中超导能隙的存在,如何从实验上确定超导体的能隙,就成为了验证 BCS 理论的关键。受半导体带隙及"金属/绝缘/半导体"隧穿效应的启示,贾埃沃(Giaever)于 1960 年制备了"金属/绝缘层/超导体"隧穿结并在 $V \geqslant \Delta/e$ 电压范围内观察到急剧增加的隧穿电流效应,为实验上确定超导体的能隙提供了新的思路,他也因为该研究和他人一起分享了 1973 年的诺贝尔物理学奖。

13.7.1　"N—I—N"结中的隧穿电流效应

当两个正常金属(N)A 和 B,被绝缘体薄层(I)隔开时,按照经典理论,电子不能跨越绝缘层而从一个金属运动到另一金属中。但量子力学告诉我们,电子作为微观粒子,具有波粒二象性,因此,可以穿透比其动能更高的势垒。当两个金属被绝缘层隔开时,只要势垒层厚度(d)不太厚、势垒高度(U_0)不太高,电子就可以借助量子力学的隧穿机理通过势垒层而从一个金属隧穿到另一金属中,隧穿几率为

$$D \propto e^{-\frac{2d}{\hbar}\sqrt{2m(U_0-\varepsilon)}} \tag{13.144}$$

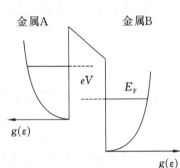

由于电子携带电荷,因此,当电子从一个金属隧穿到另一金属时可形成可观测的电流,这一效应称为隧穿效应(tunneling effect)。

在未加电压的情况下,绝缘层两边的金属 A 和金属 B 的费米能相等,从 A 到 B 的隧穿几率和从 B 到 A 的隧穿几率相等,因此,不会产生净的隧穿电流。但如果在绝缘层一侧金属上外加电压,则绝缘层两边金属的费米能不再相等。假如在绝缘层左侧金属 A 上外加一个大小为 V 的负电压,则金属 A 的费米能相对于金属 B 被抬高了 eV,如图 13.17 所示。

图 13.17　外加电压下的绝缘层两边金属的能谱示意图

在能量 ε 到 $\varepsilon+d\varepsilon$ 的能量间隔中,从金属 A 隧穿到金属 B 中的电子数 $dN_{A\to B}$ 取决于以下几个因素。一是金属 A 中 $d\varepsilon$ 能量间隔范围内被占据的电子数 dN_A,若以费米能 E_F 作为基准,则 dN_A 为

$$dN_A = g_A(\varepsilon - eV)f(\varepsilon - eV)d\varepsilon \tag{13.145}$$

其中,$g_A(\varepsilon)$ 为金属 A 的态密度,$f(\varepsilon)$ 为费米分布函数。二是隧穿几率 $D_{A\to B}$,其与势垒高度和宽度有关,由式(13.144)确定。三是受泡利不相容原理的限制,来自金属 A 中的电子只能隧穿到金属 B 中没有电子占据的空态上,而金属 B 中 $d\varepsilon$ 能量间隔范围内没有被电子占据的状态数为

$$P_B = g_B(\varepsilon)[1 - f(\varepsilon)]d\varepsilon \tag{13.146}$$

综合这些考虑,可以将在 $d\varepsilon$ 能量间隔范围内从金属 A 隧穿到金属 B 中的电子数 $dN_{A\to B}$ 表示为

$$dN_{A \to B} \propto D_{A-B} g_A(\epsilon - eV) g_B(\epsilon) f(\epsilon - eV)[1 - f(\epsilon)] d\epsilon \tag{13.147}$$

同理,可得到在 $d\epsilon$ 能量间隔范围内从金属 B 隧穿到金属 A 中的电子数 $dN_{B \to A}$ 为

$$dN_{B \to A} \propto D_{B-A} g_A(\epsilon - eV) g_B(\epsilon) f(\epsilon)[1 - f(\epsilon - eV)] d\epsilon \tag{13.148}$$

对能量积分后,则得到从金属 A 隧穿到金属 B 中的净电子数为

$$\delta N_{A \to B} = \int dN_{A \to B} d\epsilon - \int dN_{B \to A} d\epsilon$$

$$\propto D \int g_A(\epsilon - eV) g_B(\epsilon)[f(\epsilon - eV) - f(\epsilon)] d\epsilon \tag{13.149}$$

其中假设了 $D_{A \to B} = D_{B \to A} = D$ 为常数。若态密度近似为费米面上的态密度,则有

$$g_A(\epsilon - eV) \approx g_A(0) \quad 和 \quad g_B(\epsilon) \approx g_B(0)$$

同时利用费米分布函数的性质

$$f(\epsilon - eV) - f(\epsilon) \approx -eV \frac{df}{d\epsilon}$$

将这些代入式(13.149)中并乘上电子电荷后,得到因电子隧穿效应引起的隧穿电流 I 为

$$I \propto D g_A(0) g_B(0) e^2 V$$

可见,"N—I—N"结上流过的隧穿电流与外加电压之间成线性关系。

13.7.2 "N—I—S"结中的隧穿电流效应

在上述"正常金属 / 绝缘层 / 正常金属"隧穿结中,如果将绝缘层右边的正常金属(N)换成超导体(S),则构成了"N—I—S"隧穿结。

当超导体处在超导态时,如上节所介绍的微观理论中所看到的,由于库珀对的形成,能谱曲线在费米能附近出现一个宽度为 2Δ 的能隙,同时态密度也发生变化,在 $E = \pm\Delta$ 附近,态密度趋于无穷大,如图 13.16(d) 所示。由于超导体的能隙有和半导体的带隙相似的特征,贾埃沃于 1960 年提出,或许可以基于"N—I—S"结得到和"金属 / 绝缘层 / 半导体"结相类似的 I—V 曲线并由此确定超导体的带隙。

图 13.18 所示的是贾埃沃基于"N—I—S"结测量得到的 I—V 曲线示意图,当超导体处在正常态时,"N—I—S"结表现出和"N—I—N"结相同的 I—V 曲线特征,即隧穿电流随电压的增大而线性增加,如图中的虚线所示。而当超导体处在超导态时,在低电压范围,没有在"N—I—S"结上观察到隧穿电流,仅仅当电压增加到某一值时,隧穿电流才急剧增加,然后随电压增加趋于和正常隧穿电流相同,如图中的实线所示。由开始出现隧穿电流的起始电压可以确定超导体的能隙,这是第一次从实验上证实超导体能隙的存在,贾埃沃也因此与他人一起分享了 1973 年的诺贝尔物理学奖。该工作是为

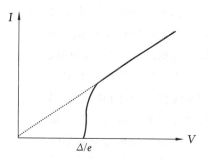

图 13.18　"N—I—S"结的 I—V 特征示意图,虚线为超导转变温度以上的 I—V 曲线,实线为超导转变温度以下的 I—V 曲线

数不多的"错误的思路,正确的实验,错误的分析,正确的结论"实例。之所以认为该工作的思路和分析错误,是因为从实验设计的初衷到对实验结果的分析均把超导体看作半导体来处理,而实际上超导体的能隙和半导体的带隙是两个完全不同的概念,更为重要的是,在 $V = \Delta/e$ 处观察到的急剧增加的隧穿电流明显不同于基于半导体的隧穿结,"N—I—S"结中这一急剧增加的隧穿电流反映的是超导体的态密度的变化,如式(13.140)所表明的,当 $E \to \pm\Delta$ 时,超导体的态密度趋于无穷大。

现在基于超导电性的微观理论来分析为什么"N—I—S"结能表现出如图13.18中实线所示的 I—V 曲线特征。绝对零度时,按照BCS理论,超导体能隙之下的所有态占满了电子,而在能隙之上的所有态都处于没有电子占据的空态。未加电压时,如图13.19(a)所示,金属的费米能和超导体的费米能相等,在这种情况下,尽管金属中有一部分电子的能量比超导体能隙之下的能带顶部的能量还要高,但这部分电子并不能隧穿到超导体中,因为这些电子面对的是超导体的能隙,而能隙中没有电子能级的存在。

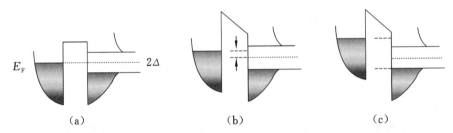

图 13.19 "N—I—S"结的能谱示意图:(a) 未加电压;(b) 外加不够高的电压;(c) 外加足够高的电压

现在考虑外加电压的情况,假设金属一侧为负,超导体一侧为正,则外加电压使得金属费米能相对于超导体费米能提高了 eV。如果外加电压不够高,以至于 $eV < \Delta$,如图13.19(b)所示,在这种情况下,金属费米面附近的电子仍然不能隧穿到超导体中,因为这些电子面对的还是超导体的能隙,因此,在"N—I—S"结上不会出现隧穿电流。

如果外加电压足够高,以至于 $eV > \Delta$,如图13.19(c)所示,在这种情况下,左边金属的费米能高出超导体能隙,因此,这些高出部分的电子可以隧穿进超导体能隙之上没有电子占据的空态上,从而形成隧穿电流。

当外加电压正好为 $V = \Delta/e$ 时,左边金属的费米能正好和超导体能隙之上的能带底部能级相对应,同时,由式(13.140)可知,超导体能隙之上的能带底部的能级对应的态密度为无限大,因此,一旦外加电压达到 $V = \Delta/e$,隧穿电流会突然急剧上升。

上面的分析针对的是绝对零度的情况,对温度不为零的情况可进行类似的分析,只不过在这种情况下,超导体能隙下面并非所有态都是满的,而能隙上面并非所有态都是空的,即使如此,电流开始明显上升时对应的电压还是 $V = \Delta/e$。

13.7.3 "S—I—S"结中的隧穿电流效应

在上述"N—I—S"隧穿结中,如果将绝缘层左边的正常金属换成和右边超导体一样的超导体,则得到由相同超导体构成的"S—I—S"隧穿结。

　　绝对零度时,两个超导体能隙之下的所有态均被电子占满,而能隙之上的所有态都是没有电子占据的空态。未加电压时,如图 13.20(a) 所示,左、右两边超导体的电子占据的最高能级相同,因此,不会产生隧穿电流。

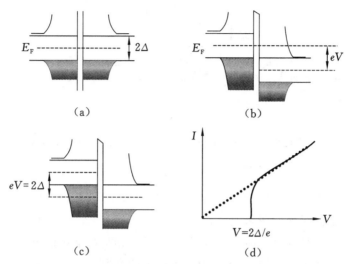

图 13.20　(a) 未加电压、(b) 外加电压 $V < 2\Delta/e$、(c) 外加电压 $V = 2\Delta/e$ 时的"S—I—S"结的能谱及(d)"S—I—S"结的 $I—V$ 曲线示意图

　　现在考虑外加电压的情况,假设左边为负,右边为正,则外加电压使得左边超导体的费米能相对于右边超导体的费米能提高了 eV。如果外加电压不够高,以至于 $eV < 2\Delta$,如图 13.20(b) 所示,在这种情况下,左边超导体中的电子相对于右边超导体占据最高能级的电子高出的那部分,面临的是右边超导体的能隙,而能隙中没有电子能级,因此,不会有隧穿电流产生。

　　随着外加电压的增加,当外加电压正好满足 $eV = 2\Delta$ 时,如图 13.20(c) 所示,此时,左边超导体占据在最高能级的电子正好面临的是右边超导体能隙之上的能带底部,且其态密度为无限大,因此,一旦电压达到 $V = 2\Delta/e$,隧穿电流会突然急剧上升。随电压进一步增大,左边超导体的费米能进一步提升,能隙之下的能带顶部电子面临的右边超导体能隙之上的能级态密度越来越小,因此,隧穿电流随电压的增加而增加的趋势变缓。

　　图 13.20(d) 所示的是"S—I—S"结的 $I—V$ 曲线示意图,其中,虚线显示的是超导体处在正常态的隧穿电流与电压的线性变化行为,实线是超导体处在超导态时的隧穿电流随电压的变化关系,这种变化关系在实验中被普遍证实。

13.7.4　"S_1—I—S_2"结中的隧穿电流效应

　　如果能隙为 $2\Delta_1$ 和 $2\Delta_2$ 的两个不同的超导体被一个薄的绝缘层隔开,则得到的是由不同超导体构成的"S_1—I—S_2"型隧穿结。为讨论方便,不妨假设 $\Delta_2 > \Delta_1$。

　　绝对零度时,两个超导体能隙之下的所有态均被电子占满,而能隙之上的所有态都是空的。未加电压时,如图 13.21(a) 所示,左、右两边超导体的费米能相等,虽然左边超导体中有一部分电子的能量高于右边超导体占据最高能级的电子的能量,但这些高出部分的电子面对的是右边超导体的能隙,故不能隧穿到右边超导体中,因此,未加电压时,不会有隧穿电流产生。

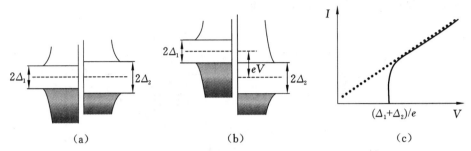

图 13.21　"S_1—I—S_2"隧穿结(a)未加电压时和(b)外加电压为 $V=(\Delta_1+\Delta_2)/e$ 时的能谱,以及(c)I—V 曲线示意图

现在考虑外加电压的情况,假设左边为负,右边为正,则外加电压使得左边超导体的费米能相对于右边超导体的费米能提高了 eV。对于 $V<(\Delta_1+\Delta_2)/e$ 的电压范围,尽管外加电压使左边超导体的电子能量整体提升,但其占据最高能级的电子能量仍然落在右边超导体能隙所在的能量范围,故不会有隧穿电流的产生。

随着外加电压增加到 $V=(\Delta_1+\Delta_2)/e$,如图 13.21(b) 所示,此时左边能隙之下的满带顶部能量和右边能隙之上的空带底部能量相等,左边的电子突然获得可占据的在右边能隙上面的空态,同时它还面对着一个无限的态密度,因此,在 $V=(\Delta_1+\Delta_2)/e$ 处隧穿电流突然上升,如图 13.21(c) 所示。类似于上面对"S—I—S"结的分析,在经过隧穿电流急剧增大的阶段后,随着外加电压的进一步增加,隧穿电流随电压的增加而增加的趋势变缓,直至趋于和正常隧穿电流(见图 13.21(c) 中的虚线) 相同。

在有限温度下,假设右边超导体的能隙足够大,以至于基本上没有电子从能隙之下的能带跃迁到能隙之上的能带。但对左边超导体,由于具有较小的能隙,有一些占据在能隙之下的能带中的电子会热激发到能隙之上的能带中,使得左边超导体能隙之上的能带中出现少量的热激发电子,如图 13.22(a) 所示。

在外加电压下,左边超导体能隙之上的能带中的热激发电子的能量随电压增加而升高,由于这些热激发电子面对的是右边超导体能隙之上没有电子占据的空带,因此,左边超导体中的热激发电子可以隧穿到右边超导体中,形成可观察的与热激发电子有关的隧穿电流,且这种隧穿电流随电压增加而增大,这种增加趋势一直维持到 $V_1=(\Delta_2-\Delta_1)/e$,如图 13.22(b) 所示。

随电压进一步增大,左边超导体的热激发电子虽仍然可以隧穿到右边超导体中,但由于电压引起的能量提升,这些热激发电子面临的右边超导体能隙之上能级的态密度越来越小,因此,这种与热激发电子有关的隧穿电流随电压进一步增加而减小,这种情况一直维持到 $V_2=(\Delta_2+\Delta_1)/e$。

随电压进一步增大,达到 $V \geqslant (\Delta_2+\Delta_1)/e$,如图 13.22(c) 所示,此时,左边超导体能隙之下的能带顶部的电子能量高于右边超导体能隙之上没有电子占据的能级。在这种情况下,类似于前面的分析,左边超导体能隙之下的能带顶部的电子可以隧穿到右边超导体中。特别是,当电压增加到 $V = V_2 = (\Delta_2 + \Delta_1)/e$ 时,左边超导体能隙之下的能带顶部的电子能量正好和右边超导体能隙之上没有电子占据的能带底部的能量相等,由于后者具有无限大的态密度,因此,一旦外加电压达到 $V = V_2 = (\Delta_2 + \Delta_1)/e$,与左边超导体能隙之下能带顶部电子有关的隧穿电流会表现出突然急剧增大的现象,随后,随外加电压的增大表现出基本和 0 K 时相类似的隧穿电流效应。

综合以上分析,可以得到在有限温度下"S_1—I—S_2"隧穿结的隧穿电流随外加电压的变化特征,如图 13.22(d) 所示,这种变化特征在由两个不同超导体构成的隧穿结中被普遍证实,特别是在由能隙差别较大的两个超导体构成的"S_1—I—S_2"型隧穿结中,这种变化特征尤为明显。其中,在 $V < V_1 = (\Delta_2 - \Delta_1)/e$ 电压范围内表现出的隧穿电流源于热激发电子隧穿的贡献,在 $V \geqslant V_2 = (\Delta_2 + \Delta_1)/e$ 电压范围内表现出的隧穿电流源于能隙之下能带电子的隧穿,在 $(\Delta_2 - \Delta_1)/e < V < (\Delta_2 + \Delta_1)/e$ 电压范围内,表现出明显的负阻现象。

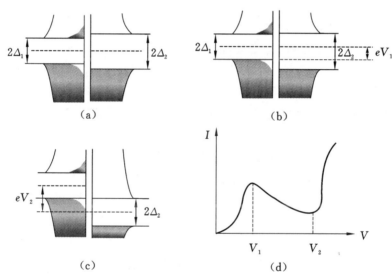

图 13.22　有限温度下"S_1—I—S_2"隧穿结在(a) 未加电压、(b) 外加电压为 $V = (\Delta_2 - \Delta_1)/e$、(c) 外加电压为 $V = (\Delta_2 + \Delta_1)/e$ 时的能谱及(d)I—V 曲线的变化示意图

13.8　Josephson 效应

第 13.7 节介绍的单电子隧穿效应,本质上是量子力学所预言的电子隧穿效应,其中没有涉及可能发生的库珀对的隧穿。根据 BCS 理论,库珀对是费米面附近厚度为 $k_B T_C$ 的能量壳层内的电子按 $(\vec{k}\uparrow, -\vec{k}\downarrow)$ 形式结合而成的,简单估计可知,库珀对数目约占整个体系的总电子数的 $k_B T_C / E_F \sim 10^{-4}$。当两个超导体被绝缘层隔开后,费米面附近如此多的库珀对理应和单电子一样,可以借助量子力学的隧穿机理,从一个超导体隧穿到另

一超导体中。但库珀对又不同于电子,这是因为,根据测不准关系,可以估计构成库珀对的两个电子的关联长度的量级约为 10^{-4} cm,是超导体中相邻原子间隔的 10^4 倍,说明库珀对在空间的延伸范围跨越了上万个原子,因此,如果把库珀对也看成是一个"粒子",则这样的"粒子"因尺寸太大而不可能借助量子力学的隧穿机理从一个超导体隧穿到另一超导体中。约瑟夫森(Josephson)从另外一个角度来思考库珀对的隧穿问题,即由于库珀对在空间中的延伸范围广,当两个超导体被薄的绝缘层隔开后,库珀对的有效波函数可以在两个超导体中相互延伸,相当于两个超导体之间存在弱耦合效应,在此基础上,约瑟夫森提出了著名的 Josephson 方程,并由此预言了很多新的物理现象。约瑟夫森也因此与他人一起分享了 1973 年的诺贝尔物理学奖。

13.8.1 库珀对有效波函数和约瑟夫森结

G—L 理论中,将超导电子即后来 BCS 理论中的库珀对的有效波函数 $\psi(\vec{r})$ 作为描述超导态的序参量,该序参量随空间位置的变化遵从 GL I 方程,即

$$\frac{1}{2m^*}(-i\hbar\boldsymbol{\nabla}+e^*\vec{A})^2\psi+\alpha\psi+\beta\mid\psi\mid^2\psi=0$$

在 G—L 理论中,序参量是一个复变量,它可表示为

$$\psi(\vec{r})=\psi(\vec{r})\mathrm{e}^{\mathrm{i}v(\vec{r})} \tag{13.150}$$

其中,$v(\vec{r})$ 为相位因子。在讨论超导体性质时,常常涉及的是库珀对密度 $n_s(\vec{r})$,由于库珀对密度为库珀对有效波函数模的平方,即

$$n_s(\vec{r})=\mid\psi(\vec{r})\mathrm{e}^{\mathrm{i}v}\mid^2=\mid\psi(\vec{r})\mid^2 \tag{13.151}$$

因此,在由库珀对有效波函数所描述的超导态中,体现不出相因子的意义所在,这是因为,在由 $\psi(\vec{r})$ 描述的超导态中和在由 $\psi(\vec{r})\mathrm{e}^{\mathrm{i}v(\vec{r})}$ 描述的超导态中,库珀对密度相同。然而,Ⅱ类超导体在混合态时,磁场以量子磁通形式进入超导体,超导态的序参量是复变量,而这一复变量是通过相因子体现的,意味着序参量中的相因子是有物理意义的。

假设有两个超导体 S_1 和 S_2,描述其超导态的序参量分别为

$$\psi_1(\vec{r})=\sqrt{n_{s,1}(\vec{r})}\,\mathrm{e}^{\mathrm{i}v_1}\ 和\ \psi_2(\vec{r})=\sqrt{n_{s,2}(\vec{r})}\,\mathrm{e}^{\mathrm{i}v_2} \tag{13.152}$$

其中,$n_{s,1}(\vec{r})$ 和 $n_{s,2}(\vec{r})$ 分别为超导体 S_1 和 S_2 的库珀对密度,v_1 和 v_2 分别为超导体 S_1 和 S_2 的超导态序参量的相因子。如果 S_1 和 S_2 两个超导体相距很远,以至于两超导体彼此孤立,则它们的相因子 v_1 和 v_2 彼此间没有任何关系。但如果两超导体相互接近,以至于两超导体相互接触在一起,此时,两超导体的相因子 v_1 和 v_2 必然相等,否则,在相互接触在一起的超导体中,就能区别出哪些库珀对是来自 S_1 超导体的,哪些库珀对是来自 S_2 超导体的,这显然是不合理的假设。

现设想某种中间的情况,即两超导体既不相隔很远,也不接触在一起,而是处在某种靠得很近的状态,例如相隔 0.1 nm,约瑟夫森指出,此时两超导体之间必然存在某种弱耦合,由于两超导体之间存在弱耦合,两超导体的相因子既不完全相同又不彼此独立,而是维持一定的关系。

这种由两超导体及其中间弱耦合区构成的整体,称为约瑟夫森结。有很多方法可以用来制作约瑟夫森结,例如,用薄的绝缘层将两超导体隔开,形成"S_1—I—S_2"型弱耦合结,如图 13.23(a) 所示;又如,将同一超导体中间部位加工成细窄区域,由于中间细窄区域的尺寸效应,其超导性能远差于两边超导体,这样可以形成弱连接超导体,如图 13.23(b) 所示;再如,将一个超导体一端加工成针状,然后将针端与另一超导体表面接触,形成点接触型弱耦合结,如图 13.23(c) 所示;等等。

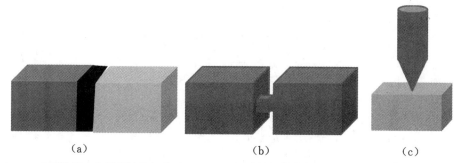

图 13.23 典型约瑟夫森结的结构示意图。(a)"S_1—I—S_2"型弱耦合结;(b) 弱连接超导体;(c) 点接触结

不管是何种结构形式的约瑟夫森结,只要两超导体之间的中间过渡区不是太宽,左边超导体的序参量 ψ_1 可以渗入右边超导体,同样,右边超导体的序参量 ψ_2 可以渗入左边超导体,如图 13.24 所示。由于有效波函数模的平方为库珀对密度,在中间区一侧超导体中出现另一侧超导体的有效波函数,说明来自一侧超导体的库珀对可以跨越中间层区域而进入另一侧超导体,这就是所谓的库珀对隧穿效

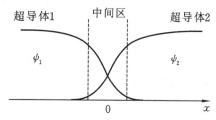

图 13.24 弱连接超导体中序参量变化示意图

应,显然,库珀对的这种隧穿不是基于量子力学中的隧穿机理的,而是由两个超导体之间存在弱耦合所致,其本质上是一种宏观量子现象。

13.8.2 Josephson 方程

根据上面的分析可知,当两超导体之间存在弱耦合时,两超导体的相因子要保持一定的联系,造成这种联系的原因是库珀对可以从一个超导体隧穿到另一个超导体。很明显,库珀对的这种隧穿几率很小,因此造成两超导体之间的耦合只能是弱耦合。由于两侧超导体的波函数相互耦合,一侧超导体的波函数随时间的变化将与另一侧超导体的波函数有关,这种关联性可以通过引入表征两超导体间耦合程度的参数 κ 来表示,这样可以写出如下两个耦合方程:

$$\begin{cases} i\hbar\dfrac{\partial\psi_1}{\partial t}=U_1\psi_1+\kappa\psi_2 \\[2mm] i\hbar\dfrac{\partial\psi_2}{\partial t}=U_2\psi_2+\kappa\psi_1 \end{cases} \tag{13.153}$$

其中,U_1 和 U_2 分别为超导体 S_1 和 S_2 平衡时的能量。如果两个超导体之间没有耦合,则 κ 为零,但在如图 13.24 所示的结中,只要中间区不是太宽,两超导体之间存在弱耦合效应,则相应的 κ 是个小量。

将式(13.152)所示的 ψ_1 和 ψ_2 代入方程(13.153),基于方程两边实部相等和虚部相等的原则可得到如下四个方程:

$$\begin{cases} \dfrac{\partial n_{s,1}}{\partial t} = \dfrac{2\kappa}{\hbar}\sqrt{n_{s,1}n_{s,2}}\sin(\upsilon_2-\upsilon_1) \\[2mm] \dfrac{\partial n_{s,2}}{\partial t} = -\dfrac{2\kappa}{\hbar}\sqrt{n_{s,1}n_{s,2}}\sin(\upsilon_2-\upsilon_1) \\[2mm] \dfrac{\partial \upsilon_1}{\partial t} = -\dfrac{\kappa}{\hbar}\sqrt{\dfrac{n_{s,1}}{n_{s,2}}}\cos(\upsilon_2-\upsilon_1) - \dfrac{U_1}{\hbar} \\[2mm] \dfrac{\partial \upsilon_2}{\partial t} = -\dfrac{\kappa}{\hbar}\sqrt{\dfrac{n_{s,1}}{n_{s,2}}}\cos(\upsilon_2-\upsilon_1) - \dfrac{U_2}{\hbar} \end{cases} \tag{13.154}$$

由于 $\dfrac{\partial n_{s,1}}{\partial t}$ 是超导体 S_1 中库珀对密度的增加率,它应当等于超导体 S_2 到超导体 S_1 的粒子(库珀对)流的密度,于是得到超导电流密度为

$$j_s = 2e\frac{\partial n_{s,1}}{\partial t} = \frac{4e\kappa}{\hbar}\sqrt{n_{s,1}n_{s,2}}\sin(\upsilon_2-\upsilon_1) \tag{13.155}$$

其中,$2e$ 为库珀对的电荷。将方程组(13.154)的第四个方程与第三个方程相减,则得到两超导体的相因子之差随时间的变化所遵从的方程,即

$$\frac{\partial(\upsilon_2-\upsilon_1)}{\partial t} = \frac{U_1-U_2}{\hbar} \tag{13.156}$$

令

$$\varphi = \upsilon_2 - \upsilon_1 \tag{13.157}$$

为两超导体的相因子之差,

$$j_C = \frac{4e\kappa}{\hbar}\sqrt{n_{s,1}n_{s,2}} \tag{13.158}$$

为超导临界电流密度,以及

$$U_1 - U_2 = 2eV \tag{13.159}$$

为外加电压 V 所引起的两超导体之间的能量差,则方程(13.155)和(15.156)可表示为

$$\begin{cases} j_s = j_C\sin\varphi \\[2mm] \dfrac{\partial\varphi}{\partial t} = \dfrac{2e}{\hbar}V \end{cases} \tag{13.160}$$

这就是约瑟夫森基于超导体间的弱耦合效应而提出的方程,称为 Josephson 方程。

13.8.3　直流约瑟夫森效应

假如约瑟夫森结是由薄的绝缘层隔开的两个超导体构成的,由方程(13.160)可以看到,如果 $V=0$,则 φ 与时间无关,因此有 $\varphi=\varphi_0$,φ_0 为两超导体初相位因子之差。将 $\varphi=$

φ_0 代入方程组（13.160）的第一个方程中，则有

$$j_s = j_C \sin\varphi_0 \tag{13.161}$$

j_s 与时间无关，因此，其为直流超导电流密度。

　　式（13.161）所示的直流超导电流密度告诉我们，假如两个超导体的初相位因子不同，即 $\varphi_0 \neq 0$，则尽管两个超导体被绝缘层隔开，但绝缘体行为如同超导体一样，直流超导电流能够从一个超导体通过绝缘层流向另一超导体，且这样的超导电流是在没有外加电压的情况下形成的。这样一个在没有外加电压的情况下就能够在"S—I—S"结上通过直流超导电流的现象，称为直流约瑟夫森效应，其由约瑟夫森于 1962 年从理论上预言，随后不久，安德森基于"Sn—I—Sn"结对 I—V 曲线的测量，从实验上证实了约瑟夫森的理论预言。

　　安德森基于"Sn—I—Sn"结测量得到的 I—V 曲线特征的示意图如图 13.25 所示。假如电源是理想电源，则只要电流不超过某一临界值 I_C，在"S—I—S"结的两端就没有电压降，如图中的直线 a 所示，表现出直流超导电流现象，这种直流超导电流现象正是约瑟夫森理论所预言的直流约瑟夫森效应。随着电流的增大，一旦电流超过临界电流 I_C，则在"S—I—S"结上出现电压降，I—V 曲线将沿着图 13.25 中的虚线 b 过渡到单粒子隧穿电流曲线 c 上。在降低电压的过程中，隧穿电流先是随电压降低而逐渐降低，然后急剧下降，并在 $V = \dfrac{2\Delta}{e}$ 处趋于 0，表现出

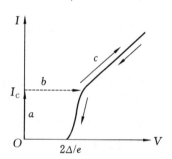

图 13.25　"S—I—S" 结 的 I—V 曲线特征示意图

"S—I—S"结中典型的单电子隧穿效应的特征。

　　超导体微观理论分析表明，通过"S—I—S"结的临界电流密度可表示为

$$j_C = \frac{\pi\Delta(T)}{2eR_{NN}}\tanh\frac{\Delta(T)}{2k_BT} \tag{13.162}$$

其中，R_{NN} 为超导体处在正常态时的"S—I—S"结单位面积电阻，与绝缘层有关。

13.8.4　直流偏压下的交流约瑟夫森效应

　　假如在由"超导体 / 绝缘层 / 超导体"构成的约瑟夫森结上外加一个直流偏压 $V_{d.c}$，则由约瑟夫森方程（13.160）中的第二个方程可得

$$\varphi = \frac{2e}{\hbar}V_{d.c}t + \varphi_0 = \omega t + \varphi_0 \tag{13.163}$$

其中，$\omega = \dfrac{2e}{\hbar}V_{d.c}$。将由此得到的 φ 代入约瑟夫森第一方程，则有

$$j_s = j_C \sin(\omega t + \varphi_0) \tag{13.164}$$

意味着，在直流偏压下有一个交流超导电流通过约瑟夫森结，这一效应称为交流约瑟夫森效应。

　　有两点需要提到，一是，尽管理论预言直流偏压下有交流超导电流通过约瑟夫森结，但实验上观测不到，这是因为式（13.164）中的交流超导电流对时间的平均为 0，即

$$\bar{j}_s = \langle j_s \rangle_t = j_C \frac{\int_0^T \sin(\omega t + \varphi_0)\mathrm{d}t}{T} = 0 \qquad (13.165)$$

其中, $T = \dfrac{2\pi}{\omega}$, 因此, 实验上观测到的只有正常的电子隧穿的 I—V 曲线; 另一是, 由于

$$\frac{2e}{h} = 483.6 \quad (\mathrm{MHz}/\mu\mathrm{V}) \qquad (13.166)$$

因此, 对通常所用的直流偏压, 交流约瑟夫森频率一般在几百兆赫兹以上的高频段。例如, 当直流偏压从 $1\ \mu\mathrm{V}$ 增加到 $1\ \mathrm{mV}$ 时, 相应的交流约瑟夫森频率 ω 从 $483.6\ \mathrm{MHz}$ 提高到 $483.6\ \mathrm{GHz}$, 这一频率范围的交流约瑟夫森电流会向外辐射微波至远红外频段的高频电磁波。

13.8.5　微波感应的台阶效应

尽管实验上观察不到直流偏压下流过约瑟夫森结的交流超导电流, 但如果在直流偏压基础上再用交变电磁波照射约瑟夫森结, 则可通过对超导电流相位的调制而感应出新的效应。

对于通常所用的直流偏置电压, 交变超导电流的频率落在微波至远红外的波段, 因此, 可以选择频率为 ω^* 的微波来照射约瑟夫森结。与交变电磁波对应的电压可表示为

$$v(t) = v_0 \cos(\omega^* t + \theta_0) \qquad (13.167)$$

其中, v_0 和 θ_0 为常数, 为简单起见, 在后面的分析中令 $\theta_0 = 0$。在直流偏压 $V_{\mathrm{d.c}}$ 的基础上, 再加上微波照射, 则总电压为

$$V = V_{\mathrm{d.c}} + v_0 \cos\omega^* t \qquad (13.168)$$

将式(13.168)所示的 V 代入约瑟夫森第二方程得到

$$\varphi = \omega t + \varphi_0 + \frac{2ev_0}{\hbar\,\omega^*}\sin\omega^* t \qquad (13.169)$$

其中,

$$\omega = \frac{2e}{\hbar}V_{\mathrm{d.c}} \qquad (13.170)$$

为约瑟夫森频率, φ_0 为积分常数。将由此得到的 φ 代入约瑟夫森第一方程, 则得到在直流偏压和微波照射下流过约瑟夫森结的超导电流密度为

$$j_s = j_C \sin\left(\omega t + \varphi_0 + \frac{2ev_0}{\hbar\,\omega^*}\sin\omega^* t\right) \qquad (13.171)$$

可见, 交变电磁波的照射相当于调制了超导电流的相位, 使得交流超导电流由单频振荡变成了多频振荡。

利用公式

$$\sin(\alpha + z\sin\phi) = \sum_{m=-\infty}^{\infty} J_m(z)\sin(\alpha + m\phi) \qquad (13.172)$$

其中, J_m 为第 m 阶第一类 Bessel 函数, 则式(13.171)变成

$$j_s = j_C \sum_{m=-\infty}^{\infty} J_m\left(\frac{2ev_0}{\hbar\,\omega^*}\right)\sin\left[(\omega + m\omega^*)t + \varphi_0\right] \qquad (13.173)$$

再利用 Bessel 函数的性质

$$J_{-n}(x) = (-1)^n J_n(x) \tag{13.174}$$

可将式(13.173)改写成

$$j_s = j_C \sum_{n=-\infty}^{\infty} (-1)^n J_n\left(\frac{2ev_0}{\hbar\,\omega^*}\right) \sin\left[(\omega - n\omega^*)t + \varphi_0\right] \tag{13.175}$$

可见,当 $\omega - n\omega^* \neq 0$ 时,即当

$$V_{\text{d.c}} \neq \frac{\hbar}{2e}n\omega^* \tag{13.176}$$

时,式(13.175)求和中的每一项对时间的平均为 0,在这种情况下,在结上观测到的电流只有正常电子隧穿贡献的电流。而当 $\omega - n\omega^* = 0$ 时,即当

$$V_{\text{d.c}} = \frac{\hbar}{2e}n\omega^* \tag{13.177}$$

时,式(13.175)所示的求和中除 n 项外,所有其他项对时间的平均为 0,而对于第 n 项,由于它不依赖时间,因此,对时间平均不为 0,意味着当偏置直流电压 $V_{\text{d.c}}$ 使约瑟夫森频率 ω 正好等于微波频率的整数倍时,约瑟夫森电流中出现直流电流分量

$$j_s = (-1)^n j_C J_n\left(\frac{2ev_0}{\hbar\,\omega^*}\right) \sin\varphi_0 \tag{13.178}$$

因此,通过改变外加直流偏置电压,使其满足

$$\frac{2e}{\hbar}V_{\text{d.c}} = 0, \omega^*, 2\omega^*, 3\omega^*, \cdots, n\omega^*, \cdots$$

则在 $I-V$ 曲线上会呈现一系列直流分量。在实际测量中,$I-V$ 曲线上包含单电子隧穿电流和微波感应的直流分量两部分,或者说,微波感应的直流分量叠加在单电子隧穿电流之上,使得 $I-V$ 曲线呈现台阶效应。

图 13.26 所示的是根据 Shapiro 基于 Nb—Nb 点接触隧穿结测量得到的原始实验数据重新画出来的 $I-V$ 曲线示意图,实验中使用的温度为 4.2 K,微波频率 $\nu = \dfrac{\omega^*}{2\pi} = 72$ GHz。最下面的曲线是在没有微波照射的情况下测量得到的 $I-V$ 曲线,可以看到,$I-V$ 曲线由 $V=0$ 时的直流约瑟夫森电流和 $V \neq 0$ 时的单电子隧穿电流两部分构成。另两条曲线是在不同微波功率照射下测得的 $I-V$ 曲线,可以看到,微波感应的直流分量叠加在单电子隧穿电流上,显示出明显的台阶特征。

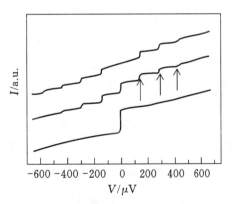

图 13.26 微波照射下约瑟夫森结的 $I-V$ 曲线特征示意图

由于电子电荷和普朗克常数属于基本的物理量,而微波频率可以精准测定,因此,约瑟夫森结的微波感应台阶效应为我们提供了精确测量直流电压的方法。事实上,现在的电压基准正是以这一效应为基础的。

13.9　宏观量子化效应

金兹堡和朗道当初提出的理论未涉及超导电子的结构及其形成的微观机理,但在 BCS 理论建立之后,人们就清楚地知道,超导电子是费米面附近的电子借助交换虚声子产生的吸引作用而按 $(\vec{k}\uparrow,-\vec{k}\downarrow)$ 形式结合而成的库珀对,这样一来,G—L 理论就不再是一个唯象理论。G—L 理论的核心概括在 GLⅠ 和 GLⅡ 两个方程中,即

$$\begin{cases} \left[\dfrac{1}{2m^*}(-i\hbar\boldsymbol{\nabla}+e^*\vec{A})^2+V(\vec{r})\right]\psi=|\alpha|\psi \\ \vec{j}_s=\dfrac{i\hbar e^*}{2m^*}(\psi^*\boldsymbol{\nabla}\psi-\psi\boldsymbol{\nabla}\psi^*)-\dfrac{(e^*)^2}{m^*}|\psi|^2\vec{A} \end{cases} \quad (13.179)$$

其中,$V(\vec{r})=\beta_c n_s(\vec{r})$,$n_s(\vec{r})=|\psi(\vec{r})|^2$ 为库珀对密度,$|\alpha|=\alpha_0(T_C-T)$,β_c 和 α_0 为温度无关的常数。GLⅠ 方程是描述磁场下库珀对状态的方程,GLⅡ 方程是超导体以库珀对作为载流子在磁场下的电流密度的表达式。注意到,量子力学中,描述磁场下质量为 m、电荷为 e 的微观粒子状态的薛定谔方程和电流密度的表达式分别为

$$\begin{cases} \dfrac{1}{2m}(-i\hbar\boldsymbol{\nabla}+e\vec{A})^2\psi+V\psi=E\psi \\ \vec{j}=\dfrac{i\hbar e}{2m}(\psi^*\boldsymbol{\nabla}\psi-\psi\boldsymbol{\nabla}\psi^*)-\dfrac{e^2}{m}|\psi|^2\vec{A} \end{cases} \quad (13.180)$$

仅仅从方程形式上看,G—L 理论涉及的两个方程(式(13.179))类似于量子力学中的两个方程(式(13.180)),预示了超导体或许具有类似于微观体系中的量子化现象。

在量子力学中,ψ 是描述微观粒子状态的波函数,其模的平方正比于粒子出现的几率,而在 G—L 理论中,ψ 是描述库珀对状态的有效波函数,其模的平方为库珀对密度。库珀对密度为宏观量,另外一方面,如前面所提到的,构成库珀对的两个电子的关联长度的量级约为 10^{-4} cm,是超导体中相邻原子间隔的 10^4 倍,说明库珀对在空间的延伸范围跨越了上万个原子,因此,库珀对不同于量子力学中的微观粒子。这些说明,如果基于 G—L 理论能预言量子现象,则这种量子现象一定是宏观量子现象。

第 13.8 节介绍的约瑟夫森效应,看上去似乎是量子力学中"粒子"的隧穿效应,但本质上它是一种宏观的量子现象,因为这一效应源于超导体间的耦合引起的超导波函数相位的关联。本节介绍超导体中另外三种更为明显的宏观量子现象,分别是磁通量子化、超导量子衍射和超导量子干涉。

13.9.1　磁通量子化

假设超导体为一个复连通超导体,其中含有若干个正常区域,每个正常区域周围是连通的超导区域。为简单起见,假设有一个如图 13.27 所示的半径为 ξ 的正常圆柱体区域,圆柱体周围为连通的超导区域。由于圆柱体为正常区域,因此,当沿圆柱体轴向外加磁场时,磁场可以充分透入圆柱体。另一方面,按 G—L 理论,在正常圆柱体外的超导体表面有一个磁场可以穿透的厚度为 λ_L 的薄层。取一个包围正常圆柱体区域和超导体内

表面磁场穿透薄层的闭合回路 C,作一个以 C 为周界的曲面 S,由于这样选择的回路 C 位于超导区域内,因此,C 上的 $\vec{j}_s$ 处处为零,因此有

$$\oint_C \vec{j}_s \cdot \mathrm{d}\vec{l} = 0 \tag{13.181}$$

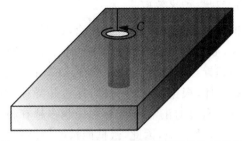

图 13.27　含有正常区域的复连通超导体示意图

按照 G—L 理论,ψ 是超导态序参量,或者理解为超导态波函数,它可表示为

$$\psi(\vec{r}) = \sqrt{n_s(\vec{r})}\, e^{\mathrm{i}\upsilon(\vec{r})} \tag{13.182}$$

其中,$n_s(\vec{r})$ 为库珀对密度,因此有

$$\begin{cases} \psi(\vec{r}) = \sqrt{n_s(\vec{r})}\, e^{\mathrm{i}\upsilon(\vec{r})} \\ \psi^*(\vec{r}) = \sqrt{n_s(\vec{r})}\, e^{-\mathrm{i}\upsilon(\vec{r})} \\ \boldsymbol{\nabla}\psi(\vec{r}) = e^{\mathrm{i}\upsilon(\vec{r})}\, \boldsymbol{\nabla}\sqrt{n_s(\vec{r})} + i e^{\mathrm{i}\upsilon(\vec{r})}\, \sqrt{n_s(\vec{r})}\, \boldsymbol{\nabla}\upsilon(\vec{r}) \\ \boldsymbol{\nabla}\psi^*(\vec{r}) = e^{-\mathrm{i}\upsilon(\vec{r})}\, \boldsymbol{\nabla}\sqrt{n_s(\vec{r})} - i e^{-\mathrm{i}\upsilon(\vec{r})}\, \sqrt{n_s(\vec{r})}\, \boldsymbol{\nabla}\upsilon(\vec{r}) \end{cases} \tag{13.183}$$

代入 GL Ⅱ 方程中,并利用 $e^* = -2e$ 和 $m^* = 2m$,可把超导电流密度表示为

$$\vec{j}_s = \frac{\hbar e}{m}\, \boldsymbol{\nabla}\upsilon(\vec{r}) - \frac{2e^2}{m}\vec{A} \tag{13.184}$$

代入式(13.181) 中,则有

$$0 = \oint_C \vec{j}_s \cdot \mathrm{d}\vec{l} = \oint_C \left[\frac{\hbar e}{m}\, \boldsymbol{\nabla}\upsilon(\vec{r}) - \frac{2e^2}{m}\vec{A} \right] \cdot \mathrm{d}\vec{l} \tag{13.185}$$

利用斯托克斯定理,有

$$\oint_C \vec{A} \cdot \mathrm{d}\vec{l} = \oiint_S \boldsymbol{\nabla} \times \vec{A} \cdot \mathrm{d}\vec{S} = \oiint_S \vec{B} \cdot \mathrm{d}\vec{S} = \Phi \tag{13.186}$$

这里的 Φ 为穿过曲面 S 的总磁通量,它包含两部分,一部分为穿过正常圆柱体区域的磁通量,另一部分为穿过超导体内表面厚度为 λ_L 的薄层的磁通量。另一方面,由于序参量 $\psi(\vec{r})$ 是 $\vec{r}$ 的单值函数,其相因子在闭合回路 C 上的改变必须是 2π 的整数倍,即

$$\oint_C \boldsymbol{\nabla}\upsilon \cdot \mathrm{d}\vec{l} = 2\pi n \tag{13.187}$$

其中,$n = 1, 2, 3, \cdots$ 将式(13.186) 和式(13.187) 代入式(13.185),可得到穿过曲面 S 的总磁通量为

$$\Phi = \frac{nh}{2e} \tag{13.188}$$

或者写成

$$\Phi = n\phi_0 \qquad (13.189)$$

其中，$\phi_0 = \dfrac{h}{2e}$ 为磁通量子。可见，当超导体内部存在正常区域时，穿过超导体的磁通是量子化的，这是一种典型的宏观量子化效应。

对于 $\kappa > 1/\sqrt{2}$ 的 II 类超导体，按照 G—L 理论，在 $H_{C1} < H < H_{C2}$ 的混合态，磁场以涡旋线形式穿入超导体，形成如图 13.12 所示的一个个有磁场穿透的正常态小区域，正常态小区域周围是连通的超导区域，因此，处在混合态的 II 类超导体本身就是一个复连通超导体。对于复连通超导体，根据上面的分析，穿过超导体的磁通是量子化的。由于负的"超导—正常"界面能，出现的正常—超导界面越多越有利于系统能量的降低，另一方面，最小的磁通是一个磁通量子 ϕ_0，因此，最低能量的稳定态对应的是每个涡旋线只具有一个磁通量子 ϕ_0，意味着对处在混合态的 II 类超导体，磁场是以磁通量为一个磁通量子 ϕ_0 的量子磁通线的形式穿入超导体的。

13.9.2　超导量子衍射

由式(13.184)，可得到超导波函数相因子的空间变化为

$$\mathbf{\nabla}v(\vec{r}) = \frac{m}{\hbar e}\vec{j}_s + \frac{2e}{\hbar}\vec{A} \qquad (13.190)$$

可见，磁场会影响超导序参量的相因子 $v(\vec{r})$。

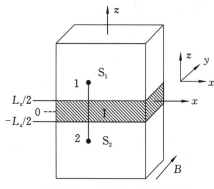

图 13.28　约瑟夫森结示意图

对图 13.28 所示的约瑟夫森结，假设结平面在 $x-y$ 平面，磁场沿 y 方向施加于结，则可以选取磁场的矢势 $\vec{A}$ 为

$$\vec{A} = (0,0,-Bx) \qquad (13.191)$$

在这种情况下，超导序参量相因子只有 z 方向分量的变化，即

$$\frac{\mathrm{d}v}{\mathrm{d}z} = \frac{m}{\hbar e}\vec{j}_{s,z} - \frac{2e}{\hbar}Bx \qquad (13.192)$$

注意到，超导体除厚度为 λ_L 的表面薄层外，在超导体体内，$B=0$ 和 $j_{s,z}=0$，因此，从超导体 1 到超导体 2 的相因子变化为

$$v_{1\to2} = -\frac{2ex}{\hbar}\int_1^2 B(z)\mathrm{d}z = \frac{2ex}{\hbar}\int_2^1 B(z)\mathrm{d}z = \frac{2e\Lambda Bx}{\hbar} \qquad (13.193)$$

其中，$\Lambda = (\lambda_{L,1}+\lambda_{L,2}+L_z)$，$\lambda_{L,1}$ 和 $\lambda_{L,2}$ 分别为超导体 1 和 2 的表面穿透层厚度，L_z 为绝缘层厚度。假设在 $V=0$ 时两超导体的相因子之差为 φ_0，则在外加磁场下，受磁场的调制，两超导体总的相因子之差为

$$\varphi = \varphi_0 + \frac{2eB\Lambda x}{\hbar} = \varphi_0 + kx \qquad (13.194)$$

其中，

$$k = \frac{2eB\Lambda}{\hbar} \tag{13.195}$$

将式(13.194)所示的 φ 代入约瑟夫森方程(13.160)中,则有

$$j_s = j_C \sin\varphi = j_C \sin(kx + \varphi_0) \tag{13.196}$$

假设结的长和宽分别为 L_x 和 L_y,则通过式(13.196)所示的超导电流密度对结平面的积分,可得到外加磁场下流过结的约瑟夫森电流为

$$I_s(B) = \int_{-L_x/2}^{L_x/2} \int_{-L_y/2}^{L_y/2} j_s \, \mathrm{d}x \, \mathrm{d}y = \int_{-L_x/2}^{L_x/2} \int_{-L_y/2}^{L_y/2} j_C \sin(kx + \varphi_0) \mathrm{d}x \, \mathrm{d}y \tag{13.197}$$

利用积分公式和三角函数关系,可得到

$$\int_{-L_x/2}^{L_x/2} \sin(kx + \varphi_0)\mathrm{d}x = -\frac{1}{k}\left[\cos\left(-\frac{1}{2}kL_x + \varphi_0\right) - \cos\left(\frac{1}{2}kL_x + \varphi_0\right)\right]$$
$$= \frac{2}{k}\sin\frac{1}{2}kL_x \sin\varphi_0$$

代入式(13.197)中有

$$I_s(B) = j_C L_y L_x \frac{\sin\frac{1}{2}kL_x}{\frac{1}{2}kL_x}\sin\varphi_0 \tag{13.198}$$

利用式(13.195)所示的 k 并令

$$\Phi_J = B\Lambda L_x \tag{13.199}$$

则有

$$\frac{1}{2}kL_x = \frac{eB\Lambda L_x}{\hbar} = \frac{\pi\Phi_J}{h/2e} = \frac{\pi\Phi_J}{\phi_0} \tag{13.200}$$

代入式(13.198)中,有

$$I_s(B) = I_C(0)\sin\varphi_0 \frac{\sin\left(\frac{\pi\Phi_J}{\phi_0}\right)}{\left(\frac{\pi\Phi_J}{\phi_0}\right)} \tag{13.201}$$

其中,$I_C(0) = j_C L_x L_y$。实验上一般测量的是临界超导电流与磁场的关系,很明显,当 $\varphi_0 = \frac{\pi}{2}$ 时,$I_s(B)$ 取极大值,这个极大值就是临界超导电流 $I_C(B)$,于是有

$$I_C(B) = I_C(0)\left|\frac{\sin\left(\frac{\pi\Phi_J}{\phi_0}\right)}{\left(\frac{\pi\Phi_J}{\phi_0}\right)}\right| \tag{13.202}$$

注意到,在式(13.199)中,Λ 为两超导体表面穿透层厚度与绝缘层厚度(L_z)之和,L_x 为 x 方向结的宽度,因此,ΛL_x 是包含穿透层在内的垂直于 y 方向的结的截面积,而 $\Phi_J = B\Lambda L_x$ 则是通过截面积为 ΛL_x 的总磁通量。由式(13.202)可以看到,通过结的临界超导电流受结区磁通量(即磁场)的调制,当 Φ_J 是磁通量子的整数倍时,即当 $\Phi_J = n\phi_0$(n 为整数)时,$I_C(B)=0$,此时,不会有超导电流通过结;而在其他情况下,则有超导电流通

过结,且当 $\Phi_J = \left(n + \dfrac{1}{2}\right)\phi_0$ 时,通过结的超导电流达到极大。通过结的临界超导电流受结区磁通量周期性调制的现象,最早于 1963 年由 Rowell 从实验上观察到,后来 Langenberg 等人于1966年对"Sn—I—Sn"约瑟夫森结做了更细致的实验,他们的实验给出了和理论预言非常一致的结果。

式(13.202)给出的关系和光波通过圆孔或单缝的夫琅禾费(Fraunhofer)衍射强度的公式具有相同的形式,但这里的衍射是宏观的量子现象,人们称之为超导宏观量子衍射,也称之为约瑟夫森结中的夫琅禾费衍射。定性上,对超导宏观量子衍射现象可作如下解释,即:未加磁场时,结平面各点的超导波函数有相同的相位,外加磁场时,结平面各点的超导波函数相位受磁场的调制而不再相同,由于超导波函数具有相位相干效应,流过结的约瑟夫森电流具有和光波通过圆孔或单缝相类似的衍射现象。

超导宏观量子衍射效应的最直接的应用,就是被用于磁通量大小的精确测量。

13.9.3　超导量子干涉

考虑由两个约瑟夫森结(1 和 2)并联组成如图 13.29 所示的闭合回路,则总的电流可写成流过约瑟夫森结 1 的电流 $I_{s,1}$ 和流过约瑟夫森结 2 的电流 $I_{s,2}$ 之和,即

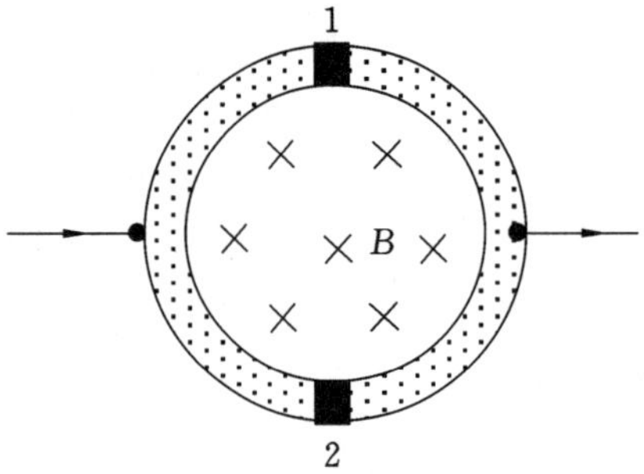

$$I = I_{s,1} + I_{s,2} \qquad (13.203)$$

其中,$I_{s,1}$ 和 $I_{s,2}$ 由约瑟夫森方程给出,即

$$\begin{cases} I_{s,1} = I_{c,1}(0)\sin\varphi_1 \\ I_{s,2} = I_{c,2}(0)\sin\varphi_2 \end{cases} \qquad (13.204)$$

图 13.29　双结并联形成的闭合环路示意图

由于两个结并联形成闭合环路,则两个结的相位差之间必存在关联。假如磁场垂直于环面,超导电流绕环一周后,其相位差由下式确定:

$$\frac{2e}{\hbar}\oint \vec{A}\cdot d\vec{l} + \varphi_2 - \varphi_1 = 2\pi n \qquad (13.205)$$

如果忽略环路的电感,则

$$\oint \vec{A}\cdot d\vec{l} = \Phi \qquad (13.206)$$

为穿过环路所包围的面积的磁通量,这样一来,两个结的相位差之间的关联可表示为

$$\varphi_2 - \varphi_1 = 2\pi n - \frac{2e}{\hbar}\Phi = 2\pi n - 2\pi\frac{\Phi}{\phi_0} \qquad (13.207)$$

则由式(13.203)和式(13.204)可将总的电流写成

$$I = I_{s,1}(0)\sin\varphi_1 + I_{s,2}(0)\sin\left(2\pi n + \varphi_1 - 2\pi\frac{\Phi}{\phi_0}\right) \qquad (13.208)$$

$$= I_{s,1}(0)\sin\varphi_1 + I_{s,2}(0)\sin\left(\varphi_1 - 2\pi\frac{\Phi}{\phi_0}\right)$$

假定两个约瑟夫森结完全相同,则有 $I_{s,1}(0) = I_{s,2}(0) = I_s(0)$,利用三角函数关系,可得

$$I = 2I_s(0)\sin\left(\varphi_1 - \frac{\pi\Phi}{\phi_0}\right)\cos\left(\frac{\pi\Phi}{\phi_0}\right) \qquad (13.209)$$

其极大值为

$$I_{\max} = 2I_s(0)\left|\cos\left(\frac{\pi\Phi}{\phi_0}\right)\right| \tag{13.210}$$

可见,通过并联双结的两路超导电流的相位受环孔中磁通的调制并发生相位干涉,使得总电流受环孔中磁通 Φ 的调制,导致其产生周期性变化,周期为一个磁通量子 ϕ_0,当 $\Phi = n\phi_0$(n 为整数)时,总电流达到极大,极大值为 $2I_C(0)$,而当 $\Phi = \left(n+\frac{1}{2}\right)\phi_0$ 时,总电流达到极小,极小值为零。

　　式(13.210)给出的变化规律和微观粒子的杨氏双缝干涉条纹非常相似,但这里的干涉是宏观的干涉现象,人们称之为超导宏观量子干涉。

　　超导量子干涉仪(superconducting quantum interference device,SQUID)就是基于上述双约瑟夫森结并联而设计的,SQUID 是目前最为灵敏的磁强计和电压计。

　　从上面对超导体中三种量子化效应的分析可以看到,超导体的宏观量子化效应源于超导波函数的相位相干性,而量子力学中的量子化效应源于微观粒子的波粒二象性,因此,超导体中的宏观量子化效应和量子力学中的微观量子化效应在起因上明显不同。

思考与习题

13.1　为什么不能把处于超导态的超导体理解为电阻为零的理想导体?

13.2　迈斯纳效应的物理本质是什么?

13.3　为什么没有从量子力学中的薛定谔方程出发来分析和讨论超导态的性质?

13.4　为什么处在混合态的 Ⅱ 类超导体磁场是以量子磁通线的形式穿入超导的?

13.5　为什么金属费米面附近的电子能够以动量相反、自旋相反的形式两两结合成库珀对? 在任何金属中都有库珀对形成的可能吗?

13.6　超导体和半导体的费米面能带结构有何相同和不同之处?

13.7　在"超导体 / 绝缘层 / 超导体"结中,单电子隧穿效应和约瑟夫森效应的物理起因有何不同?

13.8　为什么认为超导体中磁通量子化、量子衍射和干涉等量子化效应是超导体宏观量子化效应?

13.9　假设某一超导体零磁场下的 $T_C = 4$ K,温度为零时的 $H_C(0) = 2\times10^3$ A/m,假如其临界磁场随温度的变化为 $H_C(T) = H_C(0)(1 - T^2/T_C^2)$,试:

(1) 求 2 K 温度下的临界磁场;

(2) 如果把该超导体制成半径为 0.1 cm 的超导线,假如在 2 K 温度下超导线表面磁场达到临界磁场,试求该超导线能承载的最大电流。

13.10　对由两个不同超导体构成的隧穿结的 I—V 测量曲线,实验发现,当温度低于两个超导体的临界温度时,I—V 曲线上出现极大和极小现象,试:

(1) 分析出现极大和极小现象的原因;

(2) 如果极大和极小对应的电压分别为 1.18 mV 和 1.52 mV,试求两个超导体的超导能隙。

13.11　试证明:从 GL 方程出发,如果作适当近似,则可以导出伦敦方程。

主要参考资料

[1] N. W. Ashcroft, N. D. Mermin. Solid State Physics[M]. New York：Saunders College，1976.

[2] C. Kittel. Introduction to Solid State Physics[M]. 7th ed. New York：John Wiley & Sons，1996.

[3] R. E. Hummel. Electronic Properties of Materials[M]. 4th ed. New York：Springer-Verlag，2011.

[4] O. Madelung. Introduction to Solid-State Theory[M]. New York：Springer-Verlag，1978.

[5] H. P. Myers. Introductory Solid State Physics[M]. London Taylor & Francis，1990.

[6] P. M. Chaikin, T. C. Lubensky. Principles of Condensed Matter Physics[M]. Cambridge：Cambridge University Press，1995.

[7] S. Blundell. Magnetism in Condensed Matter[M]. Oxford：Oxford University Press，2001.

[8] 黄昆,韩汝琦.固体物理学[M]. 北京:高等教育出版社,1988.

[9] 方俊鑫,陆栋.固体物理学(上、下册)[M]. 上海:上海科学技术出版社,1980.

[10] 阎守胜.固体物理基础[M]. 北京:北京大学出版社,2003.

[11] 胡安,章维益. 固体物理学[M]. 北京:高等教育出版社,2011.

[12] 王矜奉. 固体物理教程[M]. 山东:山东大学出版社,2013.

[13] 方俊鑫,殷之文. 电介质物理学[M]. 北京:科学出版社,1989.

[14] 钱佑华,徐至中. 半导体物理[M]. 北京:高等教育出版社,1999.

[15] 张裕恒,李玉芝. 超导物理[M]. 合肥:中国科学技术大学出版社,1991.